BKI OBJEKTDATEN

Kosten abgerechneter Bauwerke

S8 Sonderband Schulen

BKI Objektdaten:
Kosten abgerechneter Bauwerke
S8 Sonderband Schulen

BKI Baukosteninformationszentrum (Hrsg.)
Stuttgart: BKI, 2026

Mitarbeit:
Hannes Spielbauer (Geschäftsführer)
Brigitte Lechler (Prokuristin)
Dokumentation: Catrin Baumeister, Julia Bellmann, Anna Bertling, Annette Dyckmans,
Heike Elsäßer, Sabine Egenberger, Sibylle Vogelmann
Virginia Lammet, Thomas Schmid
Produktmanagement: Martin Mösl
Jeannette Sturm

Fachautoren:
Univ.-Prof. Dr.-Ing. Wolfdietrich Kalusche

Layout, Satz:
Marvin Bisceglie
Hans-Peter Freund
Thomas Fütterer

Fachliche Begleitung:
Beirat Baukosteninformationszentrum
Stephan Weber (Vorsitzender)
Markus Lehrmann (stellv. Vorsitzender)
Prof. Dr. Bert Bielefeld
Markus Fehrs
Andrea Geister-Herbolzheimer
Prof. Dr. Wolfdietrich Kalusche
David Meuer
Martin Müller
Markus Weise

Seelbergstraße 4
70372 Stuttgart
Kundenbetreuung: 0711 954 854-0
Telefax: 0711 954 854-54
Baukosten-Hotline: 0711 954 854-41
info@bki.de
www.bki.de

Titelabbildungen:
Gemeinschaftsschule (4100-0240) Arch.: ARCHITEKTURBUERO 1 ZT; Linz (AT) mit Architekturbüro HERZOG; Lörrach
Schulhof Berufsschule (4200-0034) Arch.: westform architekten; Alsdorf
Grundschule, Hort (4100-0236) Arch.: Gelderner Bau Gesellschaft mbH; Geldern

Vorwort BKI

Derzeit besteht ein erheblicher Investitionsrückstand beim Bau und der Sanierung von Schulen. Die ansteigenden Kinder- und Schülerzahlen, der daraus resultierende Bedarf an Schulplätzen und auch politische Beschlüsse wie das Recht auf Ganztagsbetreuung verlangen nach neuen Bildungsbauten. Kommunen benennen aktuell die Investitionsrückstände im Bereich der Schulen als nennenswert. Schnelle, nachhaltigen Lösungen für Bildungsbauten sind gefragt. Nicht immer braucht es einen Neubau. Auch die Instandsetzung von Bildungsbauten kann eine Lösung sein.

Bei der Planung dieser Neubau-, wie auch der Instandsetzungsprojekte unterstützt das Baukosteninformationszentrum Deutscher Architektenkammern (BKI) Architektur- und Planungsbüros und alle Baubeteiligten mit aktuellen Baukosten-Auswertungen von bereits realisierten Vergleichsobjekten. Die Neuerscheinung „Baukosten im Bild für Schulbau" liefert sowohl statistische Baukosten-Auswertungen für den Neubau (Allgemeinbildende und Berufliche Schulen, Schulen in Holzbauweise, Förder- und Sonderschulen, Weiterbildungseinrichtungen) als auch für den Altbau (Erweiterungen Allgemeinbildende Schulen). Zwei Außenanlagenarten (Neubau Außenanlagen zu Schulen, Neugestaltung Außenanlagen zu Schulen) komplettieren die Statistik. Insgesamt beinhaltet der neue BKI-Sonderband 73 realisierte Schulbau-Projekte – eine gute Grundlage für Kostenvergleiche, Kostenkontrolle und Kostensteuerung.

Die neu erhobenen Objekte veröffentlicht BKI kontinuierlich in der Fachbuchreihe BKI Objektdaten und aktualisiert auf diese Weise die BKI Baukostendatenbanken. Die mit jedem weiteren Band wachsende Sammlung von Vergleichsobjekten leistet wertvolle Dienste bei Kostenermittlungen und trägt zu mehr Kostensicherheit bei allen am Bau Beteiligten bei. Die Reihe „BKI Objektdaten" mit den objektbezogenen Kostenkennwerten und die Reihe „BKI Baukosten" mit statistisch ermittelten Kostenkennwerten sind aufeinander abgestimmt und ergänzen sich zu einem Expertensystem der Kostenplanung.

Der Dank des BKI gilt allen Architektinnen und Architekten, die Daten und Unterlagen zur Verfügung stellen. Sie profitieren von der Dokumentationsarbeit durch BKI und unterstützen zugleich den eigenen Berufsstand. Das Ergebnis sind fundierte und anschauliche Dokumentationen, die sich zur Kostenermittlung von vergleichbaren Folgeobjekten und zu Akquisitionszwecken hervorragend eignen.

Zur Pflege der Baukostendatenbanken sucht BKI weitere Objekte aus allen Bundesländern. Bewerbungsbögen zur Projektdokumentation für Hochbauprojekte und Außen- und Freianlagen stellt BKI im Internet unter www.bki.de/objekt-veroeffentlichen.html zur Verfügung. Interessierte erhalten auch gerne persönlich Informationen über alle Möglichkeiten realisierte Projekte zu veröffentlichen, die damit verbundene Vergütung und weitere Vorteile.

Besonderer Dank gilt abschließend auch dem BKI-Beirat, der mit seinem Expertenwissen aus der Architektenpraxis, den Architekten- und Ingenieurkammern, Normausschüssen und Universitäten zum Gelingen der BKI-Fachinformationen beiträgt und durch thematisch passende Fachartikel auch viel Unterstützung für die praktische Anwendung der Fachinformationen beisteuert.

Wir wünschen allen Anwendern des BKI Sonderbandes Objektdaten Schulbau S8 viel Erfolg in allen Phasen der Kostenplanung und vor allem eine große Übereinstimmung zwischen geplanten und realisierten Baukosten im Sinne zufriedener Bauherren. Anregungen und Kritik zur Verbesserung der BKI-Fachbücher sind uns jederzeit willkommen.

Hannes Spielbauer - Geschäftsführer
Brigitte Lechler - Prokuristin

Baukosteninformationszentrum
Deutscher Architektenkammern GmbH
Stuttgart, im Februar 2026

Inhalt

Benutzerhinweise

Kosten abgerechneter Objekte

Anhang

Einführung

In der Fachbuch-/eBook-Reihe „BKI Objektdaten“ werden für Kostenermittlungszwecke und Wirtschaftlichkeitsvergleiche realisierte und vollständig abgerechnete Bauwerke aus allen Bundesländern veröffentlicht.

Jährlich erscheinen mehrere Bände mit den im Laufe eines Jahres neu erhobenen Objekten der BKI-Baukostendatenbanken. Innerhalb dieser Reihe werden die einzelnen Bände je nach Baumaßnahme unterschieden in Neubau, Altbau, Innenräume und Außenanlagen.

Der hier vorliegende Band dokumentiert aktuelle Schulbauten aus den BKI Datenbanken und zeigt Beispiele aus den Bereichen Neubau, Altbau und Außenanlagen.

Die Kostenkennwerte der Objekte dienen dazu, die Kosten von Bauprojekten im Vergleich mit den Kosten bereits realisierter Objekte zu ermitteln bzw. Kostenermittlungen mit büroeigenen Daten oder den Daten Dritter zu überprüfen, solange Kostenanschläge auf der Grundlage von Ausschreibungsergebnissen noch nicht vorliegen.

Dieser Vergleich wird erleichtert durch die eingesetzte „Normierung der Kostenkennwerte auf Bundesniveau“. Durch Übernahme der BKI Regionalfaktoren in die Datenbank ist es möglich die Objekte hinsichtlich des Bauortes zu bewerten. BKI rechnet so, als ob das Objekt nicht am Bauort, sondern in einer mit dem Bundesdurchschnitt identischen Region gebaut worden wäre. Diese regionale Normierung vereinfacht die Bewertung der Kostenkennwerte für den Anwender erheblich.

Unterstützt werden Kostenermittlungen nach DIN 276 in den frühen, für die Kostenentwicklung eines Projektes aber entscheidenden Planungsphasen. Dabei finden für überschlägige Kostenermittlungen z.B. das Aufstellen eines Kostenrahmens oder für Plausibilitätsprüfungen die groben Kostenkennwerte dieses Buchs Anwendung. Für differenziertere Kostenermittlungen auf der Ebene der Bauelemente sind in diesem Buch ebenfalls Kosteninformationen vorhanden.

Darüber hinaus enthält das Buch Planungskennwerte, die Wirtschaftlichkeitsprüfungen anhand von Flächenvergleichen ermöglichen. Die BKI-Baukostendatenbanken selbst umfassen einen wesentlich größeren Bestand an Altbau-, Neubau-und Außenanlagen-Objekten. Zugriff auf alle Einzelobjekte bietet auch die Software „BKI Kostenplaner“.

Benutzerhinweise

1. Definitionen
Kostenkennwerte sind Werte, die das Verhältnis von Kosten bestimmter Kostengruppen nach DIN 276:2018-12 zu bestimmten Bezugseinheiten nach DIN 277:2021-08 darstellen. Planungskennwerte im Sinne dieser Veröffentlichung sind Werte, die das Verhältnis bestimmter Flächen und Rauminhalte zur Nutzungsfläche (NUF) und Brutto-Grundfläche (BGF) darstellen, angegeben als Prozentsätze oder als Faktoren.

2. Kostenstand und Mehrwertsteuer
Kostenstand aller Kennwerte ist das 4. Quartal 2025. Alle Kostenkennwerte dieser Fachbuchreihe enthalten die Mehrwertsteuer. Die Angabe aller Kostenkennwerte erfolgt in Euro.
Die vorliegenden Kosten- und Planungskennwerte sind Orientierungswerte, Sie können nicht als Richtwerte im Sinne einer verpflichtenden Unter- oder Obergrenze angewendet werden.

Die Umrechnung von Kostendaten dieses Buchs wird durch ein Beispiel erläutert:
Ein Kostenkennwert von 500 €/m² BGF mit dem Kostenstand 4. Quartal 2025 soll auf den Kostenstand 3. Quartal 2021 umgerechnet werden. Verwendet wird die Indexreihe mit dem Basisjahr 2021=100.

Index 4. Quartal 2025 (2021=100) = 135,0
Index 3. Quartal 2021 (2021=100) = 102,1

$$\frac{500\ €/m^2\ BGF \times 102{,}1}{135{,}0} = 378\ €/m^2\ BGF$$

3. Datengrundlage
Grundlage der Tabellen sind abgerechnete Bauvorhaben. Die Daten wurden mit größtmöglicher Sorgfalt von uns bzw. unseren Dokumentationsstellen erhoben. Dies entbindet den/die Benutzer*in aber nicht davon, angesichts der vielfältigen Kosteneinflussfaktoren die genannten Orientierungswerte eigenverantwortlich zu prüfen und entsprechend dem jeweiligen Verwendungszweck anzupassen. Für die Richtigkeit der im Rahmen einer Kostenermittlung eingesetzten Werte können daher weder Herausgeber noch Verlag eine Haftung übernehmen.

4. Betrachtung der Kostenauswirkungen aktueller Energiestandards
Gerade im Hinblick auf die wiederholte Verschärfung gesetzgeberischer Anforderungen an die energetische Qualität, insbesondere von Neubauten, wird von Kundenseite die Frage nach dem Energiestandard der statistischen Fachbuchreihe BKI BAUKOSTEN gestellt. BKI hat Untersuchungen zu den kostenmäßigen Auswirkungen der erhöhten energetischen Qualität von Neubauten vorgenommen. Die Untersuchungen zeigen, dass energetisch bedingte Kostensteigerungen durch Rationalisierungseffekte größtenteils kompensiert werden.

BKI dokumentiert derzeit ca. 200 neue Objekte pro Jahr, die zur Erneuerung der statistischen Auswertungen verwendet werden. Etwa im gleichen Maße werden ältere Objekte aus den Auswertungen entfernt. Mit den hohen Dokumentationszahlen der letzten Jahre wurden die BKI-Datenbanken damit noch aktueller.

In nahezu allen energetisch relevanten Gebäudearten sind zudem Objekte enthalten, die über den nach GEG geforderten energetischen Standard hinausgehen. Diese über den geforderten Standard hinausgehenden Objekte kompensieren einzelne Objekte, die den aktuellen energetischen Standard nicht erreichen. Insgesamt wird daher ein ausgeglichenes Objektgefüge pro Gebäudeart erreicht.

Obwohl BKI fertiggestellte und schlussabgerechnete Objekte dokumentiert, können durch die Dokumentation von Objekten, die über das gesetzgeberisch geforderte Maß energetischer Qualität hinausgehen, Kostenkennwerte für aktuell geforderte energetische Standards ausgewiesen werden. Die Kostenkennwerte der Fachbuchreihe BKI BAUKOSTEN 2025 entsprechen somit dem aktuellen GEG-Niveau.

5. Anwendungsbereiche
Die Kostenkennwerte dienen als Orientierungswerte für Kostenermittlungen in den frühen Planungsphasen, z. B. zur Aufstellung eines „Kostenrahmens" auf der Grundlage von Bedarfsplänen oder Baumassenkonzepten, bei Kostenschätzungen und Kostenberechnungen auf der Grundlage von Vor- und Entwurfsplanungen, für Mittelbedarfsplanungen von Investoren, für Plausibilitätsprüfungen von Kostenermittlungen Dritter, für Begutachtungen von Beleihungsanträgen durch Kreditinstitute, für Wertermittlungsgutachten u.ä. Zwecke.

Für die Projektentwicklung und die frühen Planungsphasen werden auch die Kostenkennwerte für Herrichten und Erschließen, Außenanlagen, sowie Ausstattung und Kunstwerke ausgewiesen. Gleiches gilt für die Kosten und den Flächenbedarf für Nutzeinheiten und den Bauzeitbedarf bezogen auf die Brutto-Grundfläche.

Die formalen Mindestanforderungen hinsichtlich der Darstellung der Ergebnisse einer Kostenermittlung sind in DIN 276: 2018-12 unter Ziffer 4 Grundsätze der Kostenplanung festgelegt.

6. Geltungsbereiche
Die genannten Kostenkennwerte spiegeln in etwa das durchschnittliche Baukostenniveau in Deutschland für die jeweilige Kategorie von Gebäudearten wider. Die Geltungsbereiche der Tabellenwerte sind fließend. Die „von-/bis-Werte" markieren weder nach oben noch nach unten absolute Grenzwerte. Um diesen Sachverhalt zu verdeutlichen, werden objektbezogene Kostenkennwerte angegeben, die teilweise außerhalb des statistisch ermittelten „Streubereichs" (Standardabweichung) liegen. Es empfiehlt sich daher in Einzelfällen, ergänzend die Kostendokumentationen einzelner Objekte aus dem vorliegendem Fachbuch heranzuziehen, um die Ermittlungsergebnisse ggf. anhand der Daten dieser Vergleichsobjekte anzupassen.

7. Berechnung Kostenkennwerte
Im Fachbuch BKI Objektdaten Sonderband S8 - Schulbau wird eine Berechnung der Streubereiche der in der jeweiligen Gebäudeart vorhandenen Kostenkennwerte durchgeführt. Dadurch ergeben sich „von-/bis-Werte".

Auf der ersten Seite jeder Gebäudeart wird in der Grafik „Vergleichsobjekte" einerseits der Streubereich für alle Kostenkennwerte dieser Gebäudeart als heller Balken und andererseits der Bereich zwischen den „von-/bis-Werten" als dunkler Balken angegeben.

Um dem Umstand Rechnung zu tragen, dass im Bauwesen Abweichungen nach oben wahrscheinlicher sind als Abweichungen nach unten, werden die Werte oberhalb des Mittelwertes getrennt von den Werten unterhalb des Mittelwertes betrachtet. Besonders teure Gebäude haben somit keinen Einfluss auf die statistischen Werte unterhalb des Mittelwerts. Der Mittelwert liegt als Durchschnittswert nicht zwingend in der Mitte des Streubereiches (z. B. 25 27 31). In den Grafiken mit den Vergleichsobjekten wird kenntlich gemacht, ob nur ein Einzelwert vorliegt (z. B. - 27 -), oder ob mehrere Werte vorliegen, die aber noch keine Berechnung der Bandbreite zulassen (z. B. 27 27 27). Der Vorteil dieser Betrachtungsweise liegt in der genaueren Wiedergabe der Realitäten im Bauwesen. Nachfolgend werden die Berechnungsprinzipien der einzelnen statistischen Kostenkennwerte erläutert:

Min = Minimaler Kostenkennwert:
Dieser Kostenkennwert bezieht sich auf den Wert innerhalb einer Stichprobe, der den minimalen Kostenkennwert aller Werte in dieser Stichprobe aufweist. Der minimale Kostenkennwert wird nur bei Kostenkennwerten von Positionen angegeben (Baukosten Positionen Neubau/Altbau und Baupreise kompakt Neubau/Altbau).

Von = Mittelwert abzüglich Standardabweichung der Daten unterhalb des Mittelwerts:
Dieser Kostenkennwert berücksichtigt die

Standardabweichung als Maß für die Streubreite aller Kostenkennwerte unterhalb des Mittelwerts. Dadurch ist dies ein gewichteter Wert, der den Abstand der Kostenkennwerte zum Mittelwert berücksichtigt. Das bedeutet, dass unter Umständen besonders günstige Gebäude in der Stichprobe einen geringeren Einfluss auf den „Von" Wert haben als Gebäude, deren Kostenkennwerte näher am Mittelwert liegen.

Mittelwert = mittlerer Kostenkennwert pro Gebäudeart:
Dieser Kostenkennwert wird als arithmetischer Mittelwert durch Addition aller vorhandenen Kostenkennwerte und Teilung der dadurch entstandenen Summe der Kostenkennwerte durch die Anzahl der Kostenkennwerte ermittelt.

Bis = Mittelwert zuzüglich Standardabweichung der Daten oberhalb des Mittelwerts:
Dieser Kostenkennwert berücksichtigt die Standardabweichung als Maß für die Streubreite aller Kostenkennwerte oberhalb des Mittelwerts. Dadurch ist dies ein gewichteter Wert, der den Abstand der Kostenkennwerte zum Mittelwert berücksichtigt. Das bedeutet, dass unter Umständen besonders teure Gebäude in der Stichprobe einen geringeren Einfluss auf den „Bis" Wert haben als Gebäude, deren Kostenkennwerte näher am Mittelwert liegen.

Max = Maximaler Kostenkennwert:
Dieser Kostenkennwert bezieht sich auf den Wert innerhalb einer Stichprobe, der den maximalen Kostenkennwert aller Werte in dieser Stichprobe aufweist. Der maximale Kostenkennwert wird nur bei Kostenkennwerten von Positionen angegeben (Baukosten Positionen Neubau/Altbau und Baupreise kompakt Neubau/Altbau).

8. Kosteneinflüsse
In den Bandbreiten der Kostenkennwerte spiegeln sich die vielfältigen Kosteneinflüsse aus Nutzung, Markt, Gebäudegeometrie, Ausführungsstandard, Projektgröße etc. wider.
Die Orientierungswerte können nicht schematisch übernommen werden, sondern müssen entsprechend den spezifischen Planungsbedingungen überprüft und ggf. angepasst werden. Mögliche Einflüsse, die eine Anpassung der Orientierungswerte erforderlich machen, können sein:

- besondere Nutzungsanforderungen
- Standortbedingungen (Erschließung, Immission, Topographie, Bodenbeschaffenheit)
- Bauwerksgeometrie (Grundrissform, Geschosszahlen, Geschosshöhen, Dachform, Dachaufbauten)
- Bauwerksqualität (gestalterische, funktionale und konstruktive Besonderheiten),
- Baumarkt (Zeit, regionaler Baumarkt, Vergabeart).

9. Budgetierung nach Kostengruppen
Die in den Tabellen „Kostenkennwerte für die Kostengruppen der 1. und 2. Ebene DIN 276" genannten Prozentanteile ermöglichen eine erste grobe Aufteilung der ermittelten Bauwerkskosten in „Teilbudgets". Solche geschätzten „Teilbudgets" können als Kontrollgrößen dienen für die entsprechenden, zu einem späteren Zeitpunkt und anhand genauerer Planungsunterlagen ermittelten Kosten (Kostenkontrolle).
Aus Prozentsätzen abgeleitete Kostenaussagen können ferner zur Überprüfung von Kostenermittlungen dienen, die auf büroeigenen Kostendaten oder den Angaben Dritter basieren (Plausibilitätskontrolle). Die Ableitung von überschlägig geschätzten Teilbudgets schafft auch die Voraussetzung dafür, dass die kostenplanerisch relevanten Kostenanteile erkennbar werden, bei denen z. B. die Entwicklung kostensparender Alternativen primär Erfolg verspricht (Kostentransparenz, Kostenplanung, Kostensteuerung).

10. Budgetierung nach Vergabeeinheiten
In den Tabellen „Kostenkennwerte für Leistungsbereiche" sind nur die Leistungsbereichskosten in die Prozentsätze eingegangen, die den Kostengruppen 300 und 400 zuzuordnen sind; also nicht z. B. Erdarbeiten nach LB 002, die nach DIN 276 ggf. zur

Kostengruppe 500 (Außenanlagen) gehören. Die unter „Rohbau" und „Ausbau" zusammengefassten Leistungsbereiche sind nicht exakt der Kostengruppe 300 gleichzusetzen (nur näherungsweise!). Mit Hilfe der angegebenen Prozentsätze lassen sich die ermittelten Bauwerkskosten in Teilbudgets für einzelne Leistungsbereiche aufteilen. Man sollte jedoch nicht den Eindruck erwecken, die Kosten solcher Teilbudgets nach Leistungsbereichen seien bereits (wie später unerlässlich) aus Einzelansätzen „Menge x Einheitspreis" positionsweise ermittelt worden. Die auf diese Weise überschlägig ermittelten Leistungsbereichskosten können aber zur Kostenkontrolle der späteren Ausschreibungsergebnisse herangezogen werden.

11. Planungskennwerte / Baukostensimulation

Neben den Kosten werden von BKI auch die Flächen und Rauminhalte der abgerechneten Objekte dokumentiert. Aus den einzelnen Flächen und Rauminhalten werden Planungskennwerte gebildet. Ein Planungskennwert stellt das Verhältnis bestimmter Flächen und Rauminhalte zueinander dar, z. B. der Anteil der Verkehrsfläche an der Nutzungsfläche, angegeben als Prozentwert oder als Faktor.
Die Planungskennwerte aller Objekte einer Gebäudeart werden statistisch ausgewertet und auf der 4. Seite jeder Gebäudeart dargestellt. Sie erlauben z. B. die Überprüfung der Wirtschaftlichkeit einer Entwurfslösung.

Es werden auch die Flächen der Grobelemente (2.Ebene nach DIN 276) ausgewertet und ihr Anteil an der Nutzungsfläche (NUF) und der Bruttogrundfläche (BGF) dokumentiert. Diese Planungskennwerte können dazu dienen die Grobelementflächen einer Planung statistisch zu ermitteln, solange konkrete Planungen oder Skizzen noch nicht vorliegen. Anhand der Brutto-Grundfläche kann somit z. B. eine statistische Aussage über die zu erwartende Menge der Außenwandfläche getroffen werden. Multipliziert mit dem Kostenkennwert der Außenwand können dadurch die Kosten der Außenwand ermittelt werden. BKI spricht bei diesem Verfahren von „Baukostensimulation". Eine komplett ausgeführte Baukostensimulation liefert als Ergebnis einen Kostenrahmen mit Kosten für die 1. und 2. Ebene DIN 276 der Kostengruppen 300 und 400.
Für die Baukostensimulation hat BKI eine Excel-Tabelle vorbereitet. Diese wird kostenfrei im Internet unter:
www.bki.de/kostensimulationsmodell.html
zur Verfügung gestellt. Hier werden auch weitere Informationen zu den Grundlagen des Verfahrens und der Handhabung der Tabelle angeboten.

12. Regionalisierung der Daten

Grundlage der BKI Regionalfaktoren sind Daten aus der amtlichen Bautätigkeitsstatistik der statistischen Landesämter, eigene Berechnungen auch unter Verwendung von Schwerpunktpositionen und regionale Umfragen. Zusätzlich wurden von BKI Verfahren entwickelt, um die Eingangsdaten auf Plausibilität prüfen und ggf. anpassen zu können. Auf der Grundlage dieser Berechnungen hat BKI einen bundesdeutschen Mittelwert gebildet. Anhand des Mittelwertes lassen sich die einzelnen Land- und Stadtkreise prozentual einordnen. Diese Prozentwerte wurden die Grundlage der BKI Deutschlandkarte mit „Regionalfaktoren für Deutschland".

Für die größeren Inseln Deutschlands wurden separate Regionalfaktoren ermittelt. Dazu wurde der zugehörige Landkreis in Festland und Inseln unterteilt. Alle Inseln eines Landkreises erhalten durch dieses Verfahren den gleichen Regionalfaktor. Der Regionalfaktor des Festlandes enthält keine Inseln mehr und ist daher gegenüber früheren Ausgaben verringert.

Die Kosten der Objekte der BKI Datenbanken wurden auf den Bundesdurchschnitt umgerechnet. Für den Anwender bedeutet die Umrechnung der Daten auf den Bundesdurchschnitt, dass einzelne Kostenkennwerte oder das Ergebnis einer Kostenermittlung mit dem Regionalfaktor des Standorts des geplanten Objekts multipliziert werden können. Die BKI Landkreisfaktoren befinden sich im Anhang des Buchs.

13. Urheberrechte

Alle Objektinformationen und die daraus abgeleiteten Auswertungen (Statistiken) sind urheberrechtlich geschützt. Die Urheberrechte liegen bei den jeweiligen Büros, Personen bzw. beim BKI. Es ist ausschließlich eine Anwendung der Daten im Rahmen der praktischen Kostenplanung im Hochbau zugelassen. Für eine anderweitige Nutzung oder weiterführende Auswertungen behält sich das BKI alle Rechte vor.

Fotopräsentation der Objekte

2200-0065 Außenanlage Hochschule
Außenanlagen zu Schulen
GTL Landschaftsarchitektur
Kassel

4100-0175 Grundschule (4 Lernlandschaften, 160 Schüler)
Schulen, Holzbauweise
ralf pohlmann architekten
Waddeweitz

4100-0189 Grundschule (12 Klassen, 360 Schüler)
Allgemeinbildende Schulen
ARCHITEKTURBÜRO TABERY
Bremervörde

4100-0192 Ganztagsschule (96 Schüler) - Passivhaus
Schulen, Holzbauweise
Architekten_FSB
Bremen

4100-0194 Schule (12 Klassen, 336 Schüler)
Erweiterungen; Schulen
Bosse Westphal Schäffer Architekten
Winsen (Luhe)

4100-0201 Grundschule (8 Klassen), Kita (5 Gruppen)
Erweiterungen; Schulen
bof architekten partnerschaft mbb
Hamburg

Fotopräsentation der Objekte

© Trapez Architektur / Jeannette Lahann

4100-0202 Gemeinschaftsschule (9 Klassen, 245 Schüler)
Erweiterungen; Schulen
Trapez Architektur GmbH
Hamburg

© Andrea Janssen

4100-0203 Schule (2 Klassen, 47 Schüler)
Erweiterungen; Schulen
TW. Architekten Többen Woschek
Hannover

© Klaus Nauber

4100-0204 Unterrichtsgebäude (2 Klassen, 56 Schüler)
Schulen, Holzbauweise
MURZIK architekten
Leipzig

© Robert Gommlich

4100-0205 Grundschule (8 Klassen, 224 Schüler)
Allgemeinbildende Schulen
Architekturbüro Raum und Bau GmbH, Dresden &
AGZ Zimmermann Architekten GmbH, Dresden

© Fotostudio Schiffer

4100-0206 Schulhof
Außenanlagen zu Schulen
Götte Landschaftsarchitekten GmbH
Frankfurt am Main

© IPROconsult GmbH

4100-0207 Grundschule (5 Klassen, 125 Schüler)
Allgemeinbildende Schulen
IPROconsult GmbH
Dresden

4100-0208 Spiel- und Pausenhöfe
Neugestaltung Außenanlagen zu Schulen
WFP Bernward Benedikt Jansen
LandschaftsArchitekten, Glinde

4100-0209 Außenanlage Fachschule für Sozialpädagogik
Neugestaltung Außenanlagen zu Schulen
Klaiber + Oettle Architekten und Ingenieure
Schwäbisch Gmünd

4100-0211 Grundschule (4 Klassen, 88 Schüler)
Allgemeinbildende Schulen
Gössler Kinz Kerber Schippmann Architekten PartG
Hamburg

4100-0212 Gesamtschule (10 Klassen, 264 Schüler)
Allgemeinbildende Schulen
ppp architekten + stadtplaner gmbh
Lübeck

4100-0213 Grundschule (18 Klassen, 504 Schüler)
Allgemeinbildende Schulen
sehw architektur GmbH
Berlin

4100-0214 Grundschule (300 Schüler), Mensa
Erweiterungen; Schulen
Zaeske Architekten BDA
Wiesbaden

© Sandra Escher

4100-0215 Außenanlage Schule und Kindertagesstätte
Außenanlagen zu Schulen
LS2 Landschaftsarchitekten
Frankfurt am Main

© GrünPlan

4100-0216 Schulhof
Neugestaltung Außenanlagen zu Schulen
GrünPlan Landschaftsarchitekten BDLA
Hannover

© JOCHEN STÜBER

4100-0217 Schule (12 Klassen, 275 Schüler)
Allgemeinbildende Schulen
MoRe Architekten PartGmbB
Hamburg

© Thomas Ott, www.o2t.de

4100-0218 Schule (2 Klassen), Mensa (80 Sitzplätze)
Allgemeinbildende Schulen
raum-z architekten gmbh
Frankfurt

© Thomas Ott, www.o2t.de

4100-0219 Gymnasium (330 Schüler)
Allgemeinbildende Schulen
werk.um architekten
Darmstadt

© Eibe Sönnecken

4100-0222 Oberstufengymnasium (450 Schüler)
Allgemeinbildende Schulen
architektei mey gmbh
Frankfurt am Main

4100-0223 Grundschule (224 Schüler), Sporthalle
Allgemeinbildende Schulen
BKS Architekten GmbH
Lübbecke

4100-0224 Schule (6 Klassen, 180 Schüler)
Schulen, Holzbauweise
MOSAIK architekt:innen bda
Hannover

4100-0226 Grundschule (8 Klassen, 224 Schüler)
Erweiterungen; Schulen
bharchitektengesellschaft mbH
München

4100-0227 Schule (18 Klassen, 504 Schüler)
Allgemeinbildende Schulen
sehw architektur GmbH
Hamburg

4100-0228 Ganztagsschule (309 Schüler), Mensa
Erweiterungen; Schulen
HHS Planer + Architekten AG
Kassel

4100-0229 Grundschule (360 Schüler) - Passivhaus
Allgemeinbildende Schulen
Architektengruppe Rosengart + Partner BDA
Bremen

4100-0230 Grundschule (100 Schüler)
Allgemeinbildende Schulen
BPVARCHITEKTEN
Hamburg

4100-0231 Außenanlage Grundschule
Neugestaltung Außenanlagen zu Schulen
Dipl.-Ing. A. Brückner Büro für Landschaftsarchitektur
Havelberg

4100-0232 Schulmensa, Betreuungsräume
Erweiterungen; Schulen
schmitt roggel architekten PartGmbB
Fulda

4100-0233 Oberschule (24 Klassen, 500 Schüler)
Allgemeinbildende Schulen
tsj-architekten gmbh
Lübeck

4100-0234 Grundschule (6 Klassen, 142 Schüler)
Erweiterungen; Schulen
ELZ Architekten BDA
Potsdam

4100-0235 Gesamtschule (15 Klassen, 360 Schüler)
Allgemeinbildende Schulen
WOLLENWEBERARCHITEKTUR
Düsseldorf

4100-0236 Grundschule (150 Schüler), Hort
Erweiterungen; Schulen
Gelderner Bau Gesellschaft mbH
Geldern

4100-0237 Außenanlage Realschule
Neugestaltung Außenanlagen zu Schulen
JOMA Landschaftsarchitektur
Bamberg

4100-0238 Gemeinschaftsschule (168 Schüler)
Erweiterungen; Schulen
Wiechers Beck GvA mbH
Berlin

4100-0239 Grundschule (10 Klassen, 200 Schüler)
Allgemeinbildende Schulen
Kleine + Potthoff Architekten
Korbach

4100-0240 Gemeinschaftsschule (432 Schüler)
Allgemeinbildende Schulen
ARCHITEKTURBUERO 1 ZT GmbH, Linz (AT) &
Architekturbüro HERZOG, Lörrach

4100-0241 Schule (9 Klassen, 235 Schüler)
Allgemeinbildende Schulen
Naumann Petersen Conrad Joesten Architekten und
beratende Ingenieure mbB, Bremen

4100-0242 Schule (31 Klassen, 650 Schüler)
Allgemeinbildende Schulen
weicken architekten partmbB
Unna

4100-0243 Außenanlage Gymnasium
Außenanlagen zu Schulen
Kraushaar Lieske Freiraumplanung GbR
Dresden

4100-0244 Außenanlage Gemeinschaftsschule
Neugestaltung Außenanlagen zu Schulen
KOKOMO Landschaft und Stadtraum GmbH
Berlin

4100-0245 Gymnasium, Lernzentrum (150 Schüler)
Allgemeinbildende Schulen
jup.arc weinert juraschek architekten partmbb
Winsen (Luhe)

4100-0247 Spiel- und Freizeitanlage
Neugestaltung Außenanlagen zu Schulen
WEISSHAUPT Landschaftsarchitektur
Donaueschingen

4100-0248 Grundschule (8 Klassen, 200 Schüler)
Allgemeinbildende Schulen
Architektur.SCHÖN
Wiesbaden

Fotopräsentation der Objekte

4100-0249 Außenanlage Gymnasium
Außenanlagen zu Schulen
r + b landschaft s architektur
Dresden

4100-0250 Außenanlage Schule
Außenanlagen zu Schulen
PLANRAT VENNE, Kassel &
planrat - grün macht sinn, Kassel

4100-0251 Grundschule (18 Klassen, 450 Schüler)
Allgemeinbildende Schulen
Heidacker Architekten PartGmbB, Bischofsheim &
Sinopoli Architekten, Alzey

4100-0252 Grundschule (16 Klassen, 260 Schüler)
Allgemeinbildende Schulen
AG5 Architekten + Stadtplaner PartGmbB
Darmstadt

4100-0253 Grundschule (16 Klassen, 448 Schüler)
Allgemeinbildende Schulen
Numrich Albrecht Klumpp Gesellschaft von
Architekten mbH, Berlin

4100-0254 Grundschule (3 Klassen, 75 Schüler)
Erweiterungen; Schulen
QUITTMANN ARCHITEKTEN
Unna

4100-0255 Gemeinschaftsschule (6 Klassen, 150 Schüler)
Allgemeinbildende Schulen
kleyer.koblitz.letzel.freivogel ges. v. architekten mbh
Berlin

4100-0257 Ganztagsschule (100 Schüler), Mensa
Schulen, Holzbauweise
Goergens Miklautz dreier + lauterbach
München

4100-0259 Grund-/Regionalschule (26 Klassen, 550 Schüler)
Allgemeinbildende Schulen
Brenncke Architekten Part mbB
Schwerin

4100-0263 Grund-/Mittelschule (10 Klassen, 213 Schüler)
Allgemeinbildende Schulen
studio lot PartGmbB, Altötting &
Weiss Hohe + Partner GmbH, Ansbach

4100-0268 Gymnasium (9 Klassen, 206 Schüler)
Erweiterungen; Schulen
Hinck Architekten
Stade

4200-0034 Schulhof Berufsschule
Neugestaltung Außenanlagen zu Schulen
westform architekten
Alsdorf

Fotopräsentation der Objekte

© Werner Huthmacher

4200-0035 Bildungszentrum (400 Schüler)
Weiterbildungseinrichtungen
Kersten Kopp Architekten GmbH
Berlin

© Jochen Stüber

4200-0036 Ausbildungszentrum (150 Schüler)
Berufliche Schulen
Planungsring Mumm + Partner GbR
Treia

© Köhler Architekten

4200-0038 Ausbildungszentrum Pflegeberufe (12 Klassen)
Weiterbildungseinrichtungen
Köhler Architekten
Dortmund

© Daniel Vieser

4200-0039 Bildungszentrum Holzbauberufe (4 Klassen)
Schulen, Holzbauweise
Lieb Architekten BDA
Freudenstadt

© Planungsring Mumm + Partner

4200-0040 Bildungszentrum (5 Klassen, 115 Schüler)
Weiterbildungseinrichtungen
Planungsring Mumm + Partner GbR
Treia

© Giacomo Morelli

4200-0041 Werkstattgebäude (6 Klassen)
Förder- und Sonderschulen
ZRS Architekten GvA mbH
Berlin

4200-0043 Pflegeschule (285 Schüler)
Berufliche Schulen
⌂ Architekten Naujack.Rind.Hof GmbH, Koblenz & bhp Architekten + Generalplaner GmbH, Bielefeld

4300-0025 Berufsbildungszentrum
Förder- und Sonderschulen
⌂ Steinke + Zils Architekten und Partner mbB Marl

4300-0026 Förderschule, Erweiterungsbau
Förder- und Sonderschulen
⌂ hiendl_schineis architekten Passau

4300-0027 Schule (6 Klassen, 38 Schüler)
Förder- und Sonderschulen
⌂ Georg Scheel Wetzel Architekten GmbH, Berlin & Seitz Architektur, Aschaffenburg

4500-0019 Tagungsgebäude (40 Sitzplätze)
Weiterbildungseinrichtungen
⌂ Kruse Architekten Güstrow

4500-0021 Bildungsgebäude, Sportcampus
Weiterbildungseinrichtungen
⌂ prosa Architektur + Stadtplanung BDA Darmstadt

4500-0022 Seminarhaus
Weiterbildungseinrichtungen

KRAMPITZ Architekten GbR
Soltau

Erläuterungen

(1)

Schulen, Holzbauweise

Kostenkennwerte für die Kosten des Bauwerks (Kostengruppen 300+400 nach DIN 276)

(2)

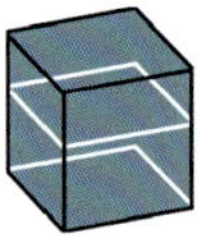

BRI 710 €/m³
von 590 €/m³
bis 885 €/m³

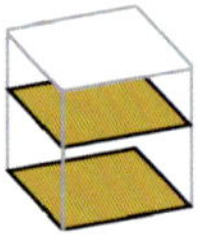

BGF 2.925 €/m²
von 2.285 €/m²
bis 3.595 €/m²

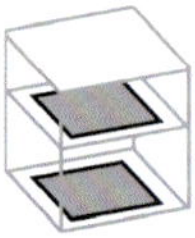

NUF 4.485 €/m²
von 3.335 €/m²
bis 5.980 €/m²

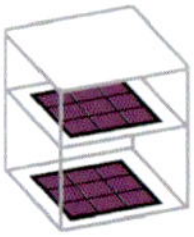

NE 23.960 €/NE
von 12.960 €/NE
bis 39.765 €/NE
NE: Schüler

Objektbeispiele

Kosten:
Stand 4. Quartal 2025
Bundesdurchschnitt
inkl. 19% MwSt.

(3)

© Daniel Vieser
4200-0039

© Meike Hansen, Archimage
4100-0200

© Hans Engels
4100-0257

(4)

Kosten der 14 Vergleichsobjekte **Seiten 302 bis 304**

- ● KKW
- ▶ min
- ▷ von
- | Mittelwert
- ◁ bis
- ◀ max

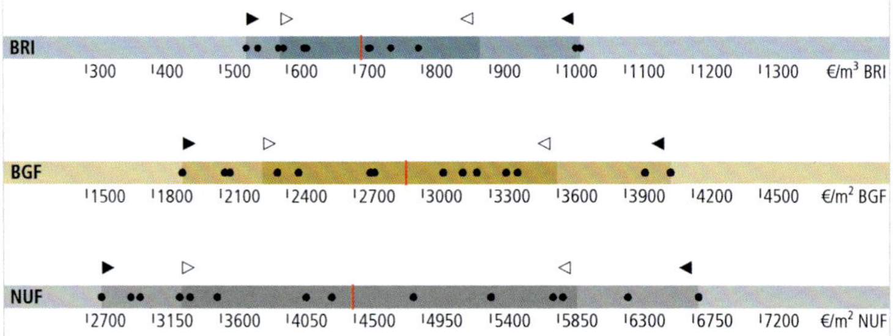

(5)

© BKI Baukosteninformationszentrum

Kostenstand: 4. Quartal 2025, Bundesdurchschnitt, **inkl. 19% MwSt.**

Erläuterung nebenstehender Tabellen und Abbildungen

Alle Kostenkennwerte enthalten die Mehrwertsteuer. Kostenstand: 4.Quartal 2025.
Kosten und Kostenkennwerte umgerechnet auf den Bundesdurchschnitt.

Kostenkennwerte für die Kosten des Bauwerks (Kostengruppe 300+400 DIN 276) bzw. der Außenanlagen (Kostengruppe 500 DIN 276)

①

Bezeichnung der Gebäudeart, bzw. Außenanlagen/Freiflächenart

②

Kostenkennwerte für die Kosten des Bauwerks (KG 300 + 400) bzw. Außenanlagen (KG 500)
Angabe von Streubereich (Standardabweichung; „von-/bis"-Werte) und Mittelwert (Fettdruck).
- Bauwerkskosten: Summe der Kostengruppen 300 und 400 (DIN 276)
- Kostengruppe 300: Bauwerk-Baukonstruktionen
- Kostengruppe 400: Bauwerk-Technische Anlagen
- BRI: Brutto-Rauminhalt (Summe der Regelfall (R)- und Sonderfall (S)-Rauminhalte nach DIN 277)
- BGF: Brutto-Grundfläche (Summe der Regelfall (R)- und Sonderfall (S)-Rauminhalte nach DIN 277)
- NUF: Nutzungsfläche (Summe der Regelfall (R)- und Sonderfall (S)-Rauminhalte nach DIN 277)
- NE: Nutzeinheit
- Außenanlagenkosten: Kostengruppe 500 (DIN 276)
- AF: Außenanlagenfläche (DIN 277)

Auf volle 5 bzw. 10€ gerundete Werte

③

Zeigt Abbildungen beispielhaft ausgewählter Vergleichsobjekte aus der jeweiligen Gebäudeart/Außenanlage. Die Objektnummer verweist auf die im gleichen Kapitel veröffentlichte Objektdokumentation. Jedoch sind nicht alle Objekte, die zur Bildung der statistischen Werte herangezogen wurden, als Einzelobjektdokumention in diesem Band veröffentlicht.

Vergleichsobjekte

④

Die Punkte zeigen auf die objektbezogenen Kostenkennwerte €/m³ BRI, €/m² BGF, €/m² NUF bzw. €/m² AF (Außenanlagen) der Vergleichsobjekte. Diese Tabelle verdeutlicht den Sachverhalt, dass die Kostenkennwerte realer und abgerechneter Einzelobjekte auch außerhalb des statistisch ermittelten Streubereichs (Standardabweichung) liegen können. Der farbintensive innere Bereich stellt diesen Streubereich (von-bis) grafisch mit der Angabe des Mittelwerts dar. Von allen Vergleichsobjekten können beim BKI bei Bedarf die ausführlichen Kostendokumentationen angefordert werden. Die Breiten der Streubereiche variieren bei den unterschiedlichen Gebäudearten/Außenanlagen bzw. Freiflächenarten. Bei Außenanlagen verweist die untere Grafik auf die Bauzeitenkennwerte in Wochen der in der Auswertung enthaltenen Vergleichsobjekte (siehe Seite 37 Punkt 6).

⑤

Anzeige des Kostenstandes

Kostenkennwerte für die Kostengruppen der 1. und 2.Ebene DIN 276

(1)

KG	Kostengruppen der 1. Ebene	Einheit	▷	€/Einheit	◁	▷	% an 300+400	◁
100	Grundstück	m²GF	–	**–**	–	–	**–**	–
200	Vorbereitende Maßnahmen	m²GF	2	**6**	31	0,5	**1,7**	3,9
300	Bauwerk – Baukonstruktionen	m²BGF	1.881	**2.266**	2.962	71,2	**77,9**	84,3
400	Bauwerk – Technische Anlagen	m²BGF	416	**658**	929	15,7	**22,1**	28,8
	Bauwerk 300+400	m²BGF	2.286	**2.924**	3.595	100,0	**100,0**	100,0
500	Außenanlagen und Freiflächen	m²AF	28	**185**	1.084	1,1	**5,3**	10,2
600	Ausstattung und Kunstwerke	m²BGF	5	**66**	231	0,2	**2,3**	8,1
700	Baunebenkosten*	m²BGF	578	**644**	711	19,9	**22,2**	24,5 ◁
800	Finanzierung	m²BGF	–	**–**	–	–	**–**	–

* Auf Grundlage der HOAI 2021 berechnete Werte nach §§ 35, 52, 56. Weitere Informationen siehe Seite 32

(2)

KG	Kostengruppen der 2. Ebene	Einheit	▷	€/Einheit	◁	▷	% an 1. Ebene	◁
310	Baugrube / Erdbau	m³BGI	30	**94**	169	0,9	**1,9**	4,7
320	Gründung, Unterbau	m²GRF	458	**545**	700	12,8	**16,1**	21,5
330	Außenwände / vertikal außen	m²AWF	658	**888**	1.080	24,2	**33,1**	35,1
340	Innenwände / vertikal innen	m²IWF	357	**389**	427	12,4	**15,0**	16,6
350	Decken / horizontal	m²DEF	445	**618**	781	0,0	**9,8**	15,3
360	Dächer	m²DAF	459	**626**	853	14,0	**18,9**	24,3
370	Infrastrukturanlagen		–	**–**	–	–	**–**	–
380	Baukonstruktive Einbauten	m²BGF	2	**9**	22	< 0,1	**0,4**	1,2
390	Sonst. Maßnahmen für Baukonst.	m²BGF	51	**98**	147	3,0	**4,7**	8,0
300	**Bauwerk – Baukonstruktionen**	**m²BGF**					**100,0**	
410	Abwasser-, Wasser-, Gasanlagen	m²BGF	65	**103**	171	9,1	**18,3**	27,2
420	Wärmeversorgungsanlagen	m²BGF	67	**85**	119	10,6	**15,4**	26,9
430	Raumlufttechnische Anlagen	m²BGF	11	**79**	155	2,4	**10,3**	19,2
440	Elektrische Anlagen	m²BGF	138	**218**	312	25,1	**35,8**	45,7
450	Kommunikationstechnische Anlagen	m²BGF	27	**57**	87	5,3	**9,1**	12,6
460	Förderanlagen	m²BGF	37	**63**	114	0,5	**3,8**	9,9
470	Nutzungsspez. / verfahrenstech. Anl.	m²BGF	6	**27**	67	< 0,1	**1,4**	5,2
480	Gebäude- und Anlagenautomation	m²BGF	60	**86**	99	0,0	**5,5**	12,1
490	Sonst. Maßnahmen f. techn. Anl.	m²BGF	2	**4**	6	< 0,1	**0,3**	1,7
400	**Bauwerk – Technische Anlagen**	**m²BGF**					**100,0**	

(3)

Prozentanteile der Kosten 2.Ebene an den Kosten des Bauwerks nach DIN 276 (Von/Mittel/Bis)

KG	Kostengruppe	%
310	Baugrube / Erdbau	1,5
320	Gründung, Unterbau	12,6
330	Außenwände / vertikal außen	25,7
340	Innenwände / vertikal innen	11,5
350	Decken / horizontal	7,1
360	Dächer	14,8
370	Infrastrukturanlagen	
380	Baukonstruktive Einbauten	0,3
390	Sonst. Maßnahmen für Baukonst.	3,5
410	Abwasser-, Wasser-, Gasanlagen	3,7
420	Wärmeversorgungsanlagen	3,3
430	Raumlufttechnische Anlagen	2,8
440	Elektrische Anlagen	7,8
450	Kommunikationstechnische Anlagen	2,2
460	Förderanlagen	1,1
470	Nutzungsspez. / verfahrenstech. Anl.	0,4
480	Gebäude- und Anlagenautomation	1,6
490	Sonst. Maßnahmen f. techn. Anl.	< 0,1

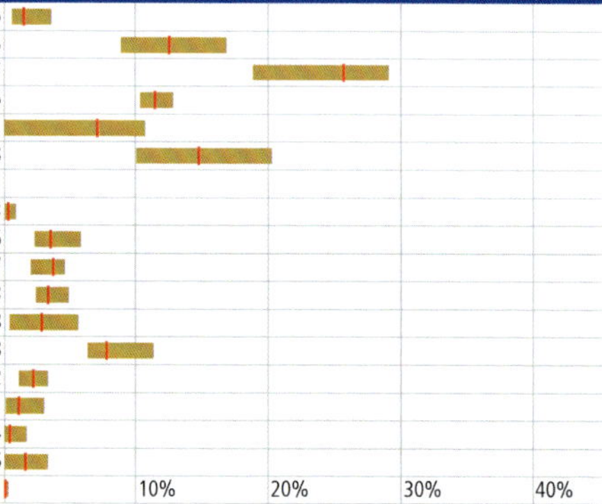

Kostenstand: 4. Quartal 2025, Bundesdurchschnitt, inkl. 19% MwSt.

Erläuterung nebenstehender Baukostentabellen

Alle Kostenkennwerte enthalten die Mehrwertsteuer. Kostenstand: 4.Quartal 2025.
Kosten und Kostenkennwerte umgerechnet auf den Bundesdurchschnitt.
Die Bezugseinheiten der Kostenkennwerte entsprechen der DIN 276:2018-12: Mengen und Bezugseinheiten.

Kostenkennwerte für die Kostengruppen der 1. und 2.Ebene DIN 276

①

Kostenkennwerte in €/Einheit für die Kostengruppen 200 bis 600 der 1.Ebene DIN 276 mit Angabe von Mittelwert (Spalte: €/Einheit) und Standardabweichung („von-/bis"-Werte). Anteil der jeweiligen Kostengruppen in Prozent der Bauwerkskosten (100%) bzw. Außenanlagenkosten (100%) mit Angabe von Mittelwert (Spalte: % an 300 + 400 bzw. % an 500) und Streubereich („von-/bis"-Werte). Die Werte in den Spalten „von" bzw. „bis" sind aus statistischen Gründen nicht addierbar, sonstige Abweichungen sind rundungsbedingt.

②

Angaben zum Bauwerk bzw. zur Außenanlage, jedoch für Kostengruppen der 2.Ebene DIN 276. Die Kostenkennwerte zur Kostengruppe 300 (Bauwerk-Baukonstruktionen) bzw. 500 (Außenanlagen) sind wegen der unterschiedlichen Bezugseinheiten nicht addierbar.
Bei der Ermittlung der Kostenkennwerte dieser Tabelle variiert der Stichprobenumfang von Kostengruppe zu Kostengruppe und auch gegenüber dem Stichprobenumfang der Tabelle der 1.Ebene. Um kostenplanerisch realistische Kostenkennwerte für die einzelnen Kostengruppen angeben zu können, wurden bei jeder Kostengruppe nur diejenigen Objekte einbezogen, bei denen für die betreffende Kostengruppe auch tatsächlich Kosten angefallen sind.
Zur Berechnung der Prozentanteile wurden jedoch alle Objekte herangezogen, zwischen den Kostenkennwerten und den Prozentanteilen kann daher kein direkter Bezug hergeleitet werden.
Beispiel: Da Schulen nicht immer eine Förderanlage enthalten, ergibt sich bezogen auf die gesamte Stichprobe der geringe mittlere Prozentanteil von nur 3,8% an den Kosten der Technischen Anlagen. Diesem Prozentsatz steht der Kostenkennwert von 63€/m² BGF gegenüber, ermittelt aus den Objekten, bei denen Kosten für Förderanlagen abgerechnet worden sind.

Prozentualer Anteil der Kostengruppen der 2.Ebene an den Kosten des Bauwerks nach DIN 276 (Neubau und Altbau)

③

Die grafische Darstellung verdeutlicht, welchen durchschnittlichen Anteil die Kostengruppen der 2.Ebene DIN 276 an den Bauwerkskosten (Kostengruppe 300 + 400 = 100%) haben. Für Kostenermittlungen werden die kostenplanerisch besonders relevanten Kostengruppen auch optisch sofort erkennbar. Der senkrechte Strich markiert den durchschnittlichen Prozentanteil (Mittelwert); der farbige Balken visualisiert den „Streubereich" (Standardabweichung). Bei der Aufsummierung aller Prozentanteile der Kostengruppen sind Abweichungen zu 100% rundungsbedingt.

①

Kostenkennwerte für die Kostengruppen der 1. und 2.Ebene DIN 276

KG	Kostengruppen der 1. Ebene	Einheit	▷	€/Einheit	◁	▷	% an 300+400	◁
100	Grundstück	m²GF	–	**–**	–	–	**–**	–
200	Vorbereitende Maßnahmen	m²GF	2	**6**	31	0,5	**1,7**	3,9
300	Bauwerk – Baukonstruktionen	m²BGF	1.881	**2.266**	2.962	71,2	**77,9**	84,3
400	Bauwerk – Technische Anlagen	m²BGF	416	**658**	929	15,7	**22,1**	28,8
	Bauwerk 300+400	m²BGF	2.286	**2.924**	3.595	100,0	**100,0**	100,0
500	Außenanlagen und Freiflächen	m²AF	28	**185**	1.084	1,1	**5,3**	10,2
600	Ausstattung und Kunstwerke	m²BGF	5	**66**	231	0,2	**2,3**	8,1
700	Baunebenkosten*	m²BGF	578	**644**	711	19,9	**22,2**	24,5 ◁
800	Finanzierung	m²BGF	–	**–**	–	–	**–**	–

* Auf Grundlage der HOAI 2021 berechnete Werte nach §§ 35, 52, 56. Weitere Informationen siehe Seite 32

KG	Kostengruppen der 2. Ebene	Einheit	▷	€/Einheit	◁	▷	% an 1. Ebene	◁
310	Baugrube / Erdbau	m³BGI	30	**94**	169	0,9	**1,9**	4,7
320	Gründung, Unterbau	m²GRF	458	**545**	700	12,8	**16,1**	21,5
330	Außenwände / vertikal außen	m²AWF	658	**888**	1.080	24,2	**33,1**	35,1
340	Innenwände / vertikal innen	m²IWF	357	**389**	427	12,4	**15,0**	16,6
350	Decken / horizontal	m²DEF	445	**618**	781	0,0	**9,8**	15,3
360	Dächer	m²DAF	459	**626**	853	14,0	**18,9**	24,3
370	Infrastrukturanlagen		–	**–**	–	–	**–**	–
380	Baukonstruktive Einbauten	m²BGF	2	**9**	22	< 0,1	**0,4**	1,2
390	Sonst. Maßnahmen für Baukonst.	m²BGF	51	**98**	147	3,0	**4,7**	8,0
300	**Bauwerk – Baukonstruktionen**	**m²BGF**					**100,0**	
410	Abwasser-, Wasser-, Gasanlagen	m²BGF	65	**103**	171	9,1	**18,3**	27,2
420	Wärmeversorgungsanlagen	m²BGF	67	**85**	119	10,6	**15,4**	26,9
430	Raumlufttechnische Anlagen	m²BGF	11	**79**	155	2,4	**10,3**	19,2
440	Elektrische Anlagen	m²BGF	138	**218**	312	25,1	**35,8**	45,7
450	Kommunikationstechnische Anlagen	m²BGF	27	**57**	87	5,3	**9,1**	12,6
460	Förderanlagen	m²BGF	37	**63**	114	0,5	**3,8**	9,9
470	Nutzungsspez. / verfahrenstech. Anl.	m²BGF	6	**27**	67	< 0,1	**1,4**	5,2
480	Gebäude- und Anlagenautomation	m²BGF	60	**86**	99	0,0	**5,5**	12,1
490	Sonst. Maßnahmen f. techn. Anl.	m²BGF	2	**4**	6	< 0,1	**0,3**	1,7
400	**Bauwerk – Technische Anlagen**	**m²BGF**					**100,0**	

Prozentanteile der Kosten 2.Ebene an den Kosten des Bauwerks nach DIN 276 (Von/Mittel/Bis)

KG	Kostengruppe	%
310	Baugrube / Erdbau	1,5
320	Gründung, Unterbau	12,6
330	Außenwände / vertikal außen	25,7
340	Innenwände / vertikal innen	11,5
350	Decken / horizontal	7,1
360	Dächer	14,8
370	Infrastrukturanlagen	
380	Baukonstruktive Einbauten	0,3
390	Sonst. Maßnahmen für Baukonst.	3,5
410	Abwasser-, Wasser-, Gasanlagen	3,7
420	Wärmeversorgungsanlagen	3,3
430	Raumlufttechnische Anlagen	2,8
440	Elektrische Anlagen	7,8
450	Kommunikationstechnische Anlagen	2,2
460	Förderanlagen	1,1
470	Nutzungsspez. / verfahrenstech. Anl.	0,4
480	Gebäude- und Anlagenautomation	1,6
490	Sonst. Maßnahmen f. techn. Anl.	< 0,1

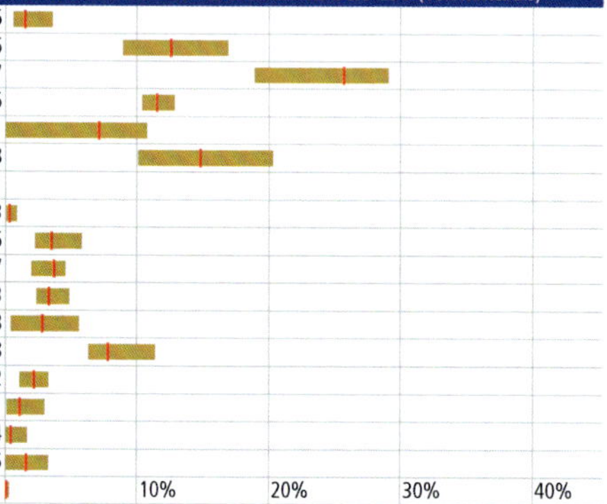

Kostenstand: 4.Quartal 2025, Bundesdurchschnitt, inkl. 19% MwSt.

Erläuterung nebenstehender Baukostentabellen

Alle Kostenkennwerte enthalten die Mehrwertsteuer. Kostenstand: 4.Quartal 2025.
Kosten und Kostenkennwerte umgerechnet auf den Bundesdurchschnitt.
Die Bezugseinheiten der Kostenkennwerte entsprechen der DIN 276:2018-12: Mengen und Bezugseinheiten.

Kostenkennwerte für die Kostengruppe 700 Baunebenkosten (nur Neubau)

(1)

Im Fachbuch werden die Honorare für die Architekten- und Ingenieurleistungen rechnerisch ermittelt. Als Grundlage dienen die Bauwerkskosten (KG 300 und 400) der jeweiligen Objekte, welche eine detaillierte Berechnung ermöglichen.

Für jedes in der Gebäudeart enthaltene Objekt wurden anhand der jeweils anrechenbaren Kosten:
- die Honorare für Grundleistungen bei Gebäuden und Innenräumen (Honorartafel § 35),
- die Honorare für Grundleistungen bei Tragwerksplanungen (Honorartafel §52),
- die Honorare für Grundleistungen der Technischen Ausrüstung (Honorartafel §56).

Es handelt sich dabei um regelmäßig anfallende Leistungsbilder der HOAI. Die berechneten Honorare beinhalten jeweils alle Grundleistungen (100%) des Leistungsbildes und keine besonderen Leistungen.

Je nach Anforderung können weitere Leistungsbilder (z.B. für Freianlagen, Umweltverträglichkeitsstudien, Bauphysik, Geotechnik, Ingenieurvermessung und weitere) und besondere Leistungen erforderlich werden. Diese müssen bei Kostenermittlungen separat ermittelt und kostenplanerisch erfasst werden. Dafür kann der Artikel „Orientierungswerte und frühzeitige Ermittlung der Baunebenkosten ausgewählter Gebäudearten" von Univ.-Prof. Dr.-Ing. Wolfdietrich Kalusche und Dr.-Ing. Sebastian Herke (Fachbuch BKI Baukosten Gebäude 2025, ab Seite 122) eine wesentliche Hilfestellung geben, oder die ebenfalls bei BKI erhältliche Software „BKI Honorarermittler".

Die Honorarberechnungen wurden jeweils für den Mindest-, Mittel- und Höchstsatz der entsprechenden Leistungsbilder berechnet und in der BKI Systematik bei den Von-, Mittel-, und Bis-Werten eingetragen. Bei mehreren möglichen Honorarzonen wurde die jeweils niedrigere gewählt.

Für die rechnerisch ermittelten Kostenkennwerte der KG 700 wurde eine blaue Schriftfarbe verwendet, um diese von den empirisch erhobenen Werten der anderen Kostengruppen abzuheben. Damit soll auch verdeutlicht werden, dass der hier abgebildete Kostenkennwert nicht die gesamten Kosten der KG 700 abbildet. Es werden ausschließlich die Honorare nach den Paragrafen 35, 52, 56 der HOAI 2013 ermittelt. Für eine überschlägige Berechnung der weiteren Bestandteile der Baunebenkosten wird die Tabelle 10 im Artikel „Orientierungswerte und frühzeitige Ermittlung der Baunebenkosten ausgewählter Gebäudearten" (Fachbuch BKI Baukosten Gebäude 2025, Seite 135) empfohlen.

Neu- und Altbau

Schulen, Holzbauweise

Kosten:
Stand 4. Quartal 2025
Bundesdurchschnitt
inkl. 19% MwSt.

● KKW
▶ min
▷ von
| Mittelwert
◁ bis
◀ max

Prozentanteile der Kosten für Leistungsbereiche nach STLB (Kosten Bauwerk nach DIN 276)

	LB	Leistungsbereiche	7,5% 15% 22,5% 30%	▷	% an 300+400	◁
(1)	000	Baustellen-, Verkehrssich.- u. Sicherh.einr. inkl. 001		1,9	**3,1**	5,2
	002	Erdarbeiten		1,1	**1,9**	3,8
	006	Spezialtiefbauarbeiten inkl. 005		–	–	–
	020	Dachdeckungsarbeiten		0,0	**2,4**	5,3
	021	Dachabdichtungsarbeiten		0,0	**2,5**	4,4
	022	Klempnerarbeiten		0,6	**1,7**	3,0
(2)		**Rohbau**		38,2	**42,8**	51,0
	023	Putz- und Stuckarbeiten, Wärmedämmsysteme		0,9	**3,8**	10,1
	024	Fliesen- und Plattenarbeiten		0,7	**1,2**	2,1
	025	Estricharbeiten		0,5	**1,7**	3,0
	036	Bodenbelagarbeiten		0,3	**1,5**	2,6
	038	Vorgehängte hinterlüftete Fassaden		0,0	**3,7**	5,9
	039	Trockenbauarbeiten		2,8	**4,9**	7,2
(2)		**Ausbau**		31,3	**34,7**	38,9
	040	Wärmeversorgungsanl. - Betriebseinr. inkl. 041		2,4	**3,1**	4,8
	042	Gas- u. Wasseranl. - Leitung., Armat. inkl. 043		0,4	**0,8**	2,1
	044	Abwasseranl. - Leitungen, Abläufe, Armaturen		0,3	**0,6**	1,0
	053	Niederspannungsanl. - Kabel inkl. 054		3,4	**4,7**	6,8
	055	Sicherheits- u. Ersatzstromversorgungsanl.		–	–	–
	057	Gebäudesystemtechnik		< 0,1	**0,4**	2,6
	058	Leuchten und Lampen inkl. 059		2,1	**2,9**	4,7
	060	Such, Signal, Zeit, Anten., akust. Anl. inkl. 064		0,2	**0,4**	0,9
	061	Kommunikations- u. Übertragungsnetze inkl. 062		0,4	**0,6**	1,0
	063	Gefahrenmeldeanlagen		0,3	**0,9**	1,5
	069	Aufzüge		0,0	**0,8**	1,6
	070	Gebäudeautomation		0,0	**0,9**	3,0
	075	Raumlufttechnische Anlagen inkl. 078		0,4	**2,7**	5,5
(2)		**Gebäudetechnik**		16,6	**21,9**	27,5
(3)		Sonstige Leistungsbereiche inkl. 008, 033, 051		0,2	**0,5**	2,0

Außenanlagen

Prozentanteile der Kosten für Leistungsbereiche nach STLB (Kosten der KG 500 nach DIN 276)

	LB	Leistungsbereiche	20% 40% 60%	▷	% 500	◁
(1)	000	Baustellen-, Verkehrssich.- u. Sicherh.einr. inkl. 001		0,8	**2,2**	4,7
	002	Erdarbeiten		0,4	**4,2**	11,0
	003	Landschaftsbauarbeiten		14,4	**26,4**	51,0
	004	Landschaftsbauarbeiten - Pflanzen		2,0	**5,0**	10,3
	008	Wasserhaltungsarbeiten		–	–	–
	009	Entwässerungskanalarbeiten		1,8	**5,5**	10,9
	010	Drän- und Versickerarbeiten		0,2	**1,0**	5,1
	012	Mauerarbeiten		< 0,1	**0,2**	4,1
	042	Gas- u. Wasseranl. - Leitung., Armat.		< 0,1	**0,2**	1,7
	043	Druckrohrleitungen Gas, Wasser, Abwasser		–	–	–
	044	Abwasseranl. - Leitungen, Abläufe, Armaturen		0,0	**0,4**	2,7
	053	Niederspannungsanl. - Kabel inkl. 052, 055		< 0,1	**0,7**	2,6
	058	Leuchten und Lampen inkl. 059		< 0,1	**1,4**	3,6
	080	Straßen, Wege, Plätze		24,5	**39,0**	56,5
	084	Abbruch, Rückbau, Schadstoffsanierung		< 0,1	**0,5**	2,7
	087	Abfallentsorgung, Verwertung und Beseitigung		< 0,1	**0,2**	2,6
(3)		Sonstige Leistungsbereiche		0,1	**1,0**	3,8

Erläuterung nebenstehender Baukostentabelle

Alle Kostenkennwerte enthalten die Mehrwertsteuer. Kostenstand: 4.Quartal 2025.
Kosten und Kostenkennwerte umgerechnet auf den Bundesdurchschnitt.

Prozentanteile der Kosten für Leistungsbereiche nach STLB (Kosten des Bauwerks DIN 276)

①

LB-Nummer nach Standardleistungsbuch (STLB).
Bezeichnung des Leistungsbereichs (zum Teil abgekürzt).

Die grafische Darstellung verdeutlicht, welchen durchschnittlichen Anteil die einzelnen Leistungsbereiche an den Bauwerkskosten (Kostengruppe 300 + 400 = 100%) bzw. der Außenanlagenkosten (Kostengruppe 500 = 100%) haben. Für Kostenermittlungen werden die kostenplanerisch besonders relevanten Leistungsbereiche auch optisch sofort erkennbar. Der senkrechte Strich markiert den durchschnittlichen Prozentanteil (Mittelwert); der farbige Balken visualisiert den „Streubereich" (Standardabweichung). Bei der Aufsummierung aller Prozentanteile der Leistungsbereiche sind Abweichungen zu 100% rundungsbedingt.

Anteil der jeweiligen Leistungsbereiche in Prozent der Bauwerkskosten (100%):
Mittelwerte: siehe Spalte „% an 300 + 400"

Anteil der jeweiligen Leistungsbereiche in Prozent der Außenanlagenkosten (100%).
Mittelwerte: siehe Spalte „% an 500"

Standardabweichung: siehe Spalten „von/bis".

②

Prozentanteile für „Leistungsbereichspakete" als Zusammenfassung bestimmter Leistungsbereiche. Leistungsbereiche mit relativ geringem Kostenanteil wurden in Einzelfällen mit anderen Leistungsbereichen zusammengefasst.

Beispiel:
LB 000 Baustelleneinrichtung zusammengefasst mit LB 001 Gerüstarbeiten (Angabe: inkl. 001).
vollständige Leistungsbereichsgliederung siehe S. 88

③

Ergänzende, den STLB-Leistungsbereichen nicht zuordenbare Leistungsbereiche, zusammengefasst mit den LB-Nr. 008, 033, 051 u.a.

Anmerkung:
Die Werte in den Spalten „von" bzw. „bis" sind aus statistischen Gründen nicht addierbar, sonstige Abweichungen sind rundungsbedingt.
Bei zu geringem Stichprobenumfang entfällt bei einzelnen Leistungsbereichen die Angabe „von/bis".

Planungskennwerte für Flächen und Rauminhalte nach DIN 277

(1)

Grundflächen		▷	Fläche/NUF (%)	◁	▷	Fläche/BGF (%)	◁
NUF	Nutzungsfläche	100,0	**100,0**	100,0	59,1	**67,6**	74,7
TF	Technikfläche	5,2	**7,0**	14,2	3,1	**4,1**	7,4
VF	Verkehrsfläche	16,4	**22,3**	28,8	10,6	**13,7**	18,1
NRF	Netto-Raumfläche	121,1	**128,8**	135,9	75,6	**85,2**	88,1
KGF	Konstruktions-Grundfläche	19,8	**25,2**	57,6	11,9	**14,8**	24,4
BGF	Brutto-Grundfläche	142,5	**154,0**	188,9	100,0	**100,0**	100,0

(2)

Brutto-Rauminhalte		▷	BRI/NUF (m)	◁	▷	BRI/BGF (m)	◁
BRI	Brutto-Rauminhalt	5,94	**6,32**	7,34	3,94	**4,14**	4,51

(3)

Flächen von Nutzeinheiten	▷	NUF/Einheit (m²)	◁	▷	BGF/Einheit (m²)	◁
Nutzeinheit: Schüler	4,76	**5,74**	7,46	7,22	**8,99**	10,57

(4)

Lufttechnisch behandelte Flächen	▷	Fläche/NUF (%)	◁	▷	Fläche/BGF (%)	◁
Entlüftete Fläche	–	–	–	–	–	–
Be- und entlüftete Fläche	136,7	**136,7**	136,7	53,0	**53,0**	53,0
Teilklimatisierte Fläche	–	–	–	–	–	–
Klimatisierte Fläche	–	–	–	–	–	–

(5)

KG	Kostengruppen (2. Ebene)	Einheit	▷	Menge/NUF	◁	▷	Menge/BGF	◁
310	Baugrube / Erdbau	m³BGI	0,54	**0,75**	0,94	0,41	**0,49**	0,58
320	Gründung, Unterbau	m²GRF	0,83	**0,94**	1,03	0,57	**0,64**	0,67
330	Außenwände / vertikal außen	m²AWF	1,12	**1,23**	1,37	0,76	**0,82**	0,89
340	Innenwände / vertikal innen	m²IWF	1,12	**1,23**	1,51	0,71	**0,80**	0,93
350	Decken / horizontal	m²DEF	0,75	**0,80**	0,80	0,42	**0,46**	0,46
360	Dächer	m²DAF	0,84	**0,98**	1,06	0,56	**0,66**	0,69
370	Infrastrukturanlagen		–	–	–	–	–	–
380	Baukonstruktive Einbauten	m²BGF	1,43	**1,54**	1,89	1,00	**1,00**	1,00
390	Sonst. Maßnahmen für Baukonst.	m²BGF	1,43	**1,54**	1,89	1,00	**1,00**	1,00
300	**Bauwerk – Baukonstruktionen**	**m²BGF**	1,43	**1,54**	1,89	1,00	**1,00**	1,00

Planungskennwerte für Bauzeiten — 14 Vergleichsobjekte

(6)

Bauzeit in Wochen

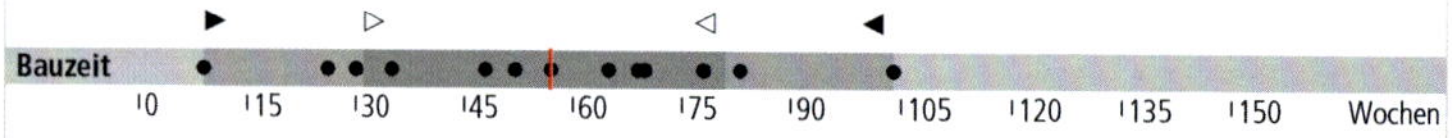

© **BKI** Baukosteninformationszentrum

Kostenstand: 4. Quartal 2025, Bundesdurchschnitt, **inkl. 19% MwSt.**

Erläuterung nebenstehender Planungskennwerttabellen

Planungskennwerte für Grundflächen und Rauminhalte DIN 277 und Bauzeiten (nur Neubau)

In Ergänzung der Kostenkennwerttabellen werden für jede Gebäudeart Planungskennwerte angegeben, die die Überprüfung der Wirtschaftlichkeit einer Entwurfslösung anhand nicht-monetärer Kennwerte ermöglichen.
Ein Planungskennwert im Sinne dieser Veröffentlichung ist ein Wert, der das Verhältnis bestimmter Flächen und Rauminhalte darstellt, angegeben als Prozentwert oder als Faktor (Mengenverhältnis).

①

Grundflächen im Verhältnis zur Nutzungsfläche (NUF = 100%) und Brutto-Grundfläche (BGF = 100%) in Prozent. Angegeben sind Mittelwerte und Streubereich (Spalten „von" bzw. „bis"). Die „von-/bis"-Werte sind aus statistischen Gründen nicht addierbar, sonstige Abweichungen sind entweder rundungsbedingt oder es lagen bei einzelnen Objekten nicht alle Flächenangaben vor.

②

Verhältnis von BRI zur Nutzungsfläche und zur Brutto-Grundfläche (mittlere Geschosshöhe), angegeben als Faktor (in Meter).

③

Verhältnis der Nutzeinheiten (NE) zur Nutzungsfläche und Brutto-Grundfläche.

④

Verhältnis von lufttechnisch behandelten Flächen (nach BKI) zur Nutzungsfläche und zur Brutto-Grundfläche in Prozent. Diese Angaben sind nicht bei allen Objekten verfügbar. Wenn in der Tabelle kein Streubereich angegeben ist, handelt es sich bei dem Mittelwert um den Wert eines einzelnen Objekts.

⑤

Verhältnis der Mengen dieser Kostengruppen nach DIN 276 („Grobelemente") zur Nutzungs- und Brutto-Grundfläche, angegeben als Faktor. Wenn aus der Grundlagenermittlung die Nutzungsfläche oder Brutto-Grundfläche für ein Projekt bekannt ist, ein Vorentwurf als Grundlage für Mengenermittlungen aber noch nicht vorliegt, so können mit diesen Faktoren die Grobelementmengen überschlägig ermittelt werden.

⑥

Die statistische Auswertung der Bauzeiten der einzelnen Objekte zeigt die mittlere Bauzeit, sowie den Von-Bis-Bereich und die Minimal- und Maximal-Zeiten jeweils in Wochen. Die Skala wechselt, um die unterschiedliche Zeitdauer bei wechselnden Gebäudearten darstellen zu können. Untypische Objekte werden nicht in die Auswertung einbezogen.

Erweiterungen

Schulen

Kostenkennwerte für die Kostengruppen der 3. Ebene DIN 276

	KG	Kostengruppen der 3. Ebene	Einheit	▷	€/Einheit	◁	▷	€/m² BGF	◁
	337	Elem. Außenwandkonstruktionen	m²	653	**934**	1.211	217	**393**	575
	334	Außenwandöffnungen	m²	1.093	**1.314**	1.803	108	**249**	563
	351	Deckenkonstruktionen	m²	243	**455**	975	87	**209**	467
	335	Außenwandbekleidungen, außen	m²	206	**274**	398	122	**205**	312
1	363	Dachbeläge	m²	225	**325**	519	122	**202**	307
	361	Dachkonstruktionen	m²	181	**253**	315	83	**148**	279
2	331	Tragende Außenwände	m²	182	**295**	775	67	**141**	336
	322	Flachgründungen und Bodenplatten	m²	226	**1.485**	11.512	69	**138**	227
	353	Deckenbeläge	m²	174	**191**	209	80	**111**	187
3	324	Gründungsbeläge	m²	134	**203**	268	54	**107**	190
	444	Niederspannungsinstallationsanl.	m²	60	**100**	160	60	**100**	160
	445	Beleuchtungsanlagen	m²	69	**98**	152	69	**98**	152
	391	Baustelleneinrichtung	m²	41	**97**	172	41	**97**	172
	431	Lüftungsanlagen	m²	24	**96**	154	24	**96**	154
	341	Tragende Innenwände	m²	137	**312**	596	72	**90**	121
	344	Innenwandöffnungen	m²	822	**989**	1.144	47	**67**	107
	345	Innenwandbekleidungen	m²	46	**69**	113	38	**64**	84
4	364	Dachbekleidungen	m²	61	**127**	168	33	**64**	105
	311	Herstellung	m³	45	**79**	115	17	**59**	118
	354	Deckenbekleidungen	m²	52	**108**	172	16	**55**	138
	423	Raumheizflächen	m²	29	**49**	99	29	**49**	99
	392	Gerüste	m²	32	**48**	67	32	**48**	67
	422	Wärmeverteilnetze	m²	14	**47**	67	14	**47**	67
	333	Außenstützen	m	224	**450**	1.173	12	**47**	108
	338	Lichtschutz zur KG 330	m²	214	**336**	601	28	**42**	71
	381	Allgemeine Einbauten	m²	< 1	**41**	123	< 1	**41**	123
5	412	Wasseranlagen	m²	22	**41**	93	22	**41**	93
	398	Provisorische Baukonstruktionen	m²	–	**37**	–	–	**37**	–
	481	Automationseinrichtungen	m²	24	**37**	51	24	**37**	51
	411	Abwasseranlagen	m²	18	**34**	74	18	**34**	74
	456	Gefahrenmelde- und Alarmanlagen	m²	11	**32**	61	11	**32**	61
	321	Baugrundverbesserung	m²	2	**59**	92	8	**32**	57
	359	Sonstiges zur KG 350	m²	24	**54**	74	15	**31**	41
	336	Außenwandbekleidungen, innen	m²	34	**64**	87	15	**31**	58
	457	Datenübertragungsnetze	m²	10	**30**	52	10	**30**	52
	325	Abdichtungen und Bekleidungen	m²	21	**68**	201	7	**29**	73
	461	Aufzugsanlagen	m²	27	**28**	30	27	**28**	30
	442	Eigenstromversorgungsanlagen	m²	–	**22**	–	–	**22**	–
	421	Wärmeerzeugungsanlagen	m²	2	**22**	37	2	**22**	37
	342	Nichttragende Innenwände	m²	105	**139**	181	9	**19**	58
	313	Wasserhaltung	m³	–	**11**	–	17	**18**	19
	365	Elementierte Dachkonstruktionen	m²	–	**1.364**	–	–	**17**	–
	397	Zusätzliche Maßnahmen	m²	8	**17**	40	8	**17**	40
	382	Besondere Einbauten	m²	7	**16**	26	7	**16**	26
	346	Elem. Innenwandkonstruktionen	m²	421	**844**	1.549	3	**15**	21
	446	Blitzschutz- und Erdungsanlagen	m²	5	**14**	30	5	**14**	30
	332	Nichttragende Außenwände	m²	168	**459**	1.599	7	**14**	25
	326	Dränagen	m²	6	**20**	34	< 1	**12**	17
	485	Datenübertragungsnetze	m²	10	**11**	13	10	**11**	13
	355	Elementierte Deckenkonstruktionen	m²	–	**1.598**	–	–	**11**	–

Kosten:
Stand 4. Quartal 2025
Bundesdurchschnitt
inkl. 19% MwSt.

▷ von
ø Mittel
◁ bis

Kostenstand: 4. Quartal 2025, Bundesdurchschnitt, **inkl. 19% MwSt.**

Erläuterung nebenstehender Baukostentabelle

Alle Kostenkennwerte enthalten die Mehrwertsteuer. Kostenstand: 4. Quartal 2025.
Kosten und Kostenkennwerte umgerechnet auf den Bundesdurchschnitt.

Kostenkennwerte für Kostengruppen der 3. Ebene nach DIN 276, absteigend sortiert (nur Altbau)

①

Kostengruppen-Nummer nach DIN 276:2018-12

②

Kostengruppen-Bezeichnung nach DIN 276:2018-12 (zum Teil abgekürzt)

③

Einheit der Kostengruppe nach DIN 277:2021-08 bzw. der DIN 276:2018-12 Mengen und Bezugseinheiten

④

Kostenkennwerte der jeweiligen Kostengruppen in € bezogen auf die Einheit
Mittelwerte: siehe Spalte „€/Einheit"
Standardabweichung: siehe Spalten „von/bis"

⑤

Kostenkennwerte der jeweiligen Kostengruppen in € bezogen auf die BGF
Mittelwerte: siehe Spalte „€/Einheit"
Standardabweichung: siehe Spalten „von/bis"

Die Kostengruppen wurden nach dem Mittelwert der Spalte €/m² BGF absteigend sortiert. Dadurch ergibt sich eine Gewichtung. Die unter Kostengesichtspunkten wichtigsten Kostengruppen erscheinen zu Beginn der Tabelle. Der Anwender hat dadurch die Möglichkeit schnell zu erkennen, in welchen Kostengruppen die meisten Kosten angefallen sind. Es werden auch Kostenaussagen in einem sehr frühen Planungsstadium ermöglicht, da nur die BGF als Bezugsgröße vorliegen muss.

Bei manchen Kostengruppen, vor allem aus der Gebäudetechnik, ist als Bezugsmenge die BGF vorgegeben. In diesen Fällen sind die Kostenkennwerte in den linken Spalten (€/Einheit) und in den rechten Spalten (€/m² BGF) identisch.

Schulen,
Holzbauweise

Objektübersicht zur Gebäudeart

(1) **4100-0160** Grundschule (150 Schüler), Hort (100 Kinder)*

(2) qbatur Planungsbüro GmbH
Quedlinburg

4100-0167 Oberschule (2 Klassen, 40 Schüler)*

Bosse Westphal Schäffer Architekten
Winsen/Luhe

4100-0174 Gesamtschule (10 Klassen, 188 Schüler)*

Tectum Hille Kobelt Architekten BDA
Weimar

4100-0175 Grundschule (4 Lernlandschaften, 160 Schüler)

ralf pohlmann architekten
Waddeweitz

4100-0179 Gymnasium, Sporthalle - Plusenergiehaus*

Hermann Kaufmann ZT GmbH & Florian Nagler
Architekten GmbH "ARGE Diedorf", München

4100-0183 Mittelschule (5 Klassen, 125 Schüler)*

ABHD Architekten Beck und Denzinger
Neuburg

* Diese Objekte wurden zur Bildung der statistischen Werte herangezogen und sind nicht als Einzelobjekt in diesem Band veröffentlicht.

Erläuterung nebenstehender Abbildungen

Objektübersicht zur Gebäudeart bzw. Außenanlagen- oder Freiflächenart

①

Objektnummer und Objektbezeichnung. Unter der Objektnummer kann die komplette Kostendokumentation beim BKI erworben werden.

Objekte mit * wurden zur Bildung der statistischen Werte herangezogen. Sie sind nicht als Einzelobjekt in diesem Band veröffentlicht.

②

Planendes und/oder ausführendes Architektur- oder Planungsbüro.

Objekte in Modulbauweise

4100-0219
Gymnasium
(12 Klassen)
(330 Schüler)

Kostenkennwerte für die Kosten des Bauwerks (Kostengruppen 300+400 nach DIN 276)

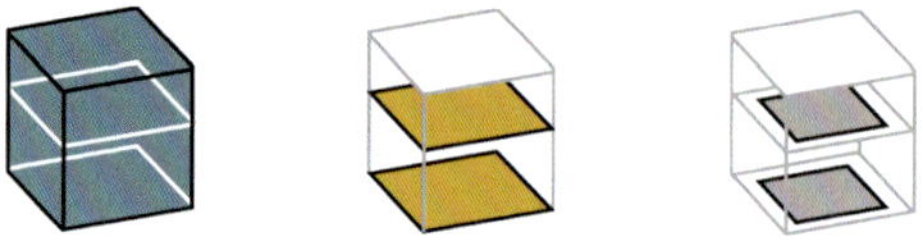

BRI 1.029 €/m³ | **BGF** 3.733 €/m² | **NUF** 6.104 €/m²

Stahl-Raumzellen
• **Holz-Raumzellen**
Stahlbeton-Raumzellen
Ziegel-Raumzellen

Konstruktionsart

(2b)

Objekte mit Nutzeinheit

(1) 4100-0175
Grundschule
(4 Lernlandschaften)
(160 Schüler)

Kostenkennwerte für die Kosten des Bauwerks (Kostengruppen 300+400 nach DIN 276)

(2)

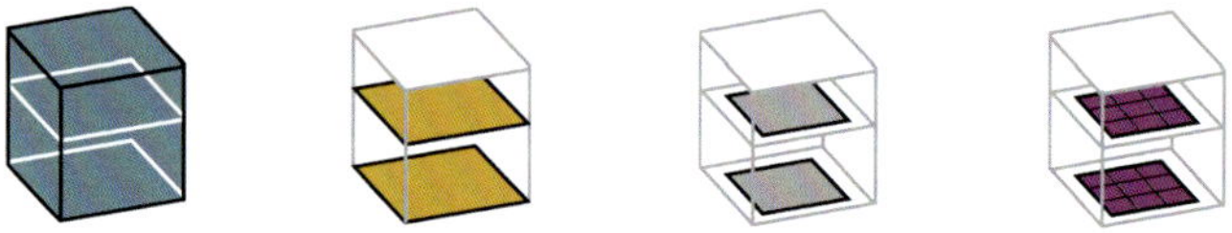

BRI 625 €/m³ | **BGF** 2.785 €/m² | **NUF** 3.394 €/m² | **NE** 37.763 €/NE

(2a) NE: Schüler

(3) **Objekt:**
a) Kennwerte: 3. Ebene DIN 276
b) BRI: 9.671 m³
BGF: 2.170 m²
NUF: 1.780 m²
c) Bauzeit: 70 Wochen
d) Bauende: 2016
e) Standard: mittel
f) Bundesland: Niedersachsen
Kreis: Lüchow-Dannenberg

(4) **Architekt*in:**
ralf pohlmann
architekten
Kiefen 26
29496 Waddeweitz

Bauherr*in:
Samtgemeinde Lüchow
29439 Lüchow (Wendland)

(5)

Kostenstand: 4. Quartal 2025, Bundesdurchschnitt, inkl. 19% MwSt.

(6)

Erläuterungen nebenstehender Tabellen und Abbildungen

Alle Kostenkennwerte enthalten die Mehrwertsteuer. Kostenstand 4. Quartal 2025.
Kosten und Kostenkennwerte umgerechnet auf den Bundesdurchschnitt.

Objektübersicht

①
BKI-Objektnummer und -bezeichnung.

②
Kostenkennwerte für Bauwerkskosten (Kostengruppe 300+400 nach DIN 276) bzw. der Außenanlagen (Kostengruppe 500 nach DIN 276) bezogen auf:

- BRI: Brutto-Rauminhalt (DIN 277)
- BGF: Brutto-Grundfläche (DIN 277)
- NUF: Nutzungsfläche (DIN 277)
- AF: Außenanlagenfläche (DIN 277) bei Außenanlagen

(2a)
Bei Objekten mit Nutzeinheit:
- NE: Nutzeinheiten (z. B. Betten bei Heimen, Stellplätze bei Garagen)
  Wohnfläche nach der Wohnflächenverordnung WoFIV, nur bei Wohngebäuden

(2b)
Bei Objekten in Modulbauweise:
Konstruktionsart: Eingruppierung in Holz-, Stahlbeton-, Stahl- oder Ziegel-Raumzellen

③
a) „Kennwerte" gibt die Kostengliederungstiefe nach DIN 276 an. Die BKI Objekte sind unterschiedlich detailliert dokumentiert: Eine Kurzdokumentation enthält Kosteninformationen bis zur 1. Ebene DIN 276, eine Grobdokumentation bis zur 2. Ebene DIN 276 und eine Langdokumentation bis zur 3. Ebene.
b) Angaben zu BRI, BGF und NUF bzw. GF und AF
c) Angaben zur Bauzeit
d) Angaben zum Bauende
e) Angaben zum Standard
f) Angaben zum Kreis, Bundesland

④
Planendes und/oder ausführendes Architektur- oder Planungsbüro, sowie teilweise Angaben zum/zur Bauherr*in (bei Zustimmung).

⑤
Abbildungen des Objekts

⑥
Anzeige des Kostenstands

4100-0175
Grundschule
(4 Lernlandschaften)
(160 Schüler)

Objektbeschreibung

Allgemeine Objektinformationen

Der Schulneubau wurde als Ersatzbau für das alte Schulgebäude errichtet. Das Nutzungskonzept des Gebäudes und des dazugehörigen Freibereichs entstand aus einem einmaligen pädagogischen Konzept, das die Schule in vier Lernlandschaften organisiert. Jeder Lernlandschaft, in der bis zu 40 Kinder ihren festen Arbeitsplatz haben, sind zwei Lernräume und ein Garderobenraum samt Toiletten zugeordnet. Die Klassenräume im herkömmlichen Sinn findet man in dieser Schule nicht mehr. Die farbige Holzfassade der Außenwände korrespondiert mit den vier Farben im Inneren an den abgehängten Leuchtringen.

(1)

Nutzung

1 Erdgeschoss
zwei Lernlandschaften, Wir-Raum, Musikraum, Verwaltung, Sanitärbereich, Technik, Lager

1 Obergeschoss
zwei Lernlandschaften, Werkraum, Lehrerlounge, Sanitärräume, Technik, Lager

Nutzeinheiten

Lernlandschaften: 4
Schüler: 160

Grundstück

Bauraum: Beengter Bauraum
Neigung: Geneigtes Gelände
Bodenklasse: BK 1 bis BK 4

(2)

Markt

Hauptvergabezeit: 3.Quartal 2014
Baubeginn: 4.Quartal 2014
Bauende: 1.Quartal 2016
Konjunkturelle Gesamtlage: Durchschnitt
Regionaler Baumarkt: unter Durchschnitt

Baukonstruktion

Das Gebäude wurde in Mischbauweise errichtet. Die Außenwände entstanden in Holzrahmenbauweise, das Tragwerk innen wurde in Stahlbeton und Mauerwerk ausgeführt. Die Gründung erfolgt über eine Stahlbetonbodenplatte auf Streifenfundamenten. Die Fensterelemente wurden als Pfosten-Riegel-Elemente eingebaut. Die Innenwände sind zum Teil aus Kalksandstein. Die Fußböden sind mit Gussasphaltestrich, Nadelvlies oder Linoleum belegt. Die Dachdecke aus Stahlbeton ist mit einer Gefälledämmung und Folienabdichtung ausgeführt.

Technische Anlagen

Der Neubau wird über ein Fernleitungsnetz mit Wärme versorgt. Eine zentrale Be- und Entlüftungsanlage mit Wärmerückgewinnung versorgt alle Räume mit Frischluft. Die Wärmerückgewinnung erfolgt über einen Rotationswärmetauscher mit einem Wärmerückgewinnungsgrad von mindestens 80%. Photovoltaikmodule auf dem Dach speisen Strom in das öffentliche Netz ein. Ein speziell erarbeitetes Beleuchtungskonzept stellt überall eine biologisch aktive Beleuchtungsstärke von 1.000Lux sicher. Die Steuerung erfolgt über Präsenzmelder.

Sonstiges

Die Möblierung wurde individuell entwickelt, um den Kindern optimale Lernbedingungen zu bieten. Das Gebäude samt Schulhof ist barrierefrei. Alle Außenbauteile wurden im Passivhausstandard ausgeführt.

Energetische Kennwerte

Gesetzliche Grundlage: EnEV 2013
Gebäudenutzfläche: 1.880,00 m²
CO_2-Emissionen: 2,00 kg/(m²·a)

Kostenstand: 4.Quartal 2025, Bundesdurchschnitt, **inkl. 19% MwSt.**

Erläuterungen nebenstehender Tabellen und Abbildungen

Objektbeschreibung

①
Objektbeschreibung mit:
- Allgemeine Objektinformationen
- Angaben zur Nutzung
- Nutzeinheiten
- Grundstück
- Markt
- Baukonstruktion
- Technische Anlagen
- Sonstiges

②
Energetische Kennwerte:
Die Angaben stammen aus dem Energieausweis (EnEV / GEG), bzw. der Energiebedarfsberechnung oder aus dem Passivhaus-Projektierungspaket (PHPP). Die Werte der Berechnungen von GEG / EnEV auf der einen und PHPP auf der anderen Seite sind aufgrund unterschiedlicher Berechnungsverfahren nicht vergleichbar. Um die Berechnungen nach EnEV / GEG bundesweit vergleichbar zu gestalten, wurden hier Klimadaten und weitere Randbedingungen vereinheitlicht. Das PHPP Verfahren dagegen verfolgt das Ziel, den späteren Energieverbrauch möglichst genau zu prognostizieren. Es berücksichtigt daher individuelle Klimadaten und Randbedingungen und bezieht mehr energetisch wirksame Faktoren mit ein.

1 2 3

Energetische Angaben zu Außenbauteilen

4100-0175
Grundschule
(4 Lernlandschaften)
(160 Schüler)

Bodenplatte

U-Wert: 0,23 W/(m²·K)

Gesamtdicke: 43,85 cm	d [cm]	λ [W/(m·K)]
Linoleum	0,25	0,170
Estrich	4,50	1,400
PE-Folie	0,10	0,330
Stahlbeton	25,00	2,500
Dämmung XPS	14,00	0,035

Außenwand

U-Wert: 0,13 W/(m²·K)

Gesamtdicke: 32,40 cm	d [cm]	λ [W/(m·K)]
GK-Platte	1,80	0,250
Luftschicht	4,00	0,278
Lattung	4,00	0,130
OSB-Platte	1,50	0,130
Dämmung Zellulose	24,00	0,040
Holz	24,00	0,130
PE-Folie	0,10	0,330

Dach

U-Wert: 0,11 W/(m²·K)

Gesamtdicke: 60,35 cm	d [cm]	λ [W/(m·K)]
GK-Platte	1,50	0,250
Luftschicht	3,50	0,156
Stahlbeton	25,00	2,500
PE-Folie	0,10	0,330
Dämmung EPS	30,00	0,035
PIB-Folie	0,25	0,200

Kostenstand: 4. Quartal 2025, Bundesdurchschnitt, **inkl. 19% MwSt.**

Erläuterungen nebenstehender Tabellen und Abbildungen

Energetische Angaben zu Außenbauteilen (nur Neu- und Altbau)

①
Angabe des U-Werts und der Gesamtdicke des Bauteils. Es werden meist nur die wärmetechnisch wirksamen Schichten dargestellt und berücksichtigt. Es werden nicht immer alle Außenbauteile aufgeführt, sondern die für eine Beurteilung der energetischen Qualität des Objekts wesentlichen.
Die Berechnung erfolgt auf der Grundlage der DIN EN ISO 6946. Die U-Werte können von Berechnungen der Datenlieferanten aus verschiedenen Gründen leicht abweichen:
- Es gibt leichte Abweichungen bei der Berechnung des U-Werts im PHPP Verfahren und bei Berechnungen die auf Finiten Elementen beruhen.

②
Schichtenfolge der Materialien der Außenbauteile, mit Angabe der Schichtdicke und des Lambda-Werts

③
Kennzeichnung inhomogener Schichten

4100-0175
Grundschule
(4 Lernlandschaften)
(160 Schüler)

Planungskennwerte für Flächen und Rauminhalte nach DIN 277

(1)

Flächen des Grundstücks		Menge Einheit	% an GF
BF	Bebaute Fläche	1.154,60 m²	11,0
UF	Unbebaute Fläche	9.347,40 m²	89,0
GF	Grundstücksfläche	10.502,00 m²	100,0

(2)

Grundflächen des Bauwerks		Menge Einheit	% an NUF	% an BGF
NUF	Nutzungsfläche	1.780,12 m²	100,0	82,0
TF	Technikfläche	47,76 m²	2,7	2,2
VF	Verkehrsfläche	52,30 m²	2,9	2,4
NRF	Netto-Raumfläche	1.880,18 m²	105,6	86,7
KGF	Konstruktions-Grundfläche	289,49 m²	16,3	13,3
BGF	Brutto-Grundfläche	2.169,67 m²	121,9	100,0

(3)

(4)

Brutto-Rauminhalt des Bauwerks		Menge Einheit	BRI/NUF (m)	BRI/BGF (m)
BRI	Brutto-Rauminhalt	9.671,27 m³	5,43	4,46

(5)

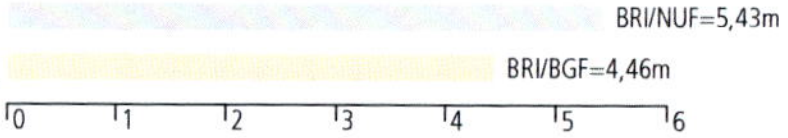

(6)

Lufttechnisch behandelte Flächen	Menge Einheit	% an NUF	% an BGF
Entlüftete Fläche	–	–	–
Be- und entlüftete Fläche	–	–	–
Teilklimatisierte Fläche	–	–	–
Klimatisierte Fläche	–	–	–

(7)

KG	Kostengruppen (2. Ebene)	Menge Einheit	Menge/NUF	Menge/BGF
310	Baugrube / Erdbau	1.579,24 m³BGI	0,89	0,73
320	Gründung, Unterbau	1.163,82 m²GRF	0,65	0,54
330	Außenwände/Vertikale Baukonstruktionen, außen	1.464,03 m²AWF	0,82	0,68
340	Innenwände/Vertikale Baukonstruktionen, innen	1.816,44 m²IWF	1,02	0,84
350	Decken/Horizontale Baukonstruktionen	920,40 m²DEF	0,52	0,42
360	Dächer	1.071,54 m²DAF	0,60	0,49

Kostenstand: 4. Quartal 2025, Bundesdurchschnitt, inkl. 19% MwSt.

Erläuterungen nebenstehender Planungskennwerte- und Baukostentabellen

Alle Kostenkennwerte enthalten die Mehrwertsteuer. Kostenstand 4. Quartal 2025.
Kosten und Kostenkennwerte umgerechnet auf den Bundesdurchschnitt.

Planungskennwerte für Flächen und Rauminhalte nach DIN 277 (Neu- und Altbau)

In Ergänzung der Kostenkennwerttabellen werden für jedes Objekt Planungskennwerte angegeben, die zur Überprüfung der Vergleichbarkeit des Objekts mit der geplanten Baumaßnahme dienen.
Ein Planungskennwert im Sinne dieser Veröffentlichung ist ein Wert, der das Verhältnis bestimmter Flächen und Rauminhalte zur Nutzungsfläche (NUF) und Brutto-Grundfläche (BGF) darstellt, angegeben als Prozentwert oder als Faktor (Mengenverhältnis).

①
Bebaute und unbebaute Flächen des Grundstücks sowie deren Verhältnis in Prozent zur Grundstücksfläche (GF).

②
Grundflächen im Verhältnis zur Nutzungsfläche (NUF = 100%) und Brutto-Grundfläche (BGF = 100%).

③
Grafische Darstellung der Grundflächen im Verhältnis zur Nutzungsfläche (NUF = 100%)

④
Verhältnis von Brutto-Rauminhalt (BRI) zur Nutzungsfläche (NUF) und Brutto-Grundfläche (BGF), (BRI / BGF = mittlere Geschosshöhe), angegeben als Faktor (in Meter).

⑤
Grafische Darstellung der Verhältnisse Brutto-Rauminhalt (BRI) zur Nutzungsfläche (NUF) und Brutto-Grundfläche (BGF); (BRI / BGF = mittlere Geschosshöhe), angegeben als Faktor (in Meter).

⑥
Verhältnis von lufttechnisch behandelten Flächen (nach BKI), Nutzungsfläche (NUF) und Brutto-Grundfläche (BGF) in Prozent.

⑦
Verhältnis der Mengen dieser Kostengruppen nach DIN 276 („Grobelemente") zur Nutzungsfläche (NUF) und Brutto-Grundfläche (BGF), angegeben als Faktor. Wenn aus der Grundlagenermittlung die Nutzungs- oder Brutto-Grundfläche für ein Projekt bekannt ist, ein Vorentwurf als Grundlage für Mengenermittlungen aber noch nicht vorliegt, so können mit diesen Faktoren die Grobelementmengen überschlägig ermittelt werden.

Planungskennwerte für Flächen und Rauminhalte nach DIN 277

(1)

Flächen des Grundstücks		Menge Einheit	% an GF
BF	Bebaute Fläche	10.215,00 m²	52,1
UF	Unbebaute Fläche	9.400,00 m²	47,9
GF	Grundstücksfläche	19.615,00 m²	100,0
AF	Außenanlagenfläche	1.642,61 m²	

(2)

KG	Kostengruppen (2. Ebene)	Menge Einheit	Menge/AF	Menge/GF
510	Erdbau	146,82 m³ EBR	0,09	< 0,01
530	Oberbau, Deckschichten	1.430,94 m² BFF	0,87	0,07
570	Vegetationsflächen	211,67 m² PSF	0,13	0,01
580	Wasserflächen	–	–	–

Prozentualer Anteil der Kostengruppen der 2.Ebene an der Kostengruppe 500 nach DIN 276

(3)

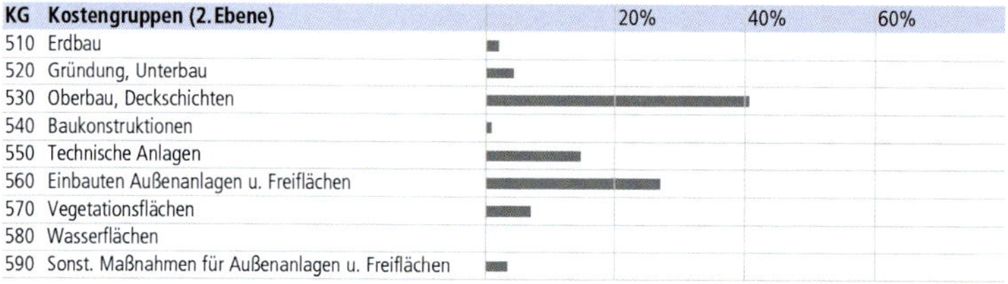

Ranking der Kostengruppen der 3.Ebene an der Kostengruppe 500 nach DIN 276

(4)

KG	Kostengruppen (3. Ebene)	% an KG 500	KG	Kostengruppen (3. Ebene)	% an KG 500
533	Plätze, Höfe, Terrassen	32,9	591	Baustelleneinrichtung	3,3
561	Allgemeine Einbauten	27,0	511	Herstellung	2,0
551	Abwasseranlagen	9,3	571	Vegetationstechn. Bodenbearbeitung	1,9
531	Wege	7,7	543	Wandkonstruktionen	0,9
556	Elektrische Anlagen	5,5	525	Dränagen	0,3
573	Pflanzflächen	5,2	597	Zusätzliche Maßnahmen	0,2
522	Gründungen und Bodenplatten	4,0			

Kostenstand: 4. Quartal 2025, Bundesdurchschnitt, inkl. 19% MwSt.

Erläuterung nebenstehender Beispielseite

Alle Kosten und Kostenkennwerte mit Mehrwertsteuer. Kostenstand: 4. Quartal 2025.
Kosten und Kostenkennwerte umgerechnet auf den Bundesdurchschnitt.

Planungskennwerte für Flächen und Rauminhalte DIN 276 (Außenanlagen)

In Ergänzung der Kostenkennwerttabellen werden für jedes Objekt Planungskennwerte angegeben, die zur Überprüfung der Vergleichbarkeit des Objekts mit der geplanten Baumaßnahme dienen. Ein Planungskennwert im Sinne dieser Veröffentlichung ist ein Wert, der das Verhältnis bestimmter Flächen darstellt, angegeben als Prozentwert oder als Faktor (Mengenverhältnis).

①
Bebaute und unbebaute Flächen des Grundstücks sowie deren Verhältnis in Prozent zur Grundstücksfläche (GF).

②
Flächen im Verhältnis zur Außenanlagenfläche (AF=100%) und zur Grundstücksfläche (GF=100%) in Prozent.

Kostenanalysen für die Kostengruppen der 2. und 3. Ebene an der KG 500

③
Prozentualer Anteil:
Die grafische Darstellung verdeutlicht, welchen durchschnittlichen Anteil die Kostengruppen der 2. Ebene DIN 276 an den Kosten der Außenanlagen (KG 500) haben. Für Kostenermittlungen werden die kostenplanerisch besonders relevanten Kostengruppen sofort erkennbar. Bei der Aufsummierung aller Prozentanteile der Kostengruppen sind Abweichungen zu 100% rundungsbedingt.

④
In der Tabelle werden die Prozentwerte der Kosten der 3. Ebene an den Kosten der KG 500 angegeben. Durch die absteigende Sortierung ist schnell ersichtlich in welchen Kostengruppen die meisten Kosten aufgewendet wurden.

4100-0175
Grundschule
(4 Lernlandschaften)
(160 Schüler)

(1)

Kostenkennwerte für die Kostengruppen der 1. Ebene DIN 276

KG	Kostengruppen (1. Ebene)	Einheit	Kosten €	€/Einheit	€/m² BGF	€/m³ BRI	% 300+400
100	Grundstück	m²GF	–	–	–	–	–
200	Vorbereitende Maßnahmen	m²GF	329.052	31,33	151,66	34,02	5,4
300	Bauwerk – Baukonstruktionen	m²BGF	4.166.635	1.920,40	1.920,40	430,83	69,0
400	Bauwerk – Technische Anlagen	m²BGF	1.875.396	864,37	864,37	193,91	31,0
	Bauwerk 300+400	**m²BGF**	**6.042.031**	**2.784,77**	**2.784,77**	**624,74**	**100,0**
500	Außenanlagen und Freiflächen	m²AF	832.988	138,73	383,92	86,13	13,8
600	Ausstattung und Kunstwerke	m²BGF	611.569	281,87	281,87	63,24	10,1
700	Baunebenkosten	m²BGF	–	–	–	–	–
800	Finanzierung	m²BGF	–	–	–	–	–

(2)

(3)

KG	Kostengruppe	Menge Einheit	Kosten €	€/Einheit	%
200	**Vorbereitende Maßnahmen**	10.502,00 m²GF	329.052	**31,33**	5,4
	Abbruch von zehn Gebäuden, Betonpflaster, Stützmauern, Tennenbeläge, Gehwege; Abräumen von Bewuchs, Oberbodenarbeiten, Auffüllungen, Mietcontainer als Interimsschulräume				
3+4	**Bauwerk**				**100,0**
300	**Bauwerk – Baukonstruktionen**	2.169,67 m²BGF	4.166.635	**1.920,40**	69,0
	Baugrubenaushub, Stb-Fundamentplatte, Dämmung, Zementestrich, Nadelvlies, Linoleum, Bodenfliesen; Holzrahmen-Außenwände, Stb-Rundstützen, Holz-Alufenster, gedämmte Holzfassade, GK-Bekleidung, Beschichtung, Raffstores; KS-Mauerwerk, Stb-Wände, Holztüren, Gipsputz, Wandfliesen, WC-Trennwände; Stb-Decken, Stb-Treppe, abgehängte Akustikdecken, Stb-Flachdach, Lichtkuppel, Wärmedämmung, Dachabdichtung, Dachentwässerung				
400	**Bauwerk – Technische Anlagen**	2.169,67 m²BGF	1.875.396	**864,37**	31,0
	Gebäudeentwässerung, Kalt- und Warmwasserleitungen, Sanitärobjekte; Fernwärmeanschluss, Heizungsrohre, Heizkörper; zentrale Lüftungsanlagen mit Wärmerückgewinnung; Photovoltaikanlage, Elektroinstallation, LED-Beleuchtung, Blitzschutz; Telefonanlage, Notrufanlage, Alarmanlage, Brandmeldeanlage, Netzwerkverkabelung; Personenaufzug; Küchengeräte, Feuerlöscher; Gebäudeautomation				
500	**Außenanlagen und Freiflächen**	6.004,20 m²AF	832.988	**138,73**	13,8
	Bodenarbeiten, Bodenaustausch; Pflasterbeläge, Asphaltbeläge; Nebengebäude als Stahlkonstruktion, Trapezblechdeckung; Entwässerung, Beleuchtung Schulhof, Verkabelung Nebengebäude; Außenmöblierung; Bepflanzung, Rasenflächen, Fertigstellungspflege				
600	**Ausstattung und Kunstwerke**	2.169,67 m²BGF	611.569	**281,87**	10,1
	Möblierung Unterrichtsräume, Ausstattung Werkraum, Lehrerarbeitsplätze, Küchenzeilen, Garderoben, Ausstattung WCs				

Kostenstand: 4. Quartal 2025, Bundesdurchschnitt, **inkl. 19% MwSt.**

Erläuterung nebenstehender Baukostentabelle

Alle Kostenkennwerte enthalten die Mehrwertsteuer. Kostenstand 4.Quartal 2025.
Kosten und Kostenkennwerte umgerechnet auf den Bundesdurchschnitt

Kostenkennwerte für die Kostengruppen der 1.Ebene DIN 276

①
Neu- und Altbau: Kostenübersicht, Kostenkennwerte in €/Einheit, €/m² BGF und €/m³ BRI für die Kostengruppen der 1. Ebene DIN 276. Anteil der jeweiligen Kostengruppe in Prozent an den Bauwerkskosten (Spalte: % 300+400).

Außenanlagen: Kostenübersicht, Kostenkennwerte in €/Einheit für die Kostengruppen der 1.Ebene DIN 276. Anteil der jeweiligen Kostengruppe in Prozent an den Außenanlagenkosten (Spalte: % 500).

Die Bezugseinheiten der Kostenkennwerte entsprechen der DIN 276.

②
Codierung und Bezeichnung der Ausführung zur Kostengruppe entsprechend der 1. Ebene nach DIN 276

③
Abgerechnete Leistungen zu dokumentierten Objekten mit Beschreibung, Menge, Einheit, Kosten, Kostenkennwert bezogen auf die Kostengruppeneinheit oder alternativ bezogen auf die übergeordnete Einheit.

Bei den Mengen handelt es sich um ausgeführte Mengen.

4100-0175
Grundschule
(4 Lernlandschaften)
(160 Schüler)

Kostenkennwerte für die Kostengruppen 300 der 2. und 3.Ebene DIN 276 (Übersicht)

	KG	Kostengruppe	Menge Einheit	Kosten €	€/Einheit	% an 3+4
	300	**Bauwerk – Baukonstruktionen**	**2.169,67 m² BGF**	**4.166.634,98**	**1.920,40**	**69,0**
	310	**Baugrube / Erdbau**	**1.579,24 m³ BGI**	**36.794,34**	**23,30**	**0,6**
	311	Herstellung	1.579,24 m³ BGI	36.794,34	23,30	0,6
	312	Umschließung	–	–	–	–
	313	Wasserhaltung	–	–	–	–
	314	Vortrieb	–	–	–	–
①	319	Sonstiges zur KG 310	–	–	–	–
	320	**Gründung, Unterbau**	**1.163,82 m² GRF**	**554.383,91**	**476,35**	**9,2**
	321	Baugrundverbesserung	1.031,10 m²	18.247,19	17,70	0,3
	322	Flachgründungen und Bodenplatten	1.163,82 m²	278.720,32	239,49	4,6
	323	Tiefgründungen	–	–	–	–
	324	Gründungsbeläge	984,07 m²	188.464,05	191,51	3,1
	325	Abdichtungen und Bekleidungen	1.163,82 m²	68.952,35	59,25	1,1
	326	Dränagen	–	–	–	–
②	329	Sonstiges zur KG 320	–	–	–	–
	330	**Außenwände/Vert. Baukonstrukt., außen**	**1.464,03 m² AWF**	**1.384.724,29**	**945,83**	**22,9**
	331	Tragende Außenwände	–	–	–	–
	332	Nichttragende Außenwände	1.012,45 m²	295.027,27	291,40	4,9
	333	Außenstützen	138,48 m	50.428,44	364,16	0,8
	334	Außenwandöffnungen	74,58 m²	227.566,01	3.051,30	3,8
	335	Außenwandbekleidungen, außen	1.285,85 m²	350.395,50	272,50	5,8
	336	Außenwandbekleidungen, innen	945,28 m²	97.603,96	103,25	1,6
	337	Element. Außenwandkonstruktionen	377,00 m²	316.807,47	840,34	5,2
	338	Lichtschutz zur KG 330	221,18 m²	44.016,91	199,01	0,7
	339	Sonstiges zur KG 330	1.464,03 m² AWF	2.878,73	1,97	< 0,1
	340	**Innenwände/Vert. Baukonstrukt., innen**	**1.816,44 m² IWF**	**626.722,34**	**345,03**	**10,4**
	341	Tragende Innenwände	1.527,51 m²	302.045,72	197,74	5,0
	342	Nichttragende Innenwände	111,42 m²	12.238,17	109,84	0,2
	343	Innenstützen	18,00 m	6.860,64	381,15	0,1
	344	Innenwandöffnungen	166,11 m²	173.876,47	1.046,75	2,9
	345	Innenwandbekleidungen	2.830,56 m²	115.150,11	40,68	1,9
	346	Elementierte Innenwandkonstruktionen	11,40 m²	16.551,23	1.451,86	0,3
	347	Lichtschutz zur KG 340	–	–	–	–
	349	Sonstiges zur KG 340	–	–	–	–
	350	**Decken/Horizontale Baukonstruktionen**	**920,40 m² DEF**	**714.607,75**	**776,41**	**11,8**
	351	Deckenkonstruktionen	871,54 m²	284.206,40	326,10	4,7
	352	Deckenöffnungen	–	–	–	–
	353	Deckenbeläge	814,38 m²	139.155,40	170,87	2,3
	354	Deckenbekleidungen	791,15 m²	129.169,09	163,27	2,1
	355	Elementierte Deckenkonstruktionen	48,86 m²	107.217,06	2.194,37	1,8
	359	Sonstiges zur KG 350	920,40 m² DEF	54.859,81	59,60	0,9
	360	**Dächer**	**1.071,54 m² DAF**	**685.757,01**	**639,97**	**11,3**
	361	Dachkonstruktionen	1.071,54 m²	285.432,27	266,38	4,7
	362	Dachöffnungen	1,00 m²	7.789,68	7.789,68	0,1
	363	Dachbeläge	1.136,10 m²	208.407,11	183,44	3,4
	364	Dachbekleidungen	961,74 m²	160.372,68	166,75	2,7
	365	Elementierte Dachkonstruktionen	–	–	–	–
	366	Lichtschutz zur KG 360	1,00 m²	3.188,47	3.188,47	< 0,1
	369	Sonstiges zur KG 360	1.071,54 m² DAF	20.566,79	19,19	0,3
	370	**Infrastrukturanlagen**	**–**	**–**	**–**	**–**
	380	**Baukonstruktive Einbauten**	**2.169,67 m² BGF**	**12.402,40**	**5,72**	**0,2**
	390	**Sonst. Maßnahmen für Baukonstrukt.**	**2.169,67 m² BGF**	**151.242,94**	**69,71**	**2,5**

Kostenstand: 4.Quartal 2025, Bundesdurchschnitt, inkl. 19% MwSt.

Erläuterung nebenstehender Baukostentabelle

Alle Kostenkennwerte enthalten die Mehrwertsteuer. Kostenstand 4.Quartal 2025.
Kosten und Kostenkennwerte umgerechnet auf den Bundesdurchschnitt

Kostenkennwerte für Kostengruppen der 2. und 3.Ebene DIN 276 (Übersicht)

①
Codierung und Bezeichnung der Kostengruppe entsprechend der 2. und 3. Ebene nach DIN 276

②
Abgerechneten Leistungen mit Menge, Einheit, Kosten in Euro, Kostenkennwert in Euro pro Einheit und prozentualer Anteil an den Kostengruppen 300 und 400 DIN 276 bzw. Kostengruppe 500 DIN 276

4100-0175
Grundschule
(4 Lernlandschaften)
(160 Schüler)

Kostenkennwerte für die Kostengruppen der 3.Ebene DIN 276

KG	Kostengruppe	Menge Einheit	Kosten €	€/Einheit	%
210	**Herrichten**				**100,0**
212	**Abbruchmaßnahmen**	10.502,00 m²GF	187.445	**17,85**	78,8
	Abbruch Schulgebäude, Massivbau, Mauerwerk, Beton, zweigeschossig mit Dach, Keller, 25,00x12,00x10,00m (2St), Dreifachgaragen 8,00x5,80x2,90m (psch), Vorbau mit Heizkeller (psch), Jugendtreff 10,80x8,00x3,40m, eingeschossig (psch), Teilabbruch Klassentrakt 15,00x10,00x8,80m, Flachdach, zweigeschossig (psch), 25,00x9,50x4,00m, eingeschossig (psch), Verbindungsbau, Satteldach, 20,00x4,30x3,80m, eingeschossig (2St), Abbruch von Betonpflasterbelägen (1.400m²), Stützmauern (70m), Tennenbeläge (450m²), Gehwege (95m²), Kontrollschächte (11St), Fundamente (8m³)				
214	**Herrichten der Geländeoberfläche** (1)	10.502,00 m²GF	50.393	**4,80**	21,2
	(2) Abräumen von Sträuchern und Bäumen, StU 150cm (2St), StU 90cm (5St), StU 60cm (4St), Oberboden abtragen, entsorgen (300m³), pflanzliche Bodendecke abtragen, entsorgen, d=10cm (3.943m²), Auffüllungen Abbruchgruben mit Füllsand, t bis 3,50m (1.878m³)				
220	**Öffentliche Erschließung**				**100,0**
226	**Telekommunikation**	10.502,00 m²GF	1.148	**0,11**	100,0
	Hausanschluss Telekommunikationsanlage (psch)				
250	**Übergangsmaßnahmen**				**100,0**
251	**Bauliche Maßnahmen**	10.502,00 m²GF	90.066	**8,58**	100,0
	Containerstandflächen herrichten (95m²), Stb-Fundamente (15St), Mietcontainer, Anlieferung, Montage (1St), Miete (19M), elektrische Anschlüsse (psch), Verteilerschrank (1St), Beleuchtung (psch), prov. Datenverteilerschrank, Verteilerfeld, Verkabelung (1St), Blitzschutz (1St), provisorische Hausanschlüsse Nahwärme (1St), Wasser (1St), Elektro (1St)				

4100-0194
Schule
(12 Klassen)
(336 Schüler)

Erweiterung

Kostenkennwerte für die Kostengruppen der 3.Ebene DIN 276

KG	Kostengruppe	Menge Einheit	Kosten €	€/Einheit	%
210	**Herrichten**				**100,0**
214	**Herrichten der Geländeoberfläche** (1)	20.358,73 m²GF	23.870	**1,17**	100,0
	• Abbrechen (Kosten: 86,3%)	20.358,73 m²GF	20.602	**1,01**	
	(2) Baumstubben, Wurzelballen abräumen (4t); Entsorgung, Deponiegebühren				
	• Herstellen (Kosten: 13,7%)	20.358,73 m²GF	3.268	**0,16**	
	Oberboden abtragen, d=30cm, laden, 500m fördern, lagern (158m³)				
310	**Baugrube / Erdbau**				**100,0**
311	**Herstellung**	66,95 m³BGI	9.021	**134,75**	100,0
	• Herstellen (Kosten: 100,0%)	66,95 m³BGI	9.021	**134,75**	
	Rohrgrabenaushub, t bis 1,00m, lagern, verfüllen (38m), in Handarbeit (62m), Kopfloch, t bis 1,20m (2St), Verdichtungsnachweis (16St), Feinplanum (772m²), Füllsand liefern (36m³)				
320	**Gründung, Unterbau**				**100,0**
321	**Baugrundverbesserung**	488,31 m²	33.866	**69,35**	10,7
	• Herstellen (Kosten: 100,0%)	488,31 m²	33.866	**69,35**	
	Auffüllung Mineralgemisch, d=50cm (951m³), Ortbeton C8/10, d=25-50cm (36m³)				
322	**Flachgründungen und Bodenplatten**	876,84 m²	107.951	**123,11**	34,1
	• Abbrechen (Kosten: 2,6%)	–	2.848	–	
	Abbruch von Betonfundament (psch); Entsorgung, Deponiegebühren				

Erläuterung nebenstehender Baukostentabelle

Alle Kostenkennwerte enthalten die Mehrwertsteuer. Kostenstand 4. Quartal 2025.
Kosten und Kostenkennwerte umgerechnet auf den Bundesdurchschnitt.

Kostenkennwerte für die Kostengruppen der 2. und 3. Ebene nach DIN 276

①
Codierung und Bezeichnung der Ausführung zur Kostengruppe entsprechend der 2. und 3. Ebene nach DIN 276

②
Abgerechnete Leistungen zu den dokumentierten Objekten mit Beschreibung, Menge, Einheit, Kosten, Kostenkennwert bezogen auf die Kostengruppeneinheit oder alternativ bezogen auf die übergeordnete Einheit.

Bei den Mengen handelt es sich um ausgeführte Mengen.

Bei Altbauten wird zusätzlich eine Unterteilung in Abbrechen, Herstellen und Wiederherstellen vorgenommen. Für alle drei Kategorien werden Kosten, Mengen und Kostenkennwerte separat ermittelt. Für die Menge der Gesamtleistung wird der Mengenanteil aus Herstellen und Wiederherstellen addiert, nicht jedoch der Mengenanteil aus Abbruch.

(1) 4100-0175
Grundschule
(4 Lernlandschaften)
(160 Schüler)

Kostenkennwerte für Leistungsbereiche nach STLB (Kosten des Bauwerks nach DIN 276)

LB	Leistungsbereiche	Kosten €	€/m² BGF	€/m³ BRI	% an 3+4
000	Baustellen-, Verkehrssich.- u. Sicherh.einr. inkl. 001	126.894	58,50	13,10	2,1
002	Erdarbeiten	55.042	25,40	5,70	0,9
006	Spezialtiefbauarbeiten inkl. 005	–	–	–	–
009	Entwässerungskanalarbeiten inkl. 011	–	–	–	–
010	Drän- und Versickerarbeiten	–	–	–	–
012	Mauerarbeiten	167.218	77,10	17,30	2,8
013	Betonarbeiten	1.106.321	509,90	114,40	18,3
014	Natur-, Betonwerksteinarbeiten	–	–	–	–
016	Zimmer- und Holzbauarbeiten	393.231	181,20	40,70	6,5
017	Stahlbauarbeiten	–	–	–	–
018	Abdichtungsarbeiten	63.624	29,30	6,60	1,1
019	Kampfmittelräumarbeiten	–	–	–	–
020	Dachdeckungsarbeiten	–	–	–	–
021	Dachabdichtungsarbeiten	185.094	85,30	19,10	3,1
022	Klempnerarbeiten	43.880	20,20	4,50	0,7
(2)	**Rohbau**	**2.141.304**	**986,90**	**221,40**	**35,4**
023	Putz- und Stuckarbeiten, Wärmedämmsysteme	74.342	34,30	7,70	1,2
024	Fliesen- und Plattenarbeiten	22.005	10,10	2,30	0,4
025	Estricharbeiten	210.975	97,20	21,80	3,5
026	Fenster, Außentüren inkl. 029, 032	727.657	335,40	75,20	12,0
027	Tischlerarbeiten	103.753	47,80	10,70	1,7
028	Parkett-, Holzpflasterarbeiten	–	–	–	–
030	Rollladenarbeiten	43.151	19,90	4,50	0,7
031	Metallbauarbeiten inkl. 035	191.258	88,20	19,80	3,2
034	Maler- und Lackiererarb. - Beschicht. inkl. 037	71.884	33,10	7,40	1,2
036	Bodenbelagarbeiten	72.226	33,30	7,50	1,2
038	Vorgehängte hinterlüftete Fassaden	253.206	116,70	26,20	4,2
039	Trockenbauarbeiten	381.131	175,70	39,40	6,3
	Ausbau	**2.151.589**	**991,70**	**222,50**	**35,6**
040	Wärmeversorgungsanl. - Betriebseinr. inkl. 041	149.331	68,80	15,40	2,5
042	Gas- u. Wasseranl. - Leitung., Armat. inkl. 043	31.775	14,60	3,30	0,5
044	Abwasseranl. - Leitungen, Abläufe, Armaturen	14.985	6,90	1,50	0,2
045	Gas, Wasser, Entwässerung - Ausstattung inkl. 046	55.803	25,70	5,80	0,9
047	Dämm- und Brandschutzarb. an techn. Anlagen	–	–	–	–
049	Feuerlöschanlagen, Feuerlöschgeräte	2.826	1,30	0,29	< 0,1
050	Blitzschutz-/Erdungsanlagen, Überspannungssch.	27.778	12,80	2,90	0,5
053	Niederspannungsanl. - Kabel inkl. 052, 054	411.624	189,70	42,60	6,8
055	Sicherheits- u. Ersatzstromversorgungsanl.	–	–	–	–
057	Gebäudesystemtechnik	–	–	–	–
058	Leuchten und Lampen inkl. 059	324.465	149,50	33,50	5,4
060	Such, Signal, Zeit, Anten., akust. Anl. inkl. 064	64.613	29,80	6,70	1,1
061	Kommunikations- u. Übertragungsnetze inkl. 063	47.856	22,10	4,90	0,8
069	Aufzüge	64.821	29,90	6,70	1,1
070	Gebäudeautomation	99.440	45,80	10,30	1,6
075	Raumlufttechnische Anlagen inkl. 078	424.592	195,70	43,90	7,0
	Gebäudetechnik	**1.719.909**	**792,70**	**177,80**	**28,5**
084	Abbruch, Rückbau, Schadstoffsanierung	911	0,42	0,09	< 0,1
	Abbrucharbeiten	**911**	**0,42**	**0,09**	**< 0,1**
(3)	**Sonstige Leistungsbereiche**	**28.318**	**13,10**	**2,90**	**0,5**

Kostenstand: 4.Quartal 2025, Bundesdurchschnitt, inkl. 19% MwSt.

Erläuterung nebenstehender Baukostentabelle

Alle Kostenkennwerte enthalten die Mehrwertsteuer. Kostenstand 4. Quartal 2025.
Kosten und Kostenkennwerte umgerechnet auf den Bundesdurchschnitt.

Kostenkennwerte für Leistungsbereiche nach STLB

①
LB-Nummer nach Standardleistungsbuch (STLB).
Bezeichnung des Leistungsbereichs (zum Teil abgekürzt).

Kostenkennwerte für Bauwerkskosten (Kostengruppe 300+400 nach DIN 276) je Leistungsbereich in €/m² Brutto-Grundfläche (BGF nach DIN 277) und in €/m³ Brutto-Rauminhalt (BRI nach DIN 277) bzw. Kostenkennwerte für Außenanlagen (Kostengruppe 500 nach DIN 276) je Leistungsbereich in €/m² Außenanlagenfläche.
Anteil der jeweiligen Leistungsbereiche in Prozent an den Bauwerkskosten bzw. Kosten der Außenanlagen (100%).

②
„Leistungsbereichspakete" als Zusammenfassung bestimmter Leistungsbereiche. Leistungsbereiche mit relativ geringem Kostenanteil wurden in Einzelfällen mit anderen Leistungsbereichen zusammengefasst.
Beispiel:
LB 000 Baustelleneinrichtung zusammengefasst mit
LB 001 Gerüstarbeiten (Angabe: inkl. 001).

③
Ergänzende, den STLB-Leistungsbereichen nicht zuzuordnende Leistungsbereiche, zusammengefasst mit den LB-Nr. 008, 033, 051.

Planungsgrundlagen für den Neubau von Schulen: Flächen, Kosten und Bauzeiten

von Univ.-Prof. Dr.-Ing. Wolfdietrich Kalusche

Planungsgrundlagen für den Neubau von Schulen: Flächen, Kosten und Bauzeiten

ein Beitrag von
Univ.-Prof. Dr.-Ing. Wolfdietrich Kalusche

Vorbemerkungen

Für die Planung von Schulen und Sporthallen sind Planungskennwerte, Kostenkennwerte und (Planungs- und) Bauzeiten hilfreich. Das gilt für Vorgaben im Rahmen der Planungsgrundlagen für Architekten- und Ingenieurleistungen, die der Bauherr aufstellen soll. Das gilt weiterhin für den Vergleich von Lösungsansätzen der Objekt- und Fachplanung wie auch beim Vergleich von Bestandsbauten, deren Funktionalität oder Wirtschaftlichkeit beurteilt werden soll.

Wirtschaftliche Planung von Gebäuden erfolgt durch die Entwicklung von Varianten, deren Vergleich und die Auswahl der Variante, die den Anforderungen an das Gebäude am ehesten entspricht. Damit der Aufwand für die Entwicklung der Varianten nicht zu groß wird, können auch Eigenschaften einer begrenzten Anzahl von Varianten mit zum Beispiel Planungskennwerten, Kostenkennwerten und (Planungs- und) Bauzeiten verglichen werden.

Die dafür geeigneten Kennwerte und Zeitwerte werden seit nun fast 30 Jahren vom Baukosteninformationszentrum Deutscher Architektenkammern (BKI) dokumentiert und der Allgemeinheit zur Verfügung gestellt. Dazu gehört, wie bereits erwähnt, die Dokumentation der Bauzeiten. Die Erhebung der Planungszeiten als Teil der Projektdauer befindet sich noch im Aufbau. Der vorliegende Fachbeitrag richtet sich an Bauherren, Architekten und Ingenieure, verbunden mit der Hoffnung, dass wesentliche Inhalte auch für die Pädagogen und Betreiber von Schulen und Sporthallen von Nutzen sind.

Bitte beachten Sie, dass die Kostenkennwerte in diesem Fachartikel mit dem Kostenstand 1.Quartal 2025 angegeben sind.

1. Rahmenbedingungen des Schul- und Sporthallenbaus

Die Rahmenbedingungen des Schul- und Sporthallenbaus sind umfangreich und je nach Bundesland, Schulträger und Schulart unterschiedlich. Eine Übersicht über die zahlreichen Gesetze, Verordnungen, Technischen Regelwerte, Empfehlungen und Auffassungen kann an dieser Stelle nicht geleistet werden. Die Anforderungen an Schulen und Sporthallen im Grundsatz und vor allem im Einzelfall für ein Bauprojekt sollen vom Bedarfsträger, z.B. dem zuständigen Schulamt, im Rahmen einer Bedarfsplanung aufgestellt werden.

Nach einer Entscheidung für eine bauliche Lösung sind weitere Informationen und Vorgaben erforderlich. Dazu gehören in jedem Fall ein Raumprogramm, ein Terminrahmen und ein Kostenrahmen. Um diese Vorgaben zu erarbeiten, sind Planungskennwerte, Kostenkennwerte und Bauzeitwerte unverzichtbar.

2. Bedarfsplanung und Planungsgrundlagen

Bevor Architekten- und Ingenieurleistungen für die Planung einer Baumaßnahme beauftragt werden, z.B. für einen Schulbau, hat der Auftraggeber hierfür die Planungsgrundlagen zusammenzustellen. Dies erfolgt vorzugsweise auf der Grundlage einer Bedarfsplanung. Zu den Planungsgrundlagen zählen unter anderem ein Flächenprogramm, ein Kostenrahmen sowie ein Terminrahmen. Hierfür stehen normative Grundlagen und statistische Planungs- und Kostenkennwerte sowie Bauzeitwerte zur Verfügung.

Mit der Bedarfsplanung werden die Bedürfnisse, Vorstellungen und Ziele des Bauherrn bzw. der Nutzer ermittelt und es wird ein Bedarfsplan aufgestellt. Nach der Entscheidung für eine bauliche Lösung der Bedarfsdeckung sind über den Bedarfsplan (ein Raumprogramm, ein Funktionsprogramm, ein Ausstattungsprogramm, eine Standardbeschreibung) hinaus Angaben zu Standort und Grundstück sowie ein Kostenrahmen und ein Terminrahmen erforderlich.

Planungsgrundlagen auf der Grundlage eines Bedarfsplans

(→ Abb. 02-01)

Anmerkung: Abgestimmte und geprüfte Planungsgrundlagen bestehen aus Angaben zu Standort und Grundstück, einem Kostenrahmen, einem Terminrahmen sowie Überlegungen zur Finanzierung und Wirtschaftlichkeit für eine ausgewählte Variante. Hinzu kommen ein Raumprogramm, ein Funktionsprogramm, ein Ausstattungsprogramm und eine Beschreibung des Standards für die Variante der Bedarfsdeckung.

Siehe zu den Planungsgrundlagen auch Literaturverzeichnis [9].

Schwerpunkte der Untersuchung

Im Einzelnen kommt es auf die folgenden Sachverhalte an:

- Unterscheidung von Schulen nach Schularten sowie Berücksichtigung von Sporthallen
- Strukturierung und Bezeichnung pädagogischer Flächen als Nutzungsflächen (nach DIN 277) bei der Erstellung von Flächenprogrammen
- Anwendung von Planungskennwerten zur Bemessung von Schulbauten oder Sporthallen in Bezug auf alle weiteren Grundflächen eines Gebäudes
- Ermittlung und Bewertung der Funktion und der Größe der Technikfläche, der Verkehrsfläche und der Konstruktions-Grundfläche einer Schule oder Sporthalle
- Ermittlung der Geschosshöhe von Schul- oder Sporthallenbauten bezüglich der Funktion und der Konstruktion der verschiedenen Grundflächen
- Anwendung von Kostenkennwerten zur Ermittlung der Bauwerkskosten als wesentlicher Anteil der Gesamtkosten eines Schul- oder Sporthallenbaus

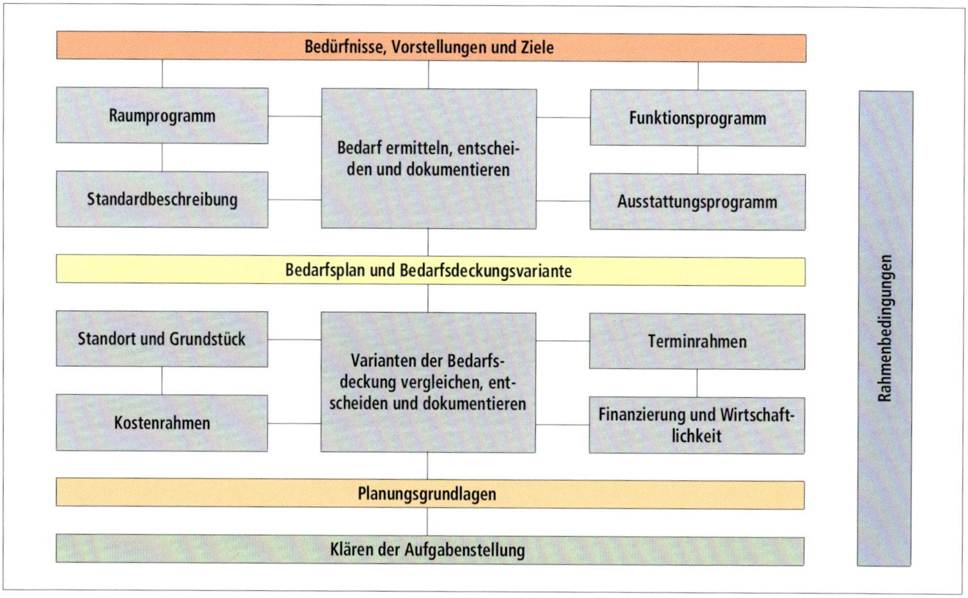

Abb. 02-01: Planungsgrundlagen auf der Grundlage eines Bedarfsplans.

- Ermittlung der Kosten von Technischen Anlagen von Schulgebäuden oder Sporthallen
- Anwendung von statistischen Daten zu Bauzeiten im Rahmen der Projektdauer unter Berücksichtigung unterschiedlicher Konstruktionsweisen
- Fachgerechte Erstellung von Kostenrahmen (nach DIN 276) und Terminrahmen als wesentlicher Bestandteil von Planungsgrundlagen für Schulbauten

Daten

Die Datenbanken des Baukosteninformationszentrums Deutscher Architektenkammern (BKI) enthalten weit über 4.400 abgerechnete und dokumentierte Objekte. Das erlaubt es, Eigenschaften von Gebäuden zu vergleichen. Grundlage hierfür sind die zur Verfügung stehenden BKI-Objektdaten und -beschreibungen.

Für die folgenden Gebäudearten liegen Daten vor:

- Allgemeinbildende Schulen
- Schulen, Holzbauweise
- Berufliche Schulen
- Förder- und Sonderschulen
- Sportbauten

Siehe zur Holzbauweise auch Literaturverzeichnis [8].

Technische Regelwerke

Bei der Dokumentation von Kosten- und Planungskennwerten, z.B. von Neubauten, werden alle betreffenden Rechtsvorschriften und technischen Regeln angewendet. Dazu zählen:

- DIN 276:2018-12, Kosten im Bauwesen
- DIN 277:2021-08, Grundflächen und Rauminhalte im Hochbau
- Standardleistungsbuch für das Bauwesen (STLB-Bau), Stand 2024-04

Zusätzlich werden statistische Bauzeiten berücksichtigt.

3. Grundflächen und Rauminhalte von Schulen und Sporthallen – Flächenprogramm

Zu den quantitativen Anforderungen einer Nutzung gehören Angaben zu Grundflächen und Rauminhalten. Grundflächen werden – außer bei Wohnbauten – vorzugsweise als Nutzungsflächen (NUF) nach DIN 277 angeben. Bereits hierbei ist auf die Wirtschaftlichkeit – genauer Flächenwirtschaftlichkeit – der Maßnahme zu achten.

Die Flächenwirtschaftlichkeit kann sich im Bauwesen zum einen auf die Bebauung und zum anderen auf das Gebäude beziehen. Bei der Flächenwirtschaftlichkeit einer Bebauung wird das Verhältnis der Gebäudefläche als Output, i.d.R. die Brutto-Grundfläche, zur Grundstücksfläche als Input ermittelt. Je größer der Verhältniswert ausfällt, desto höher ist die Flächenwirtschaftlichkeit, z.B. bei mehrgeschossiger Bebauung.

Die Flächenwirtschaftlichkeit eines Gebäudes ergibt sich aus dem Verhältnis von deren Grundflächen. Grundlage der Ermittlungen ist vor allem die DIN 277:2021-08, Grundflächen und Rauminhalte im Hochbau. Ist für die Flächenwirtschaftlichkeit auch die Konstruktion von Bedeutung? Spielt es eine Rolle, ob vorwiegend Beton, Mauerwerk, Stahl oder Holz verwendet werden?

Die Flächenwirtschaftlichkeit kann unter anderem als Verhältnis der Konstruktions-Grundfläche (KGF) zur Brutto-Grundfläche (BGF) in Prozent aufgezeigt werden. Je kleiner der Konstruktions-Grundfläche-Anteil ausfällt, desto größer ist die Netto-Raumfläche (NRF) des Gebäudes und damit die Flächenwirtschaftlichkeit. Die Netto-Raumfläche wird weiter in die Nutzungsfläche (NUF), die Verkehrsfläche (VF) und die Technikfläche (TF) aufgeteilt.

Die Grundflächen des Bauwerks werden nach DIN 277 wie folgt gegliedert (→ **Tab. 03-01**.

Während die Nutzungsfläche in Form des Raumprogramms vom Auftraggebenden vorgegeben wird, resultieren die sonstigen Grundflächen aus dem Entwurf des Architekten.

Zur Anwendung der DIN 277 und der BKI-Planungskennwerte

Zum allgemeinen Verständnis der Ermittlung von Grundflächen nach DIN 277 und zur sicheren Anwendung von Grundflächen und Planungskennwerten der BKI-Daten sind einige Definitionen und Angaben bei der praktischen Anwendung zu beachten:

- -Die Brutto-Grundfläche (BGF) ist die „Gesamtheit der Grundflächen aller Geschosse oder eines Teilbereichs des Bauwerks, die sich in Netto- Raumfläche (NRF) und Konstruktions-Grundfläche (KGF) gliedert." Sie ist die Bezugseinheit (= 100,0 Prozent) für die Ermittlung von Planungskennwerten, zum Beispiel der Konstruktions-Grundfläche als Anteil der Brutto-Grundfläche in Prozent (m^2 KGF/m^2 BGF in %).
  [vgl. DIN 277:2021-08, Ziffer 3.4, S. 5]
- Die Konstruktions-Grundfläche kann einfach ermittelt werden als Differenz aus der Brutto-Grundfläche und Netto-Raumfläche.
  [vgl. DIN 277:2021-08, Ziffer 6.3, S. 11]
- Die Netto-Raumfläche ist der „Anteil der Brutto-Grundfläche (BGF), der sich in Nutzungsfläche (NUF), Technikfläche (TF) und Verkehrsfläche (VF) gliedert."
  [vgl. DIN 277:2021-08, Ziffer 3.3, S. 5]

Weiterhin ist zu berücksichtigen, dass die Grundflächen als Regelfall der Raumumschließung (R) oder als Sonderfall der Raumumschließung (S) unterschieden werden.

Zum Regelfall zählen Netto- Raumflächen, die „bei allen Begrenzungsflächen des Raums vollständig umschlossen" sind.
[vgl. DIN 277:2021-08, Ziffer 5.7.1, S. 10]

Ein Sonderfall liegt dann vor, wenn Netto-Raumflächen „mit dem Bauwerk konstruktiv fest verbunden sind, jedoch nicht bei allen Begrenzungsflächen des Raums vollständig umschlossen sind (z.B. Loggien, Balkone, Dachterrassen, unterbaute Eingangsbereiche und Höfe sowie Außentreppen)".
[vgl. DIN 277:2021-08, Ziffer 5.7.2, S. 10]

Ermittlung der BKI-Planungskennwerte und BKI-Kostenkennwerte

Alle Grundflächen (und Rauminhalte) nach DIN 277 und entsprechende Planungskennwerte sowie wesentliche Kostenkennwerte werden von BKI ermittelt und dokumentiert. Die Größe einer Grundfläche wird immer als Summe der Grundflächen als Regelfall und der Grundflächen als Sonderfall ausgewiesen bzw. für die Bildung von Kennwerten herangezogen.

Dieser Umstand ist insofern von Bedeutung, als bei der Angabe oder Kennwertbildung städtebaulicher Kennziffern (nach BauNVO) oder der Ermittlung der Wohnfläche (nach WoFlV) anders verfahren wird.

Untergliederung der Nutzungsfläche (NUF) nach DIN 277 – auch für Schulen?

Die Unterscheidung der Nutzungsfläche in Nutzungsflächenarten ist für jede Gebäudeart möglich, auch für Schulen. Wie in → **Tabelle 03-02** dargestellt (blau markiert), kommen viele beispielhafte Flächen in Schulen vor.

Hingegen werden in der Praxis die Flächen von Raumprogrammen für Schulbauten nicht nur anders, sondern auch sehr unterschiedlich bezeichnet. Dadurch wird der Vergleich der geplanten oder gebauten Flächen bzw. Räume erschwert.

<table>
<tr><td colspan="4">Brutto-Grundfläche (BGF)</td></tr>
<tr><td colspan="3">Netto-Raumfläche (NRF)</td><td rowspan="2">Konstruktions-Grundfläche (KGF)</td></tr>
<tr><td>Nutzungsfläche (NUF)</td><td>Technikfläche (TF)</td><td>Verkehrsfläche (VF)</td></tr>
</table>

Tab. 03-01: Gliederung der Grundflächen des Bauwerks.
[DIN 277:2021-08, Ziffer 4.1, S. 6]

Nutzungsfläche (NUF)	Beispiele und Anmerkungen
1 Wohnen und Aufenthalt (NUF 1)	Wohnräume, Schlafräume, Beherbergungsräume, Küchen in Wohnungen, **Gemeinschaftsräume, Aufenthaltsräume,** Bereitschaftsräume, **Pausenräume, Teeküchen, Ruheräume,** Warteräume, **Speiseräume,** Hafträume
2 Büroarbeit (NUF 2)	**Büroräume, Großraumbüros, Besprechungsräume,** Konstruktionsräume, Zeichenräume, Schalterräume, Aufsichtsräume, Bürogeräteräume
3 Produktion, Hand- und Maschinenarbeit, Forschung und Entwicklung (NUF 3)	Werkhallen, **Werkstätten, Labors (technologische, physikalische, elektrotechnische, chemische, biologische usw.),** Räume für Tierhaltung, Räume für Pflanzenzucht, **gewerbliche Küchen** (einschließlich Aus- und Rückgaben), Sonderarbeitsräume (für Hauswirtschaft, Wäschepflege usw.)
4 Lagern, Verteilen und Verkaufen (NUF 4)	**Lager- und Vorratsräume,** Lagerhallen, Tresorräume, Siloräume, **Archive, Sammlungsräume, Registraturen,** Kühlräume, Annahme- und Ausgaberäume, Packräume, Versandräume, Verkaufsräume, Messeräume
5 Bildung, Unterricht und Kultur (NUF 5)	**Unterrichts- und Übungsräume, Hörsäle, Seminarräume, Werkräume, Praktikumsräume, Bibliotheksräume, Leseräume, Sporträume, Gymnastikräume, Zuschauerräume (in Kinos, Theatern, Sporthallen usw.), Bühnenräume, Studioräume, Proberäume, Ausstellungsräume** (in Museen, Galerien usw.), Sakralräume
6 Heilen und Pflegen (NUF 6)	**Räume für allgemeine Untersuchung und Behandlung (für medizinische Erstversorgung, Beratung** usw.), Räume für spezielle Untersuchung und Behandlung (für Endoskopie, Physiologie, Zahnmedizin usw.), Operationsräume, Entbindungsräume, Räume für Strahlendiagnostik und Strahlentherapie, Räume für Physiotherapie und Rehabilitation, Bettenräume, Intensivpflegeräume
7 Sonstige Nutzungen (NUF 7)	**Abstellräume, Fahrradräume, Müllsammelräume, Fahrzeugabstellflächen (Garagen, Hallen, Schutzdächer), Fahrgastaufenthaltsflächen** (Bahn- und Flugsteige usw.) **technische Anlagen zum Betrieb nutzungsspezifischer Einrichtungen (EDV-Serverraum, Kompressor-Raum für die Druckluftanlage einer Werkstatt,** Schalträume für medizinische Einrichtungen, Schaltwarten, Leitstellen usw.) technische Anlagen zur Versorgung und Entsorgung anderer Bauwerke (Kraftwerke, Gaswerke, Trafostationen, Klärwerke usw.), Schutzräume **Sanitärräume (Toiletten einschließlich Vorräume, Waschräume, Duschräume,** Saunaräume, **Putzräume usw.), Umkleideräume** (Schrankräume, Künstlergarderoben usw.), Reinigungsschleusen **Räume, deren Zweckbestimmung noch nicht festgelegt ist**

Tab. 03-02: Untergliederung der Nutzungsfläche (NUF) – auch für Schulen (**blau** markiert)
[vgl. DIN 277:2021-08, S. 6-7]

BKI-Planungskennwerte von Schulen und Sporthallen

Die Grundflächen und Rauminhalte der von BKI veröffentlichten Vergleichsobjekte – hier Schulen und Sportbauten – werden gemäß DIN 277 ermittelt und dokumentiert. Das betrifft die Brutto-Grundfläche (BGF), die Netto-Raumfläche (NRF), die Nutzungsflächen (NUF und die Technikfläche (TF), die Verkehrsfläche (VF) sowie die Konstruktions- Grundfläche (KGF)), die jedoch nicht nach Nutzungsflächenarten unterschieden werden. Zudem wird die Anzahl der Nutzeinheiten (NE) jedes Vergleichsobjektes angegeben. Bei den Schulen sind das die Schülerinnen und Schüler (SUS). Für die Sporthallen gibt es keine Nutzeinheiten, allerdings werden diese Gebäude nach der Anzahl der Hallen unterschieden.

Die → **Tabellen 03-03** bis **03-17** enthalten statistische Planungskennwerte, die aus Grundflächen und Rauminhalten gebildet wurden. Mit Hilfe der Kennwerte können auf Grundlage von Nutzeinheiten oder der Nutzungsfläche des Raumprogramms zum Beispiel die ungefähre Größe – angegeben als Brutto-Grundfläche oder Brutto-Rauminhalt-Grundfläche errechnet werden. Gegenstand der Bildung der Kennwerte sind die unterschiedlichen Schulformen (Allgemeinbildende Schulen, Berufliche Schulen sowie Förder- und Sonderschulen) und die im Schulbau anzutreffenden Konstruktionsweisen Massivbau (Mauerwerk und Beton) und Holzbau. Hierzu ist anzumerken, dass in den letzten Jahrzehnten der Anteil des Mauerwerks stark zurückgegangen ist. Dagegen nimmt seit einigen Jahren der Anteil der Holzbauten zu.

Die Flächen und Rauminhalte der einzelnen Objekte und ebenso die Kennwerte sind so unterschiedlich wie die Gebäude selbst. Für die Planung von Schulen gibt es je nach Schulform und Bundesland unterschiedliche Planungskennwerte. Diese beziehen sich auf so bezeichnete pädagogische Flächen und dienen als Grundlage für Flächen- und Raumprogramme. Die hier dargestellten Planungskennwerte beziehen sich auf die Grundflächen und Rauminhalte von realisierten Gebäuden. Deren Raumprogramme sind Ausdruck unterschiedlicher pädagogischer Konzepte. Die einzelnen Flächen- und Raumprogramme der Vergleichsobjekte liegen dem Verfasser nicht vor. Allein die Anzahl der Nutzeinheiten, genauer gesagt der Schülerinnen und Schüler (SUS) und die Summe aller der Nutzungsflächen der dokumentierten Schulgebäude liegen vor.

So können statistisch ermittelte Planungskennwerte von Vergleichsobjekten gegenübergestellt werden. Beispiel: Das Verhältnis der Nutzungsfläche pro Schülerin bzw. Schüler beträgt 7,84 m^2 NUF/SUS oder das Verhältnis der Brutto-Grundfläche pro Schülerin bzw. Schüler macht 9,92 m^2 BGF/SUS aus.

Hierbei handelt es sich um arithmetische Mittelwerte einer Anzahl der Objekte einer Gebäudeart. Die Von-Bis-Werte sind statistische Werte, sie dienen der Orientierung bei der Beurteilung von baulichen Lösungsansätzen oder bestehenden Objekten. Es sind keine Richtwerte. Gleichwohl können auf dieser Grundlage vom Auftraggeber Vorgaben formuliert werden.

In der Hauptsache richtet sich die Interpretation der vorliegenden Daten und Kennwerte weniger auf Konzepte des Schulbetriebs als vielmehr auf die Eigenschaften der Gebäude, also die Konstruktionsweisen, die Geometrie der Baukörper, die verkehrliche Erschließung innen, die Installationen und den Flächenbedarf für die Ver- und Entsorgung der Gebäude. Auch die Größe der Objekte spielt eine Rolle, zudem handelt es sich bei einzelnen Vergleichsobjekten um Anbauten oder Erweiterungen, die verhältnismäßig klein sind und nicht alle Funktionen einer Schule enthalten, z. B. weitere Klassenräume. Beim Vergleich der Kennwerte ist darauf zu achten, dass nur weitgehend ähnliche Objekte betrachtet werden.

Allgemein ist festzustellen, dass vor allem in frühen Leistungsphasen der Planung manche Verhältnisse oft nicht richtig eingeschätzt werden. Umso wichtiger sind die Kenntnis und Interpretation von Kennwerten. Dazu gehören der Anteil der Konstruktions-Grundfläche an der Brutto-Grundfläche (KGF/BGF in Prozent, z. B. 15,2 %), siehe → **Tab. 03-12**) oder die mittlere Geschosshöhe als Verhältnis des Brutto-Rauminhalts zur Brutto-Grundfläche (BRI/BGF in Metern, z. B. 4,25 m. Siehe → **Tabelle 03-16.**

Planungskennwerte aus Grundflächen und Rauminhalten

Nutzungsfläche (NUF) zu Nutzeinheit (NE)

Schulen	NUF/NE		
	von	mittel	bis
Allgemeinbildende Schulen Nutzungsfläche (NUF) 51 Vergleichsobjekte, S. 258, 261	6,16 m²	**7,48 m²**	9,66 m²
Schulen, Holzbauweise, 14 Vergleichsobjekte, S. 276, 279	4,63 m²	**5,61 m²**	7,49 m²
Berufliche Schulen, 12 Vergleichsobjekte, S. 284, 287	8,90 m²	**11,11 m²**	11,91 m²
Förder- und Sonderschulen, 16 Vergleichsobjekte, S. 292, 295	27,65 m²	**35,29 m²**	68,39 m²

Tab. 03-03: Grundflächen und Rauminhalte von Schulen – Verhältnis Nutzungsfläche (NUF) zu Nutzeinheit (NE) in m².
[BKI: Baukosten Gebäude Neubau 2025, Statistische Kostenkennwerte, S. 258-295]

Brutto-Grundfläche (BGF) zu Nutzeinheit (NE)

Schulen	BGF/NE		
	von	mittel	bis
Allgemeinbildende Schulen, 51 Vergleichsobjekte, S. 258, 261	9,92 m²	**12,03 m²**	14,64 m²
Schulen, Holzbauweise, 14 Vergleichsobjekte, S. 276, 279	7,00 m²	**8,76 m²**	10,00 m²
Berufliche Schulen, 12 Vergleichsobjekte, S. 284, 287	11,75 m²	**14,74 m²**	15,39 m²
Förder- und Sonderschulen, 16 Vergleichsobjekte, S. 292, 295	47,64 m²	**69,90 m²**	116,22 m²

Tab. 03-04: Grundflächen und Rauminhalte von Schulen – Verhältnis Brutto-Grundfläche (BGF) zu Nutzeinheit (NE) in m².
[BKI: Baukosten Gebäude Neubau 2025, Statistische Kostenkennwerte, S. 258-295]
Anmerkungen: Die Beruflichen Schulen verfügen zusätzlich über Werkstätten. Bei den Holzbauten sind mehrere Anbauten oder Ergänzungsbauten enthalten. In den Förder- und Sonderschulen sind die Lerngruppen klein, entsprechend werden mehr Klassenräume benötigt.

Sportbauten	BGF/NE		
	von	mittel	bis
Sport- und Mehrzweckhallen, 15 Vergleichsobjekte, S. 382, 385	–	–	–
Sporthallen (Einfeldhallen), 19 Vergleichsobjekte, S. 392, 395	–	–	–
Sporthallen (Dreifeldhallen), 29 Vergleichsobjekte, S. 402, 405	–	–	–

Tab. 03-05: Grundflächen und Rauminhalte von Sportbauten – Verhältnis Brutto-Grundfläche (BGF) zu Nutzeinheit (NE) in m².
[BKI: Baukosten Gebäude Neubau 2025, Statistische Kostenkennwerte, S. 382-405]
Anmerkung: Für die Sportbauten werden keine Nutzeinheiten angegeben.

Brutto-Grundfläche (BGF) zu Nutzungsfläche (NUF)

Schulen	BGF/NUF		
	von	mittel	bis
Allgemeinbildende Schulen, 51 Vergleichsobjekte, S. 258, 261	153,2 %	**161,6 %**	177,3 %
Schulen, Holzbauweise, 14 Vergleichsobjekte, S. 279	142,5 %	**154,0 %**	188,9 %
Berufliche Schulen, 12 Vergleichsobjekte, S. 284, 287	141,6 %	**155,3 %**	164,1 %
Förder- und Sonderschulen, 16 Vergleichsobjekte, S. 292, 295	150,8 %	**163,4 %**	174,1 %

Tab. 03-06: Grundflächen und Rauminhalte von Schulen – Verhältnis Brutto-Grundfläche (BGF) zu Nutzungsfläche (NUF) in Prozent.
[BKI: Baukosten Gebäude Neubau 2025, Statistische Kostenkennwerte, S. 258-294]
Anmerkung: Das Verhältnis von Brutto-Grundfläche zu Nutzungsfläche der Schularten und Konstruktionsweisen wenig unterschiedlich.

Sportbauten)	BGF/NUF		
	von	mittel	bis
Sport- und Mehrzweckhallen, 15 Vergleichsobjekte, S. 382, 385	133,6 %	**140,5 %**	153,6 %
Sporthallen (Einfeldhallen), 19 Vergleichsobjekte, S. 392, 395	132,4 %	**137,1 %**	144,9 %
Sporthallen (Dreifeldhallen), 29 Vergleichsobjekte, S. 402, 405	127,3 %	**135,3 %**	141,9 %

Tab. 03-07: Grundflächen und Rauminhalte von Sportbauten – Verhältnis Brutto-Grundfläche (BGF) zu Nutzungsfläche (NUF) in Prozent.
[BKI: Baukosten Gebäude Neubau 2025, Statistische Kostenkennwerte, S. 382-405]
Anmerkung: Das Verhältnis von Brutto-Grundfläche zu Nutzungsfläche der Sport- und Mehrzweckhallen ist wenig unterschiedlich.

Verkehrsfläche (VF) zu Brutto-Grundfläche (BGF)

Schulen	VF/BGF		
	von	mittel	bis
Allgemeinbildende Schulen, 51 Vergleichsobjekte, S. 258, 261	17,1 %	**19,9 %**	23,7 %
Schulen, Holzbauweise, 14 Vergleichsobjekte, S. 276, 279	10,6 %	**13,7 %**	18,1 %
Berufliche Schulen, 12 Vergleichsobjekte, S. 284, 287	12,6 %	**18,2 %**	21,6 %
Förder- und Sonderschulen, 16 Vergleichsobjekte, S. 292, 295	15,0 %	**19,2 %**	24,2 %

Tab. 03-08: Grundflächen und Rauminhalte von Schulen – Verhältnis Verkehrsfläche (VF) zu Brutto-Grundfläche (BGF) in Prozent.
[BKI: Baukosten Gebäude Neubau 2025, Statistische Kostenkennwerte, S. 258-295]
Anmerkung: Bei den Holzbauten sind mehrere An- oder Ergänzungsbauten enthalten. Infolgedessen sind nur Flure und keine größeren Verkehrsflächen erforderlich.

Sportbauten	VF/BGF		
	von	mittel	bis
Sport- und Mehrzweckhallen, 15 Vergleichsobjekte, S. 382, 385	10,3 %	**11,9 %**	15,4 %
Sporthallen (Einfeldhallen), 19 Vergleichsobjekte, S. 392, 395	9,1 %	**11,5 %**	13,6 %
Sporthallen (Dreifeldhallen), 29 Vergleichsobjekte, S. 402, 405	9,1 %	**11,6 %**	13,9 %

Tab. 03-09: Grundflächen und Rauminhalte von Sportbauten – Verhältnis Verkehrsfläche (VF) zu Brutto-Grundfläche (BGF) in Prozent.
[BKI: Baukosten Gebäude Neubau 2025, Statistische Kostenkennwerte, S. 382-405]
Anmerkung: Der Anteil der Verkehrsflächen an der Brutto-Grundfläche ist bei den Sport- und Mehrzweckhallen so gut wie gleich.

Technikfläche (TF) zu Brutto-Grundfläche (BGF)

Schulen	TF/BGF		
	von	mittel	bis
Allgemeinbildende Schulen, 51 Vergleichsobjekte, S. 258, 261	2,2 %	**2,9 %**	6,5 %
Schulen, Holzbauweise, 14 Vergleichsobjekte, S. 276, 279	3,1 %	**4,1 %**	7,4 %
Berufliche Schulen, 12 Vergleichsobjekte, S. 284, 287	2,3 %	**3,5 %**	4,1 %
Förder- und Sonderschulen, 16 Vergleichsobjekte, S. 292.295	2,7 %	**3,3 %**	6,5 %

Tab. 03-10: Grundflächen und Rauminhalte von Schulen – Verhältnis Technikfläche (TF) zu Brutto-Grundfläche (BGF) in Prozent.
[BKI: Baukosten Gebäude Neubau 2025, Statistische Kostenkennwerte, S. 263-259]

Sportbauten	TF/BGF		
	von	mittel	bis
Sport- und Mehrzweckhallen, 15 Vergleichsobjekte, S. 382-385	3,8 %	**5,2 %**	7,2 %
Sporthallen (Einfeldhallen), 19 Vergleichsobjekte, S. 392-395	2,6 %	**3,8 %**	5,5 %
Sporthallen (Dreifeldhallen), 29 Vergleichsobjekte, S. 402, 405	3,1 %	**4,0 %**	6,4 %

Tab. 03-11: Grundflächen und Rauminhalte von Sportbauten – Verhältnis Technikfläche (TF) zu Brutto-Grundfläche (BGF) in Prozent.
[BKI: Baukosten Gebäude Neubau 2025, Statistische Kostenkennwerte, S. 382-405]

Anmerkung: Der Anteil der Technikfläche an der Brutto-Grundfläche beträgt in den meisten Fällen bei Schulen 3 bis 4 Prozent und bei den Sport- und Mehrzweckhallen 4 bis 5 Prozent. Bei hohen Anforderungen an die Energiewirtschaftlichkeit und bei einem höheren Anteil raumlufttechnisch behandelter Flächen wird jeweils auch die Technikfläche größer. Siehe zu den Technikflächen auch Literaturverzeichnis [6].

Konstruktions-Grundfläche zu Brutto-Grundfläche

Schulen	KGF/BGF		
	von	mittel	bis
Allgemeinbildende Schulen, 51 Vergleichsobjekte, S. 258, 261	12,4 m	**14,6 m**	16,9 m
Schulen, Holzbauweise, 12 Vergleichsobjekte, S. 276, 279	11,9 m	**14,8 m**	24,4 m
Berufliche Schulen, 12 Vergleichsobjekte, S. 284, 287	10,9 m	**12,1 m**	13,5 m
Förder- und Sonderschulen, 16 Vergleichsobjekte, S. 292, 295	13,6 m	**15,2 m**	18,3 m

Tab. 03-12: Grundflächen und Rauminhalte von Schulen – Verhältnis Konstruktions-Grundfläche (KGF) zu Brutto-Grundfläche (BGF) in Prozent.
[BKI: Baukosten Gebäude Neubau 2025, Statistische Kostenkennwerte, S. 258-295]

Sportbauten	KGF/BGF		
	von	mittel	bis
Sport- und Mehrzweckhallen, 15 Vergleichsobjekte, S. 382, 385	11,0 m	**12,3 m**	14,2 m
Sporthallen (Einfeldhallen), 19 Vergleichsobjekte, S. 392, 395	9,5 m	**11,5 m**	13,5 m
Sporthallen (Dreifeldhallen), 29 Vergleichsobjekte, S. 402, 405	7,9 m	**9,8 m**	11,3 m

Tab. 03-13: Grundflächen und Rauminhalte von Sportbauten – Verhältnis Konstruktions-Grundfläche (KGF) zu Brutto-Grundfläche (BGF) in Prozent.
[BKI: Baukosten Gebäude Neubau 2025, Statistische Kostenkennwerte, S. 382-405]

Anmerkung: Der Anteil der Konstruktions-Grundfläche (Wände, Stützen, Schächte) an der Brutto-Grundfläche beträgt in den meisten Fällen bei Schulen 12 bis 15 Prozent und bei Sport- und Mehrzweckhallen 10 bis 12 Prozent. Ursächlich sind neben der Konstruktion von Außen- und Innenwänden die Raumaufteilung bzw. die Menge der Räume. Hierzu kann das Verhältnis von Innenwandfläche (IWF) zu Brutto-Grundfläche (BGF) ermittelt werden.

Innenwandfläche (IWF) zu Brutto-Grundfläche (BGF)

Schulen	IWFI/BGF		
	von	mittel	bis
Allgemeinbildende Schulen, 51 Vergleichsobjekte, S. 258, 261	0,60 %	**0,70 %**	0,78 %
Schulen, Holzbauweise, 12 Vergleichsobjekte, S. 276, 279	0,71 %	**0,80 %**	0,93 %
Berufliche Schulen, 12 Vergleichsobjekte, S. 284, 287	0,49 %	**0,55 %**	0,60 %
Förder- und Sonderschulen, 16 Vergleichsobjekte, S. 292, 295	0,85 %	**0,95 %**	1,05 %

Tab. 03-14: Grundflächen und Rauminhalte von Schulen – Verhältnis Innenwandfläche (IWF) zu Brutto-Grundfläche (BGF).
[BKI: Baukosten Gebäude Neubau 2025, Statistische Kostenkennwerte, S. 258-295]

Sportbauten	IWF/BGF		
	von	mittel	bis
Sport- und Mehrzweckhallen, 15 Vergleichsobjekte, S. 382, 385	0,47 %	**0,51 %**	0,51 %
Sporthallen (Einfeldhallen), 19 Vergleichsobjekte, S. 392, 395	0,57 %	**0,60 %**	0,62 %
Sporthallen (Dreifeldhallen), 29 Vergleichsobjekte, S. 402, 405	0,57 %	**0,64 %**	0,69 %

Tab. 03-15: Grundflächen und Rauminhalte von Sportbauten – Verhältnis Innenwandfläche (IWF) zu Brutto-Grundfläche (BGF).
[BKI: Baukosten Gebäude Neubau 2025, Statistische Kostenkennwerte, S. 382-405]

Anmerkung: Das Verhältnis Innenwandfläche (IWF) zu Brutto-Grundfläche (BGF) beträgt im Mittel bei Schulen rund 60 bis 100 Prozent und bei Sport- und Mehrzweckhallen 50 bis 60 und mehr Prozent.

Brutto-Rauminhalt (BRI) zu Brutto-Grundfläche (BGF)

Schulen	BRI/BGF		
	von	mittel	bis
Allgemeinbildende Schulen, 51 Vergleichsobjekte, S. 258, 261	4,03 m	**4,25 m**	4,70 m
Schulen, Holzbauweise, 12 Vergleichsobjekte, S. 276, 279	3,94 m	**4,14 m**	4,51 m
Berufliche Schulen, 12 Vergleichsobjekte, S. 284, 287	3,74 m	**4,06 m**	4,56 m
Förder- und Sonderschulen, 16 Vergleichsobjekte, S. 292, 295	3,95 m	**4,14 m**	4,36 m

Tab. 03-16: Grundflächen und Rauminhalte von Schulen – Verhältnis Brutto-Rauminhalt (BRI) zu Brutto-Grundfläche (BGF) in Meter (m).
[BKI: Baukosten Gebäude Neubau 2025, Statistische Kostenkennwerte, S. 258-295]

Anmerkung: BRI/BGF = Geschosshöhe in Meter (m)

Sportbauten	BRI/BGF		
	von	mittel	bis
Sport- und Mehrzweckhallen, 15 Vergleichsobjekte, S. 382, 385	5,47 m	**6,07 m**	6,67 m
Sporthallen (Einfeldhallen), 19 Vergleichsobjekte, S. 392, 395	5,71 m	**6,13 m**	6,58 m
Sporthallen (Dreifeldhallen), 29 Vergleichsobjekte, S. 402, 405	6,50 m	**6,95 m**	7,70 m

Tab. 03-17: Grundflächen und Rauminhalte von Sportbauten – Verhältnis Brutto-Rauminhalt (BRI) zu Brutto-Grundfläche (BGF) in Meter (m).
[BKI: Baukosten Gebäude Neubau 2025, Statistische Kostenkennwerte, S. 382-405]

Anmerkung: Die durchschnittliche Raumhöhe von Schulen sowie von Sport- und Mehrzweckhallen ergibt sich aus der Nutzung (Unterricht, Büroarbeit, Sport etc.), der Konstruktion (Gründung, Decken, Dach etc.) und der Installationsführung (Doppelboden, abgehängte Decke etc.). Der Raumbedarf für die Installationsführung wird oft unterschätzt. Insofern ist die Kenntnis statistischer Werte von Vorteil.

4. Bauwerkskosten von Schulen und Sporthallen – Kostenrahmen

Es gibt in der Baupraxis für die „Kosten im Bauwesen" eine Vielzahl von Begriffen. Nur wenige werden in der DIN 276 definiert. Andere können gleichbedeutend verwendet werden. Häufig sind die Bezeichnungen aber unklar und führen zu Verwirrung und Fehleinschätzungen. DIN 276:2018-12, Kosten im Bauwesen, definiert die „Gesamtkosten" (KG 100-800) und unterscheidet als deren wesentlichen Teil die „Bauwerkskosten" (KG 300+400).
[DIN 276:2018-12, Ziffer 3.11 und 3.12, S. 6]

Die „Bauwerkskosten" wurden vor rund 70 Jahren als „reine Baukosten" bezeichnet.
[DIN 276:1954-03, Ziffer 2.1, S. 1]

Die allseits bekannten „Baukosten" werden in der Norm nicht definiert, sie entsprechen den Kosten gemäß KG 300-800 nach DIN 276:2018-12. Als Synonyme für „Baukosten" werden häufig die „Herstellungskosten" (Begriff aus dem Handelsgesetzbuch mit Rückgriff auf das Steuerrecht) und die „Bausumme" (Begriff aus dem Versicherungswesen, der Rechtsprechung und der Finanzierung) verwendet.

Bei den Bauverwaltungen von Bund und Ländern wird der Begriff „Gesamtbaukosten" verwendet, dieser entspricht den Kosten gemäß KG 200-700 nach DIN 276:2018-12.
[https://www.bauministerkonferenz.de/Dokumente/42321894.pdf]

→ **Abb. 04-01**

Bei der vorliegenden Untersuchung werden die Bauwerkskosten (KG 300 + 400) betrachtet. Bei Berechnungen oder Kennwerten sind die Bauwerkskosten stets 100 Prozent.

Die folgenden Kostenkennwerte beziehen sich auf die Bauwerkskosten (KG 300 + 400 nach DIN 276-1:2008-12). Die Bauwerkskosten sind wesentliche Bestandteile der Gesamtkosten. Der Kostenrahmen als erste Kostenermittlung für ein Bauprojekt soll die Gesamtkosten enthalten.

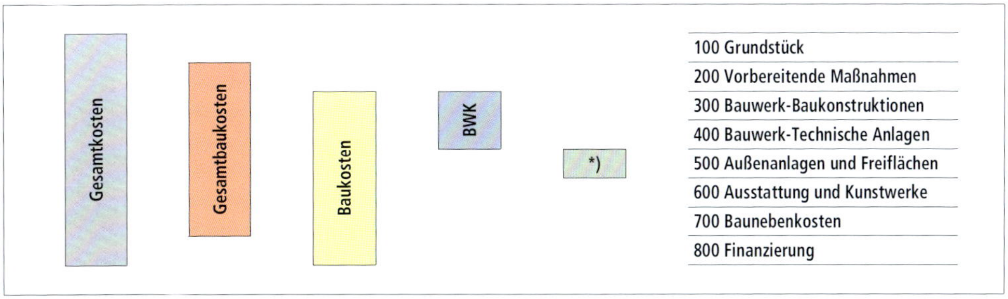

Abb. 04-01: In der Praxis verwendete Begriffe für Kosten im Bauwesen
*) Außenanlagen und Freiflächen
Erläuterung: Gegenstand der Kosten nach Kostengruppen der DIN 276.

Gesamtkosten	(KG 100 - 800 nach DIN 276:2018-12)
Gesamtbaukosten	(KG 200 - 700 nach DIN 276:2018-12)
Baukosten	(KG 300 - 800 nach DIN 276:2018-12)
Bauwerkskosten (BWK)	(KG 300 + 400 nach DIN 276:2018-12)
Kosten der Außenanlagen und Freiflächen	(KG 500 nach DIN 276:2018-12)

Kostenkennwerte (Bauwerkskosten)

Bauwerkskosten (BWK) zu Brutto-Grundfläche (BGF)

Schulen	BWK/BGF		
	von	mittel	bis
Allgemeinbildende Schulen, 51 Vergleichsobjekte, S. 258	2.330 €/m²	**2.885 €/m²**	3.475 €/m²
Schulen, Holzbauweise, 14 Vergleichsobjekte, S. 276	2.245 €/m²	**2.705 €/m²**	3.470 €/m²
Berufliche Schulen, 12 Vergleichsobjekte, S. 284	2.225 €/m²	**2.735 €/m²**	3.565 €/m²
Förder- und Sonderschulen, 16 Vergleichsobjekte, S. 292	2.280 €/m²	**2.735 €/m²**	3.435 €/m²

Kostenstand 1. Quartal 2025, Bundesdurchschnitt, inkl. MwSt.

Tab. 04-01: Kostenkennwerte von Schulen – Verhältnis von Bauwerkskosten (BWK) zur Brutto-Grundfläche (BGF) in €/m² BGF.
[BKI: Baukosten Gebäude Neubau 2025, Statistische Kostenkennwerte, S. 258-292]

Technische Anlagen (TA) an Bauwerkskosten (BWK)

Schulen	TA/BWK		
	von	mittel	bis
Allgemeinbildende Schulen, 51 Vergleichsobjekte, S. 258-259	19,7 %	**24,0 %**	29,2 %
Schulen, Holzbauweise, 14 Vergleichsobjekte, S. 284-285	15,7 %	**22,1 %**	28,8 %
Berufliche Schulen, 12 Vergleichsobjekte, S. 284-285	25,4 %	**28,6 %**	31,7 %
Förder- und Sonderschulen, 16 Vergleichsobjekte, S. 292-293	20,6 %	**25,1 %**	29,3 %

Tab. 04-02: Kostenkennwerte von Sportbauten – Verhältnis Kosten Technischer Anlagen (TA) zu Bauwerkskosten (BWK) in Prozent.
[BKI: Baukosten Gebäude Neubau 2025, Statistische Kostenkennwerte, S. 375-395]
Siehe auch Literaturverzeichnis [6].

Anmerkungen zu Tab. 04-01 und Tab. 04-02: Die Mittelwerte der Bauwerkskosten von vier Gebäudearten unterscheiden sich geringfügig. Insofern kann man nicht feststellen, dass die Schulart (Allgemeinbildende Schule, Berufliche Schule, Förder- und Sonderschule) oder die Konstruktionsweise (Massivbau, Holzbau) einen erkennbaren Einfluss auf die Bauwerkskosten haben. Zu den Holzbauten gehören mehrere sehr einfache eingeschossige Unterrichtsgebäude mit vergleichbar geringeren Bauwerkskosten. Gleichzeitig unterscheiden sich die Anteile der Technischen Anlagen an den Bauwerkskosten. Diese sind bei den Beruflichen Schulen im Mittel aufgrund der Werkstätten für den technischen Unterricht rund 20 Prozent höher als bei den anderen Schularten.

Bauwerkskosten (BWK) zu Brutto-Grundfläche (BGF)

Sportbauten	BWK/BGF		
	von	mittel	bis
Sport- und Mehrzweckhallen, 15 Vergleichsobjekte, S. 382	2.265 €/m²	**2.775 €/m²**	3.100 €/m²
Sporthallen (Einfeldhallen), 19 Vergleichsobjekte, S. 392	2.390 €/m²	**2.855 €/m²**	3.505 €/m²
Sporthallen (Dreifeldhallen), 29 Vergleichsobjekte, S. 402	1.945 €/m²	**2.640 €/m²**	3.320 €/m²

Kostenstand 1. Quartal 2025, Bundesdurchschnitt, inkl. MwSt.

Tab. 04-03: Kostenkennwerte von Sportbauten – Verhältnis von Bauwerkskosten (BWK) zur Brutto-Grundfläche (BGF) in €/m² BGF.
[BKI: Baukosten Gebäude Neubau 2025, Statistische Kostenkennwerte, S. 382-402]

Technische Anlagen (TA) an Bauwerkskosten (BWK)

Sportbauten	TA/BWK		
	von	mittel	bis
Sport- und Mehrzweckhallen, 15 Vergleichsobjekte, S. 382-283	17,5 %	**23,8 %**	29,5 %
Sporthallen (Einfeldhallen), 19 Vergleichsobjekte, S. 392-393	17,0 %	**22,8 %**	28,1 %
Sporthallen (Dreifeldhallen), 29 Vergleichsobjekte, S. 402-403	16,4 %	**21,5 %**	24,3 %

Tab. 04-04: Kostenkennwerte von Sportbauten – Verhältnis Kosten Technischer Anlagen (TA) zu Bauwerkskosten (BWK) in Prozent.
[BKI: Baukosten Gebäude Neubau 2025, Statistische Kostenkennwerte, S. 375-395]

Anmerkungen zu Tab. 04-03 und Tab. 04-04: Die anteiligen Kosten der Technischen Anlagen an den Bauwerkskosten von Mehrzweckhallen bzw. Sporthallen unterscheiden sich auf den Mittelwert bezogen geringfügig. Wie bei anderen Gebäudearten variieren die Von-bis-Wert aufgrund unterschiedlicher Anforderungen an die Baukonstruktionen und Technischen Anlagen. Die Dreifeldhallen sind etwas günstiger als die Einfeldhallen.

Exkurs: Technische Anlagen

Technische Anlagen dienen der Ver- und Entsorgung von Bauwerken aller Art. Bei vielen Gebäudearten ist in den letzten Jahrzehnten ein Anstieg der anteiligen Kosten der Technischen Anlagen an den Bauwerkskosten festzustellen. Das gilt auch für Schulen, jedoch nicht für Sporthallen.

→ **Tab. 04-05**

Siehe zu den Technischen Anlagen auch Literaturverzeichnis [6].

Anmerkungen zu **Tab. 04-05**: Die Zunahme der Kosten der Technischen Anlagen an den Bauwerkskosten fallen je nach Gebäudeart und Anlagengruppe unterschiedlich aus. Bei den Schulen haben die anteiligen Kosten der Raumlufttechnischen Anlagen, der Förderanlagen, z.B. Aufzugsanlagen, und der Nutzungsspezifischen

Kosten der Technische Anlagen (KG 400), zweite Ebene der Kostengliederung – Gebäudearten mit hohen und sehr hohen Zunahmen der Kosten der Technische Anlagen an den Bauwerkskosten und Anlagegruppen		Gebäudearten					
KG	Kostengruppe	Instituts- und Laborgebäude	Schulen	Kindergärten	Mehrfamilienhäuser	Feuerwehrhäuser	[...]
400	Bauwerk – Technische Anlagen	–	–	–	–	–	–
410	Abwasser-, Wasser-, Gasanlagen	–	–	–	–	–	–
420	Wärmeversorgungsanlagen	–	–	–	–	–	–
430	Raumlufttechnische Anlagen	x	x		x	x	–
440	Elektrische Anlagen			x	x	x	–
450	Kommunikations-, sicherheits- und informationstechnische Anlagen	x	–	x	–	–	–
460	Förderanlagen	–	x	–	x	–	–
470	Nutzungsspezifische [...] Anlagen (Hochbau)	–	x	–	–	x	–
480	Gebäude- und Anlagenautomation	x	–	–	–	–	–
490	Sonstige Maßnahmen für technische Anlagen	–	–	–	–	–	–

Tab. 04-05: Kosten der Technischen Anlagen (KG 400), zweite Ebene der Kostengliederung – Gebäudearten mit hoher und sehr hoher Zunahme der Kosten der Technischen Anlagen an den Bauwerkskosten unterschieden nach Anlagegruppen.

Anlagen, z.B. Werkstatt- und Laboreinrichtungen, deutlich zugenommen. Die Ursachen hierfür lassen sich auf der Grundlage der vorliegenden Daten nicht vollständig im Einzelnen herleiten. Für das Aufstellen eines Kostenrahmens – hier KG 400 – durch die Bauherrenschaft sowie für die Koordination und Integration der Kostenplanung durch die Objektplanung soll nicht mit (veralteten) Richtwerten oder groben Orientierungswerten gearbeitet werden.

Die Mitwirkung von Ingenieuren für die Planung der Technischen Anlagen ist grundsätzlich anzuraten. Eine Fehleinschätzung der Kosten der Technischen Anlagen zu Beginn eines Bauprojekts ist meist nur schwer zu korrigieren.

Kostenrahmen (DIN 276:2018-12)

Der Kostenrahmen ist ein unverzichtbarer Bestandteil der Planungsgrundlagen für Architekten- und Ingenieurleistungen. Der Kostenrahmen soll vom Bauherrn – vorzugsweise auch auf der Grundlage eines Bedarfsplans aufgestellt werden. Fällt die Entscheidung für eine bauliche Lösung, z.B. einen Neubau, soll ein Kostenrahmen nach den Grundsätzen der DIN 276 ermittelt werden:

„Der Kostenrahmen dient der Entscheidung über die Bedarfsplanung, grundsätzlichen Wirtschaftlichkeits- und Finanzierungsüberlegungen sowie der Festlegung einer Kostenvorgabe.

Bei dem Kostenrahmen werden insbesondere folgende Informationen zugrunde gelegt:
- gegebenenfalls Angaben zum Standort;
- quantitative und qualitative Bedarfsangaben (z.B. Raumprogramm mit Nutzeinheiten, Funktionselemente und deren Flächen, bautechnische Anforderungen, Funktionsanforderungen, Ausstattungsstandards), aufgrund der Bedarfsplanung, z.B. nach DIN 18205;
- gegebenenfalls auch Berechnung der Mengen von Bezugseinheiten der Kostengruppen nach dieser Norm und nach der Normenreihe DIN 277;
- erläuternde Angaben zur organisatorischen und terminlichen Abwicklung des Bauprojekts.

Im Kostenrahmen müssen die Gesamtkosten nach Kostengruppen in der ersten Ebene der Kostengliederung ermittelt werden."
[DIN 276:2018-12, Ziffer 4.3.2, S. 9]

Die → **Tabelle 04-06** zeigt die Struktur eines Kostenrahmens mit den Gesamtkosten nach Kostengruppen in der ersten Ebene der Kostengliederung. Die Kostenwerte dienen lediglich als Beispiel.

Kostengruppen	Kosten (€)
100 Grundstück	1.750.000
200 Vorbereitende Maßnahmen	250.000
300 Bauwerk – Baukonstruktionen	4.000.000
400 Bauwerk – Technische Anlagen	1.500.000
500 Außenanlagen und Freiflächen	300.000
600 Ausstattung und Kunstwerke	200.000
700 Baunebenkosten	1.250.000
800 Finanzierung	750.000
Gesamtkosten	10.000.000

Tab. 04-06: Kostenrahmen mit neun Kostenwerten nach DIN 276:2018-12 - Beispiel.
[Gliederung gemäß DIN 276:2018-12, Ziffer 5.1, S. 12-13]

Die Grundstückskosten (KG 100) sind im Einzelfall zu ermitteln, entsprechendes gilt auch für die Vorbereitenden Maßnahmen (KG 200). Für die Ausstattung (KG 600) von Schulen ist das Schulamt zuständig. Für die Abgrenzung von Baukonstruktionen, z.B. Baukonstruktiven Einbauten (KG 380) einerseits und der Ausstattung andererseits ist eine Schnittstellendefinition zu empfehlen. Damit verbunden ist nicht nur die Planung, sondern auch die Finanzierung.

Siehe zur Schnittstellendefinition auch Literaturverzeichnis [4].

Die Baunebenkosten (KG 700) und die Kosten der Finanzierung (KG 800), soweit letzte im Schulbau betrachtet werden, fallen oft höher aus als erwartet. Auch für diese Kosten gibt es wenig Informationen. Allerdings liegt für deren Berechnung eine Methode vor.

Zur Ermittlung Baunebenkosten (KG 700) und der Finanzierung (KG 800) siehe auch Literaturverzeichnis [7].

5. Bauzeiten von Schulen und Sporthallen – Terminrahmen

Unter einer Bauzeit wird die Dauer vom Beginn der Bauausführung bis zur Abnahme und Übergabe des Objekts verstanden.

Die Übergabe eines Schulgebäudes erfolgt vorzugsweise in den Sommerferien und soll dabei so rechtzeitig sein, dass der Schulbetrieb vor dem Beginn des nächsten Schuljahres gut vorbereitet werden kann. Eine kurze Bauzeit des Gebäudes ist für alle am Projekt Beteiligten vorteilhaft. Denn der Bedarf wird zeitnah gedeckt, die am Projekt Beteiligten können effizient arbeiten und die Kosten der Finanzierung (KG 800 nach DIN 276) können gering ausfallen.

Die Einflüsse auf die Bauzeit von Gebäuden sind vielseitig. Es gehören dazu

- Größe des Objekts, dabei auch die Anzahl der Geschosse einschließlich Unterkellerung
- die Anforderungen an das Objekt hinsichtlich der Gestaltung einschließlich Geometrie und Materialien
- Wahl der Konstruktionsweise und des Grades der Vorfertigung, so auch der Entscheidung für die Massivbauweise oder Holzbauweise
- Qualität der Leistungsbeschreibung, Vergabe und der Objektüberwachung
- Leistungsfähigkeit der ausführenden Unternehmen
- Baubeginn im Zusammenhang mit den jahreszeitlichen Witterungsbedingen wie Niederschlag und Frost, gegebenenfalls Einsatz von Winterbaumaßnahmen.

Für die Terminplanung – nicht nur für Schulbauten und Sporthallen – sind die vom Baukosteninformationszentrum Deutscher Architektenkammern (BKI) dokumentierten Bauzeiten hilfreich. Es handelt sich hierbei um statistische Werte, die dem Objektplaner zur Orientierung dienen. Auf der Grundlage der Von-Mittel und Bis-Werte kann eine erste Einschätzung getroffen werden. Für die ersten Schritte der Bauzeitplanung wird empfohlen, für die jeweilige Gebäudeart, z.B. Allgemeinbildende Schulen, eine überschaubare Anzahl der Vergleichsobjekte auszuwählen, die der Planungsaufgabe weitgehend entsprechen.

Bauzeiten

Für die vorliegende Untersuchung liegen die Bauzeitdaten von 93 Schulen unterschiedlicher Schularten sowie 63 Sport- und Mehrzweckhallen vor.

→ **Tab. 05-01**

Seit einigen Jahren werden für zahlreiche Objekte die Holzbauten als eigenständige Gebäudearten von den Massivbauten unterschieden. Dabei werden bislang noch die Objekte der unterschiedlichen Schularten zusammengefasst, da deren Anzahl für eine Unterscheidung in Schularten derzeit noch zu gering ist.

Wie man der → **Tabelle 05-01** entnehmen kann, dauerte die Bauzeit eines Schulgebäudes zum überwiegenden Teil mehr als ein und oft bis zu zwei Jahre und vereinzelt auch mehr. Die Mehrzahl der Schulgebäude sind Massivbauten. Die Unterschiede in den Bauzeiten der unterschiedlichen Schultypen, also der Allgemeinbildenden Schulen, Berufliche Schulen und der Förder- und Sonderschulen, sind gering.

Die Schulen in Holzbauweise weisen im Vergleich mit den Massivbauten durchschnittlich die kürzeren Bauzeiten aus. Dabei muss allerdings berücksichtigt werden, dass es sich bei den hier dokumentierten Objekten in einem Fall um einen kleinen, nicht unterkellerten Ergänzungsbau handelt, der in nur neun Wochen aufgestellt wurde und der damit den Durchschnitt verbessert.

→ **Tab. 05-02**

Für den Schulsport sind geeignete Flächen oder Räume erforderlich. Einerseits sind die im Gebäude enthaltenen Grundflächen, Kosten und Bauzeiten in der vorliegenden Dokumentation der Objekte enthalten, aber nicht gesondert ausgewiesen. Andererseits sind die Sportflächen wichtig und interessant genug, um genauer betrachtet zu werden. Denn sie unterscheiden sich hinsichtlich der Geometrie, der Konstruktion und der Ausstattung sehr von den sonstigen Unterrichtsbereichen.

Die von BKI dokumentieren Sportbauten werden in Sport- und Mehrzweckhallen, Sporthallen (Einfeldhallen) und Sporthallen (Dreifeldhallen) unterschieden. Es liegen Daten von 63 Mehrzweck- und Sporthallen vor, vgl. **Tab. 05-02**. Eine Aufteilung nach Konstruktionsweisen, z.B. Massivbau, Holzbau, Stahlbau, liegt bislang nicht vor. Die Bauzeiten der Sport- und Mehrzweckhallen sowie der Ein- und Dreifeldhallen unterscheiden sich insoweit, als die Sport- und Mehrzweckhallen die durchschnittlich längste Bauzeit aufweisen, was sicherlich einem höheren Ausbau geschuldet ist. Bei den Ein- und Dreifeldhallen benötigen die größeren Dreifeldhallen die längere Bauzeit als die kleineren Einfeldhallen.

Bildet man das Verhältnis der Brutto-Grundfläche (BGF) zur Bauzeit in Wochen (Wo), können als Kennwert für den Baufortschritt wie folgt ermittelt werden:

- Sporthallen (Einfeldhallen): im Mittel rund 18 m² BGF/Wo
- Sporthallen (Dreifeldhallen): im Mittel rund 39 m² BGF/Wo

Es handelt sich hierbei um häufig vorkommende Werte. Für die Terminplanung in den frühen Leistungsphasen können solche einfachen Kennwerte nützlich sein, um die Realisierbarkeit einschätzen zu können. Entscheidend ist jedoch immer die Leistungsfähigkeit der ausführenden Unternehmen.

Bislang wurden von BKI in erster Linie die Bauzeiten der Objekte erfasst und dokumentiert. Ebenfalls von Interesse sind die Planungszeiten bis Baubeginn. Diese Werte werden seit einiger Zeit ebenfalls erhoben und werden in absehbarer Zeit zur Verfügung stehen. Solange dies noch nicht der Fall ist, wird empfohlen, für die Ermittlung der Projektdauer die Bauzeit mit dem Faktor 1,5 zu multiplizieren. Die Projektdauer eines Bauvorhabens hat Einfluss auf die Baukosten, und zwar auf die Kosten der Finanzierung. Das sind die „Kosten, die im Zusammenhang mit der Finanzierung des Bauprojekts bis zum Beginn der Nutzung anfallen“
[vgl. KG 800 nach DIN 276:2018-12].
Siehe hierzu auch Literaturverzeichnis [7].

Entsprechende Ermittlungen werden meist vom Auftraggebenden oder von dessen Kreditinstitut aufgestellt. Auf jeden Fall können je nach Zinssatz und der Verkürzung der Bauzeit die Gesamtkosten des Bauprojekts (KG 100-800 nach DIN 276) um einige Prozentpunkte gemindert werden.

Der Terminrahmen wird als solcher im Leistungsbild der HOAI 2021 nicht ausdrücklich genannt. Er ist aber als ein unverzichtbarer Bestandteil der Teilleistung LPH 1 a) Klären der Aufgabenstellung auf Grund der Vorgaben oder der Bedarfsplanung des Auftraggebers zu verstehen.

Bauzeiten von Schulen – Konstruktion, Schulart und Bauzeit	**Bauzeit in Wochen**				
	min	**von**	**mittel**	**bis**	**max**
Allgemeinbildende Schulen, 51 Vergleichsobjekte, S. 258	35	61	**87**	119	156
Schulen, Holzbauweise, 14 Vergleichsobjekte, S. 276	9	31	**57**	81	104
Berufliche Schulen, 12 Vergleichsobjekte, S. 284	30	45	**80**	110	131
Förder- und Sonderschulen, 16 Vergleichsobjekte, S. 292	30	60	**82**	115	148

Tab. 05-01: Schulen – Konstruktion, Schulart und Bauzeit.
[BKI: Baukosten Gebäude Neubau 2025, Statistische Kostenkennwerte, S. 258-292]

Bauzeiten von Sportbauten – Sporthallen, Funktionen und Bauzeiten	**Bauzeit in Wochen**				
	min	**von**	**mittel**	**bis**	**max**
Sport- und Mehrzweckhallen, 15 Vergleichsobjekte, S. 382	35	54	**81**	119	139
Sporthallen (Einfeldhallen), 19 Vergleichsobjekte, S. 392	22	46	**64**	106	131
Sporthallen (Dreifeldhallen), 29 Vergleichsobjekte, S. 402	26	47	**69**	93	148

Tab. 05-02: Bauzeiten von Sportbauten – Sporthallen, Funktionen und Bauzeiten.
[BKI: Baukosten Gebäude Neubau 2025, Statistische Kostenkennwerte, S. 382-402]

Terminrahmen – Beispiel

→ **Abb. 05-03**

Ein Terminrahmenplan soll durch einen Erläuterungsbericht zu den Randbedingungen, den getroffenen Annahmen und den gewählten Kennwerten sowie durch eine Risikoanalyse zu den ausgewiesenen Abwicklungszeiträumen ergänzt werden.

Zusammenfassung

Die von BKI dokumentierten Planungskennwerte, Kostenkennwerte und Bauzeitwerte sind für das Aufstellen und Überprüfen eines Raumprogramms, die Ermittlung eines Kostenrahmens und eines Terminrahmens eine große Hilfe. Es handelt sich hierbei um statistische Werte, die als Orientierungswerte zu verstehen sind. Und es sind keine Richtwerte.

Darüber hinaus sollen Planungsgrundlagen für Architekten- und Ingenieurleistungen ein Funktionsprogramm, ein Ausstattungsprogramm und eine Standardbeschreibung enthalten. Diese zu erstellen sind Aufgaben der Bedarfsträger, bei einer Schule ist das in der Regel das Schulamt. Gleiches gilt für die Beurteilung des Standorts und des Grundstücks sowie der Finanzierungs- und Wirtschaftlichkeitsüberlegungen.

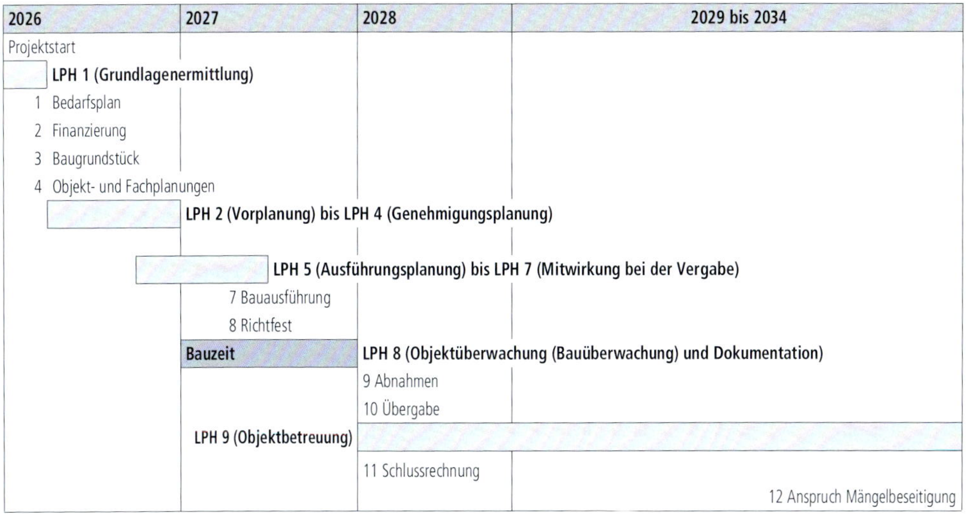

Abb. 05-01: Terminrahmen – Beispiel

Anhang

Checkliste zu Grundflächen und Rauminhalten Allgemeinbildender Schulen

Ein Vergleich der Grundflächen von zum Beispiel Allgemeinbildenden Schulen führt nur dann zu brauchbaren Ergebnissen, wenn alle Flächen (Brutto-Grundfläche, Nutzungsfläche, Konstruktions-Grundfläche, Verkehrsfläche, Technikfläche) nach gleichen Grundsätzen ermittelt und bezeichnet werden.

Grundlage soll die DIN 277:2021-08, Grundflächen und Rauminhalte im Hochbau, sein. Alte Fassungen oder Begriffe, z.B. Hauptnutzfläche (HNF) oder Nebennutzfläche (NNF) nach DIN 277:1987-06, sind zu vermeiden.

Hinweise zur Ermittlung von Planungskennwerten

1. Die Ermittlung von Grundflächen (und Rauminhalten) ist keine eigenständige Grundleistung im HOAI-Leistungsbild Objektplanung Gebäude oder Innenräume, soweit entsprechende Angaben, z.B. nach DIN 277 oder der Wohnflächenverordnung, nicht für das Baugenehmigungsverfahren erforderlich sind.
2. Auf der Grundlage der Nutzungsfläche eines Raumprogramms bzw. Flächenprogramms kann mit Hilfe von Planungskennwerten wie Brutto-Grundfläche (BGF) zu Nutzungsfläche (NUF) bereits vor der Objektplanung ungefähr die Größe des zu planenden Objekts (m^2 BGF) eingeschätzt werden. Die Brutto-Grundfläche (BGF) kann z.B. 160 Prozent der Nutzungsfläche (NUF) betragen.
3. Die Verkehrsfläche (VF) soll nicht Gegenstand eines Raumprogramms bzw. Flächenprogramms sein, sie ergibt sich aus den Erfordernissen der verkehrlichen Erschließung im Gebäude einschließlich der Flucht- und Rettungswege, dem Nutzungs- und Raumkonzept, der Geometrie und den gestalterischen Ansprüchen der Objektplanung. Die Verkehrsfläche (VF) macht bei Allgemeinbildenden Schulen erfahrungsgemäß rund 15 bis 20 Prozent der Brutto-Grundfläche (BGF) aus.
4. Die Technikfläche (TF) soll nicht Gegenstand des Raumprogramms bzw. Flächenprogramms sein, sie ergibt sich aus dem Umfang und der Art der Ver- und Entsorgung des Gebäudes, z.B. Heizung, Klima, Lüftung. Deren Lage und Flächenbedarf sowie die Leitungsführung werden von den an der Planung fachlich Beteiligten ermittelt und dem Objektplaner angegeben. Die Technikfläche (TF) macht bei Allgemeinbildenden Schulen erfahrungsgemäß rund 3 bis 6 Prozent der Brutto-Grundfläche (BGF) aus.
5. Der Vergleich der Nutzungsfläche (NUF) mit der Brutto-Grundfläche (BGF) bei der Objektplanung von Gebäuden, z.B. in der Vorplanung oder der Entwurfsplanung, oder der Vergleich von bestehenden Gebäuden erlaubt die Beurteilung von deren Flächenwirtschaftlichkeit, auch als Flächeneffizienz bezeichnet.

6. Teile der Nutzungsfläche (NUF) eines Raumprogramms bzw. Flächenprogramms und Teile der Verkehrsfläche (VF) können sich überlagern. Beispiele sind Großräume mit entsprechenden Bewegungsflächen, dadurch entstehen einerseits größere Grundflächenanteile als bei Zellenräumen und andererseits eine geringere Verkehrsfläche.

7. Der Anteil der Konstruktions-Grundfläche (KGF) an der Brutto-Grundfläche (BGF) wird häufig unterschätzt. Er macht bei den Allgemeinbildenden Schulen erfahrungsgemäß rund 12 bis 17 Prozent der Brutto-Grundfläche (BGF) aus.

8. Die Ergebnisse der Ermittlung von Grundflächen (und Rauminhalten) nach Planmaßen, z.B. in der Vorplanung oder der Entwurfsplanung, unterscheiden sich meist von den tatsächlichen Abmessungen des Bauwerks in geringem Umfang. Auf diesen Umstand ist bei der Dokumentation der Flächenermittlung hinzuweisen.
[vgl. DIN 277:2021-08, Ziffer 5.1, S. 9]

9. Oft dienen Teile der Grundfläche, insbesondere der Nutzungsfläche (NUF), im Tages- oder Wochenverlauf zwei oder mehr Nutzungen, z.B. Sport- und Kulturveranstaltungen. Dadurch kann die Nutzungsfläche insgesamt reduziert werden. Darauf ist bei der Dokumentation der Flächenermittlung hinzuweisen. Die Nutzungen und deren Zeiten sind im Betrieb zu organisieren.
[vgl. DIN 277:2021-08, Ziffer 4.7.2, S. 8]

10. Teile der Nutzungsfläche (NUF) können in einem Raum oder in einer Gesamtfläche ein Teil der Verkehrsfläche (VF) sein, z.B. eine Ausstellungsfläche in einer Eingangshalle. Diese sind als solche zu ermitteln und als anteilige Nutzungsfläche in der Verkehrsfläche auszuweisen.

11. Besteht ein Bauprojekt aus mehreren Bauwerken oder Bauabschnitten (funktional, räumlich, konstruktiv, zeitlich oder wirtschaftlich), sind die Grundflächen und Rauminhalte für jedes Bauwerk und jeden Bauabschnitt getrennt zu ermitteln.
[DIN 277:2021-08, Ziffer 5.2, S. 9]

12. Grundflächen (und Rauminhalte) sind entsprechend ihrer unterschiedlichen Raumumschließung nach den folgenden Bereichen getrennt zu ermitteln:
    - Regelfall der Raumumschließung (R): Begrenzungsflächen des Raums vollständig umschlossen,
    - Sonderfall der Raumumschließung (S): Begrenzungsflächen des Raums nicht vollständig umschlossen (z.B. Loggien, Balkone, Dachterrassen, unterbaute Eingangsbereiche und Höfe sowie Außentreppen).

    [vgl. DIN 277:2021-08, Ziffer 5.7, S. 9-10]

Glossar

Allgemeinbildende Schule

Eine Allgemeinbildende Schule ist eine Bildungseinrichtung, deren primäres Ziel es ist, Schüler:innen eine breit gefächerte, grundlegende Bildung zu vermitteln, die nicht auf einen spezifischen Berufsweg oder eine berufliche Qualifikation ausgerichtet ist. Sie legt den Schwerpunkt auf die kognitive, soziale und kulturelle Entwicklung, vermittelt Grundkenntnisse in Kernfächern wie Sprache, Mathematik, Naturwissenschaften und Gesellschaftswissenschaften und fördert kritisches Denken, Urteilsfähigkeit und Persönlichkeitsentwicklung. Allgemeinbildende Schulen sind in der Regel staatlich organisiert oder anerkannt und bilden die Grundlage für weiterführende Bildungswege wie berufsbildende Schulen, Fachoberschulen oder Hochschulen."

[Glossar -Allgemeinbildende Schule- Was ist das? | Profiling Institut |]

Außenanlagen

Eine Definition der Außenanlage gibt es in den einschlägigen Normen DIN 276 und DIN 277 nicht. Aus der Definition der Außenanlagenfläche kann jedoch abgeleitet werden: Eine Außenlage ist der planerisch gestaltete Anteil eines Grundstücks außerhalb eines Bauwerks, sie kann überdeckt oder unterbaut sein.

[vgl. Definition Außenanlagenfläche nach DIN 277:2021-08]

Bauamt/Hochbauamt

Ein Bauamt ist ein kommunales, Landes- oder Bundesamt bzw. Amt einer anderen öffentlich-rechtlichen Körperschaft, das sich mit Bauangelegenheiten beschäftigt. Die Aufgaben und Bezeichnungen dieser Ämter variieren zwischen den einzelnen Ländern und Verwaltungsebenen ganz erheblich. Die Bezeichnung Bauamt ist deshalb oft ungenau. [...] Das Bauamt übernimmt als fiskalische Tätigkeit in unterschiedlicher Differenzierung die eigene Bautätigkeit der jeweiligen Körperschaft, also z.B. den Hochbau oder den Tiefbau einer Gemeinde. Überdies werden dort mit der Berechnung und Festsetzung von Erschließungs- oder Kanalanschlussbeiträgen oftmals auch die Kosten solcher Maßnahmen auf die Beteiligten verteilt.

[HOCHBAUAMT - Definition und Synonyme von Hochbauamt im Wörterbuch Deutsch]

Bauherr

Bauherr ist, wer auf seine Verantwortung eine bauliche Maßnahme vorbereitet/ausführt oder vorbereiten/ausführen lässt. Bauherr ist dabei in der Regel derjenige, dem die Baugenehmigung erteilt wird und/oder der im Grundbuch als Eigentümer des Grundstücks eingetragen ist.

[Berufsgenossenschaft der Bauwirtschaft, 2015, S. 1]

Bauherr, öffentlicher

Wirtschaftet mit finanziellen Mitteln, die i.d.R. durch Steuern aufgebracht werden. Zu den öffentlichen Institutionen als Bauherr zählen Bund, Länder, Gemeinden, öffentliche Körperschaften sowie Sondervermögensträger. Im Gegensatz zu privaten Bauherren handeln öffentliche Auftraggeber nicht im Eigeninteresse. Sie sind verpflichtet, im Allgemeininteresse liegende Aufgaben zu erfüllen.

Bauwerk

Zu Bauwerken zählen mit dem Erdboden verbundene Sachen, für die Bauleistungen erbracht werden bzw. die aus Baustoffen und -teilen hergestellt sind.

[https://wirtschaftslexikon.gabler.de/definition/bauwerke-31902]

Bauwerkskosten (BWK)

Kosten, die sich als Summe der Kostengruppen 300 und 400 ergeben

[DIN 276:2018-12, Ziffer 3.12]

Bauzeit

Zeit vom Beginn der Bauausführung bis zur Bauabnahme. Die BKI-Datensammlungen beinhalten für zahlreiche Einzelobjekte sowie statistisch ausgewertete Gebäudearten in Wochen angegebene Aussagen zu Bauzeiten.

Bedarfsplanung

Als Bedarfsplanung wird der „gesamte Prozess der methodischen Ermittlung eines Bedarfs" verstanden, „einschließlich der hierfür notwendigen Erfassung der maßgeblichen Informationen und Daten, und deren zielgerichtete Aufbereitung als quantitativer und qualitativer Bedarf".

[DIN 18205:2016-11, Ziffer 3.5]

Bedarfsträger

Eine „Person, Gruppe oder Organisation, die den Bedarf hat bzw. ihn feststellt und die Bedarfsplanung auslöst" (z.B. Bauherr, Nutzer, Betreiber).

[DIN 18205:2016-11, Ziffer 3.6]

Berufliche Schule

Eine berufliche Schule ist eine Bildungseinrichtung, die entweder begleitend zu einer dualen Berufsausbildung oder im Rahmen einer rein schulischen Ausbildung Wissen und Fähigkeiten für einen bestimmten Beruf vermittelt.

[Schulen in Deutschland: Zahlen und Fakten]

Brutto-Grundfläche (BGF)
Gesamtheit der Grundflächen aller Geschosse oder eines Teilbereichs des Bauwerks, die sich in Netto-Raumfläche (NRF) und Konstruktions-Grundfläche (KGF) gliedert
[vgl. DIN 277:2021-08, S. 4-5]

Brutto-Rauminhalt (BRI)
Gesamtheit der Rauminhalte eines Bauwerks oder eines Geschosses, das sich in Netto-Rauminhalt (NRI) und Konstruktions-Rauminhalt (KRI) gliedert
[vgl. DIN 277:2021-08, S. 5]

Dauer (D)
Zeitspanne vom Anfang bis zum Ende eines Vorgangs bzw. vom Start bis zum Ziel eines Projekts
[DIN 69900:2009-01, Ziffer 3.10]
Die Dauer wird meist in Arbeitstagen, -stunden oder -wochen gemessen.

Fachplanung
Als Fachplanung definiert die HOAI v.a. die Leistungen für die Tragwerksplanung und die Planung der Technischen Ausrüstung. Die entsprechenden Ingenieure haben sich in der Praxis zudem auf einzelne Fachgebiete spezialisiert, wie z.B. Heizungs-, Klima- und Lüftungstechnik oder Elektroplanung.

Finanzierung
Die Finanzierung ist in der Betriebswirtschaft das Bereitstellen von Kapital. Im engeren Sinne bedeutet Finanzierung die Beschaffung von Eigen- und Fremdkapital für ein Unternehmen. Im weiteren Sinne kann man Finanzierung auch als Steuerung des kompletten Zahlungsbereiches, der eine Zahlungsunfähigkeit vermeiden will, verstehen.
[? Finanzierung o Definition, Beispiele & Zusammenfassung]

Flächenprogramm
Zusammenstellung des quantitativen Flächenbedarfs als Mengenangabe differenziert nach Nutzungen; Beispiele: Laborflächen, Verwaltungsflächen; Beispiele: und Lagerflächen einer Forschungsabteilung.
[vgl. DIN 18205:2016-11, Ziffer 37]

Flächenwirtschaftlichkeit von Gebäuden
Verhältnis der Grundflächen zum Gegenstand, z.B. Verhältnis Brutto-Grundfläche/Nutzungsfläche (BGF/NUF) eines Gebäudes. Je größer dieser Verhältniswert ausfällt, z.B. 150,0/100,0 für die Brutto-Grundfläche/Nutzungsfläche als Programmfläche, desto ungünstiger ist die Flächenwirtschaftlichkeit.

Förder- und Sonderschule
Das Konzept der Förderschulen sieht vor, Kinder mit Benachteiligungen in ihrer generellen Entwicklung, der Bildungs- oder Lernentwicklung gezielt zu fördern. So sollen sie die Möglichkeit erhalten, ebenso an Bildung teilzuhaben, um im späteren Leben auch die Möglichkeit zu haben einen Beruf auszuüben und am Alltag teilzunehmen. Dadurch soll späterer sozialer Benachteiligung präventiv vorgebeugt und die Folgen der geistigen oder körperlichen Einschränkung für das Kind geringgehalten werden. Durch die Förderschule wird sowohl das Wohl des Kindes als auch das Elternrecht gestützt, die dadurch Unterstützung bei der Betreuung "und Erziehung erhalten.
[Was sind Förderschulen und wie funktionieren sie?]

Funktionsprogramm
Es soll Flächen und Räume in ihren Beziehungen zueinander zeigen. Zur Darstellung meist Blasen-Diagramme mit Strichen und Kreisen verwendet. Es sollen berücksichtigt werden: Raumbeziehungen, Flächenbeziehungen, Bereichsgrenzen, Personenströme, Materialströme, Erschließungen etc.

Gebäude, Holzbau
Gebäude deren Tragwerk im engeren Sinne zu mehr als 50 Prozent aus Holz (LB 016 Zimmer- und Holzbauarbeiten) kann als Holzbau bezeichnet werden. Siehe hierzu Gebäudearten Holzbau der BKI-Vergleichsobjekte. Hierzu gehören unteranderen auch Schulen.

Gebäude, Massivbau
Gebäude deren Tragwerk im engeren Sinne zu mehr als 50 Prozent aus Mauerwerk und Beton (LB 012 Mauerarbeiten und LB 013 Betonarbeiten) kann als Massivbau bezeichnet werden. Die Mehrzahl der BKI-Vergleichsobjekte ist ohne weitere Angaben dem Massivbau zuzuordnen. Hierzu gehört die Mehrzahl der Schulen.

Gesamtkosten
Kosten, die sich als Summe der Kostengruppen 100 bis 800 ergeben.
[vgl. DIN 276:2018-12, Ziffer 3.11]

Grundstücksfläche (GF)
Gesamtheit der Grundflächen eines Grundstücks, die sich in Bebaute Fläche (BF) und Unbebaute Fläche (UF) gliedert.
[vgl. DIN 277:2021-08, Ziffer 3.11]

Konstruktions-Grundfläche (KGF)
Die Konstruktions-Grundfläche kann einfach ermittelt werden als Differenz aus der Brutto-Grundfläche und Netto-Raumfläche.
[vgl. DIN 277:2021-08, Ziffer 3.4]

Kosten im Bauwesen
Aufwendungen, insbesondere für Güter, Leistungen, Steuern und Abgaben, die mit der Vorbereitung, Planung und Ausführung von Bauprojekten verbunden sind.
[vgl. DIN 276:2018-12, Ziffer 3.1]

Kostengliederung
Ordnungsstruktur, nach der die Gesamtkosten eines Bauprojekts in Kostengruppen unterteilt werden.
[vgl. DIN 276:2018-12, Ziffer 3.9]

Kostenkennwert
Wert, der das Verhältnis von Kosten zu einer Bezugseinheit darstellt.
[vgl. DIN 276:2018-12, Ziffer 3.13]

Kostenplanung
Gesamtheit aller Maßnahmen der Kostenermittlung, der Kostenkontrolle und der Kostensteuerung.
[vgl. DIN 276:2018-12, Ziffer 3.2]

Kostenstand
Bei Kostenermittlungen ist vom Kostenstand zum Zeitpunkt der Ermittlung auszugehen. Dieser Kostenstand ist durch die Angabe des Zeitpunkts zu dokumentieren.
[DIN 276:2018-12, Ziffer 4.2.5, S. 7]

Kostenrahmen
Ermittlung der Kosten auf der Grundlage der Bedarfsplanung.
[vgl. DIN 276:2018-12, Ziffer 3.3.1]

Kostensteuerung
Ergreifen von Maßnahmen zur Einhaltung von Kostenvorgaben.
[vgl. DIN 276:2018-12, Ziffer 3.5]

Kostenvorgabe
Festlegung von Kosten als Obergrenze oder als Zielgröße für das Bauprojekt.
[vgl. DIN 276:2018-12, Ziffer 3.6]

Kostensicherheit
Ziel und Aufgabe bei einem Bauprojekt, Kostenvorgaben durch geeignete Maßnahmen der Kostenplanung einzuhalten.
[vgl. DIN 276:2018-12, Ziffer 3.7]

Kostentransparenz
Ziel und Aufgabe bei einem Bauprojekt, die Kosten und deren Entwicklung durch eine geeignete Darstellung erkennbar und nachvollziehbar zu machen.
[vgl. DIN 276:2018-12, Ziffer3.8]

Mittelwert
Der Mittelwert, auch als arithmetisches Mittel bekannt, ist ein Lagemaß der deskriptiven Statistik. Er wird berechnet, indem man die Summe aller beobachteten Werte durch die Anzahl der Werte teilt."
[mittelwert statistik - Suchen]

Netto-Raumfläche (NRF)
Anteil der Brutto-Grundfläche (BGF), der sich in Nutzungsfläche (NUF), Technikfläche (TF) und Verkehrsfläche (VF) gliedert
[vgl. DIN 277:2021-08, Ziffer 3.3]

Nutzeinheit (NE)
Dimension einer Funktionseinheit.
BEISPIEL: Arbeitsplätze, Pflegebetten, Stellplätze, Betreuungsplätze.
[vgl. DIN 18205:2016-11, Ziffer 3.10]
Schülerinnen und Schuler (SUS) zählen auch zu den Nutzeinheiten.

Nutzungsfläche (NUF)
Anteil der Netto-Raumfläche (NRF), der den Zweckbestimmungen des Bauwerks dient
[vgl. DIN 277:2021-08, Ziffer 3.5]

Objekte
Objekte sind Gebäude, Innenräume, Freianlagen, Ingenieurbauwerke, Verkehrsanlagen. Objekte sind auch Tragwerke und Anlagen der Technischen Ausrüstung.
[HOAI 2021, § 2 Abs. 1]

Objektplanung Gebäude
Begriff der HOAI für Leistungen von Architekten: Planung und Überwachung von Rohbau und Ausbau von Gebäuden; Koordination und Integration der Planung oder Mitwirkung der an der Planung fachlich Beteiligten, insbesondere der Tragwerksplanung und der Planung der Technischen Ausrüstung.

Planungsgrundlagen
Zu den Planungsgrundlagen für Architekten und Ingenieurleistungen gehören mindestens ein Raumprogramm, ein Funktionsprogramm, ein Ausstattungsprogramm, eine Standardbeschreibung, Angaben zum Grundstück sowie ein Terminrahmen und ein Kostenrahmen; die Planungsgrundlage hat der Bauherr in seiner Eigenschaft als Auftraggeber bereitzustellen.

Raumprogramm
Differenzierung des Flächenprogramms und Beschreibung der Größe und Anforderungen ggf. einzelner Räume, sofern diese Einflüsse auf die Umsetzung des Bedarfes haben
[vgl. DIN 18205:2016-11, Ziffer 3.11]

Schulamt/Schulträger
Bei öffentlichen Schulen in der Regel eine kommunale Körperschaft (Gemeinde, Kreis), in geringerem Umfang auch das Land; bei Schulen in freier Trägerschaft sind die Schulträger entweder gemeinnützige Körperschaften (vor allem die Kirchen und nichtkonfessionell gebundene Träger) oder Privatpersonen.

Der Schulträger ist für die Errichtung, Unterhaltung und Verwaltung der Schule verantwortlich und trägt in der Regel die Sachkosten (während der Personalkosten für Lehrer an öffentlichen Schulen vom Land übernommen werden).
[Definition „Schulträger" - Was bedeutet „Schulträger"? - [Deutscher Bildungsserver]

Schule
Schule ist eine Institution, die dem planmäßigen und systematischen Lehren und Lernen von Kindern und Jugendlichen dient. Dabei hängt das Ziel der Bildung von der jeweiligen Ordnung einer Gesellschaft ab. Sie stellt also einen Ort dar, an dem schulischer Unterricht unter staatlicher oder privater Aufsicht erteilt wird.
[Schule im Überblick - Definition, Geschichte und Aufbau]

Sport- und Mehrzweckhallen
Sport- und Mehrzweckhallen sind Gebäude mit einer Halle, die der Ausübung von sportlichen Aktivitäten dient. Innerhalb des Gebäudes werden unterschiedlich große Hallen (Ein-/Zwei-/Dreifeldhalle) in verschiedener Art und Weise mit Ein- und Anbauten kombiniert, von der einfachen Schulturnhalle bis zur komplexen Mehrzweckhalle. Die eigentliche Sporthalle ist stets mit Umkleide-, Wasch- und Duschräumen sowie Toiletten ausgestattet. Des Weiteren sind Geräte-, Technik-, Lehrer-/Schiedsrichter- und Reinigungsräume sowie ein Zu- und Ausgangsbereich vorhanden. Je nach Publikumsverkehr sind Zuschauertribünen sowie gastronomische und andere Aufenthaltsbereiche integriert.
[Sport- und Mehrzweckhallen - IÖR ISBE]

Technische Anlagen/technische Gebäudeausrüstung (TGA)
Die technische Gebäudeausrüstung (TGA) macht Bauwerke nutz- und bewohnbar. Die TGA umfasst alle eingebauten oder verbundenen technischen Einrichtungen in einem Bauwerk sowie in Außenanlagen, die der funktionsgerechten Nutzung von Gebäuden dienen. Zur TGA gehören unter anderem Kabel, Rohre, Heizungen, Energieversorgungsanlagen, Sanitärsysteme sowie Klima- und Lüftungsanlagen und die gesamte Informationstechnik."
[technische gebäudeausrüstung definition - Suchen]

Technikfläche (TF)
Anteil der Netto-Raumfläche (NRF) für die technischen Anlagen zur Versorgung und Entsorgung des Bauwerks,
[vgl. DIN 277:2021-08, Ziffer 3.6]

Technische Baubestimmungen
Die allgemeinen Anforderungen an bauliche Anlagen und die Verwendung von Bauprodukten werden in den Landesbauordnungen geregelt. Diese allgemeinen Vorgaben können durch Technische Baubestimmungen konkretisiert werden. Das DIBt veröffentlicht im Auftrag der Länder die Muster-Verwaltungsvorschrift Technische Baubestimmungen (MVV TB), die als Grundlage für die Umsetzung in Landesrecht dient.
[Technische Baubestimmungen | DIBt - Deutsches Institut für Bautechnik]

Terminrahmen/Rahmenterminplan
Beinhaltet erste Aussagen zur Dauer eines Bauprojektes und bildet die Grundlage für weitere Terminpläne. Die Ermittlung der Gesamtdauer erfolgt aus den ersten Vorgängen Planung, Ausführungsvorbereitung, Ausführung und Projektabschluss. Obwohl der Terminrahmen im Leistungsbild der HOAI nicht ausdrücklich genannt wird, bildet er eine wichtige Grundlage der Leistungsphase 1 (Grundlagenermittlung). Er ist über den gesamten Projekt- und Bauablauf fortzuschreiben.

Verkehrsfläche (VF)
Anteil der Netto-Raumfläche (NRF) für die horizontale und vertikale Verkehrserschließung des Bauwerks
[vgl. DIN 277:2021-08, Ziffer 3.7]

Verwendete und weiterführende Literatur

[1] BKI (Hrsg.): Baukosten Gebäude Neubau 2025. Statistische Kostenkennwerte, Stuttgart 2025

[2] DIN 276:2018-12: Kosten im Bauwesen

[3] DIN 277:2021-08, Grundflächen und Rauminhalte im Hochbau

[4] Kalusche, Wolfdietrich: Gebäude und Innenräume: Schnittstellen für Leistungsbilder und Kostenermittlungen. In: BKI (Hrsg.): Objektdaten Innenräume IR2 – Kostenkennwerte abgerechneter Baumaßnahmen von Innenräumen, Stuttgart 2025, S. 38-53

[5] Kalusche, Wolfdietrich: Zur Kostenplanung von Freianlagen. In: BKI (Hrsg.): Objektdaten Freianlagen – Kostenkennwerte für Außenanlagen und Freiflächen, F10 Freianlagen, Stuttgart 2025, S. 48-90 [https://bki-files.de/downloads/objektdaten/F10/Zur_Kostenplanung_von_Freianlagen_ProfKalusche.pdf]

[6] Kalusche, Wolfdietrich: Die Kosten der Technischen Anlagen von Gebäuden im Wandel der Zeit. In: Baukosten Gebäude Neubau 2025. Statistische Kostenkennwerte, Stuttgart 2025, Stuttgart 2025, S. 104-119

[7] Kalusche, Wolfdietrich; Herke, Sebastian: Frühzeitige Ermittlung der Baunebenkosten und der Kosten der Finanzierung. In: BKI (Hrsg.): Baukosten Gebäude Neubau 2025. Statistische Kostenkennwerte, Stuttgart 2025, S. 122-143

[8] Kalusche, Wolfdietrich: Vergleich Holzbau und Massivbau – Grundflächen, Bauwerkskosten, Bauzeiten. In: BKI (Hrsg.): Objektdaten S6 - Sonderband Holzbau, Stuttgart 2024, S. 58-92
[Sonderband S6.pdf]

[9] Kalusche, Wolfdietrich: Bedarfsplanung und Planungsgrundlagen für Architekten- und Ingenieurleistungen. In: Deutsche Bauzeitschrift (DBZ), 07-08.2024, S. 52-55 [Bedarfsplanung und Planungsgrundlagen für Architekten- und Ingenieurleistungen – Deutsche BauZeitschrift – die Architekturfachzeitschrift (dbz.de)

[10]Kalusche, Wolfdietrich; Deutschmann, Monika: Instandhaltung, Umbau und Erweiterung von Schulen. In: BKI Objektdaten Sonderband S1 Schulen – Statistische Kostenkennwerte realisierter Schulbau-Projekte – Neubau – Erweiterungen – Umbauten – Modernisierungen, Stuttgart 2017, S. 48-90

[11] Verordnung über die Honorare für Architekten- und Ingenieurleistungen (Honorarordnung für Architekten und Ingenieure – HOAI) – in der Fassung von 2021

Gliederung der Leistungsbereiche nach STLB-Bau
Häufig gestellte Fragen
Abkürzungsverzeichnis

Vollständige Gliederung der Leistungsbereiche nach STLB-Bau

Als Beispiel für eine ausführungsorientierte Ergänzung der Kostengliederung werden im Folgenden die Leistungsbereiche des Standardleistungsbuches für das Bauwesen in einer Übersicht dargestellt.

000 Baustelleneinrichtungen; Verkehrssicherungs- und Sicherheitseinrichtungen
001 Gerüstarbeiten
002 Erdarbeiten
003 Landschaftsbauarbeiten
004 Landschaftsbauarbeiten, Pflanzen
005 Brunnenbauarbeiten und Aufschlussbohrungen
006 Spezialtiefbauarbeiten
007 Untertagebauarbeiten
008 Wasserhaltungsarbeiten
009 Entwässerungskanalarbeiten
010 Drän- und Versickerungsarbeiten
011 Abscheider- und Kleinkläranlagen
012 Mauerarbeiten
013 Betonarbeiten
014 Natur-, Betonwerksteinarbeiten
016 Zimmer- und Holzbauarbeiten
017 Stahlbauarbeiten
018 Abdichtungsarbeiten
019 Kampfmittelräumarbeiten
020 Dachdeckungsarbeiten
021 Dachabdichtungsarbeiten
022 Klempnerarbeiten
023 Putz- und Stuckarbeiten, Wärmedämmsysteme
024 Fliesen- und Plattenarbeiten
025 Estricharbeiten
026 Fenster, Außentüren
027 Tischlerarbeiten
028 Parkettarbeiten, Holzpflasterarbeiten
029 Beschlagarbeiten
030 Rollladenarbeiten
031 Metallbauarbeiten
032 Verglasungsarbeiten
033 Baureinigungsarbeiten
034 Maler- und Lackierarbeiten, Beschichtungen
035 Korrosionsschutzarbeiten an Stahlbauten
036 Bodenbelagsarbeiten
037 Tapezierarbeiten
038 Vorgehängte hinterlüftete Fassaden
039 Trockenbauarbeiten
040 Wärmeversorgungsanlagen - Betriebseinrichtungen
041 Wärmeversorgungsanlagen - Leitungen, Armaturen, Heizflächen
042 Gas- und Wasseranlagen - Leitungen und Armaturen
043 Druckrohrleitungen für Gas, Wasser und Abwasser
044 Abwasseranlagen - Leitung, Abläufe, Armaturen
045 Gas-, Wasser- und Entwässerungsanlagen - Ausstattung, Elemente, Fertigbäder
046 Gas-, Wasser- und Entwässerungsanlagen - Betriebseinrichtungen
047 Dämm- und Brandschutzarbeiten an technischen Anlagen
049 Feuerlöschanlagen, Feuerlöschgeräte
050 Blitzschutz- / Erdungsanlagen, Überspannungsschutz
051 Kabelleitungstiefbauarbeiten
052 Mittelspannungsanlagen
053 Niederspannungsanlagen - Kabel/Leitungen, Verlegesysteme, Installationsgeräte
054 Niederspannungsanlagen - Verteilersysteme und Einbaugeräte
055 Sicherheits- und Ersatzstromversorgungsanlagen
057 Gebäudesystemtechnik
058 Leuchten und Lampen
059 Sicherheitsbeleuchtungsanlagen
060 Such-, Signal-, Zeitdienst-, Antennen-, elektroakustische Anlagen, Medientechnik
061 Kommunikations- und Übertragungsnetze
062 Kommunikationsanlagen
063 Gefahrenmeldeanlagen
064 Zutrittskontroll-, Zeiterfassungssysteme
069 Aufzüge
070 Gebäudeautomation
075 Raumlufttechnische Anlagen
078 Kälteanlagen für raumlufttechnische Anlagen
080 Straßen, Wege, Plätze
081 Betonerhaltungsarbeiten
082 Bekämpfender Holzschutz
084 Abbruch-, Rückbau- und Schadstoffsanierungsarbeiten
085 Rohrvortriebsarbeiten
087 Abfallentsorgung, Verwertung und Beseitigung
090 Baulogistik
091 Stundenlohnarbeiten
096 Bauarbeiten an Bahnübergängen
097 Bauarbeiten an Gleisen und Weichen
098 Witterungsschutzmaßnahmen

Häufig gestellte Fragen

Fragen zur Flächenberechnung (DIN 277):

1. Wie wird die BGF berechnet?	Die Brutto-Grundfläche ist die Summe der Grundflächen aller Grundrissebenen. Nicht dazu gehören die Grundflächen von nicht nutzbaren Dachflächen (Kriechböden) und von konstruktiv bedingten Hohlräumen (z. B. über abgehängter Decke). (DIN 277:2021-08) Bei den Gebäudearten Dachausbau und Aufstockung nur bezogen auf die Grundrissebene des Dachs.
2. Gehört der Keller bzw. eine Tiefgarage mit zur BGF?	Ja, im Gegensatz zur Geschossfläche nach § 20 Baunutzungsverordnung (BauNVo) gehört auch der Keller bzw. die Tiefgarage zur BGF.
3. Wie werden Luftgeschosse (z. B. Züblinhaus) nach DIN 277 berechnet?	Die Rauminhalte der Luftgeschosse zählen zum Regelfall der Raumumschließung (R) BRI (R). Die Grundflächen der untersten Ebene der Luftgeschosse und Stege, Treppen, Galerien etc. innerhalb der Luftgeschosse zählen zur Brutto-Grundfläche BGF (R). Vorsicht ist vor allem bei Kostenermittlungen mit Kostenkennwerten des Brutto-Rauminhalts geboten.
4. Welchen Flächen ist die Garage zuzurechnen?	Die Stellplatzflächen von Garagen werden zur Nutzungsfläche gezählt, die Fahrbahn ist Verkehrsfläche.
5. Wird die Diele oder ein Flur zur Nutzungsfläche gezählt?	Normalerweise nicht, da eine Diele oder ein Flur zur Verkehrsfläche gezählt wird. Wenn die Diele aber als Wohnraum genutzt werden kann, z. B. als Essplatz, wird sie zur Nutzungsfläche gezählt.
6. Zählt eine nicht umschlossene oder nicht überdeckte Terrasse einer Sporthalle, die als Eingang und Fluchtweg dient, zur Nutzungsfläche?	Die Terrasse ist nicht Bestandteil der Grundflächen des Bauwerks nach DIN 277. Sie bildet daher keine BGF und damit auch keine Nutzungsfläche. Die Funktion als Eingang oder Fluchtweg ändert daran nichts.

7. Zählt eine Außentreppe zum Keller zur BGF?	Wenn die Treppe allseitig umschlossen ist, z. B. mit einem Geländer, ist sie als Verkehrsfläche zu werten. Nach DIN 277:2021-08 gilt: Grundflächen und Rauminhalte sind nach ihrer Zugehörigkeit zu den folgenden Bereichen getrennt zu ermitteln: Regelfall der Raumumschließung (R): Räume und Grundflächen, die Nutzungen der Netto-Raumfläche entsprechend Tabelle 1 aufweisen und die bei allen Begrenzungsflächen des Raums (Boden, Decke, Wand) vollständig umschlossen sind. Dazu gehören nicht nur Innenräume, die von der Witterung geschützt sind, sondern auch solche allseitig umschlossenen Räume, die über Öffnungen mit dem Außenklima verbunden sind; Sonderfall der Raumumschließung (S): Räume und Grundflächen, die Nutzungen der Netto-Raumfläche entsprechend Tabelle 1 aufweisen und mit dem Bauwerk konstruktiv verbunden sind, jedoch nicht bei allen Begrenzungsflächen des Raums (Boden, Decke, Wand) vollständig umschlossen sind (z. B. Loggien, Balkone, Terrassen auf Flachdächern, unterbaute Innenhöfe, Eingangsbereiche, Außentreppen). Die Außentreppe stellt also demnach einen Sonderfall der Raumumschließung (S) dar. Wenn die Treppe allerdings über einen Tiefgarten ins UG führt, wird sie zu den Außenanlagen gezählt. Sie bildet dann keine BGF. Die Kosten für den Tiefgarten mit Treppe sind bei den Außenanlagen zu erfassen.
8. Ist eine Abstellkammer mit Heizung eine Technikfläche?	Es kommt auf die überwiegende Nutzung an. Wenn über 50% der Kammer zum Abstellen genutzt werden können, wird sie als Abstellraum gezählt. Es kann also Gebäude ohne Technikfläche geben.
9. Ist die NUF gleich der Wohnfläche?	Nein, die DIN 277 kennt den Begriff Wohnfläche nicht. Zur Nutzungsfläche gehören grundsätzlich keine Verkehrsflächen, während bei der Wohnfläche zumindest die Verkehrsflächen innerhalb der Wohnung hinzugerechnet werden. Die Abweichungen sind dadurch meistens nicht unerheblich.
Fragen zur Wohnflächenberechnung (WoFlV):	
10. Wie wird die Wohnfläche (NE: Wohnfläche) bei Wohngebäuden bei BKI berechnet?	Die Berechnung der bei BKI auf der Startseite der Wohngebäude angegebenen "NE: Wohnfläche" erfolgt nach der Wohnflächenberechnung WoFlV.

11. Wird ein Hobbyraum im Keller zur Wohnfläche gezählt?	Wenn der Hobbyraum nicht innerhalb der Wohnung liegt, wird er nicht zur Wohnfläche gezählt. Beim Einfamilienhaus gilt: Das ganze Haus stellt die Wohnung dar. Der Hobbyraum liegt also innerhalb der Wohnung und wird mitgezählt, wenn er die Qualitäten eines Aufenthaltsraums nach LBO aufweist.
12. Wird eine Diele oder ein Flur zur Wohnfläche gezählt?	Wenn die Diele oder der Flur in der Wohnung liegt ja, ansonsten nicht.
13. In welchem Umfang sind Balkone oder Terrassen bei der Wohnfläche zu rechnen?	Balkone und Terrassen werden von BKI zu einem Viertel zur Wohnfläche gerechnet. Die Anrechnung zur Hälfte wird nicht verwendet, da sie in der WoFlV als Ausnahme definiert ist.
14. Zählt eine Empore/Galerie im Zimmer als eigene Wohnfläche oder Nutzungsfläche?	Wenn es sich um ein unlösbar mit dem Baukörper verbundenes Bauteil handelt, zählt die Empore mit. Anders beim nachträglich eingebauten Hochbett, das zählt zum Mobiliar. Für die verbleibende Höhe über der Empore ist die 1 bis 2m Regel nach WoFlV anzuwenden: „Die Grundflächen von Räumen und Raumteilen mit einer lichten Höhe von mindestens zwei Metern sind vollständig, von Räumen und Raumteilen mit einer lichten Höhe von mindestens einem Meter und weniger als zwei Metern sind zur Hälfte anzurechnen."

Fragen zur Kostengruppenzuordnung (DIN 276):

15. Wo werden Abbruchkosten zugeordnet?	Abbruchkosten ganzer Gebäude im Sinne von „Bebaubarkeit des Grundstücks herstellen" werden der KG 212 Abbruchmaßnahmen zugeordnet. Abbruchkosten einzelner Bauteile, insbesondere bei Sanierungen werden den jeweiligen Kostengruppen der 2. oder 3. Ebene (Wände, Decken, Dächer) zugeordnet. Wo diese Aufteilung nicht möglich ist, werden die Abbruchkosten der KG 394 Abbruchmaßnahmen zugeordnet, weil z. B. die Abbruchkosten verschiedenster Bauteile pauschal abgerechnet wurden. Analog gilt dies auch für die Kostengruppen 400 und 500.

16. Wo muss ich die Kosten des Aushubs für Abwasser- oder Wasserleitungen zuordnen?

Diese Kosten werden wie auch alle anderen Rohrgraben- und Schachtaushubskosten der KG 311 zugeordnet, sofern der Aushub unterhalb des Gebäudes anfällt. Die Kosten für Rohrgraben- und Schachtaushub zwischen Gebäudeaußenkante und Grundstücksgrenze gehören in die KG 511. Die Kosten des Rohrgraben- und Schachtaushubs innerhalb von Erschließungsflächen werden der KG 220 ff. oder KG 230 ff. zugeordnet.

17. Wie werden Eigenleistungen bewertet?

Nach DIN 276:2018-12, gilt:
4.2.11 Die Werte von unentgeltlich eingebrachten Gütern und Leistungen (z. B. Materialien, Eigenleistungen) sind den betreffenden Kostengruppen zuzurechnen, aber gesondert auszuweisen. Dafür sind die aktuellen Marktwerte dieser Güter und Leistungen zu ermitteln und einzusetzen.
Nach HOAI §4 (2) gilt: Als anrechenbare Kosten nach Absatz 2 gelten ortsübliche Preise, wenn der Auftraggeber:

- selbst Lieferungen oder Leistungen übernimmt
- von bauausführenden Unternehmern oder von Lieferanten sonst nicht übliche Vergünstigungen erhält
- Lieferungen oder Leistungen in Gegenrechnung ausführt oder
- vorhandene oder vorbeschaffte Baustoffe oder Bauteile einbauen lässt.

Fragen zu Kosteneinflussfaktoren:

18. Welchen Einfluss hat die Konjunktur auf die Baukosten?

Der Einfluss der Konjunktur auf die Baukosten wird häufig überschätzt. Er ist meist geringer als der anderer Kosteneinflussfaktoren. BKI Untersuchungen haben ergeben, dass die Baukosten bei mittlerer Konjunktur manchmal höher sind als bei hoher Konjunktur.

19. Gibt es beim BKI Regionalfaktoren?

Der Anhang dieser Ausgabe enthält eine Liste der Regionalfaktoren aller deutschen Land- und Stadtkreise, sowie für die Nord- und Ostsee-Inseln. Die Faktoren wurden auf Grundlage von Daten aus den statistischen Landesämtern gebildet, die wiederum aus den Angaben der Antragsteller von Bauanträgen entstammen. Die Regionalfaktoren werden von BKI zusätzlich als farbiges Poster im DIN A1 Format angeboten.
Die Faktoren geben Aufschluss darüber, inwiefern die Baukosten in einer bestimmten Region Deutschlands teurer oder günstiger liegen als im Bundesdurchschnitt. Sie können dazu verwendet werden, die BKI Baukosten an das besondere Baupreisniveau einer Region anzupassen.
Die Angaben wurden durch Untersuchungen des BKI weitgehend verifiziert. Dennoch können Abweichungen zu den angegebenen Werten entstehen. In Grenznähe zu einem Land-Stadtkreis mit anderen Baupreisfaktoren sollte dessen Baupreisniveau mit berücksichtigt werden, da die Übergänge zwischen den Land-Stadtkreisen fließend sind. Die Besonderheiten des Einzelfalls können ebenfalls zu Abweichungen führen.
Siehe auch Benutzerhinweise, 12. Regionalisierung der Daten (Seite 11).

20. Standardzuordnung

Einige Gebäudearten werden vom BKI nach ihrem Standard in „einfach", „mittel" und „hoch" unterteilt. Diese Unterteilung wurde immer dann vorgenommen, wenn der Standard als ein wesentlicher Kostenfaktor festgestellt wurde. Grundsätzlich gilt, dass immer mehrere Kosteneinflussfaktoren auf die Kosten und damit auf die Kostenkennwerte einwirken. Einige dieser vielen Faktoren seien hier aufgelistet:

- Zeitpunkt der Ausschreibung
- Art der Ausschreibung
- Regionale Konjunktur
- Gebäudegröße
- Lage der Baustelle, Erreichbarkeit

usw.
Wenn bei einem Gebäude große Mengen an Bauteilen hoher Qualität die übrigen Kosteneinflussfaktoren überlagern, dann wird von einem „hohen Standard" gesprochen.
Für Gebäudearten mit Standardunterteilung gibt es in „BKI Baukosten Gebäude, Statistische Kostenkennwerte" zu Beginn der jeweiligen Gebäudeart ein Arbeitsblatt zur Standardeinordnung.

21. Wie gehe ich mit der aktuellen Baukostenentwicklung um?

Zur Bewertung aktueller Baukostenentwicklungen führen wir zusätzlich Befragungen zur regionalen Baukosten-Niveaus nach Leistungsbereichen durch. Die Ergebnisse stellen wir den Anwender*innen der BKI-Fachbuchreihe zur Verfügung, unter: www.bki.de/baukostenentwicklungen.
Damit können die Risiken kurzfristiger Materialpreis- und Lohnkosten-Veränderungen verbessert prognostiziert werden, wie sie die normkonforme Kostenplanung nach DIN 276 verlangt.

Fragen zur Handhabung der von BKI herausgegebenen Bücher:

22. Ist die MwSt. in den Kostenkennwerten enthalten?

Bei allen Kostenkennwerten in „BKI Baukosten" ist die gültige MwSt. enthalten (zum Zeitpunkt der Herausgabe 19%). In „BKI Baukosten Positionen Neubau, Statistische Kostenkennwerte" und „BKI Baukosten Positionen Altbau, Statistische Kostenkennwerte" werden die Kostenkennwerte, wie bei Positionspreisen üblich, zusätzlich ohne MwSt. dargestellt. Kostenstand und MwSt. wird auf jeder Seite als Fußzeile angegeben.

23. Hat das Baujahr der Objekte einen Einfluss auf die angegebenen Kosten?

Nein, alle Kosten wurden über den Baupreisindex auf einen einheitlichen zum Zeitpunkt der Herausgabe aktuellen Kostenstand umgerechnet. Der Kostenstand wird auf jeder Seite als Fußzeile angegeben. Allenfalls sind Korrekturen zwischen dem Kostenstand zum Zeitpunkt der Herausgabe und dem aktuellen Kostenstand durchzuführen.

24. Wo finde ich weitere Informationen zu den einzelnen Objekten einer Gebäudeart?

Alle Objekte einer Gebäudeart sind einzeln mit Kurzbeschreibung, Angabe der BGF und anderer wichtiger Kostenfaktoren aufgeführt. Die Objektdokumentationen sind veröffentlicht in den Fachbüchern „Objektdaten" und können als PDF-Datei unter ihrer Objektnummer bei BKI bestellt werden, Telefon: 0711 954 854-41.

25. Was mache ich, wenn ich keine passende Gebäudeart finde?

In aller Regel findet man verwandte Gebäudearten, deren Kostenkennwerte der 2. Ebene (Grobelemente) wegen ähnlicher Konstruktionsart übernommen werden können.

26. Wo findet man Kostenkennwerte für Abbruch?	Im Fachbuch „BKI Baukosten Gebäude Altbau - Statistische Kostenkennwerte" gibt es Elementarten zu Abbruch und Demontagearbeiten. Im Fachbuch „BKI Baukosten Positionen Altbau - Statistische Kostenkennwerte" gibt es Mustertexte für Teilleistungen zu „LB 384 - Abbruch und Rückbauarbeiten". Im Fachbuch „BKI Baupreise kompakt Altbau" gibt es Positionspreise und Kurztexte zu „LB 384 - Abbruch und Rückbauarbeiten". Die Mustertexte für Teilleistungen zu „LB 384 - Abbruch und Rückbauarbeiten" und deren Positionspreise sind auch bei den BKI Positionen und im BKI Kostenplaner enthalten.
27. Warum ist die Summe der Kostenkennwerte in der Kostengruppen (KG) 310-390 nicht gleich dem Kostenkennwert der KG 300, aber bei der KG 400 ist eine Summenbildung möglich?	In den Kostengruppen 310-390 ändern sich die Einheiten (310 Baugrube/Erdbau gemessen in m^3, 320 Gründung, Unterbau gemessen in m^2); eine Addition der Kostenkennwerte ist nicht möglich. In den Kostengruppen 410-490 ist die Bezugsgröße immer BGF, dadurch ist eine Addition prinzipiell möglich.
28. Manchmal stimmt die Summe der Kostenkennwerte der 2. Ebene der Kostengruppe 400 trotzdem nicht mit dem Kostenkennwert der 1. Ebene überein; warum nicht?	Die Anzahl der Objekte, die auf der 1. Ebene dokumentiert werden, kann von der Anzahl der Objekte der 2. Ebene abweichen. Dann weichen auch die Kostenkennwerte voneinander ab, da es sich um unterschiedliche Stichproben handelt. Es fallen auch nicht bei allen Objekten Kosten in jeder Kostengruppe an (Beispiel KG 461 Aufzugsanlagen).
29. Nutzungskosten, Lebenszykluskosten	Seit 2010 bringt BKI in Zusammenarbeit mit dem Institut für Bauökonomie der Universität Stuttgart ein Fachbuch mit Nutzungskosten ausgewählter Objekte heraus. Die Reihe wird kontinuierlich erweitert. Das Fachbuch Nutzungskosten Gebäude 2020/2021 fasst einzelne Objekte zu statistischen Auswertungen zusammen.
30. Lohn- und Materialkosten	BKI dokumentiert Baukosten nicht getrennt nach Lohn- und Materialanteil.
31. Gibt es Angaben zu Kostenflächenarten?	Nein, BKI hält die Grobelementmethode für geeigneter. Solange Grobelementmengen nicht vorliegen, besteht die Möglichkeit der Ableitung der Grobelementmengen aus den Verhältniszahlen von Vergleichsobjekten (siehe Planungskennwerte und Baukostensimulation).

32. Sind die Inhalte von „BKI Baukosten Gebäude (Teil 1), Statistische Kostenkennwerte" und „BKI Baukosten Bauelemente (Teil 2), Statistische Kostenkennwerte" auch im Kostenplaner enthalten?

Ja, im BKI Kostenplaner Statistik sind alle Objekte mit den Kosten bis zur 3. Ebene nach DIN 276 enthalten. Im BKI Kostenplaner Statistik plus sind zudem die vom BKI gebildeten Ausführungsklassen und Elementarten enthalten. Darüber hinaus ermöglicht der BKI Kostenplaner den Zugriff auf alle Einzeldokumentationen von tausenden Objekten.

33. Worin unterscheiden sich die Fachbuchreihen „BKI Baukosten" und „BKI Objektdaten"

In der Fachbuchreihe BKI Objektdaten erscheinen abgerechnete Einzelobjekte eines bestimmten Teilbereichs des Bauens (A=Altbau, N=Neubau, E=Energieeffizientes Bauen, IR=Innenräume, F=Freianlagen). In der Fachbuchreihe BKI Baukosten erscheinen hingegen statistische Kostenkennwerte von Gebäudearten, die aus den Einzelobjekten gebildet werden.
Die Kostenplanung mit Einzelobjekten oder mit statistischen Kostenkennwerten haben spezifische Vor- und Nachteile:
Planung mit Objektdaten (BKI Objektdaten):

- Vorteil: Wenn es gelingt ein vergleichbares Einzelobjekt oder passende Bauausführungen zu finden ist die Genauigkeit besser als mit statistischen Kostenkennwerten. Die Unsicherheit, die der Streubereich (von-bis-Werte) mit sich bringt, entfällt.
- Nachteil: Passende Vergleichsobjekte oder Bauausführungen zu finden kann mühsam oder erfolglos sein.

Planung mit statistischen Kostenkennwerten (BKI Baukosten):

- Vorteil: Über die BKI Gebäudearten ist man recht schnell am Ziel, aufwändiges Suchen entfällt.
- Nachteil: Genauere Prüfung, ob die Mittelwerte übernommen werden können oder noch nach oben oder unten angepasst werden müssen, ist unerlässlich.

34. In welchen Produkten dokumentiert BKI Positionspreise?

Preise für Positionen mit statistischer Auswertung werden in „BKI Baukosten Positionen, Statistische Kostenkennwerte Neubau (Teil 3) und Altbau (Teil 5)" und „BKI Baupreise kompakt Neu- und Altbau" herausgegeben.
In Software-Form sind Preise mit den vorformulierten BKI-Mustertexten in der Software „BKI Kostenplaner - Statistik plus [Positionen]" und „BKI Positionen" enthalten.
Ausgewählte Positionspreise enthalten die Fachbücher „Konstruktionsdetails K1 bis K4", „Objektdaten Technische Gebäudeausrüstung G1 bis G7" sowie die BKI „Objektdaten Freianlagen".
Im Sonderband Objektdaten S2 - Barrierefreies Bauen erscheint eine Auswahl von besonderen Positionen zum Barrierefreien Bauen.

35. Worin unterscheiden sich die Bände N1 bis N21 (A1 bis A12)

Die Bücher unterscheiden sich lediglich durch die Auswahl der dokumentierten Einzelobjekte. Der Aufbau der Bände ist gleich. In der BKI Fachbuchreihe Objektdaten erscheinen in unregelmäßigen Abständen Folgebände mit neu dokumentierten Einzelobjekten. Speziell bei den Altbaubänden A1 bis A12 ist es nützlich, alle Bände zu besitzen, da es im Bereich Altbau notwendig ist, mit passenden Vergleichsobjekten zu planen. Je mehr Vergleichsobjekte vorhanden sind, desto höher ist die „Trefferquote". Bände der Fachbuchreihe Objektdaten sollten deshalb langfristig aufbewahrt werden.

BKI plant für zukünftige Ausgaben des vorliegenden Fachbuchs zusätzlich sogenannte Aufwandsdaten zu erfassen. Sofern ausreichend Daten akquiriert werden können, erfolgt die Publikation dieser Daten wie im Folgenden beschrieben:

36. Was ist mit Aufwandsdaten gemeint?	Aufwandsdaten stellen den Zeitaufwand für Produktivleistungen eines Architekturauftrags dar. Als Produktivleistungen gelten: • Beratung bzgl. Planung und die Ausführung des Bauvorhabens • Erstellung von Zeichnungen, Berechnungen und Beschreibungen • Koordination und Integration der Beiträge fachlich Beteiligter • Erstellung von Genehmigungsunterlagen • Vorbereitung und Mitwirken bei der Vergabe • Objektüberwachung und Mitwirken bei der Abnahme u.v.m. Produktivleistungen werden nicht nur von Mitarbeiter*innen, sondern auch von Inhaber*innen/Partner*innen und Dritten erbracht und den Personalaufwendungen zugeordnet. In den BKI-Objektdokumentationen werden – soweit vom Objektplaner angegeben – die Aufwandsdaten für Produktivleistungen der Leistungsphasen 1 bis 8 dargestellt. Die Angabe des Zeitaufwands erfolgt in Arbeitstagen (1 AT = 8 Stunden).

Diese Liste wird laufend erweitert und im Internet unter www.bki.de/faq-kostenplanung.html veröffentlicht.

Abkürzungsverzeichnis

Abkürzung	Bezeichnung
à	zu (je)
a	Jahr (lat. annus)
AF	Außenanlagenfläche
Alu	Aluminium
AP	Arbeitsplätze
APP	Appartement
A/V_e	Verhältnis der wärmeübertragenden Umfassungsfläche (A) eines Gebäudes zum beheizten Gebäudevolumen (V_e)
AWF	Außenwandfläche
BF	Bebaute Fläche
BGF	Brutto-Grundfläche (Summe der Regelfall (R)- und Sonderfall (S)-Flächen nach DIN 277)
BGI	Baugrubeninhalt
BHKW	Blockheizkraftwerk
bis	oberer Grenzwert des Streubereichs um einen Mittelwert
BK	Bodenklasse
BRI	Brutto-Rauminhalt (Summe der Regelfall (R)- und Sonderfall (S)-Rauminhalte nach DIN 277)
BRI/BGF (m)	Verhältnis von Brutto-Rauminhalt zur Brutto-Grundfläche angegeben in Meter
BRI/NUF (m)	Verhältnis von Brutto-Rauminhalt zur Nutzungsfläche angegeben in Meter
BSH	Brettschichtholz
cm / m / m^2 / m^3	Zentimeter / Meter / Quadratmeter / Kubikmeter
CO_2	Kohlendioxid
d	Dicke
dB	Dezibel
dena	Deutsche Energie-Agentur GmbH
DN	Durchmesser Nennmaß
DAF	Dachfläche
DEF	Deckenfläche
DHH	Doppelhaushälfte
DIN 276	Kosten im Bauwesen (DIN 276:2018-12)
DIN 277	Grundflächen und Rauminhalte im Hochbau (DIN 277:2021-08)
DIN EN ISO 6946	Bauteile - Wärmedurchlasswiderstand und Wärmedurchgangskoeffizient - Berechnungsverfahren
EDV	elektronische Datenverarbeitung
EFH	Einfamilienhaus
EG	Erdgeschoss
ELA	elektroakustische Anlage
ELT	Elektrotechnik
ELW	Einliegerwohnung
EnEV	Energieeinsparverordnung
EPDM	Ethylen-Propylen-Dien-Kautschuk
EPS	Expandierter Polystyrol-Hartschaum
ESG	Einscheiben-Sicherheitsglas
ETW	Etagenwohnung
EVA	Ethylenvinylacetatcopolymer
FBH	Fußbodenheizung
Fläche/BGF (%)	Anteil der angegebenen Fläche zur Brutto-Grundfläche in Prozent
Fläche/NUF (%)	Anteil der angegebenen Fläche zur Nutzungsfläche in Prozent
FLB	Funktionale Leistungsbeschreibung
€/Einheit	Spaltenbezeichnung für Mittelwerte zu den Kosten bezogen auf eine Einheit der Bezugsgröße
€/m^2 BGF	Spaltenbezeichnung für Mittelwerte zu den Kosten bezogen auf Brutto-Grundfläche
GE	Gewerbeeinheit
GEG	Gebäudeenergiegesetz

Abkürzungsverzeichnis (Fortsetzung)

Abkürzung	Bezeichnung
gem.	gemäß
GF	Grundstücksfläche oder Gipsfaserplatten
GK	Gipskarton
GRF	Gründungsfläche
GU	Generalunternehmer
h	Stunde
HxBxL	Höhe x Länge x Breite
HF	Holzfaser
HLS	Heizung, Lüftung, Sanitär
HLz	Hochlochziegel
HOAI	Honorarordnung für Architekten und Ingenieure
HPL	Laminatbeschichtung im Hochdruckpressverfahren (eng. High Pressure Laminate)
HT	Hochtemperatur-Abflussrohr
HW	Holzwolle
inkl.	inklusive
IWF	Innenwandfläche
Kfz	Kraftfahrzeug
KG	Kanalgrund(rohr) oder Kostengruppe
kg	Kilogramm
Kita	Kindertagesstätte
KGF	Konstruktions-Grundfläche (Summe der Regelfall (R)- und Sonderfall (S)-Flächen nach DIN 277)
KS	Kalksandstein
KVH	Konstruktionsvollholz
kW	Kilowatt
kWh/(m²·a)	Kilowattstunden pro Quadratmeter und Jahr
kWh/a	Kilowattstunden pro Jahr
kg/(m²·a)	Kilogramm pro Quadratmeter und Jahr
KWK	Kraftwärmekopplung
LB	Leistungsbereich
LPH	Leistungsphase
MDF	mitteldichte Faserplatte (Spanplatte)
Menge/BGF	Menge der genannten Kostengruppen-Bezugsgröße bezogen auf die Menge der Brutto-Grundfläche
Menge/NUF	Menge der genannten Kostengruppen-Bezugsgröße bezogen auf die Menge der Nutzungsfläche
MINT-Raum	Mathematik, Informatik, Naturwissenschaft und Technik-Raum
MSR-Technik	Messen, Steuern und Regeln (Teilbereich der Automatisierungstechnik)
MW	Mineralwolle
MwSt.	Mehrwertsteuer
m^{-1}	Einheit für A/V_e-Verhältnis
NE	Nutzeinheit
NF	Nut-Feder
NUF	Nutzungsfläche (Summe der Regelfall (R)- und Sonderfall (S)-Flächen nach DIN 277)
NRF	Netto-Raumfläche (Summe der Regelfall (R)- und Sonderfall (S)-Flächen nach DIN 277)
Obj.-Nr.	Nummer des Objekts in den BKI Baukostendatenbanken
OSB	Grobspanplatten (engl. oriented strand board)
OTS	Obertürschließer
PA	Polyamid
PE	Polyethylen
PP	Polypropylen
PR	Pfosten-Riegel
PS	Polystyrol

Abkürzungsverzeichnis (Fortsetzung)

Abkürzung	Bezeichnung
PHPP	Passivhaus-Projektierungspaket
PIR	Polyisocyanurate
psch	pauschal
PU/PUR	Polyurethan
PV	Photovoltaik
PVC	Polyvinylchlorid
restl.	restlich
RH	Raumhöhe oder Reihenhaus
RWA	Rauch- und Wärmeabzugsanlage
SMSB	Serielles, modulares und systemisches Bauen
STLB	Standardleistungsbuch
St	Stück
Stb	Stahlbeton
Stg	Steigungen/Stufen
STP	Stellplatz
t	Tonnen
T	Tiefe
TF	Technikfläche (Summe der Regelfall (R)- und Sonderfall (S)-Flächen nach DIN 277)
TGA	Technische Gebäudeausrüstung
TU	Totalunternehmer
TG	Tiefgarage
TSD	Trittschalldämmung
TVG	teilvorgespanntes Glas
UF	Unbebaute Fläche
UK	Unterkonstruktion
UP	Unterputz
U-Wert	Wärmedurchgangskoeffizient
U_w / U_g / U_f	U-Wert Fenster (engl. window) / U-Wert Glas (engl. glasing) / U-Wert Fensterflügel oder Rahmen (engl. frame)
VF	Verkehrsfläche (Summe der Regelfall (R)- und Sonderfall (S)-Flächen nach DIN 277)
VIP	Vakuumisolationspaneel
VSG	Verbund-Sicherheitsglas
von	unterer Grenzwert des Streubereichs um einen Mittelwert
WDVS	Wärmedämmverbundsystem
WE	Wohneinheit
WFL	Wohnfläche
WLG	Wärmeleitgruppe
WLS	Wärmeleitfähigkeitsstufe
WoFlV	Verordnung zur Berechnung der Wohnfläche (Wohnflächenverordnung)
WU	wasserundurchlässig (Betonqualität)
WRG	Wärmerückgewinnung
$W/(m^2 \cdot K)$	Watt pro Quadratmeter und Kelvin (Maßeinheit für Wärmedurchgangskoeffizienten)
$W/(m \cdot K)$	Watt pro Meter und Kelvin (Einheit der Wärmeleitfähigkeit (Lambda-Wert))
XPS	Extrudierter Polystyrol-Hartschaum
Ø	Mittelwert
λ	Lambda
%	Prozent
300+400	Zusammenfassung der Kostengruppen Bauwerk-Baukonstruktionen und Bauwerk-Technische Anlagen
% an 300+400	Kostenanteil der jeweiligen Kostengruppe an den Kosten des Bauwerks
% an 300	Kostenanteil der jeweiligen Kostengruppe an der Kostengruppe Bauwerk-Baukonstruktion
% an 400	Kostenanteil der jeweiligen Kostengruppe an der Kostengruppe Bauwerk-Technische Anlagen

Allgemeinbildende Schulen

1

Allgemeinbildende Schulen

Kostenkennwerte für die Kosten des Bauwerks (Kostengruppen 300+400 nach DIN 276)

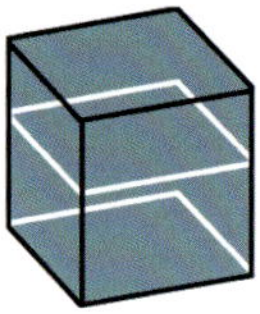

BRI 705 €/m³
von 565 €/m³
bis 860 €/m³

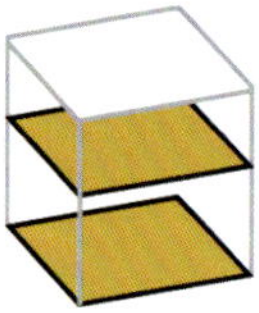

BGF 2.955 €/m²
von 2.395 €/m²
bis 3.540 €/m²

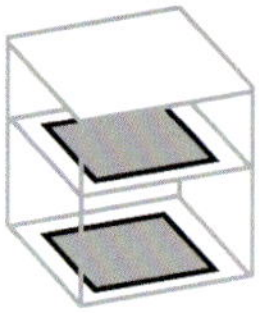

NUF 4.765 €/m²
von 3.790 €/m²
bis 5.830 €/m²

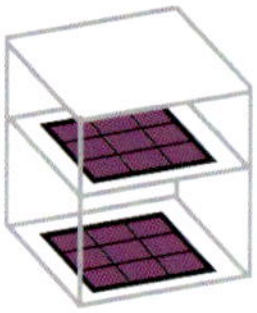

NE 36.485 €/NE
von 22.100 €/NE
bis 52.320 €/NE
NE: Schüler

Kosten:
Stand 4. Quartal 2025
Bundesdurchschnitt
inkl. 19% MwSt.

Objektbeispiele

4100-0242

4100-0240

4100-0239

Kosten der 55 Vergleichsobjekte

Seiten 108 bis 117

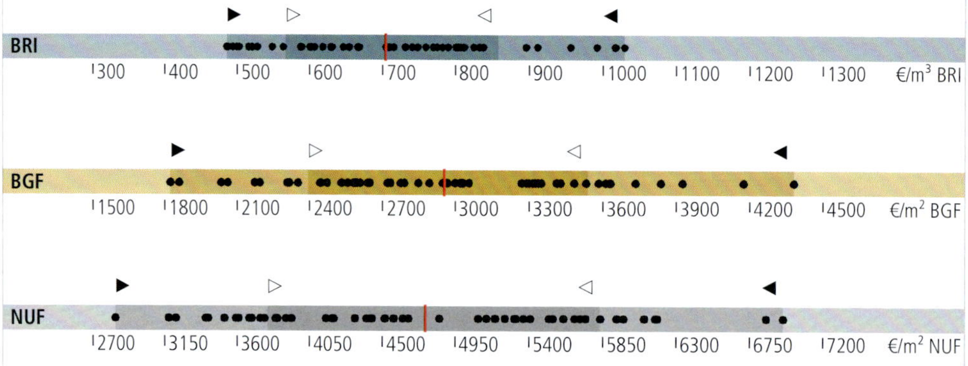

- ● KKW
- ▶ min
- ▷ von
- | Mittelwert
- ◁ bis
- ◀ max

Kostenkennwerte für die Kostengruppen der 1. und 2. Ebene DIN 276

KG	Kostengruppen der 1. Ebene	Einheit	▷	€/Einheit	◁	▷	% an 300+400	◁
100	Grundstück	m² GF	–	**–**	–	–	**–**	–
200	Vorbereitende Maßnahmen	m² GF	9	**26**	54	1,2	**3,2**	10,2
300	Bauwerk – Baukonstruktionen	m² BGF	1.840	**2.242**	2.670	71,0	**76,2**	82,0
400	Bauwerk – Technische Anlagen	m² BGF	488	**713**	992	18,0	**23,8**	29,0
	Bauwerk 300+400	m² BGF	2.393	**2.955**	3.539	100,0	**100,0**	100,0
500	Außenanlagen und Freiflächen	m² AF	80	**203**	414	2,8	**8,0**	16,6
600	Ausstattung und Kunstwerke	m² BGF	27	**93**	183	0,9	**3,1**	6,1
700	Baunebenkosten*	m² BGF	487	**543**	599	16,5	**18,4**	20,3
800	Finanzierung	m² BGF	–	**–**	–	–	**–**	–

◁ * Auf Grundlage der HOAI 2021 berechnete Werte nach §§ 35, 52, 56. Weitere Informationen siehe Seite 32

KG	Kostengruppen der 2. Ebene	Einheit	▷	€/Einheit	◁	▷	% an 1. Ebene	◁
310	Baugrube / Erdbau	m³ BGI	24	**52**	83	2,0	**3,2**	7,5
320	Gründung, Unterbau	m² GRF	435	**613**	883	11,3	**14,7**	20,8
330	Außenwände / vertikal außen	m² AWF	735	**1.013**	1.300	26,7	**29,6**	33,9
340	Innenwände / vertikal innen	m² IWF	422	**514**	557	7,5	**15,5**	20,5
350	Decken / horizontal	m² DEF	439	**584**	646	5,0	**12,8**	16,7
360	Dächer	m² DAF	512	**613**	678	12,2	**17,1**	25,4
370	Infrastrukturanlagen		–	**–**	–	–	**–**	–
380	Baukonstruktive Einbauten	m² BGF	6	**22**	45	0,2	**1,0**	2,5
390	Sonst. Maßnahmen für Baukonst.	m² BGF	85	**131**	202	4,7	**6,1**	8,4
300	**Bauwerk – Baukonstruktionen**	**m² BGF**					**100,0**	
410	Abwasser-, Wasser-, Gasanlagen	m² BGF	49	**76**	104	11,6	**13,1**	16,0
420	Wärmeversorgungsanlagen	m² BGF	63	**104**	186	9,0	**20,3**	31,6
430	Raumlufttechnische Anlagen	m² BGF	23	**96**	187	2,0	**11,9**	22,9
440	Elektrische Anlagen	m² BGF	130	**167**	239	18,8	**31,4**	40,8
450	Kommunikationstechnische Anlagen	m² BGF	7	**36**	52	2,0	**5,9**	11,9
460	Förderanlagen	m² BGF	17	**27**	34	1,5	**3,9**	5,6
470	Nutzungsspez. / verfahrenstech. Anl.	m² BGF	53	**103**	148	0,0	**7,5**	16,0
480	Gebäude- und Anlagenautomation	m² BGF	27	**58**	86	0,4	**4,0**	9,7
490	Sonst. Maßnahmen f. techn. Anl.	m² BGF	4	**16**	41	0,1	**1,9**	14,3
400	**Bauwerk – Technische Anlagen**	**m² BGF**					**100,0**	

Prozentanteile der Kosten 2. Ebene an den Kosten des Bauwerks nach DIN 276 (Von/Mittel/Bis)

KG	Kostengruppe	%
310	Baugrube / Erdbau	2,5
320	Gründung, Unterbau	11,7
330	Außenwände / vertikal außen	23,3
340	Innenwände / vertikal innen	11,9
350	Decken / horizontal	9,8
360	Dächer	13,7
370	Infrastrukturanlagen	
380	Baukonstruktive Einbauten	0,8
390	Sonst. Maßnahmen für Baukonst.	4,7
410	Abwasser-, Wasser-, Gasanlagen	2,8
420	Wärmeversorgungsanlagen	4,3
430	Raumlufttechnische Anlagen	2,8
440	Elektrische Anlagen	6,4
450	Kommunikationstechnische Anlagen	1,3
460	Förderanlagen	0,9
470	Nutzungsspez. / verfahrenstech. Anl.	1,8
480	Gebäude- und Anlagenautomation	0,9
490	Sonst. Maßnahmen f. techn. Anl.	0,2

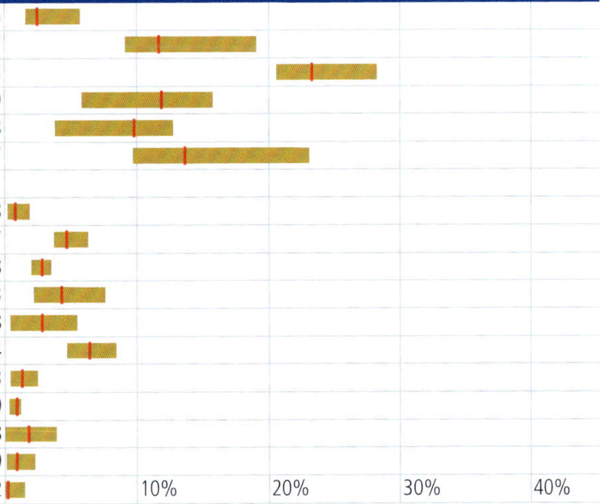

Prozentanteile der Kosten für Leistungsbereiche nach STLB (Kosten Bauwerk nach DIN 276)

LB	Leistungsbereiche	▷	% an 300+400	◁
000	Baustellen-, Verkehrssich.- u. Sicherh.einr. inkl. 001	2,8	**3,9**	4,9
002	Erdarbeiten	2,6	**3,5**	5,9
006	Spezialtiefbauarbeiten inkl. 005	0,0	**0,8**	2,2
009	Entwässerungskanalarbeiten inkl. 011	< 0,1	**0,2**	0,5
010	Drän- und Versickerarbeiten	< 0,1	**0,3**	1,1
012	Mauerarbeiten	0,6	**1,8**	9,2
013	Betonarbeiten	15,2	**17,5**	21,3
014	Natur-, Betonwerksteinarbeiten	0,0	**0,9**	2,1
016	Zimmer- und Holzbauarbeiten	0,7	**4,8**	32,6
017	Stahlbauarbeiten	< 0,1	**1,2**	2,4
018	Abdichtungsarbeiten	0,4	**0,8**	1,4
020	Dachdeckungsarbeiten	0,0	**< 0,1**	0,2
021	Dachabdichtungsarbeiten	2,9	**4,1**	8,2
022	Klempnerarbeiten	0,6	**1,4**	3,9
	Rohbau	35,3	**41,1**	62,4
023	Putz- und Stuckarbeiten, Wärmedämmsysteme	0,9	**2,1**	5,0
024	Fliesen- und Plattenarbeiten	0,3	**0,8**	1,3
025	Estricharbeiten	1,4	**1,6**	1,9
026	Fenster, Außentüren inkl. 029, 032	4,1	**11,0**	13,7
027	Tischlerarbeiten	1,5	**4,3**	6,4
028	Parkett-, Holzpflasterarbeiten	0,0	**0,2**	0,5
030	Rollladenarbeiten	0,2	**0,8**	1,2
031	Metallbauarbeiten inkl. 035	2,4	**6,5**	11,8
034	Maler- und Lackiererarb. - Beschicht. inkl. 037	0,8	**1,4**	2,2
036	Bodenbelagarbeiten	1,5	**2,0**	2,9
038	Vorgehängte hinterlüftete Fassaden	0,1	**1,2**	3,0
039	Trockenbauarbeiten	2,5	**4,8**	5,9
	Ausbau	23,2	**36,6**	40,1
040	Wärmeversorgungsanl. - Betriebseinr. inkl. 041	2,0	**4,0**	7,5
042	Gas- u. Wasseranl. - Leitung., Armat. inkl. 043	0,6	**0,8**	1,2
044	Abwasseranl. - Leitungen, Abläufe, Armaturen	0,3	**0,8**	1,3
045	Gas, Wasser, Entwässerung - Ausstattung inkl. 046	0,4	**0,9**	1,1
047	Dämm- und Brandschutzarb. an techn. Anlagen	0,5	**1,1**	1,7
049	Feuerlöschanlagen, Feuerlöschgeräte	0,0	**< 0,1**	< 0,1
050	Blitzschutz-/Erdungsanlagen, Überspannungssch.	0,1	**0,2**	0,4
052	Mittelspannungsanlagen	–	**–**	–
053	Niederspannungsanl. - Kabel inkl. 054	3,0	**4,2**	6,0
055	Sicherheits- u. Ersatzstromversorgungsanl.	0,0	**0,1**	0,3
057	Gebäudesystemtechnik	–	**–**	–
058	Leuchten und Lampen inkl. 059	0,8	**2,0**	3,1
060	Such, Signal, Zeit, Anten., akust. Anl. inkl. 064	< 0,1	**0,3**	0,7
061	Kommunikations- u. Übertragungsnetze inkl. 062	< 0,1	**0,6**	1,2
063	Gefahrenmeldeanlagen	< 0,1	**0,4**	0,9
069	Aufzüge	0,3	**0,9**	1,2
070	Gebäudeautomation	< 0,1	**0,9**	2,3
075	Raumlufttechnische Anlagen inkl. 078	0,3	**2,6**	5,0
	Gebäudetechnik	14,8	**19,8**	22,5
	Sonstige Leistungsbereiche inkl. 008, 033, 051	0,4	**2,4**	4,5

Kosten:
Stand 4. Quartal 2025
Bundesdurchschnitt
inkl. 19% MwSt.

- ● KKW
- ▶ min
- ▷ von
- | Mittelwert
- ◁ bis
- ◀ max

Planungskennwerte für Flächen und Rauminhalte nach DIN 277

Grundflächen		▷	Fläche/NUF (%)	◁	▷	Fläche/BGF (%)	◁
NUF	Nutzungsfläche	100,0	**100,0**	100,0	58,2	**62,6**	66,3
TF	Technikfläche	3,9	**5,1**	13,4	2,2	**2,9**	6,4
VF	Verkehrsfläche	27,4	**32,9**	41,1	17,1	**20,0**	23,7
NRF	Netto-Raumfläche	131,4	**137,9**	150,6	83,2	**85,5**	87,7
KGF	Konstruktions-Grundfläche	19,9	**23,6**	29,0	12,3	**14,5**	16,8
BGF	Brutto-Grundfläche	153,5	**161,5**	176,5	100,0	**100,0**	100,0

Brutto-Rauminhalte		▷	BRI/NUF (m)	◁	▷	BRI/BGF (m)	◁
BRI	Brutto-Rauminhalt	6,41	**6,80**	7,38	4,02	**4,23**	4,68

Flächen von Nutzeinheiten	▷	NUF/Einheit (m²)	◁	▷	BGF/Einheit (m²)	◁
Nutzeinheit: Schüler	6,29	**7,66**	9,73	10,08	**12,3**	14,74

Lufttechnisch behandelte Flächen	▷	Fläche/NUF (%)	◁	▷	Fläche/BGF (%)	◁
Entlüftete Fläche	2,3	**2,3**	2,3	1,3	**1,3**	1,3
Be- und entlüftete Fläche	134,0	**135,6**	138,3	77,0	**81,4**	81,4
Teilklimatisierte Fläche	0,4	**0,4**	0,4	0,2	**0,2**	0,2
Klimatisierte Fläche	–	**–**	–	–	**–**	–

KG	Kostengruppen (2. Ebene)	Einheit	▷	Menge/NUF	◁	▷	Menge/BGF	◁
310	Baugrube / Erdbau	m³ BGI	1,87	**2,47**	3,18	1,17	**1,49**	1,85
320	Gründung, Unterbau	m² GRF	0,78	**0,82**	1,02	0,45	**0,52**	0,76
330	Außenwände / vertikal außen	m² AWF	0,90	**1,05**	1,36	0,59	**0,67**	1,01
340	Innenwände / vertikal innen	m² IWF	1,05	**1,16**	1,26	0,60	**0,70**	0,78
350	Decken / horizontal	m² DEF	0,82	**0,86**	0,98	0,47	**0,50**	0,54
360	Dächer	m² DAF	0,83	**0,91**	1,19	0,51	**0,58**	0,89
370	Infrastrukturanlagen		–	**–**	–	–	**–**	–
380	Baukonstruktive Einbauten	m² BGF	1,54	**1,61**	1,77	1,00	**1,00**	1,00
390	Sonst. Maßnahmen für Baukonst.	m² BGF	1,54	**1,61**	1,77	1,00	**1,00**	1,00
300	**Bauwerk – Baukonstruktionen**	**m² BGF**	1,54	**1,61**	1,77	1,00	**1,00**	1,00

Planungskennwerte für Bauzeiten — 55 Vergleichsobjekte

Bauzeit in Wochen

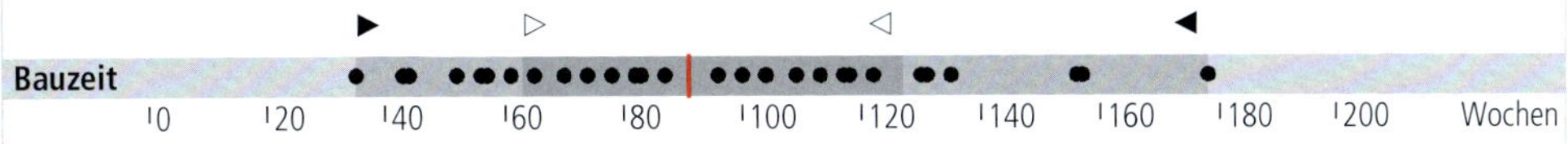

Objektübersicht zur Gebäudeart

© Architekturbüro Hermann Woermann

4100-0061 Pausenhalle, Verbindungsgänge*

Architekturbüro Hermann Woermann
Freising

© Hartmaier + Partner

4100-0069 Freie Ev. Schule*

Hartmaier + Partner Freie Architekten
Reutlingen

© Fritz-Dieter Tollé Architekten

4100-0078 Gymnasium (10 Klassen, 300 Schüler)*

Fritz-Dieter Tollé Architekt BDB Architekten
Stadtplaner Ingenieure, Verden

© Bauer Kurz Stockburger & Partner

4100-0120 Schulzentrum (1.800 Schüler), Sporthalle*

Bauer Kurz Stockburger & Partner
München

© Architekturbüro Gunther Wördemann

4100-0126 Gebäude f. betreute Grundschule (100 Schüler)*

Architekturbüro Gunther Wördemann
Quickborn

© EGN Darmstadt mit Hochbauamt der Stadt Frankfurt

4100-0140 Grundschule (4 Klassen) - Passivhaus*

EGN Darmstadt mit Hochbauamt der Stadt Frankfurt

* Diese Objekte wurden zur Bildung der statistischen Werte herangezogen. Sie sind nicht als Einzelobjekt in diesem Band veröffentlicht.

© Frahm ; Klaus / arturimages

4100-0144 Gymnasium (12 Klassen, 310 Schüler) - Passivhaus*

me di um Architekten
Hamburg

© EGN Darmstadt mit Hochbauamt der Stadt Frankfurt

4100-0145 Grundschule (4 Klassen), Cafeteria - Passivhaus*

EGN Darmstadt mit Hochbauamt der Stadt Frankfurt

© EUROMEDIAHOUSE

4100-0147 Grundschule (12 Klassen, 288 Schüler)*

me di um Architekten
Hamburg

© Thomas Ott

4100-0151 Gesamtschule (270 Schüler) - Passivhaus*

Thomas Grüninger Architekten BDA
Darmstadt

© RitterBauer Architekten

4100-0153 Grundschule (6 Klassen, 150 Schüler) - Passivhaus*

RitterBauer Architekten GmbH
Aschaffenburg

© Fromme + Linsenhoff

4100-0154 Gesamtschule (750 Schüler)*

Fromme + Linsenhoff
Berlin

* Diese Objekte wurden zur Bildung der statistischen Werte herangezogen. Sie sind nicht als Einzelobjekt in diesem Band veröffentlicht.

Objektübersicht zur Gebäudeart

© Spengler · Wiescholek Architekten Stadtplaner

4100-0155 Grundschule (580 Schüler), Kindertagesstätte (123 Kinder)*

Spengler · Wiescholek Architekten Stadtplaner Hamburg

© Stephan Baumann

4100-0158 Gemeinschaftsschule (14 Klassen, 336 Schüler)*

petersen pörksen partner architekten + stadtplaner | bda, Lübeck

© Thomas Weiß

4100-0162 Gesamtschule (10 Klassen, 280 Schüler)*

ARGE Junk&Reich / Hartmann + Helm Planungsgesellschaft mbH, Weimar

© Schüler Architekten

4100-0166 Gymnasium (21 Klassen, 600 Schüler)*

Schüler Architekten Schüler Böller Bahnemann Rendsburg

© Christian Mader

4100-0168 Realschule (400 Schüler)*

KBK Architektengesellschaft Belz | Lutz mbH Stuttgart

© Brigida Gonzáles

4100-0169 Mittelschule (360 Schüler), Sporthalle*

Hausmann Architekten GmbH Aachen

* Diese Objekte wurden zur Bildung der statistischen Werte herangezogen. Sie sind nicht als Einzelobjekt in diesem Band veröffentlicht.

© PFP Planungs GmbH

4100-0170 Grundschule (400 Schüler) - Passivhausbauweise*

PFP Planungs GmbH Prof. Jörg Friedrich
Hamburg

© k. A.

4100-0177 Grundschule (10 Klassen, 280 Schüler)*

k.A.

© Franziska Evers

4100-0178 Gymnasium (6 Klassen), Sporthalle (Einfeldhalle)*

Dohse und Partner Architekten mbB
Hamburg

© Michael Moser

4100-0181 Grundschule (450 Schüler), Sporthalle - Passivhaus*

pbr Planungsbüro Rohling AG
Braunschweig

© Matthias B. Michel

4100-0188 Grundschule (10 Klassen, 240 Schüler), Mensa*

Werkgemeinschaft Quasten-Mundt
Grevenbroich

© ARCHITEKTURBÜRO TABERY

4100-0189 Grundschule (12 Klassen, 360 Schüler)

ARCHITEKTURBÜRO TABERY
Bremervörde

* Diese Objekte wurden zur Bildung der statistischen Werte herangezogen. Sie sind nicht als Einzelobjekt in diesem Band veröffentlicht.

Objektübersicht zur Gebäudeart

4100-0191 Gesamtschule (240 Schüler), Mensa, Bibliothek*

ZACHARIAS PLANUNGSGRUPPE
Sankt Augustin

4100-0193 Ganztagsschule (320 Kinder), Sporthalle*

Numrich Albrecht Klumpp Gesellschaft von Architekten mbH, Berlin

4100-0197 Grundschule (3 Klasse, 90 Schüler)*

Behrens & Heinlein Architekten BDA
Potsdam

4100-0199 Grundschule (16 Klassen, 400 Schüler)*

Architekten Johannsen und Partner mbB
Hamburg

4100-0205 Grundschule (8 Klassen, 224 Schüler)

Architekturbüro Raum und Bau GmbH, Dresden &
AGZ Zimmermann Architekten GmbH, Dresden

4100-0207 Grundschule (5 Klassen, 125 Schüler)

IPROconsult GmbH
Dresden

* Diese Objekte wurden zur Bildung der statistischen Werte herangezogen. Sie sind nicht als Einzelobjekt in diesem Band veröffentlicht.

4100-0211 Grundschule (4 Klassen, 88 Schüler)

Gössler Kinz Kerber Schippmann Architekten PartG
Hamburg

4100-0212 Gesamtschule (10 Klassen, 264 Schüler)

ppp architekten + stadtplaner gmbh
Lübeck

4100-0213 Grundschule (18 Klassen, 504 Schüler)

sehw architektur GmbH
Berlin

4100-0217 Schule (12 Klassen, 275 Schüler)

MoRe Architekten PartGmbB
Hamburg

4100-0218 Schule (2 Klassen), Mensa (80 Sitzplätze)

raum-z architekten gmbh
Frankfurt

4100-0219 Gymnasium (12 Klassen, 330 Schüler)

werk.um architekten
Darmstadt

Objektübersicht zur Gebäudeart

4100-0222 Oberstufengymnasium (450 Schüler)

architektei mey gmbh
Frankfurt am Main

4100-0223 Grundschule (8 Klassen, 224 Schüler), Sporthalle

BKS Architekten GmbH
Lübbecke

4100-0227 Schule (18 Klassen, 504 Schüler)

sehw architektur GmbB
Hamburg

4100-0229 Grundschule (16 Klassen, 360 Schüler) - Passivhaus

Architektengruppe Rosengart + Partner BDA
Bremen

4100-0230 Grundschule (4 Klassen, 100 Schüler)

BPVARCHITEKTEN
Hamburg

4100-0233 Oberschule (24 Klassen, 500 Schüler)

tsj-architekten gmbh
Lübeck

4100-0235 Gesamtschule (15 Klassen, 360 Schüler)

WOLLENWEBERARCHITEKTUR
Düsseldorf

4100-0239 Grundschule (10 Klassen, 200 Schüler)

Kleine + Potthoff Architekten
Korbach

4100-0240 Gemeinschaftsschule (18 Klassen, 432 Schüler)

ARCHITEKTURBUERO 1 ZT GmbH, Linz (AT) &
Architekturbüro HERZOG, Lörrach

4100-0241 Schule (9 Klassen, 235 Schüler)

Naumann Petersen Conrad Joesten Architekten und
beratende Ingenieure mbB, Bremen

4100-0242 Schule (31 Klassen, 650 Schüler)

weicken architekten partmbB
Unna

4100-0245 Gymnasium Lernzentrum (150 Schüler)

jup.arc weinert juraschek architekten partmbb
Winsen (Luhe)

Objektübersicht zur Gebäudeart

© Architektur.SCHÖN

4100-0248 Grundschule (8 Klassen, 200 Schüler)

⌂ Architektur.SCHÖN
Wiesbaden

© Silv Malkmus

4100-0251 Grundschule (18 Klassen, 450 Schüler)

⌂ Heidacker Architekten PartG mbB, Bischofsheim &
Sinopoli Architekten, Alzey

© AG5 Architekten

4100-0252 Grundschule (16 Klassen, 260 Schüler)

⌂ AG5 Architekten + Stadtplaner PartGmbB
Darmstadt

© ADRIAN SCHULZ, Berlin

4100-0253 Grundschule (16 Klassen, 448 Schüler)

⌂ Numrich Albrecht Klumpp Gesellschaft von
Architekten mbH, Berlin

© Simon Menges

4100-0255 Gemeinschaftsschule (6 Klassen, 150 Schüler)
Bibliothek

⌂ kleyer.koblitz.letzel.freivogel ges. v. architekten mbh
Berlin

© Brenncke Architekten

4100-0259 Grund-/Regionalschule
(26 Klassen, 550 Schüler)

⌂ Brenncke Architekten Part mbB
Schwerin

4100-0263 Grund-/Mittelschule (10 Klassen, 213 Schüler)

studio lot PartGmbB, Altötting &
Weiss Hohe + Partner GmbH, Ansbach

4100-0189
Grundschule
(12 Klassen)
(360 Schüler)

Kostenkennwerte für die Kosten des Bauwerks (Kostengruppen 300+400 nach DIN 276)

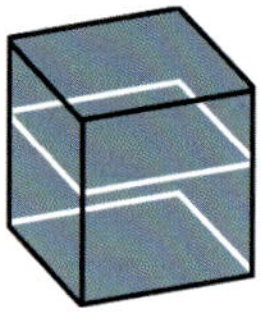

BRI 631 €/m³

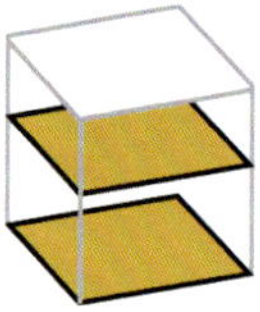

BGF 2.608 €/m²

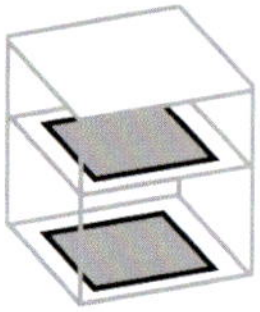

NUF 3.743 €/m²

Objekt:
Kennwerte: 3.Ebene DIN 276
BRI: 13.760 m³
BGF: 3.330 m²
NUF: 2.320 m²
Bauzeit: 61 Wochen
Bauende: 2016
Standard: mittel
Bundesland: Niedersachsen
Kreis: Rotenburg (Wümme)

Architekt*in:
ARCHITEKTURBÜRO TABERY
Gnattenbergstraße 25
27432 Bremervörde

Bauherr*in:
Stadt Bremervörde
Rathausmarkt 1
27432 Bremervörde

Ansicht Nord

Ansicht West

Ansicht Ost

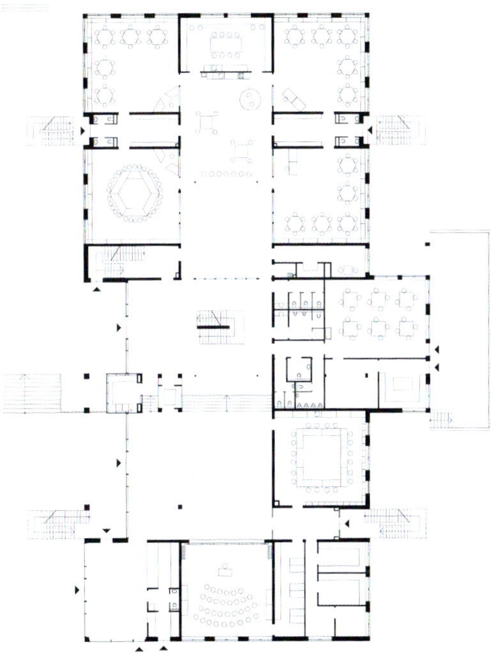

Erdgeschoss

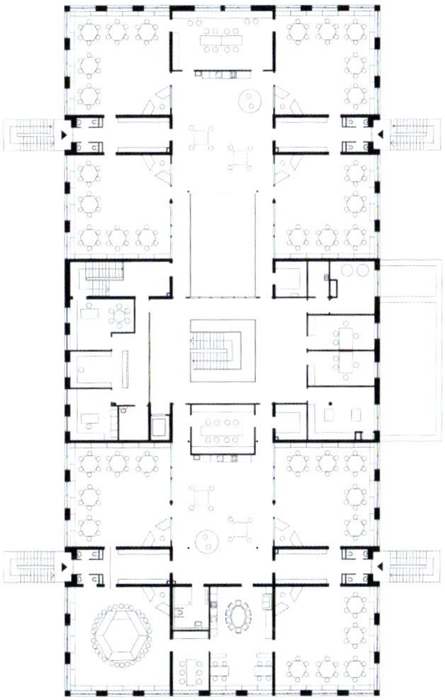

Obergeschoss

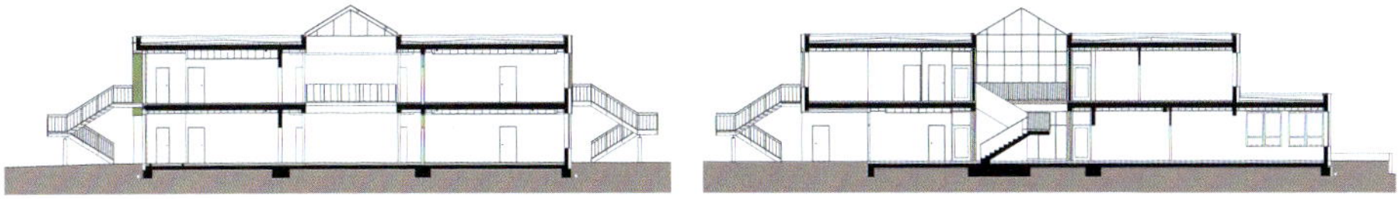

Querschnitte

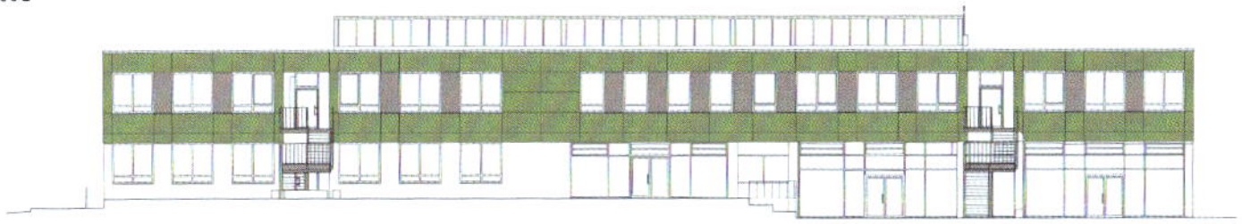

Ansicht Süd

4100-0189
Grundschule
(12 Klassen)
(360 Schüler)

Objektbeschreibung

Allgemeine Objektinformationen

Die Grundschule erweitert einen Schulcampus mit bestehender Realschule und Schulsporthalle. Der Neubau ist als kompakter, rechteckiger, zweigeschossiger Baukörper konzipiert. Der Grundrissgestaltung der dreizügigen Grundschule liegt ein pädagogisches Konzept mit drei „Lernhäusern" und je vier Klassen für gruppenorientierten Unterricht und einem jeweils einem Lernhaus zugeordneten Selbstlernbereich zu Grunde. Die Klassenräume sind mit ca. 75m² größer als üblich dimensioniert, um eine Möblierung mit Gruppentischen und paralleler Sitzkreisbildung ohne Zwang zur Veränderung der Tischaufstellungen zu ermöglichen. Alle Klassen erhielten Lüftungsampeln. Durch die in den Lernhäusern zentral angeordneten Selbstlernbereiche konnten Erschließungsflure entfallen. Jedem Klassenraum ist ein eigenes WC zugeordnet. Jeweils zwei Klassen teilen sich einen Garderobenbereich, der gleichzeitig als zweiter Fluchtweg einen direkten Ausgang ins Freien besitzt.

Nutzung

1 Erdgeschoss
Lernhaus A: Unterrichtsräume für gruppenorientierten Unterricht, WCs, Werkraum, Musikraum, Lehrerzimmer, Mensa, Selbstlernzentrum, Hausmeisterkabine, Forum, Sanitärräume

1 Obergeschoss
Lernhaus B und C: Unterrichtsräume für gruppenorientierten Unterricht, WCs, Kooperationsklasse mit Gruppenraum, Beratungsräume, Selbstlernzentrum, Schulleitung, Technik, Sanitärräume mit Pflegedusche

Grundstück

Bauraum: Freier Bauraum
Neigung: Ebenes Gelände
Bodenklasse: BK 3 bis BK 4

Markt

Hauptvergabezeit: 1.Quartal 2015
Baubeginn: 1.Quartal 2015
Bauende: 2.Quartal 2016
Konjunkturelle Gesamtlage: Durchschnitt
Regionaler Baumarkt: Durchschnitt

Baukonstruktion

Das nichtunterkellerte Gebäude gründet auf einer Stahlbetonsohlplatte mit Streifenfundamenten sowie auf einer Dämmschicht aus Glasschaumschotter. Die Außenwände bestehen aus Stahlbeton, die innen in Sichtbeton ausgeführt sind bzw. aus Kalksandsteinausmauerungen. Sie erhielten im Erdgeschoss ein Wärmedämmverbundsystem mit hellem Außenputz. Eine vorgehängte, hinterlüftete HPL-Fassade hüllt das Obergeschoss ein. Fenster, Außentüren und Pfosten-Riegelfassade bestehen aus pulverbeschichtetem Aluminium. Stahlbeton-Innenwände dienen als massiver schalldämmender Raumabschluss, als Treppenraumabschluss und zur Gebäudeaussteifung. Als Fußbodenbelag wurde Synthesekautschuk gewählt. Decke und Dach wurden als Spannbeton-Hohldielen ausgeführt. Die nach Süden ausgerichtete Fläche des Sattel-Glasdaches erhielt glasintegrierte Photovoltaikelemente, die gleichzeitig als Sonnenschutz dienen.

Technische Anlagen

Die Wärmeerzeugung erfolgt durch eine Wasser-Erdreich-Wärmepumpe mit Tiefenbohrungen. Die Raumerwärmung wird mit einer Warmwasser-Fußbodenheizung im Niedertemperaturbereich geregelt. Mechanische Raumlüftungen sind nur in den Toilettenräumen ausgeführt. Sämtliche andere Räume werden über die Fenster gelüftet. Der innenliegende Bereich mit den Selbstlernzentren, Lichthof und Foyer wird über motorisch gesteuerte Lüftungsklappen im Sattel-Glasdach be- und entlüftet. Damit alle Räume der Grundschule barrierefrei erreicht werden können, wurde im Bereich des Foyers ein Aufzug angeordnet, der alle Ebenen des Gebäudes miteinander verbindet.

Planungskennwerte für Flächen und Rauminhalte nach DIN 277

Flächen des Grundstücks		Menge Einheit	% an GF
BF	Bebaute Fläche	7.676,00 m²	40,7
UF	Unbebaute Fläche	11.170,00 m²	59,3
GF	Grundstücksfläche	18.846,00 m²	100,0

Grundflächen des Bauwerks		Menge Einheit	% an NUF	% an BGF
NUF	Nutzungsfläche	2.320,00 m²	100,0	69,7
TF	Technikfläche	24,40 m²	1,1	0,7
VF	Verkehrsfläche	466,00 m²	20,1	14,0
NRF	Netto-Raumfläche	2.810,40 m²	121,1	84,4
KGF	Konstruktions-Grundfläche	519,60 m²	22,4	15,6
BGF	Brutto-Grundfläche	3.330,00 m²	143,5	100,0

Brutto-Rauminhalt des Bauwerks		Menge Einheit	BRI/NUF (m)	BRI/BGF (m)
BRI	Brutto-Rauminhalt	13.760,00 m³	5,93	4,13

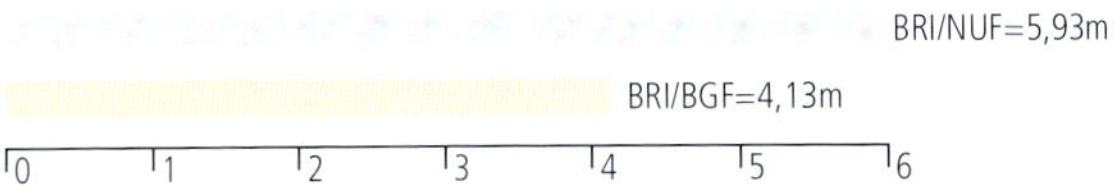

Lufttechnisch behandelte Flächen	Menge Einheit	% an NUF	% an BGF
Entlüftete Fläche	–	–	–
Be- und entlüftete Fläche	–	–	–
Teilklimatisierte Fläche	–	–	–
Klimatisierte Fläche	–	–	–

KG	Kostengruppen (2. Ebene)	Menge Einheit	Menge/NUF	Menge/BGF
310	Baugrube / Erdbau	8.196,31 m³ BGI	3,53	2,46
320	Gründung, Unterbau	1.745,42 m² GRF	0,75	0,52
330	Außenwände/Vertikale Baukonstruktionen, außen	1.370,74 m² AWF	0,59	0,41
340	Innenwände/Vertikale Baukonstruktionen, innen	2.741,32 m² IWF	1,18	0,82
350	Decken/Horizontale Baukonstruktionen	1.498,34 m² DEF	0,65	0,45
360	Dächer	1.581,42 m² DAF	0,68	0,48

Kostenkennwerte für die Kostengruppen der 1. Ebene DIN 276

KG	Kostengruppen (1. Ebene)	Einheit	Kosten €	€/Einheit	€/m² BGF	€/m³ BRI	% 300+400
100	Grundstück	m² GF	–	–	–	–	–
200	Vorbereitende Maßnahmen	m² GF	96.036	5,10	28,84	6,98	1,1
300	Bauwerk – Baukonstruktionen	m² BGF	6.734.451	2.022,36	2.022,36	489,42	77,6
400	Bauwerk – Technische Anlagen	m² BGF	1.949.107	585,32	585,32	141,65	22,4
	Bauwerk 300+400	**m² BGF**	**8.683.558**	**2.607,68**	**2.607,68**	**631,07**	**100,0**
500	Außenanlagen und Freiflächen	m² AF	156.901	98,41	47,12	11,40	1,8
600	Ausstattung und Kunstwerke	m² BGF	28.484	8,55	8,55	2,07	0,3
700	Baunebenkosten	m² BGF	–	–	–	–	–
800	Finanzierung	m² BGF	–	–	–	–	–

KG	Kostengruppe	Menge Einheit	Kosten €	€/Einheit	%
200	**Vorbereitende Maßnahmen**	18.846,00 m² GF	96.036	**5,10**	1,1

Suchgräben; Betonpflaster aufnehmen, Abräumen von Stubben; Hausanschlüsse Wasser, Elektro

KG	Kostengruppe	Menge Einheit	Kosten €	€/Einheit	%
3+4	**Bauwerk**				**100,0**
300	**Bauwerk – Baukonstruktionen**	3.330,00 m² BGF	6.734.451	**2.022,36**	77,6

Stb-Fundamente, Stb-Bodenplatte; Heizestrich, Kautschukbelag, Bodenfliesen, Glasschaumschotter; Stb-Wände, Stb-Stützen, Alu-Pfosten-Riegelfassade, WDVS, hinterlüftete HPL-Fassade, Sonnenschutz; GK-Wände, Stahlstützen, Holztüren, Alu-Glas-Türelemente, Verglasung Aufzugschacht, Latexbeschichtungen, Wandfliesen, Wandpaneele, mobile Trennwand, Alu-Glastrennwände, WC-Trennwände; Stb-Decken, Stb-Treppen, Stahltreppen, Akustikdecken, GK-Decken, Beschichtung; Stb-Flachdach, Alu-Lichtdach-Konstruktion, Lichtkuppeln, Abdichtung, Dachentwässerung; Einbauküchen, Einbauschränke

KG	Kostengruppe	Menge Einheit	Kosten €	€/Einheit	%
400	**Bauwerk – Technische Anlagen**	3.330,00 m² BGF	1.949.107	**585,32**	22,4

Gebäudeentwässerung, Kalt- und Warmwasserleitungen, Sanitärobjekte; Wasser-Erdreich-Wärmepumpe, Sole-Wasser-Wärmepumpen; Lüftungsanlagen; Photovoltaikanlage; Elektroinstallation, LED-Beleuchtung, Sicherheitsbeleuchtung, Blitzschutz; Gegensprechanlage, Brandmeldeanlage, Rufanlage Behinderten-WC, ELA-Anlage, RWA-Anlage, CO_2-Lüftungsampeln, Datenübertragungsnetzwerk; Personenaufzug

KG	Kostengruppe	Menge Einheit	Kosten €	€/Einheit	%
500	**Außenanlagen und Freiflächen**	1.594,33 m² AF	156.901	**98,41**	1,8

Rohrgrabenaushub; Betonpflaster aufnehmen, wieder einbauen; Gitterroste; Oberflächenentwässerung

KG	Kostengruppe	Menge Einheit	Kosten €	€/Einheit	%
600	**Ausstattung und Kunstwerke**	3.330,00 m² BGF	28.484	**8,55**	0,3

Sanitärausstattung, Gardinenschienen, Winkelblende; Beamer, Halterung

Kostenkennwerte für die Kostengruppen der 2.Ebene DIN 276

KG	Kostengruppe	Menge Einheit	Kosten €	€/Einheit	%
200	**Vorbereitende Maßnahmen**				**100,0**
210	**Herrichten**	18.846,00 m² GF	49.380	**2,62**	51,4
	Suchgräben herstellen (18m) * Betonpflaster aufnehmen (464m²); Abräumen von Stubben (1St); Entsorgung, Deponiegebühren				
220	**Öffentliche Erschließung**	18.846,00 m² GF	7.974	**0,42**	8,3
	Hausanschluss Wasser (psch), Kontrollschächte DN1.000, t=1,25m (4St)				
230	**Nichtöffentliche Erschließung**	18.846,00 m² GF	38.682	**2,05**	40,3
	Hausanschluss Elektro (psch), Erdkabel (547m)				
300	**Bauwerk – Baukonstruktionen**				**100,0**
310	**Baugrube / Erdbau**	8.196,31 m³ BGI	142.418	**17,38**	2,1
	Baugrubenaushub, t bis 1,70m, abtragen, lagern (3.435m³), entsorgen (4.228m³), Planum (4.654m²), Grabenaushub, t= 0,80m, abtragen, lagern (387m³), entsorgen (146m³), Rohrgräben verfüllen (361m³), Kabelgräben herstellen, wiederverfüllen (228m), Rohrgraben, Erdwärmeverbindung, t=1,20m, verfüllen (246m) * Wasserhaltung (231h)				
320	**Gründung, Unterbau**	1.745,42 m² GRF	841.919	**482,36**	12,5
	Gründungssohle (3.547m²), Geotextil (1.727m²) * Stb-Streifenfundamente (352m³), Stb-Bodenplatte (1.562m²), Stb-Treppen (13m²) * Abdichtung (1.459m²), EPS-Wärmedämmung, d=50mm (1.371m²), Heizestrich (1.371m²), Stb-Sitztreppen (13m²), Spachtelung, Kautschukbelag (1.194m²), Bodenfliesen (127m²) * Sandboden (2.615m³), Glasschaumschotter, d=55cm (1.393m²), Sauberkeitsschicht (2.035m²), Perimeterdämmung (171m²), Bitumenabdichtung (195m²) * Dränrohre DN100 (185m), Spülschächte (11St)				
330	**Außenwände/Vert. Baukonstrukt., außen**	1.370,74 m² AWF	1.687.873	**1.231,36**	25,1
	Stb-Wände, d=25cm, h bis 4,40m (632m²) * Stb-Attika, d=25cm (125m²) * Stb-Stützen (13m) * Alufenster Uw=1,3W/(m²k) (389m²), Alu-Türen (37m²), Schließanlage (1St) * WDVS EPS, d=180mm, Armierungsputz (440m²), Mineralwolldämmung, d=180mm, Alu-Unterkonstruktion, HPL-Platten, hinterlüftet (579m²) * Latexbeschichtungen Betonwände (569m²), Wandfliesen (11m²) * Pfosten-Riegel-Konstruktion, Festverglasungen mit Paneelfelder (188m²), Türen (5St), Lamellenfenster (11St) * Alu-Raffstore, Elektroantriebe (51St)				
340	**Innenwände/Vert. Baukonstrukt., innen**	2.741,32 m² IWF	1.450.159	**529,00**	21,5
	Stb-Wände, d=25cm (1.237m²) * GK-Wände, doppelt beplankt (1.131m²), OSB-Platten (141m²) * Stb-Stützen (40m), Stahlstützen (65m) * Holztüren, HPL (184m²), Alu-Glas-Türelemente, Oberlichter (45m²), Verglasung Aufzugschacht (8m²) * Latexbeschichtungen (3.446m²), Epoxidbeschichtungen (438m²), Wandfliesen (30m²), Wandpaneele, Textilbespannung (91m²) * Mobile Trennwand (23m²), Alu-Glas-Trennwandelemente (68m²), Sanitärtrennwände (48m²) * Rollläden (10m²) * Handläufe (psch)				

KG	Kostengruppe	Menge Einheit	Kosten €	€/Einheit	%
350	**Decken/Horizontale Baukonstruktionen**	1.498,34 m² DEF	1.044.829	**697,32**	15,5
	Stb-Decken, d=32cm (1.191m²), Stb-Unterzüge (22m³), Stb-Treppen (13m²), Stahl-Wangentreppen, zweiläufig, Gitterroststufen (4St) * Heizestrich, d=65mm (1.429m²), Kautschukbelag (1.348m²), Bodenfliesen (12m²) * Akustikdecken (631m²), GK-Decken, Dispersionsbeschichtung (450m²), Gipsfaserplatte, Beschichtung (98m²) * Stahl-Treppengeländer, verzinkt (153m), Edelstahlhandlauf (97m)				
360	**Dächer**	1.581,42 m² DAF	1.167.156	**738,04**	17,3
	Stb-Flachdach, d=32cm (1.346m²), Stb-Unterzüge (22m³) * Alu-Lichtdach-Konstruktion, als verglastes Satteldach, festverglaste Pfosten-Riegel-Elemente (230m²), Photovoltaikmodule in ESG-Verglasung integriert (107m²), RWA-Fensterflügel (17St), Lichtkuppeln (3St) * EPS-Wärmedämmung, Bitumenabdichtung (1.397m²), Dacheinläufe, Notüberläufe (26St), Attikaabdeckung (208m) * Akustikdecken (631m²), GK-Decken, Dispersionsbeschichtung (463m²) * Sekuranten (22St)				
380	**Baukonstruktive Einbauten**	3.330,00 m² BGF	93.380	**28,04**	1,4
	Ausgabetheke, Edelstahl, Warmhaltewannen, Unterschränke (1St), Einbaukühlvitrine (1St), Gewerbekühlschrank (1St), Schranktische, Unterbau (2St), Wandhängeschrank, beleuchtet (1St), Tablettrutsche (1St), Putzschrank (1St), Selbstlernküchen l=4,20m, voll ausgestattet (3St) * Litfaßsäule, Schilder (3St), Infofolien (psch), Folienaufkleber, Raumnummern (90St)				
390	**Sonst. Maßnahmen für Baukonstrukt.**	3.330,00 m² BGF	306.718	**92,11**	4,6
	Baustelleneinrichtung (psch), Bauzaun (238m), Baustraße (382m), Baustrom (7St), Baubeleuchtung (9St), Bauwasser (psch), Sanitärcontainer (1St) * Fassadengerüst (2.363m²), Arbeitsgerüste (27m²) * Abbruch von Betonflächen (35m²), Betonrohrleitungen (140m), KG-Rohre (49m), Hofabläufe (3St) * Baumischabfälle (28m³) * Schutzwände, OSB-Platten (16m²), Schutzgeländer, h=1,00m (211m), Stammschutz (2St), Baustellenreinigung (2St), Endreinigung (psch)				
400	**Bauwerk – Technische Anlagen**				**100,0**
410	**Abwasser-, Wasser-, Gasanlagen**	3.330,00 m² BGF	211.647	**63,56**	10,9
	KG-Rohre DN100-150 (440m), PP-Rohre DN50-100 (378m), Dachhauben DN100 (15St) * Kupferrohre DN15-35 (480m), Wasserfilter (1St), Durchlauferhitzer (6St), Tiefspül-WCs (23St), Waschtische (21St), Urinale (2St), Ausgussbecken (5St), Doppelspüle (1St) * Montageelemente (48St)				
420	**Wärmeversorgungsanlagen**	3.330,00 m² BGF	735.803	**220,96**	37,8
	Wasser-Erdreich-Wärmepumpe, Erdwärmesonden (22St), Abteufen, Bohrloch verfüllen (2.200m), PE-Rohre DN32 (1.186m), Sole-Wasser-Wärmepumpen 43kW (2St), Pufferspeicher 1.500l (1St) * Kupferrohre DN28-42 (677m), Umwälzpumpen (4St), Wärmemengenzähler (2St) * Fußbodenheizung (2.810m²), PE-Xc-Rohre (11.931m), Verteilerschränke (14St), Raumthermostate (66St), Stellantriebe (129St), Regelverteiler (15St), Heizkörper (1St)				
430	**Raumlufttechnische Anlagen**	3.330,00 m² BGF	22.285	**6,69**	1,1
	Einraumlüfter 60-100m³/h (20St), Wickelfalzrohre DN80-200 (76m), Brandschutzschotts (14St)				

KG	Kostengruppe	Menge Einheit	Kosten €	€/Einheit	%
440	**Elektrische Anlagen**	3.330,00 m²BGF	702.099	**210,84**	36,0
	Glasintegrierte Photovoltaikmodule, Kosten in KG 362 (107m²), Zentralbatteriesystem (1St) * Mantelleitungen (25.082m), Steckdosen (404St), Schalter, Taster (180St), RWA-Taster (7St), Jalousieschalter (51St), Präsenzmelder (101St), Bewegungsmelder (26St) * LED-Einbauleuchten (215St), LED-Einbaudownlights (174St), Flächenstrahler (28St), Langfeldleuchten (32St), Sicherheitsleuchten (56St), Rettungszeichenleuchten (23St) * Kunststoffaderleitungen (631m), Potenzialausgleich (96St)				
450	**Kommunikationstechnische Anlagen**	3.330,00 m²BGF	180.217	**54,12**	9,2
	Gegensprechanlage, Türsprechstation (1St) * Tischsprechstelle, Funkempfänger (1St), Deckeneinbaulautsprecher (39St), Tonsäulen, außen (3St) * Brandmeldecomputer (1St), Handfeuermelder (13St), Meldesockel (91St), Warntongeber (47St), Rauchmelder (5St), Brandmeldekabel (2.894m), Rufanlage Behinderten-WC (2St), RWA-Anlage (1St), Hausalarm, Informationssystem (psch), CO_2-Lüftungsampeln (16St) * Datenschrank (1St), Fernmeldeverteiler (2St), Kommunikationskabel (6.910m)				
460	**Förderanlagen**	3.330,00 m²BGF	97.056	**29,15**	5,0
	Personenaufzug, getriebelos, ein Geschoss (1St)				
500	**Außenanlagen und Freiflächen**				**100,0**
510	**Erdbau**	718,23 m³EBR	24.614	**34,27**	15,7
	Rohrgrabenaushub, seitlich lagern (718m³), wieder verfüllen (620m³)				
530	**Oberbau, Deckschichten**	13,20 m²BFF	1.552	**117,57**	1,0
	Betonpflaster aufnehmen, säubern, wieder einbauen (13m²)				
540	**Baukonstruktionen**	1.594,33 m²AF	11.343	**7,11**	7,2
	Gitterroste, verzinkt (2St), Fundamentabdeckungen, Riffelblech (2St)				
550	**Technische Anlagen**	1.594,33 m²AF	119.392	**74,89**	76,1
	KG-Rohre (262m), Kontrollschächte DN1.000 (11St), Kontrollschacht mauern, DN500 (1St), Betonummantelung, Grundleitungen (54m)				
600	**Ausstattung und Kunstwerke**				**100,0**
610	**Allgemeine Ausstattung**	3.330,00 m²BGF	26.547	**7,97**	93,2
	Papierrollenhalter (42St), Seifenspender, Papiertuchspender (19St), Abfallbehälter, WC-Bürstengarnituren (23St), Spiegel (20St), Gardinenschienen (9m)				
630	**Informationstechnische Ausstattung**	3.330,00 m²BGF	1.937	**0,58**	6,8
	Beamer (1St)				

Kostenkennwerte für die Kostengruppen 300 der 2. und 3. Ebene DIN 276 (Übersicht)

KG	Kostengruppe	Menge Einheit	Kosten €	€/Einheit	% an 3+4
300	**Bauwerk – Baukonstruktionen**	**3.330,00 m² BGF**	**6.734.451,35**	**2.022,36**	**77,6**
310	**Baugrube / Erdbau**	**8.196,31 m³ BGI**	**142.417,92**	**17,38**	**1,6**
311	Herstellung	8.196,31 m³ BGI	136.463,63	16,65	1,6
312	Umschließung	–	–	–	–
313	Wasserhaltung	8.196,31 m³	5.954,29	0,73	< 0,1
314	Vortrieb	–	–	–	–
319	Sonstiges zur KG 310	–	–	–	–
320	**Gründung, Unterbau**	**1.745,42 m² GRF**	**841.919,23**	**482,36**	**9,7**
321	Baugrundverbesserung	1.727,00 m²	10.542,44	6,10	0,1
322	Flachgründungen und Bodenplatten	1.745,42 m²	291.845,84	167,21	3,4
323	Tiefgründungen	–	–	–	–
324	Gründungsbeläge	1.459,24 m²	267.431,27	183,27	3,1
325	Abdichtungen und Bekleidungen	1.612,02 m²	240.194,29	149,00	2,8
326	Dränagen	1.745,42 m² GRF	31.905,38	18,28	0,4
329	Sonstiges zur KG 320	–	–	–	–
330	**Außenwände/Vert. Baukonstrukt., außen**	**1.370,74 m² AWF**	**1.687.872,61**	**1.231,36**	**19,4**
331	Tragende Außenwände	632,16 m²	286.704,43	453,53	3,3
332	Nichttragende Außenwände	124,70 m²	48.641,56	390,08	0,6
333	Außenstützen	22,44 m	7.383,31	329,02	< 0,1
334	Außenwandöffnungen	425,69 m²	578.461,43	1.358,88	6,7
335	Außenwandbekleidungen, außen	1.008,48 m²	437.050,25	433,38	5,0
336	Außenwandbekleidungen, innen	580,00 m²	12.520,98	21,59	0,1
337	Element. Außenwandkonstruktionen	188,19 m²	213.663,79	1.135,36	2,5
338	Lichtschutz zur KG 330	231,00 m²	103.446,86	447,82	1,2
339	Sonstiges zur KG 330	–	–	–	–
340	**Innenwände/Vert. Baukonstrukt., innen**	**2.741,32 m² IWF**	**1.450.158,86**	**529,00**	**16,7**
341	Tragende Innenwände	1.236,94 m²	539.785,71	436,39	6,2
342	Nichttragende Innenwände	1.118,57 m²	153.288,52	137,04	1,8
343	Innenstützen	104,36 m	34.106,23	326,81	0,4
344	Innenwandöffnungen	259,76 m²	383.042,75	1.474,60	4,4
345	Innenwandbekleidungen	3.831,97 m²	121.670,57	31,75	1,4
346	Elementierte Innenwandkonstruktionen	126,05 m²	206.594,58	1.638,99	2,4
347	Lichtschutz zur KG 340	10,60 m²	6.430,12	606,61	< 0,1
349	Sonstiges zur KG 340	2.741,32 m² IWF	5.240,38	1,91	< 0,1
350	**Decken/Horizontale Baukonstruktionen**	**1.498,34 m² DEF**	**1.044.829,31**	**697,32**	**12,0**
351	Deckenkonstruktionen	1.498,34 m²	536.335,12	357,95	6,2
352	Deckenöffnungen	–	–	–	–
353	Deckenbeläge	1.428,50 m²	244.142,70	170,91	2,8
354	Deckenbekleidungen	1.361,51 m²	129.996,00	95,48	1,5
355	Elementierte Deckenkonstruktionen	–	–	–	–
359	Sonstiges zur KG 350	1.498,34 m² DEF	134.355,49	89,67	1,5
360	**Dächer**	**1.581,42 m² DAF**	**1.167.155,61**	**738,04**	**13,4**
361	Dachkonstruktionen	1.387,86 m²	349.620,54	251,91	4,0
362	Dachöffnungen	193,56 m²	413.594,30	2.136,78	4,8
363	Dachbeläge	1.397,00 m²	273.081,35	195,48	3,1
364	Dachbekleidungen	1.279,36 m²	122.937,51	96,09	1,4
365	Elementierte Dachkonstruktionen	–	–	–	–
366	Lichtschutz zur KG 360	–	–	–	–
369	Sonstiges zur KG 360	1.581,42 m² DAF	7.921,91	5,01	< 0,1
370	**Infrastrukturanlagen**	**–**	**–**	**–**	**–**
380	**Baukonstruktive Einbauten**	**3.330,00 m² BGF**	**93.379,94**	**28,04**	**1,1**
390	**Sonst. Maßnahmen für Baukonstrukt.**	**3.330,00 m² BGF**	**306.717,87**	**92,11**	**3,5**

Kostenkennwerte für die Kostengruppen 400 der 2. und 3.Ebene DIN 276 (Übersicht)

KG	Kostengruppe	Menge Einheit	Kosten €	€/Einheit	% an 3+4
400	**Bauwerk – Technische Anlagen**	**3.330,00 m²BGF**	**1.949.106,95**	**585,32**	**22,4**
410	**Abwasser-, Wasser-, Gasanlagen**	**3.330,00 m²BGF**	**211.647,09**	**63,56**	**2,4**
411	Abwasseranlagen	3.330,00 m²BGF	64.239,52	19,29	0,7
412	Wasseranlagen	3.330,00 m²BGF	127.486,27	38,28	1,5
413	Gasanlagen	–	–	–	–
419	Sonstiges zur KG 410	3.330,00 m²BGF	19.921,30	5,98	0,2
420	**Wärmeversorgungsanlagen**	**3.330,00 m²BGF**	**735.803,43**	**220,96**	**8,5**
421	Wärmeerzeugungsanlagen	3.330,00 m²BGF	428.144,97	128,57	4,9
422	Wärmeverteilnetze	3.330,00 m²BGF	149.517,52	44,90	1,7
423	Raumheizflächen	3.330,00 m²BGF	158.140,94	47,49	1,8
424	Verkehrsheizflächen	–	–	–	–
429	Sonstiges zur KG 420	–	–	–	–
430	**Raumlufttechnische Anlagen**	**3.330,00 m²BGF**	**22.284,75**	**6,69**	**0,3**
431	Lüftungsanlagen	3.330,00 m²BGF	22.284,75	6,69	0,3
432	Teilklimaanlagen	–	–	–	–
433	Klimaanlagen	–	–	–	–
434	Kälteanlagen	–	–	–	–
439	Sonstiges zur KG 430	–	–	–	–
440	**Elektrische Anlagen**	**3.330,00 m²BGF**	**702.098,62**	**210,84**	**8,1**
441	Hoch- und Mittelspannungsanlagen	–	–	–	–
442	Eigenstromversorgungsanlagen	3.330,00 m²BGF	36.237,11	10,88	0,4
443	Niederspannungsschaltanlagen	–	–	–	–
444	Niederspannungsinstallationsanlagen	3.330,00 m²BGF	418.493,60	125,67	4,8
445	Beleuchtungsanlagen	3.330,00 m²BGF	239.989,34	72,07	2,8
446	Blitzschutz- und Erdungsanlagen	3.330,00 m²BGF	7.378,57	2,22	< 0,1
447	Fahrleitungssysteme	–	–	–	–
449	Sonstiges zur KG 440	–	–	–	–
450	**Kommunikationstechnische Anlagen**	**3.330,00 m²BGF**	**180.216,77**	**54,12**	**2,1**
451	Telekommunikationsanlagen	–	–	–	–
452	Such- und Signalanlagen	3.330,00 m²BGF	1.911,09	0,57	< 0,1
453	Zeitdienstanlagen	–	–	–	–
454	Elektroakustische Anlagen	3.330,00 m²BGF	19.910,24	5,98	0,2
455	Audiovisuelle Medien- u. Antennenanl.	–	–	–	–
456	Gefahrenmelde- und Alarmanlagen	3.330,00 m²BGF	108.321,46	32,53	1,2
457	Datenübertragungsnetze	3.330,00 m²BGF	50.073,98	15,04	0,6
458	Verkehrsbeeinflussungsanlagen	–	–	–	–
459	Sonstiges zur KG 450	–	–	–	–
460	**Förderanlagen**	**3.330,00 m²BGF**	**97.056,29**	**29,15**	**1,1**
461	Aufzugsanlagen	3.330,00 m²BGF	97.056,29	29,15	1,1
462	Fahrtreppen, Fahrsteige	–	–	–	–
463	Befahranlagen	–	–	–	–
464	Transportanlagen	–	–	–	–
465	Krananlagen	–	–	–	–
466	Hydraulikanlagen	–	–	–	–
469	Sonstiges zur KG 460	–	–	–	–
470	**Nutzungsspez. u. verfahrenstechn. Anl.**	**–**	**–**	**–**	**–**
480	**Gebäude- und Anlagenautomation**	**–**	**–**	**–**	**–**
490	**Sonst. Maßnahmen für techn. Anlagen**	**–**	**–**	**–**	**–**

Kostenkennwerte für die Kostengruppen der 3. Ebene DIN 276

KG	Kostengruppe	Menge Einheit	Kosten €	€/Einheit	%
210	**Herrichten**				**100,0**
211	**Sicherungsmaßnahmen**	18.846,00 m2 GF	1.145	**0,06**	2,3
	Suchgräben herstellen (18m)				
212	**Abbruchmaßnahmen**	18.846,00 m2 GF	48.013	**2,55**	97,2
	Abbruch Asphaltfläche, d=10cm, laden, entsorgen (464m2)				
214	**Herrichten der Geländeoberfläche**	18.846,00 m2 GF	222	**0,01**	0,4
	Abräumen von Stubben, laden, entsorgen (1St)				
220	**Öffentliche Erschließung**				**100,0**
221	**Abwasserentsorgung**	18.846,00 m2 GF	7.974	**0,42**	100,0
	KG-Rohre DN150 (39m), Kontrollschacht DN1.000, t=1,25m, Beton, Schachtabdeckung (4St), Schachtanschlüsse (3St)				
230	**Nichtöffentliche Erschließung**				**100,0**
235	**Stromversorgung**	18.846,00 m2 GF	38.682	**2,05**	100,0
	Hausanschluss Elektro (psch), Erdkabel NYCWY (248m), Energiekabel NYY (299m)				
310	**Baugrube / Erdbau**				**100,0**
311	**Herstellung**	8.196,31 m3 BGI	136.464	**16,65**	95,8
	Baugrubenaushub BK 3, t bis 1,70m, abtragen, lagern (3.435m3), entsorgen (4.228m3), Planum (4.654m2), Grabenaushub BK 3, t= 0,80m, abtragen, lagern (387m3), entsorgen (146m3), Rohrgräben verfüllen (361m3), Kabelgräben herstellen, wiederverfüllen (210m), als Handaushub (18m), Rohrgraben, Erdwärmeverbindung, t=1,20m, verfüllen (246m)				
313	**Wasserhaltung**	8.196,31 m3	5.954	**0,73**	4,2
	Wasserhaltung, Auspumpen Baugrube (231h)				
320	**Gründung, Unterbau**				**100,0**
321	**Baugrundverbesserung**	1.727,00 m2	10.542	**6,10**	1,3
	Gründungssohle, verdichten (3.547m2), Geotextil (1.727m2)				
322	**Flachgründungen und Bodenplatten**	1.745,42 m2	291.846	**167,21**	34,7
	Stb-Streifenfundamente C35/45, Schalung, Bewehrung (352m3), Stb-Bodenplatte C35/45, Schalung, Bewehrung (1.562m2), Stb-Treppenstufen C25/30, Laufbreite 8,66m, sechs Steigungen, 16x30cm, Schalung, Bewehrung (13m2)				
324	**Gründungsbeläge**	1.459,24 m2	267.431	**183,27**	31,8
	Bitumenabdichtung (1.459m2), EPS-Wärmedämmung WLG 040, d=50mm (1.371m2), Heizestrich CT-25-F4, d=65mm (505m2), d=80mm (866m2), Stb-Sitztreppenstufen C25/30, 17x29cm (13m3), Spachtelung, Kautschukbelag (1.194m2), PVC-Sockel (550m), Trennschienen V2A (7m), Abdichtung, Bodenfliesen 20x20cm (127m2), Fliesensockel (32m), Eingangsmatten, Alu-Einbaurahmen 3,00x2,00m (7St), 2,60x1,20m (2St)				

KG	Kostengruppe	Menge Einheit	Kosten €	€/Einheit	%
325	**Abdichtungen und Bekleidungen**	1.612,02 m²	240.194	**149,00**	28,5
	Sandboden, Einbau zwischen den Fundamenten, t bis 1,70m (2.615m³), Glasschaumschotter, d=55cm (1.393m²), Sauberkeitsschicht C8/10, d=5cm (2.035m²), XPS-Perimeterdämmung WLG 035, d=60mm (171m²), Bitumenabdichtung (195m²)				
326	**Dränagen**	1.745,42 m² GRF	31.905	**18,28**	3,8
	PVC-Dränrohre DN100, Formstücke (185m), Spülschächte DN400, t=1,00m (11St), Dränagegräben, t=0,5-0,75m, Verfüllung Kies (80m³), Geotextil (370m²)				
330	**Außenwände/Vertikale Baukonstruktionen, außen**				**100,0**
331	**Tragende Außenwände**	632,16 m²	286.704	**453,53**	17,0
	Stb-Wände C25/30, d=25cm, Schalung, Bewehrung (632m²), Kernbohrungen, D=50-100m (4St)				
332	**Nichttragende Außenwände**	124,70 m²	48.642	**390,08**	2,9
	Stb-Attika C25/30, d=25cm, h=0,50m, Schalung, Bewehrung (125m²)				
333	**Außenstützen**	22,44 m	7.383	**329,02**	0,4
	Stb-Stützen C25/30, h=3,00-4,40m, Schalung, Bewehrung (32m)				
334	**Außenwandöffnungen**	425,69 m²	578.461	**1.358,88**	34,3
	Alufenster, Uw=1,3W/m²K (389m²), Alutüren, Paneel, Oberlichter (37m²), Schließanlage, programmierbar (1St), Schließzylinder, vollelektronisch (59St), Schließzylinder, manuell (48St), Panikschlösser (3St), Obentürschließer (1St), Fensterbänke außen, Alu, t=250mm, pulverbeschichtet (187m)				
335	**Außenwandbekleidungen, außen**	1.008,48 m²	437.050	**433,38**	25,9
	Bitumenanstrich (120m²), EPS-Wärmedämmung WLG 035, d=180mm, Armierungsputz, zweilagig (503m²), Mineralwolldämmung WLG 035, d=180mm, Alu-Unterkonstruktion, HPL-Bekleidung, d=8mm, hinterlüftet (505m²), Mineralwolldämmung WLG 035, d=180mm, Alu-Profilbleche, d=0,8mm, Unterkonstruktion (74m²), Laibungsprofile, t bis 30cm (266m)				
336	**Außenwandbekleidungen, innen**	580,00 m²	12.521	**21,59**	0,7
	Latexbeschichtungen Betonwände, gespachtelt (569m²), Abdichtung, Wandfliesen (11m²)				
337	**Element. Außenwandkonstruktionen**	188,19 m²	213.664	**1.135,36**	12,7
	Pfosten-Riegel-Konstruktion, Aluminium, pulverbeschichtet, Uw=1,3W/(m²k), Festverglasungen mit Paneelfelder (188m²), Türen, zweiflüglig (3St), einflüglig (2St), Lamellenfenster (11St), Lüftungsflügel, DK (1St), Schiebefenster (1St)				
338	**Lichtschutz zur KG 330**	231,00 m²	103.447	**447,82**	6,1
	Alu-Raffstore-Anlagen, Elektroantriebe (331m²), Windwächter (1St), Zentraleinheit (1St), Geschossverteiler (1St)				
340	**Innenwände/Vertikale Baukonstruktionen, innen**				**100,0**
341	**Tragende Innenwände**	1.236,94 m²	539.786	**436,39**	37,2
	Stb-Wände C25/30, d=25cm, Schalung, Bewehrung (1.237m²)				

KG	Kostengruppe	Menge Einheit	Kosten €	€/Einheit	%
342	**Nichttragende Innenwände**	1.118,57 m²	153.289	**137,04**	10,6
	Metallständerwände, d=12,5cm, Mineralwolldämmung 60mm, beidseitig doppelt beplankt (915m²), beidseitig einfach beplankt (177m²), OSB Platten, d=12,5mm, Verstärkung GK-Wände (141m²), GK-Installationswände, d=12,5cm (26m²), Schachtwand F90, 2x20mm beplankt (40m²), Verkofferungen, zweiseitig, 20x20cm-30x60cm (39m²)				
343	**Innenstützen**	104,36 m	34.106	**326,81**	2,4
	Stb-Stützen C25/30, h=3,00-4,40m, Schalung, Bewehrung (40m), Stahl-Rundrohrstützen, D=168mm, l=3,30-3,50m (52m), Stahlstützen HEA 160, l=3,20m (13m)				
344	**Innenwandöffnungen**	259,76 m²	383.043	**1.474,60**	26,4
	Holztüren, Oberfläche HPL, Stahlzargen beschichtet (144m²), Schallschutzklasse II, Rw=32dB (36m²), Feuerschutztür T30 (4m²), Drückergarnituren (88St), Bodendichtungen (18St), Obentürschließer (4St), Alu-Glas-Türelemente T30, festverglaste Oberlichter, Seitenteile (45m²), Verglasung Aufzugschacht 2,80x2,80m, VSG (8m²), Oberlichtverglasungen 1,80x0,76m, G30 (22St), 0,80x0,77m (6St)				
345	**Innenwandbekleidungen**	3.831,97 m²	121.671	**31,75**	8,4
	Latexbeschichtungen Betonwände (3.446m²), Epoxid-Verbundbeschichtung (438m²), Abdichtung, Wandfliesen (30m²), Wandpaneele 1,35x7,80m, Glaswollplatten mit Textilbespannung (91m²), Revisionsklappen (13St)				
346	**Elementierte Innenwandkonstruktionen**	126,05 m²	206.595	**1.638,99**	14,2
	Mobile Trennwand in Deckenlaufschiene, 50dB, Einzelelemente 1,21x3,18m, d=10cm, HPL-Beschichtung (23m²), Alu-Glas-Trennwandelemente, F30, h=3,00m, Festverglasungen VSG 8mm, Fluchttüre (68m²), Sanitärtrennwände, Aluprofile, Vollspanplatten, d=30mm, melaminharzbeschichtet (48m²), Türen (10St)				
347	**Lichtschutz zur KG 340**	10,60 m²	6.430	**606,61**	0,4
	Rollläden, Alu, Elektroantrieb (10m²)				
349	**Sonstiges zur KG 340**	2.741,32 m² IWF	5.240	**1,91**	0,4
	Handläufe, d=25mm, V2A (psch)				
350	**Decken/Horizontale Baukonstruktionen**				**100,0**
351	**Deckenkonstruktionen**	1.498,34 m²	536.335	**357,95**	51,3
	Stb-Filigrandecken C25/30, d=32cm, Schalung, Bewehrung (1.191m²), Stb-Unterzüge C25/30, Schalung, Bewehrung (22m³), Stb-Treppe C25/30, zweiläufig, Laufbreite 140cm, 17/29cm (13m²), Wangentreppen, Flachstahl, verzinkt, zweiläufig, Zwischenpodest, Laufbreite 120cm, 17x29cm, 22 Steigungen (2St), 28 Steigungen (2St), Gitterroststufen 29x120cm (92St), Gitterroste für Podeste (31m²)				
353	**Deckenbeläge**	1.428,50 m²	244.143	**170,91**	23,4
	EPS-Wärmedämmung WLG 040, d=50mm, Heizestrich CT-25-F4, d=65mm (1.429m²), Spachtelung, Kautschukbelag (1.348m²), PVC-Sockel (698m), Trennschienen V2A (7m), Treppenkantenprofil, Alu (122m), Abdichtung, Bodenfliesen 20x20cm (12m²), Fliesensockel (12m)				

KG	Kostengruppe	Menge Einheit	Kosten €	€/Einheit	%
354	**Deckenbekleidungen**	1.361,51 m²	129.996	**95,48**	12,4
	Akustik-Rasterdecken 60x60cm, Mineralwollplatten, d=19mm, Stahlblechprofile, beschichtet (631m²), Deckenrandwinkel (350m), GK-Randstreifen, b=47cm (388m), abgehängte GK-Decken, Dispersionsbeschichtung (461m²), Mineralwolldämmung WLG 035, d=120mm, Gipsfaserplatte, d=12,5mm, Dispersionsbeschichtung (98m²), Revisionsklappen (4St)				
359	**Sonstiges zur KG 350**	1.498,34 m² DEF	134.355	**89,67**	12,9
	Stahl-Treppengeländer, Geländerfüllungen aus Flachstahl 50x6mm, verzinkt, h=110mm (76m), für Innentreppe (33m), als Brüstungsgeländer (44m), Edelstahlhandlauf, d=25mm (97m), Brüstungswangen 200x6mm, Beschichtung (73m)				
360	**Dächer**				**100,0**
361	**Dachkonstruktionen**	1.387,86 m²	349.621	**251,91**	30,0
	Stb-Filigran-Flachdach C25/30, d=32cm, Schalung, Bewehrung (1.346m²), Stb-Unterzüge C25/30, Schalung, Bewehrung (22m³), Kernbohrungen (39St)				
362	**Dachöffnungen**	193,56 m²	413.594	**2.136,78**	35,4
	Alu-Lichtdach-Konstruktion 33,60x5,56m, als verglastes Satteldach, 30 Grad, geschlossene Giebelseiten, h=1,87m, festverglaste Pfosten-Riegel-Elemente (psch), Photovoltaikmodule, 95 Poly TT Zellen, 15,6x15,6cm zwischen ESG-Verglasung integriert (107m²), RWA-Fensterflügel 2,00x0,97m (17St), Windleitwand (14St), RWA-Zentrale (1St), RWA-Bedienstellen (3St), RWA -Lichtkuppeln 1,50x1,50cm, Verkleidung (3St), Lüftungshaube Aufzug (1St)				
363	**Dachbeläge**	1.397,00 m²	273.081	**195,48**	23,4
	Bitumenschweißbahnen, EPS-Wärmedämmung WLG 035, d=240mm, Bitumenabdichtung, d=4mm (1.397m²), Attikaabdichtung, h=40cm (272m), Dacheinläufe (14St), Notüberläufe (12St), Rohrdurchführungen (30St), Attikaabdeckung, Titanzink, b=75cm (208m), Fallrohre DN100, Titanzink (11m)				
364	**Dachbekleidungen**	1.279,36 m²	122.938	**96,09**	10,5
	Akustik-Rasterdecken 60x60cm, Mineralwollplatten, d=19mm, Stahlblechprofile, beschichtet (631m²), Deckenrandwinkel (350m), GK-Randstreifen, b=47cm (390m), abgehängte GK-Decken, Dispersionsbeschichtung (463m²), Revisionsklappen (4St)				
369	**Sonstiges zur KG 360**	1.581,42 m² DAF	7.922	**5,01**	0,7
	Sekuranten, verzinkt, V4A Öse (22St)				
380	**Baukonstruktive Einbauten**				**100,0**
381	**Allgemeine Einbauten**	3.330,00 m² BGF	76.835	**23,07**	82,3
	Essens-Ausgabetheke 4,20x1,00m (1St), Einbaukühlvitrine (1St), Gewerbekühlschrank (1St), Schranktische, Unterbau (2St), Wandhängeschrank, beleuchtet (1St), Tablettrutsche (1St), Putzschrank (1St), Selbstlernküchen 4,20x0,60m, mit E-Geräten, voll ausgestattet (3St)				
386	**Orientierungs- und Informationssysteme**	3.330,00 m² BGF	16.545	**4,97**	17,7
	Litfaßsäule DN120, h=1,70m, beschichtetes Magnetvlies (1St), Schilder 62x25cm, Aluverbund (1St), 90x80 (2St), Infofolien (psch), Folienaufkleber, Raumnummern (90St)				

KG	Kostengruppe	Menge Einheit	Kosten €	€/Einheit	%
390	**Sonstige Maßnahmen für Baukonstruktionen**				**100,0**
391	**Baustelleneinrichtung**	3.330,00 m²BGF	64.037	**19,23**	20,9
	Baustelleneinrichtung (psch), Bauzaun, h=2,00m (238m), Baustraße, b=5,00m, bitumenhaltig gebunden, herstellen, beseitigen (382m), Anschlussleitung Strom (305m), Baustrom (7St), Baubeleuchtung (9St), Bauwasseranschluss (psch), Sanitärcontainer (1St), Reinigung Sanitärcontainer (35St), Bautafel (1St)				
392	**Gerüste**	3.330,00 m²BGF	163.233	**49,02**	53,2
	Fassadengerüst, LK 3 (2.363m²), Konsolen (926m), Raumgerüst, LK 3 (1St), Arbeitsbühnen, fahrbar, h bis 6,00m (5St), Arbeitsgerüste, gestuft (27m²)				
394	**Abbruchmaßnahmen**	3.330,00 m²BGF	15.751	**4,73**	5,1
	Abbruch von Betonflächen, d=8cm (35m²), Beton-Rohrleitungen DN100-300 (140m), KG-Rohre (49m), Hofabläufe (3St); Entsorgung, Deponiegebühren				
396	**Materialentsorgung**	3.330,00 m²BGF	3.121	**0,94**	1,0
	Mischabfälle; Entsorgung, Deponiegebühren (28m³)				
397	**Zusätzliche Maßnahmen**	3.330,00 m²BGF	60.577	**18,19**	19,8
	Schutzwände, OSB-Platten (16m²), Schutzgeländer, h=1,00m, Holz (211m), Sicherheitsauffangnetz, Oberlichtmontage (198m²), Stammschutz, h=2,00m (2St), Baustellenreinigung (2St), Endreinigung aller Boden- und Wandflächen, Fenster, Fassadenglaselemente, Türen, Sattelglasdach, Sanitäranlagen (psch), Grundpflege, Kautschukbeläge (2.542m²), Kondenstrockner (28 Tage), Heizmobil (48 Tage)				
410	**Abwasser-, Wasser-, Gasanlagen**				**100,0**
411	**Abwasseranlagen**	3.330,00 m²BGF	64.240	**19,29**	30,4
	KG-Rohre DN100-150, Formstücke (440m), PP-Rohre DN50-100, Formstücke, Rohrdämmung (378m), Dachhauben DN100 (15St), Bodenablauf DN100 (1St)				
412	**Wasseranlagen**	3.330,00 m²BGF	127.486	**38,28**	60,2
	Kupferrohre DN15-35, Formstücke, Rohrdämmung (480m), Wasserfilter, Zähleranschluss (1St), Gartenanschlüsse, frostsicher (2St), Durchlauferhitzer 11kW-27kW (6St), Tiefspül-WCs (21St), barrierefrei (2St), Waschtische (19St), barrierefrei (2St), Urinale (2St), Betätigungsplatten, V2A (23St), Armaturen, Automatik (21St), Eckablauf Dusche, Duscharmatur, Handbrause, Duschstange (1St), Ausgussbecken (5St), Doppelspüle (1St)				
419	**Sonstiges zur KG 410**	3.330,00 m²BGF	19.921	**5,98**	9,4
	Montageelemente für WCs (23St), für Waschtische (19St), für Ausgussbecken (2St), für Urinale (2St), für Duschen (2St)				
420	**Wärmeversorgungsanlagen**				**100,0**
421	**Wärmeerzeugungsanlagen**	3.330,00 m²BGF	428.145	**128,57**	58,2
	Wasser-Erdreich-Wärmepumpe, Erdwärmesonde, t=100m (22St), Abteufen, Bohrloch verfüllen (2.200m), PE-Rohre DN32, für Glykol-Frostschutzgemisch (1.186m), Sammelschacht (1St), Verteiler (44St), Hilfsverrohrung (366m), Temperaturmessstellen, Bohrungen, Hilfsverrohrungen (60m), Sole-Wasser-Wärmepumpen 43kW, Zubehör (2St), Pufferspeicher 1.500l, Wärmedämmung (1St), Heizkreisverteiler (1St), Wärmeträgerflüssigkeit, Ethylenglykol (6.159l)				

KG	Kostengruppe	Menge Einheit	Kosten €	€/Einheit	%
422	**Wärmeverteilnetze**	3.330,00 m²BGF	149.518	**44,90**	20,3
	Kupferrohre DN28-42, Formstücke, Dämmung (677m), Stahlrohre DN65 (6m), Umwälzpumpen 4,5-7,5 m³/h (4St), Heizungspumpen (2St), Dreiwegeventile DN32 (2St), Stellantriebe (2St), Schnellentlüfter (8St), Schaltschrank (1St), Minimaldruckbegrenzer (1St), Wärmemengenzähler (2St), Datenlogger (1St), Steuerleitungen (60m)				
423	**Raumheizflächen**	3.330,00 m²BGF	158.141	**47,49**	21,5
	Fußbodenheizung, Noppenplatte, d= 30mm (1.448m²), d=13mm (1.362m²), PE-Xc-Rohre, d=17x2,0mm (11.931m), Heizkreisverteiler DN25, V2A, Durchflussmengenzähler (3St), Verteilerschränke (14St), Raumthermostate (66St), Stellantriebe (129St), Basiseinheiten (18St), Wärmepumpenregelungseinheit (1St), Mischermodul (1St), Regelverteiler, fünf bis zehn Kreise (15St), Heizkörper 60x60cm (1St)				
430	**Raumlufttechnische Anlagen**				**100,0**
431	**Lüftungsanlagen**	3.330,00 m²BGF	22.285	**6,69**	100,0
	Einraumlüfter 60m³/h (15St), 100m³/h (5St), Wickelfalzrohre DN80-200, verzinkt, Formstücke, Dämmung (76m), Brandschutzschotts DN80-200 (14St), Dachhauben DN80-200 (11St), Lüftungstaster (3St)				
440	**Elektrische Anlagen**				**100,0**
442	**Eigenstromversorgungsanlagen**	3.330,00 m²BGF	36.237	**10,88**	5,2
	Glasintegrierte Photovoltaikmodule in Dachfläche, 95 Poly TT Zellen, 15,6x15,6cm, 390 Wp, Kosten in KG 362 enthalten (107m²), Wechselrichter, Unterkonstruktion (1St), Datenlogger (1St), Zentralbatteriesystem (1St), Fernmeldetableau (1St), Inbetriebnahme, Einweisung (psch)				
444	**Niederspannungsinstallationsanlagen**	3.330,00 m²BGF	418.494	**125,67**	59,6
	Schaltgeräte Unterverteilung (8St), Hausanschlusskasten (1St), Schaltnetzteil (1St), PVC-Mantelleitungen NYM (24.605m), Mantelleitungen NYM, NYCWY (477m), Kabelrinnen (22m), Stahl-Panzerrohre, kunststoffbeschichtet (686m), Jalousieschalter (51St), Steckdosen (404St), Schalter, Taster (180St), RWA-Taster (7St), Abzweigdosen (219St), Präsenzmelder (101St), Bewegungsmelder (26St), Anschluss Waschmaschine, Brennofen (1St)				
445	**Beleuchtungsanlagen**	3.330,00 m²BGF	239.989	**72,07**	34,2
	LED-Einbauleuchten (215St), LED-Einbaudownlights (132St), Flächenstrahler (28St), LED-Anbaudownlights (42St), Langfeldleuchten, Opalabdeckung (32St), Spiegelwandleuchten (4St), Sicherheitsleuchten (56St), Rettungszeichenleuchten (23St)				
446	**Blitzschutz- und Erdungsanlagen**	3.330,00 m²BGF	7.379	**2,22**	1,1
	Potenzialausgleichsschienen (10St), Kunststoffaderleitungen, d=4-25mm³ (631m), Leitungsanschlüsse, Potenzialausgleich (96St)				
450	**Kommunikations-, sicherheits- und informationstechnische Anlagen**				**100,0**
452	**Such- und Signalanlagen**	3.330,00 m²BGF	1.911	**0,57**	1,1
	Gegensprechanlage, Türsprechstation (1St)				

KG	Kostengruppe	Menge Einheit	Kosten €	€/Einheit	%
454	**Elektroakustische Anlagen**	3.330,00 m²BGF	19.910	**5,98**	11,0
	Gestellschrank, 21HE (1St), Tischsprechstelle, Funkempfänger (1St), Deckeneinbaulautsprecher (39St), Wandlautsprecher (3St), Tonsäulen, außen (3St)				
456	**Gefahrenmelde- und Alarmanlagen**	3.330,00 m²BGF	108.321	**32,53**	60,1
	Brandmeldecomputer, Übertragungsgerät, Brandschutzgehäuse, Anzeigetableau (1St), Handfeuermelder (13St), Standardmeldesockel, Multisensor (91St), Warntongeber (47St), Rauchmelder (5St), Brandmeldekabel (2.894m), Rufanlage Behinderten-WC (2St), RWA-Anlage, Motorsteuerung (1St), Schlüsselschalter (5St), Hausalarm, Schlüsseldepot mit Sabotageschloss, Feuerwehrlaufkarten, Informationssystem, Anlagedokumentation (psch), CO_2-Lüftungsampel, Kleinverteiler (16St)				
457	**Datenübertragungsnetze**	3.330,00 m²BGF	50.074	**15,04**	27,8
	Datenschrank (1St), Fernmeldeverteiler (2St), Rangierfeld Datennetz (1St), Datengeräteanschlüsse (88St), Kommunikationskabel (6.910m)				
460	**Förderanlagen**				**100,0**
461	**Aufzugsanlagen**	3.330,00 m²BGF	97.056	**29,15**	100,0
	Personenaufzug, getriebelos, ein Geschoss, Abnahme (1St)				
510	**Erdbau**				**100,0**
511	**Herstellung**	718,23 m³EBR	24.614	**34,27**	100,0
	Rohrgrabenaushub BK 3-5, t bis 2,00m, seitlich lagern (718m³), wieder verfüllen (620m³)				
530	**Oberbau, Deckschichten**				**100,0**
533	**Plätze, Höfe, Terrassen**	13,20 m²	1.552	**117,57**	100,0
	Betonpflaster aufnehmen, säubern, wieder einbauen (13m²)				
540	**Baukonstruktionen**				**100,0**
542	**Schutzkonstruktionen**	17,42 m²	11.343	**651,13**	100,0
	Gitterroste 2,05-0,80x2,16m, verzinkt, Dreiecksform, als Absturzsicherung (2St), Fundamentabdeckungen 2,35x2,19m, Riffelblech (2St)				
550	**Technische Anlagen**				**100,0**
551	**Abwasseranlagen**	1.594,33 m²AF	119.392	**74,89**	100,0
	KG-Rohre DN400, Formstücke (193m), KG-Rohre DN150-200, Formstücke (69m), Kontrollschächte DN1.000, t bis 1,25m (7St), t bis 2,25m (4St), Kontrollschacht mauern, Anschluss DN500 (1St), Betonummantelung, Grundleitungen (54m)				

Kostenkennwerte für Leistungsbereiche nach STLB (Kosten des Bauwerks nach DIN 276)

LB	Leistungsbereiche	Kosten €	€/m² BGF	€/m³ BRI	% an 3+4
000	Baustellen-, Verkehrssich.- u. Sicherh.einr. inkl. 001	246.913	74,10	17,90	2,8
002	Erdarbeiten	306.037	91,90	22,20	3,5
006	Spezialtiefbauarbeiten inkl. 005	–	–	–	–
009	Entwässerungskanalarbeiten inkl. 011	26.311	7,90	1,90	0,3
010	Drän- und Versickerarbeiten	31.905	9,60	2,30	0,4
012	Mauerarbeiten	12.623	3,80	0,92	0,1
013	Betonarbeiten	1.992.518	598,40	144,80	22,9
014	Natur-, Betonwerksteinarbeiten	–	–	–	–
016	Zimmer- und Holzbauarbeiten	–	–	–	–
017	Stahlbauarbeiten	281.652	84,60	20,50	3,2
018	Abdichtungsarbeiten	56.357	16,90	4,10	0,6
019	Kampfmittelräumarbeiten	–	–	–	–
020	Dachdeckungsarbeiten	17.233	5,20	1,30	0,2
021	Dachabdichtungsarbeiten	268.177	80,50	19,50	3,1
022	Klempnerarbeiten	18.976	5,70	1,40	0,2
	Rohbau	**3.258.702**	**978,60**	**236,80**	**37,5**
023	Putz- und Stuckarbeiten, Wärmedämmsysteme	140.410	42,20	10,20	1,6
024	Fliesen- und Plattenarbeiten	30.834	9,30	2,20	0,4
025	Estricharbeiten	120.193	36,10	8,70	1,4
026	Fenster, Außentüren inkl. 029, 032	201.579	60,50	14,60	2,3
027	Tischlerarbeiten	216.544	65,00	15,70	2,5
028	Parkett-, Holzpflasterarbeiten	–	–	–	–
030	Rollladenarbeiten	109.877	33,00	8,00	1,3
031	Metallbauarbeiten inkl. 035	1.423.677	427,50	103,50	16,4
034	Maler- und Lackiererarb. - Beschicht. inkl. 037	160.853	48,30	11,70	1,9
036	Bodenbelagarbeiten	261.161	78,40	19,00	3,0
038	Vorgehängte hinterlüftete Fassaden	305.339	91,70	22,20	3,5
039	Trockenbauarbeiten	394.452	118,50	28,70	4,5
	Ausbau	**3.364.921**	**1.010,50**	**244,50**	**38,8**
040	Wärmeversorgungsanl. - Betriebseinr. inkl. 041	735.433	220,90	53,40	8,5
042	Gas- u. Wasseranl. - Leitung., Armat. inkl. 043	40.750	12,20	3,00	0,5
044	Abwasseranl. - Leitungen, Abläufe, Armaturen	31.292	9,40	2,30	0,4
045	Gas, Wasser, Entwässerung - Ausstattung inkl. 046	100.142	30,10	7,30	1,2
047	Dämm- und Brandschutzarb. an techn. Anlagen	83.295	25,00	6,10	1,0
049	Feuerlöschanlagen, Feuerlöschgeräte	–	–	–	–
050	Blitzschutz-/Erdungsanlagen, Überspannungssch.	7.379	2,20	0,54	< 0,1
053	Niederspannungsanl. - Kabel inkl. 052, 054	446.831	134,20	32,50	5,1
055	Sicherheits- u. Ersatzstromversorgungsanl.	–	–	–	–
057	Gebäudesystemtechnik	–	–	–	–
058	Leuchten und Lampen inkl. 059	251.958	75,70	18,30	2,9
060	Such, Signal, Zeit, Anten., akust. Anl. inkl. 064	24.341	7,30	1,80	0,3
061	Kommunikations- u. Übertragungsnetze inkl. 063	157.903	47,40	11,50	1,8
069	Aufzüge	97.056	29,10	7,10	1,1
070	Gebäudeautomation	–	–	–	–
075	Raumlufttechnische Anlagen inkl. 078	20.785	6,20	1,50	0,2
	Gebäudetechnik	**1.997.165**	**599,70**	**145,10**	**23,0**
084	Abbruch, Rückbau, Schadstoffsanierung	17.392	5,20	1,30	0,2
	Abbrucharbeiten	**17.392**	**5,20**	**1,30**	**0,2**
	Sonstige Leistungsbereiche	**45.379**	**13,60**	**3,30**	**0,5**

4100-0205
Grundschule
(8 Klassen)
(224 Schüler)

Kostenkennwerte für die Kosten des Bauwerks (Kostengruppen 300+400 nach DIN 276)

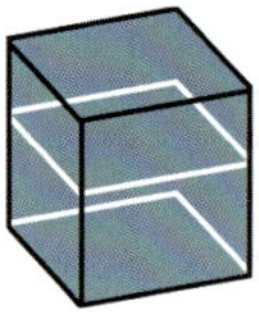

BRI 709 €/m³

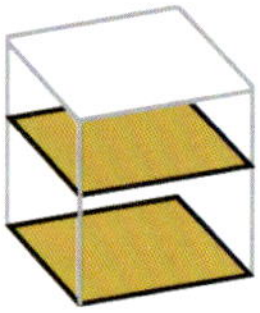

BGF 2.892 €/m²

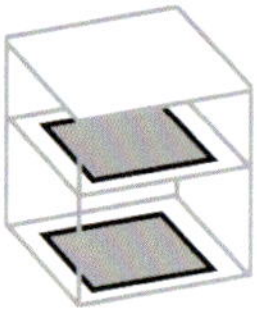

NUF 5.141 €/m²

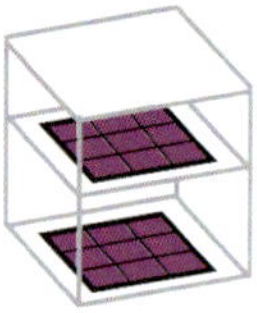

NE 40.443 €/NE

NE: Schüler

Objekt:
Kennwerte: 1.Ebene DIN 276
BRI: 12.772 m³
BGF: 3.133 m²
NUF: 1.762 m²
Bauzeit: 82 Wochen
Bauende: 2018
Standard: mittel
Bundesland: Sachsen
Kreis: Dresden, Stadt

Architekt*in:
ARGE R.B.Z.
AB Raum und Bau GmbH
+ AGZ Zimmermann GmbH
Wettiner Platz 10A
01067 Dresden

© Robert Gommlich

© Robert Gommlich

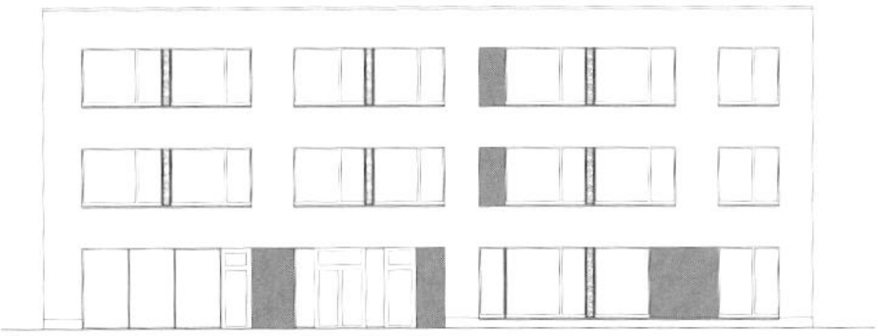

Ansicht Nord

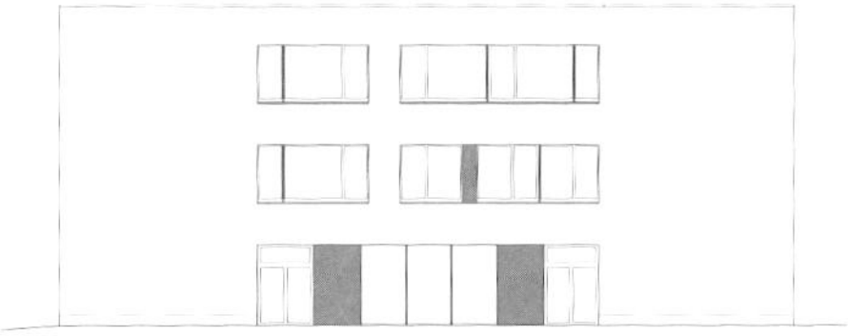

Ansicht Ost

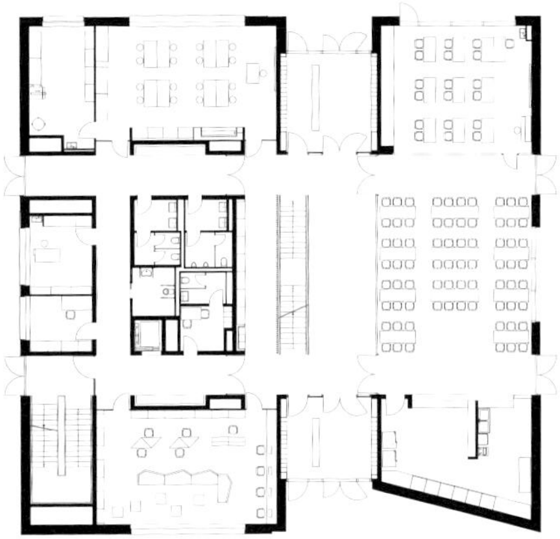

Erdgeschoss

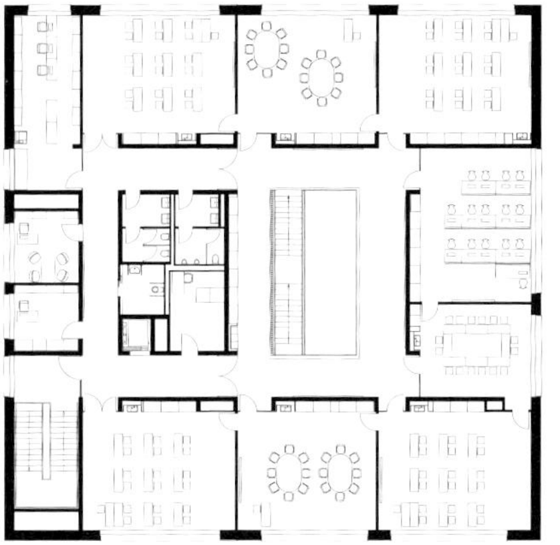

2. Obergeschoss

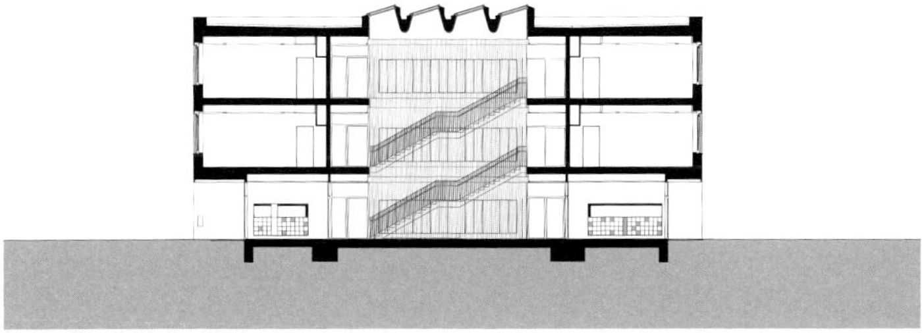

Schnitt

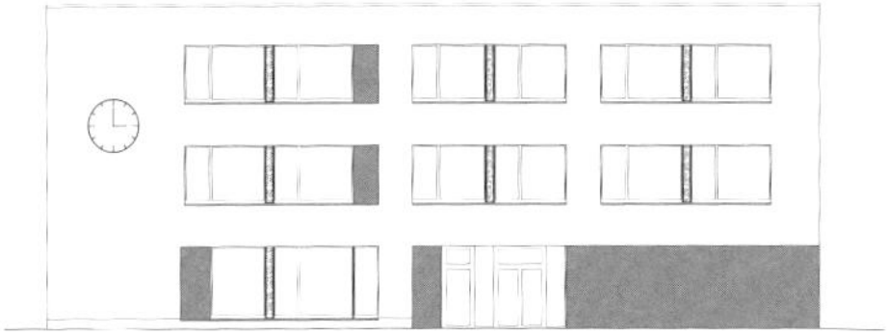

Ansicht Süd

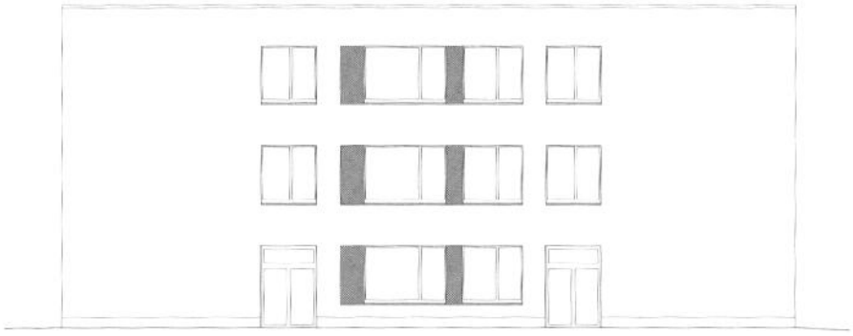

Ansicht West

Objektbeschreibung

Allgemeine Objektinformationen

Das neu erbaute Schulgebäude wird als Gebäudeteil der angrenzenden Schule zur Lernförderung genutzt. Der kompakte Solitärbau präsentiert sich nach außen als schlichter Quader mit farbigen Akzenten, innen ist die Raumaufteilung offen gestaltet. Im Erdgeschoss sind der Werkraum, die Bibliothek und der nur mit einer Glaswand akustisch abgetrennte Multifunktionsraum, der sowohl als Speiseraum als auch als Aula genutzt wird, an das Atrium und Foyer angegliedert. In den Obergeschossen ordnen sich um das Atrium jeweils nach Westen und Osten ausgerichtet zwei Klassenräume mit dazwischen liegendem Raum für Ganztageslernen in Doppelnutzung als Fachraum für z.B. Kunst. Zentrum des Gebäudes ist das lichtdurchflutete Atrium mit einer einläufigen Stahltreppe, die vom Foyer in die Obergeschosse führt.

Nutzung

1 Untergeschoss
Abstellräume, Lager, Technikraum

1 Erdgeschoss
Foyer, Speise- und Mehrzweckraum, Bibliothek, Werkraum, Ausgabeküche, Umkleideraum, Garderoben, Verwaltungsräume, WCs, barrierefreies WC

2 Obergeschosse
Klassenräume, Computerraum, Verwaltungsräume, Arztraum, Lehrmittelraum, Abstellraum, Garderoben, Serverraum, WCs

Nutzeinheiten

Klassen: 8
Schüler: 224

Grundstück

Bauraum: Beengter Bauraum
Neigung: Ebenes Gelände
Bodenklasse: BK 3 bis BK 5

Markt

Hauptvergabezeit: 3. Quartal 2016
Baubeginn: 1. Quartal 2017
Bauende: 3. Quartal 2018
Konjunkturelle Gesamtlage: über Durchschnitt
Regionaler Baumarkt: Durchschnitt

Baukonstruktion

Der dreigeschossige Massivbau gründet auf einer Stahlbetonbodenplatte, die aufgrund des gering tragfähigen Bodens im Bereich der Teilunterkellerung auf Stabilisierungssäulen aufliegt. Die Außenwände aus Stahlbeton wurden mit einem Wärmedämmverbundsystem isoliert und partiell im Erdgeschoss und im Fensterbereich mit einer Vorhangfassade gestaltet. Das Atrium wird von einer Reihung aus modularen Oberlichtern belichtet. Die passivhaustauglichen Alufenster mit Dreifachverglasung sind hoch schalldämmend, da die Schule direkt neben einer Bahnstrecke gelegen ist. Zur Verschattung dienen außenliegenden Zip-Screens, welche automatisch gesteuert werden und bei Bedarf manuell übersteuert werden können. Sämtliche Geschossdecken und Fluchttreppe sind in Stahlbeton ausgeführt, die Atriumtreppe ist eine Stahlkonstruktion. Die Innenwände wurden größtenteils in Stahlbeton errichtet oder in Trockenbauweise erstellt. Die Fußböden im Erdgeschoss, Atrium, Flur, Speise- und Mehrzweckraum sowie Sanitärtrakt sind mit Feinsteinzeugfliesen belegt, in den weiteren Räumen im EG und in den Obergeschossen kamen Linoleum und Kautschuk zum Einsatz. Das als Warmdach ausgebildete Stahlbetonflachdach wurde mit Bitumenbahnen abgedichtet und bekiest.

Technische Anlagen

Das Passivhaus wird mit Fernwärme versorgt. Ein Nachrüsten von Photovoltaikelementen ist auf dem Flachdach der Schule möglich. Dafür wurden Leerrohre verlegt. Der Neubau ist mit einer Zu- und Abluftanlage mit Wärmerückgewinnung ausgestattet. Die Oberlichter des Flachdachs dienen als Öffnungen zur Rauchableitung sowie für die Nachtauskühlung im Sommer. Sie sind ebenso wie der Sonnenschutz an die Wetterstation angeschlossen. Sämtliche Räume sind mit energie-sparenden LED-Leuchten ausgestattet. Der Einbau einer Gebäudeautomationsanlage gewährleistet eine Senkung der Betriebskosten durch die Reduzierung des Energieverbrauchs. Die Luftdichtheit des Gebäudes wurde mit einem Blower-Door-Test geprüft. Ein Aufzug verbindet alle Ebenen barrierefrei.

Energetische Kennwerte

Gesetzliche Grundlage: EnEV 2013
Gebäudenutzfläche: 2.579,00 m^2
Gebäudevolumen: 12.012,00 m^3
A/V_e-Verhältnis (Kompaktheit): 0,30 m^{-1}
Hüllfläche des beheizten Volumens: 3.586,00 m^2
Mittlerer U-Wert (opake Bauteile): 0,35 $W/(m^2 \cdot K)$
Mittlerer U-Wert (transparente Bauteile): 1,90 $W/(m^2 \cdot K)$
Spez. Jahresprimärenergiebedarf: 93,30 $kWh/(m^2 \cdot a)$

Energetische Angaben zu Außenbauteilen

Bodenplatte UG

U-Wert: 0,19 W/(m²·K)

Gesamtdicke: 82,00 cm	d [cm]	λ [W/(m·K)]
Estrich	7,00	1,400
Dämmung	10,00	0,035
Abdichtung	1,00	0,170
Stahlbeton	40,00	2,300
Glasschaumgranulat	24,00	0,120

Außenwand gegen Erdreich

U-Wert: 0,13 W/(m²·K)

Gesamtdicke: 55,70 cm	d [cm]	λ [W/(m·K)]
Innenputz	0,20	0,700
Stahlbeton	25,00	2,300
Abdichtung	0,50	1,700
Dämmung	30,00	0,040

Bodenplatte EG

U-Wert: 0,18 W/(m²·K)

Gesamtdicke: 65,00 cm	d [cm]	λ [W/(m·K)]
Estrich	8,50	1,400
Dämmung	14,00	0,045
Abdichtung	0,50	0,170
Stahlbeton	18,00	2,300
Glasschaumgranulat	24,00	0,120

Außenwand

U-Wert: 0,11 W/(m²·K)

Gesamtdicke: 56,70 cm	d [cm]	λ [W/(m·K)]
Innenputz	0,20	0,700
Stahlbeton	25,00	2,300
Dämmung	30,00	0,035
Außenputz	1,50	1,000

Außenwand hinterlüftet

U-Wert: 0,11 W/(m²·K)

Gesamtdicke: 55,20 cm	d [cm]	λ [W/(m·K)]
Innenputz	0,20	0,700
Stahlbeton	25,00	2,300
Dämmung	30,00	0,035

Decke gegen Außenluft unten

U-Wert: 0,11 W/(m²·K)

Gesamtdicke: 71,50 cm	d [cm]	λ [W/(m·K)]
Bodenbelag	1,00	0,170
Estrich	6,50	1,400
Trittschalldämmung	3,00	0,045
Dämmung	3,00	0,040
Stahlbeton	28,00	2,300
Dämmung	30,00	0,040

Dach

U-Wert: 0,12 W/(m²·K)

Gesamtdicke: 58,00 cm	d [cm]	λ [W/(m·K)]
Stahlbeton	28,00	2,300
Dämmung	28,50	0,035
Abdichtung	1,50	0,170

Planungskennwerte für Flächen und Rauminhalte nach DIN 277

Flächen des Grundstücks		Menge Einheit	% an GF
BF	Bebaute Fläche	1.910,00 m²	37,6
UF	Unbebaute Fläche	3.165,00 m²	62,4
GF	Grundstücksfläche	5.075,00 m²	100,0

Grundflächen des Bauwerks		Menge Einheit	% an NUF	% an BGF
NUF	Nutzungsfläche	1.762,00 m²	100,0	56,2
TF	Technikfläche	185,00 m²	10,5	5,9
VF	Verkehrsfläche	664,00 m²	37,7	21,2
NRF	Netto-Raumfläche	2.611,00 m²	148,2	83,3
KGF	Konstruktions-Grundfläche	522,00 m²	29,6	16,7
BGF	Brutto-Grundfläche	3.133,00 m²	177,8	100,0

Brutto-Rauminhalt des Bauwerks		Menge Einheit	BRI/NUF (m)	BRI/BGF (m)
BRI	Brutto-Rauminhalt	12.772,00 m³	7,25	4,08

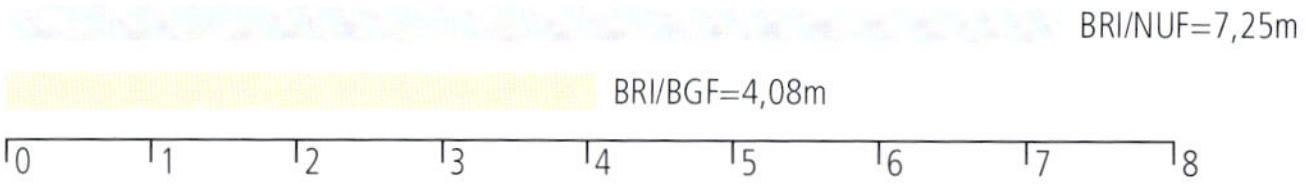

Kostenkennwerte für die Kostengruppen der 1.Ebene DIN 276

KG	Kostengruppen (1.Ebene)	Einheit	Kosten €	€/Einheit	€/m² BGF	€/m³ BRI	% 300+400
100	Grundstück	m² GF	–	–	–	–	–
200	Vorbereitende Maßnahmen	m² GF	–	–	–	–	–
300	Bauwerk – Baukonstruktionen	m² BGF	7.354.726	2.347,50	2.347,50	575,85	81,2
400	Bauwerk – Technische Anlagen	m² BGF	1.704.510	544,05	544,05	133,46	18,8
	Bauwerk 300+400	**m² BGF**	**9.059.236**	**2.891,55**	**2.891,55**	**709,30**	**100,0**
500	Außenanlagen und Freiflächen	m² AF	40.442	–	12,91	3,17	0,4
600	Ausstattung und Kunstwerke	m² BGF	–	–	–	–	–
700	Baunebenkosten	m² BGF	–	–	–	–	–
800	Finanzierung	m² BGF	–	–	–	–	–

KG	Kostengruppe	Menge Einheit	Kosten €	€/Einheit	%
3+4	**Bauwerk**				**100,0**
300	**Bauwerk – Baukonstruktionen**	3.133,00 m² BGF	7.354.726	**2.347,50**	81,2

Baugrubenaushub; Stb-Fundamente, Stabilisierungssäulen (STS), Stb-Bodenplatte, Estrich, Linoleum, Kautschukbelag, Bodenfliesen, Abdichtung, Dämmung; Stb-Wände, Alufenster, Dreifachverglasung, WDVS, Harzkompositplatten-Vorhang-Fassade, Sonnenschutz-Markisen, Geländer, Handläufe; Stb-Wände, GK-Wände, Wandfliesen, WC-Trennwände, Glas-Trennwand; Stb-Decken, Stb-Treppe, Stahltreppe, Estrich, Linoleum, Bodenfliesen, abgehängte GK-Decken, abgehängte Schallschutzdecken, Treppengeländer; Stb-Dach, Oberlichter, Dämmung, Abdichtung, Attika, Kies, innenliegende Entwässerung; Garderobenspinde, Schuhspinde, Vitrinen, Tresen, Hubwand, Arbeitsplatten und Einbauschränke Küche, Einbauschränke, Wandnischenverkleidungen, Holzlamellenwand vom EG bis 2.OG

KG	Kostengruppe	Menge Einheit	Kosten €	€/Einheit	%
400	**Bauwerk – Technische Anlagen**	3.133,00 m² BGF	1.704.510	**544,05**	18,8

Anschluss der Ver- und Entsorgungsleitungen an den Bestand, Gebäudeentwässerung, Kalt- und Warmwasserleitungen, Sanitärobjekte; Anschluss an die bestehende Fernwärmeversorgung, Heizungsrohre, tlw. Fußbodenheizung, Radiatoren; kontrollierte Be- und Entlüftung mit Wärmerückgewinnung im Passivhausstandard; Anschluss an E-Anschluss des Bestands, Elektroinstallation, LED-Beleuchtung, Sicherheitsleuchten; elektroakustische Anlagen; Personenaufzug; Teile der Großküche: Dunstabzugshaube, Spülbecken, Handwasch-Ausgusskombination; KNX-Systemtechnik, MSR-Anlage inkl. Anbindung des Sonnenschutzes

KG	Kostengruppe	Menge Einheit	Kosten €	€/Einheit	%
500	**Außenanlagen und Freiflächen**	–	40.442	–	0,4

Rigole

4100-0207
Grundschule
(5 Klassen)
(125 Schüler)

Kostenkennwerte für die Kosten des Bauwerks (Kostengruppen 300+400 nach DIN 276)

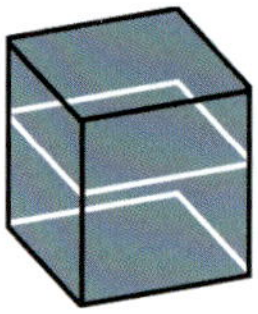

BRI **811 €/m³**

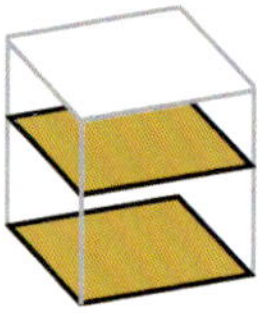

BGF **2.962 €/m²**

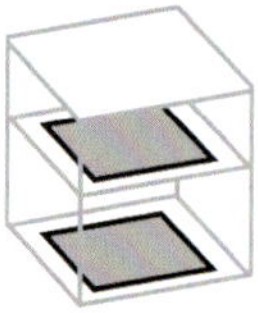

NUF **4.515 €/m²**

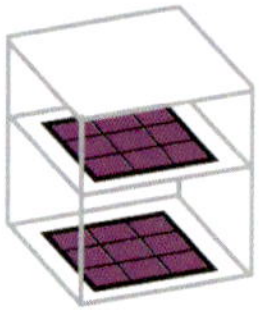

NE **57.825 €/NE**
NE: Schüler

Objekt:
Kennwerte: 1. Ebene DIN 276
BRI: 8.910 m³
BGF: 2.440 m²
NUF: 1.601 m²
Bauzeit: 78 Wochen
Bauende: 2019
Standard: hoch
Bundesland: Sachsen
Kreis: Nordsachsen

Architekt*in:
IPROconsult GmbH
Schnorrstraße 70
01069 Dresden

Bauherr*in:
Gemeinde Wermsdorf
Altes Jagdschloss 1
04779 Wermsdorf

© IPROconsult GmbH

© IPROconsult GmbH

© IPROconsult GmbH

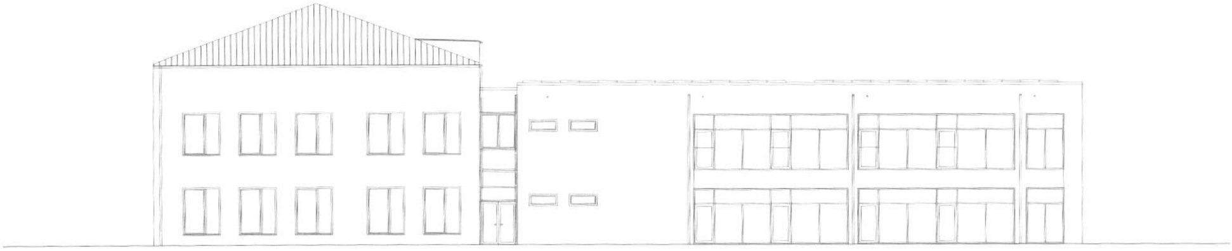

Ansicht Nord-Ost

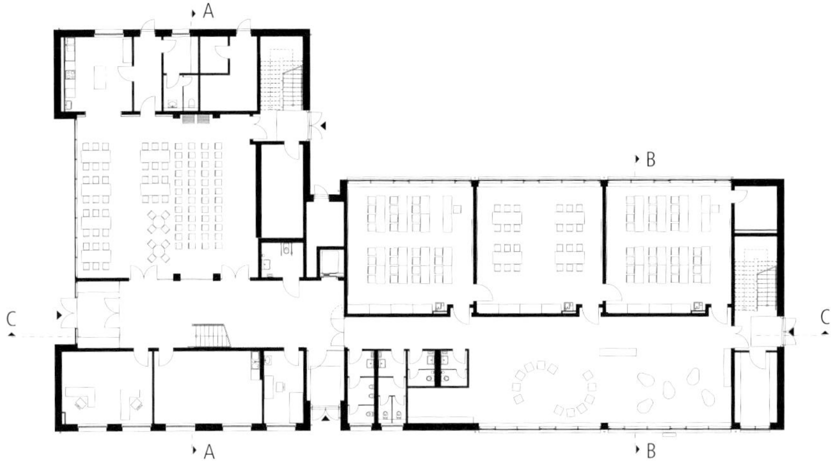

Erdgeschoss

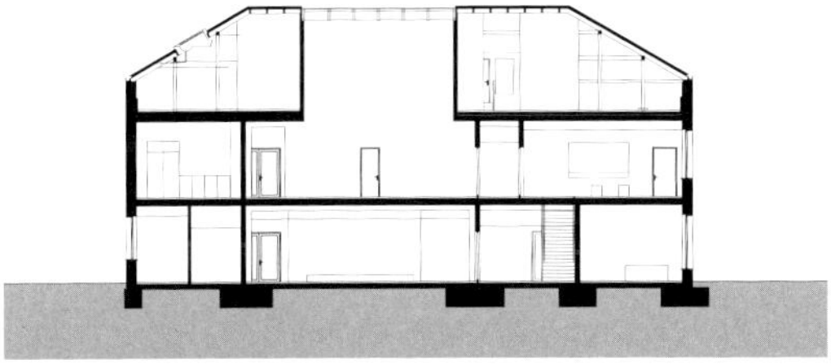

Schnitt A-A

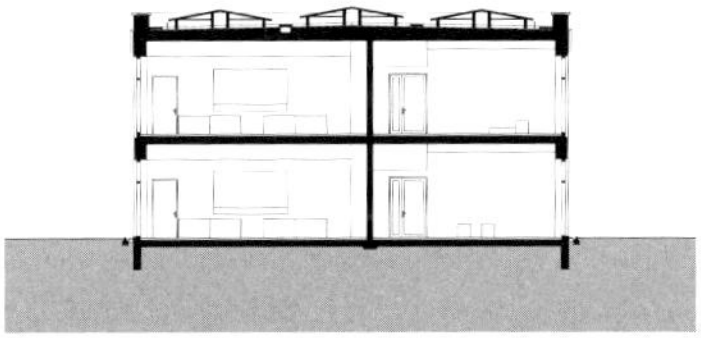

Schnitt B-B

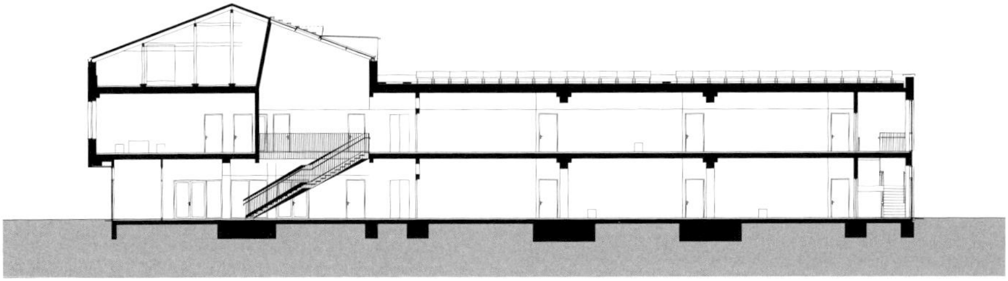

Schnitt C-C

Objektbeschreibung

Allgemeine Objektinformationen

Das Gebäude ist klar und eindeutig strukturiert. Es besteht aus zwei Baukörpern, welche durch ein gläsernes Gelenk miteinander verbunden sind. Straßenseitig wird die Bauflucht der Nachbargebäude aufgenommen, so dass sich der Neubau in das Gesamtensemble einordnet.

Nutzung

1 Erdgeschoss
Foyer, Verwaltung, Speisesaal, Aula, Klassenräume, Sanitärräume, Technikräume, Abstellräume

1 Obergeschoss
Klassenräume, Lagerräume, Sanitärräume

Nutzeinheiten

Klassen: 5
Schüler: 125

Grundstück

Bauraum: Baulücke
Neigung: Ebenes Gelände
Bodenklasse: BK 1 bis BK 5

Markt

Hauptvergabezeit: 1. Quartal 2018
Baubeginn: 1. Quartal 2018
Bauende: 3. Quartal 2019
Konjunkturelle Gesamtlage: Durchschnitt
Regionaler Baumarkt: Durchschnitt

Baukonstruktion

Der Schulneubau gründet auf einer Bodenplatte aus WU-Beton, die mit Glasschaumgranulat gedämmt ist. Die Außenwände wurden aus Kalksandvollstein erstellt und mit Mineraldämmplatten bekleidet. In einigen Bereichen bestehen die Wände aus Stahlbeton. In Bereichen mit geschosshoher Verglasung wurden die Außenwände als Pfosten-Riegelkonstruktion aus Alu ausgeführt. Der Sonnenschutz wird über elektronisch tönbares Glas sichergestellt. Sämtliche gemauerte Außen- und Innenwände haben einen Gipsputz erhalten. Nichttragende Trockenbauwände wurden gespachtelt und farbbeschichtet. Die Deckenkonstruktion erfolgte zu großen Teilen aus Spannbetonhohldielen mit Bauteilaktivierung. Daher erhielten die Decken der Klassenräume einen Akustikputz. Der Dachstuhl des Kopfbaus ist als Pfettendach ausgeführt.

Technische Anlagen

Die Wärme wird mittels einer geothermischen Wärmepumpe erzeugt. Die Aufstellung erfolgt im Hausanschlussraum. Dort befinden sich auch der Heizverteiler und der Pufferspeicher. Die Wärmeübergabe erfolgt mittels Betonkernaktivierung. Das RLT-Zentralgerät ist mit Schalldämpfern in allen vier Luftarten ausgestattet, um zum einen die Schallemissionen nach außen zu den Nachbargebäuden zu verhindern und zum anderen die Geräusche nicht in die Klassenräume zu tragen. Die Zuluftaufbereitung erfolgt mit einer zweistufigen Filterung. Alle Solarmodule wurden auf dem Dach montiert. Die Photovoltaikanlage kann bei den gegebenen Aufstellbedingungen bei optimaler Sonneneinstrahlung eine Spitzenleistung von bis zu 52kWP erreichen.

Energetische Kennwerte

Gesetzliche Grundlage: EnEV 2013
Gebäudenutzfläche: 2.109,30 m^2
Gebäudevolumen: 8.473,00 m^3
Hüllfläche des beheizten Volumens: 3.295,91 m^2
Spez. Jahresprimärenergiebedarf: 22,12 kWh/(m^2·a)
Jahresendenergiebedarf: 25.920,00 kWh/a
CO_2-Emissionen: 7,80 kg/(m^2·a)

Planungskennwerte für Flächen und Rauminhalte nach DIN 277

Flächen des Grundstücks		Menge Einheit	% an GF
BF	Bebaute Fläche	972,61 m²	–
UF	Unbebaute Fläche	–	–
GF	Grundstücksfläche	–	–

Grundflächen des Bauwerks		Menge Einheit	% an NUF	% an BGF
NUF	Nutzungsfläche	1.601,00 m²	100,0	65,6
TF	Technikfläche	39,17 m²	2,4	1,6
VF	Verkehrsfläche	398,31 m²	24,9	16,3
NRF	Netto-Raumfläche	2.038,48 m²	127,3	83,5
KGF	Konstruktions-Grundfläche	401,84 m²	25,1	16,5
BGF	Brutto-Grundfläche	2.440,32 m²	152,4	100,0

Brutto-Rauminhalt des Bauwerks		Menge Einheit	BRI/NUF (m)	BRI/BGF (m)
BRI	Brutto-Rauminhalt	8.910,00 m³	5,57	3,65

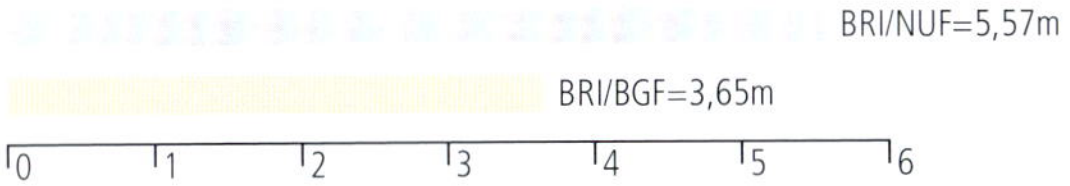

Kostenkennwerte für die Kostengruppen der 1. Ebene DIN 276

KG	Kostengruppen (1. Ebene)	Einheit	Kosten €	€/Einheit	€/m² BGF	€/m³ BRI	% 300+400
100	Grundstück	m² GF	–	–	–	–	–
200	Vorbereitende Maßnahmen	m² GF	–	–	–	–	–
300	Bauwerk – Baukonstruktionen	m² BGF	5.423.593	2.222,49	2.222,49	608,71	75,0
400	Bauwerk – Technische Anlagen	m² BGF	1.804.513	739,46	739,46	202,53	25,0
	Bauwerk 300+400	**m² BGF**	**7.228.106**	**2.961,95**	**2.961,95**	**811,24**	**100,0**
500	Außenanlagen und Freiflächen	m² AF	523.337	–	214,45	58,74	7,2
600	Ausstattung und Kunstwerke	m² BGF	–	–	–	–	–
700	Baunebenkosten	m² BGF	–	–	–	–	–
800	Finanzierung	m² BGF	–	–	–	–	–

KG	Kostengruppe	Menge Einheit	Kosten €	€/Einheit	%
3+4	**Bauwerk**				**100,0**
300	**Bauwerk – Baukonstruktionen**	2.440,32 m² BGF	5.423.593	**2.222,49**	75,0

Baugrubenaushub; Baugrundverbesserung, Stb-Fundamente, Stb-Bodenplatte, WU-Beton, Dämmung, Estrich, Linoleum, Bodenfliesen, Epoxidharzbeschichtung, Schaumglasschotter; KS-Mauerwerk, Stb-Wände, Stb-Stützen, Alufenster, Dreifachverglasung, tönbares Glas, Alutüren, Mineraldämmung, Oberputz, Alu-Pfosten-Riegelfassaden, Innenputz; KS-Mauerwerk, Stb-Wände, Trockenbauwände, Stb-Stützen, Vollspantüren mit Oberlicht, Alurahmentüren mit Seiten- und Oberlicht, Gipsputz, Kalk-Zementputz, Wandfliesen; Stb-Fertigdecken, Spannbeton-Hohldielen mit Bauteilaktivierung, Stb-Fertigteiltreppen, Podeste in Ortbeton, Stufen und Podeste Fliesenbeläge, Dämmung, Estrich, Linoleum, Bodenfliesen, Akustikputz, abgehängte Streckmetalldecken, Stahlgeländer, Handläufe; Holzdachkonstruktion, Stb-Flachdach, Oberlichter, Dachfenster, Wärmedämmung, Faserzementdeckung, extensive Dachbegrünung, Kies, Dachentwässerung

KG	Kostengruppe	Menge Einheit	Kosten €	€/Einheit	%
400	**Bauwerk – Technische Anlagen**	2.440,32 m² BGF	1.804.513	**739,46**	25,0

Gebäudeentwässerung, Kalt- und Warmwasserleitungen, Sanitärobjekte; Geothermie, Wärmepumpe mit Erdsonden und Pufferspeicher, Heizungsrohre, Heizkörper, Deckenheizung, Betonkerntemperierung; zentrales Lüftungsgerät mit Rotationswärmetauscher, Wärmerückgewinnung, Ab- und Zuluftverteiler, Telefonieschalldämpfer; Photovoltaikanlage, Elektroinstallation, LED-Innen- und Außenbeleuchtung, Sicherheitsbeleuchtung, Blitzschutz- und Erdungsanlage; Telekommunikationsanlage, Wechselsprechanlage mit Kamera, Lautsprecher, Hausalarmanlage, Übertragungsnetze; Aufzug; Gebäudeautomation

KG	Kostengruppe	Menge Einheit	Kosten €	€/Einheit	%
500	**Außenanlagen und Freiflächen**	–	523.337	–	7,2

Bodenarbeiten; Betonpflasterflächen, Wege, Schotterrasen, Parkplätze, Fahrrad-Stellplätze; Stabgitterzaun, Tore, Türen; Oberflächenentwässerung, Abwasserleitungen, Revisionsschacht, Anschluss Elektro-Ladestation; Beton-Sitzstufen und Sitzwürfel; Bäume, Pflanzen, Rasen

4100-0211
Grundschule
(4 Klassen)
(88 Schüler)

Kostenkennwerte für die Kosten des Bauwerks (Kostengruppen 300+400 nach DIN 276)

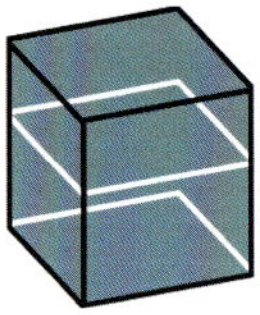

BRI **601 €/m³**

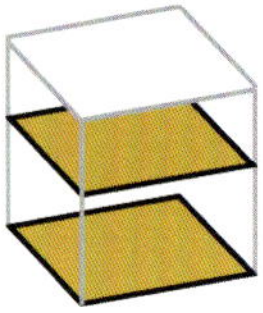

BGF **3.611 €/m²**

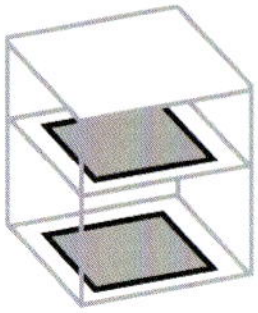

NUF **5.543 €/m²**

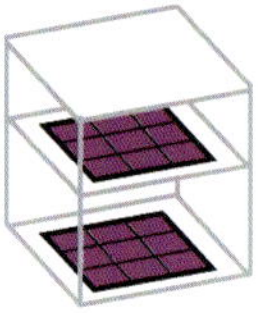

NE **72.258 €/NE**

NE: Schüler

Objekt:
Kennwerte: 1.Ebene DIN 276
BRI: 10.578 m³
BGF: 1.761 m²
NUF: 1.147 m²
Bauzeit: 122 Wochen
Bauende: 2018
Standard: mittel
Bundesland: Hamburg
Kreis: Hamburg, Stadt

Architekt*in:
Gössler Kinz Kerber
Schippmann
Architekten PartG mbB
Brauerknechtgraben 45
20459 Hamburg

Bauherr*in:
Freie und Hansestadt
Hamburg
Finanzbehörde
SBH Schulbau Hamburg
An der Stadthausbrücke 1
20355 Hamburg

© Ralf Buscher Photography

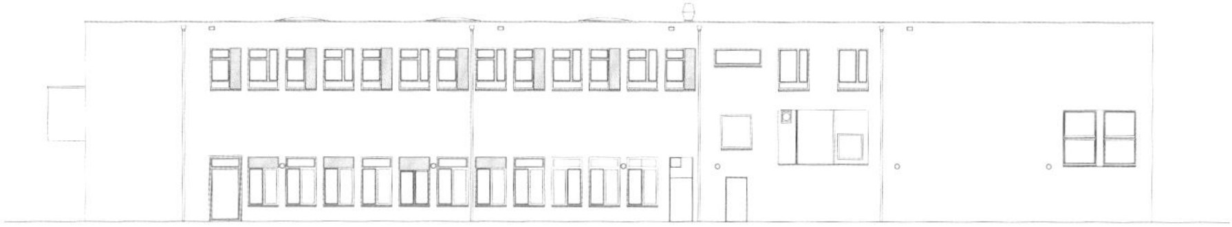

Ansicht Nord

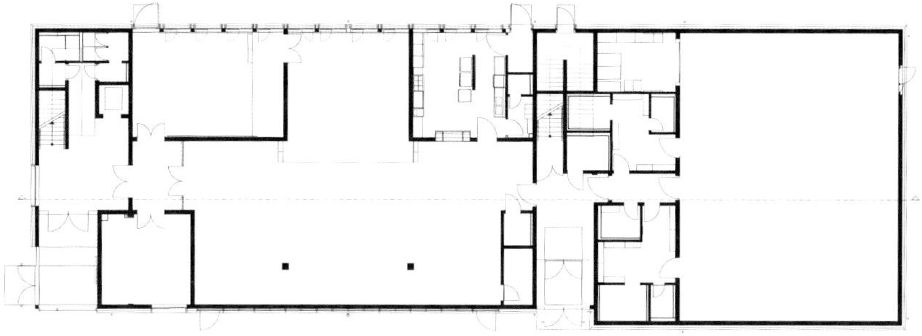

Erdgeschoss

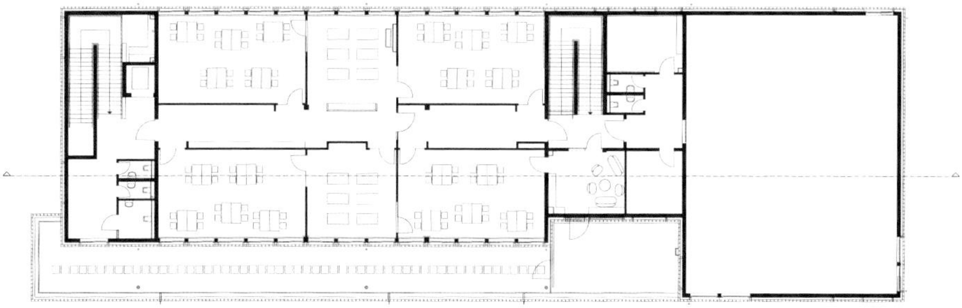

Obergeschoss

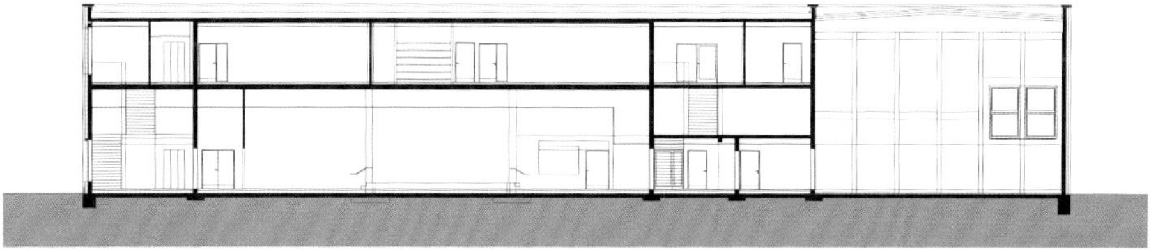

Längsschnitt

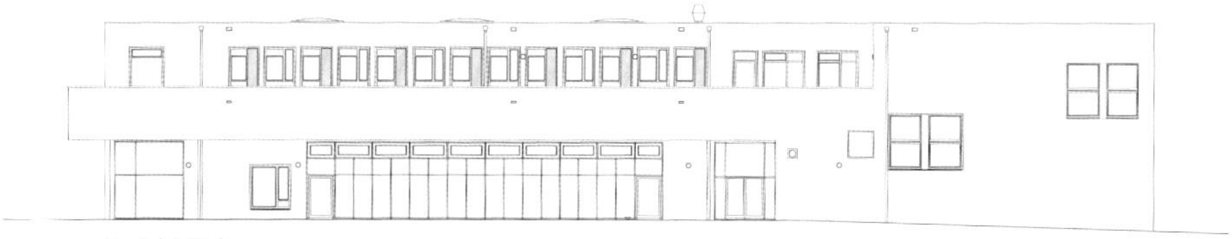

Ansicht Süd

Objektbeschreibung

Allgemeine Objektinformationen

Der Neubau dient als Erweiterung des Schulstandorts. Zusammen mit dem denkmalgeschützten Hauptgebäude und der Sporthalle ordnet er das Schulgelände neu, sodass Altbauten und Neubau vom Schulhof gleichermaßen gut sichtbar und zugänglich sind. Optisch nimmt sich der Neubau mit einfacher Kubatur zurück. Durch den ausgewählten roten Ziegelstein bildet er gestalterisch ein Ensemble mit den Bestandsgebäuden.

Nutzung

1 Erdgeschoss
Foyer, Musikraum, Musikinstrumentenraum, Mehrzweckraum mit Bewegungsfläche und Bühne, Aufwärmküche, Gymnastikhalle, Umkleideräume, Duschen, Gerätelager, WCs, Putzmittelraum, Hausanschlussraum

1 Obergeschoss
Klassenräume, Differenzierungsräume, Lehrerräume, Wintergarten, WCs, Heizraum, Dachterrasse, Lüftungszentrale (in Zwischenebene)

Nutzeinheiten

Klassen: 4
Schüler: 88

Grundstück

Bauraum: Beengter Bauraum
Neigung: Ebenes Gelände
Bodenklasse: BK 4

Markt

Hauptvergabezeit: 1.Quartal 2016
Baubeginn: 2.Quartal 2016
Bauende: 3.Quartal 2018
Konjunkturelle Gesamtlage: über Durchschnitt
Regionaler Baumarkt: über Durchschnitt

Baukonstruktion

Das nicht unterkellerte Gebäude gründet flach auf Streifenfundamenten. Sämtliche tragenden Bauteile sind aus Mauerwerk und Stahlbeton errichtet. Die Decken und die Dachkonstruktion bestehen ebenfalls aus Stahlbeton. Passend zum denkmalgeschützten Bestand wurden die Fassaden mit Vollstein-Vormauerziegeln bekleidet und Alufenster gewählt. Nichttragende Innenwände sind hälftig aus Mauerwerk und Gipskarton hergestellt. Extensiv begrünte Flachdächer bilden den oberen Abschluss des Schulgebäudes. Das Tragwerk der Gymnastikhalle besteht aus Brettschichtholzträgern mit Stahltrapezblecheindeckung.

Technische Anlagen

Die Schule wird über eine Gas-Brennwerttherme und eine zusätzliche Gas-Wärmepumpe beheizt. Die Wärmeverteilung erfolgt über Plattenheizkörper sowie eine Fußbodenheizung in der Sporthalle. Mensa und Küche sowie die Gymnastikhalle sind an eine Lüftungsanlage angeschlossen, die in einer Zwischenebene im Bereich der Umkleiden innerhalb der Gebäudehülle angeordnet ist. Die Klassenräume werden natürlich belüftet. In jedem Raum gibt es ein Fenster mit Öffnungsflügel und Einflugschutz gegen Vögel und Insekten, das nachts geöffnet bleiben kann und so für eine Nachtauskühlung sorgt. Ein zentral gelegener Aufzug verbindet alle Ebenen barrierefrei.

Planungskennwerte für Flächen und Rauminhalte nach DIN 277

Flächen des Grundstücks		Menge Einheit	% an GF
BF	Bebaute Fläche	2.778,00 m²	26,4
UF	Unbebaute Fläche	7.748,00 m²	73,6
GF	Grundstücksfläche	10.526,00 m²	100,0

Grundflächen des Bauwerks		Menge Einheit	% an NUF	% an BGF
NUF	Nutzungsfläche	1.147,12 m²	100,0	65,1
TF	Technikfläche	132,25 m²	11,5	7,5
VF	Verkehrsfläche	290,58 m²	25,3	16,5
NRF	Netto-Raumfläche	1.569,95 m²	136,9	89,1
KGF	Konstruktions-Grundfläche	191,15 m²	16,7	10,9
BGF	Brutto-Grundfläche	1.761,10 m²	153,5	100,0

Brutto-Rauminhalt des Bauwerks		Menge Einheit	BRI/NUF (m)	BRI/BGF (m)
BRI	Brutto-Rauminhalt	10.578,42 m³	9,22	6,01

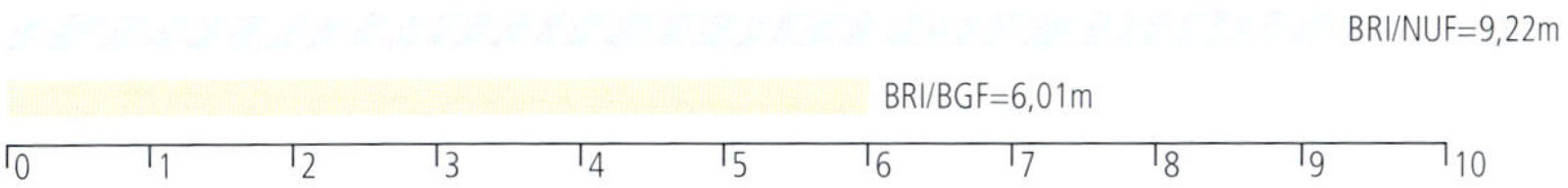

Kostenkennwerte für die Kostengruppen der 1. Ebene DIN 276

KG	Kostengruppen (1. Ebene)	Einheit	Kosten €	€/Einheit	€/m² BGF	€/m³ BRI	% 300+400
100	Grundstück	m² GF	–	–	–	–	–
200	Vorbereitende Maßnahmen	m² GF	46.934	4,46	26,65	4,44	0,7
300	Bauwerk – Baukonstruktionen	m² BGF	4.783.103	2.715,97	2.715,97	452,16	75,2
400	Bauwerk – Technische Anlagen	m² BGF	1.575.644	894,69	894,69	148,95	24,8
	Bauwerk 300+400	**m² BGF**	**6.358.746**	**3.610,67**	**3.610,67**	**601,11**	**100,0**
500	Außenanlagen und Freiflächen	m² AF	30.602	197,43	17,38	2,89	0,5
600	Ausstattung und Kunstwerke	m² BGF	–	–	–	–	–
700	Baunebenkosten	m² BGF	–	–	–	–	–
800	Finanzierung	m² BGF	–	–	–	–	–

KG	Kostengruppe	Menge Einheit	Kosten €	€/Einheit	%
200	**Vorbereitende Maßnahmen**	10.526,00 m² GF	46.934	**4,46**	0,7

Abbruch einer eingeschossigen Baracke, Fällen von Bäumen

KG	Kostengruppe	Menge Einheit	Kosten €	€/Einheit	%
3+4	**Bauwerk**				**100,0**
300	**Bauwerk – Baukonstruktionen**	1.761,10 m² BGF	4.783.103	**2.715,97**	75,2

Baugrubenaushub; Stb-Fundamente, Stb-Bodenplatte, Estrich, Linoleum, Natursteinbelag, Sportboden mit Fußbodenheizung, Bodenfliesen, Abdichtung, Dämmung; Mauerwerkswände, Stb-Fertigteilstützen, Alu-Pfosten-Riegelfassade, Alufenster, Stahl-Glastüren, durchwurfhemmende Verglasung, Sonnenschutzverglasung, Wärmedämmung, Ziegelfassade; Innenmauerwerk, Stb-Wände, GK-Wände, Stb-Stützen, Wandfliesen, WC-Trennwände, Handlauf; Stb-Decken, Stb-Treppen, Estrich, Beschichtung, Linoleum, Natursteinbelag, Bodenfliesen, abgehängte Schallschutzdecken, Treppengeländer; Stb-Flachdach, BSH-Träger mit Stahltrapezblech (Gymnastikhalle), Oberlichter, Dämmung, Abdichtung, Attika, extensive Dachbegrünung, innenliegende Entwässerung, abgehängte Schallschutzdecke, Eingangsüberdachung

KG	Kostengruppe	Menge Einheit	Kosten €	€/Einheit	%
400	**Bauwerk – Technische Anlagen**	1.761,10 m² BGF	1.575.644	**894,69**	24,8

Gebäudeentwässerung, Kalt- und Warmwasserleitungen, Sanitärobjekte; Gas-Brennwerttherme, Gas-Wärmepumpenanlage, Plattenheizkörper, Versorgungsleitungen für Fußbodenheizung in der Sporthalle; Abluftanlage für WC-Bereiche, Be- und Entlüftungsanlage für Bühne/Speisesaal, Aufwärmküche und Sozialräume; Elektroinstallation, Beleuchtung, Sicherheitsleuchten, Blitzschutzanlage; Datenübertragungsanlage, Such- und Signalanlagen, Beschallungsanlagen, Druckknopfmelder, Hausalarmanlage, WC-Notruf, Sprachalarmierung, Bühnentechnik; Personenaufzug; Aufwärmküche, Fettabscheider; Überwachungseinrichtungen, Regeleinrichtungen

KG	Kostengruppe	Menge Einheit	Kosten €	€/Einheit	%
500	**Außenanlagen und Freiflächen**	155,00 m² AF	30.602	**197,43**	0,5

Bodenarbeiten; Wege, Plätze, Spielplatzflächen; Sitzgelegenheiten, Versetzen und Neuaufbau von Spielgeräten

4100-0212
Gesamtschule
(10 Klassen)
(264 Schüler)

Kostenkennwerte für die Kosten des Bauwerks (Kostengruppen 300+400 nach DIN 276)

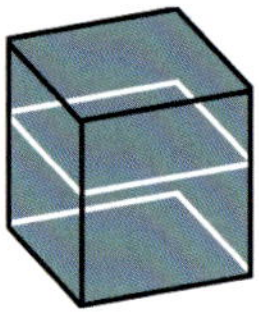

BRI 992 €/m³

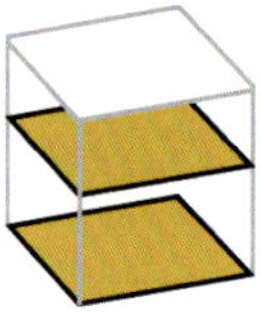

BGF 4.381 €/m²

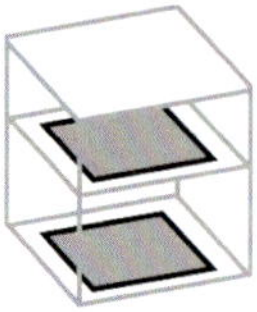

NUF 6.851 €/m²

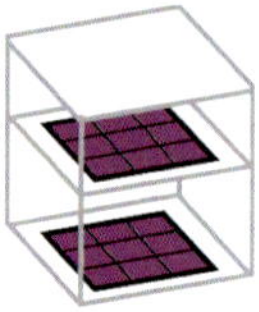

NE 41.793 €/NE

NE: Schüler

Objekt:
Kennwerte: 1.Ebene DIN 276
BRI: 11.128 m³
BGF: 2.519 m²
NUF: 1.611 m²
Bauzeit: 78 Wochen
Bauende: 2019
Standard: mittel
Bundesland: Niedersachsen
Kreis: Nienburg (Weser)

Architekt*in:
ppp architekten +
stadtplaner gmbh
Kanalstraße 52
23552 Lübeck

Bauherr*in:
Landkreis Nienburg

© Stephan Baumann, bild_raum

© Stephan Baumann, bild_raum

© Stephan Baumann, bild_raum

© Stephan Baumann, bild_raum

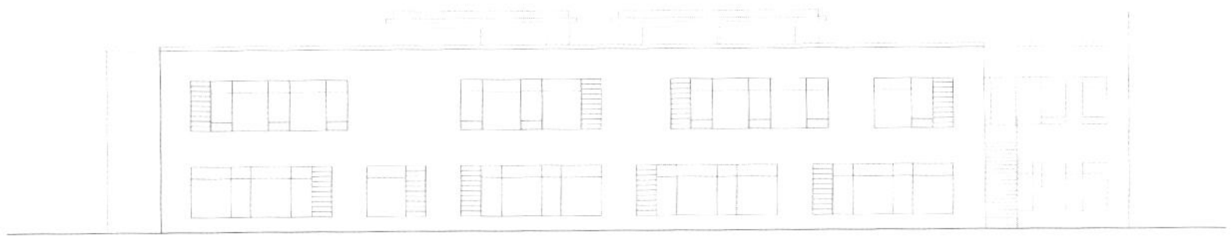

Ansicht Nord

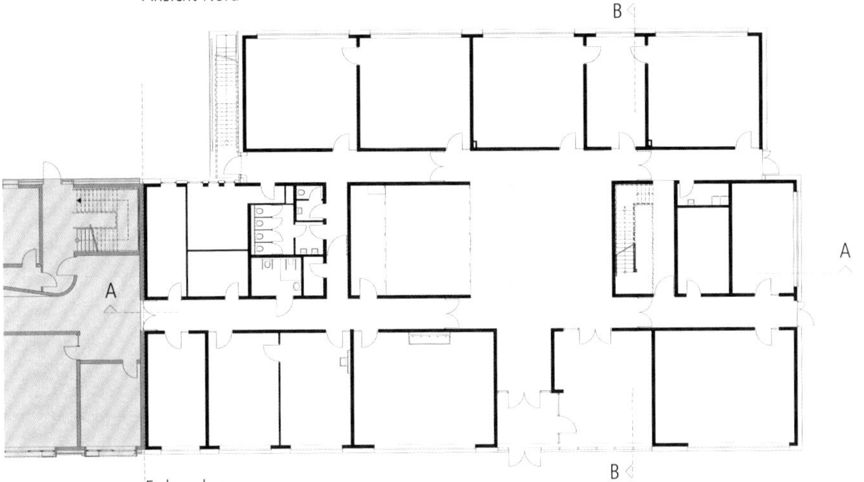

Erdgeschoss

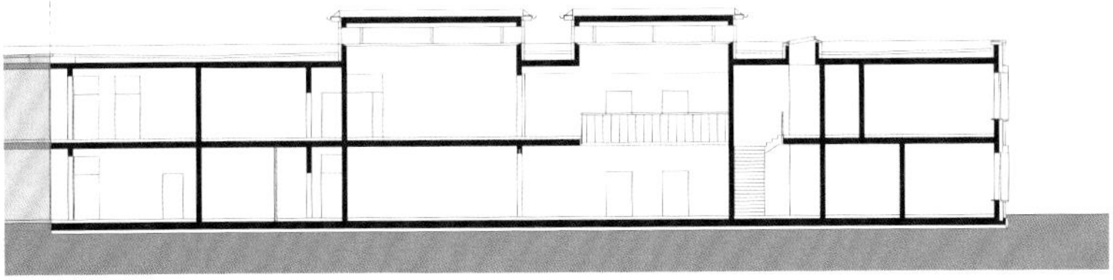

Schnitt A-A

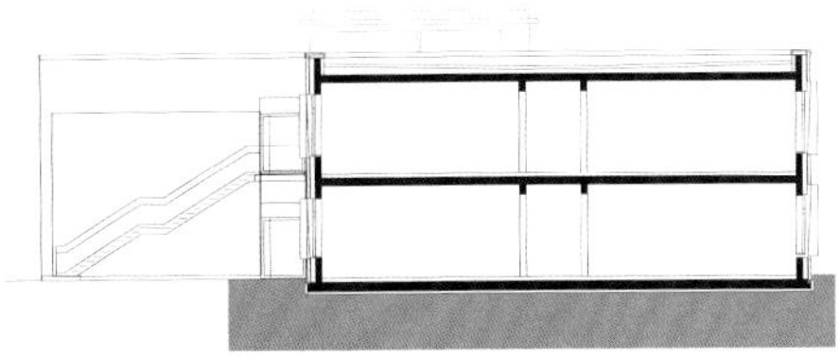

Ansicht West

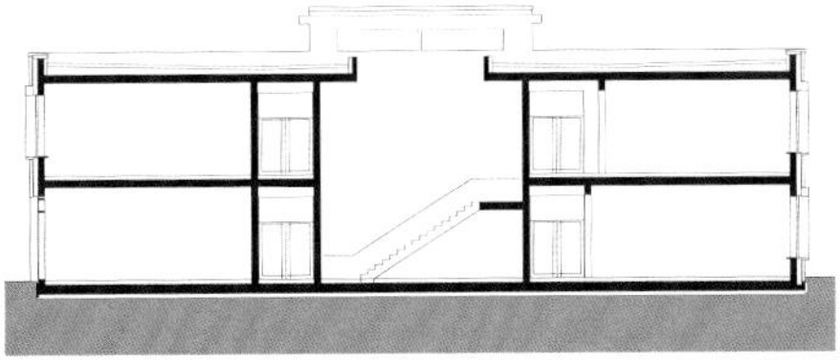

Schnitt B-B

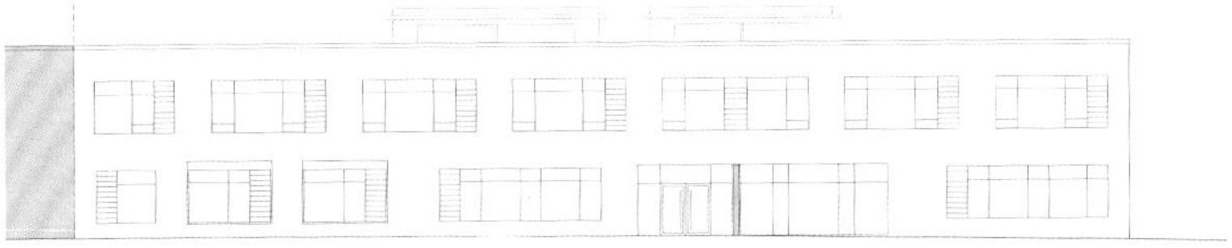

Ansicht Süd

Objektbeschreibung

Allgemeine Objektinformationen

Im Erweiterungsbau des Schulgebäudes ist die Sekundarstufe II der Gesamtschule untergebracht. Die steinernen Baukörper werden über eine gläserne Eingangshalle, die als Bindeglied und bauliche Mitte der Schule fungiert, verbunden. Die sich aufweitende Schulstraße mündet in den Vorplatz der Schule, der durch die gläserne Halle begrenzt wird. Diese bildet das Tor zur angrenzenden Landschaft.

Nutzung

1 Erdgeschoss
Windfang, Foyer, Klassenräume, Lehrerzimmer, Lehrmittel, Musikräume, Kunstraum, Freizeitraum, Sekretariat, WCs, Hausmeister, Stuhllager, Putzmittelraum, Elektroraum

1 Obergeschoss
Galerie, Klassenräume, EDV, Lager, Lehrerzimmer, Lehrmittel, Naturwissenschaftsräume, Sammlung, WCs, Putzmittelraum, Abstellraum, Server, Elektroraum

Nutzeinheiten

Klassen: 10
Schüler: 264

Grundstück

Bauraum: Freier Bauraum
Neigung: Ebenes Gelände
Bodenklasse: BK 3

Markt

Hauptvergabezeit: 1. Quartal 2018
Baubeginn: 1. Quartal 2018
Bauende: 3. Quartal 2019
Konjunkturelle Gesamtlage: über Durchschnitt
Regionaler Baumarkt: Durchschnitt

Baukonstruktion

Konstruktiv wurde die Bauweise aus dem 1. Bauabschnitt bei dem Erweiterungsbau fortgeführt. Das Gebäude ist in Massivbauweise aus Stahlbeton gefertigt worden. Es gründet flach auf einer Stahlbetonsohle. Die Außenwände erhielten eine Ziegelverblendung inklusive einer mineralischen Wärmedämmung. Sämtliche Fensterelemente auf der West-, Ost- und Südseite sowie die Pfosten-Riegelfassaden wurden mit außenliegenden motorisch angesteuerten Raffstorelamellen mit Führungsschienen ausgeführt. Die Innenwände sind raumseitig fein gespachtelt und mit einem Anstrich versehen. Abgehängte Decken mit und ohne Akustikfunktion kamen zum Einbau. Die Fußböden sind mit Fliesen auf Estrich oder mit Linoleum ausgestattet. Das Stahlbetonflachdach wurde mit einer Gefälledämmung und Abdichtung hergestellt.

Technische Anlagen

Die Wärmeerzeugung erfolgt mittels Gas-Blockheizkraftwerk. Über statische Heizflächen wird die Wärme im Gebäude verteilt. Lüftungs- und Kühlanlagen sorgen für ein angenehmes Raumklima. Ein flächendeckendes strukturiertes IT-Netz nach Klasse E wurde installiert. Die Schule verfügt über eine hydraulische Aufzugsanlage.

Planungskennwerte für Flächen und Rauminhalte nach DIN 277

Flächen des Grundstücks		Menge Einheit	% an GF
BF	Bebaute Fläche	5.778,80 m²	8,7
UF	Unbebaute Fläche	60.618,20 m²	91,3
GF	Grundstücksfläche	66.397,00 m²	100,0

Grundflächen des Bauwerks		Menge Einheit	% an NUF	% an BGF
NUF	Nutzungsfläche	1.610,50 m²	100,0	63,9
TF	Technikfläche	21,00 m²	1,3	0,8
VF	Verkehrsfläche	578,40 m²	35,9	23,0
NRF	Netto-Raumfläche	2.209,90 m²	137,2	87,7
KGF	Konstruktions-Grundfläche	308,60 m²	19,2	12,3
BGF	Brutto-Grundfläche	2.518,50 m²	156,4	100,0

Brutto-Rauminhalt des Bauwerks		Menge Einheit	BRI/NUF (m)	BRI/BGF (m)
BRI	Brutto-Rauminhalt	11.127,70 m³	6,91	4,42

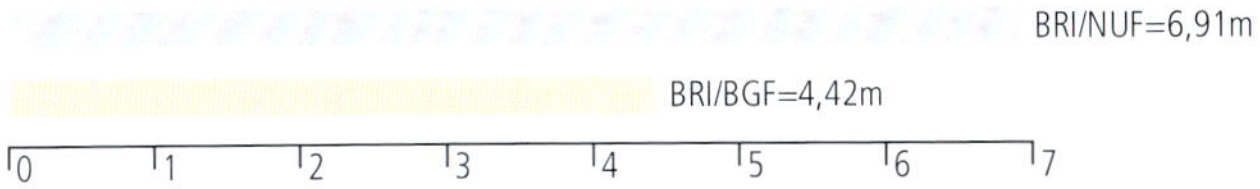

Kostenkennwerte für die Kostengruppen der 1. Ebene DIN 276

KG	Kostengruppen (1. Ebene)	Einheit	Kosten €	€/Einheit	€/m² BGF	€/m³ BRI	% 300+400
100	Grundstück	m² GF	–	–	–	–	–
200	Vorbereitende Maßnahmen	m² GF	–	–	–	–	–
300	Bauwerk – Baukonstruktionen	m² BGF	8.617.650	3.421,74	3.421,74	774,43	78,1
400	Bauwerk – Technische Anlagen	m² BGF	2.415.639	959,16	959,16	217,08	21,9
	Bauwerk 300+400	**m² BGF**	**11.033.290**	**4.380,90**	**4.380,90**	**991,52**	**100,0**
500	Außenanlagen und Freiflächen	m² AF	–	–	–	–	–
600	Ausstattung und Kunstwerke	m² BGF	–	–	–	–	–
700	Baunebenkosten	m² BGF	–	–	–	–	–
800	Finanzierung	m² BGF	–	–	–	–	–

KG	Kostengruppe	Menge Einheit	Kosten €	€/Einheit	%
3+4	**Bauwerk**				**100,0**
300	**Bauwerk – Baukonstruktionen**	2.518,50 m² BGF	8.617.650	**3.421,74**	78,1

Stb-Fundamentplatte, Estrich, Bodenfliesen, Linoleum, Kiesschicht; Stb-Wände, Holz-Alufenster, Wärmedämmung, Ziegelverblendung, Anstrich, Pfosten-Riegel-Fassade, Raffstores; Stb-Wände, Lasur, Spachtelung, Beschichtung, Wandfliesen, Holzlamellen, Holztüren mit Glasseitenteil, Brandschutztüren als Stahlrahmenglastüren; Stb-Decken, Stb-Treppen, Estrich, Bodenfliesen, Linoleum, abgehängte GK-Decken, abgehängte Akustikdecken, Beschichtung; Stb-Flachdach, Gefälledämmung, Foliendach, Dachentwässerung; Einbaumöbel

KG	Kostengruppe	Menge Einheit	Kosten €	€/Einheit	%
400	**Bauwerk – Technische Anlagen**	2.518,50 m² BGF	2.415.639	**959,16**	21,9

Gebäudeentwässerung, Trennsystem, Kalt- und Warmwasserleitungen, Sanitärobjekte; Gas-BHKW; Lüftungs- und Kühlanlage; Elektroinstallation, Beleuchtung; Telekommunikationsanlage, Klingelanlage, Lautsprecher, Brandmeldeanlage, Personennotruf, IT-Netz nach Klasse E; Aufzug; Regenerierküche

4100-0213
Grundschule
(18 Klassen)
(504 Schüler)

Kostenkennwerte für die Kosten des Bauwerks (Kostengruppen 300+400 nach DIN 276)

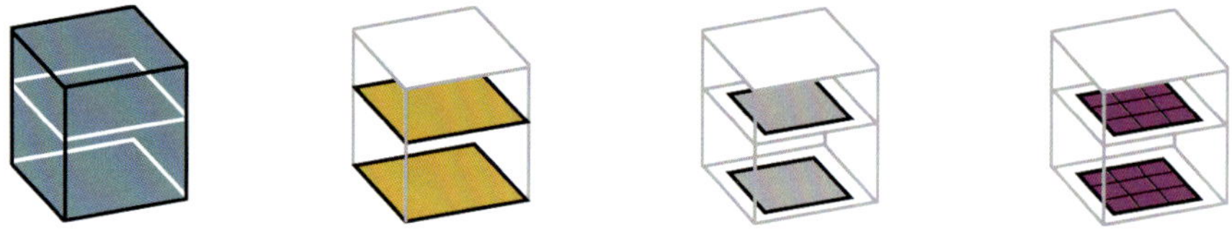

BRI 600 €/m³ | BGF 2.998 €/m² | NUF 4.567 €/m² | NE 50.333 €/NE

NE: Schüler

Objekt:
Kennwerte: 1.Ebene DIN 276
BRI: 42.301 m³
BGF: 8.461 m²
NUF: 5.555 m²
Bauzeit: 104 Wochen
Bauende: 2020
Standard: mittel
Bundesland: Brandenburg
Kreis: Potsdam, Stadt

Architekt*in:
sehw architektur GmbH
Alt-Moabit 73
10555 Berlin

Bauherr*in:
Kommunaler Immobilien
Service (KIS)
Friedrich-Ebert-Straße 79/81
14469 Potsdam

© PHILIPP OBKIRCHER

© PHILIPP OBKIRCHER

Ansicht Nord

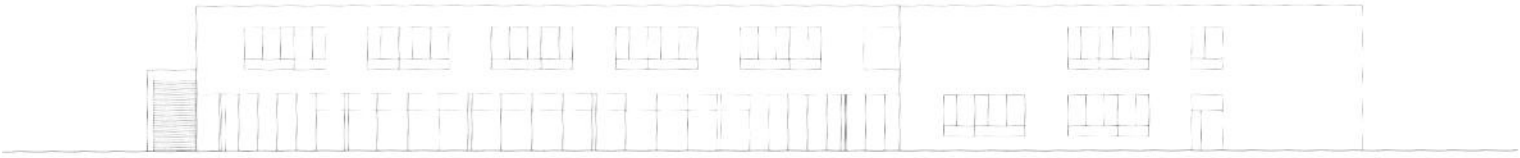

Ansicht Ost

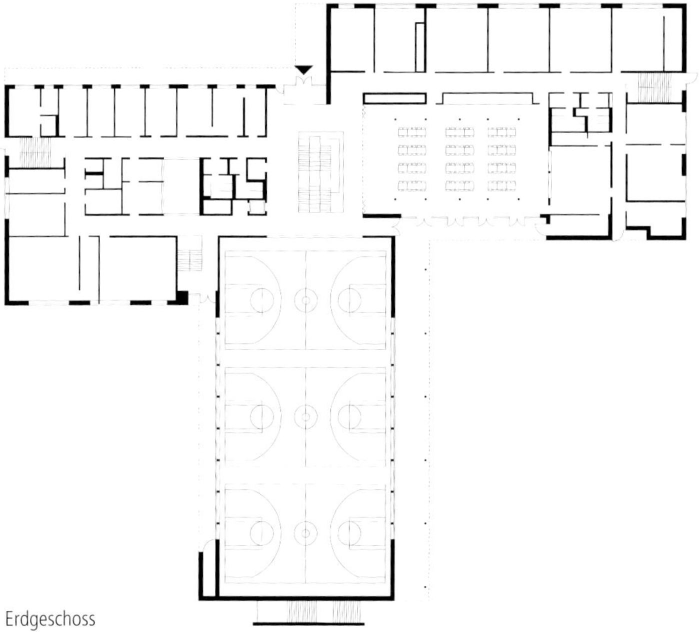

Erdgeschoss

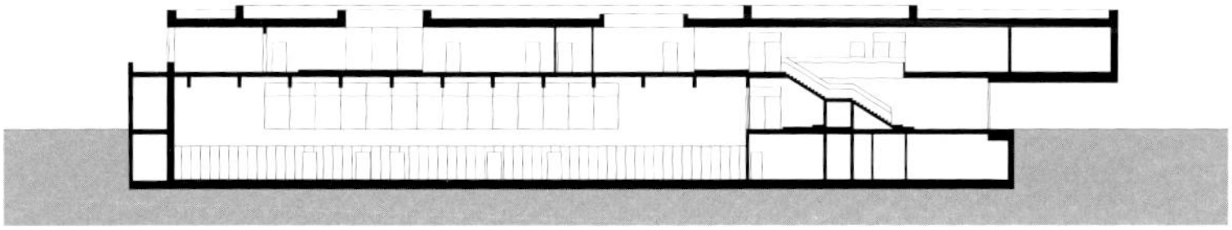

Schnitt

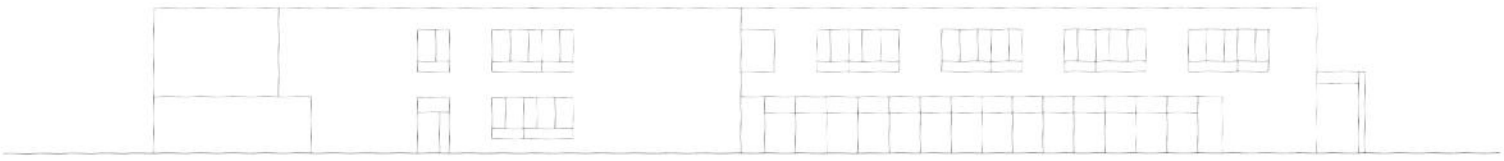

Ansicht West

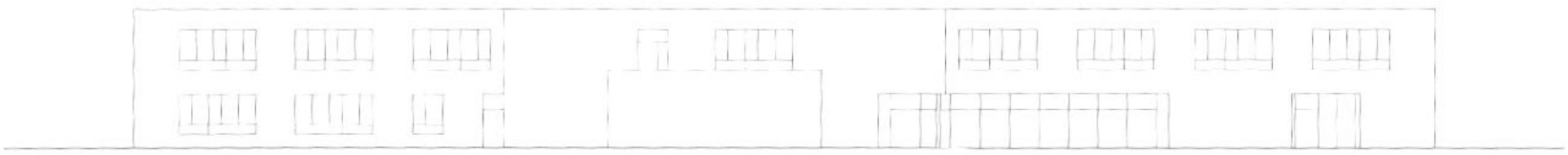

Ansicht Süd

Objektbeschreibung

Allgemeine Objektinformationen

Die neue Grundschule ist als zweigeschossiges Gebäude mit Flachdach konzipiert. Der dreiflügelige Baukörper verzahnt das Gebäude mit der Umgebung. Im Anschluss an den Haupteingang öffnet sich ein großzügiges Foyer mit direkten Sichtbezügen zur Mensa und in die Sporthalle im Untergeschoss. Die zentrale Treppe im Foyer verbindet die beiden Geschosse und bildet mit den integrierten Holzsitzstufen einen attraktiven Aufenthaltsort. Die Klassen- und Gruppenräume der Clusterbereiche reihen sich um verglaste Innenhöfe, deren Terrassen sich im Innenraum als Lernpodeste fortsetzen und multifunktional nutzbare Flächen anbieten.

Nutzung

1 Untergeschoss
Sporthalle, Technikräume

1 Erdgeschoss
Mensa, Hort, Verwaltung

1 Obergeschoss
Klassenräume

Nutzeinheiten

Klassen: 18
Schüler: 504

Grundstück

Bauraum: Freier Bauraum
Neigung: Ebenes Gelände
Bodenklasse: BK 3 bis BK 5

Markt

Hauptvergabezeit: 1.Quartal 2018
Baubeginn: 1.Quartal 2018
Bauende: 1.Quartal 2020
Konjunkturelle Gesamtlage: über Durchschnitt
Regionaler Baumarkt: Durchschnitt

Baukonstruktion

Der Neubau wurde als Stahlbetonskelettbau mit massiven Brüstungselementen und Flachdecken auf Stahlbetonstützen errichtet. Die Außenwände haben eine Mineralwolldämmung erhalten und sind mit Ziegelmauerwerk verblendet. Im Bereich der Auskragungen wurden die Untersichten und Wandflächen mit einer vorgehängten Alufassade bekleidet. Aula, Turnhalle, Innenhöfe und Atrien erhielten Pfosten-Riegelfassaden als thermisch getrennte Konstruktionen mit dreifacher Isolier- und Sonnenschutzverglasung. Sämtliche Fenster sind als Holz-Alukonstruktionen gefertigt und haben außenliegende Raffstores mit Motorantrieb. Die Sporthalle wurde mit Prallwand, Sportboden und elektrischen Verschattungsrollos ausgestattet.

Technische Anlagen

Die Grundschule wird über das Fernwärmenetz mit Energie versorgt. Die Wärmeverteilung erfolgt über Wandheizkörper und Fußbodenheizung. In der Aula und in den Umkleiden sorgen Lüftungsanlagen mit Wärmerückgewinnung für einen Luftwechsel. Das Gebäude ist mit einem Behindertenrufsystem ausgestattet. Auf dem Flachdach wurde eine Photovoltaikanlage installiert.

Sonstiges

Über einen Aufzug sind alle Geschosse barrierefrei verbunden, so dass Menschen mit körperlichen Einschränkungen das Gebäude nutzen können. Für sensorisch- oder sinneseingeschränkte Schüler wurde nach dem Mehr-Sinne-Prinzip eine elektroakustische Anlage installiert und eine kontrastreiche Gestaltung gewählt.

Energetische Kennwerte

Gesetzliche Grundlage: EnEV 2013
Gebäudenutzfläche: 7.141,00 m^2
Jahresprimärenergie: 416.058,00 kWh/a
Spez. Jahresprimärenergiebedarf: 58,30 kWh/(m^2·a)
Spez. Jahresendenergiebedarf: 124,10 kWh/(m^2·a)

Energetische Angaben zu Außenbauteilen

Bodenplatte

U-Wert: 0,27 W/(m²·K)

Gesamtdicke: 38,50 cm	d [cm]	λ [W/(m·K)]
Dämmung MW	3,50	0,040
Stahlbeton	25,00	2,300
Dämmung	10,00	0,040

Außenwand gegen Erdreich

U-Wert: 0,37 W/(m²·K)

Gesamtdicke: 31,50 cm	d [cm]	λ [W/(m·K)]
Innenputz	1,50	1,000
Stahlbeton	20,00	2,300
Dämmung	10,00	0,040

Kellerdecke

U-Wert: 0,31 W/(m²·K)

Gesamtdicke: 34,50 cm	d [cm]	λ [W/(m·K)]
Dämmung MW	3,50	0,040
Stahlbeton	25,00	2,300
Dämmung	6,00	0,032

Außenwand Klinker hinterlüftet

U-Wert: 0,18 W/(m²·K)

Gesamtdicke: 44,50 cm	d [cm]	λ [W/(m·K)]
Innenputz	1,50	1,000
Stahlbeton	25,00	2,300
Dämmung	18,00	0,035
Luftschicht schwach belüftet	2,00	0,176
Klinker	11,50	1,400

Außenwand

U-Wert: 0,18 W/(m²·K)

Gesamtdicke: 41,00 cm	d [cm]	λ [W/(m·K)]
Innenputz	1,50	1,000
Stahlbeton	20,00	2,300
Dämmung	18,00	0,035
Außenputz	1,50	1,000

Außenwand Klinker

U-Wert: 0,26 W/(m²·K)

Gesamtdicke: 45,00 cm	d [cm]	λ [W/(m·K)]
Innenputz	1,50	1,000
Stahlbeton	20,00	2,300
Dämmung	12,00	0,035
Klinker	11,50	1,200

Decke gegen Außenluft unten

U-Wert: 0,22 W/(m²·K)

Gesamtdicke: 35,50 cm	d [cm]	λ [W/(m·K)]
Trittschalldämmung	3,50	0,040
Stahlbeton	20,00	2,300
Dämmung	12,00	0,035

Dach

U-Wert: 0,19 W/(m²·K)

Gesamtdicke: 38,00 cm	d [cm]	λ [W/(m·K)]
Stahlbeton	20,00	2,300
Dämmung	18,00	0,035

Planungskennwerte für Flächen und Rauminhalte nach DIN 277

Flächen des Grundstücks		Menge Einheit	% an GF
BF	Bebaute Fläche	5.390,00 m²	42,1
UF	Unbebaute Fläche	7.414,00 m²	57,9
GF	Grundstücksfläche	12.804,00 m²	100,0

Grundflächen des Bauwerks		Menge Einheit	% an NUF	% an BGF
NUF	Nutzungsfläche	5.555,00 m²	100,0	65,7
TF	Technikfläche	468,40 m²	8,4	5,5
VF	Verkehrsfläche	1.523,40 m²	27,4	18,0
NRF	Netto-Raumfläche	7.546,80 m²	135,9	89,2
KGF	Konstruktions-Grundfläche	914,20 m²	16,5	10,8
BGF	Brutto-Grundfläche	8.461,00 m²	152,3	100,0

Brutto-Rauminhalt des Bauwerks		Menge Einheit	BRI/NUF (m)	BRI/BGF (m)
BRI	Brutto-Rauminhalt	42.300,50 m³	7,62	5,00

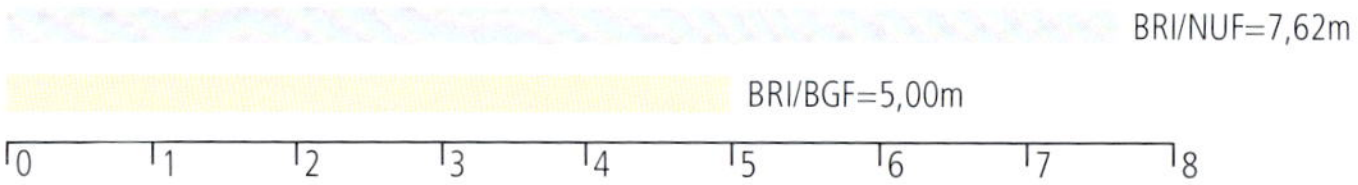

Kostenkennwerte für die Kostengruppen der 1.Ebene DIN 276

KG	Kostengruppen (1. Ebene)	Einheit	Kosten €	€/Einheit	€/m² BGF	€/m³ BRI	% 300+400
100	Grundstück	m² GF	–	–	–	–	–
200	Vorbereitende Maßnahmen	m² GF	–	–	–	–	–
300	Bauwerk – Baukonstruktionen	m² BGF	19.735.166	2.332,49	2.332,49	466,55	77,8
400	Bauwerk – Technische Anlagen	m² BGF	5.632.800	665,74	665,74	133,16	22,2
	Bauwerk 300+400	**m² BGF**	**25.367.966**	**2.998,22**	**2.998,22**	**599,71**	**100,0**
500	Außenanlagen und Freiflächen	m² AF	–	–	–	–	–
600	Ausstattung und Kunstwerke	m² BGF	–	–	–	–	–
700	Baunebenkosten	m² BGF	–	–	–	–	–
800	Finanzierung	m² BGF	–	–	–	–	–

KG	Kostengruppe	Menge Einheit	Kosten €	€/Einheit	%
3+4	**Bauwerk**				**100,0**
300	**Bauwerk – Baukonstruktionen**	8.461,00 m² BGF	19.735.166	**2.332,49**	77,8

Baugrubenaushub, Bodenaustausch, Stb-Bodenplatte, Gussasphaltestrich, Linoleumbelag, Sportboden, Perimeterdämmung; Stb-Konstruktion, Stb-Außenwände, Stb-Stützen, Holz-Alufenster, Dreifachverglasung, Pfosten-Riegel-Verglasung, Mineralwolldämmung, Klinkervorsatzschale, Metallfassade, Prallwand, Wandfliesen, außenliegende Raffstores mit Motorantrieb, Markisen, elektrische Verschattungsrollos; KS-Wände, Trockenbauwände, Stb-Stützen, Stb-Treppenläufe, Rohrrahmentüren, Röhrenspantüren, Sichtbetonwandflächen, Wandfliesen, Putz, Beschichtung, mobile Trennwände, Trennvorhänge Sporthalle, Brandschutzvorhänge; Stb-Flachdecken, Stb-Treppen, geschliffener Gussasphaltestrich, Bodenfliesen, Treppen und Sitzstufen mit Holzbelag, abgehängte Decken mit Holzwolleplatten, Stahlgeländer; Stb-Flachdach, Oberlichter, Gefälledämmung, Dachentwässerung, Dachabdichtung, Seilsicherungssystem; Garderobenmöbel, Mensaküche, Schülerküche; Betonwerksteinplatten als Terrassenbelag; Schließanlage

KG	Kostengruppe	Menge Einheit	Kosten €	€/Einheit	%
400	**Bauwerk – Technische Anlagen**	8.461,00 m² BGF	5.632.800	**665,74**	22,2

Gebäudeentwässerung, Kalt- und Warmwasserleitungen, Sanitärobjekte, Fernwärmeübergabestation, Fußbodenheizung, Wandheizkörper; Lüftungsanlage mit Wärmerückgewinnung, Vortemperierung; Niederspannungsschaltanlage; Photovoltaikanlage; Elektroinstallation, Beleuchtung, Blitzschutz; Telefonanlage, Türsprechanlage, Behindertenrufsystem, Datenübertragungsnetze; elektroakustische Notfallwarnsysteme, Brandmeldeanlage, Einbruchmeldeanlage, Alarmanlage; Aufzug

4100-0217
Schule
(12 Klassen)
(275 Schüler)

Kostenkennwerte für die Kosten des Bauwerks (Kostengruppen 300+400 nach DIN 276)

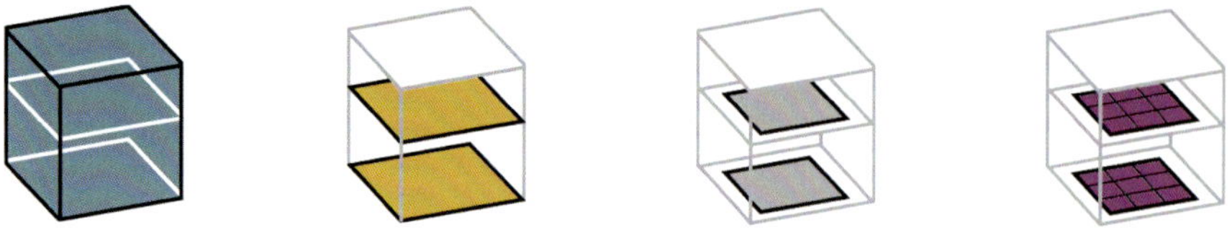

BRI 629 €/m³	BGF 2.472 €/m²	NUF 3.676 €/m²	NE 12.322 €/NE
			NE: Schüler

Objekt:
Kennwerte: 1. Ebene DIN 276
BRI: 5.387 m³
BGF: 1.371 m²
NUF: 922 m²
Bauzeit: 57 Wochen
Bauende: 2020
Standard: mittel
Bundesland: Hamburg
Kreis: Hamburg, Stadt

Architekt*in:
MoRe Architekten PartGmbB
Neuer Kamp 30
20357 Hamburg

Bauherr*in:
Freie und Hansestadt
Hamburg
Finanzbehörde
SBH I Schulbau Hamburg
An der Stadthausbrücke 1
20355 Hamburg

Ansicht Nord-West

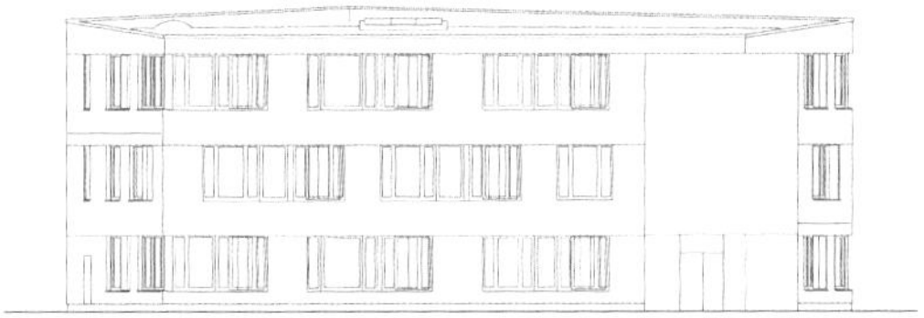

Ansicht Nord-Ost

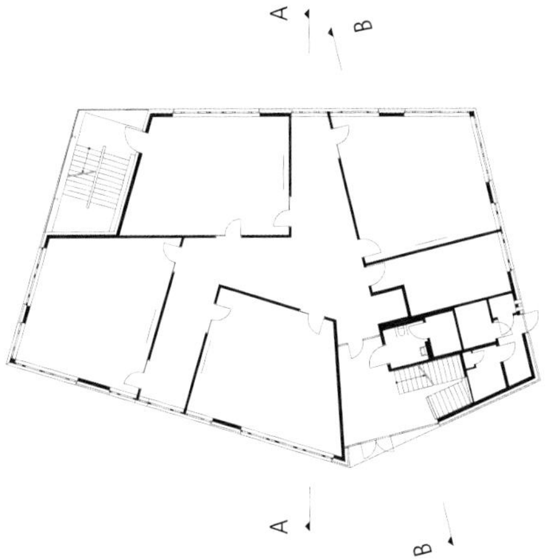

Erdgeschoss

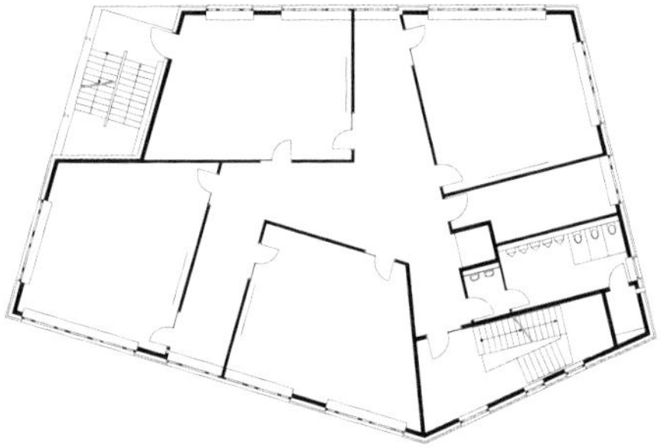

1.-2. Obergeschoss

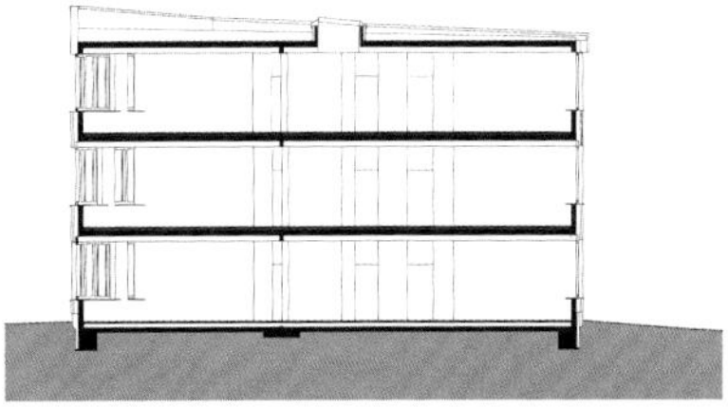

Schnitt A-A

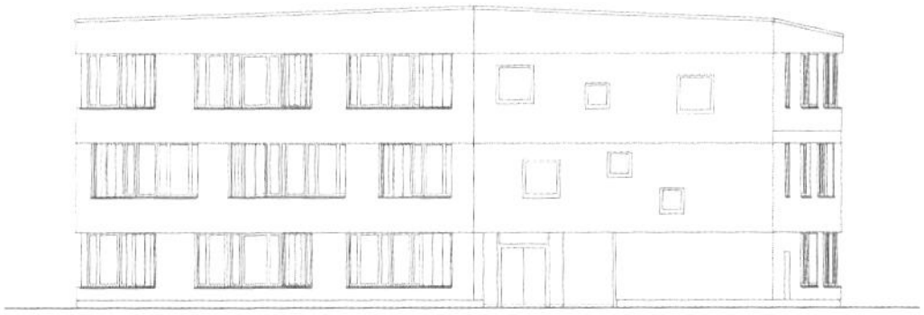

Ansicht Süd-Ost

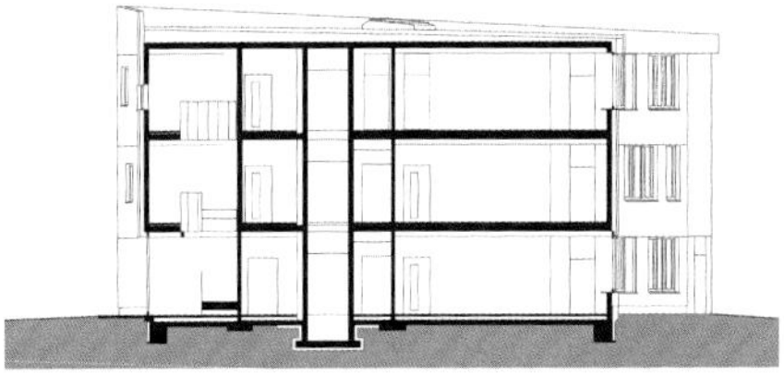

Schnitt B-B

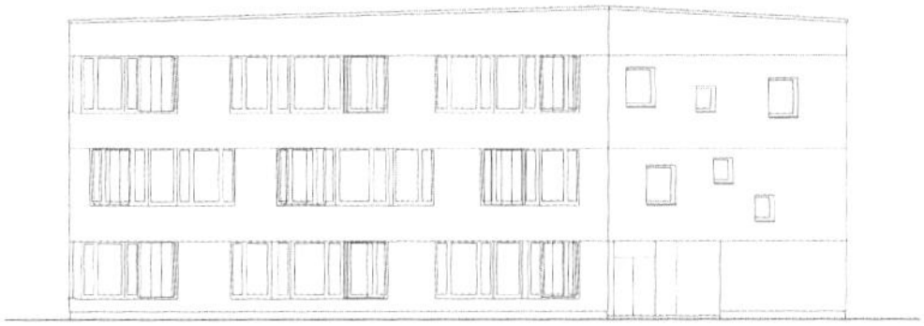

Ansicht Süd-West

Objektbeschreibung

Allgemeine Objektinformationen

Die neue Stadtteilschule entstand an der Nahtstelle von zwei bestehenden Schulkomplexen. Die polygonale Gebäudeform resultiert aus der Wegeführung auf dem Gelände. Der Gebäudezuschnitt lässt einen als pädagogische Fläche nutzbaren Mittelbereich entstehen. Reine Erschließungsflächen konnten so reduziert werden.

Nutzung

1 Erdgeschoss
Klassenräume, Multifunktionsfläche, Sekretariat, Hausanschlussraum, Batterieraum, Brandmeldeanlage, Putzraum, WCs

2 Obergeschosse
Klassenräume, Multifunktionsflächen, Büroraum, Besprechungsraum, Putzraum, WCs

Nutzeinheiten

Klassen: 12
Schüler: 275

Grundstück

Bauraum: Freier Bauraum
Neigung: Ebenes Gelände
Bodenklasse: BK 1 bis BK 4

Markt

Hauptvergabezeit: 2.Quartal 2019
Baubeginn: 3.Quartal 2019
Bauende: 3.Quartal 2020
Konjunkturelle Gesamtlage: über Durchschnitt
Regionaler Baumarkt: über Durchschnitt

Baukonstruktion

Das Gebäude wurde als Massivbau errichtet. Tragende Außenwände und Treppenhaus sind aus Stahlbeton, die Innenwände aus 15cm starkem KS-Mauerwerk. Die Fenster sind als Kunststofffenster ausgeführt, teilweise sind sie mit Sonnenschutzverglasung ausgestattet. Als Bekleidung kam eine vorgesetzte, hinterlüftete Holzfassade zur Ausführung. Die Decken wurden aus Stahlbeton-Halbfertigteilen hergestellt, Böden sind mit Linoleum und Bodenfliesen belegt, Decken wurden als Schallschutzdecken abgehängt. Das Stahlbeton-Flachdach schließt nach oben mit einer extensiven Dachbegrünung ab.

Technische Anlagen

Der Neubau verfügt über einen Fernwärmeanschluss. Die Verteilung im Gebäude erfolgt durch in der Abhangdecke geführte Stahlleitungen. Die Klassenzimmer sind mit Radiatoren ausgestattet. Schmutz- und Regenwasserleitungen sind als getrenntes System an das öffentliche Abwassernetz angeschlossen. Warmwasser wird mit Durchlauferhitzern erzeugt. Alle innenliegenden Sanitär- und Putzmittelräume sind mit Einzelraumlüftern ausgestattet. Das Gebäude verfügt außerdem über eine Brandmeldeanlage.

Sonstiges

Das Gebäude wurde mit einem besonderen Anspruch an eine nachhaltige Bauweise errichtet und wurde mit DGNB Gold zertifiziert.

Energetische Kennwerte

Gesetzliche Grundlage: EnEV 2013
Gebäudenutzfläche: 1.633,00 m^2
Gebäudevolumen: 5.104,00 m^3
A/V_e-Verhältnis (Kompaktheit): 0,32 m^{-1}
Hüllfläche des beheizten Volumens: 1.620,00 m^2
Spez. Transmissionswärmeverlust: 0,44 W/(m^2·K)
Mittlerer U-Wert (opake Bauteile): 0,23 W/(m^2·K)
Mittlerer U-Wert (transparente Bauteile): 1,15 W/(m^2·K)
Mittlerer U-Wert (Glasdächer, etc.): 1,30 W/(m^2·K)
Spez. Jahresprimärenergiebedarf: 68,39 kWh/(m^2·a)
Jahresendenergiebedarf: 128.112,00 kWh/a

Planungskennwerte für Flächen und Rauminhalte nach DIN 277

Flächen des Grundstücks		Menge Einheit	% an GF
BF	Bebaute Fläche	457,00 m²	2,6
UF	Unbebaute Fläche	17.429,00 m²	97,4
GF	Grundstücksfläche	17.886,00 m²	100,0

Grundflächen des Bauwerks		Menge Einheit	% an NUF	% an BGF
NUF	Nutzungsfläche	921,80 m²	100,0	67,2
TF	Technikfläche	11,01 m²	1,2	0,8
VF	Verkehrsfläche	267,64 m²	29,0	19,5
NRF	Netto-Raumfläche	1.200,45 m²	130,2	87,6
KGF	Konstruktions-Grundfläche	170,55 m²	18,5	12,4
BGF	Brutto-Grundfläche	1.371,00 m²	148,7	100,0

Brutto-Rauminhalt des Bauwerks		Menge Einheit	BRI/NUF (m)	BRI/BGF (m)
BRI	Brutto-Rauminhalt	5.387,00 m³	5,84	3,93

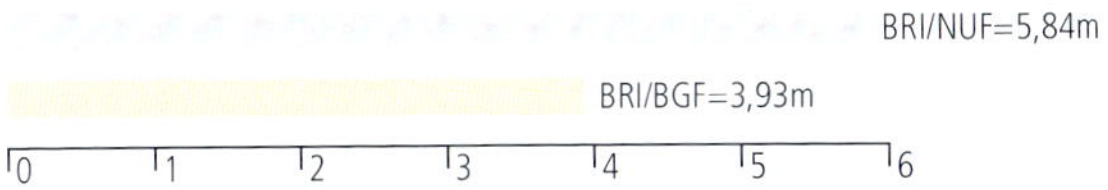

Kostenkennwerte für die Kostengruppen der 1. Ebene DIN 276

KG	Kostengruppen (1. Ebene)	Einheit	Kosten €	€/Einheit	€/m² BGF	€/m³ BRI	% 300+400
100	Grundstück	m² GF	–	–	–	–	–
200	Vorbereitende Maßnahmen	m² GF	–	–	–	–	–
300	Bauwerk – Baukonstruktionen	m² BGF	2.451.189	1.787,88	1.787,88	455,02	72,3
400	Bauwerk – Technische Anlagen	m² BGF	937.488	683,80	683,80	174,03	27,7
	Bauwerk 300+400	**m² BGF**	**3.388.677**	**2.471,68**	**2.471,68**	**629,05**	**100,0**
500	Außenanlagen und Freiflächen	m² AF	–	–	–	–	–
600	Ausstattung und Kunstwerke	m² BGF	–	–	–	–	–
700	Baunebenkosten	m² BGF	–	–	–	–	–
800	Finanzierung	m² BGF	–	–	–	–	–

KG	Kostengruppe	Menge Einheit	Kosten €	€/Einheit	%
3+4	**Bauwerk**				**100,0**
300	**Bauwerk – Baukonstruktionen**	1.371,00 m² BGF	2.451.189	**1.787,88**	72,3

Baugrubenaushub; Bodenaustausch 1,20m, Stb-Fundamente, Stb-Bodenplatte, Estrich, Beschichtung, Linoleum, Bodenfliesen, Abdichtung, Dämmung; Stb-Wände, Kunststofffenster, teilw. Sonnenschutzverglasung, Wärmedämmung, hinterlüftete Holzfassade; Innenmauerwerk, Stb-Wände, teilw. Sichtbeton, Brandschutzabschlüsse aus Glas, Wandfliesen, WC-Trennwände; Stb-Halbfertigteildecken, Stb-Treppen, Sichtbeton, Stahl-Außentreppe, Estrich, Linoleum, Bodenfliesen, abgehängte Schallschutzdecken, Stahl-Treppengeländer; Stb-Dach, Oberlicht, Dämmung, Abdichtung, Attika, extensive Dachbegrünung, Entwässerung

KG	Kostengruppe	Menge Einheit	Kosten €	€/Einheit	%
400	**Bauwerk – Technische Anlagen**	1.371,00 m² BGF	937.488	**683,80**	27,7

Gebäudeentwässerung, Kalt- und Warmwasserleitungen, Sanitärobjekte; Fernwärmeversorgung, Durchlauferhitzer, Plattenheizkörper; Einzelraumlüfter, RWA-Anlage; Elektroinstallation, Beleuchtung; Datenübertragungsanlage, elektroakustische Anlage, Brandmeldeanlage; Personenaufzug

4100-0218
Schule
(2 Klassen)
Mensa
(80 Sitzplätze)

Kostenkennwerte für die Kosten des Bauwerks (Kostengruppen 300+400 nach DIN 276)

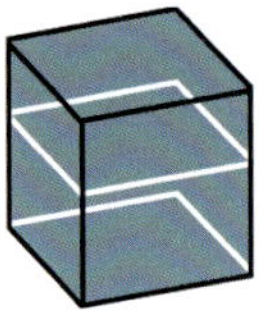

BRI 956 €/m³

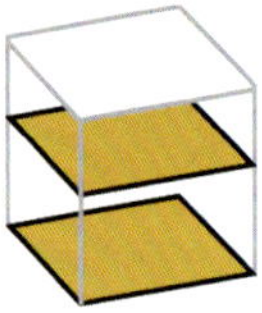

BGF 3.837 €/m²

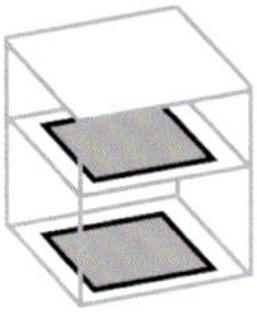

NUF 5.547 €/m²

Objekt:
Kennwerte: 1.Ebene DIN 276
BRI: 3.360 m³
BGF: 837 m²
NUF: 579 m²
Bauzeit: 56 Wochen
Bauende: 2019
Standard: mittel
Bundesland: Hessen
Kreis: Offenbach

Architekt*in:
raum-z architekten gmbh
Hanauer Landstraße 189
60314 Frankfurt

Bauherr*in:
Kreis Offenbach Fachdienst
Gebäudewirtschaft
Werner-Hilpert-Straße 1
63128 Dietzenbach

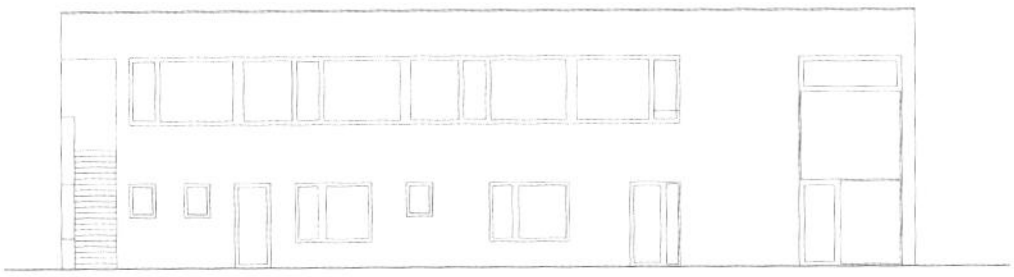

Ansicht Nord

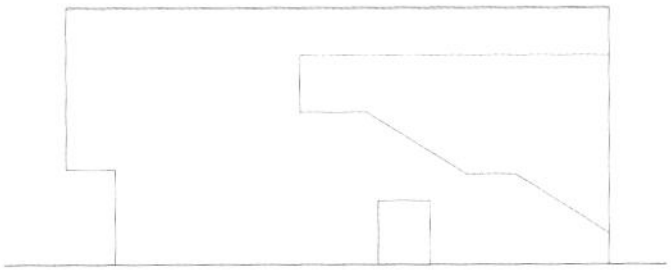

Ansicht Ost

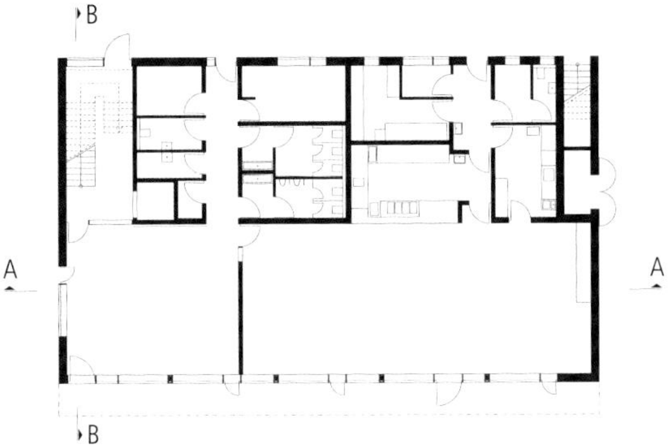

Erdgeschoss

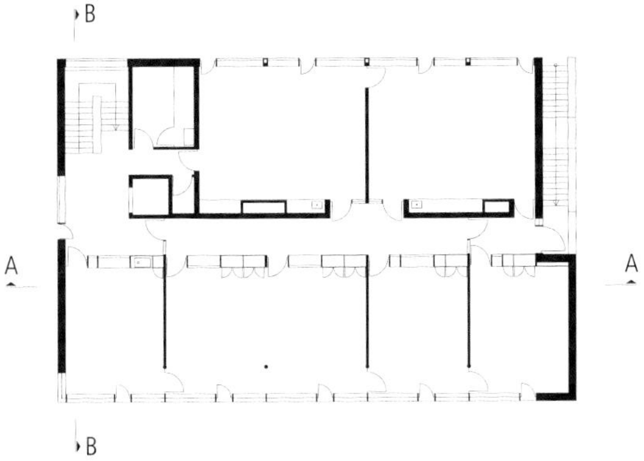

Obergeschoss

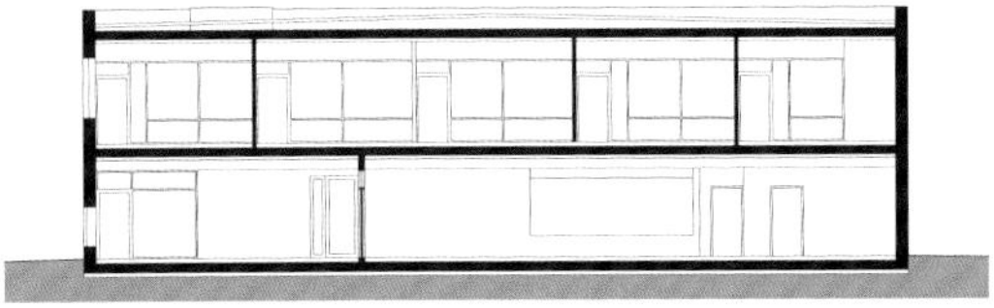

Schnitt A-A

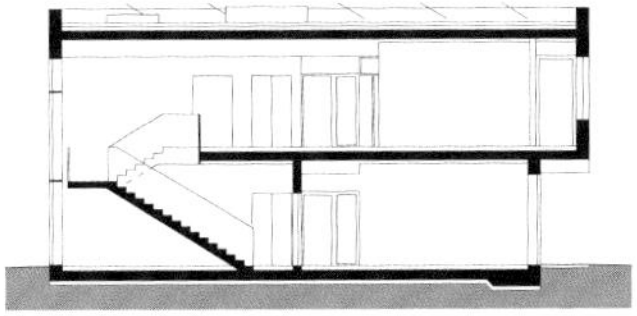

Schnitt B-B

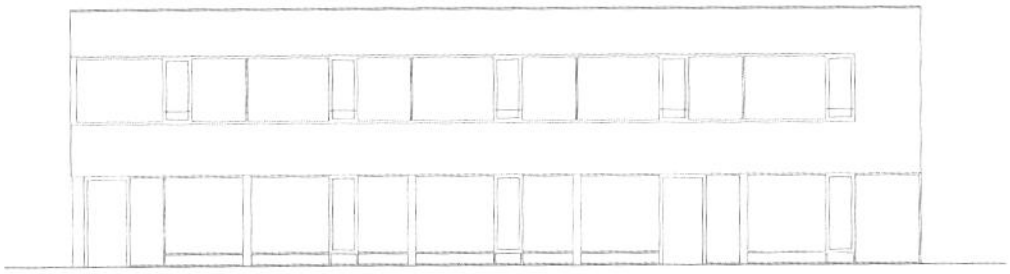

Ansicht Süd

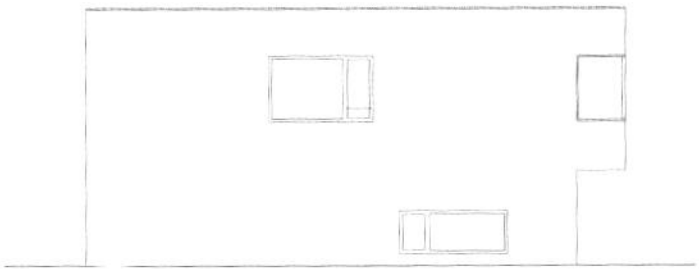

Ansicht West

4100-0218
Schule
(2 Klassen)
Mensa
(80 Sitzplätze)

Objektbeschreibung

Allgemeine Objektinformationen

Der zweigeschossige kubische Baukörper dient als Erweiterung der bestehenden Schule und verbindet Unterricht mit Betreuungsangebot. Ein geräumiger Eingangsbereich mit Garderobe führt zur Mensa, die sich mit einer großflächigen Glasfront zum Schulhof öffnet. Das offene Konzept der Betreuungs- und Schulräume im Obergeschoss ermöglicht eine flexible Nutzung der Räumlichkeiten. Die hellen Pfosten-Riegelfassaden aus Holz und der dunkelgrüne Bodenbelag sind eine Referenz an den umgebenen Wald.

Nutzung

1 Erdgeschoss
Foyer mit Garderobe, Speiseraum, Zubereitungsküche, Spülküche, Büro, Lager, WCs, Hauswirtschaftsraum, Umkleideraum, Müllraum, Technikraum

1 Obergeschoss
Klassenräume (2St), Betreuungsräume, Ruheraum, Werkraum, Lagerräume, Haustechnikräume

Nutzeinheiten

Klassen: 2
Schüler: 204
Sitzplätze: 80

Grundstück

Bauraum: Freier Bauraum
Neigung: Ebenes Gelände
Bodenklasse: BK 3 bis BK 4

Markt

Hauptvergabezeit: 4.Quartal 2018
Baubeginn: 4.Quartal 2018
Bauende: 4.Quartal 2019
Konjunkturelle Gesamtlage: über Durchschnitt
Regionaler Baumarkt: über Durchschnitt

Baukonstruktion

Der nicht unterkellerte Massivbau wurde aus Stahlbeton und Hochlochziegelmauerwerk errichtet und mit einer Putzfassade bekleidet. Pfosten-Riegelfassaden im Erdgeschoss und Fensterbänder im Obergeschoss sind mit einem Sonnenschutz ausgestattet. Zwei Treppen aus Stahlbeton verbindet die beiden Geschosse. Den oberen Gebäudeabschluss bildet ein begrüntes Flachdach. Nichttragende Wände sind in Leichtbauweise ausgeführt und beschichtet. Die Fußböden in den Fluren und Schulräumen wurden mit farbigem Linoleum belegt. Als Stauraum dienen überwiegend Einbaumöbel.

Technische Anlagen

Über einen Nahwärmeanschluss wird der Neubau mit Wärme versorgt, die mittels Fußbodenheizung im Gebäude verteilt wird. Die Belüftung der Räume erfolgt über eine allgemeine Lüftungsanlage, in der Küche wurde eine zusätzliche Lüftungsanlage installiert. In die schallabsorbierenden Abhangdecken wurde die Beleuchtung integriert. Ein Personenaufzug kam zum Einbau. Die Photovoltaikanlage auf dem Dach produziert Strom für den Eigenbedarf.

Planungskennwerte für Flächen und Rauminhalte nach DIN 277

Flächen des Grundstücks		Menge Einheit	% an GF
BF	Bebaute Fläche	399,00 m²	14,6
UF	Unbebaute Fläche	2.342,00 m²	85,4
GF	Grundstücksfläche	2.741,00 m²	100,0

Grundflächen des Bauwerks		Menge Einheit	% an NUF	% an BGF
NUF	Nutzungsfläche	579,00 m²	100,0	69,2
TF	Technikfläche	11,00 m²	1,9	1,3
VF	Verkehrsfläche	124,00 m²	21,4	14,8
NRF	Netto-Raumfläche	714,00 m²	123,3	85,3
KGF	Konstruktions-Grundfläche	123,00 m²	21,2	14,7
BGF	Brutto-Grundfläche	837,00 m²	144,6	100,0

Brutto-Rauminhalt des Bauwerks		Menge Einheit	BRI/NUF (m)	BRI/BGF (m)
BRI	Brutto-Rauminhalt	3.360,00 m³	5,80	4,01

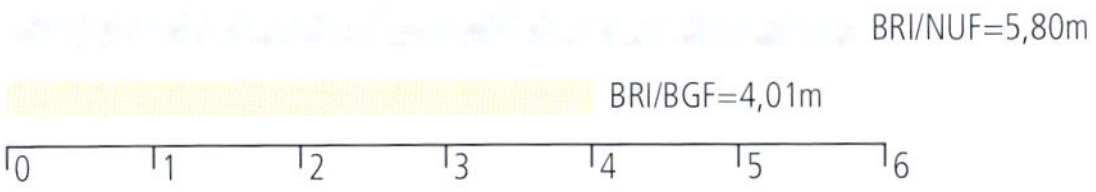

Kostenkennwerte für die Kostengruppen der 1. Ebene DIN 276

KG	Kostengruppen (1. Ebene)	Einheit	Kosten €	€/Einheit	€/m² BGF	€/m³ BRI	% 300+400
100	Grundstück	m² GF	–	–	–	–	–
200	Vorbereitende Maßnahmen	m² GF	–	–	–	–	–
300	Bauwerk – Baukonstruktionen	m² BGF	2.188.340	2.614,50	2.614,50	651,29	68,1
400	Bauwerk – Technische Anlagen	m² BGF	1.023.425	1.222,73	1.222,73	304,59	31,9
	Bauwerk 300+400	**m² BGF**	**3.211.765**	**3.837,23**	**3.837,23**	**955,88**	**100,0**
500	Außenanlagen und Freiflächen	m² AF	–	–	–	–	–
600	Ausstattung und Kunstwerke	m² BGF	–	–	–	–	–
700	Baunebenkosten	m² BGF	–	–	–	–	–
800	Finanzierung	m² BGF	–	–	–	–	–

KG	Kostengruppe	Menge Einheit	Kosten €	€/Einheit	%
3+4	**Bauwerk**				**100,0**
300	**Bauwerk – Baukonstruktionen**	837,00 m² BGF	2.188.340	**2.614,50**	68,1

Baugrubenaushub; Stb-Fundamentplatte, Heizestrich, Linoleum, Bodenfliesen, Abdichtung, Sauberkeitsschicht, Perimeterdämmung; Stb-Wände, HLz-Außenwände, Stahlstützen, Alu-Holz-Fenster, Alu-Holz-Pfosten-Riegelfassade, teilw. Sonnenschutzverglasung, Putzfassade; HLz-Innenwände, Stb-Wände, GK-Wände, Stahlstützen, Wandfliesen, WC-Trennwände; Stb-Decken, Stb-Treppe, Heizestrich, Linoleum, Bodenfliesen, abgehängte Schallschutzdecken, Treppengeländer; Stb-Dach, Dachausstieg, Dämmung, Abdichtung, Attika, extensive Dachbegrünung, Entwässerung, abgehängte Schallschutzdecke; Einbauschränke

KG	Kostengruppe	Menge Einheit	Kosten €	€/Einheit	%
400	**Bauwerk – Technische Anlagen**	837,00 m² BGF	1.023.425	**1.222,73**	31,9

Gebäudeentwässerung, Kalt- und Warmwasserleitungen, Sanitärobjekte; Nahwärmeversorgung, Fußbodenheizung; Einzelraumlüfter, Küchen-Lüftungsanlage, Teil-Klimaanlage; Elektroinstallation, PV-Anlage (93m²), Beleuchtung; elektroakustische Anlagen; Personenaufzug; Großküche

4100-0219
Gymnasium
(12 Klassen)
(330 Schüler)

Kostenkennwerte für die Kosten des Bauwerks (Kostengruppen 300+400 nach DIN 276)

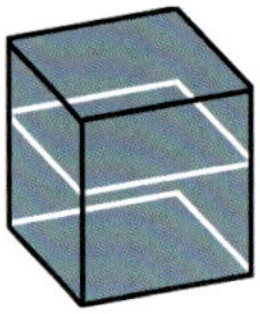

BRI 1.029 €/m³

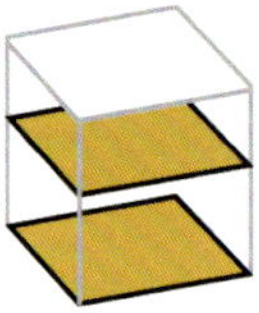

BGF 3.733 €/m²

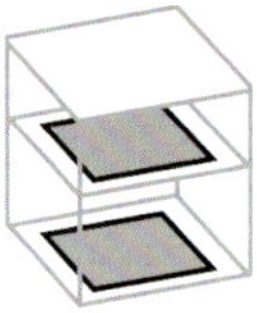

NUF 6.104 €/m²

Stahl-Raumzellen
• **Holz-Raumzellen**
Stahlbeton-Raumzellen
Ziegel-Raumzellen

Konstruktionsart

Objekt:
Kennwerte: 1. Ebene DIN 276
BRI: 4.244 m³
BGF: 1.170 m²
NUF: 716 m²
Bauzeit: 52 Wochen
Bauende: 2020
Standard: einfach
Bundesland: Niedersachsen
Kreis: Braunschweig, Stadt

Architekt*in:
werk.um architekten
Rheinstraße 99.4
64295 Darmstadt

Bauherr*in:
Stadt Braunschweig
Ägidienmarkt 6
38100 Braunschweig

© Thomas Ott, www.o2t.de

© Thomas Ott, www.o2t.de

© Thomas Ott, www.o2t.de

© Thomas Ott, www.o2t.de

Ansicht Nord

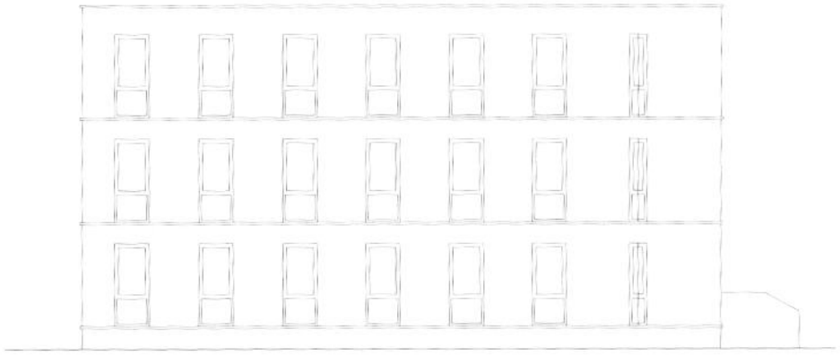

Ansicht Ost

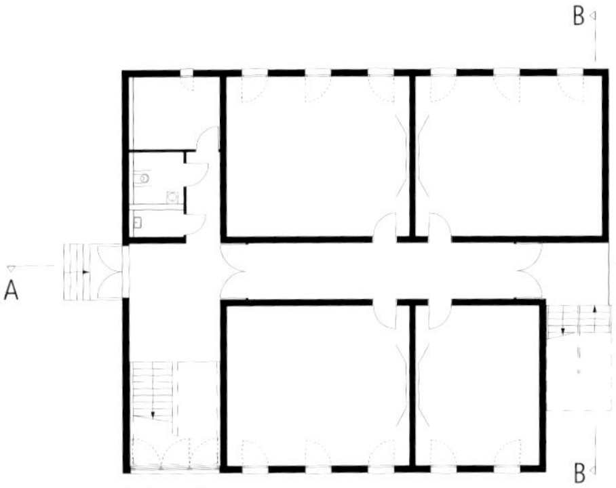

Erdgeschoss

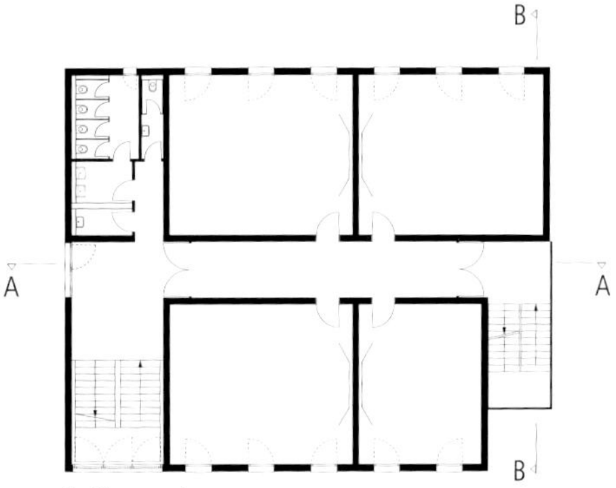

1. Obergeschoss

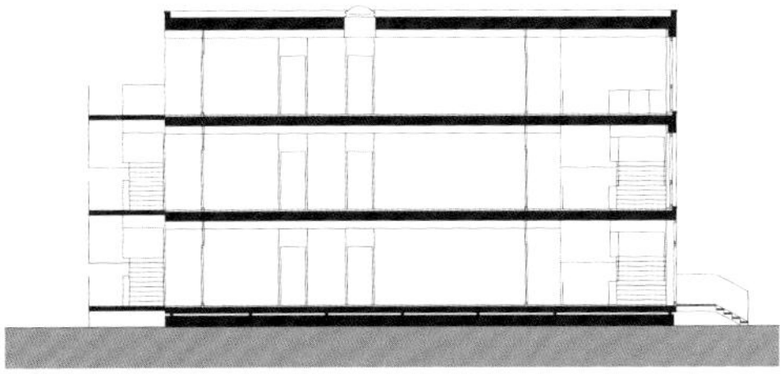

Schnitt A-A

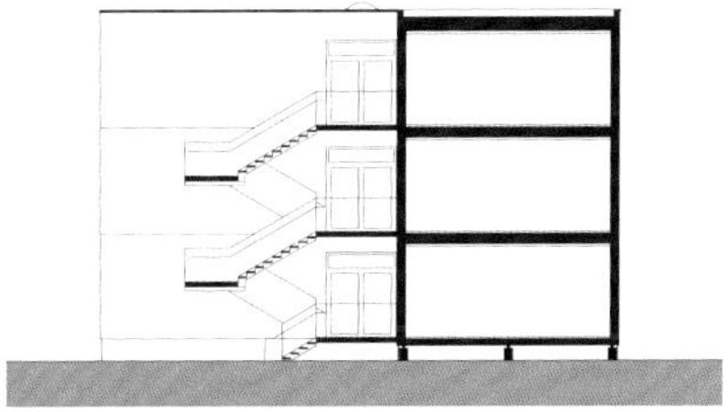

Schnitt B-B

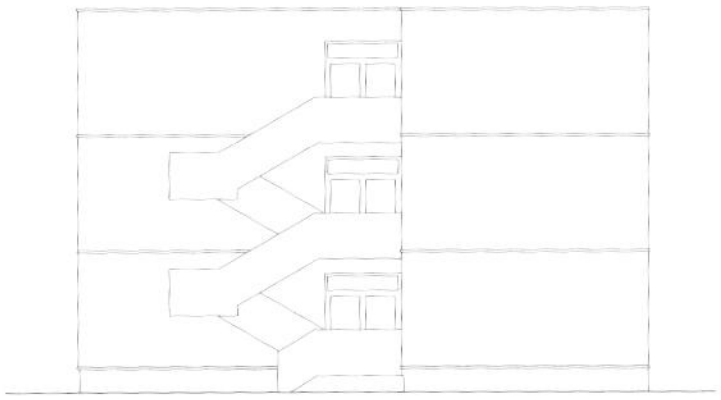

Ansicht Süd

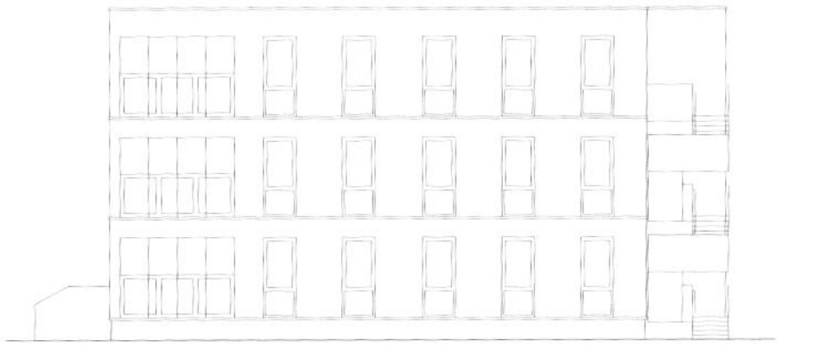

Ansicht West

Objektbeschreibung

Allgemeine Objektinformationen

Der neu errichtete Erweiterungsbau dient als dreigeschossiges temporäres Schulgebäude und bietet mit zwölf Klassenzimmern neuen Lehrraum für ca. 330 Schüler*innen und ca. 12 Lehrkräfte. Bauweise und Materialien des Holzmodulbaus werden den Ansprüchen eines temporären Erweiterungsbaus gerecht und bieten gleichzeitig eine unbefristete Nutzungszeit. Zukünftig besteht die Möglichkeit, das Gebäude innerhalb weniger Wochen an einen anderen Standort zu versetzen oder umzunutzen.

Nutzung

1 Erdgeschoss
vier Klassenräume, Nebenräume, Sanitärräume, Flur, Treppenhaus, Putzmittelraum, Technikraum

2 Obergeschosse
jeweils vier Klassenräume, Nebenräume, Sanitärräume, Flur, Treppenhaus, Putzmittelraum

Nutzeinheiten

Klassen: 12
Schüler: 330

Grundstück

Bauraum: Freier Bauraum
Neigung: Ebenes Gelände
Bodenklasse: BK 1 bis BK 3

Markt

Hauptvergabezeit: 1. Quartal 2019
Baubeginn: 2. Quartal 2019
Bauende: 2. Quartal 2020
Konjunkturelle Gesamtlage: Durchschnitt
Regionaler Baumarkt: Durchschnitt

Baukonstruktion

Das Gebäude wurde als werkseitig vorgefertigter Holztafelbau in Elementbauweise realisiert. Es ist auf Stb-Streifenfundamenten aufgeständert. Die Bodenplatte, sämtliche Wände, Decken und das Dach bestehen aus Holz. Es kamen Holzfenster und -türen zum Einbau. Raffstores dienen als Sonnenschutz. Innen verbindet eine Holztreppe die Geschosse, außen wurde eine Gerüsttreppe mit Stahlgeländer montiert.

Technische Anlagen

Der Neubau wird durch eine eigene Gas-Brennwerttherme mit Wärme versorgt. Über wandhängende Heizkörper wird die Wärme in den Räumen verteilt. Für die allgemeinen Klassenräume wurden Einzellüftungsanlagen mit Wärmerückgewinnung verwendet. Es wurden eine Brandmelde- und eine elektroakustische Anlage eingebaut.

Sonstiges

Ziel der Bauaufgabe war, einen hohen Grad an Vorfertigung in der Werkstatt zu ermöglichen, um einerseits eine effiziente Produktion und andererseits kurze Montagezeiten auf der Baustelle zu erreichen. So war der Schulbetrieb durch die Baustelle nur sehr kurz eingeschränkt.

Energetische Kennwerte

Gesetzliche Grundlage: EnEV 2013
Hüllfläche des beheizten Volumens: 1.628,60 m²
Spez. Jahresprimärenergiebedarf: 208,50 kWh/(m²·a)

Energetische Angaben zu Außenbauteilen

Bodenplatte gegen Hohlraum unten

U-Wert: 0,19 W/(m²·K)

Gesamtdicke: 28,25 cm	d [cm]	λ [W/(m·K)]
Linoleum	0,25	0,170
OSB-Platte	1,30	0,130
OSB-Platte	1,30	0,130
Dämmung	2,00	0,042
OSB-Platte	2,20	0,130
Dämmung Zellulose	20,00	0,040
Holz	20,00	0,130
GK-Platte	1,20	0,300

Außenwand hinterlüftet

U-Wert: 0,21 W/(m²·K)

Gesamtdicke: 23,70 cm	d [cm]	λ [W/(m·K)]
OSB-Platte	2,20	0,130
Dämmung Zellulose	20,00	0,040
Holz	20,00	0,130
Holzfaserplatte	1,50	0,090

Dach Klassenraum

U-Wert: 0,10 W/(m²·K)

Gesamtdicke: 46,40 cm	d [cm]	λ [W/(m·K)]
Dämmung	4,00	0,047
Holz	4,00	0,130
Luftschicht ruhend	2,00	0,094
Holz	2,00	1,300
OSB-Platte	2,20	0,130
Dämmung Zellulose	20,00	0,040
Holz	20,00	0,130
OSB-Platte	2,20	0,130
Dämmung	16,00	0,035

Dach

U-Wert: 0,11 W/(m²·K)

Gesamtdicke: 47,65 cm	d [cm]	λ [W/(m·K)]
GK-Platte	1,25	0,210
Luftschicht ruhend	6,00	1,875
Holz	6,00	0,130
OSB-Platte	2,20	0,130
Dämmung Zellulose	20,00	0,040
Holz	20,00	0,130
OSB-Platte	2,20	0,130
Dämmung	16,00	0,037

Planungskennwerte für Flächen und Rauminhalte nach DIN 277

Flächen des Grundstücks		Menge Einheit	% an GF
BF	Bebaute Fläche	–	–
UF	Unbebaute Fläche	–	–
GF	Grundstücksfläche	–	–

Grundflächen des Bauwerks		Menge Einheit	% an NUF	% an BGF
NUF	Nutzungsfläche	715,57 m²	100,0	61,2
TF	Technikfläche	12,74 m²	1,8	1,1
VF	Verkehrsfläche	245,04 m²	34,2	20,9
NRF	Netto-Raumfläche	973,35 m²	136,0	83,2
KGF	Konstruktions-Grundfläche	196,55 m²	27,5	16,8
BGF	Brutto-Grundfläche	1.169,90 m²	163,5	100,0

Brutto-Rauminhalt des Bauwerks		Menge Einheit	BRI/NUF (m)	BRI/BGF (m)
BRI	Brutto-Rauminhalt	4.243,83 m³	5,93	3,63

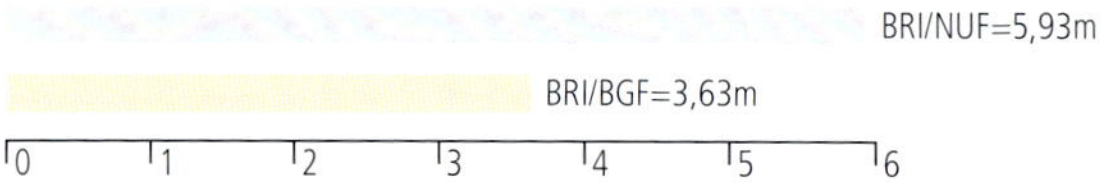

Kostenkennwerte für die Kostengruppen der 1.Ebene DIN 276

KG	Kostengruppen (1.Ebene)	Einheit	Kosten €	€/Einheit	€/m² BGF	€/m³ BRI	% 300+400
100	Grundstück	m² GF	–	–	–	–	–
200	Vorbereitende Maßnahmen	m² GF	–	–	–	–	–
300	Bauwerk – Baukonstruktionen	m² BGF	3.467.760	2.964,15	2.964,15	817,13	79,4
400	Bauwerk – Technische Anlagen	m² BGF	899.721	769,06	769,06	212,01	20,6
	Bauwerk 300+400	**m² BGF**	**4.367.482**	**3.733,21**	**3.733,21**	**1.029,14**	**100,0**
500	Außenanlagen und Freiflächen	m² AF	–	–	–	–	–
600	Ausstattung und Kunstwerke	m² BGF	–	–	–	–	–
700	Baunebenkosten	m² BGF	–	–	–	–	–
800	Finanzierung	m² BGF	–	–	–	–	–

KG	Kostengruppe	Menge Einheit	Kosten €	€/Einheit	%
3+4	**Bauwerk**				**100,0**
300	**Bauwerk – Baukonstruktionen**	1.169,90 m² BGF	3.467.760	**2.964,15**	79,4

Erdarbeiten; Stb-Streifenfundamente, aufgeständerte Bodenplatte in Holztafel-Elementbauweise, d=260mm, Kautschukbelag, Holzsockel; Holztafel-Elementbau-Außenwände mit fertigen Oberflächen und vorinstallierter Technik, Holzfenster und -türen, außen Lärchenholzfassade als vertikale Schalung, innen sichtbare OSB-Oberflächen, Alu-Raffstoreanlagen; Holztafel-Elementbau-Innenwände mit fertigen Oberflächen und vorinstallierter Technik, Holzinnentüren; Holztafel-Elementbaudecken, Holz-Innentreppe, Gerüst-Außentreppe, Splittschüttung, Trockenestrich, Kautschukbelag, Holzsockel, Akustik-Unterdecken als Vollholz-Leistenschalung, Unterdecken Holzwolle-Leichtbauplatten, GK-Decken; Holztafel-Elementbaudach, Lichtkuppel, Gefälledämmung, Dachabdichtung, Dachentwässerung

KG	Kostengruppe	Menge Einheit	Kosten €	€/Einheit	%
400	**Bauwerk – Technische Anlagen**	1.169,90 m² BGF	899.721	**769,06**	20,6

Gebäudeentwässerung, Kalt- und Warmwasserleitungen, Sanitärobjekte; wassergeführte Gasheizung mit Brennwerttechnik, Heizungsrohre, wandhängende Heizkörper; Lüftungsgeräte mit WRG; Elektroinstallation, Beleuchtung, Fluchtwegbeleuchtung, Blitzschutz; Brandmeldeanlage, ELA-Anlage; Serverschrank, Datennetzwerk

4100-0222
Oberstufen-
gymnasium
(450 Schüler)

Kostenkennwerte für die Kosten des Bauwerks (Kostengruppen 300+400 nach DIN 276)

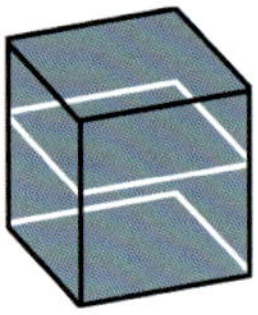

BRI 896 €/m³

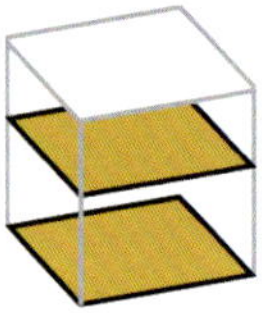

BGF 3.583 €/m²

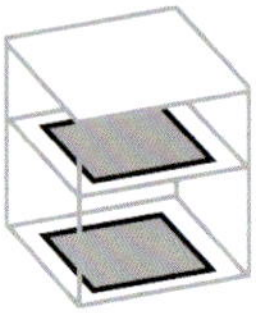

NUF 5.936 €/m²

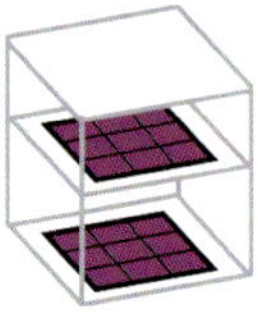

NE 53.263 €/NE

NE: Schüler

Objekt:
Kennwerte: 1.Ebene DIN 276
BRI: 26.759 m³
BGF: 6.690 m²
NUF: 4.038 m²
Bauzeit: 131 Wochen
Bauende: 2021
Standard: hoch
Bundesland: Hessen
Kreis: Wiesbaden, Stadt

Architekt*in:
architektei mey gmbh
Ferdinand-Porsche-Straße 11
60386 Frankfurt am Main

Bauherr*in:
Hochbauamt der
Landeshauptstadt Wiesbaden
Gustav-Stresemann-Ring 15
65189 Wiesbaden

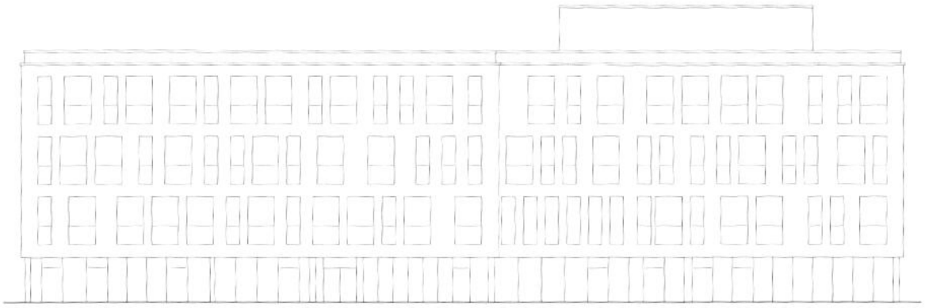

Ansicht West

Erdgeschoss

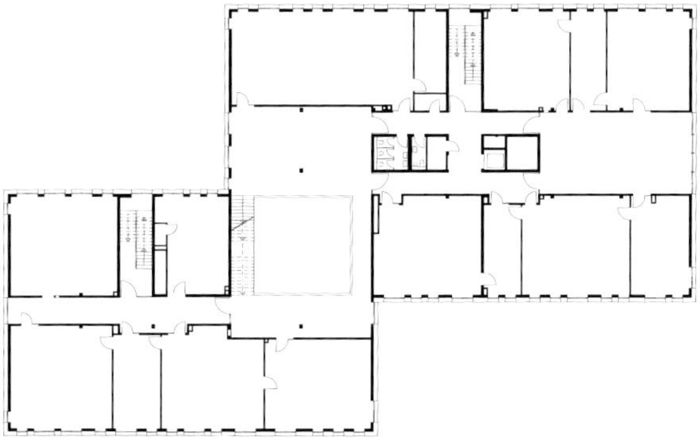

2. Obergeschoss

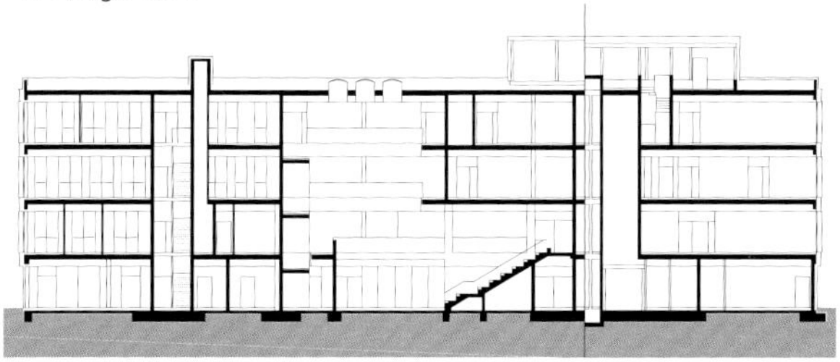

Schnitt A-A

Objektbeschreibung

Allgemeine Objektinformationen

Das Gebäude wird über einen zentralen Luftraum mit Freitreppen erschlossen, an den sich die Flure zu den Räumen in Form von zwei versetzten Gebäudeflügeln aufreihen. Der Haupteingang mündet in einen zentralen Erschließungsbereich mit Sitzstufenanlage im Erdgeschoss und Lernzonen in den Obergeschossen. Er dient der Schule als Aula-, Pausen- und Aufenthaltsraum. In den OGs dienen die breiten Flure als offene Lernzonen. Die Ausformung des Gebäudes entwickelte sich aus der Vorgabe, die Kaltluftströmung von Nordosten zum Zentrum Wiesbadens möglichst nicht zu beeinträchtigen.

Nutzung

1 Erdgeschoss
Aula, Kommunikationszentrum, Fachräume, Café, Küche, Bibliotheken, Klassenräume, Lager, Hausmeisterraum, Werkstatt, WCs, Technik, Hausanschlussräume, BMA

3 Obergeschosse
Kommunikationszentrum, Fachräume, Fachsammlungen, Konferenzraum, EDV-Raum, Lernzonen, Labore, interdisziplinäre Klassenräume, Gruppenräume, Lesung, Büros, Lehrerzimmer, Teeküche, WCs, Lagerräume, Technik, Loggien

1 Dachgeschoss
Staffelgeschoss: Technikzentrale, Abstellraum

Besonderer Kosteneinfluss Nutzung
Als einziges Oberstufengymnasium in Wiesbaden erhielt das Bauwerk einen hohen Anteil Haustechnik für Fachräume und Labore.

Nutzeinheiten

Schüler: 450

Grundstück

Bauraum: Freier Bauraum
Neigung: Geneigtes Gelände
Bodenklasse: BK 1 bis BK 4

Besonderer Kosteneinfluss Grundstück
Kostenintensive Baugrundverbesserungen mit Rüttelstopfsäulen

Markt

Hauptvergabezeit: 1. Quartal 2019
Baubeginn: 2. Quartal 2019
Bauende: 4. Quartal 2021
Konjunkturelle Gesamtlage: über Durchschnitt
Regionaler Baumarkt: Durchschnitt

Baukonstruktion

Aufgrund der schlechten Bodenbeschaffenheit war eine Baugrundverbesserung mit Rüttelstopfsäulen notwendig. Das nicht unterkellerte Bauwerk gründet auf Streifenfundamenten und einer Stb-Bodenplatte. Sämtliche Außenwände wurden in Stahlbeton mit vorgehängter Klinkerfassade ausgeführt. Das EG wurde Mithilfe einer Pfostenriegelfassade komplett verglast. Es kamen dreifachverglaste Alufenster zum Einsatz. Die Flurwände sind als Trockenbauwände ausgeführt. Die Stahlbetondecken erhielten auf dem Estrich einen Kautschukbelag. In den Treppenbereichen wurde Betonwerkstein verlegt. In den meisten Räumen sind Akustikdecken abgehängt.

Technische Anlagen

Die Wärmeversorgung erfolgt über einen Fernwärmeanschluss und Radiavektoren. Alle Räume der Hauptnutzfläche, der viergeschossige zentrale Luftraum und die WC-Anlagen werden be- und entlüftet. Auf dem Dach befinden sich die Technikzentrale und eine PV-Anlage. Eine Beschallungsanlage, eine Brandmeldeanlage, eine Sprinkleranlage und eine Einbruchsicherungsanlage sind eingebaut. Die Fachklassen wurden mit labortechnischen Anlagen bestückt.

Energetische Kennwerte

Gesetzliche Grundlage: EnEV 2013
Gebäudenutzfläche: 5.597,00 m^2
Gebäudevolumen: 22.101,00 m^3
A/V_e-Verhältnis (Kompaktheit): 0,28 m^{-1}
Hüllfläche des beheizten Volumens: 6.165,00 m^2
Spez. Transmissionswärmeverlust: 0,36 W/(m^2·K)
Mittlerer U-Wert (opake Bauteile): 0,16 W/(m^2·K)
Mittlerer U-Wert (transparente Bauteile): 0,80 W/(m^2·K)
Spez. Jahresprimärenergiebedarf: 61,10 kWh/(m^2·a)
Spez. Jahresendenergiebedarf: 101,90 kWh/(m^2·a)
CO_2-Emissionen: 34,03 kg/(m^2·a)

Energetische Angaben zu Außenbauteilen

Bodenplatte

U-Wert: 0,36 W/(m²·K)

Gesamtdicke: 40,00 cm	d [cm]	λ [W/(m·K)]
Stahlbeton	3,00	2,100
Mörtel	1,00	1,200
Estrich	6,50	1,400
Dämmung MW	3,00	0,041
Dämmung XPS	6,00	0,036
Bitumenbahn	0,50	0,170
Stahlbeton	20,00	2,100

Außenwand Sockel

U-Wert: 0,36 W/(m²·K)

Gesamtdicke: 30,00 cm	d [cm]	λ [W/(m·K)]
Stahlbeton	20,00	2,100
Dämmung XPS	10,00	0,040

Außenwand Emailliertes Glas

U-Wert: 0,32 W/(m²·K)

Gesamtdicke: 35,70 cm	d [cm]	λ [W/(m·K)]
Stahlbeton	25,00	2,100
Dampfsperre	0,10	0,170
Dämmung MW	10,00	0,036
Glas	0,60	0,800

Decke gegen Außenluft unten

U-Wert: 0,13 W/(m²·K)

Gesamtdicke: 70,92 cm	d [cm]	λ [W/(m·K)]
Linoleum	0,40	0,170
Estrich	6,50	1,400
Dämmung MW	3,00	0,041
Dämmung XPS	4,00	0,036
PE-Folie	0,02	0,300
Stahlbeton	35,00	2,100
Dämmung MW	20,00	0,036
Außenputz	2,00	0,870

Außenwand Klinker

U-Wert: 0,14 W/(m²·K)

Gesamtdicke: 56,50 cm	d [cm]	λ [W/(m·K)]
Stahlbeton	20,00	2,100
Dämmung MW	24,00	0,036
Luftschicht ruhend	1,00	0,067
Klinker	11,50	0,810

Dach

U-Wert: 0,13 W/(m²·K)

Gesamtdicke: 62,30 cm	d [cm]	λ [W/(m·K)]
Stahlbeton	35,00	2,100
Bitumenbahn	0,40	0,170
Dämmung MW	26,00	0,036
Bitumenbahn	0,90	0,170

Dach Technikzentrale

U-Wert: 0,33 W/(m²·K)

Gesamtdicke: 11,60 cm	d [cm]	λ [W/(m·K)]
Bitumenbahn	0,50	0,170
Bitumenbahn	0,50	0,170
Dämmung EPS	10,00	0,036
Bitumenbahn	0,40	0,170
Stahl	0,20	50,000

Planungskennwerte für Flächen und Rauminhalte nach DIN 277

Flächen des Grundstücks		Menge Einheit	% an GF
BF	Bebaute Fläche	1.632,00 m²	23,9
UF	Unbebaute Fläche	5.204,00 m²	76,1
GF	Grundstücksfläche	6.836,00 m²	100,0

Grundflächen des Bauwerks		Menge Einheit	% an NUF	% an BGF
NUF	Nutzungsfläche	4.038,00 m²	100,0	60,4
TF	Technikfläche	345,16 m²	8,5	5,2
VF	Verkehrsfläche	1.154,60 m²	28,6	17,3
NRF	Netto-Raumfläche	5.537,76 m²	137,1	82,8
KGF	Konstruktions-Grundfläche	1.152,11 m²	28,5	17,2
BGF	Brutto-Grundfläche	6.689,87 m²	165,7	100,0

Brutto-Rauminhalt des Bauwerks		Menge Einheit	BRI/NUF (m)	BRI/BGF (m)
BRI	Brutto-Rauminhalt	26.758,68 m³	6,63	4,00

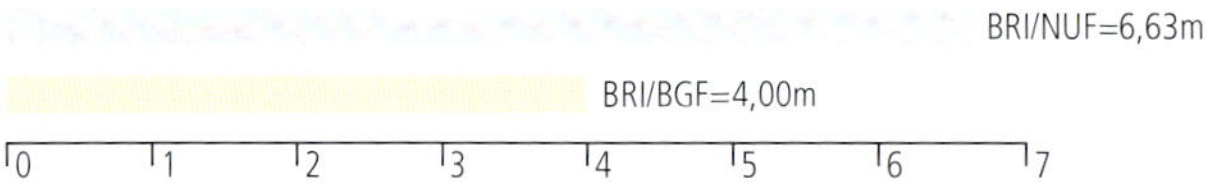

Kostenkennwerte für die Kostengruppen der 1.Ebene DIN 276

KG	Kostengruppen (1.Ebene)	Einheit	Kosten €	€/Einheit	€/m² BGF	€/m³ BRI	% 300+400
100	Grundstück	m² GF	–	–	–	–	–
200	Vorbereitende Maßnahmen	m² GF	–	–	–	–	–
300	Bauwerk – Baukonstruktionen	m² BGF	17.045.895	2.548,02	2.548,02	637,02	71,1
400	Bauwerk – Technische Anlagen	m² BGF	6.922.578	1.034,79	1.034,79	258,70	28,9
	Bauwerk 300+400	**m² BGF**	**23.968.473**	**3.582,80**	**3.582,80**	**895,73**	**100,0**
500	Außenanlagen und Freiflächen	m² AF	–	–	–	–	–
600	Ausstattung und Kunstwerke	m² BGF	–	–	–	–	–
700	Baunebenkosten	m² BGF	–	–	–	–	–
800	Finanzierung	m² BGF	–	–	–	–	–

KG	Kostengruppe	Menge Einheit	Kosten €	€/Einheit	%
3+4	**Bauwerk**				**100,0**
300	**Bauwerk – Baukonstruktionen**	6.689,87 m² BGF	17.045.895	**2.548,02**	71,1

Baugrubenaushub; Bodenaustausch, Baugrundverbesserung mit Rüttelstopfsäulen, Stb-Fundamente, Stb-Bodenplatte, Estrich, Beschichtung, Kautschukbodenbelag, Betonwerkstein, Bodenfliesen, Abdichtung, Kiesfilterschicht, Perimeterdämmung; Stb-Wände, teilw. Sichtbeton, Stb-Stützen, Alu-Pfosten-Riegelfassade (EG), Aluminiumfenster, Dreifachverglasung, teilw. Schallschutzverglasung, Sonnenschutzverglasung, Wärmedämmung, Ziegelfassade (OGs), HPL-Fassade (Technikzentrale DG), Alu-Sonnenschutzlamellen, Glasgeländer; GK-Wände, Innenfenster, Wandfliesen, WC-Trennwände, mobile Trennwand, Glasgeländer, Handläufe; Stb-Decken, Stb-Treppen, Sichtbeton, Stahltreppen, abgehängte GK-Decken, Schallschutzdecken, Stahlgeländer, Glas-Stahlgeländer, Treppengeländer; Stb-Dach, Oberlichter, Stahl-Trapezblech (Technikzentrale DG), Dämmung, Abdichtung, Attika, extensive Dachbegrünung, Kies, innenliegende Entwässerung; Einbauküchen, Einbauschränke, Theken, Garderoben, Einbauregale

KG	Kostengruppe	Menge Einheit	Kosten €	€/Einheit	%
400	**Bauwerk – Technische Anlagen**	6.689,87 m² BGF	6.922.578	**1.034,79**	28,9

Gebäudeentwässerung, Kaltwasserleitungen, dezentrale Warmwasser-Bereiter, Sanitärobjekte; Fernwärmeversorgung, Radiavektoren; kontrollierte Be- und Entlüftung mit Wärmerückgewinnung im Wechselbetrieb zwischen Schulbetrieb und Nutzung der Aula als Versammlungsstätte, RWA-Anlage; Elektroinstallation, PV-Anlage, Beleuchtung, Sicherheitsleuchten, Notstromversorgung, Blitzschutzanlage; Datenübertragungsanlage, Beschallungsanlagen, Brandmeldeanlage, NGRS Notfall-Gefahren-Rettungssystem; Personenaufzug; labortechnische Anlagen in naturwissenschaftlichen Fachklassen, Feuerlöscher, Sprinkleranlage, Einbruchsicherungsanlage, elektronische Zugangskontrolle der Eingangstür mit Chipkarten

4100-0223
Grundschule
(8 Klassen)
(224 Schüler)
Sporthalle

Kostenkennwerte für die Kosten des Bauwerks (Kostengruppen 300+400 nach DIN 276)

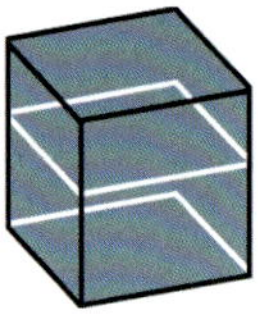

BRI 748 €/m³

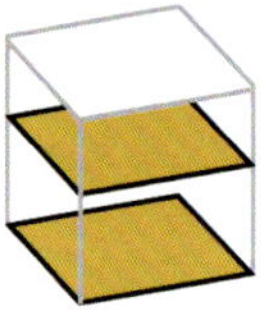

BGF 3.631 €/m²

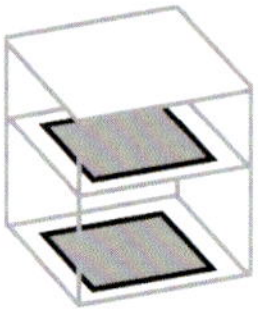

NUF 5.524 €/m²

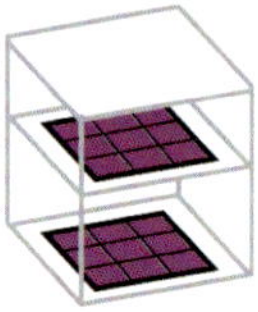

NE 66.894 €/NE

NE: Schüler

Objekt:
Kennwerte: 1.Ebene DIN 276
BRI: 20.045 m³
BGF: 4.126 m²
NUF: 2.713 m²
Bauzeit: 65 Wochen
Bauende: 2020
Standard: hoch
Bundesland: Nordrhein-Westfalen
Kreis: Herford

Architekt*in:
BKS Architekten GmbH
Ostertorstraße 6
32312 Lübbecke

Bauherr*in:
Gemeinde Rödinghausen
Heerstraße 2
32289 Rödinghausen

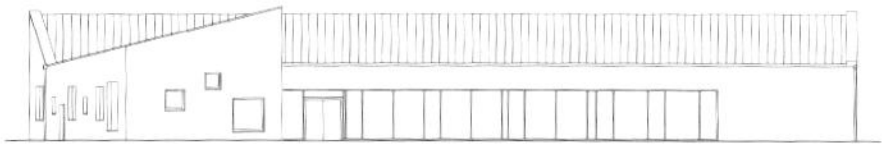

Ansicht Nord

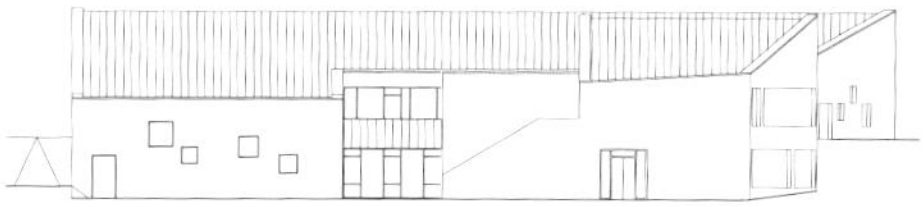

Ansicht Süd

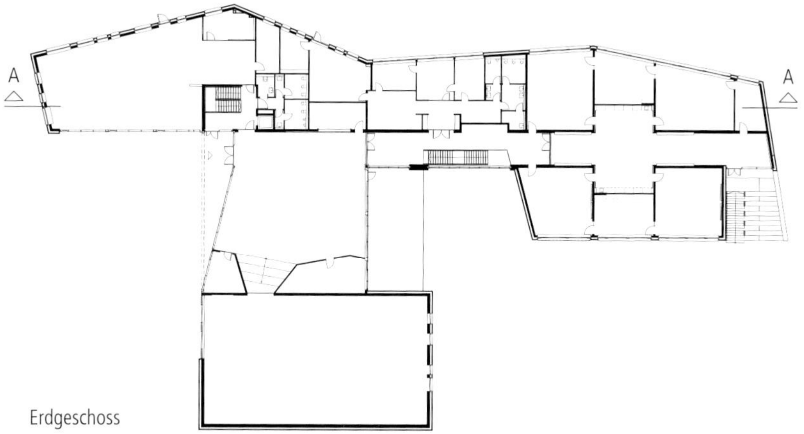

Erdgeschoss

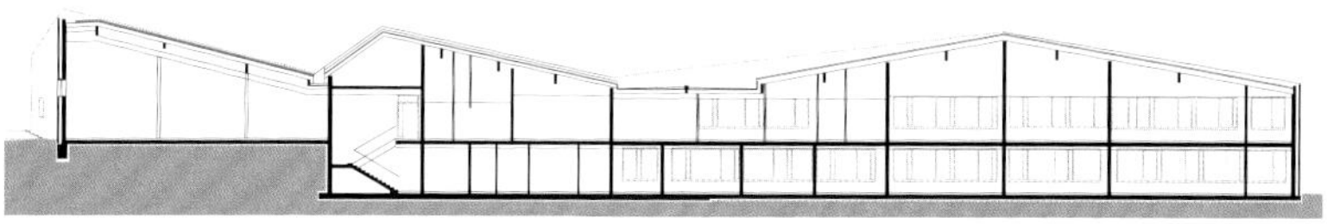

Schnitt A-A

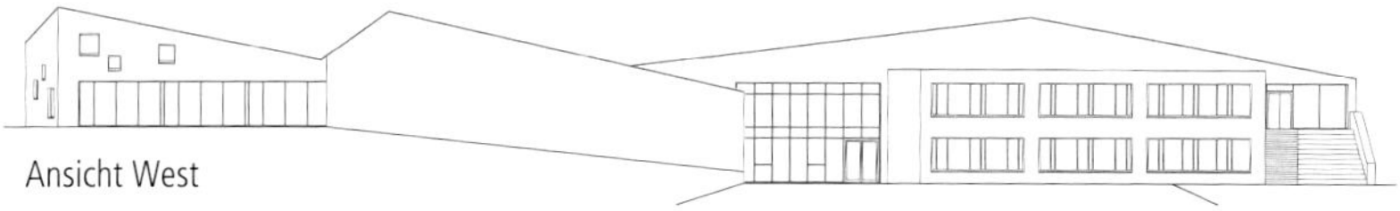

Ansicht West

Ansicht Ost

4100-0223
Grundschule
(8 Klassen)
(224 Schüler)
Sporthalle

Objektbeschreibung

Allgemeine Objektinformationen

Der Neubau umfasst die allgemeine Schulnutzung, eine Einfeldsporthalle sowie die Gemeindebücherei des Ortes. Das in die abfallende Landschaft eingebettete Gebäude reagiert in seiner Form auf die ländliche Umgebung. Die im Osten mehrfach geknickte Klinkermauerfassade setzt sich in den ortstypischen Satteldächern fort. Durch das Herausstellen der Biblio- und Mediathek mit seinem einladenden Pultdach, wird ein gefasster öffentlicher Eingangsplatz formuliert. Das Gebäude ist im Inneren durch eine lang gestreckte Magistrale „Schulstraße" strukturiert, entlang derer der Besucher zur „gemeinsamen Mitte", zu den Klassenclustern geleitet wird. Entlang dieser Schulstraße entwickeln sich durch Aufweitungen und eingestellte Sitz- und Gestaltungselemente „Zonen des Lernens", bis hin zu einer multifunktional nutzbaren Sitzlerntreppe. Dies sind Elemente des pädagogischen Konzepts.

Nutzung

1 Untergeschoss
Halle, Lernflur, Unterrichtsräume, Differenzierungsräume, Besprechungsräume, Betreuungsraum, Einfeldsporthalle, Geräteraum, Personalraum, Archiv, Lager, Umkleiden, Duschen, WCs, Wasseraufbereitung, BMA-Raum, Technikräume

1 Erdgeschoss
Gemeinsame Mitte, Halle, Lernflur, Biblio-/Mediathek, Unterrichtsräume, Differenzierungsräume, Besprechungsraum, Büros, Lehrerzimmer, Erste-Hilfe-Raum, Küche, Archiv, WCs, Hausmeister, Lager

Nutzeinheiten

Klassen: 8
Schüler: 224

Grundstück

Bauraum: Freier Bauraum
Neigung: Geneigtes Gelände
Bodenklasse: BK 1 bis BK 4

Markt

Hauptvergabezeit: 2. Quartal 2019
Baubeginn: 2. Quartal 2019
Bauende: 3. Quartal 2020
Konjunkturelle Gesamtlage: Durchschnitt
Regionaler Baumarkt: unter Durchschnitt

Baukonstruktion

Das Gebäude ist in Massivbauweise mit Stahlbetonsohle und Stahlbetongeschossdecken realisiert. Die Gründung wurde durch Bodenverbesserungsmaßnahmen ertüchtigt. Die Außen- und Innenwände bestehen aus Beton sowie Kalksandsteinmauerwerk. Stellenweise kommen Gipskartonständerwände zum Einsatz. Die Ausbildung der Dachflächen wurde als Holzkonstruktion mit Pfannendeckung umgesetzt. Die Fassade wird von nachhaltigem beige-grauen Verblendmauerwerk dominiert. Eingestreute Lochfenstermotive wechseln sich mit großflächig verbindenden Öffnungen aus eloxierten Pfosten-Riegel-Fassadenelementen ab.

Technische Anlagen

Die Wärmeerzeugung erfolgt mittels einer bivalenten Wärmeerzeugungsanlage bestehend aus einer Luft-Wasser-Wärmepumpe und einem Gas-Brennwertkessel. Die Luft-Wasser-Wärmepumpe befindet sich im Außenbereich und deckt mindestens 50% der Jahresheizarbeit ab. Sie wird ab einer Außentemperatur <3°C abgeschaltet. Zur Deckung der Gesamtjahresheizlast wird der Gas-Brennwert-Kessel zugeschaltet. Die Wärmeverteilung erfolgt über eine Fußbodenheizung. Die komplette Lüftungstechnik der Grundschule wird über ein zentrales Lüftungsgerät versorgt. Es erfolgt keine Kühlung der Zuluft und damit der Raumluft.

Sonstiges

Die Auswahl der Materialien und Farben folgte dem Prinzip der Ausgeglichenheit funktionaler und gestalterischen Elemente. Zurückhaltende, natürlich warme Erdtöne stehen im Kontrast zu Akzenten in kindgerechten Grundfarben gelb und rot. Dem Thema Nachhaltigkeit wurde neben überdurchschnittlicher Energieeffizienz, Einbau einer PV-Anlage, auch in der gewissenhaften wertigen Materialwahl und einer großen Solidität im Hinblick auf die Lebenszykluskosten Rechnung getragen.

Energetische Kennwerte

Gesetzliche Grundlage: EnEV 2013
Hüllfläche des beheizten Volumens: 7.227,40 m^2
Spez. Transmissionswärmeverlust: 0,31 W/(m^2·K)
Mittlerer U-Wert (opake Bauteile): 0,16 W/(m^2·K)
Mittlerer U-Wert (transparente Bauteile): 1,30 W/(m^2·K)
Spez. Jahresprimärenergiebedarf: 113,99 kWh/(m^2·a)

Energetische Angaben zu Außenbauteilen

Bodenplatte

U-Wert: 0,26 W/(m²·K)

Gesamtdicke: 51,54 cm	d [cm]	λ [W/(m·K)]
Bodenbelag	1,00	0,170
Estrich	6,50	1,400
Trennlage	0,00	0,200
Trittschalldämmung	2,00	0,040
Stahlbeton	30,00	2,300
PE-Folie	0,04	0,200
Dämmung	12,00	0,040

Außenwand gegen Erdreich

U-Wert: 0,31 W/(m²·K)

Gesamtdicke: 37,00 cm	d [cm]	λ [W/(m·K)]
Stahlbeton	25,00	2,300
Dämmung	12,00	0,040

Außenwand im Erdreich

U-Wert: 0,19 W/(m²·K)

Gesamtdicke: 43,00 cm	d [cm]	λ [W/(m·K)]
Stahlbeton	25,00	2,300
Dämmung MW	18,00	0,035

Dachterrasse

U-Wert: 0,28 W/(m²·K)

Gesamtdicke: 43,50 cm	d [cm]	λ [W/(m·K)]
Stahlbeton	25,00	2,300
Dampfsperre	0,40	1,000
Dämmung PUR	8,00	0,025
Abdichtung	0,10	0,170
Terrassenaufbau	10,00	1,300

Flachdach

U-Wert: 0,15 W/(m²·K)

Gesamtdicke: 42,80 cm	d [cm]	λ [W/(m·K)]
Stahlbeton	20,00	2,300
Dampfsperre	0,40	1,000
Dämmung	10,00	0,035
Dämmung	12,00	0,035
Abdichtung	0,40	0,170

Satteldach

U-Wert: 0,15 W/(m²·K)

Gesamtdicke: 33,50 cm	d [cm]	λ [W/(m·K)]
GK-Platte	2,50	0,250
Luftschicht ruhend	2,80	0,313
Holz	2,80	0,130
Dampfbremse	0,10	0,200
Dämmung MW	24,00	0,035
Holz	24,00	0,130
Luftschicht ruhend	4,00	0,313
Holz	4,00	0,130
Unterdeckbahn	0,10	0,200

Planungskennwerte für Flächen und Rauminhalte nach DIN 277

Flächen des Grundstücks		Menge Einheit	% an GF
BF	Bebaute Fläche	4.651,00 m²	48,0
UF	Unbebaute Fläche	5.035,00 m²	52,0
GF	Grundstücksfläche	9.686,00 m²	100,0

Grundflächen des Bauwerks		Menge Einheit	% an NUF	% an BGF
NUF	Nutzungsfläche	2.712,77 m²	100,0	65,7
TF	Technikfläche	112,22 m²	4,1	2,7
VF	Verkehrsfläche	467,05 m²	17,2	11,3
NRF	Netto-Raumfläche	3.292,04 m²	121,4	79,8
KGF	Konstruktions-Grundfläche	834,18 m²	30,8	20,2
BGF	Brutto-Grundfläche	4.126,22 m²	152,1	100,0

Brutto-Rauminhalt des Bauwerks		Menge Einheit	BRI/NUF (m)	BRI/BGF (m)
BRI	Brutto-Rauminhalt	20.044,88 m³	7,39	4,86

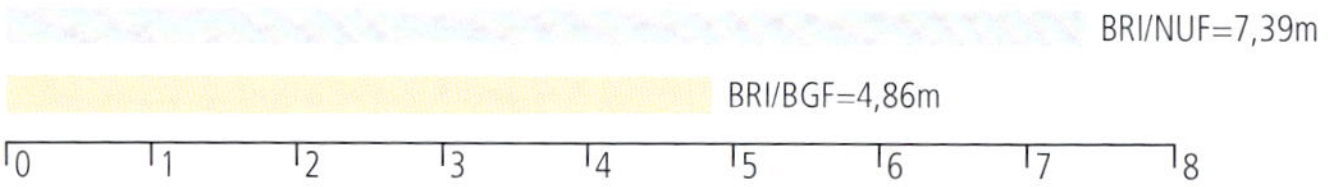

Kostenkennwerte für die Kostengruppen der 1.Ebene DIN 276

KG	Kostengruppen (1.Ebene)	Einheit	Kosten €	€/Einheit	€/m² BGF	€/m³ BRI	% 300+400
100	Grundstück	m² GF	–	–	–	–	–
200	Vorbereitende Maßnahmen	m² GF	–	–	–	–	–
300	Bauwerk – Baukonstruktionen	m² BGF	12.042.790	2.918,60	2.918,60	600,79	80,4
400	Bauwerk – Technische Anlagen	m² BGF	2.941.355	712,84	712,84	146,74	19,6
	Bauwerk 300+400	**m² BGF**	**14.984.145**	**3.631,45**	**3.631,45**	**747,53**	**100,0**
500	Außenanlagen und Freiflächen	m² AF	1.036.620	140,27	251,23	51,71	6,9
600	Ausstattung und Kunstwerke	m² BGF	–	–	–	–	–
700	Baunebenkosten	m² BGF	–	–	–	–	–
800	Finanzierung	m² BGF	–	–	–	–	–

KG	Kostengruppe	Menge Einheit	Kosten €	€/Einheit	%
3+4	**Bauwerk**				**100,0**
300	**Bauwerk – Baukonstruktionen**	4.126,22 m² BGF	12.042.790	**2.918,60**	80,4

Baugrubenaushub, Wasserhaltung; Bodenaustausch, Baugrundverbesserung mittels flächiger Rüttelstopfverdichtung, Rüttelstopfsäulen, Stb-Fundamentplatte, WU-Beton, Heizestrich, Linoleum, Betonwerkstein, Sportboden, Parkett, Teppichboden, Bodenfliesen, Abdichtung, Kiesfilterschicht, Perimeterdämmung, Sauberkeitsschicht, Schottertragschicht, Dränage; Stb-Wände, teilw. Sichtbeton, teilw. WU-Beton, Mauerwerkswände, Stb-Stützen, Alu-Pfosten-Riegelfassade, Alufenster, teilw. durchwurfhemmende Verglasung, teilw. Sonnenschutzverglasung, Wärmedämmung, Ziegelfassade, Alu-Sonnenschutzlamellen; Innenmauerwerk, Stb-Wände, GK-Wände, Stb-Stützen, Innenfenster, Wandfliesen, WC-Trennwände; Stb-Decken, Stb-Treppen, Stahl-Außentreppe, Sichtbeton, Heizestrich, Linoleum, Betonwerkstein, Parkett, Teppichboden, Bodenfliesen, abgehängte GK-Decken, Schallschutzdecken, Stahlgeländer, Treppengeländer; Holzbalkendach, Oberlichter, Dämmung, Dachziegel, außenliegende Entwässerung, abgehängte GK-Decke, Schallschutzdecke; Einbauküche, Einbauschränke, Garderoben, Einbauregale

KG	Kostengruppe	Menge Einheit	Kosten €	€/Einheit	%
400	**Bauwerk – Technische Anlagen**	4.126,22 m² BGF	2.941.355	**712,84**	19,6

Gebäudeentwässerung, Kalt- und Warmwasserleitungen, Sanitärobjekte; Luft-Wasser-Wärmepumpe, Gas-Brennwerttherme, Fußbodenheizung; kontrollierte Be- und Entlüftung mit Wärmerückgewinnung, Nachtauskühlung, RWA-Anlage; Elektroinstallation, Beleuchtung, Blitzschutzanlage; Datenübertragungsanlage, elektroakustische Anlagen, Brandmeldeanlage; Personenaufzug; Feuerlöscher

KG	Kostengruppe	Menge Einheit	Kosten €	€/Einheit	%
500	**Außenanlagen und Freiflächen**	7.390,00 m² AF	1.036.620	**140,27**	6,9

Oberbodenarbeiten, Bodenarbeiten; Wege, Plätze, Höfe, Terrassen, Stellplätze, Spielplatzflächen; Zäune, Tore, Schutzgitter, Winkelstützmauern, Treppen, Rampen; Abwasser, Wasserversorgungsleitungen, Wärmeversorgungsleitungen, lufttechnische Anlagen, Außenbeleuchtungsanlagen; Sitzbänke, Fahrradständer, Abfallbehälter, Absperrpoller, Spielgeräte, Klettereinrichtungen, Einbauten für Sportanlagen, Orientierungssysteme; Oberbodenauftrag, Böschungssicherungen, Gehölze, Bäume, Rasen, Fertigstellungspflege

4100-0227
Schule
(18 Klassen)
(504 Schüler)

Kostenkennwerte für die Kosten des Bauwerks (Kostengruppen 300+400 nach DIN 276)

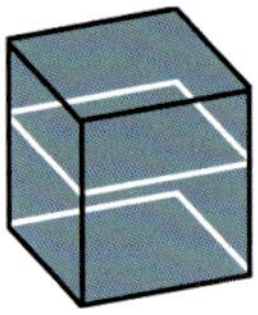

BRI 487 €/m³

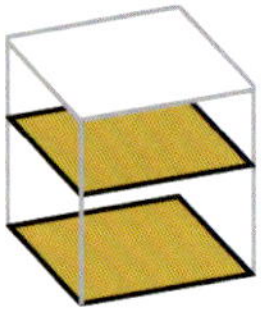

BGF 2.172 €/m²

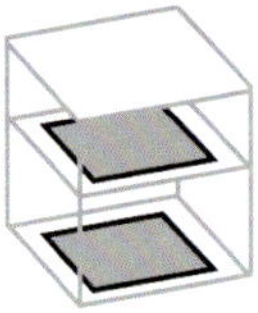

NUF 3.175 €/m²

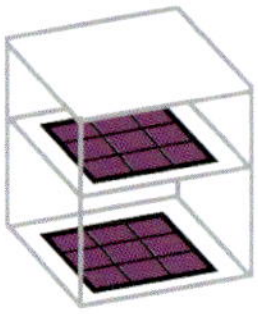

NE 22.457 €/NE
NE: Schüler

Objekt:
Kennwerte: 1.Ebene DIN 276
BRI: 23.230 m³
BGF: 5.212 m²
NUF: 3.565 m²
Bauzeit: 113 Wochen
Bauende: 2019
Standard: mittel
Bundesland: Hamburg
Kreis: Hamburg, Stadt

Architekt*in:
sehw architektur GmbH
Bogenallee 14
20144 Hamburg

Bauherr*in:
SBH | Schulbau Hamburg
An der Stadthausbrücke 1
20355 Hamburg

© Andreas Fromm Fotograf

© Andreas Fromm Fotograf

© Andreas Fromm Fotograf

© Andreas Fromm Fotograf

Kostenstand: 4. Quartal 2025, Bundesdurchschnitt, **inkl. 19% MwSt.**

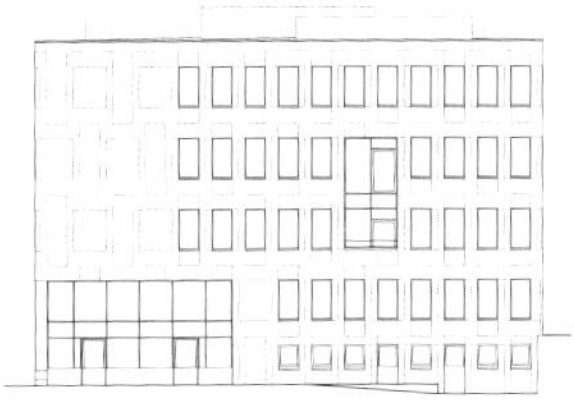

Ansicht Nord

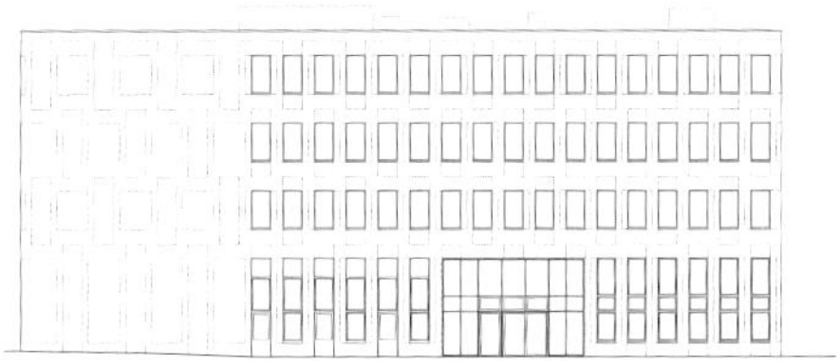

Ansicht Ost

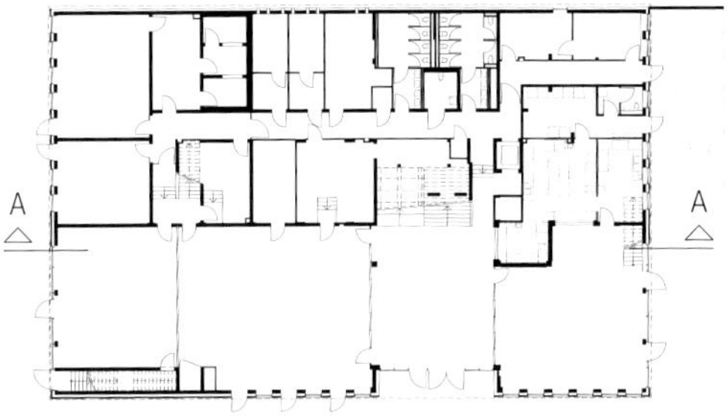

Erdgeschoss

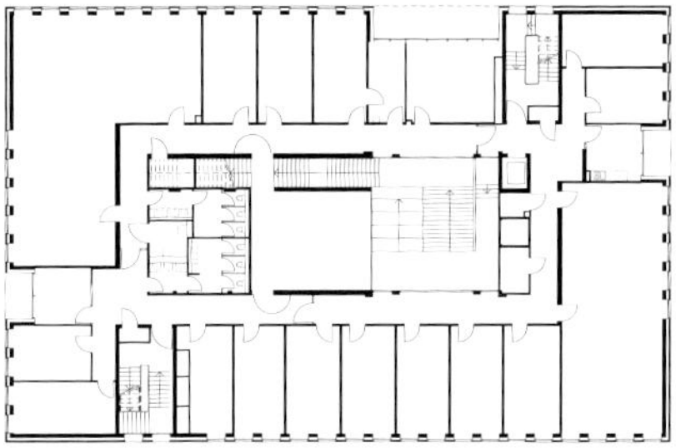

1. Obergeschoss

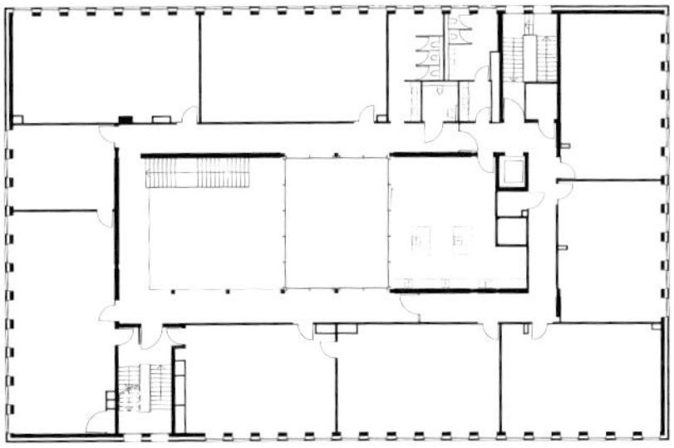

3. Obergeschoss

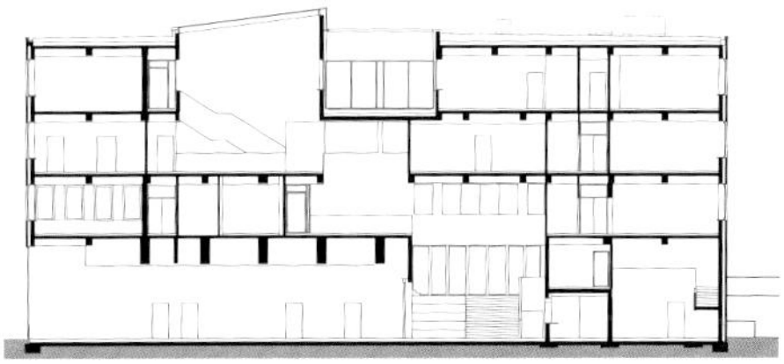

Schnitt A-A

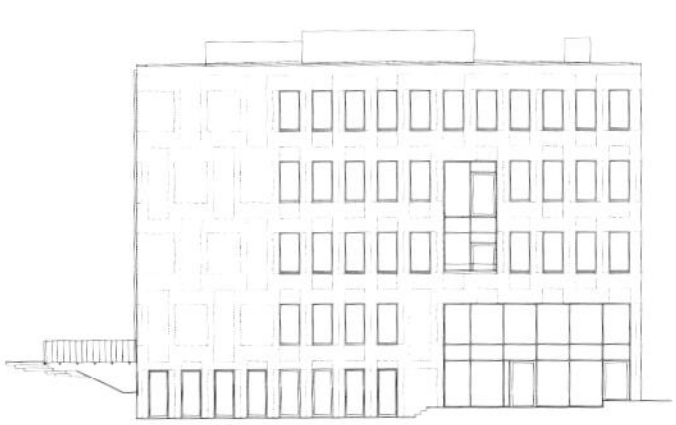

Ansicht Süd

Ansicht West

Objektbeschreibung

Allgemeine Objektinformationen

Der kompakte Neubau dient als Ersatz für das nicht wirtschaftlich zu sanierende Hauptgebäude aus den 1970er Jahren, an dessen Stelle nach Abriss der zentrale Schulhof entstand. Der kompakte Neubau nimmt neben sämtlichen Fachräumen auch die Mensa, Aula, Ganztagsbereiche sowie die Verwaltung der großen Campusschule auf.

Nutzung

2 Erdgeschosse
Eingangshalle, Pausenhalle, Veranstaltungsraum, Bühne, Musikräume, Küche mit Kiosk, Spülküche, Schulrestaurant, Galerie, Theaterfundus, Datenraum, Schulbücherei, Schülervertretung, Schülercafé, Kicker- und Billardraum, Differenzierungsraum, Mitarbeiterraum, Lagerräume, Hausmeisterraum, WCs, ELA-Raum, NSHV-Raum, Technikzentrale, Sicherheitsbeleuchtungsraum, Brandmeldezentrale

3 Obergeschosse
Unterrichtsräume, Sammlungen, Chemieunterrichtsräume, Unterrichtsküche, Informatikräume, Modedesignräume, Labor, Seminarräume, Besprechungsraum, Beratungsräume, Koordinationsräume, Lehrerzimmer, Elternsprechzimmer, Schulleitungsräume, Sekretariatsräume, Präsentationsflächen, Projektarbeitsflächen, Differenzierungsräume, Personalrat, Teeküche, Kopierräume, Ruheraum, Stillarbeitsräume, Datenräume, WCs, Lagerräume

Nutzeinheiten

Klassen: 18
Schüler: 504

Grundstück

Bauraum: Beengter Bauraum
Neigung: Geneigtes Gelände
Bodenklasse: BK 3

Markt

Hauptvergabezeit: 1. Quartal 2017
Baubeginn: 4. Quartal 2017
Bauende: 4. Quartal 2019
Konjunkturelle Gesamtlage: über Durchschnitt
Regionaler Baumarkt: über Durchschnitt

Baukonstruktion

Die gesamte Tragkonstruktion ist in Ortbeton erstellt. Neben den tragenden Fassaden sind dies im Innern ausschließlich Stützen sowie die aussteifenden Treppenhäuser. Auf der Stahlbetonbodenplatte liegt Estrich mit Kautschukbelag. Die Fassade wurde Stein für Stein als Vormauerschale erstellt. Die Oberflächentextur entsteht durch unterschiedliche breite Verblendsteine. Die Fenster sind als Holz und Holz-Alufenster ausgeführt. Außerdem kam eine Pfosten-Riegelfassade zum Einbau. Decken und Flachdach sind aus Stahlbeton, im Dach ist eine Dachverglasung mit RWAs und Dreifachverglasung ausgeführt.

Technische Anlagen

Das Gebäude wird aus dem Keller des Bestands-Klassenhauses mit Nahwärme versorgt. Über Plattenheizkörper wird die Wärme in den Räumen verteilt. Die Mensa sowie die Aula, das Atrium und zahlreiche Nebenräume sind mit einer Lüftungsanlage mit Wärmerückgewinnung versehen.

Sonstiges

Der kompakte Baukörper gleicht im Innern die vorhandene Topografie aus: Der Haupteingang liegt ebenerdig zur Straße, während der rückwärtige Zugang auf Ebene des Schulhofs liegt. Die Hauptnutzflächen reihen sich entlang der Fassaden auf, während das gestaffelte Atrium auf seinen Terrassen unter dem Glasdach Flächen für Projektarbeit und Präsentationen bietet.

Energetische Kennwerte

Gesetzliche Grundlage: EnEV 2013
Gebäudenutzfläche: 4.456,80 m²
Spez. Jahresprimärenergiebedarf: 115,50 kWh/(m²·a)
CO_2-Emissionen: 20,80 kg/(m²·a)

Planungskennwerte für Flächen und Rauminhalte nach DIN 277

Flächen des Grundstücks		Menge Einheit	% an GF
BF	Bebaute Fläche	1.166,64 m²	–
UF	Unbebaute Fläche	–	–
GF	Grundstücksfläche	–	–

Grundflächen des Bauwerks		Menge Einheit	% an NUF	% an BGF
NUF	Nutzungsfläche	3.565,43 m²	100,0	68,4
TF	Technikfläche	81,86 m²	2,3	1,6
VF	Verkehrsfläche	831,38 m²	23,3	16,0
NRF	Netto-Raumfläche	4.478,67 m²	125,6	85,9
KGF	Konstruktions-Grundfläche	733,34 m²	20,6	14,1
BGF	Brutto-Grundfläche	5.212,01 m²	146,2	100,0

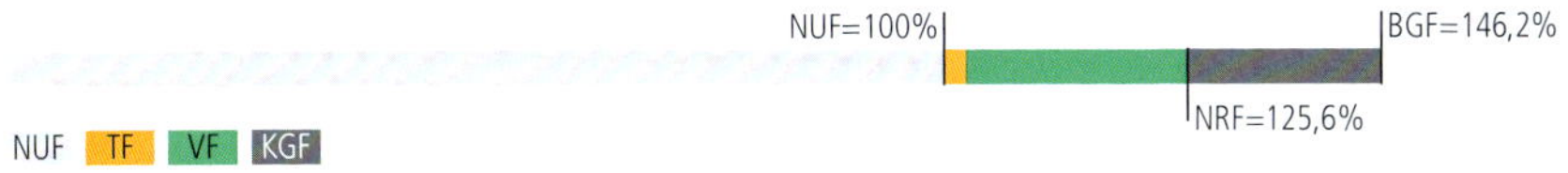

Brutto-Rauminhalt des Bauwerks		Menge Einheit	BRI/NUF (m)	BRI/BGF (m)
BRI	Brutto-Rauminhalt	23.230,31 m³	6,52	4,46

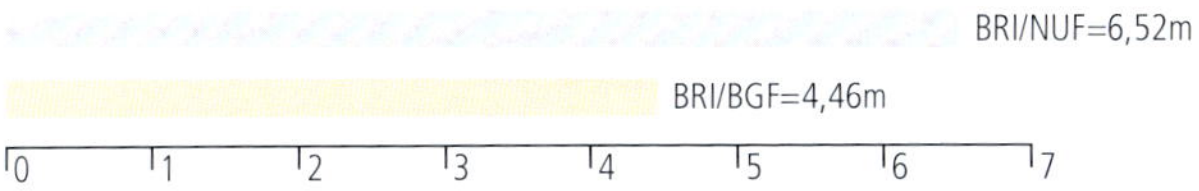

Kostenkennwerte für die Kostengruppen der 1. Ebene DIN 276

KG	Kostengruppen (1. Ebene)	Einheit	Kosten €	€/Einheit	€/m² BGF	€/m³ BRI	% 300+400
100	Grundstück	m² GF	–	–	–	–	–
200	Vorbereitende Maßnahmen	m² GF	211.955	–	40,67	9,12	1,9
300	Bauwerk – Baukonstruktionen	m² BGF	8.381.445	1.608,10	1.608,10	360,80	74,1
400	Bauwerk – Technische Anlagen	m² BGF	2.937.133	563,53	563,53	126,44	25,9
	Bauwerk 300+400	**m² BGF**	**11.318.578**	**2.171,63**	**2.171,63**	**487,23**	**100,0**
500	Außenanlagen und Freiflächen	m² AF	–	–	–	–	–
600	Ausstattung und Kunstwerke	m² BGF	–	–	–	–	–
700	Baunebenkosten	m² BGF	–	–	–	–	–
800	Finanzierung	m² BGF	–	–	–	–	–

KG	Kostengruppe	Menge Einheit	Kosten €	€/Einheit	%
200	**Vorbereitende Maßnahmen**	–	211.955	–	1,9

Abbruch gepflasterter Parkplatz, Fällung von 22 Bäumen, Verlegung Mittelspannungskabel sowie Wasserleitung

KG	Kostengruppe	Menge Einheit	Kosten €	€/Einheit	%
3+4	**Bauwerk**				**100,0**
300	**Bauwerk – Baukonstruktionen**	5.212,01 m² BGF	8.381.445	**1.608,10**	74,1

Baugrubenaushub; Stb-Fundamente, Stb-Bodenplatte, Estrich, Kautschukbelag, Abdichtung, Sauberkeitsschicht, Dämmung; Stb-Außenwände, Stb-Stützen, Holzfenster, Alu-Pfosten-Riegelfassade, Holz-Alufenster, Sonnenschutzverglasung, Wärmedämmung, Ziegelfassade mit Muster; Stb-Innenwände, GK-Wände, F30-Glaswände, Stb-Stützen, WC-Trennwände, mobile Trennwände, Kautschuk-Wandbelag Bäder; Stb-Decken, Stb-Treppen, Estrich, Kautschukbelag, abgehängte GK-Decken, Schallschutzdecken, Treppengeländer; Stb-Dach, Dachverglasung mit RWAs und Dreifachverglasung (81m²), Dämmung, Abdichtung, Entwässerung, abgehängte GK-Decke, Schallschutzdecke

KG	Kostengruppe	Menge Einheit	Kosten €	€/Einheit	%
400	**Bauwerk – Technische Anlagen**	5.212,01 m² BGF	2.937.133	**563,53**	25,9

Gebäudeentwässerung, Kalt- und Warmwasserleitungen, Sanitärobjekte; Nahwärmeversorgung von BHKW eines Bestandsgebäudes, Plattenheizkörper; kontrollierte Be- und Entlüftung mit Wärmerückgewinnung, RWA-Anlage; Elektroinstallation, Beleuchtung, Sicherheitsleuchten; Datenübertragungsanlage, elektroakustische Anlagen, Brandmeldeanlage, Rauchmelder; Personenaufzug

4100-0229
Grundschule
(16 Klassen)
(360 Schüler)
Passivhaus

Kostenkennwerte für die Kosten des Bauwerks (Kostengruppen 300+400 nach DIN 276)

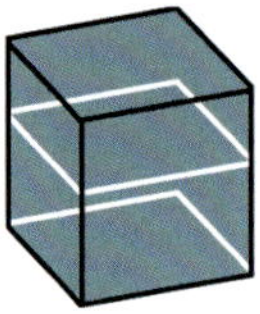

BRI 668 €/m³

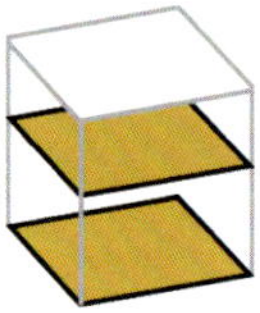

BGF 2.968 €/m²

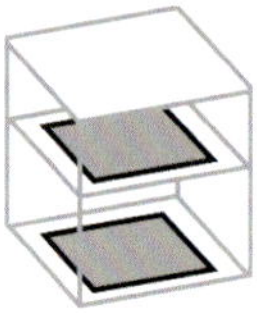

NUF 3.838 €/m²

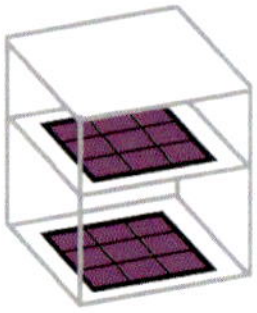

NE 43.337 €/NE
NE: Schüler

Objekt:
Kennwerte: 1.Ebene DIN 276
BRI: 23.361 m³
BGF: 5.256 m²
NUF: 4.064 m²
Bauzeit: 87 Wochen
Bauende: 2022
Standard: hoch
Bundesland: Bremen
Kreis: Bremen, Stadt

Architekt*in:
Architektengruppe
Rosengart + Partner BDA
Osterdeich 44
28203 Bremen

Bauherr*in:
Immobilien Bremen
Eigenbetrieb der Stadt-
gemeinde Bremen
Theodor-Heuss-Allee 14
28215 Bremen

© Thomas Kleiner

© Thomas Kleiner

© Thomas Kleiner

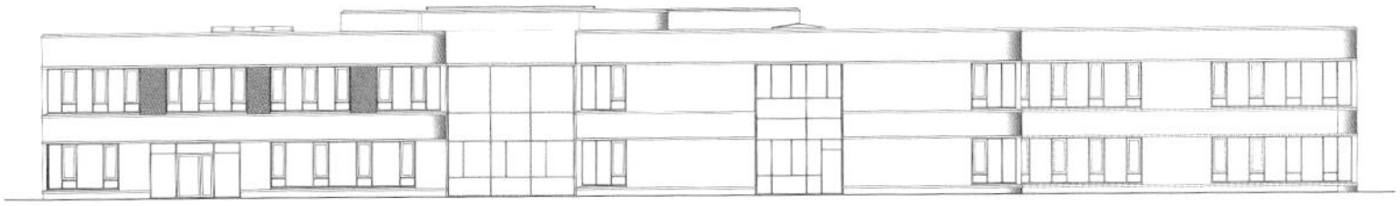

Ansicht Süd

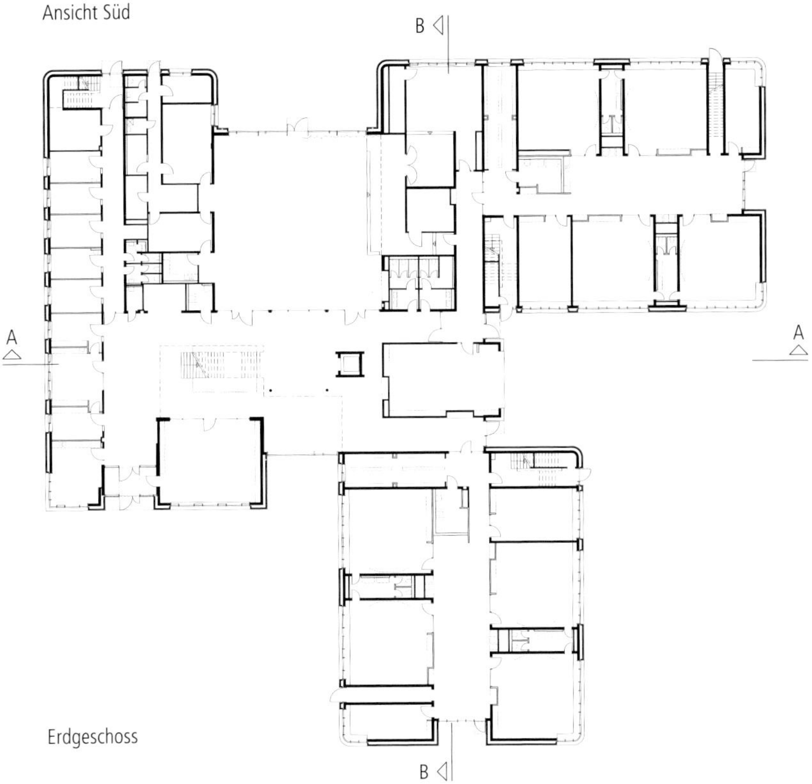

Erdgeschoss

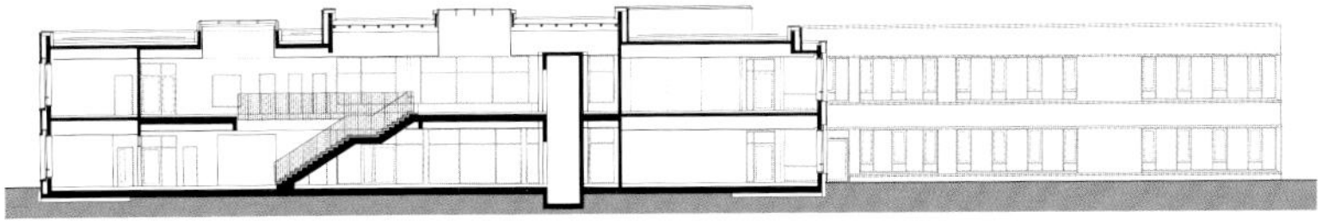

Schnitt A-A

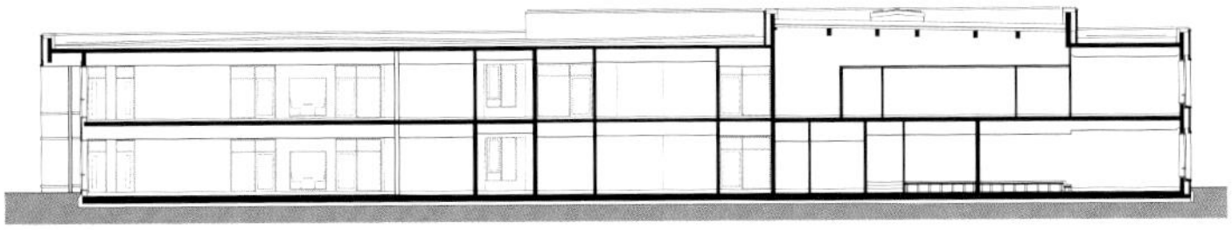

Schnitt B-B

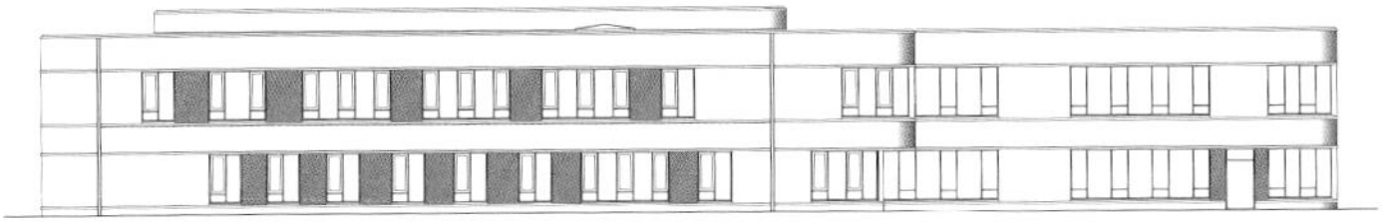

Ansicht West

4100-0229
Grundschule
(16 Klassen)
(360 Schüler)
Passivhaus

Objektbeschreibung

Allgemeine Objektinformationen

Bei dem Neubau handelt es sich um eine Grundschule als vierzügige, gebundene Ganztagsschule, auch für Kinder mit Beeinträchtigungen in Wahrnehmung und Entwicklung. Es gibt Freizeit- und Mittagsangebote. Das Schulgebäude ist in vier Gebäudestrukturen unterteilt: Einem so genannten Verwaltungstrakt, zwei Clusterhäusern und einer Mensa.

Nutzung

1 Erdgeschoss
Foyer, Aula mit Mensa und Bühne, Küche, Spülküche, Besprechungsraum, Klassenräume, Differenzierungsraum, Musikraum, Bibliothek- und EDV-Raum, Forscherraum, Lernflure, Teeküche, Büroräume, Personalraum, Sozialpädagogik, Kopierraum, Erste-Hilfe-Raum, Garderoben, Hausmeister, WCs, Duschen, Umkleiden, Pflegebäder, Lagerräume, Abstellräume, Hausanschlussräume, Technikräume

1 Obergeschoss
Galerie mit Foyer, Besprechungsraum, Klassenräume, Teamräume, Differenzierungsraum, Bewegungsraum, Ruheraum, Werkraum, Bibliothek, Lernflure, Therapieraum, Garderoben, WCs, Pflegebäder, Lagerräume, Abstellräume, Serverraum, Batterieraum, ELA-Raum, Technikraum

Nutzeinheiten

Klassen: 16
Schüler: 360

Grundstück

Bauraum: Freier Bauraum
Neigung: Ebenes Gelände
Bodenklasse: BK 1 bis BK 3

Markt

Hauptvergabezeit: 3. Quartal 2020
Baubeginn: 4. Quartal 2020
Bauende: 3. Quartal 2022
Konjunkturelle Gesamtlage: Durchschnitt
Regionaler Baumarkt: über Durchschnitt

Baukonstruktion

Das Gebäude wurde in Massivbauweise mit zweischaligem Mauerwerk errichtet. Es gründet auf einer 40-80cm starken Fundamentplatte. Die tragenden Innenwände sind in Kalksandstein ausgeführt. Dem Grundriss folgend entstand ein System aus tragenden Wandschotten, auf denen die Stahlbetondecken lagern. Unterzüge sind so nicht notwendig. Nichttragende Innenwände wurden in Mauerwerk und Trockenbauweise erstellt. Die Stahlbeton-Dachfläche erhielt eine extensive Begrünung. Über dem Foyer wurde das Dach in einer Holzbinderkonstruktion mit Oberlichtfensterband in einer Größe von 2,40x4,00m hergestellt.

Technische Anlagen

Die Schule ist in Passivhausbauweise errichtet. Sie wird mechanisch belüftet. Im Obergeschoss befinden sich zwei Lüftungszentralen, aus denen das gesamte Gebäude versorgt wird. Die Lüftungsanlage ist ganzjährig in Betrieb. Zudem können alle Räume manuell über die Fenster belüftet werden. Das Gebäude erhielt einen Fernwärmeanschluss sowie auf dem Dach eine Photovoltaikanlage.

Sonstiges

Das Gebäude erhielt abgerundete Außenecken sowie ein Verblendmauerwerk mit Sichtbetonlisenen und Stützenvorlagen.

Energetische Kennwerte

Spez. Jahresheizwärmebedarf: 15,00 kWh/(m^2·a)
Differenzdruck-Messverfahren: 0,60 h^{-1}

Energetische Angaben zu Außenbauteilen

Bodenplatte

U-Wert: 0,26 W/(m²·K)

Gesamtdicke: 59,00 cm	d [cm]	λ [W/(m·K)]
Estrich	6,50	1,400
Trittschalldämmung	12,00	0,035
Bitumenbahn	0,50	0,170
Stahlbeton	40,00	2,300

Außenwand Klinker

U-Wert: 0,13 W/(m²·K)

Gesamtdicke: 61,50 cm	d [cm]	λ [W/(m·K)]
Innenputz	1,00	0,700
Stahlbeton	25,00	2,300
Dämmung	24,00	0,032
Klinker	11,50	1,200

Außenwand Beton

U-Wert: 0,13 W/(m²·K)

Gesamtdicke: 61,50 cm	d [cm]	λ [W/(m·K)]
Innenputz	1,00	0,700
Stahlbeton	25,00	2,300
Dämmung	24,00	0,032
Beton	11,50	2,300

Bauteil zu unbeheizten Räumen

U-Wert: 0,13 W/(m²·K)

Gesamtdicke: 50,00 cm	d [cm]	λ [W/(m·K)]
Innenputz	1,00	0,700
Stahlbeton	25,00	2,300
Dämmung	24,00	0,032

Decke gegen Außenluft unten

U-Wert: 0,11 W/(m²·K)

Gesamtdicke: 58,00 cm	d [cm]	λ [W/(m·K)]
Estrich	6,50	1,400
Trittschalldämmung	7,00	0,035
Bitumenbahn	0,50	0,170
Stahlbeton	20,00	2,300
Dämmung	24,00	0,035

Dach

U-Wert: 0,10 W/(m²·K)

Gesamtdicke: 56,30 cm	d [cm]	λ [W/(m·K)]
Stahlbeton	20,00	2,300
Dampfsperre	0,50	0,170
Dämmung	35,00	0,035
Bitumenanstrich	0,40	0,170
Bitumenbahn	0,40	0,170

Planungskennwerte für Flächen und Rauminhalte nach DIN 277

Flächen des Grundstücks		Menge Einheit	% an GF
BF	Bebaute Fläche	2.778,00 m²	25,3
UF	Unbebaute Fläche	8.207,00 m²	74,7
GF	Grundstücksfläche	10.985,00 m²	100,0

Grundflächen des Bauwerks		Menge Einheit	% an NUF	% an BGF
NUF	Nutzungsfläche	4.064,49 m²	100,0	77,3
TF	Technikfläche	167,80 m²	4,1	3,2
VF	Verkehrsfläche	328,68 m²	8,1	6,3
NRF	Netto-Raumfläche	4.560,97 m²	112,2	86,8
KGF	Konstruktions-Grundfläche	694,92 m²	17,1	13,2
BGF	Brutto-Grundfläche	5.255,89 m²	129,3	100,0

Brutto-Rauminhalt des Bauwerks		Menge Einheit	BRI/NUF (m)	BRI/BGF (m)
BRI	Brutto-Rauminhalt	23.361,28 m³	5,75	4,45

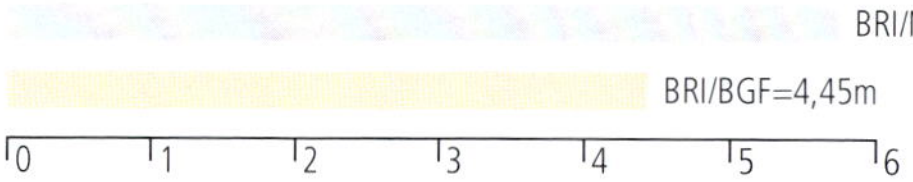

Kostenkennwerte für die Kostengruppen der 1. Ebene DIN 276

KG	Kostengruppen (1. Ebene)	Einheit	Kosten €	€/Einheit	€/m² BGF	€/m³ BRI	% 300+400
100	Grundstück	m² GF	–	–	–	–	–
200	Vorbereitende Maßnahmen	m² GF	–	–	–	–	–
300	Bauwerk – Baukonstruktionen	m² BGF	11.280.297	2.146,22	2.146,22	482,86	72,3
400	Bauwerk – Technische Anlagen	m² BGF	4.320.867	822,10	822,10	184,96	27,7
	Bauwerk 300+400	**m² BGF**	**15.601.164**	**2.968,32**	**2.968,32**	**667,82**	**100,0**
500	Außenanlagen und Freiflächen	m² AF	–	–	–	–	–
600	Ausstattung und Kunstwerke	m² BGF	–	–	–	–	–
700	Baunebenkosten	m² BGF	–	–	–	–	–
800	Finanzierung	m² BGF	–	–	–	–	–

KG	Kostengruppe	Menge Einheit	Kosten €	€/Einheit	%
3+4	**Bauwerk**				**100,0**
300	**Bauwerk – Baukonstruktionen**	5.255,89 m² BGF	11.280.297	**2.146,22**	72,3

Baugrundverbesserung, Stb-Fundamentplatte, Estrich, Heizestrich, Kautschukbelag, Betonwerkstein, Industrieparkett, Bodenfliesen, Abdichtung, Kiesschicht, Perimeterdämmung; Stb-Wände, Alu-Pfosten-Riegelfassade, Alu-Holzfenster, Dreifach-VSG-Verglasung, Wärmedämmung, Verblendmauerwerk mit vorgehängten Sichtbetonstürzen, -fensterbänken, -solbänken und -lisenen, runde Ecken mit Formsteinen, Alu-Raffstoreanlagen mit Motorantrieb; Innenmauerwerk, Stb-Wände, GK-Wände, Glaswände, Stb-Stützen, Innenfenster, Wandfliesen, Verblendmauerwerk, WC-Trennwände, Nurloch-Wandabsorber (Mensa); Stb-Filigrandecken, Stb-Treppen, Estrich, Heizestrich, Kautschukbelag, Betonwerkstein, Bodenfliesen, Schallschutzdecken, Hygienedecken (Küche), Stahl-Treppengeländer mit Eichen-Massivhandlauf; Stb-Dach, Holz-Brettschichtdachbinder (Mensa), Oberlicht-Glasbänder, Motorantrieb, als RWA, Oberlichtfenster, Attika, extensive Dachbegrünung, Kies, Entwässerung, Schallschutzdecken; Einbauschränke, Sitznischen, Einbauküchen, Einbaugarderoben

KG	Kostengruppe	Menge Einheit	Kosten €	€/Einheit	%
400	**Bauwerk – Technische Anlagen**	5.255,89 m² BGF	4.320.867	**822,10**	27,7

Gebäudeentwässerung, Kalt- und Warmwasserleitungen, Sanitärobjekte; Fernwärmeversorgung, Röhrenheizkörper; drei kontrollierte Be- und Entlüftungsanlagen mit Wärmerückgewinnung, RWA-Anlage; Elektroinstallation, PV-Anlage (684m²), Beleuchtung, Sicherheitsleuchten, Notstromversorgung; Datenübertragungsanlage, elektroakustische Anlagen, Antennenanlagen; Personenaufzug; Feuerlöscher

4100-0230
Grundschule
Ganztagsbereich
(4 Klassen)
(100 Schüler)

Kostenkennwerte für die Kosten des Bauwerks (Kostengruppen 300+400 nach DIN 276)

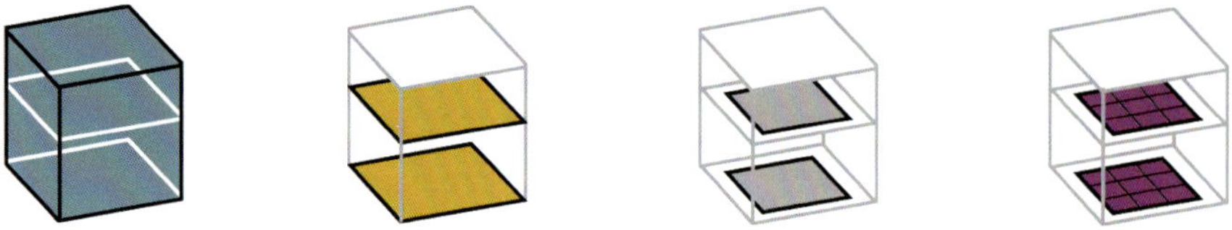

BRI 769 €/m^3 **BGF** 3.532 €/m^2 **NUF** 5.746 €/m^2 **NE** 62.341 €/NE

NE: Schüler

Objekt:
Kennwerte: 1.Ebene DIN 276
BRI: 8.102 m^3
BGF: 1.765 m^2
NUF: 1.085 m^2
Bauzeit: 100 Wochen
Bauende: 2020
Standard: mittel
Bundesland: Schleswig-Holstein
Kreis: Steinburg

Architekt*in:
BPVARCHITEKTEN
Mittelweg 118
20148 Hamburg

Bauherr*in:
Schulverband Glückstadt
25348 Glückstadt a.d. Elbe

Ansicht Süd-Ost

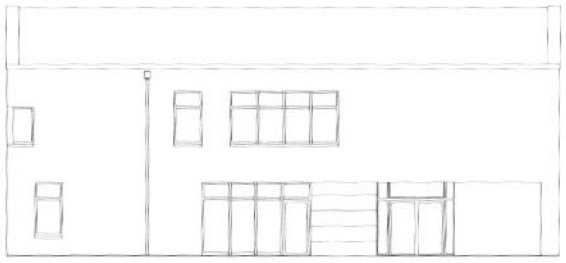

Ansicht Süd-West

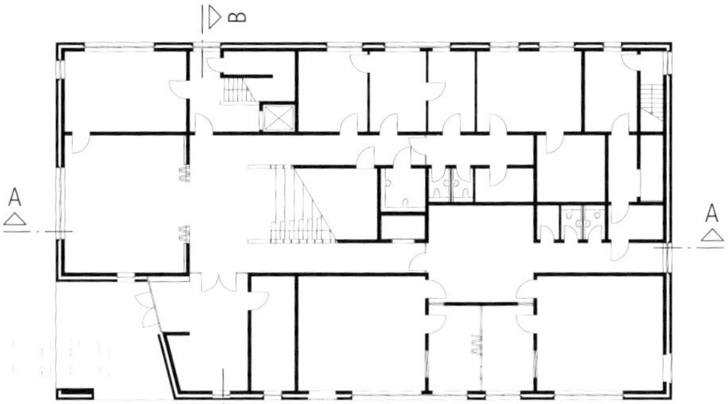

Erdgeschoss

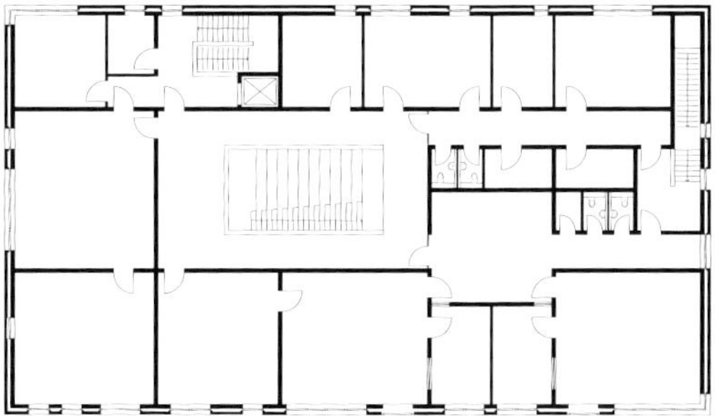

Obergeschoss

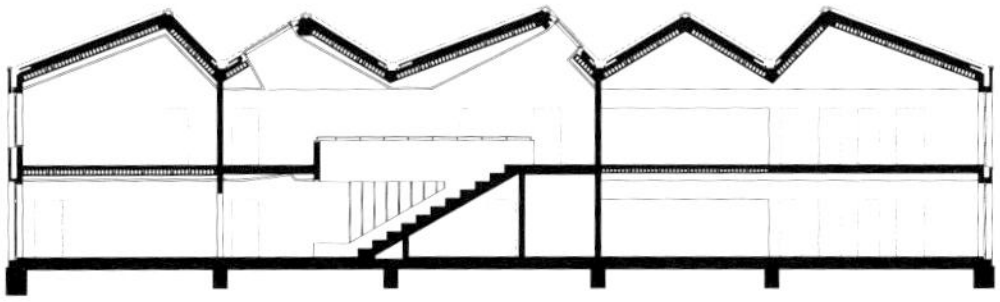

Schnitt A-A

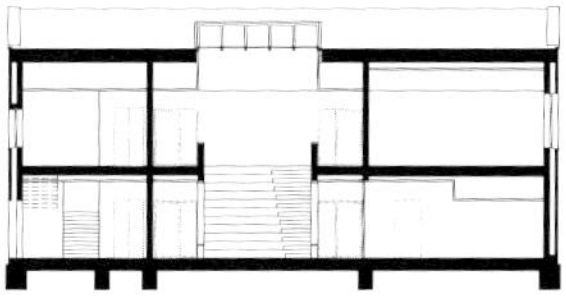

Schnitt B-B

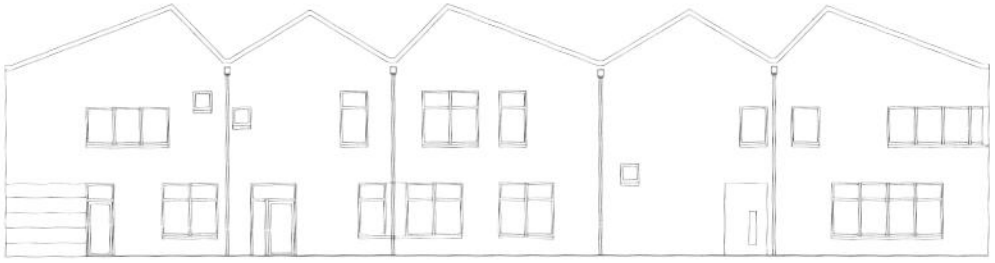

Ansicht Nord-West

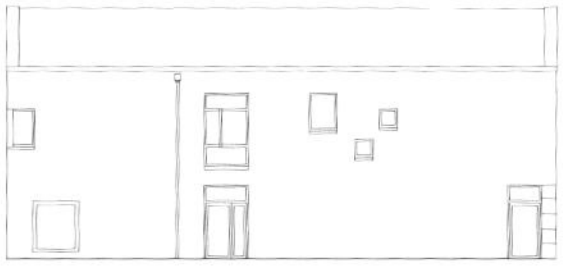

Ansicht Nord-Ost

Objektbeschreibung

Allgemeine Objektinformationen

Der Ersatzneubau der einzügigen Grundschule mit Fachklassen und Erweiterung für die Ganztagsbetreuung wurde im Rahmen eines öffentlichen VgV-Verfahrens vergeben. Nach dem Abriss des alten Schulgebäudes bildet der zweigeschossige kompakte Neubau den neuen öffentlichen Baustein im Ort. Durch seine kleinteilige Giebelständigkeit wird die vorhandene städtebauliche Struktur adaptiert und auf sinnfällige Weise ergänzt. Zusammen mit der alten Dorfkirche entsteht ein städtebauliches Ensemble, welches den Schulhof als öffentlich wahrnehmbaren Stadtraum definiert und für die Gemeinde nutzbar macht.

Nutzung

1 Erdgeschoss
Halle, Klassenräume, Gruppenräume, Förderunterricht, Musik- und Mehrzweckraum, Besprechungs- und Erste-Hilfe-raum, Büros, Lehrerzimmer, Personal, Kopierraum, Garderoben, Hausmeister, WCs, Lager, Hausanschlussraum

1 Obergeschoss
Halle, Essraum, Kunst- und Kochraum, Betreuungsraum, Klassenräume, Gruppenräume, Personal, Sozialarbeit, Garderoben, Hausmeister, WCs, Lager, Technik

Nutzeinheiten

Klassen: 4
Schüler: 100

Grundstück

Bauraum: Beengter Bauraum
Neigung: Ebenes Gelände
Bodenklasse: BK 1 bis BK 4

Markt

Hauptvergabezeit: 1.Quartal 2018
Baubeginn: 2.Quartal 2018
Bauende: 1.Quartal 2020
Konjunkturelle Gesamtlage: Durchschnitt
Regionaler Baumarkt: unter Durchschnitt

Baukonstruktion

Der Rohbau wurde in Massivbauweise auf einer Pfahlgründung errichtet, tragende Wände sind vorwiegend in Mauerwerk, Teilbereiche in Stahlbeton ausgeführt. Die Innenwände sind ebenfalls überwiegend aus Mauerwerk errichtet. Durch die großen unterzugsfreien Spannweiten, vor allem bei den unterschiedlich geneigten Dächern, wurde eine Konstruktion aus Spannbetonhohldielen mit hohem Vorfertigungsgrad gewählt. Die auskragenden Decken im Erdgeschoss sind teilweise in Ortbetonbauweise hergestellt. Die wärmegedämmten Alufenster mit Dreifachverglasung und außenliegendem Sonnenschutz erfüllen die hohen Anforderungen an den Wärmeschutz. Die Außenfassade ist als Lochfassade mit Verblendmauerwerk ausgeführt. Für die Oberlichter in der zweigeschossigen Halle kam ein Dachflächenfenstersystem mit integrierter Verdunklung zum Einsatz. Die Dachdeckung erfolgte mit Zink-Stehfalzdeckung, die Entwässerung verläuft über Kehlrinnen in außenliegende Fallrohre.

Technische Anlagen

Die Hauptwärmeversorgung des Gebäudes erfolgt über Geothermie mit Wärmepumpe und acht Erdwärmesonden. Für Spitzenlasten wurde das System um einen Brennwertkessel ergänzt. Für die innenliegenden Funktionsräume wurde eine Lüftungsanlage eingebaut. Die Belüftung der zentralen Aula erfolgt auf natürlichem Weg.

Sonstiges

Die Zufahrtsstraßen zur Baustelle unterlagen einer Begrenzung des zulässigen Gesamtgewichts. Die Lkws durften daher nicht vollbeladen an die Baustelle fahren, sodass eine erhöhte Anzahl von Fahrten nötig wurde.

Energetische Kennwerte

Gesetzliche Grundlage: EnEV 2013
Gebäudenutzfläche: 2.310,00 m^2
Gebäudevolumen: 7.212,00 m^3
Hüllfläche des beheizten Volumens: 3.012,00 m^2
Mittlerer U-Wert (opake Bauteile): 0,17 $W/(m^2 \cdot K)$
Mittlerer U-Wert (transparente Bauteile): 1,20 $W/(m^2 \cdot K)$
Jahresprimärenergie: 247.544,00 kWh/a
Spez. Jahresprimärenergiebedarf: 173,05 $kWh/(m^2 \cdot a)$
Jahresendenergiebedarf: 167.914,00 kWh/a
Spez. Jahresendenergiebedarf: 117,38 $kWh/(m^2 \cdot a)$

Planungskennwerte für Flächen und Rauminhalte nach DIN 277

Flächen des Grundstücks		Menge Einheit	% an GF
BF	Bebaute Fläche	1.834,00 m²	29,9
UF	Unbebaute Fläche	4.305,00 m²	70,1
GF	Grundstücksfläche	6.139,00 m²	100,0

Grundflächen des Bauwerks		Menge Einheit	% an NUF	% an BGF
NUF	Nutzungsfläche	1.085,00 m²	100,0	61,5
TF	Technikfläche	17,00 m²	1,6	1,0
VF	Verkehrsfläche	357,00 m²	32,9	20,2
NRF	Netto-Raumfläche	1.459,00 m²	134,5	82,7
KGF	Konstruktions-Grundfläche	306,00 m²	28,2	17,3
BGF	Brutto-Grundfläche	1.765,00 m²	162,7	100,0

Brutto-Rauminhalt des Bauwerks		Menge Einheit	BRI/NUF (m)	BRI/BGF (m)
BRI	Brutto-Rauminhalt	8.102,00 m³	7,47	4,59

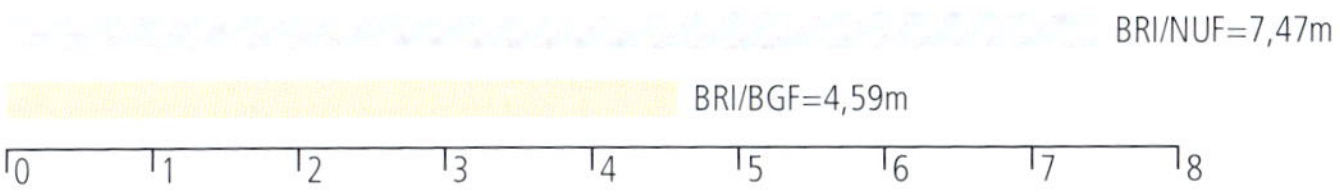

Kostenkennwerte für die Kostengruppen der 1. Ebene DIN 276

KG	Kostengruppen (1. Ebene)	Einheit	Kosten €	€/Einheit	€/m² BGF	€/m³ BRI	% 300+400
100	Grundstück	m² GF	–	–	–	–	–
200	Vorbereitende Maßnahmen	m² GF	–	–	–	–	–
300	Bauwerk – Baukonstruktionen	m² BGF	5.122.433	2.902,23	2.902,23	632,24	82,2
400	Bauwerk – Technische Anlagen	m² BGF	1.111.624	629,82	629,82	137,20	17,8
	Bauwerk 300+400	**m² BGF**	**6.234.057**	**3.532,04**	**3.532,04**	**769,45**	**100,0**
500	Außenanlagen und Freiflächen	m² AF	–	–	–	–	–
600	Ausstattung und Kunstwerke	m² BGF	–	–	–	–	–
700	Baunebenkosten	m² BGF	–	–	–	–	–
800	Finanzierung	m² BGF	–	–	–	–	–

KG	Kostengruppe	Menge Einheit	Kosten €	€/Einheit	%
3+4	**Bauwerk**				**100,0**
300	**Bauwerk – Baukonstruktionen**	1.765,00 m² BGF	5.122.433	**2.902,23**	82,2

Baugrubenaushub; Stb-Fundamente, Pfahlgründung, Stb-Bodenplatte, Estrich, Heizestrich, Linoleum, Parkett, Bodenfliesen, Abdichtung, Dämmung; Stb-Wände, Mauerwerkswände, Alufenster, Alu-Pfosten-Riegelfassade, Dreifachverglasung, Sonnenschutzverglasung, Wärmedämmung, Ziegelfassade, außenliegender Sonnenschutz; Innenmauerwerk, Stb-Wände, GK-Wände, Innenfenster, Wandfliesen, mobile Trennwand; Stb-Decken, Stb-Treppen, Estrich, Heizestrich, Linoleum, Parkett, Bodenfliesen, abgehängte GK-Decken, Schallschutzdecken, Treppengeländer; Spannbetonhohldielendach, Dachfenster, Dämmung, Zinkdeckung, Entwässerung, abgehängte GK-Decken, Schallschutzdecken; Einbauküchen, Garderoben, Einbauregale

KG	Kostengruppe	Menge Einheit	Kosten €	€/Einheit	%
400	**Bauwerk – Technische Anlagen**	1.765,00 m² BGF	1.111.624	**629,82**	17,8

Gebäudeentwässerung, Kalt- und Warmwasserleitungen, Sanitärobjekte; Erd-Wärmepumpe, Gas-Brennwertttherme, Plattenheizkörper, Fußbodenheizung; Lüftungsanlage, RWA-Anlage; Elektroinstallation, Beleuchtung, Sicherheitsleuchten, Notstromversorgung; Datenübertragungsanlage, elektroakustische Anlagen, Rauchmelder; Personenaufzug

4100-0233
Oberschule
(24 Klassen)
(500 Schüler)

Kostenkennwerte für die Kosten des Bauwerks (Kostengruppen 300+400 nach DIN 276)

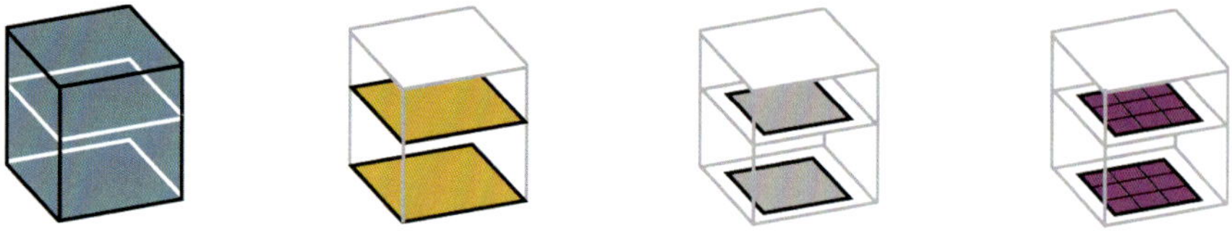

BRI 759€/m³ | **BGF** 3.411€/m² | **NUF** 5.713€/m² | **NE** 31.840€/NE

NE: Schüler

Objekt:
Kennwerte: 1.Ebene DIN 276
BRI: 20.978m³
BGF: 4.667m²
NUF: 2.786m²
Bauzeit: 135 Wochen
Bauende: 2021
Standard: mittel
Bundesland: Bremen
Kreis: Bremen, Stadt

Architekt*in:
tsj-architekten gmbh
Curtiusstraße 19
23568 Lübeck

Bauherr*in:
Sondervermögen Immobilien und Technik der Stadtgemeinde Bremen, vertreten durch Immobilien Bremen Eigenbetrieb der Stadtgemeinde Bremen
Theodor-Heuss-Allee 14
28215 Bremen

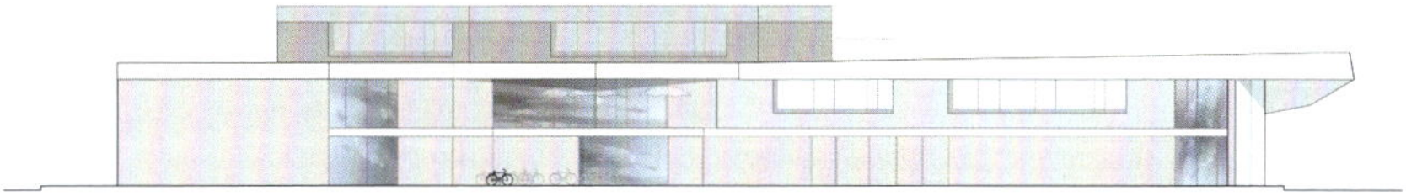

Ansicht Nord

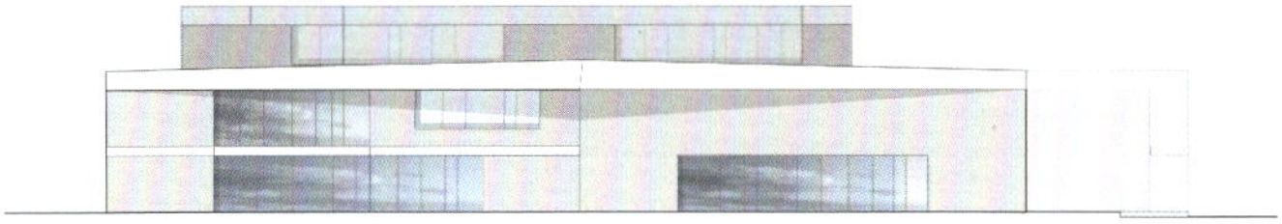

Ansicht Ost

Erdgeschoss

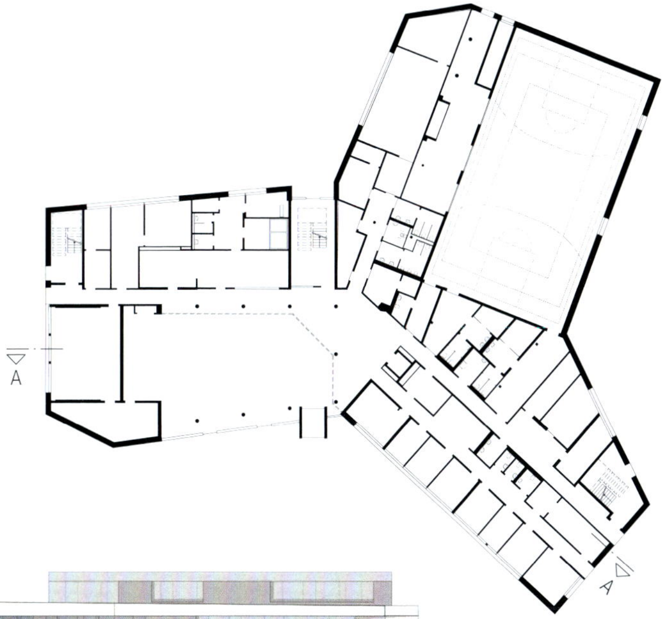

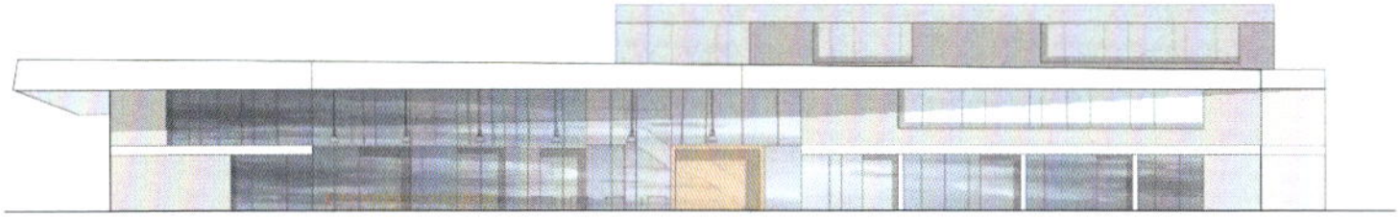

Ansicht Süd

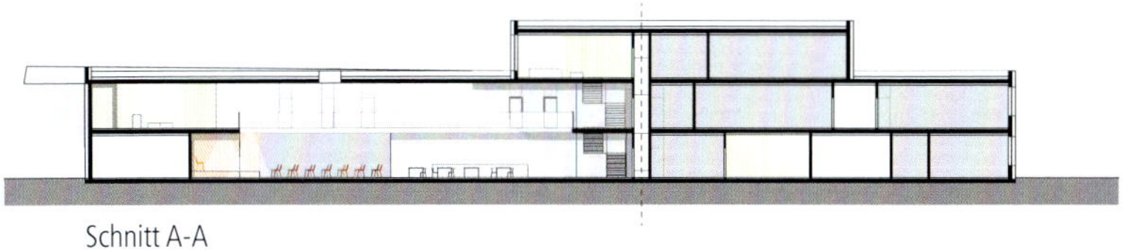

Schnitt A-A

Ansicht West

4100-0233
Oberschule
(24 Klassen)
(500 Schüler)

Objektbeschreibung

Allgemeine Objektinformationen

Das alte Schulgebäude wurde durch ein sternförmiges, zweigeschossiges Hauptgebäude mit integrierter Sporthalle ersetzt. Der Neubau ist barrierefrei und energieoptimiert. Das Erdgeschoss beinhaltet eine multifunktionale Zone, die auch für öffentliche Veranstaltungen genutzt werden kann. Im ersten Obergeschoss werden verschiedene Fachräume eingerichtet und im zweiten Obergeschoss befinden sich Räumlichkeiten für Verwaltung und Kollegium.

Nutzung

1 Erdgeschoss
Foyer, Mensa, Küche, Kühlzellen, Spülküche, Personalraum, Übungsräume, Rhythmikraum, Turnhalle, Umkleideräume, Geräteräume, Medienraum, Kiosk, Teeküche, Büroräume, Wartebereich, Lehrerzimmer, Sozialpädagogik, Erste-Hilfe, Hausmeister, WCs, Lagerräume, Server, Technik

1 Obergeschoss
Projekträume, Chemieraum, Physikraum, Biologieraum, Sammlungsräume, Ofenraum, Lehrküche, Speiseraum, Computerraum, Lernlandschaft, Galerie

1 Dachgeschoss
Sozialraum, Arbeitsräume, Büroräume, Lehrerzimmer, Archivräume, WCs, Lagerräume, Lüftungsraum, Dachterrasse

Nutzeinheiten

Klassen: 24
Schüler: 500

Grundstück

Bauraum: Freier Bauraum
Neigung: Ebenes Gelände
Bodenklasse: BK 3 bis BK 4

Markt

Hauptvergabezeit: 2. Quartal 2019
Baubeginn: 2. Quartal 2019
Bauende: 4. Quartal 2021
Konjunkturelle Gesamtlage: Durchschnitt
Regionaler Baumarkt: über Durchschnitt

Baukonstruktion

Das Gebäude erhielt eine Stahlbetonflachgründung. Die Außenwände sowie die Decken und das Dach sind aus Stahlbeton errichtet. Die Innenwände, sofern nicht statisch in Stahlbeton notwendig, wurden als Kalksandstein- oder GK-Wände ausgeführt. Die Fassade erhielt ein gedämmtes Verblendmauerwerk, das Staffelgeschoss wurde mit einem Wärmedämmverbundsystem bekleidet. Die Alu-Pfosten-Riegelfassade mit Dreifachverglasung ist mit Holz-Alu-Flügeln ausgestattet. Als Innentüren wurden HPL beschichtete Türblätter in Stahlzargen gewählt, die Flurtüren mit Brandschutzanforderungen wurden als Aluelemente mit Glasausschnitten ausgeführt. Die Böden sind mit Linoleum oder Teppich belegt. Im Foyer und den öffentlichen Bereichen des EGs wurde der Estrich beschichtet und geschliffen, die Küchen und Sanitärräume sind gefliest. In der Turnhalle kam ein Schwingboden zur Ausführung. Es wurden Prallwände in der Sporthalle eingebaut. Die Decken wurden teilweise mit Akustikdecken abgehängt. Das Flachdach wurde bituminös abgedichtet und mit einer extensiven Dachbegrünung belegt.

Technische Anlagen

Die Wärmeversorgung erfolgt über eine vorhandene Nahwärmeleitung auf dem Grundstück. Sämtliche Räume werden über Heizkörper erwärmt. Die Warmwasserbereiter wurden als Frischwasserstationen im Durchlaufprinzip ausgeführt. Der Serverraum erhielt eine Split-Kühlung. Die fetthaltige Abluft der Lehrküche, die Abluft der Gefahrstoffschränke und die Spülmaschinenabluft werden separat über Dachventilatoren abgeführt. Das Gebäude wurde mit LED-Beleuchtung ausgestattet.

Sonstiges

Das Gebäude entspricht dem Passivhausstandard.

Energetische Kennwerte

Gesetzliche Grundlage: EnEV 2013
Spez. Transmissionswärmeverlust: 0,21 W/(m^2·K)
Mittlerer U-Wert (opake Bauteile): 0,12 W/(m^2·K)
Mittlerer U-Wert (transparente Bauteile): 0,80 W/(m^2·K)
Mittlerer U-Wert (Glasdächer, etc.): 1,10 W/(m^2·K)
Spez. Jahresprimärenergiebedarf: 97,71 kWh/(m^2·a)

Planungskennwerte für Flächen und Rauminhalte nach DIN 277

Flächen des Grundstücks		Menge Einheit	% an GF
BF	Bebaute Fläche	2.220,00 m²	8,6
UF	Unbebaute Fläche	23.528,00 m²	91,4
GF	Grundstücksfläche	25.748,00 m²	100,0

Grundflächen des Bauwerks		Menge Einheit	% an NUF	% an BGF
NUF	Nutzungsfläche	2.786,45 m²	100,0	59,7
TF	Technikfläche	55,71 m²	2,0	1,2
VF	Verkehrsfläche	1.006,16 m²	36,1	21,6
NRF	Netto-Raumfläche	3.848,32 m²	138,1	82,5
KGF	Konstruktions-Grundfläche	818,49 m²	29,4	17,5
BGF	Brutto-Grundfläche	4.666,81 m²	167,5	100,0

Brutto-Rauminhalt des Bauwerks		Menge Einheit	BRI/NUF (m)	BRI/BGF (m)
BRI	Brutto-Rauminhalt	20.977,65 m³	7,53	4,50

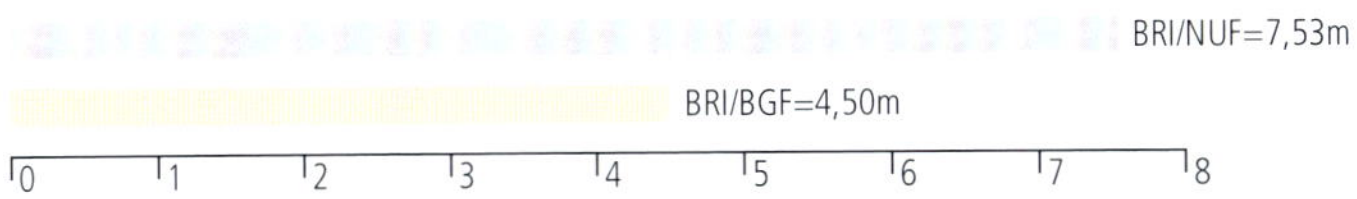

Kostenkennwerte für die Kostengruppen der 1. Ebene DIN 276

KG	Kostengruppen (1. Ebene)	Einheit	Kosten €	€/Einheit	€/m² BGF	€/m³ BRI	% 300+400
100	Grundstück	m² GF	–	–	–	–	–
200	Vorbereitende Maßnahmen	m² GF	–	–	–	–	–
300	Bauwerk – Baukonstruktionen	m² BGF	10.932.148	2.342,53	2.342,53	521,13	68,7
400	Bauwerk – Technische Anlagen	m² BGF	4.987.912	1.068,81	1.068,81	237,77	31,3
	Bauwerk 300+400	**m² BGF**	**15.920.060**	**3.411,34**	**3.411,34**	**758,91**	**100,0**
500	Außenanlagen und Freiflächen	m² AF	–	–	–	–	–
600	Ausstattung und Kunstwerke	m² BGF	–	–	–	–	–
700	Baunebenkosten	m² BGF	–	–	–	–	–
800	Finanzierung	m² BGF	–	–	–	–	–

KG	Kostengruppe	Menge Einheit	Kosten €	€/Einheit	%
3+4	**Bauwerk**				**100,0**
300	**Bauwerk – Baukonstruktionen**	4.666,81 m² BGF	10.932.148	**2.342,53**	68,7

Baugrubenaushub; Frostschürzen, Stb-Fundamentplatte, Estrich, geschliffener Estrich mit Beschichtung, Linoleum, Sportboden, Bodenfliesen, Abdichtung, Kiesfilterschicht, Perimeterdämmung; Stb-Wände, Stb-Stützen, Holz-Alufenster, Dreifachverglasung, Wärmedämmung, Ziegelfassade, WDVS, Alu-Pfosten-Riegel-Fassade, Markisenanlage, Verdunklungsanlage; KS-Innenmauerwerk, Stb-Wände, GK-Wände, Holztüren, Alutüren mit Glasausschnitten, Wandfliesen, Akustikpaneele, Prallwände, Beschichtung, WC-Trennwände, Ausgabe-Rollladen; Stb-Decken, Sichtbeton, Stb-Fertigteiltreppen, Estrich, Linoleum, Teppichböden, Bodenfliesen, abgehängte GK-Decken, Schallschutzdecken, Stahl-Bühnenkonstruktion, Stahlgeländer, Treppengeländer; Stb-Flachdach, RWA-Oberlichter, Gefälledämmung, Bitumenabdichtung, Attika, extensive Dachbegrünung, Kies, Betonwerksteinplatten, Dachentwässerung; Kiosk-Tresenanlage, Teeküchen

KG	Kostengruppe	Menge Einheit	Kosten €	€/Einheit	%
400	**Bauwerk – Technische Anlagen**	4.666,81 m² BGF	4.987.912	**1.068,81**	31,3

Gebäudeentwässerung, Kalt- und Warmwasserleitungen, Sanitärobjekte; Anschluss an die Nahwärmeversorgung, Frischwasserstationen, Plattenheizkörper, Radiatoren, Deckenstrahlplatten, Lufterhitzer; kontrollierte Be-und Entlüftung mit Wärmerückgewinnung, Splitkühlung (Server), Permanentabluft (Gefahrstoffschränke), Küchenabluftanlage, Abluft Brennofen, Kälteanlagen, RWA-Anlage; Elektroinstallation, Blitzschutz, LED-Beleuchtung, Sicherheitsleuchten, Batterieanlage, Blitzschutzanlage; Datenübertragungsanlage Cat7/6, Elektroakustische Anlagen, Brandmeldeanlage; Personenaufzug, Rollstuhlhubtisch; Aufwärmküche; Gebäudeleittechnik, Ausstattung Fachräume

4100-0235
Gesamtschule
(15 Klassen)
(360 Schüler)

Kostenkennwerte für die Kosten des Bauwerks (Kostengruppen 300+400 nach DIN 276)

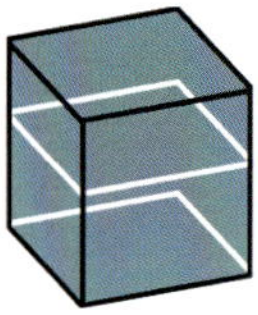

BRI 812 €/m³

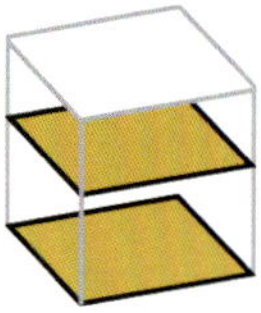

BGF 2.772 €/m²

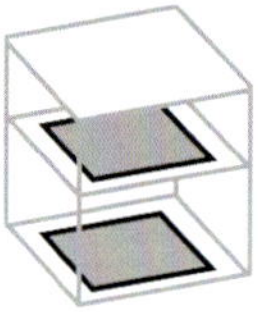

NUF 6.183 €/m²

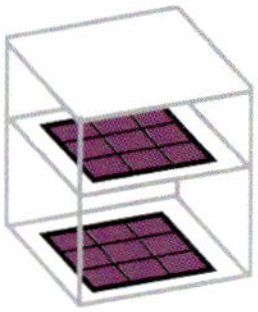

NE 23.884 €/NE

NE: Schüler

Objekt:
Kennwerte: 1.Ebene DIN 276
BRI: 10.584 m³
BGF: 3.101 m²
NUF: 1.391 m²
Bauzeit: 96 Wochen
Bauende: 2021
Standard: mittel
Bundesland: Nordrhein-Westfalen
Kreis: Krefeld, Stadt

Architekt*in:
WOLLENWEBER-ARCHITEKTUR
Neusser Straße 125
40219 Düsseldorf

Bauherr*in:
Zentrales Gebäude-mamagement Krefeld
Mevissenstraße 65
47803 Krefeld

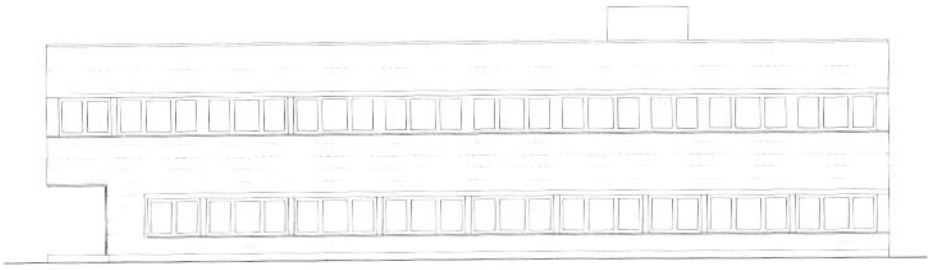

Ansicht Nord

Ansicht West

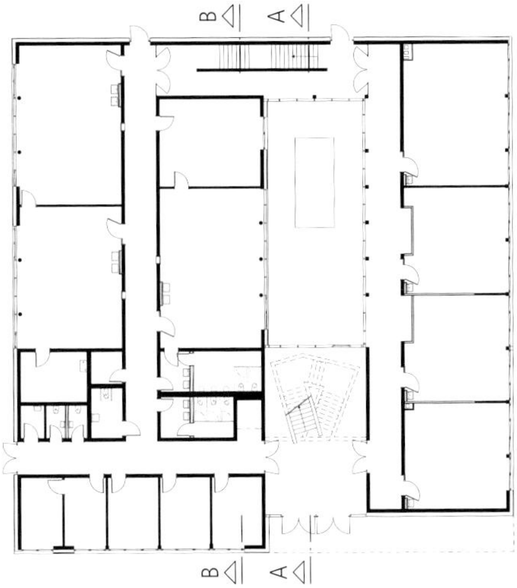

Erdgeschoss

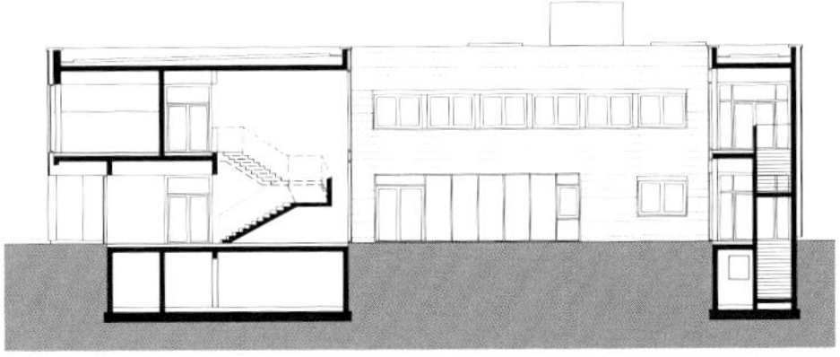

Schnitt A-A

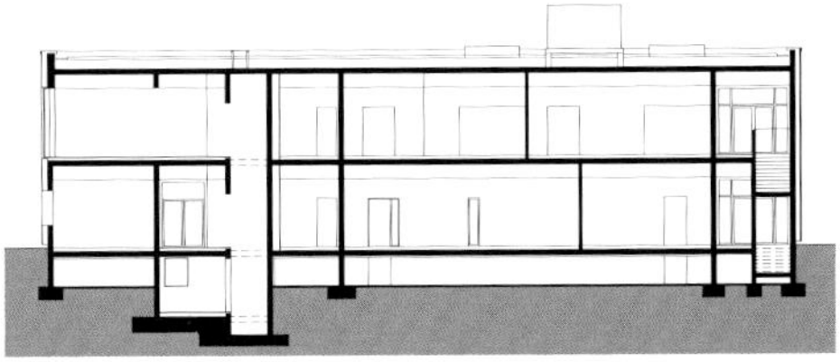

Schnitt B-B

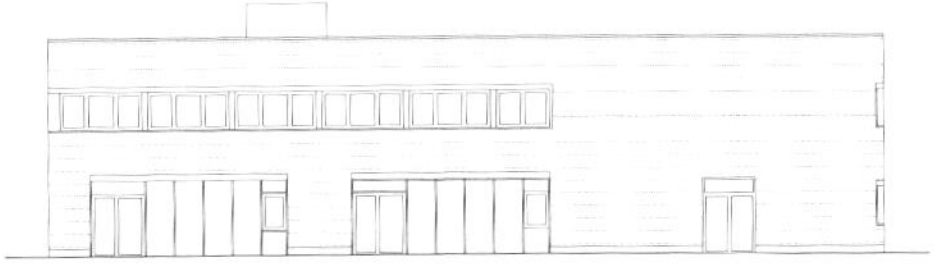

Ansicht Süd

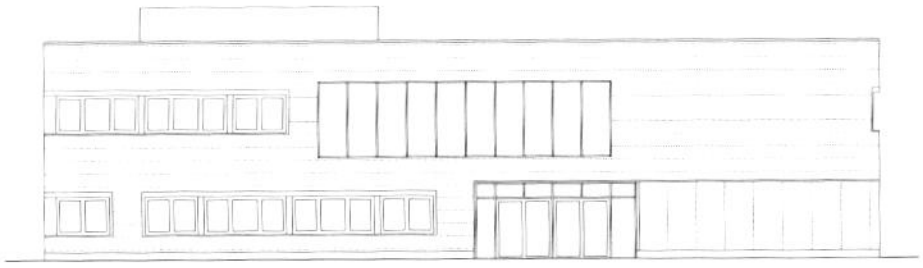

Ansicht Ost

Objektbeschreibung

Allgemeine Objektinformationen

Um den Oberstufenschülern die benötigten Unterrichtsflächen zur Verfügung stellen zu können, wurde die Gesamtschule um fünf große und sieben kleine Unterrichtsräume erweitert. Die quadratische Grundform um einen großflächig verglasten Innenhof enthält zusätzlich drei Kunsträume und vier Büros für die Verwaltung sowie ein Lehrerzimmer. Ein überdachter Verbindungsgang schließt an den Bestand an. Der technische Anschluss ans Bestandsgebäude erfolgt über einen unterirdischen Techniktunnel.

Nutzung

1 Untergeschoss
Abstellräume, Technik, Hausanschluss, Flure, Versorgungstunnel, Kriechkeller für Installationen

1 Erdgeschoss
sieben Klassenräume, Kunstraum, Verwaltungsräume, Sanitärräume, Innenhof, Flure, Treppenhaus

1 Obergeschoss
acht Klassenräume, Aufenthaltsräume, Lehrerzimmer, Sanitärräume, Innenhof, Flure, Treppenhaus

Nutzeinheiten

Klassen: 15
Schüler: 360

Grundstück

Bauraum: Freier Bauraum
Neigung: Ebenes Gelände
Bodenklasse: BK 1 bis BK 4

Markt

Hauptvergabezeit: 2. Quartal 2019
Baubeginn: 2. Quartal 2019
Bauende: 2. Quartal 2021
Konjunkturelle Gesamtlage: Durchschnitt
Regionaler Baumarkt: über Durchschnitt

Baukonstruktion

Das Gebäude gründet auf einer massiven Stahlbetonbodenplatte. Die Außenwände und Decken bestehen ebenfalls aus Stahlbeton. Das UG wurde in WU-Beton ausgeführt. Tragende Innenwände sind in Kalksandstein gemauert oder in Trockenbauweise ausgeführt. Die Trennwände zwischen den Kursräumen können bei einer Umnutzung achsenweise versetzt werden und bieten maximale Flexibilität. Die Fassade wurde aus vorgehängter, hinterlüfteter Keramikfassade hergestellt, der Eingangsbereich wurde mit Faserzementplatten bekleidet. Es wurden dreifachverglaste Alufenster eingebaut. Die Böden wurden mit Linoleum oder Betonwerkstein, bzw. Fliesen belegt. Das Dach wurde begrünt.

Technische Anlagen

Das Gebäude verfügt über keine eigene Energiezentrale, da es an die Bestandsfernwärme angeschlossen wurde. Die Wärmeverteilung erfolgt über Heizkörper. Alle Räume werden durch eine Lüftungsanlage mechanisch belüftet. Die Anlagentechnik der Lüftungsanlage befindet sich auf dem Dach. Sämtliche technische Leitungen wurden in einem ca. 500m^2 großen Kriechkeller unter dem Gebäude verlegt.

Sonstiges

Die EnergieAgentur NRW hat der Schulerweiterung die Auszeichnung "Energieeffizientes Nichtwohngebäude in NRW" verliehen. Da keine erneuerbaren Energien genutzt werden, wird als Ersatzmaßnahme gem. EEWärmeG der zulässige Transmissionswärmeverlust um 30% unterschritten.

Planungskennwerte für Flächen und Rauminhalte nach DIN 277

Flächen des Grundstücks		Menge Einheit	% an GF
BF	Bebaute Fläche	8.089,92 m²	21,3
UF	Unbebaute Fläche	29.937,08 m²	78,7
GF	Grundstücksfläche	38.027,00 m²	100,0

Grundflächen des Bauwerks		Menge Einheit	% an NUF	% an BGF
NUF	Nutzungsfläche	1.390,60 m²	100,0	44,8
TF	Technikfläche	571,69 m²	41,1	18,4
VF	Verkehrsfläche	672,80 m²	48,4	21,7
NRF	Netto-Raumfläche	2.635,09 m²	189,5	85,0
KGF	Konstruktions-Grundfläche	466,21 m²	33,5	15,0
BGF	Brutto-Grundfläche	3.101,30 m²	223,0	100,0

Brutto-Rauminhalt des Bauwerks		Menge Einheit	BRI/NUF (m)	BRI/BGF (m)
BRI	Brutto-Rauminhalt	10.584,00 m³	7,61	3,41

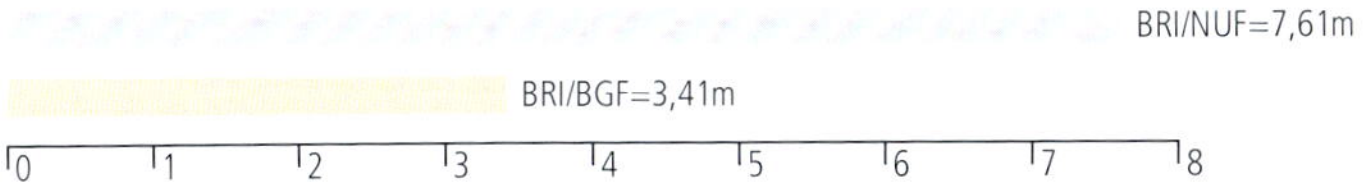

Kostenkennwerte für die Kostengruppen der 1. Ebene DIN 276

KG	Kostengruppen (1. Ebene)	Einheit	Kosten €	€/Einheit	€/m² BGF	€/m³ BRI	% 300+400
100	Grundstück	m² GF	–	–	–	–	–
200	Vorbereitende Maßnahmen	m² GF	–	–	–	–	–
300	Bauwerk – Baukonstruktionen	m² BGF	6.587.770	2.124,20	2.124,20	622,43	76,6
400	Bauwerk – Technische Anlagen	m² BGF	2.010.365	648,23	648,23	189,94	23,4
	Bauwerk 300+400	**m² BGF**	**8.598.135**	**2.772,43**	**2.772,43**	**812,37**	**100,0**
500	Außenanlagen und Freiflächen	m² AF	–	–	–	–	–
600	Ausstattung und Kunstwerke	m² BGF	–	–	–	–	–
700	Baunebenkosten	m² BGF	–	–	–	–	–
800	Finanzierung	m² BGF	–	–	–	–	–

KG	Kostengruppe	Menge Einheit	Kosten €	€/Einheit	%
3+4	**Bauwerk**				**100,0**
300	**Bauwerk – Baukonstruktionen**	3.101,30 m² BGF	6.587.770	**2.124,20**	76,6

Stb-Streifenfundamente, Stb-Bodenplatte, Dämmung, Estrich, Linoleum, Fliesen, Betonwerkstein, Sauberkeitsschicht; Stb-Wände WU, Alufenster, dreifachverglast, Alutüren, Dämmung, vorgehängte Keramikfassade, Faserzementplatten; KS-Mauerwerk, GK-Wände, Holztüren, Innenputz, Beschichtung, Fliesen, mobile Schiebewände, Sanitärtrennwände; Stb-Decken, Stb-Treppen, Estrich, Fliesen, Linoleum, Betonwerkstein, Rasterdecken, GK-Decken; Stb-Flachdach, Dämmung, Abdichtung, Dachbegrünung, Dachentwässerung, Rasterdecken

KG	Kostengruppe	Menge Einheit	Kosten €	€/Einheit	%
400	**Bauwerk – Technische Anlagen**	3.101,30 m² BGF	2.010.365	**648,23**	23,4

Gebäudeentwässerung, Kalt- und Warmwasserleitungen, Sanitärobjekte; Fernwärmeanschluss, Heizleitungen, Heizkörper; Lüftungsanlage; Elektroinstallation, LED-Beleuchtung; Personenaufzug

4100-0239
Grundschule
(10 Klassen)
(200 Schüler)

Kostenkennwerte für die Kosten des Bauwerks (Kostengruppen 300+400 nach DIN 276)

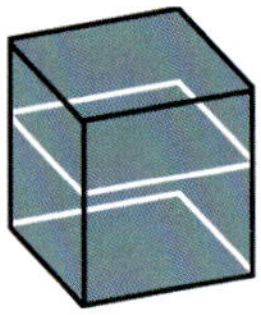

BRI 606 €/m³

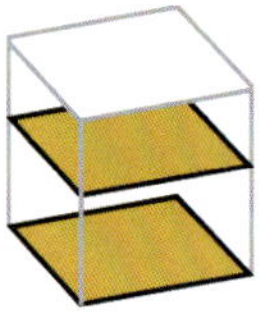

BGF 2.351 €/m²

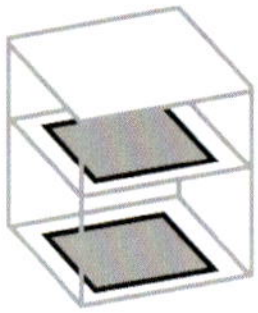

NUF 3.770 €/m²

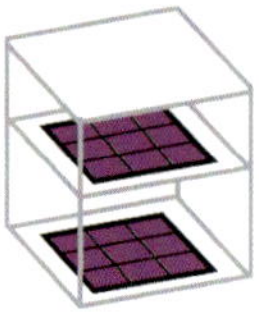

NE 42.268 €/NE

NE: Schüler

Objekt:
Kennwerte: 1.Ebene DIN 276
BRI: 13.943 m³
BGF: 3.596 m²
NUF: 2.243 m²
Bauzeit: 118 Wochen
Bauende: 2021
Standard: mittel
Bundesland: Hessen
Kreis: Waldeck-Frankenberg

Architekt*in:
Kleine + Potthoff Architekten
Hagenstraße 22
34497 Korbach

Bauherr*in:
Landkreis Waldeck
-Frankenberg
FD Gebäudewirtschaft
Südring 2
34497 Korbach

© MARCO LANDAU

© HARTMUT POTTHOFF

© MARCO LANDAU

Kostenstand: 4. Quartal 2025, Bundesdurchschnitt, **inkl. 19% MwSt.**

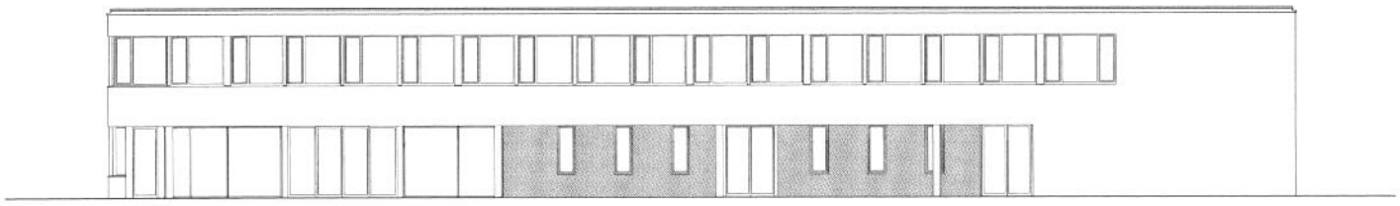
Ansicht Nord

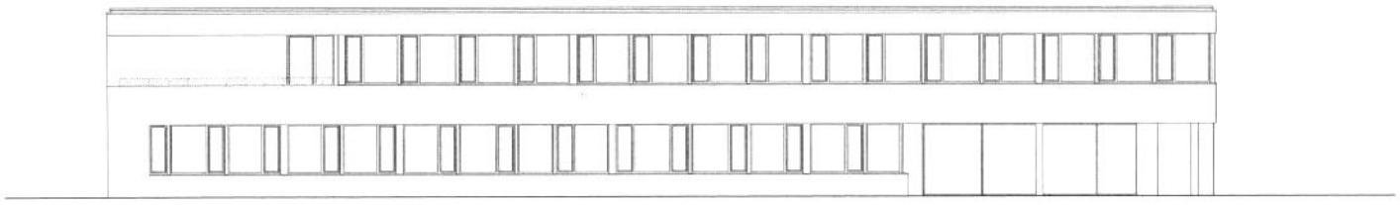
Ansicht Ost

Erdgeschoss

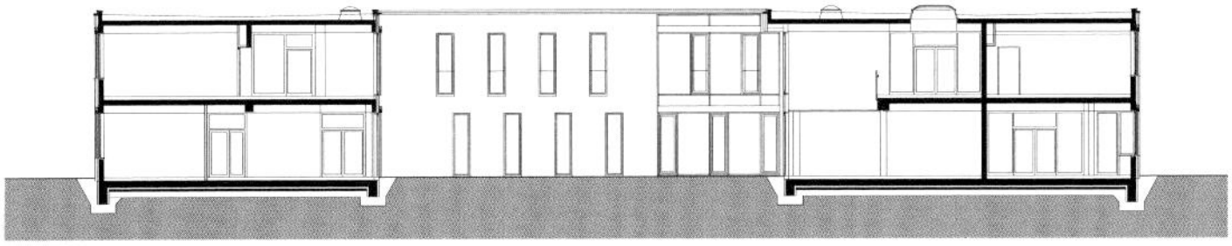
Schnitt A-A

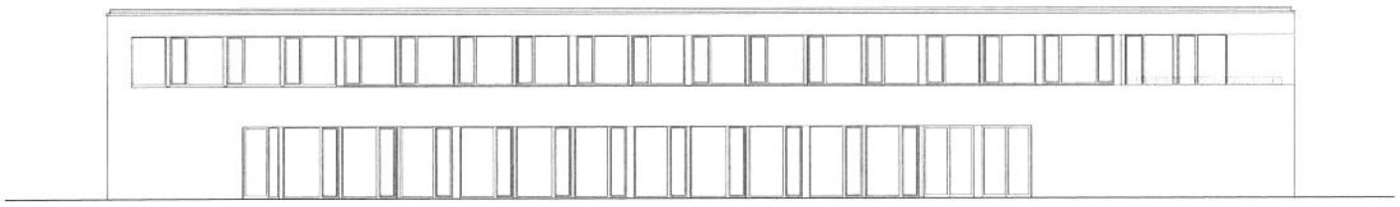
Ansicht Süd

Objektbeschreibung

Allgemeine Objektinformationen

Der zweigeschossige Neubau mit zentralem Atrium bildet eine kompakte und wirtschaftliche Gesamtfigur mit dem bestehenden Schulensemble. Der geometrische Baukörper wird durch Rücksprünge in der Fassade und den Arkaden im EG funktional und gestalterisch strukturiert. Raumprägend ist, neben optimaler Belichtung aller Aufenthaltsräume, ein spannungsvolles Erschließungssystem mit Aufweitungen zum Innenhof und großzügigen Kommunikationsbereichen.

Nutzung

1 Erdgeschoss
Windfang, Eingangshalle, Cafeteria, Ausgabebereich, Spülküche mit Vorbereitung, Betreuungs- und Lernraum, Musikraum, Teeküche, Büroräume, Lehrerzimmer, Nebenraum, Elternsprechzimmer, Personal, Kopierraum, Hausmeister, Werkstatt, WCs, Archiv, Stuhllager, Lager, Abstellräume, Batterieraum, BMZ-Raum, Technikräume, Treppen, Aufzug

1 Obergeschoss
Klassenräume, Gruppenräume, Bibliothek, Forscherraum, Nebenräume, Garderoben, WCs, Lehrmittelräume, Lager, Server, Lüftungstechnikräume, Galerie, Treppen, Aufzug, Dachterrasse

Nutzeinheiten

Klassen: 10
Schüler: 200

Grundstück

Bauraum: Freier Bauraum
Neigung: Ebenes Gelände
Bodenklasse: BK 4 bis BK 7

Markt

Hauptvergabezeit: 1. Quartal 2019
Baubeginn: 2. Quartal 2019
Bauende: 3. Quartal 2021
Konjunkturelle Gesamtlage: Durchschnitt
Regionaler Baumarkt: unter Durchschnitt

Baukonstruktion

Die Gründung erfolgte auf Stb-Fundamenten und einer Stb-Bodenplatte. Darauf wurde der Neubau als Stahlbeton- und Mauerwerksbau mit einem Wärmedämmverbundsystem errichtet. Aluminium-Fassadenbänder mit unregelmäßiger Teilung und zum Teil bodentiefe Verglasung sorgen für eine gute Belichtung und Belüftung. Außenliegende Raffstore-Sonnenschutzanlagen ermöglichen blendfreies Arbeiten und reduzieren Klimaschwankungen. Die Böden sind mit Kautschuk oder Fliesen belegt.

Technische Anlagen

Beheizt wird das Schulgebäude durch eine Luft-Wärmepumpe, die im Spitzenlastbereich von einem Brennwertkessel unterstützt wird. Eine Fußbodenheizung verteilt die Wärme. Alle Unterrichtsräume sind mit einer mechanischen Be- und Entlüftung ausgestattet. Auf dem Dach ist eine Photovoltaik-Anlage (1.806m²) installiert.

Sonstiges

Das großzügige Raumkonzept würde auch wesentlich mehr Schüler zulassen. Theoretisch ist Platz für 375 Schüler vorhanden. Da der Neubau aber für 10 Klassen mit insgesamt 200 Schülern vorgesehen ist, wurden die Kostenkennwerte auch mit der tatsächlichen Schülerzahl gebildet.

Energetische Kennwerte

Gesetzliche Grundlage: EnEV 2013
Gebäudenutzfläche: 3.885,00 m^2
Gebäudevolumen: 12.140,00 m^3
Hüllfläche des beheizten Volumens: 5.489,00 m^2
Mittlerer U-Wert (opake Bauteile): 0,16 W/(m^2·K)
Mittlerer U-Wert (transparente Bauteile): 0,85 W/(m^2·K)
Spez. Jahresprimärenergiebedarf: 52,90 kWh/(m^2·a)
Spez. Jahresendenergiebedarf: 34,82 kWh/(m^2·a)
CO_2-Emissionen: 17,00 kg/(m^2·a)

Energetische Angaben zu Außenbauteilen

Bodenplatte

U-Wert: 0,23 W/(m²·K)

Gesamtdicke: 40,02 cm	d [cm]	λ [W/(m·K)]
Estrich	6,00	1,400
PVC-Folie	0,02	0,170
Dämmung	6,00	0,035
Stahlbeton	20,00	2,000
Dämmung	8,00	0,035

Außenwand

U-Wert: 0,23 W/(m²·K)

Gesamtdicke: 36,50 cm	d [cm]	λ [W/(m·K)]
Innenputz	1,50	0,700
Kalksandstein	20,00	0,990
Dämmung	14,00	0,035
Außenputz	1,00	0,380

Decke gegen Außenluft unten

U-Wert: 0,18 W/(m²·K)

Gesamtdicke: 41,52 cm	d [cm]	λ [W/(m·K)]
Estrich	6,00	1,400
PE-Folie	0,02	0,050
Dämmung	8,00	0,024
Stahlbeton	20,00	2,500
Dämmung	6,00	0,035
Außenputz	1,50	0,700

Dach

U-Wert: 0,18 W/(m²·K)

Gesamtdicke: 38,53 cm	d [cm]	λ [W/(m·K)]
Innenputz	1,50	0,700
Stahlbeton	18,00	2,500
PE-Folie	0,03	0,330
Dämmung	18,00	0,035
Bitumenbahn	1,00	0,170

Planungskennwerte für Flächen und Rauminhalte nach DIN 277

Flächen des Grundstücks		Menge Einheit	% an GF
BF	Bebaute Fläche	1.544,50 m²	4,9
UF	Unbebaute Fläche	29.958,50 m²	95,1
GF	Grundstücksfläche	31.503,00 m²	100,0

Grundflächen des Bauwerks		Menge Einheit	% an NUF	% an BGF
NUF	Nutzungsfläche	2.242,60 m²	100,0	62,4
TF	Technikfläche	124,50 m²	5,6	3,5
VF	Verkehrsfläche	780,30 m²	34,8	21,7
NRF	Netto-Raumfläche	3.147,40 m²	140,3	87,5
KGF	Konstruktions-Grundfläche	448,59 m²	20,0	12,5
BGF	Brutto-Grundfläche	3.595,99 m²	160,3	100,0

Brutto-Rauminhalt des Bauwerks		Menge Einheit	BRI/NUF (m)	BRI/BGF (m)
BRI	Brutto-Rauminhalt	13.943,00 m³	6,22	3,88

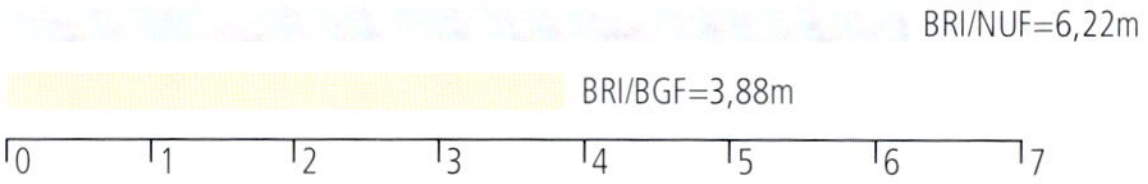

Kostenkennwerte für die Kostengruppen der 1.Ebene DIN 276

KG	Kostengruppen (1.Ebene)	Einheit	Kosten €	€/Einheit	€/m² BGF	€/m³ BRI	% 300+400
100	Grundstück	m² GF	–	–	–	–	–
200	Vorbereitende Maßnahmen	m² GF	777.212	24,67	216,13	55,74	9,2
300	Bauwerk – Baukonstruktionen	m² BGF	5.982.216	1.663,58	1.663,58	429,05	70,8
400	Bauwerk – Technische Anlagen	m² BGF	2.471.318	687,24	687,24	177,24	29,2
	Bauwerk 300+400	**m² BGF**	**8.453.534**	**2.350,82**	**2.350,82**	**606,29**	**100,0**
500	Außenanlagen und Freiflächen	m² AF	759.056	221,95	211,08	54,44	9,0
600	Ausstattung und Kunstwerke	m² BGF	–	–	–	–	–
700	Baunebenkosten	m² BGF	–	–	–	–	–
800	Finanzierung	m² BGF	–	–	–	–	–

KG	Kostengruppe	Menge Einheit	Kosten €	€/Einheit	%
200	**Vorbereitende Maßnahmen**	31.503,00 m² GF	777.212	**24,67**	9,2

Abbruch Pavillon, Asphaltrückbau; lange Erschließungsstraße

KG	Kostengruppe	Menge Einheit	Kosten €	€/Einheit	%
3+4	**Bauwerk**				**100,0**
300	**Bauwerk – Baukonstruktionen**	3.595,99 m² BGF	5.982.216	**1.663,58**	70,8

Baugrubenaushub; Stb-Fundamente, Stb-Bodenplatte, Heizestrich, Kautschukbeläge, Bodenfliesen, Abdichtung, Perimeterdämmung; Stb-Wände, Mauerwerkswände, Stb-Stützen, Alufenster, WDVS, Innenputz, Beschichtung, Alu-Pfosten-Riegel-Fassade, Raffstores; KS-Mauerwerk, GK-Wände, Glastüren, Beschichtung, Wandfliesen, WC-Trennwände; Stb-Elementdecken, Stb-Treppen, Heizestrich, Kautschukbeläge, Bodenfliesen, Akustikdecken, Beschichtung, Stahlgeländer, Treppengeländer; Stb-Flachdach, Oberlichter, Gefälledämmung, Abdichtung, Terrassenplatten, Attika, innenliegende Dachentwässerung, Akustikdecken

KG	Kostengruppe	Menge Einheit	Kosten €	€/Einheit	%
400	**Bauwerk – Technische Anlagen**	3.595,99 m² BGF	2.471.318	**687,24**	29,2

Gebäudeentwässerung, Kalt- und Warmwasserleitungen, Sanitärobjekte; Gas-Brennwerttherme, Luft-Luft-Wärmepumpe, Fußbodenheizung; Einzelraumlüfter, RWA-Anlagen; PV-Anlage (1.806m²), Elektroinstallation, Beleuchtung, Sicherheitsleuchten; Datenübertragungsanlage, elektroakustische Anlagen, Rauchmelder; Personenaufzug

KG	Kostengruppe	Menge Einheit	Kosten €	€/Einheit	%
500	**Außenanlagen und Freiflächen**	3.420,00 m² AF	759.056	**221,95**	9,0

Bodenarbeiten; Wege, Terrassen, Spielplatzflächen; Winkelstützmauern; Sitzbänke, Spielgeräte; Oberbodenarbeiten, Bepflanzung, Rasen

4100-0240
Gemeinschaftsschule
(18 Klassen)
(432 Schüler)

Kostenkennwerte für die Kosten des Bauwerks (Kostengruppen 300+400 nach DIN 276)

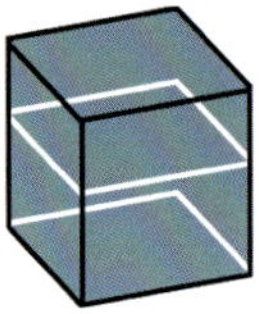

BRI 833 €/m³

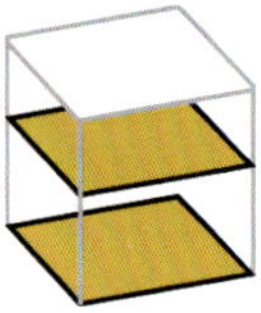

BGF 3.289 €/m²

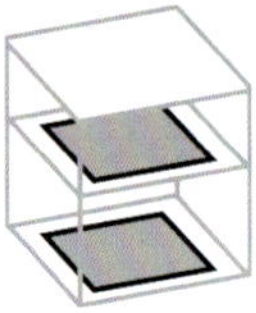

NUF 5.312 €/m²

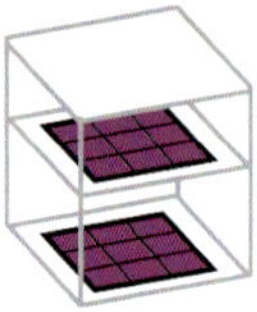

NE 24.723 €/NE

NE: Schüler

Objekt:
Kennwerte: 1. Ebene DIN 276
BRI: 12.823 m³
BGF: 3.248 m²
NUF: 2.011 m²
Bauzeit: 96 Wochen
Bauende: 2021
Standard: mittel
Bundesland: Baden-Württemberg
Kreis: Lörrach

Architekt*in:
ARCHITEKTURBUERO 1
ZT GmbH
Hauptplatz 18
4020 Linz (AT)

Architekturbüro HERZOG
GmbH
Unterdorfstraße 22
79541 Lörrach

Bauherr*in:
Stadt Schopfheim
Hauptstraße 29-31
79650 Schopfheim

Garten- und Landschaftsarchitekt*in:
el:ch landschaftsarchitekten
Karl-Marx-Allee 79
10243 Berlin

© ARCHITEKTURBUERO 1

© ARCHITEKTURBUERO 1

© ARCHITEKTURBUERO 1

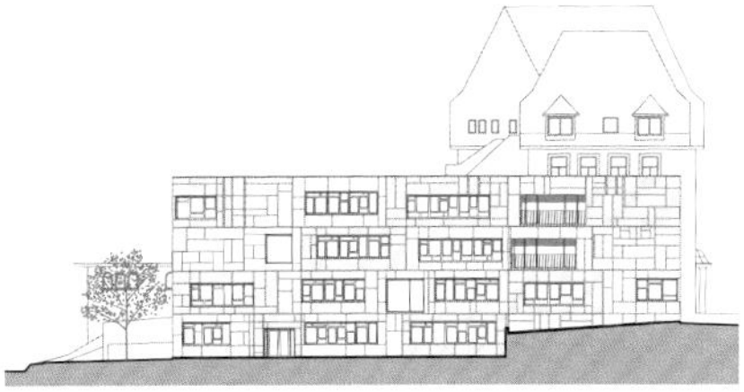

Ansicht West

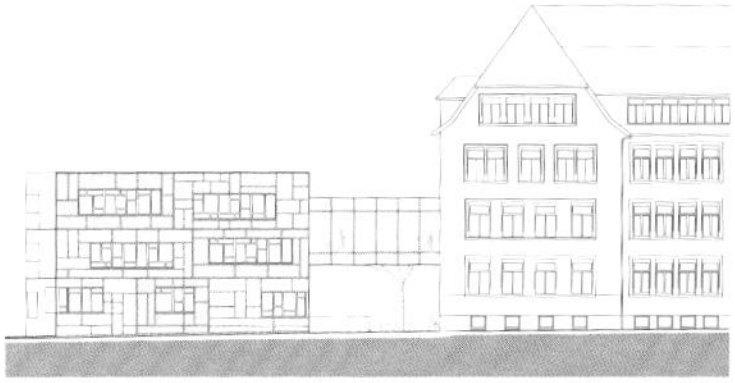

Ansicht Süd

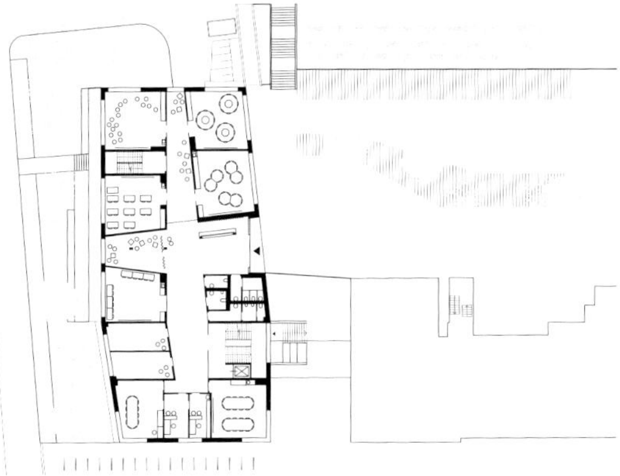

Erdgeschoss

1. Obergeschoss

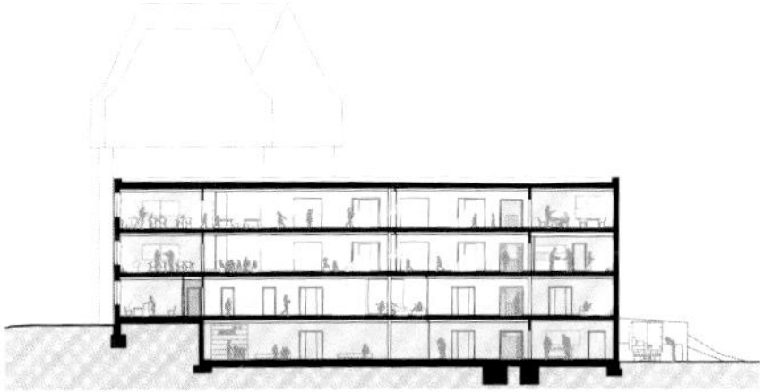

Längsschnitt

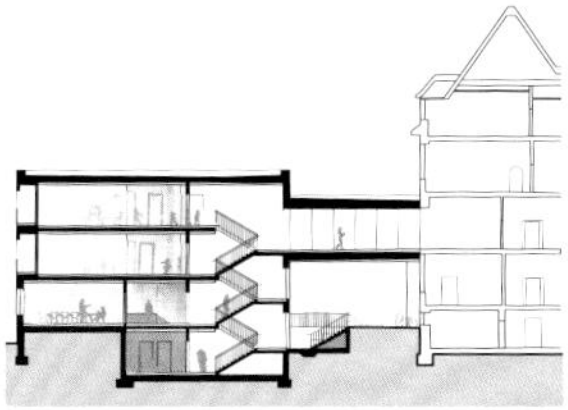

Querschnitt

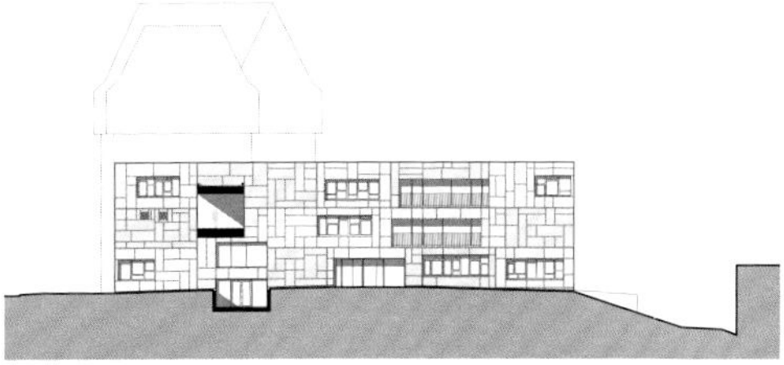

Ansicht Ost

Ansicht Nord

4100-0240
Gemeinschaftsschule
(18 Klassen)
(432 Schüler)

Objektbeschreibung

Allgemeine Objektinformationen

Von der Stadt wurde ein offener Wettbewerb für einen Erweiterungsbau ausgelobt. Das siegreiche Architekturbüro wurde für die Planung beauftragt. Das moderne Schulkonzept wird in Form einer Clusterschule mit jeweils drei Klassen und offenen Lernlandschaften umgesetzt. Fluchtwege in Form von Fluren werden überflüssig und Verkehrsflächen so sinnvoll genutzt. Im 1.Obergeschoss wird der Altbau mit Hilfe eines verglasten Übergangs mit dem Neubau verbunden.

Nutzung

1 Untergeschoss
Klassenräume, Werkräume, WCs, Abstellräume, Flur, Treppenhaus, Aufzug

1 Erdgeschoss
Eingang, fünf Klassenräume, WCs, Verwaltung, Lehrerzimmer, Besprechungsräume, Büros, offene Lernlandschaft, Treppenhaus, Aufzug

2 Obergeschosse
zehn Klassenräume, vier offene Lernlandschaften, Lehrküche, WCs, Treppenhaus, Aufzug

Nutzeinheiten

Klassen: 18
Schüler: 432

Grundstück

Bauraum: Beengter Bauraum
Neigung: Hanglage
Bodenklasse: BK 1 bis BK 4

Markt

Hauptvergabezeit: 3.Quartal 2019
Baubeginn: 3.Quartal 2019
Bauende: 3.Quartal 2021
Konjunkturelle Gesamtlage: Durchschnitt
Regionaler Baumarkt: Durchschnitt

Baukonstruktion

Der Neubau wurde als Skelettkonstruktion in Stahlbeton ausgeführt. Die Gründung, alle tragenden Decken, Stützen und Wandscheiben wurden in Stahlbeton erstellt. Die vorgehängte Fassade aus unregelmäßig angeordneten Faserzementplatten zeigt über zarte Farbunterschiede die innere Raumaufteilung, Holzfenster mit vielen verschiedenen Querschnitten ermöglichen eine natürliches Belüftung. Die Böden sind mit Terrazzo-Estrich und Linoleum belegt, die Decken mit Holzfaserplatten abgehängt, um eine angenehme Raumakustik zu erreichen. Das Flachdach wurde begrünt

Technische Anlagen

Ein Blockheizkraftwerk versorgt den gesamten Campus mit Energie. Geheizt wird über eine Fußbodenheizung. Bis auf vier Klassen in Richtung der Straße (Geräuschbelastung) sind alle Klassen natürlich belüftet. Das Dach ist flächig für Photovoltaik genutzt. Es wurden Luftqualitätsmelder sowie eine Brandmeldeanlage eingebaut. Es wurde sowohl eine Beschallungsanlage als auch eine Amok-Anlage installiert.

Energetische Kennwerte

Gebäudenutzfläche: 3.104,80 m^2
Gebäudevolumen: 11.642,80 m^3
Hüllfläche des beheizten Volumens: 3.648,60 m^2
Mittlerer U-Wert (opake Bauteile): 0,14 $W/(m^2 \cdot K)$
Mittlerer U-Wert (transparente Bauteile): 1,10 $W/(m^2 \cdot K)$
Spez. Jahresprimärenergiebedarf: 68,60 $kWh/(m^2 \cdot a)$

Energetische Angaben zu Außenbauteilen

Bodenplatte

U-Wert: 0,16 W/(m²·K)

Gesamtdicke: 55,08 cm	d [cm]	λ [W/(m·K)]
Estrich	7,50	1,200
Trennlage	0,04	0,190
Trittschalldämmung	3,00	0,035
Beschüttung	4,50	0,050
Dämmung	15,00	0,035
Folie	0,04	0,190
Stahlbeton	25,00	2,100

Außenwand

U-Wert: 0,18 W/(m²·K)

Gesamtdicke: 43,00 cm	d [cm]	λ [W/(m·K)]
Innenputz	1,00	0,550
Stahlbeton	24,00	2,100
Dämmung	18,00	0,035

Dach

U-Wert: 0,14 W/(m²·K)

Gesamtdicke: 44,00 cm	d [cm]	λ [W/(m·K)]
Stahlbeton	20,00	2,100
Dämmung	24,00	0,035

4100-0240
Gemeinschaftsschule
(18 Klassen)
(432 Schüler)

Planungskennwerte für Flächen und Rauminhalte nach DIN 277

Flächen des Grundstücks		Menge Einheit	% an GF
BF	Bebaute Fläche	899,00 m²	14,3
UF	Unbebaute Fläche	5.369,00 m²	85,7
GF	Grundstücksfläche	6.268,00 m²	100,0

Grundflächen des Bauwerks		Menge Einheit	% an NUF	% an BGF
NUF	Nutzungsfläche	2.010,71 m²	100,0	61,9
TF	Technikfläche	12,80 m²	0,6	0,4
VF	Verkehrsfläche	729,56 m²	36,3	22,5
NRF	Netto-Raumfläche	2.753,07 m²	136,9	84,8
KGF	Konstruktions-Grundfläche	494,70 m²	24,6	15,2
BGF	Brutto-Grundfläche	3.247,77 m²	161,5	100,0

Brutto-Rauminhalt des Bauwerks		Menge Einheit	BRI/NUF (m)	BRI/BGF (m)
BRI	Brutto-Rauminhalt	12.822,51 m³	6,38	3,95

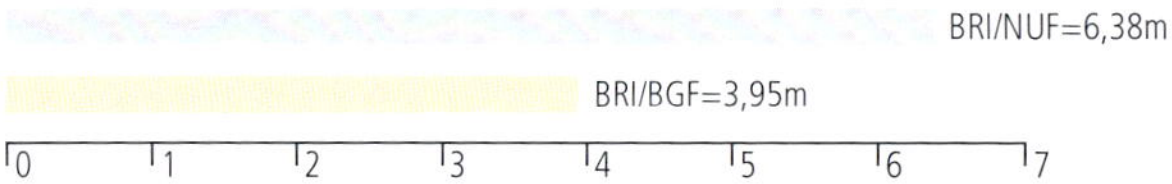

Kostenkennwerte für die Kostengruppen der 1.Ebene DIN 276

KG	Kostengruppen (1.Ebene)	Einheit	Kosten €	€/Einheit	€/m² BGF	€/m³ BRI	%300+400
100	Grundstück	m² GF	–	–	–	–	–
200	Vorbereitende Maßnahmen	m² GF	–	–	–	–	–
300	Bauwerk – Baukonstruktionen	m² BGF	8.305.823	2.557,39	2.557,39	647,75	77,8
400	Bauwerk – Technische Anlagen	m² BGF	2.374.631	731,16	731,16	185,19	22,2
	Bauwerk 300+400	**m² BGF**	**10.680.454**	**3.288,55**	**3.288,55**	**832,95**	**100,0**
500	Außenanlagen und Freiflächen	m² AF	–	–	–	–	–
600	Ausstattung und Kunstwerke	m² BGF	–	–	–	–	–
700	Baunebenkosten	m² BGF	–	–	–	–	–
800	Finanzierung	m² BGF	–	–	–	–	–

KG	Kostengruppe	Menge Einheit	Kosten €	€/Einheit	%
3+4	**Bauwerk**				**100,0**
300	**Bauwerk – Baukonstruktionen**	3.247,77 m² BGF	8.305.823	**2.557,39**	77,8

Baugrubenaushub; Stb.-Fundamente, Stb.-Bodenplatte WU, Abdichtung, Dämmung, Heizestrich, Linoleum, Terrazzo-Estrich, Feinsteinzeugfliesen, Perimeterdämmung; Stb-Wände WU, Stb-Stützen, Holz-Alufenster, Brandschutzschiebetore, Dämmung, vorgehängte Faserzement-Fassadentafeln, Putz, Beschichtung, Wandfliesen, Pfosten-Riegel-Fassade mit Türelementen, Sonnenschutz-Jalousien; Stb-Innenwände, GK-Wände, Stb-Stützen, Innentüren, Innenputz, Beschichtung, Wandfliesen, Glastrennwände, Sanitärtrennwände; Stb-Decken, Stb-Fertigteiltreppen, Terrazzoestrich, Feinsteinzeugfliesen, Linoleum, abgehängte Akustikdecken, Stahlgeländer; Stb-Flachdach, Dämmung, Abdichtung, Dachentwässerung, Dachbegrünung; Garderoben, Beschilderungen

KG	Kostengruppe	Menge Einheit	Kosten €	€/Einheit	%
400	**Bauwerk – Technische Anlagen**	3.247,77 m² BGF	2.374.631	**731,16**	22,2

Gebäudeentwässerung, Kalt- und Warmwasserleitungen, Sanitärobjekte; Nahwärmeversorgung, dezentrale Warmwasserbereiter, Fußbodenheizung; dezentrale Lüftungsanlagen; PV-Anlage, Elektroinstallation, Beleuchtung, Sicherheitsleuchten, Blitzschutzanlage; Personenrufanlage, elektroakustische Anlage, Beschallungsanlage, Brandmeldeanlage, Amok-Anlage, Luftqualitätsmelder, Rauchansaugsystem, Datenübertragungsanlage; Personenaufzug; Feuerlöscher; KNX-Jalousiesteuerung

4100-0241
Schule
(9 Klassen)
(235 Schüler)

Kostenkennwerte für die Kosten des Bauwerks (Kostengruppen 300+400 nach DIN 276)

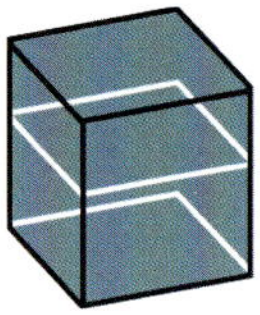

BRI 587 €/m³

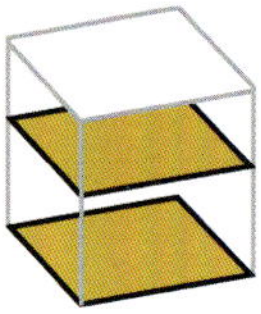

BGF 3.325 €/m²

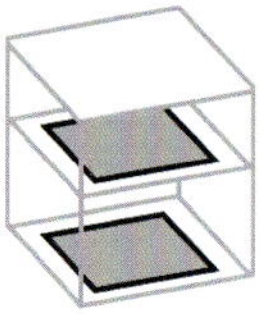

NUF 4.853 €/m²

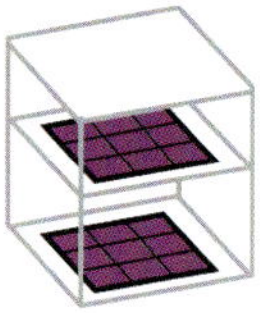

NE 22.626 €/NE

NE: Schüler

Objekt:
Kennwerte: 1. Ebene DIN 276
BRI: 9.054 m³
BGF: 1.599 m²
NUF: 1.096 m²
Bauzeit: 70 Wochen
Bauende: 2022
Standard: mittel
Bundesland: Niedersachsen
Kreis: Diepholz

Architekt*in:
NPC Naumann Petersen
Conrad Joesten Architekten
& beratende Ingenieure mbB
Konsul-Smidt-Straße 8F
28217 Bremen

Bauherr*in:
Landkreis Diepholz
Niedersachsenstraße 2
49356 Diepholz

© NPC Architekten

© NPC Architekten

© NPC Architekten

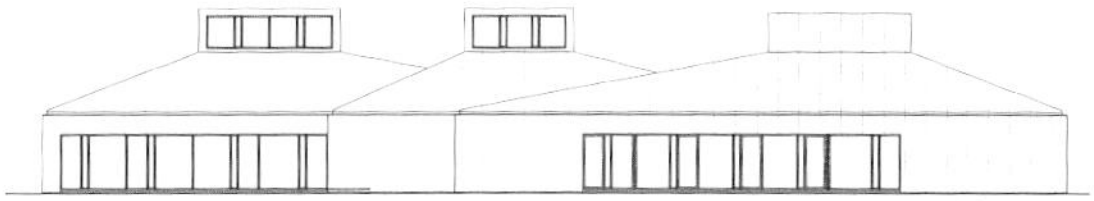

Ansicht Süd

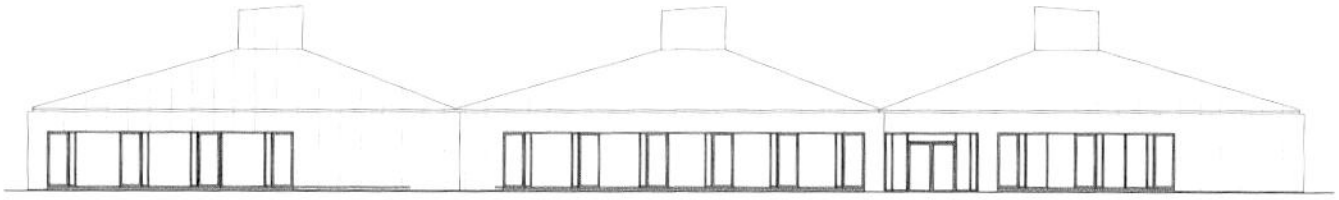

Ansicht West

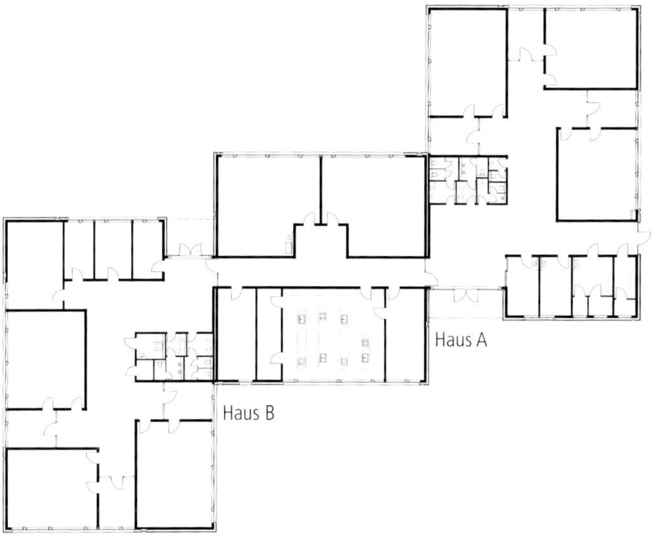

Erdgeschoss

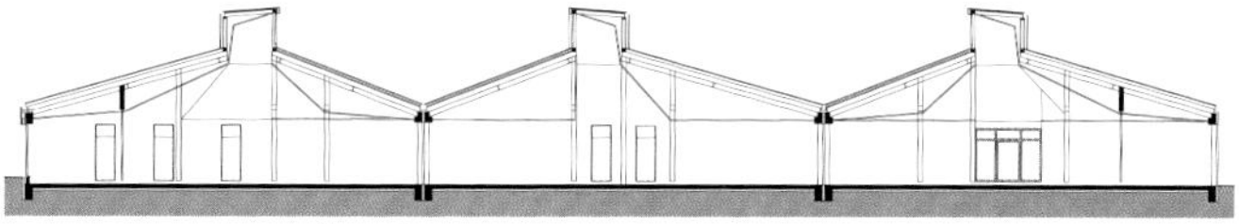

Schnitt A-A

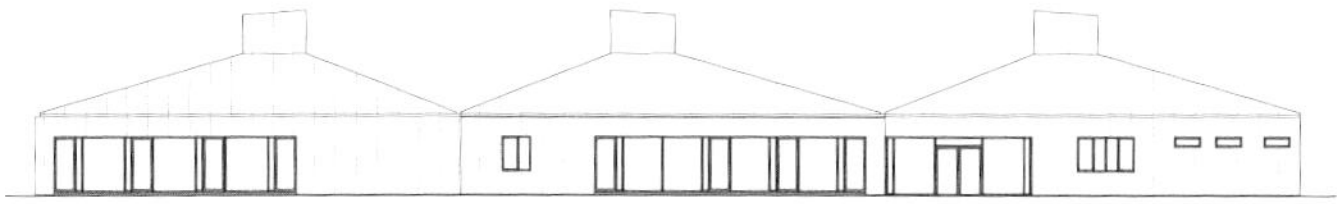

Ansicht Ost

4100-0241
Schule
(9 Klassen)
(235 Schüler)

Objektbeschreibung

Allgemeine Objektinformationen

Die Schulerweiterung ging aus einem Wettbewerbsgewinn hervor. Der kleinteilige Baukörper wurde als städtebauliches Bindeglied zwischen bestehendem Schulbau und umliegender ebenfalls kleinteiliger Wohnbebauung gewählt. Eine räumliche Qualität ergibt sich durch die von innen ablesbaren Zeltformen.

Nutzung

1 Erdgeschoss
Klassenräume, Gruppenräume, Fachunterrichtsräume, Besprechungsraum, Sammlung, Kiosk, Lern- und Spielflure, Speiseraum, Küche, Spülküche, Anlieferung, Personal, Sozialpädagogik, Beratungsraum, Hausmeister, WCs, Umkleide, Lager, Abstellräume, Hausanschlussraum, ELA-Raum, Technikraum

Nutzeinheiten

Klassen: 9
Schüler: 235

Grundstück

Bauraum: Freier Bauraum
Neigung: Ebenes Gelände
Bodenklasse: BK 1 bis BK 4

Markt

Hauptvergabezeit: 4.Quartal 2020
Baubeginn: 1.Quartal 2021
Bauende: 3.Quartal 2022
Konjunkturelle Gesamtlage: Durchschnitt
Regionaler Baumarkt: unter Durchschnitt

Baukonstruktion

Das Gebäude wurde als Massivbau mit Stahl-Holzdachkonstruktion erstellt. Die Gründung erfolgte auf Stb-Streifenfundamenten und Stb-Bodenplatten. Die Außenwände aus KS-Mauerwerk sind mit einer gedämmten Metallfassade bekleidet. Die Alufenster mit Dreifachverglasung können mit Raffstores verschattet werden. Die Zeltdächer aus Stahlträgern und Holzsparren sind mit Stahltrapezblech gedeckt und mit Einblasdämmung gedämmt. Über die Dachlaternen fällt viel Licht in die Aufenthaltsflure. Die Böden wurden mit Linoleum oder Kautschuk belegt. In den Sanitärräumen kamen Bodenfliesen zur Ausführung.

Technische Anlagen

Die Wärmeversorgung erfolgt über eine Nahwärmeleitung. Als einzige Lüftungsanlage wurden dezentrale Lüftungen der Sanitärräume ausgeführt. Ein Lowtec-Ansatz führte zu einer natürlichen Be- und Entlüftung über Thermik bzw. Fensterlüftung in den Klassenräumen.

Sonstiges

Die Flurflächen in den Kernzonen der Gebäudeteile können nicht nur als Aufenthaltsbereich in den Pausen sondern auch für Versammlungen genutzt werden.

Energetische Kennwerte

Gesetzliche Grundlage: EnEV 2013
Gebäudenutzfläche: 2.714,00 m^2
Gebäudevolumen: 8.482,00 m^3
Hüllfläche des beheizten Volumens: 5.141,00 m^2
Mittlerer U-Wert (opake Bauteile): 0,14 $W/(m^2 \cdot K)$
Mittlerer U-Wert (transparente Bauteile): 1,30 $W/(m^2 \cdot K)$
Spez. Jahresprimärenergiebedarf: 153,57 $kWh/(m^2 \cdot a)$
Spez. Jahresendenergiebedarf: 133,62 $kWh/(m^2 \cdot a)$

Energetische Angaben zu Außenbauteilen

Bodenplatte

U-Wert: 0,19 W/(m²·K)

Gesamtdicke: 50,00 cm	d [cm]	λ [W/(m·K)]
Estrich	6,00	1,400
Dämmung	9,00	0,035
Stahlbeton	25,00	2,300
Dämmung	10,00	0,041

Außenwand

U-Wert: 0,20 W/(m²·K)

Gesamtdicke: 41,50 cm	d [cm]	λ [W/(m·K)]
Innenputz	1,50	0,700
Kalksandstein	24,00	0,700
Dämmung	16,00	0,035

Dach

U-Wert: 0,17 W/(m²·K)

Gesamtdicke: 27,50 cm	d [cm]	λ [W/(m·K)]
GK-Platte	1,50	0,290
Holz	2,00	0,130
Luftschicht ruhend	2,00	0,139
Holz	24,00	0,130
Dämmung	24,00	0,035

4100-0241
Schule
(9 Klassen)
(235 Schüler)

Planungskennwerte für Flächen und Rauminhalte nach DIN 277

Flächen des Grundstücks		Menge Einheit	% an GF
BF	Bebaute Fläche	7.059,64 m²	20,6
UF	Unbebaute Fläche	27.133,24 m²	79,4
GF	Grundstücksfläche	34.192,88 m²	100,0

Grundflächen des Bauwerks		Menge Einheit	% an NUF	% an BGF
NUF	Nutzungsfläche	1.095,68 m²	100,0	68,5
TF	Technikfläche	29,32 m²	2,7	1,8
VF	Verkehrsfläche	263,74 m²	24,1	16,5
NRF	Netto-Raumfläche	1.388,74 m²	126,7	86,8
KGF	Konstruktions-Grundfläche	210,43 m²	19,2	13,2
BGF	Brutto-Grundfläche	1.599,17 m²	146,0	100,0

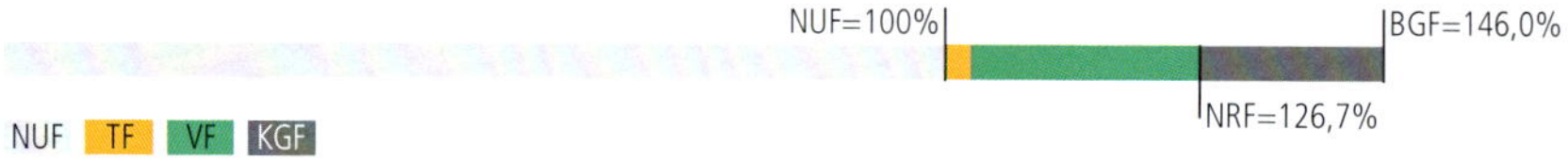

Brutto-Rauminhalt des Bauwerks		Menge Einheit	BRI/NUF (m)	BRI/BGF (m)
BRI	Brutto-Rauminhalt	9.054,24 m³	8,26	5,66

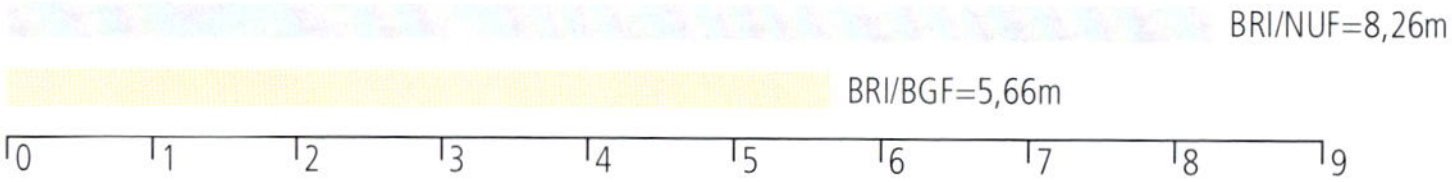

Kostenkennwerte für die Kostengruppen der 1. Ebene DIN 276

KG	Kostengruppen (1. Ebene)	Einheit	Kosten €	€/Einheit	€/m² BGF	€/m³ BRI	% 300+400
100	Grundstück	m² GF	–	–	–	–	–
200	Vorbereitende Maßnahmen	m² GF	1.059.369	30,98	662,45	117,00	19,9
300	Bauwerk – Baukonstruktionen	m² BGF	4.121.840	2.577,49	2.577,49	455,24	77,5
400	Bauwerk – Technische Anlagen	m² BGF	1.195.225	747,40	747,40	132,01	22,5
	Bauwerk 300+400	**m² BGF**	**5.317.066**	**3.324,89**	**3.324,89**	**587,25**	**100,0**
500	Außenanlagen und Freiflächen	m² AF	629.767	82,26	393,81	69,55	11,8
600	Ausstattung und Kunstwerke	m² BGF	176.862	110,60	110,60	19,53	3,3
700	Baunebenkosten	m² BGF	–	–	–	–	–
800	Finanzierung	m² BGF	–	–	–	–	–

KG	Kostengruppe	Menge Einheit	Kosten €	€/Einheit	%
200	**Vorbereitende Maßnahmen**	34.192,88 m² GF	1.059.369	**30,98**	19,9
	Abbruch von altem Schulgebäude, Schadstoffbeseitigung; öffentliche Erschließungen				
3+4	**Bauwerk**				**100,0**
300	**Bauwerk – Baukonstruktionen**	1.599,17 m² BGF	4.121.840	**2.577,49**	77,5
	Baugrubenaushub; Stb-Fundamente, Stb-Bodenplatte, Estrich, Linoleum, Kautschuk, Bodenfliesen, Abdichtung, Perimeterdämmung; KS-Mauerwerk, Alufenster, Dreifachverglasung, Wärmedämmung, hinterlüftete Trapezblechfassade, Alu-Pfosten-Riegelfassade, Raffstores; KS-Mauerwerk, Glastüren, Alutüren, Kalkzementputz, Beschichtung, Wandfliesen, Sanitärtrennwände, Glastrennwände; Stahldach mit Holzbalken, Alu-Oberlichter, Einblasdämmung, Stahl-Trapezblech, Dachentwässerung, Mineralfaser-Rasterdecken, abgehängte Akustikdecken, Beschichtung; Lehrküche, Kochzeilen (3St)				
400	**Bauwerk – Technische Anlagen**	1.599,17 m² BGF	1.195.225	**747,40**	22,5
	Gebäudeentwässerung, Kaltwasserleitungen, Durchlauferhitzer, Sanitärobjekte; Nahwärmeversorgung, Plattenheizkörper; kontrollierte Be- und Entlüftung; Elektroinstallation, Beleuchtung, Sicherheitsleuchten mit Batterieanlage, Blitzschutzanlage; KNX-Bussystem, elektroakustische Anlagen, Brandmeldeanlage				
500	**Außenanlagen und Freiflächen**	7.656,00 m² AF	629.767	**82,26**	11,8
	Oberbodenarbeiten, Bodenarbeiten; Wege, Stellplätze; Außenbeleuchtung; Sitzbänke; Oberbodenauftrag, Bepflanzung, Rasen				
600	**Ausstattung und Kunstwerke**	1.599,17 m² BGF	176.862	**110,60**	3,3
	Ausstattung Klassen- und Fachräume, Smartboards				

4100-0242
Schule
(31 Klassen)
(650 Schüler)

Kostenkennwerte für die Kosten des Bauwerks (Kostengruppen 300+400 nach DIN 276)

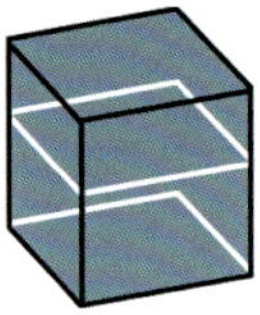
BRI 1.016 €/m³

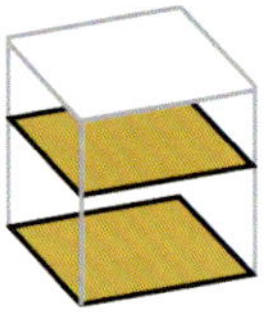
BGF 4.175 €/m²

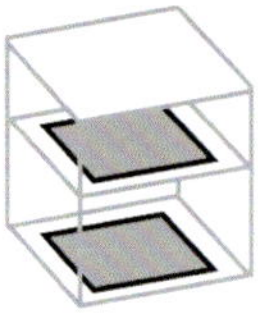
NUF 6.955 €/m²

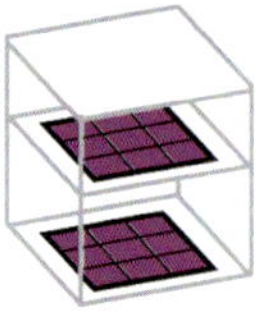
NE 49.363 €/NE
NE: Schüler

Objekt:
Kennwerte: 1.Ebene DIN 276
BRI: 31.575 m³
BGF: 7.685 m²
NUF: 4.613 m²
Bauzeit: 156 Wochen
Bauende: 2022
Standard: hoch
Bundesland: Nordrhein-Westfalen
Kreis: Unna

Architekt*in:
weicken architekten
partmbB
Platanenallee 15
59425 Unna

Bauherr*in:
Kreis Unna
Der Landrat
FB 40 Schulen und Bildung
Parkstraße 40b
59425 Unna

© Marvin Schwienheer

© Marvin Schwienheer

© Marvin Schwienheer

© Marvin Schwienheer

© Marvin Schwienheer

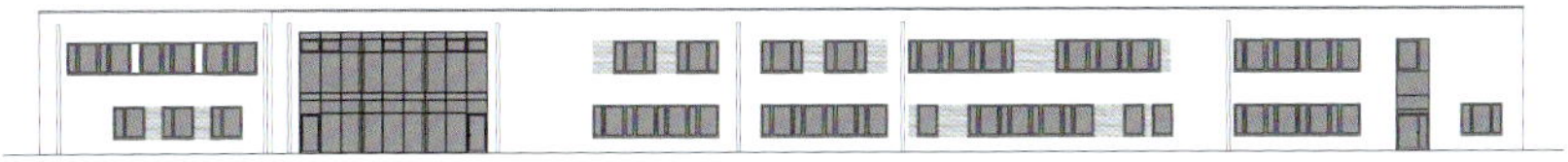

Ansicht West

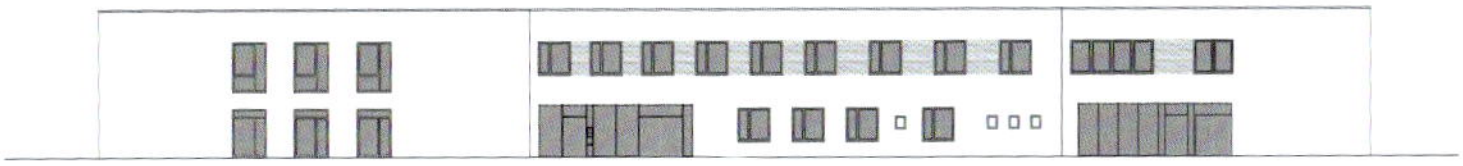

Ansicht Nord

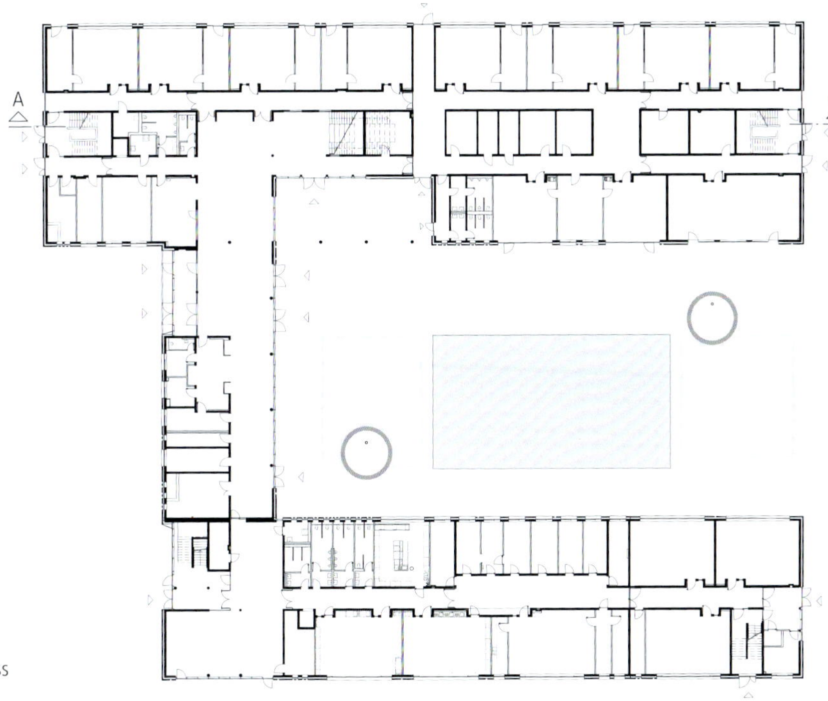

Erdgeschoss

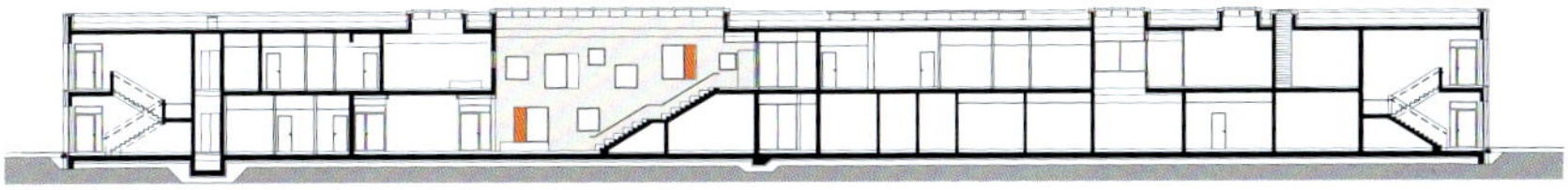

Schnitt A-A

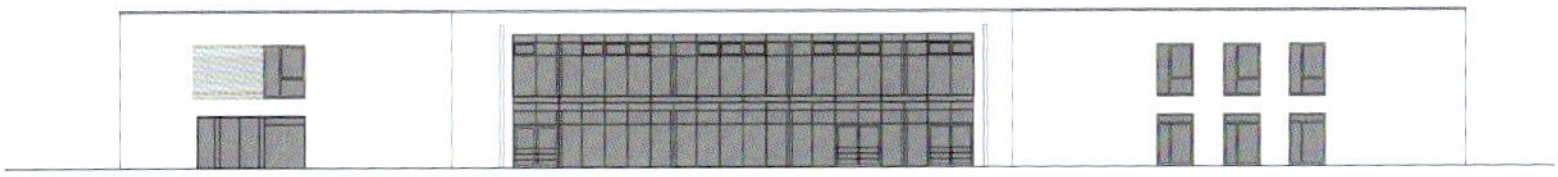

Ansicht Süd

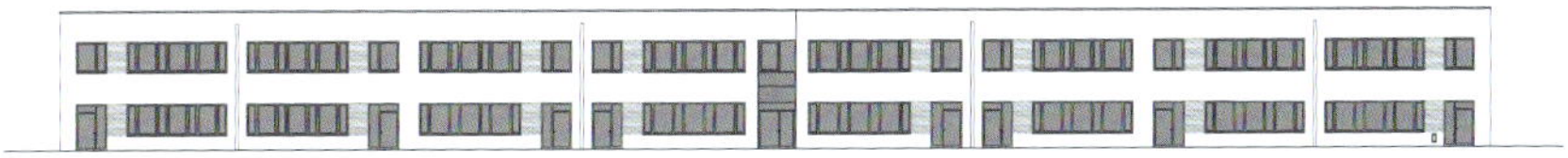

Ansicht Ost

Objektbeschreibung

Allgemeine Objektinformationen

Als zukünftiges Zentrum des Bildungscampus wurde ein durchgängiger U-förmigen Baukörper erstellt, indem die unterschiedlichen Schulformen in den jeweiligen Flügeln untergebracht wurden. Der dreiseitig umschlossene Innenhof begrenzt den Schulhof der Förderschule, wogegen die Räumlichkeiten des Berufskollegs nach außen positioniert wurden. Beide Schulformen werden über den gemeinsamen Vorplatz erschlossen und bieten Platz für rund 650 Schüler*innen.

Nutzung

1 Erdgeschoss
Windfang, Foyer, Aula, Klassenräume, Fachräume, Mehrzweckraum, Werkräume, MINT-Raum, Verwaltung, Nebenräume, Technik, WCs,

1 Obergeschoss
Galerie, Klassenräume, Fachräume, Musikraum, Kunstraum, MINT-Raum, Verwaltung, Lehrerzimmer, Nebenräume, Technik, WCs, Flure, Treppenhäuser, Aufzug

Nutzeinheiten

Klassen: 31
Schüler: 650

Grundstück

Bauraum: Freier Bauraum
Neigung: Ebenes Gelände
Bodenklasse: BK 1 bis BK 6

Markt

Hauptvergabezeit: 4. Quartal 2019
Baubeginn: 1. Quartal 2020
Bauende: 4. Quartal 2022
Konjunkturelle Gesamtlage: über Durchschnitt
Regionaler Baumarkt: Durchschnitt

Baukonstruktion

Die Gründung der Stahlbetonsohle ruht auf einer Tiefergründung aus 5m tiefen Schotter- bzw. Betonsäulen. Die gewählte Massivbauweise besteht zum Großteil aus tragenden Stahlbetonbauteilen, teilweise in Sichtbeton, ansonsten verputzt. Nichttragende Flurwände sind in KS-Mauerwerk erstellt und ebenfalls verputzt. Sonstige Trennwände wurden in Trockenbauweise erstellt. Die Fassade besteht aus Vollklinkersteinen, ergänzt durch akzentuierte Betonrahmen und Betonfassadenteile. Die Alufenster sind mit einer Dreifachverglasung ausgestattet. Die großflächigen Pfosten-Riegel-Fassaden und die Dachverglasungen sorgen für lichtdurchflutete Aufenthaltsbereiche. Die Böden sind mit Linoleum oder Bodenfliesen belegt. Die Decken wurden teilweise mit Akustikabsorbern versehen und mit Akustikdecken abgehängt.

Technische Anlagen

Die Wärmeversorgung wird mit Hilfe eines Eis-Energiespeichersystems, Wärmepumpen und Nahwärmeanschluss realisiert. Die Verteilung der Wärme erfolgt über Heizkörper und Fußbodenheizung. Sämtliche Räume erhalten eine Lüftungsanlage mit Wärmerückgewinnung. Die Zu- und Abluft wird über ein Betonkerntemperierungssystem in den Decken geführt. Photovoltaik- und Solaranlagen dienen der Versorgung der technischen Einheiten.

Sonstiges

Um die besondere Haustechnik, durch welche das Gebäude annähernd CO_2-neutral betrieben werden kann, unterzubringen, war es erforderlich einen Massivbau zu errichten, um Speichermassen aktivieren zu können. Eine Betonkernaktivierung der Decken wird durch ein Lüftungssystem in der Decke realisiert, sodass vorkonditionierte Außenluft zum Heizen und Kühlen des Gebäudes genutzt werden kann.

Energetische Kennwerte

Gesetzliche Grundlage: EnEV 2013
Gebäudenutzfläche: 6.979,80 m^2
Gebäudevolumen: 29.940,90 m^3
Mittlerer U-Wert (opake Bauteile): 0,16 W/(m^2·K)
Mittlerer U-Wert (transparente Bauteile): 1,02 W/(m^2·K)
Mittlerer U-Wert (Glasdächer, etc.): 1,80 W/(m^2·K)
Spez. Jahresprimärenergiebedarf: 52,00 kWh/(m^2·a)

Energetische Angaben zu Außenbauteilen

Bodenplatte

U-Wert: 0,22 W/(m²·K)

Gesamtdicke: 57,00 cm	d [cm]	λ [W/(m·K)]
Estrich	6,00	1,400
Trittschalldämmung	2,00	0,040
Dämmung	6,00	0,035
Stahlbeton	35,00	2,100
Dämmung	8,00	0,040

Außenwand

U-Wert: 0,20 W/(m²·K)

Gesamtdicke: 51,50 cm	d [cm]	λ [W/(m·K)]
Stahlbeton	24,00	2,100
Dämmung	16,00	0,035
Klinker	11,50	0,580

Decke gegen Außenluft unten

U-Wert: 0,21 W/(m²·K)

Gesamtdicke: 48,00 cm	d [cm]	λ [W/(m·K)]
Estrich	5,00	1,400
Trittschalldämmung	2,00	0,040
Dämmung	4,00	0,035
Stahlbeton	27,00	2,100
Dämmung	10,00	0,035

Dach

U-Wert: 0,19 W/(m²·K)

Gesamtdicke: 43,00 cm	d [cm]	λ [W/(m·K)]
Stahlbeton	25,00	2,100
Dämmung	18,00	0,035

4100-0242
Schule
(31 Klassen)
(650 Schüler)

Planungskennwerte für Flächen und Rauminhalte nach DIN 277

Flächen des Grundstücks		Menge Einheit	% an GF
BF	Bebaute Fläche	3.972,76 m^2	33,4
UF	Unbebaute Fläche	7.927,24 m^2	66,6
GF	Grundstücksfläche	11.900,00 m^2	100,0

Grundflächen des Bauwerks		Menge Einheit	% an NUF	% an BGF
NUF	Nutzungsfläche	4.613,01 m^2	100,0	60,0
TF	Technikfläche	211,98 m^2	4,6	2,8
VF	Verkehrsfläche	1.640,70 m^2	35,6	21,3
NRF	Netto-Raumfläche	6.465,69 m^2	140,2	84,1
KGF	Konstruktions-Grundfläche	1.219,31 m^2	26,4	15,9
BGF	Brutto-Grundfläche	7.685,00 m^2	166,6	100,0

Brutto-Rauminhalt des Bauwerks		Menge Einheit	BRI/NUF (m)	BRI/BGF (m)
BRI	Brutto-Rauminhalt	31.575,00 m^3	6,85	4,11

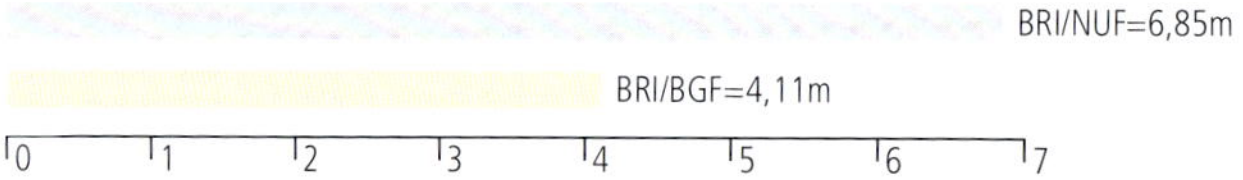

Kostenkennwerte für die Kostengruppen der 1.Ebene DIN 276

KG	Kostengruppen (1. Ebene)	Einheit	Kosten €	€/Einheit	€/m² BGF	€/m³ BRI	% 300+400
100	Grundstück	m² GF	–	–	–	–	–
200	Vorbereitende Maßnahmen	m² GF	–	–	–	–	–
300	Bauwerk – Baukonstruktionen	m² BGF	19.947.081	2.595,59	2.595,59	631,74	62,2
400	Bauwerk – Technische Anlagen	m² BGF	12.138.690	1.579,53	1.579,53	384,44	37,8
	Bauwerk 300+400	**m² BGF**	**32.085.771**	**4.175,12**	**4.175,12**	**1.016,18**	**100,0**
500	Außenanlagen und Freiflächen	m² AF	–	–	–	–	–
600	Ausstattung und Kunstwerke	m² BGF	–	–	–	–	–
700	Baunebenkosten	m² BGF	–	–	–	–	–
800	Finanzierung	m² BGF	–	–	–	–	–

KG	Kostengruppe	Menge Einheit	Kosten €	€/Einheit	%
3+4	**Bauwerk**				**100,0**
300	**Bauwerk – Baukonstruktionen**	7.685,00 m² BGF	19.947.081	**2.595,59**	62,2

Baugrubenaushub; Baugrundverbesserung, WU-Fundamente, WU-Bodenplatte, Tiefergründung durch Rüttelstopfsäulen, Abdichtung, Wärmedämmung, schwimmender Estrich, Heizestrich, Bodenfliesen, Linoleum, Perimeterdämmung; Stb-Wände, Mauerwerk, Stb-Stützen, Putz, Beschichtung, Wandfliesen, WC-Trennwände; Stb-Elementdecken mit Akustikabsorbern, Stb-Treppen, Heizestrich, Linoleum, Bodenfliesen, Holzsitzstufen, abgehängte Akustikdecken, Treppengeländer, Handlauf; Stb-Flachdach, Oberlichter, durchsturzsichere Verglasung, Attika, Gefälledämmung, Abdichtung, Dachentwässerung; Eingangsüberdachung

KG	Kostengruppe	Menge Einheit	Kosten €	€/Einheit	%
400	**Bauwerk – Technische Anlagen**	7.685,00 m² BGF	12.138.690	**1.579,53**	37,8

Gebäudeentwässerung, Kalt- und Warmwasserleitungen, Sanitärobjekte; Eisspeicher, Sole-Wasser-Wärmepumpe, Nahwärmeanschluss, Fußbodenheizung, Röhrenheizkörper; Be- und Entlüftungsanlage WRG, Betonkernaktivierung, Klimatisierung; PV-Anlage, Elektroinstallation, Beleuchtung, Sicherheitsbeleuchtung, Blitzschutzanlage; Datenübertragungsanlage, Signalanlagen, Beschallungsanlage, Druckknopfmelder, Hausalarmanlage, WC-Rufanlage, Sprachalarmierung, BMA, Bühnentechnik; Regeleinrichtungen; Personenaufzug; Aufwärmküche, Fettabscheider

4100-0245
Gymnasium
Lernzentrum
(150 Schüler)

Kostenkennwerte für die Kosten des Bauwerks (Kostengruppen 300+400 nach DIN 276)

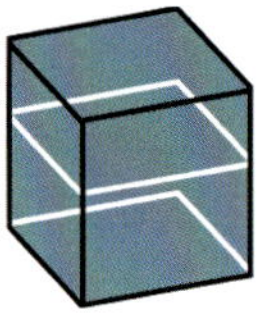

BRI 704 €/m³

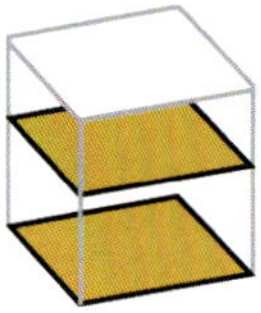

BGF 3.026 €/m²

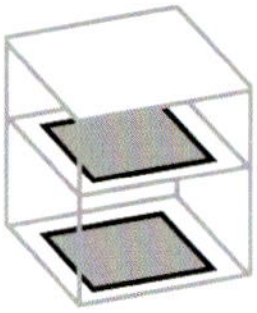

NUF 4.568 €/m²

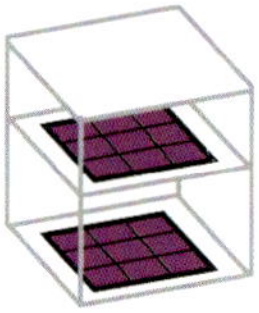

NE 49.280 €/NE

NE: Schüler

Objekt:
Kennwerte: 1.Ebene DIN 276
BRI: 10.500 m³
BGF: 2.443 m²
NUF: 1.618 m²
Bauzeit: 70 Wochen
Bauende: 2021
Standard: mittel
Bundesland: Niedersachsen
Kreis: Harburg

Architekt*in:
jup.arc
weinert juraschek
architekten partmbb
Bahnhofstraße 37
21423 Winsen (Luhe)

Bauherr*in:
Landkreis Harburg
Schloßplatz 6
21423 Winsen (Luhe)

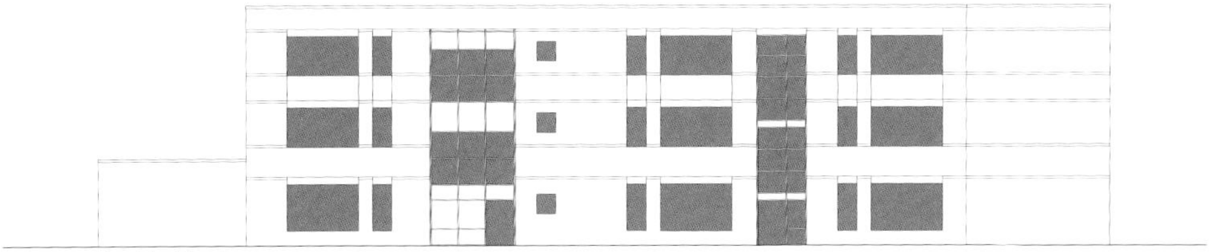

Ansicht Nord

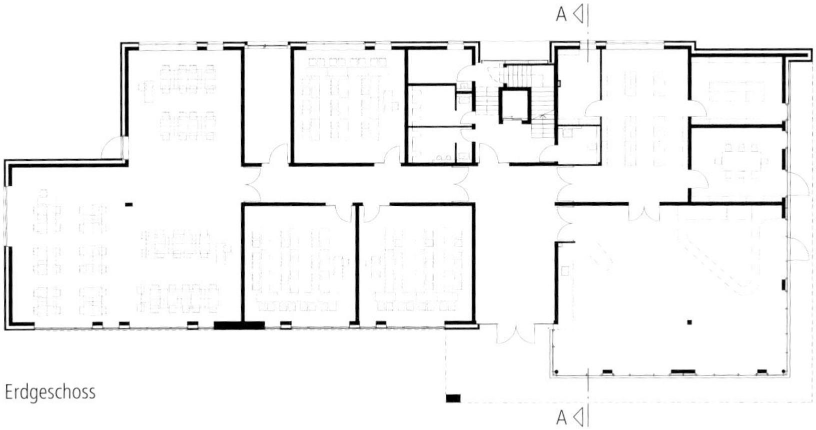

Erdgeschoss

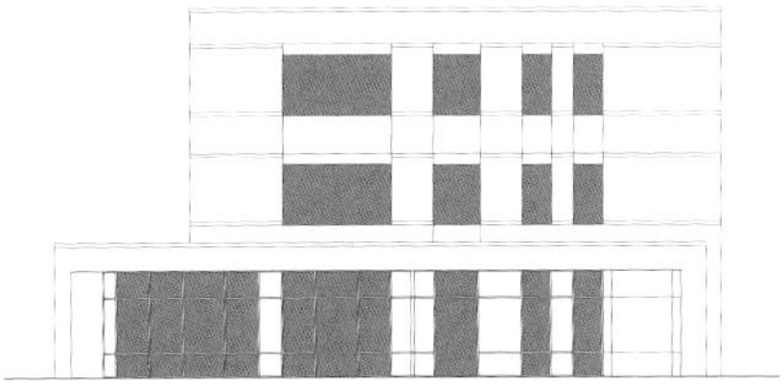

Ansicht Ost

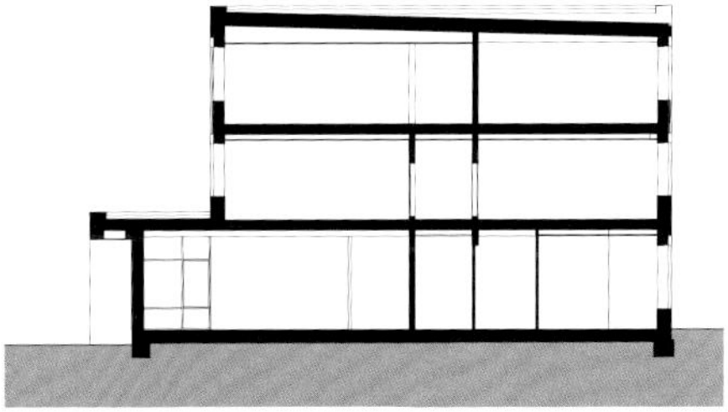

Schnitt A-A

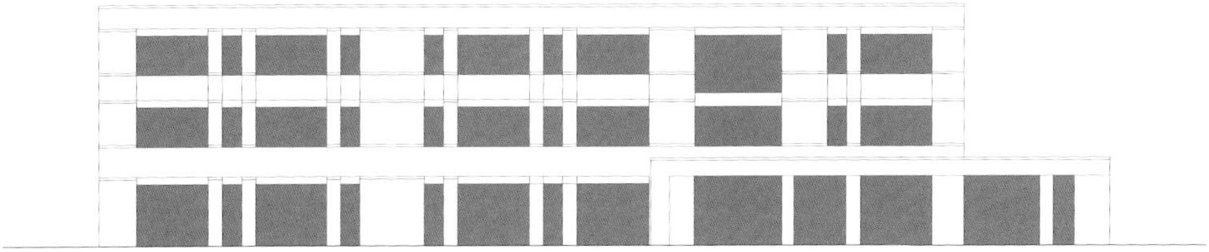

Ansicht Süd

Objektbeschreibung

Allgemeine Objektinformationen

Im Rahmen der Neuorganisation der Oberstufe wurde auf dem Gelände des Schulzentrums ein Neubau für die Klassen 11-13 errichtet. Das Gebäude beherbergt im Erdgeschoss als ergänzende Nutzung ein Selbstlernzentrum für die Schülerinnen und Schüler der Oberstufe sowie einen zugeordneten Bibliotheksbereich.

Nutzung

1 Erdgeschoss
Foyer, Besprechungsraum, Lerncluster, Unterrichtsräume, Selbstlernraum, Bibliothek, Sammlung, Kopierraum, WCs, Technik, Treppenhäuser, Aufzug

2 Obergeschosse
Unterrichtsräume, Differenzierungsraum, Gruppenraum, Lehrmittelraum, WCs, Abstellraum, Technikräume, Treppenhäuser, Aufzug

Nutzeinheiten

Schüler: 150

Grundstück

Bauraum: Freier Bauraum
Neigung: Ebenes Gelände
Bodenklasse: BK 1 bis BK 3

Markt

Hauptvergabezeit: 4. Quartal 2019
Baubeginn: 2. Quartal 2020
Bauende: 3. Quartal 2021
Konjunkturelle Gesamtlage: über Durchschnitt
Regionaler Baumarkt: Durchschnitt

Baukonstruktion

Es handelt sich um einen konventionellen Massivbau mit Stahlbeton-Bodenplatte, Stahlbeton-Decken, einzelnen aussteifenden Stahlbetonstützen, einem Pultdach aus Stahlbeton sowie tragenden Außen- und Innenwänden aus Kalksandstein-Mauerwerk. Die Fassade besteht vorwiegend aus Verblendsteinen mit partieller Vorhangfassade aus Schichtstoffplatten. Unterhalb des Dachüberstands des Selbstlernzentrums ist die Fassade mit einem Wärmedämmverbundsystem bekleidet. Die Fenster des Gebäudes sind überwiegend aus Aluelementen, teilweise wurden Pfosten-Riegelkonstruktionen im Selbstlernzentrum und in den großen Flurfenstern verwendet. Die Böden wurden mit Linoleum und Nadelfilz belegt. In den Sanitärräumen und den Treppenhäusern kam Feinsteinzeug zur Ausführung.

Technische Anlagen

Für die Beheizung des Gebäudes dient ein Nahwärmeanschluss durch das in der Nähe liegende Schwimmbad. Für die Verteilung der Wärme dienen einzelne Heizkörper. Der benötigte Luftwechsel erfolgt durch natürliche Belüftung.

Sonstiges

Das Objekt wurde zum Tag der Architektur 2022 in Niedersachsen als Referenzobjekt ausgewählt.

Energetische Kennwerte

Gesetzliche Grundlage: EnEV 2013
Gebäudenutzfläche: 2.149,00 m^2
Gebäudevolumen: 10.380,00 m^3
Hüllfläche des beheizten Volumens: 3.643,00 m^2
Spez. Transmissionswärmeverlust: 0,29 W/(m^2·K)
Mittlerer U-Wert (opake Bauteile): 0,15 W/(m^2·K)
Mittlerer U-Wert (transparente Bauteile): 0,91 W/(m^2·K)
Spez. Jahresprimärenergiebedarf: 81,62 kWh/(m^2·a)

Energetische Angaben zu Außenbauteilen

Bodenplatte

U-Wert: 0,23 W/(m²·K)

Gesamtdicke: 50,26 cm	d [cm]	λ [W/(m·K)]
Estrich	6,00	1,400
Kunststofffolie	0,06	0,300
Dämmung	14,00	0,035
Abdichtung	0,20	2,500
Stahlbeton	30,00	2,500

Außenwand

U-Wert: 0,17 W/(m²·K)

Gesamtdicke: 56,50 cm	d [cm]	λ [W/(m·K)]
Innenputz	1,00	0,700
Kalksandstein	24,00	1,100
Dämmung	18,00	0,035
Luftschicht ruhend	2,00	0,088
Klinker	11,50	0,810

Dach EG

U-Wert: 0,15 W/(m²·K)

Gesamtdicke: 52,80 cm	d [cm]	λ [W/(m·K)]
Innenputz	1,50	0,700
Stahlbeton	29,00	2,500
Dämmung	22,00	0,035
Bitumenbahn	0,30	0,170

Dach

U-Wert: 0,15 W/(m²·K)

Gesamtdicke: 49,80 cm	d [cm]	λ [W/(m·K)]
Innenputz	1,50	0,700
Stahlbeton	26,00	2,500
Dämmung	22,00	0,035
Bitumenbahn	0,30	0,170

Planungskennwerte für Flächen und Rauminhalte nach DIN 277

Flächen des Grundstücks		Menge Einheit	% an GF
BF	Bebaute Fläche	11.240,17 m²	35,5
UF	Unbebaute Fläche	20.439,62 m²	64,5
GF	Grundstücksfläche	31.679,79 m²	100,0

Grundflächen des Bauwerks		Menge Einheit	% an NUF	% an BGF
NUF	Nutzungsfläche	1.618,15 m²	100,0	66,2
TF	Technikfläche	38,40 m²	2,4	1,6
VF	Verkehrsfläche	463,75 m²	28,7	19,0
NRF	Netto-Raumfläche	2.120,30 m²	131,0	86,8
KGF	Konstruktions-Grundfläche	322,35 m²	19,9	13,2
BGF	Brutto-Grundfläche	2.442,65 m²	151,0	100,0

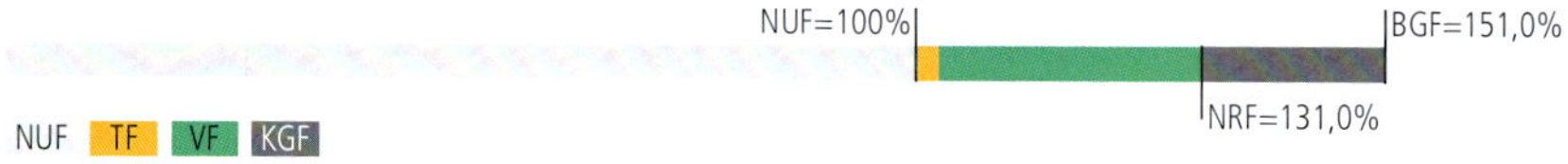

Brutto-Rauminhalt des Bauwerks		Menge Einheit	BRI/NUF (m)	BRI/BGF (m)
BRI	Brutto-Rauminhalt	10.499,92 m³	6,49	4,30

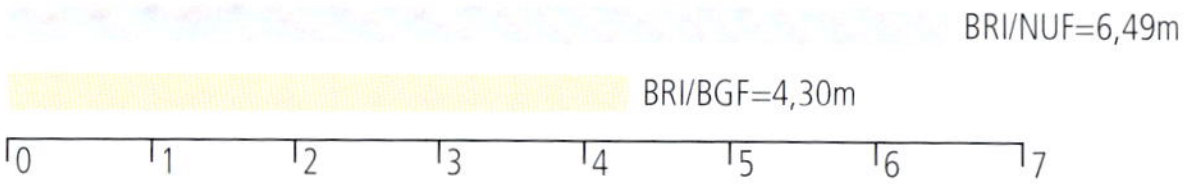

Kostenkennwerte für die Kostengruppen der 1.Ebene DIN 276

KG	Kostengruppen (1. Ebene)	Einheit	Kosten €	€/Einheit	€/m² BGF	€/m³ BRI	% 300+400
100	Grundstück	m² GF	–	–	–	–	–
200	Vorbereitende Maßnahmen	m² GF	–	–	–	–	–
300	Bauwerk – Baukonstruktionen	m² BGF	5.536.231	2.266,49	2.266,49	527,26	74,9
400	Bauwerk – Technische Anlagen	m² BGF	1.855.768	759,74	759,74	176,74	25,1
	Bauwerk 300+400	**m² BGF**	**7.391.999**	**3.026,22**	**3.026,22**	**704,01**	**100,0**
500	Außenanlagen und Freiflächen	m² AF	–	–	–	–	–
600	Ausstattung und Kunstwerke	m² BGF	–	–	–	–	–
700	Baunebenkosten	m² BGF	–	–	–	–	–
800	Finanzierung	m² BGF	–	–	–	–	–

KG	Kostengruppe	Menge Einheit	Kosten €	€/Einheit	%
3+4	**Bauwerk**				**100,0**
300	**Bauwerk – Baukonstruktionen**	2.442,65 m² BGF	5.536.231	**2.266,49**	74,9

Baugrubenaushub; Stb-Fundamente, Stb-Bodenplatte, Estrich, Nadelfilz, Linoleum, Bodenfliesen, Abdichtung, Dämmung; KS-Mauerwerk, Stb-Stützen, Alu-Pfosten-Riegelfassade, Alufenster, Wärmedämmung, Ziegelfassade, HPL-Fassade, Raffstores; Innenmauerwerk, GK-Wände, Stb-Stützen, Innenfenster, Wandfliesen; Stb-Decken, Stb-Treppen, Estrich, Linoleum, Bodenfliesen, abgehängte GK-Decken, Schallschutzdecken, Stahlgeländer, Treppengeländer; Stb-Dach, Dämmung, Abdichtung, Attika, Dachentwässerung, abgehängte GK-Decken, Schallschutzdecken

KG	Kostengruppe	Menge Einheit	Kosten €	€/Einheit	%
400	**Bauwerk – Technische Anlagen**	2.442,65 m² BGF	1.855.768	**759,74**	25,1

Gebäudeentwässerung, Kalt- und Warmwasserleitungen, Sanitärobjekte; Nahwärmeversorgung, Plattenheizkörper; dezentrale Entlüftung; Elektroinstallation, Beleuchtung, Sicherheitsleuchten; Telekommunikationsanlage, Uhrenanlage, Elektroakustische Anlagen, Hausalarmanlage, Notrufanlage WC, Cat6-Datenanlage; Personenaufzug; Gebäudeautomation

4100-0248
Grundschule
(8 Klassen)
(200 Schüler)

Kostenkennwerte für die Kosten des Bauwerks (Kostengruppen 300+400 nach DIN 276)

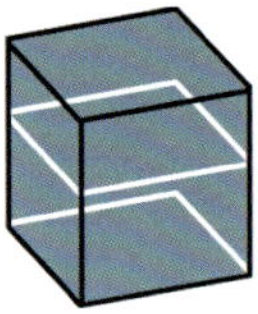

BRI 790 €/m³

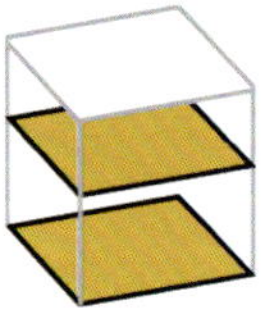

BGF 3.313 €/m²

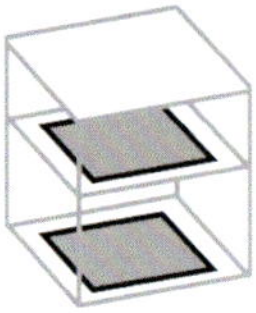

NUF 5.680 €/m²

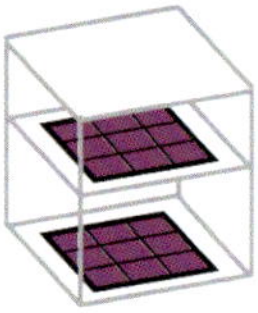

NE 50.521 €/NE

NE: Schüler

Objekt:
Kennwerte: 1.Ebene DIN 276
BRI: 12.783 m³
BGF: 3.050 m²
NUF: 1.779 m²
Bauzeit: 43 Wochen
Bauende: 2023
Standard: hoch
Bundesland: Hessen
Kreis: Wiesbaden, Stadt

Architekt*in:
Architektur.SCHÖN
Venatorstraße 10
65191 Wiesbaden

Bauherr*in:
WiBau Gesellschaft mbH
Konrad-Adenauer-Ring 11
65187 Wiesbaden

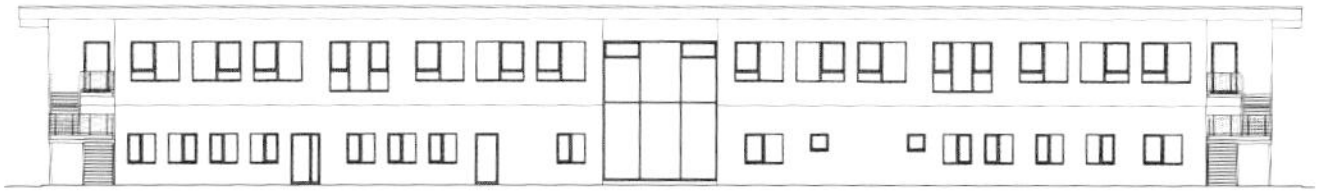

Ansicht Ost

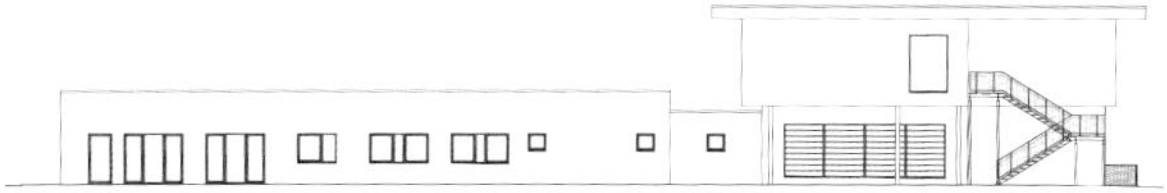

Ansicht Süd

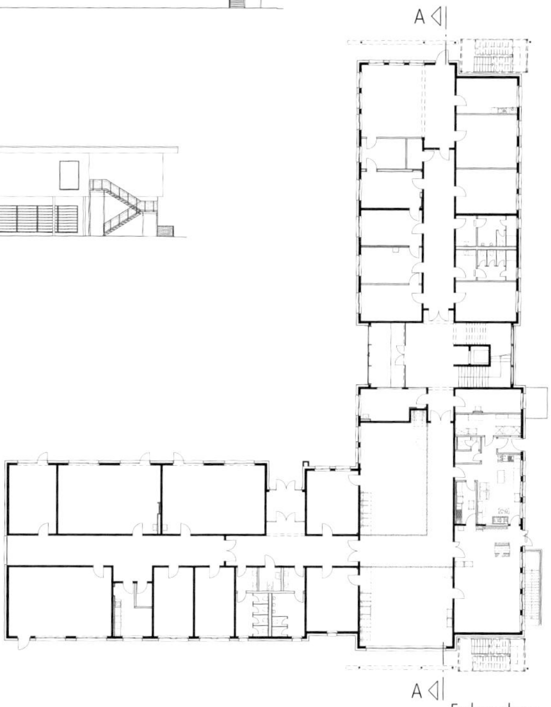

Erdgeschoss

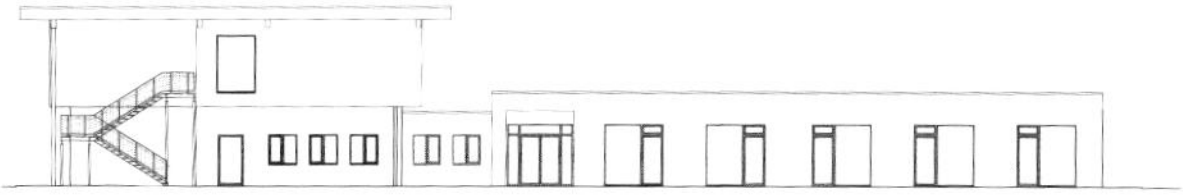

Ansicht Nord

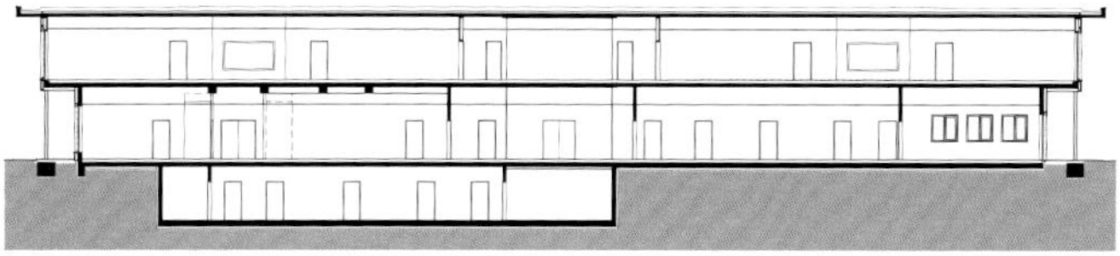

Schnitt A-A

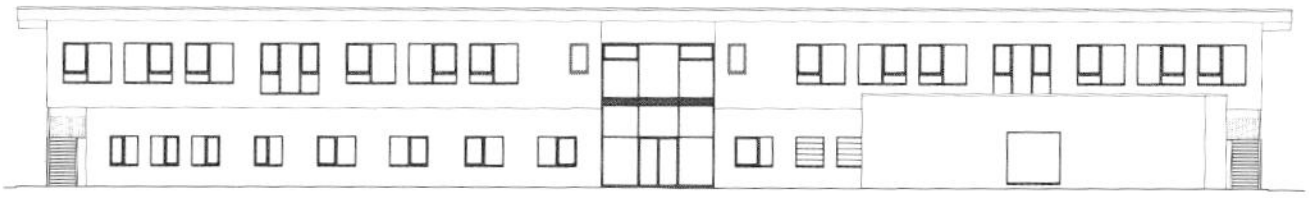

Ansicht West

Objektbeschreibung

Allgemeine Objektinformationen

Die Schule ist als winkelförmiges Gebäude ausgeführt. Sie wurde so ausgerichtet, dass der Schulhof wie von einem schützenden Arm umfasst wird. Die Sport-und Kulturhalle bietet hierbei eine wichtige dritte Raumkante und schützt den Schulhof vor dem Straßenlärm der vorbeiführenden Autobahn. Zum Kleinsportfeld im Norden öffnet sich der Pausenhof. Die innere Gebäudeorganisation sieht im nördlichen, massiv gebauten Erdgeschoss die Unterbringung der kompletten schulischen Verwaltung vor, im Süden schließen sich eine Mensa sowie ein Musik- und ein Multifunktionsraum an, die durch bewegliche Trennwände zu einer Art Aula für schulische Veranstaltungen zusammengelegt werden können. Im eingeschossigen Querbau befindet sich die Nachmittagsbetreuung.

Nutzung

1 Untergeschoss
Archiv, Abstellraum, Lagerräume, Pelletlager, Hausanschlussraum, Elektroraum, Batterieraum, Lüftungstechnik, Heizungsraum, Treppenhäuser, Flure

1 Erdgeschoss
Foyers, Sekretariat, Mensa, Regenerierküche, Kühllager, Spülküche, Gruppenräume, Rückzugsraum, Inklusionsraum, Musikraum, Lehrmittelraum, Bibliothek, Mehrzweckraum, Brennofen, Büros, Lehrerzimmer, Teeküche, Kopierraum, Krankenzimmer, Garderoben, Hausmeister, WCs, Umkleiden, Lager, Elektroraum, Treppenhäuser, Flure

1 Obergeschoss
Klassenräume, Differenzierungsräume, WCs, Treppenhäuser, Flure

Nutzeinheiten

Klassen: 8
Schüler: 200

Grundstück

Bauraum: Freier Bauraum
Neigung: Ebenes Gelände
Bodenklasse: BK 4 bis BK 5

Markt

Hauptvergabezeit: 1.Quartal 2022
Baubeginn: 2.Quartal 2022
Bauende: 1.Quartal 2023
Konjunkturelle Gesamtlage: über Durchschnitt
Regionaler Baumarkt: unter Durchschnitt

Baukonstruktion

Das Gebäude gründet auf einer Stb-Fundamentplatte und besteht aus einem massiven Sockel aus Stahlbeton und Mauerwerk. Die Fassade des Erdgeschosses ist gedämmt und mit Klinkerriemchen bekleidet. Die Wände des Obergeschoss sind in Holzrahmenbauweise ausgeführt und verputzt. Die Alufenster sind mit einer Dreifachverglasung ausgestattet und können mit Raffstores verschattet werden. Die Flachdächer wurden aus Brettstapeldecken sowie Stahlbeton gefertigt und mit einer extensive Dachbegrünung versehen.

Technische Anlagen

Das Gebäude ist mit einer Lüftungsanlage mit Wärmerückgewinnung zur kontinuierlichen Belüftung der Klassenzimmer und Mensa ausgestattet. Zur Unterstützung der Pelletheizung sind Photovoltaikelemente auf dem Dach installiert. Ein Personenaufzug erschließt das Obergeschoss barrierefrei.

Energetische Kennwerte

Gesetzliche Grundlage: GEG 2020
Gebäudenutzfläche: 2.220,00 m^2
Gebäudevolumen: 12.420,00 m^3
A/V_e-Verhältnis (Kompaktheit): 0,30 m^{-1}
Hüllfläche des beheizten Volumens: 3.728,00 m^2
Mittlerer U-Wert (opake Bauteile): 0,17 $W/(m^2{\cdot}K)$
Mittlerer U-Wert (transparente Bauteile): 1,03 $W/(m^2{\cdot}K)$
Spez. Jahresprimärenergiebedarf: 64,60 $kWh/(m^2{\cdot}a)$
Differenzdruck-Messverfahren: 1,00 h^{-1}

Planungskennwerte für Flächen und Rauminhalte nach DIN 277

Flächen des Grundstücks		Menge Einheit	% an GF
BF	Bebaute Fläche	1.480,90 m²	31,7
UF	Unbebaute Fläche	3.186,10 m²	68,3
GF	Grundstücksfläche	4.667,00 m²	100,0

Grundflächen des Bauwerks		Menge Einheit	% an NUF	% an BGF
NUF	Nutzungsfläche	1.778,97 m²	100,0	58,3
TF	Technikfläche	155,65 m²	8,7	5,1
VF	Verkehrsfläche	673,75 m²	37,9	22,1
NRF	Netto-Raumfläche	2.608,37 m²	146,6	85,5
KGF	Konstruktions-Grundfläche	441,26 m²	24,8	14,5
BGF	Brutto-Grundfläche	3.049,63 m²	171,4	100,0

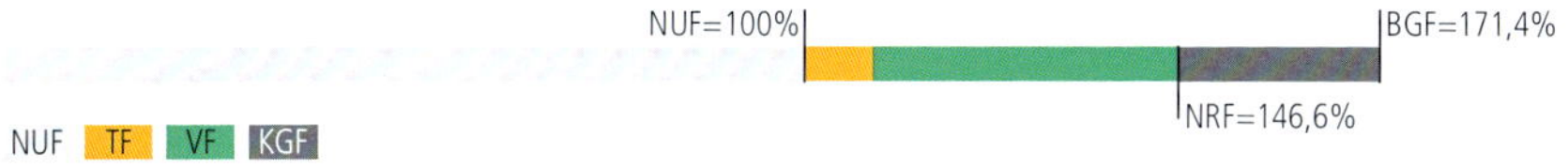

Brutto-Rauminhalt des Bauwerks		Menge Einheit	BRI/NUF (m)	BRI/BGF (m)
BRI	Brutto-Rauminhalt	12.783,32 m³	7,19	4,19

Kostenkennwerte für die Kostengruppen der 1. Ebene DIN 276

KG	Kostengruppen (1. Ebene)	Einheit	Kosten €	€/Einheit	€/m² BGF	€/m³ BRI	% 300+400
100	Grundstück	m² GF	–	–	–	–	–
200	Vorbereitende Maßnahmen	m² GF	–	–	–	–	–
300	Bauwerk – Baukonstruktionen	m² BGF	6.743.937	2.211,40	2.211,40	527,56	66,7
400	Bauwerk – Technische Anlagen	m² BGF	3.360.269	1.101,86	1.101,86	262,86	33,3
	Bauwerk 300+400	**m² BGF**	**10.104.205**	**3.313,26**	**3.313,26**	**790,42**	**100,0**
500	Außenanlagen und Freiflächen	m² AF	1.127.864	354,00	369,84	88,23	11,2
600	Ausstattung und Kunstwerke	m² BGF	–	–	–	–	–
700	Baunebenkosten	m² BGF	–	–	–	–	–
800	Finanzierung	m² BGF	–	–	–	–	–

KG	Kostengruppe	Menge Einheit	Kosten €	€/Einheit	%
3+4	**Bauwerk**				**100,0**
300	**Bauwerk – Baukonstruktionen**	3.049,63 m² BGF	6.743.937	**2.211,40**	66,7

Baugrubenaushub; Stb-Fundamentplatte, Stb-Fundamente, Stb-Bodenplatte, WU, Estrich, Bodenbeschichtung, PVC, Linoleum, Parkett, Bodenfliesen, Abdichtung, Kiesfilterschicht, Perimeterdämmung, Dränage; Stb-Wände, Sichtbeton, WU, Mauerwerkswände, Holzrahmenwände, Alu-Pfosten-Riegelfassade, Alufenster, Dreifachverglasung, Schallschutzverglasung, Sonnenschutzverglasung, WDVS, Klinkerriemchenfassade, textiler Sonnenschutz, Alu-Sonnenschutzlamellen; Innenmauerwerk, Stb-Wände, Sichtbeton, GK-Wände, Holztüren, Brandschutztüren, Innenfenster, Wandfliesen, WC-Trennwände, mobile Trennwand; Stb-Decken, Stb-Treppen, Dämmung, Estrich, Heizestrich, PVC, Linoleum, Parkett, Bodenfliesen, abgehängte GK-Decken, Schallschutzdecken, Stahlgeländer, Treppengeländer; Stb-Dach, Brettstapeldach, Oberlichter, Dämmung, Abdichtung, Attika, extensive Dachbegrünung, Dachentwässerung, abgehängte GK-Decken, Schallschutzdecken; Teeküche

KG	Kostengruppe	Menge Einheit	Kosten €	€/Einheit	%
400	**Bauwerk – Technische Anlagen**	3.049,63 m² BGF	3.360.269	**1.101,86**	33,3

Gebäudeentwässerung, Hebeanlage, Kalt- und Warmwasserleitungen, Sanitärobjekte; Pelletheizung, Solaranlage, Plattenheizkörper, Fußbodenheizung, Schornstein; kontrollierte Be- und Entlüftung mit Wärmerückgewinnung, Abluftanlage, RWA-Anlage; Photovoltaikanlage, Elektroinstallation, Beleuchtung, Sicherheitsleuchten, Notstromversorgung; Elektroakustische Anlagen, Fernseh-/Antennenanlage, Brandmeldeanlage, Rauchmelder, Datenübertragungsnetz; Personenaufzug; Regenerierküche, Feuerlöscher; Gebäudeautomation

KG	Kostengruppe	Menge Einheit	Kosten €	€/Einheit	%
500	**Außenanlagen und Freiflächen**	3.186,10 m² AF	1.127.864	**354,00**	11,2

Oberbodenarbeiten, Bodenarbeiten; Fundamente; Pflasterbeläge für Wege, Plätze, Terrassen, Spielplatzflächen; Mauern, Zäune, Tore, Winkelstützmauern, Treppen, Rampen, Geländer; Außenbeleuchtung; Außenmöblierung, Fahrradständer, Abfallbehälter, Müllplatzeinhausung, Spielgeräte, Klettereinrichtungen; Oberbodenauftrag, Böschungssicherungen, Pflanzung von Gehölze, Stauden, Bäume, Fertigstellungspflege

4100-0251
Grundschule
(18 Klassen)
(450 Schüler)

Kostenkennwerte für die Kosten des Bauwerks (Kostengruppen 300+400 nach DIN 276)

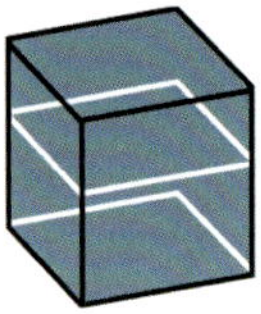

BRI 837 €/m³

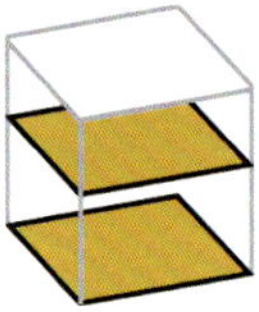

BGF 3.298 €/m²

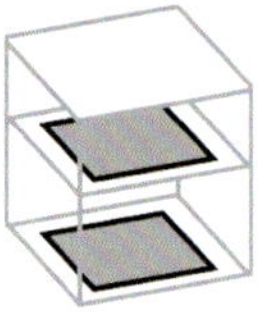

NUF 5.610 €/m²

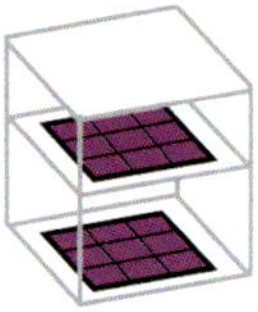

NE 31.069 €/NE

NE: Schüler

Objekt:
Kennwerte: 1. Ebene DIN 276
BRI: 16.697 m³
BGF: 4.240 m²
NUF: 2.492 m²
Bauzeit: 156 Wochen
Bauende: 2023
Standard: mittel
Bundesland: Rheinland-Pfalz
Kreis: Mainz, Stadt

Architekt*in:
Arge Heidacker/Sinopoli
Heidacker Architekten
PartGmbB
Schulstraße 10
65474 Bischofsheim
Sinopoli Architekten
Spießgasse 27
55232 Alzey

Bauherr*in:
Landeshauptstadt Mainz
vertreten durch
Gebäudewirtschaft Mainz
Eigenbetrieb der Stadt Mainz
Zitadelle Gebäude E
55131 Mainz

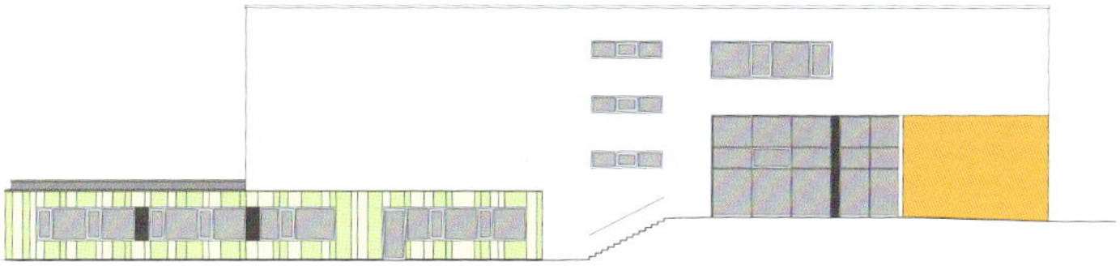

Ansicht Nord

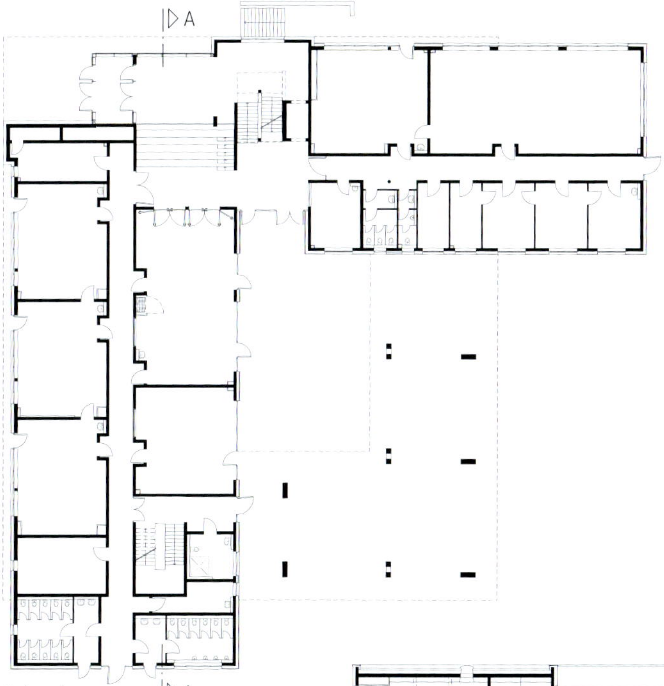

Erdgeschoss

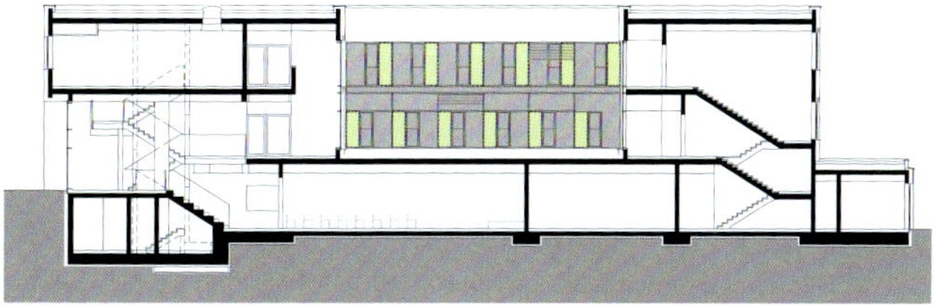

Schnitt A-A

Ansicht Ost

4100-0251
Grundschule
(18 Klassen)
(450 Schüler)

Objektbeschreibung

Allgemeine Objektinformationen

Die neu gebaute Grundschule ist Teil eines campusartig aufgebauten Schulzentrums, das aus den Bereichen Gesamtschule mit Mensa und Sporthallen sowie Lehrschwimmbad besteht. Das teilunterkellerte dreigeschossige Gebäude besteht aus einem winkelförmigen Baukörper mit Verwaltung, Mehrzweck- und Betreuungsbereich, der sich zum Schulhof öffnet. Der darüberliegende atriumartig aufgebaute zweigeschossige Gebäudeteil nimmt die Unterrichtsräume auf und erzeugt einen Innenhof und eine überdachte Pausenfläche. Die dreigeschossige Halle liegt im Gelenkpunkt des Baukörpers, bildet den eingerückten Haupteingang und verbindet alle Geschosse über eine offene Treppenanlage. In der Halle wurde eine Split-Level-Situation geschaffen, es entstand eine Sitzstufenanlage, die als Erweiterung des öffenbaren Mehrzweckraums dienen kann.

Nutzung

1 Untergeschoss
Abstell- und Archivraum, Datentechnikraum, Sicherheitsbeleuchtungsraum, E-Verteilungsraum, Hausanschlussraum

1 Erdgeschoss
Halle, Betreuungsräume, Mehrzweckraum, Bibliothek, Büro, Lehrerstützpunkt, Lehrerzimmer, Schulleiter, Schulsozialarbeiter, Arzt-, Elternraum, Hausmeister, WCs, Lehrmittelraum, Archiv, Abstellraum, Technikraum/Elektrik

2 Obergeschosse
Halle, Klassenräume, Musikraum, EDV-Raum, WCs, Abstellräume, Räume für Informations- und Kommunikationstechnik, Elektro-Unterverteilung, Lüftungstechnik

Nutzeinheiten

Klassen: 18
Schüler: 450

Grundstück

Bauraum: Freier Bauraum
Neigung: Ebenes Gelände
Bodenklasse: BK 1 bis BK 4

Markt

Hauptvergabezeit: 2. Quartal 2020
Baubeginn: 3. Quartal 2020
Bauende: 3. Quartal 2023
Konjunkturelle Gesamtlage: über Durchschnitt
Regionaler Baumarkt: über Durchschnitt

Baukonstruktion

Für das Tragwerk wurde eine konventionelle Konstruktion aus Stb-Wänden und -Decken gewählt. Damit konnten die Gebäude-Auskragungen in den OGs realisiert werden. Im EG wurde umlaufend eine vorgehängte, hinterlüftete Fassade aus HPL-Platten eingebaut, während die Obergeschosse mit einem WDVS aus Mineralwolle bekleidet sind. Die teilweise zweigeschossigen Fassadenöffnungen sind mit einer Alu-Pfosten-Riegelfassade verschlossen. Die Fenster sind mit Dreifachverglasungen ausgeführt. Das Flachdach wurde begrünt und für eine Photovoltaikanlage vorbereitet. Sämtliche Aufenthaltsbereiche sowie Flure, Treppenhäuser und WCs verfügen über abgehängte Akustikdecken.

Technische Anlagen

Die Wärmeversorgung des Gebäudes erfolgt durch den Anschluss an die vorhandene Heizzentrale mit BHKW und Brennwert-Gaskesseln per Fernwärmeleitung. Diese versorgt das gesamte Schulzentrum mit Heizwärme. Es wurde eine zentrale Lüftungsanlage mit Wärmerückgewinnung eingebaut. Die Beleuchtungsanlage ist mit einer Präsenzsteuerung ausgestattet. Außerdem verfügt der Neubau über eine umfangreiche MSR-Anlage und Datenverkabelung.

Energetische Kennwerte

Gesetzliche Grundlage: EnEV 2013
Gebäudenutzfläche: 3.701,00 m^2
Gebäudevolumen: 15.383,00 m^3
A/V_e-Verhältnis (Kompaktheit): 0,42 m^{-1}
Hüllfläche des beheizten Volumens: 6.410,00 m^2
Spez. Transmissionswärmeverlust: 0,38 W/(m^2·K)
Mittlerer U-Wert (opake Bauteile): 0,17 W/(m^2·K)
Mittlerer U-Wert (transparente Bauteile): 1,00 W/(m^2·K)
Spez. Jahresprimärenergiebedarf: 86,10 kWh/(m^2·a)
CO_2-Emissionen: 19,80 kg/(m^2·a)

Planungskennwerte für Flächen und Rauminhalte nach DIN 277

Flächen des Grundstücks		Menge Einheit	% an GF
BF	Bebaute Fläche	1.828,00 m²	22,4
UF	Unbebaute Fläche	6.332,00 m²	77,6
GF	Grundstücksfläche	8.160,00 m²	100,0

Grundflächen des Bauwerks		Menge Einheit	% an NUF	% an BGF
NUF	Nutzungsfläche	2.492,10 m²	100,0	58,8
TF	Technikfläche	233,34 m²	9,4	5,5
VF	Verkehrsfläche	740,80 m²	29,7	17,5
NRF	Netto-Raumfläche	3.466,24 m²	139,1	81,8
KGF	Konstruktions-Grundfläche	773,64 m²	31,0	18,2
BGF	Brutto-Grundfläche	4.239,88 m²	170,1	100,0

Brutto-Rauminhalt des Bauwerks		Menge Einheit	BRI/NUF (m)	BRI/BGF (m)
BRI	Brutto-Rauminhalt	16.696,93 m³	6,70	3,94

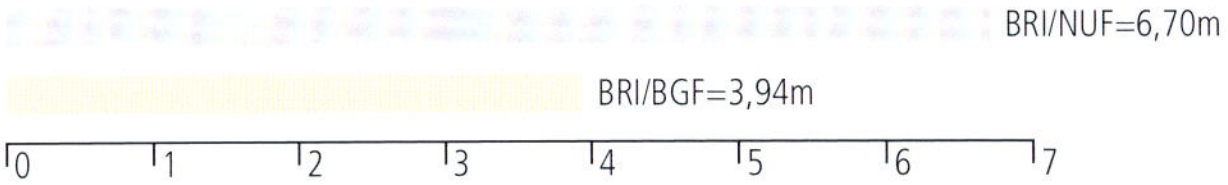

Kostenkennwerte für die Kostengruppen der 1. Ebene DIN 276

KG	Kostengruppen (1. Ebene)	Einheit	Kosten €	€/Einheit	€/m² BGF	€/m³ BRI	% 300+400
100	Grundstück	m² GF	–	–	–	–	–
200	Vorbereitende Maßnahmen	m² GF	–	–	–	–	–
300	Bauwerk – Baukonstruktionen	m² BGF	10.432.673	2.460,61	2.460,61	624,83	74,6
400	Bauwerk – Technische Anlagen	m² BGF	3.548.540	836,94	836,94	212,53	25,4
	Bauwerk 300+400	**m² BGF**	**13.981.213**	**3.297,55**	**3.297,55**	**837,35**	**100,0**
500	Außenanlagen und Freiflächen	m² AF	–	–	–	–	–
600	Ausstattung und Kunstwerke	m² BGF	–	–	–	–	–
700	Baunebenkosten	m² BGF	–	–	–	–	–
800	Finanzierung	m² BGF	–	–	–	–	–

KG	Kostengruppe	Menge Einheit	Kosten €	€/Einheit	%
3+4	**Bauwerk**				**100,0**
300	**Bauwerk – Baukonstruktionen**	4.239,88 m² BGF	10.432.673	**2.460,61**	74,6

Baugrubenaushub, Baugrubenverbau; Stb-Fundamentplatte, Abdichtung, Dämmung, Estrich, Kautschuk, Bodenfliesen, Massivholzparkett, Perimeterdämmung, Sauberkeitsschicht; Stb-Außenwände, WU, Stb-Stützen, Alufenster, Dreifachverglasung, Wärmedämmung, WDVS, HPL-Fassade, Alu-Pfosten-Riegelfassade, Außen-Raffstores; Stb-Innenwände, KS-Mauerwerk, Holzwerkstoff-Türen, Beschichtung, Wandfliesen, WC-Trennwände, mobile Trennwand; Stb-Decken, Stb-Treppen, Dämmung, Estrich, Kautschuk, Bodenfliesen, abgehängte Akustikdecken, Stahlgeländer, Treppengeländer; Stb-Flachdach, Oberlichter, Dämmung, Abdichtung, Attika, extensive Dachbegrünung, innenliegende Dachentwässerung, abgehängte Akustikdecken; Einbaumöbel

KG	Kostengruppe	Menge Einheit	Kosten €	€/Einheit	%
400	**Bauwerk – Technische Anlagen**	4.239,88 m² BGF	3.548.540	**836,94**	25,4

Gebäudeentwässerung, Kalt- und Warmwasserleitungen, Sanitärobjekte; Untertischboiler; Fernwärmeversorgung, Heizleitungen, Plattenheizkörper; kontrollierte Lüftungsanlage mit Wärmerückgewinnung, Teilklimaanlage (Serverraum), RWA-Anlagen; Zentralbatterieanlage für Notbeleuchtung, Vorbereitung für PV-Anlage, Elektroinstallation, LED-Beleuchtung mit Präsenzsteuerung, Sicherheitsleuchten, Blitzschutzanlage; Sprechanlage, Uhrenanlage, Alarmierungsanlage, Brandmeldeanlage, Datenübertragungsanlage, elektronische Schließanlage; Personenaufzug; Feuerlöscher; umfangreiche MSR-Anlage

4100-0252
Grundschule
(16 Klassen)
(260 Schüler)

Kostenkennwerte für die Kosten des Bauwerks (Kostengruppen 300+400 nach DIN 276)

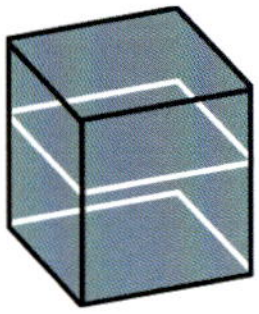
BRI 730 €/m³

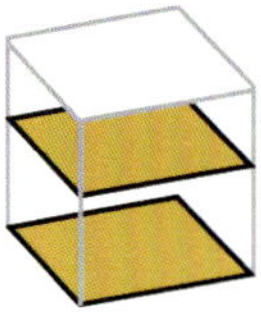
BGF 2.847 €/m²

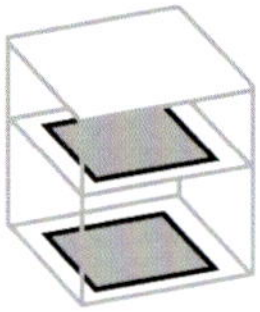
NUF 4.332 €/m²

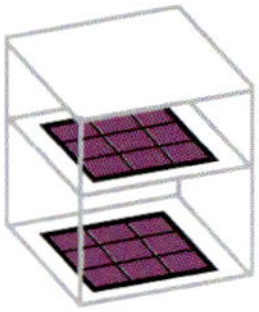
NE 29.111 €/NE
NE: Schüler

Objekt:
Kennwerte: 1.Ebene DIN 276
BRI: 10.368 m³
BGF: 2.659 m²
NUF: 1.747 m²
Bauzeit: 117 Wochen
Bauende: 2023
Standard: mittel
Bundesland: Hessen
Kreis: Marburg-Biedenkopf

Architekt*in:
AG5 Architekten +
Stadtplaner PartGmbB
Arheilger Straße 52
64289 Darmstadt

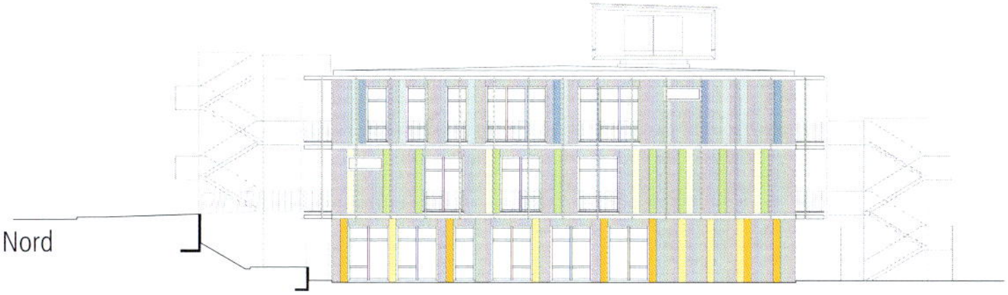

Ansicht Nord

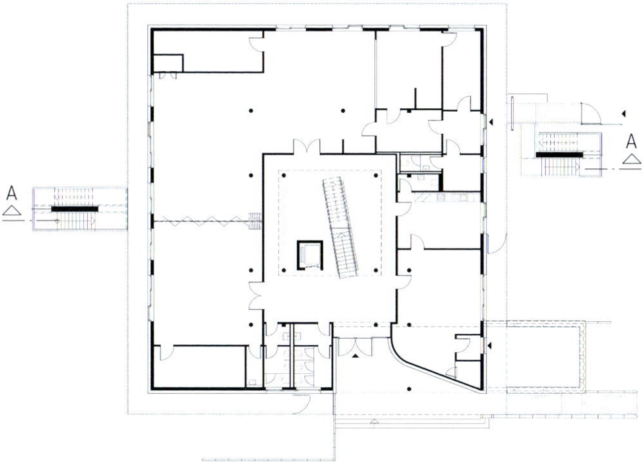

Erdgeschoss

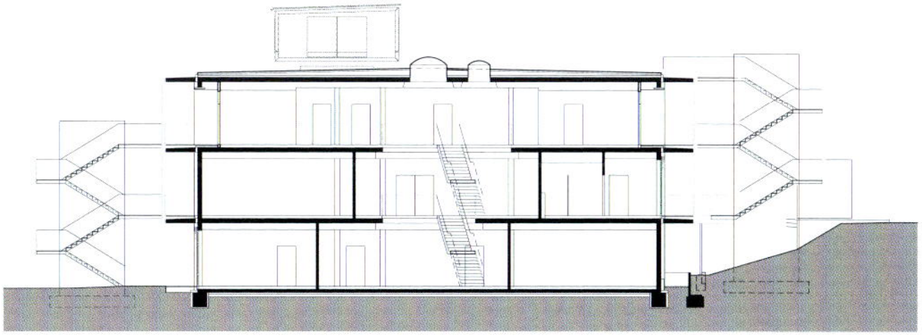

Schnitt A-A

Ansicht West

Objektbeschreibung

Allgemeine Objektinformationen

Der Neubau ging aus einem Wettbewerb hervor. Der dreigeschossige Baukörper nutzt die Topografie des Geländes. Das mittlere Geschoss mit der Mensa liegt auf dem Niveau der Straße mit barrierefreiem Zugang zu den Nachbargebäuden. Das Geschoss im Souterrain beherbergt die Räume der Ganztagsbetreuung mit ebenerdigem Zugang zu den Außenspielflächen. Das Obergeschoss beherbergt die Verwaltung der Schule.

Nutzung

1 Untergeschoss
Halle, Gruppenräume, Differenzierungsraum, Spielraum, Schülerarbeitsraum, Medienraum, Schülerbibliothek, Büros, WCs, Abstellraum, Technikräume

1 Erdgeschoss
Halle, Speise- und Mehrzweckraum, Küche mit Ausgabe, Spülraum, Anlieferung, Sozialraum, Eltern-Besprechungsraum, Eltern-Café, Musikraum, WCs, Lagerräume, Abstellraum

1 Obergeschoss
Halle, Besprechungsraum, Lehrerbibliothek, PC-Raum, Büros, Lehrerzimmer, Sekretariat, Schulleitung, Archiv, Kopierraum, Eltern, Arztzimmer, Lager, Server

Nutzeinheiten

Fahrzeugstellplätze: 3
Klassen: 16
Schüler: 260

Grundstück

Bauraum: Freier Bauraum
Neigung: Geneigtes Gelände
Bodenklasse: BK 3 bis BK 6

Markt

Hauptvergabezeit: 2. Quartal 2021
Baubeginn: 2. Quartal 2021
Bauende: 3. Quartal 2023
Konjunkturelle Gesamtlage: Durchschnitt
Regionaler Baumarkt: Durchschnitt

Baukonstruktion

Das Gebäude wurde als Massivbau errichtet und gründet auf einer Stahlbetonfundamentplatte. Die Decken sind als Stahlbeton-Flachdecken hergestellt, welche auf Stahlbeton-Stützen sowie auf Mauerwerkswänden aus Kalksandstein aufliegen. Die nichttragenden Wände sind in Trockenbau hergestellt. Die vorgehängte, hinterlüftete Fassade ist mit farbigen Schichtstoffplatten ausgeführt, die Holz-Alufenster sind mit einer Dreifachverglasung ausgestattet. Umlaufend um die Geschosse wurden Fluchtbalkone aus Stahlbeton vorgehängt. Die zwei außenliegenden Treppentürme fungieren als Fluchttreppen und sind in Stahl errichtet. Das weit überstehende Flachdach ist extensive begrünt. Große Oberlichter bringen viel natürliches Licht über das große innenliegende Treppenhaus bis ins Untergeschoss.

Technische Anlagen

Die Wärmeerzeugung des Gebäudes erfolgt über eine Luft-Wasser-Wärmepumpe. Zur emissionsfreien Erzeugung von Strom für die Wärmepumpe dient auf dem Dach eine Photovoltaikanlage. Die Warmwasserversorgung der wenigen Entnahmestellen erfolgt dezentral, da das hygienischer und stagnationsfrei erfolgen kann.

Sonstiges

Sämtliche Rettungswege führen unmittelbar über die Fluchtbalkone nach außen. Die gesetzliche Grundlage war die EnEV 2013, jedoch musste als Energiestandard der KfW55-Standard eingehalten werden, da das Projekt durch das Land gefördert wurde (KIP-Förderprogramm).

Energetische Kennwerte

Gesetzliche Grundlage: EnEV 2013
Gebäudenutzfläche: 1.806,00 m^2
Gebäudevolumen: 6.287,00 m^3
A/V_e-Verhältnis (Kompaktheit): 0,86 m^{-1}
Hüllfläche des beheizten Volumens: 5.406,82 m^2
Spez. Transmissionswärmeverlust: 0,30 W/(m^2·K)
Mittlerer U-Wert (opake Bauteile): 0,16 W/(m^2·K)
Mittlerer U-Wert (transparente Bauteile): 1,00 W/(m^2·K)
Mittlerer U-Wert (Glasdächer, etc.): 1,80 W/(m^2·K)
Spez. Jahresprimärenergiebedarf: 33,30 kWh/(m^2·a)

Planungskennwerte für Flächen und Rauminhalte nach DIN 277

Flächen des Grundstücks		Menge Einheit	% an GF
BF	Bebaute Fläche	875,40 m²	13,0
UF	Unbebaute Fläche	5.854,60 m²	87,0
GF	Grundstücksfläche	6.730,00 m²	100,0

Grundflächen des Bauwerks		Menge Einheit	% an NUF	% an BGF
NUF	Nutzungsfläche	1.746,98 m²	100,0	65,7
TF	Technikfläche	47,24 m²	2,7	1,8
VF	Verkehrsfläche	586,94 m²	33,6	22,1
NRF	Netto-Raumfläche	2.381,16 m²	136,3	89,6
KGF	Konstruktions-Grundfläche	277,64 m²	15,9	10,4
BGF	Brutto-Grundfläche	2.658,80 m²	152,2	100,0

Brutto-Rauminhalt des Bauwerks		Menge Einheit	BRI/NUF (m)	BRI/BGF (m)
BRI	Brutto-Rauminhalt	10.368,20 m³	5,94	3,90

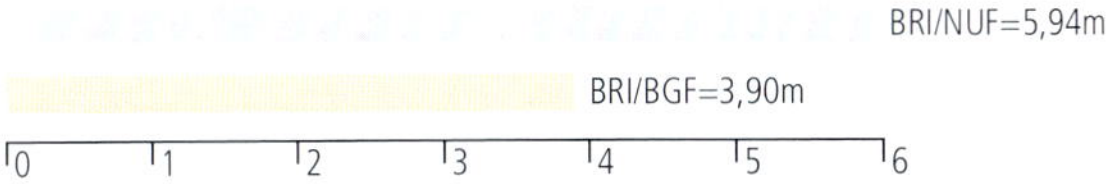

Kostenkennwerte für die Kostengruppen der 1. Ebene DIN 276

KG	Kostengruppen (1. Ebene)	Einheit	Kosten €	€/Einheit	€/m² BGF	€/m³ BRI	% 300+400
100	Grundstück	m² GF	–	–	–	–	–
200	Vorbereitende Maßnahmen	m² GF	–	–	–	–	–
300	Bauwerk – Baukonstruktionen	m² BGF	5.792.679	2.178,68	2.178,68	558,70	76,5
400	Bauwerk – Technische Anlagen	m² BGF	1.776.064	667,99	667,99	171,30	23,5
	Bauwerk 300+400	**m² BGF**	**7.568.743**	**2.846,68**	**2.846,68**	**730,00**	**100,0**
500	Außenanlagen und Freiflächen	m² AF	700.532	251,45	263,48	67,57	9,3
600	Ausstattung und Kunstwerke	m² BGF	–	–	–	–	–
700	Baunebenkosten	m² BGF	–	–	–	–	–
800	Finanzierung	m² BGF	–	–	–	–	–

KG	Kostengruppe	Menge Einheit	Kosten €	€/Einheit	%
3+4	**Bauwerk**				**100,0**
300	**Bauwerk – Baukonstruktionen**	2.658,80 m² BGF	5.792.679	**2.178,68**	76,5

Baugrubenaushub; Stb-Fundamente, Stb-Bodenplatte, Heizestrich, Kautschuk, Bodenfliesen, Abdichtung, Kiesfilterschicht, Perimeterdämmung; Stb-Wände, Mauerwerkswände, Stahlstützen, Holz-Alufenster, Wärmedämmung, hinterlüftete Schichtstoffplattenfassade, Beschichtung, Wandfliesen, Alu-Holz-Pfosten-Riegelfassade; GK-Wände, Stb-Stützen, Wandfliesen, Beschichtung, WC-Trennwände, mobile Trennwand; Stb-Decken, Stb-Fertigteilbalkone, Stb-Treppen, Heizestrich, Kautschuk, Bodenfliesen, abgehängte Rasterdecken, Schallschutzdecken, Stahl-Fluchttreppen, Stahlgeländer, Treppengeländer; Stb-Flachdach, Oberlichter, Dämmung, Abdichtung, extensive Dachbegrünung, außenliegende Dachentwässerung, abgehängte Rasterdecken, Schallschutzdecken, Eingangsüberdachung

KG	Kostengruppe	Menge Einheit	Kosten €	€/Einheit	%
400	**Bauwerk – Technische Anlagen**	2.658,80 m² BGF	1.776.064	**667,99**	23,5

Gebäudeentwässerung, Hebeanlage, Kalt- und Warmwasserleitungen, Sanitärobjekte; Luft-Wasser-Wärmepumpe, dezentrale Warmwasserbereiter, Fußbodenheizung; kontrollierte Be- und Entlüftung mit Wärmerückgewinnung, RWA-Anlage; Elektroinstallation, PV-Anlage, Beleuchtung; Elektroakustische Anlagen/Aufschaltung zur Feuerwehr, Rauchmelder; Personenaufzug

KG	Kostengruppe	Menge Einheit	Kosten €	€/Einheit	%
500	**Außenanlagen und Freiflächen**	2.786,00 m² AF	700.532	**251,45**	9,3

Oberbodenarbeiten, Bodenarbeiten; Betonpflaster auf Wegen, Terrassen, Vorplatz, wassergebundene Wegedecken, Stellplätze, Spielplatzflächen; Stabgitterzäune, Tore, Winkelstützmauern, Stufen, Treppen, Rampen; Sitzblöcke, Sitzbänke, Sitzpodest, Fahrradständer; Oberbodenauftrag, Gehölze, Stauden, Baum, Rasen; Regenwasserbecken

4100-0253
Grundschule
(16 Klassen)
(448 Schüler)

Kostenkennwerte für die Kosten des Bauwerks (Kostengruppen 300+400 nach DIN 276)

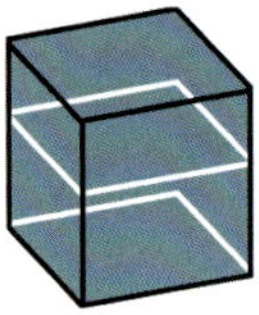

BRI 740 €/m³

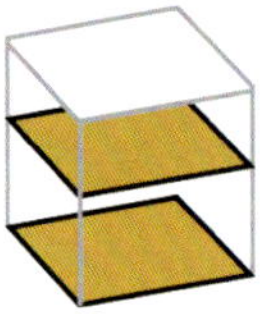

BGF 2.731 €/m²

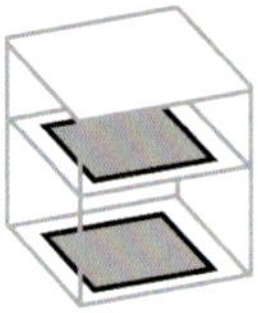

NUF 4.658 €/m²

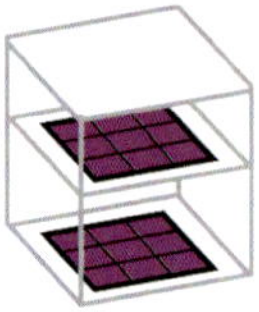

NE 46.981 €/NE

NE: Schüler

Objekt:
Kennwerte: 1.Ebene DIN 276
BRI: 28.443 m³
BGF: 7.708 m²
NUF: 4.518 m²
Bauzeit: 122 Wochen
Bauende: 2021
Standard: mittel
Bundesland: Berlin
Kreis: Berlin, Stadt

Architekt*in:
Numrich Albrecht Klumpp
Gesellschaft von
Architekten mbH
Stromstraße 3
10555 Berlin

Bauherr*in:
Senatsverwaltung für
Stadtentwicklung,
Bauen und Wohnen
Fehrbelliner Platz 2
10707 Berlin

© ADRIAN SCHULZ, Berlin

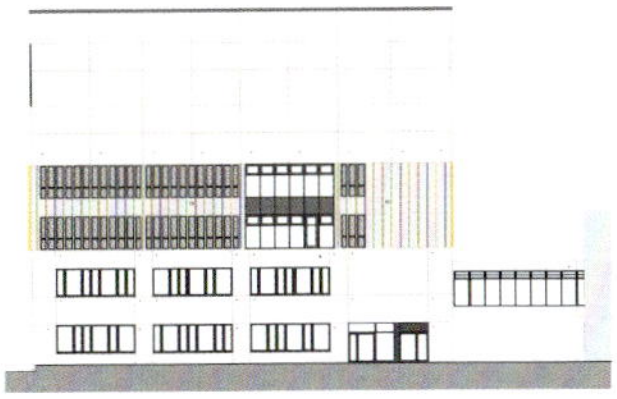
Ansicht Nord

Ansicht Ost

Erdgeschoss

1. Obergeschoss

2. Obergeschoss

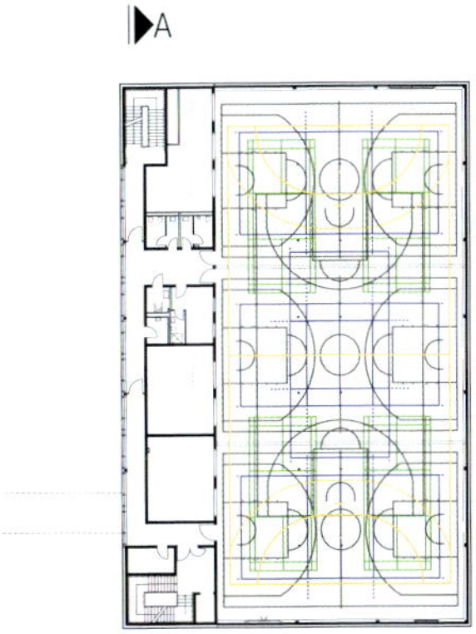

4. Obergeschoss

Schnitt A-A

Ansicht Süd

Ansicht West

4100-0253
Grundschule
(16 Klassen)
(448 Schüler)

Objektbeschreibung

Allgemeine Objektinformationen

Der Neubau der Grundschule wurde als sechsgeschossiger Solitär in der historischen Bauflucht entlang der Straßenabwicklung positioniert. Die Sporthalle ist als oberste Etage über den Unterrichtsräumen gestapelt. Das führt nicht nur zu einer Vergrößerung der Pausen- und Spielflächen, sondern formuliert städtebaulich auch die Wichtigkeit des Gebäudes. Die Klassenräume sind im 2. und 3.Obergeschoss als Cluster um jeweils ein Forum angeordnet. Die zentrale vertikale Erschließung verbindet die vier schulischen Geschosse zu einer räumlichen Einheit.

Nutzung

1 Erdgeschoss
Foyer, Fachräume, Sanitärräume, Mensa/Aula, Ausgabeküche, Spülküche, Personalräume, Abstellräume, Technikräume, Büro, Lernwerkstatt, Treppenhäuser, Flure, Aufzug

5 Obergeschosse
1.-3.Geschoss: Klassenzimmer, Büros Verwaltung, Fachräume, Archive, Sanitärräume, Treppenhäuser, Flure, Aufzug
4.-5.Geschoss: Sporthalle, Geräteräume, Umkleideräume, Technik, Treppenhäuser, Flure, Aufzug

1 Dachgeschoss
Technikgraben, Lüftungszentrale

Nutzeinheiten

Klassen: 16
Schüler: 448

Grundstück

Bauraum: Baulücke
Neigung: Ebenes Gelände
Bodenklasse: BK 3 bis BK 5

Besonderer Kosteneinfluss Grundstück
Die Flachgründung erfolgte auf historischen Kellerresten.

Markt

Hauptvergabezeit: 1.Quartal 2019
Baubeginn: 3.Quartal 2019
Bauende: 4.Quartal 2021
Konjunkturelle Gesamtlage: über Durchschnitt
Regionaler Baumarkt: über Durchschnitt

Baukonstruktion

Der Massivbau gründet auf einer Stahlbeton-Flachgründung. Die Wände und Decken sind größtenteils mit Stb-Fertigteilen ausgeführt, die Fassaden in Stb-Sandwichbauweise mit Sichtbetonflächen. Die Holz-Alufenster sind mit einer Dreifachverglasung ausgestattet, die im Bereich der Sporthalle und des Erdgeschosses als Pfosten-Riegelkonstruktion zur Ausführung kamen. Bunte Senkrechtlamellen vor der Fassade strukturieren diese und dienen als Sonnenschutz. Die Halle wird über Lamellenfenster von oben belichtet. Die Innenwände sind in Stahlbeton, KS-Mauerwerk oder Trockenbau errichtet. Das Stb-Flachdach wird von 2m hohen Stahlfachwerkträgern getragen, über der Gefälledämmung abgedichtet und mit einer Photovoltaikanlage bestückt. Die Decke der Sporthalle ist mit einer ballwurfsicheren Akustikdecke bekleidet. Die meisten Böden wurden mit Linoleum und Bodenfliesen belegt. Im Eingangsbereich kam ein beschichteter Sichtestrich und Betonwerkstein zum Einsatz.

Technische Anlagen

Beheizt werden die Räume über Heizkörper die von Gasbrennwertthermen versorgt werden. In der Sporthalle sind Deckenstrahlheizkörper installiert. Maschinelle Lüftungsanlagen sorgen für die Belüftung sowohl der Klassenräume, als auch der Aula und Sporthalle. Die Lüftungszentrale und ein Kältegerät befinden sich auf dem Dach des 6.OGs. Auf dem Hallendach sind eine PV-Anlage und Solarthermie installiert.

Sonstiges

Der kompakte Baukörper generiert durch die Stapelung der Funktionen viel mehr Platz zum Spielen und Bewegen, der üblicherweise auf den innerstädtischen Schulgrundstücken zu eng bemessen ist. Im Zusammenspiel mit dem modularen Ergänzungsbau und dem Parkhaus schirmt der Neubau das Schulgebäude von der Straße ab und bildet einen eingefassten Schulhof.

Energetische Kennwerte

Gesetzliche Grundlage: EnEV 2013
Hüllfläche des beheizten Volumens: 7.235,00m^2
Spez. Transmissionswärmeverlust: 0,41W/(m^2·K)
Spez. Jahresprimärenergiebedarf: 64,80kWh/(m^2·a)

Planungskennwerte für Flächen und Rauminhalte nach DIN 277

Flächen des Grundstücks		Menge Einheit	% an GF
BF	Bebaute Fläche	2.370,00 m²	15,4
UF	Unbebaute Fläche	13.040,00 m²	84,6
GF	Grundstücksfläche	15.410,00 m²	100,0

Grundflächen des Bauwerks		Menge Einheit	% an NUF	% an BGF
NUF	Nutzungsfläche	4.518,13 m²	100,0	58,6
TF	Technikfläche	129,41 m²	2,9	1,7
VF	Verkehrsfläche	1.976,76 m²	43,8	25,6
NRF	Netto-Raumfläche	6.624,30 m²	146,6	85,9
KGF	Konstruktions-Grundfläche	1.083,20 m²	24,0	14,1
BGF	Brutto-Grundfläche	7.707,50 m²	170,6	100,0

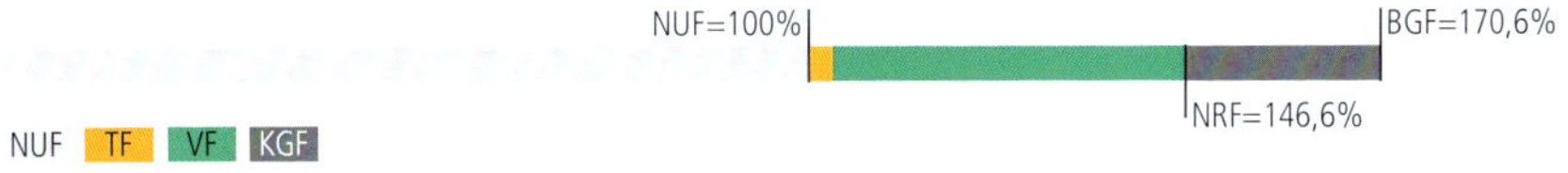

Brutto-Rauminhalt des Bauwerks		Menge Einheit	BRI/NUF (m)	BRI/BGF (m)
BRI	Brutto-Rauminhalt	28.442,90 m³	6,30	3,69

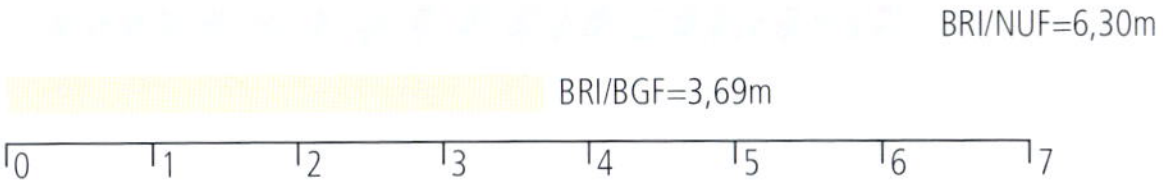

Kostenkennwerte für die Kostengruppen der 1. Ebene DIN 276

KG	Kostengruppen (1. Ebene)	Einheit	Kosten €	€/Einheit	€/m² BGF	€/m³ BRI	% 300+400
100	Grundstück	m² GF	–	–	–	–	–
200	Vorbereitende Maßnahmen	m² GF	1.316.769	85,45	170,84	46,30	6,3
300	Bauwerk – Baukonstruktionen	m² BGF	20.513.878	2.661,55	2.661,55	721,23	97,5
400	Bauwerk – Technische Anlagen	m² BGF	533.638	69,24	69,24	18,76	2,5
	Bauwerk 300+400	**m² BGF**	**21.047.516**	**2.730,78**	**2.730,78**	**739,99**	**100,0**
500	Außenanlagen und Freiflächen	m² AF	5.336.380	409,23	692,36	187,62	25,4
600	Ausstattung und Kunstwerke	m² BGF	1.219.744	158,25	158,25	42,88	5,8
700	Baunebenkosten	m² BGF	–	–	–	–	–
800	Finanzierung	m² BGF	–	–	–	–	–

KG	Kostengruppe	Menge Einheit	Kosten €	€/Einheit	%
200	**Vorbereitende Maßnahmen**	15.410,00 m² GF	1.316.769	**85,45**	6,3
	Abbruch von Parkplatzflächen; Rodungsarbeiten				
3+4	**Bauwerk**				**100,0**
300	**Bauwerk – Baukonstruktionen**	7.707,50 m² BGF	20.513.878	**2.661,55**	97,5
	Erdaushub; Stahlbeton-Flachgründung, Dämmung, Estrich, Linoleum, Betonwerkstein, Bodenfliesen, beschichteter Sichtestrich, Sauberlaufzone, Sauberkeitsschicht, Perimeterdämmung; Stb-Wände, Stb-Sandwichelemente, größtenteils Fertigteilbauweise, Sichtbeton, Holzrahmenwände, Stb-Stützen, Holz-Alufenster, Dreifachverglasung, Lamellenverglasung, HPL-Fassade, Putz, Beschichtung, Pfosten-Riegelfassade, Raffstores, farbige Sonnenschutzlamellen; Stb-Wände, KS-Mauerwerk, GK-Wände, Holztüren, Alu-Glastüren, Putz, Beschichtung, Holzbekleidung, Holzfaserplatten; Stb-Fertigdecken, Stb-Treppen, Dämmung, Estrich, Linoleum, Bodenfliesen, Holzbeläge, abgehängte Akustikdecken, Holzfaser-Akustikplatten, Treppengeländer, Galeriegeländer; Stb-Flachdach, Fachwerkträger, Oberlichter, Gefälledämmung, Abdichtung, ballwurfsichere Akustikdecken; Holzeinbaumöbel				
400	**Bauwerk – Technische Anlagen**	7.707,50 m² BGF	533.638	**69,24**	2,5
	Gebäudeentwässerung, Kalt- und Warmwasserleitungen, Sanitärobjekte; Gasbrennwerttherme, Fußbodenheizung, Heizkörper, Deckenstrahler; zentrale Be- und Entlüftungsanlagen; PV-Anlage, zentrale Batterieanlage, Elektroinstallation, Beleuchtung, Blitzschutzanlage; Rauchmelder, elektroakustische Alarmanlage, Datenübertragungsanlage; Personenaufzug				
500	**Außenanlagen und Freiflächen**	13.040,00 m² AF	5.336.380	**409,23**	25,4
	Außenanlagenflächen intensiv gestaltet				
600	**Ausstattung und Kunstwerke**	7.707,50 m² BGF	1.219.744	**158,25**	5,8
	komplette Ausstattung gemäß Rahmenabrufliste des Landes Berlin				

4100-0255
Gemeinschaftsschule
(6 Klassen)
(150 Schüler)
Bibliothek

Kostenkennwerte für die Kosten des Bauwerks (Kostengruppen 300+400 nach DIN 276)

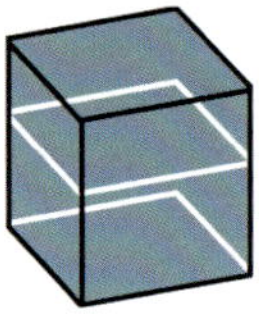

BRI 782 €/m³

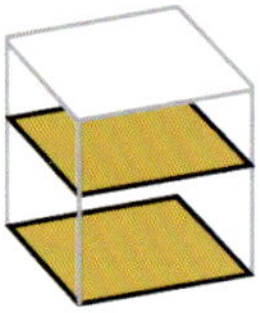

BGF 3.350 €/m²

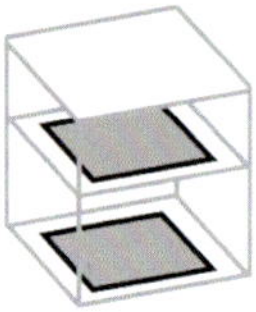

NUF 5.936 €/m²

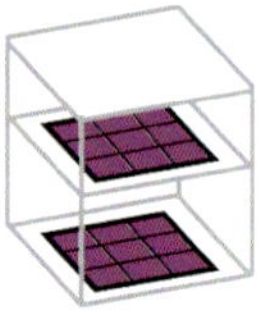

NE 40.265 €/NE

NE: Schüler

Objekt:
Kennwerte: 1.Ebene DIN 276
BRI: 7.720 m³
BGF: 1.803 m²
NUF: 1.017 m²
Bauzeit: 178 Wochen
Bauende: 2021
Standard: hoch
Bundesland: Berlin
Kreis: Berlin, Stadt

Architekt*in:
kleyer.koblitz.letzel.freivogel
ges. v. architekten mbh
Naunynstraße 38
10999 Berlin

Bauherr*in:
Bezirksamt Neukölln
Karl-Marx-Straße 83
12040 Berlin

© Simon Menges

© Simon Menges

© Simon Menges

© Simon Menges

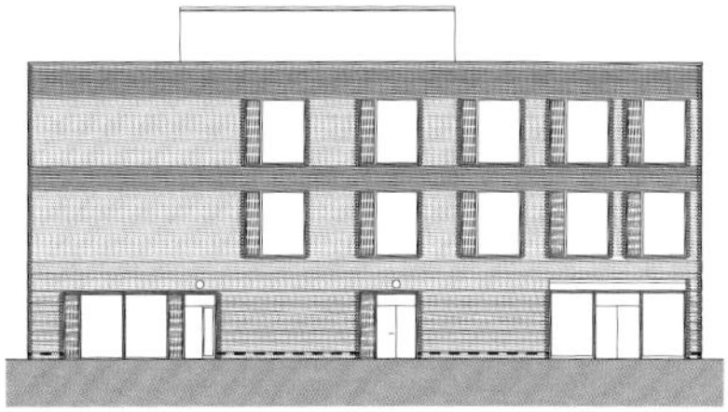

Ansicht Nord

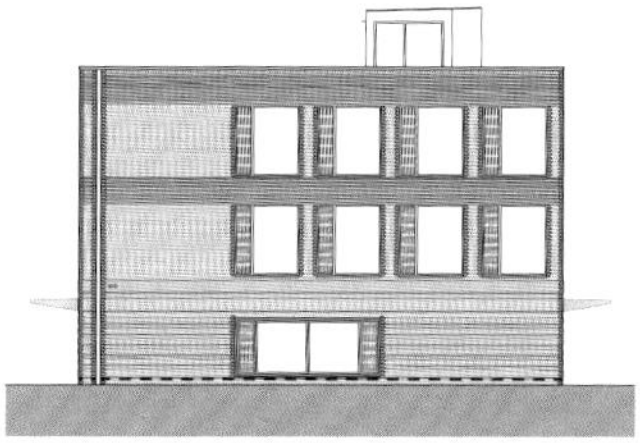

Ansicht Ost

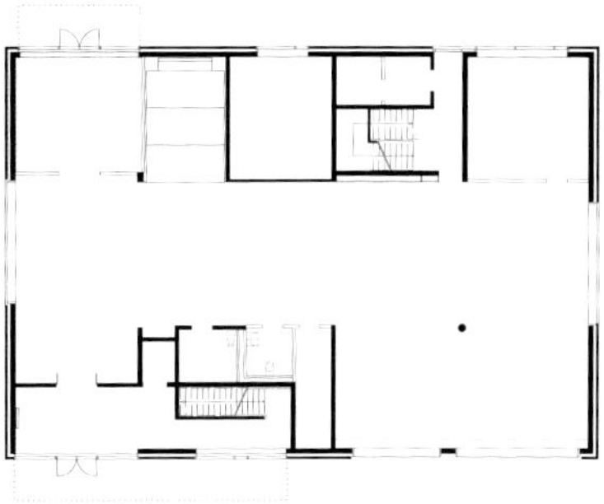

Erdgeschoss

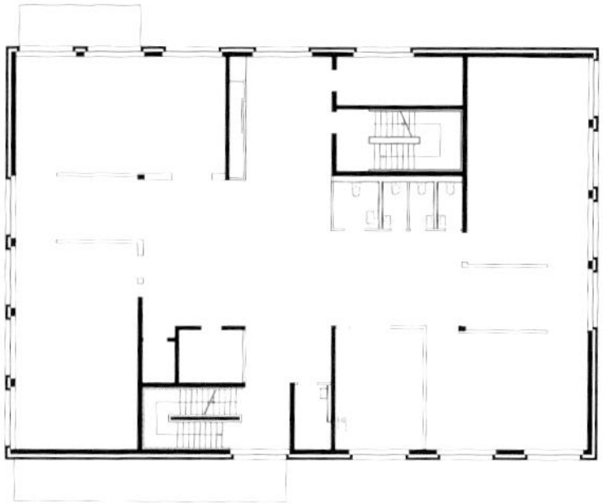

1. Obergeschoss

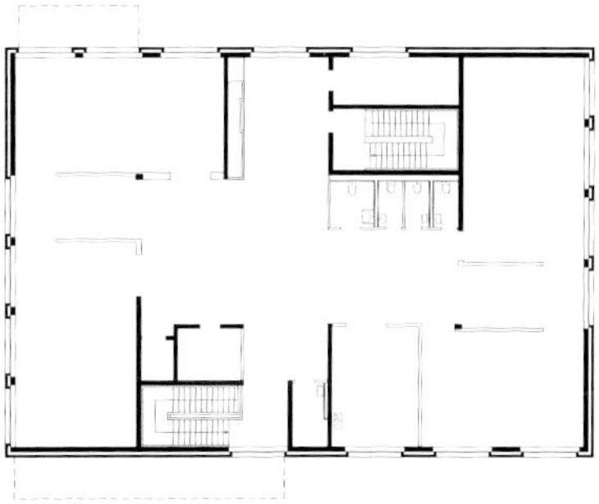

2. Obergeschoss

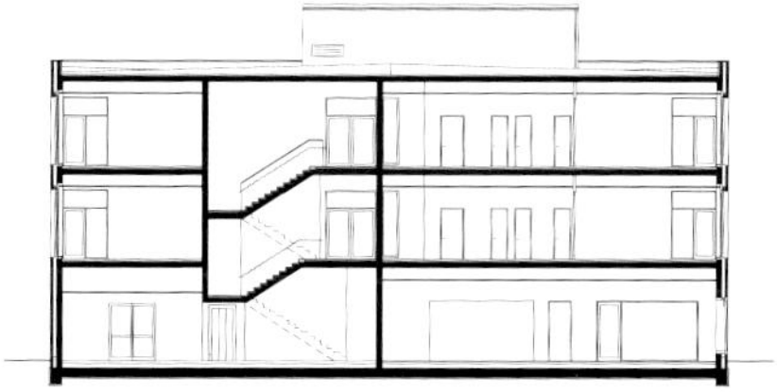

Schnitt A-A

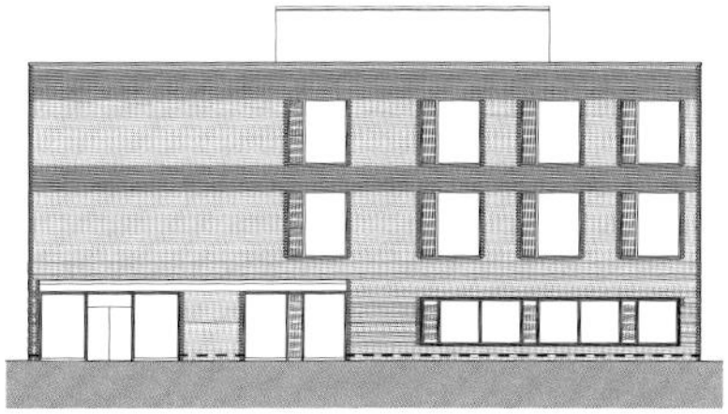

Ansicht Süd

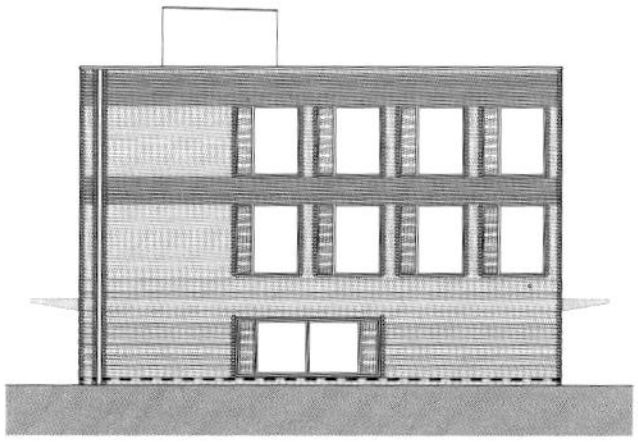

Ansicht West

Objektbeschreibung

Allgemeine Objektinformationen

Der Neubau der Schulerweiterung umfasst die zentrale Campusbibliothek und die Räume für sechs Schulklassen. Sie sind in den Obergeschossen als Cluster mit Stammklassen-, Differenzierungsräumen sowie gemeinsamen Gruppen-, Team- und Sozialarbeiterräumen um ein gemeinsames Zentrum angeordnet. Je nach Bedarf entsteht eine zellenartige Struktur aus Klassenraum mit dazu gehörigem Gruppenraum oder eine veränderbare, hoch flexible Lernlandschaft.

Nutzung

1 Erdgeschoss
Bibliothek, Lernzimmer, WCs, Teeküche, Besprechungsraum, Büros, Treppenhäuser, Aufzug

2 Obergeschosse
Klassenzimmer, Differenzierungsräume, Nebenräume, WCs, Büros, Lernflur, Treppenhäuser, Aufzug

1 Dachgeschoss
Technik

Nutzeinheiten

Klassen: 6
Schüler: 150

Grundstück

Bauraum: Freier Bauraum
Neigung: Ebenes Gelände
Bodenklasse: BK 3 bis BK 4

Markt

Hauptvergabezeit: 2.Quartal 2017
Baubeginn: 1.Quartal 2018
Bauende: 3.Quartal 2021
Konjunkturelle Gesamtlage: Durchschnitt
Regionaler Baumarkt: über Durchschnitt

Baukonstruktion

Der Neubau ist in Massivbauweise errichtet. Die Gründung erfolgte auf einer Stb-Fundamentplatte. Die Nutzung bedingt eine hohe, fast stützenfreie Konstruktion, damit sowohl die Bibliothek als auch die Cluster in den Obergeschossen flexibel genutzt werden können. Die Folge ist ein Tragwerk, bei dem die Mauerwerksaußenwände und wenige Stützen tragend sind. Die Technikzentrale auf dem Dach hat demzufolge ein leichtes Holztragwerk in minimal notwendiger Größe. Die Holz-Alufenster sind mit einer Dreifachverglasung ausgestattet. Lochblechelemente dienen als Absturzsicherung. Die Fassaden sind mit einem robusten Verblendmauerwerk ausgeführt.

Technische Anlagen

Die Wärmeversorgung wird mittels eines Fernwärmeanschlusses im Erdgeschoss sichergestellt. Alle Bereiche sind über eine Fußbodenheizung mit Wärme versorgt. Alle Nutzungsbereiche werden mit einer kontrollierten mechanischen Be- und Entlüftung mit Frischluft versorgt. Hier ist eine Wärmerückgewinnung von ca. 80% vorgesehen. Über die elektroakustische Alarmanlage erfolgen u.a. die Pausensignale, Hausalarmierung über Tongenerator und Amokalarmierung über Textbausteine. Ein behindertengerechter Personenaufzug ermöglicht den barrierefreien Zugang zu den Klassenräumen.

Energetische Kennwerte

Gesetzliche Grundlage: EnEV 2013
Gebäudenutzfläche: 1.584,00 m^2
Gebäudevolumen: 7.107,00 m^3
A/V_e-Verhältnis (Kompaktheit): 0,33 m^{-1}
Hüllfläche des beheizten Volumens: 2.341,00 m^2
Spez. Transmissionswärmeverlust: 0,46 $W/(m^2 \cdot K)$
Mittlerer U-Wert (opake Bauteile): 0,18 $W/(m^2 \cdot K)$
Mittlerer U-Wert (transparente Bauteile): 1,20 $W/(m^2 \cdot K)$
Mittlerer U-Wert (Glasdächer, etc.): 1,60 $W/(m^2 \cdot K)$
Spez. Jahresprimärenergiebedarf: 56,36 $kWh/(m^2 \cdot a)$
CO_2-Emissionen: 17,48 $kg/(m^2 \cdot a)$

Planungskennwerte für Flächen und Rauminhalte nach DIN 277

Flächen des Grundstücks		Menge Einheit	% an GF
BF	Bebaute Fläche	584,00 m²	0,2
UF	Unbebaute Fläche	332.816,00 m²	99,8
GF	Grundstücksfläche	333.400,00 m²	100,0

Grundflächen des Bauwerks		Menge Einheit	% an NUF	% an BGF
NUF	Nutzungsfläche	1.017,40 m²	100,0	56,4
TF	Technikfläche	106,70 m²	10,5	5,9
VF	Verkehrsfläche	459,30 m²	45,1	25,5
NRF	Netto-Raumfläche	1.583,40 m²	155,6	87,8
KGF	Konstruktions-Grundfläche	219,60 m²	21,6	12,2
BGF	Brutto-Grundfläche	1.803,00 m²	177,2	100,0

Brutto-Rauminhalt des Bauwerks		Menge Einheit	BRI/NUF (m)	BRI/BGF (m)
BRI	Brutto-Rauminhalt	7.720,00 m³	7,59	4,28

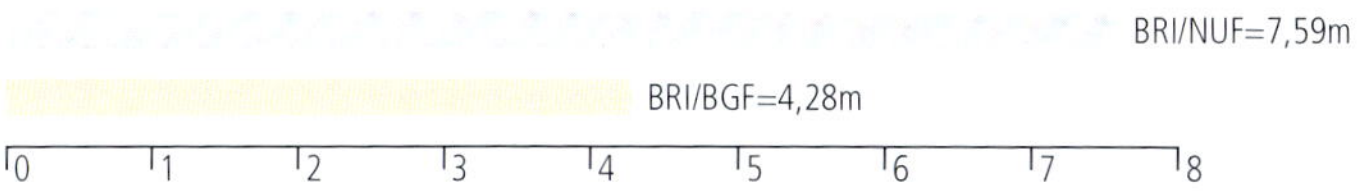

Kostenkennwerte für die Kostengruppen der 1. Ebene DIN 276

KG	Kostengruppen (1. Ebene)	Einheit	Kosten €	€/Einheit	€/m² BGF	€/m³ BRI	% 300+400
100	Grundstück	m² GF	–	–	–	–	–
200	Vorbereitende Maßnahmen	m² GF	319.981	0,96	177,47	41,45	5,3
300	Bauwerk – Baukonstruktionen	m² BGF	4.678.454	2.594,82	2.594,82	606,02	77,5
400	Bauwerk – Technische Anlagen	m² BGF	1.361.289	755,01	755,01	176,33	22,5
	Bauwerk 300+400	**m² BGF**	**6.039.743**	**3.349,83**	**3.349,83**	**782,35**	**100,0**
500	Außenanlagen und Freiflächen	m² AF	–	–	–	–	–
600	Ausstattung und Kunstwerke	m² BGF	–	–	–	–	–
700	Baunebenkosten	m² BGF	–	–	–	–	–
800	Finanzierung	m² BGF	–	–	–	–	–

KG	Kostengruppe	Menge Einheit	Kosten €	€/Einheit	%
200	**Vorbereitende Maßnahmen**	333.400,00 m² GF	319.981	**0,96**	5,3

Abbruch Modulgebäude, schadstoffbelastet, Tiefgründung, Außenbeläge; Baumfällungen

KG	Kostengruppe	Menge Einheit	Kosten €	€/Einheit	%
3+4	**Bauwerk**				**100,0**
300	**Bauwerk – Baukonstruktionen**	1.803,00 m² BGF	4.678.454	**2.594,82**	77,5

Baugrubenaushub; Bodenaustausch, Stb-Frostschürzen, Stb-Fundamentplatte, Dämmung, Heizestrich, Bodenfliesen, Vinyl, Sauberkeitsschicht; Stb-Wände, KS-Mauerwerk, Holzrahmenwände im DG, Holz-Alufenster, Dreifachverglasung, Alu-Eingangelemente, Dämmung, Verblendmauerwerk im wilden Verband, Innenputz, Beschichtung, Wandfliesen, Innenrollos, Absturzsicherung; Stb-Wände, Sichtbeton, KS-Mauerwerk, Stb-Stützen, Holztüren, RS-Türen, Innenputz, Beschichtung, Sanitärtrennwände; Stb-Decken, Stb-Treppen, Dämmung, Heizestrich, Bodenfliesen, Vinyl, abgehängte Akustikdecken, Treppengeländer; Stb-Flachdach, Holzbalkendach im DG, Oberlichter, Gefälledämmung, Abdichtung, Dachentwässerung; Sicherungsmaßnahmen

KG	Kostengruppe	Menge Einheit	Kosten €	€/Einheit	%
400	**Bauwerk – Technische Anlagen**	1.803,00 m² BGF	1.361.289	**755,01**	22,5

Gebäudeentwässerung, Kalt- und Warmwasserleitungen, Sanitärobjekte; Fernwärmeanschluss, Fußbodenheizung; dezentrale Be- und Entlüftung; Elektroinstallation, Beleuchtung, Blitzschutzanlage; Rauchmelder, elektroakustische Alarmanlage, Datenübertragungsanlage; Personenaufzug; Teeküchenanlagen; Gebäudeautomation

4100-0259
Grund-/Regionalschule
(26 Klassen)
(550 Schüler)

Kostenkennwerte für die Kosten des Bauwerks (Kostengruppen 300+400 nach DIN 276)

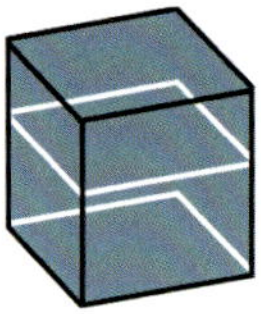

BRI 911 €/m^3

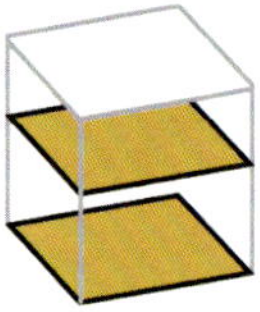

BGF 3.625 €/m^2

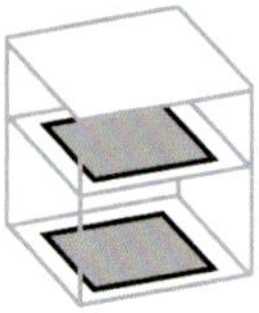

NUF 5.320 €/m^2

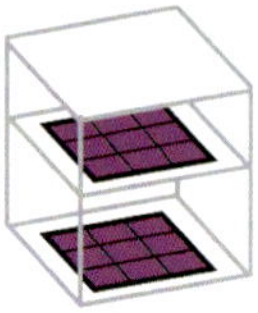

NE 48.710 €/NE

NE: Schüler

Objekt:
Kennwerte: 1.Ebene DIN 276
BRI: 29.406 m^3
BGF: 7.391 m^2
NUF: 5.036 m^2
Bauzeit: 157 Wochen
Bauende: 2024
Standard: hoch
Bundesland: Mecklenburg-Vorpommern
Kreis: Ludwigslust-Parchim

Architekt*in:
Brenncke Architekten
Part mbB
Platz der Freiheit 7
19053 Schwerin

Bauherr*in:
Stadt Hagenow
Lange Straße 28-32
19230 Hagenow

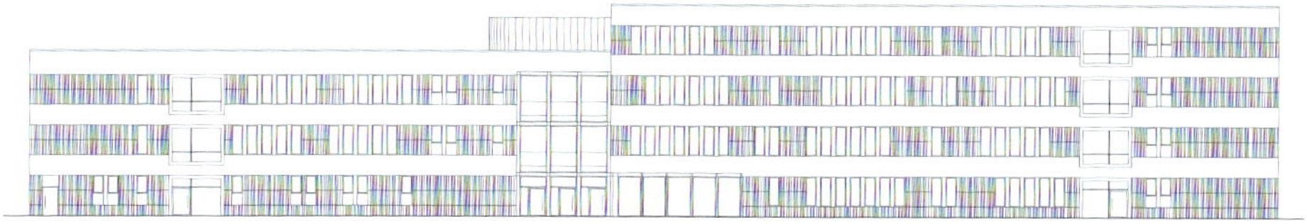

Ansicht Nord

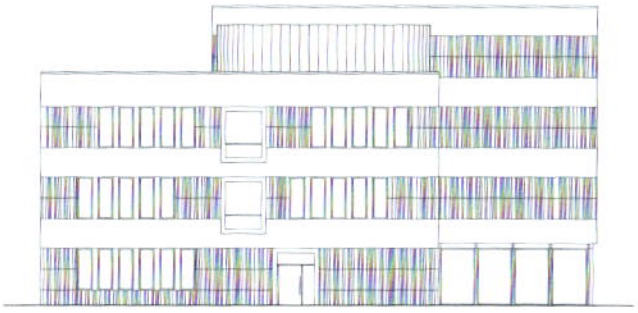

Ansicht Ost

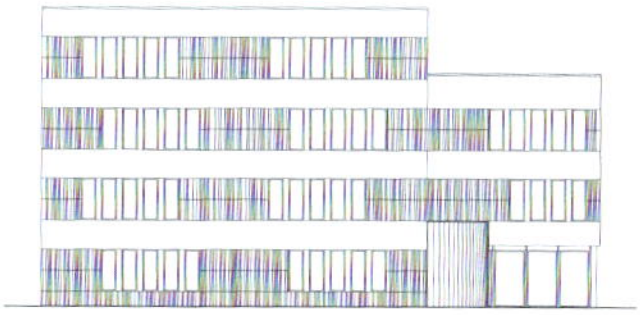

Ansicht West

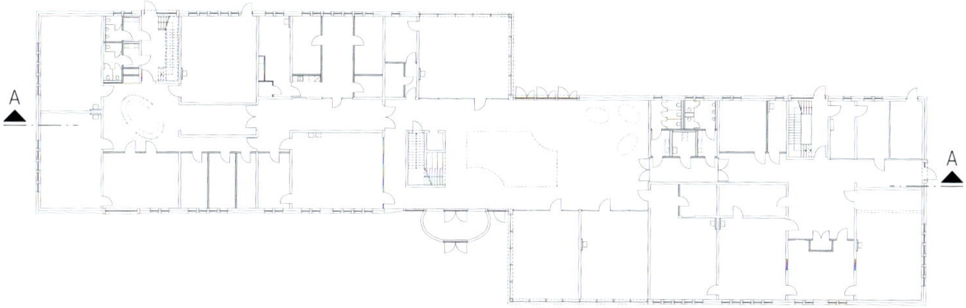

Erdgeschoss

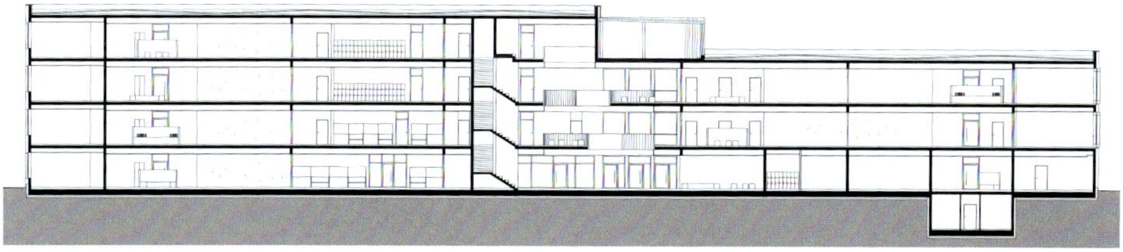

Schnitt A-A

Ansicht Süd

4100-0259
Grund-/Regionalschule
(26 Klassen)
(550 Schüler)

Objektbeschreibung

Allgemeine Objektinformationen

Das Schulgebäude entstand im Rahmen eines Architekturwettbewerbs und bildet gemeinsam mit der Sporthalle den Bildungscampus – den städtebaulichen wie auch gesellschaftlichen Mittelpunkt des Stadtteils. Der Baukörper ist in zwei zueinander versetzte Riegel gegliedert. An der Versprungstelle befindet sich das zentrale Forum mit Aufenthaltsgalerien und einem großzügigen Luftraum, der den Blick bis hinunter zur Aula im Erdgeschoss eröffnet. Von diesem Zentrum aus werden auf allen Etagen die Jahrgangsinseln der einzelnen Klassenstufen mit ihren Unterrichtsräumen erschlossen. Während der westliche Gebäudeteil eine zusätzliche vierte Etage aufweist, ist der östliche Gebäudeflügel dreigeschossig ausgeführt.

Nutzung

1 Untergeschoss
Technikräume, Abstellräume, Treppenhaus

1 Erdgeschoss
Klassenräume, Fachräume, Verwaltungsräume, Büros, Schülerküche, Werkstätten, Bibliothek, Aula/Atrium, Aufenthaltsraum Ganztagsbereich, Hausmeister, Schließfächer, WCs, Lagerräume, Treppenhäuser, Flure, Aufzug

2 Obergeschosse
Jahrgangsinseln mit Klassenräumen, Fachräumen, WCs, Therapieräume, Besprechungsraum, Treppenhäuser, Flure, Aufzug

1 Dachgeschoss
Jahrgangsinseln mit Klassenräumen, Fachräumen, WCs, Teamräume, Time-Out-Raum, RLT-Zentrale, Treppenhäuser, Flure, Aufzug,

Nutzeinheiten

Klassen: 26
Schüler: 550

Grundstück

Bauraum: Freier Bauraum
Neigung: Ebenes Gelände
Bodenklasse: BK 3 bis BK 4

Markt

Hauptvergabezeit: 3.Quartal 2021
Baubeginn: 3.Quartal 2021
Bauende: 3.Quartal 2024
Konjunkturelle Gesamtlage: über Durchschnitt
Regionaler Baumarkt: Durchschnitt

Baukonstruktion

Das Schulhaus steht auf einer 50cm starken Stahlbetonfundamentplatte. Außenwände, Geschossdecken und Flachdach sind vollständig in Stahlbetonbauweise ausgeführt. Im Bereich der Aluminium-Pfosten-Riegelfassaden übernehmen Stahlbetonstützen die Tragfunktion. Die Fenster verfügen über eine energieeffiziente Dreifachverglasung und sind mit Verschattungselementen ausgestattet. Die Fassadengestaltung kombiniert farbige keramische Elemente mit Metallverkleidungen und verleiht dem Gebäude ein lebendiges Erscheinungsbild. Im Innenraum bestehen die Wände aus Kalksandstein oder wurden in Trockenbauweise errichtet. Die Bodenflächen sind mit keramischen Fliesen oder Kautschuk belegt. Das Flachdach ist mit einer bekiesten Bitumenabdichtung versehen. Über dem Atrium sorgen drei Oberlichter für eine natürliche Belichtung des Luftraums über der Aula und schaffen eine offene, freundliche Atmosphäre.

Technische Anlagen

Die Wärmeversorgung des Gebäudes erfolgt über einen Fernwärmeanschluss. Die Wärme wird über Stahlröhrenradiatoren und Fußbodenheizung in den Räumen verteilt. Für den erforderlichen Luftaustausch sorgen verschiedene Lüftungsanlagen mit Wärmerückgewinnung. Die EDV- und Serverräume sind zusätzlich mit Kälteanlagen ausgestattet. Neben der allgemeinen Elektro- und Beleuchtungstechnik verfügt das Gebäude über eine elektroakustische Lautsprecheranlage, eine Brandmeldeanlage, eine Einbruchmeldeanlage, umfangreiche Bühnentechnik in der Aula sowie eine Sprachalarmierungsanlage. Zwei Personenaufzüge gewährleisten eine barrierefreie Erschließung aller Ebenen. Alle technischen Einrichtungen werden durch ein zentrales Automationssystem überwacht und gesteuert.

Energetische Kennwerte

Gesetzliche Grundlage: GEG 2020
Gebäudenutzfläche: 6.556,00 m^2
Spez. Jahresprimärenergiebedarf: 62,40 kWh/($m^2 \cdot a$)
CO_2-Emissionen: 16,97 kg/($m^2 \cdot a$)

Planungskennwerte für Flächen und Rauminhalte nach DIN 277

Flächen des Grundstücks		Menge Einheit	% an GF
BF	Bebaute Fläche	2.056,30 m²	9,3
UF	Unbebaute Fläche	20.142,70 m²	90,7
GF	Grundstücksfläche	22.199,00 m²	100,0

Grundflächen des Bauwerks		Menge Einheit	% an NUF	% an BGF
NUF	Nutzungsfläche	5.035,72 m²	100,0	68,1
TF	Technikfläche	200,70 m²	4,0	2,7
VF	Verkehrsfläche	1.218,80 m²	24,2	16,5
NRF	Netto-Raumfläche	6.455,22 m²	128,2	87,3
KGF	Konstruktions-Grundfläche	935,57 m²	18,6	12,7
BGF	Brutto-Grundfläche	7.390,79 m²	146,8	100,0

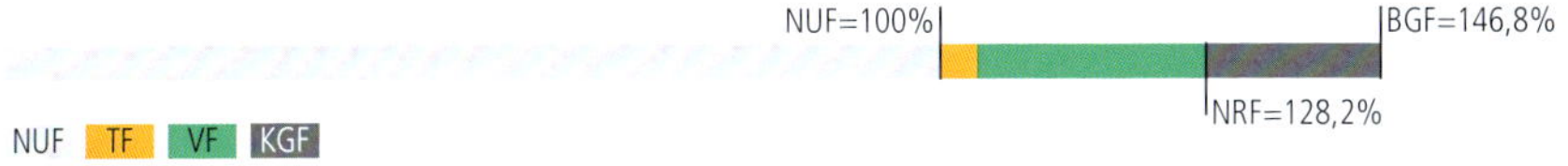

Brutto-Rauminhalt des Bauwerks		Menge Einheit	BRI/NUF (m)	BRI/BGF (m)
BRI	Brutto-Rauminhalt	29.406,00 m³	5,84	3,98

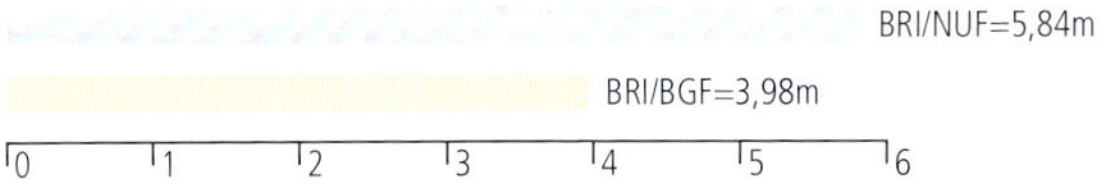

Kostenkennwerte für die Kostengruppen der 1. Ebene DIN 276

KG	Kostengruppen (1. Ebene)	Einheit	Kosten €	€/Einheit	€/m² BGF	€/m³ BRI	% 300+400
100	Grundstück	m² GF	–	–	–	–	–
200	Vorbereitende Maßnahmen	m² GF	390.132	17,57	52,79	13,27	1,5
300	Bauwerk – Baukonstruktionen	m² BGF	18.189.228	2.461,07	2.461,07	618,55	67,9
400	Bauwerk – Technische Anlagen	m² BGF	8.601.181	1.163,77	1.163,77	292,50	32,1
	Bauwerk 300+400	**m² BGF**	**26.790.409**	**3.624,84**	**3.624,84**	**911,05**	**100,0**
500	Außenanlagen und Freiflächen	m² AF	–	–	–	–	–
600	Ausstattung und Kunstwerke	m² BGF	592.190	80,13	80,13	20,14	2,2
700	Baunebenkosten	m² BGF	–	–	–	–	–
800	Finanzierung	m² BGF	–	–	–	–	–

KG	Kostengruppe	Menge Einheit	Kosten €	€/Einheit	%
200	**Vorbereitende Maßnahmen**	22.199,00 m² GF	390.132	**17,57**	1,5

Herstellung sämtlicher Hausanschlüsse, Abwasser, Wasser, Fernwärme, Strom, Telekommunikation

KG	Kostengruppe	Menge Einheit	Kosten €	€/Einheit	%
3+4	**Bauwerk**				**100,0**
300	**Bauwerk – Baukonstruktionen**	7.390,79 m² BGF	18.189.228	**2.461,07**	67,9

Baugrubenaushub; Bodenaustausch, Stb-Fundamentplatte, Abdichtung, Dämmung, Zementestrich, Bodenfliesen, Bodenbeschichtung; Stb-Wände, Stb-Stützen; Alufenster, Dreifachverglasung, Dämmung, hinterlüftete Vorhangfassade aus Keramikelementen/Metall-Fassadenelementen, Innenputz, Wandfliesen, Beschichtung, Alu-Pfosten-Riegelfassaden, Lamellenraffstores; Stb-Wände, KS-Mauerwerk, GK-Wände, Holztüren, Stahltüren, Alu-Glaselemente, Innenputz, Beschichtung, Wandfliesen; Stb-Elementdecken, Stb-Treppen, TS-Dämmung, Heizestrich, Zementestrich, Kautschuk, Bodenfliesen, abgehängte Rasterdecken, GK-Lochdecken, Treppengeländer, Galeriegeländer; Stb-Flachdach, Oberlichter, Gefälledämmung, Bitumenabdichtung, Kies, Betonplatten, abgehängte GK-Decken, Rasterdecken; Einbauschränke, Sitzbänke, Garderoben, Schuhregale; Fachklassenausstattungen Biologie/Chemie/Physik; Orientierungssystem, Tafeln mit Profil- und Brailleschrift, Blindenleitsystem, Handlaufbeschriftung mit Profil- und Brailleschrift; zentrale Schließanlage

KG	Kostengruppe	Menge Einheit	Kosten €	€/Einheit	%
400	**Bauwerk – Technische Anlagen**	7.390,79 m² BGF	8.601.181	**1.163,77**	32,1

Gebäudeentwässerung, Kalt- und Warmwasserleitungen, Sanitärobjekte; Fernwärmeanschluss, Fußbodenheizung, Stahlröhrenradiatoren, Brennofen Werkstatt; Rauchabzugsanlage, zentrale Lüftungsanlagen mit WRG, Kälteanlage für EDV; Elektroinstallation, Beleuchtung, Sicherheitsleuchten, Blitzschutz; Telekommunikationsanlage, Notrufanlage WC, Zeitdienstanlage, elektroakustische Lautsprecheranlage; Brandmeldeanlage, Schlüsseltresor Feuerwehr, Einbruchmeldeanlage, Sprachalarmierungsanlage; Personenaufzüge; Lehrküche, digitale Whiteboards; Automationseinrichtungen

KG	Kostengruppe	Menge Einheit	Kosten €	€/Einheit	%
600	**Ausstattung und Kunstwerke**	7.390,79 m² BGF	592.190	**80,13**	2,2

Tische, Stühle, Hocker, Sitzkissen, Werkbänke, Schränke, Regale, Sofas, Sitzelemente, Rollwagen, Liegen, Erste-Hilfe-Schränke

4100-0263
Grund-/Mittelschule
(10 Klassen)
(213 Schüler)

Kostenkennwerte für die Kosten des Bauwerks (Kostengruppen 300+400 nach DIN 276)

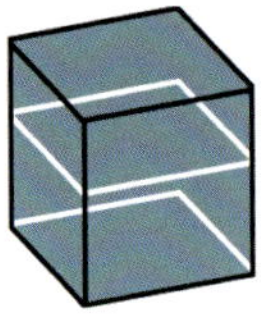

BRI 714 €/m³

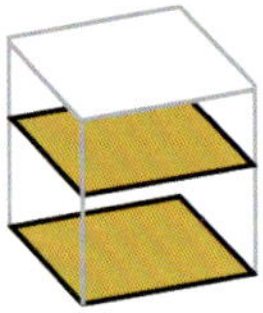

BGF 3.018 €/m²

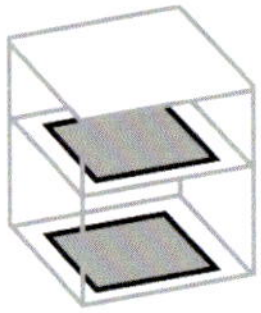

NUF 4.421 €/m²

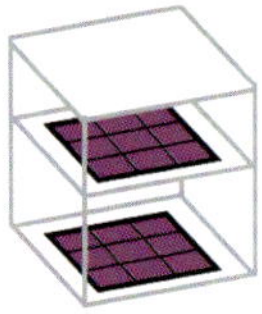

NE 50.261 €/NE
NE: Schüler

Objekt:
Kennwerte: 1. Ebene DIN 276
BRI: 14.984 m³
BGF: 3.547 m²
NUF: 2.421 m²
Bauzeit: 100 Wochen
Bauende: 2023
Standard: mittel
Bundesland: Bayern
Kreis: Ansbach

Architekt*in:
ARGE
studio lot PartGmbB
Kammerer Lorber Prabst
Neuöttinger Straße 32
84503 Altötting

Weiss Hohe + Partner GmbH
Hospitalstraße 11
91522 Ansbach

© Antje Hanebeck

© Antje Hanebeck

Kostenstand: 4. Quartal 2025, Bundesdurchschnitt, **inkl. 19% MwSt.**

Ansicht Süd

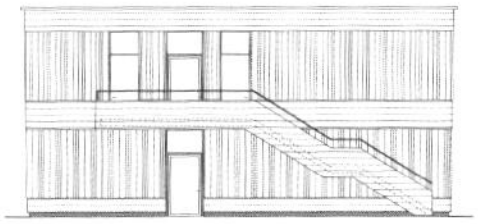

Ansicht Ost

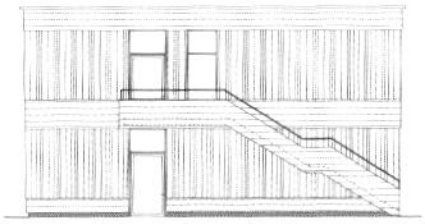

Ansicht Nord

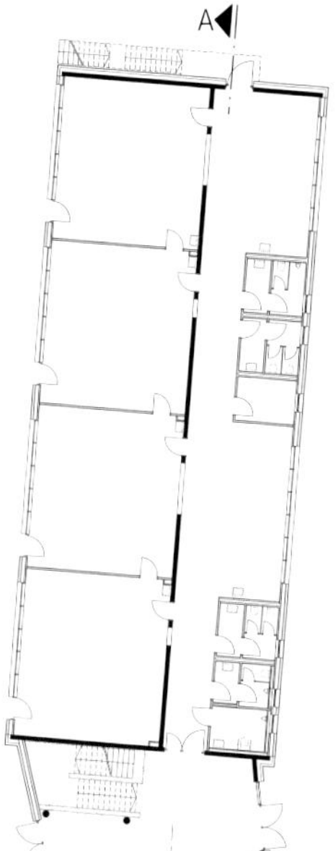

Erdgeschoss

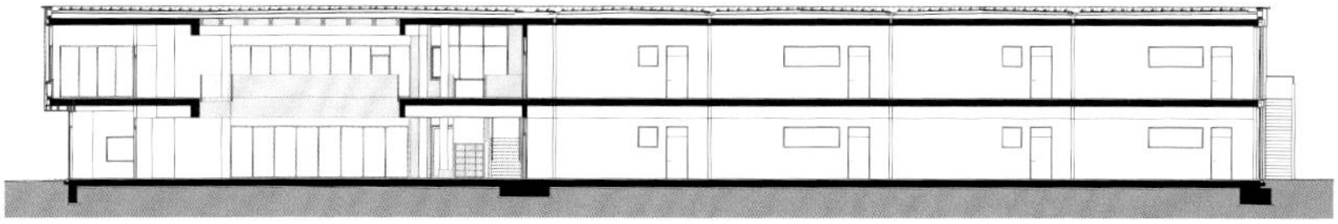

Schnitt A-A

Objektbeschreibung

Allgemeine Objektinformationen

In dem Neubau werden die ehemals getrennt verortete Montessori-Grund- und Mittelstufe unter einem Dach zusammengeführt. Die Pausenhalle verbindet die drei Gebäudeteile miteinander als zentraler Treffpunkt für die Kinder und Jugendlichen der zehn Jahrgangsstufen. Vielfältige Flurbereiche, Lernlandschaften und Klassenräume prägen den neuen Schulstandort. Integriert wurde auch ein Hortbereich für den steigenden Bedarf der Nachmittagsbetreuung von jungen Schüler*innen.

Nutzung

1 Erdgeschoss
Grundschule, Pausenhalle, Mensa, Hort, Lehrende und Verwaltung, Technik

1 Obergeschoss
Mittelschule, Fachräume

Nutzeinheiten

Klassen: 10
Schüler: 213

Grundstück

Bauraum: Freier Bauraum
Neigung: Geneigtes Gelände
Bodenklasse: BK 1 bis BK 6

Markt

Hauptvergabezeit: 1.Quartal 2021
Baubeginn: 1.Quartal 2021
Bauende: 1.Quartal 2023
Konjunkturelle Gesamtlage: Durchschnitt
Regionaler Baumarkt: Durchschnitt

Baukonstruktion

Das Schulgebäude ist in seiner tragenden Struktur als Stahlbeton-Skelettbau ausgeführt und in allen Bereichen für eine Aufstockung um ein weiteres Geschoss ausgelegt. Im Erd- und Obergeschoss sind die nicht tragenden Außenwände als Holzständerbau gedämmt mit Zellulose und außen mit einer hinterlüfteten Holzfassade erstellt, innenseitig mit einer gedämmten Installationsebene beplankt. Die betonkerntemperierten Decken wirken sich auf die sichtbaren Oberflächen aus. Bodenbeläge wie Linoleum und Fliesen bieten optimale Wärmeleitfähigkeit, es gibt kaum abgehängte Decken im Gebäude.

Technische Anlagen

Für eine ideale Nutzung der Geothermie (Wärme- und Kältegewinnung) und ein angenehmes Raumklima kommt eine Betonkerntemperierung zum Einsatz. Als Systemergänzung ist unter den Leitungstrassen im Flur eine Akustikheiz- und Kühldecke installiert. Diese ist erforderlich, da die Trassen eine erhebliche Einschränkung in der Wärme- und Kälteabgabe durch Abstrahlung der BKT darstellen. Im Gebäude kommt Fensterlüftung zum Einsatz, in Lehr- und Frischküche ist eine Lüftungsanlage installiert. Die WCs sind über ein Abluftsystem mit Frischluftnachströmung ausgestattet.

Sonstiges

Im Erdgeschoss führen direkte Ausgänge als 1. Flucht- und Rettungsweg ins Freie. Im Obergeschoss wird die Rettung über „Bypass"Lösungen organisiert - die direkte Verbindung der Räume miteinander, um die Lernflure nicht als notwendige Flure ausbilden zu müssen und frei in Nutzung und Möblierung ohne Auflagen des Brandschutzes zu sein. Die beiden Außentreppenhäuser am Nord und Ostende dienen als Fluchtweg, sowie als mögliche direkte Zugänge zum Schulgarten.

Planungskennwerte für Flächen und Rauminhalte nach DIN 277

Flächen des Grundstücks		Menge Einheit	% an GF
BF	Bebaute Fläche	1.768,00 m²	10,6
UF	Unbebaute Fläche	14.897,00 m²	89,4
GF	Grundstücksfläche	16.665,00 m²	100,0

Grundflächen des Bauwerks		Menge Einheit	% an NUF	% an BGF
NUF	Nutzungsfläche	2.421,32 m²	100,0	68,3
TF	Technikfläche	69,19 m²	2,9	2,0
VF	Verkehrsfläche	547,23 m²	22,6	15,4
NRF	Netto-Raumfläche	3.037,74 m²	125,5	85,6
KGF	Konstruktions-Grundfläche	508,96 m²	21,0	14,4
BGF	Brutto-Grundfläche	3.546,70 m²	146,5	100,0

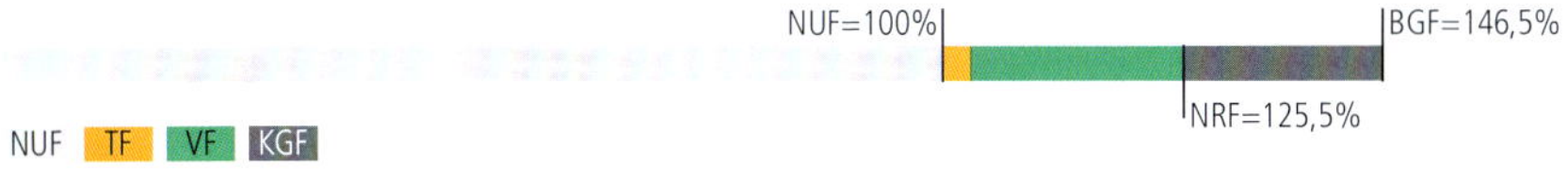

Brutto-Rauminhalt des Bauwerks		Menge Einheit	BRI/NUF (m)	BRI/BGF (m)
BRI	Brutto-Rauminhalt	14.984,00 m³	6,19	4,23

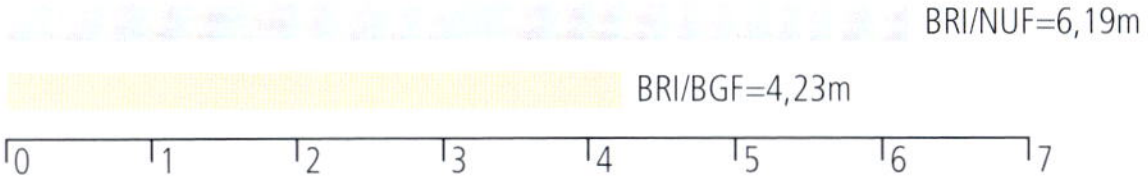

Kostenkennwerte für die Kostengruppen der 1. Ebene DIN 276

KG	Kostengruppen (1. Ebene)	Einheit	Kosten €	€/Einheit	€/m² BGF	€/m³ BRI	% 300+400
100	Grundstück	m² GF	–	–	–	–	–
200	Vorbereitende Maßnahmen	m² GF	–	–	–	–	
300	Bauwerk – Baukonstruktionen	m² BGF	8.006.827	2.257,54	2.257,54	534,36	74,8
400	Bauwerk – Technische Anlagen	m² BGF	2.698.873	760,95	760,95	180,12	25,2
	Bauwerk 300+400	**m² BGF**	**10.705.699**	**3.018,50**	**3.018,50**	**714,48**	**100,0**
500	Außenanlagen und Freiflächen	m² AF	2.870.859	809,38	809,45	191,60	26,8
600	Ausstattung und Kunstwerke	m² BGF	–	–	–	–	–
700	Baunebenkosten	m² BGF	–	–	–	–	–
800	Finanzierung	m² BGF	–	–	–	–	–

KG	Kostengruppe	Menge Einheit	Kosten €	€/Einheit	%
3+4	**Bauwerk**				**100,0**
300	**Bauwerk – Baukonstruktionen**	3.546,70 m² BGF	8.006.827	**2.257,54**	74,8

Streifenfundamente, bauteilaktivierte Stb-Bodenplatte, Gussasphaltestrich auf Schüttung, schwimmender Estrich mit Industrieparkett, Linoleum, Fliesen; Stb-Wände, Holzrahmenwände, Stb-Stützen, Holz-Alu-Pfosten-Riegelfassade, Zweifach-Wärmeschutzverglasung, Wandbeschichtung, Raffstoreanlagen; Stb-Wände, GK-Metallständerwände, Stahl-Glas-Rauch- und Brandschutztüren, Holztürblätter, Stahlzargen, Beschichtung, Holzbekleidung; bauteilaktivierte Stb-Decke, Akustikheiz- und Kühldecke (Flur EG), Stb-Fertigteiltreppen, teilw. mit Holzstufen, Stahl-Außentreppen mit Gitterrosten, Holzwolle- und Metall-Akustiksegel, T-Stahl-Treppengeländer; Stb-Flachdach, teilw. Sparrendach für mögl. Aufstockung, Oberlichter, Gefälledämmung, Abdichtung, extensive Dachbegrünung

KG	Kostengruppe	Menge Einheit	Kosten €	€/Einheit	%
400	**Bauwerk – Technische Anlagen**	3.546,70 m² BGF	2.698.873	**760,95**	25,2

Kalt- und Warmwasserleitungen, Sanitärobjekte, innenliegende Dachentwässerung; Gebäudeheizung und -kühlung mittels Geothermie, Wärmepumpen, Baukerntemperierung, teilw. Fußbodenheizung; vorwiegend natürliche Lüftung, Be- und Entlüftung Küchenräume, Entlüftung Sanitärräume; Elektroinstallation, Beleuchtung; Telefonanlage, Personenaufzug

KG	Kostengruppe	Menge Einheit	Kosten €	€/Einheit	%
500	**Außenanlagen und Freiflächen**	3.547,00 m² AF	2.870.859	**809,38**	26,8

Grabenmulde für Regenwassersammlung; wassergebundene Wegedecke, Betonpflasterbeläge; Metallzaun, Böschungen mit Sitzmauern, Outdoor-Klassenzimmer mit Gruppenbeet; Rasenflächen

Schulen, Holzbauweise

2

Kostenkennwerte für die Kosten des Bauwerks (Kostengruppen 300+400 nach DIN 276)

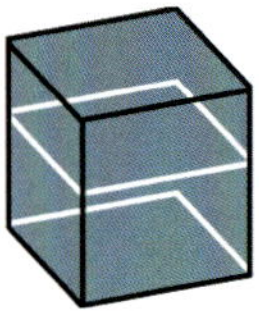

BRI 710 €/m³
von 590 €/m³
bis 885 €/m³

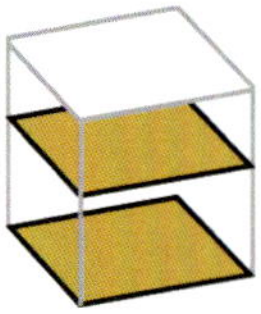

BGF 2.925 €/m²
von 2.285 €/m²
bis 3.595 €/m²

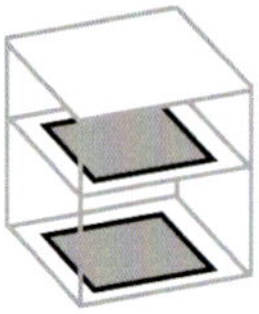

NUF 4.485 €/m²
von 3.335 €/m²
bis 5.980 €/m²

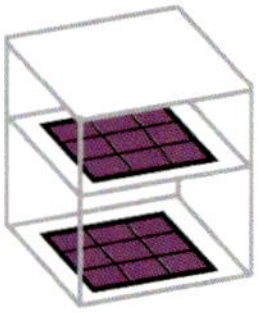

NE 21.575 €/NE
von 12.635 €/NE
bis 37.215 €/NE
NE: Schüler

Objektbeispiele

Kosten:
Stand 4. Quartal 2025
Bundesdurchschnitt
inkl. 19% MwSt.

4200-0039

4100-0200

4100-0257

Kosten der 14 Vergleichsobjekte

Seiten 302 bis 304

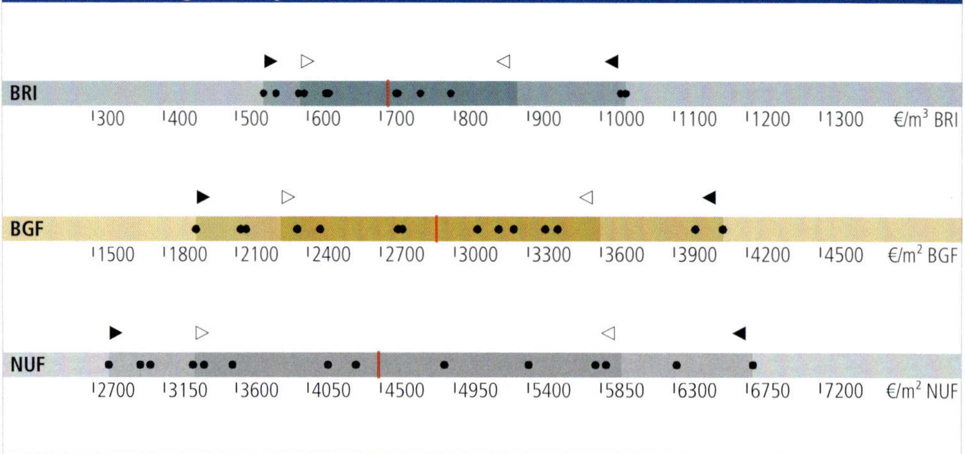

- ● KKW
- ▶ min
- ▷ von
- | Mittelwert
- ◁ bis
- ◀ max

Kostenkennwerte für die Kostengruppen der 1. und 2.Ebene DIN 276

KG	Kostengruppen der 1.Ebene	Einheit	▷	€/Einheit	◁	▷	% an 300+400	◁
100	Grundstück	m² GF	–	**–**	–	–	**–**	–
200	Vorbereitende Maßnahmen	m² GF	2	**6**	31	0,5	**1,7**	3,9
300	Bauwerk – Baukonstruktionen	m² BGF	1.881	**2.266**	2.962	71,2	**77,9**	84,3
400	Bauwerk – Technische Anlagen	m² BGF	416	**658**	929	15,7	**22,1**	28,8
	Bauwerk 300+400	m² BGF	2.286	**2.924**	3.595	100,0	**100,0**	100,0
500	Außenanlagen und Freiflächen	m² AF	28	**185**	1.084	1,1	**5,3**	10,2
600	Ausstattung und Kunstwerke	m² BGF	5	**66**	231	0,2	**2,3**	8,1
700	Baunebenkosten*	m² BGF	578	**644**	711	19,9	**22,2**	24,5 ◁
800	Finanzierung	m² BGF	–	**–**	–	–	**–**	–

* Auf Grundlage der HOAI 2021 berechnete Werte nach §§ 35, 52, 56. Weitere Informationen siehe Seite 32

KG	Kostengruppen der 2.Ebene	Einheit	▷	€/Einheit	◁	▷	% an 1.Ebene	◁
310	Baugrube / Erdbau	m³ BGI	30	**94**	169	0,9	**1,9**	4,7
320	Gründung, Unterbau	m² GRF	458	**545**	700	12,8	**16,1**	21,5
330	Außenwände / vertikal außen	m² AWF	658	**888**	1.080	24,2	**33,1**	35,1
340	Innenwände / vertikal innen	m² IWF	357	**389**	427	12,4	**15,0**	16,6
350	Decken / horizontal	m² DEF	445	**618**	781	0,0	**9,8**	15,3
360	Dächer	m² DAF	459	**626**	853	14,0	**18,9**	24,3
370	Infrastrukturanlagen		–	**–**	–	–	**–**	–
380	Baukonstruktive Einbauten	m² BGF	2	**9**	22	< 0,1	**0,4**	1,2
390	Sonst. Maßnahmen für Baukonst.	m² BGF	51	**98**	147	3,0	**4,7**	8,0
300	**Bauwerk – Baukonstruktionen**	**m² BGF**					**100,0**	
410	Abwasser-, Wasser-, Gasanlagen	m² BGF	65	**103**	171	9,1	**18,3**	27,2
420	Wärmeversorgungsanlagen	m² BGF	67	**85**	119	10,6	**15,4**	26,9
430	Raumlufttechnische Anlagen	m² BGF	11	**79**	155	2,4	**10,3**	19,2
440	Elektrische Anlagen	m² BGF	138	**218**	312	25,1	**35,8**	45,7
450	Kommunikationstechnische Anlagen	m² BGF	27	**57**	87	5,3	**9,1**	12,6
460	Förderanlagen	m² BGF	37	**63**	114	0,5	**3,8**	9,9
470	Nutzungsspez. / verfahrenstech. Anl.	m² BGF	6	**27**	67	< 0,1	**1,4**	5,2
480	Gebäude- und Anlagenautomation	m² BGF	60	**86**	99	0,0	**5,5**	12,1
490	Sonst. Maßnahmen f. techn. Anl.	m² BGF	2	**4**	6	< 0,1	**0,3**	1,7
400	**Bauwerk – Technische Anlagen**	**m² BGF**					**100,0**	

Prozentanteile der Kosten 2.Ebene an den Kosten des Bauwerks nach DIN 276 (Von/Mittel/Bis)

KG	Kostengruppe	%
310	Baugrube / Erdbau	1,5
320	Gründung, Unterbau	12,6
330	Außenwände / vertikal außen	25,7
340	Innenwände / vertikal innen	11,5
350	Decken / horizontal	7,1
360	Dächer	14,8
370	Infrastrukturanlagen	
380	Baukonstruktive Einbauten	0,3
390	Sonst. Maßnahmen für Baukonst.	3,5
410	Abwasser-, Wasser-, Gasanlagen	3,7
420	Wärmeversorgungsanlagen	3,3
430	Raumlufttechnische Anlagen	2,8
440	Elektrische Anlagen	7,8
450	Kommunikationstechnische Anlagen	2,2
460	Förderanlagen	1,1
470	Nutzungsspez. / verfahrenstech. Anl.	0,4
480	Gebäude- und Anlagenautomation	1,6
490	Sonst. Maßnahmen f. techn. Anl.	< 0,1

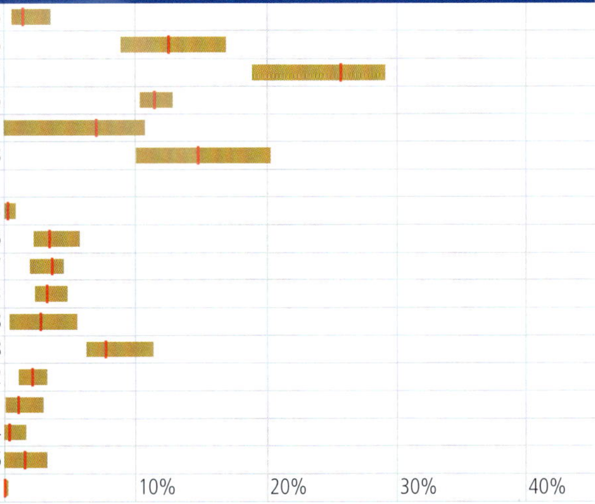

 Erläuterungen zu den Tabellen siehe Seite 30 und 32 Kostenstand: 4.Quartal 2025, Bundesdurchschnitt, **inkl. 19% MwSt.**

Kosten:
Stand 4. Quartal 2025
Bundesdurchschnitt
inkl. 19% MwSt.

Prozentanteile der Kosten für Leistungsbereiche nach STLB (Kosten Bauwerk nach DIN 276)

LB	Leistungsbereiche	▷	% an 300+400	◁
000	Baustellen-, Verkehrssich.- u. Sicherh.einr. inkl. 001	1,9	**3,1**	5,2
002	Erdarbeiten	1,1	**1,9**	3,8
006	Spezialtiefbauarbeiten inkl. 005	–	**–**	–
009	Entwässerungskanalarbeiten inkl. 011	0,0	**0,3**	0,5
010	Drän- und Versickerarbeiten	0,0	**< 0,1**	0,4
012	Mauerarbeiten	0,0	**1,6**	3,6
013	Betonarbeiten	7,2	**10,8**	15,1
014	Natur-, Betonwerksteinarbeiten	< 0,1	**0,1**	0,6
016	Zimmer- und Holzbauarbeiten	7,8	**17,0**	28,9
017	Stahlbauarbeiten	–	**–**	–
018	Abdichtungsarbeiten	0,5	**1,4**	2,2
020	Dachdeckungsarbeiten	0,0	**2,4**	5,3
021	Dachabdichtungsarbeiten	0,0	**2,5**	4,4
022	Klempnerarbeiten	0,6	**1,7**	3,0
	Rohbau	38,2	**42,8**	51,0
023	Putz- und Stuckarbeiten, Wärmedämmsysteme	0,9	**3,8**	10,1
024	Fliesen- und Plattenarbeiten	0,7	**1,2**	2,1
025	Estricharbeiten	0,5	**1,7**	3,0
026	Fenster, Außentüren inkl. 029, 032	6,9	**9,4**	11,6
027	Tischlerarbeiten	2,1	**3,0**	3,4
028	Parkett-, Holzpflasterarbeiten	< 0,1	**1,3**	3,9
030	Rollladenarbeiten	0,3	**0,8**	1,5
031	Metallbauarbeiten inkl. 035	0,2	**1,5**	3,1
034	Maler- und Lackiererarb. - Beschicht. inkl. 037	1,1	**1,9**	3,2
036	Bodenbelagarbeiten	0,3	**1,5**	2,6
038	Vorgehängte hinterlüftete Fassaden	0,0	**3,7**	5,9
039	Trockenbauarbeiten	2,8	**4,9**	7,2
	Ausbau	31,3	**34,7**	38,9
040	Wärmeversorgungsanl. - Betriebseinr. inkl. 041	2,4	**3,1**	4,8
042	Gas- u. Wasseranl. - Leitung., Armat. inkl. 043	0,4	**0,8**	2,1
044	Abwasseranl. - Leitungen, Abläufe, Armaturen	0,3	**0,6**	1,0
045	Gas, Wasser, Entwässerung - Ausstattung inkl. 046	1,3	**2,1**	3,0
047	Dämm- und Brandschutzarb. an techn. Anlagen	< 0,1	**0,5**	0,9
049	Feuerlöschanlagen, Feuerlöschgeräte	< 0,1	**< 0,1**	0,2
050	Blitzschutz-/Erdungsanlagen, Überspannungssch.	0,4	**0,6**	0,9
052	Mittelspannungsanlagen	–	**–**	–
053	Niederspannungsanl. - Kabel inkl. 054	3,4	**4,7**	6,8
055	Sicherheits- u. Ersatzstromversorgungsanl.	–	**–**	–
057	Gebäudesystemtechnik	< 0,1	**0,4**	2,6
058	Leuchten und Lampen inkl. 059	2,1	**2,9**	4,7
060	Such, Signal, Zeit, Anten., akust. Anl. inkl. 064	0,2	**0,4**	0,9
061	Kommunikations- u. Übertragungsnetze inkl. 062	0,4	**0,6**	1,0
063	Gefahrenmeldeanlagen	0,3	**0,9**	1,5
069	Aufzüge	0,0	**0,8**	1,6
070	Gebäudeautomation	0,0	**0,9**	3,0
075	Raumlufttechnische Anlagen inkl. 078	0,4	**2,7**	5,5
	Gebäudetechnik	16,6	**21,9**	27,5
	Sonstige Leistungsbereiche inkl. 008, 033, 051	0,2	**0,5**	2,0

- ● KKW
- ▶ min
- ▷ von
- | Mittelwert
- ◁ bis
- ◀ max

Planungskennwerte für Flächen und Rauminhalte nach DIN 277

Grundflächen		▷	Fläche/NUF (%)	◁	▷	Fläche/BGF (%)	◁
NUF	Nutzungsfläche	100,0	**100,0**	100,0	59,1	**67,6**	74,7
TF	Technikfläche	5,2	**7,0**	14,2	3,1	**4,1**	7,4
VF	Verkehrsfläche	16,4	**22,3**	28,8	10,6	**13,7**	18,1
NRF	Netto-Raumfläche	121,1	**128,8**	135,9	75,6	**85,2**	88,1
KGF	Konstruktions-Grundfläche	19,8	**25,2**	57,6	11,9	**14,8**	24,4
BGF	Brutto-Grundfläche	142,5	**154,0**	188,9	100,0	**100,0**	100,0

Brutto-Rauminhalte		▷	BRI/NUF (m)	◁	▷	BRI/BGF (m)	◁
BRI	Brutto-Rauminhalt	5,94	**6,32**	7,34	3,94	**4,14**	4,51

Flächen von Nutzeinheiten	▷	NUF/Einheit (m²)	◁	▷	BGF/Einheit (m²)	◁
Nutzeinheit: Schüler	4,42	**5,02**	7,34	6,32	**7,74**	8,93

Lufttechnisch behandelte Flächen	▷	Fläche/NUF (%)	◁	▷	Fläche/BGF (%)	◁
Entlüftete Fläche	–	**–**	–	–	**–**	–
Be- und entlüftete Fläche	136,7	**136,7**	136,7	53,0	**53,0**	53,0
Teilklimatisierte Fläche	–	**–**	–	–	**–**	–
Klimatisierte Fläche	–	**–**	–	–	**–**	–

KG	Kostengruppen (2. Ebene)	Einheit	▷	Menge/NUF	◁	▷	Menge/BGF	◁
310	Baugrube / Erdbau	m³ BGI	0,54	**0,75**	0,94	0,41	**0,49**	0,58
320	Gründung, Unterbau	m² GRF	0,83	**0,94**	1,03	0,57	**0,64**	0,67
330	Außenwände / vertikal außen	m² AWF	1,12	**1,23**	1,37	0,76	**0,82**	0,89
340	Innenwände / vertikal innen	m² IWF	1,12	**1,23**	1,51	0,71	**0,80**	0,93
350	Decken / horizontal	m² DEF	0,75	**0,80**	0,80	0,42	**0,46**	0,46
360	Dächer	m² DAF	0,84	**0,98**	1,06	0,56	**0,66**	0,69
370	Infrastrukturanlagen		–	**–**	–	–	**–**	–
380	Baukonstruktive Einbauten	m² BGF	1,43	**1,54**	1,89	1,00	**1,00**	1,00
390	Sonst. Maßnahmen für Baukonst.	m² BGF	1,43	**1,54**	1,89	1,00	**1,00**	1,00
300	**Bauwerk – Baukonstruktionen**	**m² BGF**	1,43	**1,54**	1,89	1,00	**1,00**	1,00

Planungskennwerte für Bauzeiten — 14 Vergleichsobjekte

Bauzeit in Wochen

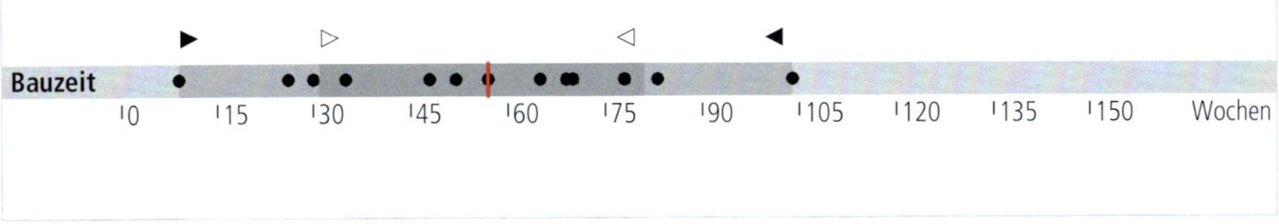

Objektübersicht zur Gebäudeart

4100-0160 Grundschule (150 Schüler), Hort (100 Kinder)*

qbatur Planungsbüro GmbH
Quedlinburg

4100-0167 Oberschule (2 Klassen, 40 Schüler)*

Bosse Westphal Schäffer Architekten
Winsen/Luhe

4100-0174 Gesamtschule (10 Klassen, 188 Schüler)*

Tectum Hille Kobelt Architekten BDA
Weimar

4100-0175 Grundschule (4 Lernlandschaften, 160 Schüler)

ralf pohlmann architekten
Waddeweitz

4100-0179 Gymnasium, Sporthalle - Plusenergiehaus*

Hermann Kaufmann ZT GmbH & Florian Nagler
Architekten GmbH "ARGE Diedorf", München

4100-0183 Mittelschule (5 Klassen, 125 Schüler)*

ABHD Architekten Beck und Denzinger
Neuburg

* Diese Objekte wurden zur Bildung der statistischen Werte herangezogen. Sie sind nicht als Einzelobjekt in diesem Band veröffentlicht.

4100-0192 Ganztagsschule (4 Klassen, 96 Schüler) - Passivhaus

Architekten_FSB
Bremen

4100-0198 Gesamtschule Tanz- und Atelierräume (3 Klassen)*

qbatur Planungsgenossenschaft eG
Quedlinburg

4100-0200 Selbstlernzentrum (60 Schüler)*

tun-architektur PartGmbB
Hamburg

4100-0204 Unterrichtsgebäude (2 Klassen, 56 Schüler)

MURZIK architekten
Leipzig

4100-0224 Schule (6 Klassen, 180 Schüler)

MOSAIK architekt:innen bda
Hannover

4100-0257 Ganztagsschule (4 Klassen, 100 Schüler), Mensa (135 Sitzplätze)

Goergens Miklautz dreier + lauterbach
München

* Diese Objekte wurden zur Bildung der statistischen Werte herangezogen. Sie sind nicht als Einzelobjekt in diesem Band veröffentlicht.

Objektübersicht zur Gebäudeart

© Daniel Vieser

4200-0039 Bildungszentrum Holzbauberufe (4 Klassen)

Lieb Architekten BDA
Freudenstadt

© Daniel Sieker

9100-0219 Musikschule*

SIEKER ARCHITEKTEN
Bielefeld

* Diese Objekte wurden zur Bildung der statistischen Werte herangezogen. Sie sind nicht als Einzelobjekt in diesem Band veröffentlicht.

4100-0175
Grundschule
(4 Lernlandschaften)
(160 Schüler)

Kostenkennwerte für die Kosten des Bauwerks (Kostengruppen 300+400 nach DIN 276)

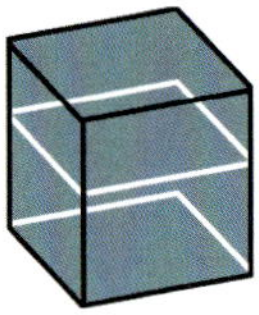

BRI 625 €/m³

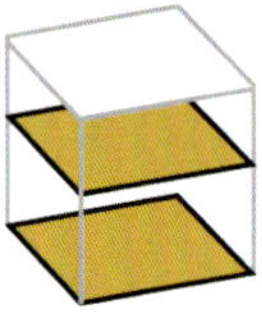

BGF 2.785 €/m²

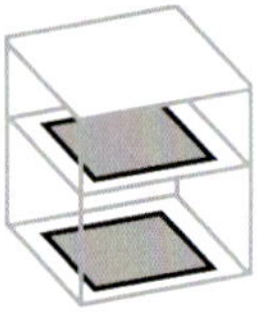

NUF 3.394 €/m²

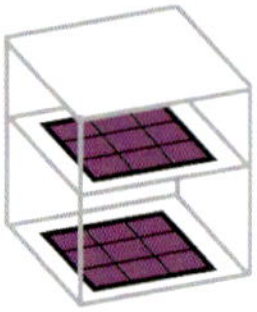

NE 37.763 €/NE
NE: Schüler

Objekt:
Kennwerte: 3.Ebene DIN 276
BRI: 9.671 m³
BGF: 2.170 m²
NUF: 1.780 m²
Bauzeit: 70 Wochen
Bauende: 2016
Standard: mittel
Bundesland: Niedersachsen
Kreis: Lüchow-Dannenberg

Architekt*in:
ralf pohlmann
architekten
Kiefen 26
29496 Waddeweitz

Bauherr*in:
Samtgemeinde Lüchow
29439 Lüchow (Wendland)

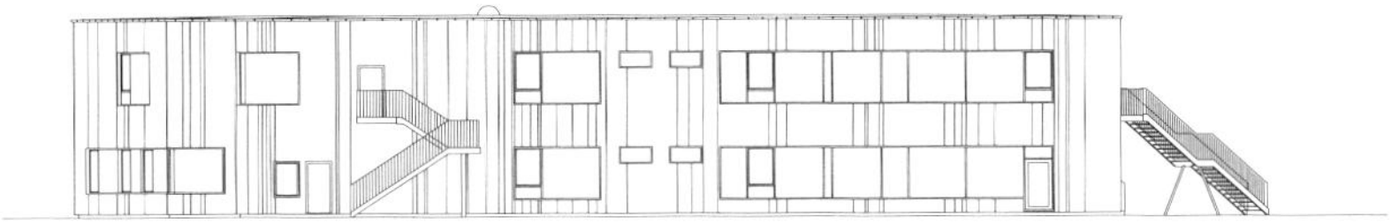

Ansicht Nord

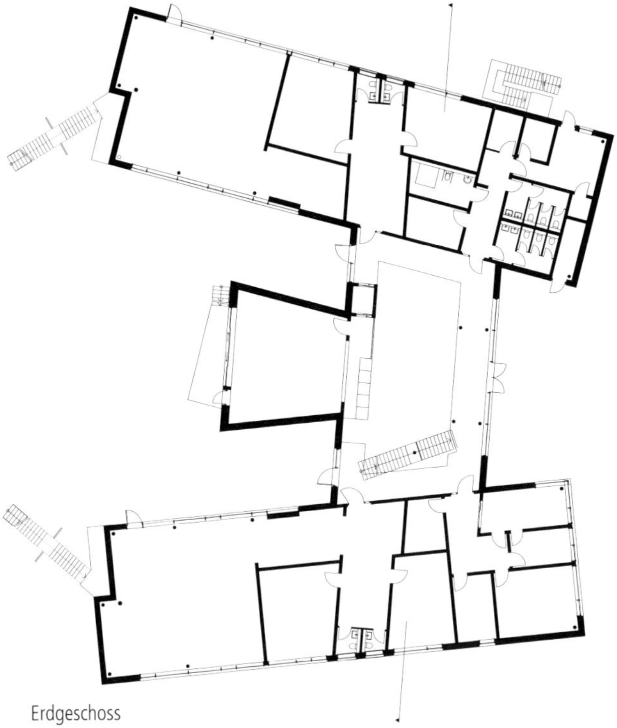

Erdgeschoss

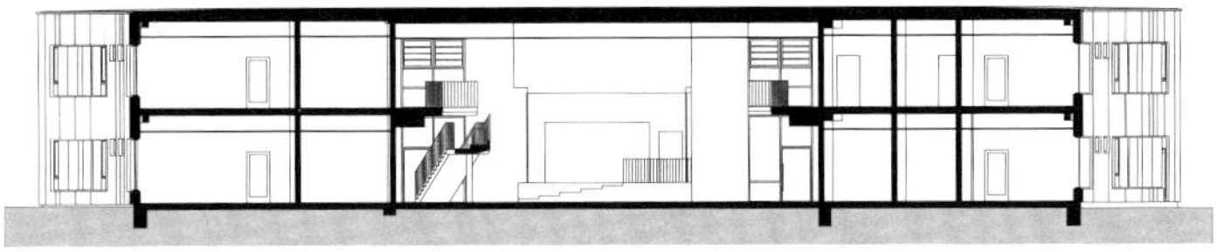

Schnitt

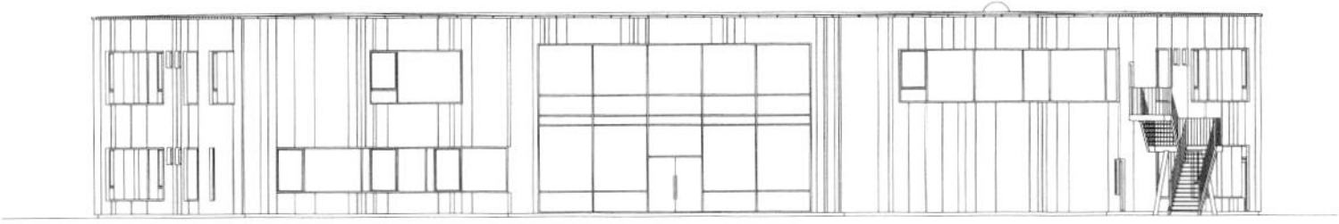

Ansicht Ost

4100-0175
Grundschule
(4 Lernlandschaften)
(160 Schüler)

Objektbeschreibung

Allgemeine Objektinformationen

Der Schulneubau wurde als Ersatzbau für das alte Schulgebäude errichtet. Das Nutzungskonzept des Gebäudes und des dazugehörigen Freibereichs entstand aus einem einmaligen pädagogischen Konzept, das die Schule in vier Lernlandschaften organisiert. Jeder Lernlandschaft, in der bis zu 40 Kinder ihren festen Arbeitsplatz haben, sind zwei Lernräume und ein Garderobenraum samt Toiletten zugeordnet. Die Klassenräume im herkömmlichen Sinn findet man in dieser Schule nicht mehr. Die farbige Holzfassade der Außenwände korrespondiert mit den vier Farben im Inneren an den abgehängten Leuchtringen.

Nutzung

1 Erdgeschoss
zwei Lernlandschaften, Wir-Raum, Musikraum, Verwaltung, Sanitärbereich, Technik, Lager

1 Obergeschoss
zwei Lernlandschaften, Werkraum, Lehrerlounge, Sanitärräume, Technik, Lager

Nutzeinheiten

Lernlandschaften: 4
Schüler: 160

Grundstück

Bauraum: Beengter Bauraum
Neigung: Geneigtes Gelände
Bodenklasse: BK 1 bis BK 4

Markt

Hauptvergabezeit: 3. Quartal 2014
Baubeginn: 4. Quartal 2014
Bauende: 1. Quartal 2016
Konjunkturelle Gesamtlage: Durchschnitt
Regionaler Baumarkt: unter Durchschnitt

Baukonstruktion

Das Gebäude wurde in Mischbauweise errichtet. Die Außenwände entstanden in Holzrahmenbauweise, das Tragwerk innen wurde in Stahlbeton und Mauerwerk ausgeführt.
Die Gründung erfolgt über eine Stahlbetonbodenplatte auf Streifenfundamenten. Die Fensterelemente wurden als Pfosten-Riegel-Elemente eingebaut. Die Innenwände sind zum Teil aus Kalksandstein. Die Fußböden sind mit Gussasphaltestrich, Nadelvlies oder Linoleum belegt. Die Dachdecke aus Stahlbeton ist mit einer Gefälledämmung und Folienabdichtung ausgeführt.

Technische Anlagen

Der Neubau wird über ein Fernleitungsnetz mit Wärme versorgt. Eine zentrale Be- und Entlüftungsanlage mit Wärmerückgewinnung versorgt alle Räume mit Frischluft. Die Wärmerückgewinnung erfolgt über einen Rotationswärmetauscher mit einem Wärmerückgewinnungsgrad von mindestens 80%. Photovoltaikmodule auf dem Dach speisen Strom in das öffentliche Netz ein. Ein speziell erarbeitetes Beleuchtungskonzept stellt überall eine biologisch aktive Beleuchtungsstärke von 1.000Lux sicher. Die Steuerung erfolgt über Präsenzmelder.

Sonstiges

Die Möblierung wurde individuell entwickelt, um den Kindern optimale Lernbedingungen zu bieten. Das Gebäude samt Schulhof ist barrierefrei. Alle Außenbauteile wurden im Passivhausstandard ausgeführt.

Energetische Kennwerte

Gesetzliche Grundlage: EnEV 2013
Gebäudenutzfläche: 1.880,00 m^2
CO_2-Emissionen: 2,00 kg/(m^2·a)

Energetische Angaben zu Außenbauteilen

Bodenplatte

U-Wert: 0,23 W/(m²·K)

Gesamtdicke: 43,85 cm	d [cm]	λ [W/(m·K)]
Linoleum	0,25	0,170
Estrich	4,50	1,400
PE-Folie	0,10	0,330
Stahlbeton	25,00	2,500
Dämmung XPS	14,00	0,035

Außenwand

U-Wert: 0,13 W/(m²·K)

Gesamtdicke: 32,40 cm	d [cm]	λ [W/(m·K)]
GK-Platte	1,80	0,250
Luftschicht	4,00	0,278
Lattung	4,00	0,130
OSB-Platte	1,50	0,130
Dämmung Zellulose	24,00	0,040
Holz	24,00	0,130
PE-Folie	0,10	0,330

Dach

U-Wert: 0,11 W/(m²·K)

Gesamtdicke: 60,35 cm	d [cm]	λ [W/(m·K)]
GK-Platte	1,50	0,250
Luftschicht	3,50	0,156
Stahlbeton	25,00	2,500
PE-Folie	0,10	0,330
Dämmung EPS	30,00	0,035
PIB-Folie	0,25	0,200

Planungskennwerte für Flächen und Rauminhalte nach DIN 277

Flächen des Grundstücks		Menge Einheit	% an GF
BF	Bebaute Fläche	1.154,60 m²	11,0
UF	Unbebaute Fläche	9.347,40 m²	89,0
GF	Grundstücksfläche	10.502,00 m²	100,0

Grundflächen des Bauwerks		Menge Einheit	% an NUF	% an BGF
NUF	Nutzungsfläche	1.780,12 m²	100,0	82,0
TF	Technikfläche	47,76 m²	2,7	2,2
VF	Verkehrsfläche	52,30 m²	2,9	2,4
NRF	Netto-Raumfläche	1.880,18 m²	105,6	86,7
KGF	Konstruktions-Grundfläche	289,49 m²	16,3	13,3
BGF	Brutto-Grundfläche	2.169,67 m²	121,9	100,0

Brutto-Rauminhalt des Bauwerks		Menge Einheit	BRI/NUF (m)	BRI/BGF (m)
BRI	Brutto-Rauminhalt	9.671,27 m³	5,43	4,46

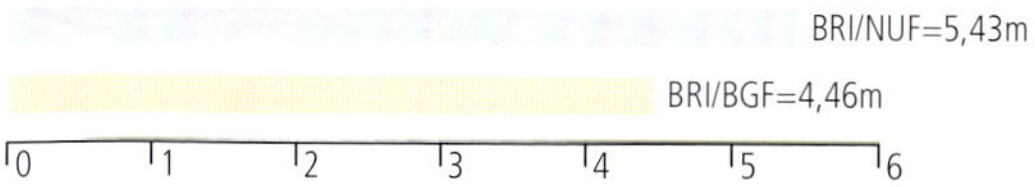

Lufttechnisch behandelte Flächen	Menge Einheit	% an NUF	% an BGF
Entlüftete Fläche	–	–	–
Be- und entlüftete Fläche	–	–	–
Teilklimatisierte Fläche	–	–	–
Klimatisierte Fläche	–	–	–

KG	Kostengruppen (2. Ebene)	Menge Einheit	Menge/NUF	Menge/BGF
310	Baugrube / Erdbau	1.579,24 m³ BGI	0,89	0,73
320	Gründung, Unterbau	1.163,82 m² GRF	0,65	0,54
330	Außenwände/Vertikale Baukonstruktionen, außen	1.464,03 m² AWF	0,82	0,68
340	Innenwände/Vertikale Baukonstruktionen, innen	1.816,44 m² IWF	1,02	0,84
350	Decken/Horizontale Baukonstruktionen	920,40 m² DEF	0,52	0,42
360	Dächer	1.071,54 m² DAF	0,60	0,49

Kostenkennwerte für die Kostengruppen der 1. Ebene DIN 276

KG	Kostengruppen (1. Ebene)	Einheit	Kosten €	€/Einheit	€/m² BGF	€/m³ BRI	% 300+400
100	Grundstück	m² GF	–	–	–	–	–
200	Vorbereitende Maßnahmen	m² GF	329.052	31,33	151,66	34,02	5,4
300	Bauwerk – Baukonstruktionen	m² BGF	4.166.635	1.920,40	1.920,40	430,83	69,0
400	Bauwerk – Technische Anlagen	m² BGF	1.875.396	864,37	864,37	193,91	31,0
	Bauwerk 300+400	**m² BGF**	**6.042.031**	**2.784,77**	**2.784,77**	**624,74**	**100,0**
500	Außenanlagen und Freiflächen	m² AF	832.988	138,73	383,92	86,13	13,8
600	Ausstattung und Kunstwerke	m² BGF	611.569	281,87	281,87	63,24	10,1
700	Baunebenkosten	m² BGF	–	–	–	–	–
800	Finanzierung	m² BGF	–	–	–	–	–

KG	Kostengruppe	Menge Einheit	Kosten €	€/Einheit	%
200	**Vorbereitende Maßnahmen**	10.502,00 m² GF	329.052	**31,33**	5,4
	Abbruch von zehn Gebäuden, Betonpflaster, Stützmauern, Tennenbeläge, Gehwege; Abräumen von Bewuchs, Oberbodenarbeiten, Auffüllungen, Mietcontainer als Interimsschulräume				
3+4	**Bauwerk**				**100,0**
300	**Bauwerk – Baukonstruktionen**	2.169,67 m² BGF	4.166.635	**1.920,40**	69,0
	Baugrubenaushub, Stb-Fundamentplatte, Dämmung, Zementestrich, Nadelvlies, Linoleum, Bodenfliesen; Holzrahmen-Außenwände, Stb-Rundstützen, Holz-Alufenster, gedämmte Holzfassade, GK-Bekleidung, Beschichtung, Raffstores; KS-Mauerwerk, Stb-Wände, Holztüren, Gipsputz, Wandfliesen, WC-Trennwände; Stb-Decken, Stb-Treppe, abgehängte Akustikdecken, Stb-Flachdach, Lichtkuppel, Wärmedämmung, Dachabdichtung, Dachentwässerung				
400	**Bauwerk – Technische Anlagen**	2.169,67 m² BGF	1.875.396	**864,37**	31,0
	Gebäudeentwässerung, Kalt- und Warmwasserleitungen, Sanitärobjekte; Fernwärmeanschluss, Heizungsrohre, Heizkörper; zentrale Lüftungsanlagen mit Wärmerückgewinnung; Photovoltaikanlage, Elektroinstallation, LED-Beleuchtung, Blitzschutz; Telefonanlage, Notrufanlage, Alarmanlage, Brandmeldeanlage, Netzwerkverkabelung; Personenaufzug; Küchengeräte, Feuerlöscher; Gebäudeautomation				
500	**Außenanlagen und Freiflächen**	6.004,20 m² AF	832.988	**138,73**	13,8
	Bodenarbeiten, Bodenaustausch; Pflasterbeläge, Asphaltbeläge; Nebengebäude als Stahlkonstruktion, Trapezblechdeckung; Entwässerung, Beleuchtung Schulhof, Verkabelung Nebengebäude; Außenmöblierung; Bepflanzung, Rasenflächen, Fertigstellungspflege				
600	**Ausstattung und Kunstwerke**	2.169,67 m² BGF	611.569	**281,87**	10,1
	Möblierung Unterrichtsräume, Ausstattung Werkraum, Lehrerarbeitsplätze, Küchenzeilen, Garderoben, Ausstattung WCs				

Kostenkennwerte für die Kostengruppen der 2. Ebene DIN 276

KG	Kostengruppe	Menge Einheit	Kosten €	€/Einheit	%
200	**Vorbereitende Maßnahmen**				**100,0**
210	**Herrichten**	10.502,00 m^2 GF	237.837	**22,65**	72,3
	Abbruch Gebäude, ein- bis zweigeschossig (10St), Betonpflasterbeläge (1.400m^2), Stützmauern (70m), Tennenbeläge (450m^2), Gehwege (95m^2), Kontrollschächte (11St) * Abräumen von Sträuchern und Bäumen (11St), Oberboden abtragen, d=10cm, entsorgen (3.943m^2), Auffüllungen Abbruchgruben mit Füllsand (1.878m^3)				
220	**Öffentliche Erschließung**	10.502,00 m^2 GF	1.148	**0,11**	0,3
	Hausanschluss Telekommunikationsanlage (psch)				
250	**Übergangsmaßnahmen**	10.502,00 m^2 GF	90.066	**8,58**	27,4
	Containerstandflächen herrichten (95m^2), Stb-Fundamente (15St), Mietcontainer, Anlieferung, Montage (1St), Miete (19M), elektrische Anschlüsse (psch), Verteilerschrank (1St), Beleuchtung (psch), provisorischer Datenverteilerschrank (1St), Blitzschutz (1St), provisorischer Hausanschluss Nahwärme (1St), Wasser (1St), Elektro (1St)				
300	**Bauwerk – Baukonstruktionen**				**100,0**
310	**Baugrube / Erdbau**	1.579,24 m^3 BGI	36.794	**23,30**	0,9
	Baugrubenaushub BK3, t bis 1,50m, abtragen, entsorgen (1.284m^3), Fundamentaushub BK3-5 (295m^3), Feinplanum, Baugrubensohle (958m^2), Rohrgrabenaushub, verfüllen mit Kiessand (184m)				
320	**Gründung, Unterbau**	1.163,82 m^2 GRF	554.384	**476,35**	13,3
	Bodenaustausch (635m^3) * Stb-Fundamentplatte, d=25cm, Randschalung, Bewehrung (1.038m^2), Stb-Steifen- und Einzelfundamente (100m^3), Füllbeton (55m^2) * Bitumenabdichtung (361m^2), Folienabdichtung (669m^2), Stb-Bühnenpodest (1St), Zementestrich, d=45mm (553m^2), d=60mm (70m^2), Gussasphaltestrich, d=50mm, schleifen, Schlussimprägnierung (361m^2), Nadelvlies (286m^2), Bodenfliesen (46m^2), Eingangsmatten (7m^2) * Sauberkeitsschicht, d=10cm (32m^2), Perimeterdämmung, d=140mm (980m^2)				
330	**Außenwände/Vert. Baukonstrukt., außen**	1.464,03 m^2 AWF	1.384.724	**945,83**	33,2
	Holzrahmenwände, d=27cm, MDF, Zellulosedämmung, OSB (1.012m^2), Furnierschichtholz (17m^3) * Stb-Rundstützen, D=25-30cm (138m) * Holz-Alufenster, Dreifachverglasung (74m^2), Alu-Türelemente (40m^2), Drehflügeltürantrieb (1St), Lamellenfenster (6m^2), Hubtor (12m^2) * Fassadenbekleidung, vertikal, hinterlüftet, gehobelte Bretter, 60-140 mm, Fassadenbahn (1.285m^2), Mineralwolldämmung, d=200mm (273m^2) * GK-Bekleidung, Mineralwolldämmung, d=40mm, Beschichtung (795m^2), Kalkzementputz (278m^2) * Pfosten-Riegel-Fassade, Dreischeiben-Isolierverglasung (377m^2) * Raffstores (221m^2) * Fluchtpodeste (4St)				
340	**Innenwände/Vert. Baukonstrukt., innen**	1.816,44 m^2 IWF	626.722	**345,03**	15,0
	KS-Mauerwerk, d=24cm (1.111m^2), Stb-Wände, d=25cm (390m^2), Stb-Stürze (53m), KS-Fertigteilstürze (10St) * KS-Mauerwerk, d=11,5cm (111m^2) * Stb-Rundstützen, D=25cm (18m) * Holztüren, Stahlzargen (67m^2), T30 RS (15m^2), Schiebeelement (3m^2), Innentürelemente (35m^2) * Gipsputz, Latexbeschichtung (2.069m^2), Wandfliesen (49m^2), Beschichtungen Holz (148m^2) * WC-Trennwände (11m^2)				

KG	Kostengruppe	Menge Einheit	Kosten €	€/Einheit	%
350	**Decken/Horizontale Baukonstruktionen**	920,40 m² DEF	714.608	**776,41**	17,2
	Stb-Decken, d=22cm, Schalung, Bewehrung (780m²), d=25cm (91m²), Stb-Unterzüge (197m), Stb-Fertigteiltreppe (10m²) * Trittschalldämmung, Zementestrich (505m²), Gussasphaltestrich, geschliffen (309m²), Nadelvlies (402m²), Linoleum (85m²), Bodenfliesen (22m²) * Akustikdecke, abgehängt (764m²) * Stahlwangentreppen, ein-, zweiläufig, feuerverzinkt, Geländer (35m²) * Treppengeländer, Beschichtung (48m), Handlauf V2A (17m), Aluleiter (2St)				
360	**Dächer**	1.071,54 m² DAF	685.757	**639,97**	16,5
	Stb-Decken, d=16cm, Schalung, Bewehrung (780m²), d=25cm (291m²), Stb-Unterzüge (197m) * Lichtkuppel, Dreifachverglasung (1St) * Dampfsperre (1.073m²), Wärmedämmung, Dachabdichtung (1.136m²), Kastenrinnen (235m), Einlaufbleche (236m), Fallrohre DN100 (114m) * Akustikdecke, abgehängt (962m²) * Sonnenschutz Lichtkuppel (1St) * Sicherungsseil (195m)				
380	**Baukonstruktive Einbauten**	2.169,67 m² BGF	12.402	**5,72**	0,3
	Stb-Bühnenpodest, h=85cm, mit Stb-Treppe 91x450cm (1St), Stahlgeländer, h=1,10m, abnehmbar (1St)				
390	**Sonst. Maßnahmen für Baukonstrukt.**	2.169,67 m² BGF	151.243	**69,71**	3,6
	Baustelleneinrichtung (1St), Baustraße (298m²), Bauzaun, h=2,00m (418m), Tore (2St), Bauschild (1St), Baustellen-WC (1St), Baustromverteiler (1St), Innengeländer (1.079m) * Fassadengerüst (1.831m²), Gitterträger (520m) * Abdeckung Gussasphalt (680m²), Nadelvlies (983m²), Schutzplane (20m²), Bäume schützen, Bretterverkleidung (20St), Baureinigung (489m²)				
400	**Bauwerk – Technische Anlagen**				**100,0**
410	**Abwasser-, Wasser-, Gasanlagen**	2.169,67 m² BGF	102.563	**47,27**	5,5
	KG-Rohre DN100-125 (75m), SML-Rohre DN70-100 (33m), HT-Rohre DN50-100 (38 m) * Edelstahlrohre DN12-42 (234m), Waschtische (16St), Wand-Tiefspül-WCs (15St), Ausgussbecken (1St), Spülbecken (5St), Durchlauferhitzer (7St), Duschanlagen (2St), Armaturen (23St), Brandabschottungen (36St) * Montageelemente (32St)				
420	**Wärmeversorgungsanlagen**	2.169,67 m² BGF	147.644	**68,05**	7,9
	Anschluss Fernwärmenetz (1St), Warmwasserpumpen (2St), Umwälzpumpen (5St), Absperrventile DN25-50 (36St), Schmutzfänger (8St), Drei-Wegeventile (6St), Membranausgleichsgefäß (1St) * C-Stahlrohre DN12-50 (1.311m) * Planheizkörper, Stahlblech (44m²)				
430	**Raumlufttechnische Anlagen**	2.169,67 m² BGF	423.189	**195,05**	22,6
	Lüftungsgeräte mit Rotationswärmetauscher 2.200m³/h (2St), 2.800m³/h (2St), dezentrales Lüftungsgerät 900m³/h (1St), Luftkanäle, eckig (296m²), Wickelfalzrohre DN100-500, (234m), Volumenstromregler (29St), Telefonieschalldämpfer DN100-260 (89St), Brandschutzklappen (16St), Kulissenschalldämpfer (33St)				
440	**Elektrische Anlagen**	2.169,67 m² BGF	775.058	**357,22**	41,3
	Photovoltaikanlage (189m²), Solarkabel (425m) * Niederspannungshauptverteilung (1St), Unterverteilung (1St), Mantelleitungen (11.998m), Schalter, Taster (44St), Steckdosen (203St), Jalousieschalter (23St) * LED-Flächenleuchten (362St), Downlights (162St), Feuchtraumleuchten (18St), Rettungszeichenleuchten (20St), Sicherheits-Strahler (38St) * Erderleitungen, D=10mm (724m), Fangstangen, l=2,50m (14St)				

KG	Kostengruppe	Menge Einheit	Kosten €	€/Einheit	%
450	**Kommunikationstechnische Anlagen**	2.169,67 m² BGF	199.351	**91,88**	10,6
	Montage bestehende Telefonanlage (1St), Anschlussdosen (47St), Installationskabel (3.174m) * Leinwand (1St) * Brandmeldecomputer (1St), optische Rauchmelder (25St), Warntongeber (21St), Übersichtspläne Feuerwehr (2St), elektronische Schließsysteme (2St), Zugangskontrollsysteme (2St), elektroakustisches Notfallwarnsystem, Eingangsmodule (3St), Funkempfänger (1St), Batteriemodul (1St), Mikrofonsprechstelle (1St), Deckeneinbaulautsprecher (43St) * WLAN-Router (6St), Installationskabel (1.500m)				
460	**Förderanlagen**	2.169,67 m² BGF	64.821	**29,88**	3,5
	Personenaufzug, Tragkraft 675kg, neun Personen, eine Haltestelle (1St)				
470	**Nutzungsspez. u. verfahrenstechn. Anl.**	2.169,67 m² BGF	28.822	**13,28**	1,5
	Kochfelder (4St), Backöfen (4St), Dunstabzugshauben (4St), Einbaukühlschränke (4St), Unterbaukühlschrank (1St), Geschirrspüler (1St), Mikrowellen (1St) * Schaum-Feuerlöscher (9St), CO_2-Feuerlöscher (2St), Brandschutzzeichen (10St)				
480	**Gebäude- und Anlagenautomation**	2.169,67 m² BGF	130.395	**60,10**	7,0
	KNX-Anlage (1St), Hauptschalter, vierpolig (1St), Spannungsversorgung 640mA (5St), LS-Schalter, dreipolig (6St), einpolig (66St), FI-Schalter (4St), Dämmerungsschalter (1St), Überspannungsschutz (6St), Präsenzmelder (64St), HK-Stellventile (54St), Stetigreglermodule (22St), Dali Gateway (4St), Tastermodule (19St), Steuereinheit (1St), Anzeigepaneel (1St) * Profibus L2, halogenfrei (2.450m)				
490	**Sonst. Maßnahmen für techn. Anlagen**	2.169,67 m² BGF	3.553	**1,64**	0,2
	Baustelleneinrichtung (1St), Baustromverteiler (2St)				
500	**Außenanlagen und Freiflächen**				**100,0**
510	**Erdbau**	2.227,05 m³ EBR	100.898	**45,31**	12,1
	Oberboden abtragen, laden, entsorgen (1.327m³), liefern, auftragen, d=10-12cm (600m³), d=30-40cm (300m³), Rohplanum (4.000m²), Planum Verkehrsfläche (1.674m²), Fahrbahn (1.049m²), Rohrgräben DN100-150 (234m), DN 200-250 (202m)				
520	**Gründung, Unterbau**	6.004,20 m² AF	25.324	**4,22**	3,0
	Bodenaustausch, Schotter 0/32mm, verdichten, d=15cm (534m²), d=26cm (481m²) * Stb-Einzelfundamente C25/30, Randschalung, Bewehrung (58m²)				
530	**Oberbau, Deckschichten**	2.676,09 m² BFF	321.223	**120,03**	38,6
	Betonpflaster (475m²), Wegband (322m) * Schottertragschicht d=26cm, Asphaltbelag (1.674m²), thermoplastische Markierungen (850St), Wegband (159m), Gussasphalt (22m²) * Betonrasenpflaster (214m²), Betonpflaster (281m²), Pflasterzeilen Stellplatzmarkierung (10m²)				
540	**Baukonstruktionen**	6.004,20 m² AF	68.867	**11,47**	8,3
	Betonmauerscheiben 100x50x10cm (10m²), Winkelsteine, h=50cm (33St) * Stahlkonstruktion Nebengebäude, HEB120, QR100x4mm (1,5t), Trapezblechdeckung 50x250cm (52m²), Stahltüren 117x215cm, einflüglig (2St)				

KG	Kostengruppe	Menge Einheit	Kosten €	€/Einheit	%
550	**Technische Anlagen**	6.004,20 m²AF	173.770	**28,94**	20,9
	PP-Rohre DN100-150 (239m), DN 200-250 (180m), Entwässerungsrinnen, b=10cm, Gitterrost (81m), Revisionsschächte DN800mm, Anschlüsse Grundleitungen (36St), Anschlüsse Kanalnetz (4St) * Fernwärmerohre (55m), Übergangskupplungen (8St) * Mastleuchten (9St), Verkabelung Nebengebäude (psch), LED-Außenwandleuchten (9St)				
560	**Einbauten Außenanlagen u. Freiflächen**	6.004,20 m²AF	74.122	**12,35**	8,9
	Sitzbalken, zweiteilig (6St), dreiteilig (4St), Fahrradständer 120x80cm, verzinkt (16St), Abfallbehälter (3St)				
570	**Vegetationsflächen**	4.989,00 m²PSF	68.059	**13,64**	8,2
	Böden lösen, wieder einarbeiten (3.800m²), Bodenverbesserung Kompost (989m²), Pflanzgruben (29St) * Hochstammbäume StU=16-30cm, Pflanzverankerungen (29St), Gehölze, Stauden (895St), Bodendecker (575St), Fertigstellungspflege (989m²) * Rasenansaat, Fertigstellungspflege (3.400m²) * Metallband für Baumscheiben, 200x80mm (2St)				
590	**Sonst. Maßnahmen für Außenanlagen u. Freiflächen**	6.004,20 m²AF	724	**0,12**	< 0,1
	Gehölzschnittarbeiten an Baumbestand (psch)				
600	**Ausstattung und Kunstwerke**				**100,0**
610	**Allgemeine Ausstattung**	2.169,67 m²BGF	611.569	**281,87**	100,0
	Schülerarbeitstische (71St), Stühle (152 St), Hocker (257St), Tische (37St), Ausstellungsvitrinen (4St), Klassenschränke (11St), Regale (12St), Multiregale mit 14 Schubladen (2St), Garagenschränke (4St), Podesttreppe drei Stufen (1St), Küchenzeilen (4St), Regalwand mit 20 Eigentumsfächern (1St), Schülergarderoben (176St), WC-Ausstattungen				

Kostenkennwerte für die Kostengruppen 300 der 2. und 3.Ebene DIN 276 (Übersicht)

KG	Kostengruppe	Menge Einheit	Kosten €	€/Einheit	% an 3+4
300	**Bauwerk – Baukonstruktionen**	**2.169,67 m² BGF**	**4.166.634,98**	**1.920,40**	**69,0**
310	**Baugrube / Erdbau**	**1.579,24 m³ BGI**	**36.794,34**	**23,30**	**0,6**
311	Herstellung	1.579,24 m³ BGI	36.794,34	23,30	0,6
312	Umschließung	–	–	–	–
313	Wasserhaltung	–	–	–	–
314	Vortrieb	–	–	–	–
319	Sonstiges zur KG 310	–	–	–	–
320	**Gründung, Unterbau**	**1.163,82 m² GRF**	**554.383,91**	**476,35**	**9,2**
321	Baugrundverbesserung	1.031,10 m²	18.247,19	17,70	0,3
322	Flachgründungen und Bodenplatten	1.163,82 m²	278.720,32	239,49	4,6
323	Tiefgründungen	–	–	–	–
324	Gründungsbeläge	984,07 m²	188.464,05	191,51	3,1
325	Abdichtungen und Bekleidungen	1.163,82 m²	68.952,35	59,25	1,1
326	Dränagen	–	–	–	–
329	Sonstiges zur KG 320	–	–	–	–
330	**Außenwände/Vert. Baukonstrukt., außen**	**1.464,03 m² AWF**	**1.384.724,29**	**945,83**	**22,9**
331	Tragende Außenwände	–	–	–	–
332	Nichttragende Außenwände	1.012,45 m²	295.027,27	291,40	4,9
333	Außenstützen	138,48 m	50.428,44	364,16	0,8
334	Außenwandöffnungen	74,58 m²	227.566,01	3.051,30	3,8
335	Außenwandbekleidungen, außen	1.285,85 m²	350.395,50	272,50	5,8
336	Außenwandbekleidungen, innen	945,28 m²	97.603,96	103,25	1,6
337	Element. Außenwandkonstruktionen	377,00 m²	316.807,47	840,34	5,2
338	Lichtschutz zur KG 330	221,18 m²	44.016,91	199,01	0,7
339	Sonstiges zur KG 330	1.464,03 m² AWF	2.878,73	1,97	< 0,1
340	**Innenwände/Vert. Baukonstrukt., innen**	**1.816,44 m² IWF**	**626.722,34**	**345,03**	**10,4**
341	Tragende Innenwände	1.527,51 m²	302.045,72	197,74	5,0
342	Nichttragende Innenwände	111,42 m²	12.238,17	109,84	0,2
343	Innenstützen	18,00 m	6.860,64	381,15	0,1
344	Innenwandöffnungen	166,11 m²	173.876,47	1.046,75	2,9
345	Innenwandbekleidungen	2.830,56 m²	115.150,11	40,68	1,9
346	Elementierte Innenwandkonstruktionen	11,40 m²	16.551,23	1.451,86	0,3
347	Lichtschutz zur KG 340	–	–	–	–
349	Sonstiges zur KG 340	–	–	–	–
350	**Decken/Horizontale Baukonstruktionen**	**920,40 m² DEF**	**714.607,75**	**776,41**	**11,8**
351	Deckenkonstruktionen	871,54 m²	284.206,40	326,10	4,7
352	Deckenöffnungen	–	–	–	–
353	Deckenbeläge	814,38 m²	139.155,40	170,87	2,3
354	Deckenbekleidungen	791,15 m²	129.169,09	163,27	2,1
355	Elementierte Deckenkonstruktionen	48,86 m²	107.217,06	2.194,37	1,8
359	Sonstiges zur KG 350	920,40 m² DEF	54.859,81	59,60	0,9
360	**Dächer**	**1.071,54 m² DAF**	**685.757,01**	**639,97**	**11,3**
361	Dachkonstruktionen	1.071,54 m²	285.432,27	266,38	4,7
362	Dachöffnungen	1,00 m²	7.789,68	7.789,68	0,1
363	Dachbeläge	1.136,10 m²	208.407,11	183,44	3,4
364	Dachbekleidungen	961,74 m²	160.372,68	166,75	2,7
365	Elementierte Dachkonstruktionen	–	–	–	–
366	Lichtschutz zur KG 360	1,00 m²	3.188,47	3.188,47	< 0,1
369	Sonstiges zur KG 360	1.071,54 m² DAF	20.566,79	19,19	0,3
370	**Infrastrukturanlagen**	**–**	**–**	**–**	**–**
380	**Baukonstruktive Einbauten**	**2.169,67 m² BGF**	**12.402,40**	**5,72**	**0,2**
390	**Sonst. Maßnahmen für Baukonstrukt.**	**2.169,67 m² BGF**	**151.242,94**	**69,71**	**2,5**

Kostenkennwerte für die Kostengruppen 400 der 2. und 3. Ebene DIN 276 (Übersicht)

KG	Kostengruppe	Menge Einheit	Kosten €	€/Einheit	% an 3+4
400	**Bauwerk – Technische Anlagen**	**2.169,67 m²BGF**	**1.875.396,13**	**864,37**	**31,0**
410	**Abwasser-, Wasser-, Gasanlagen**	**2.169,67 m²BGF**	**102.563,34**	**47,27**	**1,7**
411	Abwasseranlagen	2.169,67 m²BGF	14.985,24	6,91	0,2
412	Wasseranlagen	2.169,67 m²BGF	78.053,43	35,97	1,3
413	Gasanlagen	–	–	–	–
419	Sonstiges zur KG 410	2.169,67 m²BGF	9.524,66	4,39	0,2
420	**Wärmeversorgungsanlagen**	**2.169,67 m²BGF**	**147.644,21**	**68,05**	**2,4**
421	Wärmeerzeugungsanlagen	2.169,67 m²BGF	22.554,53	10,40	0,4
422	Wärmeverteilnetze	2.169,67 m²BGF	60.177,76	27,74	1,0
423	Raumheizflächen	2.169,67 m²BGF	64.911,92	29,92	1,1
424	Verkehrsheizflächen	–	–	–	–
429	Sonstiges zur KG 420	–	–	–	–
430	**Raumlufttechnische Anlagen**	**2.169,67 m²BGF**	**423.189,19**	**195,05**	**7,0**
431	Lüftungsanlagen	2.169,67 m²BGF	423.189,19	195,05	7,0
432	Teilklimaanlagen	–	–	–	–
433	Klimaanlagen	–	–	–	–
434	Kälteanlagen	–	–	–	–
439	Sonstiges zur KG 430	–	–	–	–
440	**Elektrische Anlagen**	**2.169,67 m²BGF**	**775.057,86**	**357,22**	**12,8**
441	Hoch- und Mittelspannungsanlagen	–	–	–	–
442	Eigenstromversorgungsanlagen	2.169,67 m²BGF	78.403,38	36,14	1,3
443	Niederspannungsschaltanlagen	2.169,67 m²BGF	16.311,71	7,52	0,3
444	Niederspannungsinstallationsanlagen	2.169,67 m²BGF	233.475,32	107,61	3,9
445	Beleuchtungsanlagen	2.169,67 m²BGF	418.556,31	192,91	6,9
446	Blitzschutz- und Erdungsanlagen	2.169,67 m²BGF	28.311,14	13,05	0,5
447	Fahrleitungssysteme	–	–	–	–
449	Sonstiges zur KG 440	–	–	–	–
450	**Kommunikationstechnische Anlagen**	**2.169,67 m²BGF**	**199.350,91**	**91,88**	**3,3**
451	Telekommunikationsanlagen	2.169,67 m²BGF	12.296,90	5,67	0,2
452	Such- und Signalanlagen	–	–	–	–
453	Zeitdienstanlagen	–	–	–	–
454	Elektroakustische Anlagen	–	–	–	–
455	Audiovisuelle Medien- u. Antennenanl.	2.169,67 m²BGF	4.496,62	2,07	< 0,1
456	Gefahrenmelde- und Alarmanlagen	2.169,67 m²BGF	164.457,15	75,80	2,7
457	Datenübertragungsnetze	2.169,67 m²BGF	18.100,22	8,34	0,3
458	Verkehrsbeeinflussungsanlagen	–	–	–	–
459	Sonstiges zur KG 450	–	–	–	–
460	**Förderanlagen**	**2.169,67 m²BGF**	**64.820,79**	**29,88**	**1,1**
461	Aufzugsanlagen	2.169,67 m²BGF	64.820,79	29,88	1,1
462	Fahrtreppen, Fahrsteige	–	–	–	–
463	Befahranlagen	–	–	–	–
464	Transportanlagen	–	–	–	–
465	Krananlagen	–	–	–	–
466	Hydraulikanlagen	–	–	–	–
469	Sonstiges zur KG 460	–	–	–	–
470	**Nutzungsspez. u. verfahrenstechn. Anl.**	**2.169,67 m²BGF**	**28.822,11**	**13,28**	**0,5**
480	**Gebäude- und Anlagenautomation**	**2.169,67 m²BGF**	**130.394,85**	**60,10**	**2,2**
490	**Sonst. Maßnahmen für techn. Anlagen**	**2.169,67 m²BGF**	**3.552,87**	**1,64**	**< 0,1**

Kostenkennwerte für die Kostengruppen der 3. Ebene DIN 276

KG	Kostengruppe	Menge Einheit	Kosten €	€/Einheit	%
210	**Herrichten**				**100,0**
212	**Abbruchmaßnahmen**	10.502,00 m²GF	187.445	**17,85**	78,8
	Abbruch Schulgebäude, Massivbau, Mauerwerk, Beton, zweigeschossig mit Dach, Keller, 25,00x12,00x10,00m (2St), Dreifachgaragen 8,00x5,80x2,90m (psch), Vorbau mit Heizkeller (psch), Jugendtreff 10,80x8,00x3,40m, eingeschossig (psch), Teilabbruch Klassentrakt 15,00x10,00x8,80m, Flachdach, zweigeschossig (psch), 25,00x9,50x4,00m, eingeschossig (psch), Verbindungsbau, Satteldach, 20,00x4,30x3,80m, eingeschossig (2St), Abbruch von Betonpflasterbelägen (1.400m²), Stützmauern (70m), Tennenbeläge (450m²), Gehwege (95m²), Kontrollschächte (11St), Fundamente (8m³)				
214	**Herrichten der Geländeoberfläche**	10.502,00 m²GF	50.393	**4,80**	21,2
	Abräumen von Sträuchern und Bäumen, StU 150cm (2St), StU 90cm (5St), StU 60cm (4St), Oberboden abtragen, entsorgen (300m³), pflanzliche Bodendecke abtragen, entsorgen, d=10cm (3.943m²), Auffüllungen Abbruchgruben mit Füllsand, t bis 3,50m (1.878m³)				
220	**Öffentliche Erschließung**				**100,0**
226	**Telekommunikation**	10.502,00 m²GF	1.148	**0,11**	100,0
	Hausanschluss Telekommunikationsanlage (psch)				
250	**Übergangsmaßnahmen**				**100,0**
251	**Bauliche Maßnahmen**	10.502,00 m²GF	90.066	**8,58**	100,0
	Containerstandflächen herrichten (95m²), Stb-Fundamente (15St), Mietcontainer, Anlieferung, Montage (1St), Miete (19M), elektrische Anschlüsse (psch), Verteilerschrank (1St), Beleuchtung (psch), prov. Datenverteilerschrank, Verteilerfeld, Verkabelung (1St), Blitzschutz (1St), provisorische Hausanschlüsse Nahwärme (1St), Wasser (1St), Elektro (1St)				
310	**Baugrube / Erdbau**				**100,0**
311	**Herstellung**	1.579,24 m³BGI	36.794	**23,30**	100,0
	Baugrubenaushub BK3, t bis 1,50m, abtragen, entsorgen (1.284m³), Fundamentaushub BK3-5 (295m³), Feinplanum, Baugrubensohle (958m²), Rohrgrabenaushub, verfüllen mit Kiessand (184m)				
320	**Gründung, Unterbau**				**100,0**
321	**Baugrundverbesserung**	1.031,10 m²	18.247	**17,70**	3,3
	Füllsand für Bodenaustausch, liefern, einbringen, Altmaterial entsorgen (450m³), Bodenauffüllung Sand (185m³)				
322	**Flachgründungen und Bodenplatten**	1.163,82 m²	278.720	**239,49**	50,3
	Stb-Fundamentplatte C25/30, d=25cm, Randschalung, Bewehrung (1.038m²), Stb-Steifen- und Einzelfundamente C25/30, Randschalung, Bewehrung (100m³), Füllbeton (55m³), Leerrohre DN80-150 (49m), Stahlpodest als Laderampe außen, 7,50x2,60m, h=1,10m, mit Treppenelement, fünf Auftritte, Gitterrost, Geländer (16m²)				

KG	Kostengruppe	Menge Einheit	Kosten €	€/Einheit	%
324	**Gründungsbeläge**	984,07 m^2	188.464	**191,51**	34,0
	Bitumenabdichtung (361m^2), Folienabdichtung (669m^2), Zementestrich C25, d=45mm (553m^2), C20-F5, d=60mm (70m^2), Gussasphaltestrich, AS-IC10, d=50mm, schleifen, Schlussimprägnierung (361m^2), Nadelvlies (286m^2), Holzsockel Eiche (500m), Bodenfliesen 10x10cm (46m^2), Fliesensockel (84m), Eingangsmatten, Einbaurahmen (7m^2)				
325	**Abdichtungen und Bekleidungen**	1.163,82 m^2	68.952	**59,25**	12,4
	Sauberkeitsschicht C8/10, d=10cm (32m^2), XPS-Perimeterdämmung, d=140mm, PE-Folie (980m^2)				
330	**Außenwände/Vertikale Baukonstruktionen, außen**				**100,0**
332	**Nichttragende Außenwände**	1.012,45 m^2	295.027	**291,40**	21,3
	Holzrahmenwände, KVH 60x240mm, außen MDF, d=16mm, Zellulosedämmung, d=240mm, innen OSB, d=15mm (1.012m^2), Furnierschichtholz (17m^3), abbinden (937m)				
333	**Außenstützen**	138,48 m	50.428	**364,16**	3,6
	Stb-Rundstützen C25/30, D=25cm, Sichtbetonschalung, Bewehrung (126m), D=30cm (12m)				
334	**Außenwandöffnungen**	74,58 m^2	227.566	**3.051,30**	16,4
	Holz-Alufenster, Dreifachverglasung, Uw=0,7W/m^2K (74m^2), Alu-Türelement, zweiflüglig, flächig geschlossen (4m^2), einflüglig (20m^2), Lamellenfenster (6m^2), Hebe-Schiebetürelement, vierflüglig (16m^2), Hubtor, Fieberglas (12m^2), Drehflügeltürantrieb (1St)				
335	**Außenwandbekleidungen, außen**	1.285,85 m^2	350.395	**272,50**	25,3
	Fassadenbekleidung, vertikal, hinterlüftet, gehobelte Bretter, 60-140 mm (1.285m^2), Abdichtung Sockelbereich (227m^2), Mineralwolldämmung WLG 035, d=200mm, Holzunterkonstruktion (273m^2)				
336	**Außenwandbekleidungen, innen**	945,28 m^2	97.604	**103,25**	7,0
	GK-Bekleidung, d=2x12,5mm, Lattung 40x60mm, Mineralwolldämmung d=40mm, Latexbeschichtung (795m^2), Grundierung (1.002m^2), Mineraldämmung Deckenspalte, GK-Bekleidung (323m), Holzbeschichtungen (150m^2)				
337	**Element. Außenwandkonstruktionen**	377,00 m^2	316.807	**840,34**	22,9
	Pfosten-Riegel-Fassade, Drei-Scheiben-Isolierverglasung, Uw=0,8W/m^2K (377m^2), Fensterbänke, außen, Alu, t= 225mm (96m), t=180mm (72m)				
338	**Lichtschutz zur KG 330**	221,18 m^2	44.017	**199,01**	3,2
	Lamellen-Raffstoreanlagen als fünfteilige Gruppenanlage (221m^2)				
339	**Sonstiges zur KG 330**	1.464,03 m^2AWF	2.879	**1,97**	0,2
	Fluchtpodeste 120x100cm, Gitterrostbelag (4St)				
340	**Innenwände/Vertikale Baukonstruktionen, innen**				**100,0**
341	**Tragende Innenwände**	1.527,51 m^2	302.046	**197,74**	48,2
	KS-Mauerwerk, d=24cm (1.111m^2), d=17,5cm (26m^2), Stb-Wände C25/30, d=25cm, Schalung, Bewehrung (390m^2), Stb-Stürze C25/30, 24x25-49cm (40m), 24x100-140m (13m), KS-Fertigteilstürze 24x88,5-101cm (10St)				

KG	Kostengruppe	Menge Einheit	Kosten €	€/Einheit	%
342	**Nichttragende Innenwände**	111,42 m²	12.238	**109,84**	2,0
	KS-Mauerwerk, d=11,5cm (111m²), KS-Fertigteilstürze 11,5x88,5cm (10St)				
343	**Innenstützen**	18,00 m	6.861	**381,15**	1,1
	Stb-Rundstützen C25/30, D=25cm, Sichtbetonschalung, Bewehrung (18m)				
344	**Innenwandöffnungen**	166,11 m²	173.876	**1.046,75**	27,7
	Holztüren, Röhrenspaneinlage, Stahlzargen (67m²), als T30 RS (15m²), Bodentürstopper (25St), Obentürschließer (2St), Aussparungen, rund, D=100cm (9m²), D=250cm (39m²), Schiebefensterelement, Holz, VSG 6mm (3m²), Innentürelemente T30-RS, dreiteilig (35m²), Beschichtung Stahlzargen (38St)				
345	**Innenwandbekleidungen**	2.830,56 m²	115.150	**40,68**	18,4
	Gipsputz, Grundierung, Latexbeschichtung (2.391m²), Putzarmierung (310m²), Abdichtung, Wandfliesen 10x30cm (17m²), Kristallglasspiegel (11m²), Beschichtungen Holz (148m²)				
346	**Elementierte Innenwandkonstruktionen**	11,40 m²	16.551	**1.451,86**	2,6
	WC-Trennwände, drei Kabinen, h=2,00m, Oberfläche HPL (11m²)				
350	**Decken/Horizontale Baukonstruktionen**				**100,0**
351	**Deckenkonstruktionen**	871,54 m²	284.206	**326,10**	39,8
	Stb-Decken C25/30, d=22cm, Schalung, Bewehrung (780m²), d=25cm (91m²), Stb-Unterzüge C25/30, 40x85cm (25m), 30x50cm (161m), 65x50cm (11m), Stb-Fertigteiltreppe, Zwischenpodest, b=135cm, 24 Steigungen (10m²)				
353	**Deckenbeläge**	814,38 m²	139.155	**170,87**	19,5
	EPS-Trittschalldämmung WLG 040, d=20mm, PE-Folie, Zementestrich CT20-F5 (505m²), Gussasphaltestrich AS-IC10, geschliffen, Schlussimprägnierung (309m²), Stufenbelag auf Betontreppe, Gussasphalt (10m²), Nadelvlies (402m²), Holzsockel Eiche (414m), Linoleumbelag, d=2,5mm (85m²), Abdichtung, Bodenfliesen 10x10cm (22m²), Fliesensockel (34m)				
354	**Deckenbekleidungen**	791,15 m²	129.169	**163,27**	18,1
	Akustikdecke, abgehängt, OSB, d=15mm, kunstharzgebundene Mineralwollplatten, d=22mm (383m²), Akustikdecke Steinwolle, Metallmontagesystem, d=22mm (381m²), GK-Verkofferung (26m²), Deckenrandputz (31m), Metall-Stufenrandwinkel (600m), Ausschnitte Einbauleuchten, D=200mm (20St), D=100mm (100St), Deckenverstärkungen (175St), Lüftungsauslässe, 40x40cm (25St)				
355	**Elementierte Deckenkonstruktionen**	48,86 m²	107.217	**2.194,37**	15,0
	Stahlwangentreppen, einläufig, 24 Steigungen, feuerverzinkt, mit Zwischenpodest, Austrittspodest, Geländer, zweiseitig, h=1,10m (19m²), zweiläufig (16m²)				
359	**Sonstiges zur KG 350**	920,40 m² DEF	54.860	**59,60**	7,7
	Treppengeländer, Flachstahl, Beschichtung (48m), Handlauf, Edelstahl (17m), Aluleiter Dachausstieg (2St)				

KG	Kostengruppe	Menge Einheit	Kosten €	€/Einheit	%
360	**Dächer**				**100,0**
361	**Dachkonstruktionen**	1.071,54 m²	285.432	**266,38**	41,6
	Stb-Decken C25/30, d=16cm, Schalung, Bewehrung (780m²), d=25cm (291m²), Stb-Unterzüge C25/30, 40x75cm (25m), 30x40cm (161m), 65x50cm (11m)				
362	**Dachöffnungen**	1,00 m²	7.790	**7.789,68**	1,1
	Lichtkuppel 1,00x1,00m, VSG, Dreifachverglasung, Ug=0,6W/m²K, Motorantrieb (1St)				
363	**Dachbeläge**	1.136,10 m²	208.407	**183,44**	30,4
	Dampfsperre (1.073m²), EPS-Wärmedämmung WLG 035, d=300mm, PIB-Abdichtung, d=2,5mm (1.136m²), Kastenrinnen, verzinkt (235m), Einlaufbleche (236m), Fallrohre DN100 (114m), Standrohre DN100, Stahl (16St)				
364	**Dachbekleidungen**	961,74 m²	160.373	**166,75**	23,4
	Akustikdecke, abgehängt, OSB, d=15mm, kunstharzgebundene Mineralwollplatten, d=22mm (622m²), Akustikdecke Steinwolle, Metallmontagesystem, d=22mm (340m²), Metall-Stufenrandwinkel, d=15mm (625m), Ausschnitte Einbauleuchten, D=200mm (21St), D=100mm (102St), Deckenverstärkung (178St), Lüftungsauslässe 40x40cm (36St)				
366	**Lichtschutz zur KG 360**	1,00 m²	3.188	**3.188,47**	0,5
	Folienbehang 100x100cm, dreilagig, an Lichtkuppel (1St)				
369	**Sonstiges zur KG 360**	1.071,54 m² DAF	20.567	**19,19**	3,0
	Sicherungsseil als Leitseil mit eingespeisten Karabinerhaken, Behälter, PSA (1St), Edelstahl-Verankerungspunkte, Seilzwischenhalter (15St), Edelstahlseil (195m)				
380	**Baukonstruktive Einbauten**				**100,0**
382	**Besondere Einbauten**	2.169,67 m² BGF	12.402	**5,72**	100,0
	Stb-Bühnenpodest 1,83x3,00m, h=85cm, mit Stb-Treppe 91x450cm (1St), Stahlgeländer, h=1,10m, b=1,46m, abnehmbar (1St)				
390	**Sonstige Maßnahmen für Baukonstruktionen**				**100,0**
391	**Baustelleneinrichtung**	2.169,67 m² BGF	68.290	**31,47**	45,2
	Baustelleneinrichtung (1St), Kranaufstellplatz (1St), Baustraße, Unterbau Kies/Schotter (298m²), Bauzaun, h=2,00m, Mietdauer 18 Monate (418m), Absturzsicherungen Innengeländer (1.079m), Tore (2St), Bauschild 6,00x3,00m (1St), Baustellen-WC (1St), Baustromverteiler (1St)				
392	**Gerüste**	2.169,67 m² BGF	60.690	**27,97**	40,1
	Fassadengerüst, Lastklasse 3 (1.831m²), Gitterträger (520m), Raumgerüst, Lastklasse 4 (200m²)				
397	**Zusätzliche Maßnahmen**	2.169,67 m² BGF	21.678	**9,99**	14,3
	Schutzabdeckungen für Böden (1.663m²), Schutzplane (20m²), Bäume schützen, Bretterverkleidung (20St), Baureinigung (489m²)				
399	**Sonstiges zur KG 390**	2.169,67 m² BGF	585	**0,27**	0,4
	Schlüsseldepot (1St)				

KG	Kostengruppe	Menge Einheit	Kosten €	€/Einheit	%
410	**Abwasser-, Wasser-, Gasanlagen**				**100,0**
411	**Abwasseranlagen**	2.169,67 m²BGF	14.985	**6,91**	14,6
	KG-Rohre DN100-125, Formstücke (75m), SML-Rohre DN70-100, Formstücke (33m), Ht-Rohre DN50-100, Formstücke (38m), Ablufthauben DN100 (5St), Bodenabläufe (2St), Brandschutzeinsätze (2St)				
412	**Wasseranlagen**	2.169,67 m²BGF	78.053	**35,97**	76,1
	Edelstahlrohre DN12-42, Formstücke, Rohrdämmung (234m), Auslaufventile (7St), Außenarmaturen (2St), Waschtische (16St), Wand-Tiefspül-WCs (15St), Ausgussbecken (1St), Spülbecken (5St), Durchlauferhitzer (7St), Gipsfangbecken-Unterteile (6St), Oberteil/Unterteil (1St), Stützklappgriffe (4St), Klappsitze (2St), Duschanlagen (2St), Armaturen (23St), Wasserfilter (1St), Freiflussventile (6St), Brandabschottungen (36St)				
419	**Sonstiges zur KG 410**	2.169,67 m²BGF	9.525	**4,39**	9,3
	Montageelemente für Waschtische (16St), für WCs (15St), für Ausgussbecken (1St)				
420	**Wärmeversorgungsanlagen**				**100,0**
421	**Wärmeerzeugungsanlagen**	2.169,67 m²BGF	22.555	**10,40**	15,3
	Anschluss Fernwärmenetz (1St), Warmwasserpumpen (2St), Umwälzpumpen (5St), Schwerkraftumlaufsperren (7St), Absperrventile DN25-50 (36St), Schmutzfänger (8St), Entleerhähne (26St), Entlüftungsstationen (3St), Dreiwegeventile (6St), Durchflussregler (5St), Verteiler (1St), Membranausgleichsgefäß (1St)				
422	**Wärmeverteilnetze**	2.169,67 m²BGF	60.178	**27,74**	40,8
	C-Stahlrohre DN12-50, Formstücke, Rohrdämmung (1.311m)				
423	**Raumheizflächen**	2.169,67 m²BGF	64.912	**29,92**	44,0
	Planheizkörper, Stahlblech (44m²), Thermostat-Ventilunterteile (52St), HK-Anschlussblöcke (59St), HK-Anschlussstücke (59)				
430	**Raumlufttechnische Anlagen**				**100,0**
431	**Lüftungsanlagen**	2.169,67 m²BGF	423.189	**195,05**	100,0
	Lüftungsgeräte mit Rotationswärmetauscher, integrierter Wärmerückgewinnung, 2.200m³/h (2St), 2.800m³/h (2St), dezentrales Lüftungsgerät 900m³/h (1St), Brandschutzklappenregelung (1St), Luftkanäle, eckig, bis 250mm, Formstücke, Rohrdämmung (296m²), Wickelfalzrohre DN100-500, Formstücke, Rohrdämmung (234m), Jalousieklappen (4St), Volumenstromregler (29St), Telefonieschalldämpfer DN100-260 (89St), Brandschutzklappen F90 (16St), Kulissenschalldämpfer (33St)				
440	**Elektrische Anlagen**				**100,0**
442	**Eigenstromversorgungsanlagen**	2.169,67 m²BGF	78.403	**36,14**	10,1
	Photovoltaikanlage, Einzelmodulgröße166x99x4cm (189m²), Multistring-Wechselrichter (1St), Montagegestell (1St), Solarkabel (425m), Kabelrinnen V2A, 60x100mm (5m)				
443	**Niederspannungsschaltanlagen**	2.169,67 m²BGF	16.312	**7,52**	2,1
	Niederspannungshauptverteilung (1St), Messwandlerschrank (1St), Einspeisefeld (1St), SL-Trennschalter (3St), HL-Schutzschalter (1St), Messwandler (3St), Drehstromzähler (1St), Zähler Solar (1St), Übersichtsschaltplan (1St)				

KG	Kostengruppe	Menge Einheit	Kosten €	€/Einheit	%
444	**Niederspannungsinstallationsanlagen**	2.169,67 m² BGF	233.475	**107,61**	30,1
	Unterverteilung (1St), LS-Schalter (36St), Kabelrinnen 10-30cm (263m), Fußbodenkanal (36m), Mantelleitungen NHXMH-J (11.998m), NYY (122m), Abzweigkästen (26St), Präsenzmelder (3St), Schalter, Taster (44St), Steckdosen (203St), Herdanschlussdosen (9St), Jalousieschalter (23St), Potenzialausgleiche (6St)				
445	**Beleuchtungsanlagen**	2.169,67 m² BGF	418.556	**192,91**	54,0
	LED-Flächenleuchten 50W (362St), LED-Einbaudownlights 12W (100St), 6W (62St), Feuchtraumwannenleuchten 161x12cm (18St), LED-Anbauleuchten (2St), Rettungszeichenleuchten (20St), Sicherheitsleuchten LED-Strahler (38St), Leuchtenringe, Sperrholz, farbig beschichtet, ca. 91x79cm (332St), 330x290cm (4St), Küchenleuchten (psch)				
446	**Blitzschutz- und Erdungsanlagen**	2.169,67 m² BGF	28.311	**13,05**	3,7
	Erderleitungen, D=10mm (724m), Fangstangen, l=2,50m (14St), Dachleitungsstützen (223St), Wandstützen (227St), Kreuzverbinder (100St)				
450	**Kommunikations-, sicherheits- und informationstechnische Anlagen**				**100,0**
451	**Telekommunikationsanlagen**	2.169,67 m² BGF	12.297	**5,67**	6,2
	Montage einer Bestands-Telefonanlage (1St), Anschlussdosen (47St), Installationskabel (3.174m)				
455	**Audiovisuelle Medien- u. Antennenanl.**	2.169,67 m² BGF	4.497	**2,07**	2,3
	Leinwand (1St), Beamerhalterungen (6St), Beamer Deckenadapter (6St)				
456	**Gefahrenmelde- und Alarmanlagen**	2.169,67 m² BGF	164.457	**75,80**	82,5
	Brandmeldecomputer (1St), Analogringmodule (2St), optische Rauchmelder (25St), Elektronikmodule Handmelder (17St), Warntongeber (21St), Übersichtspläne Feuerwehr (2St), elektronische Schließsysteme (2St), Zugangskontrollsysteme (2St), Steuereinheiten (2St), Schutzbeschläge (10St), Drückergarnituren (14St), Installationssoftware (1St), elektroakustisches Notfallwarnsystem, Gestellschrank (1St), Eingangsmodule (3St), Funkempfänger (1St), Batteriemodul mit Ladegerät (1St), Mikrofonsprechstelle (1St), Deckeneinbaulautsprecher (43St)				
457	**Datenübertragungsnetze**	2.169,67 m² BGF	18.100	**8,34**	9,1
	WLAN-Router (6St), KNX-Analogausgänge (1St), Datendosen (2St), Installationskabel (1.500m)				
460	**Förderanlagen**				**100,0**
461	**Aufzugsanlagen**	2.169,67 m² BGF	64.821	**29,88**	100,0
	Personenaufzug 1,20x1,40m, Tragkraft 675kg, neun Personen, eine Haltestelle (1St)				
470	**Nutzungsspezifische und verfahrenstechnische Anlagen**				**100,0**
471	**Küchentechnische Anlagen**	2.169,67 m² BGF	25.996	**11,98**	90,2
	Kochfelder (4St), Backöfen (4St), Dunstabzugshauben (4St), Einbaukühlschränke (4St), Unterbaukühlschränke (1St), Geschirrspüler (1St), Mikrowellen (1St)				
474	**Feuerlöschanlagen**	2.169,67 m² BGF	2.826	**1,30**	9,8
	Schaum-Feuerlöscher (9St), CO_2-Feuerlöscher (2St), Brandschutzzeichen (10St)				

KG	Kostengruppe	Menge Einheit	Kosten €	€/Einheit	%
480	**Gebäude- und Anlagenautomation**				**100,0**
481	**Automationseinrichtungen**	2.169,67 m² BGF	123.693	**57,01**	94,9
	KNX-Anlage (1St), Hauptschalter, vierpolig (1St), Spannungsversorgung 640mA (5St), LS-Schalter, dreipolig (6St), einpolig (66St), FI-Schalter (4St), Jalousieaktor (8St), Wetterstation (1St), Kombisensor (1St), Dämmerungsschalter (1St), Überspannungsschutz (6St), Präsenzmelder (64St), HK-Stellventile (54St), Stetigreglermodule (22St), Dali Gateway (4St), Tastermodule (19St), Steuereinheit (1St), Anzeigepaneel (1St)				
484	**Kabel, Leitungen und Verlegesysteme**	2.169,67 m² BGF	6.702	**3,09**	5,1
	Profibus L2, halogenfrei (2.180m)				
490	**Sonstige Maßnahmen für technische Anlagen**				**100,0**
491	**Baustelleneinrichtung**	2.169,67 m² BGF	3.553	**1,64**	100,0
	Baustelleneinrichtung (1St), Baustromverteiler (2St)				
510	**Erdbau**				**100,0**
511	**Herstellung**	2.227,05 m³ EBR	100.898	**45,31**	100,0
	Oberboden abtragen, laden, entsorgen (1.327m³), liefern, auftragen, d=10-20cm (600m³), d=30-40cm (300m³), Rohplanum (6.723m²), Rohrgräben herstellen DN100-150 (234m), DN 200-250 (202m)				
520	**Gründung, Unterbau**				**100,0**
521	**Baugrundverbesserung**	1.015,20 m²	15.424	**15,19**	60,9
	Bodenaustausch, Schotter 0/32mm, einbauen, verdichten, d=15cm (534m²), d=26cm (481m²),				
522	**Gründungen und Bodenplatten**	57,87 m²	9.900	**171,07**	39,1
	Stb-Einzelfundamente C25/30, Randschalung, Bewehrung (58m²)				
530	**Oberbau, Deckschichten**				**100,0**
531	**Wege**	475,00 m²	78.030	**164,27**	24,3
	Frostschutzschicht 0/32mm, Betonpflaster, fünf Steinformate, d=80mm (475m²), Wegband, Stahl, 200x8mm (322m)				
533	**Plätze, Höfe, Terrassen**	1.696,04 m²	196.904	**116,10**	61,3
	Feinplanum, Schottertragschicht 0/32mm, d=26cm, bituminöse Tragschicht, d=10cm, Deckschicht, d=4cm (1.674m²), thermoplastische Markierungen (850St), Wegband, Stahl, 200x8mm (159m), Gussasphalt (22m²)				
534	**Stellplätze**	505,05 m²	46.288	**91,65**	14,4
	Betonrasenplatten 30x30x12cm (214m²), Betonpflaster 24x16x8cm (281m²), Pflasterzeilen Stellplatzmarkierung (10m²)				
540	**Baukonstruktionen**				**100,0**
543	**Wandkonstruktionen**	18,50 m²	38.208	**2.065,29**	55,5
	Betonmauerscheiben 100x50x10cm (37St), Winkelsteine C35/40, h=50cm (33St)				

KG	Kostengruppe	Menge Einheit	Kosten €	€/Einheit	%
545	**Überdachungen**	52,28 m²	30.659	**586,45**	44,5
	Stahlkonstruktion für Nebengebäude, HEB120, QR100x4mm (1,5t), Trapezblechdeckung 50x250cm (52m²), Stahltüren 117x215cm, einflüglig (2St)				
550	**Technische Anlagen**				**100,0**
551	**Abwasseranlagen**	6.004,20 m² AF	124.481	**20,73**	71,6
	PP-Rohre DN100-150, Formstücke (239m), DN 200-250 (180m), Entwässerungsrinnen, b=10cm, Gitterrost (81m), Revisionsschächte DN800mm, Steigeisen (7St), Anschlüsse Grundleitungen (36St), Anschlüsse Kanalnetz (4St)				
554	**Wärmeversorgungsanlagen**	6.004,20 m² AF	10.560	**1,76**	6,1
	Fernwärmerohre (55m), Übergangskupplungen (8St), Endkappen (2St), Mauerdurchführungen (2St)				
556	**Elektrische Anlagen**	6.004,20 m² AF	38.729	**6,45**	22,3
	Mastleuchten Aluguss, D=120mm (9St), Verkabelung Nebengebäude (psch), LED-Außenwandleuchten, stoßfest, V2A (9St)				
560	**Einbauten in Außenanlagen und Freiflächen**				**100,0**
561	**Allgemeine Einbauten**	6.004,20 m² AF	74.122	**12,35**	100,0
	Sitzbalken, zweiteilig (6St), dreiteilig (4St), Fahrradständer 120x80cm (16St), Abfallbehälter (3St)				
570	**Vegetationsflächen**				**100,0**
571	**Vegetationstechn. Bodenbearbeitung**	4.989,00 m²	11.416	**2,29**	16,8
	Boden lösen, wieder einarbeiten (3.800m²), Bodenverbesserung Kompost (989m²), Pflanzgruben (29St)				
573	**Pflanzflächen**	989,00 m²	50.613	**51,18**	74,4
	Feinplanum (989m²), Hochstammbäume StU=16-30cm, Pflanzverankerungen (29St), Gehölze, Stauden (895St), Bodendecker (575St), Fertigstellungspflege (989m²)				
574	**Rasen- und Saatflächen**	3.400,00 m²	3.872	**1,14**	5,7
	Feinplanum, Rasenansaat (3.400m²), Fertigstellungspflege (3.400m²)				
579	**Sonstiges zur KG 570**	4.989,00 m² PSF	2.158	**0,43**	3,2
	Metallband für Baumscheiben 200x80mm, Kreis vorgebogen, r=100cm (2St)				
590	**Sonstige Maßnahmen für Außenanlagen und Freiflächen**				**100,0**
593	**Sicherungsmaßnahmen**	6.004,20 m² AF	724	**0,12**	100,0
	Gehölzschnittarbeiten an Baumbestand (psch)				

Kostenkennwerte für Leistungsbereiche nach STLB (Kosten des Bauwerks nach DIN 276)

LB	Leistungsbereiche	Kosten €	€/m² BGF	€/m³ BRI	% an 3+4
000	Baustellen-, Verkehrssich.- u. Sicherh.einr. inkl. 001	126.894	58,50	13,10	2,1
002	Erdarbeiten	55.042	25,40	5,70	0,9
006	Spezialtiefbauarbeiten inkl. 005	–	–	–	–
009	Entwässerungskanalarbeiten inkl. 011	–	–	–	–
010	Drän- und Versickerarbeiten	–	–	–	–
012	Mauerarbeiten	167.218	77,10	17,30	2,8
013	Betonarbeiten	1.106.321	509,90	114,40	18,3
014	Natur-, Betonwerksteinarbeiten	–	–	–	–
016	Zimmer- und Holzbauarbeiten	393.231	181,20	40,70	6,5
017	Stahlbauarbeiten	–	–	–	–
018	Abdichtungsarbeiten	63.624	29,30	6,60	1,1
019	Kampfmittelräumarbeiten	–	–	–	–
020	Dachdeckungsarbeiten	–	–	–	–
021	Dachabdichtungsarbeiten	185.094	85,30	19,10	3,1
022	Klempnerarbeiten	43.880	20,20	4,50	0,7
	Rohbau	**2.141.304**	**986,90**	**221,40**	**35,4**
023	Putz- und Stuckarbeiten, Wärmedämmsysteme	74.342	34,30	7,70	1,2
024	Fliesen- und Plattenarbeiten	22.005	10,10	2,30	0,4
025	Estricharbeiten	210.975	97,20	21,80	3,5
026	Fenster, Außentüren inkl. 029, 032	727.657	335,40	75,20	12,0
027	Tischlerarbeiten	103.753	47,80	10,70	1,7
028	Parkett-, Holzpflasterarbeiten	–	–	–	–
030	Rollladenarbeiten	43.151	19,90	4,50	0,7
031	Metallbauarbeiten inkl. 035	191.258	88,20	19,80	3,2
034	Maler- und Lackiererarb. - Beschicht. inkl. 037	71.884	33,10	7,40	1,2
036	Bodenbelagarbeiten	72.226	33,30	7,50	1,2
038	Vorgehängte hinterlüftete Fassaden	253.206	116,70	26,20	4,2
039	Trockenbauarbeiten	381.131	175,70	39,40	6,3
	Ausbau	**2.151.589**	**991,70**	**222,50**	**35,6**
040	Wärmeversorgungsanl. - Betriebseinr. inkl. 041	149.331	68,80	15,40	2,5
042	Gas- u. Wasseranl. - Leitung., Armat. inkl. 043	31.775	14,60	3,30	0,5
044	Abwasseranl. - Leitungen, Abläufe, Armaturen	14.985	6,90	1,50	0,2
045	Gas, Wasser, Entwässerung - Ausstattung inkl. 046	55.803	25,70	5,80	0,9
047	Dämm- und Brandschutzarb. an techn. Anlagen	–	–	–	–
049	Feuerlöschanlagen, Feuerlöschgeräte	2.826	1,30	0,29	< 0,1
050	Blitzschutz-/Erdungsanlagen, Überspannungssch.	27.778	12,80	2,90	0,5
053	Niederspannungsanl. - Kabel inkl. 052, 054	411.624	189,70	42,60	6,8
055	Sicherheits- u. Ersatzstromversorgungsanl.	–	–	–	–
057	Gebäudesystemtechnik	–	–	–	–
058	Leuchten und Lampen inkl. 059	324.465	149,50	33,50	5,4
060	Such, Signal, Zeit, Anten., akust. Anl. inkl. 064	64.613	29,80	6,70	1,1
061	Kommunikations- u. Übertragungsnetze inkl. 063	47.856	22,10	4,90	0,8
069	Aufzüge	64.821	29,90	6,70	1,1
070	Gebäudeautomation	99.440	45,80	10,30	1,6
075	Raumlufttechnische Anlagen inkl. 078	424.592	195,70	43,90	7,0
	Gebäudetechnik	**1.719.909**	**792,70**	**177,80**	**28,5**
084	Abbruch, Rückbau, Schadstoffsanierung	911	0,42	0,09	< 0,1
	Abbrucharbeiten	**911**	**0,42**	**0,09**	**< 0,1**
	Sonstige Leistungsbereiche	**28.318**	**13,10**	**2,90**	**0,5**

4100-0192
Ganztagsschule
(4 Klassen)
(96 Schüler)
Passivhaus

Kostenkennwerte für die Kosten des Bauwerks (Kostengruppen 300+400 nach DIN 276)

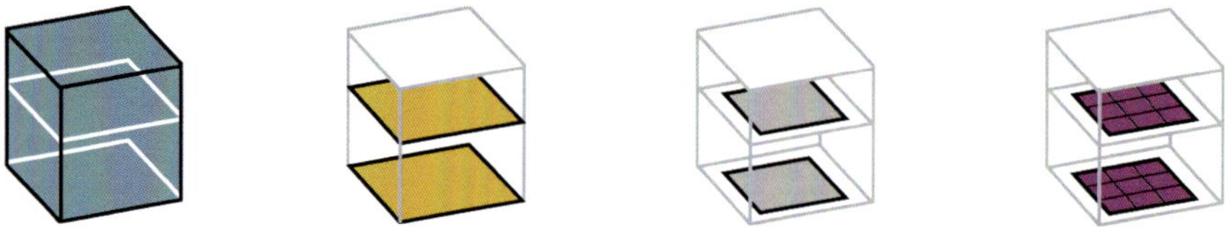

BRI 722 €/m³ | **BGF** 2.450 €/m² | **NUF** 6.317 €/m² | **NE** 29.730 €/NE

NE: Schüler

Objekt:
Kennwerte: 3. Ebene DIN 276
BRI: 3.952 m³
BGF: 1.165 m²
NUF: 452 m²
Bauzeit: 69 Wochen
Bauende: 2017
Standard: mittel
Bundesland: Bremen
Kreis: Bremen, Stadt

Architekt*in:
Architekten_FSB
Am Wall 162
28195 Bremen

Bauherr*in:
Sondervermögen Immobilien
und Technik der Stadt-
gemeinde Bremen
vertreten durch:
Immobilien Bremen AöR
Theodor-Heuss-Allee 14
28215 Bremen

© Thilo Müller

© Thilo Müller

© Thilo Müller

  Kostenstand: 4. Quartal 2025, Bundesdurchschnitt, **inkl. 19% MwSt.**

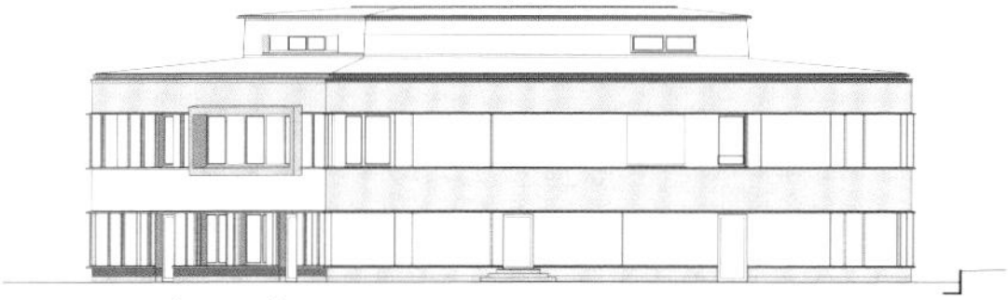

Ansicht Nord-Ost

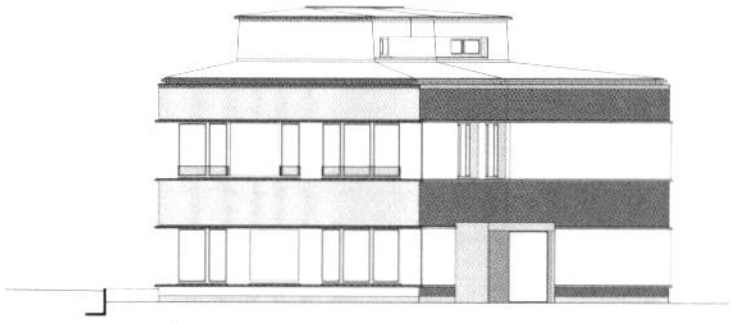

Ansicht West

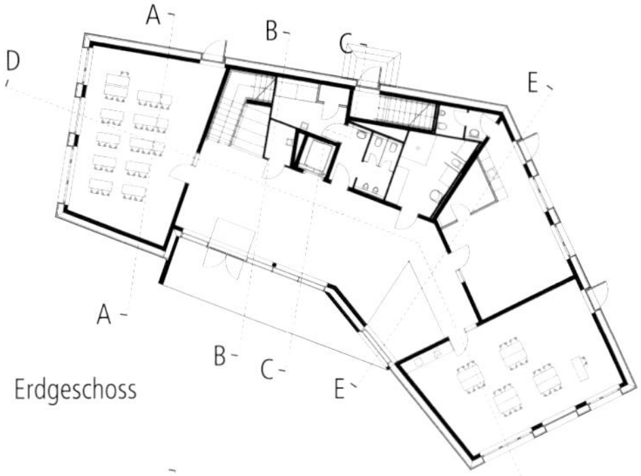

Erdgeschoss

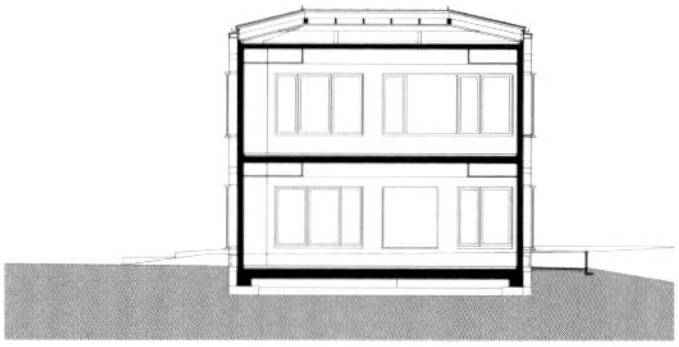

Schnitt A-A

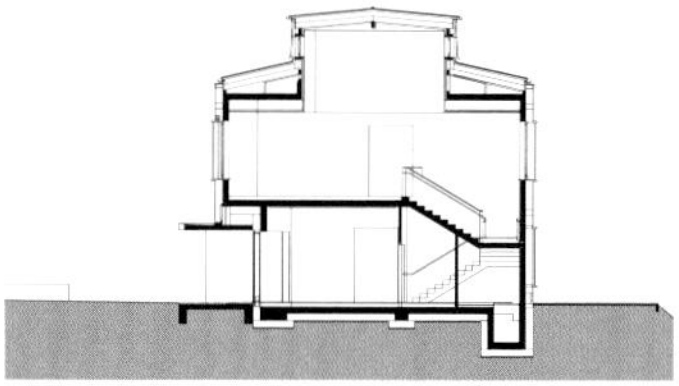

Schnitt B-B

Obergeschoss

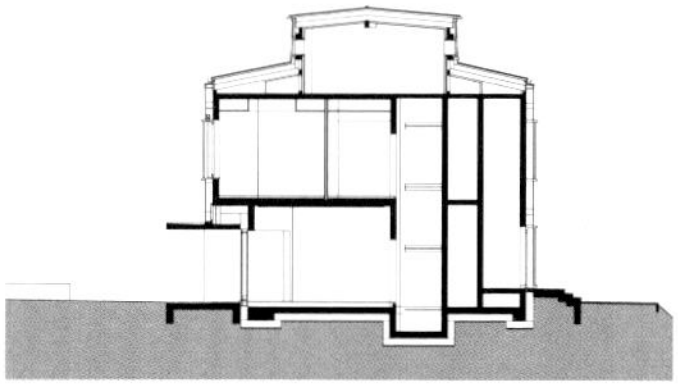

Schnitt C-C

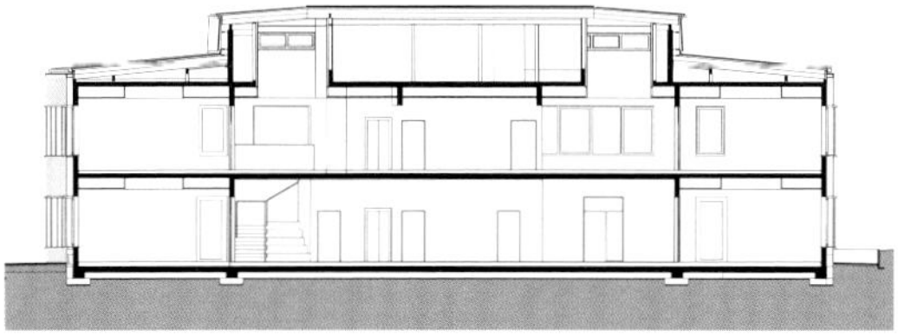

Schnitt D-D

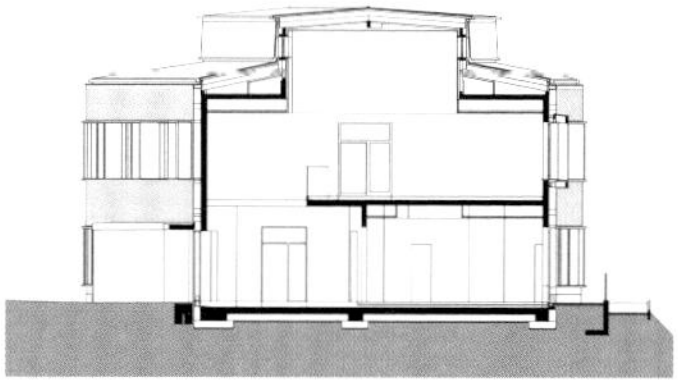

Schnitt E-E

Ansicht Süd-West

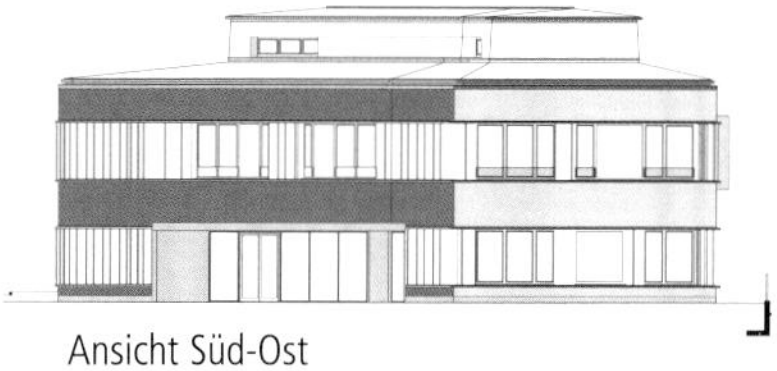

Ansicht Süd-Ost

4100-0192
Ganztagsschule
(4 Klassen)
(96 Schüler)
Passivhaus

Objektbeschreibung

Allgemeine Objektinformationen

Die neue Oberschule erweitert den Raumbedarf einer Ganztagsschule. Im Erdgeschoss und im Obergeschoss befinden sich jeweils zwei große Klassenräume. Ein Klassenraum ist für wahrnehmungs- und entwicklungsgestörte Kinder vorgesehen. Vom großzügigen Foyer aus führt eine Treppenanlage mit Sitzstufen ins Obergeschoss.

Nutzung

1 Erdgeschoss
Unterrichtsräume, Lehrerzimmer, Foyer

1 Obergeschoss
Unterrichtsräume, Differenzierungsraum

1 Dachgeschoss
Technik

Nutzeinheiten

Klassen: 4
Schüler: 96

Grundstück

Bauraum: Beengter Bauraum
Neigung: Geneigtes Gelände
Bodenklasse: BK 1

Markt

Hauptvergabezeit: 3.Quartal 2015
Baubeginn: 1.Quartal 2016
Bauende: 2.Quartal 2017
Konjunkturelle Gesamtlage: über Durchschnitt
Regionaler Baumarkt: über Durchschnitt

Baukonstruktion

Der Neubau gründet auf einer Stb-Bodenplatte. Das Gebäude wurde in Massivbauweise aus KS-Mauerwerk und Beton errichtet. Die Fassade wird durch horizontal umlaufende Putzbänder gegliedert, die sich mit vertikal strukturierten Metallstreifen in Fensterhöhe abwechseln. Das Dachgeschoss wurde als Staffelgeschoss ausgebildet. Es ist in Holzrahmenbauweise mit Walmdach und mit Aluminiumstehfalzdeckung ausgeführt. Innen sind die Wände mit weißem Putz beschichtet. Die Fußböden, Treppen- und Sitzstufen wurden mit PVC belegt. Teilweise sind abgehängte Decken mit Akustikelementen eingebaut.

Technische Anlagen

Die Ver- und Entsorgungsleitungen für Kaltwasser, Heizung und Elektro sowie die Abwasserleitungen wurden an das vorhandene Haustechniknetz der Schule angeschlossen. Die Wärmeversorgung erfolgt über Nahwärme-Heizleitungen sowie Heizkörper. Da es sich um ein Passivhaus handelt, musste für eine ausreichende Nachtauskühlung gesorgt werden. Hierfür wurde eine mechanische Lüftungsanlage mit Wärmerückgewinnung berücksichtigt, die auch für ausreichende Frischluftzufuhr sorgt. Zur Regelung und Überwachung der Lüftungsanlagen und der Wärmeversorgung kommt eine Automationsstation zum Einsatz.

Sonstiges

Über einen Aufzug sind beide Geschosse barrierefrei miteinander verbunden.

Energetische Kennwerte

Gesetzliche Grundlage: EnEV 2013
Gebäudevolumen: 3.893,00 m^3

Energetische Angaben zu Außenbauteilen

Bodenplatte

U-Wert: 0,12 W/(m²·K)

Gesamtdicke: 64,00 cm	d [cm]	λ [W/(m·K)]
Estrich	5,00	1,050
Trittschalldämmung	4,00	0,040
Stahlbeton	25,00	2,500
Dämmung XPS	30,00	0,042

Außenwand

U-Wert: 0,11 W/(m²·K)

Gesamtdicke: 48,50 cm	d [cm]	λ [W/(m·K)]
Innenputz	1,50	0,350
Kalksandstein	17,50	1,100
Dämmung	27,50	0,032
Außenputz	2,00	0,800

Dach Stahlbeton

U-Wert: 0,07 W/(m²·K)

Gesamtdicke: 66,50 cm	d [cm]	λ [W/(m·K)]
Innenputz	1,50	0,500
Stahlbeton	20,00	2,500
Dämmung	45,00	0,032

Dach Holz

U-Wert: 0,08 W/(m²·K)

Gesamtdicke: 51,30 cm	d [cm]	λ [W/(m·K)]
GK-Platte	1,30	0,700
Dämmung	20,00	0,032
Holz	25,00	0,130
Dämmung	25,00	0,032
Holzwerkstoff	5,00	0,130

Planungskennwerte für Flächen und Rauminhalte nach DIN 277

Flächen des Grundstücks		Menge Einheit	% an GF
BF	Bebaute Fläche	439,00 m²	2,3
UF	Unbebaute Fläche	18.777,67 m²	97,7
GF	Grundstücksfläche	19.217,00 m²	100,0

Grundflächen des Bauwerks		Menge Einheit	% an NUF	% an BGF
NUF	Nutzungsfläche	451,84 m²	100,0	38,8
TF	Technikfläche	79,85 m²	17,7	6,9
VF	Verkehrsfläche	165,72 m²	36,7	14,2
NRF	Netto-Raumfläche	697,41 m²	154,3	59,9
KGF	Konstruktions-Grundfläche	467,71 m²	103,5	40,1
BGF	Brutto-Grundfläche	1.165,12 m²	257,9	100,0

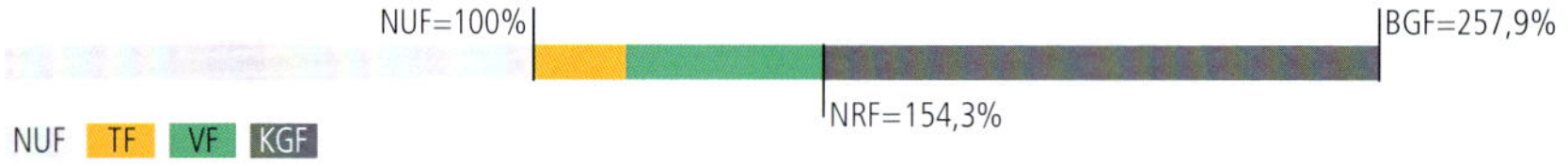

Brutto-Rauminhalt des Bauwerks		Menge Einheit	BRI/NUF (m)	BRI/BGF (m)
BRI	Brutto-Rauminhalt	3.952,46 m³	8,75	3,39

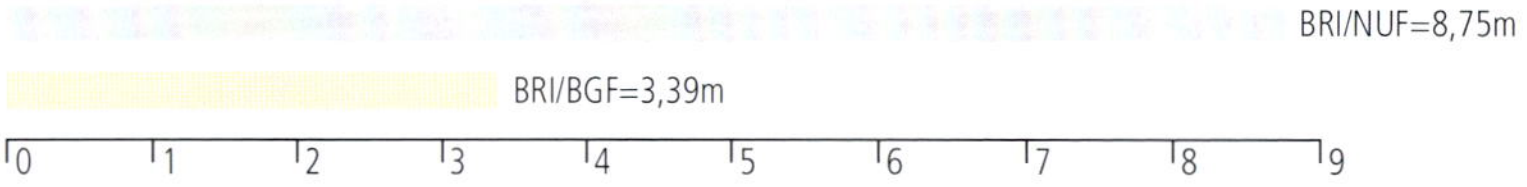

Lufttechnisch behandelte Flächen	Menge Einheit	% an NUF	% an BGF
Entlüftete Fläche	–	–	–
Be- und entlüftete Fläche	617,56 m²	136,7	53,0
Teilklimatisierte Fläche	–	–	–
Klimatisierte Fläche	–	–	–

KG	Kostengruppen (2. Ebene)	Menge Einheit	Menge/NUF	Menge/BGF
310	Baugrube / Erdbau	592,63 m³ BGI	1,31	0,51
320	Gründung, Unterbau	413,37 m² GRF	0,92	0,36
330	Außenwände/Vertikale Baukonstruktionen, außen	670,36 m² AWF	1,48	0,58
340	Innenwände/Vertikale Baukonstruktionen, innen	902,74 m² IWF	2,00	0,78
350	Decken/Horizontale Baukonstruktionen	697,82 m² DEF	1,54	0,60
360	Dächer	411,39 m² DAF	0,91	0,35

Kostenkennwerte für die Kostengruppen der 1.Ebene DIN 276

KG	Kostengruppen (1.Ebene)	Einheit	Kosten €	€/Einheit	€/m² BGF	€/m³ BRI	% 300+400
100	Grundstück	m² GF	–	–	–	–	–
200	Vorbereitende Maßnahmen	m² GF	38.085	1,98	32,69	9,64	1,3
300	Bauwerk – Baukonstruktionen	m² BGF	2.148.081	1.843,66	1.843,66	543,48	75,3
400	Bauwerk – Technische Anlagen	m² BGF	706.033	605,97	605,97	178,63	24,7
	Bauwerk 300+400	**m² BGF**	**2.854.114**	**2.449,63**	**2.449,63**	**722,11**	**100,0**
500	Außenanlagen und Freiflächen	m² AF	39.596	2,11	33,98	10,02	1,4
600	Ausstattung und Kunstwerke	m² BGF	5.961	5,12	5,12	1,51	0,2
700	Baunebenkosten	m² BGF	–	–	–	–	–
800	Finanzierung	m² BGF	–	–	–	–	–

KG	Kostengruppe	Menge Einheit	Kosten €	€/Einheit	%
200	**Vorbereitende Maßnahmen**	19.217,00 m² GF	38.085	**1,98**	1,3
	Baumschutz, Abräumen von Pflanzbewuchs, Bäume fällen, Oberboden abtragen, entsorgen				
3+4	**Bauwerk**				**100,0**
300	**Bauwerk – Baukonstruktionen**	1.165,12 m² BGF	2.148.081	**1.843,66**	75,3
	Stb-Fundamente, Stb-Bodenplatte, Estrich, Kautschuk, Betonwerkstein, Nadelvlies, Bodenfliesen; KS-Außenwände, Holzrahmenwände, Holz-Alufenster, WDVS, Alufassade, Sonnenschutz; Stb/KS-Innenwände, Holzständerwände, GK-Wände, Alu-Glas/Holzinnentüren, Akustikwandplatten, Putz, Beschichtung, Wandfliesen, WC-Trennwände; Stb-Decken, Stb-Treppen, Akustikdecken, GK-Decken; Holz-Walmdach, Wärmedämmung, Dachabdichtung, Dachentwässerung, Doppelstehfalzdeckung; Einbaumöbel, Teeküchen				
400	**Bauwerk – Technische Anlagen**	1.165,12 m² BGF	706.033	**605,97**	24,7
	Gebäudeentwässerung, Kalt- und Warmwasserleitungen, Sanitärobjekte; Nahwärmeübergabestation, Heizungsrohre, Heizkörper; Lüftungsgeräte, Lüftungsleitungen; Elektroinstallation, Beleuchtung, Erdung; Einbruch/Brandmeldezentrale, EDV-Verkabelung, Medien-Verkabelung, Zentralbatterieanlage; Aufzugsanlage; Feuerlöscher; Gebäudeautomation				
500	**Außenanlagen und Freiflächen**	18.777,67 m² AF	39.596	**2,11**	1,4
	Rohrgrabenaushub; Betonpflaster aufnehmen, wieder einbauen; Gebäudeentwässerung, Versorgungsleitungen an Bestand				
600	**Ausstattung und Kunstwerke**	1.165,12 m² BGF	5.961	**5,12**	0,2
	Sanitärausstattung; Beschilderungen				

Kostenkennwerte für die Kostengruppen der 2. Ebene DIN 276

KG	Kostengruppe	Menge Einheit	Kosten €	€/Einheit	%
200	**Vorbereitende Maßnahmen**				**100,0**
210	**Herrichten**	19.217,00 m^2 GF	38.085	**1,98**	100,0
	Baumschutz (1St) * Abräumen von Pflanzbewuchs, planieren (322m^2), Bäume fällen (30St), Oberboden abtragen, entsorgen (163m^3), wiedereinbauen (114m^3) * Prüfung auf Schadstoffbelastung (psch)				
300	**Bauwerk – Baukonstruktionen**				**100,0**
310	**Baugrube / Erdbau**	592,63 m^3 BGI	125.339	**211,50**	5,8
	Baugrubenaushub, laden, entsorgen (593m^3), Rohrgrabenaushub (80m), Füllsand, einbauen, verdichten (898m^3)				
320	**Gründung, Unterbau**	413,37 m^2 GRF	215.783	**522,02**	10,0
	Stb-Streifenfundamente, WU-Beton, (26m^3), Stb-Bodenplatten, d=25cm (413m^2), Schachtwände (13m^2), Stb-FT-Sitzstufen (4m^2) * Wärmedämmung, d=60-100mm, Zementestrich (309m^2), Gefälleestrich (28m^2), Trittschalldämmung, d=20mm (327m^2), Kautschukbelag (173m^2), Betonwerksteinplatten (96m^2), Nadelvlies (35m^2), Bodenfliesen (15m^2), Dispersionsbeschichtung (15m^2) * Sauberkeitsschicht (367m^2), Perimeterdämmung, d=260mm (438m^2), d=300mm, vertikal (64m^2)				
330	**Außenwände/Vert. Baukonstrukt., außen**	670,36 m^2 AWF	745.557	**1.112,17**	34,7
	KS-Mauerwerk, d=24cm (338m^2), Stb-Unterzüge (72m), Holzrahmenwände, MW-Dämmung, OSB-Schalung (125m^2), Holz-Vorsatzschale, MW-Dämmung (96m^2) * Erker-Holzkonstruktion, MW-Dämmung, OSB-Bekleidung, PUR-Hartschaum (22m^2) * Stb-Stützen (28m) * Holz-Alufenster-/Türelemente (139m^2) * Perimeterdämmung, Putz, Dispersionsbeschichtung (371m^2), Alu-Fassadenbekleidung (300m^2), Stb-FT-Bekleidung (12m^2) * Kalkzementputz (464m^2), GK-Bekleidung (32m^2), Dispersionsbeschichtung (426m^2), Wandfliesen (7m^2) * Pfosten-Riegel-Fassade (42m^2) * Alu-Lamellenraffstores (86m^2) * Treppenanlage (6m^2), VSG-Absturzsicherung (11m^2)				
340	**Innenwände/Vert. Baukonstrukt., innen**	902,74 m^2 IWF	337.385	**373,74**	15,7
	KS-Mauerwerk, d=24cm (419m^2), Stb-Wände, d=24cm (39m^2), Holzständerwände, OSB-Beplankung (55m^2), MW-Dämmung, d=80mm (66m^2) * KS-Mauerwerk, d=11,5cm (191m^2), GK-Wände (111m^2) * Stb-Stützen (7m), Holzstützen (10m) * Alu-Glas-Türelemente (52m^2), Holztüren (12m^2) * Kalkzementputz (944m^2), GK-Bekleidung (81m^2), Dispersionsbeschichtung (1.119m^2), Akustikwandplatten (109m^2), Wandfliesen (108m^2) * WC-Trennwände (21m^2) * Vorhänge (42m) * Handläufe (41m), Brüstungsabdeckung (10m)				
350	**Decken/Horizontale Baukonstruktionen**	697,82 m^2 DEF	277.981	**398,36**	12,9
	Stb-Filigrandecken, d=20cm (668m^2), Stb-Balken, d=25cm (16m), Stb-Treppen (31m^2) * Alu-Scherentreppe (1m^2) * EPS-Wärmedämmung, Trittschalldämmung, Schnellestrich (290m^2), Kautschuk (270m^2), Bodenfliesen (32m^2), Beton-Dispersionsbeschichtung (71m^2) * Akustik-Rasterdecken (252m^2), GK-Randfries (167m), GK-Decken (107m^2), Dispersionsbeschichtung (300m^2), Sichtbeton-FT (18m^2) * VSG-Glasbrüstung (5m^2)				

KG	Kostengruppe	Menge Einheit	Kosten €	€/Einheit	%
360	**Dächer**	411,39 m²DAF	235.283	**571,92**	11,0
	Walmdach, Holzkonstruktion (14m³), PUR-Dämmung, d=180mm, Rauspundschalung, d=25mm, MW-Dämmung, d=200mm (393m²), Drempelkonstruktion, KVH, OSB-Bekleidung (28m²), Stb-Fertigteildecke, WU (18m²) * Doppelstehfalzdeckung (428m²), Alu-Kastenrinnen (142m), Fallrohre (44m) * GK-Bekleidung (105m²), Dispersionsbeschichtung (249m²), Graffiti-Schutzbeschichtung (18m²) * Sekuranten (4St)				
380	**Baukonstruktive Einbauten**	1.165,12 m²BGF	31.914	**27,39**	1,5
	Einbauschränke (2St), Teeküchen mit Ober- und Unterschränken, Kühlschränke, Geschirrspüler (2St), Einbauherd (1St), Arbeitstisch, fahrbar (1St) * Hinweisschilder (16St), Fluchttürwächter (3St)				
390	**Sonst. Maßnahmen für Baukonstrukt.**	1.165,12 m²BGF	178.839	**153,49**	8,3
	Baustelleneinrichtung (psch), Bauzaun (126m), Baustellen-WC (1St), Bauwasser, Baustrom (psch) * Fassadengerüst (2.327m²), Dachfanggerüst (91m), Schutzabdeckungen (1.134m²), Innengerüst (182m³) * Abbruch von Ziegelsteinmauer (psch), Pflaster/Gehwegplatten (261m²), Kontrollschächten (2St), Fahrradständer versetzen (52m) * Schutzabdeckungen, Folie (549m²), Grund- und Endreinigung (684m²)				
400	**Bauwerk – Technische Anlagen**				**100,0**
410	**Abwasser-, Wasser-, Gasanlagen**	1.165,12 m²BGF	66.710	**57,26**	9,4
	KG-Rohre DN100 (53m), PP-Rohre DN50-100 (57m), HT-Rohre (26m), Kontrollschächte DN400 (4St), Bodenabläufe (2St) * Metallverbundrohre DN12-25 (356m), Hygienespülungen (3St), WCs (7St), Urinale (3St), Waschtische (4St), Ausgussbecken (3St), WW-Speicher (2St), Durchlauferhitzer (1St) * Montageelemente (15St)				
420	**Wärmeversorgungsanlagen**	1.165,12 m²BGF	76.004	**65,23**	10,8
	Heizungsverteiler (1St), Umwälzpumpen (5St), Thermometer (12St), Rückschlagklappen (4St), Schmutzfänger (2St) * Stahlrohre DN10-40 (411m), Brandschotts (27St) * Röhrenradiatoren (18St)				
430	**Raumlufttechnische Anlagen**	1.165,12 m²BGF	135.322	**116,14**	19,2
	Zu/Abluftgeräte mit Wärmerückgewinnung, 4.000m³/h (1St), 800m³/h (1St), Einzelraumlüfter (1St), Kanäle (150m²), Revisionsöffnungen (30St), Wickelfalzrohre DN100-250 (330m), Alu-Flexrohre DN100-125 (30m), Lüftungsgitter (38St), Schalldämpfer (30St), Brandschutzklappen (27St)				
440	**Elektrische Anlagen**	1.165,12 m²BGF	156.253	**134,11**	22,1
	Schaltschrank (1St), Mantelleitungen (5.252m), Schutzschalter (68St), Brandschotts (11St), Schalter/Taster (19St), Steckdosen (69St), Bewegungs/Präsenzmelder (33St), Jalousieschalter (7St), Herddosen (2St), Not-Aus-Taster (2St) * LED-Langfeldleuchten (112St), Sicherheitsleuchten (27St), Wannenleuchten (9St), Außenleuchten (5St), Wandleuchten (4St), Lichtkanal (1St) * Mantelleitungen (96m), Fundamenterder (316m), Potenzialausgleichsschienen (2St), Brandfallsteuerung (1St)				

KG	Kostengruppe	Menge Einheit	Kosten €	€/Einheit	%
450	**Kommunikationstechnische Anlagen**	1.165,12 m²BGF	104.776	**89,93**	14,8
	Fernmeldeleitungen (1.931m), Verteilerschrank (1St) * Notrufset (1St) * Wanduhr (1St) * Einbaulautsprecher (34St) * Einbruchmeldezentrale, Brandmeldezentrale, Anschluss an Bestand (1St), Brandmeldekabel (1.900m), Multisensormelder (61St), Handmelder (10St), Rauch/Bewegungsmelder (3St), Entriegelung Notöffnungen (10St) * Datenkabel (3.210m), Datendosen (37St), Patchfelder (2St) * Batteriemodul-Erweiterung (1St)				
460	**Förderanlagen**	1.165,12 m²BGF	54.152	**46,48**	7,7
	Aufzugsanlage, behindertengerecht, zwei Haltestellen (1St)				
470	**Nutzungsspez. u. verfahrenstechn. Anl.**	1.165,12 m²BGF	1.552	**1,33**	0,2
	Feuerlösch-Einbauschränke (3St), Schaum-Feuerlöscher (5St), Fettbrand-Feuerlöscher (1St), CO_2-Feuerlöscher (1St)				
480	**Gebäude- und Anlagenautomation**	1.165,12 m²BGF	111.264	**95,50**	15,8
	KNX-Anlage, 139 Datenpunkte, Tableau (1St), Anzeigepaneel (1St), Fühler, Wächter (25St), Rauch/Präsenzmelder (16St), Wetterstation (1St), Jalousieaktoren (2St) * Schaltschränke (3St), Melde-/Anzeigemodule (105St), Not-Aus-Steuerung (2St) * Projektierung alle KNX-Geräte (psch), Erweiterung Bestandsanlage				
500	**Außenanlagen und Freiflächen**				**100,0**
510	**Erdbau**	63,72 m³EBR	5.966	**93,63**	15,1
	Rohrgrabenaushub, lagern (64m³), Planum herstellen (59m²)				
530	**Oberbau, Deckschichten**	16,38 m²BFF	1.269	**77,48**	3,2
	Betonpflaster, lagernd, verlegen (16m²)				
550	**Technische Anlagen**	18.777,67 m²AF	31.625	**1,68**	79,9
	KG-Rohre DN100-150 (125m), PE-Rohre DN20 (25m) * PE-Druckrohre DN50 (45m) * Verbundrohre DN40 (100m) * Telefonkabel (463m), LWL-Kabel (149m), Erdkabel (84m) * Datenkabel Cat7 (73m)				
590	**Sonst. Maßnahmen für Außenanlagen u. Freiflächen**	18.777,67 m²AF	735	**0,04**	1,9
	Betonpflaster, aufnehmen, reinigen, lagern (16m²) * Überbrückung von Rohrgräben (1St), Hebe-/Spezialfahrzeuge (psch)				
600	**Ausstattung und Kunstwerke**				**100,0**
610	**Allgemeine Ausstattung**	1.165,12 m²BGF	5.406	**4,64**	90,7
	WC-Papierrollenhalter (1St), Bürstengarnituren (2St), Seifenschale (1St), Spiegel (4St), Hygieneabfallbehälter (4St), Abfallbehälter (4St), Stützklappgriffe (2St), Rückenstütze (1St), Duschklappsitz (1St), Duschvorhang (1St), Wandstange/Brausehalter (1St), Haltegriff (1St)				
690	**Sonstige Ausstattung**	1.165,12 m²BGF	555	**0,48**	9,3
	Türschilder, selbstklebend (3St), Raumbezeichnungen mit Dispersionsfarbe (3m²)				

Kostenkennwerte für die Kostengruppen 300 der 2. und 3. Ebene DIN 276 (Übersicht)

KG	Kostengruppe	Menge Einheit	Kosten €	€/Einheit	% an 3+4
300	**Bauwerk – Baukonstruktionen**	**1.165,12 m² BGF**	**2.148.080,69**	**1.843,66**	**75,3**
310	**Baugrube / Erdbau**	**592,63 m³ BGI**	**125.339,08**	**211,50**	**4,4**
311	Herstellung	592,63 m³ BGI	125.339,08	211,50	4,4
312	Umschließung	–	–	–	–
313	Wasserhaltung	–	–	–	–
314	Vortrieb	–	–	–	–
319	Sonstiges zur KG 310	–	–	–	–
320	**Gründung, Unterbau**	**413,37 m² GRF**	**215.783,00**	**522,02**	**7,6**
321	Baugrundverbesserung	–	–	–	–
322	Flachgründungen und Bodenplatten	413,37 m²	80.969,14	195,88	2,8
323	Tiefgründungen	–	–	–	–
324	Gründungsbeläge	342,86 m²	83.244,87	242,80	2,9
325	Abdichtungen und Bekleidungen	502,78 m²	51.568,98	102,57	1,8
326	Dränagen	–	–	–	–
329	Sonstiges zur KG 320	–	–	–	–
330	**Außenwände/Vert. Baukonstrukt., außen**	**670,36 m² AWF**	**745.557,43**	**1.112,17**	**26,1**
331	Tragende Außenwände	467,29 m²	98.996,15	211,85	3,5
332	Nichttragende Außenwände	21,80 m²	5.678,85	260,50	0,2
333	Außenstützen	30,62 m	6.243,94	203,95	0,2
334	Außenwandöffnungen	139,93 m²	194.766,35	1.391,90	6,8
335	Außenwandbekleidungen, außen	453,03 m²	298.516,49	658,93	10,5
336	Außenwandbekleidungen, innen	425,89 m²	30.170,95	70,84	1,1
337	Element. Außenwandkonstruktionen	41,34 m²	40.793,39	986,73	1,4
338	Lichtschutz zur KG 330	86,44 m²	31.874,05	368,73	1,1
339	Sonstiges zur KG 330	670,36 m² AWF	38.517,27	57,46	1,3
340	**Innenwände/Vert. Baukonstrukt., innen**	**902,74 m² IWF**	**337.384,56**	**373,74**	**11,8**
341	Tragende Innenwände	513,45 m²	100.163,43	195,08	3,5
342	Nichttragende Innenwände	302,64 m²	35.016,97	115,70	1,2
343	Innenstützen	16,52 m	1.662,15	100,61	< 0,1
344	Innenwandöffnungen	64,99 m²	68.313,98	1.051,19	2,4
345	Innenwandbekleidungen	1.335,56 m²	103.350,24	77,38	3,6
346	Elementierte Innenwandkonstruktionen	21,66 m²	6.778,10	312,96	0,2
347	Lichtschutz zur KG 340	103,62 m²	7.515,32	72,53	0,3
349	Sonstiges zur KG 340	902,74 m² IWF	14.584,37	16,16	0,5
350	**Decken/Horizontale Baukonstruktionen**	**697,82 m² DEF**	**277.980,67**	**398,36**	**9,7**
351	Deckenkonstruktionen	697,82 m²	125.139,01	179,33	4,4
352	Deckenöffnungen	2,24 m²	8.585,56	3.829,42	0,3
353	Deckenbeläge	380,08 m²	62.595,95	164,69	2,2
354	Deckenbekleidungen	571,15 m²	74.579,83	130,58	2,6
355	Elementierte Deckenkonstruktionen	–	–	–	–
359	Sonstiges zur KG 350	697,82 m² DEF	7.080,31	10,15	0,2
360	**Dächer**	**411,39 m² DAF**	**235.282,76**	**571,92**	**8,2**
361	Dachkonstruktionen	411,39 m²	143.726,09	349,37	5,0
362	Dachöffnungen	–	–	–	–
363	Dachbeläge	428,43 m²	82.470,98	192,50	2,9
364	Dachbekleidungen	267,77 m²	7.763,65	28,99	0,3
365	Elementierte Dachkonstruktionen	–	–	–	–
366	Lichtschutz zur KG 360	–	–	–	–
369	Sonstiges zur KG 360	411,39 m² DAF	1.322,04	3,21	< 0,1
370	**Infrastrukturanlagen**	**–**	**–**	**–**	**–**
380	**Baukonstruktive Einbauten**	**1.165,12 m² BGF**	**31.914,21**	**27,39**	**1,1**
390	**Sonst. Maßnahmen für Baukonstrukt.**	**1.165,12 m² BGF**	**178.838,99**	**153,49**	**6,3**

4100-0192
Ganztagsschule
(4 Klassen)
(96 Schüler)
Passivhaus

Kostenkennwerte für die Kostengruppen 400 der 2. und 3. Ebene DIN 276 (Übersicht)

KG	Kostengruppe	Menge Einheit	Kosten €	€/Einheit	% an 3+4
400	**Bauwerk – Technische Anlagen**	**1.165,12 m²BGF**	**706.032,91**	**605,97**	**24,7**
410	**Abwasser-, Wasser-, Gasanlagen**	**1.165,12 m²BGF**	**66.710,38**	**57,26**	**2,3**
411	Abwasseranlagen	1.165,12 m²BGF	17.366,70	14,91	0,6
412	Wasseranlagen	1.165,12 m²BGF	44.813,70	38,46	1,6
413	Gasanlagen	–	–	–	–
419	Sonstiges zur KG 410	1.165,12 m²BGF	4.529,98	3,89	0,2
420	**Wärmeversorgungsanlagen**	**1.165,12 m²BGF**	**76.003,91**	**65,23**	**2,7**
421	Wärmeerzeugungsanlagen	1.165,12 m²BGF	28.293,31	24,28	1,0
422	Wärmeverteilnetze	1.165,12 m²BGF	29.037,77	24,92	1,0
423	Raumheizflächen	1.165,12 m²BGF	18.672,83	16,03	0,7
424	Verkehrsheizflächen	–	–	–	–
429	Sonstiges zur KG 420	–	–	–	–
430	**Raumlufttechnische Anlagen**	**1.165,12 m²BGF**	**135.321,65**	**116,14**	**4,7**
431	Lüftungsanlagen	1.165,12 m²BGF	135.321,65	116,14	4,7
432	Teilklimaanlagen	–	–	–	–
433	Klimaanlagen	–	–	–	–
434	Kälteanlagen	–	–	–	–
439	Sonstiges zur KG 430	–	–	–	–
440	**Elektrische Anlagen**	**1.165,12 m²BGF**	**156.253,46**	**134,11**	**5,5**
441	Hoch- und Mittelspannungsanlagen	–	–	–	–
442	Eigenstromversorgungsanlagen	–	–	–	–
443	Niederspannungsschaltanlagen	–	–	–	–
444	Niederspannungsinstallationsanlagen	1.165,12 m²BGF	99.302,20	85,23	3,5
445	Beleuchtungsanlagen	1.165,12 m²BGF	38.853,41	33,35	1,4
446	Blitzschutz- und Erdungsanlagen	1.165,12 m²BGF	18.097,85	15,53	0,6
447	Fahrleitungssysteme	–	–	–	–
449	Sonstiges zur KG 440	–	–	–	–
450	**Kommunikationstechnische Anlagen**	**1.165,12 m²BGF**	**104.775,57**	**89,93**	**3,7**
451	Telekommunikationsanlagen	1.165,12 m²BGF	12.810,21	10,99	0,4
452	Such- und Signalanlagen	1.165,12 m²BGF	1.198,85	1,03	< 0,1
453	Zeitdienstanlagen	1.165,12 m²BGF	720,29	0,62	< 0,1
454	Elektroakustische Anlagen	1.165,12 m²BGF	6.378,15	5,47	0,2
455	Audiovisuelle Medien- u. Antennenanl.	–	–	–	–
456	Gefahrenmelde- und Alarmanlagen	1.165,12 m²BGF	57.892,44	49,69	2,0
457	Datenübertragungsnetze	1.165,12 m²BGF	13.657,09	11,72	0,5
458	Verkehrsbeeinflussungsanlagen	–	–	–	–
459	Sonstiges zur KG 450	1.165,12 m²BGF	12.118,53	10,40	0,4
460	**Förderanlagen**	**1.165,12 m²BGF**	**54.151,85**	**46,48**	**1,9**
461	Aufzugsanlagen	1.165,12 m²BGF	54.151,85	46,48	1,9
462	Fahrtreppen, Fahrsteige	–	–	–	–
463	Befahranlagen	–	–	–	–
464	Transportanlagen	–	–	–	–
465	Krananlagen	–	–	–	–
466	Hydraulikanlagen	–	–	–	–
469	Sonstiges zur KG 460	–	–	–	–
470	**Nutzungsspez. u. verfahrenstechn. Anl.**	**1.165,12 m²BGF**	**1.552,16**	**1,33**	**< 0,1**
480	**Gebäude- und Anlagenautomation**	**1.165,12 m²BGF**	**111.263,94**	**95,50**	**3,9**
490	**Sonst. Maßnahmen für techn. Anlagen**	**–**	**–**	**–**	**–**

Kostenkennwerte für die Kostengruppen der 3.Ebene DIN 276

KG	Kostengruppe	Menge Einheit	Kosten €	€/Einheit	%
210	**Herrichten**				**100,0**
211	**Sicherungsmaßnahmen**	19.217,00 m² GF	146	**< 0,01**	0,4
	Baumschutz, h=3,00m (1St)				
214	**Herrichten der Geländeoberfläche**	19.217,00 m² GF	31.692	**1,65**	83,2
	Abräumen von Sträuchern und Bäumen, D bis 10cm, mit Wurzelwerk, planieren (322m²), Bäume fällen, D bis 30cm (23St), bis 50cm (7St), Oberboden abtragen, d=50cm, entsorgen (163m³), d=20cm, für Containerstellfläche wiedereinbauen (114m³)				
215	**Kampfmittelräumung**	19.217,00 m² GF	6.247	**0,33**	16,4
	Prüfung auf Schadstoffbelastung (psch)				
310	**Baugrube / Erdbau**				**100,0**
311	**Herstellung**	592,63 m³ BGI	125.339	**211,50**	100,0
	Baugrubenaushub BK 3-4, d=50cm, belastet Z1.1-Z2, entsorgen (593m³), Rohrgrabenaushub (80m), Füllsand, einbauen, verdichten, t bis 1,80m (898m³)				
320	**Gründung, Unterbau**				**100,0**
322	**Flachgründungen und Bodenplatten**	413,37 m²	80.969	**195,88**	37,5
	Fundamentaushub (98m³), Stb-Streifenfundamente C25/30, WU, Schalung, Bewehrung (26m³), Stb-Bodenplatten C25/30, d=25cm (413m²), Schachtwände (13m²), Stb-Fertigteil-Sitzstufen (4m²)				
324	**Gründungsbeläge**	342,86 m²	83.245	**242,80**	38,6
	EPS-Wärmedämmung WLG 035, d=60-100mm, Zementestrich CT-F5, d=54-78mm (309m²), Gefälleestrich, d=40mm (28m²), EPS-Trittschalldämmung WLG 040, d=20mm (327m²), Kautschukbelag (173m²), Betonwerksteinplatten 30x30cm (96m²), Sockel (32m), Nadelvlies (35m²), Holzsockel (107m), Bodenfliesen 15x15cm (15m²), Fliesensockel (21m), Dispersionsbeschichtung (15m²), Gitterroste (6m²), Sauberlaufmatten, Rahmen (3m²)				
325	**Abdichtungen und Bekleidungen**	502,78 m²	51.569	**102,57**	23,9
	PE-Folie (432m²), Sauberkeitsschicht C8/10, d=50mm (367m²), Noppenbahn (33m²), Perimeterdämmung WLS 039, d=260mm (438m²), d=300mm, vertikal (64m²)				
330	**Außenwände/Vertikale Baukonstruktionen, außen**				**100,0**
331	**Tragende Außenwände**	467,29 m²	98.996	**211,85**	13,3
	KS-Mauerwerk, d=24cm (338m²), Stb-Unterzüge C25/30, d=24cm, Schalung, Bewehrung (72m), Stb-Fertigteilwand, Sichtbeton (4m²), EVA-Abdichtung (91m), Holzrahmenwände, KVH 12x12cm, Mineralwolldämmung, d=120mm, einseitig OSB-Schalung, d=25mm (125m²), OSB- Beplankung, d=25mm (23m²), Holzschwellen 12x12cm (53m), Kernbohrungen, D=8-20cm (31St)				
332	**Nichttragende Außenwände**	21,80 m²	5.679	**260,50**	0,8
	Erker-Holzkonstruktion, b=7,65m, h=2,85m, KVH, Mineralwolldämmung WLS 032, d=200mm, außenseitig OSB-Bekleidung, innenseitig PUR-Hartschaum, WLS 027, d=160mm (22m²)				

KG	Kostengruppe	Menge Einheit	Kosten €	€/Einheit	%
333	**Außenstützen**	30,62 m	6.244	**203,95**	0,8
	Stb-Stützen C25/30, 24x24 bis 24x68cm, Schalung, Bewehrung (25m), D=25cm (3m), Sichtbeton-Fertigteilstütze, 20x20cm (3m)				
334	**Außenwandöffnungen**	139,93 m²	194.766	**1.391,90**	26,1
	Holz-Alufensterelemente, Dreifachverglasung, Uw=0,8W/m²K, Drehkipp (125m²), Türelemente, Uw=1,0W/m²K, abschließbar (14m²), Riegelschaltkontakte (4St), Obentürschließer (1St), Fensterbänke außen, Alu (171m), innen, Holz (57m)				
335	**Außenwandbekleidungen, außen**	453,03 m²	298.516	**658,93**	40,0
	Perimeterdämmung WLS 032, d=280mm (78m²), Armierung, Putz, Dispersionsbeschichtung (292m²), Betonbeschichtung (64m²), Brandriegel A1, WLG 035 (254m), Alu-Fassadenbekleidung, Wärmedämmung, Holz-Unterkonstruktion, hinterlüftet, d=35cm, teilweise mit Diebstahlschutz (221m²), Holzständer-Vorsatzschalen, KVH 12x6cm, Holzschalung, Bitumenvlies (55m²), Alu-Fassadenbekleidung (61m²), Alu-Lamellenelemente (18m²), Stb-Fertigteilwand, Sichtbeton (12m²)				
336	**Außenwandbekleidungen, innen**	425,89 m²	30.171	**70,84**	4,0
	Kalkzementputz (464m²), Laibungen (310m), Vlies (54m²), GK-Bekleidung 2x12,5mm (32m²), Dispersionsbeschichtung (291m²), farbig (126m²), Wandfliesen 15x15cm (7m²), Dispersionsbeschichtung Sichtbeton (2m²)				
337	**Element. Außenwandkonstruktionen**	41,34 m²	40.793	**986,73**	5,5
	Alu-Pfosten-Riegel-Fassade, Dreifachverglasung, Uw=0,6W/m²K, Festverglasungen, Türelemente (32m²), Fensterelemente, Uw=1,0W/m²K (10m²), Riegelschaltkontakte, Motorantrieb (18St), Türstopper (3St)				
338	**Lichtschutz zur KG 330**	86,44 m²	31.874	**368,73**	4,3
	Alu-Lamellenraffstore, Motorantrieb, UP-Kasten, Lamellenbreite 80mm (86m²), Sonnenschutzsteuerungen (12St)				
339	**Sonstiges zur KG 330**	670,36 m² AWF	38.517	**57,46**	5,2
	Treppenanlage, Sichtbeton, b=3,00m, Unterbeton, Sauberkeitsschicht, drei Auftritte, Schalung, Bewehrung (6m²), Alu-Bekleidung, allseitig, d=1mm (52m²), VSG-Absturzsicherung an Fensterrahmen (11m²)				
340	**Innenwände/Vertikale Baukonstruktionen, innen**				**100,0**
341	**Tragende Innenwände**	513,45 m²	100.163	**195,08**	29,7
	KS-Mauerwerk, d=24cm (419m²), Stb-Innenwände C25/30, d=24cm, Schalung, Bewehrung (39m²), Stb-Überzüge (31m), Stürze (12m), Ringbalken (8m), Holzständerwände, KVH 14x14cm, OSB-Beplankung (55m²), Mineralwolldämmung WLG 040, d=80mm (66m²), Kernbohrungen (46St)				
342	**Nichttragende Innenwände**	302,64 m²	35.017	**115,70**	10,4
	KS-Mauerwerk, d=11,5cm (191m²), GK-Metallständerwände, doppelt beplankt, Mineralwolldämmung, d=12-20cm (24m²), F30 (60m²), F90 (27m²)				
343	**Innenstützen**	16,52 m	1.662	**100,61**	0,5
	Stb-Stützen 11,5x11,5cm, Schalung, Bewehrung (7m), Holzstützen, KVH 14x14cm (10m)				

KG	Kostengruppe	Menge Einheit	Kosten €	€/Einheit	%
344	**Innenwandöffnungen**	64,99 m²	68.314	**1.051,19**	20,2
	Alu-Glas-Türelemente RS, Uw=1,1W/m²K, Stahlzargen, teilweise Festverglasungen, Rosetten-Garnituren, Edelstahl (13m²), einflüglig (39m²), Holztüren, Oberfläche HPL (12m²), Stahltür T30 (1m²), Profilzylinder (28St)				
345	**Innenwandbekleidungen**	1.335,56 m²	103.350	**77,38**	30,6
	Kalkzementputz (944m²), Laibungen (173m), Vlies (93m²), GK-Bekleidung 2x12,5mm (81m²), Dispersionsbeschichtung (801m²), farbig (318m²), Akustikwandplatten, d=40mm (109m²), Wandfliesen 15x15cm (108m²), Fliesensockel (2m), Revisionsöffnungen (3St)				
346	**Elementierte Innenwandkonstruktionen**	21,66 m²	6.778	**312,96**	2,0
	WC-Trennwände, HPL-Vollkernplatten, d=13mm, h=2,13m, Aluprofile, fünf Türen (21m²), Schamwand (1m²)				
347	**Lichtschutz zur KG 340**	103,62 m²	7.515	**72,53**	2,2
	Vorhänge als Blend- und Sichtschutz, zweiläufige Alu-Führungsschienen (42m)				
349	**Sonstiges zur KG 340**	902,74 m² IWF	14.584	**16,16**	4,3
	Handläufe, D=42mm, Lärche (23m), Edelstahl (18m), Pfosten, h=90cm (3St), Brüstungsabdeckung, Eiche, b=14,5cm (10m)				
350	**Decken/Horizontale Baukonstruktionen**				**100,0**
351	**Deckenkonstruktionen**	697,82 m²	125.139	**179,33**	45,0
	Stb-Filigrandecken C25/30, d=20cm, Randschalung, Bewehrung (484m²), d=25cm (184m²), Stb-Balken, d=25cm (16m), Stb-Treppen, d=20cm, dreiläufig, mit Podesten, Laufbreite 1,50m (16m²), d=22cm, zweiläufig, (15m²)				
352	**Deckenöffnungen**	2,24 m²	8.586	**3.829,42**	3,1
	Alu-Scherentreppe, U=0,57W/m²K, 1,50x0,75m, Stahlluke abschließbar, Lackbeschichtung (1m²), Revisionsöffnung in Akustikdecke, Alurahmen, GK-Platte (1m²)				
353	**Deckenbeläge**	380,08 m²	62.596	**164,69**	22,5
	EPS-Wärmedämmung WLG 035, d=30-40mm, Trittschalldämmung WLG 040, d=30mm, Schnellestrich CT-C25-F5, d=72mm (290m²), Kautschuk (270m²), Holzsockel (156m), Bodenfliesen 15x15cm (32m²), Hohlkehlsockel (44m), Beton-Dispersionsbeschichtung (71m²), Epoxidharzbeschichtung, Treppe (7m²)				
354	**Deckenbekleidungen**	571,15 m²	74.580	**130,58**	26,8
	Akustik-Rasterdecken 60x60cm, Unterkonstruktion, Mineralwollplatten, Abhanghöhe 50cm, d=20cm (205m²), 120x60cm, d=40mm, Klebemontage (47m²), GK-Randfries, b=20cm (167m), Revisionsklappen 50x50cm (7St), GK-Decken, Abhanghöhe 50cm, d=12,5mm (25m²), als Lochdecke (82m²), GK-Randstreifen (36m), Wandanschlussprofile (270m), Dispersionsbeschichtung (300m²), Sichtbeton-FT-Deckenplatte, WU (18m²)				
359	**Sonstiges zur KG 350**	697,82 m² DEF	7.080	**10,15**	2,5
	VSG-Glasbrüstung, h=1,10m (5m²)				

KG	Kostengruppe	Menge Einheit	Kosten €	€/Einheit	%
360	**Dächer**				**100,0**
361	**Dachkonstruktionen**	411,39 m²	143.726	**349,37**	61,1
	Walmdach, Holzkonstruktion, KVH (13m³), BSH (1m³), PUR-Dämmung WLS 026, d=180mm, Bitumenabdichtung, Unterkonstruktion 60x60mm, Rauspundschalung, d=25mm, Mineralwolldämmung WLG 035, d=200mm (393m²), Drempelkonstruktion, KVH 60x60mm, OSB-Bekleidung, d=10mm, h=45cm (28m²), Stb-Fertigteildach C25/30, WU (18m²)				
363	**Dachbeläge**	428,43 m²	82.471	**192,50**	35,1
	Doppelstehfalzdeckung, Alu, lackiert (428m²), Traufstreifen (141m), Alu-Kastenrinnen (142m), Fallrohre DN100 (37m), DN80 (7m), Standrohre (5St)				
364	**Dachbekleidungen**	267,77 m²	7.764	**28,99**	3,3
	GK-Bekleidung F30, 2x12,5mm (105m²), Dispersionsbeschichtung (212m²), farbig (37m²), Graffiti-Schutzbeschichtung, Sichtbeton-FT-Dachplatte (18m²)				
369	**Sonstiges zur KG 360**	411,39 m² DAF	1.322	**3,21**	0,6
	Sekuranten (4St)				
380	**Baukonstruktive Einbauten**				**100,0**
381	**Allgemeine Einbauten**	1.165,12 m² BGF	28.329	**24,31**	88,8
	Holz-Einbauschränke für Technik, h=3,10m (2St), Teeküchen mit Ober- und Unterschränken: Korpusse Spanplatte, Sichtseite, Arbeitsplatte, HPL-Beschichtung, l=3,00m, Einbauspülen, Kühlschränke, Geschirrspüler (2St), Einbauherd (1St), Arbeitstisch, fahrbar (1St)				
386	**Orientierungs- und Informationssysteme**	1.165,12 m² BGF	3.585	**3,08**	11,2
	Hinweisschilder (16St), Fluchttürwächter (3St)				
390	**Sonstige Maßnahmen für Baukonstruktionen**				**100,0**
391	**Baustelleneinrichtung**	1.165,12 m² BGF	62.897	**53,98**	35,2
	Baustelleneinrichtung (psch), Bauzaun (126m), Baustellen-WC (1St), Bautüren (4St), Verteiler (8St), FR-Wannenleuchten (8St), Gummischlauchleitungen H07RN (109m), Bauwasser, Baustrom (psch)				
392	**Gerüste**	1.165,12 m² BGF	81.871	**70,27**	45,8
	Fassadengerüst, Lastklasse 3 (2.327m²), Konsolverbreiterungen, b=30cm (383m), Dachfanggerüst (91m), Schutzabdeckungen (1.134m²), Rollgerüste (4St), Innengerüst, Lastklasse 3 (182m³), Konsolverbreiterungen, b=30cm (447m), Treppenhausgerüste (2St)				
394	**Abbruchmaßnahmen**	1.165,12 m² BGF	6.532	**5,61**	3,7
	Abbruch von Ziegelsteinmauer, Fundamente, aufnehmen, entsorgen (psch), Pflaster/Gehwegplatten, Unterbau, aufnehmen, entsorgen (261m²), Kontrollschächte, D=80cm, teilweise ausbauen, entsorgen, verfüllen, verdichten (2St), Fahrradständer versetzen (52m)				
397	**Zusätzliche Maßnahmen**	1.165,12 m² BGF	27.539	**23,64**	15,4
	Schutzabdeckungen, Vlies (434m²), Folie (115m²), Absturzsicherungen (75m²), Bauheizung, Bautrocknung (psch), Grund- und Endreinigung aller Boden- und Wandflächen, Fenster, Türen, Einbaumöbel, Pflege, Schutzbeschichtungen (684m²)				

KG	Kostengruppe	Menge Einheit	Kosten €	€/Einheit	%
410	**Abwasser-, Wasser-, Gasanlagen**				**100,0**
411	**Abwasseranlagen**	1.165,12 m²BGF	17.367	**14,91**	26,0
	KG-Rohre DN100, Formstücke (53m), PP-Rohre DN50-100, Formstücke (57m), HT-Rohre, Formstücke (26m), Rohrschotts R90 (4St), Kontrollschächte DN400, Abdeckungen (4St), DN80 (1St), Bodenabläufe (2St)				
412	**Wasseranlagen**	1.165,12 m²BGF	44.814	**38,46**	67,2
	Metallverbundrohre DN12-25, Formstücke, Rohrdämmung (356m), Brandschotts (7St), Absperrventile (5St), Hygienespülungen (3St), Tiefspül-WCs (6St), barrierefrei (1St), Urinale, Spülautomatik (3St), Waschtische (3St), barrierefrei (1St), Ausgussbecken (3St), WW-Speicher 5l (2St), Durchlauferhitzer (1St), Brausearmatur (1St), Armaturen				
419	**Sonstiges zur KG 410**	1.165,12 m²BGF	4.530	**3,89**	6,8
	Montageelemente für WCs (7St), Urinale (3St), Waschtische (3St), Ausgussbecken (2St)				
420	**Wärmeversorgungsanlagen**				**100,0**
421	**Wärmeerzeugungsanlagen**	1.165,12 m²BGF	28.293	**24,28**	37,2
	Heizungsverteiler, Anschluss an Bestand (1St), Umwälzpumpen (5St), Thermometer (12St), Kugelhähne DN20-32 (17St), Manometer (6St), Rückschlagklappen DN25-32 (4St), Schmutzfänger (2St)				
422	**Wärmeverteilnetze**	1.165,12 m²BGF	29.038	**24,92**	38,2
	Stahlrohre DN10-40, Formstücke, Rohrdämmung (411m) Brandschotts (27St)				
423	**Raumheizflächen**	1.165,12 m²BGF	18.673	**16,03**	24,6
	Röhrenradiatoren, Thermostatköpfe, Ventile (18St)				
430	**Raumlufttechnische Anlagen**				**100,0**
431	**Lüftungsanlagen**	1.165,12 m²BGF	135.322	**116,14**	100,0
	Zu/Abluftgerät, schallentkoppelt, Volumenstrom 4.000m³/h, mit Wärmerückgewinnung (1St), 800m³/h (1St), Einzelraumlüfter, 80m³/h (1St), Kanäle, Formstücke (150m²), Revisionsöffnungen (30St), Wickelfalzrohre DN100-250, Formstücke (330m), Alu-Flexrohre DN100-125 (30m), Lüftungsgitter (38St), Schalldämpfer (30St), Brandschutzklappen (27St)				
440	**Elektrische Anlagen**				**100,0**
444	**Niederspannungsinstallationsanlagen**	1.165,12 m²BGF	99.302	**85,23**	63,6
	Schaltschrank (1St), Mantelleitungen NHYMH-J (4.509m), NYY-J (463m), NHXH (280m), Leerrohre (731m), Kabelrinnen, Formstücke (93m), Verbindungsdosen (152St), Schutzschalter (68St), Brandschotts (11St), Schalter/Taster (19St), Steckdosen (69St), Bewegungs-/Präsenzmelder (33St), Jalousieschalter (7St), Herddosen (2St), Not-Aus Taster (2St)				
445	**Beleuchtungsanlagen**	1.165,12 m²BGF	38.853	**33,35**	24,9
	LED-Langfeldleuchten (112St), Sicherheitsleuchten (27St), Feuchtraumwannenleuchten (9St), Außenleuchten (5St), Wandleuchten (4St), Lichtkanal (1St)				

KG	Kostengruppe	Menge Einheit	Kosten €	€/Einheit	%
446	**Blitzschutz- und Erdungsanlagen**	1.165,12 m²BGF	18.098	**15,53**	11,6
	Mantelleitungen MHXMN-J (96m), Ringerder (204m), Fundamenterder (112m), Kreuzverbinder (40St), Fangleitungen (19m), Anschlussfahnen (33St), Erdungsrohrschellen (17St), Potenzialausgleichsschienen (2St), Brandfallsteuerung (1St)				
450	**Kommunikations-, sicherheits- und informationstechnische Anlagen**				**100,0**
451	**Telekommunikationsanlagen**	1.165,12 m²BGF	12.810	**10,99**	12,2
	Fernmeldeleitungen (1.931m), Verteilerschrank (1St), Patchfelder (2St)				
452	**Such- und Signalanlagen**	1.165,12 m²BGF	1.199	**1,03**	1,1
	Ruf-Kompaktset für barrierefreies WC (1St)				
453	**Zeitdienstanlagen**	1.165,12 m²BGF	720	**0,62**	0,7
	Wanduhr, D=40cm (1St)				
454	**Elektroakustische Anlagen**	1.165,12 m²BGF	6.378	**5,47**	6,1
	Decken-Einbaulautsprecher (32St), Wandlautsprecher Außenbereich (2St)				
456	**Gefahrenmelde- und Alarmanlagen**	1.165,12 m²BGF	57.892	**49,69**	55,3
	Einbruchmeldezentrale, Brandmeldezentrale, Erweiterung, Anschluss an Bestand (1St), Brandmeldekabel (1.900m), Multisensormelder (61St), Handmelder (10St), Rauch-/Bewegungsmelder (3St), Entriegelung Notöffnungen (10St), Lichtsignal (1St)				
457	**Datenübertragungsnetze**	1.165,12 m²BGF	13.657	**11,72**	13,0
	Datenkabel (3.210m), Datendosen (37St), Patchfelder Cat3 (2St)				
459	**Sonstiges zur KG 450**	1.165,12 m²BGF	12.119	**10,40**	11,6
	Batteriemodul-Erweiterung, Unterstation, Überwachungsmodul, Fernanzeige (1St)				
460	**Förderanlagen**				**100,0**
461	**Aufzugsanlagen**	1.165,12 m²BGF	54.152	**46,48**	100,0
	Aufzugsanlage, behindertengerecht, Tragkraft 630kg, zwei Haltestellen, Förderhöhe 3,99m, Kabinenmaße 1,10x1,40m, Seilantrieb (1St)				
470	**Nutzungsspezifische und verfahrenstechnische Anlagen**				**100,0**
474	**Feuerlöschanlagen**	1.165,12 m²BGF	1.552	**1,33**	100,0
	Feuerlösch-Einbauschränke (3St), Schaum-Feuerlöscher (5St), Fettbrand-Feuerlöscher (1St), CO_2-Feuerlöscher (1St)				
480	**Gebäude- und Anlagenautomation**				**100,0**
481	**Automationseinrichtungen**	1.165,12 m²BGF	64.675	**55,51**	58,1
	KNX-Anlage, 139 Datenpunkte, Tableau (1St), Anzeigepaneel (1St), Temperaturfühler (16St), Frostwächter (2St), Präsenzmelder (6St), Rauchmelder (10St), CO_2/VOC-Fühler (6St), Stellantriebe (3St), Wetterstation (1St), Kombisensor (1St), Jalousieaktoren (2St), Witterungsfühler (1St)				

KG	Kostengruppe	Menge Einheit	Kosten €	€/Einheit	%
482	**Schaltschränke, Automation**	1.165,12 m² BGF	34.825	**29,89**	31,3
	Schaltschränke, Einspeisung (3St), Melde-/Anzeigemodule (105St), Not-Aus-Steuerung (2St), Sicherungen				
483	**Automationsmanagement**	1.165,12 m² BGF	11.764	**10,10**	10,6
	Projektierung alle KNX-Geräte, Software (psch), Erweiterung an Bestand				
510	**Erdbau**				**100,0**
511	**Herstellung**	63,72 m³ EBR	5.966	**93,63**	100,0
	Rohrgrabenaushub BK 3-4, lagern, wieder verfüllen (64m³), bis b=1,25m (111m), Planum herstellen (59m²)				
530	**Oberbau, Deckschichten**				**100,0**
533	**Plätze, Höfe, Terrassen**	16,38 m²	1.269	**77,48**	100,0
	Betonpflaster 20x10x8cm, lagernd, in Schotter/Sandbett verlegen (16m²)				
550	**Technische Anlagen**				**100,0**
551	**Abwasseranlagen**	18.777,67 m² AF	12.277	**0,65**	38,8
	KG-Rohre DN100-150 (125m), PE-Rohre DN20 (25m), Formstücke (psch), Anschlüsse an vorhandenen Kontrollschacht (psch), Betonschachtabdeckung, D=785mm (1St), Druckprobe (psch)				
552	**Wasseranlagen**	18.777,67 m² AF	2.576	**0,14**	8,1
	PE-Druckrohre DN50, Formstücke (45m), Druckprobe (psch), Entnahmestelle mit Kugelhähnen DN50 (1St)				
554	**Wärmeversorgungsanlagen**	18.777,67 m² AF	11.787	**0,63**	37,3
	PE-Xa-Verbundrohre DN40, Formstücke (100m), Druckprobe (psch)				
556	**Elektrische Anlagen**	18.777,67 m² AF	4.674	**0,25**	14,8
	Telefonkabel (463m), LWL-Kabel (149m), Erdkabel NYY-J (84m)				
557	**Kommunikationstechnische Anlagen**	18.777,67 m² AF	311	**0,02**	1,0
	Datenkabel Cat7 (73m)				
590	**Sonstige Maßnahmen für Außenanlagen und Freiflächen**				**100,0**
594	**Abbruchmaßnahmen**	18.777,67 m² AF	279	**0,01**	37,9
	Betonpflaster 20x10x8cm, aufnehmen, reinigen, lagern (16m²)				
598	**Prov. Außenanlagen und Freiflächen**	18.777,67 m² AF	456	**0,02**	62,1
	Überbrückung von Rohrgräben, L= bis 2,00m, mit Geländer (1St), Hebe-/Spezialfahrzeuge (psch)				

Kostenkennwerte für Leistungsbereiche nach STLB (Kosten des Bauwerks nach DIN 276)

LB	Leistungsbereiche	Kosten €	€/m² BGF	€/m³ BRI	% an 3+4
000	Baustellen-, Verkehrssich.- u. Sicherh.einr. inkl. 001	158.052	135,70	40,00	5,5
002	Erdarbeiten	130.703	112,20	33,10	4,6
006	Spezialtiefbauarbeiten inkl. 005	–	–	–	–
009	Entwässerungskanalarbeiten inkl. 011	10.356	8,90	2,60	0,4
010	Drän- und Versickerarbeiten	–	–	–	–
012	Mauerarbeiten	134.646	115,60	34,10	4,7
013	Betonarbeiten	302.751	259,80	76,60	10,6
014	Natur-, Betonwerksteinarbeiten	18.438	15,80	4,70	0,6
016	Zimmer- und Holzbauarbeiten	173.384	148,80	43,90	6,1
017	Stahlbauarbeiten	–	–	–	–
018	Abdichtungsarbeiten	51.569	44,30	13,00	1,8
019	Kampfmittelräumarbeiten	–	–	–	–
020	Dachdeckungsarbeiten	99.579	85,50	25,20	3,5
021	Dachabdichtungsarbeiten	–	–	–	–
022	Klempnerarbeiten	19.586	16,80	5,00	0,7
	Rohbau	**1.099.064**	**943,30**	**278,10**	**38,5**
023	Putz- und Stuckarbeiten, Wärmedämmsysteme	167.730	144,00	42,40	5,9
024	Fliesen- und Plattenarbeiten	28.179	24,20	7,10	1,0
025	Estricharbeiten	25.308	21,70	6,40	0,9
026	Fenster, Außentüren inkl. 029, 032	219.570	188,50	55,60	7,7
027	Tischlerarbeiten	94.085	80,80	23,80	3,3
028	Parkett-, Holzpflasterarbeiten	6.864	5,90	1,70	0,2
030	Rollladenarbeiten	37.404	32,10	9,50	1,3
031	Metallbauarbeiten inkl. 035	17.895	15,40	4,50	0,6
034	Maler- und Lackiererarb. - Beschicht. inkl. 037	47.744	41,00	12,10	1,7
036	Bodenbelagarbeiten	66.636	57,20	16,90	2,3
038	Vorgehängte hinterlüftete Fassaden	208.645	179,10	52,80	7,3
039	Trockenbauarbeiten	120.532	103,40	30,50	4,2
	Ausbau	**1.040.592**	**893,10**	**263,30**	**36,5**
040	Wärmeversorgungsanl. - Betriebseinr. inkl. 041	64.924	55,70	16,40	2,3
042	Gas- u. Wasseranl. - Leitung., Armat. inkl. 043	–	–	–	–
044	Abwasseranl. - Leitungen, Abläufe, Armaturen	6.687	5,70	1,70	0,2
045	Gas, Wasser, Entwässerung - Ausstattung inkl. 046	43.571	37,40	11,00	1,5
047	Dämm- und Brandschutzarb. an techn. Anlagen	27.282	23,40	6,90	1,0
049	Feuerlöschanlagen, Feuerlöschgeräte	1.589	1,40	0,40	< 0,1
050	Blitzschutz-/Erdungsanlagen, Überspannungssch.	18.098	15,50	4,60	0,6
053	Niederspannungsanl. - Kabel inkl. 052, 054	112.254	96,30	28,40	3,9
055	Sicherheits- u. Ersatzstromversorgungsanl.	–	–	–	–
057	Gebäudesystemtechnik	2.726	2,30	0,69	< 0,1
058	Leuchten und Lampen inkl. 059	52.268	44,90	13,20	1,8
060	Such, Signal, Zeit, Anten., akust. Anl. inkl. 064	11.524	9,90	2,90	0,4
061	Kommunikations- u. Übertragungsnetze inkl. 063	72.571	62,30	18,40	2,5
069	Aufzüge	54.152	46,50	13,70	1,9
070	Gebäudeautomation	106.534	91,40	27,00	3,7
075	Raumlufttechnische Anlagen inkl. 078	126.164	108,30	31,90	4,4
	Gebäudetechnik	**700.341**	**601,10**	**177,20**	**24,5**
084	Abbruch, Rückbau, Schadstoffsanierung	6.532	5,60	1,70	0,2
	Abbrucharbeiten	**6.532**	**5,60**	**1,70**	**0,2**
	Sonstige Leistungsbereiche	**7.585**	**6,50**	**1,90**	**0,3**

4100-0204
Unterrichtsgebäude
(2 Klassen)
(56 Schüler)

Kostenkennwerte für die Kosten des Bauwerks (Kostengruppen 300+400 nach DIN 276)

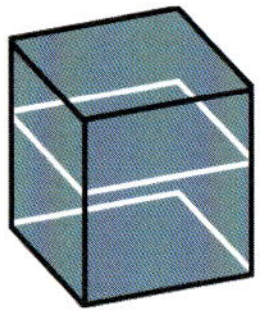

BRI 1.033 €/m³

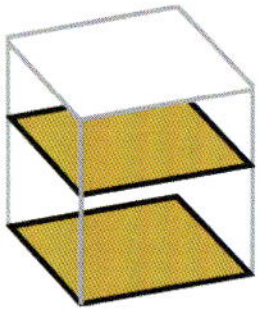

BGF 4.100 €/m²

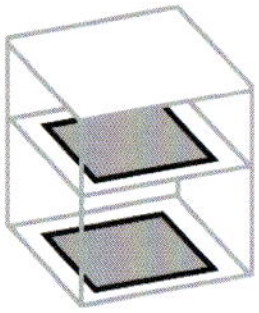

NUF 5.403 €/m²

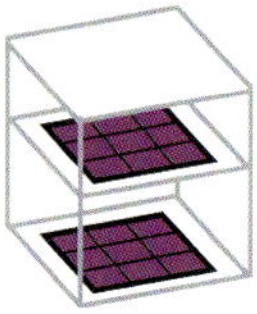

NE 16.092 €/NE

NE: Schüler

Objekt:
Kennwerte: 3. Ebene DIN 276
BRI: 872 m³
BGF: 220 m²
NUF: 167 m²
Bauzeit: 30 Wochen
Bauende: 2018
Standard: mittel
Bundesland: Sachsen
Kreis: Leipzig, Stadt

Architekt*in:
MURZIK architekten
Nonnenstraße 42a
04229 Leipzig

Bauherr*in:
Verein der Waldorfschulgemeinschaft Leipzig e. V.
04357 Leipzig

© Klaus Nauber

© Klaus Nauber

© Klaus Nauber

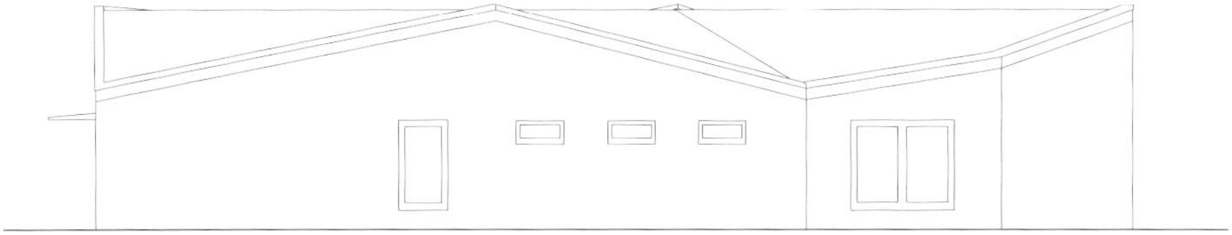

Ansicht Ost

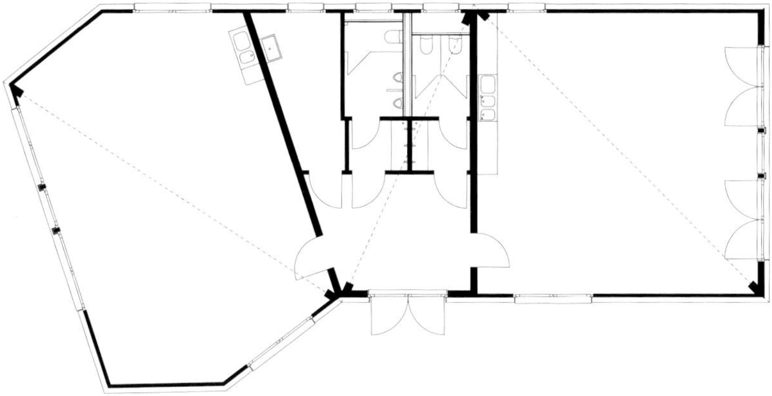

Erdgeschoss

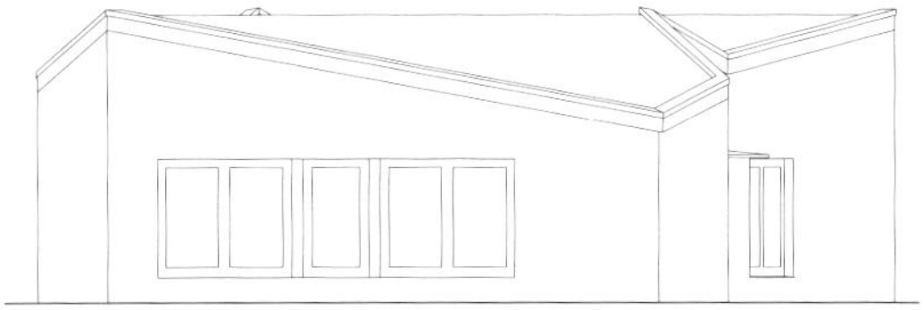

Ansicht Nord

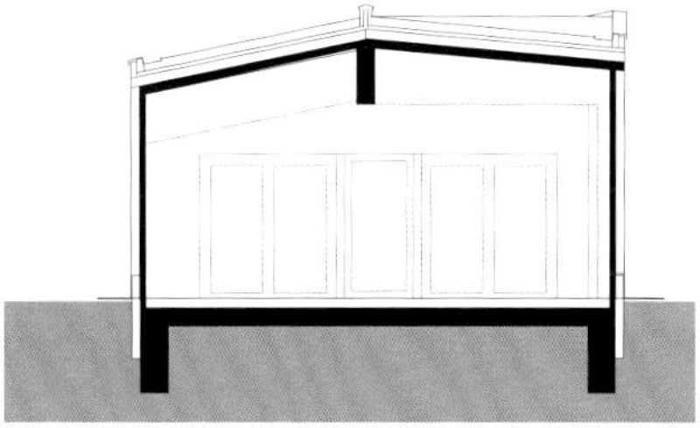

Schnitt

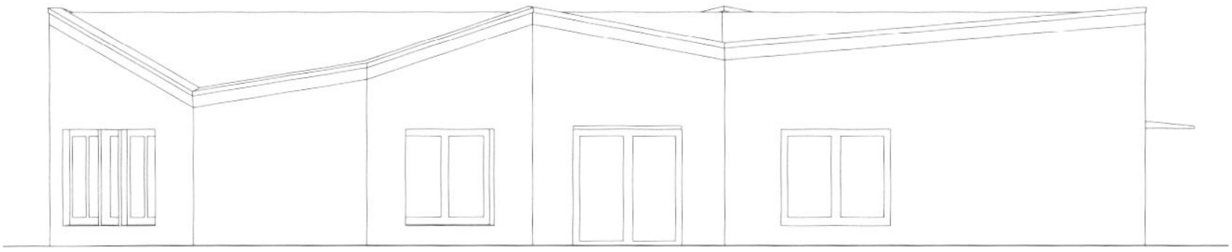

Ansicht West

Objektbeschreibung

Allgemeine Objektinformationen

Der Neubau ist als Erweiterungsgebäude für eine bestehende Schule entstanden. Er bildet mit einem schon bestehenden Atelier- und Schulgartenbau eine kleine separate Einheit auf dem Schulgelände. Um den Räumen und dem Baukörper eine individuelle Note zu verleihen, wurden die Dachfirste diagonal auf die drei Raumbereiche gesetzt. So läuft der First auf derselben Höhe im Zickzack über das Gebäude. Helle offene Räume schaffen eine direkte Verbindung zur Natur.

Nutzung

1 Erdgeschoss
Eingangsbereich, Unterrichtsräume (2St), WCs, Technikraum

Nutzeinheiten

Klassen: 2
Schüler: 56

Grundstück

Bauraum: Beengter Bauraum
Neigung: Ebenes Gelände
Bodenklasse: BK 1 bis BK 5

Markt

Hauptvergabezeit: 4. Quartal 2017
Baubeginn: 1. Quartal 2018
Bauende: 3. Quartal 2018
Konjunkturelle Gesamtlage: über Durchschnitt
Regionaler Baumarkt: über Durchschnitt

Baukonstruktion

Der Neubau wurde in Massivbauweise aus kreuzweise verleimten Brettsperrholz-Einschichtplatten auf einer vorbereiteten Bodenplatte mit umlaufender Frostschürze errichtet. Wände und Decken setzen sich aus passgenau gefertigten Teilelementen zusammen. Außen wurde eine Mineralwolldämmung mit Putz aufgeblendet. Zur Verschattung der Fenster dienen elektrisch betriebene außenliegende Raffstores. Im Inneren kann man den Holzbau ablesen. Alle Oberflächen wurden in Sichtqualität hergestellt. Das Dach ist als hinterlüftetes extensives Gründach ausgeführt.

Technische Anlagen

Das Gebäude wird über einen Nahwärmeanschluss an das Haupthaus angeschlossen. Eine Fußbodenheizung ist in allen Räumen vorhanden. Die Belüftung findet aktiv mittels Fensterlüftung statt. In den WC-Räumen wurden Einzelraumlüfter zusätzlich eingebaut. Im Technikraum ist eine Abwasserhebeanlage installiert. In allen Klassenräumen befinden sich EDV-Anschlüsse.

Sonstiges

Im Fokus der Realisierung standen die gewünschten Raum-, Material- und Oberflächenqualitäten, Nachhaltigkeit im Sinne von weitestgehender Recyclingfähigkeit und die Verwendung eines nachwachsenden Rohstoffes als wichtigstes Konstruktionsmaterial, die Erfüllung sämtlicher gesetzlicher Vorgaben für Schulbau und Brandschutz und ein knappes räumliches und zeitliches Montagefenster.

Planungskennwerte für Flächen und Rauminhalte nach DIN 277

Flächen des Grundstücks		Menge Einheit	% an GF
BF	Bebaute Fläche	–	–
UF	Unbebaute Fläche	–	–
GF	Grundstücksfläche	14.704,00 m²	100,0

Grundflächen des Bauwerks		Menge Einheit	% an NUF	% an BGF
NUF	Nutzungsfläche	166,78 m²	100,0	75,9
TF	Technikfläche	10,18 m²	6,1	4,6
VF	Verkehrsfläche	16,25 m²	9,7	7,4
NRF	Netto-Raumfläche	193,21 m²	115,8	87,9
KGF	Konstruktions-Grundfläche	26,59 m²	15,9	12,1
BGF	Brutto-Grundfläche	219,80 m²	131,8	100,0

Brutto-Rauminhalt des Bauwerks		Menge Einheit	BRI/NUF (m)	BRI/BGF (m)
BRI	Brutto-Rauminhalt	872,00 m³	5,23	3,97

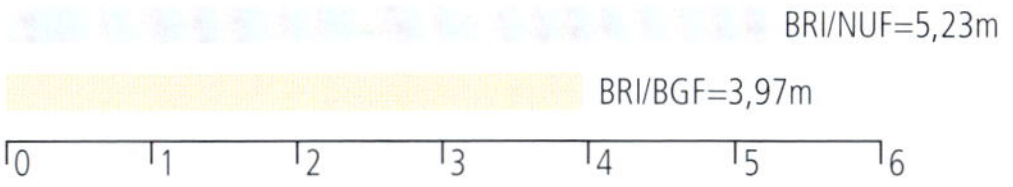

Lufttechnisch behandelte Flächen	Menge Einheit	% an NUF	% an BGF
Entlüftete Fläche	–	–	–
Be- und entlüftete Fläche	–	–	–
Teilklimatisierte Fläche	–	–	–
Klimatisierte Fläche	–	–	–

KG	Kostengruppen (2. Ebene)	Menge Einheit	Menge/NUF	Menge/BGF
310	Baugrube / Erdbau	120,92 m³ BGI	0,73	0,55
320	Gründung, Unterbau	208,19 m² GRF	1,25	0,95
330	Außenwände/Vertikale Baukonstruktionen, außen	239,78 m² AWF	1,44	1,09
340	Innenwände/Vertikale Baukonstruktionen, innen	240,93 m² IWF	1,45	1,10
350	Decken/Horizontale Baukonstruktionen	–	–	–
360	Dächer	210,63 m² DAF	1,26	0,96

Kostenkennwerte für die Kostengruppen der 1. Ebene DIN 276

KG	Kostengruppen (1. Ebene)	Einheit	Kosten €	€/Einheit	€/m² BGF	€/m³ BRI	% 300+400
100	Grundstück	m² GF	–	–	–	–	–
200	Vorbereitende Maßnahmen	m² GF	16.519	1,12	75,15	18,94	1,8
300	Bauwerk – Baukonstruktionen	m² BGF	768.398	3.495,90	3.495,90	881,19	85,3
400	Bauwerk – Technische Anlagen	m² BGF	132.775	604,07	604,07	152,26	14,7
	Bauwerk 300+400	**m² BGF**	**901.172**	**4.099,97**	**4.099,97**	**1.033,45**	**100,0**
500	Außenanlagen und Freiflächen	m² AF	78.751	–	358,29	90,31	8,7
600	Ausstattung und Kunstwerke	m² BGF	151	0,69	0,69	0,17	< 0,1
700	Baunebenkosten	m² BGF	–	–	–	–	–
800	Finanzierung	m² BGF	–	–	–	–	–

KG	Kostengruppe	Menge Einheit	Kosten €	€/Einheit	%
200	**Vorbereitende Maßnahmen**	14.704,00 m² GF	16.519	**1,12**	1,8

Abbruch von Betongehwegplatten, Betonpflasterbelag, Asphaltdeckschicht, Boden; Entsorgung, Deponiegebühren, Oberboden abtragen, entsorgen, Suchschachtungen, Einzelsteine lösen, entsorgen

KG	Kostengruppe	Menge Einheit	Kosten €	€/Einheit	%
3+4	**Bauwerk**				**100,0**
300	**Bauwerk – Baukonstruktionen**	219,80 m² BGF	768.398	**3.495,90**	85,3

Fundamente, Stb-Bodenplatte, Wärmedämmung, Zementestrich, Linoleum, Bodenfliesen, Beschichtung; Massivholz-Außenwände, Stützen, Holzfenster, Faserzementplatten, Dämmung, Feinputz, Beschichtung, Wandfliesen, Leichtmetall-Raffstores, Blechdach, Stahlrahmenkonstruktion; Massivholz-Innenwände, GK-Wände, Holztüren, GK-Bekleidung, Beschichtung, Wandfliesen, Trennwandanlagen; Massivholz Dachelemente, Dämmung, Abdichtung, extensive Dachbegrünung, Dachentwässerung

KG	Kostengruppe	Menge Einheit	Kosten €	€/Einheit	%
400	**Bauwerk – Technische Anlagen**	219,80 m² BGF	132.775	**604,07**	14,7

Gebäudeentwässerung, Kalt- und Warmwasserleitungen, Sanitärobjekte; Fußbodenheizung; Einzelraumlüfter, Zuluftautomat; Elektroinstallation, LED-Beleuchtung, Blitzschutzanlage; Läutewerke, Datenübertragungsnetz

KG	Kostengruppe	Menge Einheit	Kosten €	€/Einheit	%
500	**Außenanlagen und Freiflächen**	–	78.751	–	8,7

Bodenarbeiten; Betonpflaster; Mauer; Abwasser-, Wasser-Anschluss an Nahwärmeleitung, Heizungsleitungen, Muffen für Fernmeldeleitung, Fernmelde-Außenkabel; Oberbodenarbeiten, Rasenansaat

KG	Kostengruppe	Menge Einheit	Kosten €	€/Einheit	%
600	**Ausstattung und Kunstwerke**	219,80 m² BGF	151	**0,69**	< 0,1

Steinplastik ausbauen, lagern

Kostenkennwerte für die Kostengruppen der 2.Ebene DIN 276

KG	Kostengruppe	Menge Einheit	Kosten €	€/Einheit	%
200	**Vorbereitende Maßnahmen**				**100,0**
210	**Herrichten**	14.704,00 m²GF	16.519	**1,12**	100,0
	Abdeckung aus Stahlplatten, vorhalten, entfernen (10m²) * Abbruch von Betongehwegplatten (14m²), Betonpflasterbelag (12m²), Asphaltdeckschicht (10m²), Boden (9m³); Entsorgung, Deponiegebühren, Aufnehmen und Lagern von Betonpflasterbelag (24m²) * Oberboden abtragen, entsorgen (277m²), Suchschachtungen (4St), Einzelsteine lösen, entsorgen (14St)				
300	**Bauwerk – Baukonstruktionen**				**100,0**
310	**Baugrube / Erdbau**	120,92 m³BGI	17.641	**145,89**	2,3
	Baugrubenaushub lösen, laden, abfahren (106m³), Planum (133m²), Grabenaushub BK 3-5 (15m³)				
320	**Gründung, Unterbau**	208,19 m²GRF	146.483	**703,60**	19,1
	Streifenfundamente, unbewehrt (52m³), Stb-Bodenplatte (208m²) * Wärmedämmung WLS 031 (193m²), Zementestrich (193m²), Linoleum (152m²), Spachtelung, Bodenfliesen (32m²), Epoxidharzbeschichtung (10m²) * Schaumglasschotterschicht, PE-Folie, Geotextilvlies, Sauberkeitsschicht (161m²), Bitumenbahn, zweilagig (208m²), vertikal (70m²)				
330	**Außenwände/Vert. Baukonstrukt., außen**	239,78 m²AWF	270.413	**1.127,76**	35,2
	Massivholz-Außenwände, Innenseite Sichtqualität, d=10cm (157m²), d=20cm (27m²) * BSH-Rechteckstützen (58m) * Holzfenster, Uw=1,1W/m²K (49m²), Holz-Eingangstür, Uw=1,1W/m²K, Zutrittskontrolle (6m²) * Faserzementplatten (203m²), Wärmedämmung, d=140mm, Feinputz, Beschichtung (178m²), Sockel, Perimeterdämmung, d=140mm, Beschichtung (80m²) * Beschichtung, Hartöl (142m²), Dispersion (6m²), Laibungsbekleidung, Holz (99m), GK-Vorsatzschalen, Wandfliesen (7m²) * Leichtmetall-Raffstores (34m²) * Blechdach, Stahlrahmenkonstruktion (3m²)				
340	**Innenwände/Vert. Baukonstrukt., innen**	240,93 m²IWF	93.912	**389,79**	12,2
	Massivholz-Innenwände, Sichtqualität, d=22cm (134m²) * GK-Wände, d=12,5cm (62m²), d=15cm (7m²), imprägniert, d=30cm (14m²) * Holztüren, mit Stahlzarge (10m²), mit Holzzarge (4m²) * Spachtelung (112m²), GK-Bekleidung (12m²), Beschichtung, Hartöl (253m²), Dispersion (74m²), Spachtelung, Wandfliesen (40m²), Sicherheitsspiegel (2m²) * WC-Trennwandanlagen, HPL-Vollkern (2St), Schamwand (1St)				
360	**Dächer**	210,63 m²DAF	213.889	**1.015,47**	27,8
	Massivholz-Dachelemente, Innenseite Sichtqualität, d=16cm (211m²), BSH-Mittelpfetten (3St) * Mineralwolldämmung, d=160mm, Dachschalung (211m²), Dachabdichtung, Wurzelschutz, Trennvlies, Filtermatte (227m²), extensive Dachbegrünung (160m²), Kiesstreifen (131m), Attikaabschluss, Holzaufkantung (131m), Attikaabdeckung (66m), Attikagullys (3St), Abdeckung aus Titanzink (31m), Fallrohre (12m) * Sekuranten (4St), Anschlagpunkte (8St)				
390	**Sonst. Maßnahmen für Baukonstrukt.**	219,80 m²BGF	26.059	**118,56**	3,4
	Baustelleneinrichtung (psch), Bauschild (1St), Bauzaun (42m), Baustellen-WC (1St), Kabel-/Schlauchbrücke, überfahrbar (7m) * Fassadengerüst (292m²), Dachfanggerüst (74m), Arbeits- und Schutzgerüste (psch) * Schutzfolie (82m²), Witterungsschutz von Fensterbrettern (5m²)				

KG	Kostengruppe	Menge Einheit	Kosten €	€/Einheit	%
400	**Bauwerk – Technische Anlagen**				**100,0**
410	**Abwasser-, Wasser-, Gasanlagen**	219,80 m² BGF	40.889	**186,03**	30,8
	Fäkalienhebeanlage (1St), Handmembranpumpe (1St), Abwasserleitungen (54m) * Warmwasserspeicher (2St), Wasserleitungen, Edelstahl (58m), WCs (3St), Urinale mit Elektronik (2St), Waschtische (2St), Ausgussbecken (1St) * Montageelemente (7St)				
420	**Wärmeversorgungsanlagen**	219,80 m² BGF	17.687	**80,47**	13,3
	Edelstahlverteiler (1St), Regelmodul (1St), Thermoantriebe (13St), Rohre DN20 (10m) * Fußbodenheizung, Mehrschichtverbundrohre (1.300m)				
430	**Raumlufttechnische Anlagen**	219,80 m² BGF	4.014	**18,26**	3,0
	Einzelraumlüfter (2St), Zuluftautomat (1St), Leitungen (5m)				
440	**Elektrische Anlagen**	219,80 m² BGF	66.626	**303,12**	50,2
	Installationsverteiler (2St), Mantelleitungen (1.677m), Gummischlauchleitungen (298m), Installationskabel (57m), Kabel (35m), LF-Kanal (16m), Schalter (6St), Steckdosen (34St), CEE-Steckdosen (2St), Raumthermostate (5St), Anschlussdosen (2St), Präsenzmelder (5St), Jalousietaster (5St) * LED-Anbauleuchten (45St), LED-Pendelleuchten (4St), LED-Rettungszeichenleuchten (5St) * Installationsleitungen (25m), Ringerder (70m), Fundamenterder (70m), Potenzialausgleichsschienen (2St), Runddraht (133m)				
450	**Kommunikationstechnische Anlagen**	219,80 m² BGF	3.559	**16,19**	2,7
	Läutewerke (3St), FM-Verteiler (1St), Aufschaltung auf Pausensignalanlage * 19"-Verteiler als Wandschrank (1St), Kabelführungsleiste (1St), 19"-Patchpanel (1St), Installationsschiene (1St), Patchkabel Cat6 (10St), Datenkabel (240m), Messung Cat6 (16St), Datenanschlussdosen RJ45 Cat6 (4St)				
500	**Außenanlagen und Freiflächen**				**100,0**
510	**Erdbau**	–	8.852	–	11,2
	Boden liefern, verfüllen (87t)				
530	**Oberbau, Deckschichten**	99,00 m² BFF	20.262	**204,67**	25,7
	Betonpflaster (99m²)				
540	**Baukonstruktionen**	–	5.114	–	6,5
	Mauer (17m)				
550	**Technische Anlagen**	–	40.160	–	51,0
	Abwasserleitungen (101m) * Wasserleitungen (30m) * Anschluss an Nahwärmeleitung (1St), Heizungsleitungen (30m) * Muffen für Fernmeldeleitung (2St), Kabelschutzrohr DN110, flexibel (23m), Fernmelde-Außenkabel A-2YF(L)2Y 10x2x0,8 (35m)				
570	**Vegetationsflächen**	94,00 m² PSF	3.090	**32,88**	3,9
	Oberbodenarbeiten (98m²), Rasenansaat (94m²)				
590	**Sonst. Maßnahmen für Außenanlagen u. Freiflächen**	–	1.272	–	1,6
	Baustelleneinrichtung (psch) * Abbruch, Deponiegebühren (0,30t)				

KG	Kostengruppe	Menge Einheit	Kosten €	€/Einheit	%
600	**Ausstattung und Kunstwerke**				**100,0**
640	**Künstlerische Ausstattung**	219,80 m²BGF	151	**0,69**	100,0

Steinplastik ausbauen, lagern (2St)

Kostenkennwerte für die Kostengruppen 300 der 2. und 3. Ebene DIN 276 (Übersicht)

KG	Kostengruppe	Menge Einheit	Kosten €	€/Einheit	% an 3+4
300	**Bauwerk – Baukonstruktionen**	**219,80 m² BGF**	**768.397,78**	**3.495,90**	**85,3**
310	**Baugrube / Erdbau**	**120,92 m³ BGI**	**17.641,22**	**145,89**	**2,0**
311	Herstellung	120,92 m³ BGI	17.641,22	145,89	2,0
312	Umschließung	–	–	–	–
313	Wasserhaltung	–	–	–	–
314	Vortrieb	–	–	–	–
319	Sonstiges zur KG 310	–	–	–	–
320	**Gründung, Unterbau**	**208,19 m² GRF**	**146.483,25**	**703,60**	**16,3**
321	Baugrundverbesserung	–	–	–	–
322	Flachgründungen und Bodenplatten	208,19 m²	69.994,49	336,20	7,8
323	Tiefgründungen	–	–	–	–
324	Gründungsbeläge	196,72 m²	45.110,67	229,31	5,0
325	Abdichtungen und Bekleidungen	278,33 m²	31.378,09	112,74	3,5
326	Dränagen	–	–	–	–
329	Sonstiges zur KG 320	–	–	–	–
330	**Außenwände/Vert. Baukonstrukt., außen**	**239,78 m² AWF**	**270.413,17**	**1.127,76**	**30,0**
331	Tragende Außenwände	184,51 m²	59.143,85	320,55	6,6
332	Nichttragende Außenwände	–	–	–	–
333	Außenstützen	58,40 m	15.291,76	261,85	1,7
334	Außenwandöffnungen	55,27 m²	51.751,11	936,33	5,7
335	Außenwandbekleidungen, außen	216,14 m²	111.610,85	516,38	12,4
336	Außenwandbekleidungen, innen	156,00 m²	7.587,26	48,64	0,8
337	Element. Außenwandkonstruktionen	–	–	–	–
338	Lichtschutz zur KG 330	34,00 m²	17.740,38	521,78	2,0
339	Sonstiges zur KG 330	239,78 m² AWF	7.287,96	30,39	0,8
340	**Innenwände/Vert. Baukonstrukt., innen**	**240,93 m² IWF**	**93.912,06**	**389,79**	**10,4**
341	Tragende Innenwände	134,25 m²	42.357,85	315,51	4,7
342	Nichttragende Innenwände	82,19 m²	15.333,37	186,56	1,7
343	Innenstützen	–	–	–	–
344	Innenwandöffnungen	14,41 m²	13.876,37	962,97	1,5
345	Innenwandbekleidungen	369,00 m²	16.750,83	45,40	1,9
346	Elementierte Innenwandkonstruktionen	10,08 m²	5.593,65	554,93	0,6
347	Lichtschutz zur KG 340	–	–	–	–
349	Sonstiges zur KG 340	–	–	–	–
350	**Decken/Horizontale Baukonstruktionen**	**–**	**–**	**–**	**–**
351	Deckenkonstruktionen	–	–	–	–
352	Deckenöffnungen	–	–	–	–
353	Deckenbeläge	–	–	–	–
354	Deckenbekleidungen	–	–	–	–
355	Elementierte Deckenkonstruktionen	–	–	–	–
359	Sonstiges zur KG 350	–	–	–	–
360	**Dächer**	**210,63 m² DAF**	**213.889,17**	**1.015,47**	**23,7**
361	Dachkonstruktionen	210,63 m²	91.534,31	434,57	10,2
362	Dachöffnungen	–	–	–	–
363	Dachbeläge	226,91 m²	120.529,33	531,18	13,4
364	Dachbekleidungen	–	–	–	–
365	Elementierte Dachkonstruktionen	–	–	–	–
366	Lichtschutz zur KG 360	–	–	–	–
369	Sonstiges zur KG 360	210,63 m² DAF	1.825,53	8,67	0,2
370	**Infrastrukturanlagen**	**–**	**–**	**–**	**–**
380	**Baukonstruktive Einbauten**	**–**	**–**	**–**	**–**
390	**Sonst. Maßnahmen für Baukonstrukt.**	**219,80 m² BGF**	**26.058,91**	**118,56**	**2,9**

Kostenkennwerte für die Kostengruppen 400 der 2. und 3.Ebene DIN 276 (Übersicht)

KG	Kostengruppe	Menge Einheit	Kosten €	€/Einheit	% an 3+4
400	**Bauwerk – Technische Anlagen**	**219,80 m² BGF**	**132.774,69**	**604,07**	**14,7**
410	**Abwasser-, Wasser-, Gasanlagen**	**219,80 m² BGF**	**40.888,95**	**186,03**	**4,5**
411	Abwasseranlagen	219,80 m² BGF	13.206,12	60,08	1,5
412	Wasseranlagen	219,80 m² BGF	24.436,34	111,18	2,7
413	Gasanlagen	–	–	–	–
419	Sonstiges zur KG 410	219,80 m² BGF	3.246,49	14,77	0,4
420	**Wärmeversorgungsanlagen**	**219,80 m² BGF**	**17.687,20**	**80,47**	**2,0**
421	Wärmeerzeugungsanlagen	–	–	–	–
422	Wärmeverteilnetze	219,80 m² BGF	6.394,34	29,09	0,7
423	Raumheizflächen	219,80 m² BGF	11.292,86	51,38	1,3
424	Verkehrsheizflächen	–	–	–	–
429	Sonstiges zur KG 420	–	–	–	–
430	**Raumlufttechnische Anlagen**	**219,80 m² BGF**	**4.014,48**	**18,26**	**0,4**
431	Lüftungsanlagen	219,80 m² BGF	4.014,48	18,26	0,4
432	Teilklimaanlagen	–	–	–	–
433	Klimaanlagen	–	–	–	–
434	Kälteanlagen	–	–	–	–
439	Sonstiges zur KG 430	–	–	–	–
440	**Elektrische Anlagen**	**219,80 m² BGF**	**66.625,53**	**303,12**	**7,4**
441	Hoch- und Mittelspannungsanlagen	–	–	–	–
442	Eigenstromversorgungsanlagen	–	–	–	–
443	Niederspannungsschaltanlagen	–	–	–	–
444	Niederspannungsinstallationsanlagen	219,80 m² BGF	34.706,82	157,90	3,9
445	Beleuchtungsanlagen	219,80 m² BGF	25.387,98	115,50	2,8
446	Blitzschutz- und Erdungsanlagen	219,80 m² BGF	6.530,73	29,71	0,7
447	Fahrleitungssysteme	–	–	–	–
449	Sonstiges zur KG 440	–	–	–	–
450	**Kommunikationstechnische Anlagen**	**219,80 m² BGF**	**3.558,54**	**16,19**	**0,4**
451	Telekommunikationsanlagen	–	–	–	–
452	Such- und Signalanlagen	219,80 m² BGF	623,63	2,84	< 0,1
453	Zeitdienstanlagen	–	–	–	–
454	Elektroakustische Anlagen	–	–	–	–
455	Audiovisuelle Medien- u. Antennenanl.	–	–	–	–
456	Gefahrenmelde- und Alarmanlagen	–	–	–	–
457	Datenübertragungsnetze	219,80 m² BGF	2.934,91	13,35	0,3
458	Verkehrsbeeinflussungsanlagen	–	–	–	–
459	Sonstiges zur KG 450	–	–	–	–
460	**Förderanlagen**	**–**	**–**	**–**	**–**
461	Aufzugsanlagen	–	–	–	–
462	Fahrtreppen, Fahrsteige	–	–	–	–
463	Befahranlagen	–	–	–	–
464	Transportanlagen	–	–	–	–
465	Krananlagen	–	–	–	–
466	Hydraulikanlagen	–	–	–	–
469	Sonstiges zur KG 460	–	–	–	–
470	**Nutzungsspez. u. verfahrenstechn. Anl.**	**–**	**–**	**–**	**–**
480	**Gebäude- und Anlagenautomation**	**–**	**–**	**–**	**–**
490	**Sonst. Maßnahmen für techn. Anlagen**	**–**	**–**	**–**	**–**

Kostenkennwerte für die Kostengruppen der 3. Ebene DIN 276

KG	Kostengruppe	Menge Einheit	Kosten €	€/Einheit	%
210	**Herrichten**				**100,0**
211	**Sicherungsmaßnahmen**	14.704,00 m²GF	678	**0,05**	4,1
	Abdeckung aus Stahlplatten, als Sicherheitsmaßnahme auf Schächten, überfahrbar, vorhalten, entfernen, mehrfaches Wiederaufnehmen, Schachtbreite bis 1,50m (10m²)				
212	**Abbruchmaßnahmen**	14.704,00 m²GF	1.974	**0,13**	11,9
	Abbruch von Betongehwegplatten (14m²), Betonpflasterbelag (12m²), Asphaltdeckschicht (10m²), Boden (9m³), Einzelsteinen (14St); Entsorgung, Deponiegebühren, Aufnehmen und Lagern von Betonpflasterbelag (24m²)				
214	**Herrichten der Geländeoberfläche**	14.704,00 m²GF	13.867	**0,94**	84,0
	Oberboden abtragen, entsorgen (277m²), Suchschachtungen, t bis 1,80m, lagern (4St)				
310	**Baugrube / Erdbau**				**100,0**
311	**Herstellung**	120,92 m³BGI	17.641	**145,89**	100,0
	Baugrubenaushub, t bis 1,10m, laden, abfahren (106m³), Planum (133m²), Grabenaushub BK 3-5, t bis 1,50m (15m³)				
320	**Gründung, Unterbau**				**100,0**
322	**Flachgründungen und Bodenplatten**	208,19 m²	69.994	**336,20**	47,8
	Streifenfundamente C35/45, unbewehrt (52m³), Stb-Bodenplatte C20/25, d=22cm, Schalung, Bewehrung (208m²)				
324	**Gründungsbeläge**	196,72 m²	45.111	**229,31**	30,8
	Wärmedämmung WLS 031, d=60mm (193m²), Zementestrich, d=65-90mm, Estrichbeschleuniger (193m²), Linoleum (152m²), Sockelleisten (80m), Ausgleichsspachtelung, Bodenfliesen (32m²), Sockelfliesen (29m), Epoxidharzbeschichtung (10m²), Fußabstreifer (3m²)				
325	**Abdichtungen und Bekleidungen**	278,33 m²	31.378	**112,74**	21,4
	Schaumglasschotterschicht, d=16cm, Trennlage, PE-Folie, Geotextilvlies, Sauberkeitsschicht C12/15, d=10-15cm (161m²), Bitumenvoranstrich, Bitumenbahn, zweilagig (208m²), vertikal (70m²)				
330	**Außenwände/Vertikale Baukonstruktionen, außen**				**100,0**
331	**Tragende Außenwände**	184,51 m²	59.144	**320,55**	21,9
	Massivholz-Außenwände, Innenseite Sichtqualität, d=10cm (157m²), d=20cm (27m²)				
333	**Außenstützen**	58,40 m	15.292	**261,85**	5,7
	BSH-Rechteckstützen 40x24cm (26m), 12x20cm (32m)				
334	**Außenwandöffnungen**	55,27 m²	51.751	**936,33**	19,1
	Holzfenster, Uw=1,1W/m²K, VSG-Verglasung, zweiflüglig (38m²), einflüglig (8m²), feststehend (3m²), Holz-Eingangstür, Uw=1,1W/m²K, VSG-Verglasung, zweiflüglig, Panikschloss, digitaler Schließzylinder, Zutrittskontrolle (6m²), Fensterbänke außen, Alu (19m)				

KG	Kostengruppe	Menge Einheit	Kosten €	€/Einheit	%
335	**Außenwandbekleidungen, außen**	216,14 m²	111.611	**516,38**	41,3
	Faserzementplatten, d=10mm (203m²), Wärmedämmung WLS 041, Steinwolle, d=140mm, Armierung, Zwischenbeschichtung, Feinputz, Beschichtung (178m²), Laibungen (62m), Sockel, Perimeterdämmung WLS 035, d=140mm, Armierung, Dichtschlämme, Beschichtung (80m²), Stützenbekleidung, Holz, Fichte, d=20mm (4m²)				
336	**Außenwandbekleidungen, innen**	156,00 m²	7.587	**48,64**	2,8
	Beschichtung, Hartöl (142m²), Dispersion (6m²), Laibungsbekleidung, Holz, Fichte (99m), GK-Vorsatzschalen, Feinspachtelung, Wandfliesen (7m²), Stützenbekleidung, Holz, Fichte, d=20mm (4m²)				
338	**Lichtschutz zur KG 330**	34,00 m²	17.740	**521,78**	6,6
	Leichtmetall-Raffstores (34m²), Sonnenschutzzentrale (1St), Wetterstation (1St), Motorsteuereinheiten (5St)				
339	**Sonstiges zur KG 330**	239,78 m² AWF	7.288	**30,39**	2,7
	Blechdach, pulverbeschichtet, Stahlrahmenkonstruktion (3m²)				
340	**Innenwände/Vertikale Baukonstruktionen, innen**				**100,0**
341	**Tragende Innenwände**	134,25 m²	42.358	**315,51**	45,1
	Massivholz-Innenwände, Sichtqualität, d=22cm (134m²)				
342	**Nichttragende Innenwände**	82,19 m²	15.333	**186,56**	16,3
	GK-Wände, d=12,5cm (62m²), d=15cm (7m²), imprägniert, d=30cm (14m²)				
344	**Innenwandöffnungen**	14,41 m²	13.876	**962,97**	14,8
	Holztüren, mit Stahlzarge (10m²), mit Holzzarge (4m²), Obentürschließer mit Gleitschiene (3St), Wandtürstopper (4St), Bodentürstopper, Alu (2St)				
345	**Innenwandbekleidungen**	369,00 m²	16.751	**45,40**	17,8
	Spachtelung (112m²), GK-Bekleidung (12m²), Beschichtung, Hartöl (253m²), Dispersion (74m²), Feinspachtelung, Wandfliesen (40m²), VSG-Sicherheitsspiegel, flächenbündig mit Fliesen (2m²)				
346	**Elementierte Innenwandkonstruktionen**	10,08 m²	5.594	**554,93**	6,0
	WC-Trennwandanlagen, HPL-Vollkern (2St), Schamwand (1St)				
360	**Dächer**				**100,0**
361	**Dachkonstruktionen**	210,63 m²	91.534	**434,57**	42,8
	Massivholz-Dachelemente, Innenseite Sichtqualität, d=16cm (211m²), BSH-Mittelpfetten (3St)				
363	**Dachbeläge**	226,91 m²	120.529	**531,18**	56,4
	Mineralwolldämmung WLG 035, d=160mm, PE-Folie, Dachlattung, Dachschalung (211m²), Dachabdichtung, Wurzelschutz, Schutz-/Trennvlies, Drän-/Filtermatte (227m²), extensive Dachbegrünung, Fertigstellungspflege, Düngung (160m²), Kiesstreifen 16/32mm, b=50cm, Alu-Kiesfangleiste (131m), Attikaabschluss, Holzaufkantung (131m), Attikaabdeckung, Titanzink (66m), Attikagullys (3St), Lüfterfirst, Abdeckung, Titanzink (31m), Wasserauffangkästen, Titanzink (4St), Fallrohre DN100, Titanzink (12m), Standrohre DN100 (4St)				

KG	Kostengruppe	Menge Einheit	Kosten €	€/Einheit	%
369	**Sonstiges zur KG 360**	210,63 m²DAF	1.826	**8,67**	0,9
	Absturzsicherung, Sekuranten (4St), Anschlagpunkte (8St)				
390	**Sonstige Maßnahmen für Baukonstruktionen**				**100,0**
391	**Baustelleneinrichtung**	219,80 m²BGF	16.624	**75,63**	63,8
	Baustelleneinrichtung (psch), Bauschild 2,00x3,00m (1St), Bauzaun, h=2,00m (42m), Baustellen-WC (1St), Schnurgerüst (psch), Kabel-/Schlauchbrücke, überfahrbar (7m)				
392	**Gerüste**	219,80 m²BGF	8.681	**39,49**	33,3
	Fassadengerüst, Lastklasse 3 (292m²), Dachfanggerüst (74m), Arbeits- und Schutzgerüste über 3,50m (psch)				
397	**Zusätzliche Maßnahmen**	219,80 m²BGF	755	**3,43**	2,9
	Schutzfolie (82m²), Witterungsschutz von Fensterbrettern (5m²)				
410	**Abwasser-, Wasser-, Gasanlagen**				**100,0**
411	**Abwasseranlagen**	219,80 m²BGF	13.206	**60,08**	32,3
	Fäkalienhebeanlage (1St), Handmembranpumpe (1St), Abwasserleitungen, Formstücke, Rohrdämmung (54m)				
412	**Wasseranlagen**	219,80 m²BGF	24.436	**111,18**	59,8
	Warmwasserspeicher (2St), Wasserleitungen, Edelstahl, Formstücke, Rohrdämmung (58m), WCs (3St), Urinale mit Elektronik (2St), Waschtische (2St), Ausgussbecken (1St), Armaturen (7St)				
419	**Sonstiges zur KG 410**	219,80 m²BGF	3.246	**14,77**	7,9
	Montageelemente für WCs (3St), für Urinale (2St), für Waschtische (2St)				
420	**Wärmeversorgungsanlagen**				**100,0**
422	**Wärmeverteilnetze**	219,80 m²BGF	6.394	**29,09**	36,2
	Edelstahlverteiler (1St), Regelmodul (1St), Thermoantriebe (13St), Rohre DN20, Formstücke, Dämmung (10m)				
423	**Raumheizflächen**	219,80 m²BGF	11.293	**51,38**	63,8
	Fußbodenheizung, Mehrschichtverbundrohre (1.300m)				
430	**Raumlufttechnische Anlagen**				**100,0**
431	**Lüftungsanlagen**	219,80 m²BGF	4.014	**18,26**	100,0
	Einzelraumlüfter (2St), Zuluftautomat (1St), Leitungen (5m)				
440	**Elektrische Anlagen**				**100,0**
444	**Niederspannungsinstallationsanlagen**	219,80 m²BGF	34.707	**157,90**	52,1
	Installationsverteiler (2St), Überspannungsschutzgeräte (4St), Ausschalter 63A, dreipolig (1St), 16A, einpolig (1St), FI-Schalter (5St), LS-Schalter (40St), Installationsschütz 24A (1St), digitale Zeitschaltuhr 230V (1St), Dämmerungsschalter (1St), Mantelleitungen NHXMH-J (1.677m), Gummischlauchleitungen (298m), Installationskabel J-H(St)H (57m), Kabel NYY-J (35m), LF-Kanal, halogenfrei (16m), Leerrohre (90m), Schalter (6St), Steckdosen (34St), CEE-Steckdosen (2St), Raumthermostate (5St), Anschlussdosen (2St), Präsenzmelder (5St), Jalousietaster (5St)				

KG	Kostengruppe	Menge Einheit	Kosten €	€/Einheit	%
445	**Beleuchtungsanlagen**	219,80 m² BGF	25.388	**115,50**	38,1
	LED-Anbauleuchten (45St), LED-Pendelleuchten (4St), Seilaufhängungen, Stahlseile (42St), LED-Rettungszeichenleuchten (5St)				
446	**Blitzschutz- und Erdungsanlagen**	219,80 m² BGF	6.531	**29,71**	9,8
	Installationsleitungen (25m), Ringerder, Edelstahl (70m), Fundamenterder (70m), Potenzialausgleichsschienen (2St), Anschlussfahnen (7St), Runddraht (133m), Fangspitzen (16St), Überbrückungsseile (10St), Trennstellenkasten (4St)				
450	**Kommunikations-, sicherheits- und informationstechnische Anlagen**				**100,0**
452	**Such- und Signalanlagen**	219,80 m² BGF	624	**2,84**	17,5
	Läutewerke (3St), FM-Verteiler (1St), Aufschaltung auf Pausensignalanlage				
457	**Datenübertragungsnetze**	219,80 m² BGF	2.935	**13,35**	82,5
	19"-Verteiler als Wandschrank (1St), Kabelführungsleiste (1St), 19"-Patchpanel (1St), Installationsschiene (1St), Patchkabel Cat6 (10St), Datenkabel (240m), Messung Cat6 (16St), Datenanschlussdosen RJ45 Cat6 (4St)				
510	**Erdbau**				**100,0**
511	**Herstellung**	–	8.852	–	100,0
	Boden liefern, verfüllen (87t)				
530	**Oberbau, Deckschichten**				**100,0**
531	**Wege**	99,00 m²	20.262	**204,67**	100,0
	Betonpflaster (99m²)				
540	**Baukonstruktionen**				**100,0**
543	**Wandkonstruktionen**	–	5.114	–	100,0
	Mauer (17m)				
550	**Technische Anlagen**				**100,0**
551	**Abwasseranlagen**	–	29.368	–	73,1
	Abwasserleitungen DN100, Formstücke (101m)				
552	**Wasseranlagen**	–	1.038	–	2,6
	Wasserleitungen DN25, Formstücke (30m)				
554	**Wärmeversorgungsanlagen**	–	8.667	–	21,6
	Anschluss an Nahwärmeleitung (1St), Heizungsleitungen, Formstücke (30m)				
557	**Kommunikationstechnische Anlagen**	–	1.088	–	2,7
	Muffen für Fernmeldeleitung (2St), Kabelschutzrohr DN110, flexibel (23m), Fernmelde-Außenkabel A-2YF(L)2Y 10x2x0,8 (35m)				
570	**Vegetationsflächen**				**100,0**
571	**Vegetationstechn. Bodenbearbeitung**	98,00 m²	2.497	**25,48**	80,8
	Oberbodenarbeiten (98m²)				

KG	Kostengruppe	Menge Einheit	Kosten €	€/Einheit	%
574	**Rasen- und Saatflächen**	94,00 m²	593	**6,31**	19,2
	Rasenansaat (94m²)				
590	**Sonstige Maßnahmen für Außenanlagen und Freiflächen**				**100,0**
591	**Baustelleneinrichtung**	–	1.158	**–**	91,0
	Baustelleneinrichtung (psch)				
594	**Abbruchmaßnahmen**	–	114	**–**	9,0
	Abbruch, Deponiegebühren (0,30t)				
640	**Künstlerische Ausstattung**				**100,0**
643	**Künstl. Gestaltung Außenanlagen u. Freiflächen**	219,80 m² BGF	151	**0,69**	100,0
	Steinplastik bis 1,00m, ausbauen, lagern (2St)				

Kostenkennwerte für Leistungsbereiche nach STLB (Kosten des Bauwerks nach DIN 276)

LB	Leistungsbereiche	Kosten €	€/m² BGF	€/m³ BRI	% an 3+4
000	Baustellen-, Verkehrssich.- u. Sicherh.einr. inkl. 001	25.304	115,10	29,00	2,8
002	Erdarbeiten	17.641	80,30	20,20	2,0
006	Spezialtiefbauarbeiten inkl. 005	–	–	–	–
009	Entwässerungskanalarbeiten inkl. 011	5.320	24,20	6,10	0,6
010	Drän- und Versickerarbeiten	–	–	–	–
012	Mauerarbeiten	–	–	–	–
013	Betonarbeiten	75.550	343,70	86,60	8,4
014	Natur-, Betonwerksteinarbeiten	–	–	–	–
016	Zimmer- und Holzbauarbeiten	198.577	903,40	227,70	22,0
017	Stahlbauarbeiten	–	–	–	–
018	Abdichtungsarbeiten	16.805	76,50	19,30	1,9
019	Kampfmittelräumarbeiten	–	–	–	–
020	Dachdeckungsarbeiten	35.371	160,90	40,60	3,9
021	Dachabdichtungsarbeiten	54.883	249,70	62,90	6,1
022	Klempnerarbeiten	34.635	157,60	39,70	3,8
	Rohbau	**464.087**	**2.111,40**	**532,20**	**51,5**
023	Putz- und Stuckarbeiten, Wärmedämmsysteme	111.762	508,50	128,20	12,4
024	Fliesen- und Plattenarbeiten	20.726	94,30	23,80	2,3
025	Estricharbeiten	16.247	73,90	18,60	1,8
026	Fenster, Außentüren inkl. 029, 032	48.201	219,30	55,30	5,3
027	Tischlerarbeiten	26.789	121,90	30,70	3,0
028	Parkett-, Holzpflasterarbeiten	–	–	–	–
030	Rollladenarbeiten	15.132	68,80	17,40	1,7
031	Metallbauarbeiten inkl. 035	14.589	66,40	16,70	1,6
034	Maler- und Lackiererarb. - Beschicht. inkl. 037	8.673	39,50	9,90	1,0
036	Bodenbelagarbeiten	17.870	81,30	20,50	2,0
038	Vorgehängte hinterlüftete Fassaden	–	–	–	–
039	Trockenbauarbeiten	18.016	82,00	20,70	2,0
	Ausbau	**298.005**	**1.355,80**	**341,70**	**33,1**
040	Wärmeversorgungsanl. - Betriebseinr. inkl. 041	19.749	89,80	22,60	2,2
042	Gas- u. Wasseranl. - Leitung., Armat. inkl. 043	5.492	25,00	6,30	0,6
044	Abwasseranl. - Leitungen, Abläufe, Armaturen	2.962	13,50	3,40	0,3
045	Gas, Wasser, Entwässerung - Ausstattung inkl. 046	33.272	151,40	38,20	3,7
047	Dämm- und Brandschutzarb. an techn. Anlagen	798	3,60	0,92	< 0,1
049	Feuerlöschanlagen, Feuerlöschgeräte	–	–	–	–
050	Blitzschutz-/Erdungsanlagen, Überspannungssch.	6.531	29,70	7,50	0,7
053	Niederspannungsanl. - Kabel inkl. 052, 054	37.315	169,80	42,80	4,1
055	Sicherheits- u. Ersatzstromversorgungsanl.	–	–	–	–
057	Gebäudesystemtechnik	–	–	–	–
058	Leuchten und Lampen inkl. 059	25.388	115,50	29,10	2,8
060	Such, Signal, Zeit, Anten., akust. Anl. inkl. 064	624	2,80	0,72	< 0,1
061	Kommunikations- u. Übertragungsnetze inkl. 063	2.935	13,40	3,40	0,3
069	Aufzüge	–	–	–	–
070	Gebäudeautomation	–	–	–	–
075	Raumlufttechnische Anlagen inkl. 078	4.014	18,30	4,60	0,4
	Gebäudetechnik	**139.080**	**632,80**	**159,50**	**15,4**
084	Abbruch, Rückbau, Schadstoffsanierung	–	–	–	–
	Abbrucharbeiten	**–**	**–**	**–**	**–**
	Sonstige Leistungsbereiche	**–**	**–**	**–**	**–**

4100-0224
Schule
(6 Klassen)
(180 Schüler)

Kostenkennwerte für die Kosten des Bauwerks (Kostengruppen 300+400 nach DIN 276)

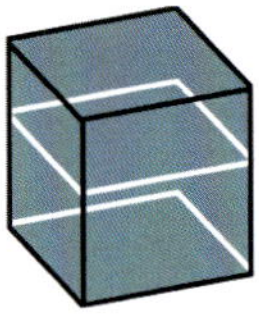

BRI **1.027 €/m³**

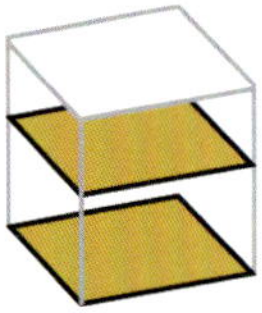

BGF **3.987 €/m²**

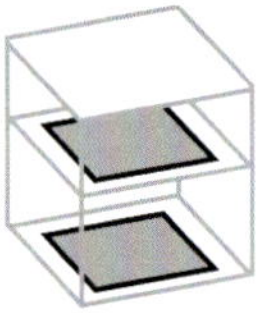

NUF **6.786 €/m²**

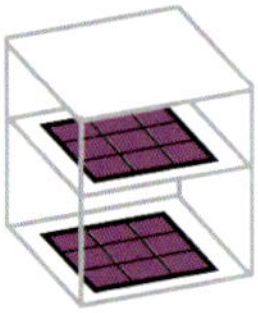

NE **21.019 €/NE**

NE: Schüler

Objekt:
Kennwerte: 1.Ebene DIN 276
BRI: 3.685 m³
BGF: 949 m²
NUF: 558 m²
Bauzeit: 35 Wochen
Bauende: 2020
Standard: mittel
Bundesland: Niedersachsen
Kreis: Hannover, Region

Architekt*in:
MOSAIK architekt:innen bda
Hornemannweg 5
30167 Hannover

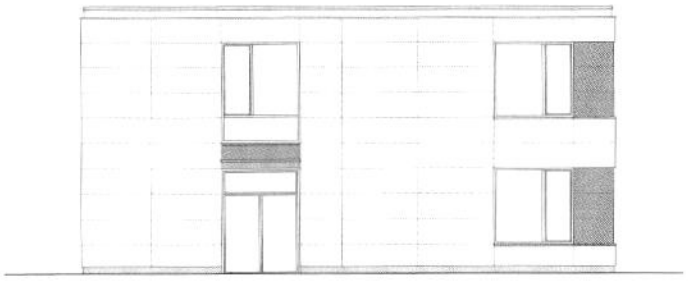
Ansicht Nord

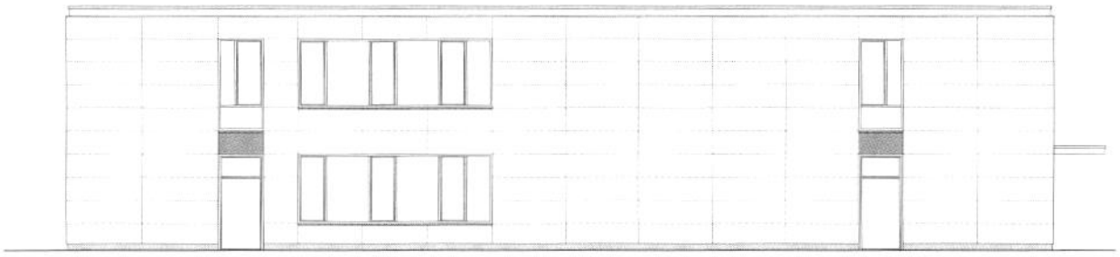
Ansicht Ost

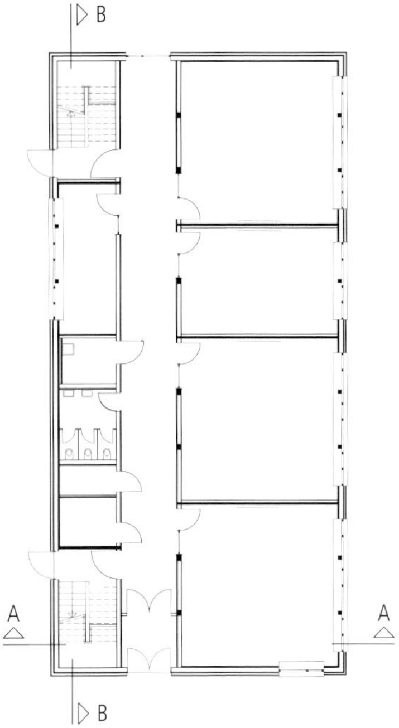

Erdgeschoss

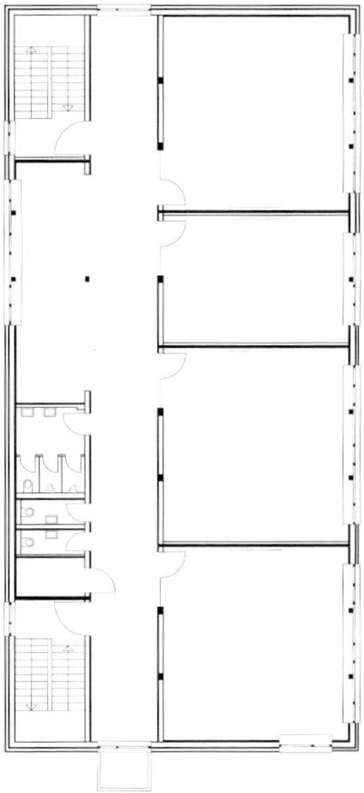
Obergeschoss

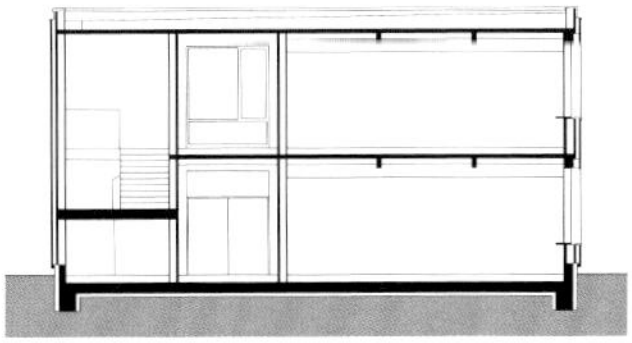
Schnitt A-A

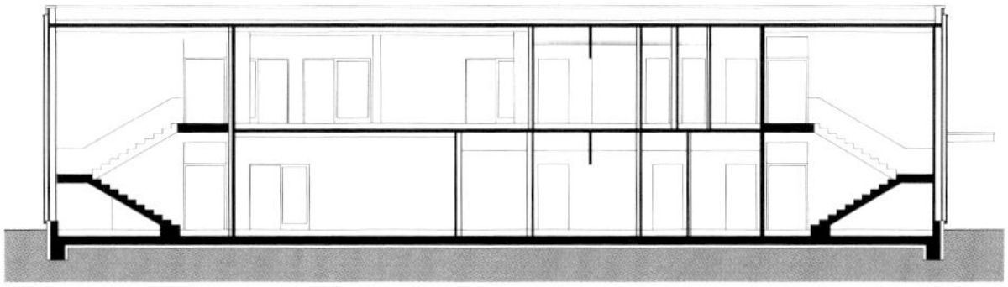
Schnitt B-B

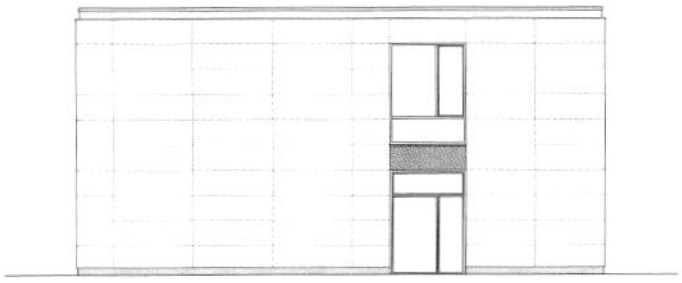
Ansicht Süd

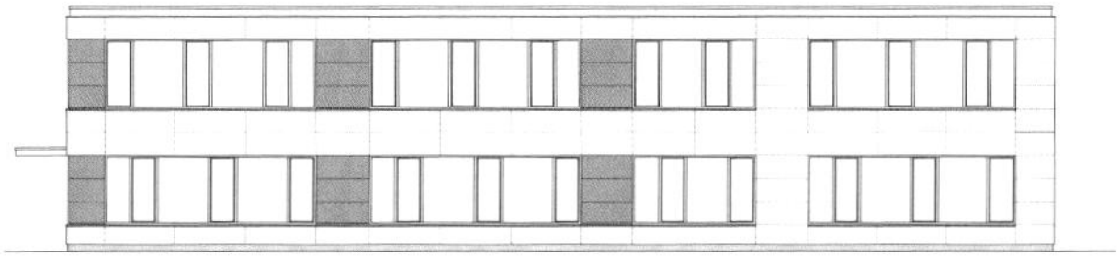
Ansicht West

Objektbeschreibung

Allgemeine Objektinformationen

Aufgrund der steigenden Schülerzahlen wurde kurzfristig ein temporärer Ersatzbau für 180 Schüler benötigt. Anstelle der üblichen Containerbauten wurde hier aus Nachhaltigkeitsaspekten eine Holzbauweise gewählt. Durch die Ausbildung von Nutzungseinheiten konnte komplett auf notwendige Flure im bauordnungsrechtlichen Sinne verzichtet werden. Die Flurzonen können als zusätzliche Unterrichtsbereiche genutzt werden. Aufgrund der temporären Nutzung konnte in Abstimmung mit der Baubehörde auf einen Aufzug verzichtet werden. Lediglich das Erdgeschoss ist barrierefrei ausgebildet sowie mit einer rollstuhlgerechten WC-Anlage ausgestattet.

Nutzung

1 Erdgeschoss
Unterrichtsräume, Lehrerzimmer, Differenzierungsraum, WCs, Putzmittelraum, Hausanschlussraum

1 Obergeschoss
Unterrichtsräume, Lernzone, Differenzierungsraum, WCs, Putzmittelraum

Nutzeinheiten

Klassen: 6
Schüler: 180

Grundstück

Bauraum: Beengter Bauraum
Neigung: Ebenes Gelände
Bodenklasse: BK 3 bis BK 4

Markt

Hauptvergabezeit: 4.Quartal 2019
Baubeginn: 1.Quartal 2020
Bauende: 4.Quartal 2020
Konjunkturelle Gesamtlage: Durchschnitt
Regionaler Baumarkt: über Durchschnitt

Baukonstruktion

Gegründet ist der Interimsbau auf einer Stahlbeton-Bodenplatte. Auch die Treppenläufe sind in Stahlbeton ausgeführt. Das Tragwerk ist eine Holzrahmenkonstruktion, ebenso die Geschossdecke, die als Holzbalkendecke hergestellt ist. Die Außenwände sind mit Faserzementplatten bekleidet und gedämmt. Es kamen Holzfenster mit Dreifachverglasung zum Einsatz. Das Holzbalkendach ist ein aufliegendes Brettstapeldach, über der Abdichtung ist das Dach extensiv begrünt. Die Böden sind mit Linoleum und Bodenfliesen belegt. Als abgehängte Decken kam eine Bekleidung aus Holzwolleleichtbauplatten zum Einsatz.

Technische Anlagen

Die Medienversorgung des Gebäudes erfolgt aus dem bestehenden Schulgebäude. Ebenso wird die Beheizung des Neubaus über die Fernheizung des Bestands versorgt. Aufgrund von Lärmbeeinträchtigung der nahegelegenen Schnellstraße kann keine reine Fensterlüftung genutzt werden, daher kommt eine dezentrale Lüftungsanlage zum Einsatz, um die allgemeinen Unterrichtsräume mit Frischluft zu versorgen.

Sonstiges

Eine kurze Bauzeit konnte durch hohen Vorfertigungsgrad der Gebäudehülle in Elementbauweise erzielt werden. Im Anschluss erfolgte der klassische Innenausbau durch Einzelgewerke.

Energetische Kennwerte

Gesetzliche Grundlage: EnEV 2013
Gebäudenutzfläche: 851,00 m^2
Spez. Jahresprimärenergiebedarf: 51,00 kWh/(m^2·a)

Planungskennwerte für Flächen und Rauminhalte nach DIN 277

Flächen des Grundstücks		Menge Einheit	% an GF
BF	Bebaute Fläche	7.303,00 m²	39,8
UF	Unbebaute Fläche	11.063,00 m²	60,2
GF	Grundstücksfläche	18.366,00 m²	100,0

Grundflächen des Bauwerks		Menge Einheit	% an NUF	% an BGF
NUF	Nutzungsfläche	557,50 m²	100,0	58,7
TF	Technikfläche	5,50 m²	1,0	0,6
VF	Verkehrsfläche	236,20 m²	42,4	24,9
NRF	Netto-Raumfläche	799,20 m²	143,4	84,2
KGF	Konstruktions-Grundfläche	149,80 m²	26,9	15,8
BGF	Brutto-Grundfläche	949,00 m²	170,2	100,0

Brutto-Rauminhalt des Bauwerks		Menge Einheit	BRI/NUF (m)	BRI/BGF (m)
BRI	Brutto-Rauminhalt	3.685,00 m³	6,61	3,88

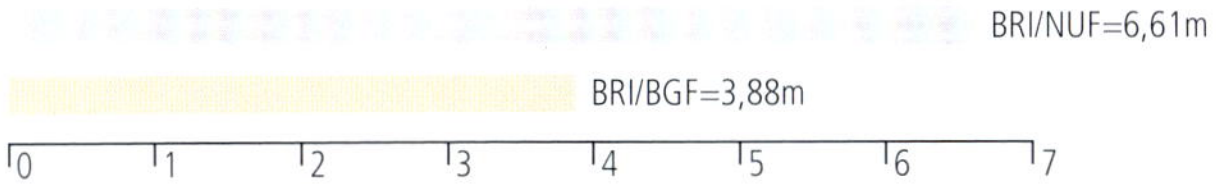

Kostenkennwerte für die Kostengruppen der 1. Ebene DIN 276

KG	Kostengruppen (1. Ebene)	Einheit	Kosten €	€/Einheit	€/m² BGF	€/m³ BRI	% 300+400
100	Grundstück	m² GF	–	–	–	–	–
200	Vorbereitende Maßnahmen	m² GF	–	–	–	–	–
300	Bauwerk – Baukonstruktionen	m² BGF	2.919.789	3.076,70	3.076,70	792,34	77,2
400	Bauwerk – Technische Anlagen	m² BGF	863.563	909,97	909,97	234,35	22,8
	Bauwerk 300+400	**m² BGF**	**3.783.351**	**3.986,67**	**3.986,67**	**1.026,69**	**100,0**
500	Außenanlagen und Freiflächen	m² AF	–	–	–	–	–
600	Ausstattung und Kunstwerke	m² BGF	–	–	–	–	–
700	Baunebenkosten	m² BGF	–	–	–	–	–
800	Finanzierung	m² BGF	–	–	–	–	–

KG	Kostengruppe	Menge Einheit	Kosten €	€/Einheit	%
3+4	**Bauwerk**				**100,0**
300	**Bauwerk – Baukonstruktionen**	949,00 m² BGF	2.919.789	**3.076,70**	77,2

Baugrubenaushub; Stb-Fundamente, Stb-Bodenplatte, Estrich, Linoleum, Bodenfliesen, Abdichtung, Perimeterdämmung; Holzrahmenwände, Holzfenster, Dreifachverglasung, teilw. Schallschutzverglasung, teilw. Sonnenschutzverglasung, Wärmedämmung, Faserzementfassade, Gipsfaserbekleidung; Holzrahmenwände, teilw. sichtbare Brettsperrholzbekleidung, Wandfliesen, WC-Trennwände; Holzbalkendecke mit aufliegender Brettstapeldecke, Stb-Treppen, Estrich, Linoleum, Bodenfliesen, abgehängte Decken aus Holzwolleleichtbauplatten, Treppengeländer; Holzbalkendach mit aufliegendem Brettstapeldach, Dämmung, Abdichtung, Attika, extensive Dachbegrünung, außenliegende Entwässerung, abgehängte Decken aus Holzwolleleichtbauplatten

KG	Kostengruppe	Menge Einheit	Kosten €	€/Einheit	%
400	**Bauwerk – Technische Anlagen**	949,00 m² BGF	863.563	**909,97**	22,8

Anschluss an Ver- und Entsorgungsleitungen des Bestandsgebäudes, Gebäudeentwässerung, Kalt- und Warmwasserleitungen, Sanitärobjekte; Anschluss an Fernwärmeversorgungsanlage des Bestandsgebäudes, Plattenheizkörper; kontrollierte dezentrale Be- und Entlüftungsanlagen mit Wärmerückgewinnung, Abluftanlage; Anschluss an E-Versorgungsleitung des Bestandsgebäudes, Elektroinstallation, Beleuchtung, Sicherheitsleuchten, Blitzschutzanlage; elektroakustische Anlagen, Rauchmelder

4100-0257
Ganztagsschule
(4 Klassen)
(100 Schüler)
Mensa
(135 Sitzplätze)

Kostenkennwerte für die Kosten des Bauwerks (Kostengruppen 300+400 nach DIN 276)

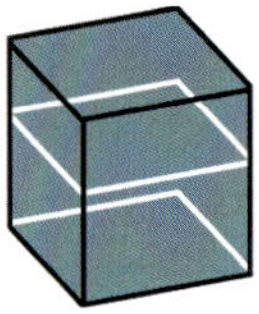
BRI 722 €/m³

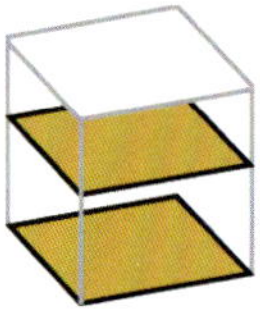
BGF 3.420 €/m²

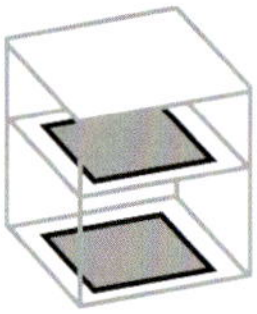
NUF 5.817 €/m²

Objekt:
Kennwerte: 1. Ebene DIN 276
BRI: 6.288 m³
BGF: 1.328 m²
NUF: 781 m²
Bauzeit: 78 Wochen
Bauende: 2021
Standard: mittel
Bundesland: Bayern
Kreis: Ebersberg

Architekt*in:
LPH 1-5:
Goergens Miklautz
Partner GmbB
Prinzregentenplatz 17
81675 München

LPH 6-9:
dreier + lauterbach
architekten und
ingenieure gmbh
Schulstraße 46
80634 München

Bauherr*in:
Gemeinde Anzing
Schulstraße 1
85646 Anzing

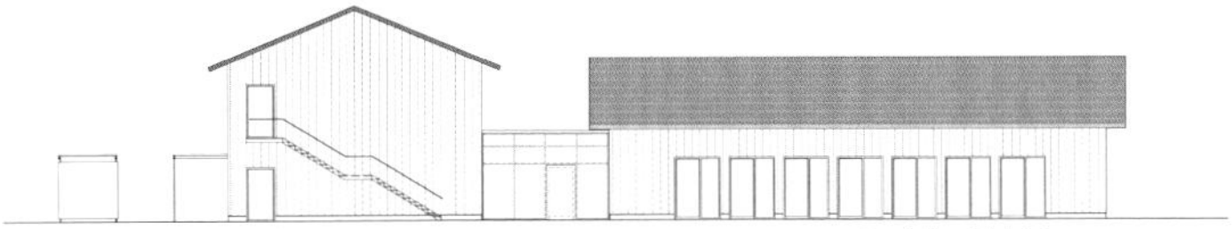

Ansicht Süd Flexhaus

Ansicht Süd Mensa

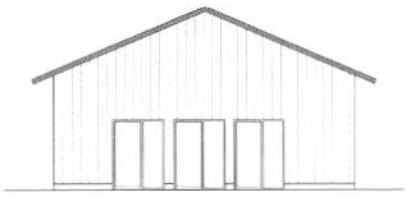

Ansicht Ost Mensa

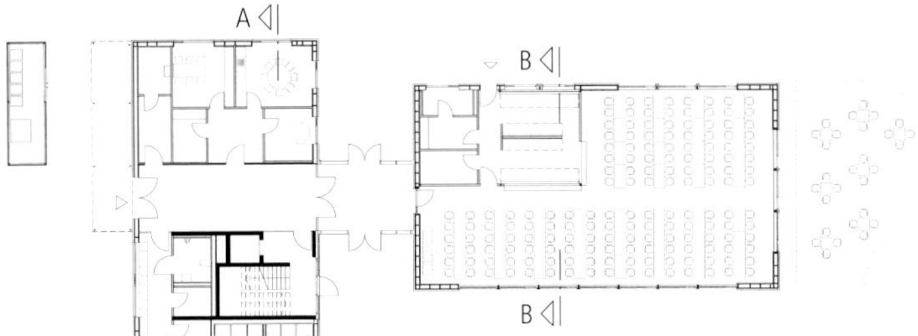

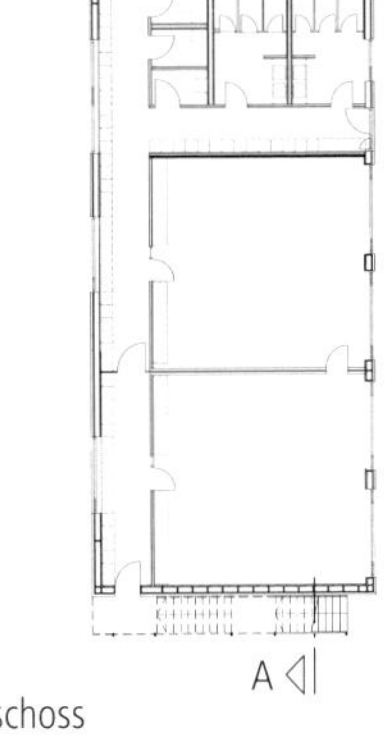

Erdgeschoss

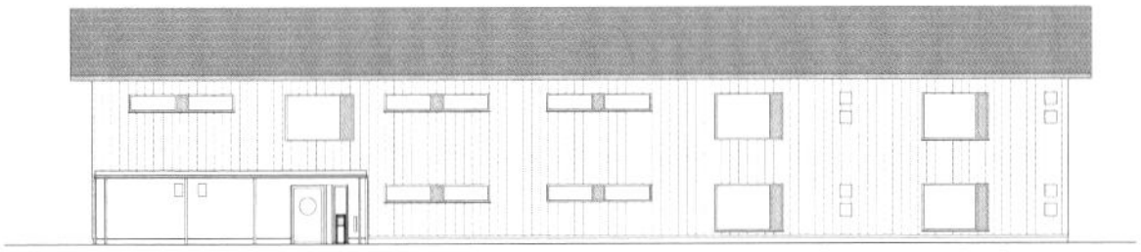

Ansicht West Flexhaus

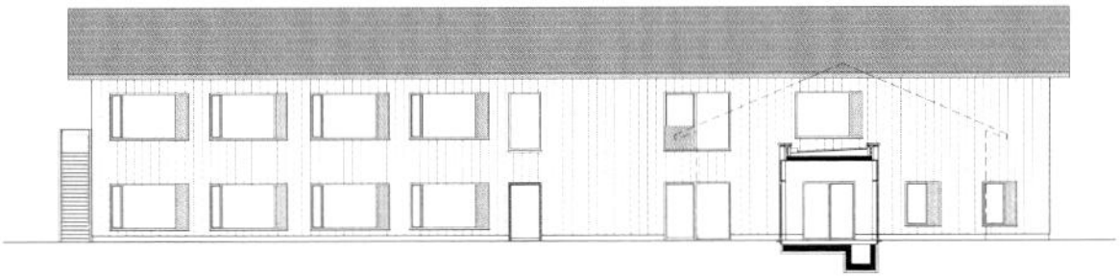

Ansicht Ost Flexhaus

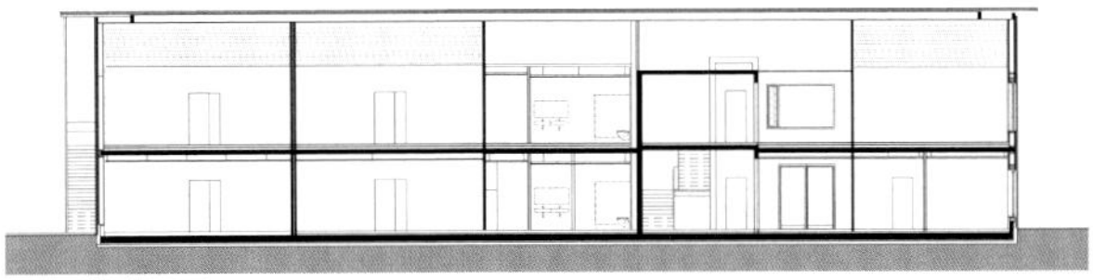

Schnitt A-A

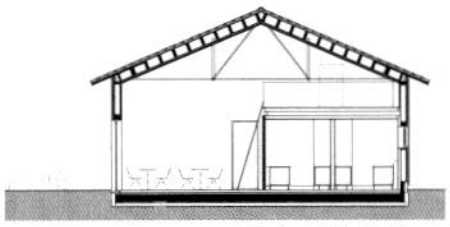

Schnitt B-B

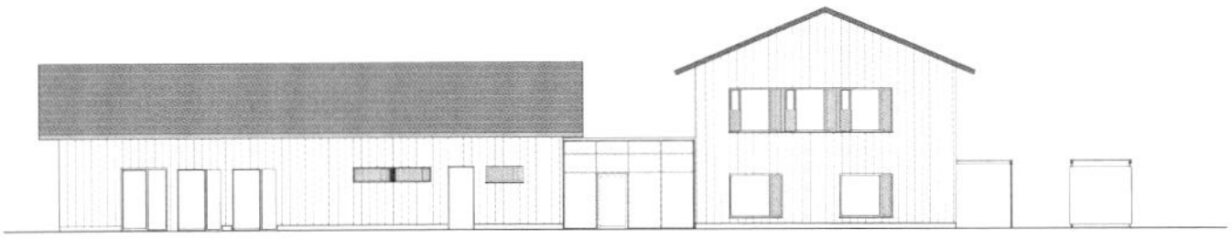

Ansicht Nord Mensa

Ansicht Nord Flexhaus

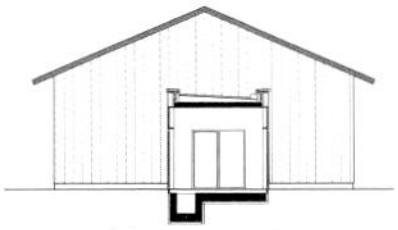

Ansicht West Mensa

Objektbeschreibung

Allgemeine Objektinformationen

Der Neubau erweitert die Gesamtschule um vier Klassenräume für jeweils 25 Kinder mit der Möglichkeit der Erweiterung um nochmals 25 Kinder. Die Mensa kann über einen Verbindungsgang erreicht werden und ist nur eingeschossig. Die Räume der Mensa können neben dem Schulbetrieb noch für Veranstaltungen der Gemeinde genutzt werden.

Nutzung

1 Erdgeschoss
Mensa: Speisesaal, Übergabeküche, Umkleideraum, Haustechnik, Sanitärräume
Schule: Gruppenräume (2St), Foyer, Verbindungsraum, Sanitärräume, Treppenhaus, Lager, Personalraum, Büro, Hausanschlussraum

1 Obergeschoss
Mensa: Technikempore
Schule: Gruppenräume (3St), Foyer, Flur, Garderobe, Treppenhaus, Sanitärräume

Nutzeinheiten

Gebäude: 2
Klassen: 4
Schüler: 100

Grundstück

Bauraum: Freier Bauraum
Neigung: Ebenes Gelände
Bodenklasse: BK 1 bis BK 3

Markt

Hauptvergabezeit: 1. Quartal 2020
Baubeginn: 2. Quartal 2020
Bauende: 4. Quartal 2021
Konjunkturelle Gesamtlage: über Durchschnitt
Regionaler Baumarkt: unter Durchschnitt

Baukonstruktion

Konstruktiv wurde eine Holzhybridbauweise als wirtschaftlichste Bauweise gewählt. Aufgrund der Bodenverhältnisse sind die Gebäude nicht unterkellert, alle Technikräume sind räumlich optimiert in den beiden oberirdischen Geschossen untergebracht. Die Gründung erfolgt auf einer Stahlbeton-Fundamentplatte, die Außenwände bestehen aus einer gedämmten Holzrahmenkonstruktion, die sich konstruktiv auch im Dach fortsetzt. Die tragenden Innenwände sind aus massivem Brettsperrholz in Sichtqualität ausgeführt. Die Geschossdecken bestehen aus Holzbetonverbunddecken, die Treppenhauskerne sind massiv in Stahlbeton errichtet. Die Holz-Alufenster sind mit einer Dreifachverglasung ausgestattet und können mit einem textilen Sonnenschutz verschattet werden. Die Fassaden sind mit einer senkrechten Holzschalung bekleidet. Den oberen Gebäudeabschluss bildet ein Pfettendach. Innerhalb der Mensa ist über dem Küchenbereich eine Empore eingebaut, auf der die Lüftungstechnik untergebracht ist.

Technische Anlagen

Beheizt werden die Gebäude über einen Nahwärmeanschluss an den Hauptgebäuden. Die Fußbodenheizung ermöglicht auch die Gebäudekühlung im Sommer. Ein zentrales Lüftungsgerät versorgt die Räume mit der benötigten Frischluft. Die Küche wird mit einem separaten Lüftungssystem versorgt. Ein Personenaufzug erschließt das Obergeschoss barrierefrei.

Sonstiges

Die Baumaßnahme wurde während des laufenden Schulbetriebs durchgeführt.

Energetische Kennwerte

Gesetzliche Grundlage: EnEV 2013
Gebäudenutzfläche: 1.076,00 m^2
Gebäudevolumen: 4.094,00 m^3
Hüllfläche des beheizten Volumens: 2.759,90 m^2
Mittlerer U-Wert (opake Bauteile): 0,13 W/(m^2·K)
Mittlerer U-Wert (transparente Bauteile): 0,95 W/(m^2·K)
Mittlerer U-Wert (Vorhangfassade): 0,95 W/(m^2·K)
Spez. Jahresprimärenergiebedarf: 133,00 kWh/(m^2·a)

Energetische Angaben zu Außenbauteilen

Bodenplatte

U-Wert: 0,17 W/(m²·K)

Gesamtdicke: 61,00 cm	d [cm]	λ [W/(m·K)]
Bodenbelag	1,00	1,300
Estrich	8,00	1,400
Trittschalldämmung	2,00	0,040
Dämmung	4,00	0,035
Stahlbeton	30,00	2,300
Dämmung	16,00	0,040

Außenwand Sockel

U-Wert: 0,26 W/(m²·K)

Gesamtdicke: 32,00 cm	d [cm]	λ [W/(m·K)]
Dämmung	4,00	0,040
Luftschicht ruhend	2,00	0,139
Stahlbeton	16,00	2,300
Dämmung	10,00	0,040

Außenwand hinterlüftet

U-Wert: 0,15 W/(m²·K)

Gesamtdicke: 32,00 cm	d [cm]	λ [W/(m·K)]
Dämmung	4,00	0,040
OSB-Platte	2,00	0,130
Holz	20,00	0,130
Dämmung	20,00	0,040
Holzfaserplatte	6,00	0,050

Flachdach begrünt

U-Wert: 0,15 W/(m²·K)

Gesamtdicke: 34,00 cm	d [cm]	λ [W/(m·K)]
Holz	16,00	0,130
Dämmung	18,00	0,035

Steildach

U-Wert: 0,14 W/(m²·K)

Gesamtdicke: 40,00 cm	d [cm]	λ [W/(m·K)]
Holz	36,00	0,130
Dämmung	36,00	0,040
Dämmung	4,00	0,046

4100-0257
Ganztagsschule
(4 Klassen)
(100 Schüler)
Mensa
(135 Sitzplätze)

Planungskennwerte für Flächen und Rauminhalte nach DIN 277

Flächen des Grundstücks		Menge Einheit	% an GF
BF	Bebaute Fläche	496,75 m²	9,4
UF	Unbebaute Fläche	4.803,25 m²	90,6
GF	Grundstücksfläche	5.300,00 m²	100,0

Grundflächen des Bauwerks		Menge Einheit	% an NUF	% an BGF
NUF	Nutzungsfläche	780,87 m²	100,0	58,8
TF	Technikfläche	82,63 m²	10,6	6,2
VF	Verkehrsfläche	275,14 m²	35,2	20,7
NRF	Netto-Raumfläche	1.138,64 m²	145,8	85,7
KGF	Konstruktions-Grundfläche	189,54 m²	24,3	14,3
BGF	Brutto-Grundfläche	1.328,18 m²	170,1	100,0

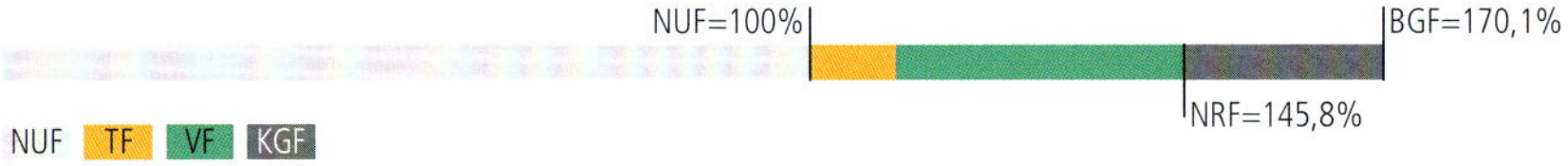

Brutto-Rauminhalt des Bauwerks		Menge Einheit	BRI/NUF (m)	BRI/BGF (m)
BRI	Brutto-Rauminhalt	6.287,88 m³	8,05	4,73

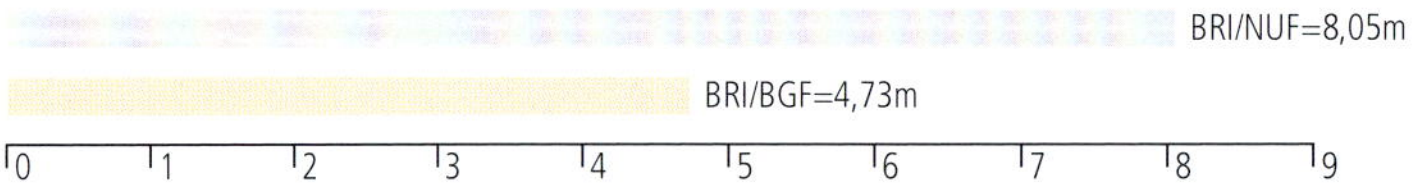

Kostenstand: 4. Quartal 2025, Bundesdurchschnitt, **inkl. 19% MwSt.**

Kostenkennwerte für die Kostengruppen der 1.Ebene DIN 276

KG	Kostengruppen (1.Ebene)	Einheit	Kosten €	€/Einheit	€/m² BGF	€/m³ BRI	% 300+400
100	Grundstück	m² GF	–	–	–	–	–
200	Vorbereitende Maßnahmen	m² GF	–	–	–	–	–
300	Bauwerk – Baukonstruktionen	m² BGF	3.244.516	2.442,83	2.442,83	516,00	71,4
400	Bauwerk – Technische Anlagen	m² BGF	1.297.445	976,86	976,86	206,34	28,6
	Bauwerk 300+400	**m² BGF**	**4.541.961**	**3.419,69**	**3.419,69**	**722,34**	**100,0**
500	Außenanlagen und Freiflächen	m² AF	–	–	–	–	–
600	Ausstattung und Kunstwerke	m² BGF	–	–	–	–	–
700	Baunebenkosten	m² BGF	–	–	–	–	–
800	Finanzierung	m² BGF	–	–	–	–	–

KG	Kostengruppe	Menge Einheit	Kosten €	€/Einheit	%
3+4	**Bauwerk**				**100,0**
300	**Bauwerk – Baukonstruktionen**	1.328,18 m² BGF	3.244.516	**2.442,83**	71,4

Erdarbeiten; Stb-Fundamentplatte, Abdichtung, Dämmung, Heizestrich, Bodenfliesen, Linoleum, Sauberlaufzonen; Holzrahmenwände, Holz-Alufenster, Alutüren, Holzfaserdämmung, OSB, senkrechte Holzschalung, GK-Bekleidung, zementgebundene Plattenbekleidung, Beschichtung, textiler Sonnenschutz außen/innen; Brettsperrholzwände, Stb-Wände, GK-Wände, Holztüren, Stahl-Rohrrahmentüren, GK-Bekleidung, Beschichtung, Wandfliesen; Holz-Betonverbunddecken, Stb-Treppen, Dämmung, Heizestrich, Bodenfliesen, Linoleum, Holzakustikdecken, Gipskartondecken, Stahl-Fluchttreppe, Stahlwangengeländer; Pfettendach, Holzfaserdämmung, Ziegeldach, Dachentwässerung; Einbaumöbel

KG	Kostengruppe	Menge Einheit	Kosten €	€/Einheit	%
400	**Bauwerk – Technische Anlagen**	1.328,18 m² BGF	1.297.445	**976,86**	28,6

Gebäudeentwässerung, Kalt- und Warmwasserleitungen, Sanitärobjekte; Anschluss an die Nahwärmeversorgung, Fußbodenheizung; zentrale Lüftungsanlage, Küchenentlüftung, Abluftanlagen für innenliegende Sanitärräume; Elektroinstallation, Beleuchtung, Blitzschutzanlage; Telekommunikationsanlage, Sprechanlage, Zutrittskontrolle über Türsteuerung, Rauchwarnmelder, Brandmeldeanlage, Netzwerkverkabelung; Personenaufzug; küchentechnische Anlagen; Gebäudeautomation

4200-0039
Bildungszentrum
Holzbauberufe
(4 Klassen)

Kostenkennwerte für die Kosten des Bauwerks (Kostengruppen 300+400 nach DIN 276)

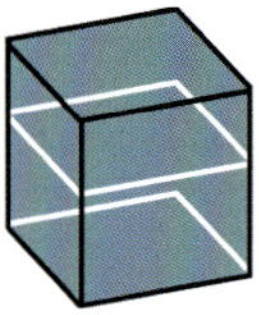

BRI 587 €/m³

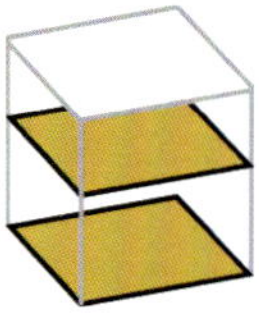

BGF 3.093 €/m²

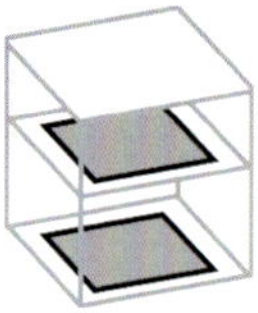

NUF 4.174 €/m²

Objekt:
Kennwerte: 3. Ebene DIN 276
BRI: 18.752 m³
BGF: 3.556 m²
NUF: 2.635 m²
Bauzeit: 57 Wochen
Bauende: 2020
Standard: hoch
Bundesland: Baden-Württemberg
Kreis: Biberach

Architekt*in:
Lieb Architekten BDA
Raiffeisenstraße 17
72250 Freudenstadt

Bauherr*in:
Gemeinnütziges Berufsförderungswerk des Baden-Württembergischen Zimmerer- und Holzbaugewerbes GmbH

© Daniel Vieser

© Daniel Vieser

© Daniel Vieser

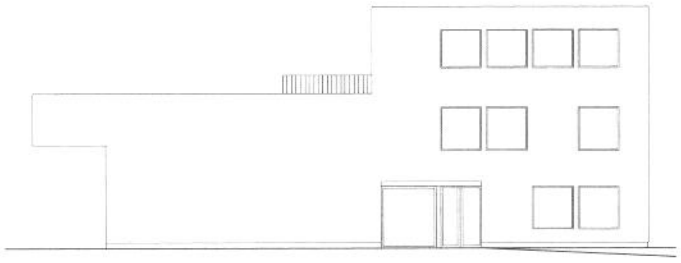

Ansicht Ost

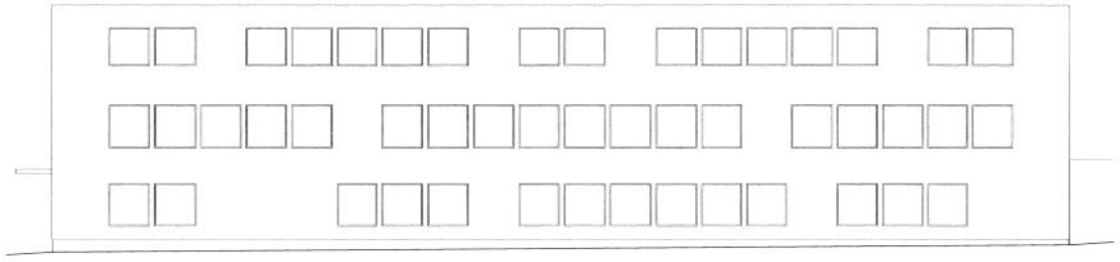

Ansicht Nord

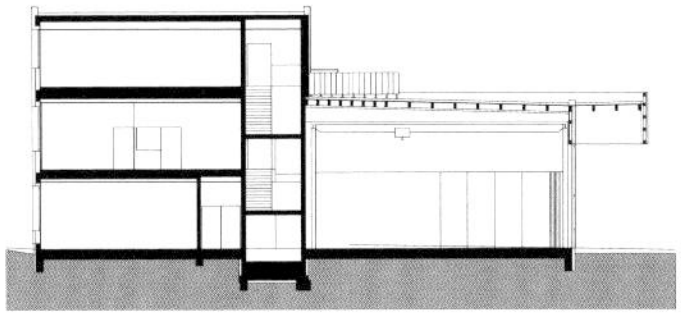

Schnitt A-A

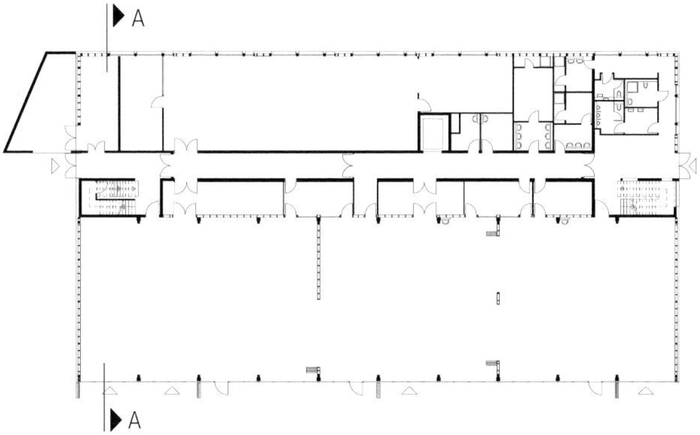

Erdgeschoss

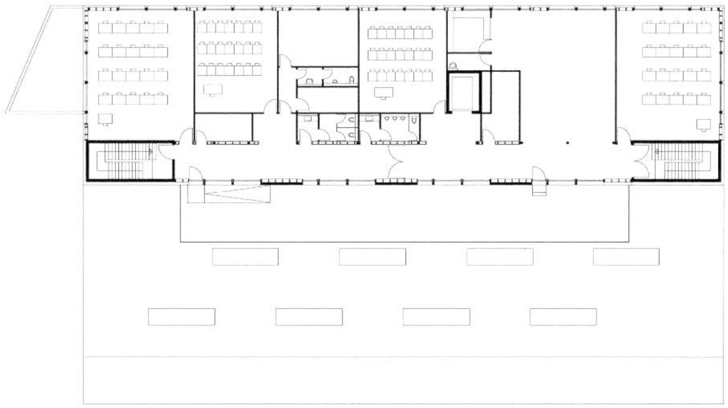

2. Obergeschoss

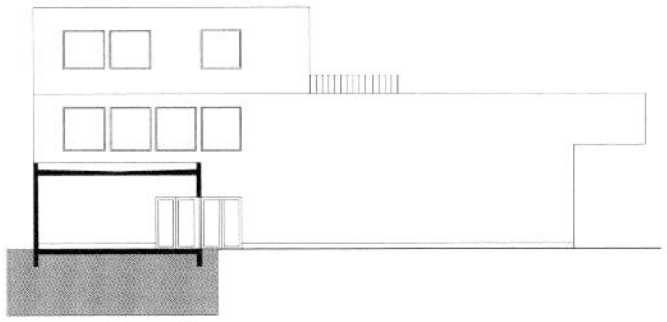

Ansicht West

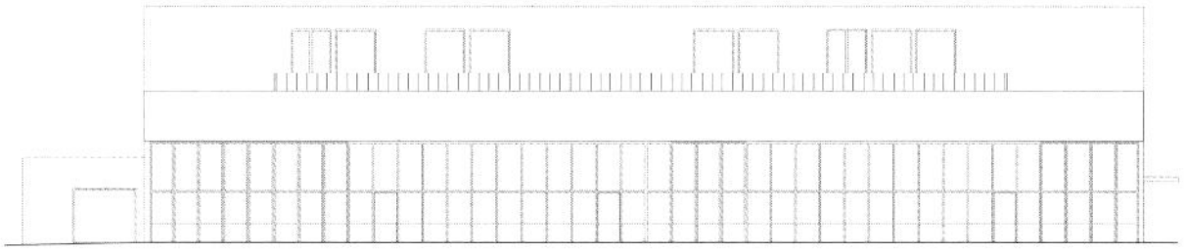

Ansicht Süd

Objektbeschreibung

Allgemeine Objektinformationen

Der dreigeschossige, nicht unterkellerte Neubau dient als Außenstelle eines Zimmererausbildungszentrums. Das Gebäude besteht aus einer Werkstatthalle mit Kranbahn und einem angrenzenden dreigeschossigen Riegel mit Lager-, Theorie- und Nebenräumen sowie einer Dachterrasse.

Nutzung

1 Erdgeschoss
Werkstatthalle, Werkraum, Lehrmittellager, Umkleiden, WC-Räume

2 Obergeschosse
Lehrwerkstatt, Theorieräume, Küche, Pausenraum, WC-Räume, Dachterrasse mit Außenbereich

Nutzeinheiten

Klassen: 4

Grundstück

Bauraum: Baulücke
Neigung: Ebenes Gelände
Bodenklasse: BK 3 bis BK 7

Markt

Hauptvergabezeit: 2. Quartal 2019
Baubeginn: 3. Quartal 2019
Bauende: 3. Quartal 2020
Konjunkturelle Gesamtlage: unter Durchschnitt
Regionaler Baumarkt: Durchschnitt

Baukonstruktion

Aufgrund der schwierigen geologischen Verhältnisse erfolgte eine Tiefergründung mit duktilen Gusspfählen, auf die die Last des Gebäudes mittels Streifenfundamenten bzw. punktförmig abgetragen wurde. Die Bodenplatte besteht aus WU-Beton. Das Gebäude wurde in Holzrahmenbauweise mit Holz-Beton-Verbunddecken erbaut. Die Treppen- und Aufzugsschächte sind aus Stahlbeton.

Technische Anlagen

Die Beheizung des Gebäudes erfolgt über Gasbrennwertkessel. Die Wärmeübertragung erfolgt über eine Fußbodenheizung, im Werkstattbereich über Deckenstrahlplatten bzw. in den Nebenräumen und Treppenhäusern über statischen Heizflächen. Auf dem Dach wurde eine Photovoltaikanlage installiert. Ein Aufzug verbindet alle Ebenen barrierefrei.

Energetische Kennwerte

Gesetzliche Grundlage: EnEV 2013
Gebäudenutzfläche: 3.014,00 m^2
Spez. Jahresprimärenergiebedarf: 73,00 kWh/(m^2·a)
CO_2-Emissionen: 26,00 kg/(m^2·a)

Planungskennwerte für Flächen und Rauminhalte nach DIN 277

Flächen des Grundstücks		Menge Einheit	% an GF
BF	Bebaute Fläche	1.700,89 m²	48,6
UF	Unbebaute Fläche	1.799,11 m²	51,4
GF	Grundstücksfläche	3.500,00 m²	100,0

Grundflächen des Bauwerks		Menge Einheit	% an NUF	% an BGF
NUF	Nutzungsfläche	2.634,94 m²	100,0	74,1
TF	Technikfläche	38,84 m²	1,5	1,1
VF	Verkehrsfläche	564,29 m²	21,4	15,9
NRF	Netto-Raumfläche	3.238,07 m²	122,9	91,1
KGF	Konstruktions-Grundfläche	318,09 m²	12,1	8,9
BGF	Brutto-Grundfläche	3.556,16 m²	135,0	100,0

Brutto-Rauminhalt des Bauwerks		Menge Einheit	BRI/NUF (m)	BRI/BGF (m)
BRI	Brutto-Rauminhalt	18.752,13 m³	7,12	5,27

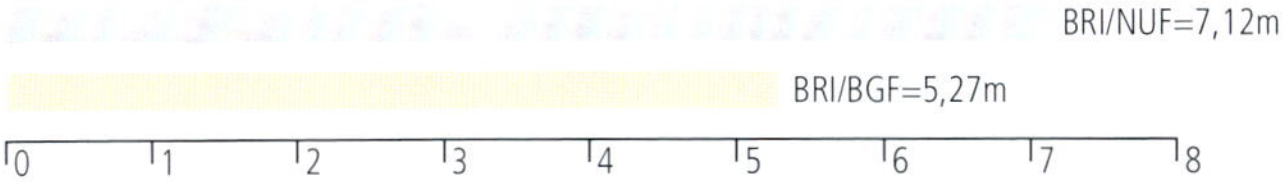

Lufttechnisch behandelte Flächen	Menge Einheit	% an NUF	% an BGF
Entlüftete Fläche	–	–	–
Be- und entlüftete Fläche	–	–	–
Teilklimatisierte Fläche	–	–	–
Klimatisierte Fläche	–	–	–

KG	Kostengruppen (2. Ebene)	Menge Einheit	Menge/NUF	Menge/BGF
310	Baugrube / Erdbau	1.069,85 m³ BGI	0,41	0,30
320	Gründung, Unterbau	1.692,18 m² GRF	0,64	0,48
330	Außenwände/Vertikale Baukonstruktionen, außen	2.122,94 m² AWF	0,81	0,60
340	Innenwände/Vertikale Baukonstruktionen, innen	2.906,37 m² IWF	1,10	0,82
350	Decken/Horizontale Baukonstruktionen	1.620,81 m² DEF	0,62	0,46
360	Dächer	1.876,31 m² DAF	0,71	0,53

Kostenkennwerte für die Kostengruppen der 1. Ebene DIN 276

KG	Kostengruppen (1. Ebene)	Einheit	Kosten €	€/Einheit	€/m² BGF	€/m³ BRI	% 300+400
100	Grundstück	m² GF	–	–	–	–	–
200	Vorbereitende Maßnahmen	m² GF	11.810	3,37	3,32	0,63	0,1
300	Bauwerk – Baukonstruktionen	m² BGF	7.474.500	2.101,85	2.101,85	398,59	68,0
400	Bauwerk – Technische Anlagen	m² BGF	3.524.417	991,07	991,07	187,95	32,0
	Bauwerk 300+400	**m² BGF**	**10.998.917**	**3.092,92**	**3.092,92**	**586,54**	**100,0**
500	Außenanlagen und Freiflächen	m² AF	6.059	13,37	1,70	0,32	< 0,1
600	Ausstattung und Kunstwerke	m² BGF	11.051	3,11	3,11	0,59	0,1
700	Baunebenkosten	m² BGF	–	–	–	–	–
800	Finanzierung	m² BGF	–		–	–	–

KG	Kostengruppe	Menge Einheit	Kosten €	€/Einheit	%
200	**Vorbereitende Maßnahmen**	3.500,00 m² GF	11.810	**3,37**	0,1
	Erschließung Gas, Wasser				
3+4	**Bauwerk**				**100,0**
300	**Bauwerk – Baukonstruktionen**	3.556,16 m² BGF	7.474.500	**2.101,85**	68,0
	Stb-Bodenplatte, Stb-Tiefgründung, Zementestrich, Holzpflaster, Bodenfliesen; Holzrahmenwände, Stb-Elementwände, Holz-/Stb-Stützen, Holz-Alufenster, Alu-Sektionaltor, Holzschalung, Dispersionsbeschichtung, Pfosten-Riegel-Fassade, Holz-Alutüren, Stahl/Glas-Faltschiebetore, Markisen; Brettsperrholzwände, Stb-Wände, GK-Wände, Stahl-Faltschiebetore, Holztüren, Wandfliesen; Holz-Beton-Verbunddecken, Stb-Decken, Stb-Treppen, Heizestrich, Parkett, Metallkassettendecken, Akustikdecken, GK-Decken, Geländer; Holzflachdachkonstruktion, Oberlichter, Dachbegrünung, Brettstapel-/Holzrippendächer, Dachaufstieg, Dachentwässerung; Einbauküche, Teeküche, Streifenvorhänge, PVC-Lamellen				
400	**Bauwerk – Technische Anlagen**	3.556,16 m² BGF	3.524.417	**991,07**	32,0
	Gebäudeentwässerung, Kalt- und Warmwasserleitungen, Enthärtungsanlage, Sanitärobjekte; Gas-Brennwertkessel, Heizungsrohre, Fußbodenheizung, Deckenstrahlplatten, Flachheizkörper; Lüftungsgeräte mit WRG, Kühlanlage; Solarmodule, Elektroinstallation, Beleuchtung, Erdung; Telefonanlage, Rufsignalanlage, Videoanlage, Brandmeldezentrale, Datenübertragungsnetze; Aufzug, Kranbahn; Druckluftversorgung, Entstauber; Gebäudeautomation				
500	**Außenanlagen und Freiflächen**	453,10 m² AF	6.059	**13,37**	< 0,1
	Außenbeleuchtung				
600	**Ausstattung und Kunstwerke**	3.556,16 m² BGF	11.051	**3,11**	0,1
	Sanitärausstattungen				

Kostenkennwerte für die Kostengruppen der 2.Ebene DIN 276

KG	Kostengruppe	Menge Einheit	Kosten €	€/Einheit	%
200	**Vorbereitende Maßnahmen**				**100,0**
220	**Öffentliche Erschließung**	3.500,00 m²GF	11.810	**3,37**	100,0
	Trinkwasseranschluss (1St) * Gasanschluss (1St)				
300	**Bauwerk – Baukonstruktionen**				**100,0**
310	**Baugrube / Erdbau**	1.069,85 m³BGI	50.515	**47,22**	0,7
	Baugrubenaushub, laden (430m³), lagern (276m³), entsorgen (100m³), Verfüllen mit Lagermaterial (108m³), mit Liefermaterial (148m³), Rohrgrabenaushub, verfüllen (264m³) * Pumpensumpf für offene Wasserhaltung, Fördermenge bis 10m³/h (2St)				
320	**Gründung, Unterbau**	1.692,48 m²GRF	1.176.883	**695,36**	15,7
	Stb-Bodenplatte, d=30-40cm (355m²), flügelgeglättet (1.338m²), Schachtwände, d=25cm (34m²), Streifenfundamente (87m³) * duktile Gusspfähle, t=10,00-15,00m (114St) * EPS-Dämmung, Holzpflaster, d=70mm (1.378m²), Zementestrich, d=70mm (338m²), Bodenfliesen (106m²), Sauberlaufmatten (13m²) * Schottertragschicht, d=5-15cm (623m³), Sauberkeitsschicht, d=7cm (1.798m²) * XPS-Perimeterdämmung, d=60-140mm (1.025m²), Noppenbahn (199m²), Bitumendickbeschichtung (67m²) * Bodenwanne, Gitterroste (7m²)				
330	**Außenwände/Vert. Baukonstrukt., außen**	2.122,94 m²AWF	1.807.514	**851,42**	24,2
	Holzrahmenwände, d=27-28cm (667m²), Stb-Elementwände, d=25cm (75m²), Stb-Sockelwände (53m²) * Holzrahmenwände, d=24cm, OSB-Schalung (303m²), als Attika, d=15cm (120m²), Holzrahmenwände für Vordach, d=16cm (151m²), Stb-Attika, d=20cm (8m²) * BSH-Stützen (390m), Stb-Stütze (4m) * Holz-Alufenster (415m²), Alu-Eingangstüren (14m²), Alu-Sektionaltor (10m²) * Holzleistenschalung (1.337m²), Vordachbekleidung, Dreischichtplatten (225m²), Attikabekleidung (52m²) * Beschichtung (1.647m²), Tapete (1.363m²) * Holz-Alu-Pfosten-Riegel-Fassade, Festverglasungen, Türen (185m²), Stahl/Glas-Faltschiebetore (113m²) * Raffstoreanlagen (353m²) * Betonvordach (12m²)				
340	**Innenwände/Vert. Baukonstrukt., innen**	2.906,37 m²IWF	1.312.613	**451,63**	17,6
	Holzrahmenwände, d=27-31cm (412m²), Brettsperrholzwände, einseitig Gipsfaserplatten (372m²), Stb-Wände, d=25cm (714m²) * GK-Wände (1.079m²), Holzrahmenwände, d=24cm (32m²) * Holzstutzen (172m), Stb-Stützen (24m) * Stahl-Faltschiebetore (58m²), Alu-Sektionaltore (15m²), Holztüren (213m²), Alutüren (28m²), Alufenster, festverglast (24m²), Alu-Rollladen, Durchreiche (3m²) * Beschichtung (1.652m²), Tapete (1.141m²), Gipsputz (406m²), Wandfliesen (306m²), Wandspiegel (19m²), Infotafel (16m²) * WC-Trennwände (24m²) * Absturzschranken (3St), Holzhandlauf (42m)				
350	**Decken/Horizontale Baukonstruktionen**	1.620,81 m²DEF	1.274.123	**786,10**	17,0
	Holz-Beton-Verbunddecken, d=22-32cm, Brettstapelelemente, Aufbeton, d=12-16cm (1.435m²), Stb-Decken, d=20-30cm (94m²), Treppenpodeste, Sichtbeton (40m²), Stb-Fertigteiltreppen (52m²), BSH-Träger/Unterzüge (365m) * Heizestrich, d=75-85mm (1.227m²), Zementestrich, d=55-65mm (176m²), Hochlamellenparkett (1.330m²), Bodenfliesen (80m²) * Metallkassettendecke (232m²), Akustikdecken (260m²), GK-Decken (352m²) * Stabgeländer, Holzhandlauf (41m)				

KG	Kostengruppe	Menge Einheit	Kosten €	€/Einheit	%
360	**Dächer**	1.876,31 m^2DAF	1.257.772	**670,34**	16,8
	Flachdach, BSH-Binder (38m^3), BSH-Pfetten (45m^3), Dreischichtplatte, d=34mm (816m^2), Sichtqualität (214m^2), Holzrippendächer, d=10cm (607m^2), BSH-Brettstapeldach, d=10cm (127m^2), Stb-Dach, d=20-30cm (49m^2) * Oberlichter (63m^2) * PUR-Gefälledämmung, d=30-140mm (1.895m^2), Betonplatten (165m^2), extensive Dachbegrünung (30m^2), Kiesrandstreifen (16m^2), Wartungswege (78m^2), Alu-Attikaabdeckungen (249m), Fassadenrinnen (47m), Attikaspeier (13St), Dachabläufe (10St) * Holzwolldecken (773m^2), Akustikdecken (518m^2), GK-Decken (427m^2), Metallkassettendecke (159m^2) * Stabgeländer (53m^2), Dachaufstieg (1St), Absturzsicherungen (2St)				
380	**Baukonstruktive Einbauten**	3.556,16 m^2BGF	31.327	**8,81**	0,4
	Einbauküche mit Durchreiche, Ober-/Unterschränke, Hochschränke, Arbeitsplatten, LED-Lichtbändern, Kühlschrank, Geschirrspüler, Spülbecken, Durchlauferhitzer, Kochfeld, Dunstabzug, (1St), Einbauteeküche, Ober-/Unterschränke, Arbeitsplatten, LED-Lichtbändern, Kühlschrank, Geschirrspüler, Spülbecken, Durchlauferhitzer, Kochfeld (1St) * Streifenvorhänge, PVC-Lamellen (45m^2)				
390	**Sonst. Maßnahmen für Baukonstrukt.**	3.556,16 m^2BGF	563.752	**158,53**	7,5
	Baustelleneinrichtungen (psch), Bauzaun, Tor (154m), Bürocontainer (1St), Sanitärcontainer (1St), Bauwasser (1St), Baustrom, Baustromverteiler (psch), Baubeleuchtung (psch) * Fassadengerüst (2.114m^2), Dachfanggerüst (226m), Treppengerüst (144m^2), Gerüstturm (3St), Schwerlast-Gerüstträger (1St), Montagegerüste mit Hebebühnen (psch) * Schutzabdeckungen (4.540m^2), Folienfenster (74m^2), Bauheizung (psch) * Provisorisches Treppengeländer (37m), Provisorische Regenentwässerung, Attikaspeier (10St)				
400	**Bauwerk – Technische Anlagen**				**100,0**
410	**Abwasser-, Wasser-, Gasanlagen**	3.556,16 m^2BGF	537.477	**151,14**	15,3
	KG-Rohre DN100-250 (330m), PP-Rohre DN50-110 (254m), PE-Rohre DN75-160 (134m), Kontrollschächte DN1.000-1.200m (2St) * Edelstahlrohre DN15-42 (1.032m), Verbundrohre DN20 (23m), Hausanschluss (1St), Enthärtungsanlage (1St), Wand-Tiefspül-WCs (8St), Waschtische (14St), Urinale (10St), Einbauwaschtischanlagen (10St), Ausgussbecken (4St), Durchlauferhitzer (24St), Stützklappgriffe (2St) * Edelstahlrohre DN50 (69m), Thermostate (2St) * Montageelemente (127St)				
420	**Wärmeversorgungsanlagen**	3.556,16 m^2BGF	430.001	**120,92**	12,2
	Gas-Brennwertkessel 13-78kW (2St), Ausdehnungsgefäße (2St), Vakuum-Sprühentgasung (1St) * Stahlgewinderohre DN25-65 (43m), Heizungsverteiler (1St), Pumpen (5St), Stellantriebe (96St), Brandschotts (64St), Raumtemperaturfühler (44St) * Fußbodenheizung, EPS-Rollplatten (1.460m^2), PE-Rohre (8.800m), UP-Verteiler (8St), Deckenstrahlplatten 4,50x1,50m, Heizleistung 2.200W (203m^2), Flachheizkörper (38St)				
430	**Raumlufttechnische Anlagen**	3.556,16 m^2BGF	457.171	**128,56**	13,0
	Zu-/Abluftgeräte 8.600m^3/h, mit Wärmerückgewinnung, Einhausungen (1St), 2.600m^3/h (1St), Lüftungsleitungen (1.179m^2), Wickelfalzrohre DN80-160 (319m), Brandschutzklappen (29St), Volumenstromregler (85St), Schalldämpfer (62St), Schlitzdurchlässe (46St), Zu-/Abluftauslässe (92St), Weitwurfdüsen (4St) * Kühlanlage Serverraum (1St)				

KG	Kostengruppe	Menge Einheit	Kosten €	€/Einheit	%
440	**Elektrische Anlagen**	3.556,16 m² BGF	820.044	**230,60**	23,3
	Solarmodule (96St), Wechselrichter (2St), Verteilerschank (1St), Notstromversorgung (2St) * Niederspannungsschaltschränke, Hauptverteiler (3St), Unterverteiler (8St), Hausanschlussschrank (1St), FI/LS-Schalter (620St), Hauptschalter (45St) * Installationskabel (26.222m), Mantelleitungen (11.545m), Schalter/Taster (516St), Steckdosen (223St), CEE-Steckdosen (85St), Präsenzmelder (53St), Herdanschlussdosen (2St) * Lichtbänder (148St), LED-Downlights (115St), Decken-/Wandleuchten (225St), LED-Displayleuchten (30St), Sicherheitsleuchten (48St), Spiegelleuchten (21St) * Fundamenterder (763m)				
450	**Kommunikationstechnische Anlagen**	3.556,16 m² BGF	276.316	**77,70**	7,8
	Telefonanlage (1St), DECT-Basisstationen (16St), Telefone (12St), Controller (1St), Patchkabel (101St) * Rufsignalanlage (1St), Sprechstellen (3St), Lautsprecher (74St), Videoanlage (1St), Außenkameras (6St), Türsprechanlage (1St), Briefkastenanlage (1St) * Brandmeldezentrale (1St), Feuerwehr-Informationssystem (1St), Installationskabel (2.594m), RWA-Anlage (1St), Rauchabzugsflügel (6St), Melder (171St), CO_2-Notauslösung (1St), CO_2-Druckleitung (120m), Videokamera (1St) * Datenverteilerschränke (3St), Datenkabel (9.688m), Patchpanel (57St)				
460	**Förderanlagen**	3.556,16 m² BGF	404.229	**113,67**	11,5
	Personenaufzug, drei Haltestellen, Förderhöhe 8,52m (1St) * Einträgerbrückenkran, Tragkraft 6,4t (1St), Kranbahnträger, BSH 24x76cm (112m), Schienensystem (135m)				
470	**Nutzungsspez. u. verfahrenstechn. Anl.**	3.556,16 m² BGF	237.597	**66,81**	6,7
	Löschwasser-Einspeisearmaturen (2St), Stahlrohre (41m) * Druckluftversorgungsanlage: Kompressor, Druckluftbehälter (1St), Hebeanlagen (2St), Druckluftleitungen (9m), fahrbare Entstauber (3St), Energiesparschieber (9St), Rohre (83m), PUR-Schlauch (13m)				
480	**Gebäude- und Anlagenautomation**	3.556,16 m² BGF	361.582	**101,68**	10,3
	EIB-Spannungsversorgung (7St), Schaltaktoren (30St), Wetterzentrale (1St) * Schaltschrankanlage (1St), Leistungsbaugruppen (3St) * Datenverarbeitungseinrichtung (2St), Tableau (2St), Steuerung (1St), Unterstation (1St), Erfassen von Mess-/Steuer- und Regelpunkten (667St) * EIB-Busleitungen (21.847m)				
500	**Außenanlagen und Freiflächen**				**100,0**
550	**Technische Anlagen**	453,10 m² AF	6.059	**13,37**	100,0
	Pollerleuchten (4St), Mastleuchten (2St)				
600	**Ausstattung und Kunstwerke**				**100,0**
610	**Allgemeine Ausstattung**	3.556,16 m² BGF	11.051	**3,11**	100,0
	Duschkabinen (3St), WC-Papierrollenhalter (9St), Ersatzrollenhalter (9St), WC-Bürstengarnituren (9St)				

Kostenkennwerte für die Kostengruppen 300 der 2. und 3.Ebene DIN 276 (Übersicht)

KG	Kostengruppe	Menge Einheit	Kosten €	€/Einheit	% an 3+4
300	**Bauwerk – Baukonstruktionen**	**3.556,16 m² BGF**	**7.474.499,54**	**2.101,85**	**68,0**
310	**Baugrube / Erdbau**	**1.069,85 m³ BGI**	**50.515,31**	**47,22**	**0,5**
311	Herstellung	1.069,85 m³ BGI	45.972,74	42,97	0,4
312	Umschließung	–	–	–	–
313	Wasserhaltung	–	4.542,57	–	< 0,1
314	Vortrieb	–	–	–	–
319	Sonstiges zur KG 310	–	–	–	–
320	**Gründung, Unterbau**	**1.692,48 m² GRF**	**1.176.883,40**	**695,36**	**10,7**
321	Baugrundverbesserung		–	–	–
322	Flachgründungen und Bodenplatten	1.692,48 m²	440.797,01	260,44	4,0
323	Tiefgründungen	1.692,48 m²	228.256,44	134,87	2,1
324	Gründungsbeläge	1.692,48 m²	353.147,20	208,66	3,2
325	Abdichtungen und Bekleidungen	1.899,01 m²	144.539,65	76,11	1,3
326	Dränagen	–	–	–	–
329	Sonstiges zur KG 320	1.692,48 m² GRF	10.143,11	5,99	< 0,1
330	**Außenwände/Vert. Baukonstrukt., außen**	**2.122,94 m² AWF**	**1.807.513,55**	**851,42**	**16,4**
331	Tragende Außenwände	795,13 m²	269.842,59	339,37	2,5
332	Nichttragende Außenwände	591,82 m²	126.792,21	214,24	1,2
333	Außenstützen	393,67 m	42.613,22	108,25	0,4
334	Außenwandöffnungen	438,79 m²	595.153,78	1.356,35	5,4
335	Außenwandbekleidungen, außen	1.659,62 m²	302.677,30	182,38	2,8
336	Außenwandbekleidungen, innen	1.646,56 m²	45.137,65	27,41	0,4
337	Element. Außenwandkonstruktionen	297,20 m²	330.990,45	1.113,70	3,0
338	Lichtschutz zur KG 330	352,62 m²	86.426,92	245,10	0,8
339	Sonstiges zur KG 330	2.122,94 m² AWF	7.879,41	3,71	< 0,1
340	**Innenwände/Vert. Baukonstrukt., innen**	**2.906,37 m² IWF**	**1.312.613,33**	**451,63**	**11,9**
341	Tragende Innenwände	1.503,75 m²	486.080,90	323,25	4,4
342	Nichttragende Innenwände	1.110,35 m²	190.669,71	171,72	1,7
343	Innenstützen	196,80 m	42.496,33	215,94	0,4
344	Innenwandöffnungen	267,97 m²	427.742,29	1.596,23	3,9
345	Innenwandbekleidungen	2.363,96 m²	142.717,60	60,37	1,3
346	Elementierte Innenwandkonstruktionen	24,30 m²	3.343,54	137,59	< 0,1
347	Lichtschutz zur KG 340	–	–	–	–
349	Sonstiges zur KG 340	2.906,37 m² IWF	19.562,97	6,73	0,2
350	**Decken/Horizontale Baukonstruktionen**	**1.620,81 m² DEF**	**1.274.122,78**	**786,10**	**11,6**
351	Deckenkonstruktionen	1.620,81 m²	831.461,43	512,99	7,6
352	Deckenöffnungen	–	–	–	–
353	Deckenbeläge	1.410,08 m²	231.765,37	164,36	2,1
354	Deckenbekleidungen	844,26 m²	147.392,72	174,58	1,3
355	Elementierte Deckenkonstruktionen	–	–	–	–
359	Sonstiges zur KG 350	1.620,81 m² DEF	63.503,27	39,18	0,6
360	**Dächer**	**1.876,31 m² DAF**	**1.257.771,69**	**670,34**	**11,4**
361	Dachkonstruktionen	1.812,83 m²	461.759,81	254,72	4,2
362	Dachöffnungen	63,48 m²	64.763,12	1.020,21	0,6
363	Dachbeläge	1.880,00 m²	407.435,32	216,72	3,7
364	Dachbekleidungen	1.876,36 m²	287.337,70	153,14	2,6
365	Elementierte Dachkonstruktionen	–	–	–	–
366	Lichtschutz zur KG 360	–	–	–	–
369	Sonstiges zur KG 360	1.876,31 m² DAF	36.475,72	19,44	0,3
370	**Infrastrukturanlagen**	**–**	**–**	**–**	**–**
380	**Baukonstruktive Einbauten**	**3.556,16 m² BGF**	**31.327,25**	**8,81**	**0,3**
390	**Sonst. Maßnahmen für Baukonstrukt.**	**3.556,16 m² BGF**	**563.752,23**	**158,53**	**5,1**

Kostenkennwerte für die Kostengruppen 400 der 2. und 3. Ebene DIN 276 (Übersicht)

KG	Kostengruppe	Menge Einheit	Kosten €	€/Einheit	% an 3+4
400	**Bauwerk – Technische Anlagen**	**3.556,16 m² BGF**	**3.524.417,16**	**991,07**	**32,0**
410	**Abwasser-, Wasser-, Gasanlagen**	**3.556,16 m² BGF**	**537.477,11**	**151,14**	**4,9**
411	Abwasseranlagen	3.556,16 m² BGF	146.482,47	41,19	1,3
412	Wasseranlagen	3.556,16 m² BGF	290.417,19	81,67	2,6
413	Gasanlagen	3.556,16 m² BGF	18.963,08	5,33	0,2
419	Sonstiges zur KG 410	3.556,16 m² BGF	81.614,37	22,95	0,7
420	**Wärmeversorgungsanlagen**	**3.556,16 m² BGF**	**430.001,17**	**120,92**	**3,9**
421	Wärmeerzeugungsanlagen	3.556,16 m² BGF	46.690,12	13,13	0,4
422	Wärmeverteilnetze	3.556,16 m² BGF	185.125,96	52,06	1,7
423	Raumheizflächen	3.556,16 m² BGF	198.185,09	55,73	1,8
424	Verkehrsheizflächen	–	–	–	–
429	Sonstiges zur KG 420	–	–	–	–
430	**Raumlufttechnische Anlagen**	**3.556,16 m² BGF**	**457.170,81**	**128,56**	**4,2**
431	Lüftungsanlagen	3.556,16 m² BGF	451.133,60	126,86	4,1
432	Teilklimaanlagen	–	–	–	–
433	Klimaanlagen	–	–	–	–
434	Kälteanlagen	3.556,16 m² BGF	6.037,19	1,70	< 0,1
439	Sonstiges zur KG 430	–	–	–	–
440	**Elektrische Anlagen**	**3.556,16 m² BGF**	**820.043,80**	**230,60**	**7,5**
441	Hoch- und Mittelspannungsanlagen	–	–	–	–
442	Eigenstromversorgungsanlagen	3.556,16 m² BGF	54.639,42	15,36	0,5
443	Niederspannungsschaltanlagen	3.556,16 m² BGF	126.458,84	35,56	1,1
444	Niederspannungsinstallationsanlagen	3.556,16 m² BGF	440.987,09	124,01	4,0
445	Beleuchtungsanlagen	3.556,16 m² BGF	176.993,16	49,77	1,6
446	Blitzschutz- und Erdungsanlagen	3.556,16 m² BGF	20.965,30	5,90	0,2
447	Fahrleitungssysteme	–	–	–	–
449	Sonstiges zur KG 440	–	–	–	–
450	**Kommunikationstechnische Anlagen**	**3.556,16 m² BGF**	**276.315,76**	**77,70**	**2,5**
451	Telekommunikationsanlagen	3.556,16 m² BGF	34.641,70	9,74	0,3
452	Such- und Signalanlagen	3.556,16 m² BGF	36.325,93	10,21	0,3
453	Zeitdienstanlagen	–	–	–	–
454	Elektroakustische Anlagen	–	–	–	–
455	Audiovisuelle Medien- u. Antennenanl.	–	–	–	–
456	Gefahrenmelde- und Alarmanlagen	3.556,16 m² BGF	115.909,83	32,59	1,1
457	Datenübertragungsnetze	3.556,16 m² BGF	89.438,29	25,15	0,8
458	Verkehrsbeeinflussungsanlagen	–	–	–	–
459	Sonstiges zur KG 450	–	–	–	–
460	**Förderanlagen**	**3.556,16 m² BGF**	**404.229,17**	**113,67**	**3,7**
461	Aufzugsanlagen	3.556,16 m² BGF	173.490,56	48,79	1,6
462	Fahrtreppen, Fahrsteige	–	–	–	–
463	Befahranlagen	–	–	–	–
464	Transportanlagen	–	–	–	–
465	Krananlagen	3.556,16 m² BGF	230.738,61	64,88	2,1
466	Hydraulikanlagen	–	–	–	–
469	Sonstiges zur KG 460	–	–	–	–
470	**Nutzungsspez. u. verfahrenstechn. Anl.**	**3.556,16 m² BGF**	**237.597,34**	**66,81**	**2,2**
480	**Gebäude- und Anlagenautomation**	**3.556,16 m² BGF**	**361.582,00**	**101,68**	**3,3**
490	**Sonst. Maßnahmen für techn. Anlagen**	**–**	**–**	**–**	**–**

Kostenkennwerte für die Kostengruppen der 3. Ebene DIN 276

KG	Kostengruppe	Menge Einheit	Kosten €	€/Einheit	%
220	**Öffentliche Erschließung**				**100,0**
222	**Wasserversorgung**	3.500,00 m² GF	6.631	**1,89**	56,2
	Trinkwasseranschluss (1St)				
223	**Gasversorgung**	3.500,00 m² GF	5.179	**1,48**	43,8
	Gasanschluss (1St)				
310	**Baugrube / Erdbau**				**100,0**
311	**Herstellung**	1.069,85 m³ BGI	45.973	**42,97**	91,0
	Baugrubenaushub BK 3-5, t bis 2,00m, lösen, laden (430m³), lagern (276m³), entsorgen (100m³), Verfüllen mit Recyclingmaterial 0/45mm (148m³), mit Aushub (108m³), Rohrgrabenaushub, t bis 1,25m, lösen, verfüllen (264m³)				
313	**Wasserhaltung**	–	4.543	–	9,0
	Pumpensumpf für offene Wasserhaltung, t bis 2,00m, Fördermenge bis 10m³/h (2St), Vorhaltung (2Wo)				
320	**Gründung, Unterbau**				**100,0**
322	**Flachgründungen und Bodenplatten**	1.692,48 m²	440.797	**260,44**	37,5
	Stb-Bodenplatte C30/37, d=30-40cm, Schalung, Bewehrung (355m²), flügelgeglättet (1.338m²), Schachtwände, d=25cm (34m²), Fundamentaushub BK 3-5 (341m³), Stb-Streifenfundamente C25/30, d=35-85cm (87m³)				
323	**Tiefgründungen**	1.692,48 m²	228.256	**134,87**	19,4
	Duktile Gusspfähle, t=10,00-15,00m, Verpressmörtel C25/30 (114St), Pfahlkopfplatten (114St), Bodenaushub Arbeitsbereich BK 3-5, t=bis 3,30m, lösen, verfüllen, verdichten (40m³)				
324	**Gründungsbeläge**	1.692,48 m²	353.147	**208,66**	30,0
	Bitumenabdichtung (313m²), Kugelstrahlungen, Grundierung (1.726m²), EPS-Dämmung, d=20-60mm, Entkopplungsbahn, Holzpflaster, Kiefer, d=70mm, Beschichtung, Hartöl (1.378m²), Holzsockel (446m), Zementestrich CT-F5, d=70mm (338m²), Verbundabdichtung, Bodenfliesen 60x60cm (106m²), Fliesensockel (56m), Sauberlaufmatten (13m²)				
325	**Abdichtungen und Bekleidungen**	1.899,01 m²	144.540	**76,11**	12,3
	Schottertragschicht, Recyclingmaterial 0/45mm, d=5-15cm (623m³), PE-Folie, zweilagig, Sauberkeitsschicht C12/15, d=7cm (1.798m²), XPS-Perimeterdämmung WLG 040, d=140mm (819m²), WLG 030-035, d=60-80mm, vertikal (207m²), Noppenbahn (199m²), Bitumendickbeschichtung, vertikal (67m²)				
329	**Sonstiges zur KG 320**	1.692,48 m² GRF	10.143	**5,99**	0,9
	Stahlblech-Bodenwanne, Winkelrahmen, Gitterroste (7m²)				

KG	Kostengruppe	Menge Einheit	Kosten €	€/Einheit	%
330	**Außenwände/Vertikale Baukonstruktionen, außen**				**100,0**
331	**Tragende Außenwände**	795,13 m²	269.843	**339,37**	14,9
	Holzrahmenwände, d=28cm, Zellulose-Einblasdämmung WLG 040, innen OSB-Schalung, d=15mm, Gipsfaserplatten, d=12,5mm, außen Gipsfaserplatten, d=12,5mm (631m²), d=27cm, mit Mineralwolldämmung WLG 040, d=180mm (36m²), Torsturz 32x30cm (55m), 14x14cm, Sichtqualität (23m), Kopfplatten (254kg), Wandbinder BSH, b=20cm (37m), Außenlager: Stb-Elementwände C25/30, d=25cm, h=5,00m, Schalung, Bewehrung (54m²), Sichtbeton (21m²), Stb-Sockelwände C25/30, d=15-25cm, h=50cm (53m²)				
332	**Nichttragende Außenwände**	591,82 m²	126.792	**214,24**	7,0
	Holzrahmenwände, d=24cm, Zellulose-Einblasdämmung WLG 040, innen OSB-Schalung, d=15mm, Gipsfaserplatten, d=12,5mm, außen Gipsfaserplatten, d=12,5mm (303m²), als Attika, d=15cm, h=30-80cm (120m²), Holzrahmenwände für Vordach, d=16cm, 2,70x5,58m, Streben, Füllhölzer, Lochbleche (151m²), 1,50x3,60m (11m²), Stb-Attika C25/30, d=20cm, h=30-50cm (8m²)				
333	**Außenstützen**	393,67 m	42.613	**108,25**	2,4
	BSH-Rechteckstützen 17-19x23-25cm (260m), 36x56cm (66m), 14x20cm (38m), 20x56cm (26m), Stb-Stütze C25/30, 20x30cm, Sichtbeton, Schalung, Bewehrung (4m), Kopf-/Fußplatten (898kg)				
334	**Außenwandöffnungen**	438,79 m²	595.154	**1.356,35**	32,9
	Holz-Alufenster, Uw=1,0W/m²K, festverglast (259m²), Drehflügel (156m²), Alu-Eingangstüren, Uw=1,4W/m²K, zweiflüglig, VSG, Türschließer (14m²), elektrischer Türöffner (1St), Reedkontakte (27St), Alu-Sektionaltor, Motorantrieb, Torverriegelung (10m²), Holz-Fensterleisten 30x13mm (330m), Fensterbänke, innen Holz (163m), außen Alu (160m), Massivholz-Türschwelle (3m)				
335	**Außenwandbekleidungen, außen**	1.659,62 m²	302.677	**182,38**	16,7
	Fassadenbahn, Holzunterkonstruktion, senkrechte, offene Holzleistenschalung 48-105x26-28mm, hydrophobiert (1.337m²), Laibungen (184m), Vordachbekleidung, Holzunterkonstruktion, Dreischichtplatten, d=19mm (225m²), Laibungen (63m), Attikabekleidung, OSB, d=15mm (52m²), Brandabschottung, Stahlrohr 40x40mm, horizontal (317m), vertikal (92m), Alu-Sockelbleche (238m), Gipsfaserplatten, d=12,5mm (84m²), Mineralwolldämmung, d=30mm, als Haustrennfuge (45m²)				
336	**Außenwandbekleidungen, innen**	1.646,56 m²	45.138	**27,41**	2,5
	Spachtelung Q3, Dispersionsbeschichtung (1.647m²), Laibungen (110m), Glasvliestapete (1.363m²), OSB-Sockelbekleidung, d=15mm, Gipsfaserplatten, d=18mm, h=30cm (60m)				
337	**Element. Außenwandkonstruktionen**	297,20 m²	330.990	**1.113,70**	18,3
	Holz-Alu-Pfosten-Riegel-Fassade, VSG-Sonnenschutzverglasung, dreifach, Uw=1,2W/m²K, Brüstungselemente, Festverglasungen, Dämmung, Alu-Anschlussbleche (174m²), Holz-Alu-Türen, VSG-Sonnenschutzverglasung, Uw=1,4W/m²K, einflüglig, Türschließer (11m²), Stahl-Faltschiebetore, verzinkt, Lackierung, Brüstungselemente, Festverglasungen VSG, Uw=2,5W/m²K, vierflüglig, Dämmung, überfahrbare Schwellen (113m²), Torsturz (22m), Laibungen (42m)				
338	**Lichtschutz zur KG 330**	352,62 m²	86.427	**245,10**	4,8
	Alu-Lamellenraffstores, Lamellenbreite 80mm, Beschichtung, Führungsschienen, Motorantriebe, Einbaukasten, Mineralwolldämmung WLG 035 (353m²)				

KG	Kostengruppe	Menge Einheit	Kosten €	€/Einheit	%
339	**Sonstiges zur KG 330**	2.122,94 m² AWF	7.879	**3,71**	0,4
	Betonvordach C30/37, WU, d=20-35cm, Sichtbeton, Schalung, Flüssigkunststoffabdichtung (12m²), Titanzinkabdeckung (6m)				
340	**Innenwände/Vertikale Baukonstruktionen, innen**				**100,0**
341	**Tragende Innenwände**	1.503,75 m²	486.081	**323,25**	37,0
	Holzrahmenwände d=31cm, Mineralwolldämmung WLG 040, d=40mm, beidseitig OSB-Schalung, d=2x15mm, Gipsfaserplatten, d=2x12,5mm (300m²), d=27cm (73m²), d=29cm (39m²), Brettsperrholzwände, d=16cm, fünflagig, einseitig Gipsfaserplatten, d=12,5mm (160m²), d=20cm, fünflagig, Sichtqualität, Holzlasur (132m²), d=12cm, dreilagig (80m²), Stb-Wände C25/30, d=25cm, Schalung, Bewehrung (168m²), Sichtbeton (546m²), Stb-Unterzüge (6m²)				
342	**Nichttragende Innenwände**	1.110,35 m²	190.670	**171,72**	14,5
	GK-Metallständerwände, d=125mm, Mineralwolldämmung, d=40-60mm, beidseitig doppelt beplankt (993m²), als Doppelständerwände, d=200-280mm (86m²), Holzrahmenwände, d=24cm, Mineralwolldämmung WLG 040, d=40mm, beidseitig OSB-Bekleidung, d=15mm, Gipsfaserplatten, d=12,5mm (32m²)				
343	**Innenstützen**	196,80 m	42.496	**215,94**	3,2
	Holzstützen, BSH 17-19x23-25cm, wandbündig (97m), Sichtqualität (75m), Stb-Stützen C25/30, 20-70x30-80cm, Schalung, Bewehrung (24m), Kopf-/Fußplatten (400kg)				
344	**Innenwandöffnungen**	267,97 m²	427.742	**1.596,23**	32,6
	Stahl-Faltschiebetore, vierflüglig, verzinkt, Lackierung, mit Schlupftür (58m²), mit Sturzrahmen (26m²), Alu-Sektionaltore, Motorantrieb (15m²), Holztüren, Stahlumfassungszargen (155m²), T30 (58m²), Alutüren, einflüglig, Türschließer (28m²), Alufenster, Zweifachverglasung (15m²), als Schallschutzverglasung (9m²), Alu-Rollladen, Durchreiche 2,15x1,60m, Motorantrieb (3m²), Drückergarnituren, Türstopper (71St)				
345	**Innenwandbekleidungen**	2.363,96 m²	142.718	**60,37**	10,9
	GK-Vorsatzschalen, d=10cm, einseitig doppelt beplankt, Mineralwolldämmung, d=60mm (240m²), d=7,5cm, Mineralwolldämmung, d=40mm (23m²), GK-Schachtwände F90, d=10cm, Mineralwolldämmung, d=40mm (44m²), Gipsfaserbekleidung, d=12,5mm (14m²), Spachtelung Q3, Dispersionsbeschichtung (1.652m²), Laibungen (145m), Glasvliestapete (1.141m²), Spachtelung, Gipsputz (406m²), Wandfliesen 30x60cm (306m²), Wandspiegel, flächenbündig (19m²), Infotafel, flächenbündig (16m²)				
346	**Elementierte Innenwandkonstruktionen**	24,30 m²	3.344	**137,59**	0,3
	WC-Trennwände, Vollspanplatten, d=30mm, h=bis 2,25m, fünf Türen (22m²), Schamwände (2m²)				
349	**Sonstiges zur KG 340**	2.906,37 m² IWF	19.563	**6,73**	1,5
	Absturzsicherung: Stahlrohrschranken 50x40mm (3St), Anschlagpunkte (2St), Holzhandlauf, D=40mm (42m), Flachstahlkonsolen (69St)				

KG	Kostengruppe	Menge Einheit	Kosten €	€/Einheit	%
350	**Decken/Horizontale Baukonstruktionen**				**100,0**
351	**Deckenkonstruktionen**	1.620,81 m²	831.461	**512,99**	65,3

Holz-Beton-Verbunddecken, d=22+12cm, Brettstapelelemente, Aufbeton C30/37, Randschalung, Bewehrung, Verschraubungen (692m²), d=32+16cm (612m²), d=22+12cm, C35/45 (131m²), Vergussmörtel (94m), Stb-Decken C25/30, d=20-30cm, Schalung, Bewehrung (94m²), Treppenpodeste, Sichtbeton (40m²), Stb-Fertigteiltreppen C25/30, b=135-145cm, Steigung 17x30cm (52m²), Trittschalldämmung (25m), BSH-Träger/Unterzüge 10-24x20-44cm (365m)

353	**Deckenbeläge**	1.410,08 m²	231.765	**164,36**	18,2

Heizestrich CT-F5, d=75-85mm (1.227m²), Zementestrich, d=55-65mm (176m²), Ausgleichsestrich, d=30-80mm (566m²), Spachtelung, Hochlamellenparkett, geölt (1.330m²), auf Bodentanks (18St), Holzsockel (529m), Bodenfliesen 60x60cm (80m²), Fliesensockel (43m)

354	**Deckenbekleidungen**	844,26 m²	147.393	**174,58**	11,6

Metallkassettendecke, Abhängehöhe 15-25cm, Langfeldplatten, Akustikvlies (232m²), Holzwoll-Akustikdecken, Abhängehöhe 15-25cm, Schalldämmauflage, d=50mm (230m²), GK-Decken, gelocht, Abhängehöhe 25-45cm, Mineralwolldämmung, d=40mm, Spachtelung, Vlies, Dispersionsbeschichtung (205m²), Abhängehöhe 50-70cm (49m²), GK-Decken, Abhängehöhe 80-90cm (98m²)

359	**Sonstiges zur KG 350**	1.620,81 m² DEF	63.503	**39,18**	5,0

Stabgeländer, h=1,38m, Flachstahl 10x160mm, Ober-, Untergurt, Füllstäbe (38m), h=1,52m (3m), Holzhandlauf, D=40mm (42m), Flachstahlkonsolen (56St)

360	**Dächer**				**100,0**
361	**Dachkonstruktionen**	1.812,83 m²	461.760	**254,72**	36,7

Flachdach: BSH-Binder, b=24cm, h=80-116cm, Sichtqualität (38m³), BSH-Pfetten 14x30cm, Verschraubungen (45m³), Dreischichtplatte, d=34mm (816m²), Sichtqualität (214m²), Holzrippendächer, Massivholzplatten, d=10cm, BSH-Rippen 12x28cm (607m²), BSH-Brettstapeldach, d=10cm (127m²), Stb-Dach C25/30, d=20-30cm, Schalung, Bewehrung (49m²)

362	**Dachöffnungen**	63,48 m²	64.763	**1.020,21**	5,1

Oberlichtbänder 1,35x5,60m, Polycarbonat-Mehrfachstegplatten, Uw=1,8W/m²K, Stahlzargen, RWA-Öffnungen (60m²), Glas-Oberlichter 1,50x1,00m, Uw=1,5W/m²/K, RWA-Funktion, Motorantrieb (3m²), Wind-/Regenwächter (2St)

363	**Dachbeläge**	1.880,00 m²	407.435	**216,72**	32,4

Bitumenabdichtung, Dampfsperre (1.868m²), vertikal (278m), PUR-Gefälledämmung WLS 027, d=30-140mm (1.895m²), vertikal, d=30-100mm (133m), Kunststoffdachabdichtung (1.030m²), durchwurzelungsfest (850m²), vertikal (308m), Bautenschutzmatten, d=10mm (195m²), Betonplatten 49x49-60x60cm (165m²), extensive Dachbegrünung, Filter, Saat, Fertigstellungspflege (30m²), Kiesrandstreifen (16m²), Wartungswege, b=70cm (78m²), Alu-Attikaabdeckungen (249m), Fassadenrinnen, verzinkt, Kiesleiste, Rost (47m), Attikaspeier (13St), Dachabläufe (10St)

KG	Kostengruppe	Menge Einheit	Kosten €	€/Einheit	%
364	**Dachbekleidungen**	1.876,36 m2	287.338	**153,14**	22,8
	Holzwolldecken, Abhängehöhe 40-85cm (773m2), Holzwolle-Akustikdecken, Abhängehöhe 15-25cm, Schalldämmauflage, d=50mm (518m2), GK-Decken, gelocht, Abhängehöhe 25-45cm, Mineralwolldämmung d=40mm, Spachtelung, Vlies, Dispersionsbeschichtung (330m2), GK-Decken, Abhängehöhe 80-90cm (97m2), Metallkassettendecke, Abhängehöhe 25-40cm, Langfeldplatten, Akustikvlies (159m2)				
369	**Sonstiges zur KG 360**	1.876,31 m2 DAF	36.476	**19,44**	2,9
	Stabgeländer, h=1,00m, Flachstahl 10x160mm, Ober-, Untergurt, Füllstäbe (53m2), Dachaufstieg als Attikaübersteig, Stahlleiter, Podest, Geländer, Sicherungstür, verzinkt (1St), Absturzsicherungen für Seilsicherung (2St), Schutzausrüstungen (2St)				
380	**Baukonstruktive Einbauten**				**100,0**
381	**Allgemeine Einbauten**	3.556,16 m2 BGF	21.428	**6,03**	68,4
	Einbauküche, U-förmig, Durchreiche, Ober-/Unterschränke, Hochschränke, Arbeitsplatten, LED-Lichtbändern mit Leuchtenblenden, Kühlschrank, Geschirrspüler, Spülbecken, Durchlauferhitzer, Kochfeld, Dunstabzug, (1St), Einbauteeküche U-förmig, Ober-/Unterschränke, Arbeitsplatten, LED-Lichtbändern mit Leuchtenblenden, Kühlschrank, Geschirrspüler, Spülbecken, Durchlauferhitzer, Kochfeld (1St)				
387	**Schutzeinbauten**	3.556,16 m2 BGF	9.900	**2,78**	31,6
	Streifenvorhänge, PVC-Lamellen, b=300mm, transparent, schwenkbar (45m2)				
390	**Sonstige Maßnahmen für Baukonstruktionen**				**100,0**
391	**Baustelleneinrichtung**	3.556,16 m2 BGF	417.750	**117,47**	74,1
	Baustelleneinrichtung Hauptgewerk (psch), Nebengewerke (6St), Bauzaun, h=2,00m, Tor (154m), Bürocontainer (1St), Sanitärcontainer (1St), Bauwasser (1St), Baustromanschluss, Baustromverteiler (psch), Baubeleuchtung (psch), Gummischlauchleitungen (167m), Provisorisches Holz-Treppengeländer (37m), Verkehrsrechtliche Verfügung (psch)				
392	**Gerüste**	3.556,16 m2 BGF	85.703	**24,10**	15,2
	Fassadengerüst, Lastklasse 3 (2.114m2), Dachfanggerüst (226m), Treppengerüst (144m2), Gerüstturm (3St), Schwerlast-Gerüstträger (1St), Montagegerüste mit Hebebühnen (psch)				
397	**Zusätzliche Maßnahmen**	3.556,16 m2 BGF	59.027	**16,60**	10,5
	Abdeckvlies (2.708m2), Schutzfolien für Fenstern, Türen (1.700m2), für Sichtholzwände (132m2), Folienfenster (74m2), Bauheizung (psch)				
398	**Provisorische Baukonstruktionen**	3.556,16 m2 BGF	1.272	**0,36**	0,2
	Provisorische Regenentwässerung, Attikaspeier (10St)				
410	**Abwasser-, Wasser-, Gasanlagen**				**100,0**
411	**Abwasseranlagen**	3.556,16 m2 BGF	146.482	**41,19**	27,3
	KG-Rohre DN100-250, Formstücke (330m), PP-Rohre DN50-110, schallgedämmt, Formstücke (127m), PE-Rohre DN75-160, Formstücke, Dämmung (134m), Kontrollschächte DN1.000-1.200, Schachtabdeckungen (2St)				

KG	Kostengruppe	Menge Einheit	Kosten €	€/Einheit	%
412	**Wasseranlagen**	3.556,16 m² BGF	290.417	**81,67**	54,0
	Edelstahlrohre DN15-42, Formstücke, Rohrdämmung (1.032m), Verbundrohre DN20, Formstücke (23m), Hauswasserfilter, Zähler, Rückspülautomatik (1St), Verteiler (1St), Enthärtungsanlage (1St), Kugelhähne (12St), Wand-Tiefspül-WCs (7St), barrierefrei (1St), Stützklappgriffe (2St), Waschtische (13St), barrierefrei (1St), Urinale, Spülautomatik (10St), Einbauwaschtischanlagen (10St), Ausgussbecken (4St), Armaturen (28St), Durchlauferhitzer 6,5-21kW (24St)				
413	**Gasanlagen**	3.556,16 m² BGF	18.963	**5,33**	3,5
	Edelstahlrohre DN50, Formteile (69m), Kugelhähne DN40 (2St), Thermostate (2St)				
419	**Sonstiges zur KG 410**	3.556,16 m² BGF	81.614	**22,95**	15,2
	Montageelemente für Anschlussleitungen (32St), für Waschtische (20St), für Durchlauferhitzer (20St), für Urinale (17St), für Duschen (12St), für WCs (9St), für Ausgussbecken (9St), für Küchenspülen (4St), für Waschmaschinen (2St), für Spülkästen (2St)				
420	**Wärmeversorgungsanlagen**				**100,0**
421	**Wärmeerzeugungsanlagen**	3.556,16 m² BGF	46.690	**13,13**	10,9
	Gas-Brennwertkessel 13-78kW, Anschlussgruppen, Abgasanlagen (2St), Ausdehnungsgefäße (2St), hydraulische Weiche (1St), Vakuum-Sprühentgasung (1St)				
422	**Wärmeverteilnetze**	3.556,16 m² BGF	185.126	**52,06**	43,1
	Stahlgewinderohre DN25-65, Formteile, Rohrdämmung (43m), Heizungsverteiler (1St), Absperrklappen DN25-65 (18St), Volumenstromregler DN25-65 (6St), Nassläuferpumpen mit Wärmedämmung (5St), Stellantriebe (96St), Brandschotts (64St), Raumtemperaturfühler (44St), Kugelhähne DN20 (28St), Druckmesser (6St)				
423	**Raumheizflächen**	3.556,16 m² BGF	198.185	**55,73**	46,1
	Fußbodenheizung, EPS-Rollplatten, d=30-2mm (1.460m²), PE-Rohre (8.800m), UP-Verteiler (8St), Regulierventile (16St), Deckenstrahlplatten 4,50x1,50m, Heizleistung 2.200W, Regelung, Wärmedämmung, d=40mm, alukaschiert (203m²), Flachheizkörper, Thermostatköpfe, Ventile (38St)				
430	**Raumlufttechnische Anlagen**				**100,0**
431	**Lüftungsanlagen**	3.556,16 m² BGF	451.134	**126,86**	98,7
	Zu-/Abluftgeräte, Volumenstrom 8.600m³/h, wetterfest, Stahlunterkonstruktion, Einhausungen, mit Wärmerückgewinnung (1St), 2.600m³/h (1St), Rechteckkanäle, Formstücke, Dämmung (988m²), Wickelfalzrohre DN80-160 (319m), Rundkanäle DN80-200 (191m), Brandschutzklappen (29St), Volumenstromregler (85St), Schalldämpfer (62St), Schlitzdurchlässe (46St), Zu-/Abluftauslässe (92St), Weitwurfdüsen (4St), Dachdurchführungen (4St)				
434	**Kälteanlagen**	3.556,16 m² BGF	6.037	**1,70**	1,3
	Kühlanlage Serverraum (1St), Kupferrohr DN28, Formstücke (6m)				
440	**Elektrische Anlagen**				**100,0**
442	**Eigenstromversorgungsanlagen**	3.556,16 m² BGF	54.639	**15,36**	6,7
	Solarmodule, Flachdachmontage (96St), Solarkabel (120m), Wechselrichter (2St), Verteilerschank (1St), LED-Display (1St), Notstromversorgung (2St)				

KG	Kostengruppe	Menge Einheit	Kosten €	€/Einheit	%
443	**Niederspannungsschaltanlagen**	3.556,16 m² BGF	126.459	**35,56**	15,4
	Niederspannungsschaltschränke, Hauptverteiler (3St), Unterverteiler (8St), Hausanschlussschrank (1St), FI/LS-Schalter (620St), Relais/Schütze (81St), Hauptschalter (45St)				
444	**Niederspannungsinstallationsanlagen**	3.556,16 m² BGF	440.987	**124,01**	53,8
	Installationskabel J-Y(St)Y (26.222m), Mantelleitungen NYCWY (2.771m), H05RR (3.389m), ölbeständig (5.385m), Leerrohre (1.761m), Kabelrinnen, Ausleger, Stiele (822m), Installationskanäle (304m), Anschlussdosen (1.112St), Schalter/Taster (460St), Steckdosen (223St), CEE-Steckdosen (85St), Präsenzmelder (53St), Not-Aus-Taster (53St), Unterflurdosen (18St), Jalousieschalter (3St), Herdanschlussdosen (2St)				
445	**Beleuchtungsanlagen**	3.556,16 m² BGF	176.993	**49,77**	21,6
	Lichtbänder (148St), LED-Einbaudownlights (115St), Decken-/Wandleuchten (225St), LED-Displayleuchten (30St), Sicherheitsleuchten (48St), Spiegelleuchten (21St)				
446	**Blitzschutz- und Erdungsanlagen**	3.556,16 m² BGF	20.965	**5,90**	2,6
	Fundamenterder (763m), Ableitungen (177m), Verbinder (63St), Fangstangen (47St), Trennstellen (13St)				
450	**Kommunikations-, sicherheits- und informationstechnische Anlagen**				**100,0**
451	**Telekommunikationsanlagen**	3.556,16 m² BGF	34.642	**9,74**	12,5
	Telefonanlage, Kommunikationsserver (1St), DECT-Basisstationen (16St), Systemtelefone (12St), Controller, zehn Kanäle (1St), Patchkabel (101St), Switch, achtfach (1St)				
452	**Such- und Signalanlagen**	3.556,16 m² BGF	36.326	**10,21**	13,1
	Rufsignalanlage, Serverschrank 19" (1St), Sprechstellen (3St), Lautsprecher (74St), Switch 19" (2St), Videoanlage (1St), Außenkameras (6St), Türsprechanlage (1St), Briefkastenanlage (1St)				
456	**Gefahrenmelde- und Alarmanlagen**	3.556,16 m² BGF	115.910	**32,59**	41,9
	Brandmeldezentrale (1St), Feuerwehr-Informationssystem (1St), Installationskabel (2.594m), RWA-Anlage, Programmiereinheit (1St), Rauchabzugsflügel (6St), Rauchmelder (145St), Brandmelder (17St), Handmelder (9St), Hupen (23St), CO_2-Notauslösung (1St), CO_2-Druckleitung (120m), Überwachungssystem, Videokamera (1St)				
457	**Datenübertragungsnetze**	3.556,16 m² BGF	89.438	**25,15**	32,4
	Datenverteilerschränke (3St), Datenkabel (9.688m), Patchpanel Cat6 (31St), Patchkabel (26St), Verteiler (3St)				
460	**Förderanlagen**				**100,0**
461	**Aufzugsanlagen**	3.556,16 m² BGF	173.491	**48,79**	42,9
	Personenaufzug, Traglast 2.500kg, drei Haltestellen, Förderhöhe 8,52m, Kabinenmaß 1,80x2,70m, Seilantrieb (1St), Hochlamellenparkett, geölt (21m²)				
465	**Krananlagen**	3.556,16 m² BGF	230.739	**64,88**	57,1
	Einträgerbrückenkran, Tragkraft 6,4t, Spannweite 13,75x55,80m (1St), Kranbahnträger BSH 24x76cm, als Durchlaufträger (112m), Schienensystem (135m), Transportkästen (20St)				

KG	Kostengruppe	Menge Einheit	Kosten €	€/Einheit	%
470	**Nutzungsspezifische und verfahrenstechnische Anlagen**				**100,0**
474	**Feuerlöschanlagen**	3.556,16 m²BGF	25.385	**7,14**	10,7
	Löschwasser-Einspeisearmaturen, Wandschrank (2St), Schlauchanschlussarmaturen (4St), Stahlrohre DN50-80, Formstücke (41m)				
476	**Weitere nutzungsspezifische Anlagen**	3.556,16 m²BGF	212.212	**59,67**	89,3
	Druckluftversorgungsanlage: Schraubenkompressor, Druckluftbehälter 1.000l (1St), Hebeanlagen (2St), Druckluftleitungen, Formstücke (9m), Kugelhähne (18St), Kupplungen (17St), fahrbarer Entstauber, Volumenstrom 7.950m³/h, Filterfläche 15m², Spänebehälter, Presslingverdichter, Verrohrung (1St), Volumenstrom 2.495m³/h (1St), Volumenstrom 1.593m³/h (1St), Energiesparschieber (9St), Abluftrohre DN120-350, Formteile (83m), PUR-Schlauch D=80-160mm (13m)				
480	**Gebäude- und Anlagenautomation**				**100,0**
481	**Automationseinrichtungen**	3.556,16 m²BGF	39.940	**11,23**	11,0
	EIB-Spannungsversorgung (7St), Schaltaktoren, vierfach (19St), achtfach (11St), Wetterzentrale, Sensor (1St), Klemmen (1.097St), Bezeichnungsschilder (298St)				
482	**Schaltschränke, Automation**	3.556,16 m²BGF	66.502	**18,70**	18,4
	Schaltschrankanlage, dreiteilig, bestückt (1St), Leistungsbaugruppen, Technik (3St), Abzweigdosen, halogenfrei (122St)				
483	**Automationsmanagement**	3.556,16 m²BGF	143.684	**40,40**	39,7
	Datenverarbeitungseinrichtung (2St), Bedientableau (2St), Anlagensteuerung (1St), Unterstation, Software, Bedienfunktionen einrichten (1St), Erfassen von Mess-/Steuer- und Regelpunkten (667St), Fernbediengeräte (20St)				
485	**Datenübertragungsnetze**	3.556,16 m²BGF	111.456	**31,34**	30,8
	EIB-Busleitungen (21.847m)				
550	**Technische Anlagen**				**100,0**
556	**Elektrische Anlagen**	453,10 m²AF	6.059	**13,37**	100,0
	Pollerleuchten (4St), Mastleuchten (2St)				

Kostenkennwerte für Leistungsbereiche nach STLB (Kosten des Bauwerks nach DIN 276)

LB	Leistungsbereiche	Kosten €	€/m² BGF	€/m³ BRI	% an 3+4
000	Baustellen-, Verkehrssich.- u. Sicherh.einr. inkl. 001	526.212	148,00	28,10	4,8
002	Erdarbeiten	110.738	31,10	5,90	1,0
006	Spezialtiefbauarbeiten inkl. 005	–	–	–	–
009	Entwässerungskanalarbeiten inkl. 011	39.159	11,00	2,10	0,4
010	Drän- und Versickerarbeiten	–	–	–	–
012	Mauerarbeiten	–	–	–	–
013	Betonarbeiten	1.249.365	351,30	66,60	11,4
014	Natur-, Betonwerksteinarbeiten	709	0,20	0,04	< 0,1
016	Zimmer- und Holzbauarbeiten	2.038.518	573,20	108,70	18,5
017	Stahlbauarbeiten	–	–	–	–
018	Abdichtungsarbeiten	71.597	20,10	3,80	0,7
019	Kampfmittelräumarbeiten	–	–	–	–
020	Dachdeckungsarbeiten	–	–	–	–
021	Dachabdichtungsarbeiten	317.015	89,10	16,90	2,9
022	Klempnerarbeiten	40.889	11,50	2,20	0,4
	Rohbau	**4.394.202**	**1.235,70**	**234,30**	**40,0**
023	Putz- und Stuckarbeiten, Wärmedämmsysteme	30.060	8,50	1,60	0,3
024	Fliesen- und Plattenarbeiten	100.003	28,10	5,30	0,9
025	Estricharbeiten	98.822	27,80	5,30	0,9
026	Fenster, Außentüren inkl. 029, 032	1.005.385	282,70	53,60	9,1
027	Tischlerarbeiten	354.991	99,80	18,90	3,2
028	Parkett-, Holzpflasterarbeiten	450.239	126,60	24,00	4,1
030	Rollladenarbeiten	85.273	24,00	4,50	0,8
031	Metallbauarbeiten inkl. 035	414.912	116,70	22,10	3,8
034	Maler- und Lackiererarb. - Beschicht. inkl. 037	104.729	29,40	5,60	1,0
036	Bodenbelagarbeiten	–	–	–	–
038	Vorgehängte hinterlüftete Fassaden	–	–	–	–
039	Trockenbauarbeiten	639.397	179,80	34,10	5,8
	Ausbau	**3.283.811**	**923,40**	**175,10**	**29,9**
040	Wärmeversorgungsanl. - Betriebseinr. inkl. 041	369.480	103,90	19,70	3,4
042	Gas- u. Wasseranl. - Leitung., Armat. inkl. 043	235.842	66,30	12,60	2,1
044	Abwasseranl. - Leitungen, Abläufe, Armaturen	129.103	36,30	6,90	1,2
045	Gas, Wasser, Entwässerung - Ausstattung inkl. 046	178.369	50,20	9,50	1,6
047	Dämm- und Brandschutzarb. an techn. Anlagen	114.598	32,20	6,10	1,0
049	Feuerlöschanlagen, Feuerlöschgeräte	25.385	7,10	1,40	0,2
050	Blitzschutz-/Erdungsanlagen, Überspannungssch.	20.697	5,80	1,10	0,2
053	Niederspannungsanl. - Kabel inkl. 052, 054	735.385	206,80	39,20	6,7
055	Sicherheits- u. Ersatzstromversorgungsanl.	–	–	–	–
057	Gebäudesystemtechnik	281.003	79,00	15,00	2,6
058	Leuchten und Lampen inkl. 059	179.666	50,50	9,60	1,6
060	Such, Signal, Zeit, Anten., akust. Anl. inkl. 064	38.500	10,80	2,10	0,4
061	Kommunikations- u. Übertragungsnetze inkl. 063	97.388	27,40	5,20	0,9
069	Aufzüge	170.024	47,80	9,10	1,5
070	Gebäudeautomation	–	–	–	–
075	Raumlufttechnische Anlagen inkl. 078	406.360	114,30	21,70	3,7
	Gebäudetechnik	**2.981.802**	**838,50**	**159,00**	**27,1**
084	Abbruch, Rückbau, Schadstoffsanierung	–	–	–	–
	Abbrucharbeiten	**–**	**–**	**–**	**–**
	Sonstige Leistungsbereiche	**339.102**	**95,40**	**18,10**	**3,1**

Berufliche Schulen

3

Berufliche Schulen

Kostenkennwerte für die Kosten des Bauwerks (Kostengruppen 300+400 nach DIN 276)

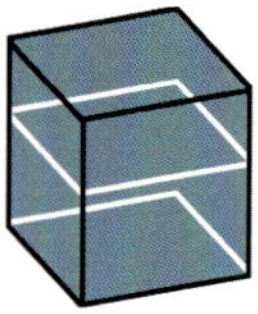

BRI 700 €/m³
von 540 €/m³
bis 915 €/m³

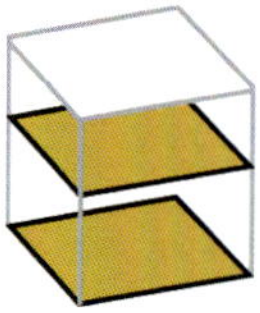

BGF 2.785 €/m²
von 2.270 €/m²
bis 3.630 €/m²

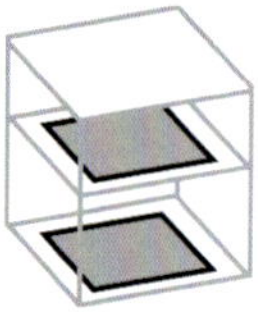

NUF 4.360 €/m²
von 3.120 €/m²
bis 5.800 €/m²

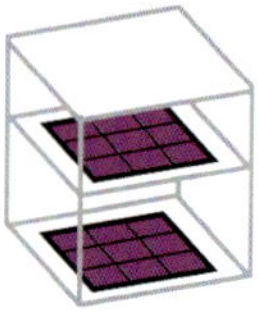

NE 34.475 €/NE
von 20.375 €/NE
bis 63.525 €/NE
NE: Auszubildende

Objektbeispiele

Kosten:
Stand 4. Quartal 2025
Bundesdurchschnitt
inkl. 19% MwSt.

4200-0032

4200-0027

4200-0021

Kosten der 12 Vergleichsobjekte

Seiten 400 bis 401

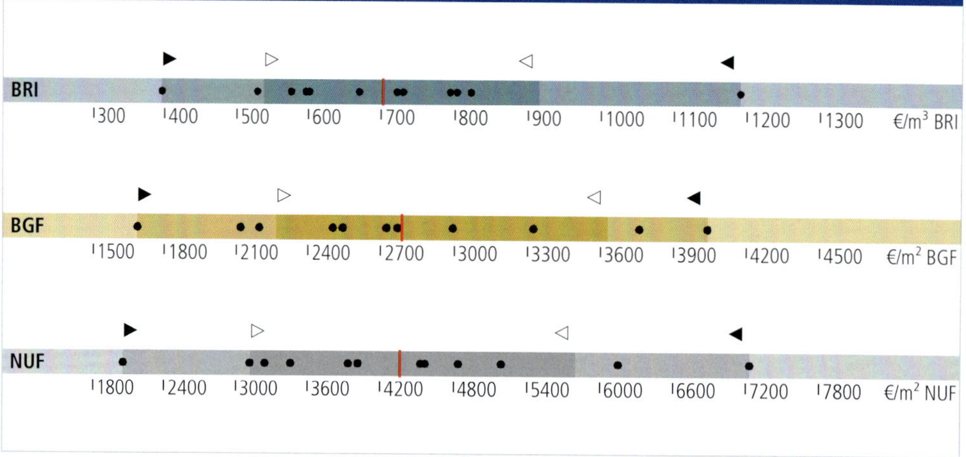

- ● KKW
- ▶ min
- ▷ von
- | Mittelwert
- ◁ bis
- ◀ max

Kostenkennwerte für die Kostengruppen der 1. und 2. Ebene DIN 276

KG	Kostengruppen der 1. Ebene	Einheit	▷	€/Einheit	◁	▷	% an 300+400	◁
100	Grundstück	m²GF	–	**–**	–	–	**–**	–
200	Vorbereitende Maßnahmen	m²GF	7	**77**	498	0,8	**2,5**	12,3
300	Bauwerk – Baukonstruktionen	m²BGF	1.581	**1.987**	2.493	68,3	**71,4**	74,6
400	Bauwerk – Technische Anlagen	m²BGF	617	**798**	1.061	25,4	**28,6**	31,7
	Bauwerk 300+400	m²BGF	2.268	**2.785**	3.629	100,0	**100,0**	100,0
500	Außenanlagen und Freiflächen	m²AF	15	**85**	227	1,1	**3,4**	6,4
600	Ausstattung und Kunstwerke	m²BGF	26	**90**	165	0,6	**3,1**	5,2
700	Baunebenkosten*	m²BGF	474	**528**	582	17,1	**19,0**	21,0 ◁
800	Finanzierung	m²BGF	–	**–**	–	–	**–**	–

* Auf Grundlage der HOAI 2021 berechnete Werte nach §§ 35, 52, 56. Weitere Informationen siehe Seite 32

KG	Kostengruppen der 2. Ebene	Einheit	▷	€/Einheit	◁	▷	% an 1. Ebene	◁
310	Baugrube / Erdbau	m³BGI	27	**43**	59	1,6	**1,9**	2,9
320	Gründung, Unterbau	m²GRF	258	**352**	441	6,1	**13,4**	21,5
330	Außenwände / vertikal außen	m²AWF	798	**911**	1.027	22,3	**29,0**	36,1
340	Innenwände / vertikal innen	m²IWF	360	**481**	635	11,4	**13,2**	17,2
350	Decken / horizontal	m²DEF	288	**616**	757	0,2	**10,5**	21,8
360	Dächer	m²DAF	424	**604**	769	12,8	**24,8**	38,4
370	Infrastrukturanlagen		–	**–**	–	–	**–**	–
380	Baukonstruktive Einbauten	m²BGF	9	**52**	126	< 0,1	**2,0**	4,3
390	Sonst. Maßnahmen für Baukonst.	m²BGF	50	**102**	191	2,7	**5,2**	10,6
300	**Bauwerk – Baukonstruktionen**	**m²BGF**					**100,0**	
410	Abwasser-, Wasser-, Gasanlagen	m²BGF	74	**113**	284	10,3	**13,1**	19,6
420	Wärmeversorgungsanlagen	m²BGF	52	**111**	147	8,0	**13,6**	16,7
430	Raumlufttechnische Anlagen	m²BGF	68	**119**	155	3,7	**12,7**	18,2
440	Elektrische Anlagen	m²BGF	189	**227**	283	23,0	**31,4**	51,2
450	Kommunikationstechnische Anlagen	m²BGF	51	**61**	75	6,5	**8,1**	11,1
460	Förderanlagen	m²BGF	24	**52**	131	0,5	**3,3**	7,3
470	Nutzungsspez. / verfahrenstech. Anl.	m²BGF	9	**135**	236	2,4	**12,2**	29,8
480	Gebäude- und Anlagenautomation	m²BGF	60	**85**	133	0,7	**5,6**	15,4
490	Sonst. Maßnahmen f. techn. Anl.	m²BGF	1	**3**	4	0,0	**0,1**	0,4
400	**Bauwerk – Technische Anlagen**	**m²BGF**					**100,0**	

Prozentanteile der Kosten 2. Ebene an den Kosten des Bauwerks nach DIN 276 (Von/Mittel/Bis)

KG	Kostengruppe	%
310	Baugrube / Erdbau	1,4
320	Gründung, Unterbau	9,7
330	Außenwände / vertikal außen	20,6
340	Innenwände / vertikal innen	9,4
350	Decken / horizontal	7,3
360	Dächer	17,9
370	Infrastrukturanlagen	
380	Baukonstruktive Einbauten	1,3
390	Sonst. Maßnahmen für Baukonst.	3,7
410	Abwasser-, Wasser-, Gasanlagen	3,8
420	Wärmeversorgungsanlagen	3,9
430	Raumlufttechnische Anlagen	3,7
440	Elektrische Anlagen	8,9
450	Kommunikationstechnische Anlagen	2,3
460	Förderanlagen	1,0
470	Nutzungsspez. / verfahrenstech. Anl.	3,5
480	Gebäude- und Anlagenautomation	1,5
490	Sonst. Maßnahmen f. techn. Anl.	< 0,1

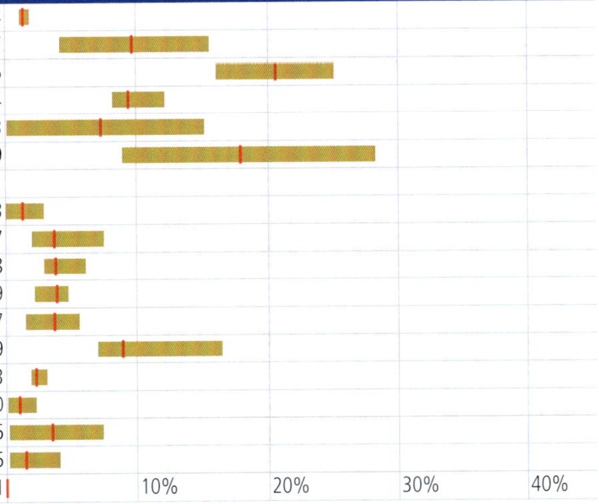

Prozentanteile der Kosten für Leistungsbereiche nach STLB (Kosten Bauwerk nach DIN 276)

LB	Leistungsbereiche	▷	% an 300+400	◁
000	Baustellen-, Verkehrssich.- u. Sicherh.einr. inkl. 001	1,1	**3,3**	7,0
002	Erdarbeiten	1,0	**2,0**	3,6
006	Spezialtiefbauarbeiten inkl. 005	0,0	**< 0,1**	0,4
009	Entwässerungskanalarbeiten inkl. 011	0,4	**1,0**	1,4
010	Drän- und Versickerarbeiten	0,0	**< 0,1**	< 0,1
012	Mauerarbeiten	0,5	**1,2**	3,5
013	Betonarbeiten	9,5	**12,7**	17,3
014	Natur-, Betonwerksteinarbeiten	0,1	**0,4**	0,8
016	Zimmer- und Holzbauarbeiten	< 0,1	**10,3**	17,4
017	Stahlbauarbeiten	0,2	**1,3**	5,3
018	Abdichtungsarbeiten	< 0,1	**0,2**	0,6
020	Dachdeckungsarbeiten	0,0	**< 0,1**	0,5
021	Dachabdichtungsarbeiten	1,3	**3,5**	7,0
022	Klempnerarbeiten	0,9	**2,8**	5,4
	Rohbau	30,8	**38,7**	44,4
023	Putz- und Stuckarbeiten, Wärmedämmsysteme	0,6	**1,4**	2,5
024	Fliesen- und Plattenarbeiten	0,3	**1,0**	1,9
025	Estricharbeiten	0,8	**2,0**	6,1
026	Fenster, Außentüren inkl. 029, 032	1,6	**6,1**	10,2
027	Tischlerarbeiten	3,2	**6,3**	11,1
028	Parkett-, Holzpflasterarbeiten	0,3	**1,2**	4,1
030	Rollladenarbeiten	0,4	**1,3**	2,0
031	Metallbauarbeiten inkl. 035	3,3	**6,8**	16,4
034	Maler- und Lackiererarb. - Beschicht. inkl. 037	0,4	**1,4**	2,2
036	Bodenbelagarbeiten	0,1	**1,1**	4,8
038	Vorgehängte hinterlüftete Fassaden	0,2	**1,3**	3,0
039	Trockenbauarbeiten	1,0	**3,6**	8,6
	Ausbau	29,0	**33,3**	38,4
040	Wärmeversorgungsanl. - Betriebseinr. inkl. 041	1,9	**3,1**	3,9
042	Gas- u. Wasseranl. - Leitung., Armat. inkl. 043	0,6	**1,0**	1,6
044	Abwasseranl. - Leitungen, Abläufe, Armaturen	0,2	**0,3**	0,5
045	Gas, Wasser, Entwässerung - Ausstattung inkl. 046	0,7	**0,9**	1,2
047	Dämm- und Brandschutzarb. an techn. Anlagen	0,6	**1,5**	3,2
049	Feuerlöschanlagen, Feuerlöschgeräte	0,0	**< 0,1**	< 0,1
050	Blitzschutz-/Erdungsanlagen, Überspannungssch.	< 0,1	**0,7**	1,6
052	Mittelspannungsanlagen	–	**–**	–
053	Niederspannungsanl. - Kabel inkl. 054	3,8	**6,0**	10,1
055	Sicherheits- u. Ersatzstromversorgungsanl.	< 0,1	**< 0,1**	0,3
057	Gebäudesystemtechnik	–	**–**	–
058	Leuchten und Lampen inkl. 059	1,7	**2,5**	3,0
060	Such, Signal, Zeit, Anten., akust. Anl. inkl. 064	< 0,1	**0,2**	0,6
061	Kommunikations- u. Übertragungsnetze inkl. 062	0,4	**1,0**	2,0
063	Gefahrenmeldeanlagen	0,4	**1,0**	1,8
069	Aufzüge	0,1	**1,0**	2,6
070	Gebäudeautomation	0,3	**1,9**	4,1
075	Raumlufttechnische Anlagen inkl. 078	1,4	**3,5**	5,8
	Gebäudetechnik	19,4	**24,6**	27,4
	Sonstige Leistungsbereiche inkl. 008, 033, 051	0,8	**3,3**	7,2

Kosten:
Stand 4.Quartal 2025
Bundesdurchschnitt
inkl. 19% MwSt.

- ● KKW
- ▶ min
- ▷ von
- | Mittelwert
- ◁ bis
- ◀ max

Planungskennwerte für Flächen und Rauminhalte nach DIN 277

Grundflächen	▷	Fläche/NUF (%)	◁	▷	Fläche/BGF (%)	◁
NUF Nutzungsfläche	100,0	**100,0**	100,0	62,1	**66,2**	73,0
TF Technikfläche	4,0	**5,6**	7,5	2,3	**3,5**	4,1
VF Verkehrsfläche	20,7	**30,0**	36,9	12,6	**18,2**	21,6
NRF Netto-Raumfläche	125,4	**135,7**	142,1	86,5	**87,9**	89,1
KGF Konstruktions-Grundfläche	17,4	**19,6**	23,3	10,9	**12,1**	13,5
BGF Brutto-Grundfläche	141,6	**155,3**	164,1	100,0	**100,0**	100,0

Brutto-Rauminhalte	▷	BRI/NUF (m)	◁	▷	BRI/BGF (m)	◁
BRI Brutto-Rauminhalt	5,81	**6,17**	6,64	3,74	**4,06**	4,56

Flächen von Nutzeinheiten	▷	NUF/Einheit (m²)	◁	▷	BGF/Einheit (m²)	◁
Nutzeinheit: Auszubildende	8,90	**11,11**	11,91	11,75	**14,74**	15,39

Lufttechnisch behandelte Flächen	▷	Fläche/NUF (%)	◁	▷	Fläche/BGF (%)	◁
Entlüftete Fläche	1,9	**1,9**	1,9	1,3	**1,3**	1,3
Be- und entlüftete Fläche	93,5	**93,5**	93,5	55,6	**55,6**	55,6
Teilklimatisierte Fläche	54,3	**54,3**	54,3	37,4	**37,4**	37,4
Klimatisierte Fläche	–	**–**	–	–	**–**	–

KG	Kostengruppen (2. Ebene)	Einheit	▷	Menge/NUF	◁	▷	Menge/BGF	◁
310	Baugrube / Erdbau	m³ BGI	1,11	**1,46**	2,07	0,83	**1,02**	1,17
320	Gründung, Unterbau	m² GRF	0,82	**0,91**	0,96	0,64	**0,69**	0,72
330	Außenwände / vertikal außen	m² AWF	0,93	**0,96**	1,25	0,63	**0,67**	0,88
340	Innenwände / vertikal innen	m² IWF	0,73	**0,79**	0,93	0,49	**0,55**	0,60
350	Decken / horizontal	m² DEF	0,70	**0,70**	0,77	0,43	**0,43**	0,49
360	Dächer	m² DAF	0,87	**1,05**	1,17	0,67	**0,80**	0,89
370	Infrastrukturanlagen		–	**–**	–	–	**–**	–
380	Baukonstruktive Einbauten	m² BGF	1,42	**1,55**	1,64	1,00	**1,00**	1,00
390	Sonst. Maßnahmen für Baukonst.	m² BGF	1,42	**1,55**	1,64	1,00	**1,00**	1,00
300	**Bauwerk – Baukonstruktionen**	**m² BGF**	1,42	**1,55**	1,64	1,00	**1,00**	1,00

Planungskennwerte für Bauzeiten — 12 Vergleichsobjekte

Bauzeit in Wochen

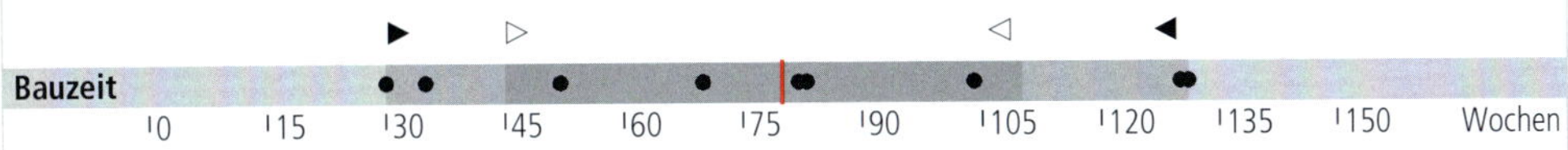

Objektübersicht zur Gebäudeart

2200-0066 Fakultätsgebäude (580 Studierende)*

springmeier architekten gbr
Braunschweig

4200-0008 Berufliche Schule*

Projektgemeinschaft ELWERT&STOTTELE
Architektur-Projektmanagement, Ravensburg

4200-0013 Überbetriebliches Bildungszentrum, Hallen*

Architekten BDA Richter Altmann Jyrch
Cottbus

4200-0017 Berufliche Oberschule (224 Azubis)*

Kröff Architekten-Diplomingenieure
Wasserburg

4200-0018 Gewerbliche Schule*

Projektgemeinschaft ELWERT&STOTTELE
Architektur-Projektmanagement, Ravensburg

4200-0021 Kompetenzzentrum*

hks ARCHITEKTEN + GESAMTPLANER GmbH
Erfurt

* Diese Objekte wurden zur Bildung der statistischen Werte herangezogen. Sie sind nicht als Einzelobjekt in diesem Band veröffentlicht.

Objektübersicht zur Gebäudeart

4200-0022 Unterrichts- u. Werkstattgebäude (50 Azubis)*

ralf pohlmann architekten
Waddeweitz

4200-0027 Berufliche Schule (450 Azubis) - Passivhaus*

hupfauf_thiels architekten bda
Wiesbaden

4200-0030 Berufliche Schule (42 Klassen, 1.590 Azubis)*

Michel + Wolf + Partner Freie Architekten BDA
Stuttgart

4200-0032 Berufsschule*

PH2 Architektur + Stadtplanung
Eschlkam

4200-0036 Ausbildungszentrum Pflegeberufe (6 Klassen, 150 Schüler)

Planungsring Mumm + Partner GbR
Treia

4200-0043 Pflegeschule (14 Klassen, 285 Schüler)

Architekten Naujack.Rind.Hof GmbH, Koblenz &
bhp Architekten + Generalplaner GmbH, Bielefeld

* Diese Objekte wurden zur Bildung der statistischen Werte herangezogen. Sie sind nicht als Einzelobjekt in diesem Band veröffentlicht.

4200-0036
Ausbildungszentrum
Pflegeberufe
(6 Klassen)
(150 Schüler)

Kostenkennwerte für die Kosten des Bauwerks (Kostengruppen 300+400 nach DIN 276)

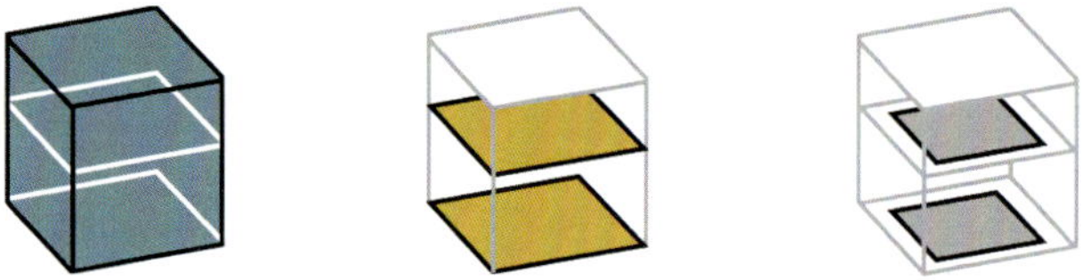

BRI 794 €/m^3 **BGF** 2.994 €/m^2 **NUF** 5.187 €/m^2

Objekt:
Kennwerte: 1.Ebene DIN 276
BRI: 11.587 m^3
BGF: 3.072 m^2
NUF: 1.773 m^2
Bauzeit: 52 Wochen
Bauende: 2018
Standard: mittel
Bundesland: Schleswig-Holstein
Kreis: Steinburg

Architekt*in:
Planungsring
Mumm + Partner GbR
Krim 2
24896 Treia

Bauherr*in:
Klinikum Itzehoe
Robert-Koch-Straße 2
25524 Itzehoe

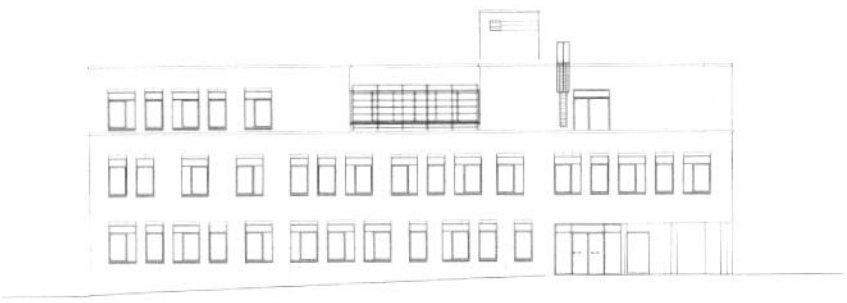
Ansicht Süd-Ost

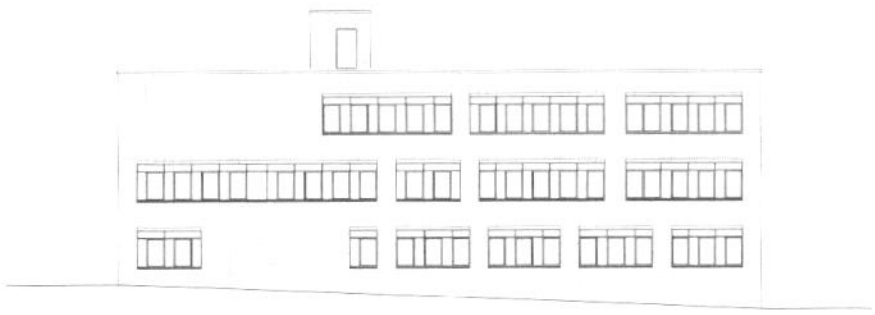
Ansicht Nord-West

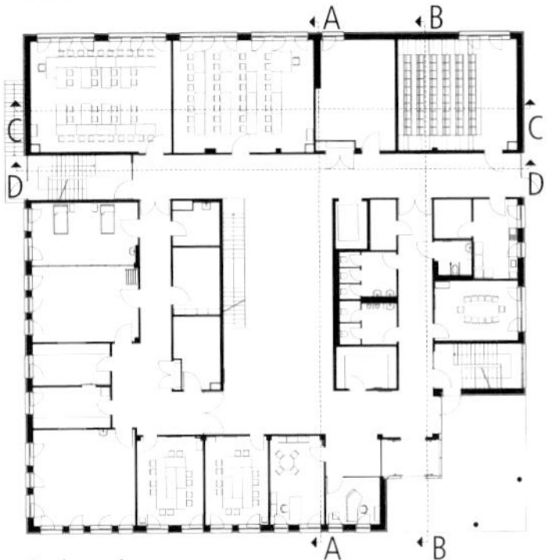

Erdgeschoss

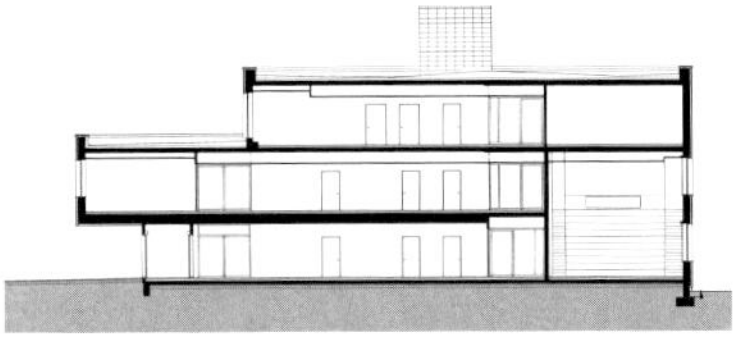
Schnitt B-B

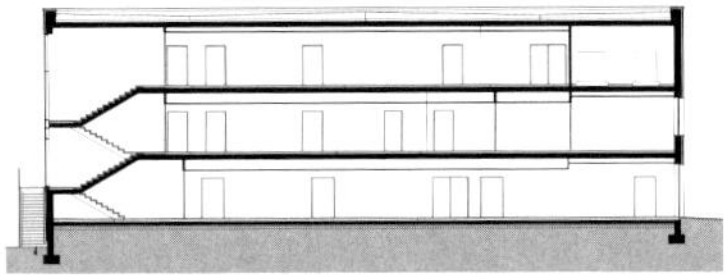
Schnitt D-D

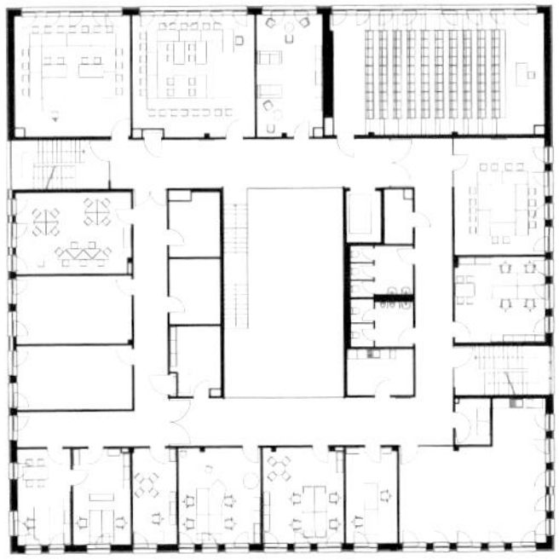
1. Obergeschoss

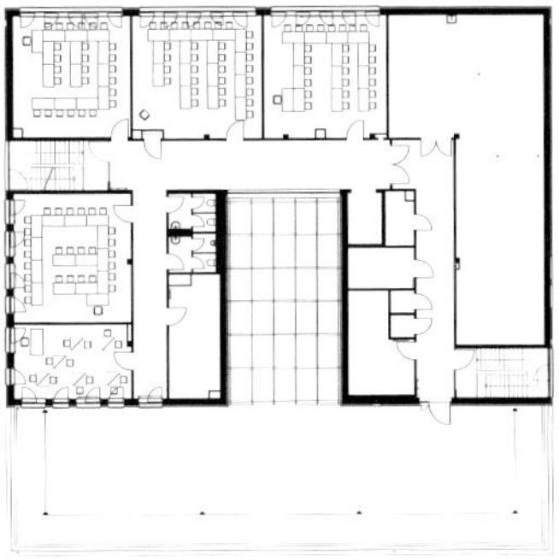
2. Obergeschoss

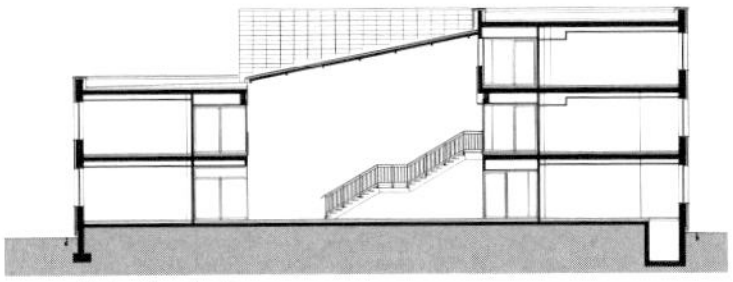
Schnitt A-A

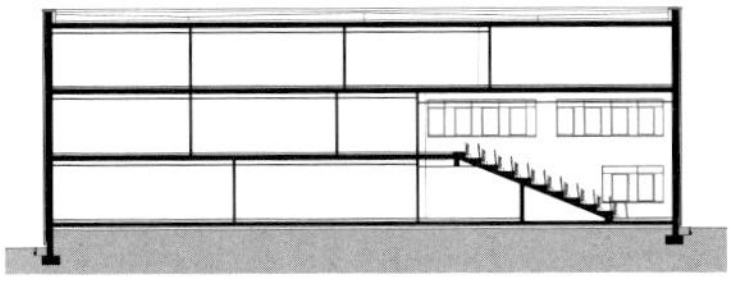
Schnitt C-C

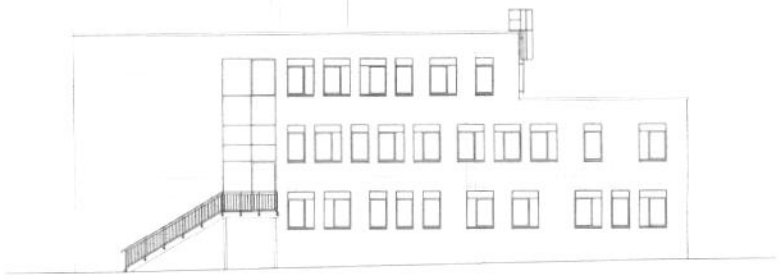
Ansicht Süd-West

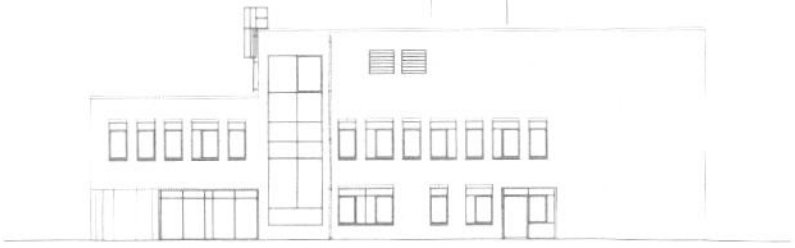
Ansicht Nord-Ost

Objektbeschreibung

Allgemeine Objektinformationen

Der Neubau besteht aus zwei Vollgeschossen, einem Staffelgeschoss und einer eingehausten Technikfläche auf dem Dach. Er ist als eigenständiger Baukörper ohne direkte Anbindung an den Bestand errichtet. Das Ausbildungszentrum besteht aus den Bereichen Krankenpflegeschule, Kinderkrankenpflegeschule, Altenpflege sowie Weiterbildungsstätte für Berufe im Gesundheitswesen und ist für mindestens 150 Ausbildungsplätze ausgelegt. Das Gebäude ist in allen Bereichen barrierefrei.

Nutzung

1 Erdgeschoss
Aula, Hörsaal, Schulungsräume, Simulationsräume, Besprechungsraum, Teeküche, Büroräume, Sekretariat, WCs, barrierefreies WC, Lager, Garderobe, Technikraum

2 Obergeschosse
Hörsaal, Schulungsräume, Büros, EDV-Unterrichtsraum, Aufenthaltsräume, Teeküche, Lufträume, WCs, barrierefreies WC, Lager, Technikräume

1 Dachgeschoss
Triebwerksraum Aufzug

Nutzeinheiten

Klassen: 6
Schüler: 150

Grundstück

Bauraum: Freier Bauraum
Neigung: Ebenes Gelände
Bodenklasse: BK 1 bis BK 5

Markt

Hauptvergabezeit: 3.Quartal 2017
Baubeginn: 3.Quartal 2017
Bauende: 3.Quartal 2018
Konjunkturelle Gesamtlage: Durchschnitt
Regionaler Baumarkt: Durchschnitt

Baukonstruktion

Der Neubau wurde in Massivbauweise mit Flachdach errichtet. Die Außenwände bestehen aus Stahlbeton bzw. Kalksandstein. Die Deckenplatten sind als Flachdecken ohne Unterzüge auf Stützen ausgeführt. Sämtliche Kunststofffenster sind dreifachverglast. Der Innenausbau erfolgte durch Montagewände in Ständerbauart. Als Bodenbeläge sind Fliesen, Betonwerkstein und PVC-Belag verlegt. Die graue Außenwandbekleidung im Erdgeschoss und Obergeschoss bildet eine nichtbrennbare, hinterlüftete Fassade aus Keramikplatten auf einer Alu-Unterkonstruktion, auf den Massivwänden befestigt ist. Das Gebäude wurde mit einem überbauten Eingang versehen. Im Zentrum des Gebäudes ist die Treppe mit einer Glaskonstruktion überdacht und bildet die Aula. Der Hörsaal im Erdgeschoss erstreckt sich bis ins 1.Obergeschoss.

Technische Anlagen

Auf dem Gelände ist bereits ein Blockheizkraftwerk für die Gebäudeheizung und Warmwasserbereitung vorhanden. Der Neubau ist über einen Nahwärmeanschluss daran angeschlossen. Die Wasserversorgung sowie die Entsorgung der Abwässer und des Regenwassers erfolgt zentral über das vorhandene System bzw. Trennsystem. Es ist ein Bettenaufzug vom EG zum 2.OG eingebaut. Zudem sind Lüftungsanlagen und Blitzschutz nach DIN-Vorschriften vorhanden.

Planungskennwerte für Flächen und Rauminhalte nach DIN 277

Flächen des Grundstücks		Menge Einheit	% an GF
BF	Bebaute Fläche	3.486,61 m²	16,3
UF	Unbebaute Fläche	17.878,99 m²	83,7
GF	Grundstücksfläche	21.365,60 m²	100,0

Grundflächen des Bauwerks		Menge Einheit	% an NUF	% an BGF
NUF	Nutzungsfläche	1.773,03 m²	100,0	57,7
TF	Technikfläche	191,43 m²	10,8	6,2
VF	Verkehrsfläche	670,81 m²	37,8	21,8
NRF	Netto-Raumfläche	2.635,27 m²	148,6	85,8
KGF	Konstruktions-Grundfläche	436,25 m²	24,6	14,2
BGF	Brutto-Grundfläche	3.071,52 m²	173,2	100,0

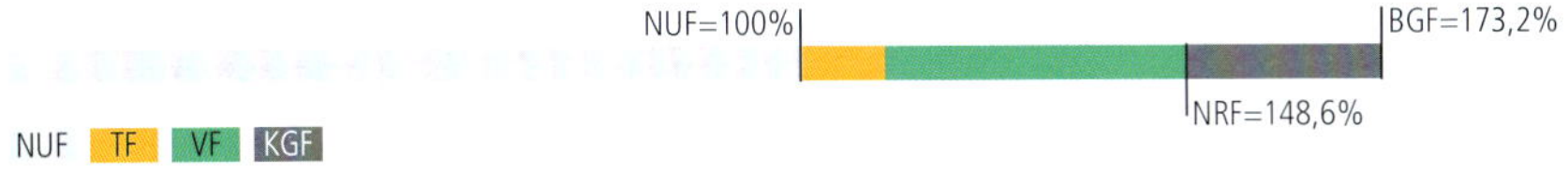

Brutto-Rauminhalt des Bauwerks		Menge Einheit	BRI/NUF (m)	BRI/BGF (m)
BRI	Brutto-Rauminhalt	11.587,06 m³	6,54	3,77

Kostenkennwerte für die Kostengruppen der 1. Ebene DIN 276

KG	Kostengruppen (1. Ebene)	Einheit	Kosten €	€/Einheit	€/m² BGF	€/m³ BRI	% 300+400
100	Grundstück	m² GF	–	–	–	–	–
200	Vorbereitende Maßnahmen	m² GF	–	–	–	–	–
300	Bauwerk – Baukonstruktionen	m² BGF	6.428.132	2.092,82	2.092,82	554,77	69,9
400	Bauwerk – Technische Anlagen	m² BGF	2.768.653	901,40	901,40	238,94	30,1
	Bauwerk 300+400	**m² BGF**	**9.196.786**	**2.994,21**	**2.994,21**	**793,71**	**100,0**
500	Außenanlagen und Freiflächen	m² AF	187.523	12,03	61,05	16,18	2,0
600	Ausstattung und Kunstwerke	m² BGF	–	–	–	–	–
700	Baunebenkosten	m² BGF	–	–	–	–	–
800	Finanzierung	m² BGF	–	–	–	–	–

KG	Kostengruppe	Menge Einheit	Kosten €	€/Einheit	%
3+4	**Bauwerk**				**100,0**
300	**Bauwerk – Baukonstruktionen**	3.071,52 m² BGF	6.428.132	**2.092,82**	69,9

Baugrubenaushub; Stb-Fundamente, Stb-Bodenplatte, Estrich, PVC-Belag, Betonwerkstein, Bodenfliesen, Abdichtung, Sauberkeitsschicht, kapillarbrechende Schicht, Dämmung; Stb-Wände, KS-Wände, Kunststofffenster, Dreifachverglasung, Wärmedämmung, hinterlüftete Keramikplatten-Fassade, Jalousien; Innenmauerwerk, Stb-Wände, GK-Wände, Stb-Stützen, Wandfliesen, mobile Trennwand, Geländer; Stb-Decken, Stb-Treppen, Stahltreppe, Estrich, Anstrich, PVC-Belag, Betonwerkstein, Bodenfliesen, abgehängte GK-Decken, Schallschutzdecken, Stahlgeländer, Treppengeländer; Stb-Dach, Glasdachkonstruktion mit außenliegender Sonnenschutzanlage, Abdichtung, Attika, innenliegende Dachentwässerung; Teeküchen

KG	Kostengruppe	Menge Einheit	Kosten €	€/Einheit	%
400	**Bauwerk – Technische Anlagen**	3.071,52 m² BGF	2.768.653	**901,40**	30,1

Gebäudeentwässerung, Kalt- und Warmwasserleitungen, Sanitärobjekte; Anschluss an das vorhandene BHKW, Plattenheizkörper; kontrollierte Be- und Entlüftung mit Wärmerückgewinnung, RWA-Anlage; Elektroinstallation, Beleuchtung, Blitzschutzanlage; Datenübertragungsanlage; Bettenaufzug

KG	Kostengruppe	Menge Einheit	Kosten €	€/Einheit	%
500	**Außenanlagen und Freiflächen**	15.589,42 m² AF	187.523	**12,03**	2,0

Oberbodenarbeiten, Bodenarbeiten; Unterbaumaßnahmen; Wege, Straßen; Außenleuchten; Absperrpoller; Mutterbodenauftrag, Stauden, Rasen

4200-0043
Pflegeschule
(14 Klassen)
(285 Schüler)

Kostenkennwerte für die Kosten des Bauwerks (Kostengruppen 300+400 nach DIN 276)

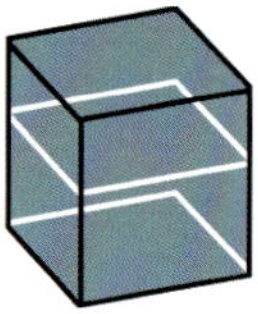

BRI 596 €/m^3

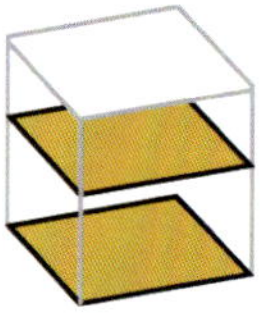

BGF 2.545 €/m^2

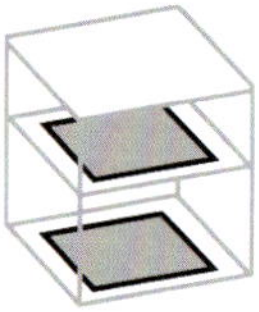

NUF 4.528 €/m^2

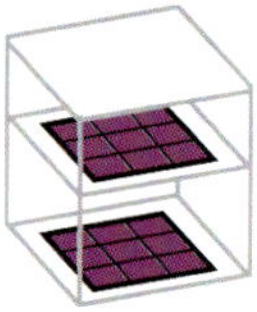

NE 25.013 €/NE

NE: Schüler

Objekt:
Kennwerte: 1.Ebene DIN 276
BRI: 11.962 m^3
BGF: 2.801 m^2
NUF: 1.575 m^2
Bauzeit: 82 Wochen
Bauende: 2023
Standard: mittel
Bundesland: Nordrhein-Westfalen
Kreis: Paderborn

Architekt*in:
LPH 1-4:
Architekten BDA
Naujack.Rind.Hof GmbH
Bahnhofplatz 7
56068 Koblenz

LPH 5-9:
brüchner-hüttemann pasch
bhp Architekten +
Generalplaner GmbH
Niederwall 10
33602 Bielefeld

Bauherr*in:
Brüderkrankenhaus
St. Josef
Husener Straße 46
33098 Paderborn

© Jörg Hempel, Aachen

© Jörg Hempel, Aachen

© Jörg Hempel, Aachen

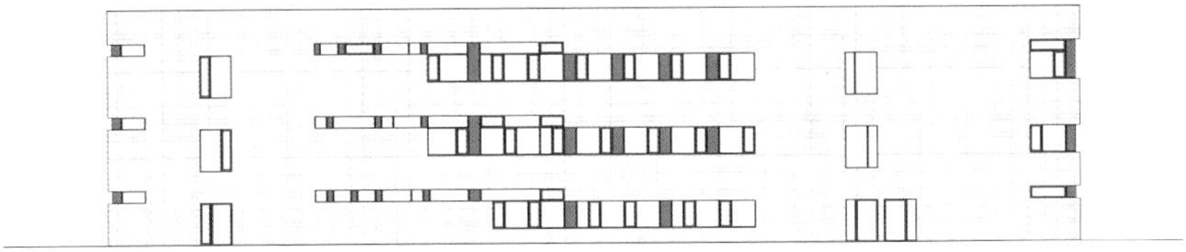
Ansicht Nord

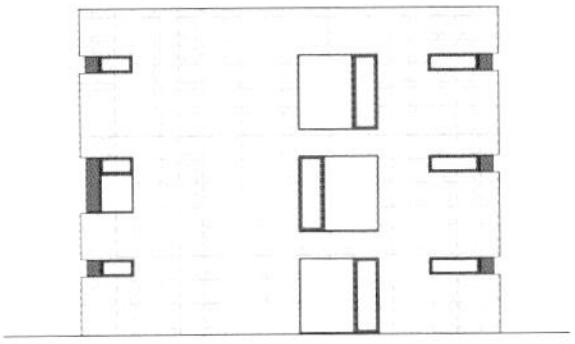
Ansicht Ost

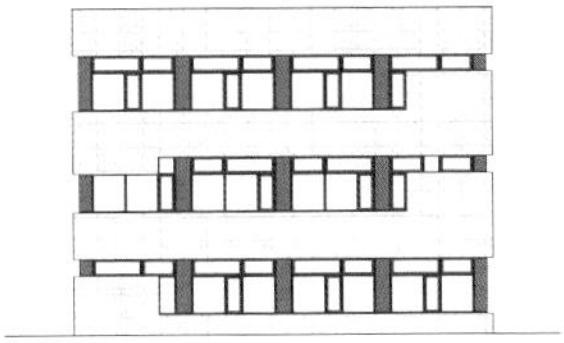
Ansicht West

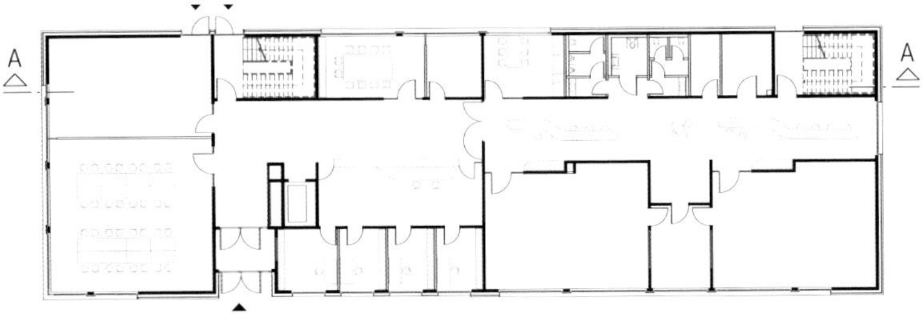

Erdgeschoss

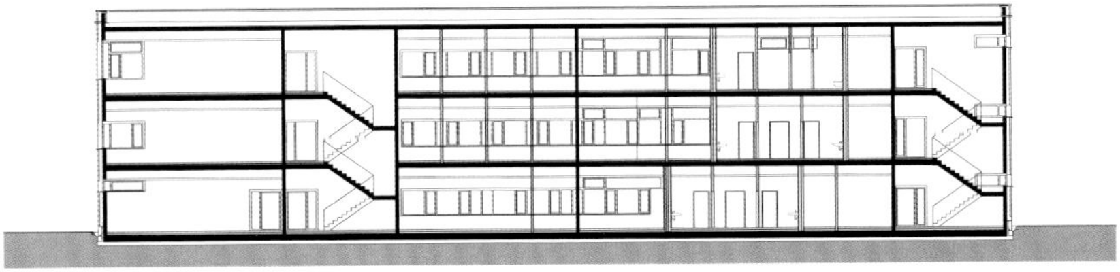
Schnitt A-A

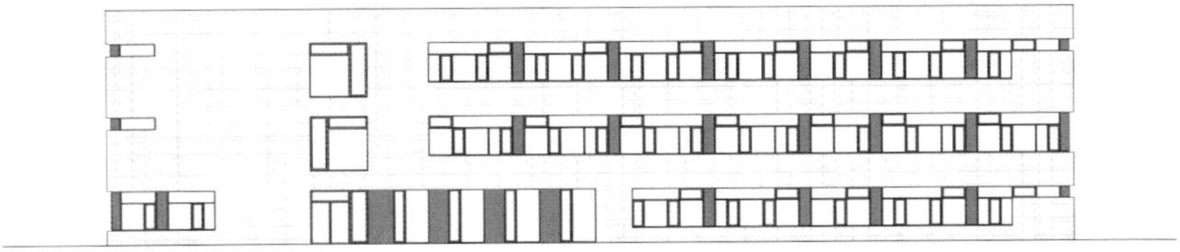
Ansicht Süd

Objektbeschreibung

Allgemeine Objektinformationen

Der Neubau der Schule für Pflege und Gesundheit wurde als kompakter dreigeschossiger Baukörper realisiert. Die Fassadengestaltung wird geprägt durch großzügige Fensteröffnungen, die spielerisch über die Klinkerfassade verlaufen. Die Klinkerfassade gibt der Kubatur eine markante Optik und zeigt den Wunsch des Bauherrn nach energieeffizientem und nachhaltigem Bauen. Die Unterrichtsräume befinden sich im 1. und 2.OG, im EG sind Empfang, Verwaltung und Lehrerzimmer verortet. Lerninseln innerhalb der großzügigen Flure dienen als Kommunikations- und Begegnungszonen.

Nutzung

1 Erdgeschoss
Windfang, Empfang, Sekretariat, Verwaltungsbüros, Fachräume, Besprechungszimmer, Mehrzweckraum, Lehrerzimmer, Lehrerküche, Sanitärräume, Archiv, Technikräume, Treppenhäuser, Aufzüge, Flure

2 Obergeschosse
Klassenräume, Teeküchen, Gruppenräume, Bibliothek, Sanitärräume, Einzelbüros, Lager, Treppenhäuser, Aufzüge, Flure

Nutzeinheiten

Klassen: 14
Schüler: 285

Grundstück

Bauraum: Freier Bauraum
Neigung: Ebenes Gelände
Bodenklasse: BK 1 bis BK 5

Markt

Hauptvergabezeit: 4.Quartal 2021
Baubeginn: 4.Quartal 2021
Bauende: 2.Quartal 2023
Konjunkturelle Gesamtlage: über Durchschnitt
Regionaler Baumarkt: Durchschnitt

Baukonstruktion

Das Gebäude wurde in Massivbauweise aus Stahlbeton im Konstruktionsraster (1,35x1,35m, bzw. 5,40m) errichtet. Es verfügt über eine Stahlbetonsohle und Außenwände mit Ziegelverblendung sowie mineralischer Wärmedämmung. Ein außenliegender Sonnenschutz mit motorisch gesteuerten Raffstorelamellen und Führungsschienen ist installiert. Die Innenwände sind glatt gespachtelt und beschichtet. Eine abgehängte Decke verbessert die Akustik im Raum. Die Fußböden sind mit Fliesen auf Estrich oder mit Linoleum oder Teppichfliesen ausgelegt. Das Stahlbetonflachdach verfügt über Gefälledämmung und Abdichtung.

Technische Anlagen

Die Beheizung erfolgt durch eine reversible Luft-Wasser-Wärmepumpe auf dem Dach, kombiniert mit einem Gasbrennwertkessel im Heizungsraum. Eine Fußbodenheizung mit Einzelraumregelung sorgt für Heiz- und Kühlfunktion. Die Trinkwasserversorgung erfolgt mit Kaltwasser und dezentralen Durchlauferhitzern. Zur Trinkwasserhygiene werden die Leitungen durchgeschliffen. Für die Sanitärbereiche und Aufenthaltszonen ist eine mechanische Be- und Entlüftung mit einem kombinierten Zu- und Abluftgerät auf dem Dach installiert, das Luft umwälzt, filtert, erhitzt, kühlt und Wärmerückgewinnung ermöglicht. Die Zuluft wird konstant auf die gewünschte Innentemperatur geregelt.

Sonstiges

Das Gebäude zeichnet sich durch eine vielseitige Nutzung aus. Die großzügig gestalteten Flure dienen als Begegnungsort und bieten gleichzeitig Raum für Arbeitsbereiche in Form von Lerninseln. Die Signaletik betont diese Bereiche mit farblichen Akzenten, die sich in kontinuierlichen Intarsien widerspiegeln.

Energetische Kennwerte

Gesetzliche Grundlage: GEG 2020
Gebäudenutzfläche: 2.541,00 m^2
Hüllfläche des beheizten Volumens: 3.609,90 m^2
Spez. Transmissionswärmeverlust: 0,47 W/($m^2 \cdot$K)
Mittlerer U-Wert (opake Bauteile): 0,23 W/($m^2 \cdot$K)
Mittlerer U-Wert (transparente Bauteile): 1,30 W/($m^2 \cdot$K)
Spez. Jahresprimärenergiebedarf: 143,90 kWh/($m^2 \cdot$a)

Planungskennwerte für Flächen und Rauminhalte nach DIN 277

Flächen des Grundstücks		Menge Einheit	% an GF
BF	Bebaute Fläche	933,75 m²	11,7
UF	Unbebaute Fläche	7.068,25 m²	88,3
GF	Grundstücksfläche	8.002,00 m²	100,0

Grundflächen des Bauwerks		Menge Einheit	% an NUF	% an BGF
NUF	Nutzungsfläche	1.574,50 m²	100,0	56,2
TF	Technikfläche	13,63 m²	0,9	0,5
VF	Verkehrsfläche	755,12 m²	48,0	27,0
NRF	Netto-Raumfläche	2.343,25 m²	148,8	83,7
KGF	Konstruktions-Grundfläche	458,00 m²	29,1	16,3
BGF	Brutto-Grundfläche	2.801,25 m²	177,9	100,0

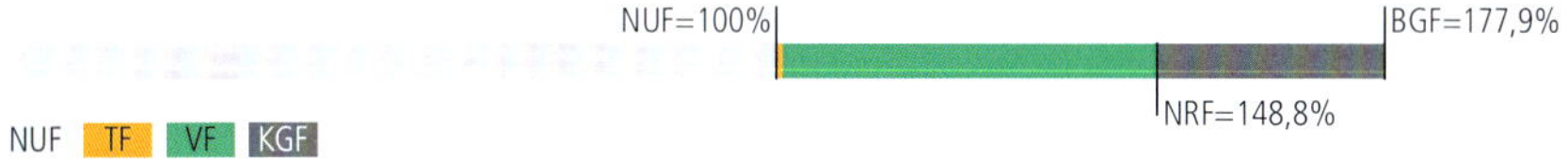

Brutto-Rauminhalt des Bauwerks		Menge Einheit	BRI/NUF (m)	BRI/BGF (m)
BRI	Brutto-Rauminhalt	11.961,84 m³	7,60	4,27

Kostenkennwerte für die Kostengruppen der 1. Ebene DIN 276

KG	Kostengruppen (1. Ebene)	Einheit	Kosten €	€/Einheit	€/m² BGF	€/m³ BRI	% 300+400
100	Grundstück	m² GF	–	–	–	–	–
200	Vorbereitende Maßnahmen	m² GF	–	–	–	–	–
300	Bauwerk – Baukonstruktionen	m² BGF	5.276.519	1.883,63	1.883,63	441,11	74,0
400	Bauwerk – Technische Anlagen	m² BGF	1.852.083	661,16	661,16	154,83	26,0
	Bauwerk 300+400	**m² BGF**	**7.128.601**	**2.544,79**	**2.544,79**	**595,95**	**100,0**
500	Außenanlagen und Freiflächen	m² AF	–	–	–	–	–
600	Ausstattung und Kunstwerke	m² BGF	–	–	–	–	–
700	Baunebenkosten	m² BGF	–	–	–	–	–
800	Finanzierung	m² BGF	–	–	–	–	–

KG	Kostengruppe	Menge Einheit	Kosten €	€/Einheit	%
3+4	**Bauwerk**				**100,0**
300	**Bauwerk – Baukonstruktionen**	2.801,25 m² BGF	5.276.519	**1.883,63**	74,0

Baugrubenaushub; Stb-Fundamente, Stb-Bodenplatte, Abdichtung, Dämmung, Estrich, Betonpflaster, Bodenbeschichtung; Stb-Wände, Stb-Stützen, Außentüren, Stahl-Glas-Türelemente, Alu- und Kunststofffenster, Dreifachverglasung, Klinkervorhangfassade, Innenputz, Beschichtung, Wandfliesen, Raffstoreanlagen, Motorantrieb; Stb-Wände, GK-Wände, Türen, Innenverglasungen, Putz, Beschichtung, Wandfliesen, Sanitärtrennwände; Stb-Decken, Stb-Treppen, Dämmung, Estrich, Linoleum, Bodenfliesen, abgehängte Akustikdecken; Spannbeton-Hohlplatten-Flachdach, Stb-Element-Flachdach, RWA-Lichtkuppeln, Gefälledämmung, Bitumenabdichtung, Dachentwässerung, abgehängte Akustikdecken

KG	Kostengruppe	Menge Einheit	Kosten €	€/Einheit	%
400	**Bauwerk – Technische Anlagen**	2.801,25 m² BGF	1.852.083	**661,16**	26,0

Gebäudeentwässerung, Kaltwasserleitungen, dezentrale Warmwasserbereitung, Sanitärobjekte; Luft-Wasser-Wärmepumpe, Gasbrennwerttherme, Pufferspeicher, Fußbodenheizung; Lüftungsanlage mit WRG, Temperaturregelung; Elektroinstallation, Beleuchtung, Notbeleuchtung; EDV-Vernetzung; Personenaufzüge, Teeküchen

Förder- und Sonderschulen

4

Kostenkennwerte für die Kosten des Bauwerks (Kostengruppen 300+400 nach DIN 276)

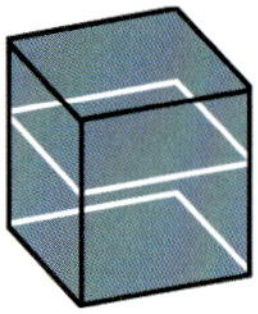

BRI 680 €/m³
von 555 €/m³
bis 860 €/m³

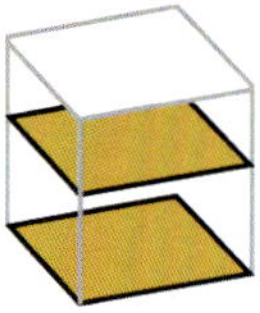

BGF 2.785 €/m²
von 2.320 €/m²
bis 3.500 €/m²

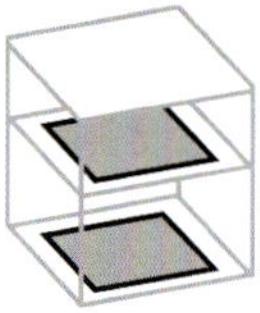

NUF 4.600 €/m²
von 3.445 €/m²
bis 5.965 €/m²

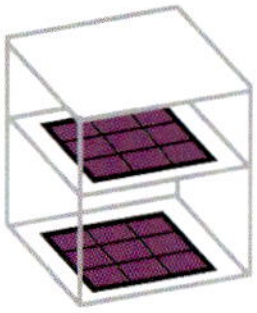

NE 126.025 €/NE
von 60.375 €/NE
bis 287.575 €/NE
NE: Schüler

Kosten:
Stand 4. Quartal 2025
Bundesdurchschnitt
inkl. 19% MwSt.

Objektbeispiele

4300-0023

4300-0020

4300-0018

Kosten der 16 Vergleichsobjekte

Seiten 418 bis 420

- ● KKW
- ▶ min
- ▷ von
- | Mittelwert
- ◁ bis
- ◀ max

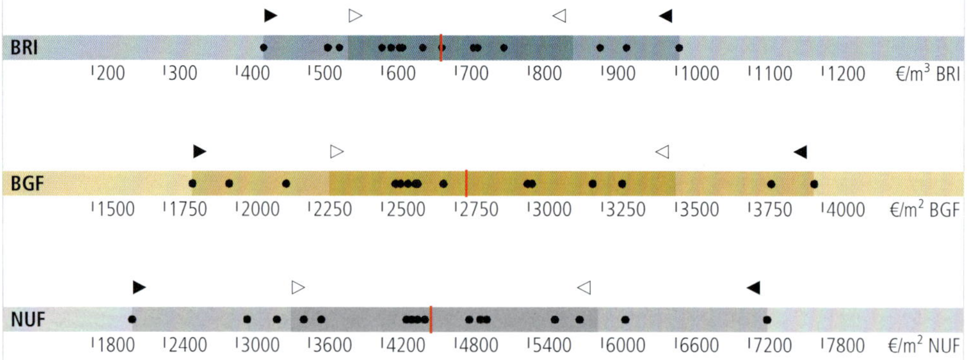

Kostenstand: 4. Quartal 2025, Bundesdurchschnitt, **inkl. 19% MwSt.**

Kostenkennwerte für die Kostengruppen der 1. und 2.Ebene DIN 276

KG	Kostengruppen der 1.Ebene	Einheit	▷	€/Einheit	◁	▷	% an 300+400	◁
100	Grundstück	m²GF	–	**–**	–	–	**–**	–
200	Vorbereitende Maßnahmen	m²GF	8	**20**	87	0,7	**1,6**	3,2
300	Bauwerk – Baukonstruktionen	m²BGF	1.682	**2.090**	2.602	70,7	**74,9**	79,4
400	Bauwerk – Technische Anlagen	m²BGF	561	**696**	935	20,6	**25,1**	29,3
	Bauwerk 300+400	m²BGF	2.320	**2.786**	3.499	100,0	**100,0**	100,0
500	Außenanlagen und Freiflächen	m²AF	129	**415**	3.129	3,5	**7,6**	12,9
600	Ausstattung und Kunstwerke	m²BGF	6	**70**	181	0,2	**2,4**	5,5
700	Baunebenkosten*	m²BGF	561	**602**	642	20,4	**21,9**	23,4 ◁
800	Finanzierung	m²BGF	–	**–**	–	–	**–**	–

* Auf Grundlage der HOAI 2021 berechnete Werte nach §§ 35, 52, 56. Weitere Informationen siehe Seite 32

KG	Kostengruppen der 2.Ebene	Einheit	▷	€/Einheit	◁	▷	% an 1.Ebene	◁
310	Baugrube / Erdbau	m³BGI	21	**41**	70	0,7	**1,9**	3,5
320	Gründung, Unterbau	m²GRF	436	**535**	767	9,1	**11,7**	14,9
330	Außenwände / vertikal außen	m²AWF	665	**943**	1.149	22,1	**26,8**	30,1
340	Innenwände / vertikal innen	m²IWF	360	**441**	619	17,2	**19,2**	21,5
350	Decken / horizontal	m²DEF	525	**608**	681	8,4	**15,4**	19,3
360	Dächer	m²DAF	451	**582**	705	12,8	**15,6**	19,1
370	Infrastrukturanlagen		–	**–**	–	–	**–**	–
380	Baukonstruktive Einbauten	m²BGF	30	**72**	132	1,4	**3,3**	6,2
390	Sonst. Maßnahmen für Baukonst.	m²BGF	95	**131**	203	4,9	**6,0**	7,7
300	**Bauwerk – Baukonstruktionen**	**m²BGF**					**100,0**	
410	Abwasser-, Wasser-, Gasanlagen	m²BGF	63	**103**	136	12,3	**16,1**	20,2
420	Wärmeversorgungsanlagen	m²BGF	91	**142**	211	17,0	**22,1**	34,9
430	Raumlufttechnische Anlagen	m²BGF	20	**40**	82	3,2	**6,3**	11,1
440	Elektrische Anlagen	m²BGF	158	**217**	326	23,5	**34,2**	42,1
450	Kommunikationstechnische Anlagen	m²BGF	28	**45**	65	3,8	**7,5**	10,8
460	Förderanlagen	m²BGF	20	**39**	59	2,3	**5,6**	10,0
470	Nutzungsspez. / verfahrenstech. Anl.	m²BGF	5	**26**	77	0,9	**4,1**	11,6
480	Gebäude- und Anlagenautomation	m²BGF	12	**28**	41	1,2	**3,8**	7,0
490	Sonst. Maßnahmen f. techn. Anl.	m²BGF	< 1	**3**	7	< 0,1	**0,2**	1,2
400	**Bauwerk – Technische Anlagen**	**m²BGF**					**100,0**	

Prozentanteile der Kosten 2.Ebene an den Kosten des Bauwerks nach DIN 276 (Von/Mittel/Bis)

KG	Kostengruppe	%
310	Baugrube / Erdbau	1,5
320	Gründung, Unterbau	8,9
330	Außenwände / vertikal außen	20,6
340	Innenwände / vertikal innen	14,7
350	Decken / horizontal	11,8
360	Dächer	11,9
370	Infrastrukturanlagen	
380	Baukonstruktive Einbauten	2,5
390	Sonst. Maßnahmen für Baukonst.	4,7
410	Abwasser-, Wasser-, Gasanlagen	3,9
420	Wärmeversorgungsanlagen	5,5
430	Raumlufttechnische Anlagen	1,5
440	Elektrische Anlagen	7,8
450	Kommunikationstechnische Anlagen	1,7
460	Förderanlagen	1,2
470	Nutzungsspez. / verfahrenstech. Anl.	0,9
480	Gebäude- und Anlagenautomation	0,8
490	Sonst. Maßnahmen f. techn. Anl.	< 0,1

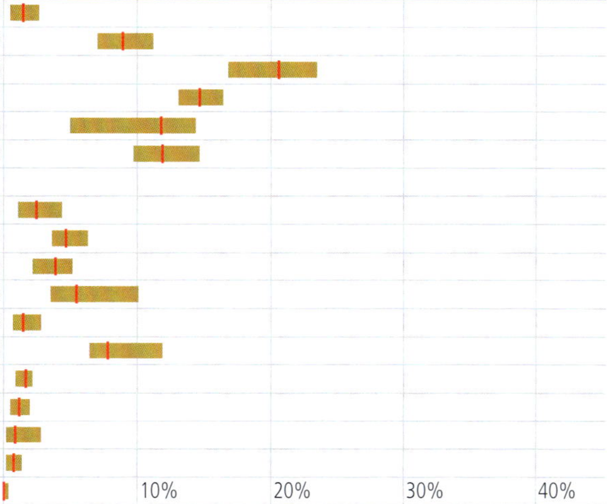

 Erläuterungen zu den Tabellen siehe Seite 30 und 32 Kostenstand: 4.Quartal 2025, Bundesdurchschnitt, **inkl. 19% MwSt.**

Kosten:
Stand 4.Quartal 2025
Bundesdurchschnitt
inkl. 19% MwSt.

Prozentanteile der Kosten für Leistungsbereiche nach STLB (Kosten Bauwerk nach DIN 276)

LB	Leistungsbereiche	▷	% an 300+400	◁
000	Baustellen-, Verkehrssich.- u. Sicherh.einr. inkl. 001	1,9	**3,5**	5,0
002	Erdarbeiten	1,5	**2,8**	5,2
006	Spezialtiefbauarbeiten inkl. 005	< 0,1	**0,5**	3,7
009	Entwässerungskanalarbeiten inkl. 011	< 0,1	**0,6**	1,9
010	Drän- und Versickerarbeiten	< 0,1	**0,1**	0,3
012	Mauerarbeiten	0,1	**2,5**	5,2
013	Betonarbeiten	15,4	**19,3**	23,1
014	Natur-, Betonwerksteinarbeiten	< 0,1	**0,2**	0,6
016	Zimmer- und Holzbauarbeiten	1,4	**4,2**	12,3
017	Stahlbauarbeiten	< 0,1	**1,0**	2,6
018	Abdichtungsarbeiten	0,3	**0,6**	1,0
020	Dachdeckungsarbeiten	0,0	**< 0,1**	0,7
021	Dachabdichtungsarbeiten	0,6	**2,6**	4,8
022	Klempnerarbeiten	0,7	**2,4**	7,4
	Rohbau	35,1	**40,3**	46,4
023	Putz- und Stuckarbeiten, Wärmedämmsysteme	0,7	**2,5**	4,7
024	Fliesen- und Plattenarbeiten	0,7	**1,4**	2,8
025	Estricharbeiten	1,3	**1,6**	1,8
026	Fenster, Außentüren inkl. 029, 032	0,4	**6,4**	10,4
027	Tischlerarbeiten	4,1	**6,4**	7,9
028	Parkett-, Holzpflasterarbeiten	< 0,1	**0,8**	2,4
030	Rollladenarbeiten	0,4	**0,9**	1,3
031	Metallbauarbeiten inkl. 035	2,2	**5,7**	12,2
034	Maler- und Lackiererarb. - Beschicht. inkl. 037	0,9	**1,2**	1,9
036	Bodenbelagarbeiten	0,4	**1,7**	3,0
038	Vorgehängte hinterlüftete Fassaden	< 0,1	**1,6**	6,2
039	Trockenbauarbeiten	4,1	**6,4**	7,3
	Ausbau	29,2	**36,8**	41,0
040	Wärmeversorgungsanl. - Betriebseinr. inkl. 041	3,1	**5,7**	9,8
042	Gas- u. Wasseranl. - Leitung., Armat. inkl. 043	0,5	**1,0**	2,0
044	Abwasseranl. - Leitungen, Abläufe, Armaturen	0,3	**0,6**	1,0
045	Gas, Wasser, Entwässerung - Ausstattung inkl. 046	0,4	**1,3**	2,2
047	Dämm- und Brandschutzarb. an techn. Anlagen	0,2	**0,4**	0,9
049	Feuerlöschanlagen, Feuerlöschgeräte	< 0,1	**< 0,1**	< 0,1
050	Blitzschutz-/Erdungsanlagen, Überspannungssch.	0,2	**0,3**	0,5
052	Mittelspannungsanlagen	0,0	**0,3**	2,4
053	Niederspannungsanl. - Kabel inkl. 054	3,4	**5,7**	9,3
055	Sicherheits- u. Ersatzstromversorgungsanl.	< 0,1	**0,4**	1,8
057	Gebäudesystemtechnik	0,0	**0,2**	1,8
058	Leuchten und Lampen inkl. 059	0,4	**1,6**	2,8
060	Such, Signal, Zeit, Anten., akust. Anl. inkl. 064	< 0,1	**0,2**	0,5
061	Kommunikations- u. Übertragungsnetze inkl. 062	0,3	**0,7**	1,5
063	Gefahrenmeldeanlagen	< 0,1	**0,4**	0,7
069	Aufzüge	0,5	**1,3**	2,0
070	Gebäudeautomation	< 0,1	**0,3**	0,9
075	Raumlufttechnische Anlagen inkl. 078	0,5	**1,3**	2,7
	Gebäudetechnik	18,1	**21,8**	26,0
	Sonstige Leistungsbereiche inkl. 008, 033, 051	0,2	**1,1**	2,4

- ● KKW
- ▶ min
- ▷ von
- | Mittelwert
- ◁ bis
- ◀ max

Planungskennwerte für Flächen und Rauminhalte nach DIN 277

Grundflächen		▷	Fläche/NUF (%)	◁	▷	Fläche/BGF (%)	◁
NUF	Nutzungsfläche	100,0	**100,0**	100,0	59,0	**62,4**	69,4
TF	Technikfläche	4,6	**5,7**	12,1	2,7	**3,3**	6,5
VF	Verkehrsfläche	24,9	**32,8**	44,8	15,0	**19,2**	24,2
NRF	Netto-Raumfläche	129,9	**138,4**	149,1	81,7	**84,8**	86,4
KGF	Konstruktions-Grundfläche	20,8	**25,0**	32,0	13,6	**15,2**	18,3
BGF	Brutto-Grundfläche	150,8	**163,4**	174,1	100,0	**100,0**	100,0

Brutto-Rauminhalte		▷	BRI/NUF (m)	◁	▷	BRI/BGF (m)	◁
BRI	Brutto-Rauminhalt	5,99	**6,80**	7,58	3,95	**4,14**	4,36

Flächen von Nutzeinheiten	▷	NUF/Einheit (m^2)	◁	▷	BGF/Einheit (m^2)	◁
Nutzeinheit: Schüler	18,35	**24,01**	36,2	30,0	**40,49**	64,49

Lufttechnisch behandelte Flächen	▷	Fläche/NUF (%)	◁	▷	Fläche/BGF (%)	◁
Entlüftete Fläche	–	**–**	–	–	**–**	–
Be- und entlüftete Fläche	–	**–**	–	–	**–**	–
Teilklimatisierte Fläche	–	**–**	–	–	**–**	–
Klimatisierte Fläche	–	**–**	–	–	**–**	–

KG	Kostengruppen (2. Ebene)	Einheit	▷	Menge/NUF	◁	▷	Menge/BGF	◁
310	Baugrube / Erdbau	m^3 BGI	1,56	**1,88**	2,27	0,91	**1,08**	1,41
320	Gründung, Unterbau	m^2 GRF	0,78	**0,83**	0,83	0,43	**0,47**	0,47
330	Außenwände / vertikal außen	m^2 AWF	0,99	**1,10**	1,18	0,57	**0,62**	0,73
340	Innenwände / vertikal innen	m^2 IWF	1,53	**1,67**	1,97	0,85	**0,95**	1,05
350	Decken / horizontal	m^2 DEF	0,62	**0,89**	1,05	0,51	**0,51**	0,56
360	Dächer	m^2 DAF	0,92	**1,02**	1,10	0,50	**0,57**	0,61
370	Infrastrukturanlagen		–	**–**	–	–	**–**	–
380	Baukonstruktive Einbauten	m^2 BGF	1,51	**1,63**	1,74	1,00	**1,00**	1,00
390	Sonst. Maßnahmen für Baukonst.	m^2 BGF	1,51	**1,63**	1,74	1,00	**1,00**	1,00
300	**Bauwerk – Baukonstruktionen**	**m^2 BGF**	1,51	**1,63**	1,74	1,00	**1,00**	1,00

Planungskennwerte für Bauzeiten — 15 Vergleichsobjekte

Bauzeit in Wochen

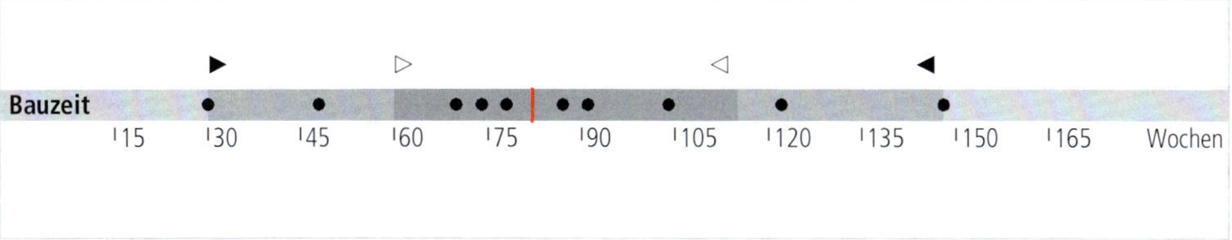

Objektübersicht zur Gebäudeart

4200-0041 Werkstattgebäude Berufsschule (6 Klassen)

ZRS Architekten GvA mbH
Berlin

4300-0007 Schule f. körperbehinderte Schüler (11 Klassen)*

schlösser architekten BDA Dipl.-Ing. Horst Schlösser
Köln

4300-0008 Sonderschule für Schüler mit geistiger Behinderung*

AAg Architekten GmbH
Heidelberg

4300-0009 Schule für Schüler mit Hörsprachbehinderung*

Behnisch Architekten
Frankenthal

4300-0011 Förderschule (4 Klassen, 52 Schüler)*

3Pass Architekt/innen Burkard Koob Kusch
Köln

4300-0015 Förderschule*
Nicht in der Bauzeitstatistik enthalten

alberts.architekten BDA
Bielefeld

* Diese Objekte wurden zur Bildung der statistischen Werte herangezogen. Sie sind nicht als Einzelobjekt in diesem Band veröffentlicht.

4300-0017 Förderschule (13 Klassen, 120 Schüler)*

Architekten KLMT
Düsseldorf

4300-0018 Förderschule (5 Klassen, 38 Schüler)*

Trapez Architektur GmbH
Hamburg

4300-0020 Förderschule (19 Klassen, 300 Schüler)*

Hoffmann.Seifert.Partner Architekten und Ingenieure
Crimmitschau

4300-0021 Heimsonderschule, Schwimmbecken*

Maximilian Otto und Ursula Hüfftlein-Otto
Stuttgart

4300-0022 Förderschule, Werkstätten, Büros, Café*

Konermann Siegmund Architekten BDA
Lübeck

4300-0023 Sonderpädagogisches Förderzentrum*

ssp - planung GmbH
Waldkirchen

* Diese Objekte wurden zur Bildung der statistischen Werte herangezogen. Sie sind nicht als Einzelobjekt in diesem Band veröffentlicht.

Objektübersicht zur Gebäudeart

© Architekt Helmle

4300-0024 Sonderpädagogisches Förderzentrum (45 Schüler)*

Wolfgang Helmle Freier Architekt BDA
Ellwangen

© Steinke + Zils

4300-0025 Berufsbildungszentrum

Steinke + Zils Architekten und Partner mbB
Marl

© Eckhart Matthäus

4300-0026 Förderschule, Erweiterungsbau (2 Klassen, 30 Schüler)

hiendl_schineis architekten
Passau

© Stefan Müller, Berlin

4300-0027 Schule (6 Klassen, 38 Schüler)

Georg Scheel Wetzel Architekten GmbH, Berlin &
Seitz Architektur, Aschaffenburg

* Diese Objekte wurden zur Bildung der statistischen Werte herangezogen. Sie sind nicht als Einzelobjekt in diesem Band veröffentlicht.

4200-0041
Werkstattgebäude
Berufsschule
(6 Klassen)

Kostenkennwerte für die Kosten des Bauwerks (Kostengruppen 300+400 nach DIN 276)

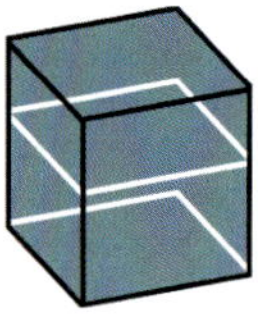

BRI 897 €/m³

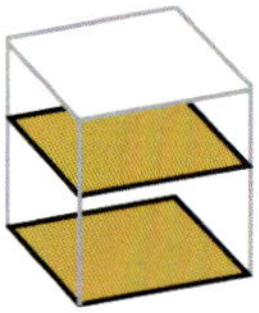

BGF 3.824 €/m²

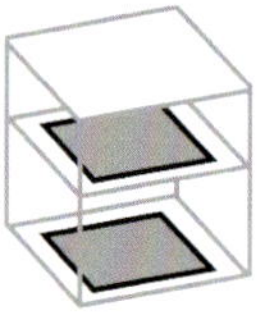

NUF 5.615 €/m²

Objekt:
Kennwerte: 1.Ebene DIN 276
BRI: 7.250 m³
BGF: 1.700 m²
NUF: 1.158 m²
Bauzeit: 70 Wochen
Bauende: 2021
Standard: mittel
Bundesland: Berlin
Kreis: Berlin, Stadt

Architekt*in:
ZRS Architekten GvA mbH
Schlesische Straße 26
10997 Berlin

Bauherr*in:
Senatsverwaltung für
Stadtentwicklung,
Bauen und Wohnen
Fehrbelliner Platz 2
10707 Berlin

© Giacomo Morelli

© Giacomo Morelli

© Giacomo Morelli

© Giacomo Morelli

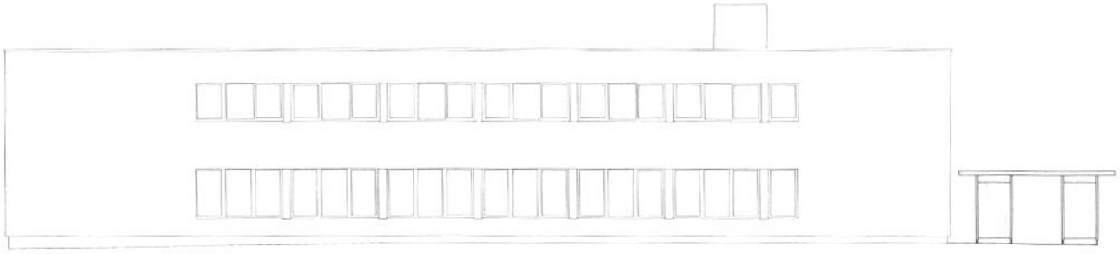

Ansicht Nord

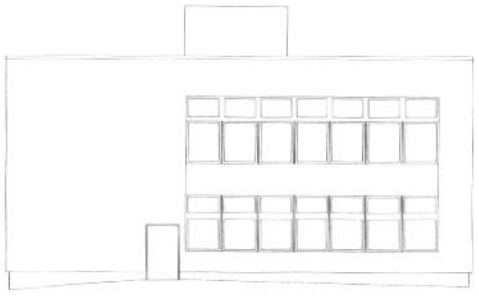

Ansicht Ost

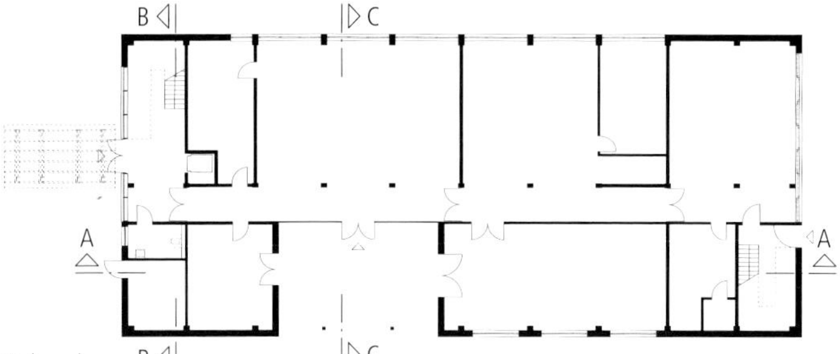

Erdgeschoss

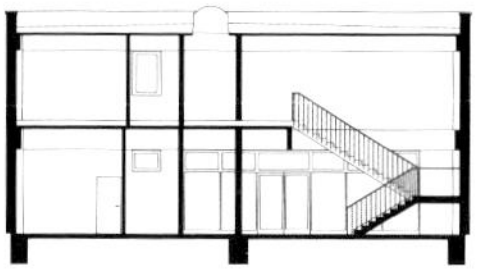

Schnitt B-B

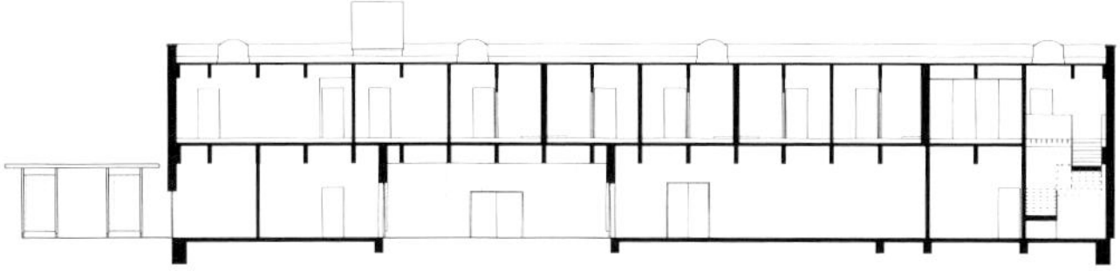

Schnitt A-A

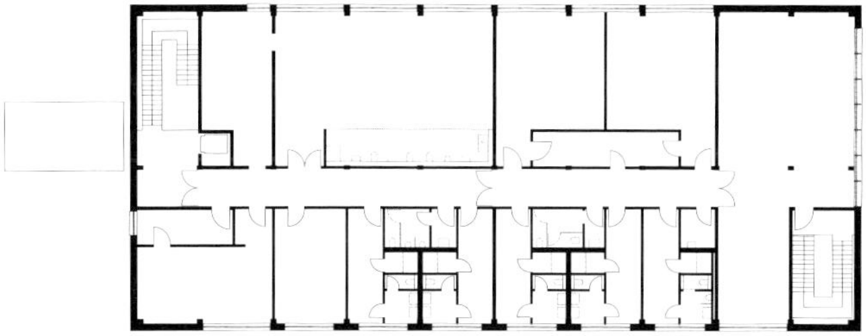

Obergeschoss

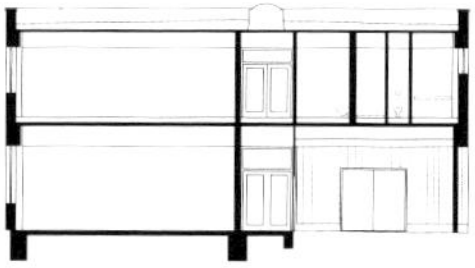

Schnitt C-C

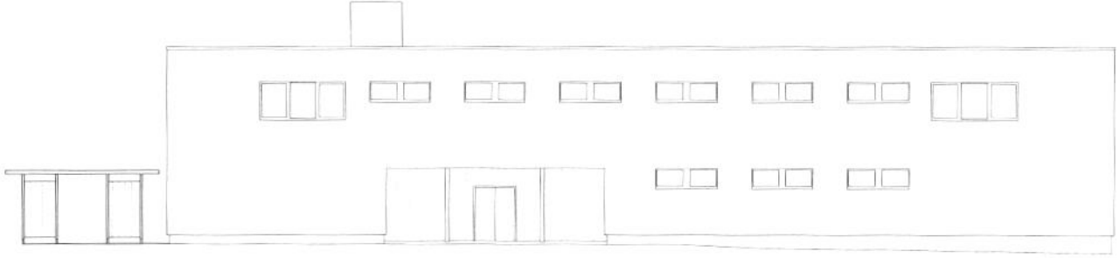

Ansicht Süd

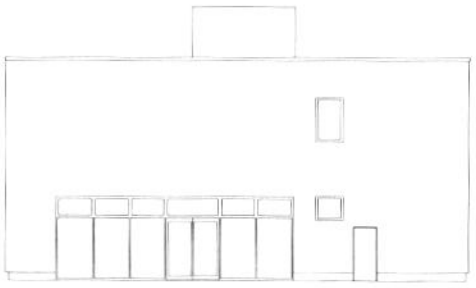

Ansicht West

Objektbeschreibung

Allgemeine Objektinformationen

Das neue Werkstattgebäude gehört zu einer Berufsschule mit sonderpädagogischem Schwerpunkt. Die Schule gilt als Pilotschule für Inklusion. Das bestehende Hauptgebäude wurde durch den bedarfsgerechten, zweigeschossigen Neubau im vorderen Bereich des Grundstücks ersetzt. Die kompakte und schlichte Kubatur des Gebäuderiegels ist als Nebengebäude klar ablesbar und wird durch eine Bandfassade mit verschieden großen Fensteröffnungen gegliedert. Die Fensterbänder bieten Ausblicke aus den Werkstätten auf das Schulgelände. Zur Straße hin bietet ein großes „Schaufenster" Einblicke in die Aktivitäten der Schule. Die barrierefreie Erschließung erfolgt über eine Eingangszone mit überdachter Anbindung an das bestehende Schulgebäude.

Nutzung

1 Erdgeschoss
Werkstätten, Lagerbereiche

1 Obergeschoss
Werkstätten, Unterrichtsräume, Sanitärbereiche, Lager

Nutzeinheiten

Klassen: 6

Grundstück

Bauraum: Beengter Bauraum
Neigung: Geneigtes Gelände
Bodenklasse: BK 1 bis BK 2

Besonderer Kosteneinfluss Grundstück
Auffüllungen bis Unterkante Gründung, Homogenbereich EA1

Markt

Hauptvergabezeit: 4. Quartal 2019
Baubeginn: 4. Quartal 2019
Bauende: 2. Quartal 2021
Konjunkturelle Gesamtlage: über Durchschnitt
Regionaler Baumarkt: über Durchschnitt

Baukonstruktion

Nur die Streifenfundamente und die Bodenplatte in WU-Konstruktion sind als erdberührte Bauteile in Beton ausgeführt, flügelgeglättet und imprägniert. Das Tragwerk wurde aus massiven Holzstützen und Unterzügen sowie Massivholzdecken erstellt, die Innenwände sind aus Brettsperrholz. Hochdämmende, nicht tragende Holzrahmenelemente bilden die Außenhülle. Die Außenwandbekleidung wurde als hinterlüftete Holzfassade aus karbonisiertem Fichtenholz ausgeführt. Der Haupteingang und das „Schaufenster" sind als Pfosten-Riegel-Konstruktion errichtet. Durch die offene Skelettbauweise mit einem Achsmaß von 9m und einer Deckenspannweite von 4,5m entstand ein funktionaler und langfristig flexibel nutzbarer Baukörper.

Technische Anlagen

Durch die diffusionsoffene Bauweise und die natürliche Fensterlüftung wird die Raumluftfeuchte und die Innenraumtemperatur gesteuert. Es kann so auf teure und wartungsintensive Technik wie Lüftungs- und Klimaanlagen verzichtet werden. Durch den Einsatz einer Luft-Wärmepumpe wird ein hoher Anteil des Wärmebedarfs gedeckt. Das Flachdach wurde so dimensioniert und vorgerüstet, dass die Aufstellung einer Photovoltaikanlage zur Eigen- und Regionalversorgung ergänzend realisiert werden kann.

Sonstiges

Durch die Schulnutzung handelt es sich bei dem Gebäude um einen Sonderbau der Gebäudeklasse 3. Die geforderte Feuerwiderstandsfähigkeit der tragenden und aussteifenden Bauteile wurde von den Tragwerksplaner*innen durch Abbrand nachgewiesen. Durch die klare Wegeführung zweier baulicher Rettungswege und die Gliederung in Teilnutzungseinheiten kann auf notwendige Flure verzichtet und die Holzsichtigkeit in den Treppenräumen realisiert werden.

Energetische Kennwerte

Gesetzliche Grundlage: EnEV 2013
Gebäudenutzfläche: 2.108,00 m^2
Gebäudevolumen: 6.588,00 m^3
Hüllfläche des beheizten Volumens: 2.756,00 m^2
Mittlerer U-Wert (opake Bauteile): 0,13 $W/(m^2 \cdot K)$
Mittlerer U-Wert (transparente Bauteile): 1,30 $W/(m^2 \cdot K)$
Mittlerer U-Wert (Glasdächer, etc.): 1,30 $W/(m^2 \cdot K)$
Spez. Jahresprimärenergiebedarf: 70,93 $kWh/(m^2 \cdot a)$

Energetische Angaben zu Außenbauteilen

Bodenplatte

U-Wert: 0,22 W/(m²·K)

Gesamtdicke: 36,00 cm	d [cm]	λ [W/(m·K)]
Stahlbeton	20,00	2,300
Dämmung PS	16,00	0,038

Außenwand hinterlüftet

U-Wert: 0,16 W/(m²·K)

Gesamtdicke: 34,30 cm	d [cm]	λ [W/(m·K)]
Holz	2,25	0,130
OSB-Platte	2,00	0,130
Dämmung Zellulose	24,00	0,037
Holz	24,00	0,130
Holzfaserplatte	6,00	0,048
Fassadenbahn	0,05	0,170

Dach

U-Wert: 0,12 W/(m²·K)

Gesamtdicke: 28,01 cm	d [cm]	λ [W/(m·K)]
Holz	10,00	0,130
Dampfsperre	0,01	0,170
Dämmung PUR	18,00	0,025

4200-0041
Werkstattgebäude
Berufsschule
(6 Klassen)

Planungskennwerte für Flächen und Rauminhalte nach DIN 277

Flächen des Grundstücks		Menge Einheit	% an GF
BF	Bebaute Fläche	1.509,40 m²	42,6
UF	Unbebaute Fläche	2.032,60 m²	57,4
GF	Grundstücksfläche	3.542,00 m²	100,0

Grundflächen des Bauwerks		Menge Einheit	% an NUF	% an BGF
NUF	Nutzungsfläche	1.157,89 m²	100,0	68,1
TF	Technikfläche	44,99 m²	3,9	2,6
VF	Verkehrsfläche	210,77 m²	18,2	12,4
NRF	Netto-Raumfläche	1.413,65 m²	122,1	83,2
KGF	Konstruktions-Grundfläche	286,34 m²	24,7	16,8
BGF	Brutto-Grundfläche	1.699,99 m²	146,8	100,0

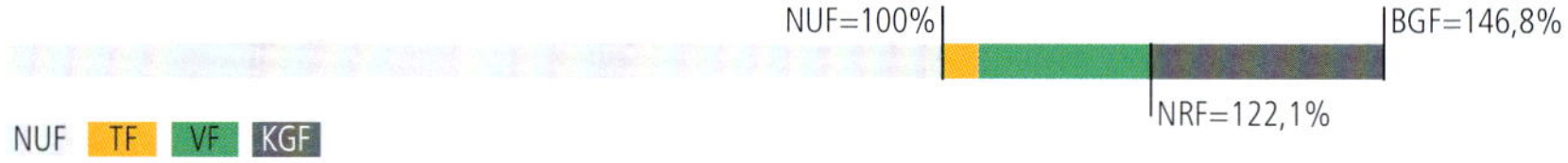

Brutto-Rauminhalt des Bauwerks		Menge Einheit	BRI/NUF (m)	BRI/BGF (m)
BRI	Brutto-Rauminhalt	7.250,07 m³	6,26	4,27

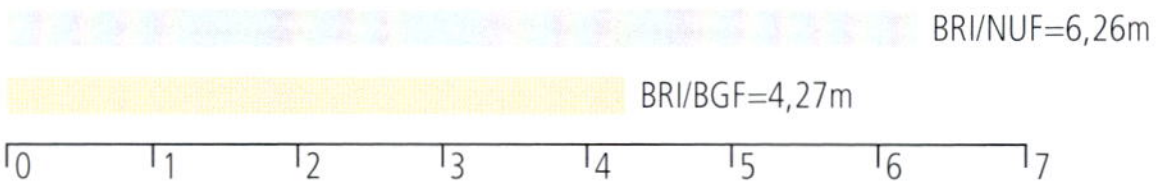

Kostenkennwerte für die Kostengruppen der 1.Ebene DIN 276

KG	Kostengruppen (1.Ebene)	Einheit	Kosten €	€/Einheit	€/m² BGF	€/m³ BRI	% 300+400
100	Grundstück	m² GF	–	–	–	–	–
200	Vorbereitende Maßnahmen	m² GF	148.095	41,81	87,12	20,43	2,3
300	Bauwerk – Baukonstruktionen	m² BGF	5.133.375	3.019,65	3.019,65	708,04	79,0
400	Bauwerk – Technische Anlagen	m² BGF	1.367.976	804,70	804,70	188,68	21,0
	Bauwerk 300+400	**m² BGF**	**6.501.351**	**3.824,35**	**3.824,35**	**896,73**	**100,0**
500	Außenanlagen und Freiflächen	m² AF	402.878	196,38	236,99	55,57	6,2
600	Ausstattung und Kunstwerke	m² BGF	428.899	252,30	252,30	59,16	6,6
700	Baunebenkosten	m² BGF	–	–	–	–	–
800	Finanzierung	m² BGF	–	–	–	–	–

KG	Kostengruppe	Menge Einheit	Kosten €	€/Einheit	%
200	**Vorbereitende Maßnahmen**	3.542,00 m² GF	148.095	**41,81**	2,3
	Umlegung Trafostation, Straßenlaterne, Grundstückszufahrt				
3+4	**Bauwerk**				**100,0**
300	**Bauwerk – Baukonstruktionen**	1.699,99 m² BGF	5.133.375	**3.019,65**	79,0
	Bodenarbeiten; Stb-Streifenfundamente, Stb-Bodenplatte, WU, flügelgeglättet, imprägniert, Zementestrich, Linoleum, Fliesen, Perimeterdämmung; Holz-Skelettbauweise mit massiven Holzstützen und Unterzügen, OSB-Bekleidung, nichttragende Holzrahmenelemente, Holz-Alufenster, Alu-Türelemente, Pfosten-Riegel-Konstruktion, hinterlüftete Holzfassade aus karbonisiertem Fichtenholz, Holzfaserdämmplatten, Zellulosedämmung; Brettsperrholz-Innenwände, Alutüren, Glas-Trennwand; Brettsperrholzdecken, Stb-Treppen, Flachstahlgeländer; Brettsperrholzdach, Lichtkuppeln, Bitumenabdichtung, Hartschaumdämmung, extensive Dachbegrünung, Dachentwässerung				
400	**Bauwerk – Technische Anlagen**	1.699,99 m² BGF	1.367.976	**804,70**	21,0
	Gebäudeentwässerung, Rückstaubecken, Kalt- und Warmwasserleitungen, Sanitärobjekte; Luft-Wärmepumpe mit Spitzenlasten über Bestandskessel, Fußbodenheizung; Einzelraumlüfter in Sanitärbereichen; Elektroinstallation, Elektro-Durchlauferhitzer, LED-Beleuchtung; Brandmeldeanlage				
500	**Außenanlagen und Freiflächen**	2.051,51 m² AF	402.878	**196,38**	6,2
	Bodenarbeiten; Pflasterarbeiten; Spielgeräte; Oberbodenarbeiten, Bepflanzung, Rasenansaat				
600	**Ausstattung und Kunstwerke**	1.699,99 m² BGF	428.899	**252,30**	6,6
	Mobiliar für Werkstatt: Maschinen, Tische, Stühle, Werkbänke, Ausstattung Unterrichtsräume und Nebenflächen				

4300-0025
Berufsbildungszentrum für Menschen mit Behinderung

Kostenkennwerte für die Kosten des Bauwerks (Kostengruppen 300+400 nach DIN 276)

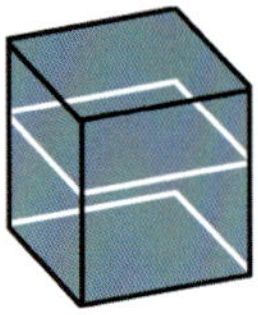

BRI 655 €/m³

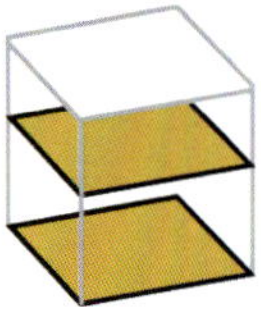

BGF 2.619 €/m²

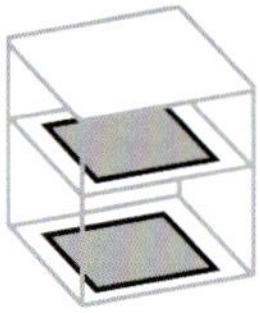

NUF 3.699 €/m²

Objekt:
Kennwerte: 1.Ebene DIN 276
BRI: 12.172 m³
BGF: 3.043 m²
NUF: 2.155 m²
Bauzeit: 87 Wochen
Bauende: 2022
Standard: mittel
Bundesland: Nordrhein-Westfalen
Kreis: Recklinghausen

Architekt*in:
Steinke + Zils
Architekten und Partner mbB
Karl-Breuing-Straße 2
45770 Marl

Bauherr*in:
Diakonisches Werk im Kirchenkreis Recklinghausen gGmbH
Elper Weg 89
45657 Recklinghausen

© Steinke + Zils

© Steinke + Zils

© Steinke + Zils

© Steinke + Zils

© Steinke + Zils

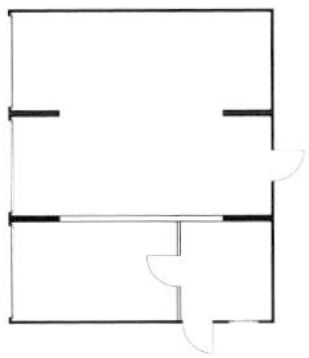

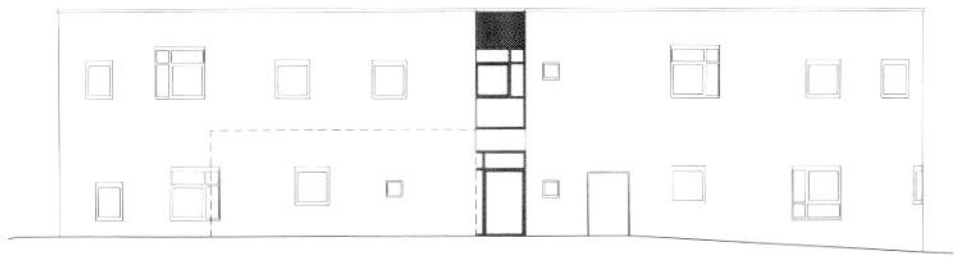

Ansicht West

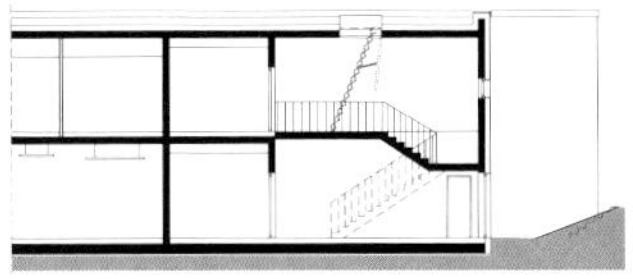

Schnitt B-B

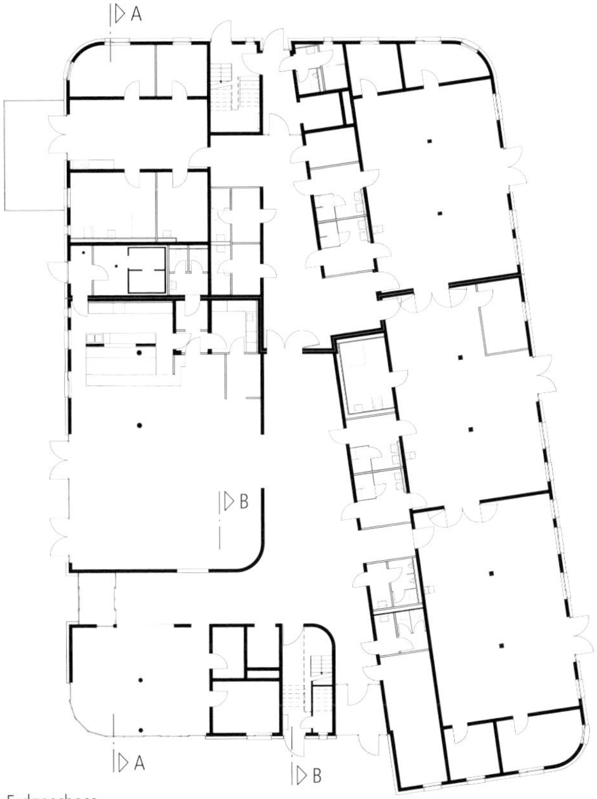

Erdgeschoss

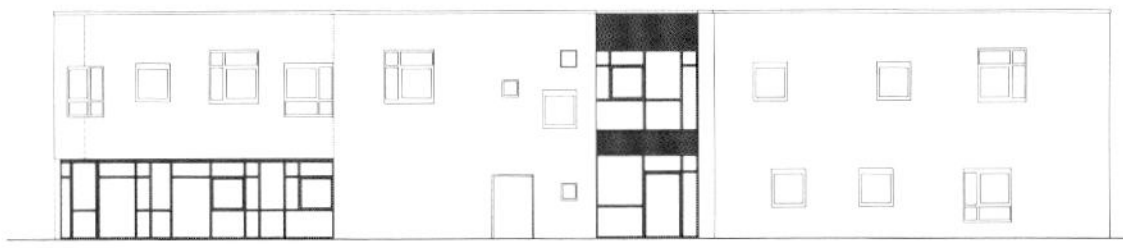

Ansicht Ost

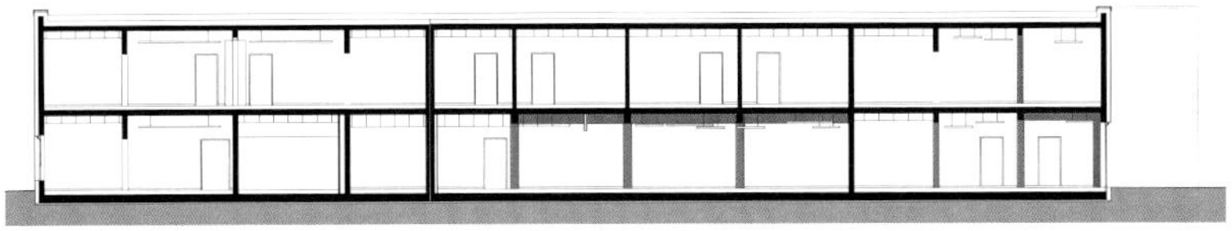

Schnitt A-A

Objektbeschreibung

Allgemeine Objektinformationen

Das zweigeschossige Berufsbildungszentrum für Menschen mit Behinderungen ist ein Gebäude für drei Hilfebedarfsgruppen, welche in dem Neubau ausgebildet werden. Es dient dabei zugleich als Arbeitsstätte für Mitarbeiter des Diakonischen Werks. Die Ausbildung findet überwiegend in Werkräumen, Gruppenräumen oder der Lehrküche statt. Den einzelnen Ausbildungsberufen sind Umkleiden und Nassbereiche zugeordnet. Als Rückzugsmöglichkeit stehen Orte der Ruhe zur Verfügung, welche die Nutzer im Bereich der Mehrzweckräume und Einbaumöbel in den Kommunikationsbereichen nutzen können.

Nutzung

1 Erdgeschoss
Mehrzweckräume, Werkräume, Gruppenraum, Kommunikationsräume, Mensa, Cafeteria, Küche, Empfang, Backoffice, Foyer, Windfänge, Treppenhaus, Pflegeraum, Umkleideräume, Sanitärräume, Lager- und Abstellräume, Technikraum

1 Obergeschoss
Mehrzweckräume, Werkräume, Gruppenräume, Kommunikationsräume, Büros, Pausenraum MA, Treppenhaus, Umkleideräume, Sanitärräume, Lager- und Abstellräume, Technikraum, BMZ

Grundstück

Bauraum: Freier Bauraum
Neigung: Ebenes Gelände
Bodenklasse: BK 1 bis BK 5

Markt

Hauptvergabezeit: 2.Quartal 2020
Baubeginn: 2.Quartal 2020
Bauende: 1.Quartal 2022
Konjunkturelle Gesamtlage: Durchschnitt
Regionaler Baumarkt: Durchschnitt

Besonderer Kosteneinfluss Markt
Materialpreissteigerungen aufgrund der Coronapandemie und Materialknappheit

Baukonstruktion

Der Neubau gründet auf einer 40cm starken Bodenplatte, die gedämmt und mit Kautschuk auf Estrich belegt ist. Das Tragwerk besteht aus KS-Mauerwerk und Stahlbeton-Filigrandecken. Die Fenster sind in Kunststoff oder Alu ausgeführt, Eingangselemente in Alu-Glas. Als Fassadenbekleidung wurden sowohl ein WDVS gewählt als auch Klinkerriemchen verwendet. Zip-Screen-Anlagen schützen vor zu viel Sonneneinstrahlung. Das Flachdach ist als Warmdach ausgebildet und extensiv begrünt.

Technische Anlagen

Das Gebäude wird über einen Fernwärmeanschluss mit Wärme versorgt, die über Plattenheizkörper in den Räumen verteilt wird. Eine kontrollierte Lüftungsanlage mit WRG sorgt für Frischluft. Es kamen eine Brandmeldeanlage und eine RWA-Anlage zur Ausführung. Ein Personen- und Lastenaufzug verbindet die Stockwerke barrierefrei.

Sonstiges

Die äußere Gestalt des Gebäudes besticht durch die helle Putzfassade mit grauer Akzentuierung durch die Klinkerfassade aus Riemchen. Dabei symbolisiert die Anordnung der verschiedenen Fenstergrößen die Diversität und Vielfalt der Menschen.

Energetische Kennwerte

Gesetzliche Grundlage: EnEV 2013
Gebäudenutzfläche: 2.632,00 m²
Spez. Jahresprimärenergiebedarf: 74,00 kWh/(m²·a)
Spez. Jahresendenergiebedarf: 64,00 kWh/(m²·a)

Planungskennwerte für Flächen und Rauminhalte nach DIN 277

Flächen des Grundstücks		Menge Einheit	% an GF
BF	Bebaute Fläche	1.614,50 m²	69,7
UF	Unbebaute Fläche	702,50 m²	30,3
GF	Grundstücksfläche	2.317,00 m²	100,0

Grundflächen des Bauwerks		Menge Einheit	% an NUF	% an BGF
NUF	Nutzungsfläche	2.154,82 m²	100,0	70,8
TF	Technikfläche	47,77 m²	2,2	1,6
VF	Verkehrsfläche	412,62 m²	19,1	13,6
NRF	Netto-Raumfläche	2.615,21 m²	121,4	85,9
KGF	Konstruktions-Grundfläche	427,79 m²	19,9	14,1
BGF	Brutto-Grundfläche	3.043,00 m²	141,2	100,0

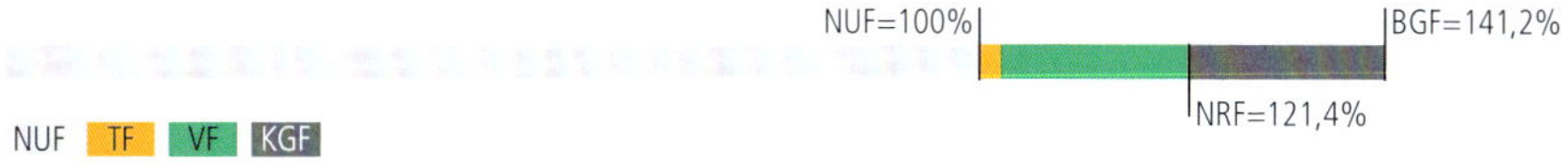

Brutto-Rauminhalt des Bauwerks		Menge Einheit	BRI/NUF (m)	BRI/BGF (m)
BRI	Brutto-Rauminhalt	12.172,00 m³	5,65	4,00

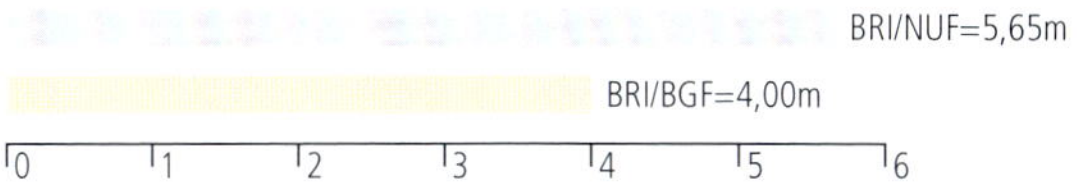

Kostenkennwerte für die Kostengruppen der 1.Ebene DIN 276

KG	Kostengruppen (1.Ebene)	Einheit	Kosten €	€/Einheit	€/m² BGF	€/m³ BRI	% 300+400
100	Grundstück	m² GF	–	–	–	–	–
200	Vorbereitende Maßnahmen	m² GF	25.411	10,97	8,35	2,09	0,3
300	Bauwerk – Baukonstruktionen	m² BGF	5.475.954	1.799,52	1.799,52	449,88	68,7
400	Bauwerk – Technische Anlagen	m² BGF	2.493.797	819,52	819,52	204,88	31,3
	Bauwerk 300+400	**m² BGF**	**7.969.752**	**2.619,04**	**2.619,04**	**654,76**	**100,0**
500	Außenanlagen und Freiflächen	m² AF	297.261	–	97,69	24,42	3,7
600	Ausstattung und Kunstwerke	m² BGF	–	–	–	–	–
700	Baunebenkosten	m² BGF	–	–	–	–	–
800	Finanzierung	m² BGF	–	–	–	–	–

KG	Kostengruppe	Menge Einheit	Kosten €	€/Einheit	%
200	**Vorbereitende Maßnahmen**	2.317,00 m² GF	25.411	**10,97**	0,3
	Hausanschlüsse Strom, Fernwärme, Frischwasser, Telefon				
3+4	**Bauwerk**				**100,0**
300	**Bauwerk – Baukonstruktionen**	3.043,00 m² BGF	5.475.954	**1.799,52**	68,7
	Baugrubenaushub; Stb-Fundamentplatte, Estrich, Kautschukboden, Bodenfliesen, Abdichtung, Dämmung; KS-Wände, Kunststofffenster, Aluminiumfenster, Alu-Glas-Eingangstüranlagen, WDVS-System, Klinkerriemchen, Innenputz, Beschichtung, Zip-Screen-Anlage; GK-Wände, Beschichtung, Wandfliesen, Trennwandsysteme, WC-Trennwände; Stb-Decke, Stb-Fertigteiltreppe mit Stahlgeländer, Akustikdecken, Abhangdecken, Beschichtung; Stb-Flachdach, Oberlichter, bituminöse Flachdachabdichtung, Gefälledämmung, extensive Dachbegrünung, außenliegende Dachentwässerung				
400	**Bauwerk – Technische Anlagen**	3.043,00 m² BGF	2.493.797	**819,52**	31,3
	Gebäudeentwässerung, Kalt- und Warmwasserleitungen, Sanitärobjekte; Fernwärmeanschluss, Plattenheizkörper; Lüftungsanlage mit WRG, Elektroinstallation, Allgemeinbeleuchtung, Sicherheitsbeleuchtung, Außenbeleuchtung, Fundamenterder/Blitzschutzanlage; Telekommunikationsanlage, Brandmeldeanlage, RWA-Anlage, Fernmelde- und informationstechnische Anlagen; Personen- und Lastenaufzug; Serverraum, Kühlzelle; Lehrküche				
500	**Außenanlagen und Freiflächen**	–	297.261	**–**	3,7
	Rohrgraben für Leitungsverlegung ELT von Neubau zu Bestandsgebäude; Pflasterarbeiten im Bereich Hauszuwegungen, Stellplätze und Terrassenfläche; Oberbodenarbeiten, Begrünung				

4300-0026
Förderschule
Erweiterungsbau
(2 Klassen)
(30 Schüler)

Kostenkennwerte für die Kosten des Bauwerks (Kostengruppen 300+400 nach DIN 276)

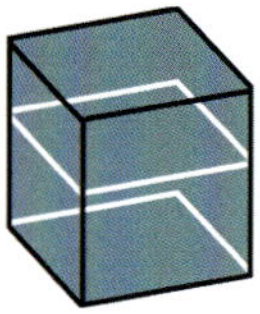
BRI 526 €/m³

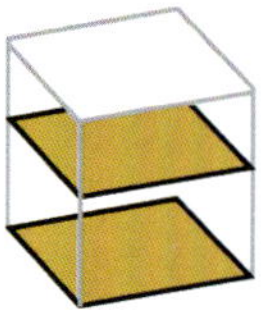
BGF 1.846 €/m²

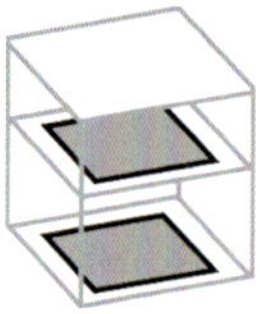
NUF 2.129 €/m²

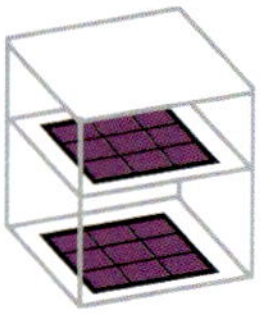
NE 19.631 €/NE
NE: Schüler

Objekt:
Kennwerte: 1.Ebene DIN 276
BRI: 1.119 m³
BGF: 319 m²
NUF: 277 m²
Bauzeit: 30 Wochen
Bauende: 2021
Standard: hoch
Bundesland: Bayern
Kreis: Freising

Architekt*in:
hiendl_schineis architekten
projektleitung regina schineis
Lederergasse 2
94032 Passau

Bauherr*in:
Landkreis Freising
Landshuter Straße 31
85356 Freising

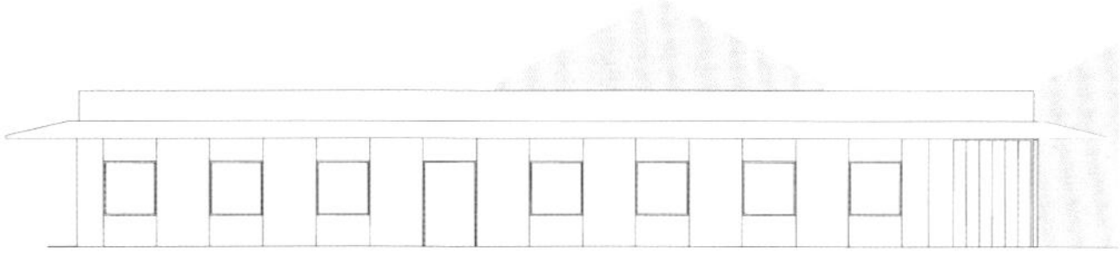
Ansicht Nord-Ost

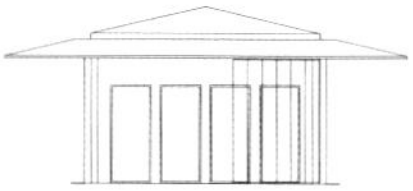
Ansicht Nord-West

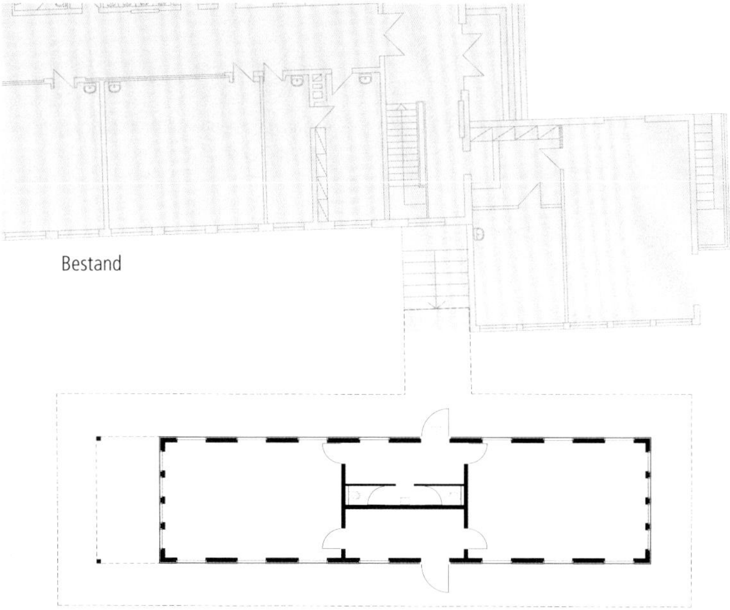
Bestand

Erdgeschoss

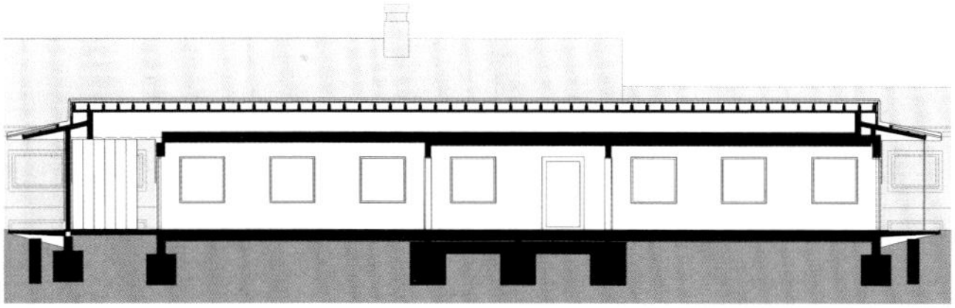
Schnitt A-A

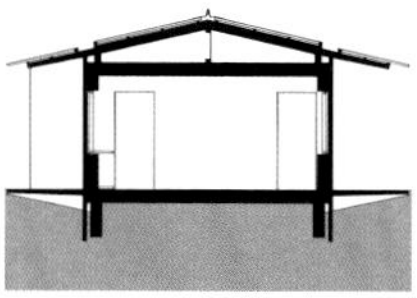
Schnitt B-B

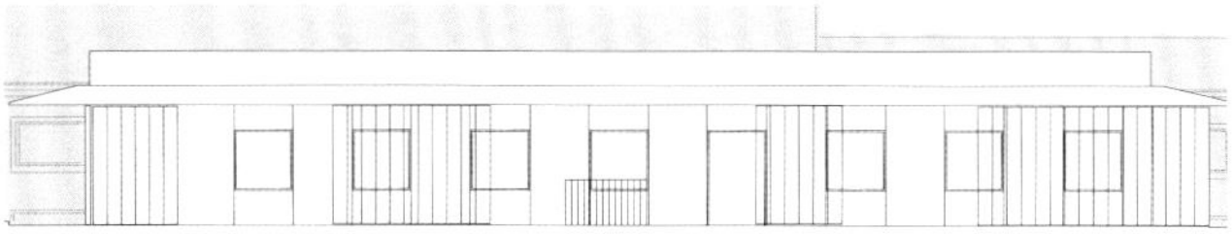
Ansicht Süd-West

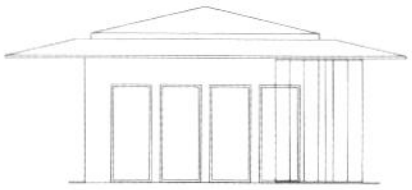
Ansicht Süd-Ost

Objektbeschreibung

Allgemeine Objektinformationen

Der Erweiterungsbau für das Sonderschulförderzentrum befindet sich frei eingestellt im Garten. Ein Schulpavillon, allseitig umgeben von einer umlaufenden Terrasse. Das weit auskragende Dach mit roter Welle schützt den hölzernen Umgang und gibt dem Garten einen Teil seiner Fläche mit neuer Qualität zurück. Kriterien der Nachhaltigkeit der gewählten Materialien, eine durchgängige Detailqualität, ein zurückhaltendes und helles Erscheinungsbild im Inneren sowie eine sich zurücknehmende Farbgebung der äußeren Hülle prägen den Pavillon.

Nutzung

1 Erdgeschoss
zwei Klassenräume, Garderobe, Sanitär, Technik, Flur

Nutzeinheiten

Klassen: 2
Schüler: 30

Grundstück

Bauraum: Beengter Bauraum
Neigung: Ebenes Gelände
Bodenklasse: BK 1 bis BK 3

Markt

Hauptvergabezeit: 2.Quartal 2020
Baubeginn: 3.Quartal 2020
Bauende: 1.Quartal 2021
Konjunkturelle Gesamtlage: Durchschnitt
Regionaler Baumarkt: Durchschnitt

Baukonstruktion

Der Neubau wurde mit vorgefertigten Holzelementen für Boden, Wände und Decken in neun Modulen vor Ort zusammengefügt. Punktfundamente tragen die Module. Ein Sparrendachtragwerk, eingedeckt mit Faserzementwellplatten, bietet Witterungsschutz. Die Fassadenplatten aus Dreischichtholz sind rot lasiert verkleidet, die Holz-Alu-Kippfenster und Terrassentüren bündig eingesetzt. Innen bleiben die tragenden Massivholzelemente unbehandelt und sichtbar. Der Boden ist mit einem Naturkautschukbelag, robust und farbgebend, belegt.

Technische Anlagen

Die Wärmeerzeugung des Pavillons erfolgt über eine Luft-Wasser-Wärmepumpe, wodurch das Gebäude unabhängig von fossilen Brennstoffen geheizt werden kann. Die Wärme wird mittels einer Fußbodenheizung in die Räume übertragen. Natürliche und an die Nutzerwünsche und das Nutzerverhalten angepasste Lüftungskonzepte durch Drehkippfenster und Fenstertüren zur Querlüftung sorgen für die gewünschte Raumluftqualität.

Sonstiges

Der nachwachsende Rohstoff Holz ist überall zu finden: Holzelementwände, Holzdecken, Holztüren, Holzmöbel, Holzfaserdämmung. Die Wände und Decken atmen diffusionsoffen. Das Gebäude ist durch Nullenergie und CO_2-Neutralität zukunftsweisend und ökonomisch. Trotz beengter räumlicher Verhältnisse ist ein eingeschossiger Pavillon mit hoher Qualität entstanden.

Energetische Kennwerte

Gesetzliche Grundlage: EnEV 2013
Gebäudenutzfläche: 122,00 m^2
Spez. Jahresprimärenergiebedarf: 88,30 kWh/(m^2·a)

Planungskennwerte für Flächen und Rauminhalte nach DIN 277

Flächen des Grundstücks		Menge Einheit	% an GF
BF	Bebaute Fläche	319,00 m²	14,2
UF	Unbebaute Fläche	1.920,00 m²	85,8
GF	Grundstücksfläche	2.239,00 m²	100,0

Grundflächen des Bauwerks		Menge Einheit	% an NUF	% an BGF
NUF	Nutzungsfläche	276,60 m²	100,0	86,7
TF	Technikfläche	1,00 m²	0,4	0,3
VF	Verkehrsfläche	10,83 m²	3,9	3,4
NRF	Netto-Raumfläche	288,43 m²	104,3	90,4
KGF	Konstruktions-Grundfläche	30,57 m²	11,1	9,6
BGF	Brutto-Grundfläche	319,00 m²	115,3	100,0

Brutto-Rauminhalt des Bauwerks		Menge Einheit	BRI/NUF (m)	BRI/BGF (m)
BRI	Brutto-Rauminhalt	1.119,17 m³	4,05	3,51

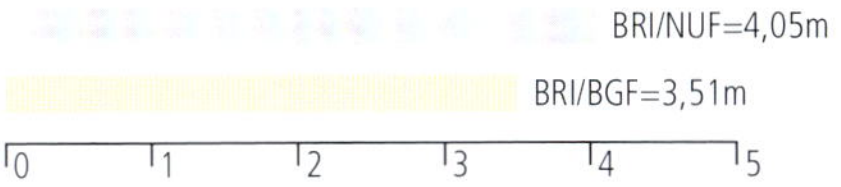

Kostenkennwerte für die Kostengruppen der 1. Ebene DIN 276

KG	Kostengruppen (1. Ebene)	Einheit	Kosten €	€/Einheit	€/m² BGF	€/m³ BRI	% 300+400
100	Grundstück	m² GF	–	–	–	–	–
200	Vorbereitende Maßnahmen	m² GF	18.474	8,25	57,91	16,51	3,1
300	Bauwerk – Baukonstruktionen	m² BGF	404.967	1.269,49	1.269,49	361,85	68,8
400	Bauwerk – Technische Anlagen	m² BGF	183.949	576,64	576,64	164,36	31,2
	Bauwerk 300+400	**m² BGF**	**588.917**	**1.846,13**	**1.846,13**	**526,21**	**100,0**
500	Außenanlagen und Freiflächen	m² AF	85.024	–	266,53	75,97	14,4
600	Ausstattung und Kunstwerke	m² BGF	28.003	87,78	87,78	25,02	4,8
700	Baunebenkosten	m² BGF	–	–	–	–	–
800	Finanzierung	m² BGF	–	–	–	–	–

KG	Kostengruppe	Menge Einheit	Kosten €	€/Einheit	%
200	**Vorbereitende Maßnahmen**	2.239,00 m² GF	18.474	**8,25**	3,1
	Anschlüsse für Abwasserentsorgung, Wasserversorgung, Stromversorgung				
3+4	**Bauwerk**				**100,0**
300	**Bauwerk – Baukonstruktionen**	319,00 m² BGF	404.967	**1.269,49**	68,8
	Baugrubenaushub; Stb-Einzelfundamente, Stb-Fundamenbalken, KVH-Bodenplatte, Holzfaserdämmung, OSB-Platte, Stahlkonstruktion für umlaufenden Terrassensteg, Kautschukbelag, Thermoesche, Schottertragschicht, PE-Folie, Sauberkeitsschicht; Brettsperrholzwände, Holzfaserdämmung, Dreischicht-Holzplatten, Oberfläche lasiert, Holzstützen, Holz-Alufenster, Dreifachverglasung, Haustürelement Holz; Brettsperrholzwände, Trockenbau, Holztüren mit Stahlzargen, Beschichtung wasserdicht in WCs; zimmermannsmäßiges Holzsparrendach, Dämmung, Wellplatten, abgehängte Akustikplatten, Dachentwässerung; Garderobenschränke, Regale Klassenzimmer, Schrank Nebenraum als Holzeinbauten, Vorhänge innen vor Fenstertüren mit Deckenschiene, Sonnenschutz-Außenvorhang mit Deckenschiene, Blendschutzverdunkelung innen				
400	**Bauwerk – Technische Anlagen**	319,00 m² BGF	183.949	**576,64**	31,2
	Gebäudeentwässerung, Kalt- und Warmwasserleitungen, Sanitärobjekte; Luft-Wasser-Wärmepumpe, Fußbodenheizung; Einzelraumlüfter; Elektroinstallation, Sicherheitsbeleuchtung, Blitzschutz; Gegensprechanlage				
500	**Außenanlagen und Freiflächen**	–	85.024	–	14,4
	Grasnarbe abtragen und entsorgen, Oberboden abtragen und zwischenlagern; Asphaltbelag ausbauen, zerkleinern und entsorgen; Brücke; Abwasseranlagen, Wasseranlagen, Wärmeversorgungsanlagen, Demontage Heiztank; Oberboden andecken, fräsen, feinplanieren, Extensivbepflanzung mit Sträuchern, Heister, Rindenmulch, Rasenansaat				
600	**Ausstattung und Kunstwerke**	319,00 m² BGF	28.003	**87,78**	4,8
	Lehrerpults, Lehrerstühle, Schülertische, Stühle, Whiteboard-Tafeln, Tischkameras, PCs, Beamer				

4300-0027
Schule
für Kinder mit
Sehbeeinträchtigung
(6 Klassen)
(38 Schüler)

Kostenkennwerte für die Kosten des Bauwerks (Kostengruppen 300+400 nach DIN 276)

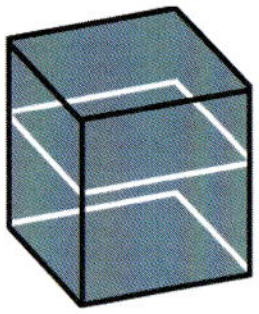

BRI 1.004 €/m³

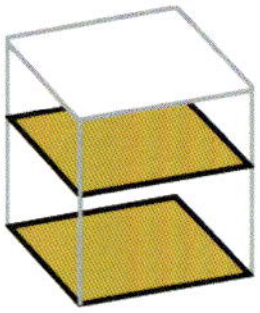

BGF 3.971 €/m²

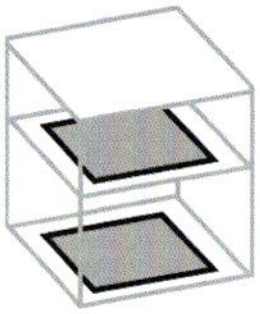

NUF 7.345 €/m²

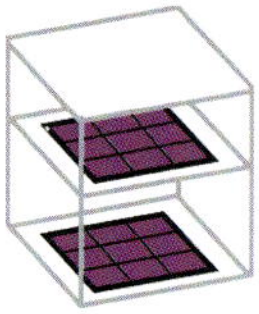

NE 402.811 €/NE
NE: Schüler

Objekt:
Kennwerte: 1.Ebene DIN 276
BRI: 15.250 m³
BGF: 3.854 m²
NUF: 2.084 m²
Bauzeit: 148 Wochen
Bauende: 2022
Standard: hoch
Bundesland: Bayern
Kreis: Aschaffenburg, Stadt

Architekt*in:
LPH 2-8:
Georg Scheel Wetzel
Architekten GmbH
Marienstraße 10
10117 Berlin

LPH 6-9:
Seitz Architektur
Rossmarkt 33
63739 Aschaffenburg

© Stefan Müller, Berlin

© Stefan Müller, Berlin

© Stefan Müller, Berlin

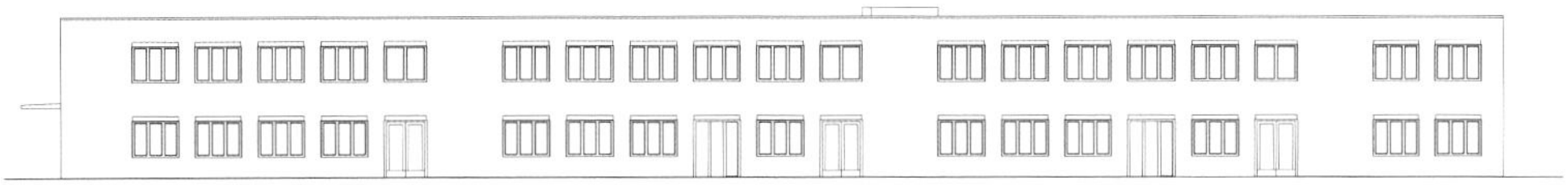

Ansicht Ost

Erdgeschoss

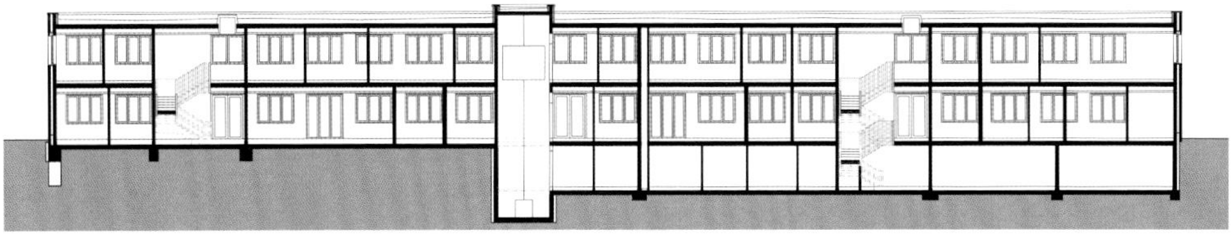

Schnitt A-A

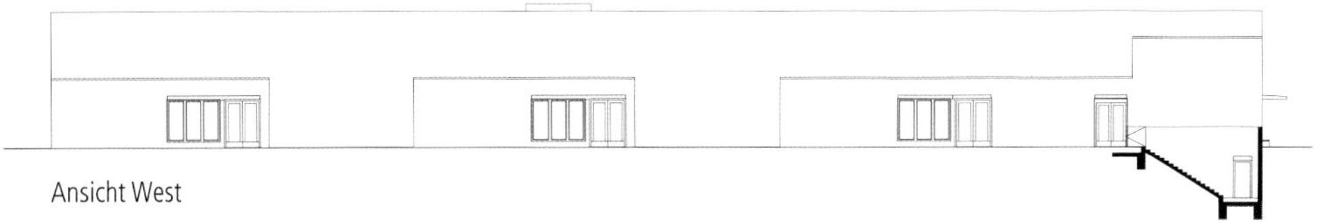

Ansicht West

Objektbeschreibung

Allgemeine Objektinformationen

In dem L-förmigen Gebäuderiegel der Förderschule sind die übergeordneten Verwaltungs-, Versorgungs-, Therapie,- und Veranstaltungsräume untergebracht. Die Klassenräume schließen sich orthogonal in Ost-West-Richtung in eingeschossigen Fingerbauteilen an den Gebäudekomplex an. Sie befinden sich geschützt um begrünte Innenhöfe. An der südlichen Gebäudeflanke befindet sich der großzügig geöffnete Haupteingang. Dem Eingangsbereich vorgelagert ist ein großzügig dimensionierter Vorplatz angelegt, welcher dazu dient, das tägliche Bringen und Abholen der Kinder in Kleinbussen vor dem Haus möglichst reibungslos zu organisieren.

Nutzung

1 Untergeschoss
Lager, Archiv, Technik, Personalumkleide, Flure, Treppenhäuser, Aufzüge

1 Erdgeschoss
Garderobe, Gruppenräume, Klassenräume, Ruheräume, Sanitärbereiche, Abstellräume, Personalräume, Flure, Treppenhäuser, Aufzüge

1 Obergeschoss
Therapieräume, Mehrzweckraum, Werkräume, Musikraum, Pausenraum, Lehrerzimmer, Sekretariat, Büros, WCs, Abstellräume, Therapiebad, Duschräume, Umkleideräume, Flure, Treppenhäuser, Aufzüge

Nutzeinheiten

Klassen: 6
Schüler: 38

Grundstück

Bauraum: Freier Bauraum
Neigung: Ebenes Gelände
Bodenklasse: BK 3 bis BK 4

Markt

Hauptvergabezeit: 1. Quartal 2020
Baubeginn: 1. Quartal 2020
Bauende: 4. Quartal 2022
Konjunkturelle Gesamtlage: über Durchschnitt
Regionaler Baumarkt: Durchschnitt

Baukonstruktion

Das Gebäude gründet auf Stahlbeton-Streifenfundamenten und Stahlbeton-Bodenplatten aus wasserundurchlässigem Beton. Die teils betonierten, teils gemauerten massiven Außenwände sind mit gedämmten Verblendklinkern bekleidet. Die eingefärbten Stahlbetonfertigstürze und -stützen sind kerngedämmt. Die Holzfenster mit Aluminiumdeckschalen wurden mit einer Dreifachverglasung ausgestattet. Als Sonnenschutz sind Lamellenraffstores in die Fassade eingelassen. Die Decken und Flachdächer sind ebenfalls aus Stahlbeton. Auf der bituminösen Abdichtung wurden die Dächer begrünt.

Technische Anlagen

Die Wärmeerzeugung erfolgt über eine Gasbrennwertkaskade. Die Wärmeverteilung wird durch eine Fußbodenheizung erzielt. Eine zentrale Lüftungsanlage wurde nur im zentralen Foyer und im Therapiebad eingebaut. Die übrigen Räume werden über dezentrale Fensterlüftungen mit Wärmerückgewinnung raumweise mit Frischluft versorgt. Auf dem dreigeschossigen Gebäudeteil wurde eine PV-Anlage installiert.

Sonstiges

Die Förderschule für mehrfach sehbehinderte Kinder wurde wegen der Nutzungsanforderung weitestgehend in eingeschossiger Bauweise ausgeführt. Es wurden erhöhte Anforderungen an die Barrierefreiheit gestellt. Die Räume in den oberen Etagen können über Aufzüge erreicht werden.

Energetische Kennwerte

Gesetzliche Grundlage: EnEV 2013
Gebäudenutzfläche: 3.280,00 m^2
Spez. Jahresprimärenergiebedarf: 107,10 kWh/(m^2·a)
CO_2-Emissionen: 23,70 kg/(m^2·a)

Planungskennwerte für Flächen und Rauminhalte nach DIN 277

Flächen des Grundstücks		Menge Einheit	% an GF
BF	Bebaute Fläche	2.449,00 m²	36,2
UF	Unbebaute Fläche	4.311,00 m²	63,8
GF	Grundstücksfläche	6.760,00 m²	100,0

Grundflächen des Bauwerks		Menge Einheit	% an NUF	% an BGF
NUF	Nutzungsfläche	2.083,96 m²	100,0	54,1
TF	Technikfläche	150,48 m²	7,2	3,9
VF	Verkehrsfläche	882,33 m²	42,3	22,9
NRF	Netto-Raumfläche	3.116,77 m²	149,6	80,9
KGF	Konstruktions-Grundfläche	737,63 m²	35,4	19,1
BGF	Brutto-Grundfläche	3.854,40 m²	185,0	100,0

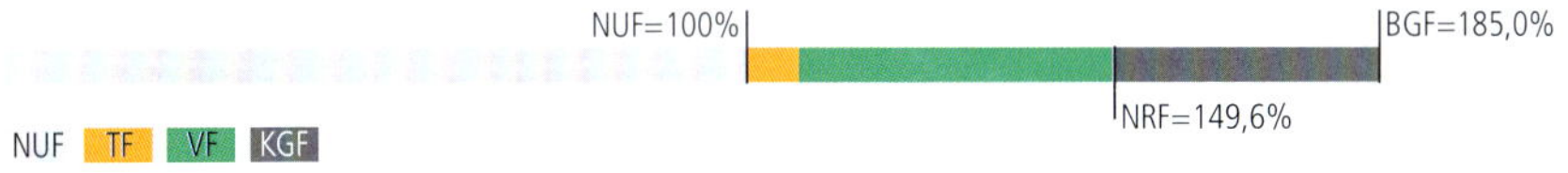

Brutto-Rauminhalt des Bauwerks		Menge Einheit	BRI/NUF (m)	BRI/BGF (m)
BRI	Brutto-Rauminhalt	15.250,00 m³	7,32	3,96

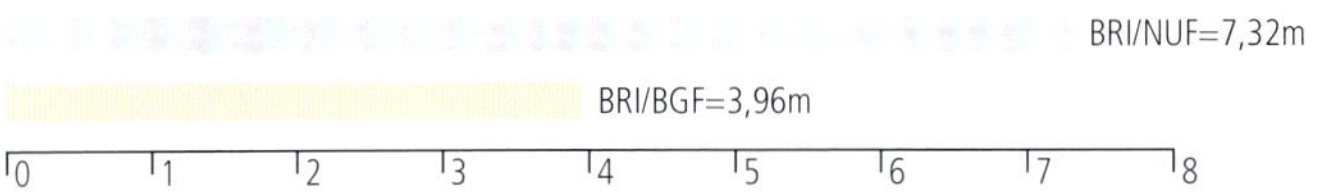

Kostenkennwerte für die Kostengruppen der 1. Ebene DIN 276

KG	Kostengruppen (1. Ebene)	Einheit	Kosten €	€/Einheit	€/m² BGF	€/m³ BRI	% 300+400
100	Grundstück	m² GF	–	–	–	–	–
200	Vorbereitende Maßnahmen	m² GF	–	–	–	–	–
300	Bauwerk – Baukonstruktionen	m² BGF	10.820.469	2.807,30	2.807,30	709,54	70,7
400	Bauwerk – Technische Anlagen	m² BGF	4.486.330	1.163,95	1.163,95	294,19	29,3
	Bauwerk 300+400	**m² BGF**	**15.306.800**	**3.971,25**	**3.971,25**	**1.003,72**	**100,0**
500	Außenanlagen und Freiflächen	m² AF	1.395.669	323,75	362,10	91,52	9,1
600	Ausstattung und Kunstwerke	m² BGF	–	–	–	–	–
700	Baunebenkosten	m² BGF	–	–	–	–	–
800	Finanzierung	m² BGF	–	–	–	–	–

KG	Kostengruppe	Menge Einheit	Kosten €	€/Einheit	%
3+4	**Bauwerk**				**100,0**
300	**Bauwerk – Baukonstruktionen**	3.854,40 m² BGF	10.820.469	**2.807,30**	70,7

Baugrubenaushub; Stb-Streifenfundamente, Stb-Bodenplatte, WU, Dämmung, Estrich, Betonwerkstein, Beschichtung, Perimeterdämmung; Stb-Wände, kerngedämmte Betonstützen, Holz-Alufenster, Dreifachverglasung, Dämmung, Verblendklinker, Innenputz, Wandfliesen, Beschichtung, Lamellen-Raffstores; Stb-Wände, KS-Mauerwerk, GK-Wände, Stb-Stützen, Holztüren, RS-Türen, Stahltüren F90, Innenputz, Wandfliesen, Beschichtung, WC-Trennwände, Glaswände; Stb-Decken, Stb-Treppen, Dämmung, Heizestrich, Betonwerkstein, Linoleum, Industrieparkett, abgehängte GK-Decken, Treppengeländer; Stb-Flachdächer, Oberlichter, Gefälledämmung, Abdichtung, Dachbegrünung, Dachentwässerung, abgehängte GK-Decken; Teeküchen, Einbauten

KG	Kostengruppe	Menge Einheit	Kosten €	€/Einheit	%
400	**Bauwerk – Technische Anlagen**	3.854,40 m² BGF	4.486.330	**1.163,95**	29,3

Gebäudeentwässerung, Kalt- und Warmwasserleitungen, Sanitärobjekte; Gas-Brennwertkaskade, Heizungsrohre, Fußbodenheizung, Heizkörper; Lüftungsanlage, Fensterlüftung mit Wärmerückgewinnung; PV-Anlage, Elektroinstallationen, Beleuchtung, Sicherheitsleuchten; Telekommunikationsanlage, Rauchmeldeanlage; Personenaufzüge; Therapiebad

KG	Kostengruppe	Menge Einheit	Kosten €	€/Einheit	%
500	**Außenanlagen und Freiflächen**	4.311,00 m² AF	1.395.669	**323,75**	9,1

Außenanlagen barrierefrei, ausgelegt auf Kinder mit Sehbehinderung

5 Weiterbildungseinrichtungen

Kostenkennwerte für die Kosten des Bauwerks (Kostengruppen 300+400 nach DIN 276)

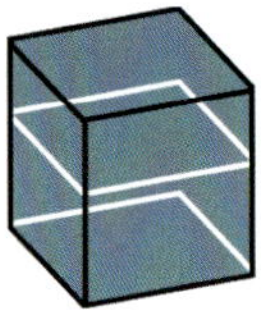

BRI 785 €/m³
von 625 €/m³
bis 955 €/m³

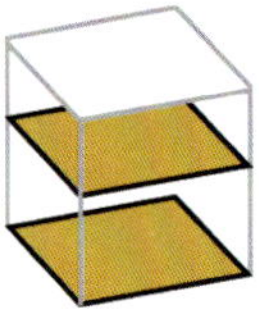

BGF 3.240 €/m²
von 2.745 €/m²
bis 4.215 €/m²

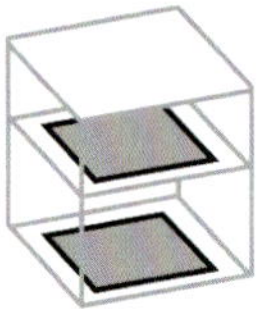

NUF 4.980 €/m²
von 3.985 €/m²
bis 6.620 €/m²

Kosten:
Stand 4. Quartal 2025
Bundesdurchschnitt
inkl. 19% MwSt.

Objektbeispiele

4500-0022

4200-0038

4500-0009

Kosten der 14 Vergleichsobjekte

Seiten 450 bis 452

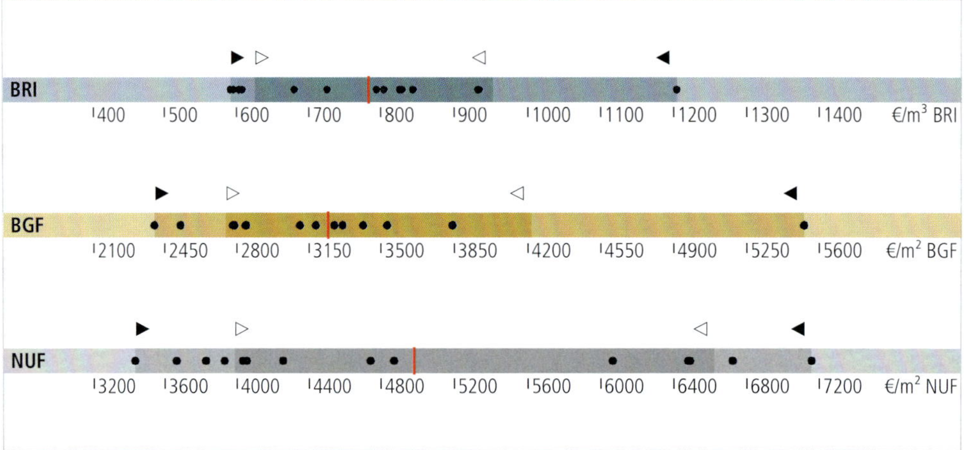

- ● KKW
- ▶ min
- ▷ von
- | Mittelwert
- ◁ bis
- ◀ max

Kostenkennwerte für die Kostengruppen der 1. und 2. Ebene DIN 276

KG	Kostengruppen der 1. Ebene	Einheit	▷	€/Einheit	◁	▷	% an 300+400	◁
100	Grundstück	m^2 GF	–	**–**	–	–	**–**	–
200	Vorbereitende Maßnahmen	m^2 GF	8	**12**	15	0,5	**0,7**	1,4
300	Bauwerk – Baukonstruktionen	m^2 BGF	2.044	**2.442**	2.989	69,0	**76,0**	82,3
400	Bauwerk – Technische Anlagen	m^2 BGF	525	**798**	1.255	17,7	**24,0**	31,0
	Bauwerk 300+400	m^2 BGF	2.744	**3.240**	4.215	100,0	**100,0**	100,0
500	Außenanlagen und Freiflächen	m^2 AF	53	**143**	354	4,5	**8,9**	20,5
600	Ausstattung und Kunstwerke	m^2 BGF	32	**131**	403	1,1	**4,5**	13,4
700	Baunebenkosten*	m^2 BGF	707	**762**	817	21,6	**23,3**	25,0 ◁
800	Finanzierung	m^2 BGF	–	**–**	–	–	**–**	–

* Auf Grundlage der HOAI 2021 berechnete Werte nach §§ 35, 52, 56. Weitere Informationen siehe Seite 32

KG	Kostengruppen der 2. Ebene	Einheit	▷	€/Einheit	◁	▷	% an 1. Ebene	◁
310	Baugrube / Erdbau	m^3 BGI	32	**35**	37	0,6	**1,7**	4,4
320	Gründung, Unterbau	m^2 GRF	359	**676**	784	10,0	**16,3**	24,1
330	Außenwände / vertikal außen	m^2 AWF	905	**1.043**	1.191	27,7	**31,1**	34,5
340	Innenwände / vertikal innen	m^2 IWF	492	**580**	672	13,0	**17,2**	20,5
350	Decken / horizontal	m^2 DEF	500	**712**	818	0,0	**12,2**	16,3
360	Dächer	m^2 DAF	480	**543**	728	8,9	**16,4**	23,7
370	Infrastrukturanlagen		–	**–**	–	–	**–**	–
380	Baukonstruktive Einbauten	m^2 BGF	63	**65**	68	0,0	**1,5**	3,0
390	Sonst. Maßnahmen für Baukonst.	m^2 BGF	45	**87**	131	1,7	**3,6**	5,3
300	**Bauwerk – Baukonstruktionen**	**m^2 BGF**					**100,0**	
410	Abwasser-, Wasser-, Gasanlagen	m^2 BGF	80	**113**	146	11,5	**21,7**	50,2
420	Wärmeversorgungsanlagen	m^2 BGF	62	**118**	252	5,0	**16,7**	21,4
430	Raumlufttechnische Anlagen	m^2 BGF	43	**76**	106	8,4	**11,5**	20,7
440	Elektrische Anlagen	m^2 BGF	124	**222**	453	23,8	**28,7**	42,8
450	Kommunikationstechnische Anlagen	m^2 BGF	11	**43**	85	2,2	**4,8**	9,7
460	Förderanlagen	m^2 BGF	24	**49**	93	1,0	**3,9**	7,3
470	Nutzungsspez. / verfahrenstech. Anl.	m^2 BGF	13	**82**	219	1,2	**7,1**	23,7
480	Gebäude- und Anlagenautomation	m^2 BGF	38	**92**	146	0,0	**5,6**	12,8
490	Sonst. Maßnahmen f. techn. Anl.	m^2 BGF	< 1	**< 1**	< 1	< 0,1	**< 0,1**	0,1
400	**Bauwerk – Technische Anlagen**	**m^2 BGF**					**100,0**	

Prozentanteile der Kosten 2. Ebene an den Kosten des Bauwerks nach DIN 276 (Von/Mittel/Bis)

KG	Kostengruppe	%
310	Baugrube / Erdbau	1,2
320	Gründung, Unterbau	13,2
330	Außenwände / vertikal außen	24,1
340	Innenwände / vertikal innen	13,5
350	Decken / horizontal	9,0
360	Dächer	13,1
370	Infrastrukturanlagen	
380	Baukonstruktive Einbauten	1,1
390	Sonst. Maßnahmen für Baukonst.	2,7
410	Abwasser-, Wasser-, Gasanlagen	3,5
420	Wärmeversorgungsanlagen	3,6
430	Raumlufttechnische Anlagen	2,5
440	Elektrische Anlagen	6,6
450	Kommunikationstechnische Anlagen	1,3
460	Förderanlagen	1,0
470	Nutzungsspez. / verfahrenstech. Anl.	1,9
480	Gebäude- und Anlagenautomation	1,5
490	Sonst. Maßnahmen f. techn. Anl.	< 0,1

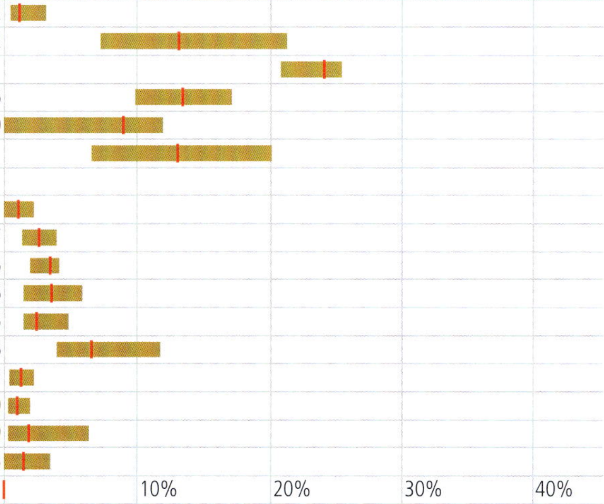

Kosten:
Stand 4. Quartal 2025
Bundesdurchschnitt
inkl. 19% MwSt.

Prozentanteile der Kosten für Leistungsbereiche nach STLB (Kosten Bauwerk nach DIN 276)

LB	Leistungsbereiche	▷	% an 300+400	◁
000	Baustellen-, Verkehrssich.- u. Sicherh.einr. inkl. 001	1,0	**2,4**	3,9
002	Erdarbeiten	1,8	**3,6**	7,8
006	Spezialtiefbauarbeiten inkl. 005	0,0	**0,3**	1,1
009	Entwässerungskanalarbeiten inkl. 011	0,2	**0,8**	1,5
010	Drän- und Versickerarbeiten	0,0	**0,3**	0,6
012	Mauerarbeiten	0,2	**1,7**	3,7
013	Betonarbeiten	8,2	**15,0**	21,9
014	Natur-, Betonwerksteinarbeiten	–	**–**	–
016	Zimmer- und Holzbauarbeiten	< 0,1	**14,1**	33,4
017	Stahlbauarbeiten	0,2	**1,1**	2,0
018	Abdichtungsarbeiten	0,3	**0,3**	0,5
020	Dachdeckungsarbeiten	0,0	**0,5**	1,1
021	Dachabdichtungsarbeiten	1,7	**3,4**	4,2
022	Klempnerarbeiten	0,3	**1,1**	1,7
	Rohbau	36,6	**44,6**	66,2
023	Putz- und Stuckarbeiten, Wärmedämmsysteme	0,0	**0,3**	0,8
024	Fliesen- und Plattenarbeiten	0,4	**1,5**	2,5
025	Estricharbeiten	1,7	**2,1**	2,6
026	Fenster, Außentüren inkl. 029, 032	0,8	**8,8**	16,8
027	Tischlerarbeiten	4,6	**8,7**	12,5
028	Parkett-, Holzpflasterarbeiten	0,0	**0,5**	2,0
030	Rollladenarbeiten	0,8	**0,9**	1,1
031	Metallbauarbeiten inkl. 035	0,0	**5,2**	7,5
034	Maler- und Lackiererarb. - Beschicht. inkl. 037	0,4	**0,8**	1,2
036	Bodenbelagarbeiten	0,7	**1,7**	4,5
038	Vorgehängte hinterlüftete Fassaden	0,0	**1,7**	3,3
039	Trockenbauarbeiten	0,6	**2,0**	3,6
	Ausbau	24,5	**34,2**	38,2
040	Wärmeversorgungsanl. - Betriebseinr. inkl. 041	1,3	**3,4**	5,7
042	Gas- u. Wasseranl. - Leitung., Armat. inkl. 043	0,5	**0,7**	1,1
044	Abwasseranl. - Leitungen, Abläufe, Armaturen	< 0,1	**0,5**	1,0
045	Gas, Wasser, Entwässerung - Ausstattung inkl. 046	0,5	**1,1**	2,8
047	Dämm- und Brandschutzarb. an techn. Anlagen	0,2	**0,6**	1,1
049	Feuerlöschanlagen, Feuerlöschgeräte	0,0	**< 0,1**	< 0,1
050	Blitzschutz-/Erdungsanlagen, Überspannungssch.	< 0,1	**0,2**	0,3
052	Mittelspannungsanlagen	0,0	**< 0,1**	0,4
053	Niederspannungsanl. - Kabel inkl. 054	2,9	**5,5**	11,8
055	Sicherheits- u. Ersatzstromversorgungsanl.	0,0	**< 0,1**	0,3
057	Gebäudesystemtechnik	–	**–**	–
058	Leuchten und Lampen inkl. 059	0,8	**1,7**	2,6
060	Such, Signal, Zeit, Anten., akust. Anl. inkl. 064	0,0	**< 0,1**	< 0,1
061	Kommunikations- u. Übertragungsnetze inkl. 062	< 0,1	**0,2**	0,5
063	Gefahrenmeldeanlagen	< 0,1	**0,2**	0,7
069	Aufzüge	0,3	**1,0**	2,0
070	Gebäudeautomation	0,0	**1,4**	3,4
075	Raumlufttechnische Anlagen inkl. 078	1,5	**2,5**	4,9
	Gebäudetechnik	12,2	**19,2**	24,9
	Sonstige Leistungsbereiche inkl. 008, 033, 051	0,3	**1,9**	6,9

- ● KKW
- ▶ min
- ▷ von
- | Mittelwert
- ◁ bis
- ◀ max

Planungskennwerte für Flächen und Rauminhalte nach DIN 277

Grundflächen		▷	Fläche/NUF (%)	◁	▷	Fläche/BGF (%)	◁
NUF	Nutzungsfläche	100,0	**100,0**	100,0	60,3	**66,3**	70,2
TF	Technikfläche	4,6	**6,2**	10,4	2,8	**4,0**	6,1
VF	Verkehrsfläche	21,2	**28,2**	45,8	13,1	**17,2**	24,2
NRF	Netto-Raumfläche	127,1	**134,0**	149,1	85,5	**87,2**	88,0
KGF	Konstruktions-Grundfläche	17,8	**19,8**	22,3	12,0	**12,8**	14,5
BGF	Brutto-Grundfläche	144,3	**153,7**	171,1	100,0	**100,0**	100,0

Brutto-Rauminhalte		▷	BRI/NUF (m)	◁	▷	BRI/BGF (m)	◁
BRI	Brutto-Rauminhalt	5,85	**6,39**	7,40	3,82	**4,16**	4,25

Flächen von Nutzeinheiten	▷	NUF/Einheit (m²)	◁	▷	BGF/Einheit (m²)	◁
Nutzeinheit:	–	–	–	–	–	–

Lufttechnisch behandelte Flächen	▷	Fläche/NUF (%)	◁	▷	Fläche/BGF (%)	◁
Entlüftete Fläche	–	–	–	–	–	–
Be- und entlüftete Fläche	11,8	**11,8**	11,8	6,5	**6,5**	6,5
Teilklimatisierte Fläche	81,2	**81,2**	81,2	48,1	**48,1**	48,1
Klimatisierte Fläche	–	–	–	–	–	–

KG	Kostengruppen (2. Ebene)	Einheit	▷	Menge/NUF	◁	▷	Menge/BGF	◁
310	Baugrube / Erdbau	m³ BGI	2,67	**2,90**	2,90	1,68	**1,72**	1,72
320	Gründung, Unterbau	m² GRF	0,90	**0,94**	1,06	0,54	**0,62**	0,62
330	Außenwände / vertikal außen	m² AWF	1,17	**1,17**	1,21	0,73	**0,75**	0,84
340	Innenwände / vertikal innen	m² IWF	0,96	**1,21**	1,23	0,66	**0,78**	0,99
350	Decken / horizontal	m² DEF	0,91	**0,91**	0,95	0,55	**0,55**	0,56
360	Dächer	m² DAF	1,15	**1,20**	1,49	0,63	**0,80**	0,80
370	Infrastrukturanlagen		–	–	–	–	–	–
380	Baukonstruktive Einbauten	m² BGF	1,44	**1,54**	1,71	1,00	**1,00**	1,00
390	Sonst. Maßnahmen für Baukonst.	m² BGF	1,44	**1,54**	1,71	1,00	**1,00**	1,00
300	**Bauwerk – Baukonstruktionen**	**m² BGF**	1,44	**1,54**	1,71	1,00	**1,00**	1,00

Planungskennwerte für Bauzeiten — 14 Vergleichsobjekte

Bauzeit in Wochen

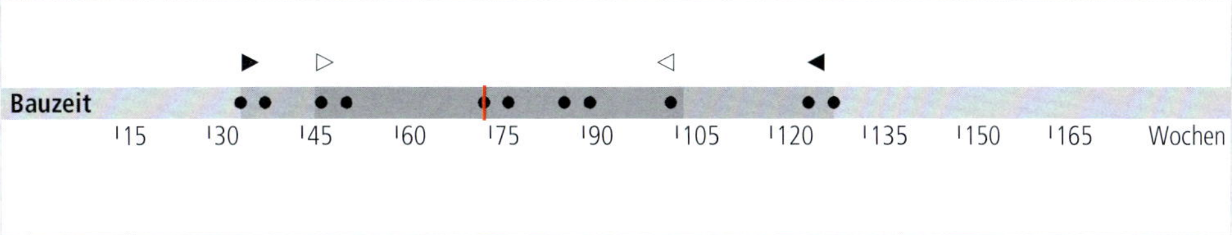

Objektübersicht zur Gebäudeart

4100-0164 Musikunterrichtsräume (5 Klassen)*

pagelhenn architektinnenarchitekt
Hilden

4200-0011 Überbetriebliches Berufsbildungszentrum*

Architekten BDA Richter Altmann Jyrch
Cottbus

4200-0015 Berufsschule*

habermann.stock.decker Architekten
Lemgo

4200-0031 Fachakademie Sozialpädagogik (9 Klassen, 250 Schüler)*

Dömges Architekten AG
Regensburg

4200-0035 Bildungszentrum (400 Schüler)

Kersten Kopp Architekten GmbH
Berlin

4200-0038 Ausbildungszentrum Pflegeberufe (12 Klassen)

Köhler Architekten
Dortmund

* Diese Objekte wurden zur Bildung der statistischen Werte herangezogen. Sie sind nicht als Einzelobjekt in diesem Band veröffentlicht.

4200-0040 Bildungszentrum (5 Klassen, 115 Schüler)

Planungsring Mumm + Partner GbR
Treia

4500-0009 Berufsförderungswerk*

plp Architekten Generalplaner
Hamburg

4500-0012 Förderbereich, Mehrzwecksaal*

TECTUM, Heinrich - Hille Ingenieure und Architekten
BDA, Weimar

4500-0013 Überbetriebliche Bildungsstätte*

WALLMEIER STUMMBILLIG Planungs GmbH,
Architekten BDA, Herne

4500-0014 Schule für Heilerziehungspflege (84 Schüler)*

Sillmanns GmbH Architekten und Ingenieure
Mönchengladbach

4500-0019 Tagungsgebäude (40 Sitzplätze)

Kruse Architekten
Güstrow

* Diese Objekte wurden zur Bildung der statistischen Werte herangezogen. Sie sind nicht als Einzelobjekt in diesem Band veröffentlicht.

Objektübersicht zur Gebäudeart

© Rahel Welsen, Fotografie

4500-0021 Bildungsgebäude Sportcampus

prosa Architektur + Stadtplanung BDA
Darmstadt

© KRAMPITZ Architekten

4500-0022 Seminarhaus (60 Sitzplätze)

KRAMPITZ Architekten GbR
Soltau

Kostenkennwerte für die Kosten des Bauwerks (Kostengruppen 300+400 nach DIN 276)

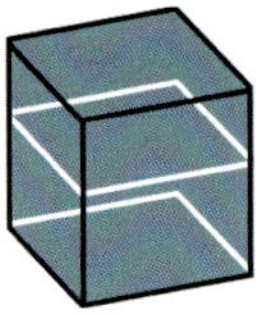

BRI 680 €/m³

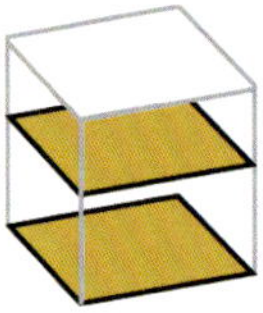

BGF 2.525 €/m²

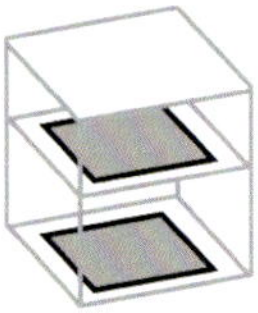

NUF 3.927 €/m²

Objekt:
Kennwerte: 1.Ebene DIN 276
BRI: 12.617 m³
BGF: 3.396 m²
NUF: 2.184 m²
Bauzeit: 78 Wochen
Bauende: 2018
Standard: mittel
Bundesland: Berlin
Kreis: Berlin, Stadt

Architekt*in:
Kersten Kopp
Architekten GmbH
Rheinstraße 45
12161 Berlin

Bauherr*in:
Rudolf Steiner
Bildungszentrum gGmbH
Monumentenstraße 13b
10829 Berlin

© Werner Huthmacher

© Werner Huthmacher

© Werner Huthmacher

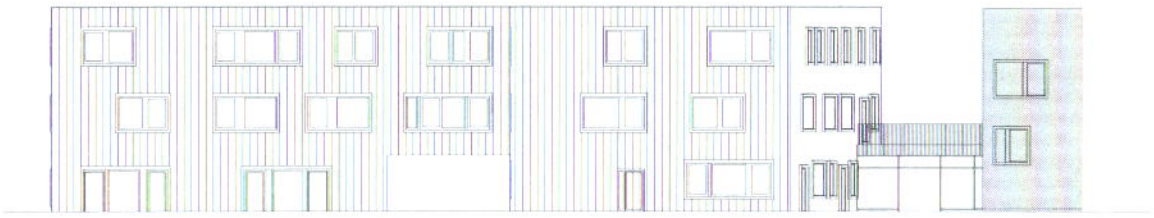

Ansicht West

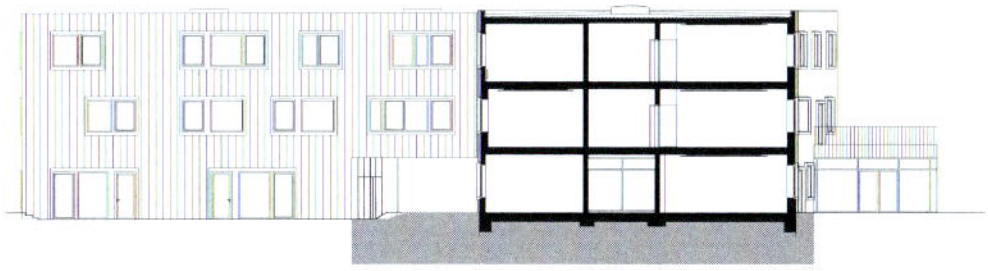

Schnitt B-B

Erdgeschoss

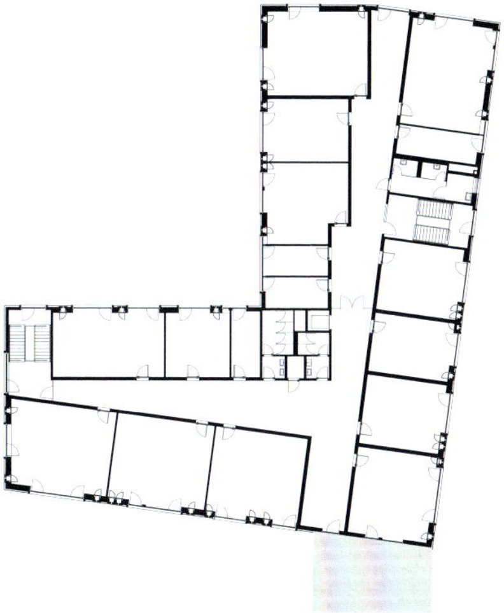

1. Obergeschoss

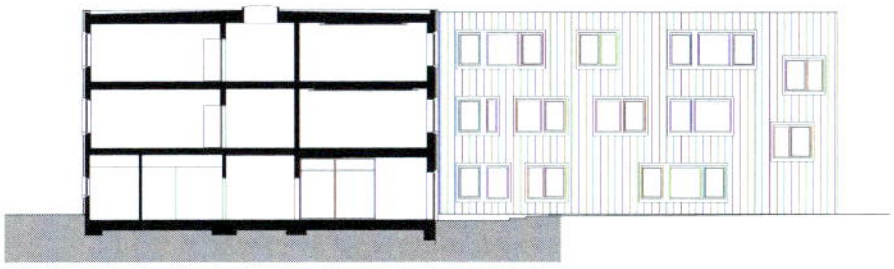

Schnitt A-A

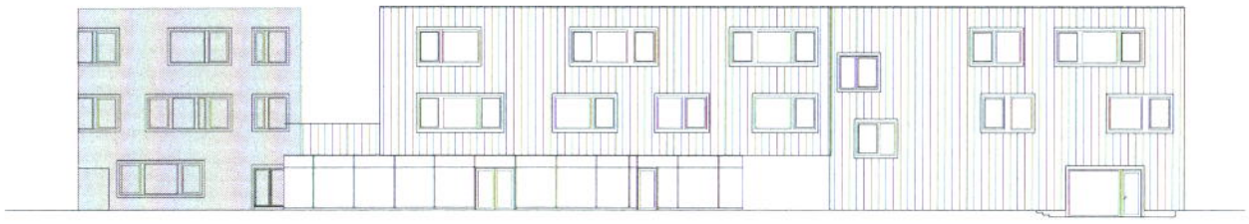

Ansicht Ost

Objektbeschreibung

Allgemeine Objektinformationen

Eingebettet in ein heterogenes Stadtgefüge zwischen umgebender Wohnbebauung und angrenzenden Sportflächen entstand mit dem anthroposophischen Campus ein neuer Lebens- und Lern-Ort. Er wird als Berufsschule für Sozialpädagogik genutzt. Die Campusgebäude gehören zu den ersten dreigeschossigen Schulgebäuden in konstruktiver Holzbauweise in Deutschland. Der dreigeschossige Neubau wird durch zwei flügelartige Zweibünde gebildet. Diese weiten sich jeweils auf, sodass eine dynamische Kubatur entsteht. Das Gebäude ist über den großen gemeinsamen Schulhof von Osten und zusätzlich über einen Fußweg entlang eines öffentlichen Spielplatzes im Westen des Gebäudes erschlossen. Das Erdgeschoss unterteilt sich in zwei Bereiche, welche durch den öffentlichen Weg getrennt, bzw. über den so entstehenden überbauten Platz über die beiden Eingänge miteinander verbunden wurden. Ein großzügiges Foyer orientiert sich zum großen Schulhof nach Osten. Hier treffen die Schüler der verschiedenen Schulen zusammen

Nutzung

1 Erdgeschoss
Foyer, Unterrichtsräume, Verwaltungsräume, Mehrzweckräume, Technikräume, Küche, Sanitärräume

2 Obergeschosse
Flur, Unterrichtsräume, Verwaltungsräume, Teeküche, Sanitärräume

Nutzeinheiten

Arbeitsplätze: 56
Schüler: 400

Grundstück

Bauraum: Freier Bauraum
Neigung: Ebenes Gelände
Bodenklasse: BK 4

Markt

Hauptvergabezeit: 1. Quartal 2017
Baubeginn: 1. Quartal 2017
Bauende: 3. Quartal 2018
Konjunkturelle Gesamtlage: über Durchschnitt
Regionaler Baumarkt: über Durchschnitt

Baukonstruktion

Der Campus wurde im Sinne eines nachhaltigen CO_2-neutralen Ansatzes in Holzbauweise gebaut. Der Neubau des Bildungszentrums ist auf Stahlbetonbodenplatten flach gegründet. Die Holzkonstruktion setzt auf den Bodenplatten des Erdgeschosses auf. Die Decken wurden durch mineralische Schüttungen schall- und brandschutztechnisch ertüchtigt. Die Massivholzdeckenplatten lagern auf Wandelementen ebenfalls in Holzmassivbauweise auf. In der Fassade kommen Brettschichtholzträger und -stützen zum Einsatz. Lediglich die Fluchttreppenhäuser und Sanitärräume wurden in Stahlbeton hergestellt und dienen neben ihrer brandschutztechnischen Funktion der Gebäudeaussteifung. Die Leitungen wurden im Flurwandbereich unter der Decke, bzw. im Bodenaufbau verlegt. Die Fensterelemente erhielten Isolierverglasungen. Die geschlossenen Bereiche der Fassaden wurden mit hochwärmedämmenden Holzrahmenbauelementen hergestellt. Die Böden sind mit Industrieparkett und Linoleumböden belegt. Die hölzernen Wandoberflächen werden weitestgehend sichtbar belassen. Alle Sanitärbereiche sowie die Küche wurden mit Trockenbauvorsatzschalen verkleidet.

Technische Anlagen

In jedem Aufenthaltsraum gibt es für die natürliche Lüftung Lüftungsfenster. In den Unterrichtsräumen gibt es zudem Lüftungsgeräte für die dezentrale mechanische Lüftung. Ein im Keller des Schulgebäudes errichtetes Blockheizkraftwerk versorgt den ganzen Campus ökologisch und wirtschaftlich mit Nahwärme.

Sonstiges

Der Campus bildet ein Ensemble aus einer Schule, einem Kindergarten/Hort, dem Berufsbildungszentrum, einer Sporthalle und einer Aula.

Planungskennwerte für Flächen und Rauminhalte nach DIN 277

Flächen des Grundstücks		Menge Einheit	% an GF
BF	Bebaute Fläche	1.216,78 m²	35,2
UF	Unbebaute Fläche	2.240,22 m²	64,8
GF	Grundstücksfläche	3.457,00 m²	100,0

Grundflächen des Bauwerks		Menge Einheit	% an NUF	% an BGF
NUF	Nutzungsfläche	2.183,60 m²	100,0	64,3
TF	Technikfläche	57,10 m²	2,6	1,7
VF	Verkehrsfläche	730,50 m²	33,5	21,5
NRF	Netto-Raumfläche	2.971,20 m²	136,1	87,5
KGF	Konstruktions-Grundfläche	424,60 m²	19,4	12,5
BGF	Brutto-Grundfläche	3.395,80 m²	155,5	100,0

Brutto-Rauminhalt des Bauwerks		Menge Einheit	BRI/NUF (m)	BRI/BGF (m)
BRI	Brutto-Rauminhalt	12.617,30 m³	5,78	3,72

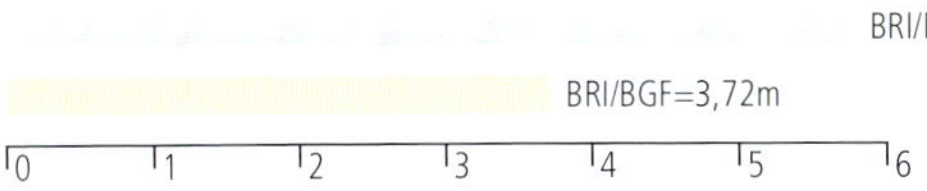

Kostenkennwerte für die Kostengruppen der 1. Ebene DIN 276

KG	Kostengruppen (1. Ebene)	Einheit	Kosten €	€/Einheit	€/m² BGF	€/m³ BRI	% 300+400
100	Grundstück	m² GF	–	–	–	–	–
200	Vorbereitende Maßnahmen	m² GF	–	–	–	–	–
300	Bauwerk – Baukonstruktionen	m² BGF	6.745.127	1.986,31	1.986,31	534,59	78,7
400	Bauwerk – Technische Anlagen	m² BGF	1.830.072	538,92	538,92	145,04	21,3
	Bauwerk 300+400	**m² BGF**	**8.575.199**	**2.525,24**	**2.525,24**	**679,64**	**100,0**
500	Außenanlagen und Freiflächen	m² AF	–	–	–	–	–
600	Ausstattung und Kunstwerke	m² BGF	–	–	–	–	–
700	Baunebenkosten	m² BGF	–	–	–	–	–
800	Finanzierung	m² BGF	–	–	–	–	–

KG	Kostengruppe	Menge Einheit	Kosten €	€/Einheit	%
3+4	**Bauwerk**				**100,0**
300	**Bauwerk – Baukonstruktionen**	3.395,80 m² BGF	6.745.127	**1.986,31**	78,7

Stb-Bodenplatte, Abdichtung, Dämmung, Estrich, tlw. als Sichtestrich, Industrieparkett, Linoleum, Bodenfliesen; sichtbare Holzrahmenwände, BSH-Stützen, Holzfenster, hinterlüftete Holzbekleidung; sichtbare Massivholzinnenwände, Stb-Innenwände, GK-Vorsatzschalen, Dämmung, Innentüren, WC-Trennwände; BSH-Träger, Massivholzdecken, unterseitig sichtbar, Schüttung, Stb-Treppen, Installationsschicht; Holz-Flachdachkonstruktion, Lichtkuppeln, Dämmung, Abdichtung, Dachentwässerung

KG	Kostengruppe	Menge Einheit	Kosten €	€/Einheit	%
400	**Bauwerk – Technische Anlagen**	3.395,80 m² BGF	1.830.072	**538,92**	21,3

Gebäudeentwässerung, Kaltwasserleitungen, Sanitärobjekte, Selbstschlussarmaturen, BHKW 15kW, Heizkessel 200kW, Heizkörper, dezentrale Lüftungsgeräte, elektrische Durchlauferhitzer; Elektroinstallation, Beleuchtung, Bewegungsmelder, Präsenzmelder, Sprachalarmierungsanlage, Netzwerkverkabelung; Aufzug

4200-0038
Ausbildungszentrum
Pflegeberufe
(12 Klassen)

Kostenkennwerte für die Kosten des Bauwerks (Kostengruppen 300+400 nach DIN 276)

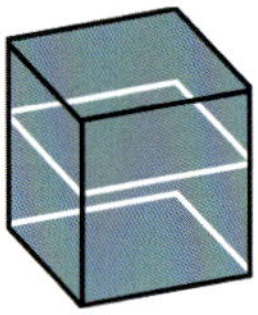

BRI 934 €/m³

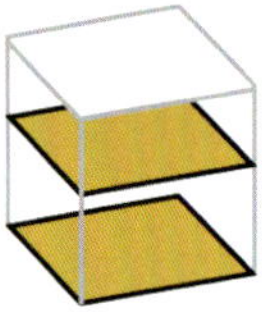

BGF 3.527 €/m²

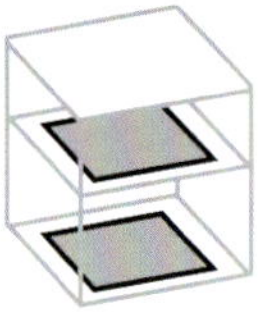

NUF 6.066 €/m²

Objekt:
Kennwerte: 1.Ebene DIN 276
BRI: 13.804 m³
BGF: 3.656 m²
NUF: 2.126 m²
Bauzeit: 78 Wochen
Bauende: 2020
Standard: hoch
Bundesland: Nordrhein-Westfalen
Kreis: Dortmund, Stadt

Architekt*in:
Köhler Architekten
Im Defdahl 188a
44141 Dortmund

Bauherr*in:
Canisius Campus
Dortmund gGmbH
Kirchderner Straße 45a
44141 Dortmund

© Köhler Architekten

© Köhler Architekten

© Köhler Architekten

© Köhler Architekten

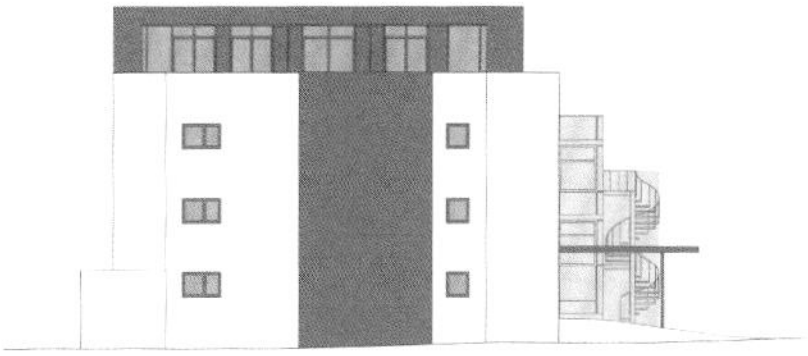

Ansicht Nord

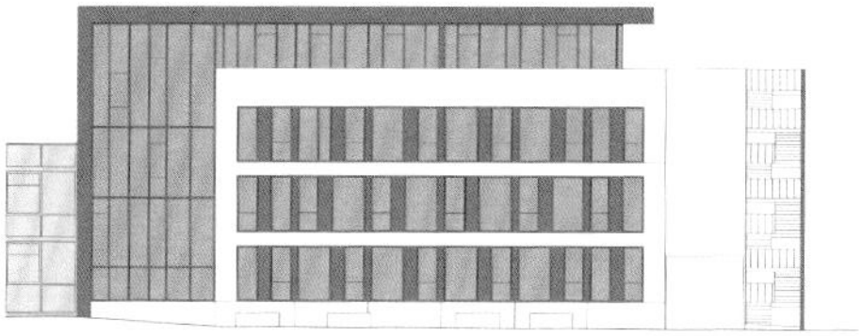

Ansicht Ost

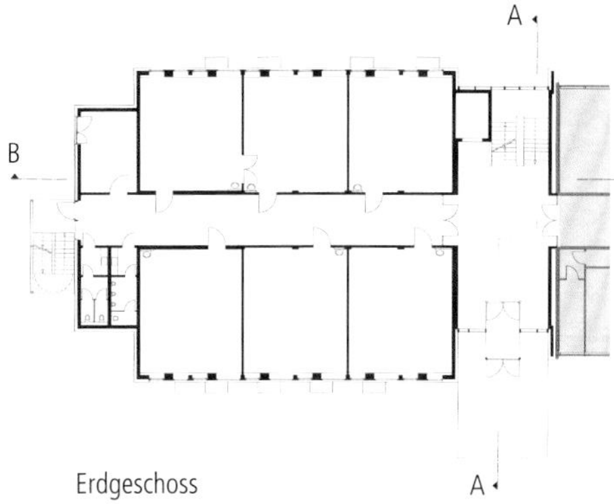

Erdgeschoss

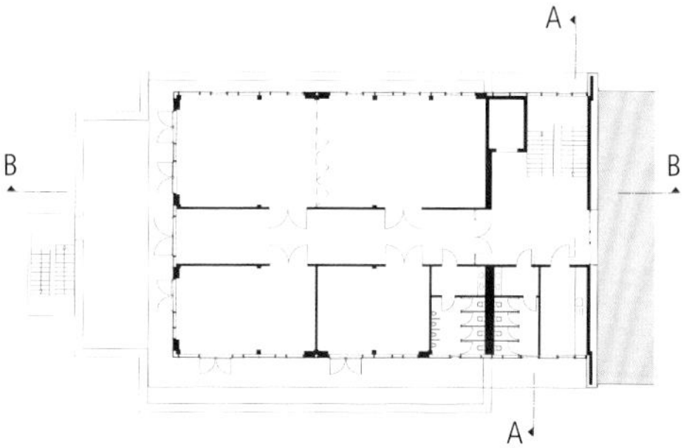

3. Obergeschoss

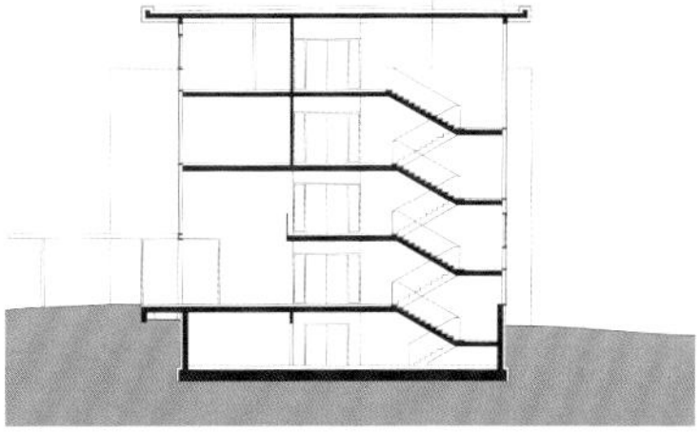

Schnitt A-A

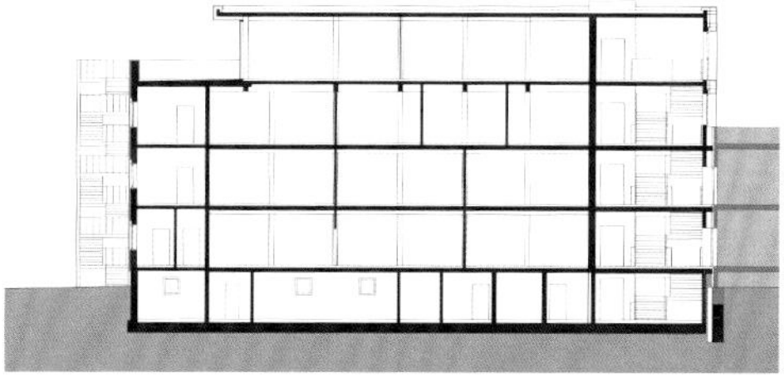

Schnitt B-B

Ansicht Süd

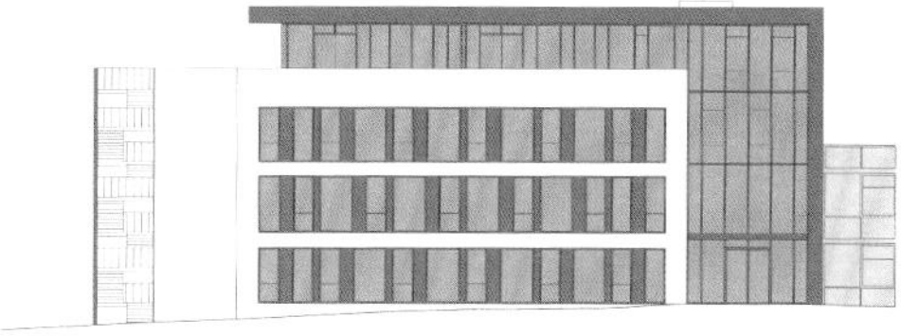

Ansicht West

Objektbeschreibung

Allgemeine Objektinformationen

Der viergeschossige Erweiterungsbau der Akademie für Gesundheitsberufe grenzt unmittelbar an das Bestandsgebäude. Im Hauptbaukörper befinden sich die Klassen- und Gruppenräume. Der Eingangsbereich sowie das lichtdurchflutete Staffelgeschoss sind gestalterisch mit einer Glasfassade abgesetzt. Diese Räume sind so ausgelegt, dass hier auch Zeugnisvergaben und Abschlussfeiern veranstaltet werden können. Die umlaufende Dachterrasse komplettiert das Angebot.

Nutzung

1 Untergeschoss
Technik, Archive, Bibliothek, Kopierraum, WCs, behindertengerechtes WC, RLT-Zentrale, Server, Treppenhaus, Flure, Aufzug

1 Erdgeschoss
Unterrichtsräume, Büro, WCs, Eingangsbereich, Treppenhäuser, Flure, Aufzug

2 Obergeschosse
Unterrichtsräume, Praxis-Simulationsräume, Leseraum, Büro, WCs, Treppenhäuser, Flure, Aufzug

1 Dachgeschoss
Unterrichtsräume, Teeküche, WCs, Treppenhäuser, Flure, Aufzug, Dachterrasse

Nutzeinheiten

Klassen: 12

Grundstück

Bauraum: Freier Bauraum
Neigung: Ebenes Gelände
Bodenklasse: BK 1 bis BK 3

Markt

Hauptvergabezeit: 2.Quartal 2019
Baubeginn: 2.Quartal 2019
Bauende: 4.Quartal 2020
Konjunkturelle Gesamtlage: Durchschnitt
Regionaler Baumarkt: Durchschnitt

Baukonstruktion

Das vollunterkellerte Gebäude wurde als Stahlbetonbau realisiert. Die Flurwände, Foyer und Treppenhaus sind in Sichtbetonoptik hergestellt. Als Fassadenkonstruktion wurde eine hinterlüftete Faserzementfassade gewählt. Es kamen bodentiefe Fenster mit Alurahmen zum Einbau. Die Alu-Pfosten-Riegelfassaden haben eine Sonnenschutzverglasung erhalten. Zudem dienen Alu-Lamellenraffstores der Verschattung. Die Decken bestehen aus Spannbeton-Hohldielen. Zur Geräuschminderung wurde der größte Teil der Decken mit abgehängten Quadratloch-Akustikelementen bekleidet. Das Stahlbeton-Flachdach verfügt über eine Gefälledämmung mit Bitumenabdichtung. Sämtliche Dachflächen sind extensiv begrünt. Foyer, Treppenhaus und Flurbereiche wurden mit hochwertigen Parkettböden ausgestattet. In den Klassen- und Gruppenräumen sind die Fußböden mit PVC und Nadelvlies belegt.

Technische Anlagen

Der Neubau ist technisch autark vom Bestand errichtet worden. Hauptenergieträger ist Gas. Die Klassen- und Gruppenräume sind mit dezentralen Lüftungsgeräten ausgestattet, die zusätzlich eine Heizfunktion haben. Sie sind in die Fassade integriert, jedoch nach außen mit einer lackierten Glasscheibe verblendet. Ein Personenaufzug wurde installiert. Für die Beleuchtung kam dimmbare LED-Lichttechnik zum Einsatz. Die Haussteuerung erfolgt über ein BUS-System. Im Staffelgeschoss wurde eine Aufbereitungsküche für Catering eingebaut.

Planungskennwerte für Flächen und Rauminhalte nach DIN 277

Flächen des Grundstücks		Menge Einheit	% an GF
BF	Bebaute Fläche	1.849,00 m²	29,2
UF	Unbebaute Fläche	4.479,00 m²	70,8
GF	Grundstücksfläche	6.328,00 m²	100,0

Grundflächen des Bauwerks		Menge Einheit	% an NUF	% an BGF
NUF	Nutzungsfläche	2.126,00 m²	100,0	58,2
TF	Technikfläche	197,00 m²	9,3	5,4
VF	Verkehrsfläche	854,00 m²	40,2	23,4
NRF	Netto-Raumfläche	3.177,00 m²	149,4	86,9
KGF	Konstruktions-Grundfläche	479,00 m²	22,5	13,1
BGF	Brutto-Grundfläche	3.656,00 m²	172,0	100,0

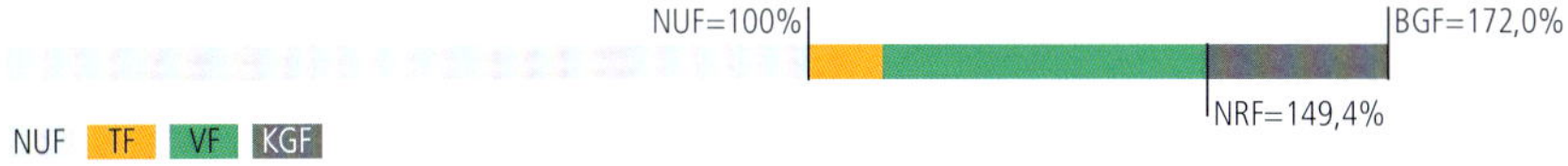

Brutto-Rauminhalt des Bauwerks		Menge Einheit	BRI/NUF (m)	BRI/BGF (m)
BRI	Brutto-Rauminhalt	13.804,00 m³	6,49	3,78

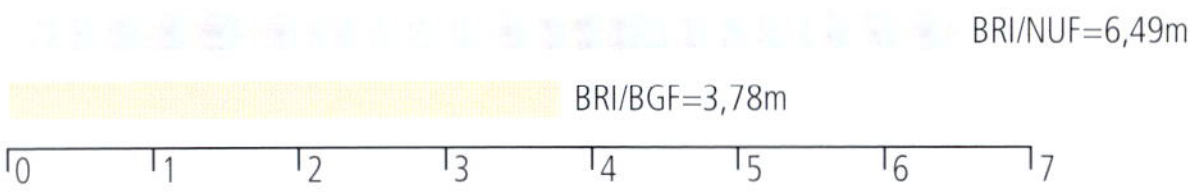

Kostenkennwerte für die Kostengruppen der 1. Ebene DIN 276

KG	Kostengruppen (1. Ebene)	Einheit	Kosten €	€/Einheit	€/m² BGF	€/m³ BRI	% 300+400
100	Grundstück	m² GF	–	–	–	–	–
200	Vorbereitende Maßnahmen	m² GF	49.598	7,84	13,57	3,59	0,4
300	Bauwerk – Baukonstruktionen	m² BGF	9.070.593	2.481,02	2.481,02	657,10	70,3
400	Bauwerk – Technische Anlagen	m² BGF	3.825.584	1.046,39	1.046,39	277,14	29,7
	Bauwerk 300+400	**m² BGF**	**12.896.177**	**3.527,40**	**3.527,40**	**934,23**	**100,0**
500	Außenanlagen und Freiflächen	m² AF	343.907	76,78	94,07	24,91	2,7
600	Ausstattung und Kunstwerke	m² BGF	–	–	–	–	–
700	Baunebenkosten	m² BGF	–	–	–	–	–
800	Finanzierung	m² BGF	–	–	–	–	–

KG	Kostengruppe	Menge Einheit	Kosten €	€/Einheit	%
200	**Vorbereitende Maßnahmen**	6.328,00 m² GF	49.598	**7,84**	0,4
	Abräumen von Pflanzenbewuchs, Abbruch von Fluchttreppe; Entsorgung, Deponiegebühren				
3+4	**Bauwerk**				**100,0**
300	**Bauwerk – Baukonstruktionen**	3.656,00 m² BGF	9.070.593	**2.481,02**	70,3
	Baugrubenaushub, Stb-Bodenplatte, Dämmung, Zementestrich, Bodenbeschichtung, PVC-Beläge; Stb-Wände, Sichtbetonqualität, KS-Wände, Alufenster, Sonnenschutzverglasung, hinterlüftete Faserzementfassade, Alu-Pfosten-Riegelfassade, Lamellenraffstores, außenliegende Stahl-Fluchttreppe; Stb-Innenwände, KS-Wände, Trockenbauwände, Holztüren/Zargen, Alu-Glas-Brandschutztüren, PU-Wandbeschichtung, mobile Trennwände; Spannbeton-Hohldielendecken, Stb-Treppen, Estrich, Parkett, Nadelvlies, PVC-Beläge, Quadratloch-Akustikdecken, Stb-Treppengeländer, Glasbrüstungen, Stahlhandläufe, Vordach; Stb-Flachdach, Gefälledämmung, Bitumenabdichtung, Dachbegrünung, Dachterrassen Betonwerkstein; HPL-Einbauschränke; Unterfangungen Altbau				
400	**Bauwerk – Technische Anlagen**	3.656,00 m² BGF	3.825.584	**1.046,39**	29,7
	Gebäudeentwässerung, Kaltwasserleitungen, dezentrale Warmwasserbereitung, Sanitärobjekte; Plattenheizkörper; dezentrale Lüftungsgeräte mit Heizfunktion; Elektroinstallation, Bussystem, LED-Beleuchtung, Blitzschutz, Brandmeldeanlage, WLAN-Acces-Points; Aufbereitungsküche				
500	**Außenanlagen und Freiflächen**	4.479,00 m² AF	343.907	**76,78**	2,7
	Bodenarbeiten, Pflasterbeläge, Rasengittersteine; Doppelstabmattenzaun; Oberbodenarbeiten, Rasenflächen; Mastleuchten; Sichtbeton-Sitzbänke, Mülleimer				

4200-0040
Bildungszentrum
(5 Klassen)
(115 Schüler)

Kostenkennwerte für die Kosten des Bauwerks (Kostengruppen 300+400 nach DIN 276)

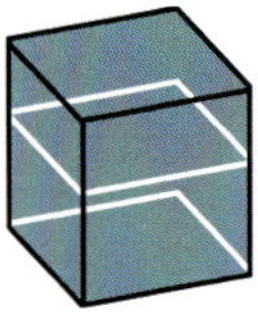

BRI 725 €/m³

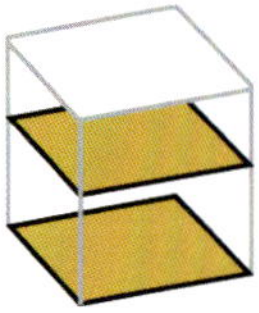

BGF 3.272 €/m²

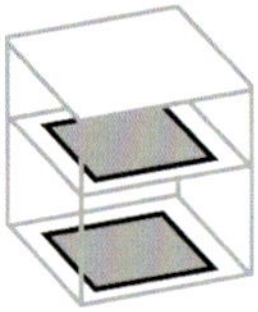

NUF 6.721 €/m²

Objekt:
Kennwerte: 1.Ebene DIN 276
BRI: 5.768 m³
BGF: 1.278 m²
NUF: 622 m²
Bauzeit: 48 Wochen
Bauende: 2020
Standard: mittel
Bundesland: Schleswig-Holstein
Kreis: Neumünster, Stadt

Architekt*in:
Planungsring
Mumm + Partner GbR
Krim 2
24896 Treia

Bauherr*in:
Friedrich-Ebert-Krankenhaus
Neumünster GmbH
Friesenstraße 11
24534 Neumünster

Ansicht Nord-West

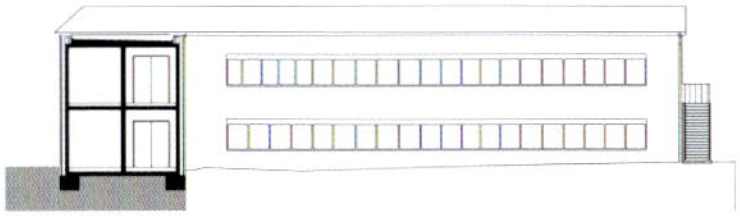

Ansicht Nord-Ost

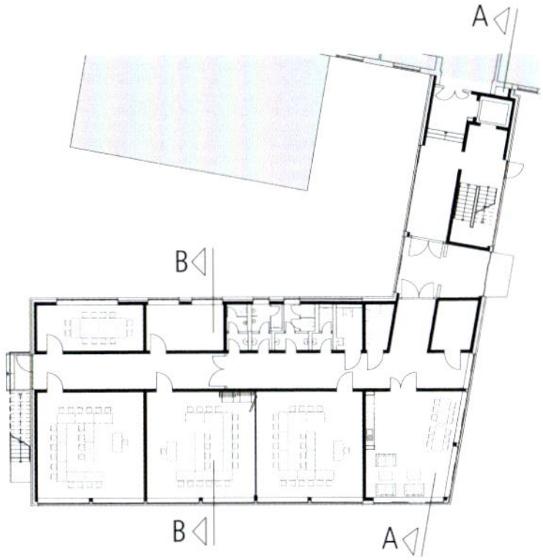

Erdgeschoss

Obergeschoss

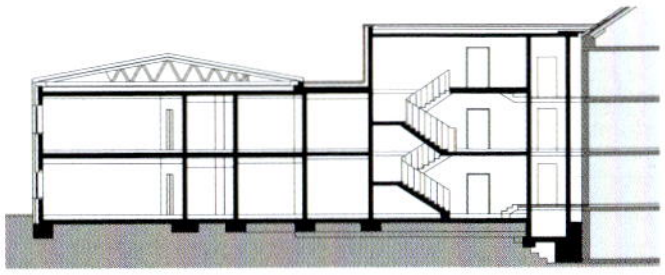

Schnitt A-A

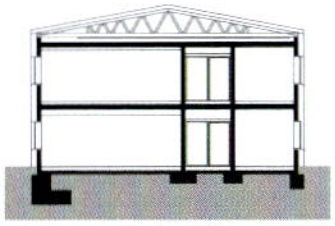

Schnitt B-B

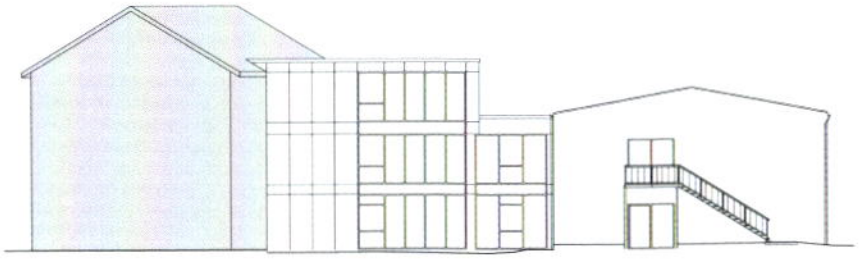

Ansicht Süd-Ost

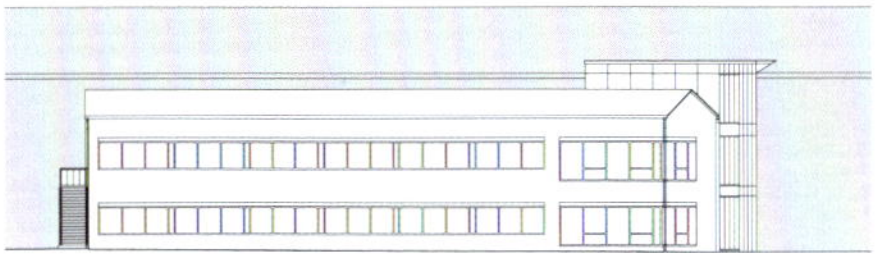

Ansicht Nord-Ost

Objektbeschreibung

Allgemeine Objektinformationen

Der Neubau besteht aus einem zweigeschossigen Baukörper mit geneigtem Satteldach, der durch den dreigeschossigen Zwischenbau mit dem Bestandsgebäude verbunden wird. Die Unterrichtsräume im Neubau befinden sich im Erd- und Obergeschoss. Die Unterrichts- und Aufenthaltsräume liegen zur Straßenseite und die Gruppenarbeitsräume, WCs, Büro-, Technik- und Lagerräume zum Innenhof.

Nutzung

1 Erdgeschoss
Windfang, Unterrichtsräume, Aufenthaltsraum, Gruppenarbeitsraum, WCs, Lager, Technik

2 Obergeschosse
Unterrichtsräume, Büro, Prüfungsraum, WCs, Lager

Nutzeinheiten

Klassen: 5
Schüler: 115

Grundstück

Bauraum: Beengter Bauraum
Neigung: Ebenes Gelände
Bodenklasse: BK 1

Markt

Hauptvergabezeit: 4. Quartal 2019
Baubeginn: 1. Quartal 2020
Bauende: 4. Quartal 2020
Konjunkturelle Gesamtlage: Durchschnitt
Regionaler Baumarkt: Durchschnitt

Baukonstruktion

Der Neubau ist in seiner tragenden Struktur als Massivbau errichtet worden. Die Fassaden wurden in Anlehnung an den Bestand mit Verblendmauerwerk ausgeführt, wobei der Zwischenbau mit Faserzement bekleidet wurde. Die Kunststofffenster und eine Alu-Pfostenriegel-Fassade bringen viel Licht ins Gebäude. Der Innenausbau erfolgte durch Montagewände in Ständerbauweise. Das Dach wurde als Satteldach mit Außenentwässerung realisiert, der Zwischenbau erhielt ein massives Stahlbetonflachdach.

Technische Anlagen

Die Gebäudeheizung und Warmwasseraufbereitung erfolgt zentral über das öffentliche Fernwärmenetz, die Wasserversorgung sowie die Entsorgung der Abwässer und des Regenwassers über das vorhandene Trennsystem. Es ist ein Aufzug im Übergang zwischen Bestand und Neubau vorhanden. Es wurden eine Klimasplitt-Anlage sowie Einzelraumlüfter eingebaut.

Energetische Kennwerte

Gesetzliche Grundlage: EnEV 2013
Gebäudenutzfläche: 537,50 m^2
Gebäudevolumen: 4.625,07 m^3
Hüllfläche des beheizten Volumens: 2.221,58 m^2
Mittlerer U-Wert (opake Bauteile): 0,17 W/(m^2·K)
Mittlerer U-Wert (transparente Bauteile): 0,93 W/(m^2·K)
Transmissionswärmeverlust H_T: 589,00 kWh/a
Spez. Jahresprimärenergiebedarf: 11,50 kWh/(m^2·a)

Energetische Angaben zu Außenbauteilen

Bodenplatte

U-Wert: 0,24 W/(m²·K)

Gesamtdicke: 40,00 cm	d[cm]	λ[W/(m·K)]
Estrich	6,00	1,400
Dämmung	2,00	0,045
Dämmung	12,00	0,035
Stahlbeton	20,00	2,100

Außenwand

U-Wert: 0,18 W/(m²·K)

Gesamtdicke: 51,50 cm	d[cm]	λ[W/(m·K)]
Kalksandstein	20,00	1,100
Dämmung	18,00	0,035
Mörtel	2,00	1,600
Klinker	11,50	0,810

Decke gegen Außenluft oben

U-Wert: 0,17 W/(m²·K)

Gesamtdicke: 40,00 cm	d[cm]	λ[W/(m·K)]
Stahlbeton	20,00	2,100
Dämmung	20,00	0,035

Flachdach

U-Wert: 0,17 W/(m²·K)

Gesamtdicke: 40,00 cm	d[cm]	λ[W/(m·K)]
Stahlbeton	20,00	2,100
Dämmung	20,00	0,035

Planungskennwerte für Flächen und Rauminhalte nach DIN 277

Flächen des Grundstücks		Menge Einheit	% an GF
BF	Bebaute Fläche	22.176,24 m²	35,1
UF	Unbebaute Fläche	40.942,76 m²	64,9
GF	Grundstücksfläche	63.119,00 m²	100,0

Grundflächen des Bauwerks		Menge Einheit	% an NUF	% an BGF
NUF	Nutzungsfläche	622,24 m²	100,0	48,7
TF	Technikfläche	6,06 m²	1,0	0,5
VF	Verkehrsfläche	501,58 m²	80,6	39,2
NRF	Netto-Raumfläche	1.129,88 m²	181,6	88,4
KGF	Konstruktions-Grundfläche	148,11 m²	23,8	11,6
BGF	Brutto-Grundfläche	1.277,99 m²	205,4	100,0

Brutto-Rauminhalt des Bauwerks		Menge Einheit	BRI/NUF (m)	BRI/BGF (m)
BRI	Brutto-Rauminhalt	5.768,47 m³	9,27	4,51

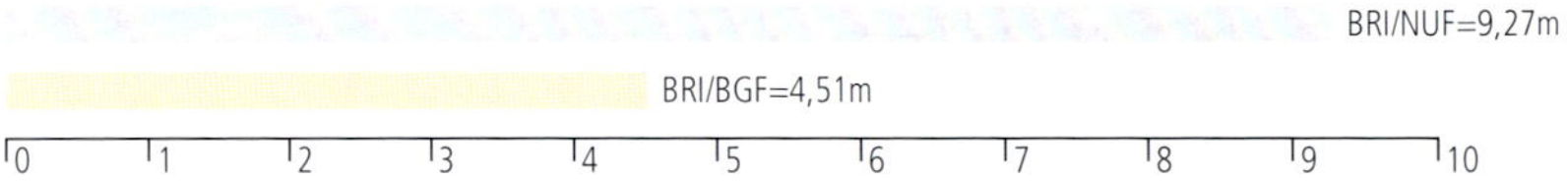

Kostenkennwerte für die Kostengruppen der 1.Ebene DIN 276

KG	Kostengruppen (1.Ebene)	Einheit	Kosten €	€/Einheit	€/m² BGF	€/m³ BRI	% 300+400
100	Grundstück	m² GF	–	–	–	–	–
200	Vorbereitende Maßnahmen	m² GF	–	–	–	–	–
300	Bauwerk – Baukonstruktionen	m² BGF	3.366.931	2.634,55	2.634,55	583,68	80,5
400	Bauwerk – Technische Anlagen	m² BGF	814.942	637,68	637,68	141,28	19,5
	Bauwerk 300+400	**m² BGF**	**4.181.873**	**3.272,23**	**3.272,23**	**724,95**	**100,0**
500	Außenanlagen und Freiflächen	m² AF	–	–	–	–	–
600	Ausstattung und Kunstwerke	m² BGF	–	–	–	–	–
700	Baunebenkosten	m² BGF	–	–	–	–	–
800	Finanzierung	m² BGF	–	–	–	–	–

KG	Kostengruppe	Menge Einheit	Kosten €	€/Einheit	%
3+4	**Bauwerk**				**100,0**
300	**Bauwerk – Baukonstruktionen**	1.277,99 m² BGF	3.366.931	**2.634,55**	80,5

Baugrubenaushub; teilw. Tieferführung der Fundamente bis auf tragfähigen Baugrund und Höhe der Bestandsfundamente, Stb-Fundamente, Stb-Bodenplatte, Estrich, PVC-Belag, Betonwerkstein, Bodenfliesen, Abdichtung, Sauberkeitsschicht, Dämmung; Stb-Wände, Mauerwerkswände, Stb-Stützen, Aluminium-Türen, Kunststofffenster, Alu-Pfosten-Riegelfassade, Wärmedämmung, Ziegelfassade, Faserzementfassade, teilw. außenliegende Metalllamellen-Raffstore; Innenmauerwerk, GK-Wände, Stahl-Glas-Wände, Wandfliesen, WC-Trennwände; Stb-Decken, Stb-Treppen, Sichtbeton, Stahltreppen, Estrich, PVC-Belag, Betonwerkstein, Bodenfliesen, abgehängte GK-Decken, teilw. Schallschutzdecken, Stahl-Treppengeländer; Stb-Dach, Brettbinder-Holzdach, Dämmung, Dachziegel, Abdichtung, Attika, Entwässerung, abgehängte GK-Decke, teilw. Schallschutzdecke

KG	Kostengruppe	Menge Einheit	Kosten €	€/Einheit	%
400	**Bauwerk – Technische Anlagen**	1.277,99 m² BGF	814.942	**637,68**	19,5

Gebäudeentwässerung, Kalt- und Warmwasserleitungen, Sanitärobjekte; Fernwärmeversorgung, Plattenheizkörper; Einzelraumlüfter, Klimasplitanlage, RWA-Anlage; Elektroinstallation, Beleuchtung, Blitzschutzanlage; Rauchmelder, Feuerlöscher; Personenaufzug

4500-0019
Tagungsgebäude
(40 Sitzplätze)

Kostenkennwerte für die Kosten des Bauwerks (Kostengruppen 300+400 nach DIN 276)

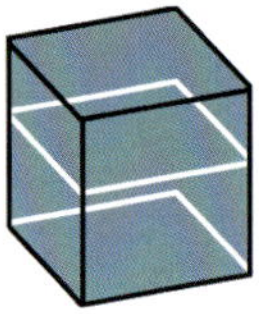

BRI 607 €/m³

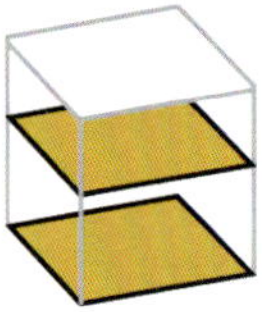

BGF 2.788 €/m²

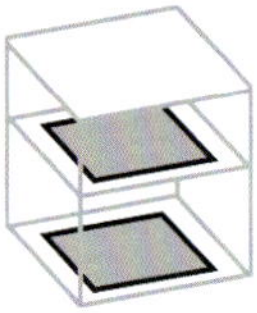

NUF 4.031 €/m²

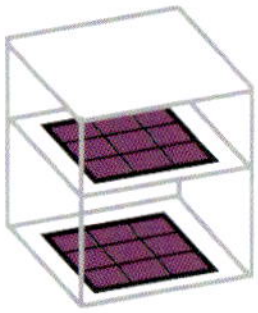

NE 16.073 €/NE

NE: Sitzplätze

Objekt:
Kennwerte: 1. Ebene DIN 276
BRI: 1.058 m³
BGF: 231 m²
NUF: 159 m²
Bauzeit: 48 Wochen
Bauende: 2020
Standard: mittel
Bundesland: Mecklenburg-Vorpommern
Kreis: Rostock

Architekt*in:
Kruse Architekten
Hafenstraße 7
18273 Güstrow

Bauherr*in:
Landessportbund
M-V E.V.
Wittenburger Straße 116
19059 Schwerin

© k. A.

© k. A.

© k. A.

© k. A.

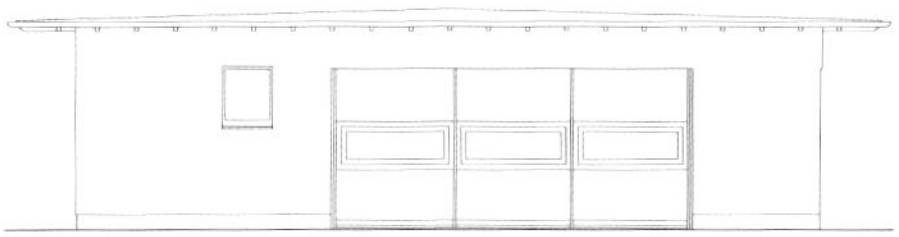

Ansicht Nord

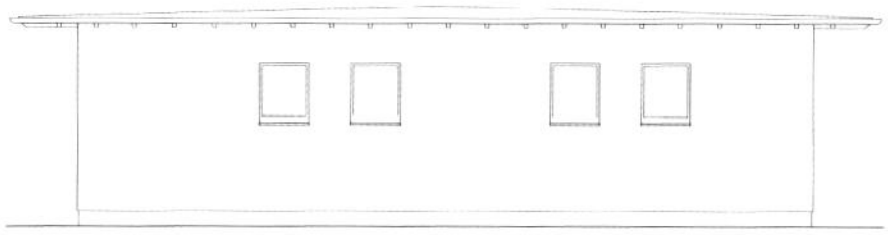

Ansicht Ost

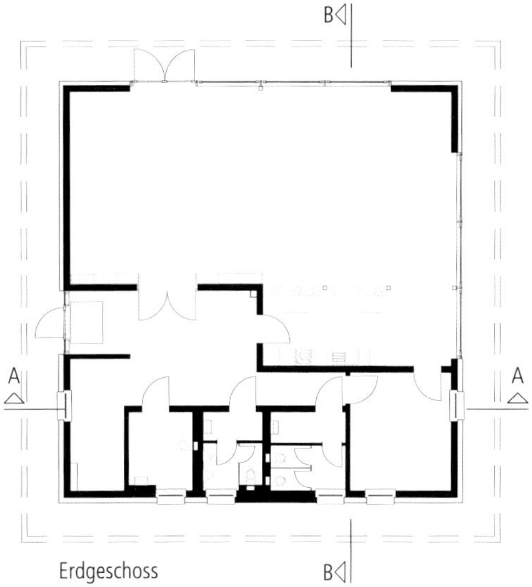

Erdgeschoss

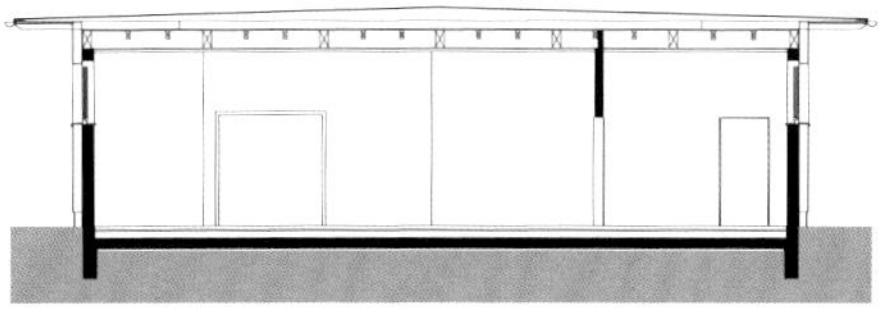

Schnitt A-A

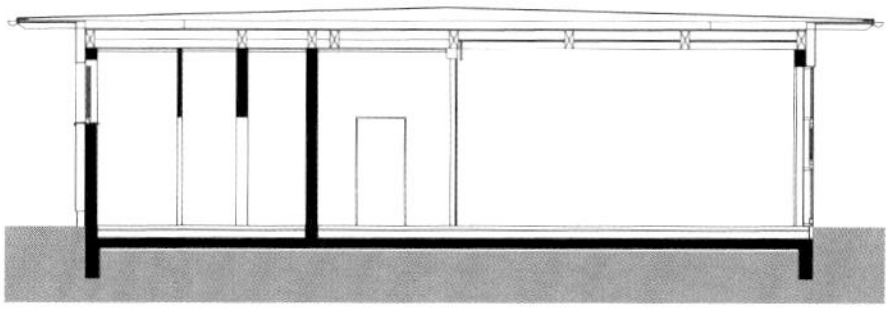

Schnitt B-B

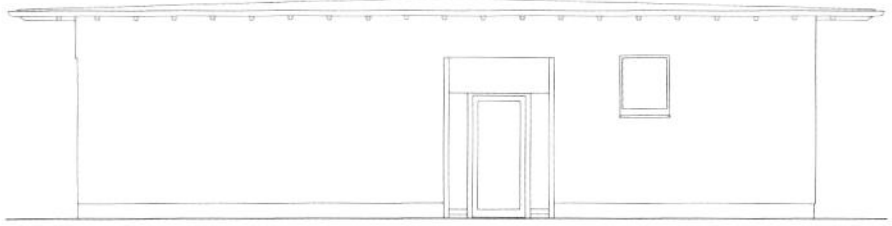

Ansicht Süd

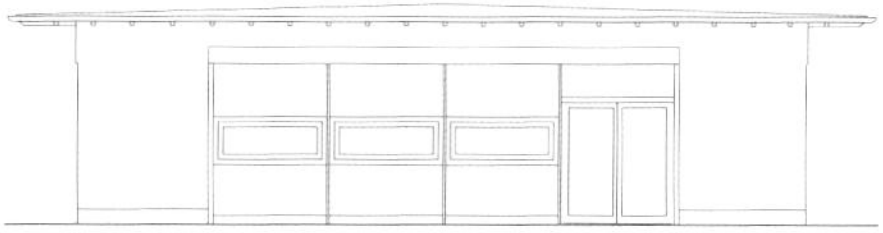

Ansicht West

Objektbeschreibung

Allgemeine Objektinformationen

Das neue Tagungsgebäude ergänzt den vorhandenen Gebäudebestand an einer Sportschule. Es dient sowohl Seminar- und Unterrichtszwecken als auch der Begegnung und dem Aufenthalt während der mehrtägigen Lehrgänge.

Nutzung

1 Erdgeschoss
Foyer mit Garderobe, Schulungsraum, Ausgabeküche, WCs, Abstellraum

Nutzeinheiten

Sitzplätze: 40

Grundstück

Bauraum: Freier Bauraum
Neigung: Ebenes Gelände
Bodenklasse: BK 3 bis BK 4

Markt

Hauptvergabezeit: 1.Quartal 2019
Baubeginn: 1.Quartal 2019
Bauende: 1.Quartal 2020
Konjunkturelle Gesamtlage: Durchschnitt
Regionaler Baumarkt: unter Durchschnitt

Baukonstruktion

Der Neubau ist in Massivbauweise errichtet. Die Wände bestehen aus Kalksandsteinmauerwerk und sind auf einer Stahlbeton-Fundamentplatte gegründet. Das Dachtragwerk besteht aus einem Holzbalkenrost mit Haupt- und Querträgern. Darauf ist eine Aufsparrendämmung auf Schalung verlegt. Die großflächigen Alu-Glas-Elemente, welche durch Raffstoreanlagen vor unerwünschter Sonneneinwirkung geschützt werden, öffnen das Gebäude in Richtung des Sportplatzes.

Technische Anlagen

Das Gebäude wurde fernwärme-, wasser- und stromtechnisch an die bestehende Anlage des benachbarten Hauptgebäudes angeschlossen. Als Heizkörper kamen Röhrenradiatoren und im Schulungsraum Konvektoren zum Einsatz.

Energetische Kennwerte

Gesetzliche Grundlage: EnEV 2013
Gebäudenutzfläche: 207,00 m^2
Hüllfläche des beheizten Volumens: 685,50 m^2
Spez. Transmissionswärmeverlust: 0,26 W/(m^2·K)
Transmissionswärmeverlust H_T: 159,60 kWh/a
Spez. Jahresprimärenergiebedarf: 132,60 kWh/(m^2·a)
Spez. Jahresendenergiebedarf: 143,00 kWh/(m^2·a)

Energetische Angaben zu Außenbauteilen

Bodenplatte

U-Wert: 0,21 W/(m²·K)

Gesamtdicke: 49,40 cm	d [cm]	λ [W/(m·K)]
Fliesen	1,50	1,000
Estrich	6,50	1,400
Trittschalldämmung	4,00	0,045
Dämmung EPS	12,00	0,035
Bitumenbahn	0,40	0,170
Stahlbeton	20,00	2,500
Sauberkeitsschicht	5,00	2,100

Außenwand

U-Wert: 0,18 W/(m²·K)

Gesamtdicke: 38,50 cm	d [cm]	λ [W/(m·K)]
Innenputz	1,50	1,000
Kalksandstein	17,50	1,100
Dämmung MW	18,00	0,035
Dämmputz	1,50	0,100

Dach

U-Wert: 0,13 W/(m²·K)

Gesamtdicke: 29,40 cm	d [cm]	λ [W/(m·K)]
OSB-Platte	2,20	0,130
Bitumenanstrich	0,30	0,700
Dämmung EPS	16,00	0,035
Dämmung EPS	10,00	0,035
Bitumenbahn	0,40	0,230
Bitumenbahn	0,50	0,170

Planungskennwerte für Flächen und Rauminhalte nach DIN 277

Flächen des Grundstücks		Menge Einheit	% an GF
BF	Bebaute Fläche	230,58 m²	–
UF	Unbebaute Fläche	–	–
GF	Grundstücksfläche	–	–

Grundflächen des Bauwerks		Menge Einheit	% an NUF	% an BGF
NUF	Nutzungsfläche	159,48 m²	100,0	69,2
TF	Technikfläche	–	–	–
VF	Verkehrsfläche	38,95 m²	24,4	16,9
NRF	Netto-Raumfläche	198,43 m²	124,4	86,1
KGF	Konstruktions-Grundfläche	32,15 m²	20,2	13,9
BGF	Brutto-Grundfläche	230,58 m²	144,6	100,0

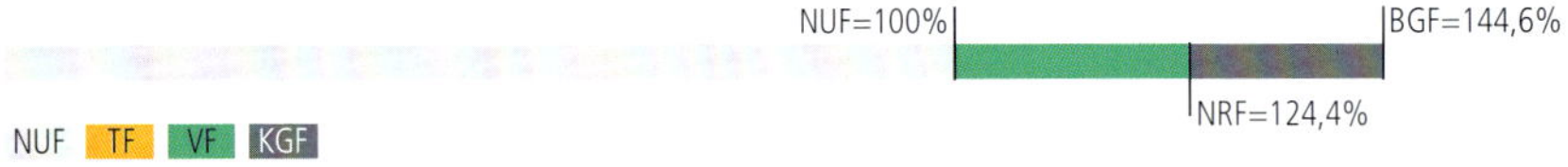

Brutto-Rauminhalt des Bauwerks		Menge Einheit	BRI/NUF (m)	BRI/BGF (m)
BRI	Brutto-Rauminhalt	1.058,37 m³	6,64	4,59

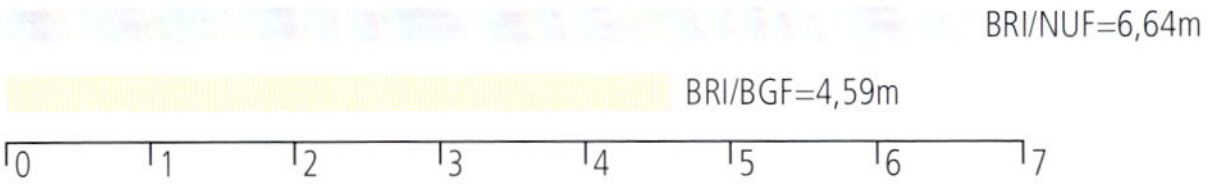

Kostenkennwerte für die Kostengruppen der 1.Ebene DIN 276

KG	Kostengruppen (1.Ebene)	Einheit	Kosten €	€/Einheit	€/m² BGF	€/m³ BRI	% 300+400
100	Grundstück	m² GF	–	–	–	–	–
200	Vorbereitende Maßnahmen	m² GF	–	–	–	–	–
300	Bauwerk – Baukonstruktionen	m² BGF	502.439	2.179,02	2.179,02	474,73	78,2
400	Bauwerk – Technische Anlagen	m² BGF	140.470	609,20	609,20	132,72	21,8
	Bauwerk 300+400	**m² BGF**	**642.909**	**2.788,22**	**2.788,22**	**607,45**	**100,0**
500	Außenanlagen und Freiflächen	m² AF	183.675	–	796,58	173,55	28,6
600	Ausstattung und Kunstwerke	m² BGF	92.394	400,70	400,70	87,30	14,4
700	Baunebenkosten	m² BGF	–	–	–	–	–
800	Finanzierung	m² BGF	–	–	–	–	–

KG	Kostengruppe	Menge Einheit	Kosten €	€/Einheit	%
3+4	**Bauwerk**				**100,0**
300	**Bauwerk – Baukonstruktionen**	230,58 m² BGF	502.439	**2.179,02**	78,2
	Bodenaustausch, Stb-Fundamentplatte, Abdichtung, Dämmung, Estrich, Vinylbeläge, Bodenfliesen; KS-Mauerwerk, Alufenster, Alu-Eingangstüre, WDVS, Kalkzement-Innenputz, Malervlies, Beschichtung; KS-Innenwände, GK-Wände, Holztüren, Wandfliesen, Malervlies, Beschichtung; Holzbalken-Dach, Schalung, EPS-Gefälledämmung, Bitumenabdichtung, Akustikdecke, GK-Decke, Dachentwässerung				
400	**Bauwerk – Technische Anlagen**	230,58 m² BGF	140.470	**609,20**	21,8
	Gebäudeentwässerung, Kalt- und Warmwasserleitungen, Sanitärobjekte; Anschluss an bestehende Heizanlage, Heizleitungen, Stahlröhrenradiatoren, Konvektoren; Elektroinstallation, LED-Beleuchtung, Datenverkabelung, Blitzschutzanlage				
500	**Außenanlagen und Freiflächen**	–	183.675	**–**	28,6
	Plattenbeläge für Wege; für Terrassen				
600	**Ausstattung und Kunstwerke**	230,58 m² BGF	92.394	**400,70**	14,4
	Möblierung für Schulungsraum, Medientechnik				

4500-0021
Bildungsgebäude
Sportcampus

Kostenkennwerte für die Kosten des Bauwerks (Kostengruppen 300+400 nach DIN 276)

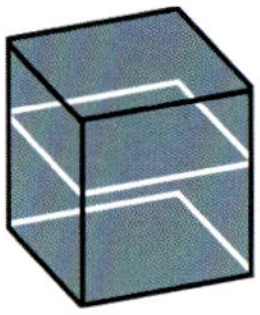

BRI 932 €/m³

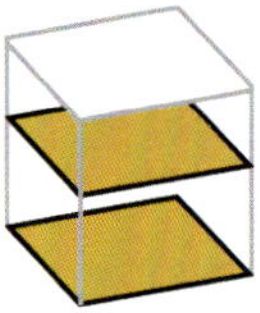

BGF 2.779 €/m²

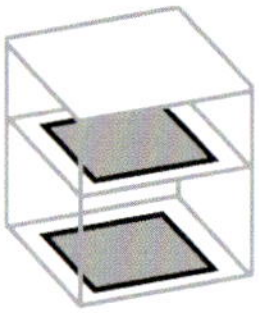

NUF 4.054 €/m²

Objekt:
Kennwerte: 1. Ebene DIN 276
BRI: 5.991 m³
BGF: 2.010 m²
NUF: 1.378 m²
Bauzeit: 104 Wochen
Bauende: 2023
Standard: mittel
Bundesland: Hessen
Kreis: Bergstraße

Architekt*in:
prosa Architektur
+ Stadtplanung BDA
Schleiermacherstraße 8
64283 Darmstadt

Bauherr*in:
Magistrat der
Stadt Bürstadt
Rathausstraße 2
68642 Bürstadt

Zeichnungen

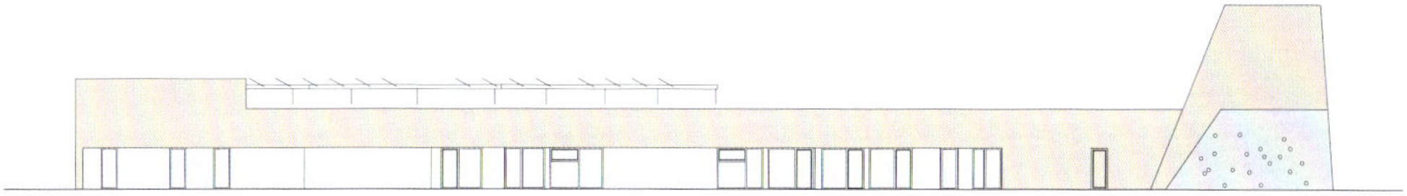

Ansicht Süd

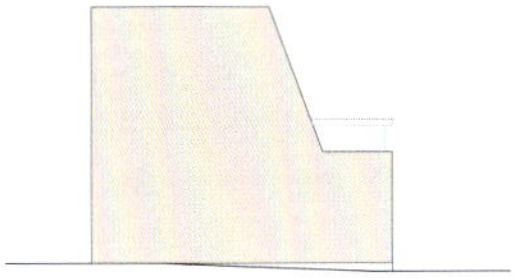

Ansicht Ost

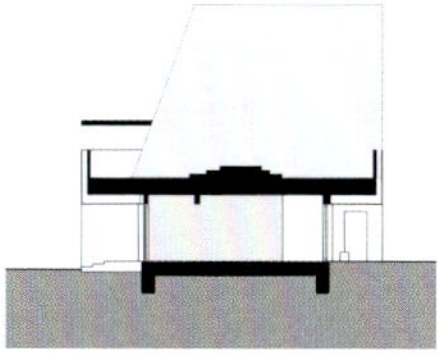

Querschnitt

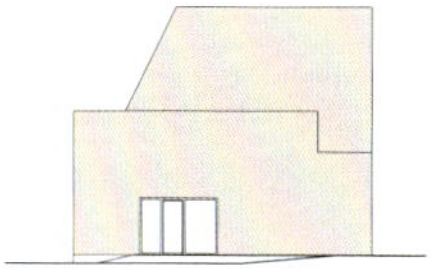

Ansicht West

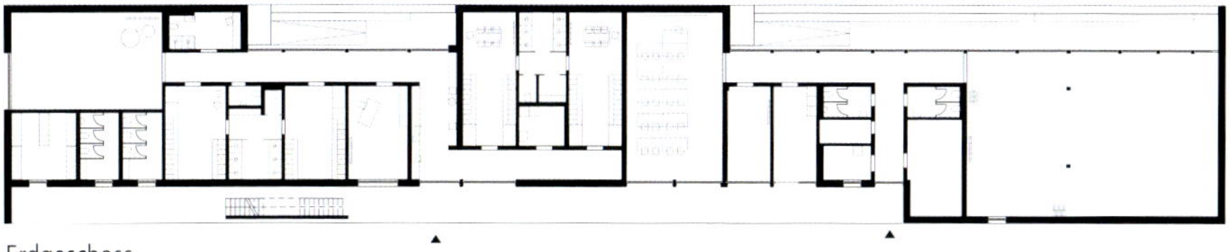

Erdgeschoss

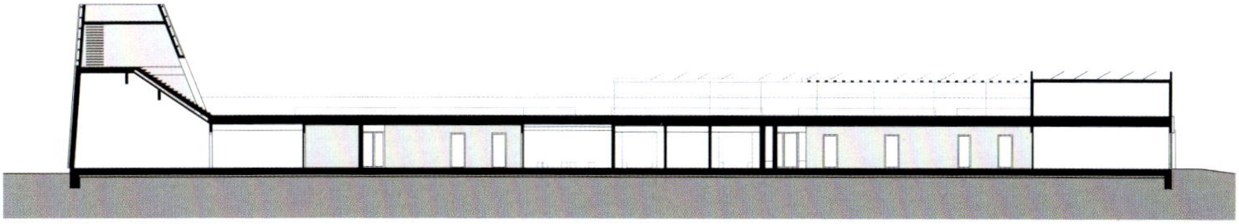

Längsschnitt

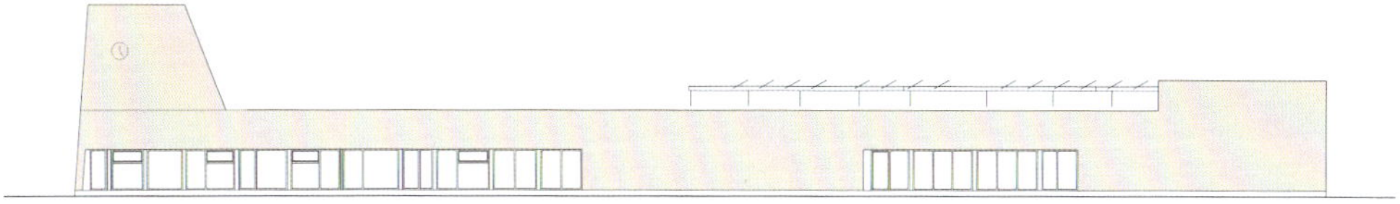

Ansicht Nord

Objektbeschreibung

Allgemeine Objektinformationen

Das Sport- und Bildungsgebäude hat eine vielfältiges Raumprogramm und dient als Versammlungsort, Aufenthaltsbereich und Rückzugsort. Das Gebäude ist zu allen Richtungen geöffnet. Basis ist der Funktionsbereich mit Umkleiden, S anitär- und Duschbereichen für insgesamt vier Sportmannschaften. Daneben werden Seminar- und interne Sportflächen angeboten. Hier finden Tagesbetreuung, Sportbildung und Seminare statt. Große Besprechungsräume und eine kleine Halle bieten variable Nutzungsmöglichkeiten. Der markante Turmbereich formt einen hohen Turnraum im Erdgeschoss und ermöglicht von oben den Überblick über alle Sportflächen. Die Terrasse auf dem Dach ist für Zuschauer nutzbar.

Nutzung

1 Erdgeschoss
Besprechungsraum, Seminarraum, Fitnessraum, Bewegungsraum, Ruheraum, Vereinsraum Jugendförderung, Teeküche, WCs, Duschen, Umkleiden, Lager, Abstellraum, Technikräume

1 Dachgeschoss
Dachterrassen, Zugang Turm, Technikraum, Pergola mit PV-Anlage

Grundstück

Bauraum: Freier Bauraum
Neigung: Ebenes Gelände
Bodenklasse: BK 2 bis BK 3

Markt

Hauptvergabezeit: 4. Quartal 2021
Baubeginn: 3. Quartal 2021
Bauende: 3. Quartal 2023
Konjunkturelle Gesamtlage: über Durchschnitt
Regionaler Baumarkt: Durchschnitt

Besonderer Kosteneinfluss Markt
Hochpreislage durch Vergabe zwischen Corona und Ukrainekrise

Baukonstruktion

Die Bodenplatte ist aus recyceltem Beton hergestellt. Alle tragenden und aussteifenden Bauteile sind aus Brettsperrholz gefertigt. Vor den tragenden Außenwänden wurde eine hinterlüftete, komplett unbehandelte Holzschindelfassade ausgeführt. Die optimierte thermische Hülle mit Einblasdämmung aus recyceltem Altpapier sorgt für minimalen Wärmeverlust. Die Holzfenster sind mit einer Dreifachverglasung ausgestattet. Im Innern verläuft zentral eine massive Stampflehmwand. Sie wirkt als thermischer Klimapuffer. Temporäre Überhitzung und Auskühlung kann ohne den Einsatz von Technik verhindert werden. Die Bauteile sind größtenteils ohne Klebe- und Verbundmittel montiert, sodass eine reversible Konstruktion entstanden ist.

Technische Anlagen

Das Gebäude ist an das Nahwärmenetz angebunden und verteilt die Heizwärme über Fußbodenheizung. Die Nutzung intensiv genutzter Umkleide- und Duschbereiche erfordern den Einsatz von Lüftungstechnik. Es wird darauf geachtet, dass der entsprechend notwendige Energiebedarf vom Gebäude selbst erzeugt wird. Eine hocheffiziente Wärmerückgewinnung minimiert die Lüftungswärmeverluste. Der zum Betrieb nötige Strom für Wärmepumpe und sonstigen Betriebsstrom wird über eine große Photovoltaikanlage erzeugt. Überschüssige Erträge werden in ein Arealstromnetz eingespeist, das weitere Nutzer auf dem Sportcampus versorgt.

Sonstiges

Das Gebäude ist nach einem anspruchsvollen energetischen Konzept entwickelt und langfristig komplett klimaneutral.

Energetische Kennwerte

Gesetzliche Grundlage: EnEV 2013
Spez. Jahresprimärenergiebedarf: 145,60 kWh/(m^2·a)
CO_2-Emissionen: 47,50 kg/(m^2·a)

Planungskennwerte für Flächen und Rauminhalte nach DIN 277

Flächen des Grundstücks		Menge Einheit	% an GF
BF	Bebaute Fläche	890,00 m²	8,5
UF	Unbebaute Fläche	9.610,00 m²	91,5
GF	Grundstücksfläche	10.500,00 m²	100,0

Grundflächen des Bauwerks		Menge Einheit	% an NUF	% an BGF
NUF	Nutzungsfläche	1.377,98 m²	100,0	68,6
TF	Technikfläche	120,19 m²	8,7	6,0
VF	Verkehrsfläche	147,05 m²	10,7	7,3
NRF	Netto-Raumfläche	1.645,22 m²	119,4	81,9
KGF	Konstruktions-Grundfläche	364,76 m²	26,5	18,1
BGF	Brutto-Grundfläche	2.009,98 m²	145,9	100,0

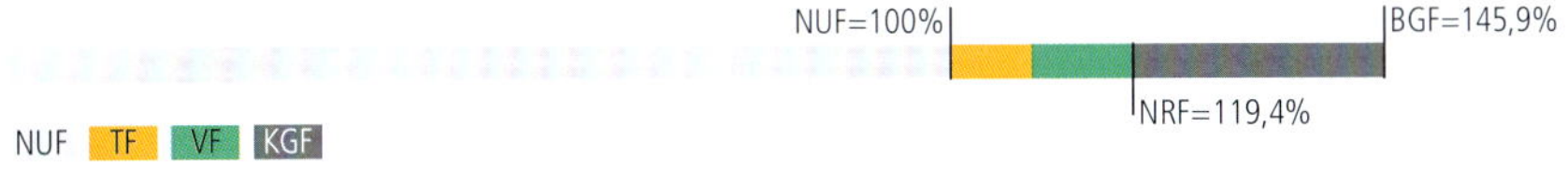

Brutto-Rauminhalt des Bauwerks		Menge Einheit	BRI/NUF (m)	BRI/BGF (m)
BRI	Brutto-Rauminhalt	5.991,40 m³	4,35	2,98

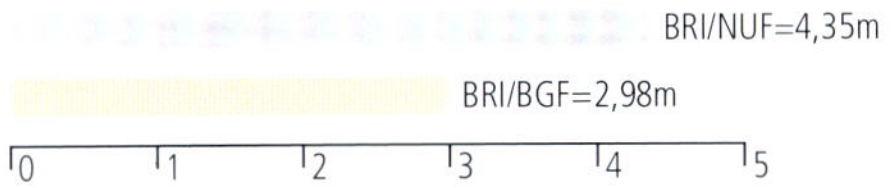

Kostenkennwerte für die Kostengruppen der 1. Ebene DIN 276

KG	Kostengruppen (1. Ebene)	Einheit	Kosten €	€/Einheit	€/m² BGF	€/m³ BRI	% 300+400
100	Grundstück	m² GF	–	–	–	–	–
200	Vorbereitende Maßnahmen	m² GF	–	–	–	–	–
300	Bauwerk – Baukonstruktionen	m² BGF	4.421.800	2.199,92	2.199,92	738,02	79,2
400	Bauwerk – Technische Anlagen	m² BGF	1.164.342	579,28	579,28	194,34	20,8
	Bauwerk 300+400	**m² BGF**	**5.586.142**	**2.779,20**	**2.779,20**	**932,36**	**100,0**
500	Außenanlagen und Freiflächen	m² AF	–	–	–	–	–
600	Ausstattung und Kunstwerke	m² BGF	–	–	–	–	–
700	Baunebenkosten	m² BGF	–	–	–	–	–
800	Finanzierung	m² BGF	–	–	–	–	–

KG	Kostengruppe	Menge Einheit	Kosten €	€/Einheit	%
3+4	**Bauwerk**				**100,0**
300	**Bauwerk – Baukonstruktionen**	2.009,98 m² BGF	4.421.800	**2.199,92**	79,2

Baugrubenaushub; Frostschürzen, Stb-Fundamentplatte, Recyclingbeton, Dämmung, Heizestrich, Sichtestrich, Linoleum, Bodenfliesen, Abdichtung, Sauberkeitsschicht, Perimeterdämmung; Brettsperrholzwände, Stahlstützen, Holzstützen, Holzfenster, Dreifachverglasung, Einblasdämmung, Lehmputz, Holzschindelfassade; Brettsperrholzwände, Stapflehmwände, GK-Wände, Holzstützen, Innenfenster, Holz-Glastüren, Holztüren, Lehmbauplatten, Lehmputz, Wandfliesen, Beschichtung, WC-Trennwände; Brettsperrholzdecken, BSH-Träger, Stahl-Außentreppen, Estrich, Beschichtung, Treppenhandlauf; Brettsperrholzdach, Dämmung, Abdichtung, Terrassenplatten, Kies, Attika, extensive/intensive Dachbegrünung, innenliegende Dachentwässerung, abgehängte GK-Decken, Eingangsüberdachung, Pergolakonstruktion, Brückenkonstruktion; Umkleidespinde, Bänken, Sitzbänke

KG	Kostengruppe	Menge Einheit	Kosten €	€/Einheit	%
400	**Bauwerk – Technische Anlagen**	2.009,98 m² BGF	1.164.342	**579,28**	20,8

Gebäudeentwässerung, Kalt- und Warmwasserleitungen, Sanitärobjekte; Wärmepumpe mit Anschluss an Nahwärmenetz, Fußbodenheizung; kontrollierte Be- und Entlüftung mit Wärmerückgewinnung; PV-Anlage (250m²), Elektroinstallation, Beleuchtung; Fernseh- und Antennenanlagen, Rauchmelder

4500-0022
Seminarhaus
(60 Sitzplätze)

Kostenkennwerte für die Kosten des Bauwerks (Kostengruppen 300+400 nach DIN 276)

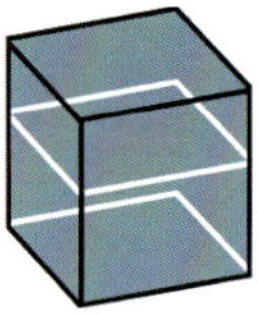
BRI 1.204 €/m^3

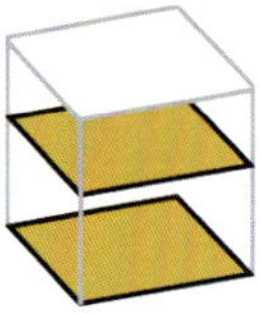
BGF 5.526 €/m^2

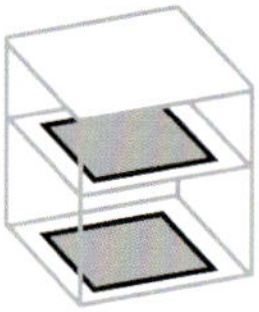
NUF 7.157 €/m^2

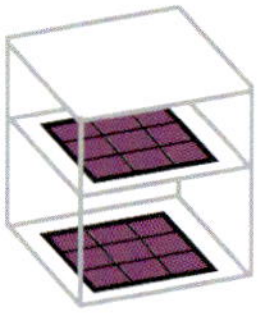
NE 28.693 €/NE
NE: Sitzplätze

Objekt:
Kennwerte: 1.Ebene DIN 276
BRI: 1.430 m^3
BGF: 312 m^2
NUF: 241 m^2
Bauzeit: 48 Wochen
Bauende: 2023
Standard: hoch
Bundesland: Niedersachsen
Kreis: Heidekreis

Architekt*in:
KRAMPITZ
Architekten GbR
Winsener Straße 34b
29614 Soltau

Bauherr*in:
Land Niedersachsen
vertreten durch:
Staatliches Baumanagement
Lüneburger Heide
Am Exerzierplatz 12-14
29633 Munster

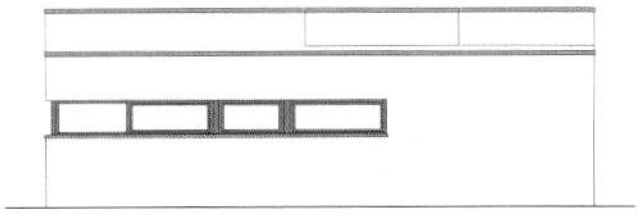
Ansicht Nord

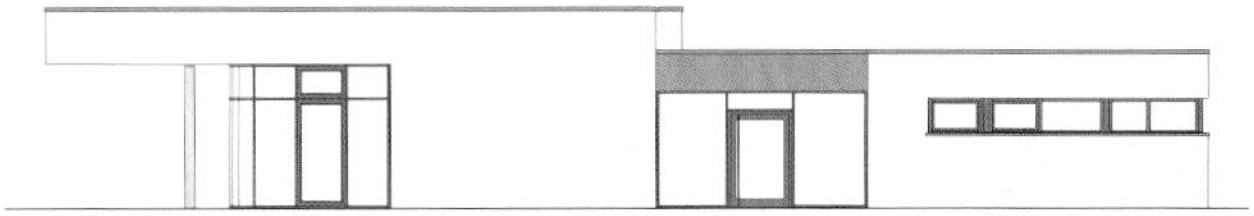
Ansicht Ost

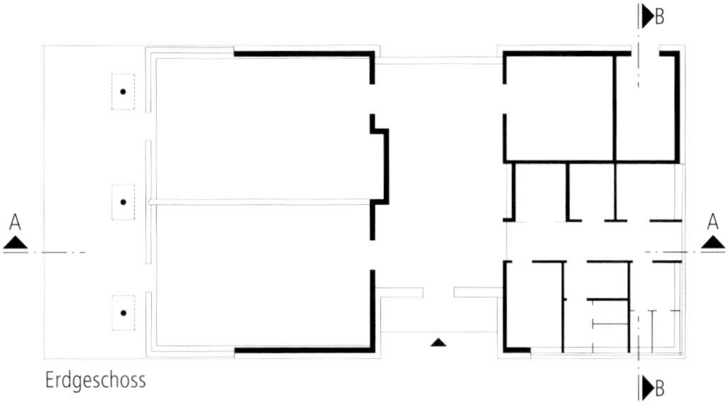

Erdgeschoss

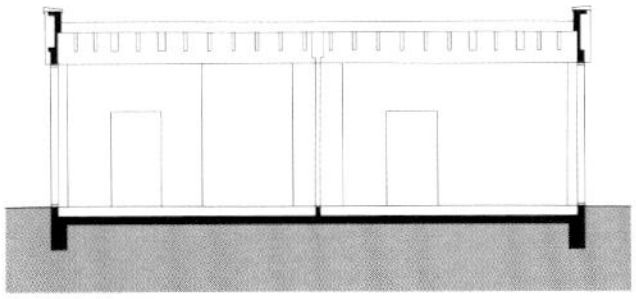
Schnitt B-B

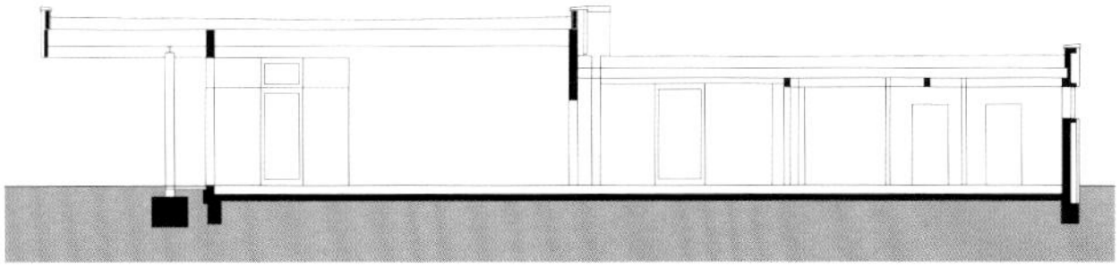
Schnitt A-A

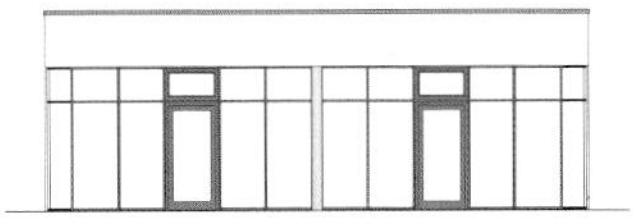
Ansicht Süd

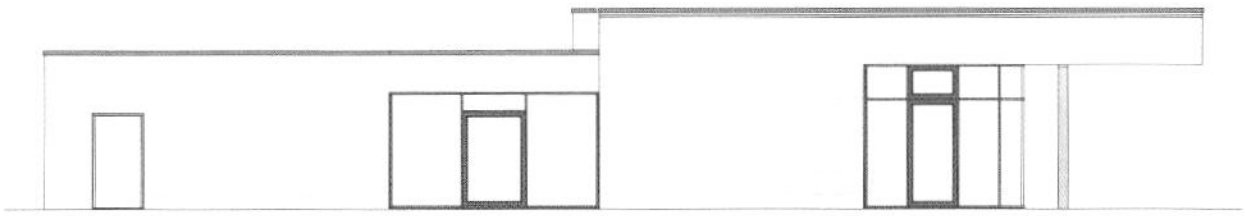
Ansicht West

Objektbeschreibung

Allgemeine Objektinformationen

Der Neubau liegt inmitten des Naturschutzgebiets Lüneburger Heide und fügt sich landschaftlich und architektonisch in das unter Denkmalschutz stehende Hofensemble ein. Das Seminarhaus wurde als zurückhaltender, schlichter Kubus gestaltet. Bei der Bauweise hat der Bauherr einen besonderen Fokus auf die Nachhaltigkeit gelegt, unter anderem wurde mit regionalen Materialien gearbeitet. Gestalterisch ist das Gebäude in zwei Baukörper gegliedert: einen Baukörper mit Foyer und Nebenräumen sowie einen höheren Seminartrakt.

Nutzung

1 Erdgeschoss
Foyer, Seminarraum, Medientechnik mit Stuhllager, Teeküche, Garderobe, WCs, Putzmittel-Raum, Haustechnikraum

Nutzeinheiten

Sitzplätze: 60

Grundstück

Bauraum: Freier Bauraum
Neigung: Ebenes Gelände
Bodenklasse: BK 3 bis BK 4

Markt

Hauptvergabezeit: 1. Quartal 2022
Baubeginn: 2. Quartal 2022
Bauende: 1. Quartal 2023
Konjunkturelle Gesamtlage: Durchschnitt
Regionaler Baumarkt: unter Durchschnitt

Baukonstruktion

Das eingeschossige Gebäude ist in Massivbauweise mit Fundamenten und Bodenplatte aus Stahlbeton errichtet. Die Außen- und Innenwände sind ausschließlich in Mauerwerk hergestellt. Für die Fenster fiel die Wahl auf eine Holz-Alu-Bauweise, ebenso wie die Pfosten-Riegelfassade. Die Dreifachverglasung ist mit einer Vogelschutzfolie beklebt. Die Außenwände sind mit einer Eichenholz-Lamellenfassade aus Rhombusleisten bekleidet. Im Innenraum prägen Eichenlamellen als Akustikdecke in Verbindung mit Wandverkleidungen aus Heidschnuckenwolle die Seminarräume und sorgen für eine angenehme Raumakustik.

Technische Anlagen

Das Gebäude wird mittels Geothermie und einer Sole-Wasser-Wärmepumpe beheizt. Die Wärme wird über eine Fußbodenheizung im Gebäude verteilt.

Sonstiges

Der Seminarraum ist zur angrenzenden Streuobstwiese ausgerichtet und umfasst ein vorgelagertes, überdachtes „grünes Klassenzimmer" unter einem weit vorspringenden Vordach.

Energetische Kennwerte

Gesetzliche Grundlage: GEG 2020
Gebäudenutzfläche: 263,00 m^2
Hüllfläche des beheizten Volumens: 966,30 m^2
Mittlerer U-Wert (opake Bauteile): 0,14 $W/(m^2 \cdot K)$
Mittlerer U-Wert (transparente Bauteile): 1,00 $W/(m^2 \cdot K)$
Mittlerer U-Wert (Glasdächer, etc.): 1,80 $W/(m^2 \cdot K)$
Spez. Jahresprimärenergiebedarf: 85,47 $kWh/(m^2 \cdot a)$

Planungskennwerte für Flächen und Rauminhalte nach DIN 277

Flächen des Grundstücks		Menge Einheit	% an GF
BF	Bebaute Fläche	1.530,00 m²	14,0
UF	Unbebaute Fläche	9.388,00 m²	86,0
GF	Grundstücksfläche	10.918,00 m²	100,0

Grundflächen des Bauwerks		Menge Einheit	% an NUF	% an BGF
NUF	Nutzungsfläche	240,54 m²	100,0	77,2
TF	Technikfläche	16,13 m²	6,7	5,2
VF	Verkehrsfläche	12,65 m²	5,3	4,1
NRF	Netto-Raumfläche	269,32 m²	112,0	86,5
KGF	Konstruktions-Grundfläche	42,19 m²	17,5	13,5
BGF	Brutto-Grundfläche	311,51 m²	129,5	100,0

Brutto-Rauminhalt des Bauwerks		Menge Einheit	BRI/NUF (m)	BRI/BGF (m)
BRI	Brutto-Rauminhalt	1.430,00 m³	5,95	4,59

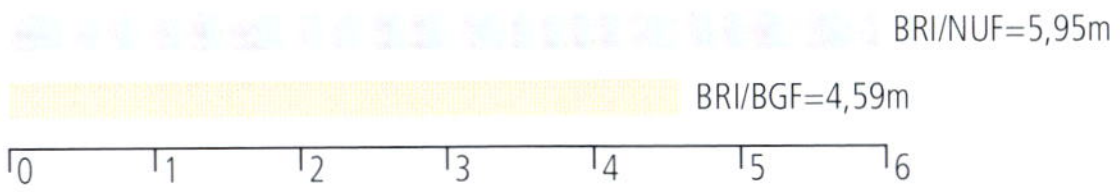

Kostenkennwerte für die Kostengruppen der 1. Ebene DIN 276

KG	Kostengruppen (1. Ebene)	Einheit	Kosten €	€/Einheit	€/m² BGF	€/m³ BRI	% 300+400
100	Grundstück	m² GF	–	–	–	–	–
200	Vorbereitende Maßnahmen	m² GF	–	–	–	–	–
300	Bauwerk – Baukonstruktionen	m² BGF	1.157.073	3.714,40	3.714,40	809,14	67,2
400	Bauwerk – Technische Anlagen	m² BGF	564.480	1.812,08	1.812,08	394,74	32,8
	Bauwerk 300+400	**m² BGF**	**1.721.553**	**5.526,48**	**5.526,48**	**1.203,88**	**100,0**
500	Außenanlagen und Freiflächen	m² AF	–	–	–	–	–
600	Ausstattung und Kunstwerke	m² BGF	–	–	–	–	–
700	Baunebenkosten	m² BGF	–	–	–	–	–
800	Finanzierung	m² BGF	–	–	–	–	–

KG	Kostengruppe	Menge Einheit	Kosten €	€/Einheit	%
3+4	**Bauwerk**				**100,0**
300	**Bauwerk – Baukonstruktionen**	311,51 m² BGF	1.157.073	**3.714,40**	67,2

Baugrubenaushub; Stb-Fundamente, Stb-Bodenplatte, Heizestrich, Parkett, Bodenfliesen, Terrassenplatten, Perimeterdämmung; Mauerwerkswände, Stb-Außenstützen, Holz-Alufenster, Dreifachverglasung, Vogelschutzfolie, vorgehängte, hinterlüftete Eichenholz-Lamellenfassade, Klinkersockel, Kalk-Zementputz innen, Holz-Alu-Pfosten-Riegelfassade, Innenvorhänge; Innenmauerwerk, Wandfliesen, Wollfilz-Akustik-Wandbespannung auf Holz-UK mit Schafwolldämmung, WC-Trennwände, mobile Trennwand; Holzbalken-Flachdach, OSB, Dämmung, Abdichtung, außenliegende Dachentwässerung, Schallschutzdecken

KG	Kostengruppe	Menge Einheit	Kosten €	€/Einheit	%
400	**Bauwerk – Technische Anlagen**	311,51 m² BGF	564.480	**1.812,08**	32,8

Gebäudeentwässerung, Kalt- und Warmwasserleitungen, Sanitärobjekte; Geothermieanlage mit Sole-Wasser-Wärmepumpe, Fußbodenheizung; Einzelraumlüfter; Elektroinstallation, Beleuchtung; LWL-Verkabelung, Rauchmelder

Erweiterungen - Schulen

6

Kostenkennwerte für die Kosten des Bauwerks (Kostengruppen 300+400 nach DIN 276)

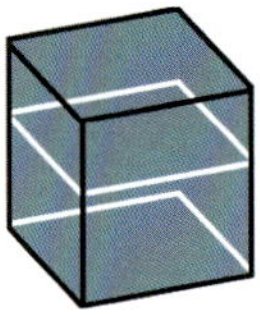

BRI 750 €/m³
von 580 €/m³
bis 925 €/m³

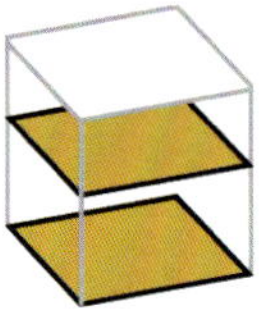

BGF 3.115 €/m²
von 2.450 €/m²
bis 4.020 €/m²

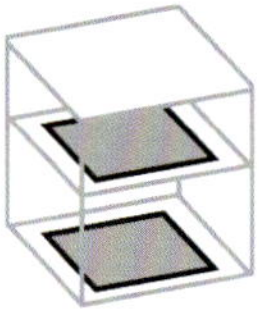

NUF 4.985 €/m²
von 3.765 €/m²
bis 6.510 €/m²

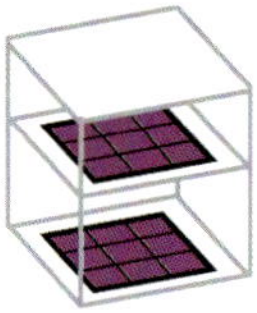

NE 28.190 €/NE
von 16.310 €/NE
bis 54.860 €/NE
NE: Schüler

Kosten:
Stand 4. Quartal 2025
Bundesdurchschnitt
inkl. 19% MwSt.

Objektbeispiele

4100-0238

4100-0173

4100-0234

Kosten der 32 Vergleichsobjekte

Seiten 494 bis 499

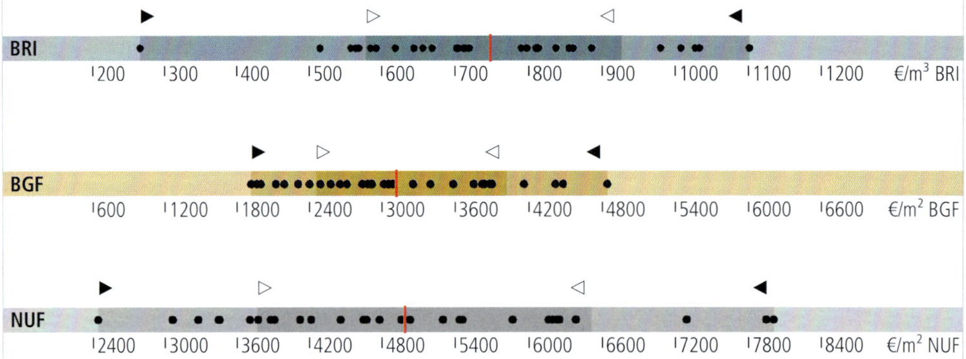

- ● KKW
- ▶ min
- ▷ von
- | Mittelwert
- ◁ bis
- ◀ max

Kostenkennwerte für die Kostengruppen der 1. und 2. Ebene DIN 276

KG	Kostengruppen der 1. Ebene	Einheit	▷	€/Einheit	◁	▷	% an 300+400	◁
100	Grundstück	m²GF	–	**–**	–	–	**–**	–
200	Vorbereitende Maßnahmen	m²GF	3	**14**	46	0,6	**1,9**	4,6
300	Bauwerk – Baukonstruktionen	m²BGF	1.789	**2.394**	3.095	67,7	**77,1**	87,9
400	Bauwerk – Technische Anlagen	m²BGF	399	**719**	1.166	12,1	**22,9**	32,3
	Bauwerk 300+400	m²BGF	2.452	**3.114**	4.018	100,0	**100,0**	100,0
500	Außenanlagen und Freiflächen	m²AF	57	**169**	376	2,3	**5,5**	8,8
600	Ausstattung und Kunstwerke	m²BGF	30	**111**	281	0,8	**3,0**	6,1
700	Baunebenkosten	m²BGF	–	**–**	–	–	**–**	–
800	Finanzierung	m²BGF	–	**–**	–	–	**–**	–

KG	Kostengruppen der 2. Ebene	Einheit	▷	€/Einheit	◁	▷	% an 1. Ebene	◁
310	Baugrube / Erdbau	m³BGI	52	**80**	116	0,8	**2,5**	5,0
320	Gründung, Unterbau	m²GRF	284	**483**	865	6,7	**11,7**	20,7
330	Außenwände / vertikal außen	m²AWF	564	**747**	860	32,4	**36,3**	43,2
340	Innenwände / vertikal innen	m²IWF	308	**434**	659	5,6	**10,4**	16,6
350	Decken / horizontal	m²DEF	296	**520**	687	3,7	**12,8**	24,0
360	Dächer	m²DAF	521	**695**	1.225	14,1	**18,5**	26,4
370	Infrastrukturanlagen		–	**–**	–	–	**–**	–
380	Baukonstruktive Einbauten	m²BGF	5	**53**	149	< 0,1	**0,7**	5,4
390	Sonst. Maßnahmen für Baukonst.	m²BGF	99	**159**	204	5,5	**7,0**	7,9
300	**Bauwerk – Baukonstruktionen**	**m²BGF**					**100,0**	
410	Abwasser-, Wasser-, Gasanlagen	m²BGF	41	**77**	143	5,1	**16,8**	33,4
420	Wärmeversorgungsanlagen	m²BGF	39	**98**	178	9,1	**20,9**	34,7
430	Raumlufttechnische Anlagen	m²BGF	24	**96**	154	1,0	**9,1**	25,3
440	Elektrische Anlagen	m²BGF	107	**182**	253	27,0	**41,1**	74,9
450	Kommunikationstechnische Anlagen	m²BGF	20	**57**	94	1,8	**6,8**	16,0
460	Förderanlagen	m²BGF	27	**28**	30	0,0	**0,9**	4,2
470	Nutzungsspez. / verfahrenstech. Anl.	m²BGF	5	**10**	19	0,0	**0,5**	1,7
480	Gebäude- und Anlagenautomation	m²BGF	24	**46**	71	0,3	**3,6**	10,6
490	Sonst. Maßnahmen f. techn. Anl.	m²BGF	< 1	**1**	2	< 0,1	**0,2**	0,5
400	**Bauwerk – Technische Anlagen**	**m²BGF**					**100,0**	

Prozentanteile der Kosten 2. Ebene an den Kosten des Bauwerks nach DIN 276 (Von/Mittel/Bis)

KG	Kostengruppe	%
310	Baugrube / Erdbau	2,1
320	Gründung, Unterbau	9,6
330	Außenwände / vertikal außen	29,6
340	Innenwände / vertikal innen	8,1
350	Decken / horizontal	10,5
360	Dächer	15,1
370	Infrastrukturanlagen	
380	Baukonstruktive Einbauten	0,6
390	Sonst. Maßnahmen für Baukonst.	5,7
410	Abwasser-, Wasser-, Gasanlagen	2,4
420	Wärmeversorgungsanlagen	3,7
430	Raumlufttechnische Anlagen	2,5
440	Elektrische Anlagen	6,9
450	Kommunikationstechnische Anlagen	1,6
460	Förderanlagen	0,3
470	Nutzungsspez. / verfahrenstech. Anl.	0,1
480	Gebäude- und Anlagenautomation	1,0
490	Sonst. Maßnahmen f. techn. Anl.	< 0,1

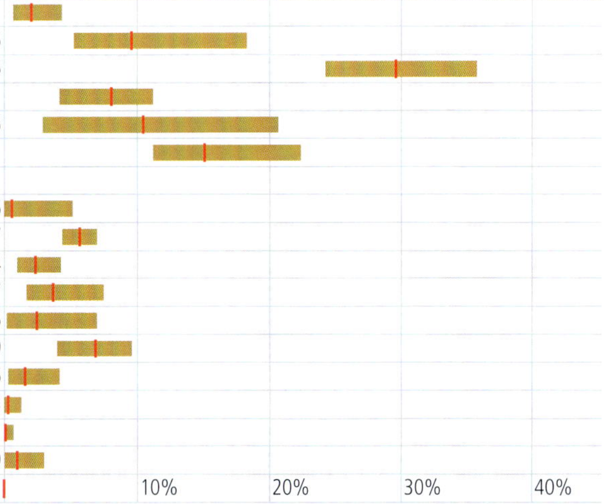

Kostenkennwerte für die Kostengruppen der 3. Ebene DIN 276

KG	Kostengruppen der 3. Ebene	Einheit	▷	€/Einheit	◁	▷	€/m² BGF	◁
337	Elem. Außenwandkonstruktionen	m²	653	**934**	1.211	217	**393**	575
334	Außenwandöffnungen	m²	1.093	**1.314**	1.803	108	**249**	563
351	Deckenkonstruktionen	m²	243	**455**	975	87	**209**	467
335	Außenwandbekleidungen, außen	m²	206	**274**	398	122	**205**	312
363	Dachbeläge	m²	225	**325**	519	122	**202**	307
361	Dachkonstruktionen	m²	181	**253**	315	83	**148**	279
331	Tragende Außenwände	m²	182	**295**	775	67	**141**	336
322	Flachgründungen und Bodenplatten	m²	226	**1.485**	11.512	69	**138**	227
353	Deckenbeläge	m²	174	**191**	209	80	**111**	187
324	Gründungsbeläge	m²	134	**203**	268	54	**107**	190
444	Niederspannungsinstallationsanl.	m²	60	**100**	160	60	**100**	160
445	Beleuchtungsanlagen	m²	69	**98**	152	69	**98**	152
391	Baustelleneinrichtung	m²	41	**97**	172	41	**97**	172
431	Lüftungsanlagen	m²	24	**96**	154	24	**96**	154
341	Tragende Innenwände	m²	137	**312**	596	72	**90**	121
344	Innenwandöffnungen	m²	822	**989**	1.144	47	**67**	107
345	Innenwandbekleidungen	m²	46	**69**	113	38	**64**	84
364	Dachbekleidungen	m²	61	**127**	168	33	**64**	105
311	Herstellung	m³	45	**79**	115	17	**59**	118
354	Deckenbekleidungen	m²	52	**108**	172	16	**55**	138
423	Raumheizflächen	m²	29	**49**	99	29	**49**	99
392	Gerüste	m²	32	**48**	67	32	**48**	67
422	Wärmeverteilnetze	m²	14	**47**	67	14	**47**	67
333	Außenstützen	m	224	**450**	1.173	12	**47**	108
338	Lichtschutz zur KG 330	m²	214	**336**	601	28	**42**	71
381	Allgemeine Einbauten	m²	< 1	**41**	123	< 1	**41**	123
412	Wasseranlagen	m²	22	**41**	93	22	**41**	93
398	Provisorische Baukonstruktionen	m²	–	**37**	–	–	**37**	–
481	Automationseinrichtungen	m²	24	**37**	51	24	**37**	51
411	Abwasseranlagen	m²	18	**34**	74	18	**34**	74
456	Gefahrenmelde- und Alarmanlagen	m²	11	**32**	61	11	**32**	61
321	Baugrundverbesserung	m²	2	**59**	92	8	**32**	57
359	Sonstiges zur KG 350	m²	24	**54**	74	15	**31**	41
336	Außenwandbekleidungen, innen	m²	34	**64**	87	15	**31**	58
457	Datenübertragungsnetze	m²	10	**30**	52	10	**30**	52
325	Abdichtungen und Bekleidungen	m²	21	**68**	201	7	**29**	73
461	Aufzugsanlagen	m²	27	**28**	30	27	**28**	30
442	Eigenstromversorgungsanlagen	m²	–	**22**	–	–	**22**	–
421	Wärmeerzeugungsanlagen	m²	2	**22**	37	2	**22**	37
342	Nichttragende Innenwände	m²	105	**139**	181	9	**19**	58
313	Wasserhaltung	m³	–	**11**	–	17	**18**	19
365	Elementierte Dachkonstruktionen	m²	–	**1.364**	–	–	**17**	–
397	Zusätzliche Maßnahmen	m²	8	**17**	40	8	**17**	40
382	Besondere Einbauten	m²	7	**16**	26	7	**16**	26
346	Elem. Innenwandkonstruktionen	m²	421	**844**	1.549	3	**15**	21
446	Blitzschutz- und Erdungsanlagen	m²	5	**14**	30	5	**14**	30
332	Nichttragende Außenwände	m²	168	**459**	1.599	7	**14**	25
326	Dränagen	m²	6	**20**	34	< 1	**12**	17
485	Datenübertragungsnetze	m²	10	**11**	13	10	**11**	13
355	Elementierte Deckenkonstruktionen	m²	–	**1.598**	–	–	**11**	–

Kosten:
Stand 4. Quartal 2025
Bundesdurchschnitt
inkl. 19% MwSt.

▷ von
ø Mittel
◁ bis

Prozentanteile der Kosten für Leistungsbereiche nach STLB (Kosten Bauwerk nach DIN 276)

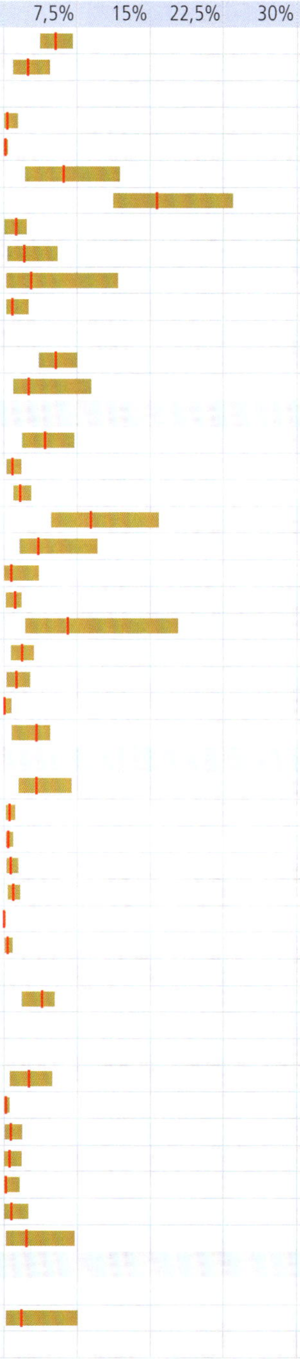

LB	Leistungsbereiche	▷	% an 300+400	◁
000	Baustellen-, Verkehrssich.- u. Sicherh.einr. inkl. 001	3,7	**5,3**	7,1
002	Erdarbeiten	1,0	**2,5**	4,7
006	Spezialtiefbauarbeiten inkl. 005	–	**–**	–
009	Entwässerungskanalarbeiten inkl. 011	< 0,1	**0,4**	1,5
010	Drän- und Versickerarbeiten	< 0,1	**0,2**	0,5
012	Mauerarbeiten	2,2	**6,1**	11,9
013	Betonarbeiten	11,2	**15,7**	23,5
014	Natur-, Betonwerksteinarbeiten	0,1	**1,3**	2,4
016	Zimmer- und Holzbauarbeiten	0,4	**2,1**	5,5
017	Stahlbauarbeiten	0,3	**2,8**	11,7
018	Abdichtungsarbeiten	0,3	**0,9**	2,6
020	Dachdeckungsarbeiten	–	**–**	–
021	Dachabdichtungsarbeiten	3,6	**5,3**	7,5
022	Klempnerarbeiten	1,0	**2,6**	9,0
	Rohbau	32,0	**45,2**	52,6
023	Putz- und Stuckarbeiten, Wärmedämmsysteme	1,9	**4,2**	7,2
024	Fliesen- und Plattenarbeiten	0,3	**0,9**	1,8
025	Estricharbeiten	1,0	**1,7**	2,8
026	Fenster, Außentüren inkl. 029, 032	4,8	**8,9**	15,9
027	Tischlerarbeiten	1,6	**3,5**	9,6
028	Parkett-, Holzpflasterarbeiten	0,0	**0,8**	3,6
030	Rollladenarbeiten	0,2	**1,2**	1,8
031	Metallbauarbeiten inkl. 035	2,2	**6,5**	17,9
034	Maler- und Lackiererarb. - Beschicht. inkl. 037	0,7	**1,9**	3,1
036	Bodenbelagarbeiten	0,3	**1,3**	2,7
038	Vorgehängte hinterlüftete Fassaden	0,0	**< 0,1**	0,8
039	Trockenbauarbeiten	0,8	**3,3**	4,7
	Ausbau	30,6	**34,4**	43,5
040	Wärmeversorgungsanl. - Betriebseinr. inkl. 041	1,5	**3,3**	6,9
042	Gas- u. Wasseranl. - Leitung., Armat. inkl. 043	0,2	**0,6**	1,2
044	Abwasseranl. - Leitungen, Abläufe, Armaturen	0,2	**0,5**	1,0
045	Gas, Wasser, Entwässerung - Ausstattung inkl. 046	0,3	**0,7**	1,5
047	Dämm- und Brandschutzarb. an techn. Anlagen	0,4	**1,0**	1,7
049	Feuerlöschanlagen, Feuerlöschgeräte	0,0	**< 0,1**	0,2
050	Blitzschutz-/Erdungsanlagen, Überspannungssch.	0,1	**0,4**	0,9
052	Mittelspannungsanlagen	–	**–**	–
053	Niederspannungsanl. - Kabel inkl. 054	1,8	**3,9**	5,2
055	Sicherheits- u. Ersatzstromversorgungsanl.	–	**–**	–
057	Gebäudesystemtechnik	–	**–**	–
058	Leuchten und Lampen inkl. 059	0,6	**2,6**	4,9
060	Such, Signal, Zeit, Anten., akust. Anl. inkl. 064	< 0,1	**0,2**	0,6
061	Kommunikations- u. Übertragungsnetze inkl. 062	< 0,1	**0,7**	1,9
063	Gefahrenmeldeanlagen	< 0,1	**0,6**	1,8
069	Aufzüge	< 0,1	**0,2**	1,6
070	Gebäudeautomation	0,0	**0,8**	2,5
075	Raumlufttechnische Anlagen inkl. 078	0,2	**2,3**	7,2
	Gebäudetechnik	8,8	**18,0**	28,0
084	Abbruch, Rückbau, Schadstoffsanierung	0,2	**1,8**	7,5
	Sonstige Leistungsbereiche inkl. 008, 033, 051	0,1	**0,6**	1,2

Objektübersicht zur Gebäudeart

4100-0103 Offene Grundschule*

Architekturbüro Hatzmann
Kerpen

4100-0107 Grundschule (120 Schüler)*

Marcus Patrias Architekten BDA
Dortmund

4100-0108 Grundschule (120 Schüler)*

Marcus Patrias Architekten BDA
Dortmund

4100-0117 Anbau Fluchttreppenhäuser (2 St)*

karl r. gold diplomingenieure architekten
Hochheim

4100-0119 Realschule (4 Klassen, 100 Schüler)*

Zastrow + Zastrow Architekten und Stadtplaner
Kiel

4100-0127 Grund- und Mittelschule (22 Klassen, 494 Schüler)*

Krieger-Bauplanungs GmbH
Chemnitz

* Diese Objekte wurden zur Bildung der statistischen Werte herangezogen. Sie sind nicht als Einzelobjekt in diesem Band veröffentlicht.

4100-0159 Gymnasium, Fachklassentrakt (128 Schüler)*

k.A.

4100-0161 Real- und Grundschule (300 Schüler) - Passivhaus*

Andreas Rossmann Freier Architekt BDA
Schwerin

4100-0173 Ganztagsschule (225 Schüler)*

Architekten_FSB
Bremen

4100-0180 Gymnasium (6 Klassen, 150 Schüler)*

CLEMENS FROSCH DIPL.-ING. ARCHITEKT
Pappenheim

4100-0184 Grundschule (9 Klassen, 173 Schüler), Hort*

acollage. architektur urbanistik
Hamburg

4100-0190 Gesamtschule, Mensa - Passivhaus*

KRESINGS Architekten
Münster

* Diese Objekte wurden zur Bildung der statistischen Werte herangezogen. Sie sind nicht als Einzelobjekt in diesem Band veröffentlicht.

Objektübersicht zur Gebäudeart

© Martin Kaeswurm

4100-0194 Schule (12 Klassen, 336 Schüler)

Bosse Westphal Schäffer Architekten
Winsen/Luhe

© Bodo Mertoglu

4100-0196 Grundschule (8 Klassen, 240 Schüler)*

s+p dinkel Architektur GmbH
Gilching

© Meike Hansen, Archimage

4100-0201 Grundschule (8 Klassen), Kindertagesstätte (5 Gruppen)

bof architekten partnerschaft mbb
Hamburg

© Trapez Architektur / Jeannette Lahann

4100-0202 Gemeinschaftsschule (9 Klassen, 245 Schüler)

Trapez Architektur GmbH
Hamburg

© Andrea Janssen

4100-0203 Schule (2 Klassen, 47 Schüler)

TW. Architekten Többen Woschek
Hannover

© Uwe Brodmann Fotografie

4100-0210 Gesamtschule (352 Schüler)*

Schneider + Sendelbach Architektentenges. mbH
Braunschweig

* Diese Objekte wurden zur Bildung der statistischen Werte herangezogen. Sie sind nicht als Einzelobjekt in diesem Band veröffentlicht.

4100-0214 Grundschule (300 Schüler), Mensa

Zaeske Architekten BDA
Wiesbaden

4100-0226 Grundschule (8 Klassen, 224 Schüler)

bharchitektengesellschaft mbH
München

4100-0228 Ganztagsschule (15 Klassen, 309 Schüler), Mensa (140 Sitzplätze)

HHS Planer + Architekten AG
Kassel

4100-0232 Schulmensa (54 Sitzplätze), Betreuungsräume

schmitt roggel architekten PartGmbB
Fulda

4100-0234 Grundschule (6 Klassen, 142 Schüler)

ELZ Architekten BDA
Potsdam

4100-0236 Grundschule (6 Klassen, 150 Schüler), Hort (5 Gruppen, 180 Schüler)

Gelderner Bau Gesellschaft mbH
Geldern

Objektübersicht zur Gebäudeart

4100-0238 Gemeinschaftsschule (6 Klassen, 168 Schüler)

Wiechers Beck GvA mbH
Berlin

4100-0254 Grundschule (3 Klassen, 75 Schüler)

QUITTMANN ARCHITEKTEN
Unna

4100-0268 Gymnasium (9 Klassen, 206 Schüler)

Hinck Architekten
Stade

4200-0009 Jugendbildungsstätte*

Architekturbüro Jörg Sauer
Hildesheim

4200-0023 Berufliches Gymnasium (9 Klassen), Aula*

DORBRITZ ARCHITEKTEN BDA
Bad Hersfeld

4200-0029 Berufsschulzentrum, Verbindungsbau*

iproplan Planungsgesellschaft mbH
Chemnitz

* Diese Objekte wurden zur Bildung der statistischen Werte herangezogen. Sie sind nicht als Einzelobjekt in diesem Band veröffentlicht.

© BAS Architekten GmbH

4200-0033 Ausbildungsstätte Abbundhalle*

BAS Architekten GmbH
Bad Segeberg

© Baukontor Braunschweig

4500-0015 Ausbildungsgebäude, Aufstockung*

Architekturbüro Baukontor Braunschweig
Braunschweig

* Diese Objekte wurden zur Bildung der statistischen Werte herangezogen. Sie sind nicht als Einzelobjekt in diesem Band veröffentlicht.

4100-0194
Schule
(12 Klassen)
(336 Schüler)

Erweiterung

Kostenkennwerte für die Kosten des Bauwerks (Kostengruppen 300+400 nach DIN 276)

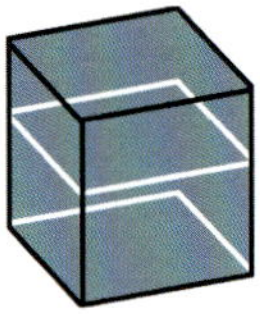

BRI 564 €/m³

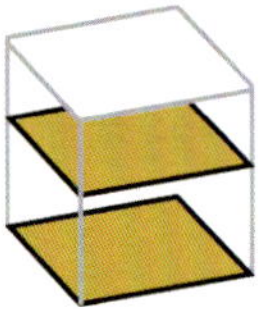

BGF 2.189 €/m²

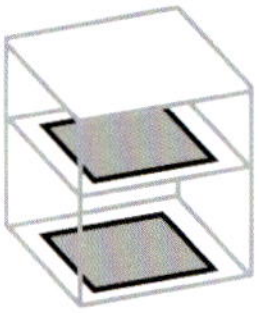

NUF 3.271 €/m²

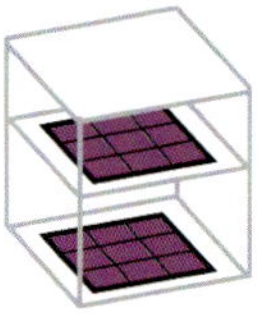

NE 11.584 €/NE

NE: Schüler

Objekt:
Kennwerte: 3. Ebene DIN 276
BRI: 6.899 m³
BGF: 1.778 m²
NUF: 1.190 m²
Bauzeit: 83 Wochen
Bauende: 2017
Standard: hoch
Bundesland: Niedersachsen
Kreis: Harburg

Architekt*in:
Bosse Westphal Schäffer
Architekten
Löhnfeld 26
21423 Winsen (Luhe)

Bauherr*in:
Stadt Winsen (Luhe)
Der Bürgermeister
21423 Winsen (Luhe)

© Martin Kaeswurm

© Martin Kaeswurm

© Martin Kaeswurm

© Martin Kaeswurm

Ansicht Nord

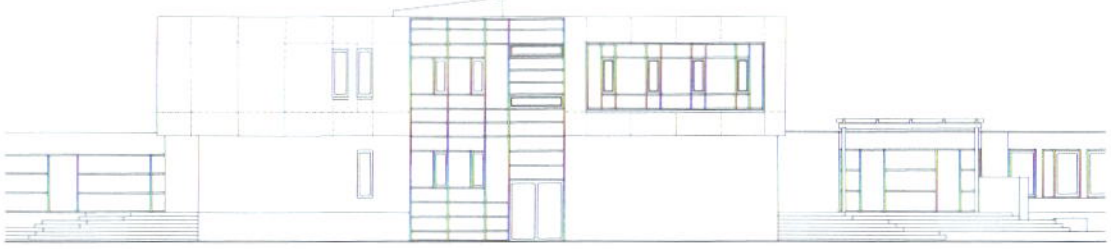

Ansicht Ost

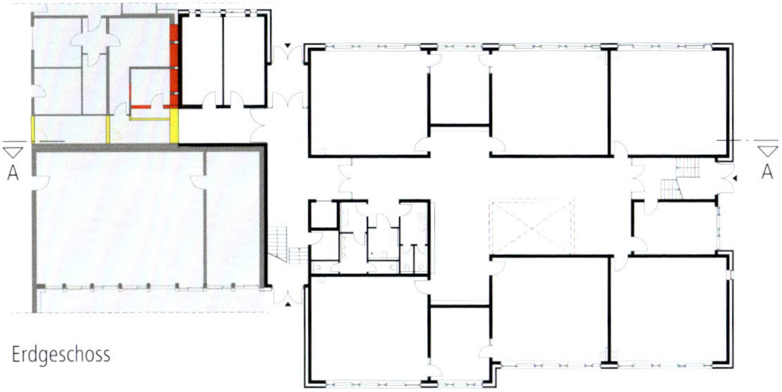

Erdgeschoss

Erweiterung

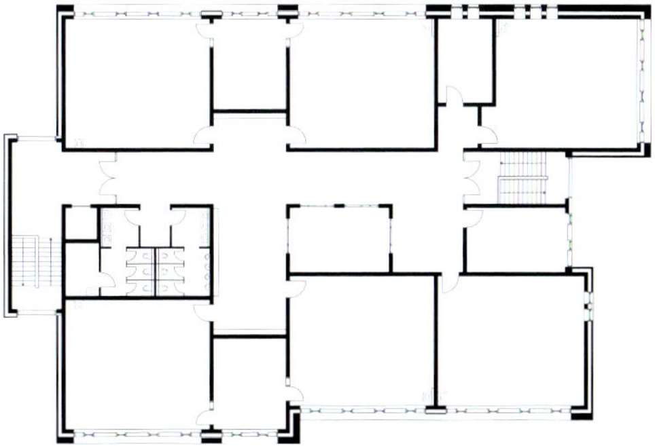

Obergeschoss

Erweiterung

Schnitt A-A

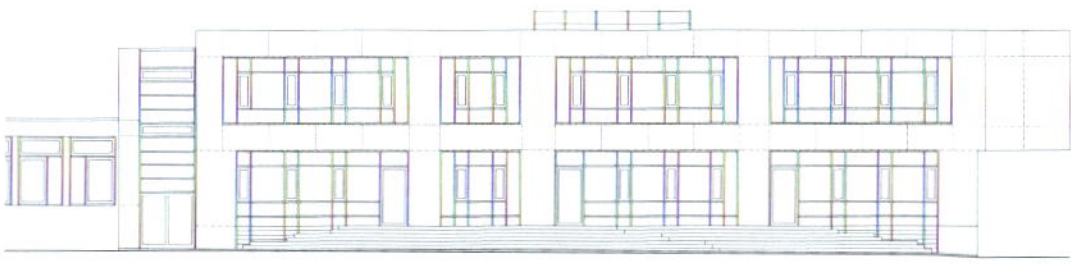

Ansicht Süd

Objektbeschreibung

Allgemeine Objektinformationen

Der Neubau erweitert das bestehende Schulgebäude und bietet Platz für 336 Schüler. Auf zwei Geschossen verteilen sich insgesamt zwölf Klassenräume und fünf Gruppenräume um einen zentralen, durch eine große Dachverglasung belichteten Multifunktionsraum. Dieser ermöglicht den Schülern eine Nutzung als Aufenthaltsbereich, aber auch als Lern- und Kommunikationszone.

Nutzung

1 Erdgeschoss
Erweiterung: Klassenräume, Multifunktionsbereich, Gruppenräume, WCs, Windfang, Verwaltungsräume
Bestand: Umbauten Eingang/Flur, Putzmittel, Lagerraum

1 Obergeschoss
Erweiterung: Klassenräume, Gruppenräume, WCs
Bestand: -

Nutzeinheiten

Klassen: 12
Schüler: 336

Grundstück

Bauraum: Freier Bauraum
Neigung: Ebenes Gelände
Bodenklasse: BK 1 bis BK 4

Markt

Hauptvergabezeit: 1. Quartal 2016
Baubeginn: 3. Quartal 2015
Bauende: 2. Quartal 2017
Konjunkturelle Gesamtlage: über Durchschnitt
Regionaler Baumarkt: unter Durchschnitt

Baubestand

Baujahr: 1971
Bauzustand: mittel
Aufwand: hoch
Grundrissänderungen: umfangreiche
Tragwerkseingriffe: wenige
Nutzungsänderung: nein
Nutzung während der Bauzeit: ja

Baukonstruktion

Das Gebäude ist in Massivbauweise errichtet. Die Fassaden im Erdgeschoss sind mit Vormauerziegeln bekleidet, im Obergeschoss wurden HPL-Platten vorgehängt. Die großflächigen Tür- und Fensterbänder sind in einer Pfosten-Riegelkonstruktion ausgeführt. Die Innenwände sind in Kalksandstein errichtet. Die innere Erschließung erfolgt über zwei Treppenhäuser sowie einen Aufzug. Die Böden sind mit Industrieparkett, in den Sanitärräumen mit Fliesen belegt. Die Decken wurden mit Akustikdecken abgehängt. Das Stahlbeton-Flachdach ist über der Gefälledämmung mit Kunststoff abgedichtet. Ein Glasdach belichtet die innenliegenden Flurbereiche.

Technische Anlagen

Die Schulerweiterung wird mit einer Gastherme beheizt. Die Wärmeverteilung erfolgt über eine Fußbodenheizung. Eine Lüftungsanlage mit Wärmerückgewinnung versorgt die Räume mit Frischluft. Es wurde ein Aufzug, eine Blitzschutzanlage und eine Brandmeldeanlage eingebaut.

Sonstiges

Im Zuge der Schulerweiterung wurde auch ein Mensagebäude für das Schulzentrums erbaut. Diese Baumaßnahme wurde mit der Objektnummer 6500-0048 dokumentiert.

Energetische Kennwerte

Gesetzliche Grundlage: EnEV 2013
Gebäudenutzfläche: 1.954,94 m^2
Gebäudevolumen: 6.109,20 m^3
Hüllfläche des beheizten Volumens: 2.736,77 m^2
Mittlerer U-Wert (opake Bauteile): 0,16 W/(m^2·K)
Mittlerer U-Wert (transparente Bauteile): 1,00 W/(m^2·K)
Mittlerer U-Wert (Glasdächer, etc.): 1,00 W/(m^2·K)
Jahresprimärenergie: 78.473,00 kWh/a
Spez. Jahresprimärenergiebedarf: 54,09 kWh/(m^2·a)
Jahresendenergiebedarf: 81.713,00 kWh/a
Spez. Jahresendenergiebedarf: 56,32 kWh/(m^2·a)

Energetische Angaben zu Außenbauteilen

Bodenplatte

U-Wert: 0,23 W/(m²·K)

Gesamtdicke: 40,26 cm	d [cm]	λ [W/(m·K)]
Estrich	6,00	1,400
PE-Folie	0,06	0,300
Dämmung	14,00	0,035
Bitumenbahn	0,20	0,170
Stahlbeton	20,00	2,500

Außenwand

U-Wert: 0,18 W/(m²·K)

Gesamtdicke: 44,00 cm	d [cm]	λ [W/(m·K)]
Innenputz	1,00	0,700
Stahlbeton	24,00	2,500
Dämmung	18,00	0,035
Außenputz	1,00	0,700

Decke gegen Außenluft unten

U-Wert: 0,16 W/(m²·K)

Gesamtdicke: 50,06 cm	d [cm]	λ [W/(m·K)]
Estrich	6,00	1,400
Dämmung	6,00	0,035
PE-Folie	0,06	0,300
Stahlbeton	24,00	2,500
Dämmung	14,00	0,035

Dach

U-Wert: 0,17 W/(m²·K)

Gesamtdicke: 46,50 cm	d [cm]	λ [W/(m·K)]
Innenputz	1,50	0,700
Stahlbeton	24,00	2,500
Dämmung	20,00	0,035
Bitumenbahn	1,00	0,170

4100-0194
Schule
(12 Klassen)
(336 Schüler)

Erweiterung

Planungskennwerte für Flächen und Rauminhalte nach DIN 277

Flächen des Grundstücks		Menge Einheit	% an GF
BF	Bebaute Fläche	4.671,41 m²	22,9
UF	Unbebaute Fläche	15.687,32 m²	77,1
GF	Grundstücksfläche	20.358,73 m²	100,0

Grundflächen des Bauwerks		Menge Einheit	% an NUF	% an BGF
NUF	Nutzungsfläche	1.190,14 m²	100,0	66,9
TF	Technikfläche	4,04 m²	0,3	0,2
VF	Verkehrsfläche	295,79 m²	24,9	16,6
NRF	Netto-Raumfläche	1.489,97 m²	125,2	83,8
KGF	Konstruktions-Grundfläche	288,41 m²	24,2	16,2
BGF	Brutto-Grundfläche	1.778,38 m²	149,4	100,0

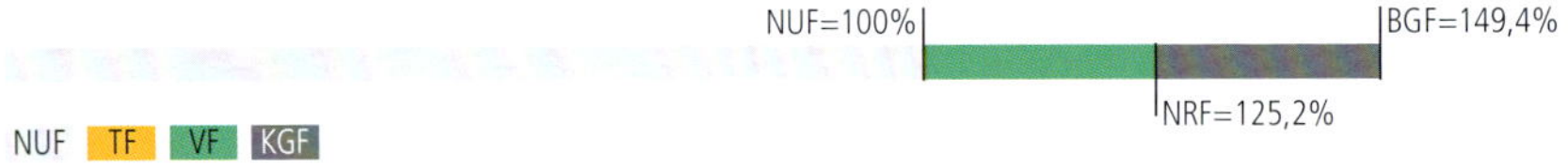

Brutto-Rauminhalt des Bauwerks		Menge Einheit	BRI/NUF (m)	BRI/BGF (m)
BRI	Brutto-Rauminhalt	6.898,81 m³	5,80	3,88

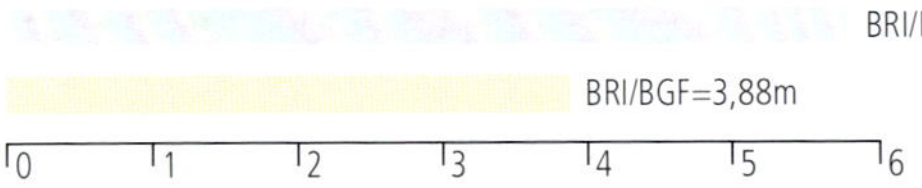

Lufttechnisch behandelte Flächen	Menge Einheit	% an NUF	% an BGF
Entlüftete Fläche	–	–	–
Be- und entlüftete Fläche	–	–	–
Teilklimatisierte Fläche	–	–	–
Klimatisierte Fläche	–	–	–

KG	Kostengruppen (2. Ebene)	Menge Einheit	Menge/NUF	Menge/BGF
310	Baugrube / Erdbau	66,95 m³ BGI	0,06	0,04
320	Gründung, Unterbau	876,84 m² GRF	0,74	0,49
330	Außenwände/Vertikale Baukonstruktionen, außen	1.198,73 m² AWF	1,01	0,67
340	Innenwände/Vertikale Baukonstruktionen, innen	1.393,72 m² IWF	1,17	0,78
350	Decken/Horizontale Baukonstruktionen	852,41 m² DEF	0,72	0,48
360	Dächer	928,93 m² DAF	0,78	0,52

Kostenkennwerte für die Kostengruppen der 1. Ebene DIN 276

KG	Kostengruppen (1. Ebene)	Einheit	Kosten €	€/Einheit	€/m² BGF	€/m³ BRI	% 300+400
100	Grundstück	m² GF	–	–	–	–	–
200	Vorbereitende Maßnahmen	m² GF	23.870	1,17	13,42	3,46	0,6
300	Bauwerk – Baukonstruktionen	m² BGF	2.796.810	1.572,67	1.572,67	405,40	71,9
400	Bauwerk – Technische Anlagen	m² BGF	1.095.578	616,05	616,05	158,81	28,1
	Bauwerk 300+400	**m² BGF**	**3.892.388**	**2.188,73**	**2.188,73**	**564,21**	**100,0**
500	Außenanlagen und Freiflächen	m² AF	–	–	–	–	–
600	Ausstattung und Kunstwerke	m² BGF	10.588	5,95	5,95	1,53	0,3
700	Baunebenkosten	m² BGF	–	–	–	–	–
800	Finanzierung	m² BGF	–	–	–	–	–

KG	Kostengruppe	Menge Einheit	Kosten €	€/Einheit	%
200	**Vorbereitende Maßnahmen**	20.358,73 m² GF	23.870	**1,17**	0,6
	• Abbrechen (Kosten: 86,3%) Baumstubben, Wurzelballen abräumen; Entsorgung, Deponiegebühren		20.602		
	• Herstellen (Kosten: 13,7%) Oberboden abtragen, laden, lagern		3.268		
3+4	**Bauwerk**				**100,0**
300	**Bauwerk – Baukonstruktionen**	1.778,38 m² BGF	2.796.810	**1.572,67**	71,9
	• Abbrechen (Kosten: 0,4%) Abbruch von Betonfundament; von Innenwänden; von Innentüren mit Stahlzargen; von Wandputz; von Einbauschränken; Entsorgung, Deponiegebühren		10.771		
	• Wiederherstellen (Kosten: 0,1%) Alufenster ausbauen, wieder einbauen, Fensterbänke unterfüttern, beiputzen; Festverglasung ausbauen, säubern, neu verglasen, einsetzen		3.235		
	• Herstellen (Kosten: 99,5%) Oberbodenarbeiten, Bodenaustausch; Stb-Fundamente, Stb-Bodenplatte, Bitumenabdichtung, EPS-Dämmung, Heizestrich, Eichenparkett, Betonwerkstein, Bodenfliesen; KS-Mauerwerk, Stb-Wände, Stb-Stützen, Mineralwolldämmung, HPL-Außenwandbekleidung, Verblendmauerwerk, Alu-Bekleidung, Kalk-Zementputz, Beschichtung; Alu-Holz-Pfosten-Riegelfassade, Alu-Pfosten-Riegelfassade, Außenraffstores, Senkrechtmarkisen; KS-Mauerwerk, Stb-Wände, Stahlträger; Holztüren, Stahltüren, Kalk-Zementputz, Fliesen, WC-Trennwände; Stb-Elementdecken, Stb-Treppen, Heizestrich, Eichenparkett, Bodenfliesen; Akustikdecken; Treppengeländer; Stb-Flachdach, Stahlvordächer, Glasvordach; Lichtkuppel, Gefälledämmung, EPDM-Abdichtung, Rollkiesschüttung, Attikaabdeckungen, Dachentwässerung, Akustikdecken, Alu-Lichtdach-Konstruktion		2.782.803		

KG	Kostengruppe	Menge Einheit	Kosten €	€/Einheit	%
400	**Bauwerk – Technische Anlagen**	1.778,38 m²BGF	1.095.578	**616,05**	28,1
	• Abbrechen (Kosten: 0,5%) Abbruch von Rohrleitungen; von Elektroinstallationen; Entsorgung, Deponiegebühren		5.338		
	• Wiederherstellen (Kosten: 0,4%) Demontage und Montage von Heizkörpern		3.996		
	• Herstellen (Kosten: 99,1%) Gebäudeentwässerung, Kalt- und Warmwasserleitungen, Sanitärobjekte; Gas-Brennwertkessel, Fußbodenheizung, Heizkörper; Zu- und Abluftgeräte, Lüftungskanäle; Elektroinstallation, Beleuchtung; Lautsprecheranlagen, Notrufanlage, Netzwerkverkabelung; Personenaufzug; Gebäudeautomation		1.086.244		
600	**Ausstattung und Kunstwerke**	1.778,38 m²BGF	10.588	**5,95**	0,3
	• Herstellen (Kosten: 100,0%) Wandspiegel, Sanitärausstattung, Handtrockner		10.588		

Kostenkennwerte für die Kostengruppen der 2.Ebene DIN 276

KG	Kostengruppe	Menge Einheit	Kosten €	€/Einheit	%
200	**Vorbereitende Maßnahmen**				**100,0**
210	**Herrichten**	20.358,73 m² GF	23.870	**1,17**	100,0
	• Abbrechen (Kosten: 86,3%) Baumstubben, Wurzelballen abräumen (4t); Entsorgung, Deponiegebühren	20.358,73 m² GF	20.602	**1,01**	
	• Herstellen (Kosten: 13,7%) Oberboden abtragen, d=30cm, laden, 500m fördern, lagern (158m³)	20.358,73 m² GF	3.268	**0,16**	
300	**Bauwerk – Baukonstruktionen**				**100,0**
310	**Baugrube / Erdbau**	66,95 m³ BGI	9.021	**134,75**	0,3
	• Herstellen (Kosten: 100,0%) Rohrgrabenaushub, t bis 1,00m, lagern, verfüllen (38m), in Handarbeit (62m), Kopflöcher, t bis 1,20m (2St), Verdichtungsnachweis (16St), Feinplanum (772m²), Füllsand liefern (36m³)	66,95 m³ BGI	9.021	**134,75**	
320	**Gründung, Unterbau**	876,84 m² GRF	316.417	**360,86**	11,3
	• Abbrechen (Kosten: 0,9%) Abbruch von Betonfundament (psch); Entsorgung, Deponiegebühren	–	2.848	–	
	• Herstellen (Kosten: 99,1%) Auffüllung Mineralgemisch, d=50cm (951m³), Ortbeton, d=25-50cm (36m³) * Fundamentaushub (109m³), Streifenfundamente, b=0,40-1,00m (81m³), Stb-Fundamentplatten, d=20-24cm (877m²) * Bitumenabdichtung (773m²), EPS-Dämmung, d=100mm (414m²), d=30mm (789m²), Heizestrich (751m²), Eichenparkett (637m²), Betonwerkstein (141m²), Bodenfliesen (26m²), Holzsockel (412m), Sockelfliesen (45m), Sauberlaufmatte (3St) * Sauberkeitsschicht, Magerbeton, d=5cm (865m²), Perimeterdämmung, d=60-100mm (252m²)	876,84 m² GRF	313.570	**357,61**	
330	**Außenwände/Vert. Baukonstrukt., außen**	1.198,73 m² AWF	1.000.740	**834,83**	35,8
	• Wiederherstellen (Kosten: 0,2%) Alufenster ausbauen, lagern, wieder einbauen (6m²), Fensterbänke unterfüttern, beiputzen (4m)	5,82 m² AWF	1.971	**338,60**	
	• Herstellen (Kosten: 99,8%) KS-Mauerwerk, d=24cm (224m²), Stb-Wände, d=24-28cm (134m²) * Stb-Brüstung, d=24cm (94m²) * Stb-Stützen, D=20cm (37m), 24x55-130cm (106m) * Mineralwolldämmung, d=220-240mm (309m²), HPL-Außenwandbekleidung (400m²), als Laibungsplatten (136m), Mineralwolldämmung, d=180mm, Verblendmauerwerk, d=11,5cm (226m²), Mineralwolldämmung, d=160mm, Alu-Bekleidung (48m²), Alu-Fensterbänke (75m), Holzschwerter, Brüstungen (221St) * Kalk-Zementputz (326m²), Beschichtung (358m²) * Alu-Holz-Pfosten-Riegelfassade (284m²), Alu-Pfosten-Riegelfassade (92m²) * Außenraffstores, Motorantrieb (151m²), Senkrechtmarkisen (4St)	1.192,91 m² AWF	998.769	**837,25**	

KG	Kostengruppe	Menge Einheit	Kosten €	€/Einheit	%
340	**Innenwände/Vert. Baukonstrukt., innen**	1.393,72 m² IWF	437.106	**313,63**	15,6
	• Abbrechen (Kosten: 1,5%) Abbruch von Innenwänden bis d=30cm (17m²) * von Innentüren, Stahlzargen (4m²); von Wandputz (47m²); Entsorgung, Deponiegebühren	27,36 m² IWF	6.756	**246,94**	
	• Wiederherstellen (Kosten: 0,3%) Festverglasung ausbauen, säubern, neu verglasen, wieder einsetzen, abdichten (psch)	–	1.265	**–**	
	• Herstellen (Kosten: 98,2%) KS-Mauerwerk, d=17-24cm (1.011m²), Stb-Wände, d=24cm (87m²), Stb-Stürze b=24cm (13St), Stahlträger HEA140 (3m) * KS-Mauerwerk, d=11,5cm (157m²) * Holztüren, Vollspanplatte, d=48mm (81m²) mit Seiten-Festverglasung (25m²), Stahltüren T60 RS-2 (6m²), Alu-Türelement, zweiflüglig (8m²), Obentürschließer (4St) * Kalk-Zementputz (2.176m²), Vorsatzschalen (230m²), Laibungsbekleidung, d=18-70cm (38m), Fliesen (50m²), Beschichtung (2.152m²) * WC-Trennwände, h=2,00m (18m²), Schamwand (1St)	1.393,72 m² IWF	429.085	**307,87**	
350	**Decken/Horizontale Baukonstruktionen**	852,41 m² DEF	408.817	**479,60**	14,6
	• Herstellen (Kosten: 100,0%) Stb-Elementdecken, d=20-26cm (831m²), Stb-Treppen, b=1,40m, 11Stg (1St), 7Stg (1St), 5Stg (1St), Stb-Podest, d=20cm (9m²), Stb-Unterzüge, b=24cm (88m) * EPS-Dämmung, d=80mm (658m²), Heizestrich, d=70mm (474m²), Schnellestrich (80m²), Winkelstufen Betonwerkstein, b=1,40m (56St), Podestbelag (2St), Eichenparkett (637m²), Korkfugen (69m), Holzsockel (412m), Bodenfliesen (47m²), Fliesensockel (65m), Trennschienen Edelstahl (39m) * Akustikdecken, Quadratlochung, (629m²), Fries (455m), Multiplex-Deckenverstärkung (80St), Beschichtung (622m²) * Treppengeländer, Stahlblech (36m²), Eiche-Handlauf (80m)	852,41 m² DEF	408.817	**479,60**	
360	**Dächer**	928,93 m² DAF	469.881	**505,83**	16,8
	• Herstellen (Kosten: 100,0%) Stb-Flachdach, d=24cm (785m²), Stb-Unterzüge (100m), Stb-Aufkantungen (53m), Stahlvordächer (2St), Glasvordach, VSG (1St) * Lichtkuppel (1St) * Bitumenabdichtung, Gefälledämmung, d i.M 230mm (804m²), PIR-Dämmung, h bis 55cm (61m), EPDM-Abdichtung (905m²), Rollkiesschüttung, d=50mm (99m²), Alu-Attikaabdeckungen (262m), Holzschwerter Attiken (87St), Wasserspeier (8St), Attikaabläufe (8St), Dunstrohre DN70-150 (7St), Regenrohre DN70-100 (73m) * Akustikdecke (801m²), Fries (455m), Beschichtung (887m²) * Alu-Lichtdach-Konstruktion (1St) * Absturzsicherungen (23St)	928,93 m² DAF	469.881	**505,83**	
380	**Baukonstruktive Einbauten**	1.778,38 m² BGF	4.341	**2,44**	0,2
	• Abbrechen (Kosten: 26,9%) Abbruch von Einbauschränken (20m²); Entsorgung, Deponiegebühren	1.778,38 m² BGF	1.167	**0,66**	
	• Herstellen (Kosten: 73,1%) Türschilder (30St), Symbolschilder (5St)	1.778,38 m² BGF	3.173	**1,78**	

KG	Kostengruppe	Menge Einheit	Kosten €	€/Einheit	%
390	**Sonst. Maßnahmen für Baukonstrukt.**	1.778,38 m²BGF	150.487	**84,62**	5,4
	• Herstellen (Kosten: 100,0%)	1.778,38 m²BGF	150.487	**84,62**	
	Baustelleneinrichtungen (10St), Baukran (1St), Bauzaun, h=2,00m (175m), Toranlagen (2St), Absturzsicherungen Baugrube (55m), Baustromverteiler (6St), Baubeleuchtung (psch), Baustellen-WC (1St), Baustraße (72t) * Fassadengerüst (1.246m²), Schutznetze (123m²), Fußgängertunnel (13m) * Bauschutt (59m³); Entsorgung, Deponiegebühren * Staubschutzwände (57m²), Folienabdeckungen Fenster (404m²), Abdeckungen Böden (458m²), Bautrocknung (405d), Baureinigung (psch)				
400	**Bauwerk – Technische Anlagen**				**100,0**
410	**Abwasser-, Wasser-, Gasanlagen**	1.778,38 m²BGF	92.446	**51,98**	8,4
	• Herstellen (Kosten: 100,0%)	1.778,38 m²BGF	92.446	**51,98**	
	KG-Rohre DN100-300 (119m), HT-Rohre DN50-100 (36m), Kontrollschächte DN1.000, t=1,10m (2St) * Kupferrohre DN15-42 (192m), Wand-Tiefspül-WCs, WC-Sitze (10St), barrierefrei (1St), Stützklappgriffe (2St), Urinale (7St), Waschtische, Armaturen (22St), Ausgussbecken (1St), Hygienespülung (1St), Warmwasserspeicher, 10l (1St), Durchlauferhitzer (1St), Brausethermostat (1St) * Montageelemente (38St)				
420	**Wärmeversorgungsanlagen**	1.778,38 m²BGF	172.139	**96,80**	15,7
	• Abbrechen (Kosten: 1,2%)	1.778,38 m²BGF	2.047	**1,15**	
	Abbruch von Rohrleitungen DN15-50 (121m); Entsorgung, Deponiegebühren				
	• Wiederherstellen (Kosten: 2,3%)	1.778,38 m²BGF	3.996	**2,25**	
	Demontage und Montage von Heizkörpern (1St), Stahlglieder-Heizkörper (3St)				
	• Herstellen (Kosten: 96,5%)	1.778,38 m²BGF	166.096	**93,40**	
	Gasbrennwertkessel 48kW (1St) * Stahlrohre DN15-50 (313m), PE-Fernwärmeleitung DN50 (16m), Kabelschutzrohr DN110 (50m), Umwälzpumpen (2St), Kugelhähne (12St), Ventile (psch), Brandschotts (16St) * Fußbodenheizung (1.267m²), Verteiler (7St), Erweiterungsmodule, Steuermodule (7St), Raumfühler (28St), Plattenheizkörper (2St)				
430	**Raumlufttechnische Anlagen**	1.778,38 m²BGF	337.461	**189,76**	30,8
	• Herstellen (Kosten: 100,0%)	1.778,38 m²BGF	337.461	**189,76**	
	Zu- und Abluftgeräte, wetterfest, Steuerungen, Regler, Ventilatoren, Zubehör (2St), Lüftungskanäle, Formstücke, Dämmung (960m²), Wickelfalzrohre DN100-160 (50m), Telefonie-Schalldämpfer (9St), Volumenstromregler (56St), Sensoren (20St), Brandschotts (16St), Lüftungsgitter (106St)				
440	**Elektrische Anlagen**	1.778,38 m²BGF	344.256	**193,58**	31,4
	• Abbrechen (Kosten: 1,0%)	1.778,38 m²BGF	3.291	**1,85**	
	Abbruch von Schaltschrank (1St), Feldgeräten, Verkabelungen (6St); Entsorgung, Deponiegebühren				
	• Herstellen (Kosten: 99,0%)	1.778,38 m²BGF	340.965	**191,73**	
	Schaltschrank, bestückt (1St), Standverteiler (2St), Hauptschalter (2St), Abzweigkästen (91St), Sicherungsautomaten (64St), FI/LS-Schalter (63St), Überspannungsableiter (2St), NH-Trenner (2St), Netzüberwachungsrelais (8St), Motorsteuereinheiten (5St), Mantelleitungen (11.464m), Kanal/Leerrohre (532m), Steckdosen (251St), Schalter, Taster (121St), Präsenzmelder (53St) * Deckeneinbauleuchten (300St), Wannenleuchten (28St), Strahler (30St), Lichtmasten, Aufsatzleuchten (5St), Erweiterung der SiBe-Zentrale (psch), Rettungsweg-Leuchten (32St), Notbeleuchtung (30St) * Erdungsanschlüsse (56St), Potenzialausgleich (1St), Potenzialausgleichsschienen (4St), Mantelleitungen (510m)				

KG	Kostengruppe	Menge Einheit	Kosten €	€/Einheit	%
450	**Kommunikationstechnische Anlagen**	1.778,38 m²BGF	56.387	**31,71**	5,1
	• Herstellen (Kosten: 100,0%) Deckeneinbaulautsprecher (36St), Lautsprechermast (1St) * Lautstärkeregler (2St), Cinch-Stecker (12St), HDMI-Mantelleitung (180m), Anschlussblende (24St), Blindblende (12St) * Hardware für Gebäudemanagement (1St), Basis-GLT-Update (2St), Internetmodem (1St), Rufanlage für barrierefreies WC (1St) * Zentraler Verteilerschrank (1St), LWL Patchfeld 19" (6St), Audio Chinch-Anschlüsse (36St), RJ45 Dosen (39St), Patchkabel 2xRJ45 (12St), Datenanschlussdosen (8St), Daten-Installationskabel (2.630m)	1.778,38 m²BGF	56.387	**31,71**	
460	**Förderanlagen**	1.778,38 m²BGF	53.002	**29,80**	4,8
	• Herstellen (Kosten: 100,0%) Personenaufzug, Tragkraft 630kg, zwei Haltestellen (1St)	1.778,38 m²BGF	53.002	**29,80**	
480	**Gebäude- und Anlagenautomation**	1.778,38 m²BGF	37.293	**20,97**	3,4
	• Herstellen (Kosten: 100,0%) Automationsstationen mit Bedienfeld (2St), Transformatoren (3St), Prozessschnittstelle (1St), Ein- Ausgabemodule (2St), Messwertgeber (23St), MS-Fühlertasche (12St), Dreiwegeventile (10St), Temperaturwächter (3St), Überspannungsschutz (2St), Netzgeräte (2St), Koppelrelais (10St), Switch-Port (1St)	1.778,38 m²BGF	37.293	**20,97**	
490	**Sonst. Maßnahmen für techn. Anlagen**	1.778,38 m²BGF	2.595	**1,46**	0,2
	• Herstellen (Kosten: 100,0%) Provisorische Wasserspeier (4St), provisorische Fallrohre (63m)	1.778,38 m²BGF	2.595	**1,46**	
600	**Ausstattung und Kunstwerke**				**100,0**
610	**Allgemeine Ausstattung**	1.778,38 m²BGF	10.588	**5,95**	100,0
	• Herstellen (Kosten: 100,0%) Wandspiegel 1,20x1,40-2,20m (7St), Bürstengarnituren (12St), Papierrollen (10St), Seifenspender, Papierspender, Müllbehälter (23St), Handtrockner (4St)	1.778,38 m²BGF	10.588	**5,95**	

Kostenkennwerte für die Kostengruppen 300 der 2. und 3. Ebene DIN 276 (Übersicht)

KG	Kostengruppe	Menge Einheit	Kosten €	€/Einheit	% an 3+4
300	**Bauwerk – Baukonstruktionen**	**1.778,38 m² BGF**	**2.796.809,95**	**1.572,67**	**71,9**
310	**Baugrube / Erdbau**	**66,95 m³ BGI**	**9.021,29**	**134,75**	**0,2**
311	Herstellung	66,95 m³ BGI	9.021,29	134,75	0,2
312	Umschließung	–	–	–	–
313	Wasserhaltung	–	–	–	–
314	Vortrieb	–	–	–	–
319	Sonstiges zur KG 310	–	–	–	–
320	**Gründung, Unterbau**	**876,84 m² GRF**	**316.417,38**	**360,86**	**8,1**
321	Baugrundverbesserung	488,31 m²	33.866,23	69,35	0,9
322	Flachgründungen und Bodenplatten	876,84 m²	107.950,52	123,11	2,8
323	Tiefgründungen	–	–	–	–
324	Gründungsbeläge	814,71 m²	147.367,51	180,88	3,8
325	Abdichtungen und Bekleidungen	1.032,18 m²	27.233,13	26,38	0,7
326	Dränagen	–	–	–	–
329	Sonstiges zur KG 320	–	–	–	–
330	**Außenwände/Vert. Baukonstrukt., außen**	**1.198,73 m² AWF**	**1.000.740,14**	**834,83**	**25,7**
331	Tragende Außenwände	359,94 m²	77.554,77	215,47	2,0
332	Nichttragende Außenwände	94,35 m²	10.362,42	109,83	0,3
333	Außenstützen	143,13 m	28.775,27	201,04	0,7
334	Außenwandöffnungen	54,72 m²	71.351,29	1.303,93	1,8
335	Außenwandbekleidungen, außen	767,74 m²	310.319,34	404,20	8,0
336	Außenwandbekleidungen, innen	358,00 m²	31.052,51	86,74	0,8
337	Element. Außenwandkonstruktionen	376,28 m²	439.737,15	1.168,64	11,3
338	Lichtschutz zur KG 330	154,84 m²	31.587,41	204,00	0,8
339	Sonstiges zur KG 330	–	–	–	–
340	**Innenwände/Vert. Baukonstrukt., innen**	**1.393,72 m² IWF**	**437.106,05**	**313,63**	**11,2**
341	Tragende Innenwände	1.098,25 m²	137.070,86	124,81	3,5
342	Nichttragende Innenwände	156,89 m²	21.884,87	139,49	0,6
343	Innenstützen	–	–	–	–
344	Innenwandöffnungen	120,26 m²	113.985,59	947,83	2,9
345	Innenwandbekleidungen	2.332,78 m²	159.467,68	68,36	4,1
346	Elementierte Innenwandkonstruktionen	18,32 m²	4.697,06	256,39	0,1
347	Lichtschutz zur KG 340	–	–	–	–
349	Sonstiges zur KG 340	–	–	–	–
350	**Decken/Horizontale Baukonstruktionen**	**852,41 m² DEF**	**408.816,85**	**479,60**	**10,5**
351	Deckenkonstruktionen	852,41 m²	159.546,24	187,17	4,1
352	Deckenöffnungen	–	–	–	–
353	Deckenbeläge	705,00 m²	120.293,00	170,63	3,1
354	Deckenbekleidungen	628,61 m²	67.226,77	106,95	1,7
355	Elementierte Deckenkonstruktionen	–	–	–	–
359	Sonstiges zur KG 350	852,41 m² DEF	61.750,85	72,44	1,6
360	**Dächer**	**928,93 m² DAF**	**469.880,55**	**505,83**	**12,1**
361	Dachkonstruktionen	784,73 m²	154.426,32	196,79	4,0
362	Dachöffnungen	1,44 m²	2.360,46	1.639,21	< 0,1
363	Dachbeläge	904,76 m²	186.733,22	206,39	4,8
364	Dachbekleidungen	886,81 m²	79.943,77	90,15	2,1
365	Elementierte Dachkonstruktionen	22,73 m²	31.012,61	1.364,39	0,8
366	Lichtschutz zur KG 360	–	–	–	–
369	Sonstiges zur KG 360	928,93 m² DAF	15.404,17	16,58	0,4
370	**Infrastrukturanlagen**	**–**	**–**	**–**	**–**
380	**Baukonstruktive Einbauten**	**1.778,38 m² BGF**	**4.340,96**	**2,44**	**0,1**
390	**Sonst. Maßnahmen für Baukonstrukt.**	**1.778,38 m² BGF**	**150.486,71**	**84,62**	**3,9**

Kostenkennwerte für die Kostengruppen 400 der 2. und 3. Ebene DIN 276 (Übersicht)

KG	Kostengruppe	Menge Einheit	Kosten €	€/Einheit	% an 3+4
400	**Bauwerk – Technische Anlagen**	**1.778,38 m²BGF**	**1.095.578,20**	**616,05**	**28,1**
410	**Abwasser-, Wasser-, Gasanlagen**	**1.778,38 m²BGF**	**92.445,74**	**51,98**	**2,4**
411	Abwasseranlagen	1.778,38 m²BGF	28.841,25	16,22	0,7
412	Wasseranlagen	1.778,38 m²BGF	56.060,42	31,52	1,4
413	Gasanlagen	–	–	–	–
419	Sonstiges zur KG 410	1.778,38 m²BGF	7.544,06	4,24	0,2
420	**Wärmeversorgungsanlagen**	**1.778,38 m²BGF**	**172.138,77**	**96,80**	**4,4**
421	Wärmeerzeugungsanlagen	1.778,38 m²BGF	46.362,96	26,07	1,2
422	Wärmeverteilnetze	1.778,38 m²BGF	52.630,80	29,59	1,4
423	Raumheizflächen	1.778,38 m²BGF	73.145,03	41,13	1,9
424	Verkehrsheizflächen	–	–	–	–
429	Sonstiges zur KG 420	–	–	–	–
430	**Raumlufttechnische Anlagen**	**1.778,38 m²BGF**	**337.461,42**	**189,76**	**8,7**
431	Lüftungsanlagen	1.778,38 m²BGF	337.461,42	189,76	8,7
432	Teilklimaanlagen	–	–	–	–
433	Klimaanlagen	–	–	–	–
434	Kälteanlagen	–	–	–	–
439	Sonstiges zur KG 430	–	–	–	–
440	**Elektrische Anlagen**	**1.778,38 m²BGF**	**344.256,48**	**193,58**	**8,8**
441	Hoch- und Mittelspannungsanlagen	–	–	–	–
442	Eigenstromversorgungsanlagen	–	–	–	–
443	Niederspannungsschaltanlagen	–	–	–	–
444	Niederspannungsinstallationsanlagen	1.778,38 m²BGF	178.210,16	100,21	4,6
445	Beleuchtungsanlagen	1.778,38 m²BGF	162.725,64	91,50	4,2
446	Blitzschutz- und Erdungsanlagen	1.778,38 m²BGF	3.320,68	1,87	< 0,1
447	Fahrleitungssysteme	–	–	–	–
449	Sonstiges zur KG 440	–	–	–	–
450	**Kommunikationstechnische Anlagen**	**1.778,38 m²BGF**	**56.386,77**	**31,71**	**1,4**
451	Telekommunikationsanlagen	–	–	–	–
452	Such- und Signalanlagen	–	–	–	–
453	Zeitdienstanlagen	–	–	–	–
454	Elektroakustische Anlagen	1.778,38 m²BGF	3.718,43	2,09	< 0,1
455	Audiovisuelle Medien- u. Antennenanl.	1.778,38 m²BGF	6.028,24	3,39	0,2
456	Gefahrenmelde- und Alarmanlagen	1.778,38 m²BGF	17.920,54	10,08	0,5
457	Datenübertragungsnetze	1.778,38 m²BGF	28.719,57	16,15	0,7
458	Verkehrsbeeinflussungsanlagen	–	–	–	–
459	Sonstiges zur KG 450	–	–	–	–
460	**Förderanlagen**	**1.778,38 m²BGF**	**53.001,74**	**29,80**	**1,4**
461	Aufzugsanlagen	1.778,38 m²BGF	53.001,74	29,80	1,4
462	Fahrtreppen, Fahrsteige	–	–	–	–
463	Befahranlagen	–	–	–	–
464	Transportanlagen	–	–	–	–
465	Krananlagen	–	–	–	–
466	Hydraulikanlagen	–	–	–	–
469	Sonstiges zur KG 460	–	–	–	–
470	**Nutzungsspez. u. verfahrenstechn. Anl.**	**–**	**–**	**–**	**–**
480	**Gebäude- und Anlagenautomation**	**1.778,38 m²BGF**	**37.292,60**	**20,97**	**1,0**
490	**Sonst. Maßnahmen für techn. Anlagen**	**1.778,38 m²BGF**	**2.594,67**	**1,46**	**< 0,1**

Kostenkennwerte für die Kostengruppen der 3.Ebene DIN 276

KG	Kostengruppe	Menge Einheit	Kosten €	€/Einheit	%
210	**Herrichten**				**100,0**
214	**Herrichten der Geländeoberfläche**	20.358,73 m^2GF	23.870	**1,17**	100,0
	• Abbrechen (Kosten: 86,3%) Baumstubben, Wurzelballen abräumen (4t); Entsorgung, Deponiegebühren	20.358,73 m^2GF	20.602	**1,01**	
	• Herstellen (Kosten: 13,7%) Oberboden abtragen, d=30cm, laden, 500m fördern, lagern (158m^3)	20.358,73 m^2GF	3.268	**0,16**	
310	**Baugrube / Erdbau**				**100,0**
311	**Herstellung**	66,95 m^3BGI	9.021	**134,75**	100,0
	• Herstellen (Kosten: 100,0%) Rohrgrabenaushub, t bis 1,00m, lagern, verfüllen (38m), in Handarbeit (62m), Kopfloch, t bis 1,20m (2St), Verdichtungsnachweis (16St), Feinplanum (772m^2), Füllsand liefern (36m^3)	66,95 m^3BGI	9.021	**134,75**	
320	**Gründung, Unterbau**				**100,0**
321	**Baugrundverbesserung**	488,31 m^2	33.866	**69,35**	10,7
	• Herstellen (Kosten: 100,0%) Auffüllung Mineralgemisch, d=50cm (951m^3), Ortbeton C8/10, d=25-50cm (36m^3)	488,31 m^2	33.866	**69,35**	
322	**Flachgründungen und Bodenplatten**	876,84 m^2	107.951	**123,11**	34,1
	• Abbrechen (Kosten: 2,6%) Abbruch von Betonfundament (psch); Entsorgung, Deponiegebühren	–	2.848	–	
	• Herstellen (Kosten: 97,4%) Fundamentaushub BK3-4 (74m^3), abschnittsweise (35m^3), Streifenfundamente C25/30, b=0,40-1,00m, t bis 1,00m, Schalung, Bewehrung (81m^3), Stb-Fundamentplatten C25/30, d=20cm (847m^2), d=24cm (30m^2), Leerrohr DN25 (24m)	876,84 m^2	105.103	**119,87**	
324	**Gründungsbeläge**	814,71 m^2	147.368	**180,88**	46,6
	• Herstellen (Kosten: 100,0%) Bitumenabdichtung (773m^2), EPS-Dämmung WLG 035, d=100mm (414m^2), WLG 040, d=30mm (789m^2), Heizestrich CT-F4, d=70mm (751m^2), Haftgrund, Eichenparkett, d=16mm (637m^2), Betonwerkstein 60x30cm, R9 (141m^2), Bodenfliesen 30x30cm (26m^2), Schüttung (10m^2), Holzsockel (412m), Sockelfliesen (45m), Sauberlaufmatte 2,40x3,30m, Einbaurahmen (1St), 2,40x1,30m (2St)	814,71 m^2	147.368	**180,88**	
325	**Abdichtungen und Bekleidungen**	1.032,18 m^2	27.233	**26,38**	8,6
	• Herstellen (Kosten: 100,0%) Sauberkeitsschicht, Magerbeton C8/10, d=5cm (792m^2), unter Fundamenten (73m^2), Perimeterdämmung WLG 035, d=100mm (191m^2), d=60mm (61m^2), vertikale Schweißbahn (167m^2), Kappleisten (61m)	1.032,18 m^2	27.233	**26,38**	
330	**Außenwände/Vertikale Baukonstruktionen, außen**				**100,0**
331	**Tragende Außenwände**	359,94 m^2	77.555	**215,47**	7,7
	• Herstellen (Kosten: 100,0%) KS-Mauerwerk, d=24cm (224m^2), Stb-Wände C25/30, d=24cm, Schalung, Bewehrung (124m^2), d=28,5cm (10m^2), Türöffnung in MW, d=40cm herstellen, 2,50x2,50m, zwei HEA 140 einbauen (2m^2), Kernbohrungen, D=70mm (6St), D bis 130mm (4St)	359,94 m^2	77.555	**215,47**	

KG	Kostengruppe	Menge Einheit	Kosten €	€/Einheit	%
332	**Nichttragende Außenwände**	94,35 m²	10.362	**109,83**	1,0
	• Herstellen (Kosten: 100,0%) Stb-Brüstung C25/30, d=24cm, h=47-55cm, Schalung, Bewehrung (94m²)	94,35 m²	10.362	**109,83**	
333	**Außenstützen**	143,13 m	28.775	**201,04**	2,9
	• Herstellen (Kosten: 100,0%) Stb-Stützen C25/30, D=20cm, Schalung, Bewehrung (37m), 55,5-74x24cm (55m), 87-130x24cm (51m), Ankerschienen, verzinkt (99m)	143,13 m	28.775	**201,04**	
334	**Außenwandöffnungen**	54,72 m²	71.351	**1.303,93**	7,1
	• Wiederherstellen (Kosten: 2,8%) Alufenster 1,51x1,93m ausbauen, lagern, wieder einbauen (2St), Fensterbänke unterfüttern, beiputzen (4m)	5,83 m²	1.971	**338,02**	
	• Herstellen (Kosten: 97,2%) Öffnungen mit KS-Mauerwerk schließen 1,20x1,60cm, d=30cm (10m²), Alu-Türelemente, 3,01x3,10m, zwei Seitenverglasungen, Oberlicht T30RS (37m²), Türöffnungsbegrenzer (10St), Alufenster, 0,50x1,93m DK (2m²), Alu-Fensterbank, t=25cm (5m), Edelstahlrosetten (22St), Spiegelfolie (psch)	48,89 m²	69.381	**1.419,12**	
335	**Außenwandbekleidungen, außen**	767,74 m²	310.319	**404,20**	31,0
	• Herstellen (Kosten: 100,0%) Mineralwolldämmung WLG 035, d=240mm (270m²), d=220mm (39m²), vorgehängte, hinterlüftete HPL-Außenwandbekleidung, d=8mm, Unterkonstruktion KVH (366m²), waagerecht (34m²), als Laibungsplatten, t=20-30cm (101m), t=43cm (35m), Mineralwolldämmung WLG 035, d=180mm, Verblendmauerwerk, d=11,5cm (226m²), Laibungen, t=11,5cm (92m), Mineralwolldämmung WLG 035, d=160mm, Alu-Fassadenbekleidung (48m²), OSB-Platten an Fensterbank (182m), an Laibungen (138m), Alu-Fensterbänke, t bis 60cm (75m), Holzschwerter, Brüstungen (221St), Lüftungsgitter (383m), Winkelverbinder (67St)	767,74 m²	310.319	**404,20**	
336	**Außenwandbekleidungen, innen**	358,00 m²	31.053	**86,74**	3,1
	• Herstellen (Kosten: 100,0%) Kalk-Zementputz, gefilzt (326m²), in Laibungen (80m), Silikatbeschichtung (358m²), Multiplex-Laibungsbekleidungen, d=25mm, t=27-72cm (77m), OSB-Laibungsbekleidungen (7St)	358,00 m²	31.053	**86,74**	
337	**Element. Außenwandkonstruktionen**	376,28 m²	439.737	**1.168,64**	43,9
	• Herstellen (Kosten: 100,0%) Alu-Holz-Pfosten-Riegelfassade, Uw=0,7W/m²K, Fensterflügel KvD, dreifach Wärmeschutzverglasung (284m²), Alu-Pfosten-Riegelfassade, Uw=0,7W/m²K, dreifach Wärmeschutzverglasung, Festverglasungen (92m²), Riegelausschnitte für Rundstützen (12St), Brüstungsverstärkungen (87St)	376,28 m²	439.737	**1.168,64**	
338	**Lichtschutz zur KG 330**	154,84 m²	31.587	**204,00**	3,2
	• Herstellen (Kosten: 100,0%) Außenraffstores, dreifach, Lamellenbreite 80mm, Motorantrieb (130m²), einfach, Motorantrieb (21m²), Alu-Einbaukästen (59m), Senkrechtmarkisen (4St)	154,84 m²	31.587	**204,00**	

KG	Kostengruppe	Menge Einheit	Kosten €	€/Einheit	%
340	**Innenwände/Vertikale Baukonstruktionen, innen**				**100,0**
341	**Tragende Innenwände**	1.098,25 m²	137.071	**124,81**	31,4
	• Herstellen (Kosten: 100,0%) KS-Mauerwerk, d=24cm (1.004m²), d=17cm (7m²), Stb-Wände C25/30, d=24cm, Schalung, Bewehrung (87m²), Stb-Stürze b=24cm (13St), Stahlträger HEA140 (3m), Kernbohrungen DN100 (7St)	1.098,25 m²	137.071	**124,81**	
342	**Nichttragende Innenwände**	156,89 m²	21.885	**139,49**	5,0
	• Abbrechen (Kosten: 24,2%) Abbruch von Innenwänden bis d=30cm (17m²); Entsorgung, Deponiegebühren	16,57 m²	5.303	**320,02**	
	• Herstellen (Kosten: 75,8%) KS-Mauerwerk, d=11,5cm (157m²), Stürze b=11,5cm (13St), Kernbohrungen DN100 (7St)	156,89 m²	16.582	**105,69**	
344	**Innenwandöffnungen**	120,26 m²	113.986	**947,83**	26,1
	• Abbrechen (Kosten: 0,3%) Abbruch von Innentüren, Stahlzargen (4m²); Entsorgung, Deponiegebühren	4,00 m²	313	**78,18**	
	• Wiederherstellen (Kosten: 1,1%) Festverglasung ausbauen, säubern, neu verglasen, wieder einsetzen, abdichten (psch)	–	1.265	–	
	• Herstellen (Kosten: 98,6%) Holztüren, Vollspanplatte, d=48mm, Oberfläche HPL, Stahlzargen (77m²), zweiflüglig (4m²), mit Seiten-Festverglasung (25m²), Stahltüren T60 RS-2 (6m²), Alu-Türelement, zweiflüglig, zwei Festverglasungen (8m²), Lichtausschnitte (2St), Obentürschließer (4St), Panikschlösser (4St), Automatikschlösser (8St), Türstopper (35St)	120,26 m²	112.408	**934,71**	
345	**Innenwandbekleidungen**	2.332,78 m²	159.468	**68,36**	36,5
	• Abbrechen (Kosten: 0,7%) Abbruch von Wandputz (47m²); Entsorgung, Deponiegebühren	46,71 m²	1.141	**24,43**	
	• Herstellen (Kosten: 99,3%) Kalk-Zementputz, gefilzt (2.176m²), in Laibungen (psch), Design-Vorsatzschale (50m²), GK-Vorsatzschalen (180m²), Laibungsbekleidung, d=18cm (33m), d=70cm (5m), Wandabdichtung (170m²), Fliesen 10x30cm (50m²), Silikatbeschichtung (1.875m²), Acrylbeschichtung (277m²), Gebäudetrennfuge, Steinwolle (84m²), Revisionsklappen (19St)	2.286,07 m²	158.327	**69,26**	
346	**Elementierte Innenwandkonstruktionen**	18,32 m²	4.697	**256,39**	1,1
	• Herstellen (Kosten: 100,0%) WC-Trennwände, Vollspanplatten, h=2,00m, drei Türen (18m²), Schamwand (1St)	18,32 m²	4.697	**256,39**	
350	**Decken/Horizontale Baukonstruktionen**				**100,0**
351	**Deckenkonstruktionen**	852,41 m²	159.546	**187,17**	39,0
	• Herstellen (Kosten: 100,0%) Stb-Elementdecken C25/30, d=26cm, Schalung, Bewehrung (746m²), d=20cm (85m²), Stb-Treppen C25/30, b=1,40m, einläufig, gerade, 11Stg, 16x28cm (1St), 7Stg (1St), 5Stg (1St), Stb-Podest 1,30x3,50m, d=20cm (9m²), Stb-Unterzüge C25/30, b=24cm, h=46-98cm (88m), Kernbohrungen (30St)	852,41 m²	159.546	**187,17**	

KG	Kostengruppe	Menge Einheit	Kosten €	€/Einheit	%
353	**Deckenbeläge**	705,00 m²	120.293	**170,63**	29,4
	• Herstellen (Kosten: 100,0%) EPS-Dämmung WLG 035, d=80mm (56m²), d=20mm (658m²), d=60mm (419m²), Heizestrich CT-F4, d=70mm (474m²), Schnellestrich (80m²), Winkelstufen Betonwerkstein, geschliffen, b=1,40m (56St), Podestbelag (2St), Eichenparkett d=16mm (637m²), Korkfugen (69m), Holzsockel, Eiche (412m), Bodenfliesen 30x30cm (47m²), Fliesensockel (65m), Trennschienen Edelstahl (39m), Boden Aufzugs-kabine (1St)	705,00 m²	120.293	**170,63**	
354	**Deckenbekleidungen**	628,61 m²	67.227	**106,95**	16,4
	• Herstellen (Kosten: 100,0%) Akustikdecke, Quadratlochung, Abhängehöhe 20-25cm (594m²), freitragend, 2x12,5mm (35m²), Fries (455m), Multiplex-Deckenverstärkung (80St), Silikatbeschichtung (594m²), Acrylbeschichtung (28m²)	628,61 m²	67.227	**106,95**	
359	**Sonstiges zur KG 350**	852,41 m² DEF	61.751	**72,44**	15,1
	• Herstellen (Kosten: 100,0%) Treppengeländer, Stahlblech, geschlossen, beschichtet (36m²), Eiche-Handlauf, D=45mm auf Treppengeländer (27m), auf Unterkonstruktion, beschichtet (53m), Stahlwangen, Treppenlauf (22m)	852,41 m² DEF	61.751	**72,44**	
360	**Dächer**				**100,0**
361	**Dachkonstruktionen**	784,73 m²	154.426	**196,79**	32,9
	• Herstellen (Kosten: 100,0%) Stb-Flachdach C25/30, d=24cm, Schalung, Bewehrung (785m²), Stb-Unterzüge C25/30, b=24cm, h=44-79cm (100m), Stb-Aufkantungen C25/30, b=17,5cm, h=76-126cm (20m), b=20cm, h=58cm (17m), Stb-Attika C25/30, b=20cm, h=55cm (16m), Stahlvordächer, 2xQR 100/100/4mm, l=3,00m, verzinkt (2St), Glasvordach 2,30x2,07m, QR 80/80/4mm, verzinkt, VSG (1St)	784,73 m²	154.426	**196,79**	
362	**Dachöffnungen**	1,44 m²	2.360	**1.639,21**	0,5
	• Herstellen (Kosten: 100,0%) Lichtkuppel 1,20x1,20m, Dachausstieg (1St)	1,44 m²	2.360	**1.639,21**	
363	**Dachbeläge**	904,76 m²	186.733	**206,39**	39,7
	• Herstellen (Kosten: 100,0%) Bitumenabdichtung, PIR-Dämmung WLG 024, d=100mm, EPS-Gefälledämmung WLG 035, d i.M130mm (804m²), PIR-Dämmung, senkrechter Dachrand, h bis 55cm (61m), EPDM-Abdichtung (905m²), Trennlage, Rollkiesschüttung 16/32, d=50mm (99m²), Alu-Attikaabdeckungen, Zuschnitt bis 90cm (262m), Holzschwerter Attiken (87St), Wasserspeier (8St), Attikaabläufe (8St), Dunstrohre DN70-150 (7St), Regenrohre DN70-100 (73m)	904,76 m²	186.733	**206,39**	
364	**Dachbekleidungen**	886,81 m²	79.944	**90,15**	17,0
	• Herstellen (Kosten: 100,0%) Akustikdecke, Quadratlochung, Abhängehöhe 20-25cm (766m²), freitragend, 2x12,5mm (35m²), Fries, umlaufend (455m), Spachtelung, Silikatbeschichtung (859m²), Acrylbeschichtung (28m²)	886,81 m²	79.944	**90,15**	
365	**Elementierte Dachkonstruktionen**	22,73 m²	31.013	**1.364,39**	6,6
	• Herstellen (Kosten: 100,0%) Alu-Lichtdach-Konstruktion 5,95x3,82m, als Pultdach, DN 7°, Sonnenschutzverglasung, acht festverglaste, zwei öffenbare Dachfenster, Motorantrieb (23m²)	22,73 m²	31.013	**1.364,39**	

KG	Kostengruppe	Menge Einheit	Kosten €	€/Einheit	%
369	**Sonstiges zur KG 360**	928,93 m2 DAF	15.404	**16,58**	3,3
	• Herstellen (Kosten: 100,0%) Absturzsicherungen, Stützen (23St), Sicherungsseil (124m), Schiebeleiter (1St)	928,93 m2 DAF	15.404	**16,58**	
380	**Baukonstruktive Einbauten**				**100,0**
381	**Allgemeine Einbauten**	1.778,38 m2 BGF	1.167	**0,66**	26,9
	• Abbrechen (Kosten: 100,0%) Abbruch von Einbauschränken (20m2); Entsorgung, Deponiegebühren	1.778,38 m2 BGF	1.167	**0,66**	
386	**Orientierungs- und Informationssysteme**	1.778,38 m2 BGF	3.173	**1,78**	73,1
	• Herstellen (Kosten: 100,0%) Türschilder (30St), Symbolschilder (5St)	1.778,38 m2 BGF	3.173	**1,78**	
390	**Sonstige Maßnahmen für Baukonstruktionen**				**100,0**
391	**Baustelleneinrichtung**	1.778,38 m2 BGF	76.714	**43,14**	51,0
	• Herstellen (Kosten: 100,0%) Baustelleneinrichtung, Hauptgewerk (1St), Nebengewerke (9St), Vermessungen (1St), Baukran (1St), Bauzaun, h=2,00m (175m), Toranlagen, b=5m (2St), Absturzsicherungen Baugrube (55m), Baustromverteiler (6St), Baubeleuchtung (psch), Baustellen-WC (1St), Baustraße, Unterbau Recyclingmaterial, d=45cm, verdichtet (72t), Warnleuchten (4St), Bautür (1St)	1.778,38 m2 BGF	76.714	**43,14**	
392	**Gerüste**	1.778,38 m2 BGF	48.252	**27,13**	32,1
	• Herstellen (Kosten: 100,0%) Fassadengerüst, Lastklasse 3 (1.246m2), Gerüstverbreiterung (383m), Podestgerüst 3,80x8,00m, h=2,50m (329m3), Gitterträger (64m), Schutznetze (123m2), Fußgängertunnel (13m), Treppenhausgerüste (2St)	1.778,38 m2 BGF	48.252	**27,13**	
396	**Materialentsorgung**	1.778,38 m2 BGF	7.118	**4,00**	4,7
	• Herstellen (Kosten: 100,0%) Entsorgen von Bauschutt (59m3); Deponiegebühren	1.778,38 m2 BGF	7.118	**4,00**	
397	**Zusätzliche Maßnahmen**	1.778,38 m2 BGF	18.402	**10,35**	12,2
	• Herstellen (Kosten: 100,0%) Staubschutzwände, Spanplatten V20, Folie (57m2), Folienabdeckungen Fenster (404m2), Abdeckungen Böden, mit Malervlies (286m2), mit Hartfaserplatten (172m2), Bautrocknung (405d), Baureinigung (psch)	1.778,38 m2 BGF	18.402	**10,35**	
410	**Abwasser-, Wasser-, Gasanlagen**				**100,0**
411	**Abwasseranlagen**	1.778,38 m2 BGF	28.841	**16,22**	31,2
	• Herstellen (Kosten: 100,0%) KG-Rohre DN100-300, Formstücke (119m), HT-Rohre DN50-100, Formstücke (36m), Kontrollschächte DN1.000, t=1,10m (2St)	1.778,38 m2 BGF	28.841	**16,22**	

KG	Kostengruppe	Menge Einheit	Kosten €	€/Einheit	%
412	**Wasseranlagen**	1.778,38 m²BGF	56.060	**31,52**	60,6
	• Herstellen (Kosten: 100,0%) Kupferrohre DN15-42, Formstücke, Rohrdämmung (192m), Wand-Tiefspül-WCs, WC-Sitze (10St), barrierefrei (1St), Stützklappgriffe (2St), Urinale (7St), Waschtische, Armaturen (22St), Ausgussbecken (1St), Hygienespülung (1St), Warmwasserspeicher, 10l (1St), Durchlauferhitzer (1St), Brausethermostat (1St), Kernbohrungen DN24-26 (24St)	1.778,38 m²BGF	56.060	**31,52**	
419	**Sonstiges zur KG 410**	1.778,38 m²BGF	7.544	**4,24**	8,2
	• Herstellen (Kosten: 100,0%) Montageelemente für WCs (10St), barrierefrei (1St), für Waschtische (20St), für Urinale (7St)	1.778,38 m²BGF	7.544	**4,24**	
420	**Wärmeversorgungsanlagen**				**100,0**
421	**Wärmeerzeugungsanlagen**	1.778,38 m²BGF	46.363	**26,07**	26,9
	• Herstellen (Kosten: 100,0%) Edelstahl-Gasbrennwertkessel 48kW (1St)	1.778,38 m²BGF	46.363	**26,07**	
422	**Wärmeverteilnetze**	1.778,38 m²BGF	52.631	**29,59**	30,6
	• Abbrechen (Kosten: 3,9%) Abbruch von Rohrleitungen DN15-50, Formstücke, Rohrdämmung (121m); Entsorgung, Deponiegebühren	1.778,38 m²BGF	2.047	**1,15**	
	• Herstellen (Kosten: 96,1%) C-Stahlrohre DN15-50, Formstücke, Rohrdämmung (313m), PE-Fernwärmeleitung DN50 (16m), Kabelschutzrohr DN110 (50m), Umwälzpumpen (2St), Kugelhähne (12St), Ventile (psch), Dämmkappen DN25 (2St), Brandschotts (16St), Kernbohrungen DN130-200 (13St)	1.778,38 m²BGF	50.584	**28,44**	
423	**Raumheizflächen**	1.778,38 m²BGF	73.145	**41,13**	42,5
	• Wiederherstellen (Kosten: 5,5%) Demontage und Montage von Heizkörpern (1St), Stahlglieder-Heizkörper (3St), Entleeren, Füllen der Heizleitungen (psch)	1.778,38 m²BGF	3.996	**2,25**	
	• Herstellen (Kosten: 94,5%) Fußbodenheizung, Noppenfolie (1.267m²), Verteiler (7St), Erweiterungsmodule, Steuermodule (7St), Raumfühler (28St), Plattenheizkörper (2St)	1.778,38 m²BGF	69.149	**38,88**	
430	**Raumlufttechnische Anlagen**				**100,0**
431	**Lüftungsanlagen**	1.778,38 m²BGF	337.461	**189,76**	100,0
	• Herstellen (Kosten: 100,0%) Zu- und Abluftgeräte, wetterfest, Steuerungen, Regler, Ventilatoren, Zubehör (2St), Lüftungskanäle, Formstücke, Dämmung (960m²), Wickelfalzrohre DN100-160 (50m), Telefonie-Schalldämpfer (9St), Volumenstromregler (56St), Sensoren (20St), Brandschotts (16St), Luftauslässe (40St), Lüftungsgitter (106St), Dachdurchführungen (4St)	1.778,38 m²BGF	337.461	**189,76**	

KG	Kostengruppe	Menge Einheit	Kosten €	€/Einheit	%
440	**Elektrische Anlagen**				**100,0**
444	**Niederspannungsinstallationsanlagen**	1.778,38 m²BGF	178.210	**100,21**	51,8
	• Abbrechen (Kosten: 1,8%) Abbruch von Schaltschrank (1St), Feldgeräten, Verkabelungen (6St); Entsorgung, Deponiegebühren	1.778,38 m²BGF	3.291	**1,85**	
	• Herstellen (Kosten: 98,2%) Schaltschrank, bestückt (1St), Standverteiler, Verteilerfelder IP55 (2St), Hauptschalter, 4-polig (2St), Abzweigkästen, IP 55 (91St), Sicherungsautomaten (64St), FI/LS-Schalter (42St), FI-Schutzschalter (16St), Lasttrennschalter (5St), Überspannungsableiter (2St), NH-Trenner (2St), Netzüberwachungs-relais (8St), Zeitschaltuhr (1St), Motorsteuereinheiten (5St), Mantelleitungen (N)HMH (8.551m), J-H(St)H (2.487m), (N)2XCH (287m), H07RN (139m), Brüstungskanal (235m), Brandschutzkanal (15m), Leerrohre (282m), Sammelhalterungen (847St), Steckdosen (251St), Schalter, Taster (121St), Präsenzmelder IP 20 (53St), Brandschotts (55St)	1.778,38 m²BGF	174.919	**98,36**	
445	**Beleuchtungsanlagen**	1.778,38 m²BGF	162.726	**91,50**	47,3
	• Herstellen (Kosten: 100,0%) Deckeneinbauleuchten (298St), Wannenleuchten (28St), Einbau-Strahler (30St), Deckenleuchten (2St), Lichtmasten, h=4,5m, Aufsatzleuchten (5St), LED-Rettungszeichen-Leuchten (25St), Erweiterung der Sicherheits-Beleuchtungszentrale (psch), Rettungsweg-Leuchten (7St), Notbeleuchtung (30St)	1.778,38 m²BGF	162.726	**91,50**	
446	**Blitzschutz- und Erdungsanlagen**	1.778,38 m²BGF	3.321	**1,87**	1,0
	• Herstellen (Kosten: 100,0%) Erdungsanschlüsse (56St), Potenzialausgleich (1St), Potenzialausgleichsschiene (4St), Mantelleitungen (N)HMH (510m)	1.778,38 m²BGF	3.321	**1,87**	
450	**Kommunikations-, sicherheits- und informationstechnische Anlagen**				**100,0**
454	**Elektroakustische Anlagen**	1.778,38 m²BGF	3.718	**2,09**	6,6
	• Herstellen (Kosten: 100,0%) Deckeneinbaulautsprecher 6/10Watt (36St), Lautsprechermast (1St), Nachrüsten Verstärker (1St)	1.778,38 m²BGF	3.718	**2,09**	
455	**Audiovisuelle Medien- u. Antennenanl.**	1.778,38 m²BGF	6.028	**3,39**	10,7
	• Herstellen (Kosten: 100,0%) Lautstärkeregler im Modulsystem (2St), Stereo Cinch-Stecker (12St), HDMI-Mantelleitung (180m), Anschlussblenden (24St), Blindblenden (12St)	1.778,38 m²BGF	6.028	**3,39**	
456	**Gefahrenmelde- und Alarmanlagen**	1.778,38 m²BGF	17.921	**10,08**	31,8
	• Herstellen (Kosten: 100,0%) Hardware für Gebäudemanagement (1St), Basis-GLT-Update (2St), Internetmodem (1St), Rufanlage für barrierefreies WC (1St), Anlagenbildaufzeichnung (12St), Einblendpunkte (337St)	1.778,38 m²BGF	17.921	**10,08**	
457	**Datenübertragungsnetze**	1.778,38 m²BGF	28.720	**16,15**	50,9
	• Herstellen (Kosten: 100,0%) Zentraler Verteilerschrank (1St), LWL Patchfeld 19" (6St), Audio Chinch-Anschlüsse (36St), RJ45 Doppeldosen (12St), Einfachdosen (27St), Patchkabel 2xRJ45 (12St), Patchkabel Universal-Datenanschlussdosen (8St), Daten-Installationskabel (2.630m), Kabelrinne (30m)	1.778,38 m²BGF	28.720	**16,15**	

KG	Kostengruppe	Menge Einheit	Kosten €	€/Einheit	%
460	**Förderanlagen**				**100,0**
461	**Aufzugsanlagen**	1.778,38 m²BGF	53.002	**29,80**	100,0
	• Herstellen (Kosten: 100,0%) Personenaufzug, Tragkraft 630kg, acht Personen, ca. 0,5m/s, zwei Haltestellen (1St)	1.778,38 m²BGF	53.002	**29,80**	
480	**Gebäude- und Anlagenautomation**				**100,0**
481	**Automationseinrichtungen**	1.778,38 m²BGF	37.293	**20,97**	100,0
	• Herstellen (Kosten: 100,0%) Automationsstationen mit Bedienfeld (2St), Transformatoren (3St), Prozessschnittstelle (1St), Ein- Ausgabemodule (2St), Temperatur-Messwertgeber (23St), MS-Fühlertasche (12St), Dreiwegeventile DN15-32 (10St), Temperaturwächter (3St), Überspannungsschutz (2St), Netzgeräte (2St), Koppelrelais (10St), Ethernet-Switch Port (1St)	1.778,38 m²BGF	37.293	**20,97**	
490	**Sonstige Maßnahmen für technische Anlagen**				**100,0**
498	**Provisorische technische Anlagen**	1.778,38 m²BGF	2.595	**1,46**	100,0
	• Herstellen (Kosten: 100,0%) Provisorische Wasserspeier (4St), provisorische Fallrohre (63m)	1.778,38 m²BGF	2.595	**1,46**	

Kostenkennwerte für Leistungsbereiche nach STLB (Kosten des Bauwerks nach DIN 276)

LB	Leistungsbereiche	Kosten €	€/m² BGF	€/m³ BRI	% an 3+4
000	Baustellen-, Verkehrssich.- u. Sicherh.einr. inkl. 001	134.518	75,60	19,50	3,5
002	Erdarbeiten	51.576	29,00	7,50	1,3
006	Spezialtiefbauarbeiten inkl. 005	–	–	–	–
009	Entwässerungskanalarbeiten inkl. 011	13.537	7,60	2,00	0,3
010	Drän- und Versickerarbeiten	–	–	–	–
012	Mauerarbeiten	239.999	135,00	34,80	6,2
	Wiederherstellen	103	0,06	0,01	< 0,1
	Herstellen	239.896	134,90	34,80	6,2
013	Betonarbeiten	541.282	304,40	78,50	13,9
014	Natur-, Betonwerksteinarbeiten	51.765	29,10	7,50	1,3
016	Zimmer- und Holzbauarbeiten	209.016	117,50	30,30	5,4
017	Stahlbauarbeiten	65.445	36,80	9,50	1,7
018	Abdichtungsarbeiten	19.967	11,20	2,90	0,5
019	Kampfmittelräumarbeiten	–	–	–	–
020	Dachdeckungsarbeiten	–	–	–	–
021	Dachabdichtungsarbeiten	123.984	69,70	18,00	3,2
022	Klempnerarbeiten	64.741	36,40	9,40	1,7
	Rohbau	**1.515.829**	**852,40**	**219,70**	**38,9**
	Wiederherstellen	103	0,06	0,01	< 0,1
	Herstellen	1.515.726	852,30	219,70	38,9
023	Putz- und Stuckarbeiten, Wärmedämmsysteme	79.192	44,50	11,50	2,0
024	Fliesen- und Plattenarbeiten	17.979	10,10	2,60	0,5
025	Estricharbeiten	48.541	27,30	7,00	1,2
026	Fenster, Außentüren inkl. 029, 032	316.448	177,90	45,90	8,1
027	Tischlerarbeiten	118.045	66,40	17,10	3,0
	Wiederherstellen	1.265	0,71	0,18	< 0,1
	Herstellen	116.781	65,70	16,90	3,0
028	Parkett-, Holzpflasterarbeiten	135.205	76,00	19,60	3,5
030	Rollladenarbeiten	31.587	17,80	4,60	0,8
031	Metallbauarbeiten inkl. 035	268.038	150,70	38,90	6,9
	Wiederherstellen	1.867	1,10	0,27	< 0,1
	Herstellen	266.171	149,70	38,60	6,8
034	Maler- und Lackiererarb. - Beschicht. inkl. 037	51.332	28,90	7,40	1,3
036	Bodenbelagarbeiten	5.038	2,80	0,73	0,1
038	Vorgehängte hinterlüftete Fassaden	30.116	16,90	4,40	0,8
039	Trockenbauarbeiten	159.237	89,50	23,10	4,1
	Ausbau	**1.260.760**	**708,90**	**182,80**	**32,4**
	Wiederherstellen	3.132	1,80	0,45	< 0,1
	Herstellen	1.257.628	707,20	182,30	32,3
040	Wärmeversorgungsanl. - Betriebseinr. inkl. 041	163.729	92,10	23,70	4,2
	Wiederherstellen	3.996	2,20	0,58	0,1
	Herstellen	159.733	89,80	23,20	4,1
042	Gas- u. Wasseranl. - Leitung., Armat. inkl. 043	53.435	30,00	7,70	1,4
044	Abwasseranl. - Leitungen, Abläufe, Armaturen	10.167	5,70	1,50	0,3
045	Gas, Wasser, Entwässerung - Ausstattung inkl. 046	15.314	8,60	2,20	0,4
047	Dämm- und Brandschutzarb. an techn. Anlagen	28.285	15,90	4,10	0,7
049	Feuerlöschanlagen, Feuerlöschgeräte	–	–	–	–
050	Blitzschutz /Erdungsanlagen, Überspannungssch.	3.321	1,90	0,48	< 0,1
053	Niederspannungsanl. - Kabel inkl. 052, 054	179.219	100,80	26,00	4,6
055	Sicherheits- u. Ersatzstromversorgungsanl.	–	–	–	–

Erweiterung

LB	Leistungsbereiche	Kosten €	€/m² BGF	€/m³ BRI	% an 3+4
057	Gebäudesystemtechnik	–	–	–	–
058	Leuchten und Lampen inkl. 059	158.953	89,40	23,00	4,1
060	Such, Signal, Zeit, Anten., akust. Anl. inkl. 064	8.322	4,70	1,20	0,2
061	Kommunikations- u. Übertragungsnetze inkl. 063	39.161	22,00	5,70	1,0
069	Aufzüge	–	–	–	–
070	Gebäudeautomation	37.293	21,00	5,40	1,0
075	Raumlufttechnische Anlagen inkl. 078	387.899	218,10	56,20	10,0
	Gebäudetechnik	**1.085.097**	**610,20**	**157,30**	**27,9**
	Wiederherstellen	3.996	2,20	0,58	0,1
	Herstellen	1.081.101	607,90	156,70	27,8
084	Abbruch, Rückbau, Schadstoffsanierung	16.110	9,10	2,30	0,4
	Abbrechen	16.110	9,10	2,30	0,4
	Abbrucharbeiten	**16.110**	**9,10**	**2,30**	**0,4**
	Abbrechen	16.110	9,10	2,30	0,4
	Sonstige Leistungsbereiche	**14.592**	**8,20**	**2,10**	**0,4**

4100-0201
Grundschule
(8 Klassen)
Kindertagesstätte
(5 Gruppen)

Erweiterung

Kostenkennwerte für die Kosten des Bauwerks (Kostengruppen 300+400 nach DIN 276)

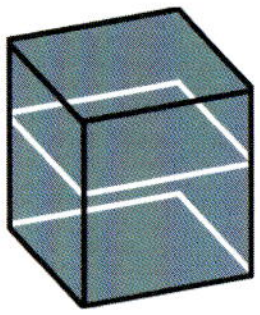

BRI 618 €/m³

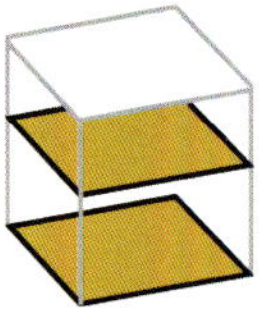

BGF 2.906 €/m²

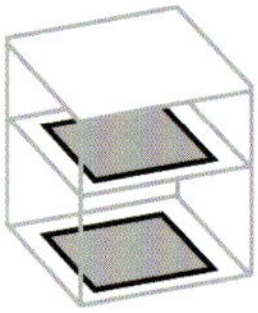

NUF 4.959 €/m²

Objekt:
Kennwerte: 1.Ebene DIN 276
BRI: 12.150 m³
BGF: 2.585 m²
NUF: 1.515 m²
Bauzeit: 83 Wochen
Bauende: 2018
Standard: mittel
Bundesland: Schleswig-Holstein
Kreis: Stormarn

Architekt*in:
bof architekten
partnerschaft mbb
bücking ostrop & flemming
Schillerstraße 47-49
22767 Hamburg

Bauherr*in:
Stadt Ahrensburg

© Meike Hansen, Archimage

© Meike Hansen, Archimage

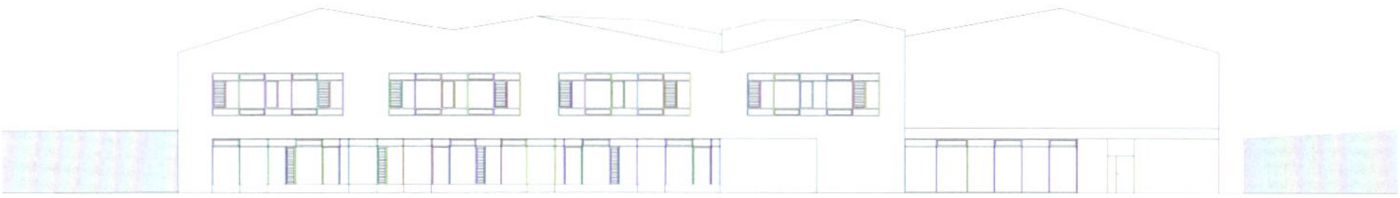

Ansicht Süd

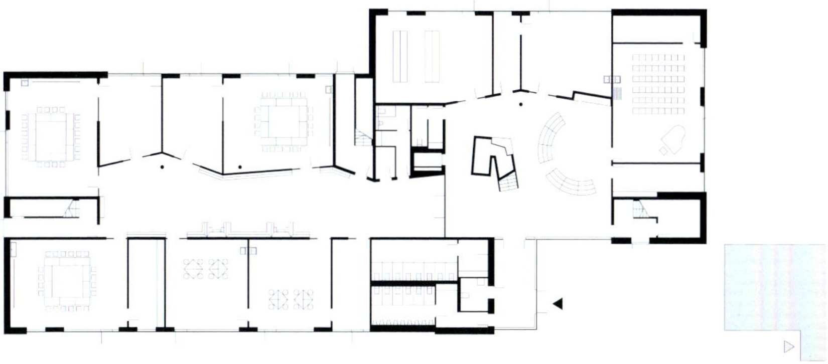

Erdgeschoss

Obergeschoss

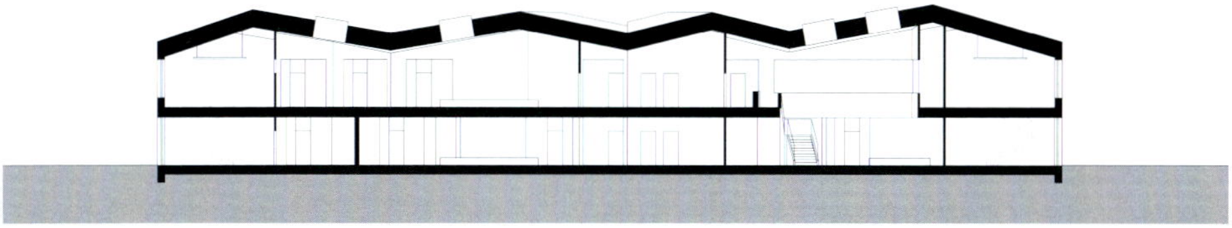

Schnitt

4100-0201
Grundschule
(8 Klassen)
Kindertagesstätte
(5 Gruppen)

Erweiterung

Objektbeschreibung

Allgemeine Objektinformationen

Der Erweiterungsbau der Grundschule fungiert als Bindeglied zwischen den einzelnen Baukörpern des Bestands. Durch seine Position auf dem Schulgelände werden Hauptgebäude, Cafeteria und die große Sporthalle städtebaulich miteinander verbunden. Die beiden Ersteren und der Neubau sind zudem durch ein neu geschaffenes, großzügiges Vordach baulich zusammengefasst. Der Neubau integriert sich in den Bestand und vervollständigt diesen. Die Lesbarkeit der Hierarchie auf dem Gelände und somit die intuitive Orientierung und Zuordnung der jeweiligen Funktionen bleiben erhalten und werden gestärkt. Gleichermaßen wird das Schulgelände durch den Erweiterungsbau in differenzierte Außenräume mit unterschiedlichen Qualitäten gegliedert. Die Zweigeschossigkeit des Baukörpers und das Verspringen der Gebäudemassen erzeugen eine Kleinteiligkeit, die der Nachbarbebauung angemessen ist. Auch die Dachform folgt dieser Idee und schafft in ihrer Ausformulierung eine Reminiszenz an die Giebeldächer der Umgebung.

Nutzung

1 Erdgeschoss
Klassenräume, Gruppenräume, Hortgruppenräume, Erlebnisflur, Musikraum, Bibliothek, Werkraum, Atrium/Halle, Büro, Sanitärräume, barrierefreies WC, Lagerräume, Technikraum

1 Obergeschoss
Klassenräume, Gruppenräume, Hortgruppenräume, Erlebnisflur, Galerie, Luftraum, Personalraum, Sanitärräume, Technikraum

Nutzeinheiten

Gruppen: 5
Kinder: 200
Klassen: 8

Grundstück

Bauraum: Beengter Bauraum
Neigung: Ebenes Gelände
Bodenklasse: BK 3

Markt

Hauptvergabezeit: 2. Quartal 2016
Baubeginn: 3. Quartal 2016
Bauende: 1. Quartal 2018
Konjunkturelle Gesamtlage: Durchschnitt
Regionaler Baumarkt: Durchschnitt

Baubestand

Baujahr: 1933
Bauzustand: gut
Aufwand: niedrig
Grundrissänderungen: wenige
Tragwerkseingriffe: keine
Nutzungsänderung: nein
Nutzung während der Bauzeit: ja

Baukonstruktion

Das Tragwerk wurde weitgehend aus Stahlbeton errichtet, ausgenommen das Holztragwerk im Dach und das Vordach in Stahlbauweise. Die Geschossdecke wurde als wirtschaftliche Flachdecke konzipiert. Sie ist punkt- und linienförmig auf Stützen und tragende Innenwände sowie die tragende Lochfassade aufgelagert. Die räumliche Aussteifung erfolgt über die Stahlbetonscheiben der Treppenhäuser und des Aufzugs. Trennwände konnten dadurch als nichttragende Konstruktion in leichter und gedämmter Bauweise entwickelt werden. Dies ermöglicht eine große Flexibilität bezüglich sich im Laufe der Nutzung ändernder Anforderungen an die Grundrisse.

Technische Anlagen

Die technische Anbindung des Neubaus erfolgt ausgehend vom Altbau. Die Kapazitäten wurden im Vorfeld untersucht und für ausreichend befunden.

Energetische Kennwerte

Gesetzliche Grundlage: EnEV 2013
Gebäudenutzfläche: 2.286,10 m^2
Hüllfläche des beheizten Volumens: 4.266,40 m^2
Spez. Transmissionswärmeverlust: 0,33 W/(m^2·K)
Spez. Jahresprimärenergiebedarf: 125,71 kWh/(m^2·a)

Planungskennwerte für Flächen und Rauminhalte nach DIN 277

Flächen des Grundstücks		Menge Einheit	% an GF
BF	Bebaute Fläche	1.338,00 m²	29,8
UF	Unbebaute Fläche	3.157,00 m²	70,2
GF	Grundstücksfläche	4.495,00 m²	100,0

Grundflächen des Bauwerks		Menge Einheit	% an NUF	% an BGF
NUF	Nutzungsfläche	1.515,00 m²	100,0	58,6
TF	Technikfläche	29,00 m²	1,9	1,1
VF	Verkehrsfläche	707,00 m²	46,7	27,4
NRF	Netto-Raumfläche	2.251,00 m²	148,6	87,1
KGF	Konstruktions-Grundfläche	334,00 m²	22,0	12,9
BGF	Brutto-Grundfläche	2.585,00 m²	170,6	100,0

Brutto-Rauminhalt des Bauwerks		Menge Einheit	BRI/NUF (m)	BRI/BGF (m)
BRI	Brutto-Rauminhalt	12.150,00 m³	8,02	4,70

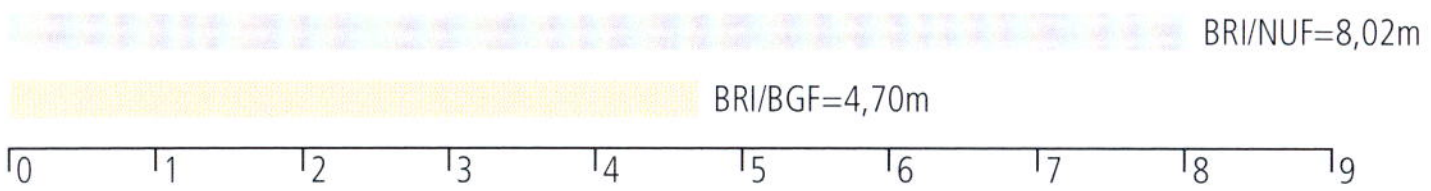

Kostenkennwerte für die Kostengruppen der 1. Ebene DIN 276

KG	Kostengruppen (1. Ebene)	Einheit	Kosten €	€/Einheit	€/m² BGF	€/m³ BRI	% 300+400
100	Grundstück	m² GF	–	–	–	–	–
200	Vorbereitende Maßnahmen	m² GF	230.176	51,21	89,04	18,94	3,1
300	Bauwerk – Baukonstruktionen	m² BGF	5.709.336	2.208,64	2.208,64	469,90	76,0
400	Bauwerk – Technische Anlagen	m² BGF	1.803.520	697,69	697,69	148,44	24,0
	Bauwerk 300+400	**m² BGF**	**7.512.856**	**2.906,33**	**2.906,33**	**618,34**	**100,0**
500	Außenanlagen und Freiflächen	m² AF	–	–	–	–	–
600	Ausstattung und Kunstwerke	m² BGF	–	–	–	–	–
700	Baunebenkosten	m² BGF	–	–	–	–	–
800	Finanzierung	m² BGF	–	–	–	–	–

KG	Kostengruppe	Menge Einheit	Kosten €	€/Einheit	%
200	**Vorbereitende Maßnahmen**	4.495,00 m² GF	230.176	**51,21**	3,1

- Herstellen
  Abbruch Bestandsgebäude; Altlastenbeseitigung

KG	Kostengruppe	Menge Einheit	Kosten €	€/Einheit	%
3+4	**Bauwerk**				**100,0**
300	**Bauwerk – Baukonstruktionen**	2.585,00 m² BGF	5.709.336	**2.208,64**	76,0

- Herstellen
  Baugrubenaushub; Stb-Fundamente, Stb-Bodenplatte, Estrich, Linoleum, Bodenfliesen, Abdichtung, Dämmung; Stb-Wände, Holz-Pfosten-Riegel-Fassade, Alu-Holz-Fenster, Dreifachverglasung, Wärmedämmung, Ziegelfassade, Faserzement-Fassade; Stb-Wände, GK-Wände, Holz-Glaswände, Stb-Stützen, Wandfliesen, WC-Trennwände, mobile Trennwand; Stb-Decken, Stb-Treppen, Estrich, Linoleum, Bodenfliesen, abgehängte Schallschutzdecken, Stahlgeländer, Treppengeländer; Holzbalkendach, Oberlichter, Dämmung, Aluminium-Stehfalzdeckung, außenliegende Entwässerung, abgehängte Schallschutzdecke

KG	Kostengruppe	Menge Einheit	Kosten €	€/Einheit	%
400	**Bauwerk – Technische Anlagen**	2.585,00 m² BGF	1.803.520	**697,69**	24,0

- Herstellen
  Anschluss an die Entwässerung des Bestandsgebäudes, Gebäudeentwässerung, Anschluss an die Wasserversorgung des Bestandsgebäudes, Kalt- und Warmwasserleitungen, Sanitärobjekte; Anschluss an die Wärmeversorgung des Bestandsgebäudes, Plattenheizkörper; Einzelraumlüfter; Anschluss an die Elektroversorgung des Bestandsgebäudes, Elektroinstallation, Beleuchtung; Telekommunikationsanlage; Personenaufzug

4100-0202
Gemeinschaftsschule
(9 Klassen)
(245 Schüler)

Erweiterung

Kostenkennwerte für die Kosten des Bauwerks (Kostengruppen 300+400 nach DIN 276)

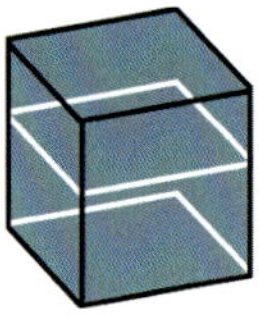

BRI 568 €/m³

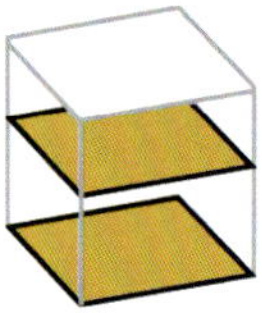

BGF 2.398 €/m²

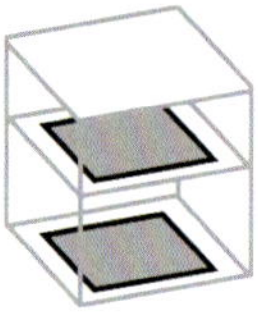

NUF 3.441 €/m²

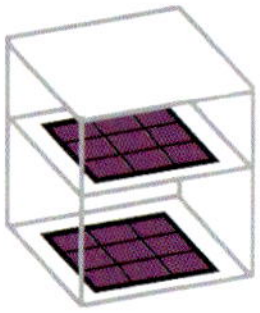

NE 33.915 €/NE

NE: Schüler

Objekt:
Kennwerte: 1.Ebene DIN 276
BRI: 14.624 m³
BGF: 3.465 m²
NUF: 2.415 m²
Bauzeit: 87 Wochen
Bauende: 2017
Standard: mittel
Bundesland: Schleswig-Holstein
Kreis: Plön

Architekt*in:
Trapez Architektur GmbH
Stadtdeich 7
20097 Hamburg

Bauherr*in:
Schulverband Probstei
24217 Schönberg

Ansicht Nord

Ansicht Ost

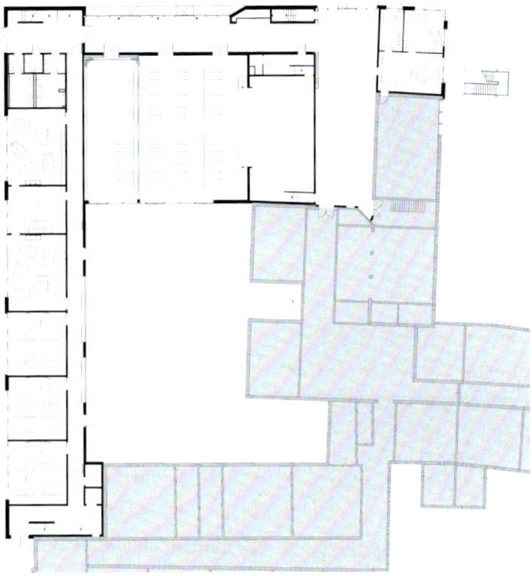

Erdgeschoss

Obergeschoss

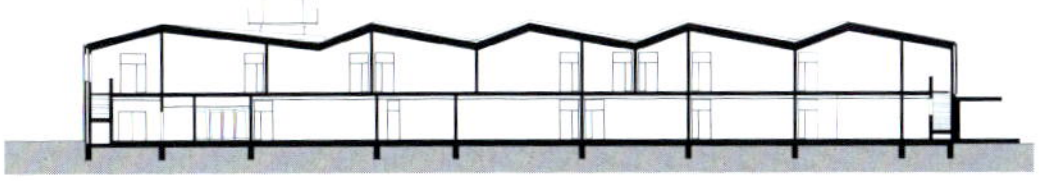

Längsschnitt

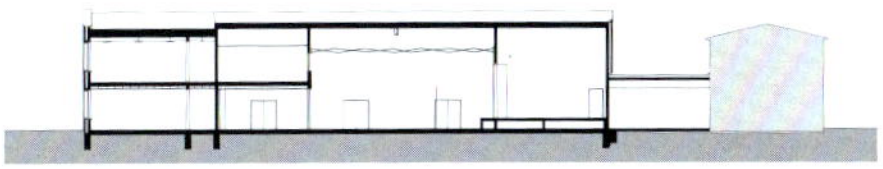

Querschnitt

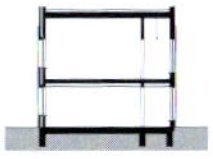

Schnitt

Ansicht Süd

Ansicht West

4100-0202
Gemeinschaftsschule
(9 Klassen)
(245 Schüler)

Erweiterung

Objektbeschreibung

Allgemeine Objektinformationen

Sechs Jahre nach ihrer Gründung im Jahr 2009 hat die Gemeinschaftsschule eine gymnasiale Oberstufe aufgenommen. Hierfür erweiterte die Schule ihr Haus um ca. 3.000m² für Klassen-, Fach- und Gruppenräume, eine neue große Aula sowie ein offenes Lern- und Arbeitszentrum.

Nutzung

1 Erdgeschoss
Unterrichts- und Differenzierungsräume, Aula, Foyer, WCs, Verwaltung, Übergang zum Bestandsbau

1 Obergeschoss
Unterrichts- und Differenzierungsräume, Fachräume, Nebenräume, WCs, offenes Lern- und Arbeitszentrum (OLAZ), Technikraum

Nutzeinheiten

Klassen: 9
Schüler: 245

Grundstück

Bauraum: Baulücke
Neigung: Ebenes Gelände
Bodenklasse: BK 1

Markt

Hauptvergabezeit: 1. Quartal 2016
Baubeginn: 1. Quartal 2016
Bauende: 4. Quartal 2017
Konjunkturelle Gesamtlage: unter Durchschnitt
Regionaler Baumarkt: unter Durchschnitt

Baubestand

Baujahr: 1968

Baukonstruktion

Das Gebäude wurde in Stahlbeton errichtet. Zum einen sind die Außenwände mit großen Fensteröffnungen versehen, die lange Fensterstürze und wenig Masse zwischen den Öffnungen erzeugen, zum anderen sind die Flure innenseitig mit Sichtbeton gestaltet, um diese für den Schulbetrieb unempfindlicher zu machen. Der Vormauerziegel wurde aus städtebaulichen Gründen gewählt und ist weniger anfällig für Vandalismus. Auf der Hofseite ist die Fassade mit einem Wärmedämmverbundsystem versehen. Sämtliche Fenster bestehen aus Verbundsicherheitsglas mit Kunststoffrahmen. Die Dachkonstruktion aus Holz und Stahl ist der schaddachartigen Form geschuldet, welche aus der umgebenden Bebauung hergeleitet wurde. Aus Kostengründen ist ein Bitumendach gewählt. Die Oberflächen der Innenwände sind größtenteils mit Putz und Sichtbeton gestaltet. Die Wände der Aula erhielten eine Plattenbekleidung sowie einen Bodenbelag aus Parkett. Es kamen PVC und Fliesenbeläge zum Einbau.

Technische Anlagen

Der Erweiterungsbau wird über eine Gasbrennwerttherme mit Wärme versorgt. Eine kontrollierte Be- und Entlüftung mit Wärmerückgewinnung sorgt für ein optimales Raumklima. Die Unterrichtsräume wurden mit Smartboards ausgestattet, die die Schule mit WLAN versorgt, da diese als Tablet-Schule arbeiten möchte.

Energetische Kennwerte

Gebäudenutzfläche: 3.565,00m²
Gebäudevolumen: 11.142,10m³
Hüllfläche des beheizten Volumens: 5.351,00m²
Spez. Jahresprimärenergiebedarf: 125,00kWh/(m²·a)

Planungskennwerte für Flächen und Rauminhalte nach DIN 277

Flächen des Grundstücks		Menge Einheit	% an GF
BF	Bebaute Fläche	–	–
UF	Unbebaute Fläche	–	–
GF	Grundstücksfläche	–	–

Grundflächen des Bauwerks		Menge Einheit	% an NUF	% an BGF
NUF	Nutzungsfläche	2.415,00 m²	100,0	69,7
TF	Technikfläche	36,90 m²	1,5	1,1
VF	Verkehrsfläche	579,80 m²	24,0	16,7
NRF	Netto-Raumfläche	3.031,70 m²	125,5	87,5
KGF	Konstruktions-Grundfläche	433,30 m²	17,9	12,5
BGF	Brutto-Grundfläche	3.465,00 m²	143,5	100,0

Brutto-Rauminhalt des Bauwerks		Menge Einheit	BRI/NUF (m)	BRI/BGF (m)
BRI	Brutto-Rauminhalt	14.624,00 m³	6,06	4,22

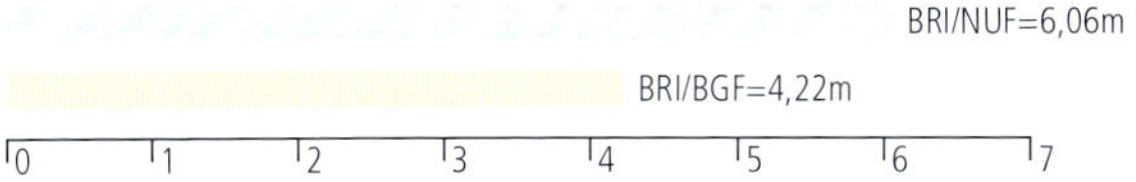

4100-0202
Gemeinschaftsschule
(9 Klassen)
(245 Schüler)

Erweiterung

Kostenkennwerte für die Kostengruppen der 1. Ebene DIN 276

KG	Kostengruppen (1. Ebene)	Einheit	Kosten €	€/Einheit	€/m² BGF	€/m³ BRI	% 300+400
100	Grundstück	m² GF	–	–	–	–	–
200	Vorbereitende Maßnahmen	m² GF	–	–	–	–	–
300	Bauwerk – Baukonstruktionen	m² BGF	6.188.126	1.785,89	1.785,89	423,15	74,5
400	Bauwerk – Technische Anlagen	m² BGF	2.121.025	612,13	612,13	145,04	25,5
	Bauwerk 300+400	**m² BGF**	**8.309.150**	**2.398,02**	**2.398,02**	**568,19**	**100,0**
500	Außenanlagen und Freiflächen	m² AF	–	–	–	–	–
600	Ausstattung und Kunstwerke	m² BGF	–	–	–	–	–
700	Baunebenkosten	m² BGF	–	–	–	–	–
800	Finanzierung	m² BGF	–	–	–	–	–

KG	Kostengruppe	Menge Einheit	Kosten €	€/Einheit	%
3+4	**Bauwerk**				**100,0**
300	**Bauwerk – Baukonstruktionen**	3.465,00 m² BGF	6.188.126	**1.785,89**	74,5

- Herstellen
  Stb-Fundamentplatte, Dämmung, Estrich, Fliesen, PVC, Parkett, Perimeterdämmung; Stb-Wände, Kunststofffenster, Alutüren, Dämmung, Vormauerziegel, WDVS, Putz, Beschichtung, Plattenbekleidung (Aula); Stb-Wände, Sichtbeton, GK-Wände, Holztüren, Putz, Beschichtung, Plattenbekleidung; Stb-Decke, Stb-Treppe, Dämmung, Estrich, Fliesen, PVC, abgehängte GK-Decke, Schallschutzdecken, Treppengeländer; Stb-/Holz-Sheddach, Dämmung, Bitumenabdeckung, Dachentwässerung

KG	Kostengruppe	Menge Einheit	Kosten €	€/Einheit	%
400	**Bauwerk – Technische Anlagen**	3.465,00 m² BGF	2.121.025	**612,13**	25,5

- Herstellen
  Gebäudeentwässerung, Kalt- und Warmwasserleitungen, Sanitärobjekte; Gas-Brennwerttherme; kontrollierte Be- und Entlüftung mit Wärmerückgewinnung, Heizungsrohre, Plattenheizkörper, Sitzheizkörper; Elektroinstallation, Beleuchtung (LED); Telekommunikationsanlage, EDV-Netz, LAN-Netz; Personenaufzug; Bühnentechnik

4100-0203
Schule
(2 Klassen)
(47 Schüler)

Erweiterung

Kostenkennwerte für die Kosten des Bauwerks (Kostengruppen 300+400 nach DIN 276)

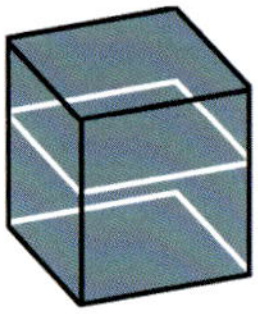

BRI 1.027 €/m³

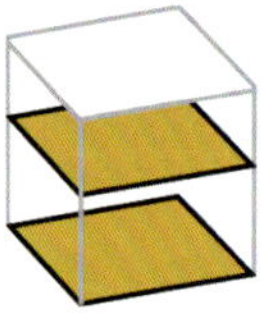

BGF 4.416 €/m²

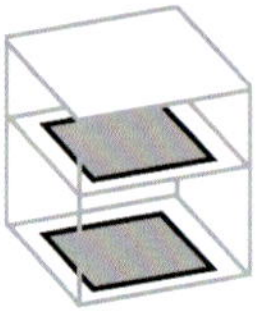

NUF 6.191 €/m²

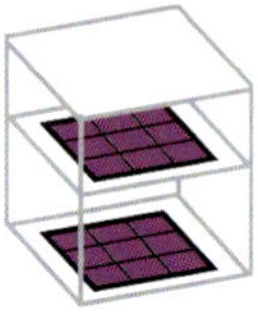

NE 14.864 €/NE

NE: Schüler

Objekt:
Kennwerte: 1.Ebene DIN 276
BRI: 680 m³
BGF: 158 m²
NUF: 113 m²
Bauzeit: 35 Wochen
Bauende: 2018
Standard: mittel
Bundesland: Niedersachsen
Kreis: Hannover, Region

Architekt*in:
TW. Architekten
Többen Woschek
Spichernstraße 26
30161 Hannover

Bauherr*in:
Förderverein der
Freien Waldorfschule
Hannover-Bothfeld e.V.
Weidkampshaide 17
30659 Hannover

© Andrea Janssen

© Andrea Janssen

© Andrea Janssen

© Andrea Janssen

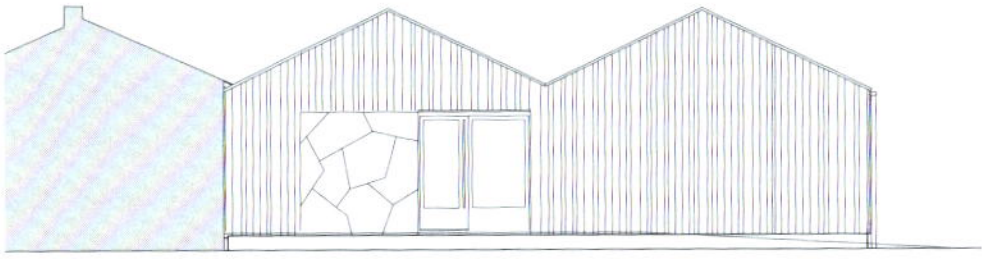

Ansicht Nord

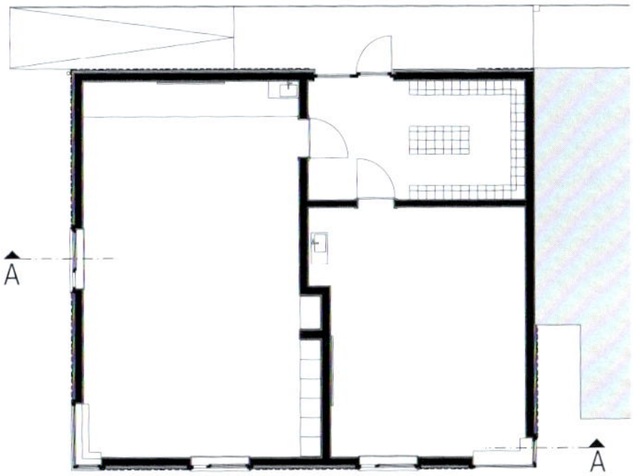

Erdgeschoss

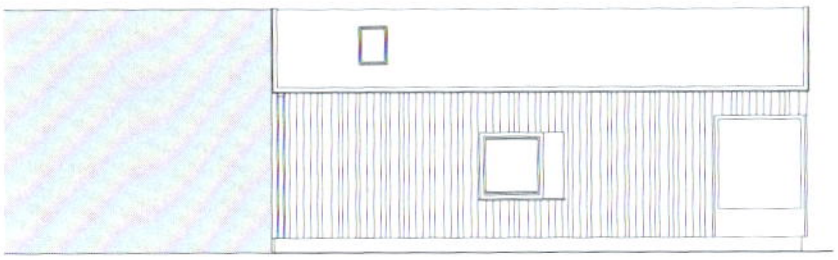

Ansicht West

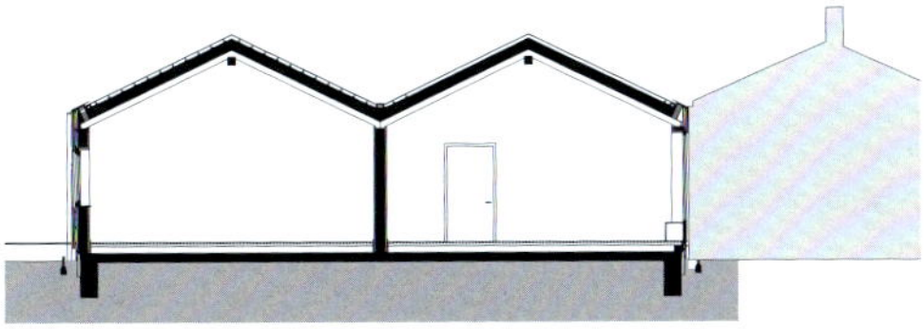

Schnitt A-A

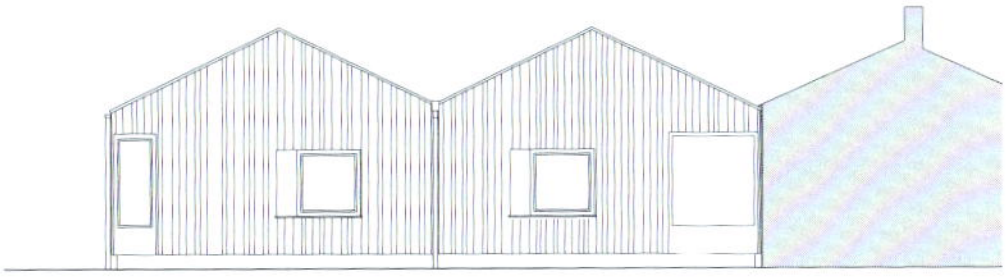

Ansicht Süd

Objektbeschreibung

Allgemeine Objektinformationen

An das Bestandsgebäude wurden zwei unterschiedlich große Klassenräume angebaut. Architektursprache, Materialien und Farben lehnen sich an die äußeren, bereits anthroposophisch weiterinterpretierten Gestaltungsmerkmale der Bestandsgebäude an, übersetzen sie jedoch in eine organisch sehr reduzierte Formensprache, die sich wohltuend in die gebaute Landschaft einfügt.

Nutzung

1 Erdgeschoss
Klassenräume, Eingang, Garderobe

Nutzeinheiten

Klassen: 2
Schüler: 47

Grundstück

Bauraum: Beengter Bauraum
Neigung: Ebenes Gelände
Bodenklasse: BK 1 bis BK 3

Markt

Hauptvergabezeit: 2. Quartal 2018
Baubeginn: 2. Quartal 2018
Bauende: 4. Quartal 2018
Konjunkturelle Gesamtlage: über Durchschnitt
Regionaler Baumarkt: über Durchschnitt

Baubestand

Baujahr: 1982
Bauzustand: mittel
Aufwand: niedrig
Grundrissänderungen: wenige
Tragwerkseingriffe: keine
Nutzungsänderung: nein
Nutzung während der Bauzeit: ja

Baukonstruktion

Das Gebäude wurde in Form von zwei parallelständigen Baukörpern mit Satteldach als Gründach erstellt und in Holztafelbauweise mit aussteifender Stahlrahmenkonstruktion ausgeführt. Die tragende Schicht der Satteldächer besteht aus einer Brettschichtstapeldecke, deren filigrane Struktur im Innenraum sichtbar ist. Die Außenwände sind mit einer rauen Lärchenholzverschalung verkleidet. Die Farbe der Außenfassade des Neubaus wurde in Anlehnung an das Bestandsgebäude, in einem abgeschwächten Rosa-Farbton gewählt. Fenster- und Eingangselement wurden aus Eiche gefertigt. Als Bodenbeläge sind Parkett, Linoleum und Fliesen verlegt.

Technische Anlagen

Der Neubau wurde an die bestehende Wärmeversorgung angeschlossen. Im gesamten Gebäude wurden LED-Leuchten eingesetzt. Für die Dachflächenentwässerung sind im Außenbereich Speicher eingebaut.

Planungskennwerte für Flächen und Rauminhalte nach DIN 277

Flächen des Grundstücks		Menge Einheit	% an GF
BF	Bebaute Fläche	158,19 m²	0,4
UF	Unbebaute Fläche	42.285,81 m²	99,6
GF	Grundstücksfläche	42.444,00 m²	100,0

Grundflächen des Bauwerks		Menge Einheit	% an NUF	% an BGF
NUF	Nutzungsfläche	112,84 m²	100,0	71,3
TF	Technikfläche	–	–	–
VF	Verkehrsfläche	22,74 m²	20,2	14,4
NRF	Netto-Raumfläche	135,58 m²	120,2	85,7
KGF	Konstruktions-Grundfläche	22,61 m²	20,0	14,3
BGF	Brutto-Grundfläche	158,19 m²	140,2	100,0

Brutto-Rauminhalt des Bauwerks		Menge Einheit	BRI/NUF (m)	BRI/BGF (m)
BRI	Brutto-Rauminhalt	680,20 m³	6,03	4,30

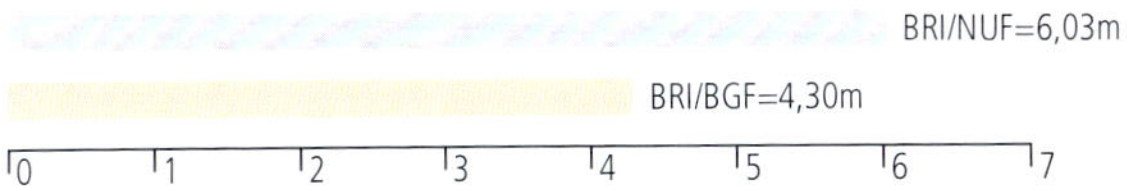

Kostenkennwerte für die Kostengruppen der 1.Ebene DIN 276

KG	Kostengruppen (1.Ebene)	Einheit	Kosten €	€/Einheit	€/m² BGF	€/m³ BRI	% 300+400
100	Grundstück	m² GF	–	–	–	–	–
200	Vorbereitende Maßnahmen	m² GF	–	–	–	–	–
300	Bauwerk – Baukonstruktionen	m² BGF	659.368	4.168,20	4.168,20	969,37	94,4
400	Bauwerk – Technische Anlagen	m² BGF	39.244	248,08	248,08	57,69	5,6
	Bauwerk 300+400	**m² BGF**	**698.611**	**4.416,28**	**4.416,28**	**1.027,07**	**100,0**
500	Außenanlagen und Freiflächen	m² AF	13.177	–	83,30	19,37	1,9
600	Ausstattung und Kunstwerke	m² BGF	–	–	–	–	–
700	Baunebenkosten	m² BGF	–	–	–	–	–
800	Finanzierung	m² BGF	–	–	–	–	–

KG	Kostengruppe	Menge Einheit	Kosten €	€/Einheit	%
3+4	**Bauwerk**				**100,0**
300	**Bauwerk – Baukonstruktionen**	158,19 m² BGF	659.368	**4.168,20**	94,4

- Abbrechen
  Rückbau der Holzbekleidung des Bestandsgebäudes, Abbruch zweier Bestandsfenster, Rückbau des Dachüberstandes

- Herstellen
  Baugrubenaushub; Stb-Fundamente, Stb-Bodenplatte, Estrich, Industrieparkett, Linoleum, Bodenfliesen, Dämmung, Abdichtung, Schotterschicht; Holzrahmenbauwände, Holzfenster, Wärmedämmung, hinterlüftete Lärchenholzfassade, Gipsfaserbekleidung, Markisen; Holzrahmenbauwände; Holz-Brettstapeldach, Oberlichter, Dämmung, Abdichtung, extensive Dachbegrünung, Schotterschicht, außenliegende Dachentwässerung

KG	Kostengruppe	Menge Einheit	Kosten €	€/Einheit	%
400	**Bauwerk – Technische Anlagen**	158,19 m² BGF	39.244	**248,08**	5,6

- Herstellen
  Gebäudeentwässerung, Kalt- und Warmwasserleitungen; Anschluss an die bestehende Gas-Heizungsanlage; Plattenheizkörper; Elektroinstallation, Beleuchtung

KG	Kostengruppe	Menge Einheit	Kosten €	€/Einheit	%
500	**Außenanlagen und Freiflächen**	–	13.177	–	1,9

- Herstellen
  Regenwasserleitung, Versickerungsanlage

4100-0214
Grundschule
(300 Schüler)
Mensa

Erweiterung

Kostenkennwerte für die Kosten des Bauwerks (Kostengruppen 300+400 nach DIN 276)

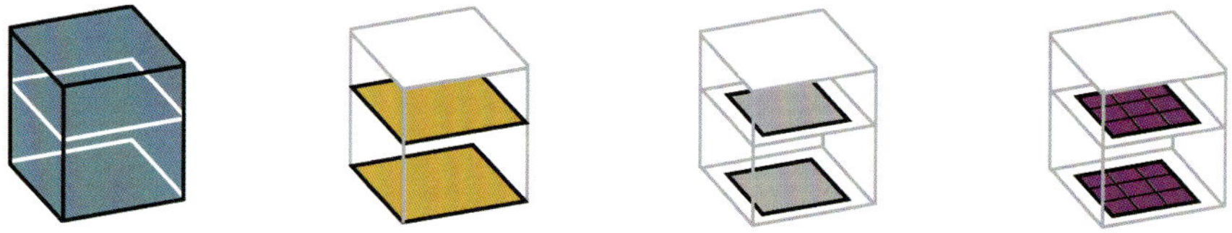

BRI 855 €/m^3 | **BGF** 3.882 €/m^2 | **NUF** 6.384 €/m^2 | **NE** 30.898 €/NE

NE: Schüler

Objekt:
Kennwerte: 1. Ebene DIN 276
BRI: 10.842 m^3
BGF: 2.388 m^2
NUF: 1.452 m^2
Bauzeit: 91 Wochen
Bauende: 2020
Standard: mittel
Bundesland: Hessen
Kreis: Main-Taunus-Kreis

Architekt*in:
Zaeske Architekten BDA
Partnerschaftsgesellschaft
mbB
Daimlerstraße 35
65197 Wiesbaden

Bauherr*in:
Main-Taunus-Kreis
Hochbau- und Liegen-
schaftsamt
Mainzer Landstraße 500
65795 Hattersheim

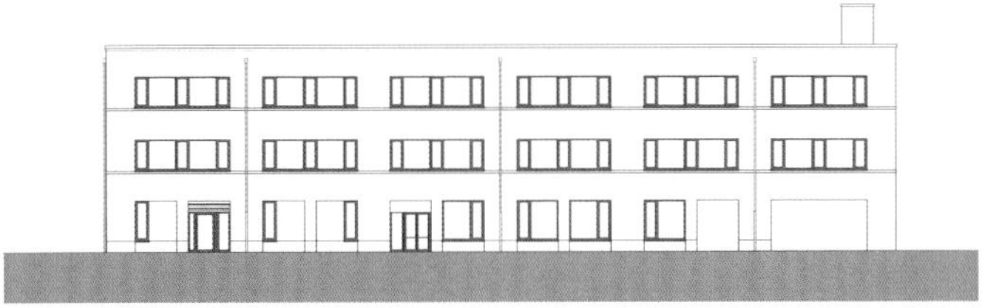

Ansicht Nord-Ost

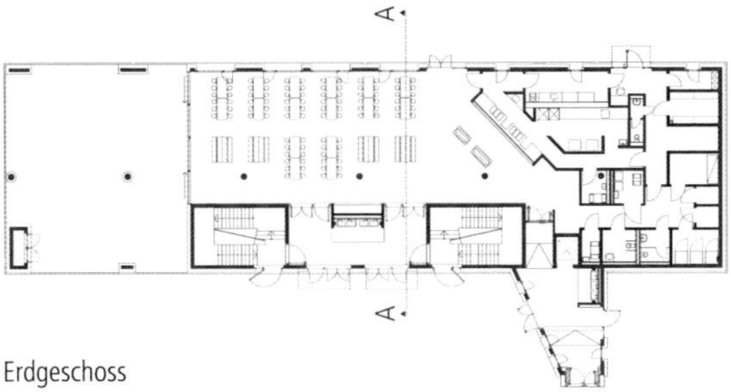

Erdgeschoss

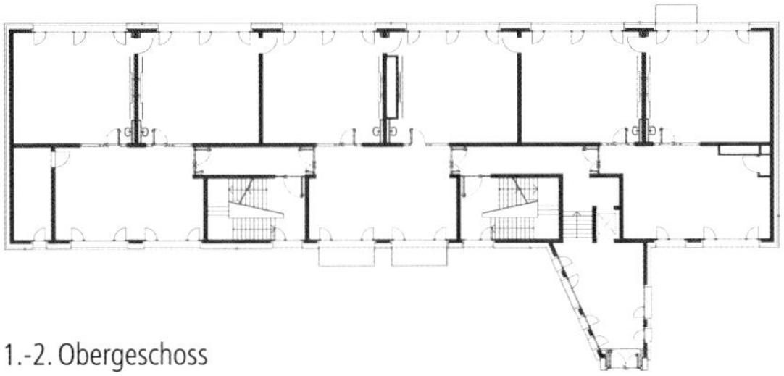

1.-2. Obergeschoss

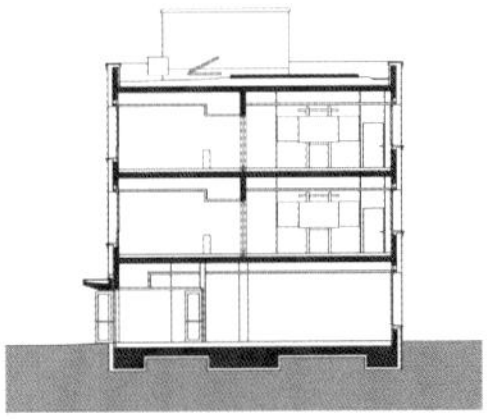

Schnitt A-A

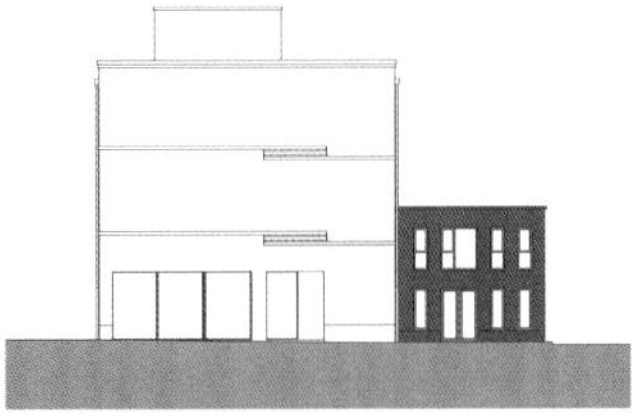

Ansicht Nord-West

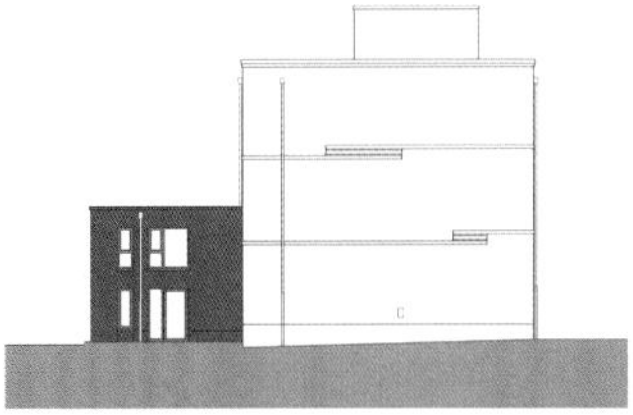

Ansicht Süd-Ost

Ansicht Süd-West

Objektbeschreibung

Allgemeine Objektinformationen

Die Grundschule wurde erweitert, um zusätzliche Klassenräume zu schaffen und dadurch die fehlenden Kapazitäten aufzubessern. Außerdem wurde das Ganztagsangebot für die Schülerinnen und Schüler durch eine Mensa im Neubau attraktiver gestaltet.

Nutzung

1 Erdgeschoss
Mensa, Ausgabeküche, Spülküche, Waschbereiche, Umkleideraum, Büro, Putzmittelräume, WCs, Lager, EDV-Raum, Technikräume, Terrasse

2 Obergeschosse
Klassenräume, Gruppenräume mit Garderoben, Abstellraum, Technikraum

Nutzeinheiten

Klassen: 12
Schüler: 300

Grundstück

Bauraum: Beengter Bauraum
Neigung: Ebenes Gelände
Bodenklasse: BK 4

Markt

Hauptvergabezeit: 3. Quartal 2018
Baubeginn: 3. Quartal 2018
Bauende: 2. Quartal 2020
Konjunkturelle Gesamtlage: über Durchschnitt
Regionaler Baumarkt: über Durchschnitt

Baukonstruktion

Konstruiert wurde der Neubau in Massivbauweise. Die Wände wurden überwiegend aus Stahlbeton und Mauerwerk hergestellt und mit einem Wärmedämmverbundsystem bekleidet. Es kamen Alufenster zum Einbau, die durch einen außenliegenden Sonnenschutz verdunkelt werden können. Das Flachdach erhielt eine Bitumenabdichtung. Die Böden sind mit Fliesen oder Vinylböden belegt. Die GK-Decken wurden abgehängt um Installationen zu ermöglichen.

Technische Anlagen

Die Schule ist mit einem Nahwärmeanschluss an das Blockheizkraftwerk der benachbarten Schule angeschlossen. Außerdem wurde eine Photovoltaikanlage eingebaut und für die Lüftungsanlage ist eine Wärmerückgewinnung umgesetzt worden. Zur Energieeinsparung sind die Flure mit Präsenzmeldern und die WC-Bereiche mit Bewegungsmeldern versehen. Im gesamten Gebäude wurden die Leuchten mit LED-Technik ausgestattet.

Energetische Angaben zu Außenbauteilen

Bodenplatte

U-Wert: 0,30 W/(m²·K)

Gesamtdicke: 52,00 cm	d [cm]	λ [W/(m·K)]
Stahlbeton	40,00	2,100
Dämmung	12,00	0,040

Außenwand gegen Erdreich

U-Wert: 0,30 W/(m²·K)

Gesamtdicke: 37,50 cm	d [cm]	λ [W/(m·K)]
Stahlbeton	25,00	2,100
Bitumenbahn	0,50	0,170
Dämmung	12,00	0,039

Außenwand

U-Wert: 0,23 W/(m²·K)

Gesamtdicke: 35,50 cm	d [cm]	λ [W/(m·K)]
Innenputz	1,50	0,550
Stahlbeton	20,00	2,100
Dämmung	14,00	0,035

Decke gegen Außenluft unten

U-Wert: 0,22 W/(m²·K)

Gesamtdicke: 50,04 cm	d [cm]	λ [W/(m·K)]
Estrich	5,00	1,400
PE-Folie	0,02	0,300
Trittschalldämmung	3,00	0,040
PE-Folie	0,02	0,300
Stahlbeton	28,00	2,100
Dämmung	14,00	0,040

Dach

U-Wert: 0,19 W/(m²·K)

Gesamtdicke: 40,78 cm	d [cm]	λ [W/(m·K)]
Innenputz	0,50	0,550
Stahlbeton	20,00	2,100
Bitumenbahn	0,25	0,170
Dämmung	20,00	0,040
PE-Folie	0,03	0,200

4100-0214
Grundschule
(300 Schüler)
Mensa

Erweiterung

Planungskennwerte für Flächen und Rauminhalte nach DIN 277

Flächen des Grundstücks		Menge Einheit	% an GF
BF	Bebaute Fläche	824,43 m²	8,2
UF	Unbebaute Fläche	9.237,57 m²	91,8
GF	Grundstücksfläche	10.062,00 m²	100,0

Grundflächen des Bauwerks		Menge Einheit	% an NUF	% an BGF
NUF	Nutzungsfläche	1.451,89 m²	100,0	60,8
TF	Technikfläche	9,71 m²	0,7	0,4
VF	Verkehrsfläche	403,91 m²	27,8	16,9
NRF	Netto-Raumfläche	1.865,51 m²	128,5	78,1
KGF	Konstruktions-Grundfläche	522,11 m²	36,0	21,9
BGF	Brutto-Grundfläche	2.387,62 m²	164,4	100,0

Brutto-Rauminhalt des Bauwerks		Menge Einheit	BRI/NUF (m)	BRI/BGF (m)
BRI	Brutto-Rauminhalt	10.842,17 m³	7,47	4,54

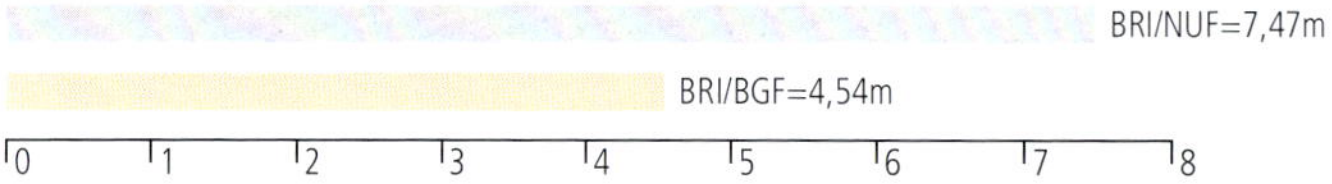

Kostenkennwerte für die Kostengruppen der 1. Ebene DIN 276

KG	Kostengruppen (1. Ebene)	Einheit	Kosten €	€/Einheit	€/m² BGF	€/m³ BRI	% 300+400
100	Grundstück	m² GF	–	–	–	–	–
200	Vorbereitende Maßnahmen	m² GF	–	–	–	–	–
300	Bauwerk – Baukonstruktionen	m² BGF	6.411.638	2.685,37	2.685,37	591,36	69,2
400	Bauwerk – Technische Anlagen	m² BGF	2.857.759	1.196,91	1.196,91	263,58	30,8
	Bauwerk 300+400	**m² BGF**	**9.269.397**	**3.882,27**	**3.882,27**	**854,94**	**100,0**
500	Außenanlagen und Freiflächen	m² AF	–	–	–	–	–
600	Ausstattung und Kunstwerke	m² BGF	–	–	–	–	–
700	Baunebenkosten	m² BGF	–	–	–	–	–
800	Finanzierung	m² BGF	–	–	–	–	–

KG	Kostengruppe	Menge Einheit	Kosten €	€/Einheit	%
3+4	**Bauwerk**				**100,0**
300	**Bauwerk – Baukonstruktionen**	2.387,62 m² BGF	6.411.638	**2.685,37**	69,2

- Herstellen
  Baugrubenaushub; Bodenaustausch 25m³, Stb-Fundamente, Stb-Bodenplatte, WU-Beton, Estrich, Acrylharzboden, Vinylbelag, Bodenfliesen, Abdichtung, Sauberkeitsschicht, Dämmung; Stb-Wände, teilw. WU-Beton, Aluminium-Fenster, WDVS, teilw. außenliegender Sonnenschutz; Innenmauerwerk, Stb-Wände, GK-Wände, Stb-Stützen, Wandfliesen, WC-Trennwände, Rolltor; Stb-Decken, Stb-Treppen, Estrich, Vinylbelag, Bodenfliesen, abgehängte GK-Decken, Schallschutzdecken, Stahl-Treppengeländer; Stb-Flachdach, Dachausstieg, Oberlichter, Dämmung, Abdichtung, Attika, Kies, innenliegende Entwässerung, abgehängte GK-Decken, Schallschutzdecken

KG	Kostengruppe	Menge Einheit	Kosten €	€/Einheit	%
400	**Bauwerk – Technische Anlagen**	2.387,62 m² BGF	2.857.759	**1.196,91**	30,8

- Herstellen
  Gebäudeentwässerung, Kalt- und Warmwasserleitungen, Sanitärobjekte; Nahwärmeversorgung an das Blockheizkraftwerk der Bestandsschule, Heizwände; kontrollierte Be- und Entlüftung mit Wärmerückgewinnung, RWA-Anlagen; Elektroinstallation, PV-Anlage (277m²), LED-Beleuchtung, Sicherheitsbeleuchtung, Präsenzmelder in Fluren und WCs; Netzwerkverkabelung, HDMI-Verkabelung digitale Tafeln, Sprachalarmierungsanlage, Brandmeldeanlage, Notruftelefone, Gegensprechanlage; Personenaufzug; Großküche, Feuerlöscher

4100-0226
Grundschule
(8 Klassen)
(224 Schüler)

Erweiterung

Kostenkennwerte für die Kosten des Bauwerks (Kostengruppen 300+400 nach DIN 276)

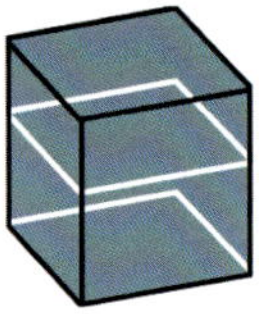

BRI 812 €/m³

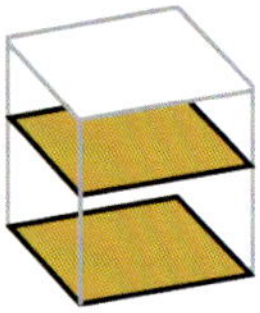

BGF 3.752 €/m²

NUF 6.160 €/m²

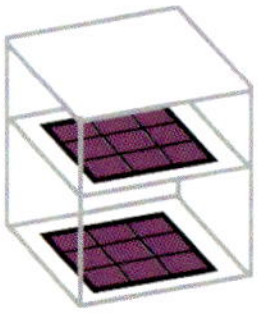

NE 67.957 €/NE

NE: Schüler

Objekt:
Kennwerte: 1.Ebene DIN 276
BRI: 18.754 m³
BGF: 4.057 m²
NUF: 2.471 m²
Bauzeit: 122 Wochen
Bauende: 2021
Standard: hoch
Bundesland: Bayern
Kreis: Fürstenfeldbruck

Architekt*in:
bharchitektengesellschaft mbH
Zielstattstraße 11
81379 München

Bauherr*in:
Stadt Olching
Amt für Bauen und Stadtentwicklung
Rebhuhnstraße 18
82140 Olching

© bharchitekten

© Xaver Lockau

© Xaver Lockau

© Xaver Lockau

© Xaver Lockau

© Xaver Lockau

Zeichnungen

Ansicht Nord

Ansicht West

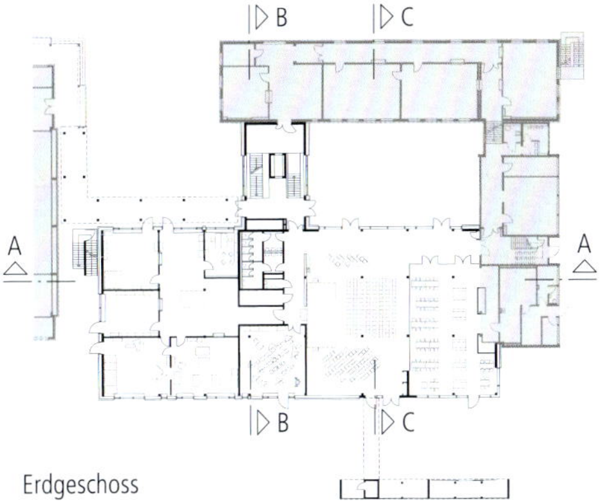

Erdgeschoss

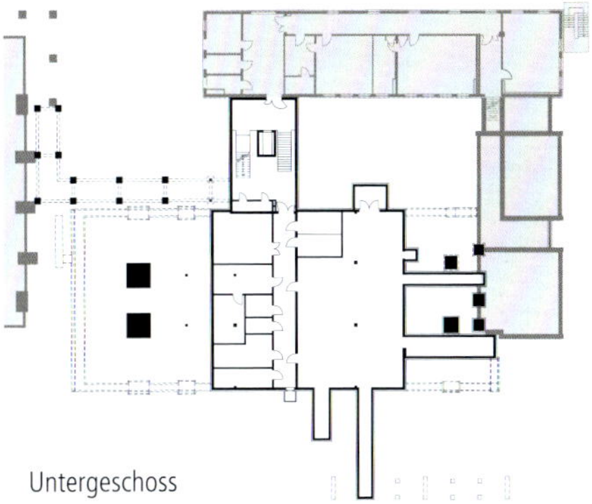

Untergeschoss

1. Obergeschoss

2. Obergeschoss

Ansicht Süd

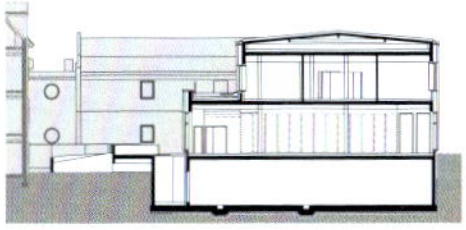

Schnitt C-C

Schnitt A-A

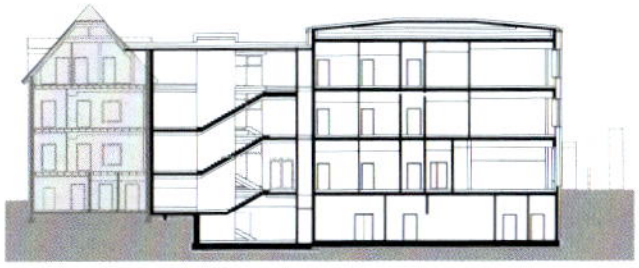

Schnitt B-B

4100-0226
Grundschule
(8 Klassen)
(224 Schüler)

Erweiterung

Objektbeschreibung

Allgemeine Objektinformationen

Die Grundschule wurde zum offenen Ganztagsbetrieb um eine Aula mit Mensa und zwei Cluster mit je vier Klassen erweitert. Die Schulverwaltung bekam neue Räumlichkeiten. Jetzt können 16 Klassen mit insgesamt 433 Schüler unterrichtet werden. Hierfür wurde ein räumlich flexibler, interaktiver Lernort auf Basis eines pädagogischen Raumfunktionsbuches mit modernster Medienausstattung geschaffen.

Nutzung

1 Untergeschoss

Bestand: Werkräume (3St), Hausmeister, Schülerküche
Erweiterung: Technikräume, Stuhllager, Lager, Flure

1 Erdgeschoss

Bestand: Klassenräume, Küche, Kühllager, Bibliothek, Jugendsozialarbeit, Garderobe, Multifunktionszone
Erweiterung: Aula, Garderobe, Spülküche, Mensa, Räume für offene Ganztagsschule (5St), Musikraum, WCs, Lager, Flure

2 Obergeschosse

Bestand: Klassenräume, Besprechungsräume, Flure, WCs, Garderobe, Multifunktionszone
Erweiterung: Klassenräume, Multifunktionszonen, Lehrerzimmer, Psychologie, Erste Hilfe, Verwaltung, WCs, Terrasse

Nutzeinheiten

Klassen: 8
Schüler: 224

Grundstück

Bauraum: Beengter Bauraum
Neigung: Ebenes Gelände
Bodenklasse: BK 3 bis BK 4

Besonderer Kosteneinfluss Grundstück

Gründung auf gewachsenem Kies, Keller im Grundwasserbereich; Wasserhaltung erforderlich, Spezialtiefbau

Markt

Hauptvergabezeit: 2. Quartal 2019
Baubeginn: 2. Quartal 2019
Bauende: 3. Quartal 2021
Konjunkturelle Gesamtlage: über Durchschnitt
Regionaler Baumarkt: Durchschnitt

Baubestand

Baujahr: 1964
Bauzustand: schlecht
Aufwand: hoch
Grundrissänderungen: einige
Tragwerkseingriffe: umfangreiche
Nutzungsänderung: nein
Nutzung während der Bauzeit: nein

Baukonstruktion

Die Gründung des Gebäudes erfolgt auf einer Bodenplatte. Das UG ist in WU-Beton ausgeführt, die folgenden Geschosse sind in Stahlbetonskelettbau mit Flachdecken erstellt. Der Aufzug und der WC-Kern sind in Stahlbeton gegossen und bilden die aussteifenden Wände. Die Raumtrennwände sind in Trockenbau erstellt. Die Decken sind mit GK-Akustikdecken bekleidet. Das flachgeneigte Dach mit Holzdachstuhl ist mit einer Metalleindeckung aus Profilblechen versehen. Die Fassade wurde mit einer hochgedämmten Holzrahmenkonstruktion in Elementbauweise geschlossen. Die Holz-Alufenster erhielten Raffstores. Die Böden sind mit Kautschuk belegt, in den Sanitäranlagen sind Bodenfliesen verlegt.

Technische Anlagen

Das Gebäude ist an ein Fernwärmenetz angeschlossen, die Verteilung in der Aula und Mensa erfolgt über Fußbodenheizung, in den anderen Räumen über Heizkörper. Eine im UG installierte Lüftungszentrale versorgt den Neubau mit Frischluft, mit elektrischem Verdichter können die Klassenzimmer im Sommer gekühlt werden. Es wurde eine Gebäudeautomation installiert, sowie eine Brandmeldeanlage und eine Zutrittskontrolle. Die Beleuchtung erfolgt über HCL-Steuerung. Interaktive Monitore sowie WLAN stehen zur Verfügung.

Sonstiges

Durch ein differenziertes Farbkonzept wird die Orientierung erleichtert. Hochwertige, flexible Ausstattung nach pädagogischen Vorgaben wurde eingebaut. Große Lesefenster schaffen Sichtverbindungen zu den Multifunktionsflächen, den sogenannten Marktplätzen. Das Treppenhaus in Splitlevel-Bauweise verbindet den Altbau mit dem Neubau. Ein Aufzug macht das Gebäude barrierefrei.

Planungskennwerte für Flächen und Rauminhalte nach DIN 277

Flächen des Grundstücks		Menge Einheit	% an GF
BF	Bebaute Fläche	1.296,00 m²	10,9
UF	Unbebaute Fläche	–	–
GF	Grundstücksfläche	11.934,00 m²	100,0

Grundflächen des Bauwerks		Menge Einheit	% an NUF	% an BGF
NUF	Nutzungsfläche	2.471,00 m²	100,0	60,9
TF	Technikfläche	382,00 m²	15,5	9,4
VF	Verkehrsfläche	629,00 m²	25,5	15,5
NRF	Netto-Raumfläche	3.482,00 m²	140,9	85,8
KGF	Konstruktions-Grundfläche	575,00 m²	23,3	14,2
BGF	Brutto-Grundfläche	4.057,00 m²	164,2	100,0

Brutto-Rauminhalt des Bauwerks		Menge Einheit	BRI/NUF (m)	BRI/BGF (m)
BRI	Brutto-Rauminhalt	18.754,00 m³	7,59	4,62

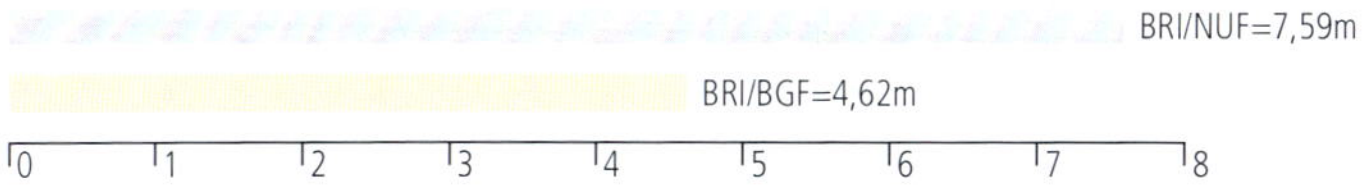

Kostenkennwerte für die Kostengruppen der 1. Ebene DIN 276

KG	Kostengruppen (1. Ebene)	Einheit	Kosten €	€/Einheit	€/m² BGF	€/m³ BRI	% 300+400
100	Grundstück	m² GF	–	–	–	–	–
200	Vorbereitende Maßnahmen	m² GF	–	–	–	–	–
300	Bauwerk – Baukonstruktionen	m² BGF	10.358.482	2.553,24	2.553,24	552,33	68,0
400	Bauwerk – Technische Anlagen	m² BGF	4.863.823	1.198,87	1.198,87	259,35	32,0
	Bauwerk 300+400	**m² BGF**	**15.222.304**	**3.752,11**	**3.752,11**	**811,68**	**100,0**
500	Außenanlagen und Freiflächen	m² AF	1.113.510	206,21	274,47	59,37	7,3
600	Ausstattung und Kunstwerke	m² BGF	536.573	132,26	132,26	28,61	3,5
700	Baunebenkosten	m² BGF	–	–	–	–	–
800	Finanzierung	m² BGF	–	–	–	–	–

KG	Kostengruppe	Menge Einheit	Kosten €	€/Einheit	%
3+4	**Bauwerk**				**100,0**
300	**Bauwerk – Baukonstruktionen**	4.057,00 m² BGF	10.358.482	**2.553,24**	68,0

- Herstellen
Baugrubenaushub, Wasserhaltung, Unterfangung; Stb-Fundamente, Stb-Bodenplatte WU, Tiefgründungen; Abdichtung, Dämmung, Estrich, Beschichtung, Kautschukbeläge; Stb-Wände WU, Stb-Stützen, Holz-Alufenster, Dreifachverglasung, Lesefenster, Holzelementfassade, doppelte GK-Bekleidung, Beschichtung, Treppenhaus: Pfosten-Riegelfassade, Raffstores; GK-Wände, doppelt beplankt, Stb-Innenstützen, Holztüren, Verglasungen, Beschichtung, Wandfliesen, WC-Trennwände; Stb-Flachdecken, Stb-Treppen Ortbeton, Heizestrich, Kautschukdämmung, Bodenfliesen; Stb-Flachdach, Holz-Walmdach, Dämmung, industriell vorgefertigtes Aluprofildach, Dachentwässerung, abgehängte Akustikdecken; Teeküchen, Trinkwasserstationen für Schüler (Kühlschrank, Waschbecken); Einbauten für pädagogisches Konzept

KG	Kostengruppe	Menge Einheit	Kosten €	€/Einheit	%
400	**Bauwerk – Technische Anlagen**	4.057,00 m² BGF	4.863.823	**1.198,87**	32,0

- Herstellen
Gebäudeentwässerung, Kalt- und Warmwasserleitungen, Sanitärobjekte; Fernwärme, Heizungsrohre, Fußbodenheizung, Heizkörper; Be- und Entlüftung mit Wärmerückgewinnung; Elektroinstallation, LED-Beleuchtung, Tageslichtsteuerung, RWA-Anlage; digitale Tafeln, digitale Arbeitsplätze, Tablets für Schüler, Musikanlage; Anlieferküche; Personenaufzug

KG	Kostengruppe	Menge Einheit	Kosten €	€/Einheit	%
500	**Außenanlagen und Freiflächen**	5.400,00 m² AF	1.113.510	**206,21**	7,3

- Herstellen
Geländeentwässerung, Rigolen; Pflasterung Schulhof; Sitzbänke, Sitzkreise; Pflanzflächen

KG	Kostengruppe	Menge Einheit	Kosten €	€/Einheit	%
600	**Ausstattung und Kunstwerke**	4.057,00 m² BGF	536.573	**132,26**	3,5

- Herstellen
Möblierung, flexibles Mobiliar für pädagogisches Konzept, Whiteboards, Pinnwände, mobile Themenwägen

4100-0228
Ganztagsschule
(15 Klassen)
(309 Schüler)
Mensa
(140 Sitzplätze)

Erweiterung

Kostenkennwerte für die Kosten des Bauwerks (Kostengruppen 300+400 nach DIN 276)

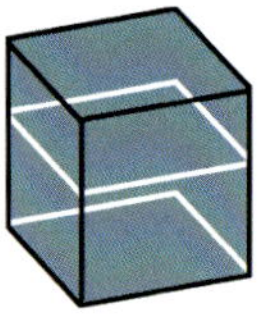

BRI 886 €/m³

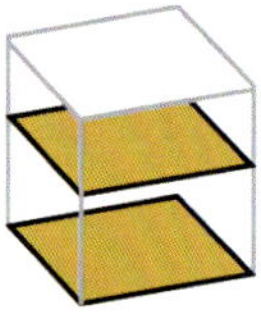

BGF 3.821 €/m²

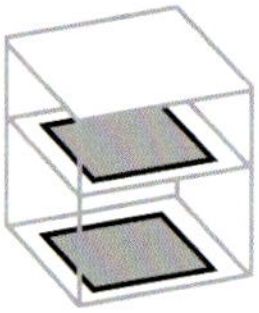

NUF 6.248 €/m²

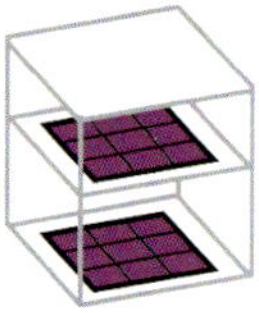

NE 23.957 €/NE

NE: Schüler

Objekt:
Kennwerte: 1.Ebene DIN 276
BRI: 8.356 m³
BGF: 1.938 m²
NUF: 1.185 m²
Bauzeit: 135 Wochen
Bauende: 2022
Standard: mittel
Bundesland: Hessen
Kreis: Kassel, Stadt

Architekt*in:
HHS Planer + Architekten AG
Habichtswalder Straße 19
34119 Kassel

Bauherr*in:
Stadt Kassel
Amt für Hochbau und
Gebäudebewirtschaftung
34112 Kassel

© Constantin Meyer Fotografie

© HHS Planer + Architekten

© HHS Planer + Architekten

Kostenstand: 4. Quartal 2025, Bundesdurchschnitt, **inkl. 19% MwSt.**

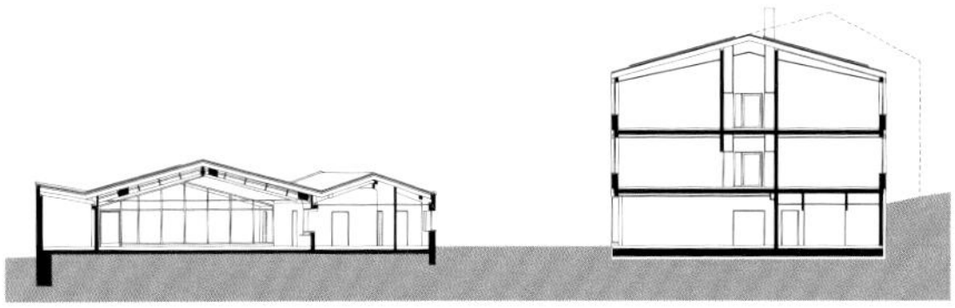
Schnitt A-A

Ansicht Nord

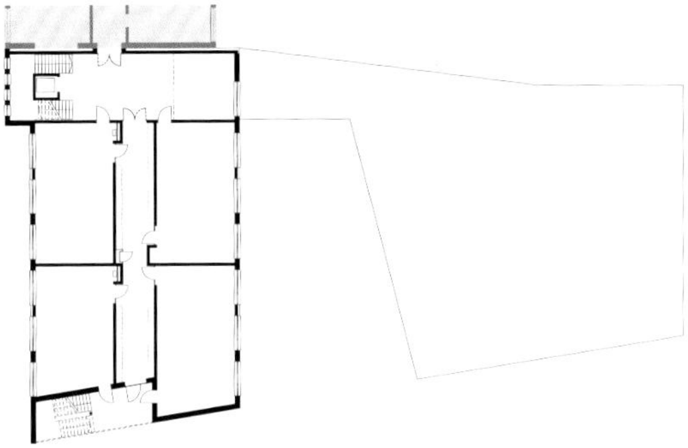
2. Obergeschoss

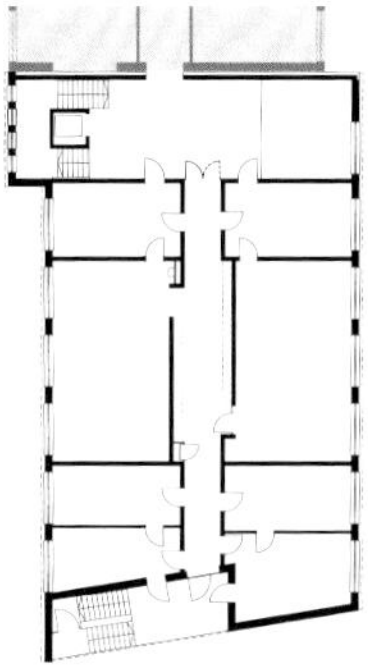
1. Obergeschoss

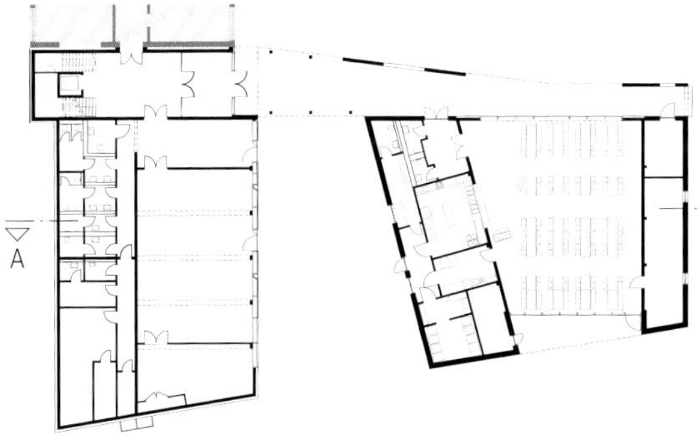

Erdgeschoss

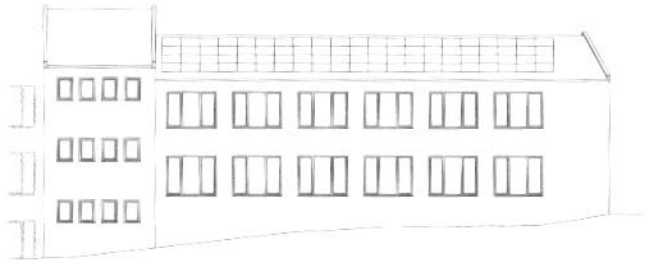
Ansicht West

Ansicht West

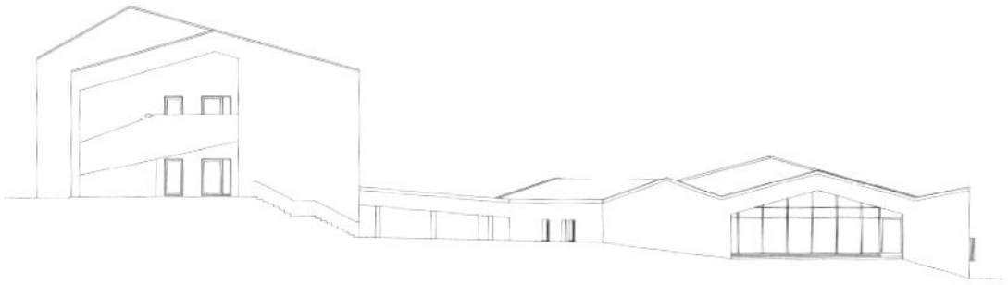
Ansicht Süd

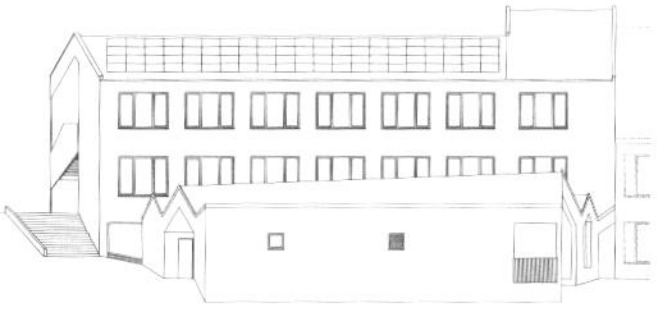
Ansicht Ost

4100-0228
Ganztagsschule
(15 Klassen)
(309 Schüler)
Mensa
(140 Sitzplätze)

Erweiterung

Objektbeschreibung

Allgemeine Objektinformationen

Die bestehende Grundschule aus den 1950er Jahren mit Ergänzung aus den 1990er Jahren wurde um einen Neubau, bestehend aus zwei Baukörpern für Ganztagsbetreuung und Verwaltung ergänzt. Hofseitig wurde eine Mensa vorgelagert. Spielflächen fließen zwischen den Gebäuden hindurch.

Nutzung

1 Erdgeschoss
Schulerweiterung: Bewegungsraum, Lager, Anmeldung, Technikräume, Personalräume, Sanitärräume, Windfang, Treppenhaus, Flur
Mensagebäude: Mensa, Aufwärmküche, Spülküche, Laubengänge, Stuhllager, Lagerräume, Technikräume, Personalräume, Sanitärräume, Windfang, Flur

1 Obergeschoss
Klassenräume, Treppenhäuser, Flur

1 Dachgeschoss
Klassenraum, Leseraum, Büroräume, Personal- und Besprechungsraum, Differenzierungsräume, Treppenhäuser, Flur, Luftraum

Nutzeinheiten

Klassen: 15
Schüler: 309
Sitzplätze: 140

Grundstück

Bauraum: Freier Bauraum
Neigung: Hanglage
Bodenklasse: BK 1 bis BK 7

Besonderer Kosteneinfluss Grundstück
Südlich des Ganztagsbaus steht ein erhaltenswerter Baum, der besondere Baumschutzmaßnahmen erforderte.

Markt

Hauptvergabezeit: 2.Quartal 2019
Baubeginn: 3.Quartal 2019
Bauende: 1.Quartal 2022
Konjunkturelle Gesamtlage: über Durchschnitt
Regionaler Baumarkt: über Durchschnitt

Baubestand

Baujahr: 1955
Bauzustand: mittel
Aufwand: niedrig
Grundrissänderungen: wenige
Tragwerkseingriffe: keine
Nutzungsänderung: nein
Nutzung während der Bauzeit: ja

Baukonstruktion

Die Erweiterungen sind als Mauerwerksbau mit Stb-Bodenplatte und -geschossdecken ausgeführt. Die Dächer wurden als Holzbalkendach realisiert. Die Kräfte des großen, mittigen Holzdachs der Mensa werden durch unterspannte Stahlseile aufgenommen. Das gefaltete Gründach wurde mit innen sichtbarer Holzkonstruktion ausgeführt und geht in einen Arkadengang über, der an den Ganztagsanbau anschließt.

Technische Anlagen

Fernwärme und eine PV-Anlage versorgen das Gebäude mit Wärme und Strom. Ein Aufzug sichert die barrierefreie Erschließung. Räume im Ganztagsanbau werden über Fenster gelüftet, während die Mensa über eine maschinelle Lüftungsanlage verfügt.

Sonstiges

Die energetischen Kennwerte beziehen sich auf die Schulerweiterung. Die Kosten der PV-Anlage sind nicht in dieser Dokumentation enthalten, da diese von einer Stiftung übernommen wurden.

Energetische Kennwerte

Gesetzliche Grundlage: EnEV 2013
Gebäudenutzfläche: 1.287,00 m^2
Gebäudevolumen: 5.763,00 m^3
Hüllfläche des beheizten Volumens: 2.093,00 m^2
Mittlerer U-Wert (opake Bauteile): 0,16 W/(m^2·K)
Mittlerer U-Wert (transparente Bauteile): 1,11 W/(m^2·K)
Spez. Jahresprimärenergiebedarf: 70,85 kWh/(m^2·a)

Energetische Angaben zu Außenbauteilen

Bodenplatte (Schule)

U-Wert: 0,21 W/(m²·K)

Gesamtdicke: 80,22 cm	d [cm]	λ [W/(m·K)]
Estrich	6,00	1,400
Dämmung PS	8,00	0,035
Abdichtung	0,20	0,170
Stahlbeton	50,00	2,300
PP-Folie	0,02	0,330
Dämmung XPS	8,00	0,040
Sauberkeitsschicht	8,00	2,000

Außenwand Stahlbeton (Schule)

U-Wert: 0,22 W/(m²·K)

Gesamtdicke: 43,30 cm	d [cm]	λ [W/(m·K)]
Stahlbeton	25,00	2,300
Abdichtung	0,30	0,170
Dämmung XPS	17,00	0,040
Außenputz	1,00	1,000

Decke gegen Außenluft oben (Schule)

U-Wert: 0,31 W/(m²·K)

Gesamtdicke: 46,30 cm	d [cm]	λ [W/(m·K)]
Stahlbeton	30,00	2,300
Abdichtung	0,30	0,170
Dämmung EPS	10,00	0,035
Estrich	6,00	1,400

Außenwand Ziegel (Schule)

U-Wert: 0,16 W/(m²·K)

Gesamtdicke: 44,50 cm	d [cm]	λ [W/(m·K)]
Innenputz	1,00	1,000
Dämmziegel	42,50	0,070
Außenputz	1,00	1,000

Dach (Schule)

U-Wert: 0,17 W/(m²·K)

Gesamtdicke: 28,03 cm	d [cm]	λ [W/(m·K)]
Dampfbremse	0,03	0,330
Dämmung MW	28,00	0,035
Holz	28,00	0,130

Bodenplatte (Mensa)

U-Wert: 0,26 W/(m²·K)

Gesamtdicke: 48,10 cm	d [cm]	λ [W/(m·K)]
Estrich	6,00	1,400
Dämmung PS	12,00	0,035
Abdichtung	0,10	0,170
Stahlbeton	30,00	2,300

Außenwand Stahlbeton (Mensa)

U-Wert: 0,30 W/(m²·K)

Gesamtdicke: 38,00 cm	d [cm]	λ [W/(m·K)]
Innenputz	1,00	1,000
Stahlbeton	24,00	2,300
Dämmung MW	12,00	0,040
Außenputz	1,00	1,000

Außenwand Ziegel (Mensa)

U-Wert: 0,16 W/(m²·K)

Gesamtdicke: 44,50 cm	d [cm]	λ [W/(m·K)]
Innenputz	1,00	1,000
Dämmziegel	42,50	0,070
Außenputz	1,00	1,000

Dach (Mensa)

U-Wert: 0,19 W/(m²·K)

Gesamtdicke: 22,23 cm	d [cm]	λ [W/(m·K)]
Holz	2,00	0,130
Dampfbremse	0,03	0,330
Dämmung MW	20,00	0,040
Abdichtung	0,20	0,200

Planungskennwerte für Flächen und Rauminhalte nach DIN 277

Flächen des Grundstücks		Menge Einheit	% an GF
BF	Bebaute Fläche	2.250,66 m²	21,3
UF	Unbebaute Fläche	8.315,34 m²	78,7
GF	Grundstücksfläche	10.566,00 m²	100,0

Grundflächen des Bauwerks		Menge Einheit	% an NUF	% an BGF
NUF	Nutzungsfläche	1.184,86 m²	100,0	61,2
TF	Technikfläche	79,00 m²	6,7	4,1
VF	Verkehrsfläche	417,97 m²	35,3	21,6
NRF	Netto-Raumfläche	1.681,83 m²	141,9	86,8
KGF	Konstruktions-Grundfläche	255,75 m²	21,6	13,2
BGF	Brutto-Grundfläche	1.937,58 m²	163,5	100,0

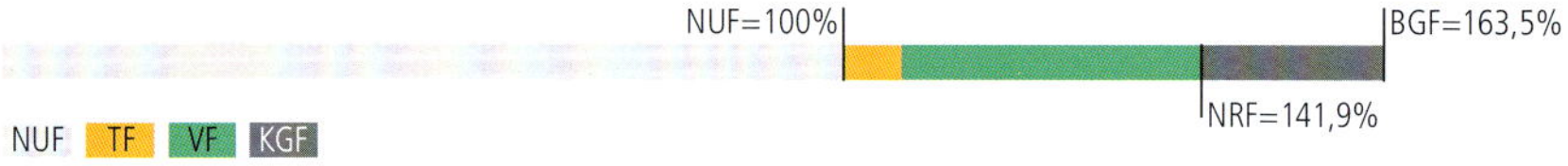

Brutto-Rauminhalt des Bauwerks		Menge Einheit	BRI/NUF (m)	BRI/BGF (m)
BRI	Brutto-Rauminhalt	8.356,11 m³	7,05	4,31

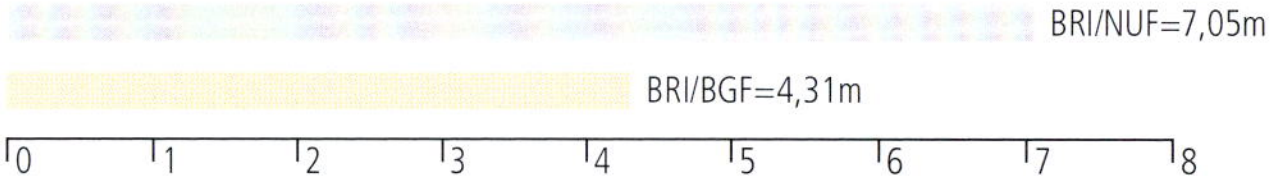

Kostenkennwerte für die Kostengruppen der 1. Ebene DIN 276

KG	Kostengruppen (1. Ebene)	Einheit	Kosten €	€/Einheit	€/m² BGF	€/m³ BRI	% 300+400
100	Grundstück	m² GF	–	–	–	–	–
200	Vorbereitende Maßnahmen	m² GF	–	–	–	–	–
300	Bauwerk – Baukonstruktionen	m² BGF	5.524.097	2.851,03	2.851,03	661,08	74,6
400	Bauwerk – Technische Anlagen	m² BGF	1.878.740	969,63	969,63	224,83	25,4
	Bauwerk 300+400	**m² BGF**	**7.402.837**	**3.820,66**	**3.820,66**	**885,92**	**100,0**
500	Außenanlagen und Freiflächen	m² AF	531.960	298,19	274,55	63,66	7,2
600	Ausstattung und Kunstwerke	m² BGF	–	–	–	–	–
700	Baunebenkosten	m² BGF	–	–	–	–	–
800	Finanzierung	m² BGF	–	–	–	–	–

KG	Kostengruppe	Menge Einheit	Kosten €	€/Einheit	%
3+4	**Bauwerk**				**100,0**
300	**Bauwerk – Baukonstruktionen**	1.937,58 m² BGF	5.524.097	**2.851,03**	74,6

- Abbrechen
  Abbruch von Fassadenelement, Stahl-Fluchttreppe; Entsorgung, Deponiegebühren

- Wiederherstellen
  Anarbeiten von Putz, Beschichtungen, Bodenbelägen und abgehängten Decken

- Herstellen
  Baugrubenaushub; Bodenaustausch, Stb-Fundamentplatte, Stb-Fundamente, Stb-Bodenplatte,Estrich, Linoleum, Lamellenparkett, Bodenfliesen, PU-Beschichtung, Abdichtung, Kiestragschichten, Perimeterdämmung; zellulosegefülltes Ziegelmauerwerk (monolithisch), Stb-Stützen, Holz-Alu-Pfosten-Riegelfassade, Holz-Alufenster, teilw. Sonnenschutzverglasung, mineralische Putzfassade; Innenmauerwerk, Stb-Wände, GK-Wände, Stb-Stützen, Holzrahmen-Innentüren, Wandfliesen; Stb-Decken, Stb-FT-Treppen, Estrich, Linoleum, Lamellenparkett, Bodenfliesen, PU-Beschichtung, abgehängte GK-Decken, Holzwolle-Schallschutzdecken, Treppengeländer; sichtbares Holzbalkendach (Mensa), Holzbalkendach, Dämmung, Betondachsteine, extensive Dachbegrünung, Entwässerung, abgehängte GK-Decken, Schallschutzdecken

KG	Kostengruppe	Menge Einheit	Kosten €	€/Einheit	%
400	**Bauwerk – Technische Anlagen**	1.937,58 m² BGF	1.878.740	**969,63**	25,4

- Herstellen
  Anschluss an Bestandsleitungen, Gebäudeentwässerung, Kalt- und Warmwasserleitungen, Sanitärobjekte; Nahwärmeanschluss, Erweiterung der bestehenden Fernwärmeversorgung, Plattenheizkörper; kontrollierte Be- und Entlüftung mit WRG (Mensa, WCs), RWA-Anlage; Elektroinstallation, Beleuchtung, Sicherheitsleuchten; elektroakustische Anlagen, Telekommunikationsanlage, Erweiterung der Brandmeldeanlage; Personenaufzug

KG	Kostengruppe	Menge Einheit	Kosten €	€/Einheit	%
500	**Außenanlagen und Freiflächen**	1.783,94 m² AF	531.960	**298,19**	7,2

- Abbrechen
  Abbruch von Asphaltflächen, Außenleuchte; Entsorgung, Deponiegebühren, Versetzen und Zwischenlagern von Findlingen, Spielgeräten
- Wiederherstellen
  Wiedereinbau von Spielgeräten
- Herstellen
  Oberbodenarbeiten, Bodenarbeiten, Erdbaumaßnahmen; asphaltierter Schulhof, Wege, Spielplatzflächen; Treppen, Sitzstufen; Oberbodenauftrag, Gehölze, Stauden, Bäume, Rasen

4100-0232
Schulmensa
(54 Sitzplätze)
Betreuungsräume

Erweiterung

Kostenkennwerte für die Kosten des Bauwerks (Kostengruppen 300+400 nach DIN 276)

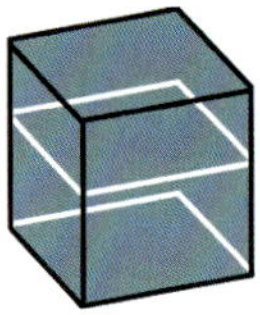
BRI 1.033 €/m³

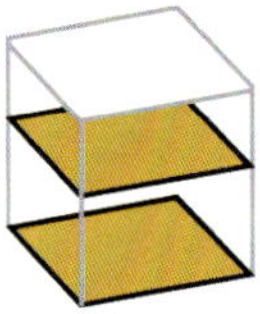
BGF 3.902 €/m²

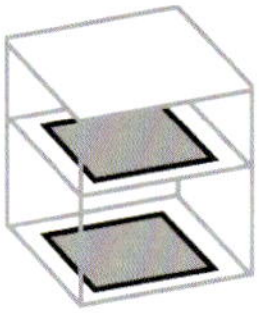
NUF 4.778 €/m²

Objekt:
Kennwerte: 1. Ebene DIN 276
BRI: 1.086 m³
BGF: 287 m²
NUF: 235 m²
Bauzeit: 35 Wochen
Bauende: 2021
Standard: mittel
Bundesland: Hessen
Kreis: Fulda

Architekt*in:
schmitt roggel
architekten PartGmbB
Friedensstraße 16
36043 Fulda

Bauherr*in:
Landkreis Fulda
Wörthstraße 15
36037 Fulda

© Christian Tech

© Christian Tech

© Christian Tech

© Christian Tech

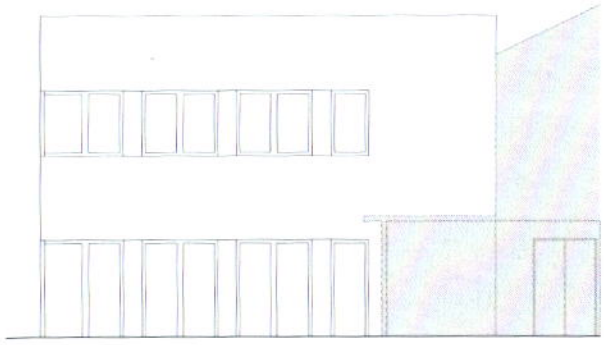

Ansicht Nord-Ost

Ansicht Süd-Ost

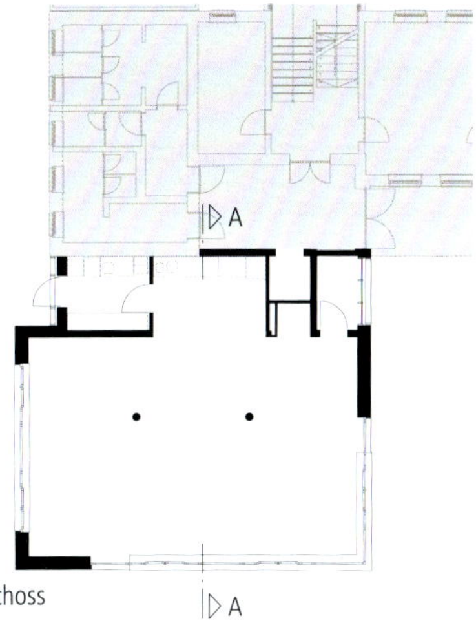

Erdgeschoss

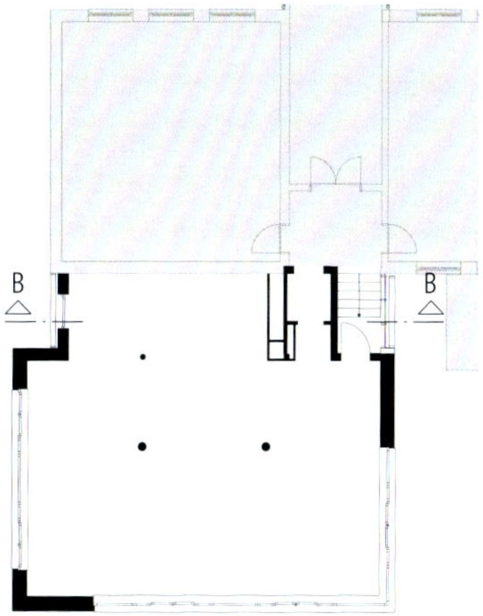

Obergeschoss

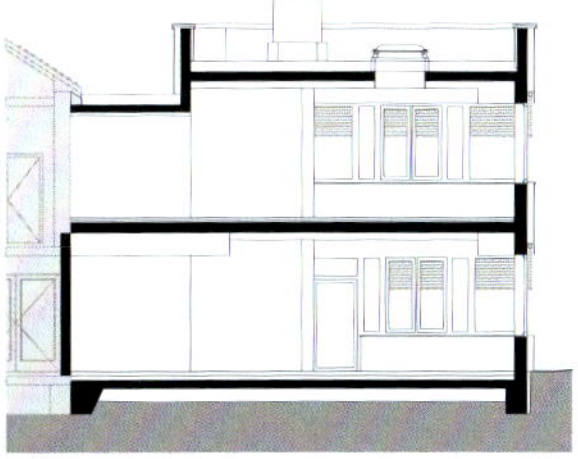

Schnitt A-A

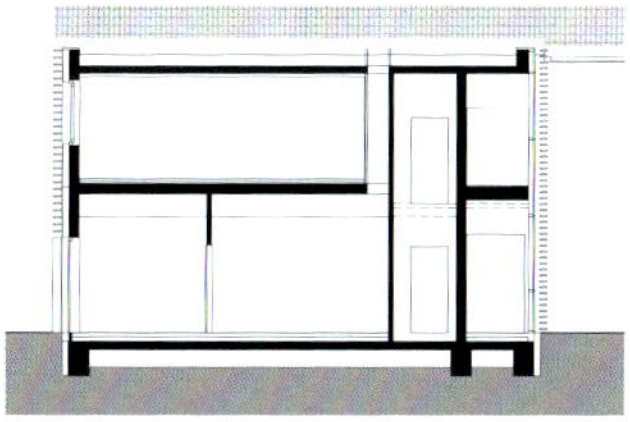

Schnitt B-B

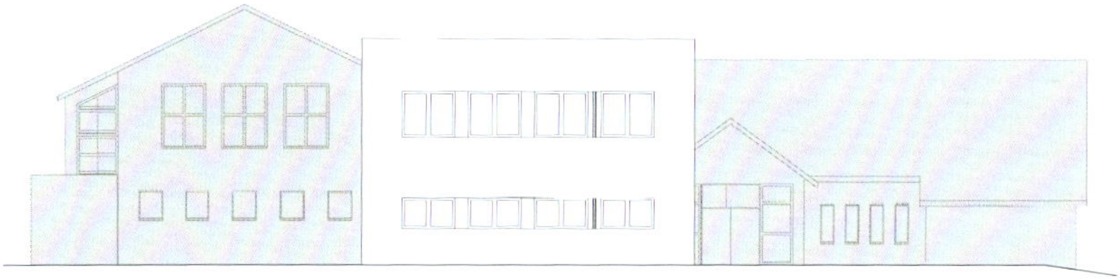

Ansicht Süd-West

4100-0232
Schulmensa
(54 Sitzplätze)
Betreuungsräume

Erweiterung

Objektbeschreibung

Allgemeine Objektinformationen

Die Grundschule benötigte für die Nachmittagsbetreuung der Schüler zusätzliche Räume und auch eine Mensa. Zu diesem Zweck wurde ein bestehender eingeschossiger Anbau rückgebaut und an dessen Stelle ein zweigeschossiger Neubau errichtet. Zudem wurde ein Aufzug eingebaut. Ein weiteres Treppenhaus wurde nicht notwendig. Der Übergang zwischen alt und neu wurde gestalterisch über einen Verbindungsbau gelöst.

Nutzung

1 Erdgeschoss
Mensa, Spülküche, Zubereitungsraum

1 Obergeschoss
Betreuungsraum

Nutzeinheiten

Klassen: 4
Schüler: 80
Sitzplätze: 54

Grundstück

Bauraum: Beengter Bauraum
Neigung: Ebenes Gelände
Bodenklasse: BK 3 bis BK 5

Markt

Hauptvergabezeit: 1. Quartal 2020
Baubeginn: 2. Quartal 2021
Bauende: 4. Quartal 2021
Konjunkturelle Gesamtlage: über Durchschnitt
Regionaler Baumarkt: unter Durchschnitt

Baubestand

Baujahr: 1956
Bauzustand: mittel
Aufwand: mittel
Grundrissänderungen: wenige
Tragwerkseingriffe: wenige
Nutzungsänderung: nein
Nutzung während der Bauzeit: ja

Baukonstruktion

Das Gebäude ist in Mauerwerk mit WDVS errichtet. Die Decken sind als Stb-Decken mit Stb-Stützen ausgebildet, um einen möglichst offenen Grundriss zu ermöglichen. Der Verbindungsbau ist in der Geschosshöhe im 2.OG etwas reduziert, um den Anschluss an das Satteldach zu erleichtern sowie die Verschneidung der Dächer zu vermeiden. Die Fensterbänder sind mit farbigen Glasfeldern durchsetzt, die das Stützenraster sichtbar machen und als Kunststoffelemente ausgeführt. Das Flachdach ist als Warmdach ausgebildet und bekiest.

Technische Anlagen

Der Neubau wurde an die bestehende Ölheizung der Schule angeschlossen. Aufgrund der zeitlich sehr begrenzten Nutzungsdauer am Tag wurden Wandheizkörper als Wärmeverteiler gewählt. Im Zuge des Anbaus wurde eine Lüftungsanlage installiert, die in einem nächsten Bauabschnitt auch den Altbau mit versorgen wird. Die Anlage befindet sich auf dem Flachdach des Anbau.

Energetische Angaben zu Außenbauteilen

Bodenplatte

U-Wert: 0,26 W/(m²·K)

Gesamtdicke: 40,03 cm	d [cm]	λ [W/(m·K)]
Linoleum	0,50	0,170
Estrich	6,50	1,400
Trittschalldämmung	3,00	0,035
Dämmung XPS	9,00	0,035
PE-Folie	0,01	0,330
Bitumenbahn	1,00	0,170
Stahlbeton	20,00	2,500
PE-Folie	0,02	0,330

Außenwand

U-Wert: 0,12 W/(m²·K)

Gesamtdicke: 50,00 cm	d [cm]	λ [W/(m·K)]
Innenputz	1,00	0,700
Ziegel	30,00	0,090
Dämmung PS	18,00	0,035
Außenputz	1,00	0,700

Dach

U-Wert: 0,18 W/(m²·K)

Gesamtdicke: 42,12 cm	d [cm]	λ [W/(m·K)]
Stahlbeton	18,00	2,500
Bitumenbahn	0,50	0,170
Dämmung XPS	16,00	0,035
Dämmung XPS	2,00	0,035
Bitumenbahn	0,02	0,170
Gummi/Kunststoff	0,60	0,100
Kiesschüttung	5,00	0,700

Planungskennwerte für Flächen und Rauminhalte nach DIN 277

Flächen des Grundstücks		Menge Einheit	% an GF
BF	Bebaute Fläche	1.122,16 m²	30,6
UF	Unbebaute Fläche	2.542,27 m²	69,4
GF	Grundstücksfläche	3.664,43 m²	100,0

Erweiterung

Grundflächen des Bauwerks		Menge Einheit	% an NUF	% an BGF
NUF	Nutzungsfläche	234,72 m²	100,0	81,7
TF	Technikfläche	–	–	–
VF	Verkehrsfläche	12,80 m²	5,5	4,5
NRF	Netto-Raumfläche	247,52 m²	105,5	86,1
KGF	Konstruktions-Grundfläche	39,94 m²	17,0	13,9
BGF	Brutto-Grundfläche	287,46 m²	122,5	100,0

Brutto-Rauminhalt des Bauwerks		Menge Einheit	BRI/NUF (m)	BRI/BGF (m)
BRI	Brutto-Rauminhalt	1.085,88 m³	4,63	3,78

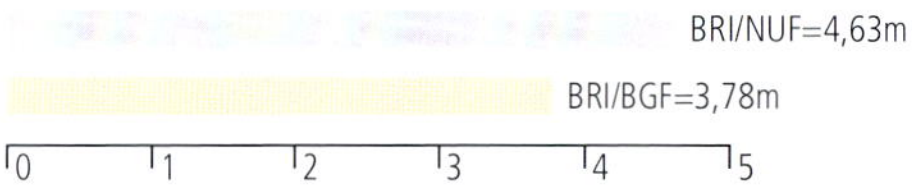

Kostenkennwerte für die Kostengruppen der 1.Ebene DIN 276

KG	Kostengruppen (1.Ebene)	Einheit	Kosten €	€/Einheit	€/m² BGF	€/m³ BRI	% 300+400
100	Grundstück	m² GF	–	–	–	–	–
200	Vorbereitende Maßnahmen	m² GF	–	–	–	–	–
300	Bauwerk – Baukonstruktionen	m² BGF	594.021	2.066,45	2.066,45	547,04	53,0
400	Bauwerk – Technische Anlagen	m² BGF	527.580	1.835,31	1.835,31	485,85	47,0
	Bauwerk 300+400	**m² BGF**	**1.121.601**	**3.901,76**	**3.901,76**	**1.032,90**	**100,0**
500	Außenanlagen und Freiflächen	m² AF	–	–	–	–	–
600	Ausstattung und Kunstwerke	m² BGF	–	–	–	–	–
700	Baunebenkosten	m² BGF	–	–	–	–	–
800	Finanzierung	m² BGF	–	–	–	–	–

KG	Kostengruppe	Menge Einheit	Kosten €	€/Einheit	%
3+4	**Bauwerk**				**100,0**
300	**Bauwerk – Baukonstruktionen**	287,46 m² BGF	594.021	**2.066,45**	53,0

- Abbrechen
  Öffnen der Fassade im Bereich der Verbindung zwischen Alt- und Neubau

- Herstellen
  Baugrubenaushub; Stb-Fundamente inkl. Anschluss an den Bestand, Stb-Bodenplatte, Estrich, Linoleum, Bodenfliesen, Abdichtung, Kiesfilterschicht, Perimeterdämmung; Mauerwerkswände, Stb-Stützen, Holzfenster, Alu-Pfosten-Riegelfassade, Holz-Alufenster, Dreifachverglasung, WDVS, teilw. Alu-Sonnenschutzlamellen; Innenmauerwerk, Stb-Wände, GK-Wände, Stb-Stützen, Einzug eines Stb-Unterzugs im Bestand, Wandfliesen; Stb-Decken inkl. Anschluss an den Bestand, Stb-Treppe mit 5 Stufen, Estrich, Linoleum, abgehängte Rasterdecken; Stb-Flachdach, Oberlicht als Dachausstieg, Dämmung, Abdichtung, Attika, Entwässerung, abgehängte Rasterdecke; Einbauküche

KG	Kostengruppe	Menge Einheit	Kosten €	€/Einheit	%
400	**Bauwerk – Technische Anlagen**	287,46 m² BGF	527.580	**1.835,31**	47,0

- Herstellen
  Gebäudeentwässerung, Kalt- und Warmwasserleitungen; Anschluss an die Bestands-Ölheizung, Plattenheizkörper; kontrollierte Be- und Entlüftung mit Wärmerückgewinnung, RWA-Anlage; Elektroinstallation, Beleuchtung, Blitzschutzanlage; Datenübertragungsanlage, elektroakustische Anlagen, Brandmeldeanlage; Personenaufzug

4100-0234
Grundschule
(6 Klassen)
(142 Schüler)

Erweiterung

Kostenkennwerte für die Kosten des Bauwerks (Kostengruppen 300+400 nach DIN 276)

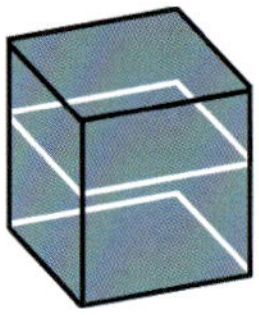

BRI 980 €/m³

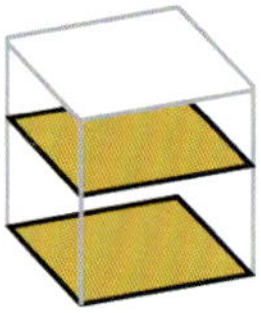

BGF 4.842 €/m²

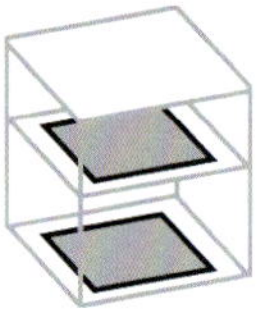

NUF 8.007 €/m²

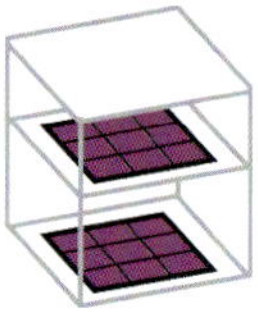

NE 49.752 €/NE

NE: Schüler

Objekt:
Kennwerte: 1.Ebene DIN 276
BRI: 7.211 m³
BGF: 1.459 m²
NUF: 882 m²
Bauzeit: 130 Wochen
Bauende: 2022
Standard: mittel
Bundesland: Brandenburg
Kreis: Prignitz

Architekt*in:
ELZ Architekten BDA
Behlertstraße 6b
14469 Potsdam

Bauherr*in:
Stadt Perleberg
Karl-Liebknecht-Straße 33
19348 Perleberg

© ELZ Architekten BDA

© ELZ Architekten BDA

© ELZ Architekten BDA

© ELZ Architekten BDA

Erweiterung

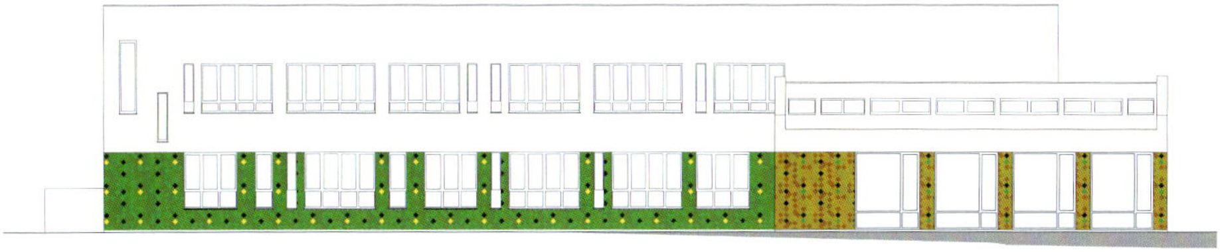

Ansicht Nord

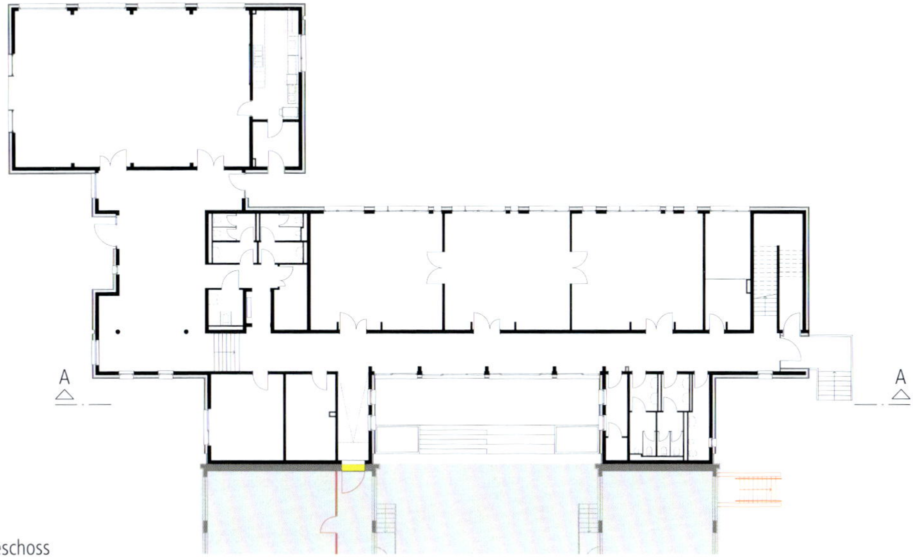

Erdgeschoss

Bestand

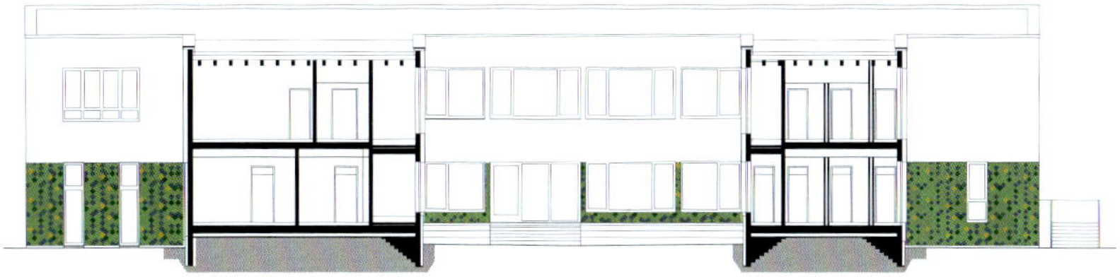

Schnitt A-A

Ansicht West

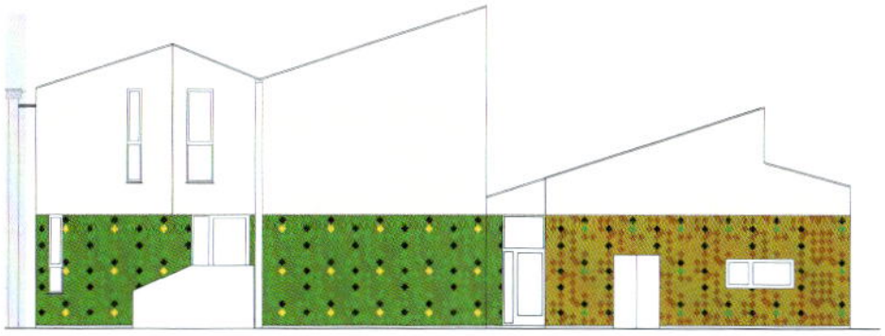

Ansicht Ost

4100-0234
Grundschule
(6 Klassen)
(142 Schüler)

Erweiterung

Objektbeschreibung

Allgemeine Objektinformationen

Die bestehende Grundschule, ein Systembau aus den 1970er Jahren, wurde um einen zweigeschossigen Riegel für Hort- und Grundschulnutzung und einem eingeschossigen Mehrzweckgebäude für Aula und Cafeteria erweitert. Die Eingangsfassade liegt an einem neu gestalteten Stadtplatz. Die umgebende Nachkriegsbebauung umrahmt den offen gestaltete Grundriss des Erweiterungsbaus. Die mit farbigen Schindeln gestalteten EG-Fassaden bilden einen fließenden Übergang zu den Außenanlagen.

Nutzung

1 Erdgeschoss
Foyer, Mehrzweckraum, Sanitärräume, Küche, Lager, drei Horträume, Lehrmittel, Garderobe, Aufzug, Treppenhäuser

1 Obergeschoss
drei Klassenräume, zwei Teilungsräume, Lehrmittel, Sanitärräume, Aufzug, Treppenhäuser

Nutzeinheiten

Klassen: 6
Schüler: 142

Grundstück

Bauraum: Beengter Bauraum
Neigung: Ebenes Gelände
Bodenklasse: BK 3 bis BK 4

Markt

Hauptvergabezeit: 2. Quartal 2020
Baubeginn: 2. Quartal 2020
Bauende: 4. Quartal 2022
Konjunkturelle Gesamtlage: über Durchschnitt
Regionaler Baumarkt: Durchschnitt

Baubestand

Baujahr: 1971
Bauzustand: gut
Aufwand: mittel
Grundrissänderungen: wenige
Tragwerkseingriffe: einige
Nutzungsänderung: nein
Nutzung während der Bauzeit: ja

Baukonstruktion

Der Baugrund erwies sich als nur eingeschränkt tragfähig. Für die Gründung musste der Boden einen Meter tief abgetragen und ein Gründungspolster hergestellt werden. Die Erdgeschossebenen sind auf bewehrten Fundamentplatten gegründet. Die Außenwände sind in KS-Mauerwerk ausgeführt. Einzelne Stahlbetonwände dienen der Aussteifung. Die Fassaden sind im EG mit bunten Aluschindeln bekleidet, im OG kam ein WDVS zum Einsatz. Die Geschossdecke ist in Stahlbeton hergestellt. Auf dem Heizestrich sind die Böden mit Linoleum oder Betonwerkstein bzw. Fliesen belegt. Der sichtbare Dachstuhl aus Holzbindern und Pfetten wurde mittels OSB-Schalung und Aufsparrendämmung gedeckt. Die Dächer sind begrünt. Die Aula wird über eine dreifachverglaste Stahl-Pfosten-Riegel-Fassade belichtet und belüftet.

Technische Anlagen

Die Wärmeerzeugung des Neubaus erfolgt über zwei Luft/Luft Wärmepumpen, Fußbodenheizungen verteilen die Wärme in den Räumen. Zusätzlich wurden Heizkörper in Foyer und Mehrzweckraum verbaut um trotz großem Luftvolumen ausreichend heizen zu können. Die Lüftung der Räume erfolgt durch eine effektive Querlüftung über die großzügigen Fenster. Zusätzlich sind CO_2-Ampeln eingebaut, die schlechte Luftqualität signalisieren und gekoppelte Lüftungspaneele automatisch öffnen. Durch den Einbau eines Personenaufzugs ist das Gebäude barrierefrei.

Energetische Kennwerte

Gesetzliche Grundlage: EnEV 2013
Gebäudenutzfläche: 1.251,00 m^2
Gebäudevolumen: 6.154,00 m^3
A/V_e-Verhältnis (Kompaktheit): 0,49 m^{-1}
Hüllfläche des beheizten Volumens: 3.042,00 m^2
Mittlerer U-Wert (opake Bauteile): 0,16 W/(m^2·K)
Mittlerer U-Wert (transparente Bauteile): 1,00 W/(m^2·K)
Mittlerer U-Wert (Vorhangfassade): 1,40 W/(m^2·K)
Mittlerer U-Wert (Glasdächer, etc.): 1,30 W/(m^2·K)
Spez. Jahresprimärenergiebedarf: 111,60 kWh/(m^2·a)
CO_2-Emissionen: 36,89 kg/(m^2·a)

Energetische Angaben zu Außenbauteilen

Bodenplatte

U-Wert: 0,17 W/(m²·K)

Gesamtdicke: 56,50 cm	d [cm]	λ [W/(m·K)]
Estrich	6,50	1,400
Dämmung	3,00	0,035
Dämmung	3,00	0,035
Stahlbeton	30,00	2,100
Dämmung	14,00	0,038

Außenwand gegen Erdreich

U-Wert: 0,29 W/(m²·K)

Gesamtdicke: 39,00 cm	d [cm]	λ [W/(m·K)]
Stahlbeton	25,00	2,100
Abdichtung	2,00	100.000,00
Dämmung	12,00	0,038

Außenwand hinterlüftet Aluverkleidung

U-Wert: 0,24 W/(m²·K)

Gesamtdicke: 37,50 cm	d [cm]	λ [W/(m·K)]
Innenputz	1,50	1,000
Kalksandstein	24,00	1,100
Dämmung	12,00	0,032

Außenwand WDVS

U-Wert: 0,17 W/(m²·K)

Gesamtdicke: 45,50 cm	d [cm]	λ [W/(m·K)]
Innenputz	1,50	1,000
Kalksandstein	24,00	1,100
Dämmung	20,00	0,036

Außenwand hinterlüftet

U-Wert: 0,26 W/(m²·K)

Gesamtdicke: 34,00 cm	d [cm]	λ [W/(m·K)]
Holz	28,00	0,130
Dämmung	6,00	0,040

Decke gegen Außenluft unten

U-Wert: 0,11 W/(m²·K)

Gesamtdicke: 66,50 cm	d [cm]	λ [W/(m·K)]
Estrich	6,50	1,400
Dämmung	3,00	0,035
Dämmung	3,00	0,035
Stahlbeton	30,00	2,100
Dämmung	24,00	0,035

Flachdach

U-Wert: 0,17 W/(m²·K)

Gesamtdicke: 45,00 cm	d [cm]	λ [W/(m·K)]
Dämmung	20,00	0,035
Stahlbeton	25,00	2,100

Dach

U-Wert: 0,18 W/(m²·K)

Gesamtdicke: 21,45 cm	d [cm]	λ [W/(m·K)]
Holz	3,00	0,130
Dampfsperre	0,05	1.000,000
Dämmung	18,40	0,035

Planungskennwerte für Flächen und Rauminhalte nach DIN 277

Flächen des Grundstücks		Menge Einheit	% an GF
BF	Bebaute Fläche	845,00 m²	25,9
UF	Unbebaute Fläche	2.417,00 m²	74,1
GF	Grundstücksfläche	3.262,00 m²	100,0

Erweiterung

Grundflächen des Bauwerks		Menge Einheit	% an NUF	% an BGF
NUF	Nutzungsfläche	882,34 m²	100,0	60,5
TF	Technikfläche	34,52 m²	3,9	2,4
VF	Verkehrsfläche	352,53 m²	40,0	24,2
NRF	Netto-Raumfläche	1.269,39 m²	143,9	87,0
KGF	Konstruktions-Grundfläche	189,61 m²	21,5	13,0
BGF	Brutto-Grundfläche	1.459,00 m²	165,4	100,0

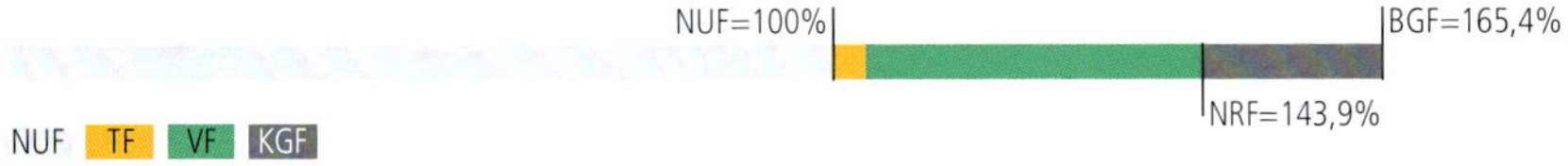

Brutto-Rauminhalt des Bauwerks		Menge Einheit	BRI/NUF (m)	BRI/BGF (m)
BRI	Brutto-Rauminhalt	7.210,55 m³	8,17	4,94

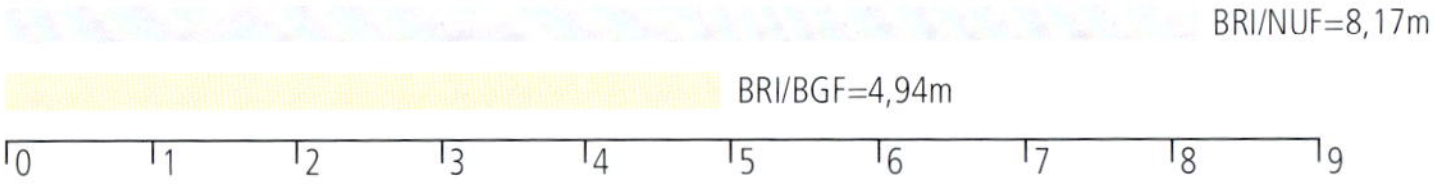

Kostenkennwerte für die Kostengruppen der 1. Ebene DIN 276

KG	Kostengruppen (1. Ebene)	Einheit	Kosten €	€/Einheit	€/m² BGF	€/m³ BRI	% 300+400
100	Grundstück	m² GF	–	–	–	–	–
200	Vorbereitende Maßnahmen	m² GF	–	–	–	–	–
300	Bauwerk – Baukonstruktionen	m² BGF	5.744.541	3.937,31	3.937,31	796,69	81,3
400	Bauwerk – Technische Anlagen	m² BGF	1.320.194	904,86	904,86	183,09	18,7
	Bauwerk 300+400	**m² BGF**	**7.064.734**	**4.842,18**	**4.842,18**	**979,78**	**100,0**
500	Außenanlagen und Freiflächen	m² AF	76.321	31,58	52,31	10,58	1,1
600	Ausstattung und Kunstwerke	m² BGF	540.278	370,31	370,31	74,93	7,6
700	Baunebenkosten	m² BGF	–	–	–	–	–
800	Finanzierung	m² BGF	–	–	–	–	–

KG	Kostengruppe	Menge Einheit	Kosten €	€/Einheit	%
3+4	**Bauwerk**				**100,0**
300	**Bauwerk – Baukonstruktionen**	1.459,00 m² BGF	5.744.541	**3.937,31**	81,3

- Herstellen

  Baugrubenaushub; Gründungspolster, Baugrundverbesserung, Betonrecycling, Stb-Fundamentplatte, Abdichtung, Dämmung, Heizestrich, Linoleum, Fliesen, Betonwerkstein, Magerbetonkeile; KS-Mauerwerk, Stb-Wände, Stb-Stützen, Holzfenster, Dreifachverglasung VSG, Außentüren Stahlrahmenprofile, WDVS, Dämmung, Aluminiumschindeln, Stahl-Pfosten-Riegel-Fassade, Raffstores; KS-Mauerwerk, GK-Wände, teilweise doppelt beplankt, Holzinnentüren, Stahlglasinnentüren, Holz-, Alu-Umfassungszargen, Wandfliesen, Beschichtung, WC-Trennwände; Stb-Decken, Stb-Treppen, Buchehandläufe; Holzbinder-Dachkonstruktion, Holzpfetten, Dachflächenfenster, Aufsparrendämmung, OSB-Schalung, Gründachaufbau, Akustikdecken, Beschichtung; Sekurantensystem

KG	Kostengruppe	Menge Einheit	Kosten €	€/Einheit	%
400	**Bauwerk – Technische Anlagen**	1.459,00 m² BGF	1.320.194	**904,86**	18,7

- Herstellen

  Gebäudeentwässerung, Kalt- und Warmwasserleitungen, Sanitärobjekte, Regenwasserrückhaltebecken; Luft-Luft-Wärmepumpe, Heizleitungen, Fußbodenheizung, Heizkörper; Lüftungsanlage innenliegende Räume; Elektroinstallation, Beleuchtung, Sicherheitsbeleuchtung, Blitzschutz; Erweiterung Hausalarmanlage, CO_2-Ampeln, Datenübertragungsanlage; Personenaufzug

KG	Kostengruppe	Menge Einheit	Kosten €	€/Einheit	%
500	**Außenanlagen und Freiflächen**	2.417,00 m² AF	76.321	**31,58**	1,1

- Herstellen

  Stb-Beton Außentreppen, Betonpflaster; Stahlgeländer; Fassadenrinnen

KG	Kostengruppe	Menge Einheit	Kosten €	€/Einheit	%
600	**Ausstattung und Kunstwerke**	1.459,00 m² BGF	540.278	**370,31**	7,6

- Herstellen

  Schulküchenmobiliar, Edelstahl-Ausgabeküche, Teeküche, Einbauschränke, Garderobenschränke, Einbausitzbänke, Schultische, Schulstühle

4100-0236
Grundschule
(6 Klassen)
(150 Schüler)
Hort (5 Gruppen)
(180 Schüler)

Erweiterung

Kostenkennwerte für die Kosten des Bauwerks (Kostengruppen 300+400 nach DIN 276)

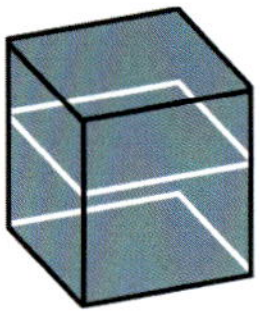

BRI 813 €/m³

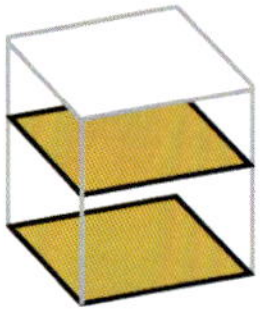

BGF 3.257 €/m²

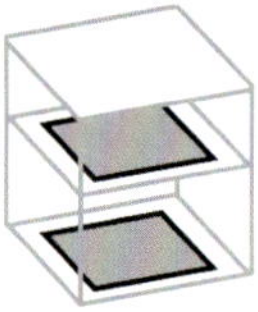

NUF 5.464 €/m²

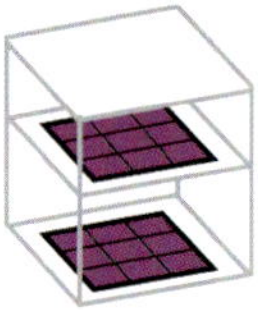

NE 22.545 €/NE
NE: Schüler

Objekt:
Kennwerte: 1.Ebene DIN 276
BRI: 9.150 m³
BGF: 2.284 m²
NUF: 1.362 m²
Bauzeit: 61 Wochen
Bauende: 2021
Standard: hoch
Bundesland: Nordrhein-Westfalen
Kreis: Kleve

Architekt*in:
Gelderner Bau
Gesellschaft mbH
Ernst-C. Gerats
Jan Spickmann
Glockengasse 5
47608 Geldern

Bauherr*in:
Gelderner Bau
Gesellschaft mbH
Glockengasse 5
47608 Geldern

© Gelderner Bau GmbH

© Gelderner Bau GmbH

© Gelderner Bau GmbH

© Gelderner Bau GmbH

Zeichnungen

4100-0236
Grundschule
(6 Klassen)
(150 Schüler)
Hort (5 Gruppen)
(180 Schüler)

Erweiterung

Ansicht Nord

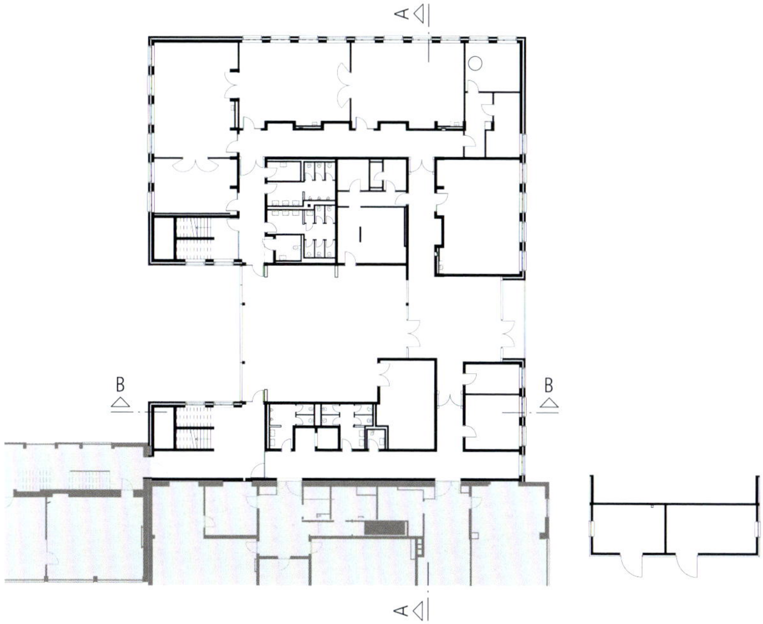

Erdgeschoss

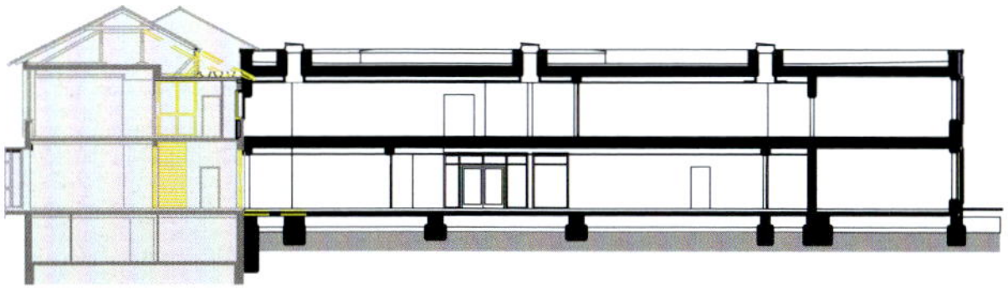

Schnitt A-A

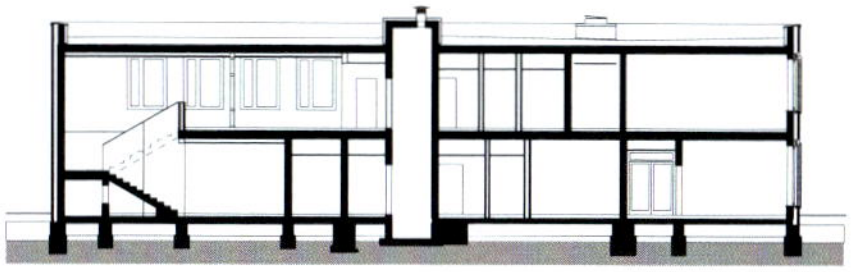

Schnitt B-B

Ansicht Ost

4100-0236
Grundschule
(6 Klassen)
(150 Schüler)
Hort (5 Gruppen)
(180 Schüler)

Erweiterung

Objektbeschreibung

Allgemeine Objektinformationen

Die Grundschule soll zukünftig dreizügig geführt werden. Dafür wurde im Rahmen der Schulbauoffensive die Erweiterung und anschließende Sanierung geplant und realisiert. Bei der Erweiterung wurden sechs zusätzliche Klassenräume sowie fünf Räume für die Nachmittagsbetreuung angebaut. Insgesamt entstand Platz für 150 Schulkinder.

Nutzung

1 Erdgeschoss
offene Ganztagsbetreuung, Mensa, Küche, Sanitärräume

1 Obergeschoss
Klassenräume mit angeschlossenen Differenzierungsräumen, Bibliothek, Sanitärräume

Nutzeinheiten

Gruppen: 5
Klassen: 6
Schüler: 330

Grundstück

Bauraum: Freier Bauraum
Neigung: Ebenes Gelände

Markt

Hauptvergabezeit: 3.Quartal 2020
Baubeginn: 3.Quartal 2020
Bauende: 4.Quartal 2021
Konjunkturelle Gesamtlage: über Durchschnitt
Regionaler Baumarkt: unter Durchschnitt

Baubestand

Baujahr: 1954, 1961, 1996
Bauzustand: gut
Aufwand: mittel
Grundrissänderungen: einige
Tragwerkseingriffe: wenige
Nutzungsänderung: nein
Nutzung während der Bauzeit: ja

Baukonstruktion

Die nicht unterkellerte Erweiterung gründet auf Stb-Streifenfundamenten mit darüberliegender Stb-Bodenplatte. Sämtliche tragende Bauteile sind mit Stb-Fertigteilen errichtet worden, um eine schnelle Baufertigstellung zu erreichen. Die Stb-Elementdecken erhielten Linoleumbeläge in den Unterrichtsräumen und Feinsteinzeugbeläge auf den Verkehrsflächen. Die nichttragenden Innenwände wurden in Trockenbau ausgeführt. In den Sanitärräumen wurden die Böden und Wände mit Fliesen belegt. Die Türen wurden in Holz ausgeführt. Die Außenwände sind mit hinterlüfteten Klinkerfassaden bekleidet. Dreifachverglaste Alufenster wurden eingebaut. Sonnenschutzlamellen sorgen für die notwendige Verschattung. Das Stb-Flachdach wurde als Retentionsdach ausgeführt und begrünt.

Technische Anlagen

Der Erweiterungsneubau wird durch eine Luft-Wasser-Wärmepumpe beheizt. Die Fußbodenheizung verteilt die Wärme in den Räumen. Eine Lüftungsanlage versorgt die innenliegenden Räumen, sowie die Mensa und den Küchenbereich. Aufgeständerte Photovoltaikelemente auf dem Dach liefern Strom. Es wurde eine Brandmeldeanlage sowie Präsenzmelder mit integrierten CO_2-Meldern installiert. Ein Aufzug macht die Schule barrierefrei.

Sonstiges

Der Baukörper beruht auf einem 2,50m Raster. Der Einsatz von Stahlbetonfertigteilen und Elementdecken ermöglichte eine kurze Bauzeit von 14 Monaten.

Energetische Kennwerte

Gesetzliche Grundlage: EnEV 2013
Gebäudenutzfläche: 1.865,40 m^2
Hüllfläche des beheizten Volumens: 1.984,80 m^2
Spez. Jahresprimärenergiebedarf: 77,60 kWh/(m^2·a)
Jahresendenergiebedarf: 144.851,00 kWh/a

Planungskennwerte für Flächen und Rauminhalte nach DIN 277

Flächen des Grundstücks		Menge Einheit	% an GF
BF	Bebaute Fläche	2.368,58 m²	27,0
UF	Unbebaute Fläche	6.410,42 m²	73,0
GF	Grundstücksfläche	8.779,00 m²	100,0

Grundflächen des Bauwerks		Menge Einheit	% an NUF	% an BGF
NUF	Nutzungsfläche	1.361,69 m²	100,0	59,6
TF	Technikfläche	9,28 m²	0,7	0,4
VF	Verkehrsfläche	532,46 m²	39,1	23,3
NRF	Netto-Raumfläche	1.903,43 m²	139,8	83,3
KGF	Konstruktions-Grundfläche	380,57 m²	27,9	16,7
BGF	Brutto-Grundfläche	2.284,00 m²	167,7	100,0

Brutto-Rauminhalt des Bauwerks		Menge Einheit	BRI/NUF (m)	BRI/BGF (m)
BRI	Brutto-Rauminhalt	9.150,26 m³	6,72	4,01

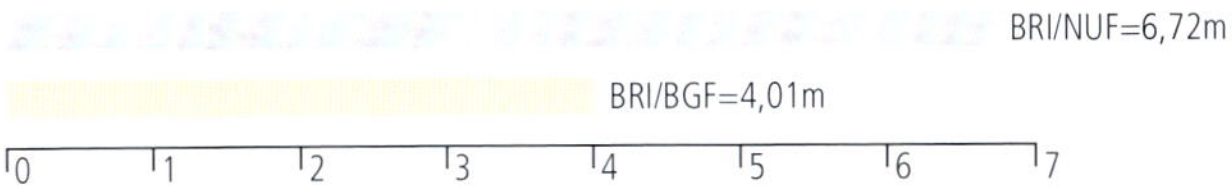

Kostenkennwerte für die Kostengruppen der 1. Ebene DIN 276

KG	Kostengruppen (1. Ebene)	Einheit	Kosten €	€/Einheit	€/m² BGF	€/m³ BRI	% 300+400
100	Grundstück	m² GF	–	–	–	–	–
200	Vorbereitende Maßnahmen	m² GF	556.404	63,38	243,61	60,81	7,5
300	Bauwerk – Baukonstruktionen	m² BGF	5.226.282	2.288,21	2.288,21	571,16	70,2
400	Bauwerk – Technische Anlagen	m² BGF	2.213.435	969,10	969,10	241,90	29,8
	Bauwerk 300+400	**m² BGF**	**7.439.717**	**3.257,32**	**3.257,32**	**813,06**	**100,0**
500	Außenanlagen und Freiflächen	m² AF	806.310	178,82	353,03	88,12	10,8
600	Ausstattung und Kunstwerke	m² BGF	–	–	–	–	–
700	Baunebenkosten	m² BGF	–	–	–	–	–
800	Finanzierung	m² BGF	–	–	–	–	–

KG	Kostengruppe	Menge Einheit	Kosten €	€/Einheit	%
200	**Vorbereitende Maßnahmen**	8.779,00 m² GF	556.404	**63,38**	7,5

- Abbrechen
  Abbruch von Bestandsgebäude; Entsorgung, Deponiegebühren

- Herstellen
  Herrichten der Geländeoberfläche, Erdarbeiten; Fettabscheider

KG	Kostengruppe	Menge Einheit	Kosten €	€/Einheit	%
3+4	**Bauwerk**				**100,0**
300	**Bauwerk – Baukonstruktionen**	2.284,00 m² BGF	5.226.282	**2.288,21**	70,2

- Herstellen
  Bodenarbeiten; Stb-Streifenfundamente, Stb-Bodenplatte, Dämmung, Heizestrich, Bodenfliesen, Linoleum, Feinsteinzeug, Perimeterdämmung, Sauberkeitsschicht; Stb-Außenwände, Alufenster, dreifachverglast, Dämmung, Klinkerfassade, Sichtbetonoberflächen, Sonnenschutzlamellen; Stb-Innenwände, GK-Wände, Holztüren, Wandfliesen, Beschichtung; Stb-Decken, Stb-Fertigteiltreppen, Estrich, Linoleum, Feinsteinzeug, Bodenfliesen, abgehängte Metallrasterdecken, Akustikdecken, GK-Decken; Stb-Flachdach, Dämmung, Abdichtung, Retentionsdach, Begrünung, innenliegende Dachentwässerung, Akustikdecken

KG	Kostengruppe	Menge Einheit	Kosten €	€/Einheit	%
400	**Bauwerk – Technische Anlagen**	2.284,00 m² BGF	2.213.435	**969,10**	29,8

- Herstellen
  Gebäudeentwässerung, Kalt- und Warmwasserleitungen, Sanitärobjekte; Luft-Wasser-Wärmepumpe, Lüftungsanlage für Mensa, Küche; Photovoltaikanlage, Elektroinstallation, Beleuchtung, Blitzschutz; Brandmeldeanlage, Präsenzmelder mit integriertem CO_2-Meldern, KNX-Steuerung

KG	Kostengruppe	Menge Einheit	Kosten €	€/Einheit	%
500	**Außenanlagen und Freiflächen**	4.509,00 m² AF	806.310	**178,82**	10,8

- Herstellen
  Neugestaltung der Feuerwehrzufahrt; Neugestaltung Schulhof und Parkplätze

4100-0238
Gemeinschaftsschule
(6 Klassen)
(168 Schüler)

Erweiterung

Kostenkennwerte für die Kosten des Bauwerks (Kostengruppen 300+400 nach DIN 276)

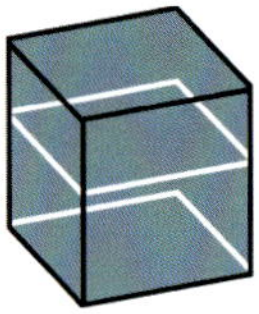

BRI 1.101 €/m³

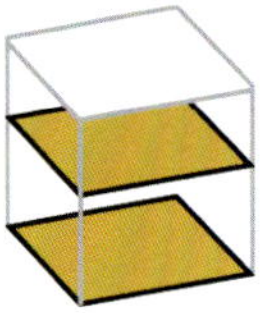

BGF 3.585 €/m²

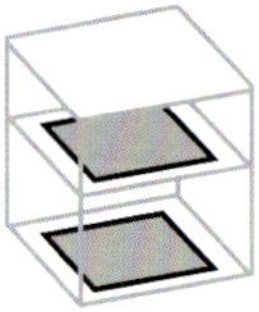

NUF 5.301 €/m²

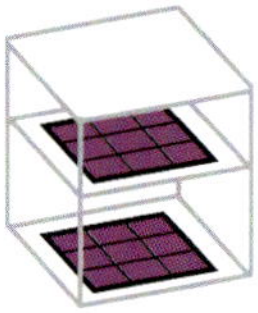

NE 22.940 €/NE
NE: Schüler

Objekt:
Kennwerte: 1.Ebene DIN 276
BRI: 3.500 m³
BGF: 1.075 m²
NUF: 727 m²
Bauzeit: 70 Wochen
Bauende: 2020
Standard: mittel
Bundesland: Baden-Württemberg
Kreis: Hohenlohekreis

Architekt*in:
Wiechers Beck
GvA mbH
Kreuzbergstraße 30
10965 Berlin

Bauherr*in:
Gemeinde Kupferzell
Marktplatz 14-16
74635 Kupferzell

© Brigida González

Erweiterung

Ansicht Nord

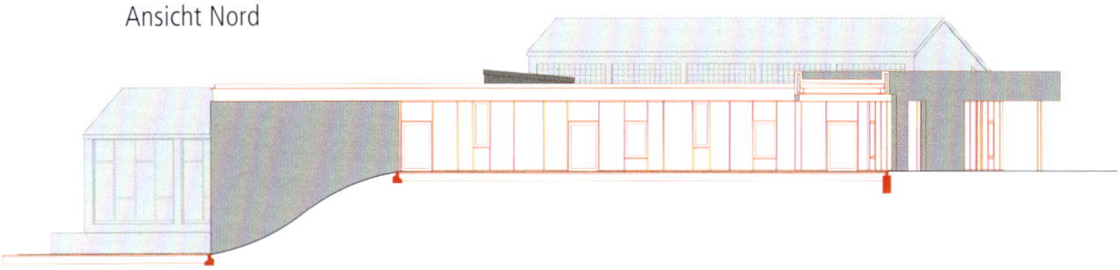

Ansicht Ost

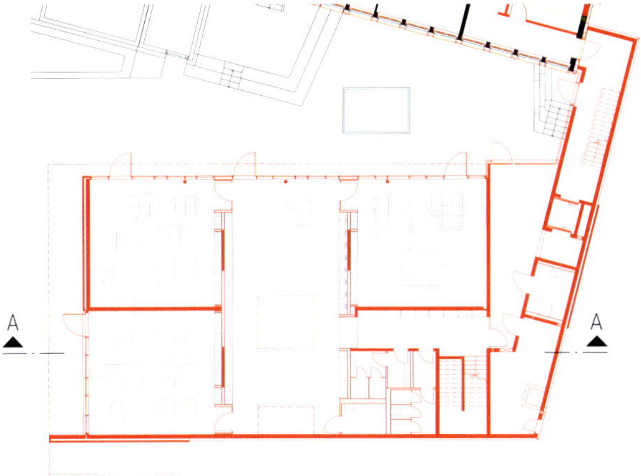

Erdgeschoss

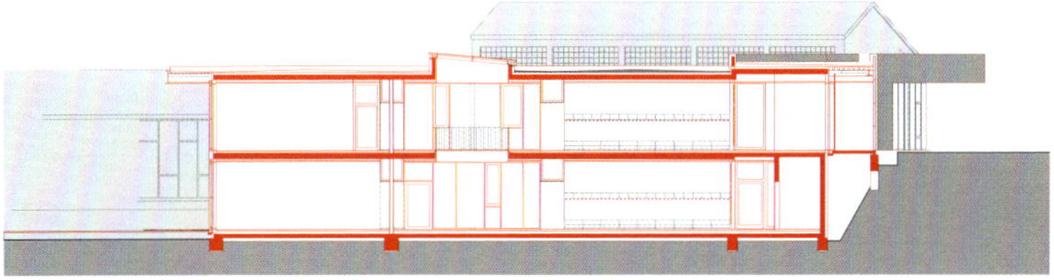

Schnitt A-A

Ansicht Süd

4100-0238
Gemeinschaftsschule
(6 Klassen)
(168 Schüler)

Erweiterung

Objektbeschreibung

Allgemeine Objektinformationen

Aufgrund der steigenden Schülerzahlen musste die Gemeinschaftsschule erweitert werden. Auf dem Schulcampus wurde ein kleines Lernhaus realisiert, welches als Begrüßungshaus für die Jahrgänge Eins und Zwei fungieren soll. Auf jeder der beiden Gebäudeebenen wird ein Jahrgang untergebracht. Bei dieser Clusterlösung werden mehrere Unterrichtsräume mit einer multifunktionalen gemeinsamen Mitte zu einer Einheit zusammengefasst. Gleichzeitig wird ein barrierefreier Zugang zur bestehenden Sport- und Schwimmhalle geschaffen sowie eine regensichere Verbindung aller Gebäude des Schulcampus.

Nutzung

1 Erdgeschoss
Klassenräume, Aufenthaltsbereiche, WC-Anlagen, Technikraum, Garderoben, Treppenhäuser, Aufzug

1 Obergeschoss
Foyer, Klassenräume, Lehrerraum, Aufenthaltsbereiche, WC-Anlagen, Garderoben, Treppenhäuser, Aufzug

Nutzeinheiten

Klassen: 6
Schüler: 168

Grundstück

Bauraum: Beengter Bauraum
Neigung: Geneigtes Gelände

Markt

Hauptvergabezeit: 1. Quartal 2019
Baubeginn: 2. Quartal 2019
Bauende: 3. Quartal 2020
Konjunkturelle Gesamtlage: über Durchschnitt
Regionaler Baumarkt: unter Durchschnitt

Baukonstruktion

Der Erweiterungsbau gründet auf Streifenfundamenten und einer Stahlbetonbodenplatte. Die Außenwände sind aus kerngedämmten Stahlbetonfertigteilen hergestellt. Die Fassaden wurden größtenteils in Sichtbeton belassen. Die Alufenster sind mit einer Dreifachverglasung ausgestattet und können mit Zip-Markisen verschattet werden. Die tragenden Innenwände wurden in Stahlbeton erstellt. Auf den Stb-Decken wurde ein schwimmender Estrich eingebaut und mit Parkett und Linoleum belegt. Das Stb-Flachdach erhielt eine Kiesschüttung auf der Abdichtung.

Technische Anlagen

Die Heizung des Erweiterungsbaus konnte an die Heizzentrale des Bestands angebunden werden. Die Verteilung erfolgt über eine Fußbodenheizung. Ein Personenaufzug erschließt das Obergeschoss barrierefrei.

Energetische Kennwerte

Gesetzliche Grundlage: EnEV 2013
Gebäudenutzfläche: 916,80 m^2
Gebäudevolumen: 3.770,00 m^3
Hüllfläche des beheizten Volumens: 1.832,42 m^2
Spez. Transmissionswärmeverlust: 0,44 W/(m^2·K)
Mittlerer U-Wert (opake Bauteile): 0,18 W/(m^2·K)
Mittlerer U-Wert (transparente Bauteile): 1,34 W/(m^2·K)
Spez. Jahresprimärenergiebedarf: 123,20 kWh/(m^2·a)
CO_2-Emissionen: 28,60 kg/(m^2·a)

Energetische Angaben zu Außenbauteilen

Bodenplatte

U-Wert: 0,23 W/(m²·K)

Gesamtdicke: 41,53 cm	d [cm]	λ [W/(m·K)]
Estrich	6,50	1,400
PE-Folie	0,03	0,330
Dämmung	3,00	0,035
Dämmung	5,00	0,035
Dämmung	6,00	0,035
Bitumenbahn	1,00	0,170
Stahlbeton	20,00	2,300

Außenwand gegen Erdreich

U-Wert: 0,29 W/(m²·K)

Gesamtdicke: 37,00 cm	d [cm]	λ [W/(m·K)]
Innenputz	1,00	0,510
Stahlbeton	24,00	2,300
Dämmung	12,00	0,037

Außenwand doppelschalig

U-Wert: 0,29 W/(m²·K)

Gesamtdicke: 46,00 cm	d [cm]	λ [W/(m·K)]
Innenputz	1,00	0,510
Stahlbeton	24,00	2,300
Dämmung	11,00	0,035
Stahlbeton	10,00	2,300

Außenwand Putz

U-Wert: 0,28 W/(m²·K)

Gesamtdicke: 38,00 cm	d [cm]	λ [W/(m·K)]
Innenputz	1,00	0,510
Stahlbeton	24,00	2,300
Dämmung	12,00	0,037
Außenputz	1,00	0,250

Dach

U-Wert: 0,18 W/(m²·K)

Gesamtdicke: 44,00 cm	d [cm]	λ [W/(m·K)]
Stahlbeton	24,00	2,300
PE-Folie	1,00	0,330
Dämmung	10,00	0,035
Dämmung	8,00	0,035
Dachdichtungsbahn	1,00	0,200

4100-0238
Gemeinschaftsschule
(6 Klassen)
(168 Schüler)

Erweiterung

Planungskennwerte für Flächen und Rauminhalte nach DIN 277

Flächen des Grundstücks		Menge Einheit	% an GF
BF	Bebaute Fläche	536,42 m²	–
UF	Unbebaute Fläche	–	–
GF	Grundstücksfläche	–	–

Grundflächen des Bauwerks		Menge Einheit	% an NUF	% an BGF
NUF	Nutzungsfläche	727,00 m²	100,0	67,6
TF	Technikfläche	22,00 m²	3,0	2,0
VF	Verkehrsfläche	189,00 m²	26,0	17,6
NRF	Netto-Raumfläche	938,00 m²	129,0	87,3
KGF	Konstruktions-Grundfläche	137,00 m²	18,8	12,7
BGF	Brutto-Grundfläche	1.075,00 m²	147,9	100,0

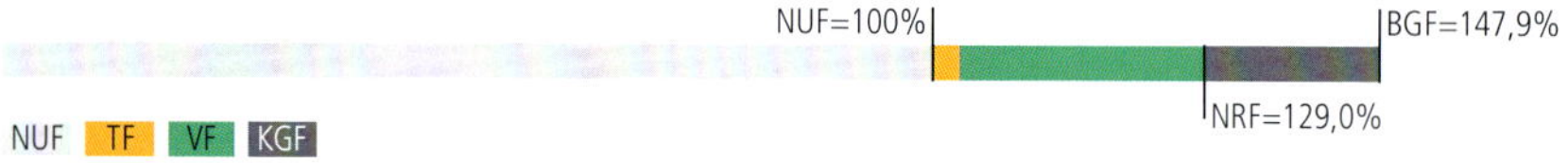

Brutto-Rauminhalt des Bauwerks		Menge Einheit	BRI/NUF (m)	BRI/BGF (m)
BRI	Brutto-Rauminhalt	3.500,00 m³	4,81	3,26

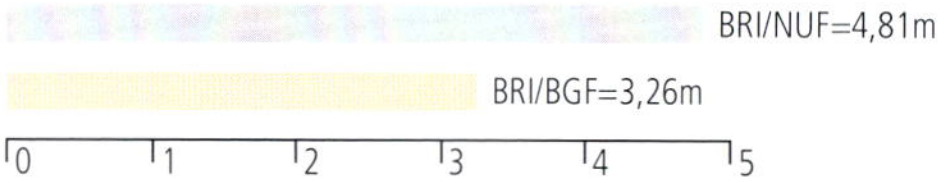

Kostenkennwerte für die Kostengruppen der 1.Ebene DIN 276

KG	Kostengruppen (1.Ebene)	Einheit	Kosten €	€/Einheit	€/m² BGF	€/m³ BRI	% 300+400
100	Grundstück	m² GF	–	–	–	–	–
200	Vorbereitende Maßnahmen	m² GF	–	–	–	–	–
300	Bauwerk – Baukonstruktionen	m² BGF	2.914.740	2.711,39	2.711,39	832,78	75,6
400	Bauwerk – Technische Anlagen	m² BGF	939.135	873,61	873,61	268,32	24,4
	Bauwerk 300+400	**m² BGF**	**3.853.875**	**3.585,00**	**3.585,00**	**1.101,11**	**100,0**
500	Außenanlagen und Freiflächen	m² AF	–	–	–	–	–
600	Ausstattung und Kunstwerke	m² BGF	268.702	249,96	249,96	76,77	7,0
700	Baunebenkosten	m² BGF	–	–	–	–	–
800	Finanzierung	m² BGF	–	–	–	–	–

KG	Kostengruppe	Menge Einheit	Kosten €	€/Einheit	%
3+4	**Bauwerk**				**100,0**
300	**Bauwerk – Baukonstruktionen**	1.075,00 m² BGF	2.914.740	**2.711,39**	75,6

- Herstellen
  Baugrubenaushub; Stb-Streifenfundamente, Stb-Bodenplatte, Abdichtung, Dämmung, Heizestrich, Parkett, Linoleum, Bodenfliesen, Perimeterdämmung; Stb-Wände, doppelschalige Stb-Fertigteilwände, Kerndämmung, Sichtbetonoberfläche, Alufenster, Dreifachverglasung, Beschichtung, Wandfliesen; Stb-Wände, GK-Wände, Holztüren, Stahlzargen, Putz, Wandfliesen, Beschichtung; Stb-Decken, Stb-Fertigteiltreppen, Heizestrich, Parkett, Linoleum, Bodenfliesen, abgehängte Akustikdecken; Stb-Flachdach, Dachverglasung, Gefälledämmung, Abdichtung, Kies, Dachentwässerung, abgehängte Akustikdecken, Beschichtung; Einbauschränke, Garderoben, PC-Tresen

KG	Kostengruppe	Menge Einheit	Kosten €	€/Einheit	%
400	**Bauwerk – Technische Anlagen**	1.075,00 m² BGF	939.135	**873,61**	24,4

- Herstellen
  Gebäudeentwässerung, Kalt- und Warmwasserleitungen, Sanitärobjekte; Fußbodenheizung; Einzelraumlüfter; Elektroinstallation, Beleuchtung; Datenverkabelung; Personenaufzug

KG	Kostengruppe	Menge Einheit	Kosten €	€/Einheit	%
600	**Ausstattung und Kunstwerke**	1.075,00 m² BGF	268.702	**249,96**	7,0

- Herstellen
  Komplettausstattung, Möblierung

4100-0254
Grundschule
(3 Klassen)
(75 Schüler)

Erweiterung

Kostenkennwerte für die Kosten des Bauwerks (Kostengruppen 300+400 nach DIN 276)

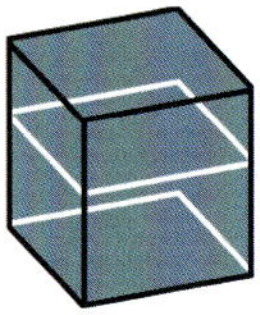

BRI 712 €/m³

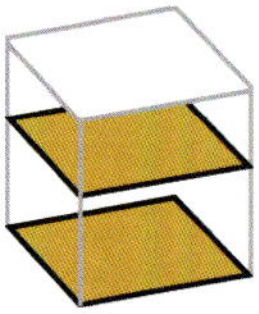

BGF 4.479 €/m²

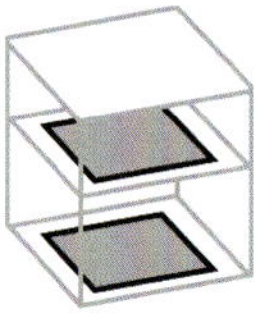

NUF 6.224 €/m²

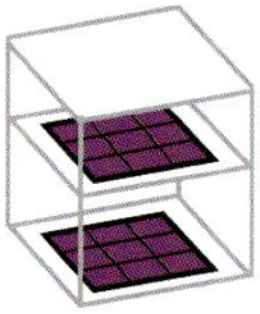

NE 24.112 €/NE

NE: Schüler

Objekt:
Kennwerte: 1.Ebene DIN 276
BRI: 2.540 m³
BGF: 404 m²
NUF: 291 m²
Bauzeit: 69 Wochen
Bauende: 2022
Standard: mittel
Bundesland: Nordrhein-Westfalen
Kreis: Unna

Architekt*in:
QUITTMANN ARCHITEKTEN
Kirchplatz 7b
59423 Unna

Bauherr*in:
Stadt Fröndenberg/Ruhr
Der Bürgermeister
Bahnhofstraße 2
58730 Fröndenberg/Ruhr

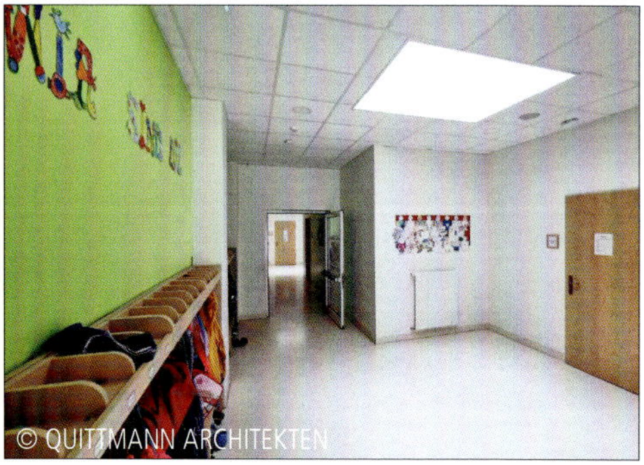

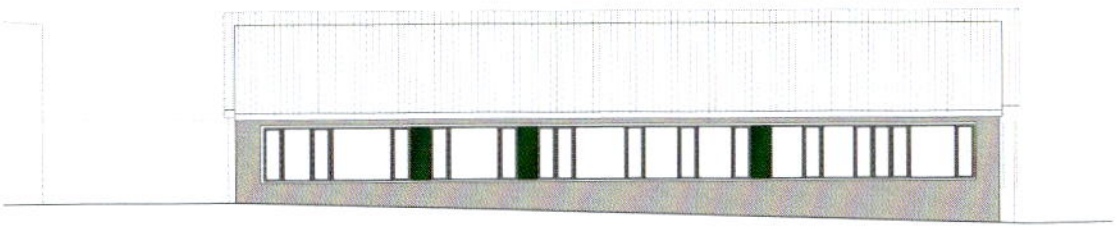

Ansicht West

Ansicht Süd

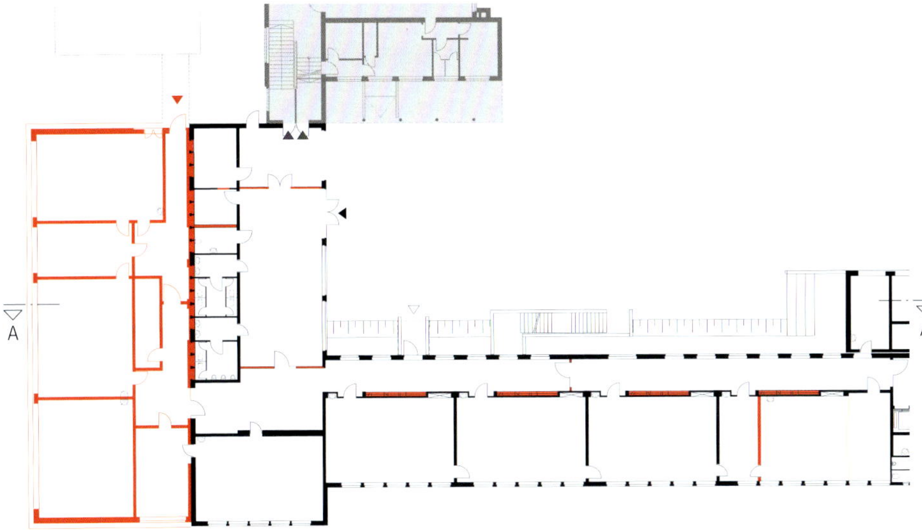

Erdgeschoss

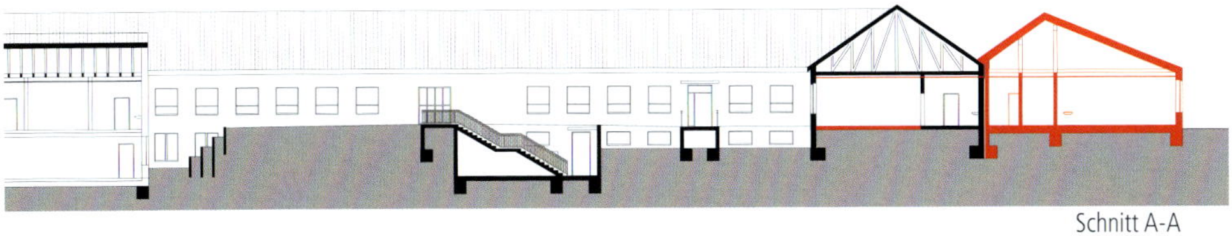

Schnitt A-A

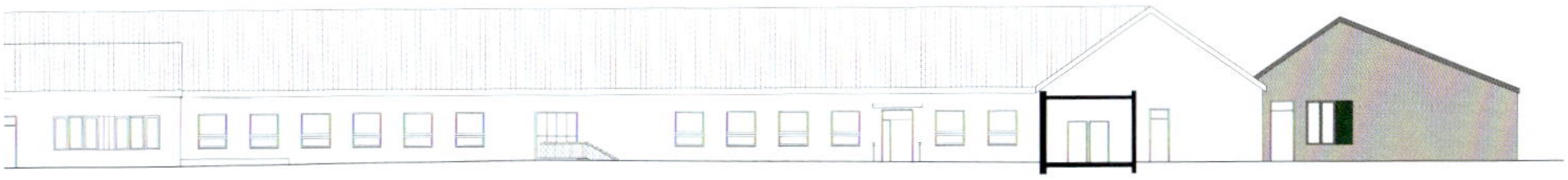

Ansicht Nord

Objektbeschreibung

Allgemeine Objektinformationen

Unter Beteiligung von Schülern, Lehrern, Eltern, Verwaltung und Politik wurde der Entwurf beschlossen. Dabei wurde auf der westlich angrenzenden Wiese eine Erweiterung mit drei neuen Klassenräume und zwei Differenzierungsräumen geschaffen. Im Bestand sind die Sanitärbereiche und das Forum modernisiert worden.

Nutzung

1 Erdgeschoss
Forum, Klassenzimmer (3St), Differenzierungsräume, Lehrmittelraum, WCs, Flure

Nutzeinheiten

Klassen: 3
Schüler: 75

Grundstück

Bauraum: Freier Bauraum
Neigung: Ebenes Gelände
Bodenklasse: BK 1 bis BK 4

Markt

Hauptvergabezeit: 4. Quartal 2020
Baubeginn: 1. Quartal 2021
Bauende: 2. Quartal 2022
Konjunkturelle Gesamtlage: Durchschnitt
Regionaler Baumarkt: Durchschnitt

Baubestand

Baujahr: 1955
Bauzustand: mittel
Aufwand: niedrig
Grundrissänderungen: wenige
Tragwerkseingriffe: wenige
Nutzungsänderung: nein
Nutzung während der Bauzeit: ja

Baukonstruktion

Der Anbau wurde als Massivbau mit Stahlbeton-Streifenfundamenten und Stb-Bodenplatte errichtet. Die Wände sind massiv als Kalksandsteinwände mit WDVS konstruiert. Die Alufenster sind mit Dreifachverglasung ausgestattet und können mit Hilfe von Raffstores verschattet werden. Das Dachtragwerk ist als Pfettendach mit Folienabdichtung und Gründach ausgeführt. Die Flurbereiche wurden zur optimierten Tageslichtversorgung mit Oberlichtern ausgestattet. Die Böden sind mit Kautschuk und Bodenfliesen belegt.

Technische Anlagen

Die Haustechnik wurde an das Bestandsgebäude angeschlossen, die Wärmeversorgung erfolgt über die bestehende Gasheizung. Der Luftwechsel wird über normale Fensterlüftung sichergestellt, eine Lüftungsanlage wurde im Anbau nicht realisiert.

Sonstiges

Der Baukörper schmiegt sich an der Westfassade eng an das Bestandsgebäude aus den 50er Jahren. Die Silhouette der in sich verschneidenden Dachformen im Bestand wird durch das asymmetrisch geneigte Satteldach aufgenommen und fortgeführt. Die begrenzte Kapazität der städtischen Regenentwässerung bedingte den Einsatz einer Retentionszisterne und eines Gründachs.

Planungskennwerte für Flächen und Rauminhalte nach DIN 277

Flächen des Grundstücks		Menge Einheit	% an GF
BF	Bebaute Fläche	403,78 m²	2,7
UF	Unbebaute Fläche	14.711,22 m²	97,3
GF	Grundstücksfläche	15.115,00 m²	100,0

Grundflächen des Bauwerks		Menge Einheit	% an NUF	% an BGF
NUF	Nutzungsfläche	290,56 m²	100,0	72,0
TF	Technikfläche	–	–	–
VF	Verkehrsfläche	61,18 m²	21,1	15,2
NRF	Netto-Raumfläche	351,74 m²	121,1	87,1
KGF	Konstruktions-Grundfläche	52,04 m²	17,9	12,9
BGF	Brutto-Grundfläche	403,78 m²	139,0	100,0

Brutto-Rauminhalt des Bauwerks		Menge Einheit	BRI/NUF (m)	BRI/BGF (m)
BRI	Brutto-Rauminhalt	2.539,50 m³	8,74	6,29

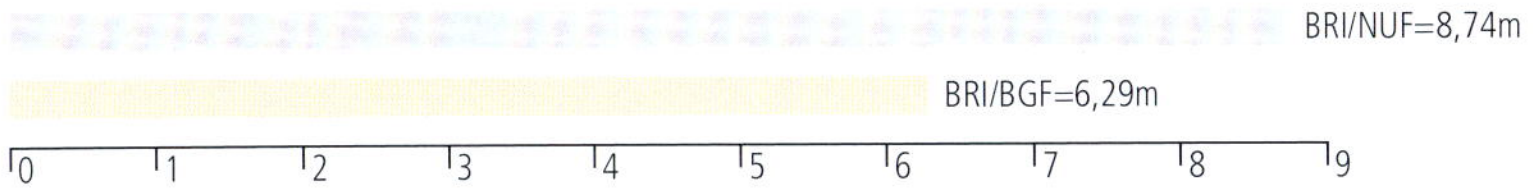

4100-0254
Grundschule
(3 Klassen)
(75 Schüler)

Erweiterung

Kostenkennwerte für die Kostengruppen der 1. Ebene DIN 276

KG	Kostengruppen (1. Ebene)	Einheit	Kosten €	€/Einheit	€/m² BGF	€/m³ BRI	% 300+400
100	Grundstück	m² GF	–	–	–	–	–
200	Vorbereitende Maßnahmen	m² GF	–	–	–	–	–
300	Bauwerk – Baukonstruktionen	m² BGF	1.227.155	3.039,17	3.039,17	483,23	67,9
400	Bauwerk – Technische Anlagen	m² BGF	581.260	1.439,55	1.439,55	228,89	32,1
	Bauwerk 300+400	**m² BGF**	**1.808.415**	**4.478,71**	**4.478,71**	**712,11**	**100,0**
500	Außenanlagen und Freiflächen	m² AF	–	–	–	–	–
600	Ausstattung und Kunstwerke	m² BGF	–	–	–	–	–
700	Baunebenkosten	m² BGF	–	–	–	–	–
800	Finanzierung	m² BGF	–	–	–	–	–

KG	Kostengruppe	Menge Einheit	Kosten €	€/Einheit	%
3+4	**Bauwerk**				**100,0**
300	**Bauwerk – Baukonstruktionen**	403,78 m² BGF	1.227.155	**3.039,17**	67,9

- Abbrechen
  Abbruch von Wänden, Türdurchbrüchen, Wandbelägen; Entsorgung, Deponiegebühren
- Wiederherstellen
  Wandbeläge, Bodenbeläge
- Herstellen
  Baugrubenaushub; Stb-Fundamente, Stb-Bodenplatte, Abdichtung, Dämmung, Estrich, Kautschukbelag; KS-Mauerwerk, Alufenster, Dreifachverglasung, Alutüren, WDVS, Putz, Beschichtung, Raffstores; KS-Mauerwerk, Holztüren, Putz, Beschichtung; Stb-Decken, Dämmung, Estrich, Kautschuk, Bodenfliesen, Akustik-Unterdecke; Pfettendach, Lichtkuppeln, Dämmung, Folienabdichtung, Gründach, Dachentwässerung

KG	Kostengruppe	Menge Einheit	Kosten €	€/Einheit	%
400	**Bauwerk – Technische Anlagen**	403,78 m² BGF	581.260	**1.439,55**	32,1

- Abbrechen
  Abbruch von Sanitärrohren, Sanitärausstattung; Heizungsrohren, Heizkörper; Elektroinstallation, Beleuchtung; Entsorgung, Deponiegebühren
- Herstellen
  Gebäudeentwässerung, Warm- und Kaltwasserleitungen, Sanitärausstattung; Anschluss an bestehende Heizungsanlage, Heizkörper; Elektroinstallation, Beleuchtung, Blitzschutzanlage; EDV-Verkabelung

4100-0268
Gymnasium
(9 Klassen)
(206 Schüler)

Erweiterung

Kostenkennwerte für die Kosten des Bauwerks (Kostengruppen 300+400 nach DIN 276)

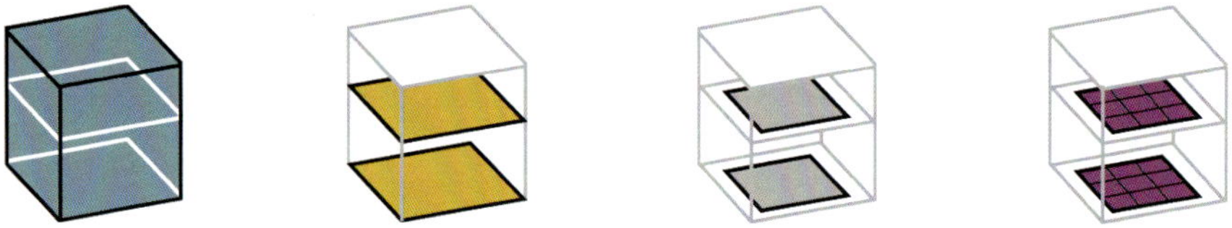

BRI	BGF	NUF	NE
798 €/m³	2.574 €/m²	3.880 €/m²	11.550 €/NE

NE: Schüler

Objekt:
Kennwerte: 1.Ebene DIN 276
BRI: 2.982 m³
BGF: 924 m²
NUF: 613 m²
Bauzeit: 57 Wochen
Bauende: 2024
Standard: mittel
Bundesland: Niedersachsen
Kreis: Stade

Architekt*in:
Hinck Architekten
Schiffertorsstraße 7
21682 Stade

Bauherr*in:
Landkreis Stade
Am Sande 2
21682 Stade

© Hinck Architekten

© Hinck Architekten

© Hinck Architekten

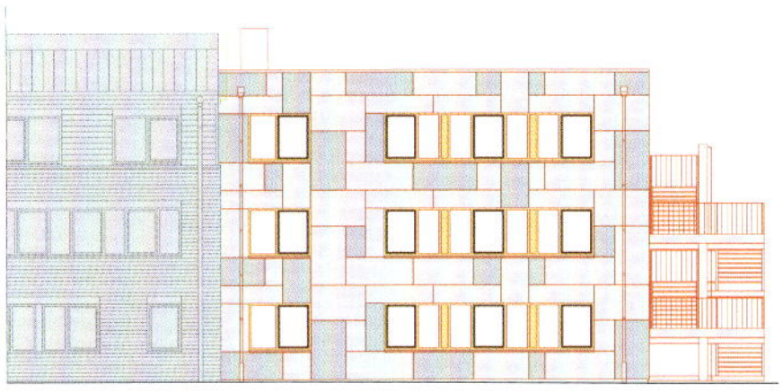
Ansicht West

Ansicht Ost

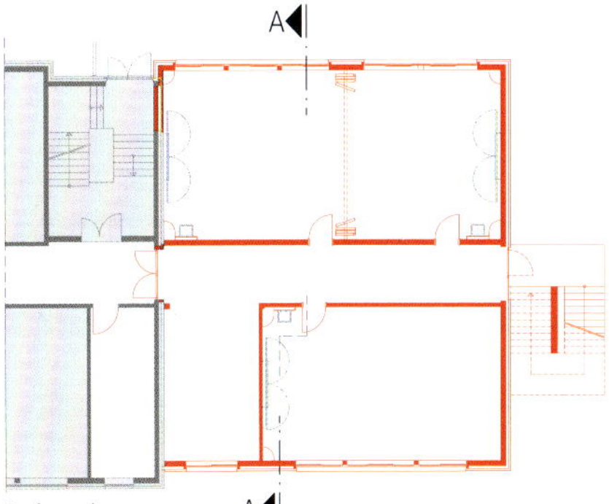

Erdgeschoss

1. Obergeschoss

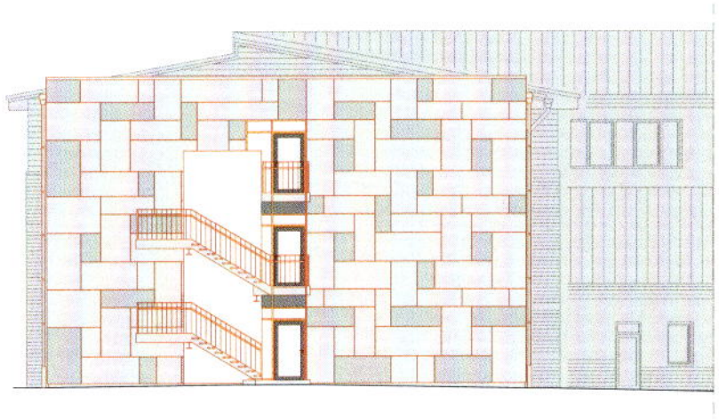
Ansicht Süd

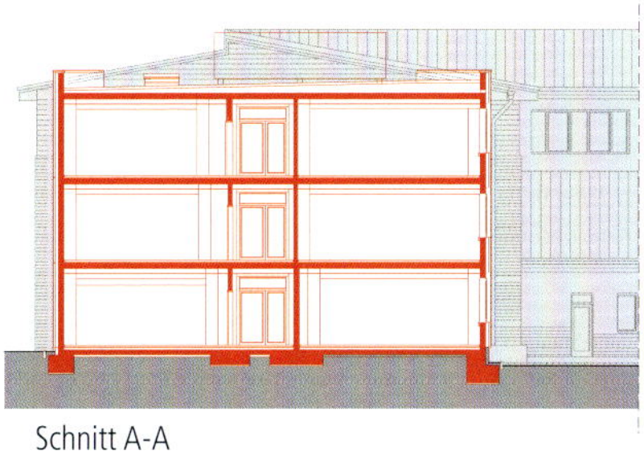
Schnitt A-A

4100-0268
Gymnasium
(9 Klassen)
(206 Schüler)

Erweiterung

Objektbeschreibung

Allgemeine Objektinformationen

Das Gymnasium wurde durch einen Anbau am südlichen Ende des Westflügels erweitert. Auf drei Geschossen entstanden acht zusätzliche Klassenräume sowie ein Musikraum. Eine außenliegende, begrünte Fluchttreppe gewährleistet den zweiten Rettungsweg.

Nutzung

1 Erdgeschoss
Klassenräume, Aufenthaltsraum, Flur, Fluchttreppe

2 Obergeschosse
Klassenräume, Aufenthaltsraum, Musikraum, Lager, Technik, Fluchttreppe

Nutzeinheiten

Klassen: 9
Schüler: 206

Grundstück

Bauraum: Freier Bauraum
Neigung: Ebenes Gelände
Bodenklasse: BK 3 bis BK 4

Markt

Hauptvergabezeit: 2.Quartal 2023
Baubeginn: 2.Quartal 2023
Bauende: 3.Quartal 2024
Konjunkturelle Gesamtlage: Durchschnitt
Regionaler Baumarkt: Durchschnitt

Baubestand

Baujahr: 2006
Bauzustand: gut
Aufwand: niedrig
Grundrissänderungen: keine
Tragwerkseingriffe: keine
Nutzungsänderung: nein
Nutzung während der Bauzeit: ja

Baukonstruktion

Der Erweiterungsbau ist auf Streifenfundamenten und einer Stahlbetonbodenplatte errichtet und in Massivbauweise ausgeführt. Sämtliche Innenwände bestehen aus Kalksandsteinmauerwerk. Die Aluminiumfenster sind dreifachverglast und in eine hinterlüftete Vorhangfassade aus Faserzementplatten integriert. Ein außenliegendes Raffstoresystem ermöglicht eine wirksame Verschattung. Die massive Flachdachkonstruktion trägt wesentlich zum sommerlichen Wärmeschutz bei und bietet zugleich Platz für die Außengeräte der Heizungs- und Lüftungsanlagen. Zudem ist die extensiv begrünte Dachfläche statisch für die Nachrüstung einer Photovoltaikanlage ausgebildet. Im Innenraum sind die Böden mit Linoleum belegt, während abgehängte Akustikdecken eine angenehme Raumakustik gewährleisten. Die außenliegende Fluchttreppe ist als verzinkte Stahlkonstruktion entlang einer begrünten Sichtbeton-Wandscheibe hergestellt.

Technische Anlagen

Die Erweiterung ist an die technische Infrastruktur des Bestandsgebäudes angebunden. Die Wärmeversorgung erfolgt über Nahwärme der Sporthalle und wird über eine Fußbodenheizung gleichmäßig in die Räume verteilt. Die Klassenräume verfügen über eine Zu- und Abluftanlage mit Wärmerückgewinnung, die für ein angenehmes Raumklima sorgt. Sanitäre Anlagen wurden im Neubau nicht vorgesehen, da im Bestandsgebäude bereits ausreichend WC-Anlagen zur Verfügung stehen.

Planungskennwerte für Flächen und Rauminhalte nach DIN 277

Flächen des Grundstücks		Menge Einheit	% an GF
BF	Bebaute Fläche	5.738,52 m²	27,7
UF	Unbebaute Fläche	15.009,48 m²	72,3
GF	Grundstücksfläche	20.748,00 m²	100,0

Grundflächen des Bauwerks		Menge Einheit	% an NUF	% an BGF
NUF	Nutzungsfläche	613,25 m²	100,0	66,3
TF	Technikfläche	14,07 m²	2,3	1,5
VF	Verkehrsfläche	171,27 m²	27,9	18,5
NRF	Netto-Raumfläche	798,59 m²	130,2	86,4
KGF	Konstruktions-Grundfläche	125,69 m²	20,5	13,6
BGF	Brutto-Grundfläche	924,28 m²	150,7	100,0

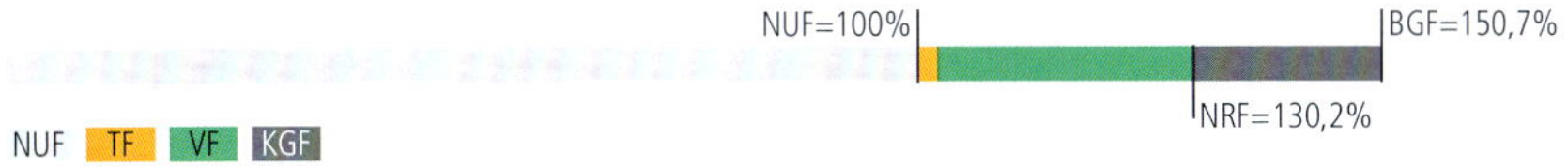

Brutto-Rauminhalt des Bauwerks		Menge Einheit	BRI/NUF (m)	BRI/BGF (m)
BRI	Brutto-Rauminhalt	2.982,00 m³	4,86	3,23

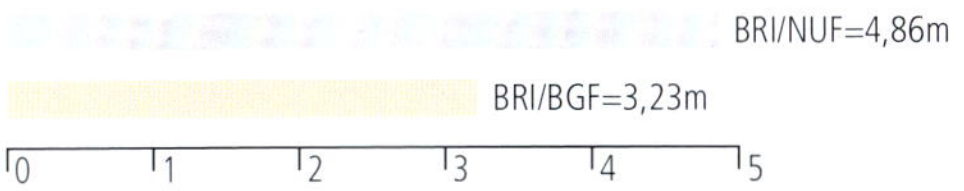

4100-0268
Gymnasium
(9 Klassen)
(206 Schüler)

Erweiterung

Kostenkennwerte für die Kostengruppen der 1. Ebene DIN 276

KG	Kostengruppen (1. Ebene)	Einheit	Kosten €	€/Einheit	€/m² BGF	€/m³ BRI	% 300+400
100	Grundstück	m² GF	–	–	–	–	–
200	Vorbereitende Maßnahmen	m² GF	–	–	–	–	–
300	Bauwerk – Baukonstruktionen	m² BGF	1.472.639	1.593,28	1.593,28	493,84	61,9
400	Bauwerk – Technische Anlagen	m² BGF	906.641	980,92	980,92	304,04	38,1
	Bauwerk 300+400	**m² BGF**	**2.379.280**	**2.574,20**	**2.574,20**	**797,88**	**100,0**
500	Außenanlagen und Freiflächen	m² AF	–	–	–	–	–
600	Ausstattung und Kunstwerke	m² BGF	–	–	–	–	–
700	Baunebenkosten	m² BGF	–	–	–	–	–
800	Finanzierung	m² BGF	–	–	–	–	–

KG	Kostengruppe	Menge Einheit	Kosten €	€/Einheit	%
3+4	**Bauwerk**				**100,0**
300	**Bauwerk – Baukonstruktionen**	924,28 m² BGF	1.472.639	**1.593,28**	61,9

- Herstellen
  Baugrubenaushub; Stb-Fundamente, Stb-Bodenplatte, Heizestrich, Linoleum, Abdichtung, Perimeterdämmung, Sauberkeitsschicht, Dränage; KS-Mauerwerkswände, Alu-Pfosten-Riegelfassade, Alufenster, Mineralwolldämmung, hinterlüftete Faserzement-Vorhangfassade; KS-Mauerwerk, Holztüren, Putz, Beschichtung, Wandfliesen, mobile Trennwand; Stb-Elementdecken, Heizestrich, Linoleum, abgehängte Schallschutzdecken, freistehende Stahlaußentreppen, Stahlgeländer, Treppengeländer; Stb-Dach, Dachausstieg, Gefälledämmung, Abdichtung, Attika, Dachentwässerung, extensive Dachbegrünung, abgehängte Schallschutzdecke

KG	Kostengruppe	Menge Einheit	Kosten €	€/Einheit	%
400	**Bauwerk – Technische Anlagen**	924,28 m² BGF	906.641	**980,92**	38,1

- Herstellen
  Gebäudeentwässerung, Kaltwasserleitungen, Waschtische; Fernwärmeversorgung, Fußbodenheizung; kontrollierte Be- und Entlüftung mit Wärmerückgewinnung; Elektroinstallation, Beleuchtung, Sicherheitsleuchten; Datenübertragungsanlage, elektroakustische Anlage, Rauchmelder

Außenanlagen zu Schulen

7

Außenanlagen zu Schulen

Kostenkennwerte für die Kosten der Außenanlagen (Kostengruppe 500 nach DIN 276)

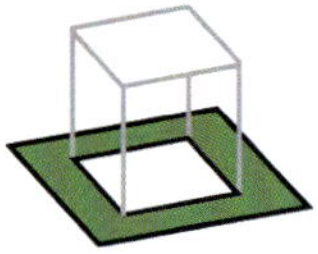

AF 220 €/m²

von 115 €/m²
bis 345 €/m²

Kosten:
Stand 4. Quartal 2025
Bundesdurchschnitt
inkl. 19% MwSt.

Objektbeispiele

4200-0014

4100-0176

4100-0206

Kosten und Bauzeiten der 20 Vergleichsobjekte

Seiten 600 bis 603

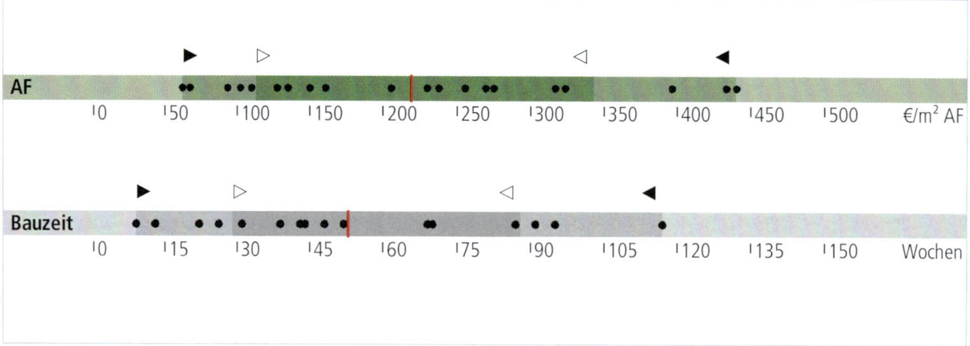

- ● KKW
- ▶ min
- ▷ von
- | Mittelwert
- ◁ bis
- ◀ max

Kostenkennwerte für die Kostengruppen der 1. und 2. Ebene DIN 276

KG	Kostengruppen der 1. Ebene	Einheit	▷	€/Einheit	◁	▷	% 500	◁
100	Grundstück	m^2 GF	–	**–**	–	–	**–**	–
200	Vorbereitende Maßnahmen	m^2 GF	2	**6**	16	2,3	**4,8**	10,3
300	Bauwerk – Baukonstruktionen	m^2 BGF	–	**–**	–	0,9	**2,9**	6,7
400	Bauwerk – Technische Anlagen	m^2 BGF	–	**–**	–	–	**–**	–
500	Außenanlagen und Freiflächen	m^2 AF	113	**219**	343	–	**100,0**	–
600	Ausstattung und Kunstwerke	m^2 AF	< 1	**< 1**	< 1	0,2	**0,3**	0,4
700	Baunebenkosten	m^2 AF	–	**–**	–	–	**–**	–
800	Finanzierung	m^2 AF	–	**–**	–	–	**–**	–

KG	Kostengruppen der 2. Ebene	Einheit	▷	€/Einheit	◁	▷	% 500	◁
510	Erdbau	m^3 EBR	33	**63**	144	6,1	**10,6**	17,3
520	Gründung, Unterbau	m^2 AF	3	**7**	12	0,7	**2,8**	5,3
530	Oberbau, Deckschichten	m^2 BFF	99	**143**	193	30,3	**40,3**	54,3
540	Baukonstruktionen	m^2 AF	6	**25**	42	5,2	**12,5**	20,7
550	Technische Anlagen	m^2 AF	10	**26**	69	4,7	**9,7**	18,3
560	Einbauten Außenanl. u. Freiflächen	m^2 AF	9	**26**	91	4,3	**9,8**	20,8
570	Vegetationsflächen	m^2 PSF	30	**68**	146	7,7	**11,3**	19,7
580	Wasserflächen	m^2 WAF	–	**–**	–	< 0,1	**< 0,1**	0,3
590	Sonstiges Außenanl. u. Freiflächen	m^2 AF	2	**7**	20	1,1	**3,0**	6,0

Prozentanteile der Kosten für Leistungsbereiche nach STLB (Kosten der KG 500 nach DIN 276)

LB	Leistungsbereiche	▷	% 500	◁
000	Baustellen-, Verkehrssich.- u. Sicherh.einr. inkl. 001	0,8	**2,2**	4,7
002	Erdarbeiten	0,4	**4,2**	11,0
003	Landschaftsbauarbeiten	14,4	**26,4**	51,0
004	Landschaftsbauarbeiten - Pflanzen	2,0	**5,0**	10,3
008	Wasserhaltungsarbeiten	–	**–**	–
009	Entwässerungskanalarbeiten	1,8	**5,5**	10,9
010	Drän- und Versickerarbeiten	0,2	**1,0**	5,1
012	Mauerarbeiten	< 0,1	**0,2**	4,1
013	Betonarbeiten	3,3	**7,6**	15,7
014	Natur-, Betonwerksteinarbeiten inkl. 024, 025	0,0	**1,5**	8,1
016	Zimmer- und Holzbauarbeiten	< 0,1	**< 0,1**	0,6
017	Stahlbauarbeiten	< 0,1	**0,4**	3,6
018	Abdichtungsarbeiten	< 0,1	**< 0,1**	0,2
022	Klempnerarbeiten	0,0	**< 0,1**	0,1
031	Metallbauarbeiten inkl. 035	0,4	**2,6**	5,4
034	Maler- und Lackiererarb. - Beschicht. inkl. 037	–	**–**	–
042	Gas- u. Wasseranl. - Leitung., Armat.	< 0,1	**0,2**	1,7
043	Druckrohrleitungen Gas, Wasser, Abwasser	–	**–**	–
044	Abwasseranl. - Leitungen, Abläufe, Armaturen	0,0	**0,4**	2,7
053	Niederspannungsanl. - Kabel inkl. 052, 055	< 0,1	**0,7**	2,6
058	Leuchten und Lampen inkl. 059	< 0,1	**1,4**	3,6
080	Straßen, Wege, Plätze	24,5	**39,0**	56,5
084	Abbruch, Rückbau, Schadstoffsanierung	< 0,1	**0,5**	2,7
087	Abfallentsorgung, Verwertung und Beseitigung	< 0,1	**0,2**	2,6
	Sonstige Leistungsbereiche	0,1	**1,0**	3,8

Objektübersicht zur Gebäudeart

2200-0052 Außenanlagen Hochschule*

PLANERGRUPPE GMBH OBERHAUSEN
Oberhausen

2200-0065 Außenanlage Hochschule

GTL Landschaftsarchitektur
Kassel

4100-0052 Freianlagen Grundschule*

Mareile Ehlers Büro für Landschaftsarchitektur
Hamburg

4100-0065 Freianlage Schule*

Landschaftsarchitekten BDLA Wankner & Fischer
Eching

4100-0070 Schulhofumgestaltung, Sportanlage*

Büro für Landschafts- & Freiraumarchitektur
Thomas Niessen BDLA, Bergen auf Rügen

4100-0074 Schulhofneugestaltung*

Landschaftsarchitekten BDLA Wankner & Fischer
Eching

* Diese Objekte wurden zur Bildung der statistischen Werte herangezogen. Sie sind nicht als Einzelobjekt in diesem Band veröffentlicht.

© Kübertlandschaftsarchitektur

4100-0121 Freianlage Schulzentrum*

Kübertlandschaftsarchitektur H. Kübert Landschafts-architekt bdla, München

© ST-Freiraum Landschaftsarchitekten

4100-0125 Schulhoferweiterung*

ST-Freiraum Landschaftsarchitekten Duisburg

© Büro Freiraum

4100-0148 Freianlage Gymnasium*

Büro Freiraum Johann Berger Freising

© A. Schmolke Landschaftsarchitekt

4100-0172 Freianlage Gymnasium*

Büro Dipl.-Ing. A. Schmolke Landschaftsarchitekt Meine

© Koeber Landschaftsarchitektur

4100-0176 Freianlage Realschule*

Koeber Landschaftsarchitektur Stuttgart

© Ines Schulz

4100-0182 Schulcampus*

SCHULZ LANDSCHAFTSARCHITEKTIN Kassel

* Diese Objekte wurden zur Bildung der statistischen Werte herangezogen. Sie sind nicht als Einzelobjekt in diesem Band veröffentlicht.

Objektübersicht zur Gebäudeart

© Fotostudio Schiffer

4100-0206 Schulhof

Götte Landschaftsarchitekten GmbH
Frankfurt am Main

© Sandra Escher

4100-0215 Außenanlage Schule und Kindertagesstätte

LS2 Landschaftsarchitekten
Frankfurt am Main

© Kraushaar Lieske

4100-0243 Außenanlage Gymnasium

Kraushaar Lieske Freiraumplanung GbR
Dresden

© Till Schuster

4100-0249 Außenanlage Gymnasium

r + b landschaft s architektur
Dresden

© Dagmar Hoffmann

4100-0250 Außenanlage Schule

PLANRAT VENNE, Kassel
planrat grün macht sinn, Kassel

© Freier Landschaftsarchitekt Holgar Ehrensberger

4200-0014 Freianlage Berufsschule*

Freier Landschaftsarchitekt BDLA Holgar Ehrensberger
Jena

* Diese Objekte wurden zur Bildung der statistischen Werte herangezogen. Sie sind nicht als Einzelobjekt in diesem Band veröffentlicht.

4500-0010 Freianlage Berufsförderungswerk*

plp Architekten Generalplaner
Hamburg

4500-0011 Freianlagen Berufsbildungszentrum*

Wolfgang Weinzierl Landschaftsarchitekten GmbH
Ingolstadt

* Diese Objekte wurden zur Bildung der statistischen Werte herangezogen. Sie sind nicht als Einzelobjekt in diesem Band veröffentlicht.

Kostenkennwerte für die Kosten der Außenanlage (Kostengruppe 500 nach DIN 276)

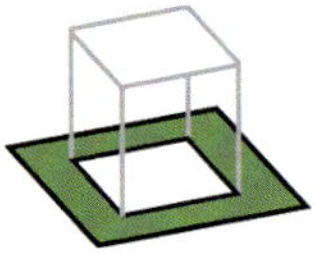

AF **433 €/m²**

Objekt:
Kennwerte: 3. Ebene DIN 276
GF: 19.615 m²
AF: 1.643 m²
Bauzeit: 87 Wochen
Bauende: 2022
Standard: mittel
Bundesland: Hessen
Kreis: Fulda

Garten- und Landschafts-architekt*in:
GTL Landschaftsarchitektur
Triebswetter, Mauer, Bruns
Partner mbB
Treppenstraße 2
34117 Kassel

Bauherr*in:
Landesbetrieb Bau und
Immobilien Hessen, NL Ost
Eigilstraße 2
36043 Fulda

© GTL Landschaftsarchitektur

© GTL Landschaftsarchitektur

Lageplan

Objektbeschreibung

Allgemeine Objektinformationen

Zwei neue Innenhöfe vermitteln zwischen der bestehenden Bausubstanz und dem Hochschulneubau. Durch unterschiedliche Akzente und flexibel nutzbares Mobiliar bieten die Innenhöfe Arbeitsplätze und laden zum Verweilen ein.

Nutzung

Innenhöfe einer Hochschule als Arbeits- und Pausenbereich

Grundstück

Bauraum: Beengter Bauraum
Neigung: Ebenes Gelände
Bodenklasse: BK 4 bis BK 5

Markt

Hauptvergabezeit: 3.Quartal 2020
Baubeginn: 1.Quartal 2021
Bauende: 4.Quartal 2022
Konjunkturelle Gesamtlage: über Durchschnitt
Regionaler Baumarkt: Durchschnitt

Außenanlagen, Freiflächen

Die Innenhöfe und Wege erhielten einen Belag aus Betonpflaster mit taktilen Bodenindikatoren und Leitstreifen zur optischen und akustischen Orientierung. Das anfallende Regen- und Oberflächenwasser wird über Rinnen an den Fassaden und in den Höfen abgeleitet. Passend zum Bestand sorgen LED-Leuchten für zeitgemäße Beleuchtung. Große Sitz- und Liegebänke sind fest montiert. Tische, Sitzelemente und Hocker sind flexibel nutzbar. Demontierbare Absperrpoller ermöglichen eine Zufahrt. Pflanzflächen entlang der Fassaden wurden neu angelegt, sowie weitere Bäume gepflanzt.

Sonstiges

Taktile Bodenindikatoren und Leitstreifen zur optischen und akustischen Orientierung.

Planungskennwerte für Flächen und Rauminhalte nach DIN 277

Flächen des Grundstücks		Menge Einheit	% an GF
BF	Bebaute Fläche	10.215,00 m²	52,1
UF	Unbebaute Fläche	9.400,00 m²	47,9
GF	Grundstücksfläche	19.615,00 m²	100,0
AF	Außenanlagenfläche	1.642,61 m²	

KG	Kostengruppen (2. Ebene)	Menge Einheit	Menge/AF	Menge/GF
510	Erdbau	146,82 m³ EBR	0,09	< 0,01
530	Oberbau, Deckschichten	1.430,94 m² BFF	0,87	0,07
570	Vegetationsflächen	211,67 m² PSF	0,13	0,01
580	Wasserflächen	–	–	–

Prozentualer Anteil der Kostengruppen der 2. Ebene an der Kostengruppe 500 nach DIN 276

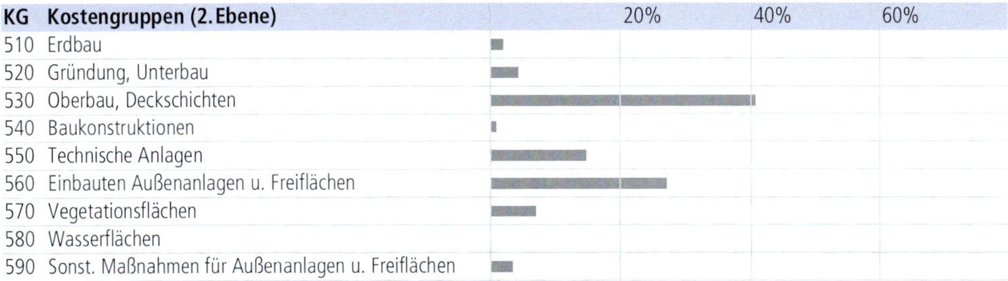

Ranking der Kostengruppen der 3. Ebene an der Kostengruppe 500 nach DIN 276

KG	Kostengruppen (3. Ebene)	% an KG 500	KG	Kostengruppen (3. Ebene)	% an KG 500
533	Plätze, Höfe, Terrassen	32,9	591	Baustelleneinrichtung	3,3
561	Allgemeine Einbauten	27,0	511	Herstellung	2,0
551	Abwasseranlagen	9,3	571	Vegetationstechn. Bodenbearbeitung	1,9
531	Wege	7,7	543	Wandkonstruktionen	0,9
556	Elektrische Anlagen	5,5	525	Dränagen	0,3
573	Pflanzflächen	5,2	597	Zusätzliche Maßnahmen	0,2
522	Gründungen und Bodenplatten	4,0			

Kostenkennwerte für die Kostengruppen der 1. Ebene DIN 276

KG	Kostengruppen (1. Ebene)	Einheit	Kosten €	€/Einheit	% 500
100	Grundstück	m² GF	–	–	–
200	Vorbereitende Maßnahmen	m² GF	89.166	4,55	12,5
300	Bauwerk – Baukonstruktionen	m² BGF	–	–	–
400	Bauwerk – Technische Anlagen	m² BGF	–	–	–
500	**Außenanlagen und Freiflächen**	**m² AF**	**711.760**	**433,31**	**100,0**
600	Ausstattung und Kunstwerke	m² AF	–	–	–
700	Baunebenkosten	m² AF	–	–	–
800	Finanzierung	m² AF	–	–	–

KG	Kostengruppe	Menge Einheit	Kosten €	€/Einheit	%
200	**Vorbereitende Maßnahmen**	19.615,00 m² GF	89.166	**4,55**	12,5
	Schutzabdeckungen, Schutzzaun, Abbruch von Asphalt, Betonpflaster, Schottertragschicht, Fundament, Bodendecke abräumen; Entsorgung, Deponiegebühren				
500	**Außenanlagen und Freiflächen**	1.642,61 m² AF	711.760	**433,31**	100,0
	Bodenarbeiten; Fundamente, Dränage; Frostschutzschicht, Schottertragschicht, Betonpflaster, Asphalt, Bodenindikatoren zur Orientierung; Stützmauer; Oberflächenentwässerung, Elektroinstallation, Leuchten; Sitzelemente, Tische, Fahrradanlehnbügel, Abfallbehälter, Absperrpoller; Oberbodenarbeiten, Bäume, Blumenzwiebeln, Bodendecker, Stauden, Gräser				

Kostenkennwerte für die Kostengruppen der 2.Ebene DIN 276

KG	Kostengruppe	Menge Einheit	Kosten €	€/Einheit	%
200	**Vorbereitende Maßnahmen**				**100,0**
210	**Herrichten**	19.615,00 m²GF	89.166	**4,55**	100,0
	Schutzabdeckungen, Noppenbahn (216m²), Schaltafeln (97m²), Schutzzaun (15m) * Abbruch von Asphalt (65m²), Betonpflaster (31m²), Schottertragschicht (283m³), Fundament (1m³), Betonschachtabdeckungen; Entsorgung, Deponiegebühren * pflanzliche Bodendecke abräumen (20m²)				
500	**Außenanlagen und Freiflächen**				**100,0**
510	**Erdbau**	146,82 m³EBR	14.344	**97,70**	2,0
	Oberbodenabtrag, lagern (20m²), Grabenaushub, lagern, verfüllen (117m³), Boden liefern, einbauen (29m³)				
520	**Gründung, Unterbau**	1.642,61 m²AF	30.910	**18,82**	4,3
	Fundamentaushub (67m³), Stb-Streifenfundamente (19m³), Stb-Einzelfundamente (7m³), Köcherfundamente (6m³), Fertigteilfundamente (5St) * Dränmatten (97m²), Filtervlies (87m²)				
530	**Oberbau, Deckschichten**	1.430,94 m²BFF	288.999	**201,96**	40,6
	Frostschutzschicht FSS (89m²), Schottertragschicht STS (310m²), Betonpflaster (243m²), Asphalt (43m²), taktile Bodenindikatoren zur Orientierung (5m²), Leitstreifen (7m²), Querungsborde (1m²) * FSS (970m²), STS (1.228m²), Dränbetontragschicht (159m²), Betonpflaster (1.102m²), taktile Bodenindikatoren (3m²), Leitstreifen (27m²)				
540	**Baukonstruktionen**	1.642,61 m²AF	6.053	**3,69**	0,9
	Stb-Winkelstützen (13m²)				
550	**Technische Anlagen**	1.642,61 m²AF	104.783	**63,79**	14,7
	PP-Rohre (25m), Entwässerungsrinnen (91m), Hofablauf (1St), Schachterhöhungen (14St), Schachtabdeckungen (15St) * PVC-Kabelschutzrohre (197m), Schachtabdeckung (1St), Mastleuchten (6St), Pollerleuchten (7St)				
560	**Einbauten Außenanlagen u. Freiflächen**	1.642,61 m²AF	192.072	**116,93**	27,0
	Sitzbänke, Stahlkonstruktion, Holzauflage, Holzbeplankung (6St), Anlehnelement (1St), Sitzhocker (7St), Tische, Stahlkonstruktion, Holzauflage (3St), Fahrradanlehnbügel (24St), Abfallbehälter (4St), Absperrpoller (10St)				
570	**Vegetationsflächen**	211,67 m²PSF	50.061	**236,50**	7,0
	Boden lockern (290m²), Oberboden auftragen (175m²), Pflanzgruben, verfüllen, Pflanzsubstrat (9m²) * Bäume, Dreibockverankerungen, Baumscheiben, Schilfrohrmatten (9m²), Zwiebelpflanzen (3.200St), Bodendecker (709St), Stauden (60St), Gräser (37St), Mineralmulch (203m²), Fertigstellungspflege				
590	**Sonst. Maßnahmen für Außenanlagen u. Freiflächen**	1.642,61 m²AF	24.539	**14,94**	3,4
	Baustellencontainer (5St), Baustrom umlegen (150m), Schwerlastkran (4d) * Baustellenreinigung (2.051m²)				

Kostenkennwerte für die Kostengruppen 500 der 2. und 3. Ebene DIN 276 (Übersicht)

KG	Kostengruppe	Menge Einheit	Kosten €	€/Einheit	% 500
500	**Außenanlagen und Freiflächen**	**1.642,61 m²AF**	**711.760,05**	**433,31**	**100,0**
510	**Erdbau**	**146,82 m³EBR**	**14.343,60**	**97,70**	**2,0**
511	Herstellung	146,82 m³EBR	14.343,60	97,70	2,0
512	Umschließung	–	–	–	–
513	Wasserhaltung	–	–	–	–
520	**Gründung, Unterbau**	**1.642,61 m²AF**	**30.910,19**	**18,82**	**4,3**
521	Baugrundverbesserung	–	–	–	–
522	Gründungen und Bodenplatten	–	28.622,65	–	4,0
523	Gründungsbeläge	–	–	–	–
524	Abdichtungen und Bekleidungen	–	–	–	–
525	Dränagen	97,24 m²	2.287,54	23,52	0,3
530	**Oberbau, Deckschichten**	**1.430,94 m²BFF**	**288.998,51**	**201,96**	**40,6**
531	Wege	298,42 m²	54.890,38	183,94	7,7
532	Straßen	–	–	–	–
533	Plätze, Höfe, Terrassen	1.132,52 m²	234.108,11	206,71	32,9
534	Stellplätze	–	–	–	–
535	Sportplatzflächen	–	–	–	–
536	Spielplatzflächen	–	–	–	–
539	Sonstiges zur KG 530	–	–	–	–
540	**Baukonstruktionen**	**1.642,61 m²AF**	**6.053,18**	**3,69**	**0,9**
541	Einfriedungen	–	–	–	–
542	Schutzkonstruktionen	–	–	–	–
543	Wandkonstruktionen	12,76 m²	6.053,18	474,39	0,9
544	Rampen, Treppen, Tribünen	–	–	–	–
545	Überdachungen	–	–	–	–
546	Stege	–	–	–	–
547	Kanal- und Schachtkonstruktionen	–	–	–	–
548	Wasserbecken	–	–	–	–
550	**Technische Anlagen**	**1.642,61 m²AF**	**104.783,37**	**63,79**	**14,7**
551	Abwasseranlagen	1.642,61 m²AF	65.923,66	40,13	9,3
552	Wasseranlagen	–	–	–	–
553	Anlagen für Gase und Flüssigkeiten	–	–	–	–
554	Wärmeversorgungsanlagen	–	–	–	–
555	Raumlufttechnische Anlagen	–	–	–	–
556	Elektrische Anlagen	1.642,61 m²AF	38.859,71	23,66	5,5
557	Kommunikationstechnische Anlagen	–	–	–	–
558	Nutzungsspezifische Anlagen	–	–	–	–
560	**Einbauten Außenanlagen u. Freiflächen**	**1.642,61 m²AF**	**192.071,55**	**116,93**	**27,0**
561	Allgemeine Einbauten	1.642,61 m²AF	192.071,55	116,93	27,0
562	Besondere Einbauten	–	–	–	–
563	Orientierungs- und Informationssysteme	–	–	–	–
570	**Vegetationsflächen**	**211,67 m²PSF**	**50.060,51**	**236,50**	**7,0**
571	Vegetationstechn. Bodenbearbeitung	184,12 m²	13.383,14	72,69	1,9
572	Sicherungsbauweisen	–	–	–	–
573	Pflanzflächen	211,67 m²	36.677,37	173,28	5,2
574	Rasen- und Saatflächen	–	–	–	–
579	Sonstiges zur KG 570	–	–	–	–
580	**Wasserflächen**	**–**	**–**	**–**	**–**
590	**Sonst. Maßnahmen für Außenanlagen u. Freiflächen**	**1.642,61 m²AF**	**24.539,15**	**14,94**	**3,4**

Kostenkennwerte für die Kostengruppen der 3.Ebene DIN 276

KG	Kostengruppe	Menge Einheit	Kosten €	€/Einheit	%
210	**Herrichten**				**100,0**
211	**Sicherungsmaßnahmen**	19.615,00 m²GF	12.400	**0,63**	13,9
	Schutzabdeckungen, Noppenbahn (216m²), Schaltafeln (97m²), Schutzzaun, h=2,00m (15m), umsetzen (644m)				
212	**Abbruchmaßnahmen**	19.615,00 m²GF	76.657	**3,91**	86,0
	Abbruch von Asphaltfläche, d=20cm (65m²), Asphalt schneiden (76m), Betonpflaster, d=80mm (31m²), Schottertragschicht, d=40-50cm (167m³), d=60-70cm (105m³), d=10-20cm (11m³), Fundament (1m³), Betonbordsteinen (17m), Betonschachtabdeckungen, D=625mm (6St); Entsorgung, Deponiegebühren				
214	**Herrichten der Geländeoberfläche**	19.615,00 m²GF	110	**< 0,01**	0,1
	Pflanzliche Bodendecke abräumen, d=5-10cm (20m²)				
510	**Erdbau**				**100,0**
511	**Herstellung**	146,82 m³EBR	14.344	**97,70**	100,0
	Oberbodenabtrag, d=20-30cm, lösen, lagern (20m²), Grabenaushub, t bis 1,75m, lösen, lagern, verfüllen (69m³), t bis 1,75m, in Handarbeit (48m³), Boden liefern, einbauen (29m³)				
520	**Gründung, Unterbau**				**100,0**
522	**Gründungen und Bodenplatten**	–	28.623	**–**	92,6
	Fundamentaushub, t bis 80cm (65m³), in Handarbeit (2m³), Stb-Streifenfundamente C20/25, t bis 30cm, Schalung, Bewehrung (14m³), C16/20, t=25cm (5m³), Stb-Einzelfundamente C20/25 (7m³), Köcherfundamente (6m³), Fertigteilfundamente C30/37 (5St)				
525	**Dränagen**	97,24 m²	2.288	**23,52**	7,4
	Dränmatten (97m²), Filtervlies (87m²), Randdämmstreifen (60m)				
530	**Oberbau, Deckschichten**				**100,0**
531	**Wege**	298,42 m²	54.890	**183,94**	19,0
	Planum (328m²), Frostschutzschicht 0/45mm, d=26cm (89m²), Schottertragschicht 0/32mm, d=15-20cm (310m²), Betonpflaster 20x10cm, d=8-10cm (243m²), Betonbordsteine (63m), Asphalttragschicht, d=10cm, Asphaltdeckschicht, d=4cm (43m²), taktile Bodenindikatoren 30x30cm, zur optischen und akustischen Orientierung (5m²), Leitstreifen (7m²), Querungsborde, l=1,00m (1m²), Randeinfassungen, Stahlband (37m)				
533	**Plätze, Höfe, Terrassen**	1.132,52 m²	234.108	**206,71**	81,0
	Planum (1.152m²), Frostschutzschicht 0/45mm, d=24cm (970m²), Schottertragschicht 0/32mm, d=20cm (1.228m²), Dränbetontragschicht C20/25, d=10cm (159m²), Dränmörtel, Betonestrich (14m²), Betonpflaster 30x30cm, d=12cm (1.102m²), Fugenmörtel (247m), Betonbordsteine (15m), taktile Bodenindikatoren 30x30cm, zur optischen und akustischen Orientierung (3m²), Leitstreifen (27m²), Randeinfassungen, Stahlband (46m)				

KG	Kostengruppe	Menge Einheit	Kosten €	€/Einheit	%
540	**Baukonstruktionen**				**100,0**
543	**Wandkonstruktionen**	12,76 m²	6.053	**474,39**	100,0
	Stb-Winkelstützen C30/37, 50x55cm (13m²)				
550	**Technische Anlagen**				**100,0**
551	**Abwasseranlagen**	1.642,61 m² AF	65.924	**40,13**	62,9
	PP-Rohre DN110-160, Formstücke, Sandbett (25m), Entwässerungsrinnen (33m), als Schlitzrinnen (38m), als Fassadenrinnen (20m), Hofablauf (1St), Schachterhöhungen DN1.000 (14St), Schachtabdeckungen DN400 (15St)				
556	**Elektrische Anlagen**	1.642,61 m² AF	38.860	**23,66**	37,1
	PVC-Kabelschutzrohre DN110, Sandbett (197m), Schachtabdeckung 200x100x20cm (1St), Mastleuchten (6St), Pollerleuchten (7St)				
560	**Einbauten in Außenanlagen und Freiflächen**				**100,0**
561	**Allgemeine Einbauten**	1.642,61 m² AF	192.072	**116,93**	100,0
	Sitzbänke, l=10,00m, b=1,60m, h=47-64cm, Stahlkonstruktion, Holzauflage, Holzbeplankung (1St), l=3,00m (2St), l=2,00m (3St), Anlehnelement (1St), Aussparung für Baumpflanzung (1St), Sitzhocker (7St), Tische, l=1,00m, b=1,60m, h=88cm, Stahlkonstruktion, Holzauflage (3St), Fahrradanlehnbügel (24St), Abfallbehälter 50l (4St), Absperrpoller, h=1,00m (6St), herausnehmbar (4St), Bodenhülsen (8St)				
570	**Vegetationsflächen**				**100,0**
571	**Vegetationstechn. Bodenbearbeitung**	184,12 m²	13.383	**72,69**	26,7
	Boden lockern, d=30cm (290m²), Oberboden liefern, auftragen, d=25cm (175m²), Pflanzgruben 1,50x1,50m, verfüllen, Pflanzsubstrat, d=40cm (9m²)				
573	**Pflanzflächen**	211,67 m²	36.677	**173,28**	73,3
	Feinplanum (125m²), Bäume, StU 25-30cm, Dreibockverankerungen, Baumscheiben, Schilfrohrmatten (9m²), Zwiebelpflanzen (3.200St), Bodendecker (709St), Stauden (60St), Gräser (37St), Mineralmulch, d=5-7cm (203m²), Fertigstellungspflege				
590	**Sonstige Maßnahmen für Außenanlagen und Freiflächen**				**100,0**
591	**Baustelleneinrichtung**	1.642,61 m² AF	23.147	**14,09**	94,3
	Baustellencontainer (5St), umsetzen (2St), Baustrom umlegen (150m), Schwerlastkran 100t (4d)				
597	**Zusätzliche Maßnahmen**	1.642,61 m² AF	1.392	**0,85**	5,7
	Baustellenreinigung (2.051m²)				

Kostenkennwerte für Leistungsbereiche nach STLB (Kosten der Außenanlagen nach DIN 276)

LB	Leistungsbereiche	Kosten €	€/m² AF	% 500
000	Baustellen-, Verkehrssich.- u. Sicherh.einr. inkl. 001	24.539	14,90	3,4
002	Erdarbeiten	24.728	15,10	3,5
003	Landschaftsbauarbeiten	298.687	181,80	42,0
004	Landschaftsbauarbeiten - Pflanzen	11.935	7,30	1,7
008	Wasserhaltungsarbeiten	–	–	–
009	Entwässerungskanalarbeiten	65.924	40,10	9,3
010	Drän- und Versickerarbeiten	2.288	1,40	0,3
012	Mauerarbeiten	–	–	–
013	Betonarbeiten	30.833	18,80	4,3
014	Natur-, Betonwerksteinarbeiten inkl. 024, 025	–	–	–
016	Zimmer- und Holzbauarbeiten	–	–	–
017	Stahlbauarbeiten	–	–	–
018	Abdichtungsarbeiten	–	–	–
020	Dachdeckungsarbeiten	–	–	–
021	Dachabdichtungsarbeiten	–	–	–
022	Klempnerarbeiten	–	–	–
023	Putz- und Stuckarbeiten, Wärmedämmsysteme	–	–	–
027	Tischlerarbeiten	–	–	–
028	Parkett-, Holzpflasterarbeiten	–	–	–
031	Metallbauarbeiten inkl. 035	–	–	–
032	Verglasungsarbeiten inkl. 029	–	–	–
034	Maler- und Lackiererarb. - Beschicht. inkl. 037	–	–	–
042	Gas- u. Wasseranl. - Leitung., Armat.	–	–	–
043	Druckrohrleitungen Gas, Wasser, Abwasser	–	–	–
044	Abwasseranl. - Leitungen, Abläufe, Armaturen	–	–	–
045	Gas, Wasser, Entwässerung - Ausstattung inkl. 046	–	–	–
050	Blitzschutz-/Erdungsanlagen, Überspannungssch.	–	–	–
053	Niederspannungsanl. - Kabel inkl. 052, 055	12.816	7,80	1,8
058	Leuchten und Lampen inkl. 059	26.044	15,90	3,7
060	Such, Signal, Zeit, Anten., akust. Anl. inkl. 061, 063	–	–	–
080	Straßen, Wege, Plätze	213.966	130,30	30,1
084	Abbruch, Rückbau, Schadstoffsanierung	–	–	–
087	Abfallentsorgung, Verwertung und Beseitigung	–	–	–
	Sonstige Leistungsbereiche	**–**	**–**	**–**

Kostenkennwerte für die Kosten der Außenanlage (Kostengruppe 500 nach DIN 276)

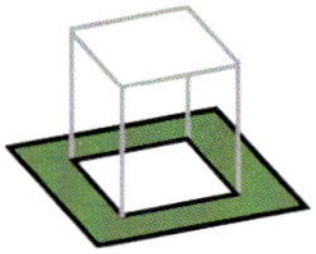

AF 323 €/m²

Objekt:
Kennwerte: 1. Ebene DIN 276
GF: 7.720 m²
AF: 4.700 m²
Bauzeit: 70 Wochen
Bauende: 2019
Standard: mittel
Bundesland: Hessen
Kreis: Frankfurt am Main, Stadt

Garten- und Landschaftsarchitekt*in:
Götte
Landschaftsarchitekten GmbH
Hunsrückstraße 56
65929 Frankfurt am Main

Bauherr*in:
Magistrat der Stadt
Frankfurt am Main
Grünflächenamt
60327 Frankfurt am Main

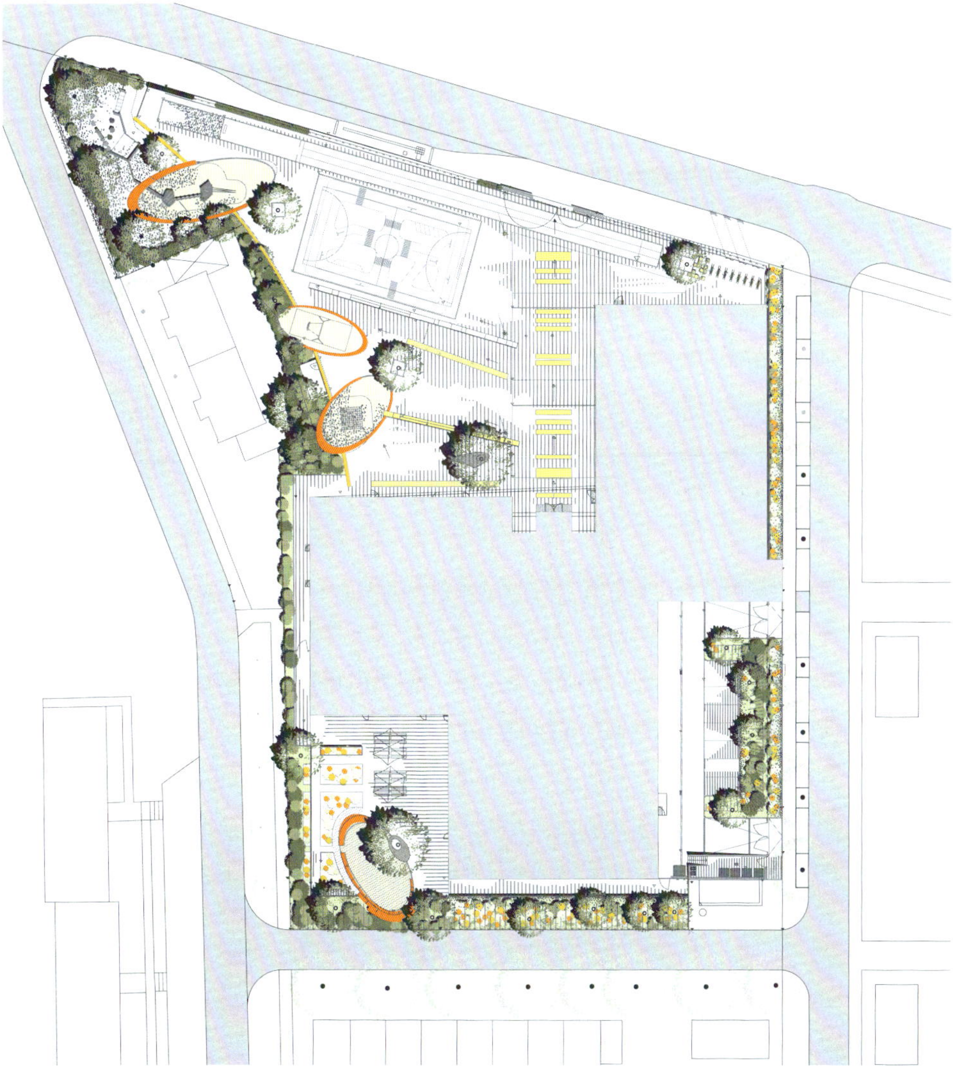

Lageplan

Objektbeschreibung

Allgemeine Objektinformationen

Die Außenanlage der neu errichteten Grundschule bietet den Schülern unterschiedliche Spiel- und Aufenthaltsbereiche unter Berücksichtigung der Anforderungen des Inklusionskonzeptes. Alle Außenbereiche der Schule sind barrierefrei zugänglich. Durch entsprechende Beläge wird Sorge dafür getragen, dass Kinder im Rollstuhl unmittelbar an die Spielgeräte heranfahren können. Durch eine Steg- und Rampenanlage wird den Rollstuhlfahrern die Nutzung des Kletterspielgeräts ermöglicht. Im Bereich des Schulgartens ist ein unterfahrbares Hochbeet installiert. Im Schulhof wird mit der kontrastierenden Farbgestaltung insbesondere seheingeschränkten Personen die Zuwegung zum Haupteingang erleichtert.

Nutzung

Schulhof mit Spiel- und Sportflächen, Inklusionsbereich, Schulgarten, Außenklassenzimmer und Stellplätzen

Nutzeinheiten

Fahrzeugstellplätze: 7
Spielplatzfläche: 470 m^2
Sportanlagenfläche: 235 m^2

Grundstück

Bauraum: Freier Bauraum
Neigung: Geneigtes Gelände
Bodenklasse: BK 3 bis BK 4

Markt

Hauptvergabezeit: 1. Quartal 2018
Baubeginn: 3. Quartal 2018
Bauende: 4. Quartal 2019
Konjunkturelle Gesamtlage: Durchschnitt
Regionaler Baumarkt: über Durchschnitt

Außenanlagen, Freiflächen

Die Bereiche Schulhof und Gartenhof sind mit grauem Betonsteinpflaster befestigt, der Haupteingang wird durch Bänderungen aus anthrazitfarbenem Pflaster akzentuiert. Im Schulhof sind zwei streifenförmige Intarsien aus Quadratpflaster in Schwarz und Weiß integriert. Die Fallschutzbereiche von Klettergeräten und -netz sind mit Holzhäcksel belegt. Der Spielbereich der Nestschaukel erhielt einen dauerelastischen Fallschutzbelag aus EPDM. Die 50m-Laufbahn und das Ballspielfeld sind in Asphalt ausgebildet. Durch Markierungslinien dient das Ballspielfeld auch der Verkehrserziehung. Für den Sportunterricht wurde eine Weitsprunggrube angelegt. Die Oberflächen des Zufahrtsbereichs sind aufgrund der Gefälleausbildung in Asphalt ausgebildet. Schul- und Gartenhof sind mit Sitzmauern aus Beton ausgestattet. Das ovale Außenklassenzimmer ist mit Sitzstufen aus Beton und einem Podest eingefasst. Im Schulhof wurden ein Kletternetz, eine Schaukel und eine Kombi-Spielanlage aufgestellt. Baumpflanzungen bilden eine räumliche Kulisse. Durch Solitärbäume werden Akzente gesetzt. Entlang der Grundstücksgrenze bilden Gehölz- und Staudenpflanzungen einen grünen Rahmen. Ein Schulgarten wurde angelegt.

Planungskennwerte für Flächen und Rauminhalte nach DIN 277

Flächen des Grundstücks		Menge Einheit	% an GF
BF	Bebaute Fläche	3.020,00 m²	39,1
UF	Unbebaute Fläche	4.700,00 m²	60,9
GF	Grundstücksfläche	7.720,00 m²	100,0
AF	Außenanlagenfläche	4.700,00 m²	

Kostenkennwerte für die Kostengruppen der 1. Ebene DIN 276

KG	Kostengruppen (1. Ebene)	Einheit	Kosten €	€/Einheit	% 500
100	Grundstück	m² GF	–	–	–
200	Vorbereitende Maßnahmen	m² GF	30.153	3,91	2,0
300	Bauwerk – Baukonstruktionen	m² BGF	–	–	–
400	Bauwerk – Technische Anlagen	m² BGF	–	–	–
500	**Außenanlagen und Freiflächen**	**m² AF**	**1.519.911**	**323,39**	**100,0**
600	Ausstattung und Kunstwerke	m² AF	–	–	–
700	Baunebenkosten	m² AF	–	–	–
800	Finanzierung	m² AF	–	–	–

KG	Kostengruppe	Menge Einheit	Kosten €	€/Einheit	%
200	**Vorbereitende Maßnahmen**	7.720,00 m² GF	30.153	**3,91**	2,0
	Abbruch von schadstoffbelastetem Asphalt, Entsorgung, Deponiegebühren				
500	**Außenanlagen und Freiflächen**	4.700,00 m² AF	1.519.911	**323,39**	100,0
	Bodenarbeiten; Betonpflaster, Asphaltbelag für Zufahrt, 50m-Laufbahn und Ballspielfeld, Markierungen für Verkehrserziehung, Weitsprunggrube, EPDM-Fallschutzbelag, Holzhäcksel; Ballfangzaun, Rampe, Stufen; Oberflächenentwässerung, Außenbeleuchtung; Fahrradanlehnbügel, Spielgeräte mit Kletternetz, Schaukel, Kombi-Spielanlage und Inklusionsspielgerät, Betonsitzmauern mit Sitzauflagen, Außenklassenzimmer mit Betonsitzstufen und Podest; Oberbodenauftrag, Gehölze, Stauden, Bäume, Schulgarten mit Kinderbeeten				

Kostenkennwerte für die Kosten der Außenanlage (Kostengruppe 500 nach DIN 276)

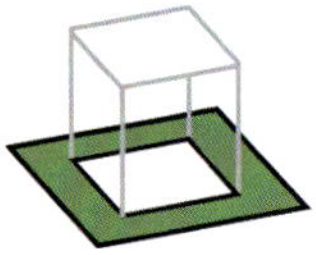

AF 440 €/m²

Objekt:
Kennwerte: 3. Ebene DIN 276
GF: 3.770 m²
AF: 2.555 m²
Bauzeit: 117 Wochen
Bauende: 2020
Standard: hoch
Bundesland: Hessen
Kreis: Frankfurt am Main, Stadt

Garten- und Landschafts-architekt*in:
LS2 Landschaftsarchitekten
und Beratender Ingenieur
Schelhorn Lukowski Schnabel
PartG mbB
Dorfwiesenweg 11
60439 Frankfurt am Main

© Sandra Escher

© Sandra Escher

© Sandra Escher

© Sandra Escher

Lageplan

Objektbeschreibung

Allgemeine Objektinformationen

Eine denkmalgeschützte Villa in einem großstädtischen Quartier wurde zu einer privaten Kindertagesstätte und Schule umgebaut. Im Zuge dessen sind auch die Außenanlagen neu gestaltet und nach Altersgruppen in drei Abschnitte gegliedert worden: im Bereich der Kindertagesstätte entstand ein Spielplatz für Kleinkinder und einer für Kinder bis zum Schulalter, die Schule erhielt einen direkten Zugang zu einem neuen Schulhof.

Nutzung

Außenanlage für eine Kindertagesstätte und Schule mit Spielbereich und Pausenhof

Grundstück

Neigung: Ebenes Gelände
Bodenklasse: BK 1 bis BK 4

Markt

Hauptvergabezeit: 1. Quartal 2018
Baubeginn: 1. Quartal 2018
Bauende: 2. Quartal 2020
Konjunkturelle Gesamtlage: über Durchschnitt
Regionaler Baumarkt: über Durchschnitt

Außenanlagen, Freiflächen

Der Kleinkindbereich nahe am Gebäude wurde mit U3-gerechten Angeboten ausgestattet, die sich aus Minikletterlandschaften, Sandspielbereichen und Rückzugsorten zusammensetzen. Im Kindergartenbereich befinden sich unterschiedliche Bewegungs- und Verweilangebote. Hier wurde zudem ein Wasserspielbereich integriert. Auf dem Schulhof entstand eine erhöhte Terrasse auf einem Garagendach. Weiter stehen den Schülern Trampolins sowie Kletter- und Turnstangen zur Verfügung. Alle Angebote sind inklusiv und auf die Pädagogik der Kindertagesstätte und Schule abgestimmt.

Planungskennwerte für Flächen und Rauminhalte nach DIN 277

Flächen des Grundstücks		Menge Einheit	% an GF
BF	Bebaute Fläche	–	–
UF	Unbebaute Fläche	–	–
GF	Grundstücksfläche	3.770,00 m²	100,0
AF	Außenanlagenfläche	2.555,00 m²	

KG	Kostengruppen (2. Ebene)	Menge Einheit	Menge/AF	Menge/GF
510	Erdbau	418,40 m³ EBR	0,16	0,11
530	Oberbau, Deckschichten	1.845,00 m² BFF	0,72	0,49
570	Vegetationsflächen	425,00 m² PSF	0,17	0,11
580	Wasserflächen	–	–	–

Prozentualer Anteil der Kostengruppen der 2. Ebene an der Kostengruppe 500 nach DIN 276

KG	Kostengruppen (2. Ebene)
510	Erdbau
520	Gründung, Unterbau
530	Oberbau, Deckschichten
540	Baukonstruktionen
550	Technische Anlagen
560	Einbauten Außenanlagen u. Freiflächen
570	Vegetationsflächen
580	Wasserflächen
590	Sonst. Maßnahmen für Außenanlagen u. Freiflächen

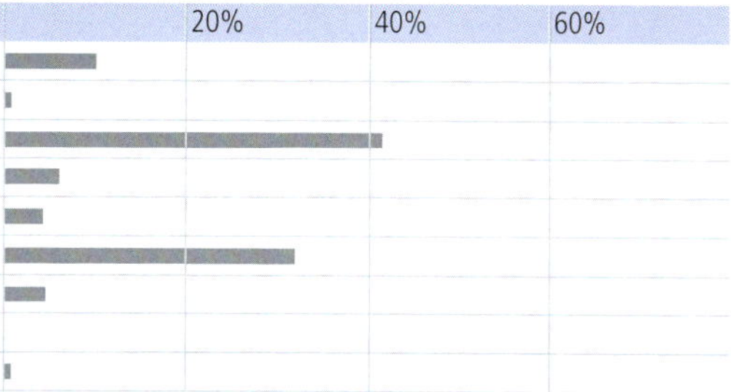

Ranking der Kostengruppen der 3. Ebene an der Kostengruppe 500 nach DIN 276

KG	Kostengruppen (3. Ebene)	% an KG 500	KG	Kostengruppen (3. Ebene)	% an KG 500
562	Besondere Einbauten	27,5	539	Sonstiges zur KG 530	1,5
536	Spielplatzflächen	19,1	544	Rampen, Treppen, Tribünen	1,3
531	Wege	11,2	534	Stellplätze	0,9
511	Herstellung	10,1	522	Gründungen und Bodenplatten	0,8
533	Plätze, Höfe, Terrassen	8,6	571	Vegetationstechn. Bodenbearbeitung	0,6
541	Einfriedungen	4,5	598	Prov. Außenanlagen und Freiflächen	0,6
561	Allgemeine Einbauten	4,4	556	Elektrische Anlagen	0,4
551	Abwasseranlagen	3,9	542	Schutzkonstruktionen	0,2
573	Pflanzflächen	2,1	591	Baustelleneinrichtung	0,2
579	Sonstiges zur KG 570	1,9			

Kostenkennwerte für die Kostengruppen der 1. Ebene DIN 276

KG	Kostengruppen (1. Ebene)	Einheit	Kosten €	€/Einheit	% 500
100	Grundstück	m² GF	–	–	–
200	Vorbereitende Maßnahmen	m² GF	100.054	26,54	8,9
300	Bauwerk – Baukonstruktionen	m² BGF	–	–	–
400	Bauwerk – Technische Anlagen	m² BGF	–	–	–
500	**Außenanlagen und Freiflächen**	**m² AF**	**1.124.968**	**440,30**	**100,0**
600	Ausstattung und Kunstwerke	m² AF	–	–	–
700	Baunebenkosten	m² AF	–	–	–
800	Finanzierung	m² AF	–	–	–

KG	Kostengruppe	Menge Einheit	Kosten €	€/Einheit	%
200	**Vorbereitende Maßnahmen**	3.770,00 m² GF	100.054	**26,54**	8,9
	Suchschachtung, Abbruch von Fundamenten, Trag-/Frostschicht, Betonpflaster, Rasengittersteinen, Sträucher roden, Bäume fällen; Entsorgung, Deponiegebühren				
500	**Außenanlagen und Freiflächen**	2.555,00 m² AF	1.124.968	**440,30**	100,0
	Bodenarbeiten; Fundamente; Betonpflaster, Natursteinpflaster, Spielsand, Holzhackschnitzel, wassergebundene Decke, Kunstrasen, Gitterroste; Holzzäune, Tore, Blockstufen, Eingangsrampe; Oberflächenentwässerung; Außenmöblierung, Spielgeräte; Oberbodenarbeiten, Pflegefläche lockern, säubern, Verdunstungsschutz, Bestandspflege Findlinge				

Kostenkennwerte für die Kostengruppen der 2.Ebene DIN 276

KG	Kostengruppe	Menge Einheit	Kosten €	€/Einheit	%
200	**Vorbereitende Maßnahmen**				**100,0**
210	**Herrichten**	3.770,00 m²GF	100.054	**26,54**	100,0
	Suchschachtung (20m³) * Abbruch von Fundamenten (9t), Betonpflaster (1.085m²), Trag-/Frostschicht (300m³), Rasengittersteinen (85m²), Betonflächen (45m²), Betonplatten (25m²), Kunstrasen (15m²), Schächten (3St), Kartenautomat (1St), Fahrradanlehnbügel (1St) * Roden von Bodendeckern (540m²), Bäumen (7St), Sträuchern (10St); Entsorgung, Deponiegebühren				
500	**Außenanlagen und Freiflächen**				**100,0**
510	**Erdbau**	418,40 m³EBR	113.745	**271,86**	10,1
	Oberboden abtragen, d bis 15cm, entsorgen (65m³), lagern (5m³), Boden, d=20-100cm, lösen, entsorgen (255m³), Kabelgabenaushub, verfüllen (93m³)				
520	**Gründung, Unterbau**	2.555,00 m²AF	9.504	**3,72**	0,8
	Einzelfundamente (42St)				
530	**Oberbau, Deckschichten**	1.845,00 m²BFF	464.810	**251,93**	41,3
	Schottertragschicht STS (950m²), Betonpflaster (895m²) * STS (500m²), Natursteinpflaster (180m²), Betonplatten (95m²), Betonpflaster (35m²), Spielemarkierungen (3St) * STS (70m²), Betonpflaster (70m²), Stellplatzmarkierungen (2St) * Sauberkeitsschicht, Spielsand (230m²), STS, Holzhackschnitzel (155m²), Frostschutzschicht, wassergebundene Deckschicht (105m²), STS, Kunstrasen (80m²), Einfassungen (psch) * Gitterroste (12St)				
540	**Baukonstruktionen**	2.555,00 m²AF	68.637	**26,86**	6,1
	Holzzäune (46m²), Tore (3St), Schiebetoranlage (1St) * Sichtschutzzaun, Holz (12m²) * Blockstufen (3St), Eingangsrampe (psch)				
550	**Technische Anlagen**	2.555,00 m²AF	48.561	**19,01**	4,3
	Entwässerungsrinnen (26m), Straßenabläufe (9St), Schachtabdeckungen (7St), Rigole (1St) * Kabelschutzrohre (376m), Mastleuchten, Lagermaterial (3St)				
560	**Einbauten Außenanlagen u. Freiflächen**	2.555,00 m²AF	358.707	**140,39**	31,9
	Sitzpoller (22St), Sitzbänke (7St), Holztische (2St) * Kletter-Holzstämme (12St), Holzsteg (7m²), Holztorstangen (4St), Podestlandschaften (2St), Spielhäuschen (2St), Trampoline (2St), Wasserspiel, Wasserpumpe (1St), Baumhaus mit Rutsche (1St), Spielturm mit Rutsche (1St), Klettersteige (1St), Vogelnestschaukel (1St), Sandspieltisch (1St), Reckstange (1St), Kleinkind Doppelschaukel (1St), Balancierparcour (1St), Spielkombination (1St), Gerätehütte (1St), Pferdestall (1St), Spielpferd (1St)				
570	**Vegetationsflächen**	425,00 m²PSF	51.701	**121,65**	4,6
	Oberboden auftragen, Liefermaterial (20m³), Lagermaterial (5m³), Vegetationsfläche fräsen, d=30cm, Rindenhumus (215m²), Dünger (32kg) * Rindenmulch (210m²), Dünger (70kg), Pflanzfläche lockern, säubern, Verdunstungsschutz für Bäume, Bestandspflege (psch) * Bruchsteine (12St), Findlinge (11St)				
590	**Sonst. Maßnahmen für Außenanlagen u. Freiflächen**	2.555,00 m²AF	9.301	**3,64**	0,8
	Baustelleneinrichtung (psch) * Eingangsrampe Villa (psch)				

Kostenkennwerte für die Kostengruppen 500 der 2. und 3.Ebene DIN 276 (Übersicht)

KG	Kostengruppe	Menge Einheit	Kosten €	€/Einheit	% 500
500	**Außenanlagen und Freiflächen**	**2.555,00 m²AF**	**1.124.967,56**	**440,30**	**100,0**
510	**Erdbau**	**418,40 m³EBR**	**113.745,15**	**271,86**	**10,1**
511	Herstellung	418,40 m³EBR	113.745,15	271,86	10,1
512	Umschließung	–	–	–	–
513	Wasserhaltung	–	–	–	–
520	**Gründung, Unterbau**	**2.555,00 m²AF**	**9.504,23**	**3,72**	**0,8**
521	Baugrundverbesserung	–	–	–	–
522	Gründungen und Bodenplatten	–	9.504,23	–	0,8
523	Gründungsbeläge	–	–	–	–
524	Abdichtungen und Bekleidungen	–	–	–	–
525	Dränagen	–	–	–	–
530	**Oberbau, Deckschichten**	**1.845,00 m²BFF**	**464.810,38**	**251,93**	**41,3**
531	Wege	895,00 m²	126.272,25	141,09	11,2
532	Straßen	–	–	–	–
533	Plätze, Höfe, Terrassen	310,00 m²	96.538,19	311,41	8,6
534	Stellplätze	70,00 m²	10.529,71	150,42	0,9
535	Sportplatzflächen	–	–	–	–
536	Spielplatzflächen	570,00 m²	214.560,25	376,42	19,1
539	Sonstiges zur KG 530	1.845,00 m²BFF	16.909,99	9,17	1,5
540	**Baukonstruktionen**	**2.555,00 m²AF**	**68.637,46**	**26,86**	**6,1**
541	Einfriedungen	45,50 m²	51.164,79	1.124,50	4,5
542	Schutzkonstruktionen	11,70 m²	2.777,15	237,36	0,2
543	Wandkonstruktionen	–	–	–	–
544	Rampen, Treppen, Tribünen	–	14.695,52	–	1,3
545	Überdachungen	–	–	–	–
546	Stege	–	–	–	–
547	Kanal- und Schachtkonstruktionen	–	–	–	–
548	Wasserbecken	–	–	–	–
550	**Technische Anlagen**	**2.555,00 m²AF**	**48.561,40**	**19,01**	**4,3**
551	Abwasseranlagen	2.555,00 m²AF	43.680,06	17,10	3,9
552	Wasseranlagen	–	–	–	–
553	Anlagen für Gase und Flüssigkeiten	–	–	–	–
554	Wärmeversorgungsanlagen	–	–	–	–
555	Raumlufttechnische Anlagen	–	–	–	–
556	Elektrische Anlagen	2.555,00 m²AF	4.881,34	1,91	0,4
557	Kommunikationstechnische Anlagen	–	–	–	–
558	Nutzungsspezifische Anlagen	–	–	–	–
560	**Einbauten Außenanlagen u. Freiflächen**	**2.555,00 m²AF**	**358.707,40**	**140,39**	**31,9**
561	Allgemeine Einbauten	2.555,00 m²AF	49.174,42	19,25	4,4
562	Besondere Einbauten	2.555,00 m²AF	309.532,98	121,15	27,5
563	Orientierungs- und Informationssysteme	–	–	–	–
570	**Vegetationsflächen**	**425,00 m²PSF**	**51.700,75**	**121,65**	**4,6**
571	Vegetationstechn. Bodenbearbeitung	215,00 m²	6.822,34	31,73	0,6
572	Sicherungsbauweisen	–	–	–	–
573	Pflanzflächen	210,00 m²	23.394,67	111,40	2,1
574	Rasen- und Saatflächen	–	–	–	–
579	Sonstiges zur KG 570	425,00 m²PSF	21.483,74	50,55	1,9
580	**Wasserflächen**	**–**	**–**	**–**	**–**
590	**Sonst. Maßnahmen für Außenanlagen u. Freiflächen**	**2.555,00 m²AF**	**9.300,77**	**3,64**	**0,8**

Kostenkennwerte für die Kostengruppen der 3.Ebene DIN 276

KG	Kostengruppe	Menge Einheit	Kosten €	€/Einheit	%
210	**Herrichten**				**100,0**
211	**Sicherungsmaßnahmen**	3.770,00 m^2 GF	5.412	**1,44**	5,4
	Suchschachtung BK 3-5, t bis 1,75m, lösen, lagern, verfüllen (20m³)				
212	**Abbruchmaßnahmen**	3.770,00 m^2 GF	77.173	**20,47**	77,1
	Abbruch von Fundamenten (9t), Traufstreifen (5t), Betonpflaster (1.085m²), Trag-/Frostschicht (300m³), Rasengittersteinen (85m²), Betonflächen (45m²), Betonplatten (25m²), Kunstrasen (15m²), Bordsteinen (445m), Schutzzäunen (25m), Schilderpfosten (5St), Schächten (3St), Hofabläufen (2St), Kartenautomat (1St), Fahrradanlehnbügel (1St); Entsorgung, Deponiegebühren				
214	**Herrichten der Geländeoberfläche**	3.770,00 m^2 GF	17.469	**4,63**	17,5
	Grasnabe abschieben, d=10cm (690m²), Roden von Bodendecker (540m²), Bäumen, StU 65-100cm, (7St), Sträuchern (10St); Entsorgung, Deponiegebühren				
510	**Erdbau**				**100,0**
511	**Herstellung**	418,40 m^3 EBR	113.745	**271,86**	100,0
	Oberboden abtragen, d bis 15cm, entsorgen (65m³), lagern (5m³), Boden BK 4-5, d=20-60cm, lösen, entsorgen, belastet Z2 (140m³), d bis 100cm (115m³), Kabelgabenaushub BK 4-5, verfüllen (68m³), in Handarbeit (25m³)				
520	**Gründung, Unterbau**				**100,0**
522	**Gründungen und Bodenplatten**	–	9.504	**–**	100,0
	Einzelfundamente für Zaun (32St), für Mastleuchten (6St), für Pollerleuchten (4St)				
530	**Oberbau, Deckschichten**				**100,0**
531	**Wege**	895,00 m^2	126.272	**141,09**	27,2
	Schottertragschicht 0/32mm, d=15cm (950m²), Betonpflaster 16-24x16-40cm, geräuscharm (895m²), Betonkantsteine 8x25cm (135m), 8x20cm (28m)				
533	**Plätze, Höfe, Terrassen**	310,00 m^2	96.538	**311,41**	20,8
	Schottertragschicht 0/32mm, d=15cm (410m²), Natursteinpflaster 6x6-10x15cm (180m²), Betonplatten 40x40cm (95m²), Betonpflaster 10x10cm, Lagermaterial (35m²), als Einfassung (460m), Spielemarkierungen (3St)				
534	**Stellplätze**	70,00 m^2	10.530	**150,42**	2,3
	Schottertragschicht 0/32mm, d=15cm (70m²), Betonpflaster 16-24x16-40cm, geräuscharm (70m²), Stellplatzmarkierungen (2St)				
536	**Spielplatzflächen**	570,00 m^2	214.560	**376,42**	46,2
	Sauberkeitsschicht 2/8mm, d=10cm, Spielsand, d=40-50cm (230m²), Schottertragschicht 0/32mm, d=20cm, Holzhackschnitzel, d=30cm (155m²), Frostschutzschicht 0/45mm, d=20cm, Tragschicht, d=10cm, wassergebundene Deckschicht (105m²), Schottertragschicht 0/32mm, d=15cm (90m²), PP-Kunstrasen, d=25mm, PU-Unterbauschicht, d=20mm (80m²), Einfassungen aus Holzstämmen, Findlingen, Palisaden (psch)				

KG	Kostengruppe	Menge Einheit	Kosten €	€/Einheit	%
539	**Sonstiges zur KG 530**	1.845,00 m² BFF	16.910	**9,17**	3,6
	Gitterroste 115x60cm (7St), 150x75cm (5St)				
540	**Baukonstruktionen**				**100,0**
541	**Einfriedungen**	45,50 m²	51.165	**1.124,50**	74,5
	Holzzäune, h=bis 1,40m (46m²), Tore, zweiflüglig, b=2,00m (2St), einflüglig, b=1,20m (1St), Schiebetoranlage, b=3,50m (1St)				
542	**Schutzkonstruktionen**	11,70 m²	2.777	**237,36**	4,0
	Sichtschutzzaun, Holz, h=1,80m, mit Lattung (12m²)				
544	**Rampen, Treppen, Tribünen**	–	14.696	–	21,4
	Blockstufen 100x35cm (2St), 109x26cm (1St), Eingangsrampe (psch)				
550	**Technische Anlagen**				**100,0**
551	**Abwasseranlagen**	2.555,00 m² AF	43.680	**17,10**	89,9
	Entwässerungsrinnen (26m), Straßenabläufe 40x40cm (9St), Schachtabdeckungen (7St), Rigole, Sickerpackung 16/32mm, D=150-200cm, t=300cm (1St)				
556	**Elektrische Anlagen**	2.555,00 m² AF	4.881	**1,91**	10,1
	Kabelschutzrohre DN100 (376m), Mastleuchten, Lagermaterial (3St)				
560	**Einbauten in Außenanlagen und Freiflächen**				**100,0**
561	**Allgemeine Einbauten**	2.555,00 m² AF	49.174	**19,25**	13,7
	Sitzpoller, Kautschuk (20St), Metall (2St), Sitzbänke, Holz, l=150-250cm (2St), Hartschaum, l=90-135cm (4St), Metall, l=200cm (1St) Holztische 100x200cm (2St)				
562	**Besondere Einbauten**	2.555,00 m² AF	309.533	**121,15**	86,3
	Kletter-Holzstämme (12St), Holzsteg (7m²), Holztorstangen, h=220-255cm (4St), Podestlandschaften (2St), Spielhäuschen (2St), Trampoline (2St), Wasserspiel mit Holzrinnen, Schöpfbecken, Matschtisch, Wasserpumpe, mit Handrad (1St), Baumhaus mit Rutsche (1St), Spielturm mit Rutsche (1St), Klettersteige (1St), Vogelnestschaukel (1St), Sandspieltisch (1St), Reckstange (1St), Kleinkind Doppelschaukel (1St), Balancierparcour (1St), Spielkombination (1St), Gerätehütte (1St), Pferdestall (1St), Spielpferd (1St)				
570	**Vegetationsflächen**				**100,0**
571	**Vegetationstechn. Bodenbearbeitung**	215,00 m²	6.822	**31,73**	13,2
	Oberboden auftragen, Liefermaterial (20m³), Lagermaterial (5m³), Vegetationsfläche fräsen, d=30cm, Unrat und Steine ablesen, Bodenverbesserung mit Rindenhumus (215m²), organisch-mineralischer Dünger (32kg)				
573	**Pflanzflächen**	210,00 m²	23.395	**111,40**	45,3
	Feinplanum, Rindenmulch (210m²), organisch-mineralischer Dünger (70kg), Pflanzfläche lockern, säubern, sieben Arbeitsgänge, Verdunstungsschutz für Bäume, Bestandspflege (psch)				
579	**Sonstiges zur KG 570**	425,00 m² PSF	21.484	**50,55**	41,6
	Bruchsteine (12St), Findlinge 30-120cm (11St)				

KG	Kostengruppe	Menge Einheit	Kosten €	€/Einheit	%
590	**Sonstige Maßnahmen für Außenanlagen und Freiflächen**				**100,0**
591	**Baustelleneinrichtung**	2.555,00 m² AF	2.180	**0,85**	23,4
	Baustelleneinrichtung (psch)				
598	**Prov. Außenanlagen und Freiflächen**	2.555,00 m² AF	7.121	**2,79**	76,6
	Eingangsrampe Villa (psch)				

Kostenkennwerte für Leistungsbereiche nach STLB (Kosten der Außenanlagen nach DIN 276)

LB	Leistungsbereiche	Kosten €	€/m² AF	% 500
000	Baustellen-, Verkehrssich.- u. Sicherh.einr. inkl. 001	2.180	0,85	0,2
002	Erdarbeiten	94.526	37,00	8,4
003	Landschaftsbauarbeiten	950.085	371,90	84,5
004	Landschaftsbauarbeiten - Pflanzen	–	–	–
008	Wasserhaltungsarbeiten	–	–	–
009	Entwässerungskanalarbeiten	25.502	10,00	2,3
010	Drän- und Versickerarbeiten	–	–	–
012	Mauerarbeiten	–	–	–
013	Betonarbeiten	22.772	8,90	2,0
014	Natur-, Betonwerksteinarbeiten inkl. 024, 025	–	–	–
016	Zimmer- und Holzbauarbeiten	–	–	–
017	Stahlbauarbeiten	–	–	–
018	Abdichtungsarbeiten	–	–	–
020	Dachdeckungsarbeiten	–	–	–
021	Dachabdichtungsarbeiten	–	–	–
022	Klempnerarbeiten	–	–	–
023	Putz- und Stuckarbeiten, Wärmedämmsysteme	–	–	–
027	Tischlerarbeiten	–	–	–
028	Parkett-, Holzpflasterarbeiten	–	–	–
031	Metallbauarbeiten inkl. 035	814	0,32	< 0,1
032	Verglasungsarbeiten inkl. 029	1.833	0,72	0,2
034	Maler- und Lackiererarb. - Beschicht. inkl. 037	–	–	–
042	Gas- u. Wasseranl. - Leitung., Armat.	–	–	–
043	Druckrohrleitungen Gas, Wasser, Abwasser	–	–	–
044	Abwasseranl. - Leitungen, Abläufe, Armaturen	–	–	–
045	Gas, Wasser, Entwässerung - Ausstattung inkl. 046	–	–	–
050	Blitzschutz-/Erdungsanlagen, Überspannungssch.	–	–	–
053	Niederspannungsanl. - Kabel inkl. 052, 055	–	–	–
058	Leuchten und Lampen inkl. 059	726	0,28	< 0,1
060	Such, Signal, Zeit, Anten., akust. Anl. inkl. 061, 063	–	–	–
080	Straßen, Wege, Plätze	5.014	2,00	0,4
084	Abbruch, Rückbau, Schadstoffsanierung	17.361	6,80	1,5
087	Abfallentsorgung, Verwertung und Beseitigung	–	–	–
	Sonstige Leistungsbereiche	**4.155**	**1,60**	**0,4**

4100-0243
Außenanlage
Gymnasium

Kostenkennwerte für die Kosten der Außenanlage (Kostengruppe 500 nach DIN 276)

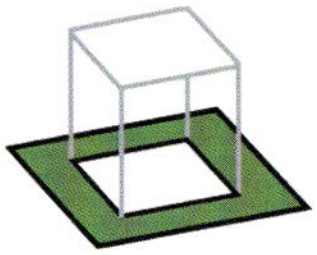

AF 396 €/m²

Objekt:
Kennwerte: 3. Ebene DIN 276
GF: 5.331 m²
AF: 4.092 m²
Bauzeit: 31 Wochen
Bauende: 2022
Standard: mittel
Bundesland: Thüringen
Kreis: Nordhausen

Garten- und Landschafts-architekt*in:
Kraushaar Lieske
Freiraumplanung GbR
Marta-Fraenkel-Straße 1
01097 Dresden

© Kraushaar Lieske

© Kraushaar Lieske

© Kraushaar Lieske

© Kraushaar Lieske

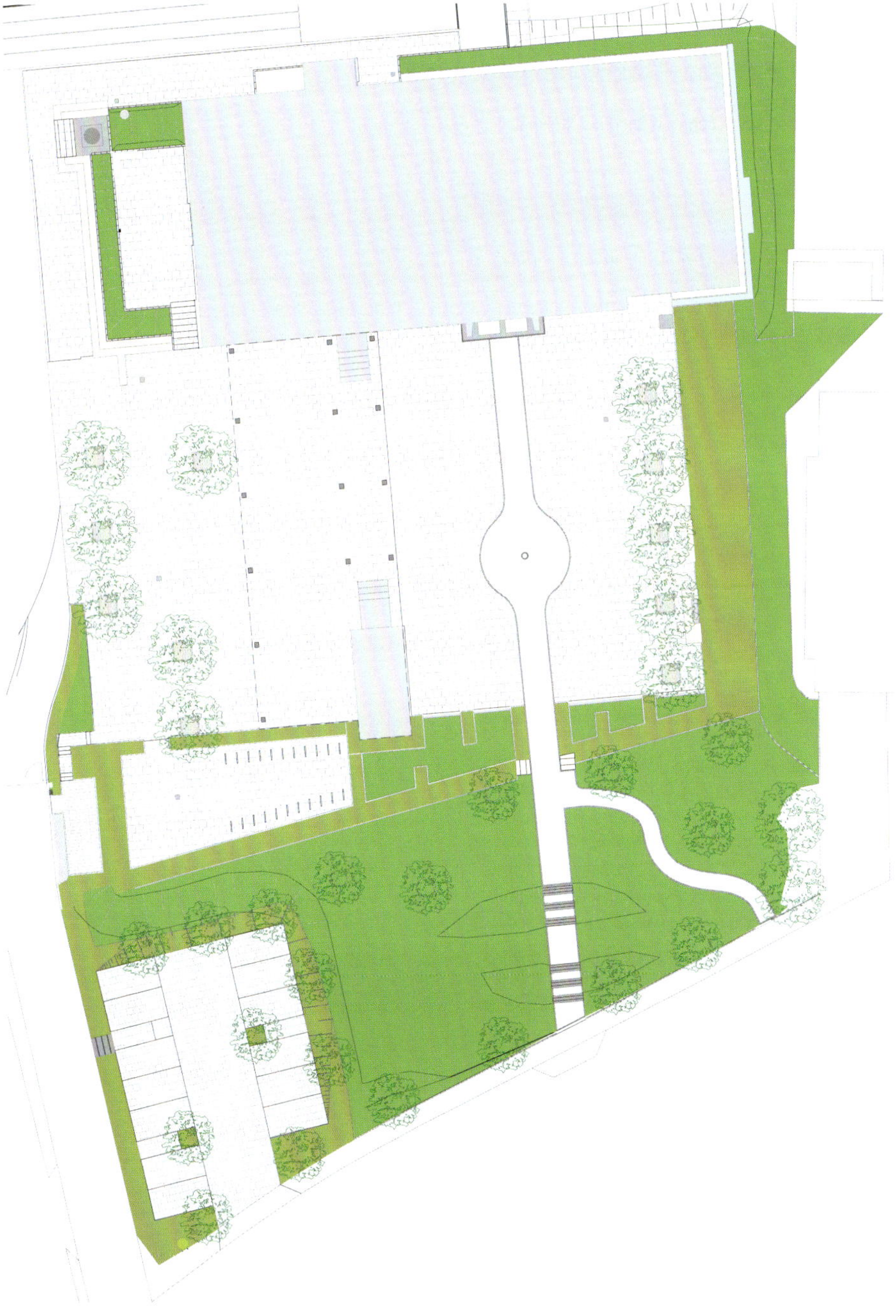

Lageplan

Objektbeschreibung

Allgemeine Objektinformationen

Nachdem die Erweiterung des Schulgebäudes abgeschlossen war, musste der Schulhof am Haupteingang gestaltet werden. Es wurden ein barrierefreier Zugang, moderne Aufenthaltsbereiche, Grünflächen sowie Fahrrad- und Pkw-Stellplätze geschaffen.

Nutzung

Schulhof mit Aufenthaltsbereichen, Grünflächen, Fahrrad- und Pkw-Stellflächen

Grundstück

Bauraum: Freier Bauraum
Neigung: Ebenes Gelände
Bodenklasse: BK 3 bis BK 5

Markt

Hauptvergabezeit: 1.Quartal 2021
Baubeginn: 2.Quartal 2021
Bauende: 1.Quartal 2022
Konjunkturelle Gesamtlage: Durchschnitt
Regionaler Baumarkt: Durchschnitt

Außenanlagen, Freiflächen

Der Schulhof ist als Multifunktionsbereich umgestaltet worden. Dazu blieb der bisherige Hauptzugang mit bestehenden Torpfosten erhalten. Eine neue Zaunanlage mit Heckenbepflanzung trennt das Gelände vom öffentlichen Raum. Von Osten her wurde ein barrierefreier Zugang hergestellt, westlich des Hofs entstand eine Terrasse mit Sitzgelegenheiten und Staudenbepflanzungen für den Pausenbereich. Auf der neu gepflasterten Hoffläche wurden Möblierungen aufgestellt. Die Fahrradabstellplätze sind vor dem südlichen Neubauflügel angelegt, daneben befindet sich eine Aufstellfläche für die Müllbehälter.

Sonstiges

Als Kunst am Bau ist eine zentrale Skulptur mit sieben Raben im Zentrum des Schulhofs platziert und symbolisiert den Ort der Zusammenkunft und Kommunikation.

Planungskennwerte für Flächen und Rauminhalte nach DIN 277

Flächen des Grundstücks		Menge Einheit	% an GF
BF	Bebaute Fläche	884,10 m²	16,6
UF	Unbebaute Fläche	4.446,50 m²	83,4
GF	Grundstücksfläche	5.330,60 m²	100,0
AF	Außenanlagenfläche	4.092,08 m²	

KG	Kostengruppen (2. Ebene)	Menge Einheit	Menge/AF	Menge/GF
510	Erdbau	3.387,00 m³ EBR	0,83	0,64
530	Oberbau, Deckschichten	1.964,70 m² BFF	0,48	0,37
570	Vegetationsflächen	1.812,63 m² PSF	0,44	0,34
580	Wasserflächen	–	–	–

Prozentualer Anteil der Kostengruppen der 2. Ebene an der Kostengruppe 500 nach DIN 276

KG	Kostengruppen (2. Ebene)
510	Erdbau
520	Gründung, Unterbau
530	Oberbau, Deckschichten
540	Baukonstruktionen
550	Technische Anlagen
560	Einbauten Außenanlagen u. Freiflächen
570	Vegetationsflächen
580	Wasserflächen
590	Sonst. Maßnahmen für Außenanlagen u. Freiflächen

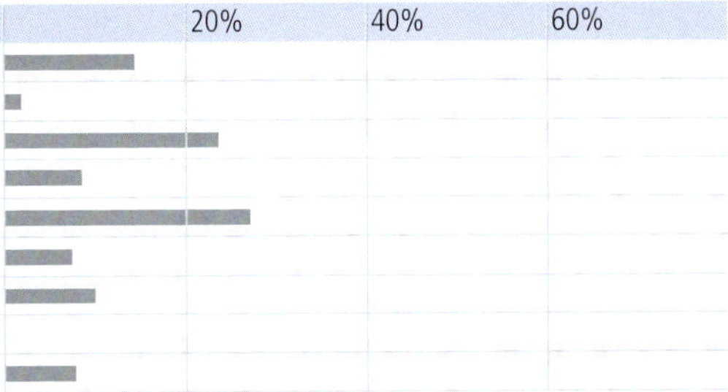

Ranking der Kostengruppen der 3. Ebene an der Kostengruppe 500 nach DIN 276

KG	Kostengruppen (3. Ebene)	% an KG 500	KG	Kostengruppen (3. Ebene)	% an KG 500
533	Plätze, Höfe, Terrassen	14,8	544	Rampen, Treppen, Tribünen	2,3
511	Herstellung	14,3	557	Kommunikationstechnische Anlagen	2,3
551	Abwasseranlagen	14,2	554	Wärmeversorgungsanlagen	2,2
561	Allgemeine Einbauten	7,3	574	Rasen- und Saatflächen	2,0
556	Elektrische Anlagen	5,5	522	Gründungen und Bodenplatten	1,3
531	Wege	4,7	594	Abbruchmaßnahmen	0,8
573	Pflanzflächen	4,1	572	Sicherungsbauweisen	0,7
591	Baustelleneinrichtung	4,0	521	Baugrundverbesserung	0,4
534	Stellplätze	3,8	524	Abdichtungen und Bekleidungen	0,2
541	Einfriedungen	3,2	539	Sonstiges zur KG 530	0,2
571	Vegetationstechn. Bodenbearbeitung	3,1	597	Zusätzliche Maßnahmen	0,1
543	Wandkonstruktionen	2,9	592	Gerüste	< 0,1
552	Wasseranlagen	2,8	563	Orientierungs- und Informationssysteme	< 0,1
596	Materialentsorgung	2,7			

Kostenkennwerte für die Kostengruppen der 1. Ebene DIN 276

KG	Kostengruppen (1. Ebene)	Einheit	Kosten €	€/Einheit	% 500
100	Grundstück	m^2 GF	–	–	–
200	Vorbereitende Maßnahmen	m^2 GF	15.226	2,86	0,9
300	Bauwerk – Baukonstruktionen	m^2 BGF	–	–	–
400	Bauwerk – Technische Anlagen	m^2 BGF	–	–	–
500	**Außenanlagen und Freiflächen**	**m^2 AF**	**1.622.084**	**396,40**	**100,0**
600	Ausstattung und Kunstwerke	m^2 AF	–	–	–
700	Baunebenkosten	m^2 AF	–	–	–
800	Finanzierung	m^2 AF	–	–	–

KG	Kostengruppe	Menge Einheit	Kosten €	€/Einheit	%
200	**Vorbereitende Maßnahmen**	5.330,60 m^2 GF	15.226	**2,86**	0,9
	Suchschachtungen; Bodendecke abräumen, Baum fällen, Bepflanzungen roden				
500	**Außenanlagen und Freiflächen**	4.092,08 m^2 AF	1.622.084	**396,40**	100,0
	Bodenarbeiten; Fundamente; Betonpflaster, Granitpflaster, Betonplatten, Traufstreifen; Stabgitterzaun, Tore, Briefkastenanlage, Winkelstützwände, Natursteinmauerwerk, Blockstufen, Treppenanlagen; Oberflächenentwässerung, Rigolen, Zisterne, Erdkabel, Verteilersäule, Außenbeleuchtung, Türsprechanlage; Fahnenmasten, Beton-Sitzelemente, Fahrradanlehnbügel; Oberbodenarbeiten, Bepflanzung, Rasen				

Kostenkennwerte für die Kostengruppen der 2.Ebene DIN 276

KG	Kostengruppe	Menge Einheit	Kosten €	€/Einheit	%
200	**Vorbereitende Maßnahmen**				**100,0**
210	**Herrichten**	5.330,60 m2 GF	15.226	**2,86**	100,0
	Suchschachtungen (111m3) * Bodendecke abräumen (45m3), Baum fällen (1St), Sträucher roden (15St), Hecke roden (25m), Wurzelstöcke roden, entsorgen (6St)				
500	**Außenanlagen und Freiflächen**				**100,0**
510	**Erdbau**	3.387,00 m3 EBR	232.408	**68,62**	14,3
	Bodenaushub, lagern, wieder verfüllen (1.920m3), Boden lösen, lagern (1.467m3), Boden entsorgen (1.272m3), Kies liefern, einbauen (627m3), Grubensand liefern, einbauen (695m3), Füllboden liefern, einbauen, Vegetationsflächen (326m3)				
520	**Gründung, Unterbau**	4.092,08 m2 AF	31.557	**7,71**	1,9
	Tragfähigen Boden einbauen (291m3) * Fundamente (49m3), Köcherfundamente (12St) * Kiesfilterschicht (50m3)				
530	**Oberbau, Deckschichten**	1.964,70 m2 BFF	381.491	**194,17**	23,5
	Frostschutzschicht FSS (131m3), RC-Material (200m2), Granitkleinpflaster, befahrbar (192m2), als Randeinfassung (82m), Betonbordsteine (148m) * FSS (984m3), RC-Material (1.500m2), Betonplatten (1.440m2), Betonbordsteine (320m) * FSS (228m3), RC-Material (350m2), Betonpflaster (333m2), als Randeinfassung (72m), Betonbordsteine (72m) * Traufstreifen (217m), Splitt (40m2)				
540	**Baukonstruktionen**	4.092,08 m2 AF	135.590	**33,13**	8,4
	Stabgitterzaun (106m), Drehflügeltore (5St), Briefkastenanlage (1St), Treppengeländer für gerade Treppen (6m) * Kiestragschicht, KTS (39m3), RC-Material (274m2), Winkelstützwände (96m), Sandsteinblöcke aufnehmen, lagern (25St), Mauersteine liefern (2t), Natursteinmauerwerk herstellen (14m2) * KTS (41m3), RC-Material (200m2), Blockstufen (135m)				
550	**Technische Anlagen**	4.092,08 m2 AF	437.891	**107,01**	27,0
	PP-Rohre (236m), Entwässerungsrinnen (30m), Kontrollschächte (8St), Rigolen-Spülschacht (1St), Rigolenelemente (1.040St), Drosselschächte (2St) * PE-Rohre (231m), PB-Rohre (35m), Pumpe (1St), Gartenhydrant (1St), Zisterne (1St) * Heizleitungen (82m) * Erdkabel (874m), Mantelleitungen (80m), Verteilersäule (1St), Sicherungskästen (13St), Steckdosen (2St), Lichtstelen (7St), Mastleuchten (14St) * Außenkabel (715m), Türsprechanlage (2St), Standsäule (1St)				
560	**Einbauten Außenanlagen u. Freiflächen**	4.092,08 m2 AF	117.847	**28,80**	7,3
	Kiestragschicht (18m3), Fahnenmasten (3St), Beton-Sitzelemente (79St), Holz-Sitzauflagen (48m2), Fahrradanlehnbügel (22St), Abfallbehälter (5St) * Beschilderungen demontieren, wieder einbauen (5St)				
570	**Vegetationsflächen**	1.812,63 m2 PSF	159.930	**88,23**	9,9
	Vegetationsflächen lockern (724m2), Oberboden liefern, einbauen (226m3), Baumsubstrat (53m3) * Rindenmulch (723m2) * Hochstammbäume, Pfahlbockverankerungen (18St), Heckenpflanzen (333St), Sträucher (488St), Gräser (196St), Stauden (130St), Geophyten (390St) * Rasenansaat, Gebrauchsrasen (944m2), RC-Material, Schotterrasen (145m2)				

KG	Kostengruppe	Menge Einheit	Kosten €	€/Einheit	%
590	**Sonst. Maßnahmen für Außenanlagen u. Freiflächen**	4.092,08 m^2 AF	125.369	**30,64**	7,7

Baustelleneinrichtung (psch), Bauzaun (245m), Schlussvermessung (psch) * Hebebühne (1St) * Abbruch von Fundamenten (4m³), Mauerwerk (15m³), Beton (22m³), Natursteinmauerwerk (5m³) * Entsorgen von Bauabfällen (2.032t) * Baumschutz (5St), Schutz um Gebäudesäulen (12St), Fahrbahnschutz, Stahlplatten (20m²), Schutzhülle, Skulptur (1St)

Kostenkennwerte für die Kostengruppen 500 der 2. und 3. Ebene DIN 276 (Übersicht)

KG	Kostengruppe	Menge Einheit	Kosten €	€/Einheit	% 500
500	**Außenanlagen und Freiflächen**	**4.092,08 m² AF**	**1.622.083,93**	**396,40**	**100,0**
510	**Erdbau**	**3.387,00 m³ EBR**	**232.407,93**	**68,62**	**14,3**
511	Herstellung	3.387,00 m³ EBR	232.407,93	68,62	14,3
512	Umschließung	–	–	–	–
513	Wasserhaltung	–	–	–	–
520	**Gründung, Unterbau**	**4.092,08 m² AF**	**31.557,26**	**7,71**	**1,9**
521	Baugrundverbesserung	2.907,90 m²	7.287,52	2,51	0,4
522	Gründungen und Bodenplatten	181,55 m²	21.025,00	115,81	1,3
523	Gründungsbeläge	–	–	–	–
524	Abdichtungen und Bekleidungen	500,00 m²	3.244,73	6,49	0,2
525	Dränagen	–	–	–	–
530	**Oberbau, Deckschichten**	**1.964,70 m² BFF**	**381.491,05**	**194,17**	**23,5**
531	Wege	191,97 m²	76.086,40	396,35	4,7
532	Straßen	–	–	–	–
533	Plätze, Höfe, Terrassen	1.439,73 m²	240.119,53	166,78	14,8
534	Stellplätze	333,00 m²	61.938,93	186,00	3,8
535	Sportplatzflächen	–	–	–	–
536	Spielplatzflächen	–	–	–	–
539	Sonstiges zur KG 530	1.964,70 m² BFF	3.346,19	1,70	0,2
540	**Baukonstruktionen**	**4.092,08 m² AF**	**135.590,39**	**33,13**	**8,4**
541	Einfriedungen	158,64 m²	52.463,02	330,70	3,2
542	Schutzkonstruktionen	–	–	–	–
543	Wandkonstruktionen	103,70 m²	46.559,54	448,98	2,9
544	Rampen, Treppen, Tribünen	44,37 m²	36.567,82	824,16	2,3
545	Überdachungen	–	–	–	–
546	Stege	–	–	–	–
547	Kanal- und Schachtkonstruktionen	–	–	–	–
548	Wasserbecken	–	–	–	–
550	**Technische Anlagen**	**4.092,08 m² AF**	**437.890,95**	**107,01**	**27,0**
551	Abwasseranlagen	4.092,08 m² AF	230.617,58	56,36	14,2
552	Wasseranlagen	4.092,08 m² AF	45.481,26	11,11	2,8
553	Anlagen für Gase und Flüssigkeiten	–	–	–	–
554	Wärmeversorgungsanlagen	4.092,08 m² AF	35.240,27	8,61	2,2
555	Raumlufttechnische Anlagen	–	–	–	–
556	Elektrische Anlagen	4.092,08 m² AF	88.545,60	21,64	5,5
557	Kommunikationstechnische Anlagen	4.092,08 m² AF	38.006,23	9,29	2,3
558	Nutzungsspezifische Anlagen	–	–	–	–
560	**Einbauten Außenanlagen u. Freiflächen**	**4.092,08 m² AF**	**117.846,75**	**28,80**	**7,3**
561	Allgemeine Einbauten	4.092,08 m² AF	117.636,76	28,75	7,3
562	Besondere Einbauten	–	–	–	–
563	Orientierungs- und Informationssysteme	4.092,08 m² AF	209,98	0,05	< 0,1
570	**Vegetationsflächen**	**1.812,63 m² PSF**	**159.930,33**	**88,23**	**9,9**
571	Vegetationstechn. Bodenbearbeitung	1.667,77 m²	49.581,11	29,73	3,1
572	Sicherungsbauweisen	723,14 m²	11.810,01	16,33	0,7
573	Pflanzflächen	723,74 m²	66.014,05	91,21	4,1
574	Rasen- und Saatflächen	1.088,89 m²	32.525,16	29,87	2,0
579	Sonstiges zur KG 570	–	–	–	–
580	**Wasserflächen**	**–**	**–**	**–**	**–**
590	**Sonst. Maßnahmen für Außenanlagen u. Freiflächen**	**4.092,08 m² AF**	**125.369,27**	**30,64**	**7,7**

Kostenkennwerte für die Kostengruppen der 3. Ebene DIN 276

KG	Kostengruppe	Menge Einheit	Kosten €	€/Einheit	%
210	**Herrichten**				**100,0**
211	**Sicherungsmaßnahmen**	5.330,60 m^2 GF	11.746	**2,20**	77,1
	Suchschachtungen BK 3-4 (33m^3), Suchgräben für Versorgungsleitungen BK 3-5, t bis 1,5m, verfüllen (78m^3), freilegen, sichern von Versorgungsleitungen (20m)				
214	**Herrichten der Geländeoberfläche**	5.330,60 m^2 GF	3.480	**0,65**	22,9
	Pflanzliche Bodendecke abräumen, d=10cm (45m^3), Baum fällen, D=10-30cm (1St), Sträucher roden, h=1,00-3,00m (15St), Hecke roden, h=2,00m (25m), Wurzelstöcke roden, entsorgen (6St)				
510	**Erdbau**				**100,0**
511	**Herstellung**	3.387,00 m^3 EBR	232.408	**68,62**	100,0
	Bodenaushub Regenrückhaltebecken, BK 3-5, t bis 5,00m, lagern, wieder einbauen (1.022m^3), Rohrgrabenaushub, t bis 3,50m, wieder einbauen (764m^3), Schachtaushub, t bis 5,00m (134m^3), Bodenaushub BK 3-4, t=60cm, lagern (1.420m^3), Handaushub (47m^3), Boden BK 3-5, lösen, entsorgen (1.272m^3), Kies liefern, einbauen (627m^3), Grubensand (695m^3), Füllboden liefern, einbauen, d=40-60cm, für Vegetationsflächen (326m^3), Planum (3.084m^2)				
520	**Gründung, Unterbau**				**100,0**
521	**Baugrundverbesserung**	2.907,90 m^2	7.288	**2,51**	23,1
	Tragfähigen Boden einbauen, d=10cm (291m^3)				
522	**Gründungen und Bodenplatten**	181,55 m^2	21.025	**115,81**	66,6
	Fundamente C16/20, unbewehrt, Schalung (45m^3), Stb-Fundamente C25/30, Schalung, Bewehrung (4m^3), Köcherfundamente C20/25, für Mastleuchten (12St)				
524	**Abdichtungen und Bekleidungen**	500,00 m^2	3.245	**6,49**	10,3
	Kiesfilterschicht 0/32mm, d=10-20cm (50m^3)				
530	**Oberbau, Deckschichten**				**100,0**
531	**Wege**	191,97 m^2	76.086	**396,35**	19,9
	Frostschutzschicht 0/32mm, d=30-35cm (131m^3), RC-Material, d=25cm (200m^2), Granitkleinpflaster 9x9cm, befahrbar (192m^2), als Randeinfassung (82m), Betonbordsteine 25x8cm, in Betonbett (148m)				
533	**Plätze, Höfe, Terrassen**	1.439,73 m^2	240.120	**166,78**	62,9
	Frostschutzschicht 0/32mm, d=30-35cm (984m^3), RC-Material, d=25cm (1.500m^2), Betonplatten 30x50cm, d=8cm (1.440m^2), Betonbordsteine 25x8cm, Betonbett (320m), Fußabstreiferkästen (8St), Markierungslinien (40m)				
534	**Stellplätze**	333,00 m^2	61.939	**186,00**	16,2
	Frostschutzschicht 0/32mm, d=30-35cm (228m^3), RC-Material, d=25cm (350m^2), Betonpflaster 20x10cm, d=8cm (333m^2), 10x10cm, als Randeinfassung (72m), Betonbordsteine 25x8cm, Betonbett (72m)				

KG	Kostengruppe	Menge Einheit	Kosten €	€/Einheit	%
539	**Sonstiges zur KG 530**	1.964,70 m² BFF	3.346	**1,70**	0,9
	Traufstreifen, Kies 16/32mm, b=30cm (217m), Flächenschüttung, Splitt 5/11mm, d=5cm (40m²), Schutzfolie, vertikale Bauteile (41m²)				
540	**Baukonstruktionen**				**100,0**
541	**Einfriedungen**	158,64 m²	52.463	**330,70**	38,7
	Stabgitterzaun, h=1,43m (106m), Pfosten 60x40mm, verzinkt (48St), Drehtor, einflüglig (1St), zweiflüglig (4St), Treppengeländer, h=0,85-1,25m, Pfosten 50x10mm, mit Handlauf, D=45mm, beschichtet, gerade (6m), Briefkastenanlage (1St)				
543	**Wandkonstruktionen**	103,70 m²	46.560	**448,98**	34,3
	Kiestragschicht 0/32mm, d=65cm (39m³), RC-Material, d=25cm (274m²), Stb-Winkelstützwände C30/37, d=12cm, h bis 1,00m (72m), h=1,00-2,05m (24m), Sandsteinblöcke bis 30x80cm, aufnehmen, lagern (25St), Mauersteine bis 50x25cm, liefern (2t), Natursteinmauerwerk herstellen, Lagermaterial (14m²), Pfeilerabdeckplatten 1,30x1,30x0,10m, liefern, versetzen (2St)				
544	**Rampen, Treppen, Tribünen**	44,37 m²	36.568	**824,16**	27,0
	Kiestragschicht 0/32mm, d=65cm (41m³), RC-Material, d=25cm (200m²), Blockstufen C30/37, 11,5-17x30-32cm, l=1,00-3,12m (79m), 15x35cm, l=0,5-1,5m (56m), Einleger, Granit, b=4cm (2m)				
550	**Technische Anlagen**				**100,0**
551	**Abwasseranlagen**	4.092,08 m² AF	230.618	**56,36**	52,7
	PP-Rohre DN110-300, Formstücke, Rohrbettung (236m), Entwässerungsrinnen DN100 (22m), Fassadenanschlussrinnen DN100 (8m), Stb-Kontrollschächte DN1.000 (3St), PP-Kontrollschächte DN400 (4St), HS-Kontrollschacht DN600 (1St), Rigolen-Spülschacht DN1.000 (1St), Rigolen-Grundelemente 80x80x33cm (880St), 80x80x66cm, mit Spülkanal (160St), Entlüftungsplatte (1St), Frontgitter (44St), PE-Kunststoffbahn (468m²), Drosselschacht DN1.000 (2St), Schachtabdeckungen angleichen (21St)				
552	**Wasseranlagen**	4.092,08 m² AF	45.481	**11,11**	10,4
	PE-Rohre DN40, Formstücke (231m), PB-Rohre DN63 (35m), Unterwasserpumpe, Elektromotor bis 16bar (1St), Steuerungsbaugruppe (1St), Außenarmatur (1St), Standrohr Gartenhydrant (1St), Straßenkappen (4St), Stb-Zisterne 10m³ (1St), Ausgleichsring (1St)				
554	**Wärmeversorgungsanlagen**	4.092,08 m² AF	35.240	**8,61**	8,0
	Kunststoff-Heizleitung DN50, Formstücke, Rohrdämmung (82m), Mauerdurchführung (2St)				
556	**Elektrische Anlagen**	4.092,08 m² AF	88.546	**21,64**	20,2
	Erdkabel (874m), Mantelleitungen (80m), Installationsrohr (15m), Sand 0/2mm (58m³), Bandstahl V4A, 30x3,5 mm (40m), Blitzschutz (1St), Anschlussfahnen, l=2m (3St), Gebäudeeinführungen (2St), Verteilersäule, h=1,06m (1St), Kleinverteiler (1St), Sicherungskästen (13St), Steckdosen (2St), Lichtstelen, h bis 4,5m (7St), Mastansatzleuchten 10W (8St), Lichtmasten, h=4m (6St)				

KG	Kostengruppe	Menge Einheit	Kosten €	€/Einheit	%
557	**Kommunikationstechnische Anlagen**	4.092,08 m² AF	38.006	**9,29**	8,7
	Fernsprech-Außenkabel (245m), LWL-Außenkabel (240m), Koaxialkabel (100m), Mantelleitungen (120m), Patchkabel (4m), Video-Türsprechanlagen (2St), Alu-Standsäule (1St), Tastenmodule (2St), Verteilersäule Sprechanlage (2St), Schaltschrankheizung, Kleinverteiler, Netzverteiler (2St), FI-Schutzschalter (4St), I/O-Modul (3St), LS-Schalter (12St), Transponder (20St), E-DAT-Modul (4St), Ausschalter (2St)				
560	**Einbauten in Außenanlagen und Freiflächen**				**100,0**
561	**Allgemeine Einbauten**	4.092,08 m² AF	117.637	**28,75**	99,8
	Kiestragschicht 0/32mm, d=10-20cm (18m³), Fahnenmasten, h=6,00m (3St), Beton-Sitzelemente 60x40cm, l=2,00m (16St), l=0,90-1,50m (24St), l=1,00m (39St), Sitzauflagen, Profilholz, h=15cm (48m²), Fahrradanlehnbügel (22St), Abfallbehälter (5St)				
563	**Orientierungs- und Informationssysteme**	4.092,08 m² AF	210	**0,05**	0,2
	Beschilderungen demontieren, lagern, wieder einbauen (5St)				
570	**Vegetationsflächen**				**100,0**
571	**Vegetationstechn. Bodenbearbeitung**	1.667,77 m²	49.581	**29,73**	31,0
	Geländeflächen planieren (1.668m²), Vegetationsflächen lockern (724m²), Pflanzflächen ausheben, t=30cm, lagern (192m³), Pflanzgruben ausheben, t=30cm, lagern (61m³), Baumsubstrat liefern, einbauen (53m³), Oberboden liefern, einbauen, d=30cm (226m³), Rasendünger (52kg)				
572	**Sicherungsbauweisen**	723,14 m²	11.810	**16,33**	7,4
	Rindenmulch 0/40mm, d=3-5cm (723m²)				
573	**Pflanzflächen**	723,74 m²	66.014	**91,21**	41,3
	Hochstammbäume, StU 12-14cm (7St), StU 20-25cm (11St), Pfahlbockverankerungen, Rindenschutzmatten, h=3,00m (18St), Heckenpflanzen, h bis 1,25m (333St), Sträucher (488St), Gräser (196St), Blumen/Stauden (130St), Geophyten (390St), Pflanzflächen wässern (434m²)				
574	**Rasen- und Saatflächen**	1.088,89 m²	32.525	**29,87**	20,3
	Feinplanum, Rasenansaat, Gebrauchsrasen (944m²), RC-Material, d=25cm, verdichten (150m²), Schotterrasengemisch, d=25cm (145m²), mähen, wässern				
590	**Sonstige Maßnahmen für Außenanlagen und Freiflächen**				**100,0**
591	**Baustelleneinrichtung**	4.092,08 m² AF	65.336	**15,97**	52,1
	Baustelleneinrichtung (psch), Bauzaun, h=2,00m (245m), Verkehrssicherung (psch), Schlussvermessung, Baudokumentation (psch)				
592	**Gerüste**	4.092,08 m² AF	653	**0,16**	0,5
	Hebebühne (1St)				
594	**Abbruchmaßnahmen**	4.092,08 m² AF	13.503	**3,30**	10,8
	Abbruch von Fundamenten (4m³), Mauerwerk (15m³), unbewehrtem Beton (22m³), Pfeiler, Natursteinmauerwerk (5m³); Entsorgung, Deponiegebühren				

KG	Kostengruppe	Menge Einheit	Kosten €	€/Einheit	%
596	**Materialentsorgung**	4.092,08 m^2 AF	43.447	**10,62**	34,7
	Aufnehmen und Entsorgen von Bau- und Abbruchabfällen (2.032t)				
597	**Zusätzliche Maßnahmen**	4.092,08 m^2 AF	2.429	**0,59**	1,9
	Baumschutz mit Brettermantel, h=2,00m (5St), Schutz um Gebäudesäulen (12St), Fahrbahnschutz mit Stahlplatten (20m^2), Schutzhülle für Skulptur (1St)				

Kostenkennwerte für Leistungsbereiche nach STLB (Kosten der Außenanlagen nach DIN 276)

LB	Leistungsbereiche	Kosten €	€/m² AF	% 500
000	Baustellen-, Verkehrssich.- u. Sicherh.einr. inkl. 001	67.380	16,50	4,2
002	Erdarbeiten	232.408	56,80	14,3
003	Landschaftsbauarbeiten	403.574	98,60	24,9
004	Landschaftsbauarbeiten - Pflanzen	56.369	13,80	3,5
008	Wasserhaltungsarbeiten	–	–	–
009	Entwässerungskanalarbeiten	72.660	17,80	4,5
010	Drän- und Versickerarbeiten	145.549	35,60	9,0
012	Mauerarbeiten	–	–	–
013	Betonarbeiten	5.641	1,40	0,3
014	Natur-, Betonwerksteinarbeiten inkl. 024, 025	–	–	–
016	Zimmer- und Holzbauarbeiten	–	–	–
017	Stahlbauarbeiten	–	–	–
018	Abdichtungsarbeiten	–	–	–
020	Dachdeckungsarbeiten	–	–	–
021	Dachabdichtungsarbeiten	–	–	–
022	Klempnerarbeiten	–	–	–
023	Putz- und Stuckarbeiten, Wärmedämmsysteme	–	–	–
027	Tischlerarbeiten	–	–	–
028	Parkett-, Holzpflasterarbeiten	–	–	–
031	Metallbauarbeiten inkl. 035	–	–	–
032	Verglasungsarbeiten inkl. 029	210	0,05	< 0,1
034	Maler- und Lackiererarb. - Beschicht. inkl. 037	–	–	–
042	Gas- u. Wasseranl. - Leitung., Armat.	45.481	11,10	2,8
043	Druckrohrleitungen Gas, Wasser, Abwasser	–	–	–
044	Abwasseranl. - Leitungen, Abläufe, Armaturen	12.271	3,00	0,8
045	Gas, Wasser, Entwässerung - Ausstattung inkl. 046	–	–	–
050	Blitzschutz-/Erdungsanlagen, Überspannungssch.	2.304	0,56	0,1
053	Niederspannungsanl. - Kabel inkl. 052, 055	43.442	10,60	2,7
058	Leuchten und Lampen inkl. 059	43.132	10,50	2,7
060	Such, Signal, Zeit, Anten., akust. Anl. inkl. 061, 063	2.169	0,53	0,1
080	Straßen, Wege, Plätze	402.239	98,30	24,8
084	Abbruch, Rückbau, Schadstoffsanierung	13.641	3,30	0,8
087	Abfallentsorgung, Verwertung und Beseitigung	–	–	–
	Sonstige Leistungsbereiche	**73.615**	**18,00**	**4,5**

4100-0249
Außenanlage
Gymnasium

Kostenkennwerte für die Kosten der Außenanlage (Kostengruppe 500 nach DIN 276)

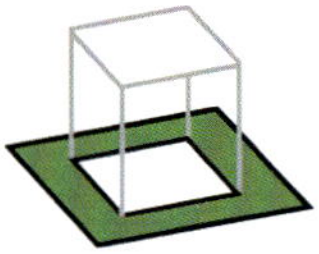

AF 275 €/m²

Objekt:
Kennwerte: 3.Ebene DIN 276
GF: 18.600 m²
AF: 12.366 m²
Bauzeit: 95 Wochen
Bauende: 2022
Standard: mittel
Bundesland: Sachsen
Kreis: Dresden, Stadt

Garten- und Landschafts-architekt*in:
r + b
landschaft s architektur
Königstraße 12
01097 Dresden

Bauherr*in:
Landeshauptstadt Dresden
Amt für Schulen
Hertha-Lindner-Straße 17
01067 Dresden

© Till Schuster

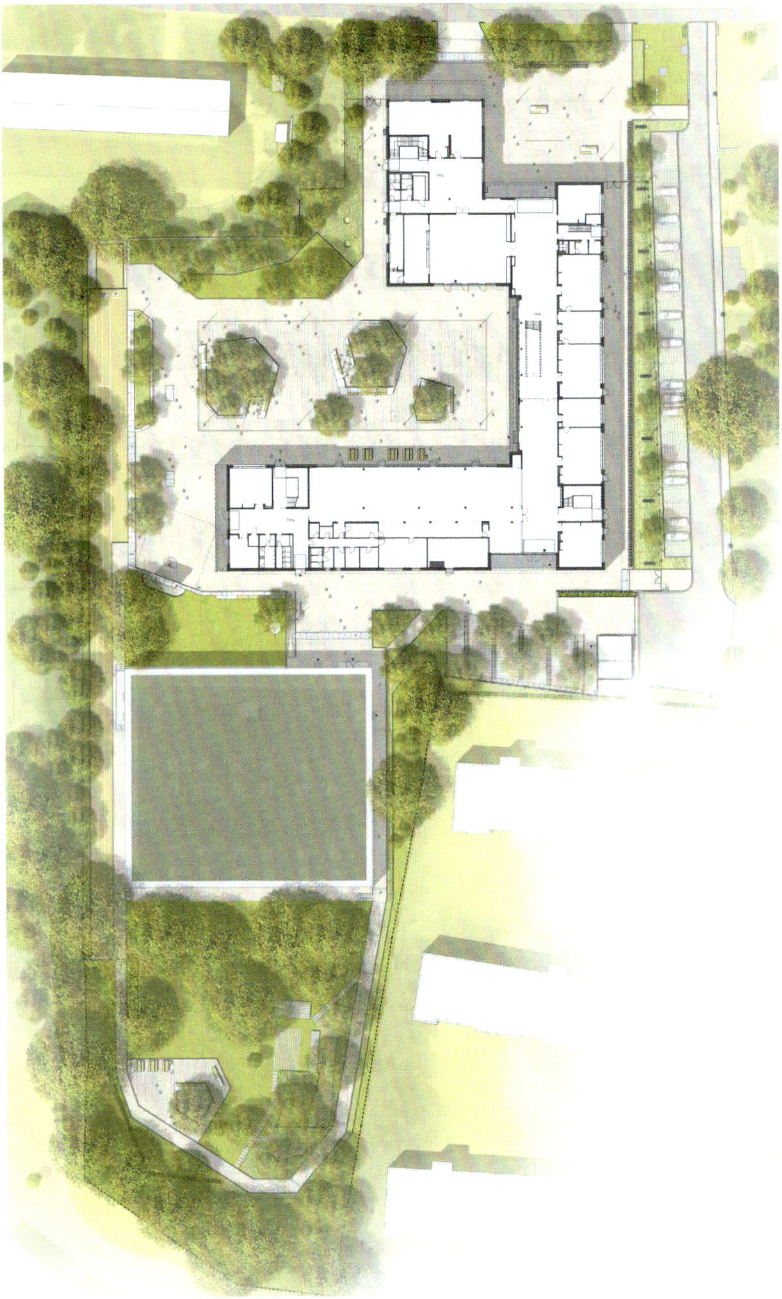

Lageplan

Objektbeschreibung

Allgemeine Objektinformationen

Die Außenanlage des Gymnasiums wurde neu angelegt. Südlich des Gymnasiums öffnet sich die Pausenhof- und Freifläche mit unterschiedlichen Aufenthaltsbereichen und Besonnungssituationen. Durch eine leichte Modellierung des Geländes an den Grundstücksrändern und eine artenreiche Bepflanzung, werden grüne Puffer innerhalb des Pausenhofbereichs entwickelt. Die Bänke begleiten und umfassen die Pflanzflächen. Der wertvolle Baumbestand kann in Teilen erhalten werden. Neue Bäume werden im Bereich des Pausenhofs und bei den Stellplätzen gepflanzt.

Nutzung

Pausenhof mit unterschiedlichen Aufenthalts- und Spielbereichen, Sportanlagen mit Laufbahn, Weitsprung- und Kugelstoßanlage, Zufahrt, Pkw- und Fahrradstellplätze

Nutzeinheiten

Sportanlagenfläche: 709 m^2
Stellplätze: 30

Grundstück

Bauraum: Beengter Bauraum
Neigung: Geneigtes Gelände
Bodenklasse: BK 1 bis BK 7

Markt

Hauptvergabezeit: 4. Quartal 2020
Baubeginn: 1. Quartal 2021
Bauende: 4. Quartal 2022
Konjunkturelle Gesamtlage: Durchschnitt
Regionaler Baumarkt: über Durchschnitt

Außenanlagen, Freiflächen

Der Pausenhof für die mehr als 1.000 Schülerinnen und Schüler wird durch grüne Inseln gegliedert und bietet neben Sitzgelegenheiten und dem Außenbereich der Mensa auch Spielmöglichkeiten, sowie Platz für ein Kunstwerk. Die unmittelbar an den Pausenhof angrenzenden Sportanlagen haben Sitzstufenanlagen. Die großen Höhenunterschiede werden mit Treppen und Stützmauern überwunden. Bänke und Sitzstufen mit Sitzauflagen laden zum Treffen und Verweilen ein. Die Einfriedung wurde überwiegend erneuert und ein Schiebetor ergänzt. Die Stellplätze für Pkw und Fahrräder haben wasserdurchlässige Pflasterbeläge. Da die Zufahrt eine gewidmete Straße ist, mussten zahlreiche Vorgaben des Straßen- und Tiefbauamts beachtet werden. Die Gestaltung der Außenanlagen wird durch die kristalline Form der grünen Inseln geprägt, die mit Sitzelementen in unterschiedlicher Höhe eingefasst und üppig mit mehrstämmigen Gehölzen, Stauden und Gräsern bepflanzt sind.

Planungskennwerte für Flächen und Rauminhalte nach DIN 277

	Flächen des Grundstücks	Menge Einheit	% an GF
BF	Bebaute Fläche	4.860,00 m²	26,1
UF	Unbebaute Fläche	13.740,00 m²	73,9
GF	Grundstücksfläche	18.600,00 m²	100,0
AF	Außenanlagenfläche	12.366,32 m²	

KG	Kostengruppen (2. Ebene)	Menge Einheit	Menge/AF	Menge/GF
510	Erdbau	4.743,94 m³ EBR	0,38	0,26
530	Oberbau, Deckschichten	7.578,89 m² BFF	0,61	0,41
570	Vegetationsflächen	4.715,97 m² PSF	0,38	0,25
580	Wasserflächen	–	–	–

Prozentualer Anteil der Kostengruppen der 2. Ebene an der Kostengruppe 500 nach DIN 276

KG	Kostengruppen (2. Ebene)
510	Erdbau
520	Gründung, Unterbau
530	Oberbau, Deckschichten
540	Baukonstruktionen
550	Technische Anlagen
560	Einbauten Außenanlagen u. Freiflächen
570	Vegetationsflächen
580	Wasserflächen
590	Sonst. Maßnahmen für Außenanlagen u. Freiflächen

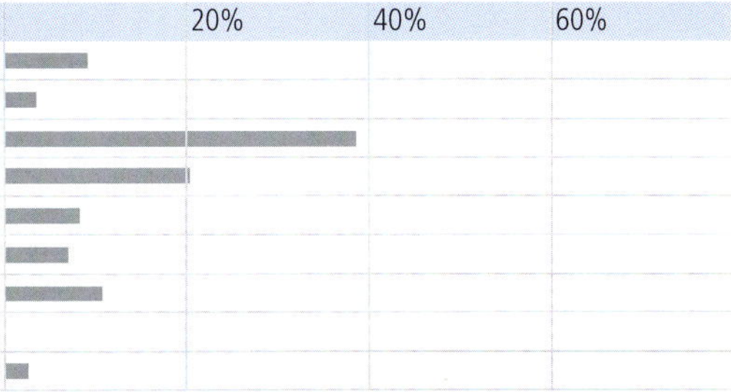

Ranking der Kostengruppen der 3. Ebene an der Kostengruppe 500 nach DIN 276

KG	Kostengruppen (3. Ebene)	% an KG 500	KG	Kostengruppen (3. Ebene)	% an KG 500
533	Plätze, Höfe, Terrassen	25,4	534	Stellplätze	1,6
543	Wandkonstruktionen	15,3	591	Baustelleneinrichtung	1,6
511	Herstellung	9,1	579	Sonstiges zur KG 570	1,1
551	Abwasseranlagen	8,2	525	Dränagen	0,7
573	Pflanzflächen	7,0	562	Besondere Einbauten	0,7
561	Allgemeine Einbauten	6,2	596	Materialentsorgung	0,5
532	Straßen	4,1	531	Wege	0,4
535	Sportplatzflächen	3,7	574	Rasen- und Saatflächen	0,3
539	Sonstiges zur KG 530	3,4	598	Prov. Außenanlagen und Freiflächen	0,3
544	Rampen, Treppen, Tribünen	3,0	524	Abdichtungen und Bekleidungen	0,1
522	Gründungen und Bodenplatten	2,6	563	Orientierungs- und Informationssysteme	0,1
571	Vegetationstechn. Bodenbearbeitung	2,3	593	Sicherungsmaßnahmen	0,1
541	Einfriedungen	2,0	597	Zusätzliche Maßnahmen	0,1

Kostenkennwerte für die Kostengruppen der 1. Ebene DIN 276

KG	Kostengruppen (1. Ebene)	Einheit	Kosten €	€/Einheit	% 500
100	Grundstück	m² GF	–	–	–
200	Vorbereitende Maßnahmen	m² GF	179.852	9,67	5,3
300	Bauwerk – Baukonstruktionen	m² BGF	–	–	–
400	Bauwerk – Technische Anlagen	m² BGF	–	–	–
500	**Außenanlagen und Freiflächen**	**m² AF**	**3.402.629**	**275,15**	**100,0**
600	Ausstattung und Kunstwerke	m² AF	–	–	–
700	Baunebenkosten	m² AF	–	–	–
800	Finanzierung	m² AF	–	–	–

KG	Kostengruppe	Menge Einheit	Kosten €	€/Einheit	%
200	**Vorbereitende Maßnahmen**	18.600,00 m² GF	179.852	**9,67**	5,3

Suchschachtung ausheben, wieder verfüllen, Abbruch von Vlies, Beton, Betonrückenstützen, Natursteinpflaster, Splitt-Deckschicht, wassergebundener Decke, Asphalt, Betonpflaster, Betonplatten, Tragschichten, Bordsteinen, Stabgitterzaun, Metallzaun, Ballfangzaun, Riffelblechen, FT-Waschbetonwand, Holzlatten, Kastenrinnen, Schild, Blitzschutz, Baum bergen, Laubbaum fällen, Sträucher roden, Grasnarben abschieben; Entsorgung, Deponiegebühren; Verkehrssicherung, Lichtsignalanlage

KG	Kostengruppe	Menge Einheit	Kosten €	€/Einheit	%
500	**Außenanlagen und Freiflächen**	12.366,32 m² AF	3.402.629	**275,15**	100,0

Bodenarbeiten; Fundamente, Dränage; Frostschutzschicht, Betonpflaster, Mosaikpflaster, Asphalt, Natursteinpflaster, Pflasterrinnen, Dränbetontragschicht, Betonplatten, Versickerungsfugenpflaster, Muldensteine, Rasenwabenpflaster, Kunststoffbelag, Weitsprunggrube, Sauberlaufroste, Gitterrostauflage; Stabgitterzaun, Schiebetor, Drehflügeltore, elektrischer Toröffner, Winkelstützen, Betonwände, Kletterwände, Sitzelemente, Blockstufen; Oberflächenentwässerung; Hockerbänke, Tische, Fahrradständer, Abfalleimer, Poller, Tischtennisplatten, Stoßkreis, Basketballkorb, Einbauwannen für Weitsprungbalken, Klettergriffe, Schilder; Oberbodenarbeiten, Pflanzgruben, Bepflanzung, Rasen

Kostenkennwerte für die Kostengruppen der 2.Ebene DIN 276

KG	Kostengruppe	Menge Einheit	Kosten €	€/Einheit	%
200	**Vorbereitende Maßnahmen**				**100,0**
210	**Herrichten**	18.600,00 m²GF	141.231	**7,59**	78,5

Suchschachtung (1St) * Abbruch von Vlies (3.537m²), Beton (115m³), Betonrückenstützen (48m), Natursteinpflaster (175m), Splitt-Deckschicht, wassergebundener Decke (1.415m²), Asphalt (638m²), Betonpflaster (118m²), lagern (187m²), Betonplatten (120m²), Tragschichten (125m³), Bordsteinen (243m), Stabgitterzaun (140m), Metallzaun (120m), Ballfangzaun (3m), Riffelblechen (16m²), Waschbetonwand (17m³), Holzlatten (81m), Kastenrinnen (22m) * Baum bergen (1St), Laubbaum fällen (1St), Sträucher roden (136m²), Grasnarben abschieben (1.550m²); Entsorgung, Deponiegebühren

KG	Kostengruppe	Menge Einheit	Kosten €	€/Einheit	%
220	**Öffentliche Erschließung**	18.600,00 m²GF	38.621	**2,08**	21,5

Verkehrssicherung: Verkehrszeichenpläne (2St), Verkehrszeichen (12St), Schrankenzaun (70m), Warnleuchten (26St), Halteverbot (1St), Gehwegsperrung (1St), Straßenmarkierung (187m), Lichtsignalanlage: Kfz-Signalgeber (6St), Fußgänger-Signalgeber (2St), Fußgänger-Taster (2St), Auslegermasten (2St), tägliche Kontrolle (93d)

KG	Kostengruppe	Menge Einheit	Kosten €	€/Einheit	%
500	**Außenanlagen und Freiflächen**				**100,0**
510	**Erdbau**	4.743,94 m³EBR	309.991	**65,34**	9,1

Oberboden abtragen, entsorgen (368m³), Boden lösen, entsorgen (3.096m³), wieder einbauen (196m³), Kabelgrabenaushub, wieder verfüllen (290m³), Rohrgrabenaushub, wieder verfüllen (169m³), Beton-RC aufnehmen, entsorgen (626m³), Planum (7.116m²)

KG	Kostengruppe	Menge Einheit	Kosten €	€/Einheit	%
520	**Gründung, Unterbau**	12.366,32 m²AF	117.922	**9,54**	3,5

Fundamentaushub (302m³), Einzelfundamente, unbewehrt, für Mastleuchten (39St), für Tische (3m³), für Kunstobjekt (1m³), Streifenfundamente, Schalung, für Stufenanlage (51m³), für Treppen (15m³), für Gitterroste mit Rückenstütze (25m³), für Sitzelemente (41m³), für Treppe, bewehrt (15m³), für Stützwinkel (20m³), für Fahrradständer (4m³) * Sauberkeitsschicht (70m³) * Grabenaushub (158m³), Dränagerohre mit Sickerstrang, Dränkies (758m)

KG	Kostengruppe	Menge Einheit	Kosten €	€/Einheit	%
530	**Oberbau, Deckschichten**	7.578,89 m²BFF	1.310.448	**172,91**	38,5

Frostschutzschicht FSS, Betonpflaster, Lagermaterial (165m²), Mosaikpflaster, Lagermaterial (6m²) * FSS (436m³), Asphalttragschicht, Asphaltdeckschicht (808m²), Natursteinpflaster (22m²) * FSS (1.686m³), Schottertragschicht STS (808m³), Dränbetontragschicht (55m³), Betonpflaster (3.501m²), Betonplatten (1.495m²), Versickerungsfugenpflaster (426m²) * FSS (154m²), STS (61m³), Rasenwabenpflaster, Rasen (307m²), Rechteckpflaster (47m²), Betonpflaster (34m²) * Kunststoffbelag (652m²), Weitsprunggrube: Sand (41m²), Fallschutzkies (15m²) * Sauberlaufroste (21St), Gitterrostauflage (15m²)

KG	Kostengruppe	Menge Einheit	Kosten €	€/Einheit	%
540	**Baukonstruktionen**	12.366,32 m²AF	691.643	**55,93**	20,3

Stabgitterzaun (324m), Schiebetor, einflüglig (1St), Drehflügeltore, zweiflüglig (3St), Sichtbeton-FT-Zaunsockel (3St), Sichtbeton-FT-Torsäule (1St), Zaun, Rechteckrohr (19m) * Stb-Winkelstützen (145m²), Fertigteile: Betonwände (85m²), als Kletterwände (36m²), als Sitzelemente (81m²), Sitzauflagen, Hochdrucklaminat (50St) * Beton-Blockstufen (71m²), Stahl-Handläufe (84m), Tiefbordsteine als Treppenwange (36m)

KG	Kostengruppe	Menge Einheit	Kosten €	€/Einheit	%
550	**Technische Anlagen**	12.366,32 m²AF	279.980	**22,64**	8,2
	KG-Rohre (319m), Entwässerungsrinnen, befahrbar (577m), Einlaufkästen (56St), Fassadenrinnen (92m), Straßenabläufe (10St), Kontrollschächte (14St), Einstiegsschacht (1St), Schachtabdeckungen (21St), Schächte höhenmäßig anpassen (39St)				
560	**Einbauten Außenanlagen u. Freiflächen**	12.366,32 m²AF	239.676	**19,38**	7,0
	Hockerbänke (16St), Tische (10St), Belattung Sitzflächen und Rückenlehnen, Lärche (80m), Fahrradständer (266St), Streugutbehälter (5St), Abfalleimer (10St), Poller (1St), Hülse für Weihnachtsbaum (1St) * Tischtennisplatten (2St), Stoßkreis, Kugelstoßbalken (1St), Basketballkorb (1St), Einbauwannen für Weitsprungbalken (2St), Sprunggrubenabdeckung (1St), Absprungbalken als Wendebalken (2St), Klettergriffe (80St) * Hinweisschilder (9St), Verkehrsschilder (2St), Rettungszeichen (1St)				
570	**Vegetationsflächen**	4.715,97 m²PSF	363.057	**76,98**	10,7
	Boden lockern (2.488m²), Oberboden von Miete lösen, einbauen (3.571m²), liefern, einbauen (1.145m²), Pflanzgruben (279m³), Baumsubstrat (270m³), Wurzelsperre (255m²), Dünger (3.554m²) * Bäume, Bewässerungs- und Belüftungssystem (42St), Wurzelballenverankerungen (20St), Vierbockverankerungen (22St), Baumroste (8St), Baumschutzbügel (8St), Sträucher (3.805St), Bodendecker (3.411St), Stauden, Gräser (1.786St), Hecken (115St) * Rasenansaat, Gebrauchsrasen (1.405m²)				
590	**Sonst. Maßnahmen für Außenanlagen u. Freiflächen**	12.366,32 m²AF	89.913	**7,27**	2,6
	Baustelleneinrichtung (psch), Bauzaun (553m), Baustrom (psch), Verkehrssicherung (psch), Zufahrtsrampe für Kleinlaster (1St) * Bestandsschutz von Winkelstützen (17m), Treppen (14m²), Gitterrosten (9m²), Handläufen (18m), Traufstreifen (59m), Türöffnersäule (1St), kreuzende Leitungen sichern (3St) * Baufeld beräumen (psch), Baumischabfall entsorgen (9t) * Pflasterfläche schützen (psch), Fassade durch Folienvorhang schützen (2St) * Interimsparkplätze (234m²), provisorische Wege beseitigen (163m²)				

Kostenkennwerte für die Kostengruppen 500 der 2. und 3.Ebene DIN 276 (Übersicht)

KG	Kostengruppe	Menge Einheit	Kosten €	€/Einheit	% 500
500	**Außenanlagen und Freiflächen**	**12.366,32 m²AF**	**3.402.629,31**	**275,15**	**100,0**
510	**Erdbau**	**4.743,94 m³EBR**	**309.990,53**	**65,34**	**9,1**
511	Herstellung	4.743,94 m³EBR	309.990,53	65,34	9,1
512	Umschließung	–	–	–	–
513	Wasserhaltung	–	–	–	–
520	**Gründung, Unterbau**	**12.366,32 m²AF**	**117.921,53**	**9,54**	**3,5**
521	Baugrundverbesserung	–	–	–	–
522	Gründungen und Bodenplatten	–	88.217,60	–	2,6
523	Gründungsbeläge	–	–	–	–
524	Abdichtungen und Bekleidungen	–	4.491,55	–	0,1
525	Dränagen	–	25.212,40	–	0,7
530	**Oberbau, Deckschichten**	**7.578,89 m²BFF**	**1.310.448,16**	**172,91**	**38,5**
531	Wege	170,75 m²	12.702,04	74,39	0,4
532	Straßen	889,04 m²	138.990,44	156,34	4,1
533	Plätze, Höfe, Terrassen	5.422,94 m²	865.223,61	159,55	25,4
534	Stellplätze	387,45 m²	53.201,84	137,31	1,6
535	Sportplatzflächen	708,71 m²	125.811,45	177,52	3,7
536	Spielplatzflächen	–	–	–	–
539	Sonstiges zur KG 530	7.578,89 m²BFF	114.518,77	15,11	3,4
540	**Baukonstruktionen**	**12.366,32 m²AF**	**691.643,20**	**55,93**	**20,3**
541	Einfriedungen	534,26 m²	69.217,31	129,56	2,0
542	Schutzkonstruktionen	–	–	–	–
543	Wandkonstruktionen	346,14 m²	521.670,14	1.507,11	15,3
544	Rampen, Treppen, Tribünen	71,46 m²	100.755,74	1.409,96	3,0
545	Überdachungen	–	–	–	–
546	Stege	–	–	–	–
547	Kanal- und Schachtkonstruktionen	–	–	–	–
548	Wasserbecken	–	–	–	–
550	**Technische Anlagen**	**12.366,32 m²AF**	**279.980,13**	**22,64**	**8,2**
551	Abwasseranlagen	12.366,32 m²AF	279.980,13	22,64	8,2
552	Wasseranlagen	–	–	–	–
553	Anlagen für Gase und Flüssigkeiten	–	–	–	–
554	Wärmeversorgungsanlagen	–	–	–	–
555	Raumlufttechnische Anlagen	–	–	–	–
556	Elektrische Anlagen	–	–	–	–
557	Kommunikationstechnische Anlagen	–	–	–	–
558	Nutzungsspezifische Anlagen	–	–	–	–
560	**Einbauten Außenanlagen u. Freiflächen**	**12.366,32 m²AF**	**239.675,99**	**19,38**	**7,0**
561	Allgemeine Einbauten	12.366,32 m²AF	211.956,87	17,14	6,2
562	Besondere Einbauten	12.366,32 m²AF	24.077,36	1,95	0,7
563	Orientierungs- und Informationssysteme	12.366,32 m²AF	3.641,77	0,29	0,1
570	**Vegetationsflächen**	**4.715,97 m²PSF**	**363.057,03**	**76,98**	**10,7**
571	Vegetationstechn. Bodenbearbeitung	4.715,97 m²	77.017,71	16,33	2,3
572	Sicherungsbauweisen	–	–	–	–
573	Pflanzflächen	3.310,81 m²	236.775,98	71,52	7,0
574	Rasen- und Saatflächen	1.405,16 m²	11.834,54	8,42	0,3
579	Sonstiges zur KG 570	4.715,97 m²PSF	37.428,81	7,94	1,1
580	**Wasserflächen**	**–**	**–**	**–**	**–**
590	**Sonst. Maßnahmen für Außenanlagen u. Freiflächen**	**12.366,32 m²AF**	**89.912,73**	**7,27**	**2,6**

Kostenkennwerte für die Kostengruppen der 3. Ebene DIN 276

KG	Kostengruppe	Menge Einheit	Kosten €	€/Einheit	%
210	**Herrichten**				**100,0**
211	**Sicherungsmaßnahmen**	18.600,00 m^2 GF	600	**0,03**	0,4
	Suchschachtung ausheben, wieder verfüllen (1St)				
212	**Abbruchmaßnahmen**	18.600,00 m^2 GF	135.104	**7,26**	95,7
	Abbruch von Vlies (3.537m²), Beton (115m³), Betonrückenstützen (48m), Natursteinpflaster (175m), Splitt-Deckschicht, wassergebundener Decke, d=10cm (1.415m²), Asphalt, d=15-25cm (638m²), Betonpflaster (118m²), lagern (187m²), Betonplatten (120m²), Tragschichten, d=20-30cm (125m³), Bordsteinen, Naturstein (123m), Tiefbordsteinen (120m), Stabgitterzaun, h=1,50m (140m), Metallzaun, h=1,40m (120m), Ballfangzaun, h=6,00m (3m), Riffelblechen (16m²), FT-Waschbetonwand, h=1,20m (17m³), Holzlatten (81m), Kastenrinnen (22m), Schild (1St), Blitzschutz (1St); Entsorgung, Deponiegebühren				
214	**Herrichten der Geländeoberfläche**	18.600,00 m^2 GF	5.528	**0,30**	3,9
	Baum bergen (1St), Laubbaum fällen (1St), Sträucher mit Wurzelstock, h bis 3m, roden (136m²), Grasnarben abschieben, d=10cm (1.550m²); Entsorgung, Deponiegebühren				
220	**Öffentliche Erschließung**				**100,0**
227	**Verkehrserschließung**	18.600,00 m^2 GF	38.621	**2,08**	100,0
	Verkehrssicherung: Verkehrszeichenpläne (2St), Verkehrszeichen (12St), Schrankenzaun (70m), Warnleuchten (26St), Halteverbot (1St), Gehwegsperrung (1St), Straßenmarkierung (187m), Lichtsignalanlage: Kfz-Signalgeber (6St), Fußgänger-Signalgeber (2St), Fußgänger-Taster (2St), Auslegermasten (2St), tägliche Kontrolle (93d)				
510	**Erdbau**				**100,0**
511	**Herstellung**	4.743,94 m^3 EBR	309.991	**65,34**	100,0
	Oberboden abtragen, d i.M. 10-20cm, entsorgen (368m³), Boden lösen, d bis 80cm, entsorgen (2.716m³), d=80-250cm (325m³), BK 6 (55m³), wieder einbauen (196m³), Kabelgrabenaushub, t bis 0,80m, wieder verfüllen (290m³), Rohrgrabenaushub, t bis 1,20m, wieder verfüllen (169m³), Beton-RC aufnehmen, entsorgen (626m³), Planum (7.116m²)				
520	**Gründung, Unterbau**				**100,0**
522	**Gründungen und Bodenplatten**	–	88.218	**–**	74,8
	Fundamentaushub, t bis 1,20m (302m³), Einzelfundamente C25/30, unbewehrt, für Mastleuchten 60x60x90cm (39St), für Tische (3m³), für Kunstobjekt 70x70x70cm (1m³), Streifenfundamente C25/30, Schalung, für Stufenanlage (51m³), für Treppen (15m³), für Gitterroste mit Rückenstütze (25m³), für Sitzelemente C16/20 (41m³), für Treppe C25/30, bewehrt (15m³), für Stützwinkel C12/15 (20m³), für Fahrradständer (4m³)				
524	**Abdichtungen und Bekleidungen**	–	4.492	**–**	3,8
	Sauberkeitsschicht 0/32mm, d=20-60cm (70m³)				
525	**Dränagen**	–	25.212	**–**	21,4
	Grabenaushub, t bis 1,20m (158m³), Dränagerohre DN100, mit Sickerstrang, Dränkies 8/16mm (758m)				

KG	Kostengruppe	Menge Einheit	Kosten €	€/Einheit	%
530	**Oberbau, Deckschichten**				**100,0**
531	**Wege**	170,75 m²	12.702	**74,39**	1,0
	Planum, Frostschutzschicht 0/32mm, d=28cm, Betonpflaster, Lagermaterial (165m²), Mosaikpflaster, Lagermaterial (6m²)				
532	**Straßen**	889,04 m²	138.990	**156,34**	10,6
	Planum (765m²), Frostschutzschicht 0/45mm, d=57cm (436m³), Asphalttragschicht, d=14cm, Asphaltdeckschicht, d=4cm (808m²), Natursteinpflaster (22m²), Pflasterrinnen, Naturstein, Lagermaterial, zweizeilig (39m²), Pflasterzeile, Lagermaterial (20m²), Bordsteine, Naturstein, Lagermaterial (122m), als Absenkbord, Lagermaterial (7St)				
533	**Plätze, Höfe, Terrassen**	5.422,94 m²	865.224	**159,55**	66,0
	Feinplanum (5.293m²), Frostschutzschicht 0/45mm, d=15-43cm (1.686m³), Schottertragschicht 0/32mm, d=15cm (808m³), Dränbetontragschicht 8/16mm, d bis 26cm (55m³), Betonpflaster (3.501m²), Betonplatten (1.495m²), Versickerungsfugenpflaster, Fugenfüllung mit Edelsplitt 2/8mm (426m²), Tiefbordsteine (856m), Muldensteine 50x30x12cm (56m)				
534	**Stellplätze**	387,45 m²	53.202	**137,31**	4,1
	Feinplanum (405m²), Frostschutzschicht 0/45mm, d=38cm (154m²), Schottertragschicht 0/32mm, d=15cm (61m³), Rasenwabenpflaster, Substrat: Splitt 2/5mm, Sand 1/4mm, Oberboden, Humus, Rasendünger, Parkplatzrasen (307m²), Stellplatzmarkierung: Rechteckpflaster 30x20cm (47m²), Betonpflaster (34m²), Rundborde (129m), Bordsteine (74m)				
535	**Sportplatzflächen**	708,71 m²	125.811	**177,52**	9,6
	Feinplanum, Filterschicht, Kiessand 0/32mm, d=10cm, Tragschicht 0/32mm, d=25cm, bituminöse Tragschicht 2/11mm, d=6,5cm, Kunststoffhaftbrücke, Kunststoffbelag, d=2cm, wasserdurchlässig (652m²), Laufbahnlineatur 50mm (psch), EPDM-Bord (26m), Weitsprunggrube: Schottertragschicht 0/32mm, d=20cm, Trennvlies, Sand 0,1-2mm, d=30cm (41m²), Fallschutzkies 2/8mm, d=40cm (15m²), Tiefbordsteine (11m)				
539	**Sonstiges zur KG 530**	7.578,89 m² BFF	114.519	**15,11**	8,7
	Sauberlaufroste 13,10x2,77m, Stahl (1St), 12,20x2,82m (1St), 1,45-2,31x0,90m (19St), Gitterrostauflage, begehbarer Gitterrost, Maschenweite 30x10mm (15m²), Noppenbahn (371m)				
540	**Baukonstruktionen**				**100,0**
541	**Einfriedungen**	534,26 m²	69.217	**129,56**	10,0
	Stabgitterzaun, h=1,60m (291m), h=1,20m (3m), h=0,80m (30m), Schiebetor 6,85x1,60m, einflüglig, Rollenböcke, kugelgelagerte Laufrollen (1St), Drehflügeltore 2,50x1,60m, zweiflüglig (2St), 2,45x1,35m (1St), elektrischer Toröffner (1St), Türfeststeller, einbetoniert (2St), Sichtbeton-FT-Zaunsockel (3St), Sichtbeton-FT-Torsäule (1St), Zaun, Rechteckrohr, h=0,90-1,35m (19m)				
543	**Wandkonstruktionen**	346,14 m²	521.670	**1.507,11**	75,4
	Stb-Winkelstützen, d=12cm, h=0,60-1,80m (137m²), h=2,60-2,90m (8m²), Fertigteile: Betonwände, h=0,45-1,29m, d=50-91cm (85m²), als Kletterwände, h=4,80m, d=30cm (36m²), als Sitzelemente, h=0,20-0,80m (81m²), Sitzauflagen, Hochdrucklaminat, l=0,90/1,20/1,80m (50St)				

KG	Kostengruppe	Menge Einheit	Kosten €	€/Einheit	%
544	**Rampen, Treppen, Tribünen**	71,46 m²	100.756	**1.409,96**	14,6
	Beton-Blockstufen (71m²), Stahl-Handläufe, Pfosten, Quadratrohr (84m), Tiefbordsteine als Treppenwange (36m)				
550	**Technische Anlagen**				**100,0**
551	**Abwasseranlagen**	12.366,32 m² AF	279.980	**22,64**	100,0
	KG-Rohre DN100-150, Formstücke, Sandbettung (319m), Entwässerungsrinnen, befahrbar (577m), Einlaufkästen (56St), Fassadenrinnen (92m), Straßenabläufe (10St), Kontrollschächte (14St), Einstiegsschacht DN1.000 (1St), Schachtabdeckungen (21St), Schächte höhenmäßig anpassen (39St)				
560	**Einbauten in Außenanlagen und Freiflächen**				**100,0**
561	**Allgemeine Einbauten**	12.366,32 m² AF	211.957	**17,14**	88,4
	Hockerbänke, Sitzflächen in Hochdrucklaminat, Gestell in Stahl, l=1,95m (14St), l=0,73m (2St), Tische, Tischplatten in Hochdrucklaminat, Gestell in Stahl, l=1,95m (10St), Belattung Sitzflächen und Rückenlehnen, Lärche (80m), Fahrradständer, Zweiradparker, doppelseitig (30St), einseitig (236St), Streugutbehälter 100l (5St), Abfalleimer (10St), Poller, herausnehmbar (1St), Hülse für Weihnachtsbaum (1St)				
562	**Besondere Einbauten**	12.366,32 m² AF	24.077	**1,95**	10,0
	Tischtennisplatten, Betonwerkstein, Füße aus Sichtbeton (2St), Stoßkreis für Kugelstoßen, Kugelstoßbalken (1St), Basketballkorb (1St), Alu-Einbauwannen für Weitsprungbalken (2St), Sprunggrubenabdeckung (1St), Absprungbalken als Wendebalken, Kontrollstreifen (2St), Klettergriffe für Kletterwände, Kunststoff (80St)				
563	**Orientierungs- und Informationssysteme**	12.366,32 m² AF	3.642	**0,29**	1,5
	Hinweisschilder (9St), Verkehrsschilder (2St), Rettungszeichen (1St)				
570	**Vegetationsflächen**				**100,0**
571	**Vegetationstechn. Bodenbearbeitung**	4.715,97 m²	77.018	**16,33**	21,2
	Boden lockern (2.488m²), Oberboden, d i.M. 20cm, von Miete lösen, einbauen (2.873m²), d i.M. 15cm (698m²), d i.M. 30cm, liefern, einbauen (1.145m²), Pflanzgruben 2,80x2,80m, t=1,50m, für Bäume (279m³), Baumsubstrat (270m³), Wurzelsperre (255m²), Dünger (3.554m²)				
573	**Pflanzflächen**	3.310,81 m²	236.776	**71,52**	65,2
	Bäume, Stammschutz-Anstrich, Bewässerungs- und Belüftungssystem (42St), Wurzelballenverankerungen (20St), Vierbockverankerungen (22St), Baumroste, Stahl, überpflasterbar (8St), Baumschutzbügel, zweiteilig (8St), Sträucher (3.805St), Bodendecker (3.411St), Stauden, Gräser (1.786St), Hecken (115St), Rindenmulch, d=7cm (1.582m²), Splitt-Mulch 8/11mm, d=7cm (321m²), Fertigstellungspflege				
574	**Rasen- und Saatflächen**	1.405,16 m²	11.835	**8,42**	3,3
	Feinplanum, Rasenansaat, Gebrauchsrasen, Fertigstellungspflege (1.405m²)				
579	**Sonstiges zur KG 570**	4.715,97 m² PSF	37.429	**7,94**	10,3
	Entwicklungspflege von Bäumen				

KG	Kostengruppe	Menge Einheit	Kosten €	€/Einheit	%
590	**Sonstige Maßnahmen für Außenanlagen und Freiflächen**				**100,0**
591	**Baustelleneinrichtung**	12.366,32 m²AF	54.940	**4,44**	61,1
	Baustelleneinrichtung (psch), Bauzaun, h=2,00m (553m), Baustrom (psch), Verkehrssicherung (psch), Zufahrtsrampe für Kleinlaster (1St)				
593	**Sicherungsmaßnahmen**	12.366,32 m²AF	3.468	**0,28**	3,9
	Bestandsschutz von Winkelstützen, h=1,50m (17m), Treppen (14m²), Gitterrosten (9m²), Handläufen, Edelstahl (18m), Traufstreifen, Betonplatten (59m), Türöffnersäule (1St), kreuzende Leitungen sichern (3St)				
596	**Materialentsorgung**	12.366,32 m²AF	16.353	**1,32**	18,2
	Baufeld von Reststoffen, Baustoffen, Abfällen beräumen (psch), Baumischabfall entsorgen (9t)				
597	**Zusätzliche Maßnahmen**	12.366,32 m²AF	5.064	**0,41**	5,6
	Pflasterfläche Haupteingang schützen (psch), Fassade durch Folienvorhang schützen (2St)				
598	**Prov. Außenanlagen und Freiflächen**	12.366,32 m²AF	10.089	**0,82**	11,2
	Interimsparkplätze (234m²), provisorische Wege aus Baustoffgemisch beseitigen (163m²), Fahrradschienen, Alu-Warzenblech, liefern, einbauen, ausbauen (2St)				

Kostenkennwerte für Leistungsbereiche nach STLB (Kosten der Außenanlagen nach DIN 276)

LB	Leistungsbereiche	Kosten €	€/m² AF	% 500
000	Baustellen-, Verkehrssich.- u. Sicherh.einr. inkl. 001	73.560	5,90	2,2
002	Erdarbeiten	355.128	28,70	10,4
003	Landschaftsbauarbeiten	561.847	45,40	16,5
004	Landschaftsbauarbeiten - Pflanzen	100.812	8,20	3,0
008	Wasserhaltungsarbeiten	–	–	–
009	Entwässerungskanalarbeiten	272.249	22,00	8,0
010	Drän- und Versickerarbeiten	17.447	1,40	0,5
012	Mauerarbeiten	–	–	–
013	Betonarbeiten	611.020	49,40	18,0
014	Natur-, Betonwerksteinarbeiten inkl. 024, 025	–	–	–
016	Zimmer- und Holzbauarbeiten	–	–	–
017	Stahlbauarbeiten	–	–	–
018	Abdichtungsarbeiten	5.597	0,45	0,2
020	Dachdeckungsarbeiten	–	–	–
021	Dachabdichtungsarbeiten	–	–	–
022	Klempnerarbeiten	–	–	–
023	Putz- und Stuckarbeiten, Wärmedämmsysteme	–	–	–
027	Tischlerarbeiten	–	–	–
028	Parkett-, Holzpflasterarbeiten	–	–	–
031	Metallbauarbeiten inkl. 035	216.041	17,50	6,3
032	Verglasungsarbeiten inkl. 029	–	–	–
034	Maler- und Lackiererarb. - Beschicht. inkl. 037	–	–	–
042	Gas- u. Wasseranl. - Leitung., Armat.	–	–	–
043	Druckrohrleitungen Gas, Wasser, Abwasser	–	–	–
044	Abwasseranl. - Leitungen, Abläufe, Armaturen	–	–	–
045	Gas, Wasser, Entwässerung - Ausstattung inkl. 046	–	–	–
050	Blitzschutz-/Erdungsanlagen, Überspannungssch.	–	–	–
053	Niederspannungsanl. - Kabel inkl. 052, 055	–	–	–
058	Leuchten und Lampen inkl. 059	–	–	–
060	Such, Signal, Zeit, Anten., akust. Anl. inkl. 061, 063	–	–	–
080	Straßen, Wege, Plätze	1.172.575	94,80	34,5
084	Abbruch, Rückbau, Schadstoffsanierung	–	–	–
087	Abfallentsorgung, Verwertung und Beseitigung	16.353	1,30	0,5
	Sonstige Leistungsbereiche	**–**	**–**	**–**

4100-0250
Außenanlage
Schule

Kostenkennwerte für die Kosten der Außenanlage (Kostengruppe 500 nach DIN 276)

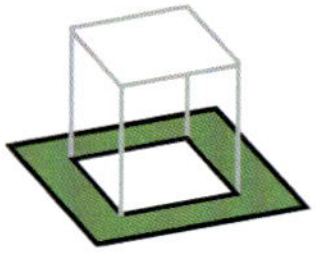

AF 256 €/m²

Objekt:
Kennwerte: 3.Ebene DIN 276
GF: 12.933 m²
AF: 3.350 m²
Bauzeit: 44 Wochen
Bauende: 2023
Standard: hoch
Bundesland: Hessen
Kreis: Kassel, Stadt

Garten- und Landschaftsarchitekt*in:
LPH 1-3:
PlanRat Venne - Güß - Hoffmann GbR
Landschaftsarchitektur und Städtebau
Sickingenstraße 10
34117 Kassel

LPH 4-9:
planrat - grün macht sinn
Dagmar Hoffmann
Landschaftsarchitektin AKH
Freiraum + Friedhof
Sickingenstraße 10
34117 Kassel

Bauherr*in:
Stadt Kassel
Amt für Hochbau und Gebäudebewirtschaftung
34112 Kassel

© Dagmar Hoffmann

© Dagmar Hoffmann

© Dagmar Hoffmann

© Dagmar Hoffmann

Lageplan

Objektbeschreibung

Allgemeine Objektinformationen

Die Außenanlage der Schule besteht aus einem großzügigen Eingangsbereich, Tribünenstufen und Terrasse der Mensa, Rasen- und Spielflächen, die auch zum Teil öffentlich genutzt werden. Der Eingang in die Schule erfolgt über den Schulhof und einer dem Gebäude vorgelagerten großzügigen Platzfläche. Große Sitzstufen greifen den Höhenunterschied von der Eingangsebene des Schulhofs zur unteren Ebene auf und bilden gleichzeitig eine Tribüne für den Raum der Aula und Mensa. Die Sitzstufen können auch als großzügiger Spielraum von den Schülerinnen und Schülern genutzt werden. Im weiteren Verlauf der Sitzstufen mit einer integrierten Treppenanlage öffnet sich eine großzügige Terrasse vor der Mensa. Die Rasenfläche kann als der etwas ruhigere Bereich betrachtet werden. Das Spektrum an Bewegungsmöglichkeiten bietet der Spielbereich mit klettern, balancieren, springen, hangeln und schwingen an. Der Raum zwischen Sporthalle und Schule wird als Naschgarten mit Beerensträuchern, Tee- und Gewürzkräutern genutzt.

Nutzung

Schulhof, Tribünenstufen, Spiel- und Rasenflächen, öffentlich genutzter Spielbereich

Nutzeinheiten

Spielplatzfläche: 462 m^2

Grundstück

Bauraum: Beengter Bauraum
Neigung: Hanglage
Bodenklasse: BK 1 bis BK 4

Markt

Hauptvergabezeit: 2. Quartal 2022
Baubeginn: 3. Quartal 2022
Bauende: 3. Quartal 2023
Konjunkturelle Gesamtlage: über Durchschnitt
Regionaler Baumarkt: über Durchschnitt

Außenanlagen, Freiflächen

Das Umfeld der Schule ist mit Platten und Pflaster aus Beton belegt. Hierzu zählt der Eingangsbereich, das Podest vor den Tribünenstufen, die großzügige Terrasse vor Aula und Mensa sowie die Umgehung im Südosten und Südwesten. Der Naschgarten ist mit einer wassergebundenen Wegedecke belegt. Der Anlieferungsbereich mit Parkzone und Fußweg ist asphaltiert. Die große Spielfläche besteht aus Spielgeräten, Fallschutz mit Holzhackschnitzel und angefügtem Holzdeck. Die Sandbereiche sind mit Sitzmöglichkeiten ausgestattet. Die Umzäunung erfolgt durch einen Stabgitterzaun. Eine Mülleinhausung ist im Bereich der Parkbucht aufgestellt. Diese ist in einer leichten Stahlkonstruktion mit einer Holzlattung ausgeführt. Winkelstützen aus Stahlbeton sind zwischen Sporthalle und Schule notwendig um den Höhenverhältnissen gerecht zu werden. Die Böschung ist entsprechend abgetragen und modelliert worden. Die Tribünenstufen und Treppenstufen sind als Sichtbetonstufen ausgeführt. Die Entwässerung ist über Kastenrinnen gewährleistet. Fassadenrinnen sind umlaufend am Gebäude eingebaut. Ein Regenrückhaltesystem ist zur Notentwässerung der Dachflächen integriert. Die Beleuchtung wird über Mastleuchten gewährleistet. Bänke und Abfallbehälter sind im Bereich der öffentlich zugänglichen Fläche aufgestellt. Zwischen Schule und Sporthalle ist ein Naschgarten mit verschiedenen Beerensträuchern, Tee- und Gewürzkräutern angelegt. Weitere Blühgehölze und ein Baum sind gepflanzt. Die Rasenflächen sind neu eingesät.

Planungskennwerte für Flächen und Rauminhalte nach DIN 277

Flächen des Grundstücks		Menge Einheit	% an GF
BF	Bebaute Fläche	3.210,96 m²	24,8
UF	Unbebaute Fläche	9.722,04 m²	75,2
GF	Grundstücksfläche	12.933,00 m²	100,0
AF	Außenanlagenfläche	3.350,00 m²	

KG	Kostengruppen (2. Ebene)	Menge Einheit	Menge/AF	Menge/GF
510	Erdbau	663,43 m³ EBR	0,20	0,05
530	Oberbau, Deckschichten	1.622,99 m² BFF	0,48	0,13
570	Vegetationsflächen	1.583,72 m² PSF	0,47	0,12
580	Wasserflächen	–	–	–

Prozentualer Anteil der Kostengruppen der 2. Ebene an der Kostengruppe 500 nach DIN 276

KG	Kostengruppen (2. Ebene)
510	Erdbau
520	Gründung, Unterbau
530	Oberbau, Deckschichten
540	Baukonstruktionen
550	Technische Anlagen
560	Einbauten Außenanlagen u. Freiflächen
570	Vegetationsflächen
580	Wasserflächen
590	Sonst. Maßnahmen für Außenanlagen u. Freiflächen

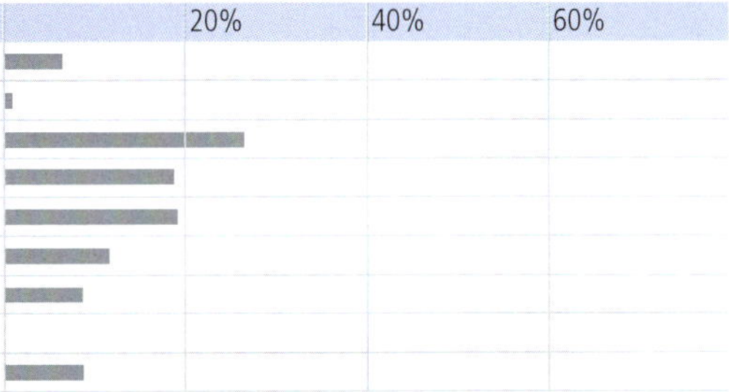

Ranking der Kostengruppen der 3. Ebene an der Kostengruppe 500 nach DIN 276

KG	Kostengruppen (3. Ebene)	% an KG 500	KG	Kostengruppen (3. Ebene)	% an KG 500
551	Abwasseranlagen	17,8	531	Wege	3,3
532	Straßen	12,0	541	Einfriedungen	2,7
544	Rampen, Treppen, Tribünen	9,7	545	Überdachungen	2,5
591	Baustelleneinrichtung	7,3	556	Elektrische Anlagen	1,4
533	Plätze, Höfe, Terrassen	7,1	594	Abbruchmaßnahmen	1,2
511	Herstellung	6,4	573	Pflanzflächen	0,6
562	Besondere Einbauten	6,2	525	Dränagen	0,4
561	Allgemeine Einbauten	5,2	522	Gründungen und Bodenplatten	0,3
574	Rasen- und Saatflächen	4,0	539	Sonstiges zur KG 530	0,3
543	Wandkonstruktionen	3,8	524	Abdichtungen und Bekleidungen	0,2
571	Vegetationstechn. Bodenbearbeitung	3,8	579	Sonstiges zur KG 570	< 0,1
536	Spielplatzflächen	3,7			

Kostenkennwerte für die Kostengruppen der 1. Ebene DIN 276

KG	Kostengruppen (1. Ebene)	Einheit	Kosten €	€/Einheit	% 500
100	Grundstück	m² GF	–	–	–
200	Vorbereitende Maßnahmen	m² GF	36.110	2,79	4,2
300	Bauwerk – Baukonstruktionen	m² BGF	9.933	–	1,2
400	Bauwerk – Technische Anlagen	m² BGF	–	–	–
500	**Außenanlagen und Freiflächen**	**m² AF**	**855.937**	**255,50**	**100,0**
600	Ausstattung und Kunstwerke	m² AF	–	–	–
700	Baunebenkosten	m² AF	–	–	–
800	Finanzierung	m² AF	–	–	–

KG	Kostengruppe	Menge Einheit	Kosten €	€/Einheit	%
200	**Vorbereitende Maßnahmen**	12.933,00 m² GF	36.110	**2,79**	4,2

Fassadenschutz, Baumschutz, Abbruch von Asphalt, Tennenbelag, Fundamenten, Holzhackschnitzel, Kantensteinen, Metallzaun, Pflasterrinnen, Spielgeräten, Holzbänken, Maschendrahtzaun, Betonblockstufe, Winkelstützen, Betonpflaster, Betonplatten, Straßenablauf, Rasensoden abtragen, Gehölzfläche roden, Wurzelstock roden; Entsorgung, Deponiegebühren

KG	Kostengruppe	Menge Einheit	Kosten €	€/Einheit	%
300	**Bauwerk – Baukonstruktionen**	–	9.933	**–**	1,2

Bitumendickbeschichtung, Perimeterdämmung, Dämmung, Seilsystem als Rankhilfe

KG	Kostengruppe	Menge Einheit	Kosten €	€/Einheit	%
500	**Außenanlagen und Freiflächen**	3.350,00 m² AF	855.937	**255,50**	100,0

Bodenarbeiten; Fundamentaushub, Dränage; Schottertragschicht, Betonpflaster, Betonkantensteine, Bordsteine, Asphalt, Pflasterrinnen, Absenkbordsteine, Betonplatten, wassergebundene Deckschicht, Holzhackschnitzel, Holzdeck, Spielsand; Zaunanlagen, Toranlagen, Winkelstützen, Tribünenstufen, Betonblockstufen, Geländer, Handlauf, Mülleinhausung; Regenrückhalte-/Rigolensystem, Oberflächenentwässerung, Lichtstelen, Erdkabel, Blitzschutz; Sitzblöcke, Bankauflagen, Sitzbänke, Fahrradanlehnbügel, Abfallbehälter, Schuhabstreifer, Kletterkombinationen, Spielhäuschen, Wippe, Schaukel; Oberbodenarbeiten, Pflanzgruben, Bepflanzung, Rasen, Blumenwiese

Kostenkennwerte für die Kostengruppen der 2.Ebene DIN 276

KG	Kostengruppe	Menge Einheit	Kosten €	€/Einheit	%
200	**Vorbereitende Maßnahmen**				**100,0**
210	**Herrichten**	12.933,00 m² GF	36.110	**2,79**	100,0

Fassadenschutz (1St), Baumschutz aus Bohlenmantel, Stammpolsterung (2St) * Abbruch von Asphalt (113t), Tennenbelag (37m³), Fundamenten (33t), Holzhackschnitzel (33m³), Kantensteinen (104m), Metallzaun (38m), Pflasterrinnen (25m), Spielgeräten (3St), Holzbänken (2St), Maschendrahtzaun (11m), Betonblockstufe (6m), Stb-Winkelstützen (4m), Betonpflaster (6m²), Betonplatten (2m²), Straßenablauf (1St); Entsorgung, Deponiegebühren * Rasensoden abtragen (184m²), Gehölzfläche roden (11m²), Wurzelstock roden (1St); Entsorgung

KG	Kostengruppe	Menge Einheit	Kosten €	€/Einheit	%
300	**Bauwerk – Baukonstruktionen**				**100,0**
330	**Außenwände/Vert. Baukonstrukt., außen**	75,58 m² AWF	9.933	**131,42**	100,0

Bitumendickbeschichtung (23m²), Perimeterdämmung (42m²), Dämmung (21m²), Seilsystem als Rankhilfe (12m²)

KG	Kostengruppe	Menge Einheit	Kosten €	€/Einheit	%
500	**Außenanlagen und Freiflächen**				**100,0**
510	**Erdbau**	663,43 m³ EBR	54.429	**82,04**	6,4

Oberboden abtragen, entsorgen (330m³), lagern (48m³), Bodenaushub entsorgen (188m³), Boden liefern, Böschung-Modellierung (19m³), Füllboden liefern, einbauen (103m³), Kabelgrabenaushub lagern, verfüllen (98m³)

KG	Kostengruppe	Menge Einheit	Kosten €	€/Einheit	%
520	**Gründung, Unterbau**	3.350,00 m² AF	7.363	**2,20**	0,9

Fundamentaushub entsorgen (26m³) * Noppenbahn mit Vlies (24m), Sauberkeitsschicht (10m³) * Sickerstrang aus grobkörnigem Schotter, Dränagerohre (27m)

KG	Kostengruppe	Menge Einheit	Kosten €	€/Einheit	%
530	**Oberbau, Deckschichten**	1.622,99 m² BFF	226.266	**139,41**	26,4

Schottertragschicht STS (46m³), Betonpflaster (206m²), Betonkantensteine (53m), Bordsteine (8m) * STS (129m³), Asphalttragschicht, Handeinbau, Asphaltbeton (491m²), Pflasterrinnen, Naturstein (46m²), Betonkantensteine (7St), Absenkbordsteine (2m), Betonplatten (21m²) * STS (90m³), Betonpflaster (330m²), dynamische Tragschicht, wassergebundene Deckschicht (69m²), Betonkantensteine (226m), Pflasterband (119m) * STS (74m³), Holzhackschnitzel (428m²), Holzdeck, Robinie (16m²), Spielsand (18m²), Einfassung, Robinien-Rundholz (17m) * Traufstreifen, Betonplatten (51m)

KG	Kostengruppe	Menge Einheit	Kosten €	€/Einheit	%
540	**Baukonstruktionen**	3.350,00 m² AF	159.987	**47,76**	18,7

Doppelstabgitterzaun (63m), Zaunanlage, Tor, Flachstahl (7m), Toranlagen (8m²), Holzzaun, Eiche/Robinie, Pfosten (8m), Fundamente * Stb-Winkelstützen (65m²) * Tribünenstufen, Betonfertigteile (48m²), Betonblockstufen (10m²), Kontraststreifen, schwarz (28m), Geländer, Flachstahl (8m), Handlauf, Rundrohr, Flachstahl, vier Pfosten (5m) * Mülleinhausung, Stahlstützen, Holzlattung, Pultdach, Trapezstahlblech, Fundamente

KG	Kostengruppe	Menge Einheit	Kosten €	€/Einheit	%
550	**Technische Anlagen**	3.350,00 m²AF	163.744	**48,88**	19,1
	PP-Regenrückhalte-/Rigolensystem, Rigolenkörper, PEHD-Rückhaltesystemfolie, Schutzvlies (1St), Inspektions- und Reinigungsschächte (3St), KG-Rohre (115m), Kontrollschacht (1St), Schachtabdeckung, befahrbar (1St), Ausgleichsringe (15St), Straßenabläufe (4St), Fassadenrinnen, Abdeckroste (126m), Entwässerungsrinnen (26St), Einlaufkästen (4St), Rinnensteine (5m) * Lichtstelen, Lichtbauelementrohre, Fundamente (4St), Erdkabel, bauseits (67m), Fassadenrinnen mit Blitzschutz verbinden (8St)				
560	**Einbauten Außenanlagen u. Freiflächen**	3.350,00 m²AF	98.160	**29,30**	11,5
	Sitzblöcke, Betonfertigteile, auf Betonschicht, Bankauflagen, Robinienbohlen (19m), Sitzbänke mit Lehne, Holz, auf Betonfüßen (2St), Gitterrost für Konfiskatkühler (1St), Fahrradanlehnbügel (6St), Abfallbehälter (1St), Schuhabstreifer mit Bodenwanne (2St) * Kletterkombination, Robinienholz (1St), Kletterkombination, Stahl, mit Kletterseilen (1St), Spielhäuschen, Nadelholz (1St), Wippe mit Stoßdämpfung (1St), Schaukel, Holz, Lagermaterial (1St)				
570	**Vegetationsflächen**	1.583,72 m²PSF	72.673	**45,89**	8,5
	Vegetationsfläche fräsen (986m²), Oberboden liefern, auftragen (1.153m²), lagernd, wieder auftragen (189m²), Rasentragschicht (271m²) * Feinplanum (56m²), Pflanzgrube, Baum (1St), Pflanzgruben, Sträucher (18St), Heckenpflanzen (24St), Kletterrosen (5St), Beerensträucher (13St), Kräuter (66St), Rindenmulch (43m²) * Feinplanum (1.492m²), Rasentragschicht (271m²), Rasenansaat, Dünger (1.492m²), Blumenwiese (13m²) * Findling (1St)				
590	**Sonst. Maßnahmen für Außenanlagen u. Freiflächen**	3.350,00 m²AF	73.314	**21,88**	8,6
	Baustelleneinrichtung (1St), Baustellen-WC (1St), Lagerfläche auf Filtervlies, Schottertragschicht (120m²), aufnehmen, entsorgen (100m²), Parkverbotszone (psch), Leitbaken (9St), mobile Absperreinrichtung mit Verkehrszeichen (9m), Bauzaun (33m) * Abbruch von Baumschutzzaun (110m), Betonfundamenten (7m³), Schottertragschicht (47m³), Betonrückenstütze (7m); Entsorgung, Deponiegebühren				

Kostenkennwerte für die Kostengruppen 500 der 2. und 3.Ebene DIN 276 (Übersicht)

KG	Kostengruppe	Menge Einheit	Kosten €	€/Einheit	% 500
500	**Außenanlagen und Freiflächen**	**3.350,00 m² AF**	**855.936,83**	**255,50**	**100,0**
510	**Erdbau**	**663,43 m³ EBR**	**54.429,28**	**82,04**	**6,4**
511	Herstellung	663,43 m³ EBR	54.429,28	82,04	6,4
512	Umschließung	–	–	–	–
513	Wasserhaltung	–	–	–	–
520	**Gründung, Unterbau**	**3.350,00 m² AF**	**7.363,10**	**2,20**	**0,9**
521	Baugrundverbesserung	–	–	–	–
522	Gründungen und Bodenplatten	–	2.529,07	–	0,3
523	Gründungsbeläge	–	–	–	–
524	Abdichtungen und Bekleidungen	48,90 m²	1.373,14	28,08	0,2
525	Dränagen	–	3.460,88	–	0,4
530	**Oberbau, Deckschichten**	**1.622,99 m² BFF**	**226.266,06**	**139,41**	**26,4**
531	Wege	205,74 m²	28.276,63	137,44	3,3
532	Straßen	557,22 m²	102.301,65	183,59	12,0
533	Plätze, Höfe, Terrassen	398,32 m²	61.110,85	153,42	7,1
534	Stellplätze	–	–	–	–
535	Sportplatzflächen	–	–	–	–
536	Spielplatzflächen	461,71 m²	31.955,28	69,21	3,7
539	Sonstiges zur KG 530	1.622,99 m² BFF	2.621,67	1,62	0,3
540	**Baukonstruktionen**	**3.350,00 m² AF**	**159.987,10**	**47,76**	**18,7**
541	Einfriedungen	99,61 m²	22.931,73	230,22	2,7
542	Schutzkonstruktionen	–	–	–	–
543	Wandkonstruktionen	64,65 m²	32.124,73	496,90	3,8
544	Rampen, Treppen, Tribünen	58,84 m²	83.341,87	1.416,42	9,7
545	Überdachungen	13,34 m²	21.588,77	1.618,35	2,5
546	Stege	–	–	–	–
547	Kanal- und Schachtkonstruktionen	–	–	–	–
548	Wasserbecken	–	–	–	–
550	**Technische Anlagen**	**3.350,00 m² AF**	**163.744,32**	**48,88**	**19,1**
551	Abwasseranlagen	3.350,00 m² AF	151.928,96	45,35	17,8
552	Wasseranlagen	–	–	–	–
553	Anlagen für Gase und Flüssigkeiten	–	–	–	–
554	Wärmeversorgungsanlagen	–	–	–	–
555	Raumlufttechnische Anlagen	–	–	–	–
556	Elektrische Anlagen	3.350,00 m² AF	11.815,36	3,53	1,4
557	Kommunikationstechnische Anlagen	–	–	–	–
558	Nutzungsspezifische Anlagen	–	–	–	–
560	**Einbauten Außenanlagen u. Freiflächen**	**3.350,00 m² AF**	**98.160,36**	**29,30**	**11,5**
561	Allgemeine Einbauten	3.350,00 m² AF	44.889,04	13,40	5,2
562	Besondere Einbauten	3.350,00 m² AF	53.271,34	15,90	6,2
563	Orientierungs- und Informationssysteme	–	–	–	–
570	**Vegetationsflächen**	**1.583,72 m² PSF**	**72.673,01**	**45,89**	**8,5**
571	Vegetationstechn. Bodenbearbeitung	1.341,91 m²	32.805,93	24,45	3,8
572	Sicherungsbauweisen	–	–	–	–
573	Pflanzflächen	78,50 m²	5.046,65	64,29	0,6
574	Rasen- und Saatflächen	1.505,22 m²	34.144,29	22,68	4,0
579	Sonstiges zur KG 570	1.583,72 m² PSF	676,13	0,43	< 0,1
580	**Wasserflächen**	**–**	**–**	**–**	**–**
590	**Sonst. Maßnahmen für Außenanlagen u. Freiflächen**	**3.350,00 m² AF**	**73.313,62**	**21,88**	**8,6**

Kostenkennwerte für die Kostengruppen der 3. Ebene DIN 276

KG	Kostengruppe	Menge Einheit	Kosten €	€/Einheit	%
210	**Herrichten**				**100,0**
211	**Sicherungsmaßnahmen**	12.933,00 m² GF	3.515	**0,27**	9,7
	Fassadenschutz, Holzkonstruktion, h=2,00m (1St), Baumschutz aus Bohlenmantel, Stammpolsterung aus Dränrohren DN200 (2St)				
212	**Abbruchmaßnahmen**	12.933,00 m² GF	30.412	**2,35**	84,2
	Abbruch von Asphalt, d=10-15cm (113t), Tennenbelag (37m³), Fundamenten (33t), Holzhackschnitzel (33m³), Kantensteinen (104m), Metallzaun (38m), Pflasterrinnen, Naturstein (25m), Spielgeräten (3St), Holzbänken (2St), Maschendrahtzaun (11m), Betonblockstufe (6m), Stb-Winkelstützen, h=60cm (4m), Betonpflaster (6m²), Betonplatten (2m²), Straßenablauf (1St); Entsorgung, Deponiegebühren				
214	**Herrichten der Geländeoberfläche**	12.933,00 m² GF	2.184	**0,17**	6,0
	Rasensoden abtragen (184m²), Gehölzfläche roden (11m²), Wurzelstock roden (1St); Entsorgung				
330	**Außenwände/Vertikale Baukonstruktionen, außen**				**100,0**
335	**Außenwandbekleidungen, außen**	75,58 m²	9.933	**131,42**	100,0
	Bitumendickbeschichtung, h=20-40cm (23m²), Perimeterdämmung WLS 036 (42m²), Dämmung WLG 035 (21m²), Seilsystem als Rankhilfe, l=4,00m, h=3,00m (12m²)				
510	**Erdbau**				**100,0**
511	**Herstellung**	663,43 m³ EBR	54.429	**82,04**	100,0
	Oberboden abtragen, d bis 25cm, entsorgen (330m³), lagern (48m³), Bodenaushub, t bis 1,70m, entsorgen (188m³), Boden liefern, Böschung-Modellierung (19m³), Füllboden liefern, einbauen (103m³), Kabelgrabenaushub lagern, verfüllen, t bis 2,30m (47m³), t bis 1,50m (21m³), t bis 1,25m (20m³), t bis 0,80m (10m³)				
520	**Gründung, Unterbau**				**100,0**
522	**Gründungen und Bodenplatten**	–	2.529	–	34,3
	Fundamentaushub, t bis 0,80m (18m³), t bis 0,90m (5m³), t bis 2,00m (2m³), entsorgen				
524	**Abdichtungen und Bekleidungen**	48,90 m²	1.373	**28,08**	18,6
	Noppenbahn mit Vlies (24m), Sauberkeitsschicht 8/16mm, d=20cm (10m³)				
525	**Dränagen**	–	3.461	–	47,0
	Sickerstrang aus grobkörnigem Schotter 16/32mm, b=40cm, h=40cm, Dränagerohre DN100 (27m)				
530	**Oberbau, Deckschichten**				**100,0**
531	**Wege**	205,74 m²	28.277	**137,44**	12,5
	Planum (205m²), Schottertragschicht 0/32mm, d=15-20cm (46m³), Betonpflaster (206m²), Betonkantensteine (53m), Bordsteine (8m)				

KG	Kostengruppe	Menge Einheit	Kosten €	€/Einheit	%
532	**Straßen**	557,22 m²	102.302	**183,59**	45,2
	Planum (511m²), Schottertragschicht 0/32mm, d=15-25cm (129m³), Asphalttragschicht AC 22, d=9cm, Handeinbau, Asphaltbeton AC 8, d=3cm (491m²), Pflasterrinnen, Naturstein, dreizeilig (25m²), fünfzeilig (21m²), Betonkantensteine (7St), Absenkbordsteine (2m), Betonplatten in Dränmörtel (21m²)				
533	**Plätze, Höfe, Terrassen**	398,32 m²	61.111	**153,42**	27,0
	Planum (398m²), Schottertragschicht 0/32mm, d=15-20cm (90m³), Betonpflaster (330m²), dynamische Tragschicht 0/16mm, d=6cm, wassergebundene Deckschicht 0/8mm, d=4cm (69m²), Betonkantensteine (226m), Pflasterband, einzeilig (119m)				
536	**Spielplatzflächen**	461,71 m²	31.955	**69,21**	14,1
	Planum (180m²), Schottertragschicht 0/32mm, d=10-15cm (74m³), Holzhackschnitzel, d=35cm (428m²), Holzdeck, Robinie (16m²), Spielsand 0,2/2mm, d=40cm (18m²), Einfassung, Robinien-Rundholz (17m)				
539	**Sonstiges zur KG 530**	1.622,99 m² BFF	2.622	**1,62**	1,2
	Traufstreifen, Betonplatten, Dränbeton C12/15 (51m), Gitterrost über Lichtschacht abmontiert, höhenmäßig anpassen (psch)				
540	**Baukonstruktionen**				**100,0**
541	**Einfriedungen**	99,61 m²	22.932	**230,22**	14,3
	Doppelstabgitterzaun, h=1,20m (63m), Zaunanlage, Tor, zweiflüglig, h=1,00m, Flachstahl (7m), Toranlagen, zweiflüglig, h=1,00m, b=3,20-3,60m (7m²), einflüglig (1m²), Holzzaun, Eiche/Robinie, Pfosten, h=1,30m (8m), Fundamente				
543	**Wandkonstruktionen**	64,65 m²	32.125	**496,90**	20,1
	Betonschicht C12/15, d=10-20cm, Stb-Winkelstützen, h=1,80m, b=1,00m, d=12cm (34m²), h=1,55m (9m²), h=1,00m (2m²), h=0,80m (11m²), h=0,55m, b=0,50m (1m²), h=0,40m, b=0,40-0,50m (8m²)				
544	**Rampen, Treppen, Tribünen**	58,84 m²	83.342	**1.416,42**	52,1
	Betonschicht C20/25, d=15cm, Tribünenstufen, Betonfertigteile, b=58-60cm, h=34-36cm (48m²), Betonblockstufen, b=29-31cm, h=17-19cm (10m²), Kontraststreifen, schwarz (28m), Geländer, Flachstahl, h=0,90m (8m), Handlauf, Rundrohr, Flachstahl, vier Pfosten (5m)				
545	**Überdachungen**	13,34 m²	21.589	**1.618,35**	13,5
	Mülleinhausung, Stahlstützen, Holzlattung, Pultdach, Trapezstahlblech, PVC-Regenrinne mit Fallrohr, Fundamente (13m²)				
550	**Technische Anlagen**				**100,0**
551	**Abwasseranlagen**	3.350,00 m² AF	151.929	**45,35**	92,8
	PP-Regenrückhalte-/Rigolensystem, Rigolenkörper, Einzelbausteine 1,20x0,60x0,60m, abgedichtet mit PEHD-Rückhaltesystemfolie, Schutzvlies (1St), Inspektions- und Reinigungsschächte DN315 (3St), KG-Rohre DN100-250 (114m), Kontrollschacht DN1.000 (1St), Schachtabdeckung, befahrbar (1St), Ausgleichsringe DN625 (15St), Straßenabläufe (4St), Fassadenrinnen, Abdeckroste (126m), Entwässerungsrinnen, befahrbar (26St), Einlaufkästen, befahrbar (4St), Rinnensteine 16x16x14cm (5m)				

KG	Kostengruppe	Menge Einheit	Kosten €	€/Einheit	%
556	**Elektrische Anlagen**	3.350,00 m² AF	11.815	**3,53**	7,2
	Lichtstelen, Lichtbauelementrohre, Fundamente (4St), Erdkabel, bauseits (67m), Fassadenrinnen mit Blitzschutz verbinden (8St)				
560	**Einbauten in Außenanlagen und Freiflächen**				**100,0**
561	**Allgemeine Einbauten**	3.350,00 m² AF	44.889	**13,40**	45,7
	Sitzblöcke, Betonfertigteile, auf Betonschicht, d=15cm, Bankauflagen, Robinienbohlen (19m), Sitzbänke mit Lehne, Holz, auf Betonfüßen (2St), Gitterrost für Konfiskatkühler (1St), Fahrradanlehnbügel (6St), Abfallbehälter mit Abdeckung (1St), Schuhabstreifer mit Bodenwanne aus Polymerbeton (2St)				
562	**Besondere Einbauten**	3.350,00 m² AF	53.271	**15,90**	54,3
	Kletterkombination, Robinienholz (1St), Kletterkombination, verzinkter Stahl, mit Kletterseilen (1St), Spielhäuschen, Nadelholz (1St), Wippe mit Stoßdämpfung (1St), Schaukel, Holz, Lagermaterial (1St), Fundamente				
570	**Vegetationsflächen**				**100,0**
571	**Vegetationstechn. Bodenbearbeitung**	1.341,91 m²	32.806	**24,45**	45,1
	Vegetationsfläche fräsen, d bis 20cm (986m²), Oberboden liefern, auftragen, d bis 30cm (1.153m²), lagernd, d bis 25cm, wieder auftragen (189m²), Rasentragschicht, d=15cm (271m²)				
573	**Pflanzflächen**	78,50 m²	5.047	**64,29**	6,9
	Feinplanum (56m²), Pflanzgrube 100x100x60cm, Baum (1St), Pflanzgruben 60x60x40cm, Sträucher (18St), Heckenpflanzen (24St), Kletterrosen (5St), Beerensträucher (13St), Kräuter (66St), Rindenmulch 10/40mm, d=5-7cm (43m²)				
574	**Rasen- und Saatflächen**	1.505,22 m²	34.144	**22,68**	47,0
	Feinplanum (1.492m²), Rasenansaat, Dünger (1.492m²), Blumenwiese (13m²)				
579	**Sonstiges zur KG 570**	1.583,72 m² PSF	676	**0,43**	0,9
	Findling (1St)				
590	**Sonstige Maßnahmen für Außenanlagen und Freiflächen**				**100,0**
591	**Baustelleneinrichtung**	3.350,00 m² AF	62.750	**18,73**	85,6
	Baustelleneinrichtung (1St), Baustellen-WC (1St), Lagerfläche auf Filtervlies, Schottertragschicht 0/32mm, d=25cm (120m²), aufnehmen, entsorgen (100m²), Parkverbotszone (psch), Leitbaken (9St), mobile Absperreinrichtung mit Verkehrszeichen (9m), Bauzaun, h=2,00m (33m)				
594	**Abbruchmaßnahmen**	3.350,00 m² AF	10.564	**3,15**	14,4
	Abbruch von Baumschutzzaun, h=2,00m (110m), Betonfundamenten (7m³), Schottertragschicht, d=25cm (47m³), Betonrückenstütze (7m); Entsorgung, Deponiegebühren				

Kostenkennwerte für Leistungsbereiche nach STLB (Kosten der Außenanlagen nach DIN 276)

LB	Leistungsbereiche	Kosten €	€/m² AF	% 500
000	Baustellen-, Verkehrssich.- u. Sicherh.einr. inkl. 001	62.750	18,70	7,3
002	Erdarbeiten	63.348	18,90	7,4
003	Landschaftsbauarbeiten	282.366	84,30	33,0
004	Landschaftsbauarbeiten - Pflanzen	3.229	0,96	0,4
008	Wasserhaltungsarbeiten	–	–	–
009	Entwässerungskanalarbeiten	150.549	44,90	17,6
010	Drän- und Versickerarbeiten	4.841	1,40	0,6
012	Mauerarbeiten	–	–	–
013	Betonarbeiten	51.515	15,40	6,0
014	Natur-, Betonwerksteinarbeiten inkl. 024, 025	–	–	–
016	Zimmer- und Holzbauarbeiten	–	–	–
017	Stahlbauarbeiten	–	–	–
018	Abdichtungsarbeiten	406	0,12	< 0,1
020	Dachdeckungsarbeiten	–	–	–
021	Dachabdichtungsarbeiten	–	–	–
022	Klempnerarbeiten	–	–	–
023	Putz- und Stuckarbeiten, Wärmedämmsysteme	–	–	–
027	Tischlerarbeiten	–	–	–
028	Parkett-, Holzpflasterarbeiten	–	–	–
031	Metallbauarbeiten inkl. 035	20.515	6,10	2,4
032	Verglasungsarbeiten inkl. 029	–	–	–
034	Maler- und Lackiererarb. - Beschicht. inkl. 037	–	–	–
042	Gas- u. Wasseranl. - Leitung., Armat.	–	–	–
043	Druckrohrleitungen Gas, Wasser, Abwasser	–	–	–
044	Abwasseranl. - Leitungen, Abläufe, Armaturen	–	–	–
045	Gas, Wasser, Entwässerung - Ausstattung inkl. 046	–	–	–
050	Blitzschutz-/Erdungsanlagen, Überspannungssch.	1.216	0,36	0,1
053	Niederspannungsanl. - Kabel inkl. 052, 055	10.599	3,20	1,2
058	Leuchten und Lampen inkl. 059	–	–	–
060	Such, Signal, Zeit, Anten., akust. Anl. inkl. 061, 063	–	–	–
080	Straßen, Wege, Plätze	194.039	57,90	22,7
084	Abbruch, Rückbau, Schadstoffsanierung	10.564	3,20	1,2
087	Abfallentsorgung, Verwertung und Beseitigung	–	–	–
	Sonstige Leistungsbereiche	**–**	**–**	**–**

Neugestaltung von Außenanlagen zu Schulen

8

Neugestaltung von Außenanlagen zu Schulen

Kostenkennwerte für die Kosten der Außenanlagen (Kostengruppe 500 nach DIN 276)

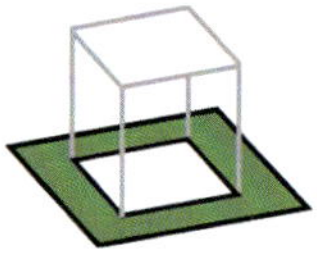

AF **185 €/m²**

von 110 €/m²
bis 300 €/m²

Kosten:
Stand 4. Quartal 2025
Bundesdurchschnitt
inkl. 19% MwSt.

Objektbeispiele

4200-0034

4100-0231

4100-0244

Kosten und Bauzeiten der 22 Vergleichsobjekte

Seiten 676 bis 679

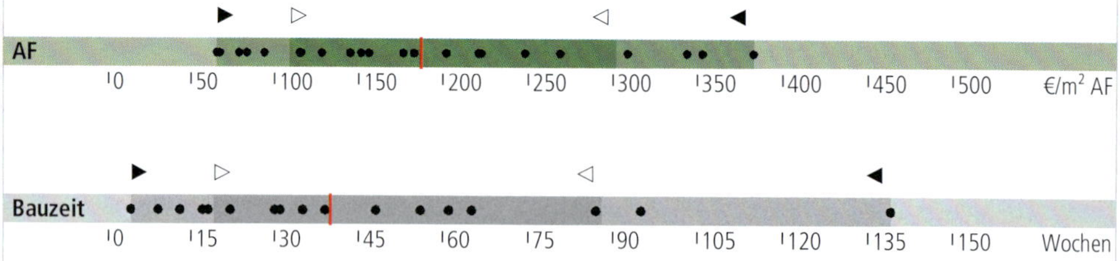

- ● KKW
- ▶ min
- ▷ von
- | Mittelwert
- ◁ bis
- ◀ max

Kostenkennwerte für die Kostengruppen der 1. und 2. Ebene DIN 276

KG	Kostengruppen der 1. Ebene	Einheit	▷	€/Einheit	◁	▷	% 500	◁
100	Grundstück	m²GF	–	**–**	–	–	**–**	–
200	Vorbereitende Maßnahmen	m²GF	1	**3**	10	0,8	**2,4**	8,9
300	Bauwerk – Baukonstruktionen	m²BGF	–	**–**	–	0,2	**0,5**	1,2
400	Bauwerk – Technische Anlagen	m²BGF	–	**–**	–	–	**–**	–
500	Außenanlagen und Freiflächen	m²AF	109	**187**	302	–	**100,0**	–
600	Ausstattung und Kunstwerke	m²AF	< 1	**< 1**	< 1	< 0,1	**0,2**	0,4
700	Baunebenkosten	m²AF	–	**–**	–	–	**–**	–
800	Finanzierung	m²AF	–	**–**	–	–	**–**	–

KG	Kostengruppen der 2. Ebene	Einheit	▷	€/Einheit	◁	▷	% 500	◁
510	Erdbau	m³EBR	35	**67**	114	5,0	**7,4**	13,5
520	Gründung, Unterbau	m²AF	2	**6**	17	0,6	**2,4**	5,4
530	Oberbau, Deckschichten	m²BFF	95	**119**	146	24,8	**36,4**	47,9
540	Baukonstruktionen	m²AF	10	**29**	69	5,0	**13,0**	22,8
550	Technische Anlagen	m²AF	5	**14**	32	2,6	**6,6**	14,0
560	Einbauten Außenanl. u. Freiflächen	m²AF	14	**37**	95	9,3	**19,2**	43,8
570	Vegetationsflächen	m²PSF	34	**70**	197	6,1	**11,2**	19,7
580	Wasserflächen	m²WAF	–	**44**	–	< 0,1	**0,1**	2,3
590	Sonstiges Außenanl. u. Freiflächen	m²AF	3	**7**	19	1,4	**3,6**	7,3

Prozentanteile der Kosten für Leistungsbereiche nach STLB (Kosten der KG 500 nach DIN 276)

LB	Leistungsbereiche	20% 40% 60%	▷	% 500	◁
000	Baustellen-, Verkehrssich.- u. Sicherh.einr. inkl. 001		1,0	**2,6**	5,8
002	Erdarbeiten		0,2	**4,3**	13,1
003	Landschaftsbauarbeiten		16,3	**32,6**	53,8
004	Landschaftsbauarbeiten - Pflanzen		1,6	**3,4**	9,1
008	Wasserhaltungsarbeiten		–	**–**	–
009	Entwässerungskanalarbeiten		0,8	**4,0**	10,9
010	Drän- und Versickerarbeiten		< 0,1	**1,0**	6,2
012	Mauerarbeiten		0,0	**0,2**	2,6
013	Betonarbeiten		1,0	**6,3**	12,6
014	Natur-, Betonwerksteinarbeiten inkl. 024, 025		0,0	**0,2**	1,4
016	Zimmer- und Holzbauarbeiten		0,0	**0,4**	6,3
017	Stahlbauarbeiten		–	**–**	–
018	Abdichtungsarbeiten		< 0,1	**< 0,1**	0,2
022	Klempnerarbeiten		–	**–**	–
031	Metallbauarbeiten inkl. 035		0,2	**3,6**	10,1
034	Maler- und Lackiererarb. - Beschicht. inkl. 037		< 0,1	**< 0,1**	1,2
042	Gas- u. Wasseranl. - Leitung., Armat.		< 0,1	**< 0,1**	0,4
043	Druckrohrleitungen Gas, Wasser, Abwasser		< 0,1	**< 0,1**	0,5
044	Abwasseranl. - Leitungen, Abläufe, Armaturen		< 0,1	**0,3**	2,1
053	Niederspannungsanl. - Kabel inkl. 052, 055		< 0,1	**0,3**	0,7
058	Leuchten und Lampen inkl. 059		< 0,1	**0,5**	3,1
080	Straßen, Wege, Plätze		17,4	**31,4**	51,9
084	Abbruch, Rückbau, Schadstoffsanierung		2,3	**6,1**	12,4
087	Abfallentsorgung, Verwertung und Beseitigung		< 0,1	**0,6**	4,9
	Sonstige Leistungsbereiche		< 0,1	**2,1**	15,5

Objektübersicht zur Gebäudeart

4100-0050 Freianlage Grundschule*

Michael Lennartz Freier Landschaftsarchitekt
Bodenheim

4100-0067 Schulhofumgestaltung*

Ingenieurbüro Stadt + Natur Christoph Zähringer
Kassel

4100-0071 Schulhofneugestaltung*

biegert landschaftsarchitektur
bad friedrichshall

4100-0131 Schulhof Gesamtschule*

Katrin Kröber Freie Landschaftsarchitektin
Rostock

4100-0132 Schulhof für Grundschule und Hort*

Büro für Landschaftsarchitektur Petra Buschmann
Schwerin

4100-0134 Freianlage Gymnasium*

Noack Landschaftsarchitekten
Dresden

* Diese Objekte wurden zur Bildung der statistischen Werte herangezogen. Sie sind nicht als Einzelobjekt in diesem Band veröffentlicht.

© Gerhard Kohl Landschaftsarchitekt

4100-0142 Freianlage Grundschule*

Dipl.-Ing. Gerhard Kohl Landschaftsarchitekt, BDLA
Göttingen

© Landschafts.Architektur Birgit Hammer

4100-0152 Schulfreifläche*

Landschafts.Architektur Birgit Hammer
Berlin

© freianlage.de Landschaftsarchitektur

4100-0163 Schulhof Grund- und Gesamtschule*

freianlage.de Landschaftsarchitektur
Potsdam

© Munder und Erzepky Landschaftsarchitekten

4100-0165 Schulhof*

Munder und Erzepky Landschaftsarchitekten bdla
Bochum

© Marc Stantien

4100-0171 Schulhof, Quartierspark*

KPN Architekten BDA Architektur + Freiraum
Braunschweig

© Munder und Erzepky Landschaftsarchitekten

4100-0185 Pausenhof, Bolzplatz*

Munder und Erzepky Landschaftsarchitekten bdla
Hamburg

* Diese Objekte wurden zur Bildung der statistischen Werte herangezogen. Sie sind nicht als Einzelobjekt in diesem Band veröffentlicht.

Objektübersicht zur Gebäudeart

4100-0186 Schulhof, Streetballfeld*

Munder und Erzepky Landschaftsarchitekten bdla
Hamburg

4100-0187 Pausen- und Spielhof*

Munder und Erzepky Landschaftsarchitekten bdla
Hamburg

4100-0208 Spiel- und Pausenhöfe

WFP Bernward Benedikt Jansen
LandschaftsArchitekten, Glinde

4100-0209 Außenanlage Fachschule für Sozialpädagogik

Klaiber + Oettle Architekten und Ingenieure
Schwäbisch Gmünd

4100-0216 Schulhof

GrünPlan Landschaftsarchitekten BDLA
Hannover

4100-0231 Außenanlage Grundschule

Dipl.-Ing. A. Brückner Büro für Landschaftsarchitektur
Havelberg

* Diese Objekte wurden zur Bildung der statistischen Werte herangezogen. Sie sind nicht als Einzelobjekt in diesem Band veröffentlicht.

4100-0237 Außenanlage Realschule

JOMA Landschaftsarchitektur
Bamberg

4100-0244 Außenanlage Gemeinschaftsschule

KOKOMO Landschaft und Stadtraum GmbH
Berlin

4100-0247 Spiel- und Freizeitanlage

WEISSHAUPT Landschaftsarchitektur
Donaueschingen

4200-0034 Schulhof Berufsschule

westform architekten
Alsdorf

4100-0208
Spiel- und Pausenhöfe

Kostenkennwerte für die Kosten der Außenanlage (Kostengruppe 500 nach DIN 276)

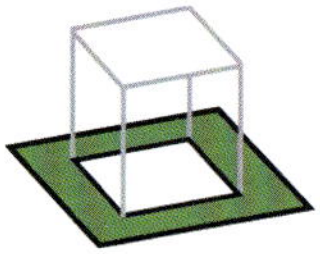

Modernisierung

AF **94 €/m²**

Objekt:
Kennwerte: 3. Ebene DIN 276
GF: 24.380 m²
AF: 2.320 m²
Bauzeit: 22 Wochen
Bauende: 2018
Standard: mittel
Bundesland: Schleswig-Holstein
Kreis: Stormarn

Garten- und Landschaftsarchitekt*in:
WFP
Bernward Benedikt Jansen
LandschaftsArchitekten
Großer Glinder Berg 16
21509 Glinde

Bauherr*in:
Schulverband Trittau
Europaplatz 5
22946 Trittau

© WFP Bernward Benedikt Jansen

© WFP Bernward Benedikt Jansen

© WFP Bernward Benedikt Jansen

© WFP Bernward Benedikt Jansen

Modernisierung

Lageplan

Objektbeschreibung

Allgemeine Objektinformationen

Zwei räumlich getrennte Schulhöfe eines Gymnasiums aus den 1980er Jahren wurden neu gestaltet und an die heutigen pädagogischen und motorischen Anforderungen eines modernen Schulhofs angepasst. Die Umgestaltung erfolgte unter Wahrung der funktionierenden Bestandsflächen und -elemente und passten sich in den gesamtgestalterischen Rahmen ein. Die überarbeiteten Schulhofflächen, aufgeteilt in Unter- und Oberstufenschulhof, dienen zukünftig mehreren Nutzungen: der aktiven Pausengestaltung, einer Nutzung im Unterrichtsrahmen und einer schulübergreifenden Nutzung nachmittags und am Wochenende.

Nutzung

Neugestaltung der Außenanlage eines bestehenden Gymnasiums mit Pausen- und Spielhof sowie zur Unterrichtsnutzung, Fitness- und Turnstation, Arena, Grilllounge, Spieltische, Kräutergarten mit Hochbeeten

Grundstück

Bauraum: Freier Bauraum
Neigung: Ebenes Gelände
Bodenklasse: BK 1

Markt

Hauptvergabezeit: 4. Quartal 2017
Baubeginn: 4. Quartal 2017
Bauende: 2. Quartal 2018
Konjunkturelle Gesamtlage: über Durchschnitt
Regionaler Baumarkt: unter Durchschnitt

Baubestand

Baujahr: 1980
Bauzustand: schlecht

Außenanlagen, Freiflächen

Ein Fitnessbereich und eine Arena wurden angelegt. Oberhalb der Tribüne der Arena befinden sich eine Kunstrasenfläche und ein Kräutergarten, der durch unterfahrbare Hochbeete barrierefrei nutzbar ist. Im westlichen Bereich des Schulhofareals befindet sich eine Beachfläche als Treffpunkt und Chill-Ort, der mit der alten Pergola des Unterstufenschulhofes und selbstgebauten Sitzmöbeln ausgestattet wurde. Im östlichen Bereich wurde eine Grill-Lounge mit zwei Außengrills geschaffen. Die Aufenthalts- und Sitzmöglichkeiten wurden durch Picknicktische und Spieltische ergänzt und abgerundet. Für ein geplantes Forscherlabor wurden die hierfür notwendige Versorgungstrassen in Form von Leerrohren vorbereitet. Die Neugestaltung hat sich an Ergebnissen eines schulinternen Beteiligungsprozesses orientiert. Das Herstellen von Hochbeeten und Palettenmöbeln für den Beachbereich, haben in Eigenleistung in entsprechenden Arbeitseinsätzen seitens der Schule stattgefunden.

Sonstiges

Das Projekt "Neugestaltung der Schulhöfe am Gymnasium - Schaffung von Treffpunkten für alle, die Inklusion fördern" wurde unterstützt durch den Europäischen Landwirtschaftsfonds für die Entwicklung des ländlichen Raums (ELER).

Planungskennwerte für Flächen und Rauminhalte nach DIN 277

Flächen des Grundstücks		Menge Einheit	% an GF
BF	Bebaute Fläche	6.055,00 m²	24,8
UF	Unbebaute Fläche	18.325,00 m²	75,2
GF	Grundstücksfläche	24.380,00 m²	100,0
AF	Außenanlagenfläche	2.320,00 m²	

KG	Kostengruppen (2. Ebene)	Menge Einheit	Menge/AF	Menge/GF
510	Erdbau	– m³ EBR	0,00	0,00
530	Oberbau, Deckschichten	898,21 m² BFF	0,39	0,04
570	Vegetationsflächen	115,00 m² PSF	0,05	< 0,01
580	Wasserflächen	–	–	–

Prozentualer Anteil der Kostengruppen der 2. Ebene an der Kostengruppe 500 nach DIN 276

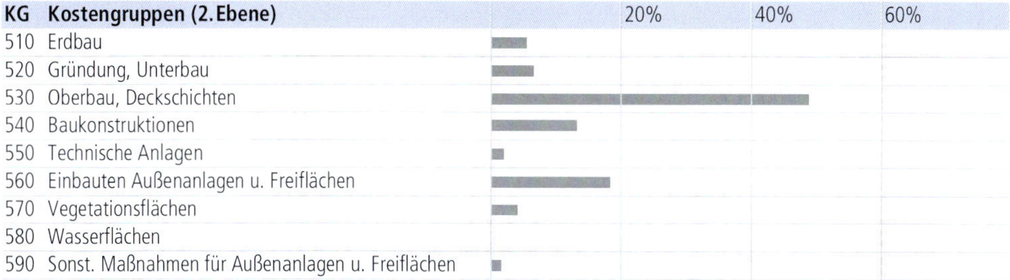

Ranking der Kostengruppen der 3. Ebene an der Kostengruppe 500 nach DIN 276

KG	Kostengruppen (3. Ebene)	% an KG 500	KG	Kostengruppen (3. Ebene)	% an KG 500
533	Plätze, Höfe, Terrassen	25,3	545	Überdachungen	2,4
536	Spielplatzflächen	23,4	591	Baustelleneinrichtung	1,4
562	Besondere Einbauten	15,5	552	Wasseranlagen	0,9
522	Gründungen und Bodenplatten	6,6	579	Sonstiges zur KG 570	0,8
544	Rampen, Treppen, Tribünen	6,3	556	Elektrische Anlagen	0,7
511	Herstellung	5,5	571	Vegetationstechn. Bodenbearbeitung	0,5
543	Wandkonstruktionen	4,1	541	Einfriedungen	0,4
561	Allgemeine Einbauten	2,8	551	Abwasseranlagen	0,4
573	Pflanzflächen	2,8	596	Materialentsorgung	0,2

Modernisierung

Kostenkennwerte für die Kostengruppen der 1. Ebene DIN 276

KG	Kostengruppen (1. Ebene)	Einheit	Kosten €	€/Einheit	% 500
100	Grundstück	m² GF	–	–	–
200	Vorbereitende Maßnahmen	m² GF	–	–	–
300	Bauwerk – Baukonstruktionen	m² BGF	–	–	–
400	Bauwerk – Technische Anlagen	m² BGF	–	–	–
500	**Außenanlagen und Freiflächen**	**m² AF**	**216.993**	**93,53**	**100,0**
600	Ausstattung und Kunstwerke	m² AF	–	–	–
700	Baunebenkosten	m² AF	–	–	–
800	Finanzierung	m² AF	–	–	–

KG	Kostengruppe	Menge Einheit	Kosten €	€/Einheit	%
500	**Außenanlagen und Freiflächen**	2.320,00 m² AF	216.993	**93,53**	100,0

- Abbrechen (Kosten: 15,2%) — 33.006
  Abtragen von Boden, Abbruch von Betonfundamenten; Betonpflaster, Pflasterbelägen; Beeteinfassungen, Fundamenten; Entsorgung, Deponiegebühren; Abbruch von Pergola; Spieltische, lagern; Roden von Gehölzpflanzungen, Wurzelstöcke; Entsorgung, Deponiegebühren

- Wiederherstellen (Kosten: 0,4%) — 767
  Kontrollschacht anpassen

- Herstellen (Kosten: 84,4%) — 183.220
  Bodenarbeiten; Betonfundamente, Schottertragschicht; Klinkerpflaster, Betonpflaster, Fallschutzsand, Kunststofffallschutzbeläge, Kunstrasen; Betonwinkelstützen, Holzdeck, Pergolen; Abwasserleitungen; Außenmöblierung, Betongrills, Tischtennisplatte, Fitnessgerätestationen; Oberbodenarbeiten, Bepflanzung

Kostenkennwerte für die Kostengruppen der 2.Ebene DIN 276

KG	Kostengruppe	Menge Einheit	Kosten €	€/Einheit	%
500	**Außenanlagen und Freiflächen**				**100,0**
510	**Erdbau**	–	11.829	**–**	5,5
	• Herstellen (Kosten: 100,0%) Boden laden, abfahren (142t), Rohrgrabenaushub, t=80cm, abtragen, lagern (94m), Boden liefern, einbauen (69t), Planum (1.086m²)	–	11.829	**–**	
520	**Gründung, Unterbau**	2.320,00 m² AF	14.314	**6,17**	6,6
	• Abbrechen (Kosten: 93,2%) Abbruch von Betonfundamenten, Klinkersteinen t bis 80cm (51m³); Entsorgung, Deponiegebühren	2.320,00 m² AF	13.335	**5,75**	
	• Herstellen (Kosten: 6,8%) Betonfundamente (3m³)	2.320,00 m² AF	979	**0,42**	
530	**Oberbau, Deckschichten**	898,21 m² BFF	105.707	**117,69**	48,7
	• Abbrechen (Kosten: 10,3%) Abbruch von Betonpflaster (187m²), Klinker, Pflasterbelägen (100t); Entsorgung, Deponiegebühren, Aufnehmen und Lagern von Schottertragschicht, t=30cm (672m²)	859,05 m² BFF	10.881	**12,67**	
	• Herstellen (Kosten: 89,7%) Schottertragschicht, t=15cm, Klinkerpflaster, Lagermaterial (159m²), Schottertragschicht, Betonrechteckpflaster, Lagermaterial (513m²), Betonbordsteine (14m) * ungebundene Tragschicht, d=15cm, Fallschutzsand, t=40cm (226m²), Kunststofffallschutzbelag, Gummigranulat (158m²), Kunstrasen (226m²)	1.015,74 m² BFF	94.826	**93,36**	
540	**Baukonstruktionen**	2.320,00 m² AF	28.598	**12,33**	13,2
	• Abbrechen (Kosten: 10,1%) Abbruch von Stahlrohreinfassungen (53m), Fundamente (16St); Entsorgung, Deponiegebühren * Aufnehmen und Lagern von Pergolen (2St)	2.320,00 m² AF	2.888	**1,24**	
	• Herstellen (Kosten: 89,9%) Betonwinkelstützen, 50x50cm, als Einfassungen (45m), Betonwinkelstützen in Tribünenanordnung (32m) * Sandsteinblöcke (5St), Holzdeck, Lärche (20m²) * Pergolen, Lagermaterial (2St)	2.320,00 m² AF	25.710	**11,08**	
550	**Technische Anlagen**	2.320,00 m² AF	4.445	**1,92**	2,0
	• Wiederherstellen (Kosten: 2,6%) Kontrollschacht höhenmäßig anpassen (1St)	2.320,00 m² AF	117	**0,05**	
	• Herstellen (Kosten: 97,4%) KG-Rohre DN100 (4m), Revisionsschacht DN400 (1St) * PE-Druckrohre DN20 (73m), Außenwasserhahn (1St) * Erdkabel (95m), Steckdosensäule, h=50cm (1St)	2.320,00 m² AF	4.328	**1,87**	

Modernisierung

KG	Kostengruppe	Menge Einheit	Kosten €	€/Einheit	%
560	**Einbauten Außenanlagen u. Freiflächen**	2.320,00 m² AF	39.621	**17,08**	18,3
	• Abbrechen (Kosten: 0,9%) Aufnehmen und Lagern von Spieltischen (2St)	2.320,00 m² AF	361	**0,16**	
	• Wiederherstellen (Kosten: 1,6%) Tischplatten von Spieltischen erneuern (2St)	2.320,00 m² AF	650	**0,28**	
	• Herstellen (Kosten: 97,4%) Bankelemente, U-Betonsteine (64St), Bankauflagen, Lagermaterial (13St), Sitzauflagen, Lärchenholz (2m²) * Robinienholzpfosten, h=3,00m (3St), Spieltische, Lagermaterial (2St), Beton-Kastengrills (2St), Tischtennisplatte (1St), Fitness- und Turnstation mit Sprossenwand (1St), Ringestation (1St), Barrenstation (1St)	2.320,00 m² AF	38.610	**16,64**	
570	**Vegetationsflächen**	115,00 m² PSF	8.992	**78,19**	4,1
	• Abbrechen (Kosten: 61,6%) Roden von Gehölzpflanzungen, h=3,00-5,00m, Wurzelstöcke (101m²) * Abbruch von Klinkermauerwerk (26m²); Entsorgung, Deponiegebühren	101,39 m² PSF	5.541	**54,65**	
	• Herstellen (Kosten: 38,4%) Oberboden liefern, auftragen (23m³) * Hecken, h=1,25m (122St), Stauden (234St)	115,00 m² PSF	3.451	**30,01**	
590	**Sonst. Maßnahmen für Außenanlagen u. Freiflächen**	2.320,00 m² AF	3.487	**1,50**	1,6
	• Herstellen (Kosten: 100,0%) Baustelleneinrichtung (psch), Bauzaun (133m) * Abfuhr Bauholz (5m³)	2.320,00 m² AF	3.487	**1,50**	

Kostenkennwerte für die Kostengruppen 500 der 2. und 3. Ebene DIN 276 (Übersicht)

KG	Kostengruppe	Menge Einheit	Kosten €	€/Einheit	% 500
500	**Außenanlagen und Freiflächen**	**2.320,00 m² AF**	**216.992,72**	**93,53**	**100,0**
510	**Erdbau**	**–**	**11.829,18**	**–**	**5,5**
511	Herstellung	–	11.829,18	–	5,5
512	Umschließung	–	–	–	–
513	Wasserhaltung	–	–	–	–
520	**Gründung, Unterbau**	**2.320,00 m² AF**	**14.313,69**	**6,17**	**6,6**
521	Baugrundverbesserung	–	–	–	–
522	Gründungen und Bodenplatten	5,12 m²	14.313,69	2.795,64	6,6
523	Gründungsbeläge	–	–	–	–
524	Abdichtungen und Bekleidungen	–	–	–	–
525	Dränagen	–	–	–	–
530	**Oberbau, Deckschichten**	**898,21 m² BFF**	**105.706,83**	**117,69**	**48,7**
531	Wege	–	–	–	–
532	Straßen	–	–	–	–
533	Plätze, Höfe, Terrassen	672,07 m²	54.852,38	81,62	25,3
534	Stellplätze	–	–	–	–
535	Sportplatzflächen	–	–	–	–
536	Spielplatzflächen	–	50.854,45	–	23,4
539	Sonstiges zur KG 530	–	–	–	–
540	**Baukonstruktionen**	**2.320,00 m² AF**	**28.597,77**	**12,33**	**13,2**
541	Einfriedungen	–	955,97	–	0,4
542	Schutzkonstruktionen	–	–	–	–
543	Wandkonstruktionen	22,25 m²	8.837,58	397,19	4,1
544	Rampen, Treppen, Tribünen	43,15 m²	13.673,18	316,88	6,3
545	Überdachungen	19,25 m²	5.131,04	266,55	2,4
546	Stege	–	–	–	–
547	Kanal- und Schachtkonstruktionen	–	–	–	–
548	Wasserbecken	–	–	–	–
550	**Technische Anlagen**	**2.320,00 m² AF**	**4.445,35**	**1,92**	**2,0**
551	Abwasseranlagen	2.320,00 m² AF	897,31	0,39	0,4
552	Wasseranlagen	2.320,00 m² AF	2.006,92	0,87	0,9
553	Anlagen für Gase und Flüssigkeiten	–	–	–	–
554	Wärmeversorgungsanlagen	–	–	–	–
555	Raumlufttechnische Anlagen	–	–	–	–
556	Elektrische Anlagen	2.320,00 m² AF	1.541,12	0,66	0,7
557	Kommunikationstechnische Anlagen	–	–	–	–
558	Nutzungsspezifische Anlagen	–	–	–	–
560	**Einbauten Außenanlagen u. Freiflächen**	**2.320,00 m² AF**	**39.620,86**	**17,08**	**18,3**
561	Allgemeine Einbauten	2.320,00 m² AF	6.025,08	2,60	2,8
562	Besondere Einbauten	2.320,00 m² AF	33.595,78	14,48	15,5
563	Orientierungs- und Informationssysteme	–	–	–	–
570	**Vegetationsflächen**	**115,00 m² PSF**	**8.991,92**	**78,19**	**4,1**
571	Vegetationstechn. Bodenbearbeitung	115,00 m²	1.183,47	10,29	0,5
572	Sicherungsbauweisen	–	–	–	–
573	Pflanzflächen	115,00 m²	6.111,42	53,14	2,8
574	Rasen- und Saatflächen	–	–	–	–
579	Sonstiges zur KG 570	115,00 m² PSF	1.697,04	14,76	0,8
580	**Wasserflächen**	**–**	**–**	**–**	**–**
590	**Sonst. Maßnahmen für Außenanlagen u. Freiflächen**	**2.320,00 m² AF**	**3.487,13**	**1,50**	**1,6**

Modernisierung

Kostenkennwerte für die Kostengruppen der 3. Ebene DIN 276

KG	Kostengruppe	Menge Einheit	Kosten €	€/Einheit	%
510	**Erdbau**				**100,0**
511	**Herstellung**	–	11.829	–	100,0
	• Herstellen (Kosten: 100,0%) Boden laden, abfahren (142t), Rohrgrabenaushub, t=80cm, abtragen, lagern (94m), Boden liefern, einbauen (69t), Planum (1.086m²)	–	11.829	–	
520	**Gründung, Unterbau**				**100,0**
522	**Gründungen und Bodenplatten**	5,12 m²	14.314	**2.795,64**	100,0
	• Abbrechen (Kosten: 93,2%) Abbruch von Betonfundamenten, Klinkersteinen, t bis 80cm (51m³); Entsorgung, Deponiegebühren	63,75 m²	13.335	**209,18**	
	• Herstellen (Kosten: 6,8%) Betonfundamente C20/25, 40x40x60cm (3m³)	5,12 m²	979	**191,14**	
530	**Oberbau, Deckschichten**				**100,0**
533	**Plätze, Höfe, Terrassen**	672,07 m²	54.852	**81,62**	51,9
	• Abbrechen (Kosten: 19,8%) Abbruch von Betonpflaster (187m²), Klinker, Pflasterbeläge (100t); Entsorgung, Deponiegebühren, Aufnehmen und Lagern von Schottertragschicht, t=30cm (672m²)	672,07 m²	10.881	**16,19**	
	• Herstellen (Kosten: 80,2%) Schottertragschicht, Kies-Sand 0/32mm, t=15cm, Klinkerpflaster 24x12x5,5cm, Lagermaterial (159m²), Schottertragschicht, Kies-Sand 0/32mm, t=25cm, Lagermaterial, Betonrechteckpflaster 20x10x8cm, Lagermaterial (513m²), Betonbordsteine 10x25cm (14m)	672,07 m²	43.972	**65,43**	
536	**Spielplatzflächen**	–	50.854	–	48,1
	• Herstellen (Kosten: 100,0%) Planum, ungebundene Tragschicht, Kiessand 0/32mm, d=15cm, Kunststofffallschutzbelag, wasserdurchlässiges Gummigranulat 1/4mm, für Fallschutz bis 1,25m (56m²), bis 2,41m (40m²), bis 2,85m (61m²), Splittbett, d=3cm (68m²), Kunstrasen (226m²), Fallschutzsand 0/1mm, t=40cm (117m²)	343,67 m²	50.854	**147,97**	
540	**Baukonstruktionen**				**100,0**
541	**Einfriedungen**	–	956	–	3,3
	• Abbrechen (Kosten: 100,0%) Abbruch von Stahlrohreinfassungen (53m); Entsorgung, Deponiegebühren	–	956	–	
543	**Wandkonstruktionen**	22,25 m²	8.838	**397,19**	30,9
	• Herstellen (Kosten: 100,0%) Betonwinkelstützen C25/30, 50x50cm, d=10cm (45m)	22,25 m²	8.838	**397,19**	
544	**Rampen, Treppen, Tribünen**	43,15 m²	13.673	**316,88**	47,8
	• Herstellen (Kosten: 100,0%) Betonwinkelstützen C25/30, 50x50cm, d=10cm, Tribünenanordnung (32m), Sandsteinblöcke 40x40x50cm (5St), Holzdeck, Lärche, Unterkonstruktion (20m²)	43,15 m²	13.673	**316,88**	

KG	Kostengruppe	Menge Einheit	Kosten €	€/Einheit	%
545	**Überdachungen**	19,25 m²	5.131	**266,55**	17,9
	• Abbrechen (Kosten: 37,6%) Aufnehmen und Lagern von Pergolen (2St), acht Fundamente entsorgen (2St); Entsorgung, Deponiegebühren	19,25 m²	1.932	**100,35**	
	• Herstellen (Kosten: 62,4%) Pergolen, Stahlrohr, verzinkt, fünf Segmente, Lagermaterial (2St)	19,14 m²	3.199	**167,15**	
550	**Technische Anlagen**				**100,0**
551	**Abwasseranlagen**	2.320,00 m² AF	897	**0,39**	20,2
	• Wiederherstellen (Kosten: 13,1%) Kontrollschacht höhenmäßig anpassen (1St)	2.320,00 m² AF	117	**0,05**	
	• Herstellen (Kosten: 86,9%) KG-Rohre DN100, Formstücke (4m), Revisionsschacht DN400 (1St)	2.320,00 m² AF	780	**0,34**	
552	**Wasseranlagen**	2.320,00 m² AF	2.007	**0,87**	45,1
	• Herstellen (Kosten: 100,0%) PE-Druckrohre DN20, Formstücke (73m), Außenwasserhahn, Erdanschlussdose (1St)	2.320,00 m² AF	2.007	**0,87**	
556	**Elektrische Anlagen**	2.320,00 m² AF	1.541	**0,66**	34,7
	• Herstellen (Kosten: 100,0%) Erdkabel NYY (95m), Steckdosensäule, h=50cm (1St)	2.320,00 m² AF	1.541	**0,66**	
560	**Einbauten in Außenanlagen und Freiflächen**				**100,0**
561	**Allgemeine Einbauten**	2.320,00 m² AF	6.025	**2,60**	15,2
	• Abbrechen (Kosten: 6,0%) Aufnehmen und Lagern von Spieltischen 1,75x1,75m (2St)	2.320,00 m² AF	361	**0,16**	
	• Herstellen (Kosten: 94,0%) Bankelemente, U-Betonsteine C25/30, 40x50x40cm (64St), Bankauflagen, l=1,52m, Lagermaterial (13St), Sitzauflagen, Lärchenholz (2m²)	2.320,00 m² AF	5.664	**2,44**	
562	**Besondere Einbauten**	2.320,00 m² AF	33.596	**14,48**	84,8
	• Wiederherstellen (Kosten: 1,9%) Tischplatten von Spieltischen erneuern (2St)	2.320,00 m² AF	650	**0,28**	
	• Herstellen (Kosten: 98,1%) Robinienholzpfosten, d=20cm, h=3,00m, einbetonieren (3St), Spieltische, Lagermaterial (2St), Beton-Kastengrills (2St), Tischtennisplatte (1St), Fitness- und Turnstation, 4,71x3,14m mit Sprossenwand, Hängeleiter, Reckstangen (1St), Ringestation, 2,10x1,23m, h=2,30m (1St), Barrenstation, 2,25x1,85m (1St)	2.320,00 m² AF	32.946	**14,20**	
570	**Vegetationsflächen**				**100,0**
571	**Vegetationstechn. Bodenbearbeitung**	115,00 m²	1.183	**10,29**	13,2
	• Herstellen (Kosten: 100,0%) Oberboden liefern, auftragen, d=20cm (23m³)	115,00 m²	1.183	**10,29**	

KG	Kostengruppe	Menge Einheit	Kosten €	€/Einheit	%
573	**Pflanzflächen**	115,00 m²	6.111	**53,14**	68,0
	• Abbrechen (Kosten: 62,9%) Roden von Gehölzpflanzungen, h=3,00-5,00m, Wurzelstöcke (101m²); Entsorgung, Deponiegebühren	101,39 m²	3.844	**37,91**	
	• Herstellen (Kosten: 37,1%) Hecken, h=1,25m (122St), Stauden (234St)	115,00 m²	2.267	**19,72**	
579	**Sonstiges zur KG 570**	115,00 m² PSF	1.697	**14,76**	18,9
	• Abbrechen (Kosten: 100,0%) Abbruch von Klinkermauerwerk (26m²); Entsorgung, Deponiegebühren	101,39 m² PSF	1.697	**16,74**	
590	**Sonstige Maßnahmen für Außenanlagen und Freiflächen**				**100,0**
591	**Baustelleneinrichtung**	2.320,00 m² AF	3.081	**1,33**	88,4
	• Herstellen (Kosten: 100,0%) Baustelleneinrichtung (psch), Bauzaun (133m)	2.320,00 m² AF	3.081	**1,33**	
596	**Materialentsorgung**	2.320,00 m² AF	406	**0,18**	11,6
	• Herstellen (Kosten: 100,0%) Abfuhr Bauholz (5m³)	2.320,00 m² AF	406	**0,18**	

Kostenkennwerte für Leistungsbereiche nach STLB (Kosten der Außenanlagen nach DIN 276)

LB	Leistungsbereiche	Kosten €	€/m² AF	% 500
000	Baustellen-, Verkehrssich.- u. Sicherh.einr. inkl. 001	3.081	1,30	1,4
	Herstellen	3.081	1,30	1,4
002	Erdarbeiten	13.491	5,80	6,2
	Herstellen	13.491	5,80	6,2
003	Landschaftsbauarbeiten	47.541	20,50	21,9
	Wiederherstellen	650	0,28	0,3
	Herstellen	46.891	20,20	21,6
004	Landschaftsbauarbeiten - Pflanzen	1.932	0,83	0,9
	Herstellen	1.932	0,83	0,9
008	Wasserhaltungsarbeiten	–	–	–
009	Entwässerungskanalarbeiten	897	0,39	0,4
	Wiederherstellen	117	0,05	< 0,1
	Herstellen	780	0,34	0,4
010	Drän- und Versickerarbeiten	–	–	–
012	Mauerarbeiten	–	–	–
013	Betonarbeiten	18.933	8,20	8,7
	Herstellen	18.933	8,20	8,7
014	Natur-, Betonwerksteinarbeiten inkl. 024, 025	993	0,43	0,5
	Herstellen	993	0,43	0,5
016	Zimmer- und Holzbauarbeiten	–	–	–
017	Stahlbauarbeiten	–	–	–
018	Abdichtungsarbeiten	–	–	–
020	Dachdeckungsarbeiten	–	–	–
021	Dachabdichtungsarbeiten	–	–	–
022	Klempnerarbeiten	–	–	–
023	Putz- und Stuckarbeiten, Wärmedämmsysteme	–	–	–
027	Tischlerarbeiten	–	–	–
028	Parkett-, Holzpflasterarbeiten	–	–	–
031	Metallbauarbeiten inkl. 035	–	–	–
032	Verglasungsarbeiten inkl. 029	–	–	–
034	Maler- und Lackiererarb. - Beschicht. inkl. 037	–	–	–
042	Gas- u. Wasseranl. - Leitung., Armat.	926	0,40	0,4
	Herstellen	926	0,40	0,4
043	Druckrohrleitungen Gas, Wasser, Abwasser	1.081	0,47	0,5
	Herstellen	1.081	0,47	0,5
044	Abwasseranl. - Leitungen, Abläufe, Armaturen	–	–	–
045	Gas, Wasser, Entwässerung - Ausstattung inkl. 046	–	–	–
050	Blitzschutz-/Erdungsanlagen, Überspannungssch.	–	–	–
053	Niederspannungsanl. - Kabel inkl. 052, 055	1.541	0,66	0,7
	Herstellen	1.541	0,66	0,7
058	Leuchten und Lampen inkl. 059	–	–	–
060	Such, Signal, Zeit, Anten., akust. Anl. inkl. 061, 063	–	–	–
080	Straßen, Wege, Plätze	93.164	40,20	42,9
	Herstellen	93.164	40,20	42,9
084	Abbruch, Rückbau, Schadstoffsanierung	33.006	14,20	15,2
	Abbrechen	33.006	14,20	15,2
087	Abfallentsorgung, Verwertung und Beseitigung	406	0,18	0,2
	Herstellen	406	0,18	0,2
	Sonstige Leistungsbereiche	–	–	–

4100-0209
Außenanlage
Fachschule für
Sozialpädagogik

Kostenkennwerte für die Kosten der Außenanlage (Kostengruppe 500 nach DIN 276)

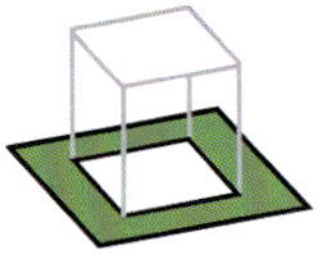

Erweiterung

AF **309 €/m²**

Objekt:
Kennwerte: 3. Ebene DIN 276
GF: 2.608 m²
AF: 1.806 m²
Bauzeit: 35 Wochen
Bauende: 2018
Standard: mittel
Bundesland: Baden-Württemberg
Kreis: Heidenheim

Architekt*in:
Klaiber + Oettle
Architekten und Ingenieure
Kornhausstraße 14
73525 Schwäbisch Gmünd

Bauherr*in:
Ev. Landeskirche Württemberg
Gänsheidestraße 2-4
70184 Stuttgart

Erweiterung

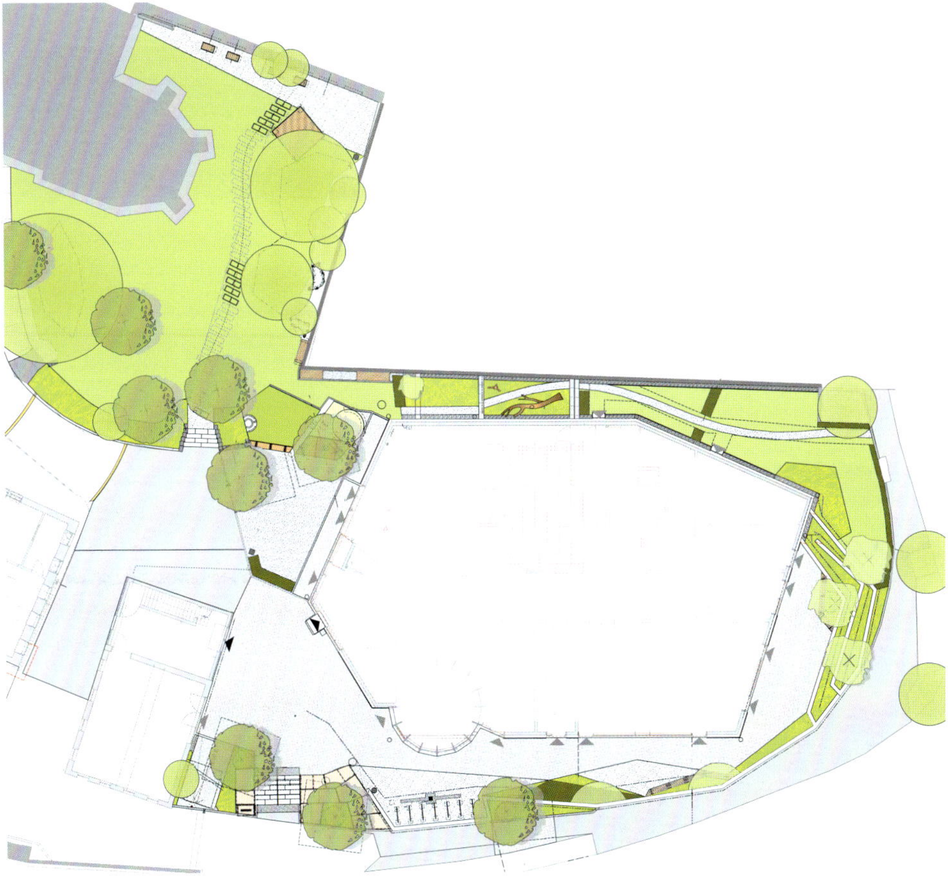

Lageplan

Objektbeschreibung

Allgemeine Objektinformationen

Im Anschluss an den bestehenden Schulstandort wurde das Gelände um den Neubau der Fachschule gestaltet. Das ehemalige Klostergelände wird in weiten Teilen durch Mauern begrenzt.

Nutzung

Naturnahes Schulgelände einer Fachschule für Sozialpädagogik.

Grundstück

Bauraum: Freier Bauraum
Neigung: Geneigtes Gelände
Bodenklasse: BK 1 bis BK 5

Besonderer Kosteneinfluss Grundstück
Lage am Hang. Stützwände aus Ortbeton überwinden Höhensprung >4m, um Belichtung der Werkräume und Werkhöfe davor zu ermöglichen.

Markt

Hauptvergabezeit: 1. Quartal 2016
Baubeginn: 1. Quartal 2018
Bauende: 3. Quartal 2018
Konjunkturelle Gesamtlage: Durchschnitt
Regionaler Baumarkt: Durchschnitt

Außenanlagen, Freiflächen

Neue Stützwände aus Ortbeton wurden vom Rohbauer bereits mit dem Hochbau erstellt. Sanierungsarbeiten v.a. an den Anschlussstellen zu vorhandenen Belägen sind Teil des Projekts. Das Außengelände wurde für den Unterricht, in Anlehnung an die naturpädagogische und künstlerisch-kreative Ausrichtung der Schule, anregend und fördernd gestaltet: alter Baumbestand wurde erhalten, vielfältige Strauch- und Staudenflächen, sowie bepflanzte Kunst- und Werkhöfe wurden angelegt. Wichtige Gestaltungselemente stellen der Kaffeegarten, Sitzstufen und ein Holzpodest im Eingangsbereich dar. Diverse Rückzugsräume auf der Kirchenwiese und im Wald- und Rasenzimmer sollen zum Unterrichten im Freien genutzt werden. Bis auf wenige Bereiche ist das Außengelände barrierefrei zugänglich. Das gesamte Dachwasser des Neubaus wird unterhalb eines Wasserspeiers im 'Regenrund' aufgefangen und zur Versickerung weitergeleitet.

Planungskennwerte für Flächen und Rauminhalte nach DIN 277

Flächen des Grundstücks		Menge Einheit	% an GF
BF	Bebaute Fläche	802,00 m²	30,8
UF	Unbebaute Fläche	1.806,00 m²	69,2
GF	Grundstücksfläche	2.608,00 m²	100,0
AF	Außenanlagenfläche	1.806,00 m²	

KG	Kostengruppen (2. Ebene)	Menge Einheit	Menge/AF	Menge/GF
510	Erdbau	630,57 m³ EBR	0,35	0,24
530	Oberbau, Deckschichten	1.137,67 m² BFF	0,63	0,44
570	Vegetationsflächen	608,53 m² PSF	0,34	0,23
580	Wasserflächen	–	–	–

Prozentualer Anteil der Kostengruppen der 2. Ebene an der Kostengruppe 500 nach DIN 276

KG	Kostengruppen (2. Ebene)
510	Erdbau
520	Gründung, Unterbau
530	Oberbau, Deckschichten
540	Baukonstruktionen
550	Technische Anlagen
560	Einbauten Außenanlagen u. Freiflächen
570	Vegetationsflächen
580	Wasserflächen
590	Sonst. Maßnahmen für Außenanlagen u. Freiflächen

Ranking der Kostengruppen der 3. Ebene an der Kostengruppe 500 nach DIN 276

KG	Kostengruppen (3. Ebene)	% an KG 500	KG	Kostengruppen (3. Ebene)	% an KG 500
533	Plätze, Höfe, Terrassen	24,8	571	Vegetationstechn. Bodenbearbeitung	2,2
543	Wandkonstruktionen	14,4	539	Sonstiges zur KG 530	2,0
561	Allgemeine Einbauten	13,7	593	Sicherungsmaßnahmen	1,7
511	Herstellung	8,0	591	Baustelleneinrichtung	1,4
541	Einfriedungen	8,0	544	Rampen, Treppen, Tribünen	1,3
551	Abwasseranlagen	5,2	574	Rasen- und Saatflächen	0,8
596	Materialentsorgung	5,0	525	Dränagen	0,7
573	Pflanzflächen	4,3	556	Elektrische Anlagen	0,6
522	Gründungen und Bodenplatten	3,3	562	Besondere Einbauten	< 0,1
531	Wege	2,6	524	Abdichtungen und Bekleidungen	< 0,1

Kostenkennwerte für die Kostengruppen der 1. Ebene DIN 276

KG	Kostengruppen (1. Ebene)	Einheit	Kosten €	€/Einheit	% 500
100	Grundstück	m² GF	–	–	–
200	Vorbereitende Maßnahmen	m² GF	–	–	–
300	Bauwerk – Baukonstruktionen	m² BGF	–	–	–
400	Bauwerk – Technische Anlagen	m² BGF	–	–	–
500	**Außenanlagen und Freiflächen**	**m² AF**	**557.563**	**308,73**	**100,0**
600	Ausstattung und Kunstwerke	m² AF	–	–	–
700	Baunebenkosten	m² AF	–	–	–
800	Finanzierung	m² AF	–	–	–

KG	Kostengruppe	Menge Einheit	Kosten €	€/Einheit	%
500	**Außenanlagen und Freiflächen**	1.806,00 m² AF	557.563	**308,73**	100,0
	• Abbrechen (Kosten: 7,6%) Abbruch von Frostschutzschichten, Asphaltbelägen, Mauerwerk; Gartentreppe; Abtragen von Grasnarben, Roden von Sträuchern, Bäumen; Entsorgung, Deponiegebühren; Abtragen von Granitpflasterflächen, Beton-Verbundsteinen; lagern		42.640		
	• Wiederherstellen (Kosten: < 0,1%) Vorhandenes Regenfallrohr einkürzen		52		
	• Herstellen (Kosten: 92,3%) Bodenarbeiten; Streifen-, Einzel- und Köcherfundamente, Dränagen; wassergebundene Wegedecken, Betonpflaster, Asphaltbeton, Beton-Trittplatten, Kleinstein-Granitpflaster, Kalkschotterfläche, Schroppen, Traufstreifen, Kalksteinfindlinge; Stahlgeländer, Stb-Stützwände, Trockenmauer, Beton-Verbundsteinwand, Treppenanlagen; Oberflächenentwässerung, Erdkabel; gefasste Brunnenanlage aus Stahlplatten, Sitzstufenanlage, fest installierte Sitzbänke, Fahrradanlehnbügel, Abfalleimer, Eichenstämme als Totholz; Oberbodenarbeiten, Bepflanzung, Rasen		514.872		

Erweiterung

Kostenkennwerte für die Kostengruppen der 2.Ebene DIN 276

KG	Kostengruppe	Menge Einheit	Kosten €	€/Einheit	%
500	**Außenanlagen und Freiflächen**				**100,0**
510	**Erdbau**	630,57 m³ EBR	44.362	**70,35**	8,0
	• Herstellen (Kosten: 100,0%) Boden abtragen, Tiefe bis 1,00m, entsorgen (427m³), Tiefe bis 50cm, wieder einbauen (24m³), Boden liefern, einbauen, Kies-Sand-Gemisch, Einbauhöhe bis 5,00m (131m³), Sand liefern, einbauen (19m³), Oberboden abtragen, lagern (420m²), Boden lösen, t bis 1,00m, entsorgen (26m³), Rohrgrabenaushub, t bis 1,25m, wieder verfüllen (84m³)	630,57 m³ EBR	44.362	**70,35**	
520	**Gründung, Unterbau**	1.806,00 m² AF	22.798	**12,62**	4,1
	• Herstellen (Kosten: 100,0%) Stb-Streifenfundamente C25/30 (16m³), Einzelfundamente C20/25 (6m³), Köcherfundamente C20/25 (18St) * Kiestragschicht 0/32mm, d=10cm, unter Treppenanlage (16m²) * PVC-Dränrohre DN100, Filterkies 7/32mm (44m), Dränkontrollschacht (1St)	1.806,00 m² AF	22.798	**12,62**	
530	**Oberbau, Deckschichten**	1.137,67 m² BFF	163.587	**143,79**	29,3
	• Abbrechen (Kosten: 7,8%) Abbruch von Beton- und Natursteinplatten (41m²), Asphaltbelag (21m²), Splittbelag (5m²), Beton-Trittplatten (30St), Bordsteinen (38m) * Asphaltbeton-Deckschicht (150m²); Entsorgung, Deponiegebühren, Aufnehmen und Lagern von Beton-Verbundsteinen (41m²), Naturstein-Segmentbogenpflaster (15m²), Großstein-Pflasterzeile (28m)	278,12 m² BFF	12.794	**46,00**	
	• Herstellen (Kosten: 92,2%) Frost-Tragschicht, d=40cm (63m²), d=23cm (48m²), wassergebundene Wegedecke (120m²), Frost-Tragschicht, d=15cm, Beton-Trittplatten (20m²), Kleinstein-Granitpflaster (4m²) * Frostschutzschicht, d=28cm, Schottertragschicht, d=15cm, Asphaltbeton, Asphaltbeton-Deckschicht (380m²), Frost-Tragschicht, d=40cm (497m²), d=23cm (107m²), Betonpflaster (359m²), wassergebundene Wegedecke, mit Edelsplitt (107m²), mit Riesel (67m²), Beton-Verbundsteine (41m²), Kalkschotterfläche (21m²), Kleinpflaster, wieder einbauen (15m²) * Traufstreifen, Jurakalk-Schotter (77m), Kalksteinfindlinge, lagernd (12m), Gitterrost, als Eingangsrost (1St)	1.137,67 m² BFF	150.794	**132,55**	
540	**Baukonstruktionen**	1.806,00 m² AF	132.007	**73,09**	23,7
	• Abbrechen (Kosten: 0,2%) Abbruch von Betonstufen, Gartentreppe (5m²); Entsorgung, Deponiegebühren	1.806,00 m² AF	215	**0,12**	
	• Herstellen (Kosten: 99,8%) Stahlgeländer als Absturzsicherung, Obergurt und Geländerpfosten Flachstahlprofile, untere Kopfplatte als Untergurt (61m) * Stb-Stützwände, d=20-30cm, einseitig Sichtbeton, ansteigende Höhenentwicklung (360m²), Trockenmauer als Stützwand, einhäuptig, Quadermauerwerk, Jurakalk, Dicke an der Krone 40cm, h=50-100cm (5m²), Trockenmauer als Stützwand, zweihäuptig (4m²) * Treppenanlagen aus Betonfertigteil-Blockstufen (11m²)	1.806,00 m² AF	131.792	**72,97**	

KG	Kostengruppe	Menge Einheit	Kosten €	€/Einheit	%
550	**Technische Anlagen**	1.806,00 m² AF	32.213	**17,84**	5,8
	• Wiederherstellen (Kosten: 0,2%) Vorhandenes Regenfallrohr einkürzen, mit Bogen als Auslauf versehen, an Mauer befestigen (psch)	1.806,00 m² AF	52	**0,03**	
	• Herstellen (Kosten: 99,8%) PP-Rohre DN100 (89m), Fassadenrinnen, Stahl, Gitterrostabdeckung (54m), Entwässerungsrinnen, Beton, Gitterrostabdeckung (7m), Hofabläufe, Beton, Gussrost (2St), Domschacht (1St), Schachtabdeckungen, Stahl, Auspflasterung (4St) * Erdkabel (235m)	1.806,00 m² AF	32.161	**17,81**	
560	**Einbauten Außenanlagen u. Freiflächen**	1.806,00 m² AF	76.631	**42,43**	13,7
	• Herstellen (Kosten: 100,0%) Gefasste Brunnenanlage für Dachentwässerung aus Stahlplattenelementen (1St), Sitzstufenanlage aus Stahlplattenelementen, Unterkonstruktion, Holzdecks, Douglasienholz (26m²), Stahlplatten-Unterbau für fest installierte Sitzbänke, Sitzauflagen, Douglasienholz (22m²), Fahrradanlehnbügel (7St), Abfalleimer (4St), Poller (1St) * Eichenstamm, h=5-10m, Lagermaterial, als stehendes Totholz (1St), Stämme und Äste, l=2-6m, Lagermaterial, als liegendes Totholz (1m³)	1.806,00 m² AF	76.631	**42,43**	
570	**Vegetationsflächen**	608,53 m² PSF	40.762	**66,98**	7,3
	• Abbrechen (Kosten: 5,1%) Abräumen von Pflanzdecke, Wuchshöhe bis 20cm (180m²), Fällen von Sträuchern, Höhe bis 5m (5St), Baum, Wurzelstock roden (1St) * Fräsen von Rasenfläche, Wurzelwerk ablesen (291m²); Entsorgung Deponiegebühren	470,63 m² PSF	2.091	**4,44**	
	• Herstellen (Kosten: 94,9%) Boden lockern (486m²), Oberboden, lagernd, auftragen (442m²), liefern, auftragen (34m²), Pflanzgrube verfüllen, tragfähig (4St), nicht tragfähig (1St), Schottertragschicht, Substrat für Schotterrasen (22m²) * Obstbäume (14St), Sträucher (16St), Heckenpflanzen (81St), Pflanzung mit Stauden und Geophyten (113m²), mit Stauden und Zwiebelpflanzen (35m²), Vegetationsflächen abdecken, mit Laubkompost (162m²), mit Rindenmulch (27m²), Fertigstellungspflege * Rasenansaat, Gebrauchsrasen, Fertigstellungspflege (420m²)	608,53 m² PSF	38.671	**63,55**	
590	**Sonst. Maßnahmen für Außenanlagen u. Freiflächen**	1.806,00 m² AF	45.204	**25,03**	8,1
	• Abbrechen (Kosten: 60,9%) Entsorgen von Stoffen der Typklasse 1, LAGA Z1.1 (585t), Typklasse 2, LAGA Z0 (75t)	1.806,00 m² AF	27.540	**15,25**	
	• Herstellen (Kosten: 39,1%) Baustelleneinrichtungen (5St), Bauzaun als Wurzelschutz (39m) * Beton für Unterfangungen (22m³) * Aufnehmen und Entsorgen von Bauschutt (1m³), Sperrmüll (0,5m³)	1.806,00 m² AF	17.664	**9,78**	

Kostenkennwerte für die Kostengruppen 500 der 2. und 3.Ebene DIN 276 (Übersicht)

KG	Kostengruppe	Menge Einheit	Kosten €	€/Einheit	% 500
500	**Außenanlagen und Freiflächen**	**1.806,00 m² AF**	**557.563,27**	**308,73**	**100,0**
510	**Erdbau**	**630,57 m³ EBR**	**44.362,29**	**70,35**	**8,0**
511	Herstellung	630,57 m³ EBR	44.362,29	70,35	8,0
512	Umschließung	–	–	–	–
513	Wasserhaltung	–	–	–	–
520	**Gründung, Unterbau**	**1.806,00 m² AF**	**22.797,56**	**12,62**	**4,1**
521	Baugrundverbesserung	–	–	–	–
522	Gründungen und Bodenplatten	–	18.467,94	–	3,3
523	Gründungsbeläge	–	–	–	–
524	Abdichtungen und Bekleidungen	16,04 m²	320,40	19,97	< 0,1
525	Dränagen	–	4.009,22	–	0,7
530	**Oberbau, Deckschichten**	**1.137,67 m² BFF**	**163.587,37**	**143,79**	**29,3**
531	Wege	143,90 m²	14.469,27	100,55	2,6
532	Straßen	–	–	–	–
533	Plätze, Höfe, Terrassen	993,77 m²	138.210,42	139,08	24,8
534	Stellplätze	–	–	–	–
535	Sportplatzflächen	–	–	–	–
536	Spielplatzflächen	–	–	–	–
539	Sonstiges zur KG 530	1.137,67 m² BFF	10.907,68	9,59	2,0
540	**Baukonstruktionen**	**1.806,00 m² AF**	**132.006,86**	**73,09**	**23,7**
541	Einfriedungen	67,17 m²	44.545,18	663,21	8,0
542	Schutzkonstruktionen	–	–	–	–
543	Wandkonstruktionen	369,00 m²	80.317,44	217,66	14,4
544	Rampen, Treppen, Tribünen	10,88 m²	7.144,23	656,64	1,3
545	Überdachungen	–	–	–	–
546	Stege	–	–	–	–
547	Kanal- und Schachtkonstruktionen	–	–	–	–
548	Wasserbecken	–	–	–	–
550	**Technische Anlagen**	**1.806,00 m² AF**	**32.212,66**	**17,84**	**5,8**
551	Abwasseranlagen	1.806,00 m² AF	28.812,87	15,95	5,2
552	Wasseranlagen	–	–	–	–
553	Anlagen für Gase und Flüssigkeiten	–	–	–	–
554	Wärmeversorgungsanlagen	–	–	–	–
555	Raumlufttechnische Anlagen	–	–	–	–
556	Elektrische Anlagen	1.806,00 m² AF	3.399,79	1,88	0,6
557	Kommunikationstechnische Anlagen	–	–	–	–
558	Nutzungsspezifische Anlagen	–	–	–	–
560	**Einbauten Außenanlagen u. Freiflächen**	**1.806,00 m² AF**	**76.630,66**	**42,43**	**13,7**
561	Allgemeine Einbauten	1.806,00 m² AF	76.258,59	42,23	13,7
562	Besondere Einbauten	1.806,00 m² AF	372,07	0,21	< 0,1
563	Orientierungs- und Informationssysteme	–	–	–	–
570	**Vegetationsflächen**	**608,53 m² PSF**	**40.762,04**	**66,98**	**7,3**
571	Vegetationstechn. Bodenbearbeitung	497,99 m²	11.995,82	24,09	2,2
572	Sicherungsbauweisen	–	–	–	–
573	Pflanzflächen	188,94 m²	24.135,07	127,74	4,3
574	Rasen- und Saatflächen	419,59 m²	4.631,14	11,04	0,8
579	Sonstiges zur KG 570	–	–	–	–
580	**Wasserflächen**	**–**	**–**	**–**	**–**
590	**Sonst. Maßnahmen für Außenanlagen u. Freiflächen**	**1.806,00 m² AF**	**45.203,83**	**25,03**	**8,1**

Kostenkennwerte für die Kostengruppen der 3. Ebene DIN 276

KG	Kostengruppe	Menge Einheit	Kosten €	€/Einheit	%
510	**Erdbau**				**100,0**
511	**Herstellung**	630,57 m³EBR	44.362	**70,35**	100,0
	• Herstellen (Kosten: 100,0%) Boden BK 3-5, abtragen, Tiefe bis 1,00m, laden, entsorgen (427m³), Tiefe bis 50cm, lagern, wieder einbauen (24m³), Boden liefern, einbauen, Kies-Sand-Gemisch, Einbauhöhe bis 5,00m (131m³), Sand liefern, einbauen (19m³), Oberboden abtragen, d=15-20cm, lagern (420m²), Boden BK 5, lösen, t bis 1,00m, entsorgen (26m³), Rohrgrabenaushub BK 3-5, t bis 1,25m, lagern, wieder verfüllen (84m³)	630,57 m³EBR	44.362	**70,35**	
520	**Gründung, Unterbau**				**100,0**
522	**Gründungen und Bodenplatten**	–	18.468	**–**	81,0
	• Herstellen (Kosten: 100,0%) Stb-Streifenfundamente C25/30, 80x40cm, Schalung, Bewehrung (16m³), Einzelfundamente C20/25, unbewehrt (6m³), Köcherfundamente C20/25, Betonrohre, D=30cm, l= 80cm (18St)	–	18.468	**–**	
524	**Abdichtungen und Bekleidungen**	16,04 m²	320	**19,97**	1,4
	• Herstellen (Kosten: 100,0%) Planum, Kiestragschicht 0/32mm, d=10cm, unter Treppenanlage (16m²)	16,04 m²	320	**19,97**	
525	**Dränagen**	–	4.009	**–**	17,6
	• Herstellen (Kosten: 100,0%) PVC-Dränrohre DN100, Filterkies 7/32mm, Filtervlies (44m), Dränkontrollschacht DN300 (1St), Geotextilmatte (11m²), Kiesfangkorb (1St), Kontrollkorb (1St)	–	4.009	**–**	
530	**Oberbau, Deckschichten**				**100,0**
531	**Wege**	143,90 m²	14.469	**100,55**	8,8
	• Abbrechen (Kosten: 20,8%) Abbruch von Beton- und Natursteinplatten, mit Unterbau (41m²), Asphaltbelag, mit Unterbau (21m²), Splittbelag (5m²), Beton-Trittplatten 40x40cm (30St), Bordsteinen 20x30x40cm (38m); Entsorgung, Deponiegebühren	71,20 m²	3.014	**42,33**	
	• Herstellen (Kosten: 79,2%) Feinplanum (80m²), kombinierte Frost-Tragschicht 2/45mm, d=40cm (63m²), d=23cm (48m²), wassergebundene Wegedecke, ohne Bindemittel, d=3cm (120m²), kombinierte Frost-Tragschicht 2/32mm, d=15cm, Beton-Trittplatten 60x40cm (20m²), Kleinstein-Granitpflaster, in Reihen (4m²)	143,90 m²	11.455	**79,60**	

KG	Kostengruppe	Menge Einheit	Kosten €	€/Einheit	%
533	**Plätze, Höfe, Terrassen**	993,77 m²	138.210	**139,08**	84,5
	• Abbrechen (Kosten: 7,1%) Abbruch von Asphaltbeton-Deckschicht, d=4cm (150m²); Entsorgung, Deponiegebühren, Aufnehmen und Lagern von Beton-Verbundsteinen (41m²), Naturstein-Segmentbogenpflaster (15m²), Großstein-Pflasterzeile, 15x15x20cm (28m)	206,92 m²	9.779	**47,26**	
	• Herstellen (Kosten: 92,9%) Feinplanum (729m²), Frostschutzschicht 2/45mm, d=28cm, Schottertragschicht 0/45mm, d=15cm, Asphaltbeton 0/16mm, d=8cm, Asphaltbeton-Deckschicht 0/8mm, d=4cm (380m²), kombinierte Frost-Tragschicht 2/45mm, d=40cm (497m²), d=23cm (107m²), Betonpflaster (359m²), wassergebundene Wegedecke, mit Edelsplitt, d=1cm (107m²), mit Riesel 4/8mm, d=2cm, Kunststoff-Gitterwabenplatten (67m²), Beton-Verbundsteine, Splittbett (41m²), Einfassungen mit Granitpflaster (116m), mit Stahlband, h=150mm (112m), mit Betonbordsteinen (81m), Kalkschotterfläche 45/80mm (21m²), Kleinpflaster, lagernd, reinigen, wieder einbauen (15m²), Schroppen (3m²)	993,77 m²	128.431	**129,24**	
539	**Sonstiges zur KG 530**	1.137,67 m² BFF	10.908	**9,59**	6,7
	• Herstellen (Kosten: 100,0%) Traufstreifen, Jurakalk-Schotter 32/45mm, d=20cm, b=35cm (77m), Noppenbahn, vertikal (329m²), Kalksteinfindlinge 30x20x40cm, lagernd, in Mörtelbett setzen (12m), Gitterrost 125x135cm, Rahmenkonstruktion, feuerverzinkt, auf Betonplatte, als Eingangsrost (1St)	1.137,67 m² BFF	10.908	**9,59**	
540	**Baukonstruktionen**				**100,0**
541	**Einfriedungen**	67,17 m²	44.545	**663,21**	33,7
	• Herstellen (Kosten: 100,0%) Stahlgeländer als Absturzsicherung, feuerverzinkt, beschichtet, Obergurt und Geländerpfosten Flachstahlprofile 80x10mm, untere Kopfplatte als Untergurt 120x10mm, Geländerhöhe 110cm (61m)	67,17 m²	44.545	**663,21**	
543	**Wandkonstruktionen**	369,00 m²	80.317	**217,66**	60,8
	• Herstellen (Kosten: 100,0%) Stb-Stützwände C25/30, d=20-30cm, einseitig Sichtbeton, ansteigende Höhenentwicklung, Schalung, Bewehrung (360m²), Trockenmauer als Stützwand, einhäuptig, Quadermauerwerk, Jurakalk, Dicke an der Krone 40cm, h=50-100cm, Erdarbeiten, Fundamente, Schotterhinterfüllung (5m²), Trockenmauer als Stützwand, zweihäuptig (4m²)	369,00 m²	80.317	**217,66**	
544	**Rampen, Treppen, Tribünen**	10,88 m²	7.144	**656,64**	5,4
	• Abbrechen (Kosten: 3,0%) Abbruch von Betonstufen, Gartentreppe (5m²); Entsorgung, Deponiegebühren	5,00 m²	215	**43,02**	
	• Herstellen (Kosten: 97,0%) Treppenanlagen aus Betonfertigteil-Blockstufen C30/37 (11m²)	10,88 m²	6.929	**636,87**	

Erweiterung

KG	Kostengruppe	Menge Einheit	Kosten €	€/Einheit	%
550	**Technische Anlagen**				**100,0**
551	**Abwasseranlagen**	1.806,00 m² AF	28.813	**15,95**	89,4
	• Wiederherstellen (Kosten: 0,2%) Vorhandenes Regenfallrohr einkürzen, mit Bogen als Auslauf zur Pflasterrinne versehen, an Mauer befestigen (psch)	1.806,00 m² AF	52	**0,03**	
	• Herstellen (Kosten: 99,8%) PP-Rohre DN100, Formstücke (89m), Fassadenrinnen, Stahl, Gitterrostabdeckung, b=10-30cm (54m), Entwässerungsrinnen NW100, Beton, Gitterrostabdeckung (7m), Hofabläufe 30x30cm, Beton, Gussrost (2St), Domschacht DN400 (1St), Schachtabdeckungen 50x50cm, Stahl, quadratisch, Auspflasterung (4St)	1.806,00 m² AF	28.761	**15,93**	
556	**Elektrische Anlagen**	1.806,00 m² AF	3.400	**1,88**	10,6
	• Herstellen (Kosten: 100,0%) Erdkabel NYM, Leerrohre (235m)	1.806,00 m² AF	3.400	**1,88**	
560	**Einbauten in Außenanlagen und Freiflächen**				**100,0**
561	**Allgemeine Einbauten**	1.806,00 m² AF	76.259	**42,23**	99,5
	• Herstellen (Kosten: 100,0%) Gefasste Brunnenanlage für Dachentwässerung aus Stahlplattenelementen, verzinkt (1St), Sitzstufenanlage aus Stahlplattenelementen, verzinkt, Unterkonstruktion, Holzdecks, Douglasienholz, unbehandelt (26m²), Stahlplatten-Unterbau für fest installierte Sitzbänke, Sitzauflagen, Douglasienholz (22m²), Fahrradanlehnbügel (7St), Abfalleimer (4St), Poller (1St)	1.806,00 m² AF	76.259	**42,23**	
562	**Besondere Einbauten**	1.806,00 m² AF	372	**0,21**	0,5
	• Herstellen (Kosten: 100,0%) Eichenstamm, h=5-10m, Lagermaterial, als stehendes Totholz aufstellen (1St), Stämme und Äste, l=2-6m, Lagermaterial, als liegendes Totholz aufstellen (1m³)	1.806,00 m² AF	372	**0,21**	
570	**Vegetationsflächen**				**100,0**
571	**Vegetationstechn. Bodenbearbeitung**	497,99 m²	11.996	**24,09**	29,4
	• Herstellen (Kosten: 100,0%) Boden lockern, durch Aufreißen, t=15cm (486m²), Oberboden, lagernd, wieder auftragen, d=15cm (442m²), liefern, auftragen, d=30-35cm (34m²), Pflanzgrube verfüllen, Vegetationstragsubstrat, d=100cm, tragfähig (4St), nicht tragfähig (1St), Schottertragschicht 2/32mm, d=15cm, Substrat für Schotterrasen (22m²)	497,99 m²	11.996	**24,09**	
573	**Pflanzflächen**	188,94 m²	24.135	**127,74**	59,2
	• Abbrechen (Kosten: 6,0%) Abräumen von Pflanzdecke, d=5cm, Wuchshöhe bis 20cm (180m²), Fällen von Sträuchern, Höhe bis 5m (5St), Baum, StU 30cm, Wurzelstock roden (1St); Entsorgung, Deponiegebühren	180,00 m²	1.455	**8,08**	
	• Herstellen (Kosten: 94,0%) Feinplanum (177m²), Obstbäume, h bis 2,00m (14St), Sträucher (16St), Heckenpflanzen (81St), Pflanzung mit Stauden und Geophyten (113m²), mit Staudenkomposition und Zwiebelpflanzen (35m²), Großgehölz-Belüftungen, Bewässerungsleitungen (5St), Dreibock-Verankerungen (8St), Pfahlverankerung (1St), Vegetationsflächen abdecken, mit Laubkompost (162m²), mit Rindenmulch (27m²), Fertigstellungspflege	188,94 m²	22.680	**120,04**	

KG	Kostengruppe	Menge Einheit	Kosten €	€/Einheit	%
574	**Rasen- und Saatflächen**	419,59 m²	4.631	**11,04**	11,4
	• Abbrechen (Kosten: 13,7%) Fräsen von Rasenfläche, t=5cm, Wurzelwerk ablesen (291m²); Entsorgung Deponiegebühren	290,63 m²	636	**2,19**	
	• Herstellen (Kosten: 86,3%) Feinplanum, Rasenansaat, Gebrauchsrasen, Fertigstellungspflege (420m²)	419,59 m²	3.995	**9,52**	
590	**Sonstige Maßnahmen für Außenanlagen und Freiflächen**				**100,0**
591	**Baustelleneinrichtung**	1.806,00 m² AF	7.715	**4,27**	17,1
	• Herstellen (Kosten: 100,0%) Baustelleneinrichtungen, Hauptgewerk (2St), Nebengewerke (3St), Bauzaun als Wurzelschutz (39m)	1.806,00 m² AF	7.715	**4,27**	
593	**Sicherungsmaßnahmen**	1.806,00 m² AF	9.681	**5,36**	21,4
	• Herstellen (Kosten: 100,0%) Beton für Unterfangungen (22m³)	1.806,00 m² AF	9.681	**5,36**	
596	**Materialentsorgung**	1.806,00 m² AF	27.809	**15,40**	61,5
	• Abbrechen (Kosten: 99,0%) Entsorgen von Stoffen der Typklasse 1, LAGA Z1.1 (585t), Typklasse 2, LAGA Z0 (75t)	1.806,00 m² AF	27.540	**15,25**	
	• Herstellen (Kosten: 1,0%) Aufnehmen und Entsorgen von Bauschutt (1m³), Sperrmüll (0,5m³)	1.806,00 m² AF	269	**0,15**	

Kostenkennwerte für Leistungsbereiche nach STLB (Kosten der Außenanlagen nach DIN 276)

LB	Leistungsbereiche	Kosten €	€/m² AF	% 500
000	Baustellen-, Verkehrssich.- u. Sicherh.einr. inkl. 001	7.715	4,30	1,4
	Herstellen	7.715	4,30	1,4
002	Erdarbeiten	38.723	21,40	6,9
	Herstellen	38.723	21,40	6,9
003	Landschaftsbauarbeiten	85.606	47,40	15,4
	Herstellen	85.606	47,40	15,4
004	Landschaftsbauarbeiten - Pflanzen	14.152	7,80	2,5
	Herstellen	14.152	7,80	2,5
008	Wasserhaltungsarbeiten	–	–	–
009	Entwässerungskanalarbeiten	30.402	16,80	5,5
	Wiederherstellen	52	0,03	< 0,1
	Herstellen	30.350	16,80	5,4
010	Drän- und Versickerarbeiten	3.765	2,10	0,7
	Herstellen	3.765	2,10	0,7
012	Mauerarbeiten	–	–	–
013	Betonarbeiten	105.040	58,20	18,8
	Herstellen	105.040	58,20	18,8
014	Natur-, Betonwerksteinarbeiten inkl. 024, 025	5.889	3,30	1,1
	Herstellen	5.889	3,30	1,1
016	Zimmer- und Holzbauarbeiten	–	–	–
017	Stahlbauarbeiten	–	–	–
018	Abdichtungsarbeiten	–	–	–
020	Dachdeckungsarbeiten	–	–	–
021	Dachabdichtungsarbeiten	–	–	–
022	Klempnerarbeiten	–	–	–
023	Putz- und Stuckarbeiten, Wärmedämmsysteme	–	–	–
027	Tischlerarbeiten	–	–	–
028	Parkett-, Holzpflasterarbeiten	–	–	–
031	Metallbauarbeiten inkl. 035	59.786	33,10	10,7
	Herstellen	59.786	33,10	10,7
032	Verglasungsarbeiten inkl. 029	–	–	–
034	Maler- und Lackiererarb. - Beschicht. inkl. 037	6.587	3,60	1,2
	Herstellen	6.587	3,60	1,2
042	Gas- u. Wasseranl. - Leitung., Armat.	–	–	–
043	Druckrohrleitungen Gas, Wasser, Abwasser	–	–	–
044	Abwasseranl. - Leitungen, Abläufe, Armaturen	–	–	–
045	Gas, Wasser, Entwässerung - Ausstattung inkl. 046	–	–	–
050	Blitzschutz-/Erdungsanlagen, Überspannungssch.	–	–	–
053	Niederspannungsanl. - Kabel inkl. 052, 055	3.400	1,90	0,6
	Herstellen	3.400	1,90	0,6
058	Leuchten und Lampen inkl. 059	–	–	–
060	Such, Signal, Zeit, Anten., akust. Anl. inkl. 061, 063	–	–	–
080	Straßen, Wege, Plätze	153.591	85,00	27,5
	Herstellen	153.591	85,00	27,5
084	Abbruch, Rückbau, Schadstoffsanierung	42.640	23,60	7,6
	Abbrechen	42.640	23,60	7,6
087	Abfallentsorgung, Verwertung und Beseitigung	269	0,15	< 0,1
	Herstellen	269	0,15	< 0,1
	Sonstige Leistungsbereiche	**–**	**–**	**–**

4100-0216
Schulhof

Kostenkennwerte für die Kosten der Außenanlage (Kostengruppe 500 nach DIN 276)

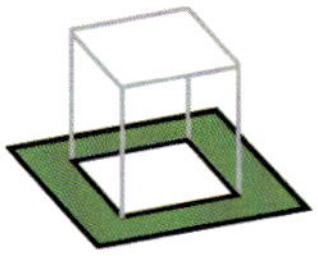

Modernisierung

AF 115 €/m²

Objekt:
Kennwerte: 3.Ebene DIN 276
GF: 13.330 m²
AF: 12.400 m²
Bauzeit: 139 Wochen
Bauende: 2020
Standard: mittel
Bundesland: Niedersachsen
Kreis: Hildesheim

Garten- und Landschafts-architekt*in:
GrünPlan
Landschaftsarchitekten BDLA
Hornemannweg 7
30167 Hannover

Bauherr*in:
Landkreis Hildesheim
Bischof-Janssen-Str. 31
31134 Hildesheim

Modernisierung

Lageplan

Objektbeschreibung

Allgemeine Objektinformationen

Modernisierung

Die Umgestaltung des Schulhofs einer Oberschule mit Gymnasialzweig umfasst die Neugliederung der Außenanlagen sowie die Ergänzung des Pausenbereichs mit neuen Bewegungsangeboten. Ziel war es, durch die neuen Schulhofflächen die durch einen Erweiterungsbau entfallenen Flächen zu kompensieren. Die Ausführung erfolgte in zwei Bauabschnitten, wobei der erste Abschnitt vor der Erweiterung des Schulgebäudes realisiert wurde. Der umfangreiche Bodenaushub konnte als Erdskulptur auf dem Schulgrundstück untergebracht werden.

Nutzung

Schulhofumgestaltung für Oberschule mit Gymnasialzweig

Grundstück

Bauraum: Freier Bauraum
Neigung: Ebenes Gelände
Bodenklasse: BK 1 bis BK 3

Markt

Hauptvergabezeit: 4. Quartal 2017
Baubeginn: 1. Quartal 2018
Bauende: 4. Quartal 2020
Konjunkturelle Gesamtlage: Durchschnitt
Regionaler Baumarkt: unter Durchschnitt

Außenanlagen, Freiflächen

Ein hoher Anteil an befestigten Flächen ermöglicht eine ganzjährige wetterunabhängige Nutzung. Der neue Fußballplatz wurde als Dreifachkicker mit maximal möglicher Entfernung zum Schulgebäude angelegt, um eine offene Gestaltung zu ermöglichen. Daneben wurde ein Streetballfeld ausgeführt. Drei Bauminseln mit Sitzmöglichkeiten gliedern den Pausenhof. Ein Kletter- und ein sechsfaches Schaukelgerüst ergänzen das Bewegungsangebot. Große Rasen- und Wiesenflächen mit Erdhügeln komplettieren den Pausenbereich. Entwässerungsanlagen wie Hofabläufe, Rinnen und Kiespackungen haben teilweise einen Anschluss an das öffentliche Netz erhalten.

Planungskennwerte für Flächen und Rauminhalte nach DIN 277

Flächen des Grundstücks		Menge Einheit	% an GF
BF	Bebaute Fläche	930,00 m²	7,0
UF	Unbebaute Fläche	12.400,00 m²	93,0
GF	Grundstücksfläche	13.330,00 m²	100,0
AF	Außenanlagenfläche	12.400,00 m²	

KG	Kostengruppen (2. Ebene)	Menge Einheit	Menge/AF	Menge/GF
510	Erdbau	834,48 m³ EBR	0,07	0,06
530	Oberbau, Deckschichten	4.749,19 m² BFF	0,38	0,36
570	Vegetationsflächen	6.975,33 m² PSF	0,56	0,52
580	Wasserflächen	–	–	–

Prozentualer Anteil der Kostengruppen der 2. Ebene an der Kostengruppe 500 nach DIN 276

KG	Kostengruppen (2. Ebene)
510	Erdbau
520	Gründung, Unterbau
530	Oberbau, Deckschichten
540	Baukonstruktionen
550	Technische Anlagen
560	Einbauten Außenanlagen u. Freiflächen
570	Vegetationsflächen
580	Wasserflächen
590	Sonst. Maßnahmen für Außenanlagen u. Freiflächen

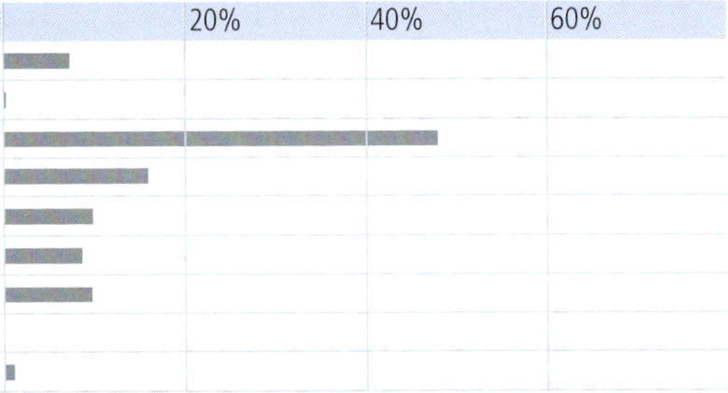

Ranking der Kostengruppen der 3. Ebene an der Kostengruppe 500 nach DIN 276

KG	Kostengruppen (3. Ebene)	% an KG 500	KG	Kostengruppen (3. Ebene)	% an KG 500
533	Plätze, Höfe, Terrassen	38,1	574	Rasen- und Saatflächen	2,0
551	Abwasseranlagen	9,7	536	Spielplatzflächen	1,9
511	Herstellung	7,0	561	Allgemeine Einbauten	1,5
562	Besondere Einbauten	7,0	532	Straßen	1,3
541	Einfriedungen	6,7	591	Baustelleneinrichtung	1,1
543	Wandkonstruktionen	6,7	539	Sonstiges zur KG 530	0,4
573	Pflanzflächen	5,4	542	Schutzkonstruktionen	0,4
531	Wege	3,7	522	Gründungen und Bodenplatten	0,3
535	Sportplatzflächen	2,5	512	Umschließung	0,2
571	Vegetationstechn. Bodenbearbeitung	2,2	563	Orientierungs- und Informationssysteme	< 0,1
544	Rampen, Treppen, Tribünen	2,0	556	Elektrische Anlagen	< 0,1

Kostenkennwerte für die Kostengruppen der 1. Ebene DIN 276

KG	Kostengruppen (1. Ebene)	Einheit	Kosten €	€/Einheit	% 500
100	Grundstück	m² GF	–	–	–
200	Vorbereitende Maßnahmen	m² GF	135.312	10,15	9,5
300	Bauwerk – Baukonstruktionen	m² BGF	3.103	–	0,2
400	Bauwerk – Technische Anlagen	m² BGF	–	–	–
500	**Außenanlagen und Freiflächen**	**m² AF**	**1.424.393**	**114,87**	**100,0**
600	Ausstattung und Kunstwerke	m² AF	5.313	0,43	0,4
700	Baunebenkosten	m² AF	–	–	–
800	Finanzierung	m² AF	–	–	–

Modernisierung

KG	Kostengruppe	Menge Einheit	Kosten €	€/Einheit	%
200	**Vorbereitende Maßnahmen**	13.330,00 m² GF	135.312	**10,15**	9,5
	• Abbrechen (Kosten: 37,8%) Abbruch von Platten-, Pflaster-, Klinkerflächen, Tragschichten, Blockstufen, Winkelstützen, Borden, Klettergerüsten, Hangelgerüst, Fußballtoren, Geländer; Rodungsarbeiten		51.156		
	• Herstellen (Kosten: 62,2%) Oberboden lösen, in Mieten als Erdskulptur lagern, Bodenarbeiten		84.155		
300	**Bauwerk – Baukonstruktionen**	–	3.103	–	0,2
	• Herstellen (Kosten: 100,0%) Handlauf, Lichtschachtabdeckungen		3.103		
500	**Außenanlagen und Freiflächen**	12.400,00 m² AF	1.424.393	**114,87**	100,0
	• Abbrechen (Kosten: 3,4%) Abbruch von Fundament; Platten-, Pflaster-, Klinkerflächen, Asphalt, Bordsteinen, Betonborden, Holzhackschnitzel; Holzpalisaden, Winkelstützen, Natursteinmauer, Blockstufen; Entwässerungsrinnen, Abwasserkanälen; Sitzbänken, Tischtennisplatten, Sechseck-Schaukel; Grasnarbe; Entsorgung, Deponiegebühren		47.860		
	• Wiederherstellen (Kosten: 0,3%) Betonpflaster aufnehmen, wieder anarbeiten; Schachtabdeckungen höher setzen		3.753		
	• Herstellen (Kosten: 96,4%) Bodenarbeiten; Fundamente; Betonpflaster, Rasengittersteine, Schotterrasen, wassergebundene Wegedecke, WPC-Terrassendielen, Holzhackschnitzel; Betonfertigteil-Einfassungen, Geländer, Betonfertigteil-Sitzmauern, Winkelstützen, Blockstufen; Oberflächenentwässerung; Fahrradanlehnbügel, Abfallbehälter, Poller, Seilzirkus, Sechsfachschaukel, Sport-Ausstattungen, Gerüste für Kunstobjekte, Lehnbänke, Schilder; Oberbodenarbeiten, Bepflanzung, Gebrauchsrasen		1.372.780		
600	**Ausstattung und Kunstwerke**	12.400,00 m² AF	5.313	**0,43**	0,4
	• Herstellen (Kosten: 100,0%) Stahl-Kunst		5.313		

Kostenkennwerte für die Kostengruppen der 2.Ebene DIN 276

KG	Kostengruppe	Menge Einheit	Kosten €	€/Einheit	%
200	**Vorbereitende Maßnahmen**				**100,0**
210	**Herrichten**	13.330,00 m²GF	135.312	**10,15**	100,0
	• Abbrechen (Kosten: 37,8%) Abbruch von Platten-, Pflaster-, Klinkerflächen (1.583m²), Tragschicht, lagern (67m³), Blockstufen (95m), Winkelstützen (88m), Borden (160m), Klettergerüsten (2St), Hangelgerüst (1St), Fußballtore, lagern (2St), Geländer (1St) * Bäume fällen (9St), Roden von Bewuchs, h=2,00-7,00m (375m²), Grasnarbe abschieben (3.203m²); Entsorgung, Deponiegebühren	13.330,00 m²GF	51.156	**3,84**	
	• Herstellen (Kosten: 62,2%) Oberboden lösen, laden, in Mieten als Erdskulptur mit einzelnen terrassenartigen Ebenen lagern (2.214m³), Oberboden lösen, laden, in Pflanzflächen einbauen (364m³), Boden lösen, lagern (386m³), wieder einbauen (51m³), Kies lösen, lagern (88m³), wieder einbauen (10m³), Füllboden liefern, einbauen (849m³)	13.330,00 m²GF	84.155	**6,31**	
300	**Bauwerk – Baukonstruktionen**				**100,0**
330	**Außenwände/Vert. Baukonstrukt., außen**	–	3.103	**–**	100,0
	• Herstellen (Kosten: 100,0%) Handlauf (1St), Lichtschachtabdeckungen (4St)	–	3.103	–	
500	**Außenanlagen und Freiflächen**				**100,0**
510	**Erdbau**	834,48 m³EBR	101.862	**122,07**	7,2
	• Herstellen (Kosten: 100,0%) Boden lösen, laden, auf Miete lagern, aufnehmen, einbauen (455m³), Aushub von Rohrgräben, Kabelgräben, Schachtgruben (719m³), Leitungsgräben (70m³), Kabelgräben (46m³), Boden liefern, einbauen (655m³), Boden abfahren (291m³) * Rohrgrabenverbau (91m²)	834,48 m³EBR	101.862	**122,07**	
520	**Gründung, Unterbau**	12.400,00 m²AF	4.645	**0,37**	0,3
	• Abbrechen (Kosten: 33,7%) Abbruch von Fundament; Entsorgung, Deponiegebühren	12.400,00 m²AF	1.563	**0,13**	
	• Herstellen (Kosten: 66,3%) Fundamente für fünf Lichtmasten (3m³)	12.400,00 m²AF	3.081	**0,25**	
530	**Oberbau, Deckschichten**	4.749,19 m²BFF	681.196	**143,43**	47,8
	• Abbrechen (Kosten: 5,1%) Abbruch von Platten-, Pflaster-, Klinkerflächen (1.857m²), Asphalt (5t), Bordsteinen (5m) * Betonborden (30m), Holzhackschnitzel, Fallschutz (8m³); Entsorgung, Deponiegebühren	1.902,70 m²BFF	34.409	**18,08**	
	• Wiederherstellen (Kosten: 0,4%) Betonpflaster aufnehmen, wieder anarbeiten (41m²)	41,12 m²BFF	2.421	**58,88**	
	• Herstellen (Kosten: 94,6%) Frostschutzschicht FSS, Schottertragschicht STS, Betonpflaster (354m²) * FSS, STS, Rasengittersteine (107m²) * FSS (3.635m²), STS (3.388m²), Betonpflaster (3.096m²), Schotterrasen (95m²), Dränfugenpflaster (144m²), wassergebundene Deckschicht (18m²), Betonplatten (8m²), Chill-Decks, WPC-Terrassendielen (95m²), Pflasterrinnen (35m²), Abtrittroste (14m²) * FSS, STS, Betonpflaster (423m²) * Schottergemisch (127m²), Holzhackschnitzel (293m²) * Traufstreifen, Betonplatten (194m), Noppenfolien (173m)	4.708,07 m²BFF	644.365	**136,86**	

Modernisierung

KG	Kostengruppe	Menge Einheit	Kosten €	€/Einheit	%
540	**Baukonstruktionen**	12.400,00 m² AF	224.993	**18,14**	15,8
	• Abbrechen (Kosten: 1,4%)	12.400,00 m² AF	3.233	**0,26**	
	Abbruch von Holzpalisaden und Querbalken (12m²) * Winkelstützen (26m²), Natursteinmauer (4m²) * Betonblockstufen (46m); Entsorgung, Deponiegebühren				
	• Herstellen (Kosten: 98,6%)	12.400,00 m² AF	221.759	**17,88**	
	Einfassungen der Bauminseln, Betonfertigteile, Eckstücke, trapezförmige Stücke (56m²) * Stahlgeländer, Handlauf (5m²) * Sitzmauern, Betonfertigteile (40m²), Winkelstützen (87m²), Mauerscheiben (9m²) * Betonblockstufen (10m²), Stahl-Treppengeländer, Handläufe, drei Pfosten (2St)				
550	**Technische Anlagen**	12.400,00 m² AF	138.076	**11,14**	9,7
	• Abbrechen (Kosten: 0,4%)	12.400,00 m² AF	532	**0,04**	
	Abbruch von Entwässerungsrinnen (25m), Abwasserkanälen (6m); Entsorgung, Deponiegebühren				
	• Wiederherstellen (Kosten: 1,0%)	12.400,00 m² AF	1.332	**0,11**	
	Schachtabdeckungen höher setzen (11St)				
	• Herstellen (Kosten: 98,6%)	12.400,00 m² AF	136.212	**10,98**	
	PP-Rohre DN100-200 (616m), Betonrohre DN1.000 (17m), Steinzeugrohre DN200 (2m), Hofabläufe (19St), Reinigungsschächte (8St), Schacht einbinden (1St), PP-Rohre anschließen (2St), Entwässerungsrinnen (30m), Sinkkästen (4St), Drosselblende (1St), Hauptrohre, Fallleitungen (6St) * Kabelschutzrohre (17m)				
560	**Einbauten Außenanlagen u. Freiflächen**	12.400,00 m² AF	120.742	**9,74**	8,5
	• Abbrechen (Kosten: 1,1%)	12.400,00 m² AF	1.318	**0,11**	
	Abbruch von Sitzbänken (10St), Baumsitzbänken (2St), Tischtennisplatten (2St), Sechseckschaukel (1St); Entsorgung, Deponiegebühren				
	• Herstellen (Kosten: 98,9%)	12.400,00 m² AF	119.424	**9,63**	
	Fahrradanlehnbügel (53St), Abfallbehälter (8St), Poller (3St) * Seilzirkus, pyramidenförmiges Raumnetz (1St), Stahl-Sechsfach-Kontaktschaukel (1St), Streetballständer (3St), Hockeytore (6St), Ballfangtrichter (1St), Holzauflagen, Sitzmauer (5St), Gerüste zum Aufhängen von Kunstobjekten (2St), Lehnbänke, WPC-Bekleidung (16m²) * Schilder (2St)				
570	**Vegetationsflächen**	6.975,33 m² PSF	137.180	**19,67**	9,6
	• Abbrechen (Kosten: 5,0%)	1.262,30 m² PSF	6.805	**5,39**	
	Grasnarbe abschieben (1.262m²)				
	• Herstellen (Kosten: 95,0%)	6.975,33 m² PSF	130.375	**18,69**	
	Vegetationsfläche fräsen (6.975m²), Pflanzgruben (23St), Untergrund lockern (2.891m²), Oberboden liefern, einbauen (918m²) * Bäume (23St), Solitärsträucher (13St), Sträucher (493St), Bodendecker (3.280St), Rindenmulch (738m²) * Rasenansaat, Gebrauchsrasen (6.179m²)				
590	**Sonst. Maßnahmen für Außenanlagen u. Freiflächen**	12.400,00 m² AF	15.700	**1,27**	1,1
	• Herstellen (Kosten: 100,0%)	12.400,00 m² AF	15.700	**1,27**	
	Bauzaun (621m), Baustellen-WC (1St)				

KG	Kostengruppe	Menge Einheit	Kosten €	€/Einheit	%
600	**Ausstattung und Kunstwerke**				**100,0**
640	**Künstlerische Ausstattung**	12.400,00 m² AF	5.313	**0,43**	100,0
	• Herstellen (Kosten: 100,0%) Stahl-Kunst (1St)	12.400,00 m² AF	5.313	**0,43**	

Kostenkennwerte für die Kostengruppen 500 der 2. und 3. Ebene DIN 276 (Übersicht)

KG	Kostengruppe	Menge Einheit	Kosten €	€/Einheit	% 500
500	**Außenanlagen und Freiflächen**	**12.400,00 m² AF**	**1.424.393,36**	**114,87**	**100,0**
510	**Erdbau**	**834,48 m³ EBR**	**101.862,05**	**122,07**	**7,2**
511	Herstellung	834,48 m³ EBR	99.655,93	119,42	7,0
512	Umschließung	92,17 m²	2.206,12	23,94	0,2
513	Wasserhaltung	–	–	–	–
520	**Gründung, Unterbau**	**12.400,00 m² AF**	**4.644,76**	**0,37**	**0,3**
521	Baugrundverbesserung	–	–	–	–
522	Gründungen und Bodenplatten	–	4.644,76	–	0,3
523	Gründungsbeläge	–	–	–	–
524	Abdichtungen und Bekleidungen	–	–	–	–
525	Dränagen	–	–	–	–
530	**Oberbau, Deckschichten**	**4.749,19 m² BFF**	**681.195,54**	**143,43**	**47,8**
531	Wege	353,83 m²	52.517,30	148,43	3,7
532	Straßen	106,93 m²	18.339,40	171,51	1,3
533	Plätze, Höfe, Terrassen	3.582,63 m²	542.536,75	151,44	38,1
534	Stellplätze	–	–	–	–
535	Sportplatzflächen	423,30 m²	34.941,81	82,55	2,5
536	Spielplatzflächen	292,50 m²	26.542,25	90,74	1,9
539	Sonstiges zur KG 530	4.749,19 m² BFF	6.318,04	1,33	0,4
540	**Baukonstruktionen**	**12.400,00 m² AF**	**224.992,55**	**18,14**	**15,8**
541	Einfriedungen	55,92 m²	95.811,02	1.713,42	6,7
542	Schutzkonstruktionen	5,22 m²	5.369,58	1.028,66	0,4
543	Wandkonstruktionen	136,45 m²	95.722,23	701,53	6,7
544	Rampen, Treppen, Tribünen	9,89 m²	28.089,72	2.839,07	2,0
545	Überdachungen	–	–	–	–
546	Stege	–	–	–	–
547	Kanal- und Schachtkonstruktionen	–	–	–	–
548	Wasserbecken	–	–	–	–
550	**Technische Anlagen**	**12.400,00 m² AF**	**138.075,81**	**11,14**	**9,7**
551	Abwasseranlagen	12.400,00 m² AF	137.717,47	11,11	9,7
552	Wasseranlagen	–	–	–	–
553	Anlagen für Gase und Flüssigkeiten	–	–	–	–
554	Wärmeversorgungsanlagen	–	–	–	–
555	Raumlufttechnische Anlagen	–	–	–	–
556	Elektrische Anlagen	12.400,00 m² AF	358,34	0,03	< 0,1
557	Kommunikationstechnische Anlagen	–	–	–	–
558	Nutzungsspezifische Anlagen	–	–	–	–
560	**Einbauten Außenanlagen u. Freiflächen**	**12.400,00 m² AF**	**120.741,90**	**9,74**	**8,5**
561	Allgemeine Einbauten	12.400,00 m² AF	20.941,59	1,69	1,5
562	Besondere Einbauten	12.400,00 m² AF	99.161,21	8,00	7,0
563	Orientierungs- und Informationssysteme	12.400,00 m² AF	639,11	0,05	< 0,1
570	**Vegetationsflächen**	**6.975,33 m² PSF**	**137.180,27**	**19,67**	**9,6**
571	Vegetationstechn. Bodenbearbeitung	6.975,33 m²	31.503,81	4,52	2,2
572	Sicherungsbauweisen	–	–	–	–
573	Pflanzflächen	795,88 m²	76.948,83	96,68	5,4
574	Rasen- und Saatflächen	6.179,45 m²	28.727,63	4,65	2,0
579	Sonstiges zur KG 570	–	–	–	–
580	**Wasserflächen**	**–**	**–**	**–**	**–**
590	**Sonst. Maßnahmen für Außenanlagen u. Freiflächen**	**12.400,00 m² AF**	**15.700,48**	**1,27**	**1,1**

Kostenkennwerte für die Kostengruppen der 3.Ebene DIN 276

KG	Kostengruppe	Menge Einheit	Kosten €	€/Einheit	%
210	**Herrichten**				**100,0**
212	**Abbruchmaßnahmen**	13.330,00 m² GF	25.452	**1,91**	18,8
	• Abbrechen (Kosten: 100,0%) Abbruch von Platten-, Pflaster-, Klinkerflächen (1.583m²), Tragschicht, lagern (67m³), Blockstufen (95m), Winkelstützen (88m), Borden (160m), Klettergerüsten (2St), Hangelgerüst (1St), Fußballtoren, lagern (2St), Geländer (1St); Entsorgung, Deponiegebühren	13.330,00 m² GF	25.452	**1,91**	
214	**Herrichten der Geländeoberfläche**	13.330,00 m² GF	109.859	**8,24**	81,2
	• Abbrechen (Kosten: 23,4%) Bäume fällen (9St), Roden von Bewuchs, h=2,00-7,00m (375m²), Grasnarbe abschieben (3.203m²)	13.330,00 m² GF	25.704	**1,93**	
	• Herstellen (Kosten: 76,6%) Oberboden lösen, d=39-120cm, laden, in Mieten als Erdskulptur mit einzelnen terrassenartigen Ebenen lagern (2.214m³), Oberboden lösen, d=39-120cm, laden, in Pflanzflächen einbauen (364m³), Boden BK 3-4, d=30cm, lösen, lagern (386m³), wieder einbauen (51m³), Kies, d=30cm, lösen, lagern (88m³), wieder einbauen (10m³), Füllboden liefern, einbauen (849m³)	13.330,00 m² GF	84.155	**6,31**	
330	**Außenwände/Vertikale Baukonstruktionen, außen**				**100,0**
339	**Sonstiges zur KG 330**	–	3.103	**–**	100,0
	• Herstellen (Kosten: 100,0%) Handlauf, Stahl, D=42mm, verzinkt, l=6,15m (1St), Lichtschachtabdeckungen 1,00x0,40m (4St)	–	3.103	**–**	
510	**Erdbau**				**100,0**
511	**Herstellung**	834,48 m³ EBR	99.656	**119,42**	97,8
	• Herstellen (Kosten: 100,0%) Boden lösen, laden, auf Miete lagern, aufnehmen, einbauen (455m³), Aushub von Rohrgräben, Kabelgräben, Schachtgruben, t=1,25-4,25m (719m³), Leitungsgräben, t=1,00m (70m³), Kabelgräben, t=0,80m (46m³), Boden liefern, einbauen (655m³), Boden abfahren (291m³)	834,48 m³ EBR	99.656	**119,42**	
512	**Umschließung**	92,17 m²	2.206	**23,94**	2,2
	• Herstellen (Kosten: 100,0%) Rohrgrabenverbau, h bis 4,25m (91m²)	92,17 m²	2.206	**23,94**	
520	**Gründung, Unterbau**				**100,0**
522	**Gründungen und Bodenplatten**	–	4.645	**–**	100,0
	• Abbrechen (Kosten: 33,7%) Abbruch von Fundament; Entsorgung, Deponiegebühren	–	1.563	**–**	
	• Herstellen (Kosten: 66,3%) Fundamente für fünf Lichtmasten (3m³)	–	3.081	**–**	
530	**Oberbau, Deckschichten**				**100,0**
531	**Wege**	353,83 m²	52.517	**148,43**	7,7
	• Herstellen (Kosten: 100,0%) Feinplanum, Frostschutzschicht 0/32mm, d=20cm, Schottertragschicht 0/32mm, d=15cm, Betonpflaster 20x10x8cm (354m²), Betonborde (217m)	353,83 m²	52.517	**148,43**	

Modernisierung

KG	Kostengruppe	Menge Einheit	Kosten €	€/Einheit	%
532	**Straßen**	106,93 m²	18.339	**171,51**	2,7
	• Herstellen (Kosten: 100,0%) Feinplanum, Frostschutzschicht 0/32mm, d=20cm, Schottertragschicht 0/32mm, d=15cm, Rasengittersteine 40x60x8cm (107m²), Betonborde (50m)	106,93 m²	18.339	**171,51**	
533	**Plätze, Höfe, Terrassen**	3.582,63 m²	542.537	**151,44**	79,6
	• Abbrechen (Kosten: 6,2%) Abbruch von Platten-, Pflaster-, Klinkerflächen (1.857m²), Asphalt, d bis 10cm (5t), Bordsteinen (5m); Entsorgung, Deponiegebühren	1.882,70 m²	33.662	**17,88**	
	• Wiederherstellen (Kosten: 0,4%) Betonpflaster aufnehmen, wieder anarbeiten (41m²)	41,12 m²	2.421	**58,88**	
	• Herstellen (Kosten: 93,3%) Feinplanum (3.422m²), Frostschutzschicht 0/32mm, d=20cm (3.635m²), Schottertragschicht 0/32mm, d=15cm (3.388m²), Betonpflaster 24x16x8cm (2.990m²), 20x10x8cm (106m²), Schotterrasen, d=30cm (95m²), Dränfugenpflaster (144m²), wassergebundene Deckschicht (18m²), Betonplatten 40x40x5cm (8m²), Chill-Decks, WPC-Terrassendielen, Alu-Unterkonstruktion, Betonpflaster, Winkelstützen als Auflager (95m²), Pflasterrinnen, b=24-32cm (35m²), Betonborde (459m), Abtrittroste auf Betonborden (14m²), Einzel-Blockstufen, Signalstreifen (2St), Einfassung, Stahlkante, Kreis, D=1,50m (1St)	3.541,51 m²	506.453	**143,00**	
535	**Sportplatzflächen**	423,30 m²	34.942	**82,55**	5,1
	• Herstellen (Kosten: 100,0%) Feinplanum, Frostschutzschicht 0/32mm, d=20cm, Schottertragschicht 0/32mm, d=15cm, Betonpflaster 20x10x8cm (423m²)	423,30 m²	34.942	**82,55**	
536	**Spielplatzflächen**	292,50 m²	26.542	**90,74**	3,9
	• Abbrechen (Kosten: 2,8%) Abbruch von Betonborden (30m), Holzhackschnitzel, Fallschutz (8m³)	20,00 m²	747	**37,36**	
	• Herstellen (Kosten: 97,2%) Schottergemisch 8/32mm, d=10cm (127m²), Holzhackschnitzel 5-30mm, d=40cm (293m²), Einfassung: Rundborde, Außenbogen (22St), Eckstücke (8St), gerade Stücke (26St)	292,50 m²	25.795	**88,19**	
539	**Sonstiges zur KG 530**	4.749,19 m² BFF	6.318	**1,33**	0,9
	• Herstellen (Kosten: 100,0%) Traufstreifen, Frostschutzmaterial 0/32mm, d=15cm, Betonplatten 50x25x5cm, Noppenfolie vertikal (194m), Noppenfolien, h=50-80cm, an Gebäudekontur (173m)	4.708,07 m² BFF	6.318	**1,34**	
540	**Baukonstruktionen**				**100,0**
541	**Einfriedungen**	55,92 m²	95.811	**1.713,42**	42,6
	• Abbrechen (Kosten: 0,9%) Abbruch von Holzpalisaden und Querbalken, h=40cm (12m²); Entsorgung, Deponiegebühren	12,00 m²	885	**73,75**	
	• Herstellen (Kosten: 99,1%) Einfassungen der Bauminseln, Betonfertigteile, 50x50cm, l=1,50-2,50m, vierzehn Eckstücke, sieben trapezförmige Stücke, Fundamente (56m²)	55,92 m²	94.926	**1.697,59**	

KG	Kostengruppe	Menge Einheit	Kosten €	€/Einheit	%
542	**Schutzkonstruktionen**	5,22 m²	5.370	**1.028,66**	2,4
	• Herstellen (Kosten: 100,0%) Stahlgeländer, Handlauf, D=42mm, l=6,15m, fünf Pfosten (5m²)	5,22 m²	5.370	**1.028,66**	
543	**Wandkonstruktionen**	136,45 m²	95.722	**701,53**	42,5
	• Abbrechen (Kosten: 1,2%) Abbruch von Winkelstützen, h bis 100cm (26m²), Natursteinmauer, h bis 40cm (4m²); Entsorgung, Deponiegebühren	30,00 m²	1.108	**36,92**	
	• Herstellen (Kosten: 98,8%) Sitzmauern, Betonfertigteile, 50x50cm, l=2,50m, Fundamente (35m²), l=1,50m (5m²), Winkelstützen, h=39-90cm, Fundamente (87m²), Mauerscheiben, h=90cm (9m²)	136,45 m²	94.615	**693,42**	
544	**Rampen, Treppen, Tribünen**	9,89 m²	28.090	**2.839,07**	12,5
	• Abbrechen (Kosten: 4,4%) Abbruch von Betonblockstufen (46m); Entsorgung, Deponiegebühren	–	1.241	**–**	
	• Herstellen (Kosten: 95,6%) Betonblockstufen (10m²), Stahl-Treppengeländer, Handläufe, D=42mm, l=3,00m, drei Pfosten (2St)	9,89 m²	26.849	**2.713,67**	
550	**Technische Anlagen**				**100,0**
551	**Abwasseranlagen**	12.400,00 m² AF	137.717	**11,11**	99,7
	• Abbrechen (Kosten: 0,4%) Abbruch von Entwässerungsrinne (25m), Abwasserkanälen (6m); Entsorgung, Deponiegebühren	12.400,00 m² AF	532	**0,04**	
	• Wiederherstellen (Kosten: 1,0%) Schachtabdeckungen höher setzen (11St)	12.400,00 m² AF	1.332	**0,11**	
	• Herstellen (Kosten: 98,6%) PP-Rohre DN100, Formstücke (386m), DN150 (164m), DN200 (66m), Betonrohre DN1.000, Formstücke (17m), Steinzeugrohre DN200, Formstücke (2m), Hofabläufe (19St), Reinigungsschächte, t=1,35-3,75m (8St), Schacht einbinden (1St), Leitung verschließen (1St), PP-Rohre anschließen (2St), Entwässerungsrinnen (30m), Sinkkästen (4St), Drosselblende (1St), Hauptrohre, Fallleitungen DN100-200, Untersturzhöhen 1,01-2,50m (6St)	12.400,00 m² AF	135.853	**10,96**	
556	**Elektrische Anlagen**	12.400,00 m² AF	358	**0,03**	0,3
	• Herstellen (Kosten: 100,0%) Kabelschutzrohre (17m)	12.400,00 m² AF	358	**0,03**	
560	**Einbauten in Außenanlagen und Freiflächen**				**100,0**
561	**Allgemeine Einbauten**	12.400,00 m² AF	20.942	**1,69**	17,3
	• Abbrechen (Kosten: 6,3%) Abbruch von Sitzbänken (10St), Baumsitzbänken (2St), Tischtennisplatten (2St), Sechseckschaukel (1St); Entsorgung, Deponiegebühren	12.400,00 m² AF	1.318	**0,11**	
	• Herstellen (Kosten: 93,7%) Fahrradanlehnbügel (53St), Abfallbehälter (8St), Poller (3St)	12.400,00 m² AF	19.624	**1,58**	

KG	Kostengruppe	Menge Einheit	Kosten €	€/Einheit	%
562	**Besondere Einbauten**	12.400,00 m² AF	99.161	**8,00**	82,1
	• Herstellen (Kosten: 100,0%) Seilzirkus, pyramidenförmiges Raumnetz, h=5,80m, Grundfläche 9,00x9,00m (1St), Stahl-Sechsfach-Kontaktschaukel, h=2,45m (1St), Streetballständer (3St), Hockeytore (6St), Ballfangtrichter (1St), Holzauflagen, Sitzmauer, 0,46x2,00m (5St), Gerüste zum Aufhängen von Kunstobjekten, je drei Stahlpfosten, D=80mm, h=3,25m, je zwei Eichenbalken 10x10cm, l=2,60-3,99m (2St), Lehnbänke, WPC-Bekleidung (16m²)	12.400,00 m² AF	99.161	**8,00**	
563	**Orientierungs- und Informationssysteme**	12.400,00 m² AF	639	**0,05**	0,5
	• Herstellen (Kosten: 100,0%) Verkehrsschild (1St), Hinweisschild (1St)	12.400,00 m² AF	639	**0,05**	
570	**Vegetationsflächen**				**100,0**
571	**Vegetationstechn. Bodenbearbeitung**	6.975,33 m²	31.504	**4,52**	23,0
	• Herstellen (Kosten: 100,0%) Vegetationsfläche fräsen, t=25cm (6.975m²), Pflanzgruben (23St), Untergrund lockern (2.891m²), Oberboden liefern, einbauen, d=20-30cm (918m²)	6.975,33 m²	31.504	**4,52**	
573	**Pflanzflächen**	795,88 m²	76.949	**96,68**	56,1
	• Abbrechen (Kosten: 1,1%) Roden von Stubben (5St), flächendeckendem Bewuchs, h bis 1,00m (10m²)	–	882	**–**	
	• Herstellen (Kosten: 98,9%) Feinplanum (796m²), Bäume (23St), Dreibockverankerungen, Schilfmatten (22St), Solitärsträucher (13St), Sträucher (493St), Bodendecker (3.280St), Rindenmulch, d=8cm (738m²), Fertigstellungspflege	795,88 m²	76.067	**95,58**	
574	**Rasen- und Saatflächen**	6.179,45 m²	28.728	**4,65**	20,9
	• Abbrechen (Kosten: 20,6%) Grasnarbe abschieben, d=10cm (1.262m²)	1.262,30 m²	5.923	**4,69**	
	• Herstellen (Kosten: 79,4%) Feinplanum, Rasenansaat, Gebrauchsrasen (6.179m²), Fertigstellungspflege	6.179,45 m²	22.804	**3,69**	
590	**Sonstige Maßnahmen für Außenanlagen und Freiflächen**				**100,0**
591	**Baustelleneinrichtung**	12.400,00 m² AF	15.700	**1,27**	100,0
	• Herstellen (Kosten: 100,0%) Bauzaun, h=2,00m (621m), Baustellen-WC (1St)	12.400,00 m² AF	15.700	**1,27**	
640	**Künstlerische Ausstattung**				**100,0**
641	**Kunstobjekte**	12.400,00 m² AF	5.313	**0,43**	100,0
	• Herstellen (Kosten: 100,0%) Stahl-Kunst (1St)	12.400,00 m² AF	5.313	**0,43**	

Kostenkennwerte für Leistungsbereiche nach STLB (Kosten der Außenanlagen nach DIN 276)

LB	Leistungsbereiche	Kosten €	€/m² AF	% 500
000	Baustellen-, Verkehrssich.- u. Sicherh.einr. inkl. 001	15.700	1,30	1,1
	Herstellen	15.700	1,30	1,1
002	Erdarbeiten	101.011	8,10	7,1
	Herstellen	101.011	8,10	7,1
003	Landschaftsbauarbeiten	331.024	26,70	23,2
	Herstellen	331.024	26,70	23,2
004	Landschaftsbauarbeiten - Pflanzen	33.957	2,70	2,4
	Herstellen	33.957	2,70	2,4
008	Wasserhaltungsarbeiten	–	–	–
009	Entwässerungskanalarbeiten	134.009	10,80	9,4
	Wiederherstellen	1.332	0,11	< 0,1
	Herstellen	132.676	10,70	9,3
010	Drän- und Versickerarbeiten	–	–	–
012	Mauerarbeiten	–	–	–
013	Betonarbeiten	171.503	13,80	12,0
	Herstellen	171.503	13,80	12,0
014	Natur-, Betonwerksteinarbeiten inkl. 024, 025	–	–	–
016	Zimmer- und Holzbauarbeiten	–	–	–
017	Stahlbauarbeiten	–	–	–
018	Abdichtungsarbeiten	–	–	–
020	Dachdeckungsarbeiten	–	–	–
021	Dachabdichtungsarbeiten	–	–	–
022	Klempnerarbeiten	–	–	–
023	Putz- und Stuckarbeiten, Wärmedämmsysteme	–	–	–
027	Tischlerarbeiten	–	–	–
028	Parkett-, Holzpflasterarbeiten	–	–	–
031	Metallbauarbeiten inkl. 035	15.483	1,20	1,1
	Herstellen	15.483	1,20	1,1
032	Verglasungsarbeiten inkl. 029	–	–	–
034	Maler- und Lackiererarb. - Beschicht. inkl. 037	–	–	–
042	Gas- u. Wasseranl. - Leitung., Armat.	–	–	–
043	Druckrohrleitungen Gas, Wasser, Abwasser	–	–	–
044	Abwasseranl. - Leitungen, Abläufe, Armaturen	–	–	–
045	Gas, Wasser, Entwässerung - Ausstattung inkl. 046	–	–	–
050	Blitzschutz-/Erdungsanlagen, Überspannungssch.	–	–	–
053	Niederspannungsanl. - Kabel inkl. 052, 055	–	–	–
058	Leuchten und Lampen inkl. 059	–	–	–
060	Such, Signal, Zeit, Anten., akust. Anl. inkl. 061, 063	–	–	–
080	Straßen, Wege, Plätze	571.639	46,10	40,1
	Wiederherstellen	2.421	0,20	0,2
	Herstellen	569.218	45,90	40,0
084	Abbruch, Rückbau, Schadstoffsanierung	47.860	3,90	3,4
	Abbrechen	47.860	3,90	3,4
087	Abfallentsorgung, Verwertung und Beseitigung	–	–	–
	Sonstige Leistungsbereiche	**2.206**	**0,18**	**0,2**

4100-0231
Außenanlage
Grundschule

Kostenkennwerte für die Kosten der Außenanlage (Kostengruppe 500 nach DIN 276)

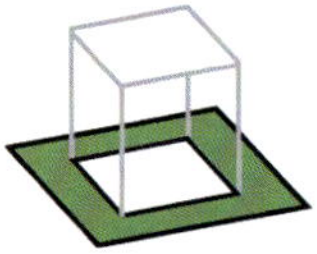

Erweiterung

AF 83 €/m²

Objekt:
Kennwerte: 3. Ebene DIN 276
GF: 9.800 m²
AF: 7.278 m²
Bauzeit: 22 Wochen
Bauende: 2022
Standard: einfach
Bundesland: Brandenburg
Kreis: Ostprignitz-Ruppin

Garten- und Landschafts-architekt*in:
Dipl.-Ing. A. Brückner
Büro für
Landschaftsarchitektur
Alte Dorfstraße 15
39539 Havelberg

Bauherr*in:
Gemeinde Fehrbellin
Johann-Sebastian-Bach
Straße 6
16833 Fehrbellin

© Brückner Büro für Landschaftsarchitektur

© Brückner Büro für Landschaftsarchitektur

Erweiterung

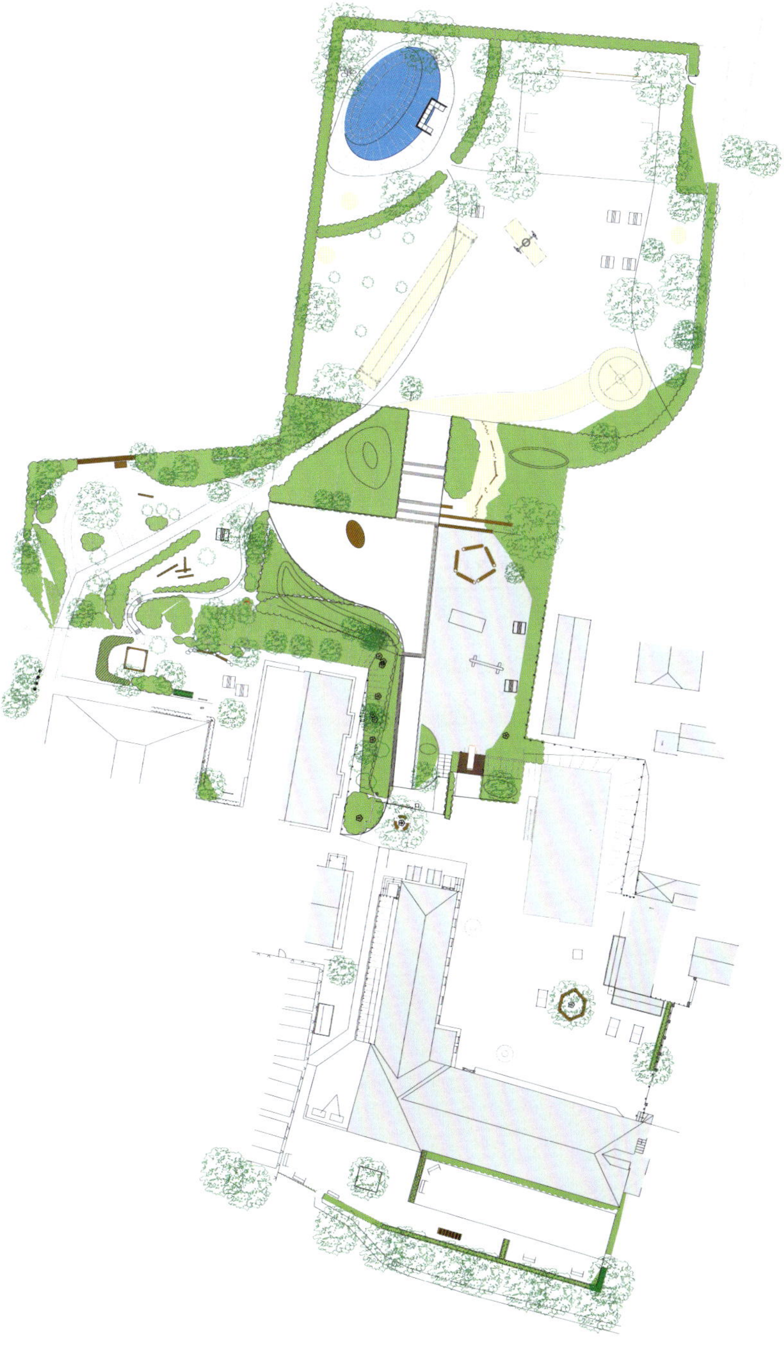

Lageplan

Objektbeschreibung

Allgemeine Objektinformationen

Aufgrund vieler Erweiterungsbauten auf dem Schulgelände verblieb nur eine kleine Hangfläche mit schwieriger Nutzung. Durch eine angrenzende Wiese konnte die Freifläche erweitert werden. Die neu gestaltete Schulfreifläche fügt sich in den umgebenden Landschaftsraum ein und bietet den Schülern unterschiedliche Spiel- und Aufenthaltsbereiche.

Nutzung

Großzügige Erweiterung der Außenanlage einer Grundschule in naturnaher Gestaltung mit vielfältigem Bewegungsangebot

Nutzeinheiten

Spielplatzfläche: 224m²

Grundstück

Bauraum: Freier Bauraum
Neigung: Geneigtes Gelände

Markt

Hauptvergabezeit: 4.Quartal 2021
Baubeginn: 4.Quartal 2021
Bauende: 2.Quartal 2022
Konjunkturelle Gesamtlage: Durchschnitt
Regionaler Baumarkt: Durchschnitt

Baubestand

Baujahr: 1970, 1995, 2010
Bauzustand: schlecht
Aufwand: mittel
Grundrissänderungen: umfangreiche
Nutzungsänderung: ja
Nutzung während der Bauzeit: ja

Außenanlagen, Freiflächen

Durch die Verlegung des Bolzplatzes nach Norden kann die Mitte des Grundstücks durch eine wassergebundene Wegedecke an die bestehende Rampe angeschlossen werden. Der vorhandene Spielplatz wurde durch eine Sandspielfläche mit Rutsche und Sitzpodeste erweitert. Der Höhenunterschied zur Wiesenfläche kann auf einem natürlich gestalteten Weg oder über eine Rampe und Sitzstufen überwunden werden. Für die Vorschulkinder wird die Freifläche mit Holzstämmen und Pflanzen in Erlebnisräume gegliedert. Weidentipis bieten Rückzugsmöglichkeiten. Auf der Wiese wurde eine Schaukel sowie eine Seilbahn installiert. Das vorhandene Kletternetz wurde versetzt. Am neuen Teich wurde ein Kneipppfad angelegt. Alle Einfriedungen bekommen mit freiwachsenden Hecken einen Sichtschutz. Zur Neupflanzung sind Bäume und Sträucher vorgesehen.

Planungskennwerte für Flächen und Rauminhalte nach DIN 277

Flächen des Grundstücks		Menge Einheit	% an GF
BF	Bebaute Fläche	1.400,00 m²	14,3
UF	Unbebaute Fläche	8.400,00 m²	85,7
GF	Grundstücksfläche	9.800,00 m²	100,0
AF	Außenanlagenfläche	7.278,36 m²	

KG	Kostengruppen (2. Ebene)	Menge Einheit	Menge/AF	Menge/GF
510	Erdbau	629,59 m³ EBR	0,09	0,06
530	Oberbau, Deckschichten	856,43 m² BFF	0,12	0,09
570	Vegetationsflächen	6.092,09 m² PSF	0,84	0,62
580	Wasserflächen	315,00 m² WAF	0,04	0,03

Prozentualer Anteil der Kostengruppen der 2. Ebene an der Kostengruppe 500 nach DIN 276

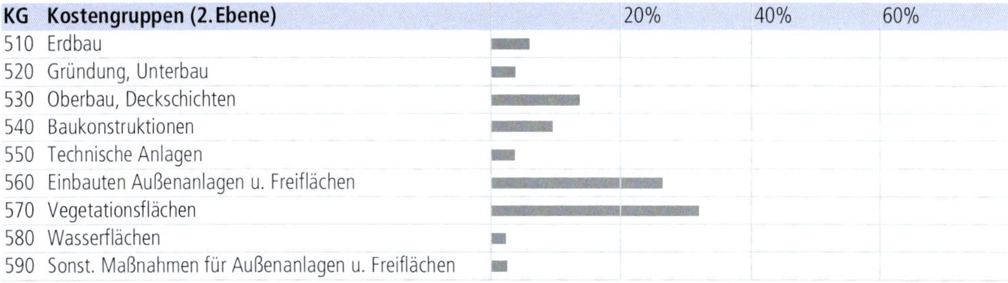

Ranking der Kostengruppen der 3. Ebene an der Kostengruppe 500 nach DIN 276

KG	Kostengruppen (3. Ebene)	% an KG 500	KG	Kostengruppen (3. Ebene)	% an KG 500
573	Pflanzflächen	22,8	551	Abwasseranlagen	1,6
562	Besondere Einbauten	13,6	556	Elektrische Anlagen	1,5
561	Allgemeine Einbauten	12,8	531	Wege	1,3
533	Plätze, Höfe, Terrassen	8,8	542	Schutzkonstruktionen	1,3
571	Vegetationstechn. Bodenbearbeitung	6,7	574	Rasen- und Saatflächen	1,2
511	Herstellung	6,0	532	Straßen	0,8
544	Rampen, Treppen, Tribünen	3,9	572	Sicherungsbauweisen	0,8
521	Baugrundverbesserung	3,8	543	Wandkonstruktionen	0,6
541	Einfriedungen	3,7	552	Wasseranlagen	0,6
536	Spielplatzflächen	3,0	579	Sonstiges zur KG 570	0,6
581	Befestigungen	2,3	596	Materialentsorgung	0,5
591	Baustelleneinrichtung	2,0			

Kostenkennwerte für die Kostengruppen der 1. Ebene DIN 276

KG	Kostengruppen (1. Ebene)	Einheit	Kosten €	€/Einheit	% 500
100	Grundstück	m² GF	–	–	–
200	Vorbereitende Maßnahmen	m² GF	13.555	1,38	2,2
300	Bauwerk – Baukonstruktionen	m² BGF	–	–	–
400	Bauwerk – Technische Anlagen	m² BGF	–	–	–
500	**Außenanlagen und Freiflächen**	**m² AF**	**604.662**	**83,08**	**100,0**
600	Ausstattung und Kunstwerke	m² AF	–	–	–
700	Baunebenkosten	m² AF	–	–	–
800	Finanzierung	m² AF	–	–	–

KG	Kostengruppe	Menge Einheit	Kosten €	€/Einheit	%
200	**Vorbereitende Maßnahmen**	9.800,00 m² GF	13.555	**1,38**	2,2
	• Abbrechen (Kosten: 83,5%) Grasnabe abschieben, Roden von Sträuchern/Hecken, Bäume fällen, Wurzelstöcke roden; Entsorgung, Deponiegebühren		11.322		
	• Herstellen (Kosten: 16,5%) Baumschutz mit Brettermantel, Suchschachtung		2.232		
500	**Außenanlagen und Freiflächen**	7.278,36 m² AF	604.662	**83,08**	100,0
	• Abbrechen (Kosten: 1,9%) Abbruch von Betonplatten, Betonpflaster, Betonflächen, Rasengitter, Betonrückenstützen; Folienteich; Entsorgung, Deponiegebühren		11.654		
	• Wiederherstellen (Kosten: 4,0%) Stabgitterzaun mit Tor, wieder montieren; Schachtbauwerke anpassen; Seilnetzpyramide wieder aufstellen; Sträucher umsetzen, Rückschnitt Bestandsbäume, Rasenfläche, anarbeiten, nachsäen		24.293		
	• Herstellen (Kosten: 94,1%) Bodenarbeiten; Schotter; Schotterrasen, Schottertragschicht, wassergebundene Decke, Pflaster, Bordsteine, Hackschnitzel, Spielsand; Zaunanlage, Geländer, Winkelstützen, Sitz-/Blockstufen; Oberflächenentwässerung, Elektroinstallation; Sitzpodeste, Sitzelemente, Picknickmöbel, Holzsitzstämme, Rutsche, Seilbahn, Schaukel, Sandkasten, Balancierstrecken, Spiegel; Oberbodenarbeiten, Bäume, Sträucher, Stauden, Gräser, Bodendecker, Weidentipis, Rasen, Feldsteine; Teich: Steine, Faschien, Kneipppfad		568.716		

Kostenkennwerte für die Kostengruppen der 2.Ebene DIN 276

KG	Kostengruppe	Menge Einheit	Kosten €	€/Einheit	%
200	**Vorbereitende Maßnahmen**				**100,0**
210	**Herrichten**	9.800,00 m²GF	13.555	**1,38**	100,0
	• Abbrechen (Kosten: 83,5%)	9.800,00 m²GF	11.322	**1,16**	
	Grasnabe abschieben (375m²), Roden von Sträuchern/Hecken (75m²), Bäume fällen (5St), Wurzelstöcke roden (8St), Grüngut laden (53m³); Entsorgung, Deponiegebühren				
	• Herstellen (Kosten: 16,5%)	9.800,00 m²GF	2.232	**0,23**	
	Baumschutz mit Brettermantel (15St), Suchschachtung (18m)				
500	**Außenanlagen und Freiflächen**				**100,0**
510	**Erdbau**	629,59 m³EBR	36.184	**57,47**	6,0
	• Herstellen (Kosten: 100,0%)	629,59 m³EBR	36.184	**57,47**	
	Bodenaushub, lagern (280m³), verfüllen (216m³), Grabenaushub (134m³)				
520	**Gründung, Unterbau**	7.278,36 m²AF	23.084	**3,17**	3,8
	• Herstellen (Kosten: 100,0%)	7.278,36 m²AF	23.084	**3,17**	
	Geotextil (512m²), Schotter (134t)				
530	**Oberbau, Deckschichten**	856,43 m²BFF	83.082	**97,01**	13,7
	• Abbrechen (Kosten: 8,4%)	104,10 m²BFF	6.941	**66,67**	
	Abbruch von Betonplatten (24m²), Betonpflaster (17m²), Betonflächen (10m²) * Rasengitter (53m²) * Betonrückenstützen (137m); Entsorgung, Deponiegebühren				
	• Herstellen (Kosten: 91,6%)	856,43 m²BFF	76.141	**88,91**	
	Schottertragschicht STS, Pflaster (58m²), Schotterrasen (43m²) * STS, dynamische Schicht, wassergebundene Decke (474m²), STS, Granitpflasterrinne (58m²), Beton-Bordsteine (140m) * Holzhackschnitzel, Fallschutz (155m²), Spielsand (69m²)				
540	**Baukonstruktionen**	7.278,36 m²AF	57.579	**7,91**	9,5
	• Wiederherstellen (Kosten: 15,3%)	7.278,36 m²AF	8.792	**1,21**	
	Stabgitterzaun mit Tor, wieder montieren (226m²)				
	• Herstellen (Kosten: 84,7%)	7.278,36 m²AF	48.787	**6,70**	
	Zaunanlage (250m²), Tore für bestehenden Zaun (14m²) * Stahlgeländer (11m²), Seilgeländer (7m²) * Stb-Winkelstützmauer (11m²) * Stb-Sitzstufen (11m²), Blockstufen (4m²), Holzauflage (27m)				
550	**Technische Anlagen**	7.278,36 m²AF	22.185	**3,05**	3,7
	• Wiederherstellen (Kosten: 7,9%)	7.278,36 m²AF	1.749	**0,24**	
	Schachtbauwerke auf Höhe anpassen (3St)				
	• Herstellen (Kosten: 92,1%)	7.278,36 m²AF	20.436	**2,81**	
	Regenwasserrohre (62m), Kontrollschacht (1St), Betonschacht, Abdeckung (1St) * PE-Rohre (60m), Absperrhahn (psch), Sickerschacht (1St) * Zähleranschlusssäule (1St), Erdkabel (100m)				

Erweiterung

KG	Kostengruppe	Menge Einheit	Kosten €	€/Einheit	%
560	**Einbauten Außenanlagen u. Freiflächen**	7.278,36 m² AF	159.661	**21,94**	26,4
	• Wiederherstellen (Kosten: 3,4%) Seilnetzpyramide, h=4,50m, wieder aufstellen (1St)	7.278,36 m² AF	5.508	**0,76**	
	• Herstellen (Kosten: 96,6%) Sitzpodeste (2St), Bühnenrahmen (1St), Sitzelemente (8St), Picknicktisch mit Bänken (2St), Wellenbank (1St), Holzsitzstämme (15m) * Rampe, Handlaufseile, Handläufe (1St), Rutsche, Absturzsicherungen (1St), Seilbahn (1St), Korbschaukel (1St), Sandkasten, Abdeckung (1St), Balancierbalken (3St), Balancierpalisaden (14St), Balancierseil (1St), Zerrspiegel (1St), Maltafel (1St)	7.278,36 m² AF	154.153	**21,18**	
570	**Vegetationsflächen**	6.092,09 m² PSF	193.642	**31,79**	32,0
	• Wiederherstellen (Kosten: 4,3%) Feinplanum (170m²), Sträucher umsetzen (16St), Bestandspflege (10m²), Rückschnitt Bestandsbäume (7St) * Rasenfläche, anarbeiten, nachsäen (1.471m²)	1.650,50 m² PSF	8.244	**4,99**	
	• Herstellen (Kosten: 95,7%) Boden lockern (4.959m²), Geländemodellierung (595m²), Pflanzgruben (65St), Pflanzgräben (85m) * Kokosmatten (180m²) * Hochstammbäume (25St), Solitärgehölze (40St), Sträucher (3.846St), Stauden, Gräser (340St), Bodendecker (300St), Kletterpflanzen (20St), Weidentipis (3St), Rindenmulch (2.274m²) * Rasenansaat (2.168m²) * Feldsteine (10St)	4.441,59 m² PSF	185.398	**41,74**	
580	**Wasserflächen**	315,00 m² WAF	13.931	**44,23**	2,3
	• Abbrechen (Kosten: 33,8%) Abbruch von Folienteich (96m²); Entsorgung, Deponiegebühren	96,00 m² WAF	4.713	**49,10**	
	• Herstellen (Kosten: 66,2%) Teich: Planum, profilieren (300m²), Feldsteine (15m²), Faschinen (20m), Kneipppfad: Natursteinschotter (15m²), Betonplatten (10St), Rollkies (3m³)	315,00 m² WAF	9.218	**29,26**	
590	**Sonst. Maßnahmen für Außenanlagen u. Freiflächen**	7.278,36 m² AF	15.315	**2,10**	2,5
	• Herstellen (Kosten: 100,0%) Baustelleneinrichtung (psch), Bauzaun (120m), Baustraße (75m²) * Entsorgung von Bauschutt (20m³); Entsorgung, Deponiegebühren	7.278,36 m² AF	15.315	**2,10**	

Erweiterung

Kostenkennwerte für die Kostengruppen 500 der 2. und 3. Ebene DIN 276 (Übersicht)

KG	Kostengruppe	Menge Einheit	Kosten €	€/Einheit	% 500
500	**Außenanlagen und Freiflächen**	**7.278,36 m² AF**	**604.662,32**	**83,08**	**100,0**
510	**Erdbau**	**629,59 m³ EBR**	**36.183,95**	**57,47**	**6,0**
511	Herstellung	629,59 m³ EBR	36.183,95	57,47	6,0
512	Umschließung	–	–	–	–
513	Wasserhaltung	–	–	–	–
520	**Gründung, Unterbau**	**7.278,36 m² AF**	**23.084,00**	**3,17**	**3,8**
521	Baugrundverbesserung	512,00 m²	23.084,00	45,09	3,8
522	Gründungen und Bodenplatten	–	–	–	–
523	Gründungsbeläge	–	–	–	–
524	Abdichtungen und Bekleidungen	–	–	–	–
525	Dränagen	–	–	–	–
530	**Oberbau, Deckschichten**	**856,43 m² BFF**	**83.081,84**	**97,01**	**13,7**
531	Wege	58,00 m²	7.642,35	131,76	1,3
532	Straßen	43,20 m²	4.587,94	106,20	0,8
533	Plätze, Höfe, Terrassen	531,57 m²	52.994,24	99,69	8,8
534	Stellplätze	–	–	–	–
535	Sportplatzflächen	–	–	–	–
536	Spielplatzflächen	223,66 m²	17.857,33	79,84	3,0
539	Sonstiges zur KG 530	–	–	–	–
540	**Baukonstruktionen**	**7.278,36 m² AF**	**57.579,27**	**7,91**	**9,5**
541	Einfriedungen	489,90 m²	22.152,93	45,22	3,7
542	Schutzkonstruktionen	17,25 m²	8.100,78	469,61	1,3
543	Wandkonstruktionen	11,28 m²	3.893,90	345,20	0,6
544	Rampen, Treppen, Tribünen	14,84 m²	23.431,66	1.578,95	3,9
545	Überdachungen	–	–	–	–
546	Stege	–	–	–	–
547	Kanal- und Schachtkonstruktionen	–	–	–	–
548	Wasserbecken	–	–	–	–
550	**Technische Anlagen**	**7.278,36 m² AF**	**22.184,70**	**3,05**	**3,7**
551	Abwasseranlagen	7.278,36 m² AF	9.834,07	1,35	1,6
552	Wasseranlagen	7.278,36 m² AF	3.488,86	0,48	0,6
553	Anlagen für Gase und Flüssigkeiten	–	–	–	–
554	Wärmeversorgungsanlagen	–	–	–	–
555	Raumlufttechnische Anlagen	–	–	–	–
556	Elektrische Anlagen	7.278,36 m² AF	8.861,75	1,22	1,5
557	Kommunikationstechnische Anlagen	–	–	–	–
558	Nutzungsspezifische Anlagen	–	–	–	–
560	**Einbauten Außenanlagen u. Freiflächen**	**7.278,36 m² AF**	**159.660,53**	**21,94**	**26,4**
561	Allgemeine Einbauten	7.278,36 m² AF	77.363,98	10,63	12,8
562	Besondere Einbauten	7.278,36 m² AF	82.296,56	11,31	13,6
563	Orientierungs- und Informationssysteme	–	–	–	–
570	**Vegetationsflächen**	**6.092,09 m² PSF**	**193.642,36**	**31,79**	**32,0**
571	Vegetationstechn. Bodenbearbeitung	4.958,80 m²	40.650,79	8,20	6,7
572	Sicherungsbauweisen	180,00 m²	4.970,93	27,62	0,8
573	Pflanzflächen	2.454,00 m²	137.597,14	56,07	22,8
574	Rasen- und Saatflächen	3.638,09 m²	7.048,17	1,94	1,2
579	Sonstiges zur KG 570	6.092,09 m² PSF	3.375,32	0,55	0,6
580	**Wasserflächen**	**315,00 m² WAF**	**13.930,89**	**44,23**	**2,3**
590	**Sonst. Maßnahmen für Außenanlagen u. Freiflächen**	**7.278,36 m² AF**	**15.314,77**	**2,10**	**2,5**

Erweiterung

Kostenkennwerte für die Kostengruppen der 3. Ebene DIN 276

KG	Kostengruppe	Menge Einheit	Kosten €	€/Einheit	%
210	**Herrichten**				**100,0**
211	**Sicherungsmaßnahmen**	9.800,00 m² GF	2.232	**0,23**	16,5
	• Herstellen (Kosten: 100,0%) Baumschutz, Brettermantel mit Polsterung, StD=0,50m (15St), Suchschachtung in Handarbeit (18m)	9.800,00 m² GF	2.232	**0,23**	
214	**Herrichten der Geländeoberfläche**	9.800,00 m² GF	11.322	**1,16**	83,5
	• Abbrechen (Kosten: 100,0%) Grasnabe abschieben, d=10cm (375m²), Roden von Sträuchern/Hecken, h=14cm (75m²), Bäume fällen, StD 15-38cm (5St), Wurzelstöcke roden (8St), Grüngut laden (53m³); Entsorgung, Deponiegebühren	9.800,00 m² GF	11.322	**1,16**	
510	**Erdbau**				**100,0**
511	**Herstellung**	629,59 m³ EBR	36.184	**57,47**	100,0
	• Herstellen (Kosten: 100,0%) Bodenaushub BK 3-4, t bis 2,00m, lagern (280m³), t bis 50cm, wieder verfüllen (216m³), Grabenaushub, t bis 1,25m (105m³), t bis 50cm (29m³), Planum (922m²)	629,59 m³ EBR	36.184	**57,47**	
520	**Gründung, Unterbau**				**100,0**
521	**Baugrundverbesserung**	512,00 m²	23.084	**45,09**	100,0
	• Herstellen (Kosten: 100,0%) Geotextil (512m²), Schotter 0/45mm (134t)	512,00 m²	23.084	**45,09**	
530	**Oberbau, Deckschichten**				**100,0**
531	**Wege**	58,00 m²	7.642	**131,76**	9,2
	• Abbrechen (Kosten: 41,4%) Abbruch von Betonplatten (24m²), Betonpflaster (17m²), Betonflächen, d=20cm (10m²); Entsorgung, Deponiegebühren	50,85 m²	3.166	**62,27**	
	• Herstellen (Kosten: 58,6%) Schottertragschicht 0/32mm, d=20cm, Betonpflaster (58m²)	58,00 m²	4.476	**77,17**	
532	**Straßen**	43,20 m²	4.588	**106,20**	5,5
	• Abbrechen (Kosten: 49,9%) Abbruch von Rasengitterplatten (53m²); Entsorgung, Deponiegebühren	53,25 m²	2.288	**42,96**	
	• Herstellen (Kosten: 50,1%) Zufahrt, Schotterrasen (43m²)	43,20 m²	2.300	**53,25**	
533	**Plätze, Höfe, Terrassen**	531,57 m²	52.994	**99,69**	63,8
	• Herstellen (Kosten: 100,0%) Schottertragschicht, STS 0/32mm, d=20cm, dynamische Schicht, Brechkorn 0/16mm, d=6cm, wassergebundene Deckschicht, Brechkorn 0/8mm, d=4cm (474m²), Pflasterrinne: STS 0/45mm, d=30cm, Betonbett C12/16, d=10cm, Granitpflaster 10x10cm, Verfugung (58m²), Beton-Bordsteine, Betonbett (140m)	531,57 m²	52.994	**99,69**	

KG	Kostengruppe	Menge Einheit	Kosten €	€/Einheit	%
536	**Spielplatzflächen**	223,66 m²	17.857	**79,84**	21,5
	• Abbrechen (Kosten: 8,3%) Betonrückenstützen, teilweise Gummibord (137m); Entsorgung, Deponiegebühren	–	1.487	**–**	
	• Herstellen (Kosten: 91,7%) Holzhackschnitzel, d=30-50cm, Fallschutz (155m²), Spielsand 0/2mm, d=50cm (69m²)	223,66 m²	16.370	**73,19**	
540	**Baukonstruktionen**				**100,0**
541	**Einfriedungen**	489,90 m²	22.153	**45,22**	38,5
	• Wiederherstellen (Kosten: 39,7%) Stabgitterzaun mit Tor, demontieren, lagern, wieder montieren, Fundamente (226m²)	226,20 m²	8.792	**38,87**	
	• Herstellen (Kosten: 60,3%) Wildschutz-Zaunanlage, h=1,50m, Knotengeflecht, Metallpfosten, Betonfundamente (250m²), Tore für bestehenden Stabgitterzaun, h=1,50m, zweiflüglig, b=2,00m (9m²) einflüglig, b=1,00m (5m²)	263,70 m²	13.361	**50,67**	
542	**Schutzkonstruktionen**	17,25 m²	8.101	**469,61**	14,1
	• Herstellen (Kosten: 100,0%) Stahlgeländer: Handlauf, D=40mm (11m²), Rohrpfosten, h=105cm, Fundamente (7St), Seilgeländer: vier Standpfosten, D=14-18cm, drei Handlaufseile, d=16mm, l=2,50m (7m²)	17,25 m²	8.101	**469,61**	
543	**Wandkonstruktionen**	11,28 m²	3.894	**345,20**	6,8
	• Herstellen (Kosten: 100,0%) Stb-Winkelstützmauer C35/40, h=60cm, Sichtbeton, Betonfundament C20/25 (11m²)	11,28 m²	3.894	**345,20**	
544	**Rampen, Treppen, Tribünen**	14,84 m²	23.432	**1.578,95**	40,7
	• Herstellen (Kosten: 100,0%) Stb-Sitzstufen C30/37, 100x40x50cm, Sichtbeton, Betonfundament C12/15 (11m²), Blockstufen 100x40x16cm (4m²), Holzauflage (27m)	14,84 m²	23.432	**1.578,95**	
550	**Technische Anlagen**				**100,0**
551	**Abwasseranlagen**	7.278,36 m² AF	9.834	**1,35**	44,3
	• Wiederherstellen (Kosten: 17,8%) vorhandene Schachtbauwerke auf Höhe anpassen (3St)	7.278,36 m² AF	1.749	**0,24**	
	• Herstellen (Kosten: 82,2%) Regenwasserrohre DN150-200 (62m), Kiesbett 0/32, d bis 30cm (90m), Kontrollschacht DN400, Betonbett (1St), Betonschacht DN1.000, h=1,20m, Abdeckung (1St)	7.278,36 m² AF	8.085	**1,11**	
552	**Wasseranlagen**	7.278,36 m² AF	3.489	**0,48**	15,7
	• Herstellen (Kosten: 100,0%) PE-Rohre, DN50, Formstücke (60m), Absperrhahn (psch), Sickerschacht DN400, Schotterbett 0/45, d=30cm (1St)	7.278,36 m² AF	3.489	**0,48**	
556	**Elektrische Anlagen**	7.278,36 m² AF	8.862	**1,22**	39,9
	• Herstellen (Kosten: 100,0%) Zähleranschlusssäule, bestückt, abschließbar, Sockel (1St), Erdkabel (100m), Kabelschutzrohre (70m)	7.278,36 m² AF	8.862	**1,22**	

Erweiterung

KG	Kostengruppe	Menge Einheit	Kosten €	€/Einheit	%
560	**Einbauten in Außenanlagen und Freiflächen**				**100,0**
561	**Allgemeine Einbauten**	7.278,36 m² AF	77.364	**10,63**	48,5
	• Herstellen (Kosten: 100,0%) Sitzpodest, einstufig, h=45cm, 1,00x2,00m, Holzbohlenbelag, UK, Betonplatten zur Lastabtragung (1St), zweistufig, h=30-58cm, D=2,00-4,50m, (1St), Bühnenrahmen KVH 16x16cm, h=2,95m, b=3,06m, Stahlfüße (1St), PE-Sitzbogenelemente, R=96-135cm, BxH 40x40cm (8St), Holz-Picknick-tisch mit Bänken, 1,50x2,00m, Fundamente, Erdanker (2St), Wellenbank, l=321cm, b=80cm, h=35-50cm, Holzlattenbelag, Stahlunterkonstruktion, Blockfundamente, Edelstahlanker (1St), Holz-stamm als Sitzstamm, D=25cm, Fundamente, Erdanker (10m), D=18-20cm, auf Holzpflöcken (5m)	7.278,36 m² AF	77.364	**10,63**	
562	**Besondere Einbauten**	7.278,36 m² AF	82.297	**11,31**	51,5
	• Wiederherstellen (Kosten: 6,7%) Seilnetzpyramide, h=4,50m, demontieren, neu montieren mit Stahl-Ankerplatten in Schachtgruben 1,00x1,00x1,00m, Sauberkeitsschicht, d=10cm (1St)	7.278,36 m² AF	5.508	**0,76**	
	• Herstellen (Kosten: 93,3%) Holz-Rampenanlage, b=4,00m, l=3,50m, Handlaufseile, Handläufe, UK, Bretterbelag (1St), Edelstahl-rutsche, b=1,00m, h=2,00m, l=1,00m, Handläufe, Absturzsicherungen, Fundamente (1St), Seilbahn l=25,00m (1St), Korbschaukel, D=1,20m, Holzkonstruktion, h=2,50m, Fundamente (1St), Sandkasten 3,00x3,00m, Holzeinfassung, Sitzauflagen, Erdanker (1St), Abdeckung (1St), Balancierbalken, D=14-18cm, l=5,00m, h=55cm, Fundamente (3St), Balancierpalisaden, h=55cm (14St), Balancierseil (1St), Edelstahl-Zerrspiegel (1St), Maltafel (1St)	7.278,36 m² AF	76.789	**10,55**	
570	**Vegetationsflächen**				**100,0**
571	**Vegetationstechn. Bodenbearbeitung**	4.958,80 m²	40.651	**8,20**	21,0
	• Herstellen (Kosten: 100,0%) Boden lockern, fräsen, t=30cm (4.959m²), Geländemodellierung (595m²), Pflanzgruben 100x100x100cm (25St), 50x50x50cm (40St), Pflanzgräben 50x50cm (85m)	4.958,80 m²	40.651	**8,20**	
572	**Sicherungsbauweisen**	180,00 m²	4.971	**27,62**	2,6
	• Herstellen (Kosten: 100,0%) Kokosmatten für Bodendecker (180m²)	180,00 m²	4.971	**27,62**	
573	**Pflanzflächen**	2.454,00 m²	137.597	**56,07**	71,1
	• Wiederherstellen (Kosten: 3,3%) Feinplanum (170m²), Sträucher umsetzen (16St), Bestandspflege (10m²), Rückschnitt Bestands-bäume, Kronendurchmesser bis 12,00m (7St), Bestandspflege (5St)	180,00 m²	4.521	**25,12**	
	• Herstellen (Kosten: 96,7%) Hochstammbäume, Pflanzverankerungen (25St), Solitärgehölze (40St), Sträucher (3.846St), Stauden, Gräser (340St), Bodendecker (300St), Kletterpflanzen (20St), Weidentipis, D=3,00m, h=3,00m (3St), Rindenmulch (2.274m²), Fertigstellungspflege	2.274,00 m²	133.076	**58,52**	
574	**Rasen- und Saatflächen**	3.638,09 m²	7.048	**1,94**	3,6
	• Wiederherstellen (Kosten: 52,8%) Rasenfläche lockern, glätten, anarbeiten, nachsäen (1.471m²)	1.470,50 m²	3.723	**2,53**	
	• Herstellen (Kosten: 47,2%) Rasenansaat, Spielrasen (2.168m²), Fertigstellungspflege	2.167,59 m²	3.326	**1,53**	

KG	Kostengruppe	Menge Einheit	Kosten €	€/Einheit	%
579	**Sonstiges zur KG 570**	6.092,09 m² PSF	3.375	**0,55**	1,7
	• Herstellen (Kosten: 100,0%) Feldsteine 50x50cm bis 100x100cm, rundlich, kindersicher (10St)	4.441,59 m² PSF	3.375	**0,76**	
580	**Wasserflächen**				**100,0**
581	**Befestigungen**	315,00 m²	13.931	**44,23**	100,0
	• Abbrechen (Kosten: 33,8%) Abbruch von Folienteich, d bis 50cm unter Sohle (96m²); Entsorgung, Deponiegebühren	96,00 m²	4.713	**49,10**	
	• Herstellen (Kosten: 66,2%) Teich: Planum, profilieren (300m²), Feldsteine, d=10-20cm, in Betonbett (15m²), Faschinen aus Nadelholz, doppellagig (20m), Kneipppfad: Natursteinschotter 0/32mm, d=20cm (15m²), Betonplatten 80x80cm in Betonbett (10St), Rollkies 16/32mm, d=20cm (3m³)	315,00 m²	9.218	**29,26**	
590	**Sonstige Maßnahmen für Außenanlagen und Freiflächen**				**100,0**
591	**Baustelleneinrichtung**	7.278,36 m² AF	12.259	**1,68**	80,0
	• Herstellen (Kosten: 100,0%) Baustelleneinrichtung (psch), Bauzaun, h=2,00m (120m), Baustraße mit Baggermatten (75m²)	7.278,36 m² AF	12.259	**1,68**	
596	**Materialentsorgung**	7.278,36 m² AF	3.056	**0,42**	20,0
	• Herstellen (Kosten: 100,0%) Entsorgung von Bauschutt, Kompost, Müll (20m³); Entsorgung, Deponiegebühren	7.278,36 m² AF	3.056	**0,42**	

Erweiterung

Kostenkennwerte für Leistungsbereiche nach STLB (Kosten der Außenanlagen nach DIN 276)

LB	Leistungsbereiche	Kosten €	€/m² AF	% 500
000	Baustellen-, Verkehrssich.- u. Sicherh.einr. inkl. 001	12.259	1,70	2,0
	Herstellen	12.259	1,70	2,0
002	Erdarbeiten	90.966	12,50	15,0
	Wiederherstellen	1.749	0,24	0,3
	Herstellen	89.217	12,30	14,8
003	Landschaftsbauarbeiten	324.730	44,60	53,7
	Wiederherstellen	22.544	3,10	3,7
	Herstellen	302.186	41,50	50,0
004	Landschaftsbauarbeiten - Pflanzen	51.049	7,00	8,4
	Herstellen	51.049	7,00	8,4
008	Wasserhaltungsarbeiten	–	–	–
009	Entwässerungskanalarbeiten	8.085	1,10	1,3
	Herstellen	8.085	1,10	1,3
010	Drän- und Versickerarbeiten	–	–	–
012	Mauerarbeiten	–	–	–
013	Betonarbeiten	24.152	3,30	4,0
	Herstellen	24.152	3,30	4,0
014	Natur-, Betonwerksteinarbeiten inkl. 024, 025	–	–	–
016	Zimmer- und Holzbauarbeiten	6.555	0,90	1,1
	Herstellen	6.555	0,90	1,1
017	Stahlbauarbeiten	–	–	–
018	Abdichtungsarbeiten	–	–	–
020	Dachdeckungsarbeiten	–	–	–
021	Dachabdichtungsarbeiten	–	–	–
022	Klempnerarbeiten	–	–	–
023	Putz- und Stuckarbeiten, Wärmedämmsysteme	–	–	–
027	Tischlerarbeiten	–	–	–
028	Parkett-, Holzpflasterarbeiten	–	–	–
031	Metallbauarbeiten inkl. 035	6.336	0,87	1,0
	Herstellen	6.336	0,87	1,0
032	Verglasungsarbeiten inkl. 029	–	–	–
034	Maler- und Lackiererarb. - Beschicht. inkl. 037	–	–	–
042	Gas- u. Wasseranl. - Leitung., Armat.	3.489	0,48	0,6
	Herstellen	3.489	0,48	0,6
043	Druckrohrleitungen Gas, Wasser, Abwasser	–	–	–
044	Abwasseranl. - Leitungen, Abläufe, Armaturen	–	–	–
045	Gas, Wasser, Entwässerung - Ausstattung inkl. 046	–	–	–
050	Blitzschutz-/Erdungsanlagen, Überspannungssch.	–	–	–
053	Niederspannungsanl. - Kabel inkl. 052, 055	4.428	0,61	0,7
	Herstellen	4.428	0,61	0,7
058	Leuchten und Lampen inkl. 059	–	–	–
060	Such, Signal, Zeit, Anten., akust. Anl. inkl. 061, 063	–	–	–
080	Straßen, Wege, Plätze	53.470	7,30	8,8
	Herstellen	53.470	7,30	8,8
084	Abbruch, Rückbau, Schadstoffsanierung	11.654	1,60	1,9
	Abbrechen	11.654	1,60	1,9
087	Abfallentsorgung, Verwertung und Beseitigung	3.056	0,42	0,5
	Herstellen	3.056	0,42	0,5
	Sonstige Leistungsbereiche	**4.434**	**0,61**	**0,7**

4100-0237
Außenanlage
Realschule

Kostenkennwerte für die Kosten der Außenanlage (Kostengruppe 500 nach DIN 276)

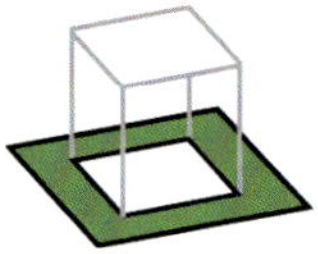

Erweiterung

AF 151 €/m²

Objekt:
Kennwerte: 3.Ebene DIN 276
AF: 16.060 m²
Bauzeit: 56 Wochen
Bauende: 2021
Standard: mittel
Bundesland: Bayern
Kreis: Bamberg

Garten- und Landschaftsarchitekt*in:
JOMA Landschaftsarchitektur
Augustenstraße 2A
96047 Bamberg

Bauherr*in:
Landratsamt Bamberg
Ludwigstraße 23
96052 Bamberg

Erweiterung

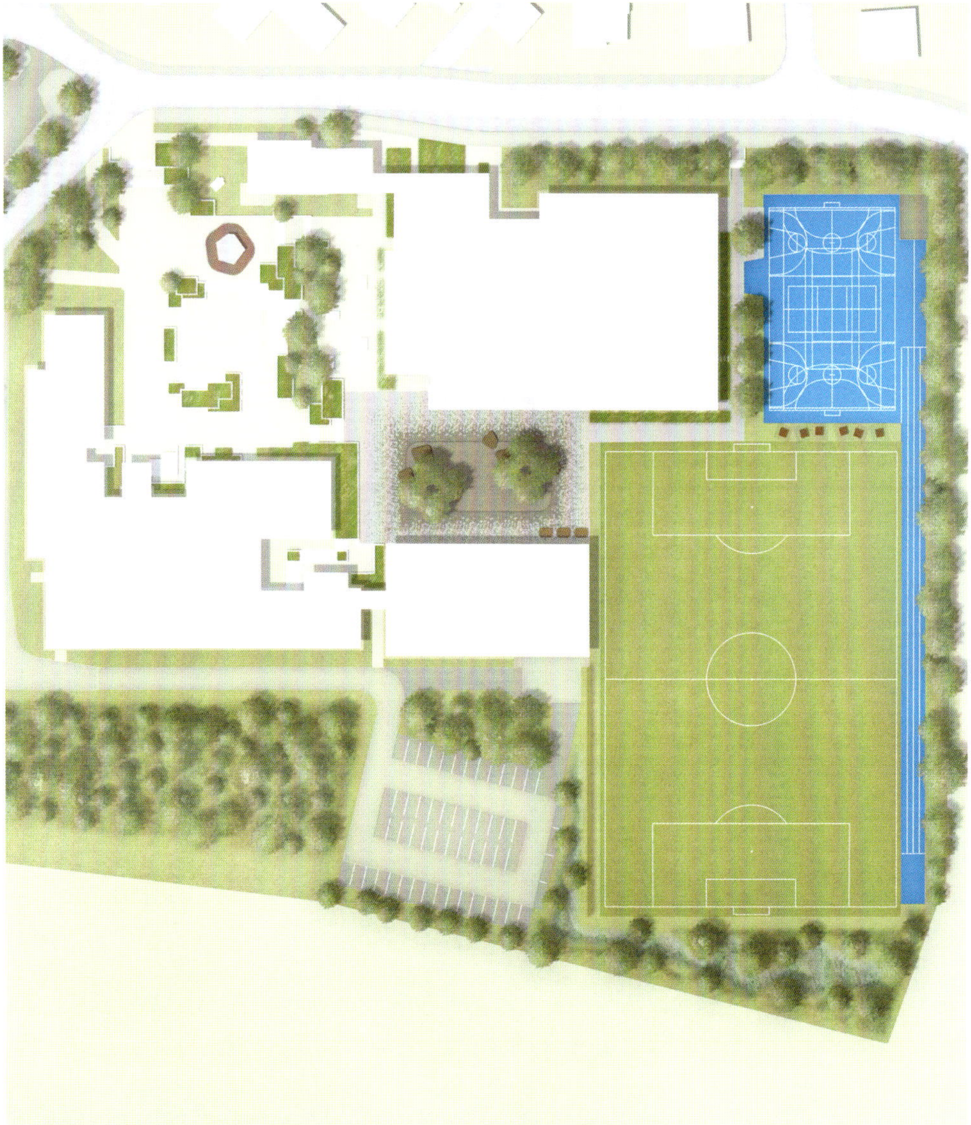

Lageplan

Objektbeschreibung

Allgemeine Objektinformationen

Durch die Erweiterung der Realschule wurde die Neuordnung der Außenanlage notwendig. Auf dem neu erworbenen Grundstück entstand ein Rasenspielfeld, sowie ein Hartplatz und eine 100-Meter-Laufbahn. Der neue Schulhof wird dadurch zu einem großzügigen offenen Platz im Zentrum der Schule mit Sitzgelegenheiten, Sporteinbauten und Boulderblock.

Nutzung

Erweiterung der Sportplatzanlage mit Schulhof und Parkplätzen einer Realschule

Nutzeinheiten

Sportanlagenfläche: 8.066 m²
Stellplätze: 54

Grundstück

Bauraum: Freier Bauraum
Neigung: Ebenes Gelände
Bodenklasse: BK 3 bis BK 4

Markt

Hauptvergabezeit: 2. Quartal 2020
Baubeginn: 2. Quartal 2020
Bauende: 2. Quartal 2021
Konjunkturelle Gesamtlage: Durchschnitt
Regionaler Baumarkt: unter Durchschnitt

Baubestand

Baujahr: 1971, 2009
Bauzustand: gut
Aufwand: niedrig
Grundrissänderungen: wenige
Nutzungsänderung: nein
Nutzung während der Bauzeit: ja

Außenanlagen, Freiflächen

Mit bautechnisch notwendigen Treppen und Betonfertigteile wird die erweiterte Freianlage an vorhandene Gebäudestrukturen angeschlossen. Alle Plätze, Straßen und Wege sind mit Betonpflaster belegt und mit Randsteinen eingefasst. Der Schulhof wurde mit Dränasphalt belegt Um den Boulderturm wurde eine Gummigranulat-Deckschicht aufgebracht. Die Stellplätze wurden mit Rasengittersteinen ausgeführt. Der Hartplatz mit der angrenzender 100-Meter-Laufbahn wurde in einer farbigen EPDM-Deckschicht mit Markierungslinien ausgeführt. Die Sprunggrube ist mit Flusssand gefüllt. Eine Ballfanganlage grenzt die Sportfelder ab. Das Oberflächenwasser der Schulgebäude und Freiflächen wird teilweise in Rigolen abgeleitet. Über einen 50.000l Erd-Stahltank wird das Rasenspielfeld beregnet. Außerdem wurden im Schulhof und am Spielfeldrand Sitzgelegenheiten geschaffen und Außenleuchten aufgestellt. Vielseitige Pflanzungen und Rasen ergänzen die Anlage.

Planungskennwerte für Flächen und Rauminhalte nach DIN 277

Flächen des Grundstücks		Menge Einheit	% an GF
BF	Bebaute Fläche	–	–
UF	Unbebaute Fläche	–	–
GF	Grundstücksfläche	–	–
AF	Außenanlagenfläche	16.059,58 m²	

KG	Kostengruppen (2. Ebene)	Menge Einheit	Menge/AF	Menge/GF
510	Erdbau	7.063,68 m³ EBR	0,44	–
530	Oberbau, Deckschichten	12.162,68 m² BFF	0,76	–
570	Vegetationsflächen	3.896,90 m² PSF	0,24	–
580	Wasserflächen	–	–	–

Prozentualer Anteil der Kostengruppen der 2. Ebene an der Kostengruppe 500 nach DIN 276

KG	Kostengruppen (2. Ebene)
510	Erdbau
520	Gründung, Unterbau
530	Oberbau, Deckschichten
540	Baukonstruktionen
550	Technische Anlagen
560	Einbauten Außenanlagen u. Freiflächen
570	Vegetationsflächen
580	Wasserflächen
590	Sonst. Maßnahmen für Außenanlagen u. Freiflächen

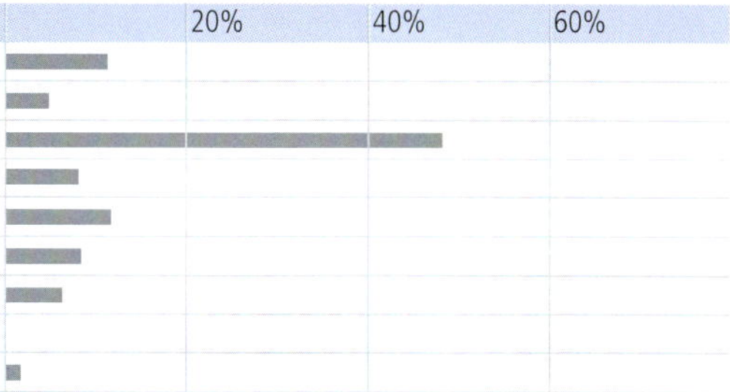

Ranking der Kostengruppen der 3. Ebene an der Kostengruppe 500 nach DIN 276

KG	Kostengruppen (3. Ebene)	% an KG 500	KG	Kostengruppen (3. Ebene)	% an KG 500
533	Plätze, Höfe, Terrassen	17,2	562	Besondere Einbauten	2,3
535	Sportplatzflächen	14,5	543	Wandkonstruktionen	2,1
511	Herstellung	11,2	525	Dränagen	1,9
532	Straßen	6,9	539	Sonstiges zur KG 530	1,7
561	Allgemeine Einbauten	6,0	541	Einfriedungen	1,7
551	Abwasseranlagen	5,7	544	Rampen, Treppen, Tribünen	1,4
534	Stellplätze	4,8	571	Vegetationstechn. Bodenbearbeitung	1,3
573	Pflanzflächen	4,4	596	Materialentsorgung	1,3
556	Elektrische Anlagen	3,1	574	Rasen- und Saatflächen	0,5
531	Wege	3,0	522	Gründungen und Bodenplatten	0,4
542	Schutzkonstruktionen	2,8	591	Baustelleneinrichtung	0,4
552	Wasseranlagen	2,8	572	Sicherungsbauweisen	< 0,1
521	Baugrundverbesserung	2,5	579	Sonstiges zur KG 570	< 0,1

Erweiterung

Kostenkennwerte für die Kostengruppen der 1. Ebene DIN 276

KG	Kostengruppen (1. Ebene)	Einheit	Kosten €	€/Einheit	% 500
100	Grundstück	m² GF	–	–	–
200	Vorbereitende Maßnahmen	m² GF	13.934	–	0,6
300	Bauwerk – Baukonstruktionen	m² BGF	–	–	–
400	Bauwerk – Technische Anlagen	m² BGF	–	–	–
500	**Außenanlagen und Freiflächen**	**m² AF**	**2.428.208**	**151,20**	**100,0**
600	Ausstattung und Kunstwerke	m² AF	–	–	–
700	Baunebenkosten	m² AF	–	–	–
800	Finanzierung	m² AF	–	–	–

KG	Kostengruppe	Menge Einheit	Kosten €	€/Einheit	%
200	**Vorbereitende Maßnahmen**	–	13.934	**–**	0,6
	• Abbrechen (Kosten: 65,1%) Abräumen von Bewuchs; Entsorgung, Deponiegebühren		9.073		
	• Herstellen (Kosten: 34,9%) Kampfmitteluntersuchung		4.861		
500	**Außenanlagen und Freiflächen**	16.059,58 m² AF	2.428.208	**151,20**	100,0
	• Abbrechen (Kosten: 1,6%) Demontage und lagern von Betonpflaster, Abbruch von Betonrandsteinen, Kies aus Traufstreifen; Ballfangzäunen, Geländern; Entwässerungsrinnen, Demontage und lagern von Pollerleuchte; Abräumen von Sträucher, Hecken, Bäume fällen, Wurzelstöcke roden; Entsorgung, Deponiegebühren		38.093		
	• Wiederherstellen (Kosten: < 0,1%) Traufstreifen von Bewuchs und Wurzeln befreien; Entsorgung, Deponiegebühren		363		
	• Herstellen (Kosten: 98,4%) Bodenarbeiten; Fundamente, Sportplatz-Dränage-System; Frostschutzschicht, Pflaster, Betonplatten, Muldensteine, Asphalttrag-/deckschichten, Gummigranulat-Deckschicht, Rasengittersteine, Rasenansaat, Sprunggrube; Zäune, Ballfangzaunanlage; Oberflächenentwässerung, Muldenrigole, Sportplatz-Bewässerungsanlage, Erdtank, Elektroinstallation, Leuchten; Sitzblöcke, Sitzwürfel, Picknickmöbel, Boulderblock, Basketballständer, Tischtennisplatten, Slaklinepfosten; Oberbodenarbeiten, Bäume, Hecken, Sträucher, Stauden, Gräser, Blumenzwiebeln, Rasen		2.389.751		

Kostenkennwerte für die Kostengruppen der 2.Ebene DIN 276

KG	Kostengruppe	Menge Einheit	Kosten €	€/Einheit	%
200	**Vorbereitende Maßnahmen**				**100,0**
210	**Herrichten**	–	13.934	–	100,0
	• Abbrechen (Kosten: 65,1%)	–	9.073	–	
	Pflanzliche Bodendecke abräumen (3.211m²), Oberbodenabtrag, lagern (1.406m³); Entsorgung, Deponiegebühren				
	• Herstellen (Kosten: 34,9%)	–	4.861	–	
	Kampfmitteluntersuchung, Oberflächensondierung, Dokumentation (3d)				
500	**Außenanlagen und Freiflächen**				**100,0**
510	**Erdbau**	7.063,68 m³ EBR	272.838	**38,63**	11,2
	• Herstellen (Kosten: 100,0%)	7.063,68 m³ EBR	272.838	**38,63**	
	Bodenaushub, lagern (5.457m³), verfüllen, Lagermaterial (495m³), Grabenaushub, lösen, lagern (201m³), verfüllen (256m³), Lagermaterial laden, entsorgen (4.786m³), Muldenrigole als dreistufige Kaskade profilieren (1.600m²)				
520	**Gründung, Unterbau**	16.059,58 m² AF	116.800	**7,27**	4,8
	• Herstellen (Kosten: 100,0%)	16.059,58 m² AF	116.800	**7,27**	
	Schotter, d=30cm, einbauen, verdichten (2.592m²), Geogitter (90m²) * Punktfundament (5m²), Köcherfundamente (9m²) * Flächendränage Sportplatz, Sand, d=4cm (5.841m²), Dränschlitze, rohrlos, Verfüllung mit Filtermaterial (3.600m), PVC-Dränagerohre DN80-100 (840m)				
530	**Oberbau, Deckschichten**	12.162,68 m² BFF	1.167.555	**95,99**	48,1
	• Abbrechen (Kosten: 0,3%)	138,97 m² BFF	4.003	**28,80**	
	Demontage und lagern von Betonpflaster (64m²), Abbruch von Betonrandsteinen (20m) * Demontieren und lagern von Betonpflaster (75m²), Abbruch von Betonrandsteinen (20m) * Abbruch von Kies aus Traufstreifen (1m³); Entsorgung, Deponiegebühren				
	• Wiederherstellen (Kosten: < 0,1%)	27,16 m² BFF	363	**13,38**	
	Traufstreifen von Bewuchs und Wurzeln befreien (27m²); Entsorgung, Deponiegebühren				
	• Herstellen (Kosten: 99,6%)	12.135,52 m² BFF	1.163.189	**95,85**	
	Frostschutzschicht FSS (188m³), Betonpflaster (334m²), taktile Betonsteinplatten (6m²), Einfassungen (203m) * FSS (714m³), Betonpflaster (1.276m²), Muldensteine (34m²) * FSS (873m³), Betonpflaster (1.166m²), Mosaikpflaster (4m²), Einfassungen (505m), Asphalttrag-/deckschicht (342m²), Asphalttragschicht, Gummigranulat-Deckschicht (79m²) * FSS (443m³), Rasengittersteine (489m²), Betonwerksteinplatten mit Rasenfuge (167m²), Betonpflaster (156m²) * Mineralsorptionsschicht, Rasentragschicht (5.841m²), Rasenansaat (6.066m²), Asphalttragschicht, Fallschutzbelag (1.946m²), Sprunggrube: Betonplatten, Sand (54m²), Betoneinfassung, Gummiprofil (30m), Absprungbalken (2St), Entwicklungspflege (60.663m²) * Dränagematte (152m²), Traufstreifen (121m²), Kies (23t), Betonkantsteine (641m)				

Erweiterung

KG	Kostengruppe	Menge Einheit	Kosten €	€/Einheit	%
540	**Baukonstruktionen**	16.059,58 m² AF	194.490	**12,11**	8,0
	• Abbrechen (Kosten: 3,1%) Abbruch von Ballfangzäunen (356m²) * Geländern (6m²); Entsorgung, Deponiegebühren	16.059,58 m² AF	6.086	**0,38**	
	• Herstellen (Kosten: 96,9%) Stabgitterzaun, h=2,00m (154m), Maschendrahtzaun, h=2,00m (145m), Gartentore, h=2,00m (4St) * Ballfangzaunanlage, h=4,00-6,00m (695m²), Stahlrohrpfosten, Betonfundamente (6St) * Betonfertigteile (48m), als Treppenwangen (5St) * Beton-Blockstufen (20m²), Stahl-Treppengeländer, h=90cm, Handläufe (2m²)	16.059,58 m² AF	188.404	**11,73**	
550	**Technische Anlagen**	16.059,58 m² AF	280.662	**17,48**	11,6
	• Abbrechen (Kosten: 0,2%) Abbruch von Entwässerungsrinnen, Abdeckungen (11m); Entsorgung, Deponiegebühren * Demontage und lagern von Pollerleuchte (1St)	16.059,58 m² AF	555	**0,03**	
	• Herstellen (Kosten: 99,8%) Betonrohre DN500 (9m), KG-Rohre DN100-150 (265m), Rinnen (149m), Hofabläufe (4St), Kontrollschächte DN315 (10St), Muldenrigole: Geotextil, Sickerrohre, Splittbett (32m), Sickergruben D=4,00m, t=1,50m, Vlies (4St) * Sportplatz-Bewässerungsanlage: Erdtank 50.000l (1St), Kiesbett (17m³), Sandumhüllung (61m³), PE-Füllleitungen (80m), PE-Entnahmeleitungen (395m), Steuergeräte (2St), Regensensor (1St), Voll- und Teilkreisversenkregner (12St), Unterwasserpumpen Frischwasserzulauf (2St), Unterflurhydranten (2St) * Mantelleitungen (425m), Steuerleitungen (1.025m), Pollerleuchten (20St), Mastleuchten (5St), Bodenleuchten (4St), Lichtstelen (4St)	16.059,58 m² AF	280.107	**17,44**	
560	**Einbauten Außenanlagen u. Freiflächen**	16.059,58 m² AF	201.581	**12,55**	8,3
	• Herstellen (Kosten: 100,0%) Sitzblöcke, Stahleinfassung, gerundet, Sitzroste, Holzleisten (6St), Sitzwürfel (12St), Picknickmöbel (3St), Abfallbehälter (5St) * Boulderblock: vieleckige Kletterturm (42m²), Blocküberdachung (1St), Klettergriffe (280St), Basketball-Mastständer (4St), Beton-Tischtennisplatten (2St), Alu-Slaklinepfosten (2St), Bodenhülsen (12St)	16.059,58 m² AF	201.581	**12,55**	
570	**Vegetationsflächen**	3.896,90 m² PSF	152.999	**39,26**	6,3
	• Abbrechen (Kosten: 17,9%) Sträucher, Hecken und Bäume fällen (1.400m²), fällen, Wurzelstöcke roden (324m²), Hecken roden (262m²), Bäume fällen (36St), Wurzelstöcke roden (12St)	1.985,66 m² PSF	27.450	**13,82**	
	• Herstellen (Kosten: 82,1%) Oberboden auftragen (1.020m³), fräsen (3.945m²), Granulat einarbeiten (15kg) * Brettfaschine (37m) * Bäume, Pflanzgruben (33St), Baumverankerungen (20St), Stammschutz (11St), Hecken, Sträucher (1.337St), Stauden, Gräser (1.360St), Blumenzwiebeln (1.700St), Gehölzuntersaat (730m²), Pflanzfläche lockern, Dünger einarbeiten (1.477m²), mulchen (525m²), Fertigstellungspflege * Kunststoff-Rasengittersteine (100m²), Rasenansaat (1.538m²) * Entwicklungspflege (4.973m²)	3.896,90 m² PSF	125.550	**32,22**	
590	**Sonst. Maßnahmen für Außenanlagen u. Freiflächen**	16.059,58 m² AF	41.282	**2,57**	1,7
	• Herstellen (Kosten: 100,0%) Baustelleneinrichtung (psch), Bauzaun (226m) * Entsorgen von Haufwerk (514t), Bauschutt (492t), Asphalt (14t), Grüngut (15m³), Bauschutt (24m³); Entsorgung, Deponiegebühren	16.059,58 m² AF	41.282	**2,57**	

Kostenkennwerte für die Kostengruppen 500 der 2. und 3. Ebene DIN 276 (Übersicht)

KG	Kostengruppe	Menge Einheit	Kosten €	€/Einheit	% 500
500	**Außenanlagen und Freiflächen**	**16.059,58 m² AF**	**2.428.208,08**	**151,20**	**100,0**
510	**Erdbau**	**7.063,68 m³ EBR**	**272.838,06**	**38,63**	**11,2**
511	Herstellung	7.063,68 m³ EBR	272.838,06	38,63	11,2
512	Umschließung	–	–	–	–
513	Wasserhaltung	–	–	–	–
520	**Gründung, Unterbau**	**16.059,58 m² AF**	**116.800,37**	**7,27**	**4,8**
521	Baugrundverbesserung	2.591,50 m²	61.022,66	23,55	2,5
522	Gründungen und Bodenplatten	–	10.564,07	–	0,4
523	Gründungsbeläge	–	–	–	–
524	Abdichtungen und Bekleidungen	–	–	–	–
525	Dränagen	5.840,67 m²	45.213,65	7,74	1,9
530	**Oberbau, Deckschichten**	**12.162,68 m² BFF**	**1.167.555,42**	**95,99**	**48,1**
531	Wege	345,22 m²	73.264,92	212,23	3,0
532	Straßen	1.309,83 m²	166.647,37	127,23	6,9
533	Plätze, Höfe, Terrassen	1.602,22 m²	416.796,97	260,14	17,2
534	Stellplätze	812,36 m²	116.307,61	143,17	4,8
535	Sportplatzflächen	8.067,77 m²	352.484,72	43,69	14,5
536	Spielplatzflächen	–	–	–	–
539	Sonstiges zur KG 530	12.162,68 m² BFF	42.053,81	3,46	1,7
540	**Baukonstruktionen**	**16.059,58 m² AF**	**194.489,81**	**12,11**	**8,0**
541	Einfriedungen	614,32 m²	41.020,58	66,77	1,7
542	Schutzkonstruktionen	695,18 m²	68.846,06	99,03	2,8
543	Wandkonstruktionen	–	51.253,24	–	2,1
544	Rampen, Treppen, Tribünen	21,47 m²	33.369,92	1.554,26	1,4
545	Überdachungen	–	–	–	–
546	Stege	–	–	–	–
547	Kanal- und Schachtkonstruktionen	–	–	–	–
548	Wasserbecken	–	–	–	–
550	**Technische Anlagen**	**16.059,58 m² AF**	**280.661,66**	**17,48**	**11,6**
551	Abwasseranlagen	16.059,58 m² AF	137.478,83	8,56	5,7
552	Wasseranlagen	16.059,58 m² AF	68.091,11	4,24	2,8
553	Anlagen für Gase und Flüssigkeiten	–	–	–	–
554	Wärmeversorgungsanlagen	–	–	–	–
555	Raumlufttechnische Anlagen	–	–	–	–
556	Elektrische Anlagen	16.059,58 m² AF	75.091,71	4,68	3,1
557	Kommunikationstechnische Anlagen	–	–	–	–
558	Nutzungsspezifische Anlagen	–	–	–	–
560	**Einbauten Außenanlagen u. Freiflächen**	**16.059,58 m² AF**	**201.580,96**	**12,55**	**8,3**
561	Allgemeine Einbauten	16.059,58 m² AF	145.627,74	9,07	6,0
562	Besondere Einbauten	16.059,58 m² AF	55.953,22	3,48	2,3
563	Orientierungs- und Informationssysteme	–	–	–	–
570	**Vegetationsflächen**	**3.896,90 m² PSF**	**152.999,39**	**39,26**	**6,3**
571	Vegetationstechn. Bodenbearbeitung	3.945,29 m²	31.709,95	8,04	1,3
572	Sicherungsbauweisen	–	2.012,06	–	< 0,1
573	Pflanzflächen	2.358,76 m²	106.902,59	45,32	4,4
574	Rasen- und Saatflächen	1.538,14 m²	11.042,16	7,18	0,5
579	Sonstiges zur KG 570	3.896,90 m² PSF	1.332,62	0,34	< 0,1
580	**Wasserflächen**	**–**	**–**	**–**	**–**
590	**Sonst. Maßnahmen für Außenanlagen u. Freiflächen**	**16.059,58 m² AF**	**41.282,42**	**2,57**	**1,7**

Erweiterung

Kostenkennwerte für die Kostengruppen der 3. Ebene DIN 276

KG	Kostengruppe	Menge Einheit	Kosten €	€/Einheit	%
210	**Herrichten**				**100,0**
214	**Herrichten der Geländeoberfläche**	–	9.073	–	65,1
	• Abbrechen (Kosten: 100,0%) Pflanzliche Bodendecke abräumen, d=3-5cm, Wuchshöhe bis 80cm (3.211m²), Oberbodenabtrag, d=20-30cm, lagern (1.406m³); Entsorgung, Deponiegebühren	–	9.073	–	
215	**Kampfmittelräumung**	–	4.861	–	34,9
	• Herstellen (Kosten: 100,0%) Kampfmitteluntersuchung, Oberflächensondierung, Dokumentation (3d)	–	4.861	–	
510	**Erdbau**				**100,0**
511	**Herstellung**	7.063,68 m³EBR	272.838	**38,63**	100,0
	• Herstellen (Kosten: 100,0%) Bodenaushub, lagern (5.293m³), d bis 3,00m (164m³), verfüllen, Lagermaterial (495m³), Grabenaushub, d bis 1,25m, lösen, lagern (189m³), in Handarbeit (12m³), verfüllen (256m³), Lagermaterial laden, entsorgen (4.786m³), Muldenrigole als dreistufige Kaskade profilieren (1.600m²)	7.063,68 m³EBR	272.838	**38,63**	
520	**Gründung, Unterbau**				**100,0**
521	**Baugrundverbesserung**	2.591,50 m²	61.023	**23,55**	52,2
	• Herstellen (Kosten: 100,0%) Schotter 0/56mm, d=30cm, liefern, einbauen, verdichten (2.592m²), Geotextil (90m²)	2.591,50 m²	61.023	**23,55**	
522	**Gründungen und Bodenplatten**	–	10.564	–	9,0
	• Herstellen (Kosten: 100,0%) Punktfundament C25/30, 2,65x2,00x1,20m, Schalung, Bewehrung (5m²), Köcherfundamente C20/25 80x80cm (8m²), C25/30, 35x35cm (1m²)	–	10.564	–	
525	**Dränagen**	5.840,67 m²	45.214	**7,74**	38,7
	• Herstellen (Kosten: 100,0%) Flächendränage Sportplatz, Sand 0/2-0/4mm, d=4cm (5.841m²), Dränschlitze 10x20cm, rohrlos, Verfüllung mit Filtermaterial 2/8mm (3.600m), PVC-Dränagerohre DN80-100 (840m)	5.840,67 m²	45.214	**7,74**	
530	**Oberbau, Deckschichten**				**100,0**
531	**Wege**	345,22 m²	73.265	**212,23**	6,3
	• Abbrechen (Kosten: 2,4%) Demontage und lagern von Betonpflaster 10x20cm (64m²), Abbruch von Betonrandsteinen 20-30x100cm (20m); Entsorgung, Deponiegebühren	64,45 m²	1.724	**26,75**	
	• Herstellen (Kosten: 97,6%) Planum (462m²), Frostschutzschicht, d=25-43cm (188m³), Betonpflaster 16-24x16cm (200m²), 10x20cm, Liefermaterial (70m²), Lagermaterial (64m²), Betontrittplatten 1,25x0,50m, d=10cm (3m²), taktile Betonsteinplatten (6m²), Betonstein-Einfassungen (203m), Sauberlaufmatte, Rahmen (4m²)	345,22 m²	71.541	**207,23**	

KG	Kostengruppe	Menge Einheit	Kosten €	€/Einheit	%
532	**Straßen**	1.309,83 m²	166.647	**127,23**	14,3
	• Abbrechen (Kosten: 1,1%) Demontieren und lagern von Betonpflaster 10x20cm (75m²), Abbruch von Betonrandsteinen 20-30x100cm (20m); Entsorgung, Deponiegebühren	74,52 m²	1.907	**25,59**	
	• Herstellen (Kosten: 98,9%) Planum (1.513m²), Frostschutzschicht, d=25-43cm (714m³), Betonpflaster 20x30cm (1.134m²), Lagermaterial 10x20cm (142m²), Beton-Muldensteine 30x50cm, im Betonbett (34m²)	1.309,83 m²	164.740	**125,77**	
533	**Plätze, Höfe, Terrassen**	1.602,22 m²	416.797	**260,14**	35,7
	• Herstellen (Kosten: 100,0%) Planum (1.850m²), Frostschutzschicht, d=25-43cm (873m³), Betonpflaster 16-24x16cm, d=8cm (1.166m²), Granit-Mosaikpflaster 6x6cm (4m²), Betonstein-Einfassungen (505m), Asphalttragschicht, d=15cm, Asphaltdeckschicht, d=3cm, Bitumenemulsion (342m²), Asphalttragschicht, d=6,5cm, EPDM-Gummigranulat-Deckschicht, d=10cm (79m²), Stahl-Einfassungen (63m), Sauberlaufmatten, Rahmen (12m²)	1.602,22 m²	416.797	**260,14**	
534	**Stellplätze**	812,36 m²	116.308	**143,17**	10,0
	• Herstellen (Kosten: 100,0%) Planum (938m²), Frostschutzschicht, d=25-43cm (443m³), Rasengittersteine 40x40x10cm (489m²), Betonwerksteinplatten 40x40x12cm, mit Rasenfuge (167m²), Betonpflaster 60x40x12cm, als Trennstreifen (156m²)	812,36 m²	116.308	**143,17**	
535	**Sportplatzflächen**	8.067,77 m²	352.485	**43,69**	30,2
	• Herstellen (Kosten: 100,0%) Planum (8.220m²), Mineralsorptionsschicht, d=8cm, Lagermaterial (5.841m²), Rasentragschicht, d=10cm, Fertigsubstrat (5.841m²), Rasenansaat, Sportrasen (6.066m²), Dünger (475kg), Markierungslinien (psch), Asphalttragschicht 0/11mm, d=6,5cm, wasserdurchlässig (1.946m²), Haftbrücke, EPDM-Fallschutzbelag, d=17-20mm, farbig (1.299m²), d=15mm (647m²), Markierungslinien (psch), Sprunggrube: Betonplatten 50x50x5cm im Splittbett, Flusssand 0/2mm, d=30cm (54m²), Betoneinfassung, d=6cm, Gummiprofil, Betonfundament (30m), Kunststoff-Absprungbalken, Alu-Einbauwannen 122x34x10cm (2St), Entwicklungspflege, Rasenfläche mähen, zehn Arbeitsgänge (60.663m²), Langzeitdünger (1.456kg)	8.065,89 m²	352.485	**43,70**	
539	**Sonstiges zur KG 530**	12.162,68 m² BFF	42.054	**3,46**	3,6
	• Abbrechen (Kosten: 0,9%) Abbruch von Kies aus Traufstreifen, laden, entsorgen (1m³); Entsorgung, Deponiegebühren	138,97 m² BFF	371	**2,67**	
	• Wiederherstellen (Kosten: 0,9%) Traufstreifen von Bewuchs und Wurzeln befreien (27m²); Entsorgung, Deponiegebühren	27,16 m² BFF	363	**13,38**	
	• Herstellen (Kosten: 98,3%) Planum (140m²), Dränagematte mit Vlies, vertikal, h=10-100cm (152m²), Traufstreifen, Geotextil (121m²), Kies 32/45mm, b=50cm (23t), Betonkantsteine 25x8cm, Betonbett, d=20cm (641m)	12.135,52 m² BFF	41.319	**3,40**	

Erweiterung

KG	Kostengruppe	Menge Einheit	Kosten €	€/Einheit	%
540	**Baukonstruktionen**				**100,0**
541	**Einfriedungen**	614,32 m²	41.021	**66,77**	21,1
	• Herstellen (Kosten: 100,0%) Stabgitterzaun, h=2,00m, Pfosten, Fundamente (154m), Maschendrahtzaun, h=2,00m (145m), Gartentore 3,00x2,00m, zweiflüglig (1St), 2,50x2,00m, zweiflüglig (1St), 1,50x2,00m, einflüglig (2St)	614,32 m²	41.021	**66,77**	
542	**Schutzkonstruktionen**	695,18 m²	68.846	**99,03**	35,4
	• Abbrechen (Kosten: 8,4%) Abbruch von Ballfangzäunen, h=4,00-6,00m (356m²); Entsorgung, Deponiegebühren	356,20 m²	5.778	**16,22**	
	• Herstellen (Kosten: 91,6%) Ballfangzaunanlage, h=6,00m, Maschenweite 50x3,1mm (574m²), h=4,00m (121m²), Stahlrohrpfosten, verzinkt, Betonfundamente (6St)	695,18 m²	63.069	**90,72**	
543	**Wandkonstruktionen**	–	51.253	–	26,4
	• Herstellen (Kosten: 100,0%) Betonfertigteile C35/40, h=50cm, b=30cm, Sichtbeton, Frostschutzschicht, Fundamente (48m), als Treppenwangen, h=46-124cm (3St), h=46-80cm (2St)	–	51.253	–	
544	**Rampen, Treppen, Tribünen**	21,47 m²	33.370	**1.554,26**	17,2
	• Abbrechen (Kosten: 0,9%) Abbruch von Geländern, h=1,10m, mit Fundamenten (6m²); Entsorgung, Deponiegebühren	5,50 m²	309	**56,13**	
	• Herstellen (Kosten: 99,1%) Beton-Blockstufen, l=1,00m, Steigungsmaß 15x35cm, mit Kontrasttreifen (20m²), Stahl-Treppengeländer, h=90cm, Pfosten, Untergurt, Handläufe (2m²)	21,47 m²	33.061	**1.539,88**	
550	**Technische Anlagen**				**100,0**
551	**Abwasseranlagen**	16.059,58 m² AF	137.479	**8,56**	49,0
	• Abbrechen (Kosten: 0,4%) Abbruch von Entwässerungsrinnen in Betonbett, Abdeckungen (11m); Entsorgung, Deponiegebühren	16.059,58 m² AF	495	**0,03**	
	• Herstellen (Kosten: 99,6%) Betonrohre DN500, Sandbett (9m), KG-Rohre DN100-150, Formstücke (265m), Rohrklappen (5St), Schlitzrinnen NW100 (67m), Fassadenrinnen NW 100, Stahl, Gitterrostabdeckungen (42m), Beton-Kastenrinnen NW100, Rostabdeckungen, Fundamente (40m), Hofabläufe (4St), Kontrollschächte DN315 (10St), Schachtabdeckungen (20St), auflastbar (24St), für bauseitige Rigolenschächte (18St), Schachtanschlüsse bis DN150 (6St), Muldenrigole: Geotextil, Sickerrohre DN100, Splittbett (32m), Sickergruben D=4m, t=1,50m, Schotterfüllung 30/45mm, Vlies (3St), D=1,00m (1St)	16.059,58 m² AF	136.983	**8,53**	
552	**Wasseranlagen**	16.059,58 m² AF	68.091	**4,24**	24,3
	• Herstellen (Kosten: 100,0%) Sportplatz-Bewässerungsanlage: Erd-Stahltank 50.000l, doppelwandig, gebraucht (1St), Kiesbett 8/16mm, d=20cm (17m³), Sandumhüllung (61m³), PE-Füllleitungen DN50-65, Formstücke, Sandbett (80m), PE-Entnahmeleitungen DN50, Formstücke, Sandbett (395m), Steuergeräte (2St), Regensensor (1St), Voll- und Teilkreisversenkregner (12St), Unterwasserpumpe Frischwasserzulauf 5,5kW, Ausdehnungsgefäß, Trockenlaufschutz (1St), 2,2kW (1St), Unterflurhydranten (2St)	16.059,58 m² AF	68.091	**4,24**	

KG	Kostengruppe	Menge Einheit	Kosten €	€/Einheit	%
556	**Elektrische Anlagen**	16.059,58 m^2 AF	75.092	**4,68**	26,8
	• Abbrechen (Kosten: < 0,1%) Demontage und lagern von Pollerleuchte (1St)	16.059,58 m^2 AF	59	**< 0,01**	
	• Herstellen (Kosten: 99,9%) Mantelleitungen erdverlegt, in Leerrohren DN50 (425m), Steuerleitungen im Sandbett (1.025m), Pollerleuchten (20St), Mastleuchten (5St), Bodenleuchten, befahrbar (4St), Lichtstelen, h=80cm (4St)	16.059,58 m^2 AF	75.032	**4,67**	
560	**Einbauten in Außenanlagen und Freiflächen**				**100,0**
561	**Allgemeine Einbauten**	16.059,58 m^2 AF	145.628	**9,07**	72,2
	• Herstellen (Kosten: 100,0%) Sitzblöcke 380x351cm, Stahleinfassung, gerundet, Fundamente, Sitzroste, Holzleisten (2St), 369x317cm (1St), 309x254cm (3St), Sitzwürfel 166x166cm (6St), 67x67cm (6St), Picknickmöbel (3St), Abfallbehälter 55l (5St)	16.059,58 m^2 AF	145.628	**9,07**	
562	**Besondere Einbauten**	16.059,58 m^2 AF	55.953	**3,48**	27,8
	• Herstellen (Kosten: 100,0%) Boulderblock: vieleckiger Kletterturm, h=3,00m, Grundfläche 3,40x3,40m, Kletterfläche aus dreizehn Multiplexplatten, d=21mm zusammengesetzt, Holzunterkonstruktion (42m^2), Blocküberdachung 9,90x10,30m, sechseckige Multiplexplatte, d=21mm (1St), Klettergriffe (280St), Basketball-Mastständer, Ausladung 1,65m (4St), Beton-Tischtennisplatten 274x152x76cm, Betonuntergestelle (2St), Alu-Slaklinepfosten (2St), Bodenhülsen (12St)	16.059,58 m^2 AF	55.953	**3,48**	
570	**Vegetationsflächen**				**100,0**
571	**Vegetationstechn. Bodenbearbeitung**	3.945,29 m^2	31.710	**8,04**	20,7
	• Herstellen (Kosten: 100,0%) Oberboden auftragen, d=15-50cm, Unkraut, Steine ablesen, Lagermaterial (1.020m^3), Vegetationsfläche lockern, Grobplanum (3.945m^2), Bodengranulat einarbeiten (15kg)	3.945,29 m^2	31.710	**8,04**	
572	**Sicherungsbauweisen**	–	2.012	**–**	1,3
	• Herstellen (Kosten: 100,0%) Brettfaschine zur Hangsicherung (37m)	–	2.012	**–**	
573	**Pflanzflächen**	2.358,76 m^2	106.903	**45,32**	69,9
	• Abbrechen (Kosten: 25,7%) Sträucher, Hecken und Bäume bis StU 35cm fällen (1.400m^2), bis StD 10cm fällen, Wurzelstöcke roden (324m^2), Hecken roden, h bis 4,40m (262m^2), Bäume fällen, StU bis 35-175cm (36St), Wurzelstöcke roden, StD 10-50cm (12St); Entsorgung, Deponiegebühren	1.985,66 m^2	27.450	**13,82**	
	• Herstellen (Kosten: 74,3%) Feinplanum (2.040m^2), Bäume StU 20-25cm, Pflanzgruben 2,00x2,00x1,00m (33St), Pfahlbockverankerungen (12St), Stammschutz, h=200cm (11St), Unterflur-Baumverankerungen (8St), Hecken, Sträucher, h bis 150cm (1.337St), Stauden, Gräser (1.360St), Blumenzwiebeln (1.700St), Gehölzuntersaat (730m^2), Pflanzfläche lockern, Dünger einarbeiten (1.477m^2), mulchen, d=6-7cm (525m^2), Fertigstellungspflege	2.358,76 m^2	79.453	**33,68**	

KG	Kostengruppe	Menge Einheit	Kosten €	€/Einheit	%
574	**Rasen- und Saatflächen**	1.538,14 m²	11.042	**7,18**	7,2
	• Herstellen (Kosten: 100,0%) Feinplanum (1.638m²), Kunststoff-Rasengittersteine (100m²), Rasenansaat, Gebrauchsrasen (932m²), Landschaftsrasen (606m²)	1.538,14 m²	11.042	**7,18**	
579	**Sonstiges zur KG 570**	3.896,90 m² PSF	1.333	**0,34**	0,9
	• Herstellen (Kosten: 100,0%) Entwicklungspflege, Rasenfläche mähen, fünf Arbeitsgänge (4.973m²)	3.896,90 m² PSF	1.333	**0,34**	
590	**Sonstige Maßnahmen für Außenanlagen und Freiflächen**				**100,0**
591	**Baustelleneinrichtung**	16.059,58 m² AF	10.788	**0,67**	26,1
	• Herstellen (Kosten: 100,0%) Baustelleneinrichtung (psch), Bauzaun (226m)	16.059,58 m² AF	10.788	**0,67**	
596	**Materialentsorgung**	16.059,58 m² AF	30.494	**1,90**	73,9
	• Herstellen (Kosten: 100,0%) Entsorgen von Haufwerk (514t), Bauschutt (492t), Asphalt (14t), Grüngut (15m³), Bauschutt (24m³); Entsorgung, Deponiegebühren	16.059,58 m² AF	30.494	**1,90**	

Kostenkennwerte für Leistungsbereiche nach STLB (Kosten der Außenanlagen nach DIN 276)

LB	Leistungsbereiche	Kosten €	€/m² AF	% 500
000	Baustellen-, Verkehrssich.- u. Sicherh.einr. inkl. 001	10.788	0,67	0,4
	Herstellen	10.788	0,67	0,4
002	Erdarbeiten	285.335	17,80	11,8
	Herstellen	285.335	17,80	11,8
003	Landschaftsbauarbeiten	1.061.365	66,10	43,7
	Wiederherstellen	363	0,02	< 0,1
	Herstellen	1.061.002	66,10	43,7
004	Landschaftsbauarbeiten - Pflanzen	26.268	1,60	1,1
	Herstellen	26.268	1,60	1,1
008	Wasserhaltungsarbeiten	–	–	–
009	Entwässerungskanalarbeiten	135.288	8,40	5,6
	Herstellen	135.288	8,40	5,6
010	Drän- und Versickerarbeiten	46.909	2,90	1,9
	Herstellen	46.909	2,90	1,9
012	Mauerarbeiten	–	–	–
013	Betonarbeiten	90.664	5,60	3,7
	Herstellen	90.664	5,60	3,7
014	Natur-, Betonwerksteinarbeiten inkl. 024, 025	–	–	–
016	Zimmer- und Holzbauarbeiten	–	–	–
017	Stahlbauarbeiten	–	–	–
018	Abdichtungsarbeiten	3.165	0,20	0,1
	Herstellen	3.165	0,20	0,1
020	Dachdeckungsarbeiten	–	–	–
021	Dachabdichtungsarbeiten	–	–	–
022	Klempnerarbeiten	–	–	–
023	Putz- und Stuckarbeiten, Wärmedämmsysteme	–	–	–
027	Tischlerarbeiten	–	–	–
028	Parkett-, Holzpflasterarbeiten	–	–	–
031	Metallbauarbeiten inkl. 035	–	–	–
032	Verglasungsarbeiten inkl. 029	–	–	–
034	Maler- und Lackiererarb. - Beschicht. inkl. 037	–	–	–
042	Gas- u. Wasseranl. - Leitung., Armat.	2.124	0,13	< 0,1
	Herstellen	2.124	0,13	< 0,1
043	Druckrohrleitungen Gas, Wasser, Abwasser	–	–	–
044	Abwasseranl. - Leitungen, Abläufe, Armaturen	–	–	–
045	Gas, Wasser, Entwässerung - Ausstattung inkl. 046	–	–	–
050	Blitzschutz-/Erdungsanlagen, Überspannungssch.	1.244	0,08	< 0,1
	Herstellen	1.244	0,08	< 0,1
053	Niederspannungsanl. - Kabel inkl. 052, 055	12.826	0,80	0,5
	Herstellen	12.826	0,80	0,5
058	Leuchten und Lampen inkl. 059	60.962	3,80	2,5
	Herstellen	60.962	3,80	2,5
060	Such, Signal, Zeit, Anten., akust. Anl. inkl. 061, 063	–	–	–
080	Straßen, Wege, Plätze	635.179	39,60	26,2
	Herstellen	635.179	39,60	26,2
084	Abbruch, Rückbau, Schadstoffsanierung	38.093	2,40	1,6
	Abbrechen	38.093	2,40	1,6
087	Abfallentsorgung, Verwertung und Beseitigung	17.997	1,10	0,7
	Herstellen	17.997	1,10	0,7
	Sonstige Leistungsbereiche	**–**	**–**	**–**

4100-0244
Außenanlage
Gemeinschaftsschule

Kostenkennwerte für die Kosten der Außenanlage (Kostengruppe 500 nach DIN 276)

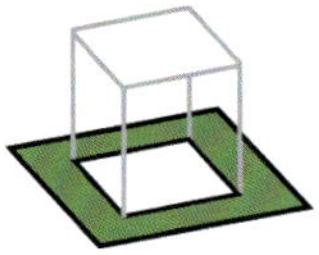

Modernisierung

AF **202 €/m²**

Objekt:
Kennwerte: 3. Ebene DIN 276
GF: 15.966 m²
AF: 9.406 m²
Bauzeit: 31 Wochen
Bauende: 2020
Standard: mittel
Bundesland: Baden-Württemberg
Kreis: Hohenlohekreis

Garten- und Landschaftsarchitekt*in:
KOKOMO
Landschaft und Stadtraum
GmbH
Richardstraße 88
12043 Berlin

ehemals
Treibhaus
Landschaftsarchitektur
Berlin

Bauherr*in:
Gemeindeverwaltung
Kupferzell
Marktplatz 14-16
74635 Kupferzell

© Treibhaus Landschaftsarchitektur

© Treibhaus Landschaftsarchitektur

© Treibhaus Landschaftsarchitektur

© Treibhaus Landschaftsarchitektur

Modernisierung

Lageplan

Objektbeschreibung

Allgemeine Objektinformationen

Die Umgestaltung der Außenanlage einer Gemeinschaftsschule in Hanglage umfasst die Neugestaltung und Ergänzung des Pausenbereichs sowie der Sport- und Spielangebote. Die Ausführung erfolgte bei laufendem Betrieb.

Nutzung

Schulumfeld mit Pausenhof, Spielterrassen im Hang, Spiel- und Sportflächen

Nutzeinheiten

Spielplatzfläche: 553 m^2
Sportanlagenfläche: 417 m^2

Grundstück

Bauraum: Beengter Bauraum
Neigung: Geneigtes Gelände
Bodenklasse: BK 3 bis BK 6

Markt

Hauptvergabezeit: 2. Quartal 2020
Baubeginn: 2. Quartal 2020
Bauende: 4. Quartal 2020
Konjunkturelle Gesamtlage: Durchschnitt
Regionaler Baumarkt: Durchschnitt

Baubestand

Baujahr: 1965
Bauzustand: mittel
Grundrissänderungen: umfangreiche
Nutzungsänderung: nein
Nutzung während der Bauzeit: ja

Außenanlagen, Freiflächen

Eine bestehende, mit Betonplatten belegte „steinerne Terrasse" wurde teilweise reduziert und mit Außenmöblierung und Pflanzflächen aufgelockert. Zusätzlich gepflanzte Bäume sorgen für Schatten. Der angrenzende Südhang wurde passend zur Topografie mit Kletter- und Spielgeräten ausgestattet und mit Nestschaukel und Hängematten ergänzt. Lange Holzbalken und Betonblöcke entlang der Höhenlinien dienen als Sitzgelegenheiten und können auch als Lernräume im Freien genutzt werden. Ein Innenhof mit Sitzstufen verbindet die Schulgebäude und bietet Platz zum Spielen und Musizieren. Auf der Multisportfläche mit EPDM-Belag kann gespielt, geklettert und getanzt werden. Ballkörbe, Tore, Trampoline und eine Spiegelwand wurden auf der Fläche arrangiert. Das angrenzende Boulderfeld wurde mit einer wassergebundenen Decke belegt. Über Rinnen, Hofabläufe und Kiesrigolen wird die Oberfläche entwässert. Das Gelände wurden mit Sträuchern, Hecken und Bodendeckern bepflanzt. Große Rasenflächen komplettieren den Außenbereich.

Planungskennwerte für Flächen und Rauminhalte nach DIN 277

Flächen des Grundstücks		Menge Einheit	% an GF
BF	Bebaute Fläche	5.101,00 m²	31,9
UF	Unbebaute Fläche	10.865,00 m²	68,1
GF	Grundstücksfläche	15.966,00 m²	100,0
AF	Außenanlagenfläche	9.406,07 m²	

KG	Kostengruppen (2. Ebene)	Menge Einheit	Menge/AF	Menge/GF
510	Erdbau	3.697,89 m³ EBR	0,39	0,23
530	Oberbau, Deckschichten	3.623,79 m² BFF	0,39	0,23
570	Vegetationsflächen	5.698,18 m² PSF	0,61	0,36
580	Wasserflächen	–	–	–

Prozentualer Anteil der Kostengruppen der 2. Ebene an der Kostengruppe 500 nach DIN 276

KG	Kostengruppen (2. Ebene)
510	Erdbau
520	Gründung, Unterbau
530	Oberbau, Deckschichten
540	Baukonstruktionen
550	Technische Anlagen
560	Einbauten Außenanlagen u. Freiflächen
570	Vegetationsflächen
580	Wasserflächen
590	Sonst. Maßnahmen für Außenanlagen u. Freiflächen

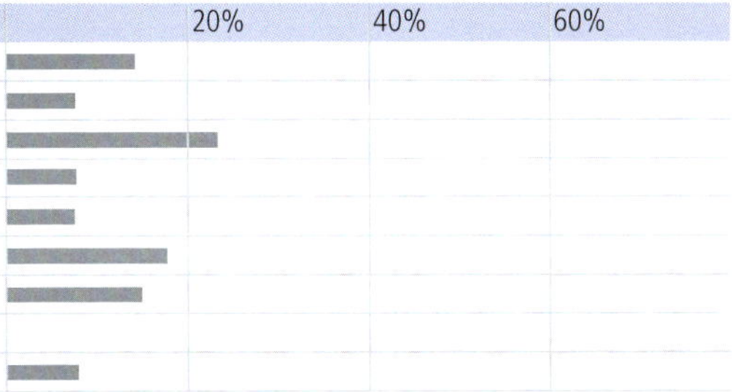

Ranking der Kostengruppen der 3. Ebene an der Kostengruppe 500 nach DIN 276

KG	Kostengruppen (3. Ebene)	% an KG 500	KG	Kostengruppen (3. Ebene)	% an KG 500
511	Herstellung	14,1	532	Straßen	2,5
562	Besondere Einbauten	10,9	536	Spielplatzflächen	2,2
533	Plätze, Höfe, Terrassen	7,9	521	Baugrundverbesserung	2,1
591	Baustelleneinrichtung	7,8	545	Überdachungen	1,5
561	Allgemeine Einbauten	6,7	542	Schutzkonstruktionen	1,1
551	Abwasseranlagen	6,4	556	Elektrische Anlagen	1,0
574	Rasen- und Saatflächen	6,2	543	Wandkonstruktionen	0,6
531	Wege	6,0	525	Dränagen	0,5
522	Gründungen und Bodenplatten	4,8	572	Sicherungsbauweisen	0,5
544	Rampen, Treppen, Tribünen	4,4	534	Stellplätze	0,4
573	Pflanzflächen	4,2	539	Sonstiges zur KG 530	0,4
535	Sportplatzflächen	3,9	579	Sonstiges zur KG 570	0,4
571	Vegetationstechn. Bodenbearbeitung	3,5	524	Abdichtungen und Bekleidungen	0,2

Kostenkennwerte für die Kostengruppen der 1. Ebene DIN 276

KG	Kostengruppen (1. Ebene)	Einheit	Kosten €	€/Einheit	% 500
100	Grundstück	m² GF	–	–	–
200	Vorbereitende Maßnahmen	m² GF	3.829	0,24	0,2
300	Bauwerk – Baukonstruktionen	m² BGF	2.678	–	0,1
400	Bauwerk – Technische Anlagen	m² BGF	–	–	–
500	**Außenanlagen und Freiflächen**	**m² AF**	**1.896.573**	**201,63**	**100,0**
600	Ausstattung und Kunstwerke	m² AF	–	–	–
700	Baunebenkosten	m² AF	–	–	–
800	Finanzierung	m² AF	–	–	–

KG	Kostengruppe	Menge Einheit	Kosten €	€/Einheit	%
200	**Vorbereitende Maßnahmen**	15.966,00 m² GF	3.829	**0,24**	0,2
	• Abbrechen (Kosten: 89,6%) Grasnaben abschieben, Sträucher, Wurzelstöcke roden; Entsorgung, Deponiegebühren		3.431		
	• Herstellen (Kosten: 10,4%) Sichern von Ver-/Entsorgungsleitungen, Suchgräben ausheben		399		
300	**Bauwerk – Baukonstruktionen**	–	2.678	–	0,1
	• Abbrechen (Kosten: 39,9%) Abbruch von Lichtschächten; Entsorgung, Deponiegebühren		1.068		
	• Herstellen (Kosten: 60,1%) Lichtschacht		1.610		
500	**Außenanlagen und Freiflächen**	9.406,07 m² AF	1.896.573	**201,63**	100,0
	• Abbrechen (Kosten: 1,8%) Abbruch von Betonpflaster, Betonkantsteinen, Asphaltfläche, Aufnehmen und Lagern von Betonplatten, Abbruch von Betonplatten, Granitpflaster, Fallschutzbelag; Natursteinmauer, Garage, Holzschuppen; Kontrollschacht, Entwässerungsrinnen, Hofabläufen, Mastleuchten; Stahlsitzen, Mülleimern, Demontieren und Lagern von Tischtennisplatten; Abbruch von Granitblöcken; Entsorgung, Deponiegebühren		34.740		
	• Wiederherstellen (Kosten: 0,2%) Betonpflaster aufnehmen, neu verlegen; Bestandsschächte höhenmäßig anpassen		4.171		
	• Herstellen (Kosten: 97,9%) Bodenarbeiten; Fundamente, Dränageschächte; Schottertragschicht, Betonpflaster, Betonplatten, Blockstufen, EPDM-Deckschicht, wassergebundene Decke; Ballfangzaunanlage, Sitzblöcke, Sitzstufenanlage, Müllhaus; Oberflächenentwässerung, Rigolen, Solarleuchten; Sitzelemente, Balancier-Parkour, Kletterrampe, Schlitterhang, Trampoline, Tore, Streetballanlage, Hängematten, Nestschaukel, Spiegelwand, Klettergriffe; Oberbodenarbeiten, Bepflanzung, Rasen, Entwicklungspflege		1.857.662		

Kostenkennwerte für die Kostengruppen der 2.Ebene DIN 276

KG	Kostengruppe	Menge Einheit	Kosten €	€/Einheit	%
200	**Vorbereitende Maßnahmen**				**100,0**
210	**Herrichten**	15.966,00 m² GF	3.829	**0,24**	100,0
	• Abbrechen (Kosten: 89,6%)	15.966,00 m² GF	3.431	**0,21**	
	Grasnaben abschieben (194m²), Sträucher, Wurzelstöcke roden (40St); Entsorgung, Deponiegebühren				
	• Herstellen (Kosten: 10,4%)	15.966,00 m² GF	399	**0,02**	
	Sichern von Ver-/Entsorgungsleitungen, Suchgräben ausheben (3St)				
300	**Bauwerk – Baukonstruktionen**				**100,0**
330	**Außenwände/Vert. Baukonstrukt., außen**	244,40 m² AWF	2.678	**10,96**	100,0
	• Abbrechen (Kosten: 39,9%)	–	1.068	–	
	Abbruch von Lichtschächten (2St); Entsorgung, Deponiegebühren				
	• Herstellen (Kosten: 60,1%)	244,40 m² AWF	1.610	**6,59**	
	Lichtschacht (psch)				
500	**Außenanlagen und Freiflächen**				**100,0**
510	**Erdbau**	3.697,89 m³ EBR	266.662	**72,11**	14,1
	• Herstellen (Kosten: 100,0%)	3.697,89 m³ EBR	266.662	**72,11**	
	Oberbodenabtrag, lösen, lagern (173m³), Bodenaushub, lagern (3.165m³), verfüllen (813m³), entsorgen (2.474m³), Geländemodellierung (542m³), Grabenaushub, lösen, verfüllen (361m³)				
520	**Gründung, Unterbau**	9.406,07 m² AF	142.743	**15,18**	7,5
	• Herstellen (Kosten: 100,0%)	9.406,07 m² AF	142.743	**15,18**	
	Schroppen einbauen (520m³) * Fundamente für Treppenanlagen (84m²), Betonfundamente (104m²), Köcherfundamente (41m²), Punktfundamente (1m²), Betonhülsen für Mastleuchten (17St) * Frostschutzschicht (51m³) * Dränagerohre (136m), Dränageschächte (6St)				
530	**Oberbau, Deckschichten**	3.623,79 m² BFF	440.679	**121,61**	23,2
	• Abbrechen (Kosten: 4,0%)	1.118,23 m² BFF	17.756	**15,88**	
	Abbruch von Betonpflaster (336m²), Betonkantsteinen (133m) * Asphaltfläche (348m²) * Aufnehmen und Lagern von Betonplatten (293m²), Abbruch von Betonplatten (47m²) * Granitpflaster (48m) * Fallschutzbelag (95m²); Entsorgung, Deponiegebühren				
	• Wiederherstellen (Kosten: 0,2%)	12,10 m² BFF	831	**68,67**	
	Betonpflaster aufnehmen, neu verlegen (12m²)				
	• Herstellen (Kosten: 95,8%)	3.611,69 m² BFF	422.092	**116,87**	
	Schottertragschicht STS (392m³), Betonpflaster (681m²), Betonplatten (182m²), Betonblockstufen (84m) * STS zur Asphaltierung (299m³), Betonpflaster (358m²) * STS (394m³), Betonpflaster (954m²), Betonbordsteine (500m) * STS zur Asphaltierung (82m³) * STS (109m³), EPDM-Deckschicht (417m²), Markierungslinien (psch) * STS (215m³), Fallschutzbelag (489m²), dynamische Schicht, wassergebundene Deckschicht (65m²) * Noppenbahn (244m²), Traufstreifen (81m)				

KG	Kostengruppe	Menge Einheit	Kosten €	€/Einheit	%
540	**Baukonstruktionen**	9.406,07 m² AF	144.166	**15,33**	7,6
	• Abbrechen (Kosten: 7,9%) Abbruch von Natursteinmauer (11m²) * Garage, Holzschuppen (psch); Entsorgung, Deponiegebühren	9.406,07 m² AF	11.420	**1,21**	
	• Herstellen (Kosten: 92,1%) Ballfangzaunanlage (38m²) * Betonwinkelstützen (25m²) * Betonfertigteil-Sitzblöcke (90St), als Sitzstufenanlage (5m²), Betonblockstufen (96St) * Müllhaus, Stahlrahmenkonstruktion, Blechbekleidung, Schiebetür, Alu-Trapezdach (29m²)	9.406,07 m² AF	132.746	**14,11**	
550	**Technische Anlagen**	9.406,07 m² AF	140.582	**14,95**	7,4
	• Abbrechen (Kosten: 2,5%) Abbruch von Kontrollschacht (1St), Entwässerungsrinnen (22m), Hofabläufen (3St) * Mastleuchten (4St); Entsorgung, Deponiegebühren	9.406,07 m² AF	3.552	**0,38**	
	• Wiederherstellen (Kosten: 2,4%) Bestandsschächte höhenmäßig anpassen (12St)	9.406,07 m² AF	3.341	**0,36**	
	• Herstellen (Kosten: 95,1%) KG-Rohre (241m), Kiesrigolen, Sickerpackungen (116m³), Entwässerungsrinnen (154m), Straßenabläufe (12St), Hofabläufe (3St), Kontrollschächte (2St), Anschlüsse an Kontrollschächte (3St), an Entwässerungsrohre (11St) * Mantelleitungen (390m), Leerrohre, Sandbett (255m), Solarleuchte (1St)	9.406,07 m² AF	133.689	**14,21**	
560	**Einbauten Außenanlagen u. Freiflächen**	9.406,07 m² AF	333.935	**35,50**	17,6
	• Abbrechen (Kosten: 0,4%) Abbruch von Stahlsitzen (4St), Mülleimern (7St); Entsorgung, Deponiegebühren; Demontieren und Lagern von Tischtennisplatten (3St)	9.406,07 m² AF	1.440	**0,15**	
	• Herstellen (Kosten: 99,6%) Holzsitzbalken (83m), Sitzbänke (12St), Tische (2St), Sitzpodeste (3St), Abfallbehälter (12St), Fahrradanlehnbügel (8St) * Balancier-Parkour: Rundhölzer, Kletternetz, Holz-Plattformen (1St), Kletterrampe: dreiteiliges Kletternetz, Durchschlupf, Reckstangen (1St), Schlitterhang: bodengleiches, gewelltes Edelstahlblech (1St), Trampoline, Sprungmatten (2St), Tore (6St), Streetballanlage, Mast, Ballkorb (1St), Hängematten (3St), Nestschaukel (1St), Spiegelwand (1St), Klettergriffe (1Set)	9.406,07 m² AF	332.496	**35,35**	
570	**Vegetationsflächen**	5.698,18 m² PSF	280.647	**49,25**	14,8
	• Abbrechen (Kosten: 0,2%) Abbruch von Granitblöcken (13m²); Entsorgung, Deponiegebühren	–	572	–	
	• Herstellen (Kosten: 99,8%) Boden lockern (5.698m²), Oberboden auftragen (5.237m²), Pflanzgräben (252m), Pflanzgruben (21St), Dünger (576m²) * Erosionsschutzgewebe (172m²) * Solitärbäume (8St), Hochstammbäume (7St), Stauden (1.419St), Hecken (1.139St), Gräser (1.066St), Bodendecker (945St), Sträucher (43St), Rindenmulch (268m²), Fertigstellungspflege (psch) * Rasenansaat (2.927m²), Rollrasen (2.414m²), Fertigstellungspflege (5.341m²) * Entwicklungspflege (psch)	5.698,18 m² PSF	280.076	**49,15**	
590	**Sonst. Maßnahmen für Außenanlagen u. Freiflächen**	9.406,07 m² AF	147.158	**15,64**	7,8
	• Herstellen (Kosten: 100,0%) Baustelleneinrichtung (psch), Bauzaun, Tore (266m), Absperrschranken (24St), Baustraße (30m²)	9.406,07 m² AF	147.158	**15,64**	

Kostenkennwerte für die Kostengruppen 500 der 2. und 3. Ebene DIN 276 (Übersicht)

KG	Kostengruppe	Menge Einheit	Kosten €	€/Einheit	% 500
500	**Außenanlagen und Freiflächen**	**9.406,07 m² AF**	**1.896.572,69**	**201,63**	**100,0**
510	**Erdbau**	**3.697,89 m³ EBR**	**266.662,28**	**72,11**	**14,1**
511	Herstellung	3.697,89 m³ EBR	266.662,28	72,11	14,1
512	Umschließung	–	–	–	–
513	Wasserhaltung	–	–	–	–
520	**Gründung, Unterbau**	**9.406,07 m² AF**	**142.743,30**	**15,18**	**7,5**
521	Baugrundverbesserung	–	39.154,04	–	2,1
522	Gründungen und Bodenplatten	230,65 m²	91.504,23	396,72	4,8
523	Gründungsbeläge	–	–	–	–
524	Abdichtungen und Bekleidungen	–	3.550,00	–	0,2
525	Dränagen	116,00 m²	8.535,04	73,58	0,5
530	**Oberbau, Deckschichten**	**3.623,79 m² BFF**	**440.678,71**	**121,61**	**23,2**
531	Wege	874,96 m²	113.910,31	130,19	6,0
532	Straßen	625,20 m²	47.316,48	75,68	2,5
533	Plätze, Höfe, Terrassen	954,13 m²	149.568,65	156,76	7,9
534	Stellplätze	187,50 m²	7.334,34	39,12	0,4
535	Sportplatzflächen	416,50 m²	74.095,95	177,90	3,9
536	Spielplatzflächen	553,40 m²	41.689,00	75,33	2,2
539	Sonstiges zur KG 530	3.623,79 m² BFF	6.763,97	1,87	0,4
540	**Baukonstruktionen**	**9.406,07 m² AF**	**144.166,28**	**15,33**	**7,6**
541	Einfriedungen	–	–	–	–
542	Schutzkonstruktionen	37,50 m²	19.917,30	531,13	1,1
543	Wandkonstruktionen	25,32 m²	12.051,95	475,99	0,6
544	Rampen, Treppen, Tribünen	84,10 m²	83.870,01	997,27	4,4
545	Überdachungen	28,79 m²	28.327,02	983,92	1,5
546	Stege	–	–	–	–
547	Kanal- und Schachtkonstruktionen	–	–	–	–
548	Wasserbecken	–	–	–	–
550	**Technische Anlagen**	**9.406,07 m² AF**	**140.581,50**	**14,95**	**7,4**
551	Abwasseranlagen	9.406,07 m² AF	121.155,07	12,88	6,4
552	Wasseranlagen	–	–	–	–
553	Anlagen für Gase und Flüssigkeiten	–	–	–	–
554	Wärmeversorgungsanlagen	–	–	–	–
555	Raumlufttechnische Anlagen	–	–	–	–
556	Elektrische Anlagen	9.406,07 m² AF	19.426,43	2,07	1,0
557	Kommunikationstechnische Anlagen	–	–	–	–
558	Nutzungsspezifische Anlagen	–	–	–	–
560	**Einbauten Außenanlagen u. Freiflächen**	**9.406,07 m² AF**	**333.935,47**	**35,50**	**17,6**
561	Allgemeine Einbauten	9.406,07 m² AF	126.587,00	13,46	6,7
562	Besondere Einbauten	9.406,07 m² AF	207.348,48	22,04	10,9
563	Orientierungs- und Informationssysteme	–	–	–	–
570	**Vegetationsflächen**	**5.698,18 m² PSF**	**280.647,19**	**49,25**	**14,8**
571	Vegetationstechn. Bodenbearbeitung	5.698,18 m²	67.140,29	11,78	3,5
572	Sicherungsbauweisen	171,52 m²	8.847,06	51,58	0,5
573	Pflanzflächen	357,51 m²	78.730,02	220,22	4,2
574	Rasen- und Saatflächen	5.340,67 m²	117.954,41	22,09	6,2
579	Sonstiges zur KG 570	5.698,18 m² PSF	7.975,44	1,40	0,4
580	**Wasserflächen**	**–**	**–**	**–**	**–**
590	**Sonst. Maßnahmen für Außenanlagen u. Freiflächen**	**9.406,07 m² AF**	**147.157,96**	**15,64**	**7,8**

Modernisierung

Kostenkennwerte für die Kostengruppen der 3. Ebene DIN 276

KG	Kostengruppe	Menge Einheit	Kosten €	€/Einheit	%
210	**Herrichten**				**100,0**
211	**Sicherungsmaßnahmen**	15.966,00 m² GF	399	**0,02**	10,4
	• Herstellen (Kosten: 100,0%) Sichern von Ver-/Entsorgungsleitungen, Suchgräben ausheben, in Handarbeit (3St)	15.966,00 m² GF	399	**0,02**	
214	**Herrichten der Geländeoberfläche**	15.966,00 m² GF	3.431	**0,21**	89,6
	• Abbrechen (Kosten: 100,0%) Grasnaben abschieben, d=10cm, laden (194m²), Sträucher, Wurzelstöcke roden, h bis 150cm (40St); Entsorgung, Deponiegebühren	15.966,00 m² GF	3.431	**0,21**	
330	**Außenwände/Vertikale Baukonstruktionen, außen**				**100,0**
339	**Sonstiges zur KG 330**	244,40 m² AWF	2.678	**10,96**	100,0
	• Abbrechen (Kosten: 39,9%) Abbruch von Lichtschächten (2St); Entsorgung, Deponiegebühren	–	1.068	–	
	• Herstellen (Kosten: 60,1%) Lichtschacht 100x50x50cm, Aufsatzrahmen, Gitterroste (psch)	244,40 m² AWF	1.610	**6,59**	
510	**Erdbau**				**100,0**
511	**Herstellung**	3.697,89 m³ EBR	266.662	**72,11**	100,0
	• Herstellen (Kosten: 100,0%) Oberbodenabtrag, d=20cm, lösen, lagern (173m³), Bodenaushub BK 3-6, d=50-150cm, lösen, lagern (3.165m³), verfüllen (813m³), entsorgen (2.474m³), Geländemodellierung (542m³), Grabenaushub, t bis 2,00m, lösen, verfüllen (228m³), t bis 50cm (133m³), verfüllen (41m³), Planum (4.972m²)	3.697,89 m³ EBR	266.662	**72,11**	
520	**Gründung, Unterbau**				**100,0**
521	**Baugrundverbesserung**	–	39.154	–	27,4
	• Herstellen (Kosten: 100,0%) Schroppen liefern, einbauen (520m³)	–	39.154	–	
522	**Gründungen und Bodenplatten**	230,65 m²	91.504	**396,72**	64,1
	• Herstellen (Kosten: 100,0%) Fundamente C20/25, für Treppenanlagen, zwei bis vierzehn Steigungen, Schalung (84m²), Betonfundamente, unbewehrt (99m²), bewehrt (5m²), Köcherfundamente (41m²), Punktfundamente (1m²), für Mastleuchten Hülsen aus Betonrohren DN300 (17St)	230,65 m²	91.504	**396,72**	
524	**Abdichtungen und Bekleidungen**	–	3.550	–	2,5
	• Herstellen (Kosten: 100,0%) Frostschutzschicht 0/32mm, für Sitzstufen (51m³)	–	3.550	–	
525	**Dränagen**	116,00 m²	8.535	**73,58**	6,0
	• Herstellen (Kosten: 100,0%) Dränagerohre DN100 (136m), Dränageschächte, Schachtabdeckungen (6St)	116,00 m²	8.535	**73,58**	

KG	Kostengruppe	Menge Einheit	Kosten €	€/Einheit	%
530	**Oberbau, Deckschichten**				**100,0**
531	**Wege**	874,96 m²	113.910	**130,19**	25,8
	• Abbrechen (Kosten: 4,4%) Abbruch von Betonpflaster (336m²), Betonkantsteinen (133m); Entsorgung, Deponiegebühren	335,54 m²	5.034	**15,00**	
	• Wiederherstellen (Kosten: 0,7%) Betonpflaster aufnehmen, Tragschicht egalisieren, neu verlegen (12m²)	12,10 m²	831	**68,67**	
	• Herstellen (Kosten: 94,9%) Feinplanum (1.040m²), Schottertragschicht 0/32mm, d=35-40cm (292m³), d=22cm (100m³), Betonpflaster 18x24x10cm (635m²), 12x18x10cm (46m²), Betonplatten 40x60x10cm, Lagermaterial (182m²), Randeinfassungen aus Betonblockstufen 100x35x15cm (84m), aus Stahlband (60m), aus Betonbordsteinen 100x10x25cm (18m)	862,86 m²	108.045	**125,22**	
532	**Straßen**	625,20 m²	47.316	**75,68**	10,7
	• Abbrechen (Kosten: 6,3%) Abbruch von Asphaltfläche, d=5cm (348m²), Asphalt schneiden (25m); Entsorgung, Deponiegebühren	347,75 m²	2.996	**8,61**	
	• Herstellen (Kosten: 93,7%) Feinplanum (754m²), Schottertragschicht 0/32mm, d=35-40cm, Grundlage zur Asphaltierung (299m³), Betonpflaster 18x24x10cm (358m²)	625,20 m²	44.321	**70,89**	
533	**Plätze, Höfe, Terrassen**	954,13 m²	149.569	**156,76**	33,9
	• Abbrechen (Kosten: 3,9%) Aufnehmen und Lagern von Betonplatten 40x60cm (293m²), Sandbett (13m³), Abbruch von Betonplatten (47m²); Entsorgung, Deponiegebühren	339,94 m²	5.766	**16,96**	
	• Herstellen (Kosten: 96,1%) Feinplanum (1.150m²), Schottertragschicht, d=40cm (259m³), d=22cm (135m³), Betonpflaster 40x6x10cm (868m²), Lagermaterial (86m²), Betonbordsteine 100x10x25cm (500m)	954,13 m²	143.803	**150,72**	
534	**Stellplätze**	187,50 m²	7.334	**39,12**	1,7
	• Abbrechen (Kosten: 8,0%) Abbruch von Granitpflaster (48m); Entsorgung, Deponiegebühren	–	587	**–**	
	• Herstellen (Kosten: 92,0%) Feinplanum (226m²), Schottertragschicht 0/32mm, d=35-40cm, Grundlage zur Asphaltierung (82m³), Betonbordsteine 100x15x30cm (18m)	187,50 m²	6.748	**35,99**	
535	**Sportplatzflächen**	416,50 m²	74.096	**177,90**	16,8
	• Herstellen (Kosten: 100,0%) Schottertragschicht 0/32mm, d=22cm (109m³), EPDM-Deckschicht, d=35mm (417m²), Markierungslinien (psch)	416,50 m²	74.096	**177,90**	

Modernisierung

KG	Kostengruppe	Menge Einheit	Kosten €	€/Einheit	%
536	**Spielplatzflächen**	553,40 m²	41.689	**75,33**	9,5
	• Abbrechen (Kosten: 8,1%) Abbruch von Fallschutzbelag (95m²); Entsorgung, Deponiegebühren	95,00 m²	3.373	**35,50**	
	• Herstellen (Kosten: 91,9%) Naturschottertragschicht 16/32mm, d=40cm (215m³), Fallschutzbelag, Holzhackschnitzel (489m²), dynamische Schicht, d=6cm, wassergebundene Deckschicht, d=4cm (65m²), Randeinfassungen, Stahlband (52m)	553,40 m²	38.316	**69,24**	
539	**Sonstiges zur KG 530**	3.623,79 m² BFF	6.764	**1,87**	1,5
	• Herstellen (Kosten: 100,0%) Noppenbahn, vertikal (244m²), Traufstreifen, Rollkies 16/32mm, b=40cm (81m)	3.611,69 m² BFF	6.764	**1,87**	
540	**Baukonstruktionen**				**100,0**
542	**Schutzkonstruktionen**	37,50 m²	19.917	**531,13**	13,8
	• Herstellen (Kosten: 100,0%) Ballfangzaunanlage, h=3,00m, Maschenweite 40x40mm, Stahlrohrpfosten, Fundamente (38m²)	37,50 m²	19.917	**531,13**	
543	**Wandkonstruktionen**	25,32 m²	12.052	**475,99**	8,4
	• Abbrechen (Kosten: 16,2%) Abbruch von Natursteinmauer, mit Fundament (11m²); Entsorgung, Deponiegebühren	11,05 m²	1.949	**176,37**	
	• Herstellen (Kosten: 83,8%) Betonwinkelstützen C35/45, 155x99cm, d=12cm (15m²), 55x99cm (8m²), 49x80cm (2m²)	25,32 m²	10.103	**399,01**	
544	**Rampen, Treppen, Tribünen**	84,10 m²	83.870	**997,27**	58,2
	• Herstellen (Kosten: 100,0%) Betonfertigteil-Sitzblöcke C30/37, 40x60x95-100cm (90St), als Sitzstufenanlage (5m²), Betonblockstufen C35/45, 14x40cm, l=50cm (35St), l=100cm (51St), l=120cm (10St)	84,10 m²	83.870	**997,27**	
545	**Überdachungen**	28,79 m²	28.327	**983,92**	19,6
	• Abbrechen (Kosten: 33,4%) Abbruch von Garage 6,00x3,00x3,00m, Holzschuppen (psch); Entsorgung, Deponiegebühren	–	9.471	**–**	
	• Herstellen (Kosten: 66,6%) Müllhaus 6,18x4,66x2,65m, Stahlrahmenkonstruktion, Blechbekleidung, Schiebetür, Alu-Trapezdach (29m²), Rammschutz (1St)	28,79 m²	18.856	**654,94**	

KG	Kostengruppe	Menge Einheit	Kosten €	€/Einheit	%
550	**Technische Anlagen**				**100,0**
551	**Abwasseranlagen**	9.406,07 m² AF	121.155	**12,88**	86,2
	• Abbrechen (Kosten: 2,1%)	9.406,07 m² AF	2.576	**0,27**	
	Abbruch von Kontrollschacht, t bis 5,00m (1St), Entwässerungsrinnen (22m), Hofabläufen (3St); Entsorgung, Deponiegebühren				
	• Wiederherstellen (Kosten: 2,8%)	9.406,07 m² AF	3.341	**0,36**	
	Bestandsschächte höhenmäßig anpassen (12St)				
	• Herstellen (Kosten: 95,1%)	9.406,07 m² AF	115.238	**12,25**	
	KG-Rohre DN10-150, Formstücke (241m), Kiesrigolen 16/32mm, Sickerpackungen, d=1,00m (116m³), Entwässerungsrinnen DN100, Gitterrostabdeckungen (154m), PP-Straßenabläufe 30x50cm (12St), Hofabläufe 40x40cm (3St), Kontrollschächte, D=1,00m, h=1,30m (2St), Anschlüsse an Kontrollschächte (3St), an Entwässerungsrohre (11St)				
556	**Elektrische Anlagen**	9.406,07 m² AF	19.426	**2,07**	13,8
	• Abbrechen (Kosten: 5,0%)	9.406,07 m² AF	976	**0,10**	
	Abbruch von Mastleuchten, h bis 5,00m (4St); Entsorgung, Deponiegebühren				
	• Herstellen (Kosten: 95,0%)	9.406,07 m² AF	18.451	**1,96**	
	Mantelleitungen (390m), Leerrohre DN125, Sandbett (255m), Solarleuchte (1St)				
560	**Einbauten in Außenanlagen und Freiflächen**				**100,0**
561	**Allgemeine Einbauten**	9.406,07 m² AF	126.587	**13,46**	37,9
	• Abbrechen (Kosten: 0,5%)	9.406,07 m² AF	637	**0,07**	
	Abbruch von Stahlsitzen (4St), Mülleimern (7St); Entsorgung, Deponiegebühren				
	• Herstellen (Kosten: 99,5%)	9.406,07 m² AF	125.950	**13,39**	
	Holzsitzbalken 30x20cm, Stahlrohrfüße (83m), Sitzbänke, l=1,00-3,00m, Stahlkonstruktion, Holz-Sitzauflagen (12St), Tische, l=1,00-3,00m (2St), Sitzpodeste 1,77x1,03m (1St), 2,40x1,55m, mit Rückenlehnen (2St), Abfallbehälter 43l (12St), Fahrradanlehnbügel (8St)				
562	**Besondere Einbauten**	9.406,07 m² AF	207.348	**22,04**	62,1
	• Abbrechen (Kosten: 0,4%)	9.406,07 m² AF	802	**0,09**	
	Demontieren und Lagern von Tischtennisplatten (3St)				
	• Herstellen (Kosten: 99,6%)	9.406,07 m² AF	206.546	**21,96**	
	Balancier-Parkour, Stahlkonstruktion, Rundhölzer, Kletternetz, Holz-Plattformen (1St), Kletterrampe, Stahlkonstruktion, Kletternetze, Reckstangen (1St), Schlitterhang, Stahlkonstruktion, bodengleiches, gewelltes Edelstahlblech (1St), Trampoline, D=1,75m (2St), Tore 3,00x2,00x0,8m, Netze (2St), 1,17x0,60x0,60m (4St), Streetballanlage, Astständer, Ballkorb (1St), Hängematten (3St), Nestschaukel (1St), Spiegelwand 1,48x2,64m (1St), Klettergriffe (1Set), vorhandene Spielgeräte aufstellen (psch)				
570	**Vegetationsflächen**				**100,0**
571	**Vegetationstechn. Bodenbearbeitung**	5.698,18 m²	67.140	**11,78**	23,9
	• Herstellen (Kosten: 100,0%)	5.698,17 m²	67.140	**11,78**	
	Boden lockern, fräsen (5.698m²), Oberboden auftragen, d=30cm (3.534m²), d=15cm (104m²), Lagermaterial (1.599m²), Pflanzgräben 50x50cm (252m), Pflanzgruben (21St), Phosphatdünger (481m²), Vegetationssubstrat, Kompost (95m³)				

KG	Kostengruppe	Menge Einheit	Kosten €	€/Einheit	%
572	**Sicherungsbauweisen**	171,52 m²	8.847	**51,58**	3,2
	• Herstellen (Kosten: 100,0%) Erosionsschutzgewebe im Böschungsbereich (172m²)	171,52 m²	8.847	**51,58**	
573	**Pflanzflächen**	357,51 m²	78.730	**220,22**	28,1
	• Herstellen (Kosten: 100,0%) Feinplanum (358m²), PP-Filtervlies (1.288m²), Solitärbäume, h=2,00-3,50m, Unterflur-Baumverankerungen (8St), Hochstammbäume (7St), Dreibockverankerungen (13St), Stammschutz (21St), Stauden (1.419St), Hecken (1.139St), Gräser (1.066St), Bodendecker (945St), Sträucher (43St), Rindenmulch (268m²), Fertigstellungspflege, düngen, wässern (psch)	357,51 m²	78.730	**220,22**	
574	**Rasen- und Saatflächen**	5.340,67 m²	117.954	**22,09**	42,0
	• Herstellen (Kosten: 100,0%) Feinplanum (5.341m²), Rasenansaat, Schattenrasen (2.463m²), Landschaftsrasen (464m²), Rollrasen (2.414m²), Fertigstellungspflege, düngen, wässern (5.341m²), Rasenkanten abstechen, in Handarbeit (493m)	5.340,67 m²	117.954	**22,09**	
579	**Sonstiges zur KG 570**	5.698,18 m² PSF	7.975	**1,40**	2,8
	• Abbrechen (Kosten: 7,2%) Abbruch von Granitblöcken (13m²); Entsorgung, Deponiegebühren	–	572	**–**	
	• Herstellen (Kosten: 92,8%) Entwicklungspflege für Pflanzfläche, drei Jahre (psch)	5.698,18 m² PSF	7.404	**1,30**	
590	**Sonstige Maßnahmen für Außenanlagen und Freiflächen**				**100,0**
591	**Baustelleneinrichtung**	9.406,07 m² AF	147.158	**15,64**	100,0
	• Herstellen (Kosten: 100,0%) Baustelleneinrichtung (psch), Bauzaun, h=2,00m, Tore (266m), Absperrschranken (24St), Baustraße (30m²)	9.406,07 m² AF	147.158	**15,64**	

Kostenkennwerte für Leistungsbereiche nach STLB (Kosten der Außenanlagen nach DIN 276)

LB	Leistungsbereiche	Kosten €	€/m² AF	% 500
000	Baustellen-, Verkehrssich.- u. Sicherh.einr. inkl. 001	147.158	15,60	7,8
	Herstellen	147.158	15,60	7,8
002	Erdarbeiten	305.816	32,50	16,1
	Herstellen	305.816	32,50	16,1
003	Landschaftsbauarbeiten	712.505	75,70	37,6
	Herstellen	712.505	75,70	37,6
004	Landschaftsbauarbeiten - Pflanzen	33.137	3,50	1,7
	Herstellen	33.137	3,50	1,7
008	Wasserhaltungsarbeiten	–	–	–
009	Entwässerungskanalarbeiten	107.956	11,50	5,7
	Wiederherstellen	3.341	0,36	0,2
	Herstellen	104.615	11,10	5,5
010	Drän- und Versickerarbeiten	15.766	1,70	0,8
	Herstellen	15.766	1,70	0,8
012	Mauerarbeiten	–	–	–
013	Betonarbeiten	172.841	18,40	9,1
	Herstellen	172.841	18,40	9,1
014	Natur-, Betonwerksteinarbeiten inkl. 024, 025	–	–	–
016	Zimmer- und Holzbauarbeiten	–	–	–
017	Stahlbauarbeiten	–	–	–
018	Abdichtungsarbeiten	–	–	–
020	Dachdeckungsarbeiten	–	–	–
021	Dachabdichtungsarbeiten	–	–	–
022	Klempnerarbeiten	–	–	–
023	Putz- und Stuckarbeiten, Wärmedämmsysteme	–	–	–
027	Tischlerarbeiten	–	–	–
028	Parkett-, Holzpflasterarbeiten	–	–	–
031	Metallbauarbeiten inkl. 035	–	–	–
032	Verglasungsarbeiten inkl. 029	–	–	–
034	Maler- und Lackiererarb. - Beschicht. inkl. 037	–	–	–
042	Gas- u. Wasseranl. - Leitung., Armat.	–	–	–
043	Druckrohrleitungen Gas, Wasser, Abwasser	–	–	–
044	Abwasseranl. - Leitungen, Abläufe, Armaturen	–	–	–
045	Gas, Wasser, Entwässerung - Ausstattung inkl. 046	–	–	–
050	Blitzschutz-/Erdungsanlagen, Überspannungssch.	–	–	–
053	Niederspannungsanl. - Kabel inkl. 052, 055	17.396	1,80	0,9
	Herstellen	17.396	1,80	0,9
058	Leuchten und Lampen inkl. 059	509	0,05	< 0,1
	Herstellen	509	0,05	< 0,1
060	Such, Signal, Zeit, Anten., akust. Anl. inkl. 061, 063	–	–	–
080	Straßen, Wege, Plätze	348.750	37,10	18,4
	Wiederherstellen	831	0,09	< 0,1
	Herstellen	347.919	37,00	18,3
084	Abbruch, Rückbau, Schadstoffsanierung	34.740	3,70	1,8
	Abbrechen	34.740	3,70	1,8
087	Abfallentsorgung, Verwertung und Beseitigung	–	–	–
	Sonstige Leistungsbereiche	**–**	**–**	**–**

4100-0247
Spiel- und
Freizeitanlage

Kostenkennwerte für die Kosten der Außenanlage (Kostengruppe 500 nach DIN 276)

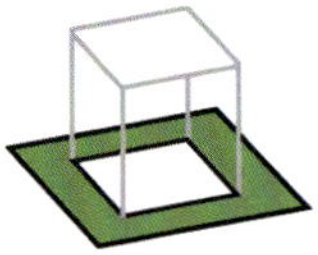

Modernisierung

AF 183 €/m²

Objekt:
Kennwerte: 3.Ebene DIN 276
GF: 2.000 m²
AF: 1.447 m²
Bauzeit: 17 Wochen
Bauende: 2023
Standard: mittel
Bundesland: Baden-Württemberg
Kreis: Schwarzwald-Baar-Kreis

Garten- und Landschaftsarchitekt*in:
WEISSHAUPT
Landschaftsarchitektur
Dipl.-Ing. Marius Weißhaupt
Freier Landschaftsarchitekt
Hegistraße 23
78166 Donaueschingen

Bauherr*in:
Stadt
Villingen-Schwenningen
Marktplatz 1
78054 Villingen-Schwenningen

© Sven Lägler

© Sven Lägler

© Sven Lägler

© Sven Lägler

Modernisierung

Lageplan

Objektbeschreibung

Allgemeine Objektinformationen

Auf dem Grünbereich mit einem alten, renovierungsbedürftigen Spielplatz wird eine neue Spiel- und Freizeitanlage angelegt. Diese wird von der benachbarten Grundschule für 140 Schul- und Hortkinder als erweiterter Schulhof genutzt und gleichzeitig mit Fitnessgeräten für die Anwohner ausgestattet. Der mittlere Platzbereich im Zentrum wird als multifunktionaler Quartierstreffpunkt für alle Altersgruppen ausgebildet.

Nutzung

Spiel- und Freizeitanlage, welche auch als Schulhof genutzt wird

Grundstück

Bauraum: Freier Bauraum
Neigung: Geneigtes Gelände
Bodenklasse: BK 1 bis BK 3

Markt

Hauptvergabezeit: 2. Quartal 2022
Baubeginn: 4. Quartal 2022
Bauende: 1. Quartal 2023
Konjunkturelle Gesamtlage: Durchschnitt
Regionaler Baumarkt: Durchschnitt

Außenanlagen, Freiflächen

Nach dem Abbruch von alten Spielgeräten, Belägen, Mauern, Einbauten und dem Entfernen der Bepflanzung wurde das Baufeld in drei Teilbereiche gegliedert. Der nördliche Platzbereich ist als Spiel- und Freizeitbereich speziell für die Zielgruppe der Grundschulkinder angelegt. Die vielseitigen Kletter- und Balanciermöglichkeiten sowie eine behindertengerechte Nestschaukel sorgen für einen hohen Spielwert. Der mittlere Platzbereich im Zentrum wird als multifunktionaler Quartierstreffpunkt für alle Altersgruppen ausgebildet. Er wird im Norden und Süden von Jurakalk-Sitzmauern räumlich eingefasst und zusätzlich eine Tischtennisplatte und verschiedene Outdoor-Fitness-Geräte installiert. Der südliche Platzbereich fungiert als Spielbereich für Kleinkinder. Neben einem großzügigen Sandspielbereich werden verschiedene Möglichkeiten zur Entwicklung angeboten – etwa ein Mini-Karussell, ein Abenteuerparcours mit Balancierhölzern und Findlingen sowie eine Spielkombination zum Klettern, Rutschen oder für das freie Spielen. Die Böden unter den Spiel- und Fitnessgeräten sind mit Betonpflaster in unterschiedlichen Formaten belegt. Als Fallschutz werden Sand und Riesel im Spielbereich verwendet. Rasen begrünt die gesamte Anlage. Jurakalkmauern trennen die drei Bereiche optisch voneinander ab. Hecken trennen im Norden und Süden zur Straße hin ab und dienen als Sichtschutz. Es stehen Fahrradabstellplätze und Sitzbänke aus Holz zur Verfügung.

Sonstiges

Gewünscht wurde seitens der Stadt eine klimaangepasste Platzgestaltung: Vollständige Entsiegelung der Platzflächen, Erhaltung des alten Baumbestands, Pflanzung mit bodendeckenden Gehölzen sowie neuer Platanen. Auf eine Umzäunung konnte wegen der kompletten Umgrünung verzichtet werden.

Planungskennwerte für Flächen und Rauminhalte nach DIN 277

Flächen des Grundstücks		Menge Einheit	% an GF
BF	Bebaute Fläche	–	–
UF	Unbebaute Fläche	–	–
GF	Grundstücksfläche	2.000,00 m²	100,0
AF	Außenanlagenfläche	1.447,38 m²	

KG	Kostengruppen (2. Ebene)	Menge Einheit	Menge/AF	Menge/GF
510	Erdbau	192,08 m³ EBR	0,13	0,10
530	Oberbau, Deckschichten	396,64 m² BFF	0,27	0,20
570	Vegetationsflächen	1.050,74 m² PSF	0,73	0,53
580	Wasserflächen	–	–	–

Prozentualer Anteil der Kostengruppen der 2. Ebene an der Kostengruppe 500 nach DIN 276

KG	Kostengruppen (2. Ebene)
510	Erdbau
520	Gründung, Unterbau
530	Oberbau, Deckschichten
540	Baukonstruktionen
550	Technische Anlagen
560	Einbauten Außenanlagen u. Freiflächen
570	Vegetationsflächen
580	Wasserflächen
590	Sonst. Maßnahmen für Außenanlagen u. Freiflächen

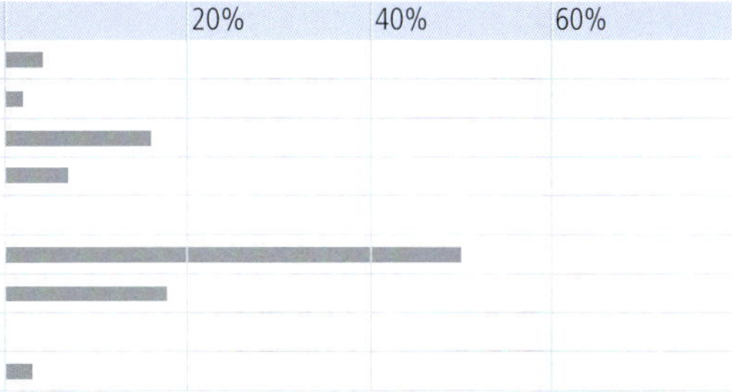

Ranking der Kostengruppen der 3. Ebene an der Kostengruppe 500 nach DIN 276

KG	Kostengruppen (3. Ebene)	% an KG 500	KG	Kostengruppen (3. Ebene)	% an KG 500
562	Besondere Einbauten	38,8	571	Vegetationstechn. Bodenbearbeitung	3,2
573	Pflanzflächen	11,0	591	Baustelleneinrichtung	2,6
561	Allgemeine Einbauten	10,6	522	Gründungen und Bodenplatten	2,0
536	Spielplatzflächen	8,8	541	Einfriedungen	1,2
531	Wege	6,3	539	Sonstiges zur KG 530	0,9
543	Wandkonstruktionen	5,8	563	Orientierungs- und Informationssysteme	0,6
511	Herstellung	4,2	596	Materialentsorgung	0,5
574	Rasen- und Saatflächen	3,5	551	Abwasseranlagen	< 0,1

Kostenkennwerte für die Kostengruppen der 1. Ebene DIN 276

KG	Kostengruppen (1. Ebene)	Einheit	Kosten €	€/Einheit	% 500
100	Grundstück	m² GF	–	–	–
200	Vorbereitende Maßnahmen	m² GF	6.320	3,16	2,4
300	Bauwerk – Baukonstruktionen	m² BGF	–	–	–
400	Bauwerk – Technische Anlagen	m² BGF	–	–	–
500	**Außenanlagen und Freiflächen**	**m² AF**	**264.460**	**182,72**	**100,0**
600	Ausstattung und Kunstwerke	m² AF	–	–	–
700	Baunebenkosten	m² AF	–	–	–
800	Finanzierung	m² AF	–	–	–

KG	Kostengruppe	Menge Einheit	Kosten €	€/Einheit	%
200	**Vorbereitende Maßnahmen**	2.000,00 m² GF	6.320	**3,16**	2,4
	• Herstellen (Kosten: 100,0%) Roden von Grasnarben, Strauchbewuchs, Wurzelstöcken; Entsorgung, Deponiegebühren		6.320		
500	**Außenanlagen und Freiflächen**	1.447,38 m² AF	264.460	**182,72**	100,0
	• Abbrechen (Kosten: 5,8%) Abbruch von Fundamentbeton, Natursteinbruch; Betonpflaster, Betonplatten, Pflasterreihen; Betonmauerscheiben, Oberflächenentwässerung; Sitzbänken, Metallbarrieren; Tischtennisplatte, Kletterspielgeräten; Entsorgung, Deponiegebühren		15.228		
	• Wiederherstellen (Kosten: 2,5%) Betonbordsteine, Findlinge aufnehmen, reinigen, wieder versetzen; Drehstuhl, Tischtennisplatte, Schaukelwippe, abbauen, lagern, wieder aufstellen; Infotafel abbauen, lagern, wieder aufstellen		6.597		
	• Herstellen (Kosten: 91,7%) Bodenarbeiten; Frostschutzschicht, Betonpflaster, Betonplatten, Pflasterstreifen; Schottertragschicht, Spielsand, Riesel; Gatterschranken, Sitzmauern, Natursteinquader; Fahrradanlehnbügel, Außenmöblierung; Spielgeräte, Fitnessgeräte, Balancierstämme; Oberbodenarbeiten, Hochstammbäume, Hecken, Rasenansaat		242.635		

Kostenkennwerte für die Kostengruppen der 2.Ebene DIN 276

KG	Kostengruppe	Menge Einheit	Kosten €	€/Einheit	%
200	**Vorbereitende Maßnahmen**				**100,0**
210	**Herrichten**	2.000,00 m² GF	6.320	**3,16**	100,0
	• Herstellen (Kosten: 100,0%) Grasnarbe abtragen (712m²), roden von Strauchbewuchs (167m²), Gehölzen (3St), Wurzelstöcken (6t); Entsorgung, Deponiegebühren	2.000,00 m² GF	6.320	**3,16**	
500	**Außenanlagen und Freiflächen**				**100,0**
510	**Erdbau**	192,08 m³ EBR	11.179	**58,20**	4,2
	• Herstellen (Kosten: 100,0%) Oberboden abtragen, lagern (201m²), Boden BK 3-6, lösen, lagern, wieder einbauen (40m³), Sand abtragen, Oberboden mischen, lagern (87m³), Planum (1.336m²)	192,08 m³ EBR	11.179	**58,20**	
520	**Gründung, Unterbau**	1.447,38 m² AF	5.194	**3,59**	2,0
	• Abbrechen (Kosten: 100,0%) Abbruch von Fundamentbeton, Natursteinbruch (106t); Entsorgung, Deponiegebühren	1.447,38 m² AF	5.194	**3,59**	
530	**Oberbau, Deckschichten**	396,64 m² BFF	42.282	**106,60**	16,0
	• Abbrechen (Kosten: 13,9%) Abbruch von Betonpflaster (41m²), Betonbordsteinen (106m) * Betonplatten (74m²), Betonbordsteinen (22m), Pflasterreihen, Naturstein (20m³), Granitsteinpflasterbund, sechsreihig (22m); Entsorgung, Deponiegebühren	155,90 m² BFF	5.858	**37,57**	
	• Wiederherstellen (Kosten: 7,2%) Betonbordsteine aufnehmen, lagern, wieder einbauen (9m) * Findlinge aufnehmen, reinigen, wieder setzen (12St)	–	3.043	–	
	• Herstellen (Kosten: 78,9%) Frostschutzschicht 0/45mm (26m³), Betonpflaster (70m²), Betonplatten 60x40x4cm (20m²), Pflasterstreifen (28m), Betonbordsteine (56m) * Schottertragschicht, Dränagebeton (117m²), Filtervlies (155m²), Spielsand (49m³), Riesel (110t), Pflasterreihe, Granit (35m)	396,64 m² BFF	33.381	**84,16**	
540	**Baukonstruktionen**	1.447,38 m² AF	18.448	**12,75**	7,0
	• Abbrechen (Kosten: 5,1%) Abbruch von Betonmauerscheibe, h=50-80cm (7m²); Entsorgung, Deponiegebühren	1.447,38 m² AF	946	**0,65**	
	• Herstellen (Kosten: 94,9%) Gatterschranke, drehbar (2St) * Sitzmauern, Natursteinquader auf Sauberkeitsschicht, zweilagig (49m)	1.447,38 m² AF	17.502	**12,09**	
550	**Technische Anlagen**	1.447,38 m² AF	71	**0,05**	< 0,1
	• Abbrechen (Kosten: 100,0%) Abbruch von Hofablauf (1St); Entsorgung, Deponiegebühren	1.447,38 m² AF	71	**0,05**	

KG	Kostengruppe	Menge Einheit	Kosten €	€/Einheit	%
560	**Einbauten Außenanlagen u. Freiflächen**	1.447,38 m²AF	132.325	**91,42**	50,0
	• Abbrechen (Kosten: 2,4%) Abbruch von Sitzbänken (6St), Papierkörben (3St), Metallpollern (2St), Metallbarrieren (20m) * Tischtennisplatte (1St), Reck (1St), Sandkletterspielgerät (1St), Kletterspielgerät (1St); Entsorgung, Deponiegebühren	1.447,38 m²AF	3.159	**2,18**	
	• Wiederherstellen (Kosten: 2,7%) Drehstuhl abbauen, lagern, wieder aufstellen (1St) * Tischtennisplatte, Schaukelwippe abbauen, lagern, wieder aufstellen (1St) * Infotafel abbauen, lagern, wieder aufstellen (1St)	1.447,38 m²AF	3.554	**2,46**	
	• Herstellen (Kosten: 94,9%) Fahrradanlehnbügel (4St), Barrieren (4St), Abfallbehälter (2St), Sitzkombination (1St), Sitzbank (1St), Rundbank (1St) * Calisthenics-Anlage (1St), Ganzkörpertrainer (1St), Nestschaukel (1St), Kletterwald (1St), Spielkombination (1St), Balancierstämme (psch), Robinienstämme als Sandkasteneinfassung (12m)	1.447,38 m²AF	125.612	**86,79**	
570	**Vegetationsflächen**	1.050,74 m²PSF	46.927	**44,66**	17,7
	• Herstellen (Kosten: 100,0%) Oberboden liefern, auftragen, Dünger (1.003m²), Baumgruben ausheben (54m³) * Hochstamm-bäume, Dreibock, Verdunstungsschutz (9St), Hecken (70St), Solitärgehölze (245St), Rosen (70St), Fertigstellungspflege * Rasenansaat (937m²), Fertigstellungspflege	1.050,74 m²PSF	46.927	**44,66**	
590	**Sonst. Maßnahmen für Außenanlagen u. Freiflächen**	1.447,38 m²AF	8.033	**5,55**	3,0
	• Herstellen (Kosten: 100,0%) Baustelleneinrichtung (psch), Bauzaun (203m), Verkehrssicherung (psch) * Entsorgung von Boden (41m³); Entsorgung, Deponiegebühren	1.447,38 m²AF	8.033	**5,55**	

Kostenkennwerte für die Kostengruppen 500 der 2. und 3. Ebene DIN 276 (Übersicht)

KG	Kostengruppe	Menge Einheit	Kosten €	€/Einheit	% 500
500	**Außenanlagen und Freiflächen**	**1.447,38 m² AF**	**264.459,81**	**182,72**	**100,0**
510	**Erdbau**	**192,08 m³ EBR**	**11.179,24**	**58,20**	**4,2**
511	Herstellung	192,08 m³ EBR	11.179,24	58,20	4,2
512	Umschließung	–	–	–	–
513	Wasserhaltung	–	–	–	–
520	**Gründung, Unterbau**	**1.447,38 m² AF**	**5.194,23**	**3,59**	**2,0**
521	Baugrundverbesserung	–	–	–	–
522	Gründungen und Bodenplatten	–	5.194,23	–	2,0
523	Gründungsbeläge	–	–	–	–
524	Abdichtungen und Bekleidungen	–	–	–	–
525	Dränagen	–	–	–	–
530	**Oberbau, Deckschichten**	**396,64 m² BFF**	**42.281,94**	**106,60**	**16,0**
531	Wege	89,91 m²	16.548,01	184,05	6,3
532	Straßen	–	–	–	–
533	Plätze, Höfe, Terrassen	–	–	–	–
534	Stellplätze	–	–	–	–
535	Sportplatzflächen	–	–	–	–
536	Spielplatzflächen	306,73 m²	23.359,31	76,16	8,8
539	Sonstiges zur KG 530	396,64 m² BFF	2.374,62	5,99	0,9
540	**Baukonstruktionen**	**1.447,38 m² AF**	**18.447,85**	**12,75**	**7,0**
541	Einfriedungen	–	3.230,57	–	1,2
542	Schutzkonstruktionen	–	–	–	–
543	Wandkonstruktionen	19,42 m²	15.217,30	783,59	5,8
544	Rampen, Treppen, Tribünen	–	–	–	–
545	Überdachungen	–	–	–	–
546	Stege	–	–	–	–
547	Kanal- und Schachtkonstruktionen	–	–	–	–
548	Wasserbecken	–	–	–	–
550	**Technische Anlagen**	**1.447,38 m² AF**	**70,60**	**0,05**	**< 0,1**
551	Abwasseranlagen	1.447,38 m² AF	70,60	0,05	< 0,1
552	Wasseranlagen	–	–	–	–
553	Anlagen für Gase und Flüssigkeiten	–	–	–	–
554	Wärmeversorgungsanlagen	–	–	–	–
555	Raumlufttechnische Anlagen	–	–	–	–
556	Elektrische Anlagen	–	–	–	–
557	Kommunikationstechnische Anlagen	–	–	–	–
558	Nutzungsspezifische Anlagen	–	–	–	–
560	**Einbauten Außenanlagen u. Freiflächen**	**1.447,38 m² AF**	**132.325,27**	**91,42**	**50,0**
561	Allgemeine Einbauten	1.447,38 m² AF	28.051,75	19,38	10,6
562	Besondere Einbauten	1.447,38 m² AF	102.611,81	70,89	38,8
563	Orientierungs- und Informationssysteme	1.447,38 m² AF	1.661,70	1,15	0,6
570	**Vegetationsflächen**	**1.050,74 m² PSF**	**46.927,34**	**44,66**	**17,7**
571	Vegetationstechn. Bodenbearbeitung	1.050,74 m²	8.553,93	8,14	3,2
572	Sicherungsbauweisen	–	–	–	–
573	Pflanzflächen	125,71 m²	29.121,97	231,66	11,0
574	Rasen- und Saatflächen	936,70 m²	9.251,44	9,88	3,5
579	Sonstiges zur KG 570	–	–	–	–
580	**Wasserflächen**	**–**	**–**	**–**	**–**
590	**Sonst. Maßnahmen für Außenanlagen u. Freiflächen**	**1.447,38 m² AF**	**8.033,35**	**5,55**	**3,0**

Kostenkennwerte für die Kostengruppen der 3. Ebene DIN 276

KG	Kostengruppe	Menge Einheit	Kosten €	€/Einheit	%
210	**Herrichten**				**100,0**
214	**Herrichten der Geländeoberfläche**	2.000,00 m² GF	6.320	**3,16**	100,0
	• Herstellen (Kosten: 100,0%) Grasnarbe abtragen (712m²), roden von Strauchbewuchs, h bis 3,00m (167m²), Gehölzen, StD bis 30cm (3St), Wurzelstöcken (6t); Entsorgung, Deponiegebühren	2.000,00 m² GF	6.320	**3,16**	
510	**Erdbau**				**100,0**
511	**Herstellung**	192,08 m³ EBR	11.179	**58,20**	100,0
	• Herstellen (Kosten: 100,0%) Oberboden abtragen, d=20-40cm, lagern (201m²), Boden BK 3-6, d=50cm, lösen, lagern, wieder einbauen (40m³), Sand abtragen, Oberboden mischen, lagern (87m³), Planum (1.336m²)	192,08 m³ EBR	11.179	**58,20**	
520	**Gründung, Unterbau**				**100,0**
522	**Gründungen und Bodenplatten**	–	5.194	**–**	100,0
	• Abbrechen (Kosten: 100,0%) Abbruch von Fundamentbeton, Natursteinbruch (106t); Entsorgung, Deponiegebühren	–	5.194	**–**	
530	**Oberbau, Deckschichten**				**100,0**
531	**Wege**	89,91 m²	16.548	**184,05**	39,1
	• Abbrechen (Kosten: 11,0%) Abbruch von Betonpflaster (41m²), Betonbordsteinen (106m); Entsorgung, Deponiegebühren	41,40 m²	1.817	**43,89**	
	• Wiederherstellen (Kosten: 4,0%) Betonbordsteine aufnehmen, lagern, wieder einbauen (9m)	–	668	**–**	
	• Herstellen (Kosten: 85,0%) Frostschutzschicht 0/45mm, d=40cm (26m³), Betonpflaster, verschiedene Formate 13-26x13-26cm, d=8cm (70m²), Betonplatten 60x40x4cm in Splittbett (20m²), Pflasterstreifen 20x13x8cm (28m), Betonbordsteine 30x8cm (56m)	89,91 m²	14.063	**156,41**	
536	**Spielplatzflächen**	306,73 m²	23.359	**76,16**	55,2
	• Abbrechen (Kosten: 17,3%) Abbruch von Betonplatten 50x50cm (74m²), Betonbordsteinen (22m), Pflasterreihen, Naturstein 10x10x10cm, b bis 1,20m (20m³), Granitsteinpflasterbund, sechsreihig (22m); Entsorgung, Deponiegebühren	114,50 m²	4.041	**35,29**	
	• Herstellen (Kosten: 82,7%) Schottertragschicht 0/32mm, d=10cm, Dränagebeton C8/10, d=10cm (117m²), Filtervlies (155m²), Spielsand 0/4mm, d=40cm (49m³), Riesel 3/8mm, d=40cm (110t), Pflasterreihe, Granit (35m)	306,73 m²	19.319	**62,98**	
539	**Sonstiges zur KG 530**	396,64 m² BFF	2.375	**5,99**	5,6
	• Wiederherstellen (Kosten: 100,0%) Findlinge DN70-150 aufnehmen, reinigen, wieder setzen (12St)	–	2.375	**–**	
540	**Baukonstruktionen**				**100,0**
541	**Einfriedungen**	–	3.231	**–**	17,5
	• Herstellen (Kosten: 100,0%) Gatterschranke, drehbar, l=1,50m (2St)	–	3.231	**–**	

KG	Kostengruppe	Menge Einheit	Kosten €	€/Einheit	%
543	**Wandkonstruktionen**	19,42 m²	15.217	**783,59**	82,5
	• Abbrechen (Kosten: 6,2%) Abbruch von Betonmauerscheibe, h=50-80cm, b=50cm (7m²); Entsorgung, Deponiegebühren	7,21 m²	946	**131,23**	
	• Herstellen (Kosten: 93,8%) Sitzmauern, Natursteinquader auf Sauberkeitsschicht, zweilagig, b=40cm (49m)	19,42 m²	14.271	**734,87**	
550	**Technische Anlagen**				**100,0**
551	**Abwasseranlagen**	1.447,38 m² AF	71	**0,05**	100,0
	• Abbrechen (Kosten: 100,0%) Abbruch von Hofablauf (1St); Entsorgung, Deponiegebühren	1.447,38 m² AF	71	**0,05**	
560	**Einbauten in Außenanlagen und Freiflächen**				**100,0**
561	**Allgemeine Einbauten**	1.447,38 m² AF	28.052	**19,38**	21,2
	• Abbrechen (Kosten: 5,2%) Abbruch von Sitzbänken, l=2,00m (6St), Papierkörben (3St), Metallpollern (2St), Metallbarrieren (20m); Entsorgung, Deponiegebühren	1.447,38 m² AF	1.468	**1,01**	
	• Wiederherstellen (Kosten: 2,5%) Drehstuhl, abbauen, lagern, wieder aufstellen (1St)	1.447,38 m² AF	693	**0,48**	
	• Herstellen (Kosten: 92,3%) Fahrradanlehnbügel (4St), Barrieren, Fundamente (4St), Abfallbehälter (2St), Sitzkombination (1St), Sitzbank (1St), Rundbank D=2,40m (1St)	1.447,38 m² AF	25.891	**17,89**	
562	**Besondere Einbauten**	1.447,38 m² AF	102.612	**70,89**	77,5
	• Abbrechen (Kosten: 1,6%) Abbruch von Tischtennisplatte (1St), Reck (1St), Sandkletterspielgerät (1St); Entsorgung, Deponiegebühren	1.447,38 m² AF	1.691	**1,17**	
	• Wiederherstellen (Kosten: 1,2%) Tischtennisplatte abbauen, lagern, wieder aufstellen (1St), Wippe abbauen, lagern, aufstellen (1St)	1.447,38 m² AF	1.200	**0,83**	
	• Herstellen (Kosten: 97,2%) Calisthenics-Anlage, Robinienholz, sieben Standpfosten, zwei Reckstangen (1St), Ganzkörpertrainer (1St), Nestschaukel (1St), Kletterwald (1St), Spielkombination, Sprossen, Seiltreppen (1St), Balancierstämme (psch), Robinienstämme als Sandkasteneinfassung (12m)	1.447,38 m² AF	99.721	**68,90**	
563	**Orientierungs- und Informationssysteme**	1.447,38 m² AF	1.662	**1,15**	1,3
	• Wiederherstellen (Kosten: 100,0%) Infotafel abbauen, lagern, wieder aufstellen (1St)	1.447,38 m² AF	1.662	**1,15**	
570	**Vegetationsflächen**				**100,0**
571	**Vegetationstechn. Bodenbearbeitung**	1.050,74 m²	8.554	**8,14**	18,2
	• Herstellen (Kosten: 100,0%) Oberboden liefern, auftragen, d=20-30cm, Dünger (1.003m²), Baumgruben, 2,00x2,00m, t=1,50m (54m³)	1.050,74 m²	8.554	**8,14**	

KG	Kostengruppe	Menge Einheit	Kosten €	€/Einheit	%
573	**Pflanzflächen**	125,71 m²	29.122	**231,66**	62,1
	• Herstellen (Kosten: 100,0%) Feinplanie (67m²), Hochstammbäume, Verankerungen, Verdunstungsschutz, mulchen (9St), Hecken, Verankerungen, mulchen (70St), Solitärgehölze (245St), Rosen (70St), Fertigstellungspflege	125,71 m²	29.122	**231,66**	
574	**Rasen- und Saatflächen**	936,70 m²	9.251	**9,88**	19,7
	• Herstellen (Kosten: 100,0%) Rasenansaat (937m²), Fertigstellungspflege	936,70 m²	9.251	**9,88**	
590	**Sonstige Maßnahmen für Außenanlagen und Freiflächen**				**100,0**
591	**Baustelleneinrichtung**	1.447,38 m² AF	6.753	**4,67**	84,1
	• Herstellen (Kosten: 100,0%) Baustelleneinrichtung (psch), Bauzaun, h=2,00m (203m), Verkehrssicherung (psch)	1.447,38 m² AF	6.753	**4,67**	
596	**Materialentsorgung**	1.447,38 m² AF	1.280	**0,88**	15,9
	• Herstellen (Kosten: 100,0%) Entsorgung Boden von Mieten (41m³); Entsorgung, Deponiegebühren	1.447,38 m² AF	1.280	**0,88**	

Kostenkennwerte für Leistungsbereiche nach STLB (Kosten der Außenanlagen nach DIN 276)

LB	Leistungsbereiche	Kosten €	€/m² AF	% 500
000	Baustellen-, Verkehrssich.- u. Sicherh.einr. inkl. 001	6.753	4,70	2,6
	Herstellen	6.753	4,70	2,6
002	Erdarbeiten	–	–	–
003	Landschaftsbauarbeiten	193.586	133,70	73,2
	Wiederherstellen	5.929	4,10	2,2
	Herstellen	187.657	129,70	71,0
004	Landschaftsbauarbeiten - Pflanzen	13.563	9,40	5,1
	Herstellen	13.563	9,40	5,1
008	Wasserhaltungsarbeiten	–	–	–
009	Entwässerungskanalarbeiten	–	–	–
010	Drän- und Versickerarbeiten	–	–	–
012	Mauerarbeiten	–	–	–
013	Betonarbeiten	5.716	3,90	2,2
	Herstellen	5.716	3,90	2,2
014	Natur-, Betonwerksteinarbeiten inkl. 024, 025	–	–	–
016	Zimmer- und Holzbauarbeiten	–	–	–
017	Stahlbauarbeiten	–	–	–
018	Abdichtungsarbeiten	–	–	–
020	Dachdeckungsarbeiten	–	–	–
021	Dachabdichtungsarbeiten	–	–	–
022	Klempnerarbeiten	–	–	–
023	Putz- und Stuckarbeiten, Wärmedämmsysteme	–	–	–
027	Tischlerarbeiten	–	–	–
028	Parkett-, Holzpflasterarbeiten	–	–	–
031	Metallbauarbeiten inkl. 035	–	–	–
032	Verglasungsarbeiten inkl. 029	–	–	–
034	Maler- und Lackiererarb. - Beschicht. inkl. 037	–	–	–
042	Gas- u. Wasseranl. - Leitung., Armat.	–	–	–
043	Druckrohrleitungen Gas, Wasser, Abwasser	–	–	–
044	Abwasseranl. - Leitungen, Abläufe, Armaturen	–	–	–
045	Gas, Wasser, Entwässerung - Ausstattung inkl. 046	–	–	–
050	Blitzschutz-/Erdungsanlagen, Überspannungssch.	–	–	–
053	Niederspannungsanl. - Kabel inkl. 052, 055	–	–	–
058	Leuchten und Lampen inkl. 059	–	–	–
060	Such, Signal, Zeit, Anten., akust. Anl. inkl. 061, 063	–	–	–
080	Straßen, Wege, Plätze	28.334	19,60	10,7
	Wiederherstellen	668	0,46	0,3
	Herstellen	27.666	19,10	10,5
084	Abbruch, Rückbau, Schadstoffsanierung	15.228	10,50	5,8
	Abbrechen	15.228	10,50	5,8
087	Abfallentsorgung, Verwertung und Beseitigung	1.280	0,88	0,5
	Herstellen	1.280	0,88	0,5
	Sonstige Leistungsbereiche	–	–	–

4200-0034
Schulhof
Berufsschule

Kostenkennwerte für die Kosten der Außenanlage (Kostengruppe 500 nach DIN 276)

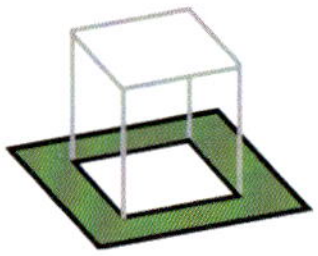

Instandsetzung

AF **128 €/m²**

Objekt:
Kennwerte: 3. Ebene DIN 276
GF: 21.414 m²
AF: 2.866 m²
Bauzeit: 30 Wochen
Bauende: 2019
Standard: mittel
Bundesland: Nordrhein-Westfalen
Kreis: Viersen

Architekt*in:
westform architekten
Joseph-von-Fraunhofer-Straße 3B
52477 Alsdorf

Bauherr*in:
Kreis Viersen
Rathausmarkt 3
41747 Viesen

vorher

nachher

nachher

Lageplan

Objektbeschreibung

Allgemeine Objektinformationen

Die Umgestaltung der Außenanlage der Berufsschule umfasst die Erneuerung der Außentreppe sowie des Pausen- und Spielhofs, der die Schüler zur Bewegung einlädt.

Nutzung

Erneuerung der Schulhoffläche mit neuen Belägen und Sitzmobiliar

Grundstück

Bauraum: Freier Bauraum
Neigung: Ebenes Gelände
Bodenklasse: BK 4

Markt

Hauptvergabezeit: 3. Quartal 2018
Baubeginn: 4. Quartal 2018
Bauende: 2. Quartal 2019
Konjunkturelle Gesamtlage: Durchschnitt
Regionaler Baumarkt: Durchschnitt

Baubestand

Bauzustand: schlecht
Aufwand: mittel
Grundrissänderungen: wenige
Tragwerkseingriffe: keine

Sonstiges

Das Ziegelpflaster der Bestandsfläche wurde aufgenommen und auf neuem Unterbau neu verlegt. Kleinformatiges, altes Ziegelpflaster wechselt sich mit großformatigen neuen Betonplatten ab. So ist die Fläche in Teilbereiche gegliedert, die mit Sitzelementen aus farbigem Sichtbeton, Holz und Gabionenkörben möbliert ist. Die vorhandene Topografie und der vorhandene Pflanzenbestand wurden in die Planung einbezogen und ergänzt. Auf der Wiese neben dem Schulhof wurde, umgeben von altem Baumbestand, ein neuer Ruheplatz geschaffen.

Planungskennwerte für Flächen und Rauminhalte nach DIN 277

Flächen des Grundstücks		Menge Einheit	% an GF
BF	Bebaute Fläche	4.236,00 m²	19,8
UF	Unbebaute Fläche	17.178,00 m²	80,2
GF	Grundstücksfläche	21.414,00 m²	100,0
AF	Außenanlagenfläche	2.866,00 m²	

KG	Kostengruppen (2. Ebene)	Menge Einheit	Menge/AF	Menge/GF
510	Erdbau	142,44 m³ EBR	0,05	< 0,01
530	Oberbau, Deckschichten	1.027,44 m² BFF	0,36	0,05
570	Vegetationsflächen	1.581,38 m² PSF	0,55	0,07
580	Wasserflächen	–	–	–

Prozentualer Anteil der Kostengruppen der 2. Ebene an der Kostengruppe 500 nach DIN 276

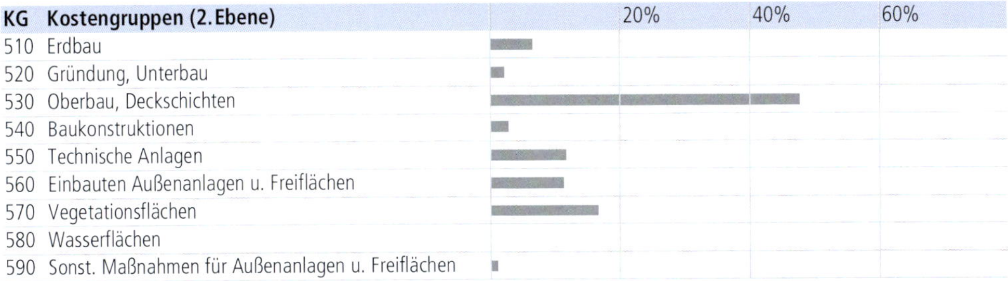

Ranking der Kostengruppen der 3. Ebene an der Kostengruppe 500 nach DIN 276

KG	Kostengruppen (3. Ebene)	% an KG 500	KG	Kostengruppen (3. Ebene)	% an KG 500
533	Plätze, Höfe, Terrassen	27,5	571	Vegetationstechn. Bodenbearbeitung	3,9
531	Wege	18,2	522	Gründungen und Bodenplatten	2,2
561	Allgemeine Einbauten	11,3	544	Rampen, Treppen, Tribünen	2,1
573	Pflanzflächen	8,1	534	Stellplätze	1,2
511	Herstellung	6,6	591	Baustelleneinrichtung	1,1
551	Abwasseranlagen	6,5	539	Sonstiges zur KG 530	0,8
556	Elektrische Anlagen	5,2	543	Wandkonstruktionen	0,7
574	Rasen- und Saatflächen	4,6			

Instandsetzung

Kostenkennwerte für die Kostengruppen der 1. Ebene DIN 276

KG	Kostengruppen (1. Ebene)	Einheit	Kosten €	€/Einheit	% 500
100	Grundstück	m² GF	–	–	–
200	Vorbereitende Maßnahmen	m² GF	–	–	–
300	Bauwerk – Baukonstruktionen	m² BGF	–	–	–
400	Bauwerk – Technische Anlagen	m² BGF	–	–	–
500	**Außenanlagen und Freiflächen**	**m² AF**	**366.308**	**127,81**	**100,0**
600	Ausstattung und Kunstwerke	m² AF	–	–	–
700	Baunebenkosten	m² AF	–	–	–
800	Finanzierung	m² AF	–	–	–

KG	Kostengruppe	Menge Einheit	Kosten €	€/Einheit	%
500	**Außenanlagen und Freiflächen**	2.866,00 m² AF	366.308	**127,81**	100,0

- Abbrechen (Kosten: 16,3%) 59.826
  Oberboden lösen, abtragen; Abbruch von Ziegelsteinpflaster, Asphaltbelägen, Unterbau, Mauerwerksresten, Abbruch von Oberflächenentwässerung; Lichtmasten; Entsorgung, Deponiegebühren

- Wiederherstellen (Kosten: < 0,1%) 173
  Entwässerungsrinne demontieren, wieder einbauen

- Herstellen (Kosten: 83,6%) 306.309
  Bodenarbeiten; Stb-Einzelfundamente; gebundene Deckschicht, Betonplattenbeläge, Ziegelsteinbeläge, Betonbordsteine, Rasengittersteine, Traufstreifen; Betonblockstufen; Oberflächenentwässerung; Erdkabel, Lichtstelen; Beton-Sitzblöcke, Sitzblöcke aus Gabionenkörben, Fahrradanlehnbügel; Oberbodenarbeiten, Sträucher, Hecken, Bäume, Rasen

Kostenkennwerte für die Kostengruppen der 2.Ebene DIN 276

KG	Kostengruppe	Menge Einheit	Kosten €	€/Einheit	%
500	**Außenanlagen und Freiflächen**				**100,0**
510	**Erdbau**	142,44 m³ EBR	24.272	**170,40**	6,6
	• Abbrechen (Kosten: 0,4%) Oberboden lösen, abtragen, d=25cm, lagern (54m²), Flächenaushub BK3-5, d=30cm, lösen, laden, entsorgen (96m²)	42,30 m³ EBR	107	**2,53**	
	• Herstellen (Kosten: 99,6%) Rohrgrabenaushub, t bis 2,50m (121m³), Planum (1.475m²), Füllboden, d=30cm, verdichten (21m³)	142,44 m³ EBR	24.165	**169,65**	
520	**Gründung, Unterbau**	2.866,00 m² AF	8.210	**2,86**	2,2
	• Herstellen (Kosten: 100,0%) Einzelfundamente 0,80x0,80x0,80m (9St)	2.866,00 m² AF	8.210	**2,86**	
530	**Oberbau, Deckschichten**	1.027,44 m² BFF	174.507	**169,85**	47,6
	• Abbrechen (Kosten: 28,7%) Abbruch von Ziegelsteinpflaster 10x20x6cm, reinigen, lagern (553m²), Betonplatten (314m²), Betonrandsteinen (110m), Unterbau, d=45cm (1.279m²), Asphaltbelag, Unterbau, d=32cm (39m²); Entsorgung, Deponiegebühren	905,73 m² BFF	50.037	**55,25**	
	• Herstellen (Kosten: 71,3%) Frostschutzschicht FSS, d=28-31cm (240m³), Schottertragschicht STS, d=15cm (709m²), hydraulisch gebundene Deckschicht, Splitt, d=10cm (186m²), Betonplatten (439m²), Ziegelsteinpflaster (62m²), Betonpflaster (85m²), Mosaikpflaster (3m²), Betonbordsteine (186m) * FSF, d=28-31cm (192m³), STS, d=15cm (564m²), Ziegelsteinpflaster (489m²), Betonbordsteine 8x20cm (146m) * FSS, d=28-31cm (4m³), STS, d=15cm (12m²), Rasengittersteine (12m²) * Traufstreifen, Basaltschotter, Betonkantensteine (38m)	1.027,44 m² BFF	124.470	**121,15**	
540	**Baukonstruktionen**	2.866,00 m² AF	10.356	**3,61**	2,8
	• Abbrechen (Kosten: 36,7%) Abbruch von Mauerwerksresten, Beton, unbewehrt (10m³); Entsorgung, Deponiegebühren	2.866,00 m² AF	3.805	**1,33**	
	• Herstellen (Kosten: 63,3%) Betonblockstufen 100x38x15cm, Betonfundamente (8St), Handläufe, V2A (3St)	2.866,00 m² AF	6.551	**2,29**	
550	**Technische Anlagen**	2.866,00 m² AF	42.867	**14,96**	11,7
	• Abbrechen (Kosten: 10,6%) Abbruch von KG-Rohren DN100-250 (40m), Straßenabläufe (8St) * Lichtmasten, h=4,00m (2St); Entsorgung, Deponiegebühren	2.866,00 m² AF	4.550	**1,59**	
	• Wiederherstellen (Kosten: 0,4%) Entwässerungsrinne demontieren, wieder einbauen (1St)	2.866,00 m² AF	173	**0,06**	
	• Herstellen (Kosten: 89,0%) KG-Rohre DN150 (73m), PP-Kontrollschächte DN600, t bis 2,50m (2St), Straßenabläufe (5St), Entwässerungsrinnen, Beton (2m) * Erdkabel (166m), Lichtstelen (9St)	2.866,00 m² AF	38.144	**13,31**	

Instandsetzung

KG	Kostengruppe	Menge Einheit	Kosten €	€/Einheit	%
560	**Einbauten Außenanlagen u. Freiflächen**	2.866,00 m² AF	41.236	**14,39**	11,3
	• Herstellen (Kosten: 100,0%) Beton-Sitzblöcke 100x50x40cm, Sichtbeton durchgefärbt (26St), Sitzblöcke aus Gabionenkörben 100x50x50cm (16St), Fahrradanlehnbügel V2A (10St), Handlauf V2A (3St)	2.866,00 m² AF	41.236	**14,39**	
570	**Vegetationsflächen**	1.581,38 m² PSF	60.739	**38,41**	16,6
	• Abbrechen (Kosten: 2,2%) Roden von Buschwerk, Hecken (4St), Wurzelstöcke aufnehmen (2St); Entsorgung, Deponiegebühren	–	1.328	**–**	
	• Herstellen (Kosten: 97,8%) Oberboden einbauen, d=20cm (184m³), Pflanzgruben für Bäume (13m²), Substrat einbauen, d=30cm (13m²) * Hochstammbäume, h=2,00m, Baumverankerungen, Stammschutz (6St), Sträucher (20St), Hecke (31m) * Rasenansaat, Landschaftsrasen (1.581m²)	1.581,38 m² PSF	59.411	**37,57**	
590	**Sonst. Maßnahmen für Außenanlagen u. Freiflächen**	2.866,00 m² AF	4.122	**1,44**	1,1
	• Herstellen (Kosten: 100,0%) Absperrschranken (170m)	2.866,00 m² AF	4.122	**1,44**	

Kostenkennwerte für die Kostengruppen 500 der 2. und 3. Ebene DIN 276 (Übersicht)

KG	Kostengruppe	Menge Einheit	Kosten €	€/Einheit	% 500
500	**Außenanlagen und Freiflächen**	**2.866,00 m² AF**	**366.308,48**	**127,81**	**100,0**
510	**Erdbau**	**142,44 m³ EBR**	**24.271,61**	**170,40**	**6,6**
511	Herstellung	142,44 m³ EBR	24.271,61	170,40	6,6
512	Umschließung	–	–	–	–
513	Wasserhaltung	–	–	–	–
520	**Gründung, Unterbau**	**2.866,00 m² AF**	**8.209,89**	**2,86**	**2,2**
521	Baugrundverbesserung	–	–	–	–
522	Gründungen und Bodenplatten	5,76 m²	8.209,89	1.425,33	2,2
523	Gründungsbeläge	–	–	–	–
524	Abdichtungen und Bekleidungen	–	–	–	–
525	Dränagen	–	–	–	–
530	**Oberbau, Deckschichten**	**1.027,44 m² BFF**	**174.506,66**	**169,85**	**47,6**
531	Wege	451,31 m²	66.807,28	148,03	18,2
532	Straßen	–	–	–	–
533	Plätze, Höfe, Terrassen	563,65 m²	100.625,87	178,53	27,5
534	Stellplätze	12,48 m²	4.281,00	343,03	1,2
535	Sportplatzflächen	–	–	–	–
536	Spielplatzflächen	–	–	–	–
539	Sonstiges zur KG 530	1.027,44 m² BFF	2.792,51	2,72	0,8
540	**Baukonstruktionen**	**2.866,00 m² AF**	**10.355,73**	**3,61**	**2,8**
541	Einfriedungen	–	–	–	–
542	Schutzkonstruktionen	–	–	–	–
543	Wandkonstruktionen	10,80 m²	2.734,03	253,15	0,7
544	Rampen, Treppen, Tribünen	3,04 m²	7.621,70	2.507,14	2,1
545	Überdachungen	–	–	–	–
546	Stege	–	–	–	–
547	Kanal- und Schachtkonstruktionen	–	–	–	–
548	Wasserbecken	–	–	–	–
550	**Technische Anlagen**	**2.866,00 m² AF**	**42.866,83**	**14,96**	**11,7**
551	Abwasseranlagen	2.866,00 m² AF	23.785,86	8,30	6,5
552	Wasseranlagen	–	–	–	–
553	Anlagen für Gase und Flüssigkeiten	–	–	–	–
554	Wärmeversorgungsanlagen	–	–	–	–
555	Raumlufttechnische Anlagen	–	–	–	–
556	Elektrische Anlagen	2.866,00 m² AF	19.080,97	6,66	5,2
557	Kommunikationstechnische Anlagen	–	–	–	–
558	Nutzungsspezifische Anlagen	–	–	–	–
560	**Einbauten Außenanlagen u. Freiflächen**	**2.866,00 m² AF**	**41.236,13**	**14,39**	**11,3**
561	Allgemeine Einbauten	2.866,00 m² AF	41.236,13	14,39	11,3
562	Besondere Einbauten	–	–	–	–
563	Orientierungs- und Informationssysteme	–	–	–	–
570	**Vegetationsflächen**	**1.581,38 m² PSF**	**60.739,36**	**38,41**	**16,6**
571	Vegetationstechn. Bodenbearbeitung	988,25 m²	14.244,56	14,41	3,9
572	Sicherungsbauweisen	–	–	–	–
573	Pflanzflächen	–	29.756,32	–	8,1
574	Rasen- und Saatflächen	1.581,38 m²	16.738,47	10,58	4,6
579	Sonstiges zur KG 570	–	–	–	–
580	**Wasserflächen**	**–**	**–**	**–**	**–**
590	**Sonst. Maßnahmen für Außenanlagen u. Freiflächen**	**2.866,00 m² AF**	**4.122,27**	**1,44**	**1,1**

Instandsetzung

Kostenkennwerte für die Kostengruppen der 3.Ebene DIN 276

KG	Kostengruppe	Menge Einheit	Kosten €	€/Einheit	%
510	**Erdbau**				**100,0**
511	**Herstellung**	142,44 m³EBR	24.272	**170,40**	100,0
	• Abbrechen (Kosten: 0,4%) Oberboden lösen, abtragen, d=25cm, lagern (54m²), Flächenaushub BK3-5, d=30cm, lösen, laden, entsorgen (96m²)	42,30 m³EBR	107	**2,53**	
	• Herstellen (Kosten: 99,6%) Rohrgrabenaushub BK3-5, t bis 2,50m (120m³), als Handaushub (1m³), Planum (1.475m²), Füllboden, Kies 0/32mm, d=30cm, verdichten (21m³)	142,44 m³EBR	24.165	**169,65**	
520	**Gründung, Unterbau**				**100,0**
522	**Gründungen und Bodenplatten**	5,76 m²	8.210	**1.425,33**	100,0
	• Herstellen (Kosten: 100,0%) Einzelfundamente C12/15, 0,80x0,80x0,80m, Schalung, Bewehrung (9St)	5,76 m²	8.210	**1.425,33**	
530	**Oberbau, Deckschichten**				**100,0**
531	**Wege**	451,31 m²	66.807	**148,03**	38,3
	• Herstellen (Kosten: 100,0%) Frostschutzschicht 0/22mm, Kies, d=28-31cm (240m³), Schottertragschicht 0/45mm, d=15cm (709m²), hydraulisch gebundene Deckschicht 0/16, Splitt, d=10cm (186m²), Betonplatten 50x50x5cm (439m²), Ziegelsteinpflaster 10x20x6cm, Lagermaterial (62m²), Betonpflaster 10x20x8cm (85m²), Mosaikpflaster 10x10x10cm (3m²), Betonbordsteine 8x20cm (186m), Pflasterstreifen 24x16x14cm (16m)	451,31 m²	66.807	**148,03**	
533	**Plätze, Höfe, Terrassen**	563,65 m²	100.626	**178,53**	57,7
	• Abbrechen (Kosten: 49,7%) Abbruch von Ziegelsteinpflaster 10x20x6cm, reinigen, lagern (553m²), Betonplatten (314m²), Betonrandsteinen 20x8cm (110m), Unterbau, d=45cm, grobsandig (1.279m²), Asphaltbelag, Unterbau, d=32cm (39m²); Entsorgung, Deponiegebühren	905,73 m²	50.037	**55,25**	
	• Herstellen (Kosten: 50,3%) Frostschutzschicht 0/22mm, Kies, d=28-31cm (192m³), Schottertragschicht 0/45mm, d=15cm (564m²), Ziegelsteinpflaster 10x20x6cm, Läuferverband, Lagermaterial (489m²), Ziegel, einreihig, b=6cm, Lagermaterial (112m), Betonbordsteine 8x20cm (146m)	563,65 m²	50.589	**89,75**	
534	**Stellplätze**	12,48 m²	4.281	**343,03**	2,5
	• Herstellen (Kosten: 100,0%) Frostschutzschicht 0/22mm, Kies, d=28-31cm (4m³), Schottertragschicht 0/45mm, d=15cm (12m²), Rasengittersteine 60x40x8cm, einsäen (12m²), Betonbordsteine 8x20cm (8m)	12,48 m²	4.281	**343,03**	
539	**Sonstiges zur KG 530**	1.027,44 m²BFF	2.793	**2,72**	1,6
	• Herstellen (Kosten: 100,0%) Traufstreifen, Basaltschotter, Betonkantensteine 20x8cm (38m)	1.027,44 m²BFF	2.793	**2,72**	

KG	Kostengruppe	Menge Einheit	Kosten €	€/Einheit	%
540	**Baukonstruktionen**				**100,0**
543	**Wandkonstruktionen**	10,80 m²	2.734	**253,15**	26,4
	• Abbrechen (Kosten: 100,0%) Abbruch von Mauerwerksresten, Beton, unbewehrt (7m³); Entsorgung, Deponiegebühren	10,80 m²	2.734	**253,15**	
544	**Rampen, Treppen, Tribünen**	3,04 m²	7.622	**2.507,14**	73,6
	• Abbrechen (Kosten: 14,0%) Abbruch von Mauerwerksresten, Beton, unbewehrt (3m³); Entsorgung, Deponiegebühren	8,00 m²	1.071	**133,84**	
	• Herstellen (Kosten: 86,0%) Betonblockstufen 100x38x15cm, Betonfundamente C12/15 (8St), Handläufe, V2A (3St)	3,04 m²	6.551	**2.154,92**	
550	**Technische Anlagen**				**100,0**
551	**Abwasseranlagen**	2.866,00 m² AF	23.786	**8,30**	55,5
	• Abbrechen (Kosten: 12,0%) Abbruch von KG-Rohren DN100-250, Formstücke (40m), Straßenabläufen (8St); Entsorgung, Deponiegebühren	2.866,00 m² AF	2.848	**0,99**	
	• Wiederherstellen (Kosten: 0,7%) Entwässerungsrinne demontieren, wieder einbauen (1St)	2.866,00 m² AF	173	**0,06**	
	• Herstellen (Kosten: 87,3%) KG-Rohre DN150, Formstücke, Sandbett (73m), PP-Kontrollschächte DN600, t bis 2,50m (2St), Straßenabläufe 30-50x50cm (5St), Entwässerungsrinnen, Beton (2m), Kontrolle mittels Kamerabefahrung (73m)	2.866,00 m² AF	20.764	**7,25**	
556	**Elektrische Anlagen**	2.866,00 m² AF	19.081	**6,66**	44,5
	• Abbrechen (Kosten: 8,9%) Abbruch von Lichtmasten, h=4,00m (2St); Entsorgung, Deponiegebühren	2.866,00 m² AF	1.701	**0,59**	
	• Herstellen (Kosten: 91,1%) Erdkabel NYY (166m), Trassenwarnband (127m), Lichtstelen (9St)	2.866,00 m² AF	17.380	**6,06**	
560	**Einbauten in Außenanlagen und Freiflächen**				**100,0**
561	**Allgemeine Einbauten**	2.866,00 m² AF	41.236	**14,39**	100,0
	• Herstellen (Kosten: 100,0%) Beton-Sitzblöcke 100x50x40cm, Sichtbeton durchgefärbt (26St), Sitzblöcke aus Gabionenkörben 100x50x50cm, Kalkstein 60-120mm (16St), Fahrradanlehnbügel V2A (10St), Bodentürstopper V2A (4St)	2.866,00 m² AF	41.236	**14,39**	
570	**Vegetationsflächen**				**100,0**
571	**Vegetationstechn. Bodenbearbeitung**	988,25 m²	14.245	**14,41**	23,5
	• Herstellen (Kosten: 100,0%) Oberboden liefern, einbauen, d=20cm (133m³), lagernd (51m³), Pflanzgruben für Bäume (13m²), Substrat liefern, einbauen, d=30cm (13m²)	988,25 m²	14.245	**14,41**	

Instandsetzung

KG	Kostengruppe	Menge Einheit	Kosten €	€/Einheit	%
573	**Pflanzflächen**	–	29.756	**–**	49,0
	• Abbrechen (Kosten: 4,5%) Roden von Buschwerk, Hecken, h bis 2,00m (4St), Wurzelstöcke aufnehmen, d=75cm (2St); Entsorgung, Deponiegebühren	–	1.328	**–**	
	• Herstellen (Kosten: 95,5%) Hochstammbäume, h=2,00m, Baumverankerungen, Stammschutz (6St), Sträucher (20St), Eibenhecke (10m), Buchenhecke (21m)	–	28.428	**–**	
574	**Rasen- und Saatflächen**	1.581,38 m²	16.738	**10,58**	27,6
	• Herstellen (Kosten: 100,0%) Rasenansaat, Landschaftsrasen (1.581m²)	1.581,38 m²	16.738	**10,58**	
590	**Sonstige Maßnahmen für Außenanlagen und Freiflächen**				**100,0**
591	**Baustelleneinrichtung**	2.866,00 m² AF	4.122	**1,44**	100,0
	• Herstellen (Kosten: 100,0%) Absperrschranken (170m)	2.866,00 m² AF	4.122	**1,44**	

Kostenkennwerte für Leistungsbereiche nach STLB (Kosten der Außenanlagen nach DIN 276)

LB	Leistungsbereiche	Kosten €	€/m² AF	% 500
000	Baustellen-, Verkehrssich.- u. Sicherh.einr. inkl. 001	4.122	1,40	1,1
	Herstellen	4.122	1,40	1,1
002	Erdarbeiten	10.739	3,70	2,9
	Herstellen	10.739	3,70	2,9
003	Landschaftsbauarbeiten	62.453	21,80	17,0
	Herstellen	62.453	21,80	17,0
004	Landschaftsbauarbeiten - Pflanzen	26.541	9,30	7,2
	Herstellen	26.541	9,30	7,2
008	Wasserhaltungsarbeiten	–	–	–
009	Entwässerungskanalarbeiten	28.465	9,90	7,8
	Wiederherstellen	173	0,06	< 0,1
	Herstellen	28.292	9,90	7,7
010	Drän- und Versickerarbeiten	–	–	–
012	Mauerarbeiten	–	–	–
013	Betonarbeiten	30.673	10,70	8,4
	Herstellen	30.673	10,70	8,4
014	Natur-, Betonwerksteinarbeiten inkl. 024, 025	–	–	–
016	Zimmer- und Holzbauarbeiten	–	–	–
017	Stahlbauarbeiten	–	–	–
018	Abdichtungsarbeiten	–	–	–
020	Dachdeckungsarbeiten	–	–	–
021	Dachabdichtungsarbeiten	–	–	–
022	Klempnerarbeiten	–	–	–
023	Putz- und Stuckarbeiten, Wärmedämmsysteme	–	–	–
027	Tischlerarbeiten	–	–	–
028	Parkett-, Holzpflasterarbeiten	–	–	–
031	Metallbauarbeiten inkl. 035	6.287	2,20	1,7
	Herstellen	6.287	2,20	1,7
032	Verglasungsarbeiten inkl. 029	–	–	–
034	Maler- und Lackiererarb. - Beschicht. inkl. 037	–	–	–
042	Gas- u. Wasseranl. - Leitung., Armat.	–	–	–
043	Druckrohrleitungen Gas, Wasser, Abwasser	–	–	–
044	Abwasseranl. - Leitungen, Abläufe, Armaturen	–	–	–
045	Gas, Wasser, Entwässerung - Ausstattung inkl. 046	–	–	–
050	Blitzschutz-/Erdungsanlagen, Überspannungssch.	–	–	–
053	Niederspannungsanl. - Kabel inkl. 052, 055	3.152	1,10	0,9
	Herstellen	3.152	1,10	0,9
058	Leuchten und Lampen inkl. 059	14.228	5,00	3,9
	Herstellen	14.228	5,00	3,9
060	Such, Signal, Zeit, Anten., akust. Anl. inkl. 061, 063	–	–	–
080	Straßen, Wege, Plätze	119.822	41,80	32,7
	Herstellen	119.822	41,80	32,7
084	Abbruch, Rückbau, Schadstoffsanierung	59.826	20,90	16,3
	Abbrechen	59.826	20,90	16,3
087	Abfallentsorgung, Verwertung und Beseitigung	–	–	–
	Sonstige Leistungsbereiche	**–**	**–**	**–**

ANHANG

Verzeichnis der Architektur- und Planungsbüros

Verzeichnis der Architektur- und Planungsbüros	Obj.-Nr.
A. Brückner Dipl.-Ing. Büro für Landschaftsarchitektur; Havelberg	4100-0231
AG5 Architekten + Stadtplaner PartGmbB; Darmstadt	4100-0252
architektei mey GmbH; Frankfurt am Main	4100-0222
Architekten_FSB; Bremen	4100-0192
Architektengruppe Rosengart + Partner BDA; Bremen	4100-0229
ARCHITEKTURBUERO 1 ZT GmbH; Linz (AT) & Architekturbüro HERZOG GmbH; Lörrach	4100-0240
Architektur.SCHÖN; Wiesbaden	4100-0248
ARCHITEKTURBÜRO TABERY; Bremervörde	4100-0189
ARGE: Heidacker Architekten PartGmbB; Bischofsheim & Sinopoli Architekten; Alzey	4100-0251
ARGE: R.B.Z. AB Raum und Bau GmbH & AGZ Zimmermann GmbH; Dresden	4100-0205
ARGE: studio lot PartGmbB Kammerer Lorber Prabst; Altötting & Weiss Hohe + Partner GmbH; Ansbach	4100-0263
bharchitektengesellschaft mbH; München	4100-0226
BKS Architekten GmbH; Lübbecke	4100-0223
bof Architekten partnerschaft mbb bücking ostrop & Flemming; Hamburg	4100-0201
Bosse Westphal Schäffer Architekten; Winsen (Luhe)	4100-0194
BPVARCHITEKTEN; Hamburg	4100-0230
Brenncke Architekten Part mbB; Schwerin	4100-0259
el:ch landschaftsarchitekten; Berlin	4100-0240
ELZ Architekten BDA; Potsdam	4100-0234
Gelderner Bau Gesellschaft mbH, Ernst-C. Gerats, Jan Spickmann; Geldern	4100-0236
Gössler Kinz Kerber Schippmann Architekten PartG mbB; Hamburg	4100-0211
Götte Landschaftsarchitekten GmbH; Frankfurt am Main	4100-0206
GrünPlan Landschaftsarchitekten BDLA; Hannover	4100-0216
GTL Landschaftsarchitektur Triebswetter, Mauer, Bruns Partner mbB; Kassel	2200-0065
HHS Planer + Architekten AG; Kassel	4100-0228
hiendl_schineis Architekten projektleitung regina schineis; Passau	4300-0026
Hinck Architekten; Stade	4100-0268
IPROconsult GmbH; Dresden	4100-0207
JOMA Landschaftsarchitektur; Bamberg	4100-0237
jup.arc weinert juraschek architekten partmbb; Winsen (Luhe)	4100-0245
Kersten Kopp Architekten GmbH; Berlin	4200-0035
Klaiber + Oettle Architekten und Ingenieure; Schwäbisch Gmünd	4100-0209
Kleine + Potthoff Architekten; Korbach	4100-0239
kleyer.koblitz.letzel.freivogel ges. v. architekten mbh; Berlin	4100-0255
Köhler Architekten; Dortmund	4200-0038
KOKOMO Landschaft und Stadtraum GmbH; Berlin	4100-0244
KRAMPITZ Architekten GbR; Soltau	4500-0022
Kraushaar Lieske Freiraumplanung GbR; Dresden	4100-0243
Kruse Architekten; Güstrow	4500-0019
Lieb Architekten BDA; Freudenstadt	4200-0039
LS2 Landschaftsarchitekten und Beratender Ingenieur Schelhorn Lukowski Schnabel PartG mbB; Frankfurt am Main	4100-0215
MoRe Architekten PartGmbB; Hamburg	4100-0217
MOSAIK architekt:innen bda; Hannover	4100-0224
MURZIK Architekten; Leipzig	4100-0204
NPC Naumann Petersen Conrad Joesten Architekten & beratende Ingenieure mbB; Bremen	4100-0241
Numrich Albrecht Klumpp Gesellschaft von Architekten mbH; Berlin	4100-0253
Planungsring Mumm + Partner GbR; Treia	4200-0040
ppp architekten + stadtplaner GmbH; Lübeck	4100-0212
prosa Architektur + Stadtplanung BDA; Darmstadt	4500-0021

Verzeichnis der Architektur- und Planungsbüros	Obj.-Nr.
QUITTMANN ARCHITEKTEN; Unna	4100-0254
ralf pohlmann Architekten; Waddeweitz	4100-0175
raum-z architekten gmbh; Frankfurt	4100-0218
r + b landschaft s Architektur; Dresden	4100-0249
schmitt roggel architekten PartGmbB; Fulda	4100-0232
sehw architektur GmbH; Berlin	4100-0213; 4100-0227
Steinke + Zils Architekten und Partner mbB; Marl	4300-0025
Trapez Architektur GmbH; Hamburg	4100-0202
tsj-architekten GmbH; Lübeck	4100-0233
TW. Architekten Többen Woschek; Hannover	4100-0203
weicken Architekten partmbB; Unna	4100-0242
WEISSHAUPT Landschaftsarchitektur M. Weißhaupt Freier Landschaftsarchitekt; Donaueschingen	4100-0247
werk.um Architekten; Darmstadt	4100-0219
westform Architekten; Alsdorf	4200-0034
WFP Bernward Benedikt Jansen LandschaftsArchitekten; Glinde	4100-0208
Wiechers Beck GvA mbH; Berlin	4100-0238
WOLLENWEBERARCHITEKTUR; Düsseldorf	4100-0235
Zaeske Architekten BDA Partnerschaftsgesellschaft mbB; Wiesbaden	4100-0214
ZRS Architekten GvA mbH; Berlin	4200-0041
LPH 1-4: Architekten BDA Naujack.Rind.Hof GmbH; Koblenz LPH 5-9: brüchner-hüttemann pasch bhp Architekten + Generalplaner GmbH; Bielefeld	4200-0043
LPH 1-5: Goergens Miklautz Partner GmbB; München LPH 6-9: dreier + Lauterbach architekten und ingenieure GmbH; München	4100-0257
LPH 2-8: Georg Scheel Wetzel Architekten GmbH; Berlin LPH 6-9: Seitz Architektur; Aschaffenburg	4300-0027
LPH 1-3: PlanRat Venne - Güß - Hoffmann GbR Landschaftsarchitektur und Städtebau; Kassel LPH 4-9: planrat - grün macht sinn Dagmar Hoffmann Landschaftsarchitektin AKH Freiraum + Friedhof; Kassel	4100-0250

Der Herausgeber dankt den genannten Büros für die zur Verfügung gestellten Objektdaten.

Nutzen Sie die Vorteile Ihrer Projekt-Veröffentlichung in den BKI-Produkten:
- Dokumentierte Kosten Ihres Projektes nach DIN 276
- Ausbau und Erweiterung Ihrer bürointernen Baukostendaten für Folgeprojekte
- Dokumentationsunterlagen als Referenz für Ihre Projekt-Akquise
- Aufwandsentschädigung von bis zu 700,- €
- Aufnahme Ihrer Bürodaten in die Liste der BKI Architekt*innen und Planer*innen
- Kostenloses Fachbuch

Weitere Informationen unter www.bki.de/bki-verguetung.html

ANHANG

Regionalfaktoren

Regionalfaktoren Deutschland

Diese Faktoren geben Aufschluss darüber, inwieweit die Baukosten in einer bestimmten Region Deutschlands teurer oder günstiger liegen als im Bundesdurchschnitt. Sie können dazu verwendet werden, die BKI Baukosten an das besondere Baupreisniveau einer Region anzupassen.
Hinweis: Alle Angaben wurden durch Untersuchungen des BKI weitgehend verifiziert. Dennoch können Abweichungen zu den angegebenen Werten entstehen. In Grenznähe zu einem Land-/Stadtkreis mit anderen Baupreisfaktoren sollte dessen Baupreisniveau mit berücksichtigt werden, da die Übergänge zwischen den Land-/Stadtkreisen fließend sind. Die Besonderheiten des Einzelfalls können ebenfalls zu Abweichungen führen.
Für die größeren Inseln Deutschlands wurden separate Regionalfaktoren ermittelt. Dazu wurde der zugehörige Landkreis in Festland und Inseln unterteilt. Alle Inseln eines Landkreises erhalten durch dieses Verfahren den gleichen Regionalfaktor. Der Regionalfaktor des Festlandes erhält keine Inseln mehr und ist daher gegenüber früheren Ausgaben verringert.

Land- / Stadtkreis / Insel	Bundeskorrekturfaktor
Aachen, Städteregion	0,926
Ahrweiler	0,982
Aichach-Friedberg	1,077
Alb-Donau-Kreis	1,015
Altenburger Land	0,852
Altenkirchen (Westerwald)	0,985
Altmarkkreis Salzwedel	0,833
Altötting	0,973
Alzey-Worms	0,983
Amberg, Stadt	1,100
Amberg-Sulzbach	1,023
Ammerland	0,794
Amrum, Insel	1,288
Anhalt-Bitterfeld	0,815
Ansbach	1,032
Ansbach, Stadt	1,068
Aschaffenburg	1,124
Aschaffenburg, Stadt	1,093
Augsburg	1,098
Augsburg, Stadt	1,265
Aurich, Festlandanteil	0,735
Aurich, Inselanteil	1,199
Bad Dürkheim	0,983
Bad Kissingen	1,045
Bad Kreuznach	0,963
Bad Tölz-Wolfratshausen	1,216
Baden-Baden, Stadtkreis	1,063
Baltrum, Insel	1,199
Bamberg	1,048
Bamberg, Stadt	1,160
Barnim	0,879
Bautzen	0,894
Bayreuth	1,077
Bayreuth, Stadt	1,042
Berchtesgadener Land	1,131
Bergstraße	1,008
Berlin, Stadt	1,141
Bernkastel-Wittlich	1,022
Biberach	1,020
Bielefeld, Stadt	0,870
Birkenfeld	1,033
Bochum, Stadt	0,912
Bodenseekreis	0,990
Bonn, Stadt	0,920
Borken	0,901
Borkum, Insel	1,100
Bottrop, Stadt	0,794
Brandenburg an der Havel, Stadt	0,969
Braunschweig, Stadt	0,726
Breisgau-Hochschwarzwald	1,117
Bremen, Stadt	0,921
Bremerhaven, Stadt	0,946
Burgenlandkreis	0,930
Böblingen	1,083
Börde	0,877
Calw	1,032
Celle	0,834
Cham	0,887
Chemnitz, Stadt	0,878
Cloppenburg	0,784
Coburg	1,016
Coburg, Stadt	1,155
Cochem-Zell	1,065
Coesfeld	0,943
Cottbus, Stadt	1,030
Cuxhaven	0,758
Dachau	1,228
Dahme-Spreewald	0,925
Darmstadt, Stadt	1,066
Darmstadt-Dieburg	1,017
Deggendorf	0,978

Delmenhorst, Stadt	0,774
Dessau-Roßlau, Stadt	0,860
Diepholz	0,791
Dillingen a.d.Donau	1,054
Dingolfing-Landau	0,942
Dithmarschen	1,033
Donau-Ries	0,993
Donnersbergkreis	0,919
Dortmund, Stadt	0,757
Dresden, Stadt	0,911
Duisburg, Stadt	0,949
Düren	0,950
Düsseldorf, Stadt	0,983
Ebersberg	1,361
Eichsfeld	0,906
Eichstätt	1,065
Eifelkreis Bitburg-Prüm	0,961
Elbe-Elster	0,842
Emden, Stadt	0,703
Emmendingen	1,146
Emsland	0,794
Ennepe-Ruhr-Kreis	0,875
Enzkreis	1,003
Erding	1,118
Erfurt, Stadt	0,926
Erlangen, Stadt	1,101
Erlangen-Höchstadt	1,026
Erzgebirgskreis	0,918
Essen, Stadt	0,839
Esslingen	1,035
Euskirchen	0,859
Fehmarn, Insel	1,164
Flensburg, Stadt	0,808
Forchheim	1,126
Frankenthal (Pfalz), Stadt	0,888
Frankfurt (Oder), Stadt	0,871
Frankfurt am Main, Stadt	1,019
Freiburg im Breisgau, Stadtkreis	1,120
Freising	1,105
Freudenstadt	1,033
Freyung-Grafenau	0,980
Friesland, Festlandanteil	0,775
Friesland, Inselanteil	1,442
Fulda	1,039
Föhr, Insel	1,288
Fürstenfeldbruck	1,216
Fürth	0,993
Fürth, Stadt	1,076
Garmisch-Partenkirchen	1,268
Gelsenkirchen, Stadt	0,891
Gera, Stadt	0,906
Germersheim	1,002
Gießen	1,010
Gifhorn	0,848
Goslar	0,752
Gotha	0,876
Grafschaft Bentheim	0,792
Greiz	0,925
Groß-Gerau	1,058
Göppingen	0,998
Görlitz	0,893
Göttingen	0,856
Günzburg	1,054
Gütersloh	0,872
Hagen, Stadt	0,884
Halle (Saale), Stadt	0,709
Hamburg, Freie und Hansestadt	1,106
Hameln-Pyrmont	0,829
Hamm, Stadt	0,866
Hannover, Region	0,904
Harburg	0,904
Harz	0,819
Havelland	0,999
Haßberge	1,131
Heidekreis	0,862
Heidelberg, Stadtkreis	1,119
Heidenheim	1,032
Heilbronn	1,023
Heilbronn, Stadtkreis	1,011
Heinsberg	0,920
Helgoland, Insel	1,410
Helmstedt	0,834
Herford	0,871
Herne, Stadt	0,922
Hersfeld-Rotenburg	0,985
Herzogtum Lauenburg	0,975
Hiddensee, Insel	1,126
Hildburghausen	0,882
Hildesheim	0,794
Hochsauerlandkreis	0,895
Hochtaunuskreis	1,063
Hof	1,152
Hof, Stadt	1,123
Hohenlohekreis	1,034
Holzminden	0,766
Höxter	0,867
Ilm-Kreis	0,860
Ingolstadt, Stadt	1,093
Jena, Stadt	1,088
Jerichower Land	0,813
Juist, Insel	1,199

Kaiserslautern	0,970
Kaiserslautern, Stadt	0,977
Karlsruhe	0,953
Karlsruhe, Stadtkreis	1,098
Kassel	1,019
Kassel, Stadt	0,933
Kaufbeuren	1,160
Kelheim	0,982
Kempten (Allgäu)	1,140
Kiel, Stadt	1,209
Kitzingen	1,077
Kleve	0,915
Koblenz, Stadt	0,938
Konstanz	1,025
Krefeld, Stadt	0,836
Kronach	1,108
Kulmbach	1,130
Kusel	0,956
Kyffhäuserkreis	0,891
Köln, Stadt	0,936

Lahn-Dill-Kreis	1,014
Landau in der Pfalz, Stadt	1,000
Landsberg am Lech	1,130
Landshut	0,967
Landshut, Stadt	1,039
Langeoog, Insel	1,052
Leer, Festlandanteil	0,743
Leer, Inselanteil	1,100
Leipzig	0,941
Leipzig, Stadt	0,859
Leverkusen, Stadt	0,805
Lichtenfels	1,006
Limburg-Weilburg	0,980
Lindau (Bodensee)	1,071
Lippe	0,903
Ludwigsburg	1,037
Ludwigshafen am Rhein, Stadt	1,033
Ludwigslust-Parchim	0,911
Lörrach	0,992
Lübeck, Hansestadt	0,921
Lüchow-Dannenberg	0,850
Lüneburg	0,851

Magdeburg, Stadt	0,851
Main-Kinzig-Kreis	0,996
Main-Spessart	1,104
Main-Tauber-Kreis	1,027
Main-Taunus-Kreis	1,005
Mainz, Stadt	0,938
Mainz-Bingen	1,032
Mannheim, Stadtkreis	1,049
Mansfeld-Südharz	0,882
Marburg-Biedenkopf	1,031
Mayen-Koblenz	0,972
Mecklenburgische Seenplatte	0,879
Meißen	0,891
Memmingen	1,016
Merzig-Wadern	0,951
Mettmann	0,869
Miesbach	1,306
Miltenberg	1,180
Minden-Lübbecke	0,848
Mittelsachsen	0,902
Märkisch-Oderland	0,890
Märkischer Kreis	0,873
Mönchengladbach, Stadt	0,895
Mühldorf a.Inn	1,047
Mülheim an der Ruhr, Stadt	0,905
München	1,340
München, Stadt	1,546
Münster, Stadt	0,863

Neckar-Odenwald-Kreis	1,074
Neu-Ulm	1,059
Neuburg-Schrobenhausen	1,064
Neumarkt i.d.OPf.	0,944
Neumünster, Stadt	0,906
Neunkirchen	0,975
Neustadt a.d.Aisch-Bad Windsheim	1,037
Neustadt a.d.Waldnaab	1,047
Neustadt an der Weinstraße, Stadt	0,915
Neuwied	0,949
Nienburg (Weser)	0,740
Norderney, Insel	1,199
Nordfriesland, Festlandanteil	1,163
Nordfriesland, Inselanteil	1,288
Nordhausen	0,820
Nordsachsen	0,893
Nordwest-Mecklenburg, Inselanteil	1,224
Nordwestmecklenburg, Festlandanteil	0,947
Northeim	0,874
Nürnberg, Stadt	1,037
Nürnberger Land	1,165

Oberallgäu	1,107
Oberbergischer Kreis	0,898
Oberhausen, Stadt	0,852
Oberhavel	1,024
Oberspreewald-Lausitz	0,889
Odenwaldkreis	0,995
Oder-Spree	0,968
Offenbach	0,958
Offenbach am Main, Stadt	0,970
Oldenburg	0,853
Oldenburg (Oldb), Stadt	0,815
Olpe	0,968
Ortenaukreis	1,024

Osnabrück	0,828
Osnabrück, Stadt	0,760
Ostalbkreis	1,075
Ostallgäu	1,051
Osterholz	0,833
Ostholstein, Festlandanteil	0,957
Ostholstein, Inselanteil	1,164
Ostprignitz-Ruppin	0,939
Paderborn	0,888
Passau	0,971
Passau, Stadt	1,007
Peine	0,815
Pellworm, Insel	1,288
Pfaffenhofen a.d.Ilm	1,082
Pforzheim, Stadtkreis	0,976
Pinneberg, Festlandanteil	0,973
Pinneberg, Inselanteil	1,410
Pirmasens, Stadt	0,961
Plön	1,027
Poel, Insel	1,224
Potsdam, Stadt	1,007
Potsdam-Mittelmark	0,973
Prignitz	0,803
Rastatt	1,024
Ravensburg	0,960
Recklinghausen	0,889
Regen	0,901
Regensburg	1,044
Regensburg, Stadt	1,063
Rems-Murr-Kreis	1,057
Remscheid, Stadt	0,860
Rendsburg-Eckernförde	0,922
Reutlingen	0,984
Rhein-Erft-Kreis	0,914
Rhein-Hunsrück-Kreis	1,023
Rhein-Kreis Neuss	0,924
Rhein-Lahn-Kreis	1,005
Rhein-Neckar-Kreis	1,062
Rhein-Pfalz-Kreis	0,988
Rhein-Sieg-Kreis	0,927
Rheingau-Taunus-Kreis	1,010
Rheinisch-Bergischer Kreis	0,896
Rhön-Grabfeld	1,133
Rosenheim	1,207
Rosenheim, Stadt	1,252
Rostock	0,941
Rostock, Stadt	1,001
Rotenburg (Wümme)	0,744
Roth	1,073
Rottal-Inn	0,960
Rottweil	0,991
Rügen, Insel	1,126

Saale-Holzland-Kreis	0,821
Saale-Orla-Kreis	0,940
Saalekreis	0,874
Saalfeld-Rudolstadt	0,918
Saarbrücken, Regionalverband	0,923
Saarlouis	0,944
Saarpfalz-Kreis	0,945
Salzgitter, Stadt	0,770
Salzlandkreis	0,841
Schaumburg	0,799
Schleswig-Flensburg	0,901
Schmalkalden-Meiningen	0,966
Schwabach, Stadt	1,061
Schwalm-Eder-Kreis	0,962
Schwandorf	0,993
Schwarzwald-Baar-Kreis	0,903
Schweinfurt	1,069
Schweinfurt, Stadt	1,042
Schwerin, Stadt	1,119
Schwäbisch Hall	0,928
Segeberg	0,940
Siegen-Wittgenstein	0,934
Sigmaringen	0,976
Soest	0,847
Solingen, Stadt	0,878
Sonneberg	0,877
Speyer, Stadt	1,049
Spiekeroog, Insel	1,052
Spree-Neiße	0,744
St. Wendel	0,944
Stade	0,808
Starnberg	1,361
Steinburg	0,952
Steinfurt	0,885
Stendal	0,728
Stormarn	0,921
Straubing, Stadt	1,223
Straubing-Bogen	1,051
Stuttgart, Stadtkreis	1,114
Suhl, Stadt	0,880
Sylt, Insel	1,288
Sächsische Schweiz-Osterzgebirge	0,951
Sömmerda	0,875
Südliche Weinstraße	1,041
Südwestpfalz	0,954
Teltow-Fläming	0,961
Tirschenreuth	1,059
Traunstein	1,133
Trier, Stadt	1,066
Trier-Saarburg	1,063
Tuttlingen	1,061
Tübingen	1,029

Uckermark	0,895
Uelzen	0,844
Ulm, Stadtkreis	1,120
Unna	0,898
Unstrut-Hainich-Kreis	0,805
Unterallgäu	0,980
Usedom, Insel	1,060
Vechta	0,855
Verden	0,761
Viersen	0,918
Vogelsbergkreis	0,949
Vogtlandkreis	0,948
Vorpommern-Greifswald, Festlandanteil	0,981
Vorpommern-Greifswald, Inselanteil	1,060
Vorpommern-Rügen, Festlandanteil	0,972
Vorpommern-Rügen, Inselanteil	1,126
Vulkaneifel	0,975
Waldeck-Frankenberg	0,950
Waldshut	1,049
Wangerooge, Insel	1,442
Warendorf	0,890
Wartburgkreis	0,958
Weiden i.d.OPf., Stadt	1,003
Weilheim-Schongau	1,156
Weimar, Stadt	1,187
Weimarer Land	0,902
Weißenburg-Gunzenhausen	1,007
Werra-Meißner-Kreis	0,956
Wesel	0,904
Wesermarsch	0,808
Westerwaldkreis	0,994
Wetteraukreis	0,971
Wiesbaden, Stadt	0,985
Wilhelmshaven, Stadt	0,858
Wittenberg	0,758
Wittmund, Festlandanteil	0,804
Wittmund, Inselanteil	1,052
Wolfenbüttel	0,821
Wolfsburg, Stadt	0,817
Worms, Stadt	1,019
Wunsiedel i.Fichtelgebirge	1,125
Wuppertal, Stadt	0,832
Würzburg	1,095
Würzburg, Stadt	1,158
Zingst, Insel	1,126
Zollernalbkreis	1,000
Zweibrücken, Stadt	1,055
Zwickau	0,918

Regionalfaktoren Österreich

Bundesland	Korrekturfaktor
Burgenland	1,115
Kärnten	1,103
Niederösterreich	1,028
Oberösterreich	1,104
Salzburg	1,104
Steiermark	1,097
Tirol	1,019
Vorarlberg	1,069
Wien	1,095

Regionalfaktoren für den Europa-Raum

Land	Korrekturfaktor
Albanien	0,345
Belgien	0,616
Bosnien und Herzegowina	0,317
Bulgarien	0,446
Dänemark	0,833
Deutschland	1,000
Estland	0,518
Finnland	0,826
Frankreich	0,783
Griechenland	0,477
Irland	0,664
Island	0,785
Italien	0,562
Kroatien	0,368
Lettland	0,544
Litauen	0,500
Luxemburg	0,859
Malta	0,584
Mazedonien	0,359
Montenegro	0,356
Niederlande	0,823
Norwegen	0,838
Österreich	1,081
Polen	0,466
Portugal	0,440
Rumänien	0,385
Schweden	0,937
Schweiz	1,042
Serbien	0,371
Slowakei	0,500
Slowenien	0,473
Spanien	0,540
Tschechien	0,507
Türkei	0,357
Ungarn	0,462
Zypern	0,491